石油和化工行业“十四五”规划教材

普通高等教育一流本科专业建设成果教材

酶工程

Enzyme Engineering

第4版

吉林大学分子酶学工程教育部重点实验室　组织编写

高仁钧　罗贵民　主　编

李全顺　李正强　副主编

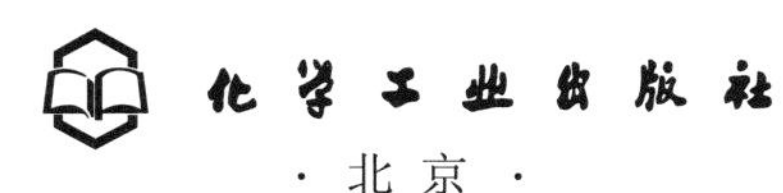

化学工业出版社

·北京·

内容简介

酶工程技术是关键生物技术之一，为了应对“卡脖子”的现实问题，大力发展我国的酶工程技术迫在眉睫。基于酶工程技术的飞速发展，作者在第 3 版的基础上推出第 4 版。本书介绍了基础酶学、实践酶学、酶应用，包括化学酶工程和生物酶工程以及酶工程领域最新热点和进展。

第 4 版特点是：将酶工程分为基础酶学、实践酶学与酶应用三部分。酶工程是重点面向应用的学科，相比基础酶学，酶的实践和应用近些年取得了许多重要进展，拓展了酶工程的研究领域，拓宽了酶的应用范围。酶的实践应用是本书重点介绍的内容。

本书既可作为生物技术、生物工程及相关专业本科和研究生教学用书，也可作为相关研究领域研究人员参考书，还会对生产应用单位的技术人员有所帮助。

图书在版编目（CIP）数据

酶工程 / 高仁钧，罗贵民主编；李全顺，李正强副主编．—4 版．—北京：化学工业出版社，2023.10

普通高等教育一流本科专业建设成果教材

ISBN 978-7-122-43671-9

Ⅰ.①酶… Ⅱ.①高…②罗…③李…④李… Ⅲ.①酶工程-高等学校-教材 Ⅳ.①Q814

中国国家版本馆 CIP 数据核字（2023）第 105216 号

责任编辑：傅四周　　文字编辑：朱雪蕊
责任校对：刘曦阳　　装帧设计：王晓宇

出版发行：化学工业出版社（北京市东城区青年湖南街 13 号　邮政编码 100011）
印　　刷：三河市航远印刷有限公司
装　　订：三河市宇新装订厂
787mm×1092mm　1/16　印张 27$^{1}/_{4}$　字数 743 千字
2024 年 3 月北京第 4 版第 1 次印刷

购书咨询：010-64518888　　售后服务：010-64518899
网　　址：http://www.cip.com.cn
凡购买本书，如有缺损质量问题，本社销售中心负责调换。

定　　价：75.00 元

本书编写人员

主　编：高仁钧　罗贵民

副主编：李全顺　李正强

编写人员（以姓氏汉语拼音为序）：

高仁钧	吉林大学分子酶学工程教育部重点实验室	教授
郭　轶	吉林大学分子酶学工程教育部重点实验室	教授
姜大志	吉林大学分子酶学工程教育部重点实验室	副教授
李全顺	吉林大学分子酶学工程教育部重点实验室	教授
李正强	吉林大学分子酶学工程教育部重点实验室	教授
刘俊秋	杭州师范大学材料与化学化工学院	教授
罗贵民	吉林大学分子酶学工程教育部重点实验室	教授
吕绍武	吉林大学分子酶学工程教育部重点实验室	教授
盛永杰	吉林大学分子酶学工程教育部重点实验室	副教授
孙鸿程	杭州师范大学材料与化学化工学院	副教授
王　磊	吉林大学分子酶学工程教育部重点实验室	教授
解桂秋	吉林大学药学院	副教授
徐　力	吉林大学分子酶学工程教育部重点实验室	教授
于双江	杭州师范大学材料与化学化工学院	教授
张作明	吉林大学分子酶学工程教育部重点实验室	教授

前言

《酶工程》第 1 版于 2002 年 5 月问世，6 年后，为介绍酶工程领域的进展而再版，2016 年进行了第 3 版修订。转眼间 7 年又过去了，生物技术在这期间持续保持高速发展。随着 2022 年我国首次生物经济五年规划的颁布，生物经济将持续保持高速发展的势头。这其中以生物医学、合成生物学和代谢工程等为代表的领域备受关注，上述诸多领域大多数问题归根结底还是酶的问题，这让人们越来越重视酶学基础理论和酶工程技术。酶工程技术已经成为诸多领域的基本技术和核心模块。酶在工业领域应用越来越多，许多酶工程技术已经成为维系当今社会发展进步不可或缺的动力。因此，我们有责任向读者介绍酶工程的新进展，进而撰写《酶工程》第 4 版。这次再版完整保留了第 3 版的编排结构，重点介绍新发展趋势，突出新方法、新技术、新应用，以反映酶工程领域的进步。新版教材为吉林大学生物技术国家级一流本科专业建设成果教材。

参加本书第 4 版编写工作的有：罗贵民（第一章），高仁钧（第一，十一章），李全顺（第二章），李正强（第三章），刘俊秋（第四，八章），孙鸿程（第四章），郭轶（第五章），徐力（第五章），王磊（第六章），吕绍武（第七章），于双江（第八章），盛永杰（第九章），姜大志（第九章），张作明（第十章），解桂秋（第十一章），罗贵民（第十一章）。

所有编者都是在科研教学第一线的在职人员，虽然忙，仍抽出时间，精心撰写。本书可作为生物类专业的本科和研究生教材。由于时间有限，难免会有错漏之处，敬请广大读者批评指正。

高仁钧

2023 年 12 月

目录

第一章
酶学与酶工程

高仁钧　罗贵民

第一节　酶工程概述

一、酶与酶工程

传统概念的酶是细胞产生的具有催化能力的蛋白质，大部分位于细胞内，部分分泌到细胞外。新陈代谢是生命活动的最重要特征，而生物体代谢中的各种化学反应都是在酶的作用下进行的。酶是促进一切代谢反应的物质，没有酶，代谢就会停止，生命也即消逝。因此，研究酶的性质及其作用机理，对于阐明生命现象的本质具有重要意义。现代生物科学发展已深入到分子水平，从生物大分子的结构与功能关系来说明生命现象的本质和规律，从分子水平去探讨酶与生命活动、代谢调节、疾病、生长发育等等的关系，无疑有重大科学意义。

酶还是分子生物学研究的重要工具，正是某些专一性工具酶的出现，才使核酸一级结构测定有了重要突破。1970 年，Smith 等从细菌中分离出能识别特定核苷酸序列，且切点专一的限制性内切酶，命名为 *Hin*d Ⅱ。Nathans 用该酶降解病毒 SV40 DNA，排列了酶切图谱，从此，*Hin*d Ⅱ成为分子克隆技术中不可缺少的工具酶，Smith 等因此荣获 1978 年诺贝尔生理学或医学奖。限制性内切酶的发现促进了 DNA 重组技术的诞生，推动了基因工程的发展。

酶鲜明地体现了生物体系的识别、催化、调节等奇妙功能。酶研究不仅深刻影响生物化学乃至整个生物学领域，而且激发了许多领域的研究，成为灵感的源泉。酶及其模拟体系应用于有机合成以及工业上药物、农业化学品和精细化工产品的生产，有许多优点；在快速和高选择性、高灵敏度的分析上也极其有用，至于联系到再生性资源、能源、环境保护等一些较远期的根本性重大问题，也有引人入胜的应用前景。可以说，要保证世界经济健康发展和生态环境之间的平衡，酶工程技术是一个关键技术。当今，酶学研究的任务是要从分子水平更深入地揭示酶和生命活动的关系，阐明酶的催化机制和调节机制，探索作为生物大分子的酶蛋白的结构与性质、功能间关系，推动酶工程技术走向产业化，发展绿色经济。

当前，生命科学正处在大发展的时期，生物学已经成为自然科学的领头学科。各学科间双向渗透，相互促进，同时引起许多边缘学科的蓬勃发展。二十世纪以来，在化学与生物学之间的接触地带先后形成了生物化学、生物技术、生物有机化学、生物无机化学以及仿生化学等。其中生物技术占据了相当重要的位置，而酶工程是它的一个重要分支。生物技术已在工业制造、农业、医药、食品等方面得到广泛应用，并在解决当前资源、能源、环保等多种问题方面起着举足轻重的作用，几个新兴的生物技术产业已成为当前优先发展的高科技领域之一。这些领域也是国家“十四五”规划中生物产业的核心内容。作为生物工程的重要组成部分，酶和酶工程不但受到生化工作者的重视，也日益受到广大工农业、医药保健工作者的重视，并且是实现全社会可持续发展的关键技术之一。

二、酶工程简介

生物技术（biotechnology）也叫生物工程学或生物工艺学，是20世纪70年代初在分子生物学和细胞生物学基础上发展起来的一个新兴技术领域。酶工程（enzyme engineering）是生物技术的重要组成部分，是随着酶学研究迅速发展，特别是酶的应用推广使酶学和工程学相互渗透结合，形成的一门新的技术科学，是酶学、微生物学的基本原理与化学工程、环境科学、医学、药学和计算机科学有机结合而产生的综合科学技术。它是从应用的目的出发研究酶并拓展酶在多个领域的应用和推广。

酶是生物体进行自我复制、新陈代谢不可缺少的生物催化剂。由于酶能在常温、常压、中性pH等温和条件下高度专一有效地催化底物发生反应，所以酶的开发和利用是当代新技术革命中的一个重要课题。酶工程主要指天然酶和工程酶（经化学修饰、基因工程、蛋白质工程改造的酶）的生产及在国民经济各个领域中的应用，内容包括：酶的产生、酶的分离纯化、酶的改造、酶催化等。

一般认为，酶工程的发展历史应从第二次世界大战后算起。从20世纪50年代开始，由微生物发酵液中分离出一些酶，制成酶制剂。60年代后，因固定化酶、固定化细胞崛起，酶制剂的应用技术面貌一新。70年代后期以来，微生物学、基因工程及细胞工程的发展为酶工程进一步向纵深发展带来勃勃生机，酶的制备方法、酶的应用范围到后处理工艺，都有了巨大进展。尽管目前已发现和鉴定的酶约有8000种，但大规模生产和应用的商品酶只有数十种。天然酶在工业应用上受到限制的原因主要有：①大多数酶脱离其生理环境后极不稳定，而酶在生产和应用过程中的条件往往与其生理环境相去甚远；②酶的分离纯化工艺复杂；③酶制剂成本较高。因此，根据研究和解决上述问题的手段不同把酶工程分为化学酶工程和生物酶工程。前者指天然酶、化学修饰酶、固定化酶及化学人工酶的研究和应用；后者则是酶学和以基因重组技术为主的现代分子生物学技术相结合的产物，主要包括3个方面：a. 用基因工程技术大量生产酶（克隆酶）；b. 修饰酶基因产生遗传修饰酶（突变酶）；c. 设计新的酶基因合成自然界不曾有的新酶。

1971年，第1次国际酶工程会议召开，当时酶制剂已广泛用于工业和临床。如千佃一郎等人将固定化氨基酰化酶拆分氨基酸技术用于工业化生产L-氨基酸，开创了固定化酶应用的局面，千佃一郎也因而成为1983年酶工程会议受奖人。此后，固定化天冬氨酸酶合成L-天冬氨酸、固定化葡糖异构酶生产高果糖浆等的工业化取得成功。固定化酶较游离酶具有很多优点：稳定性高；可反复使用；产物纯度高，副产物少，从而有利于提纯；生产可连续化、自动化；设备小型化，节约能源等。相对游离酶而言，固定化酶更适合工业化应用，因此固定化酶研究是酶工程研究的中心任务。除应用于传统的食品工业外，在其他领域如有机合成反应、分析化学、医疗、废液处理、亲和色谱等的应用也越来越广泛。

在固定化酶的基础上又逐渐发展出固定化细胞的技术。在工业应用方面，利用固定化酵母细胞发酵生产乙醇、啤酒的研究较引人注目。日本Toshio Onaka等用海藻酸钙凝胶包埋酵母细胞，可在一天内获得质量优良的啤酒。法国Corriell等将酵母细胞固定在聚氯乙烯碎片和多孔砖等载体上进行啤酒发酵中型试验，可连续运转8个月。中国上海工业微生物研究所等单位也从20世纪70年代后期进行过类似的研究工作，用固定化酵母发酵啤酒的规模不断扩大，已正式投入大规模生产。

以往对微生物细胞固定化的厂家多集中在细菌和酵母。然而，很多具有工业生产价值的代谢产物（如酶、抗生素、有机酸和甾体化合物等）都是由丝状真菌生产的。目前用于固定化丝状真菌的方法主要是吸附法和包埋法。但包埋法限制了足够的氧气供给细胞，使固定化丝状真菌生产代谢产物的效率非常低。瑞典Mosbach等提出一种利用高分子包埋各种细胞的通用的固定化方法，能固定化细菌、酵母、动植物细胞及人工组建的细胞，生产各种代谢产物。

酶制剂的应用并不一定都需要固定化，而且用于固定化的天然酶也仍有必要提高其活性，改善其某些性质，以便更好地发挥酶的催化功能，由此提出了酶分子的改造和修饰。通常将改变酶蛋白一级结构的过程称为改造，而将酶蛋白侧链基团的共价变化称为修饰。酶分子经加工改造后，可导致有利于应用的许多重要性质与功能发生变化。如有研究者利用蛋白水解酶的有限水解作用，已将L-天冬氨酸酶的活力提高3～6倍。美国Davis等人还利用蛋白质侧链基团的修饰作用，研究降低或解除异体蛋白的抗原性及免疫原性。以聚乙二醇修饰治疗白血病的特效药L-天冬酰胺酶，使其抗原性完全解除。

在酶工程研究中，与酶分子本身不直接有关的有两项重要内容：酶生物反应器的研究和酶抑制剂的研究。酶生物反应器往往可以提高催化效率、简化工艺，从而增加经济效益。结合固定化技术，已发展成酶电极、酶膜反应器、免疫传感器及多酶反应器等新技术。这在化学分析、临床诊断与工业生产过程的监测方面成为很有价值的应用技术。酶抑制剂，尤其是微生物来源的酶抑制剂多是重要抗生素。酶抑制剂还可在代谢控制、生物农药、生物除草剂等方面发挥特殊作用，其低毒性备受人们欢迎。酶抑制剂的开发已受到国际产业部门的重视。

从酶工程的进展和动态中可以预料，今后应用领域的酶将以基因工程表达的酶制剂为主，亲和色谱技术仍将得到广泛应用，并且应用经过分子改造与修饰的酶制剂将成为必然选择。异体酶的抗原性将得到解决，在酶活力的控制方面将会有较大突破，其中酶抑制剂与激活剂仍将受到极大重视，并在临床及工农业生产中发挥重要作用。在化学合成工业中，酶法生产将逐步取代部分高污染、高能耗的传统化学工业过程，模拟酶、酶的人工设计合成、抗体酶、杂交酶、酶分子进化和由核酸构成的酶将成为活跃的研究领域。酶技术也是合成生物学中的关键技术。非水系统酶反应技术也仍将是研究热点之一；酶催化底物的拓展，特别是酶的非特异性催化也成为近年来的新热点。

第二节 酶的分类、组成、结构特点和作用机制

一、酶的分类

1961年国际生化联合会酶学委员会将所有酶按照催化的反应类型统一分成六大类，包括氧化还原酶（EC 1）、转移酶（EC 2）、水解酶（EC 3）、裂合酶（EC 4）、异构酶（EC 5）和连接酶（EC 6）。2018年，国际生物化学与分子生物学联合会（IUBMB）更改了酶的分类规则，在原有六大酶类之外又增加了一种新的酶类——移位酶（translocase），也称为易位酶，系统编号为EC 7。许多酶是由它们底物名称加上后缀“-ase”命名的，例如脲酶（urease）是催化尿素（urea）水解的酶，果糖1,6-二磷酸酶（fructose-1,6-diphosphatase）是水解果糖1,6-二磷酸的酶。然而，有些酶，如胰蛋白酶和胃蛋白酶的命名并未表示它的底物名称，而是强调它们的来源。有些酶有多种不同的名称。为了使酶的名称合理，国际上已公认一种酶的命名（enzyme nomenclature）系统，这个系统将所有的酶根据其反应催化的类型安置到七种主要类型的某一种中（表1-1）。此外每种酶各有一个独自的4个数字的分类编号，例如胰蛋白酶由国际生化联合会酶委员会公布的酶分类（用EC标示）编号为3、4、21、4，这里第一个数字“3”表示它是水解酶，第二个数字“4”表示它是蛋白酶水解肽键，第三个数字“21”表示它是丝氨酸蛋白酶，在活性部位上有一至关重要的丝氨酸残基，第4个数字“4”表示它是这一类型中被指认的第四个酶。作为对照，胰凝乳蛋白酶的EC编号为3、4、21、1，弹性蛋白酶编号为3、4、21、36。

表 1-1　酶的国际分类

分类	名称	反应催化的类型		实例
1	氧化还原酶	电子的转移	$A^{-}+B \longrightarrow A+B^{-}$	醇脱氢酶
2	转移酶	转移功能基团	A—B+C ⟶ A+B—C	己糖激酶
3	水解酶	水解反应	A—B+H_2O ⟶ A—H+B—OH	胰蛋白酶
4	裂合酶	键的断裂通常形成双键	A—B（A 上连 X，B 上连 Y）⟶ A═B + X—Y	丙酮酸脱羧酶
5	异构酶	分子内基团的转移	A—B（A 上连 X，B 上连 Y）⟶ A—B（A 上连 Y，B 上连 X）	顺丁烯二酸异构酶
6	连接酶（合成酶）	键形成与 ATP 水解偶联	A+B ⟶ A—B	丙酮酸羧化酶
7	移位酶	小分子、离子的跨膜转运	A ⟶膜⟶ A	葡糖转运酶

① 氧化还原酶：在体内参与产能、解毒和某些生理活性物质的合成。重要的有各种脱氢酶、氧化酶、过氧化物酶、氧合酶、细胞色素氧化酶等。

② 转移酶：在体内将某基团从一个化合物转移到另一化合物，参与核酸、蛋白质、糖及脂肪的代谢和合成。重要的有一碳基转移酶、酮醛基转移酶、酰基转移酶、糖苷基转移酶、含氮基转移酶、磷酸基转移酶、含硫基团转移酶等。

③ 水解酶：在体内外起降解作用，也是人类应用最广的酶类。重要的有各种脂酶、糖苷酶、肽酶等。水解酶一般不需辅酶。

④ 裂合酶：这类酶可脱去底物上某一基团而留下双键，或可相反地在双键处加入某一基团。它们分别催化 C—C、C—O、C—N、C—S、P—O 键等。

⑤ 异构酶：此类酶为生物代谢需要而对某些物质进行分子异构化，分别进行外消旋、差向异构、顺反异构、醛酮异构、分子内转移、分子内裂解等。

⑥ 连接酶（合成酶）：这类酶关系到很多生命物质的合成，其特点是需要三磷酸腺苷等高能磷酸酯作为结合能源，有的还需金属离子辅助因子。分别形成 C—O 键（与蛋白质合成有关）、C—S 键（与脂肪酸合成有关）、C—C 键和磷酸酯键。

⑦ 移位酶（易位酶）：这类酶可催化离子或分子穿越膜结构或其膜内组分，目前有六个亚类。另外，不依赖酶催化反应的交换转运体不属于移位酶，如离子通道蛋白。

二、酶的组成和结构特点

酶分子要发挥其功能必须要依赖特定的空间结构形式，其中蛋白酶的一级结构是指具有一定氨基酸顺序的多肽链的共价骨架，二级结构为在一级结构中相近的氨基酸残基间由氢键的相互作用而形成的带有螺旋、折叠、转角、卷曲等细微结构，三级结构系在二级结构基础上进一步进行分子盘曲形成的包括主侧链的专一性三维结构，四级结构是指低聚蛋白中各折叠多肽链在空间的专一性三维结构。具有低聚蛋白结构的酶（寡聚酶）必须具有正确的四级结构才有活性。酶蛋白有三种组成形式。①单体酶：仅有一个活性部位的多肽链构成的酶，分子质量为 13 ～ 35kDa，为数不多，且都是水解酶；②寡聚酶：由若干相同或不同亚基结合而组成的酶，亚基一般无活性，常相互结合才有活性，分子质量为 35kDa 以上到数百万道尔顿；③多酶复合体：指多种酶进行连续反应的体系。前一个反应产物为后一反应的底物。仅有少部分酶是由单一蛋白质所组成的，而大部分酶则为复合蛋白质，或称全酶，是由蛋白质部分（酶蛋白）和非蛋白质部分所组成的，即酶蛋白本身无活性，需要在辅因子存在下才有活性。辅因子可以是无机离子，也可以是有机化合物。有的酶仅需其中一种，有的酶则二者都需要。它们都属于小分子化合物。约有 25% 的酶含有紧密结合的金属离子或在催化过程中需要金属离子，包括铁离子、铜离子、锌离子、镁离子、钙离子、钾离子、钠离子等。它们在维持酶的活性和完成酶的催化过程中起作用。有机辅因子可依其与酶蛋白结合的程度分为辅酶和辅基。前者为松散结合，后者为紧密结合，但有时把它们统称为辅酶。大多数辅酶为核苷酸和维生素或它们的衍生物（表 1-2）。它们一般是生物体食物的必需成分，因此当供应不足时，易引起缺乏性疾病。上述六类酶中，除水解酶和连接酶外，其它酶在反应时都需要特定的辅酶。

表 1-2　某些通用辅酶及其维生素前体和缺乏性疾病

辅酶	前体	缺乏性疾病
辅酶 A	泛酸	皮炎
FAD，FMN	核黄素（维生素 B_2）	生长阻滞
NAD^+，$NADP^+$	烟酸	糙皮病
焦磷酸硫胺素	硫胺素（维生素 B_1）	脚气病
四氢叶酸	叶酸	贫血症
脱氧腺苷	钴胺素（维生素 B_{12}）	恶性贫血症
胶原中脯氨酸羟化作用的辅助底物	维生素 C（抗坏血酸）	坏血病
磷酸吡哆醛	吡哆醇（维生素 B_6）	皮炎

三、酶的作用机制

酶一般是通过其活性中心（通常是其氨基酸侧链基团）先与底物形成一个中间复合物，随后再转变成产物，并放出酶。酶的活性部位（active site）是它结合底物和将底物转化为产物的区域，通常是整个酶分子相当小的一部分，它是由在线性多肽链中可能相隔很远的氨基酸残基形成的三维实体。活性部位通常在酶的表面空隙或裂缝处，形成促进底物结合的优越的非极性环境。在活性部位，底物被多重的弱的作用力结合（静电相互作用、氢键、范德瓦耳斯力、疏水相互作用），在某些情况下被可逆的共价键结合。酶键合底物分子，形成酶-底物复合物（enzyme-substrate complex）。酶活性部位的活性残基与底物分子结合，首先将它转变为过渡态，然后生成产物，释放到溶液中。这时游离的酶又与另一分子底物结合，开始它的再一次循环。

现有两种经典模型解释酶如何和底物结合。1894 年 Emil Fischer 提出锁和钥匙模型（lock-and-key model），底物的形状和酶的活性部位被认为彼此相适合，像钥匙插入它的锁中［图 1-1(a)］，两种形状被认为是刚性的（rigid）和固定的（fixed），当正确组合在一起时，正好互相补充。诱导契合模型（induced-fit model）是 1958 年由 Daniel E. Koshland 提出的，底物的结合在酶的活性部位诱导出构象变化［图 1-1（b)］。此外，酶可以使底物变形，迫使其构象近似于它的过渡态。例如，葡萄糖与己糖激酶的结合，当葡萄糖刚刚与酶结合后，即诱导酶的结构产生一种构象变化，使活化部位与底物葡萄糖形成互补关系。不同的酶表现出两种不同的模型特征，某些

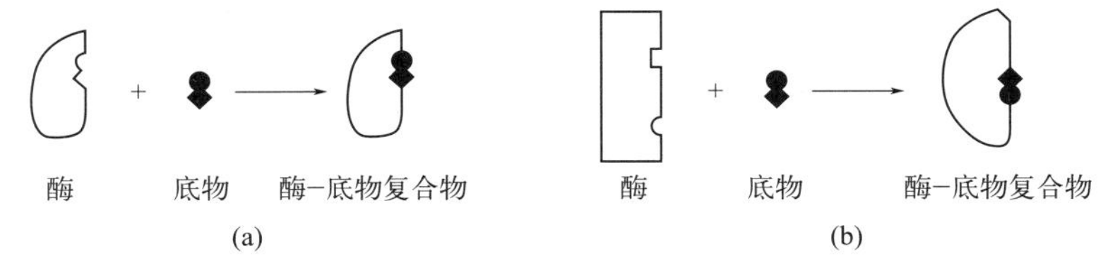

图 1-1　底物与酶的结合

(a) 锁和钥匙模型；(b) 诱导-契合模型

是互补性的，某些是构象变化的。

氨基酸残基的性质和空间排布形成酶的活性部位，它决定哪种分子能成为酶的底物并与之结合。底物专一性（substrate specificity）通常是由活性部位相关的少数氨基酸的变化所决定的，在胰蛋白酶、胰凝乳蛋白酶和弹性蛋白酶这 3 种消化酶中可清楚地看到（图 1-2）。这 3 种酶属于丝氨酸蛋白酶（serine proteases）家族。“丝氨酸”的含义是因为它们在活性部位上有一丝氨酸残基，它在催化进程中是至关重要的。“蛋白酶”的含义是它们催化蛋白质的肽键使之水解。3 种酶都催化断裂蛋白质底物的肽键，作用在某些氨基酸残基的羧基端。

胰蛋白酶催化切断带正电荷的 Lys 或 Arg 残基的羧基侧，胰凝乳蛋白酶切断庞大的芳香和疏水氨基酸残基的羧基侧，弹性蛋白酶催化切断具有小的不带电荷侧链残基的羧基侧。它们不同的专一性由它们的底物结合部位中氨基酸基团的性质所决定，它们与其作用的底物互补。像胰蛋白酶，在它的底物结合部位有带负电荷的 Asp 残基，它与底物侧链上带正电荷的 Lys 和 Arg 相互作用［图 1-2（a）］。胰凝乳蛋白酶在它的底物结合部位有带小侧链的氨基酸残基，如 Gly 和 Ser，使底物的庞大侧链得以进入［图 1-2（b）］。相反，弹性蛋白酶有相对大的 Val 和 Thr 不带电荷的氨基酸侧链，突出在它的底物结合部位中，阻止了除 Gly 和 Ala 小侧链以外的所有其他氨基酸［图 1-2（c）］。

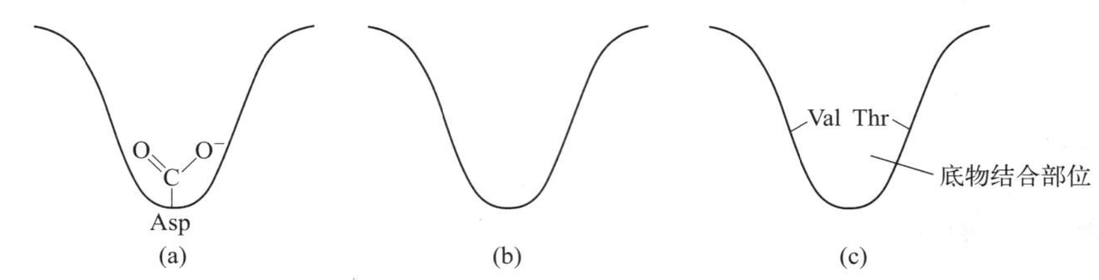

图 1-2　丝氨酸蛋白酶底物-结合部位的图形

(a) 胰蛋白酶；(b) 胰凝乳蛋白酶；(c) 弹性蛋白酶

研究酶的催化作用一般采用两种方法：一种方法是从非酶系统模式获得催化作用规律，其优点是反应简单，易于探究，而其缺点是非酶系统与酶系统不同，其实验结果不一定完全适合于阐明酶的催化作用；另一种方法是从酶的结构与功能研究中得到催化作用机理的证据。

根据两种方法的研究结果，目前已知酶的催化作用来自 5 个方面，即广义酸碱催化、共价催化、邻近效应及定向效应、变形或张力以及活性中心为疏水区域。

1. 广义酸碱催化

在酶反应中起到催化作用的酸与碱，在化学上应与非酶反应中酸与碱的催化作用相同。酸与碱，在狭义上常指能离解为 H^+ 与 OH^- 的化合物。狭义的酸碱催化剂即是 H^+ 与 OH^-。广义的酸碱是指能供给质子（H^+）与接受质子的物质。例如 $HA \rightleftharpoons A^- + H^+$。在狭义上 HA 是酸，因为它能离解产生 H^+，但在广义上，HA 也为酸，是由于它供给质子。在狭义上，A^- 既不是酸，也不是碱，但在广义上，它能接受质子，因此它就是碱。由此可见，在广义上酸与碱可以存在成相关的或共轭的对，如 CH_3COOH 为共轭酸，而 CH_3COO^- 则为共轭碱。

虽然酸离解时释放 H^+，但是 H^+ 是质子，实际上在水溶液中是不会自由存在的。它常与溶剂结合成水化质子，即 H_3O^+。不过，在一般情况下，为了方便起见，仍把 H_3O^+ 看成 H^+。

在酸的催化反应中，H^+ 与反应物结合。其结合物更有反应性，因而反应速度大为加速。

$$HA + X \rightleftharpoons XH + A^-$$

$$XH \rightleftharpoons Y + H^+$$

依同理，当碱为催化剂时，从反应物移去 H^+，反应速度也大为加快。许多反应既受酸的催化，也受碱的催化，即是在反应中有质子的供给，也有质子的减移，例如 X 转变为 Y 的反应主要靠酸与碱的催化。

$$HA（酸）+ X \Longrightarrow AXH（酸催化）$$
$$AXH + B^-（碱）\Longrightarrow Y + BH + A^-（碱催化）$$

酸碱催化剂是催化有机反应普遍的、有效的催化剂。它们在酶反应中的协调一致可能起到特别重要的作用。生物体内酸碱度偏于中性，因而在酶反应中起到催化作用的酸碱不是狭义的酸碱，而是广义的酸碱。在酶蛋白中可以作为广义酸碱的功能基团见表 1-3。

表 1-3　酶蛋白中作为广义酸碱的功能基团

质子供体（广义酸）	质子受体（广义碱）	质子供体（广义酸）	质子受体（广义碱）
$—COOH$ $—NH_3^+$ 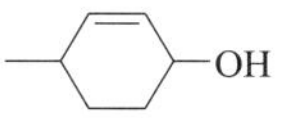 —(苯环)—OH	$—COO^-$ $—NH_2$ 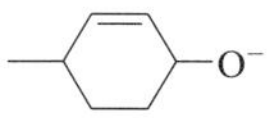 —(苯环)—O^-	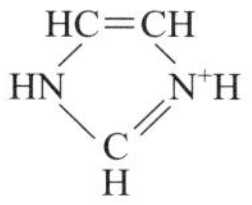 $—SH$ HC=CH, HN, N^+H, C, H 咪唑基（酸）	$—S^-$ 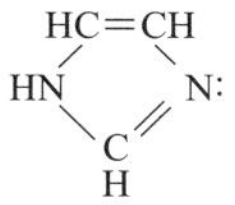 HC=CH, HN, N:, C, H 咪唑基（碱）

在所有的广义酸碱的功能基团中以组氨酸的咪唑基特别重要，其理由有以下两点：一是咪唑基在中性溶液条件下有一半以质子供体（广义酸）形式存在，另一半以质子受体（广义碱）形式存在，它可在酶的催化反应中发挥重要作用；二是咪唑基供给质子或接受质子的速度十分迅速，而且两者的速度几乎相等，因此咪唑基是酶的催化反应中最有效最活泼的一个功能基团。

2. 共价催化

有一些酶促反应可通过共价催化来提高反应速度。所谓共价催化就是底物与酶以共价方式形成中间物。这种中间物可以很快转变为活化能大为降低的转变态，从而提高催化反应速度。例如糜蛋白酶与乙酸对硝基苯酯可结合成为乙酰糜蛋白酶的复合中间物，同时生成对硝基苯酚。在复合中间物中乙酰基与酶的结合为共价形式。乙酰糜蛋白酶与水作用后，迅速生成乙酸并释放出糜蛋白酶。乙酰糜蛋白酶是共价结合的 ES 复合物。能形成共价 ES 复合物的酶还有一些，详见表 1-4。

表 1-4　某些酶-底物共价复合物

酶	与底物共价结合的酶功能基团	酶-底物共价复合物
葡萄糖磷酸变位酶	丝氨酸的羟基	磷酸酶
乙酰胆碱酯酶	丝氨酸的羟基	酰基酶
糜蛋白酶	丝氨酸的羟基	酰基酶
磷酸甘油醛脱氢酶	半胱氨酸的巯基	酰基酶
乙酰辅酶 A-转酰基酶	半胱氨酸的巯基	酰基酶
葡萄糖-6-磷酸酶	组氨酸的咪唑基	磷酸酶
琥珀酰辅酶 A 合成酶	组氨酸的咪唑基	磷酸酶
转醛酶	赖氨酸的 ε-氨基	席夫碱
D-氨基酸氧化酶	赖氨酸的 ε-氨基	席夫碱

共价催化的常见型式是酶的催化基团中亲核原子对底物的亲电子原子的攻击。它们类似亲核试剂与亲电试剂。所谓亲电试剂就是一种试剂具有强烈亲和电子的原子中心。带正电离子如 Mg^{2+} 与 NH_4^+ 是亲电子的，含有 $—\overset{|}{C}=O$ 及 $—\overset{|}{C}=N—$ 基团的化合物也是亲电子的，其中 $—\overset{|}{C}=O$ 的 O 及 $—\overset{|}{C}=N—$ 的 N 都有吸引电子的倾向，因而使得邻近的 C 原子缺乏电子。为了表示这种状态，可以 δ^+ 表示，而吸引电子的 O 与 N 则可以 δ^- 表示。其电子移动的方向则以从 δ^+ 至 δ^- 的

弯曲箭头线表示，如下式：

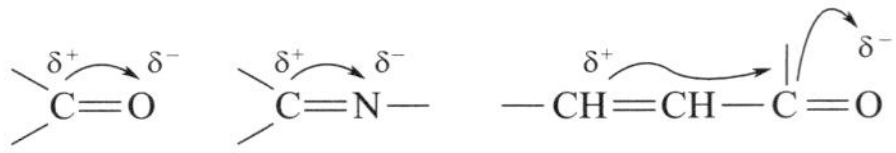

$$\overset{\delta^+}{>C}=\overset{\delta^-}{O} \qquad \overset{\delta^+}{>C}=\overset{\delta^-}{N}— \qquad —\overset{\delta^+}{CH}=CH—C=\overset{\delta^-}{O}$$

所谓亲核试剂就是一种试剂具有强烈供给电子的原子中心。如H—N(H)∶的N∶，—O(H)∶的O∶，—C(=O)—O⁻∶的O∶及—S(H)∶的S∶。酶的催化基团如丝氨酸的—OH基团，半胱氨酸的—SH基团及组氨酸的 ═CH—N═CH—基团都是亲核的。

亲核催化剂之所以能发挥催化作用是由于它能对底物供给一对电子。这种倾向是催化反应速度的部分或全部决定因素。由于给予电子，催化剂就可与底物共价结合，而这种共价结合的中间物可以很快地分解，结果反应速度大大加快。

亲电催化剂正好与亲核催化剂相反，它从底物移去电子的步骤才是反应速度的决定因素。事实上，亲电步骤与亲核步骤常常是相互在一起发生的。当催化剂为亲核催化剂时，它就会进攻底物中的亲电核心，反之亦然。在酶促反应中，酶的亲核基团对底物的亲电核心起作用要比酶的亲电基团对底物的亲核中心起作用的可能性大得多。

3. 邻近效应及定向效应

化学反应速度与反应物浓度成正比。假使在反应系统的局部，底物浓度增高，则反应速度也相应增高；如果溶液中底物分子进入酶的活性中心，则活性中心区域内底物浓度可以大为提高。例如某底物在溶液中浓度为0.001mol/L，而在酶活性中心的浓度竟达到100mol/L，即其浓度为溶液中浓度10^5倍，也就是反应速度可大为提高。

底物分子进入酶的活性中心，除因浓度增高因素使反应速度增快外，还有特殊的邻近效应及定位效应。所谓邻近效应，就是底物的反应基团与酶的催化基团越靠近，其反应速度越快。以双羧酸的单苯基酯的分子内催化为例，当—COO⁻与酯键相靠较远时，酯水解相对速度为1，而两者相隔很近时，酯水解速度可增加至53000倍，详见表1-5。

表 1-5　双羧酸的单苯基酯的分子构造与酯水解的相对速度关系

酯	酯水解的相对速度	酯	酯水解的相对速度
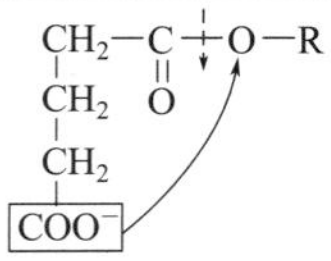 CH_2—C(=O)—O—R CH_2 CH_2 COO⁻	1	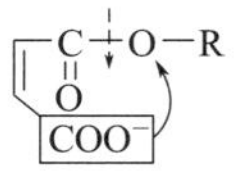 (环烯)—C(=O)—O—R COO⁻	1000
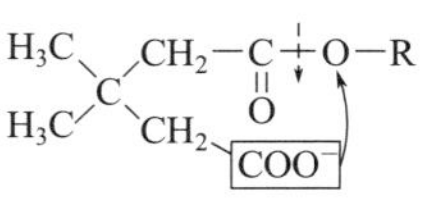 $(H_3C)_2C$(CH_2—C(=O)—O—R)(CH_2—COO⁻)	20	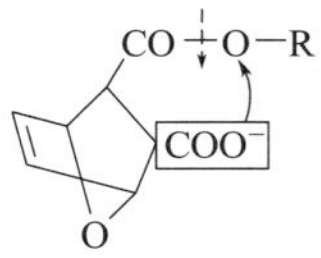 CO—O—R (氧桥双环烯) COO⁻	53000
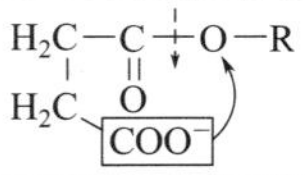 H_2C—C(=O)—O—R H_2C—COO⁻	230		

严格来讲，仅仅靠近还不能解释反应速度的提高。要使邻近效应达到提高反应速度的效果，必须是既靠近又定向，即酶与底物的结合达到最有利于形成转变态的状态，使反应加速（图1-3）。有人认为，这种加速效应可能使反应速度增加为10^8倍。要使酶既与底物靠近，又与底物定向，就要求底物必须为酶的最适宜底物。当特异底物与酶结合时，酶蛋白发生一定构象变化，与底物发生诱导契合。

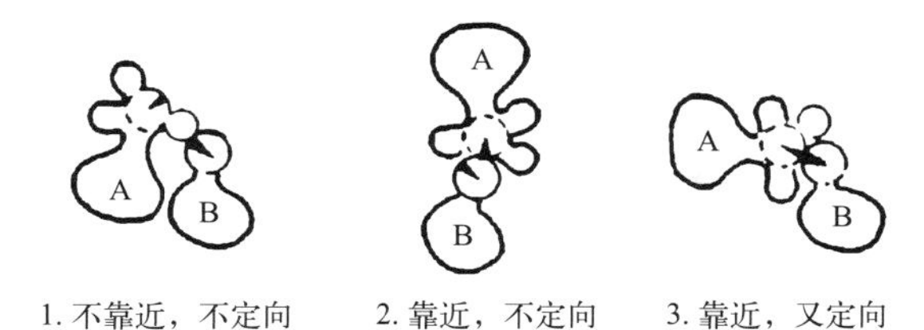

图 1-3　底物与酶的临近效应的三种情形

4. 变形或张力

酶使底物分子中的敏感键发生变形或张力，从而使底物的敏感键更易于破裂，详见图 1-4。

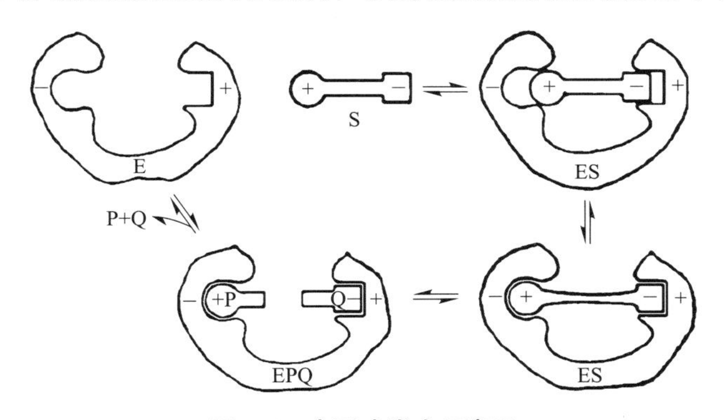

图 1-4　变形或张力示意图

E：酶；S：底物；P、Q：产物

下面是在非酶系统中存在变形或张力加速反应速度的实例：

化合物Ⅰ　（环状磷酸酯：O、O 成环，$P(=O)O^-$） $+ H_2O \longrightarrow$ $HO\text{—}O\text{—}P(=O)(O^-)\text{—}O^-$

化合物Ⅱ　$H_3C\text{—}O\text{—}P(=O)(O^-)\text{—}O\text{—}CH_3 + H_2O \longrightarrow CH_3OH + CH_3\text{—}O\text{—}P(=O)(O^-)\text{—}O^-$

化合物Ⅰ的水解反应速度快，而化合物Ⅱ水解反应速度小，这是因为前者的反应物中的环状结构存在张力，而后者的反应物却无环状结构，两者反应速率常数的比值为 10^8，这表明，张力或变形可使反应速率常数增加至 10^8 倍。

5. 酶的活性中心为疏水区域

酶的活性中心常为酶分子的凹穴。此处常为非极性或疏水性的氨基酸残基。疏水区域的特点是介电常数低，并排出极性高的水分子。这使得底物分子的反应键和酶的催化基团之间易发生反应，有助于加速酶催化反应。

第三节　酶催化剂的特点

酶与化学催化剂比较具有显著的特性。最重要的有三方面：高催化效率，强专一性及酶活性可以调控。

一、高效性

酶加快反应速度可高达约 10^{17} 倍（如 OMP 脱羧酶）。但酶催化反应速度和在相同 pH 值及温度条件下非酶催化反应速度可直接比较的例子很少，这是因为非酶催化的反应速度太低，不易观察，对那些可比较的反应，可发现反应速度大大加快，如乙酰胆碱酯酶接近 10^{13} 倍，丙糖磷酸异构酶为 10^9 倍，分枝酸变位酶为 1.9×10^6 倍，四膜虫核酶接近 10^{11} 倍（表 1-6）。在其他可比较的反应中，酶促反应速度相当高，而反应温度可能很低。酶催化的最适条件几乎都为温和的温度和非极端 pH 值。以固氮酶为例，NH_3 的合成在植物中通常是 25℃和中性 pH 下由固氮酶催化完成的。该酶是由两个解离的蛋白质组分组成的一个复杂的系统，其中一个含金属铁，另一个含铁和钼，反应需消耗一些 ATP 分子，精确的计量关系还未知，但工业上由氮和氢合成氨时，需在 700 ～ 900K、10 ～ 90MPa 下，还要有铁及其他微量金属氧化物作催化剂才能完全反应。

表 1-6　天然酶催化能力举例

酶	非催化半衰期 $t_{1/2}^{uncat}$	专一性因子 $k_{cat}\cdot K_m^{-1}$/[L/(s·mol)]	反应加速倍数 k_{cat}/k_{uncat}
OMP 脱羧酶	7.8×10^7 年	5.6×10^7	1.4×10^{17}
乙酰胆碱酯酶	约 3 年	$>10^8$	约 10^{13}
丙糖磷酸异构酶	1.9 天	2.4×10^8	10^9
分枝酸变位酶	7.4h	1.1×10^6	1.9×10^6
四膜虫核酶	约 430 年	1.5×10^6	约 10^{11}

二、专一性

大多数酶对所作用的底物和催化的反应都是高度专一的。不同的酶专一性程度不同，有些酶专一性很低（键专一性），如肽酶、磷酸（酯）酶、酯酶，可以作用很多底物，只要求化学键相同。例如它们可分别作用肽、磷酸酯、羧酸酯。生物分子降解中常见到低专一性的酶，而在合成中则很少见到，这是因为前者起降解作用，低专一性可能更为经济。具有中等程度专一性的为基团专一性，如己糖激酶可以催化很多己醛糖的磷酸化。大多数酶呈绝对或几乎绝对的专一性，它们只催化一种底物进行快速反应，如脲酶只催化尿素的反应，或以很低的速度催化结构非常相似的类似物的反应。

基团专一性和绝对专一性对低分子量的底物来说容易理解。对大分子底物而言，酶的活性中心只与大分子的一部分相互作用，因此情形有点不同，限制性核酸内切酶一般可识别 DNA 上四对到六对碱基，然后切除双链间的磷酸二酯键，一般切成黏性末端。现已知道有 400 多种不同专一性的这类酶，虽然酶对含有合适序列的任何 DNA 分子或片段都能作用，但每一个酶的活性中心接触底物的特定区域具有绝对的专一性。

酶的另一个显著特点就是催化反应的立体专一性，以 NAD^+ 和 $NADP^+$ 为辅因子的脱氢酶为例，用适当标记的底物做实验，发现脱氢酶催化底物上的氢转移到烟酰胺环特异的一面，称为 A 型和 B 型脱氢酶（图 1-5）。几乎所有的脱氢酶作用时都需要 NAD^+ 或 $NADP^+$。对那些已知立体结构的脱氢酶，如肝乙醇脱氢酶、乳酸脱氢酶，其专一性机制已经搞清。在酶催化反应中，还存在潜手性例子，虽然底物本身不具有手性，但反应却是立体专一性的。以延胡索酸水合酶催化延胡索酸生成苹果酸为例，在 ^3H_2O 溶液中，^3H 以立体专一性方式加入到底物上（图 1-6）。

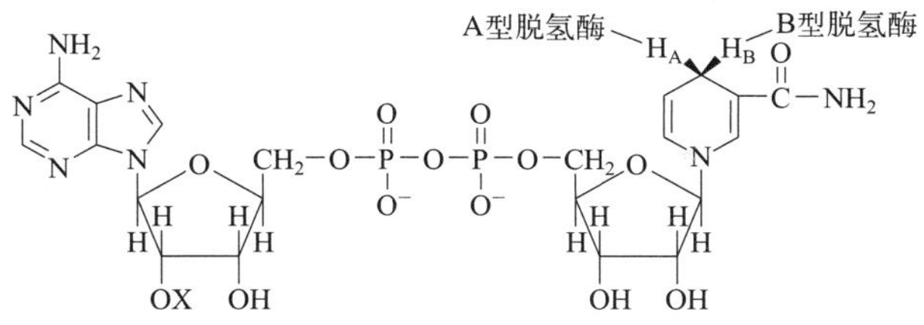

图 1-5　需要 NAD^+ 和 $NADP^+$ 为辅因子的酶的立体专一性

还原型烟酰胺腺嘌呤二核苷酸（NADH），X = H；还原型烟酰胺腺嘌呤二核苷酸磷酸（NADPH），X =磷酸

A 型脱氢酶	B 型脱氢酶
乙醇脱氢酶（NAD^+）	甘油醛-3-磷酸脱氢酶（NAD^+）
乳酸脱氢酶（NAD^+）	3-羟丁酸还原酶（NAD^+）
苹果酸脱氢酶（NAD^+）	葡糖脱氢酶（NAD^+）

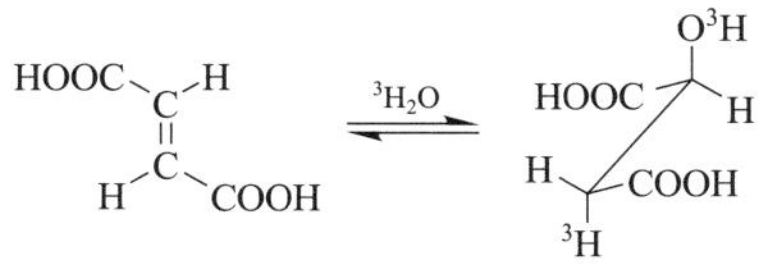

图 1-6　延胡索酸转化为苹果酸时 ^3H 以立体专一性方式进行反应

酶专一性在蛋白质合成和 DNA 复制时具有重要意义。生物体内 DNA 复制的错误率非常低，在聚合核苷酸时，只有 10^{-10} ～ 10^{-8} 的错误率，转录 DNA 且翻译 mRNA 为蛋白质的整个过程中氨基酸的参入错误的比率只有 $1/10^4$。从结构相似的氨基酸和氨酰-tRNA 合成酶之间的相互作用的能量差异来看，酶的专一性远比预计的要高，这是由于酶存在着校读功能。这里简要介绍一下氨酰-tRNA 合成酶作用机制的要点。氨酰-tRNA 合成酶催化的 tRNA 转运过程包括以下两个步骤：

$$\text{氨基酸} + \text{ATP} + \text{酶} \longrightarrow \text{酶-氨酰-AMP} + \text{焦磷酸}$$

$$\text{酶-氨酰-AMP} + \text{tRNA} \longrightarrow \text{氨酰-tRNA} + \text{AMP} + \text{酶}$$

酶需要识别专一性的氨基酸和 tRNA，后者因分子较大，与酶接触位点多，因而可准确识别。而氨基酸分子很小，准确选择较难，跟踪反应第一、第二步，发现形成氨酰-腺苷酸中间物时会发生明显错误，但氨酰-tRNA 合成却不会出错，错误的氨酰-腺苷酸会被水解。有证据表明酶分子上存在着与合成部位不同的校读部位，它可以水解错配的氨基酸。DNA 复制过程也有类似的情形，DNA 聚合酶Ⅲ在校读 DNA 复制时同样具有外切核酸酶的活力，以保证 DNA 准确的复制。

三、可调节性

生命现象表现了它内部反应历程的有序性。这种有序性是受多方面因素调节和控制的，而酶活性的控制又是代谢调节作用的主要方式。酶活性的调节控制主要有下列七种方式：

1. 酶浓度的调节

酶浓度的调节主要有两种方式，一种是诱导或抑制酶的合成，一种是调节酶的降解。例如，在分解代谢中，β-半乳糖苷酶的合成，平时被葡萄糖阻遏，当葡萄糖不足而乳糖存在时，酶经乳糖诱导而合成。

2. 激素调节

这种调节也和生物合成有关，但调节方式有所不同。如乳糖合成酶有两个亚基，催化亚基和修饰亚基。催化亚基本身不能合成乳糖，但可以催化半乳糖以共价键的方式连接到蛋白质上形成糖蛋白。修饰亚基和催化亚基结合后，改变了催化亚基的专一性，可以催化半乳糖和葡萄糖反应生成乳糖。修饰亚基的水平是由激素控制的，修饰亚基妊娠时在乳腺生成，分娩时，由于激素水平急剧的变化，修饰亚基大量合成，它和催化亚基结合，大量合成乳糖。

3. 共价修饰调节

这种调节方式本身又是通过酶催化进行的。在一种酶分子上，共价地引入一个基团从而改变它的活性。引入的基团又可以被第三种酶催化除去。例如，磷酸化酶的磷酸化和去磷酸化，大肠杆菌谷氨酰胺合成酶的腺苷酸化和去腺苷酸化就是以这种方式调节它们的活性。

4. 限制性蛋白酶水解作用与酶活性调控

限制性蛋白酶水解是一种高特异性的共价修饰调节系统。细胞内合成的新生肽大都以无活性的前体形式存在，一旦生理需要，才通过限制性水解作用使前体转变为具有生物活性的蛋白质或酶，从而启动和激活以下各种生理功能：酶原激活、血液凝固、补体激活等。除了参与酶活性调控外，还起着切除、修饰、加工等作用，因而具有重要的生物学意义。

酶原激活是指体内合成的非活化的酶的前体，在适当条件下，受到 H^+ 或特异的蛋白酶限制性水解，切去某段肽或断开酶原分子上某个肽键而转变为活性的酶。如胰蛋白酶原在小肠里被其他蛋白水解酶限制性地切去一个六肽，活化成为胰蛋白酶。

血液凝固是由体内十几种蛋白质因子参加的级联式酶促激活反应，其中大部分为限制性蛋白水解酶。在凝血过程中首先由蛋白质因子（称为因子Ⅹa 的蛋白酶）激活凝血酶原，生成活性凝血酶；并由它再催化可溶性的纤维蛋白原，转变成不稳定的可溶性纤维蛋白，聚集成网状细丝，以网住血液的各种成分。在凝血酶作用下，收缩成血块，导致破损的血管被封闭而修复。

补体是一类血浆蛋白，和免疫球蛋白一样发挥防御功能。免疫球蛋白对外来异物有“识别”结合作用和激活补体作用。补体是一组蛋白酶（由十一种蛋白质组分组成），通常以非活性前体形式存在于血清中，一旦接受到 Ig 传来的抗原入侵信号，被限制性蛋白酶水解而激活补体组分，最终形成“攻膜复合物”执行其功能。

5. 抑制剂的调节

酶的活性受到大分子抑制剂或小分子抑制剂抑制，从而影响活力。前者如胰脏的胰蛋白酶抑制剂（抑肽酶），后者如 2,3-二磷酸甘油酸，是磷酸变位酶的抑制剂。

6. 反馈调节

许多小分子物质的合成是由一连串的反应组成的。催化此物质生成的第一步反应的酶，往往可以被它的终端产物所抑制，这种对自我合成的抑制叫反馈抑制。这在生物合成中是常见的现象。例如，异亮氨酸可抑制其合成代谢通路中的第一个酶——苏氨酸脱氨酶。当异亮氨酸的浓度降低到一定水平时，抑制作用解除，合成反应又重新开始。再如合成嘧啶核苷酸时，终端产物 UTP（尿苷三磷酸）和 CTP（胞苷三磷酸）可以控制合成过程一连串反应中的第一个酶。反馈抑制就是通过这种调节控制方式，调节代谢物流向，从而调节生物合成。

7. 金属离子和其他小分子化合物的调节

有一些酶需要 K^+ 活化，NH_4^+ 往往可以代替 K^+，但 Na^+ 不能活化这些酶，有时还有抑制作用。这一类酶有 L-高丝氨酸脱氢酶、丙酮酸激酶、天冬氨酸激酶和酵母丙酮酸羧化酶。另有一些酶需要 Na^+ 活化，K^+ 起抑制作用。如肠中的蔗糖酶可受 Na^+ 激活，二价金属离子如 Ca^{2+}、Zn^{2+}、Mg^{2+}、Mn^{2+} 往往也是一些酶表现活力所必需的，它们的调节作用还不很清楚，可能和维持酶分子一定的三级、四级结构有关，有的则和底物的结合和催化反应有关。这些离子的浓度变化都会影响有关的酶活性。

丙酮酸羧化酶催化的反应为：ATP + 丙酮酸 + HCO_3^- $\rightleftharpoons$ 草酰乙酸 + ADP + Pi，这是从丙酮酸合成葡萄糖途径中限速的一步。丙酮酸的浓度影响酶的活力，而丙酮酸的浓度是由 NAD^+ 和

NADH 的比值决定的，NAD^+ 和 NADH 的总量在体内差不多是恒定的。NADH 的浓度相对地提高了，丙酮酸的浓度就要降低。

与此相类似的 ATP、ADP、AMP 的总量在体内也是差不多恒定的，其中 ATP、ADP、AMP 的相对量的变化也可影响一些酶的活性。Atkinson 提出能荷（energy charge）作为一个物理量，这个物理量数值的变化和某些酶的活力变化有一定关系。

$$能荷=\frac{[ATP]+[ADP]/2}{[ATP]+[ADP]+[AMP]}$$

能荷的数值是 0 ～ 1，当腺苷酸全部以 AMP 的形式存在，能荷数值等于零，全部以 ATP 形式存在，能荷数值等于 1。细胞内的能荷数值一般在 0.8 ～ 0.9 之间，在这个范围内，能荷数值的增加可使和 ATP 再生有关的酶，如糖磷酸激酶、丙酮酸激酶、丙酮酸脱氢酶、异柠檬酸脱氢酶和柠檬酸合成酶等催化的反应速度降低；而使另一类和利用 ATP 有关的酶，天冬氨酸激酶、磷酸核糖焦磷酸合成酶等催化的反应速度增加。

此外，酶的区室化（compartmentation）和多酶复合体等都和酶活力的调节控制有密切关系。

第四节　影响酶活力的因素

一、酶活力测定方式

酶的存在量可以根据它催化所产生的效应即把底物转化为产物来进行测定。为了测定酶活力，必须了解酶催化反应总的反应式，而且分析程序必须能够测定底物的消失或产物的生成。此外，还必须考虑酶是否需要某种辅助因子、酶的最适 pH 和最适温度。最后，测定的反应速率是酶的活力，它必须不受底物供应不充分的限制。因此，一般要求非常高的底物浓度以使实验测定的起始反应速率与酶浓度成正比。

酶活力最方便的测定是测量产物出现的速率或底物的消失速率。如果底物（或产物）在特殊波长下吸收光，根据它们在此波长下吸收光的变化即可测得这些分子的浓度变化。这可用分光光度计（spectrophotometer）来完成。因为光吸收与浓度成正比例，吸收光改变的速率与酶活力，即每单位时间底物用去的物质的量（或产物形成的物质的量）成正比。

在酶活力测定中利用吸收光测量的两个最常用的分子是还原型辅酶烟酰胺腺嘌呤二核苷酸（NADH）和还原型烟酰胺腺嘌呤二核苷酸磷酸（NADPH）。它们在紫外（UV）区的吸收波长为 340nm，因此，如果 NADH 或 NADPH 在反应过程中产生，那么在 340nm 的光吸收将相应地增加。如果，当反应是 NADH 或 NADPH 分别氧化为 NAD^+ 或 $NADP^+$ 时，吸收将会相应地降低，因为它们的氧化型在波长 340nm 处不吸收光。一个实例是乳酸脱氢酶，以乳酸作为底物的活性可依据下列反应式，用随之增加的 340 nm 的光吸收进行测定。

$$\underset{乳酸}{CH_3CH(OH)COO^-} + NAD^+ \longrightarrow \underset{丙酮酸}{CH_3COCOO^-} + NADH + H^+$$

二、酶联测定法

许多反应的底物和产物在可见光波长下不产生光吸收。在这种情况下测定催化此反应的酶，可将其与第二个具有特殊吸收光变化的酶反应相连接（linking）（或偶联，coupling）。例如，利用葡糖氧化酶（glucose oxidase）的作用，测量糖尿病患者血液中葡萄糖的浓度，由底物转化为产物不造成吸收光的变化。但是，在此反应中产生的过氧化氢能被过氧化物酶作用，并把一个无色化合物转化为有色化合物——色素原（chromogen），它的光吸收很易被测量。

如要对第一个酶（葡糖氧化酶）的活性作精确的测量，第二个酶（过氧化物酶）和它的共底物或辅酶必须过量，使酶联测定不属限速步骤。这可保证有色色素原的产生速率与 H_2O_2 的产生速率成正比，它的产生又与葡糖氧化酶的活性成正比。

三、酶反应速度

酶催化反应的速率通常称作它的速度（velocity）。酶反应速度通常记录为时间为 0 时的值（符号 V_0；μmol/min），因为产物尚未出现，在这点上速率是最快的。这是因为在任何底物转化为产物之前底物浓度是最大的。还因为酶可能受到它本身产物的反馈抑制（feedback inhibition）和（或）包括逆反应，而且反应产物将刺激逆反应。酶促反应形成的产物对时间的典型的图表明，产物迅速形成的起始期，构成图形的线性部分（图 1-7），随后，酶速率缓慢下降，因为底物被消耗或酶逐渐失去活性；V_0 的获得是以零时点（time-point）为起点作一与曲线的线性部分相切的直线，这一直线的斜率即等于 V_0。

酶活力单位（enzyme units）可以用许多方式表示。最普通的是被催化的反应的起始速率（V_0）（如每分钟底物转换的物质的量；μmol/min）。也有两种酶活力的标准单位，即酶单位和“开特”（kat）。酶的 1 个活力单位是在该酶的最适条件下，在 25℃，1min 内催化 1μmol 的底物转化为产物的酶量。“开特”是酶活力的国际单位（SI），它规定：在特定体系下，反应速度为每秒转化 1mol 底物所需的酶量。在两种不同的酶活力单位之间可用 $1\mu mol/min=1U=16.67\times10^{-9}kat$ 换算。活力（或总活力）这一名称涉及在样品中酶的总单位，而比活力是每毫克蛋白质酶单位的数目（U/mg）。比活力是酶纯度的量度，在酶的纯化过程中它的比活力增高，当酶提纯时，其比活力值成为极大值，并保持恒定。

四、底物浓度

酶速率对底物浓度（[S]）的依赖关系的正常模式是在低的底物浓度下，[S] 增加 1 倍，将导致起始速度（V_0）也增加 1 倍。然而，在较高底物浓度下，酶被饱和（saturated），进一步增高 [S]，只导致 V_0 的微小变化。这是因为在有效的饱和底物浓度下，所有酶分子已有效地与底物结合，这时，总的酶速率依赖于产物自酶解离下的速率，若进一步加入底物也将不发生影响。V_0 对 [S] 的关系图形称为双曲线（hyperbolic curve）（图 1-8）。

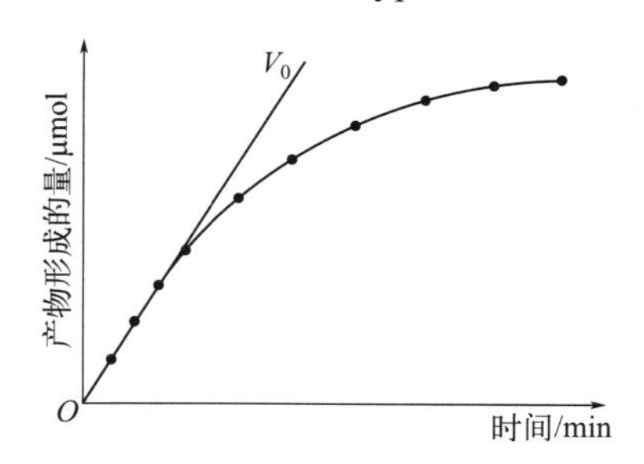

图 1-7　酶促反应产物形成和时间之间的关系

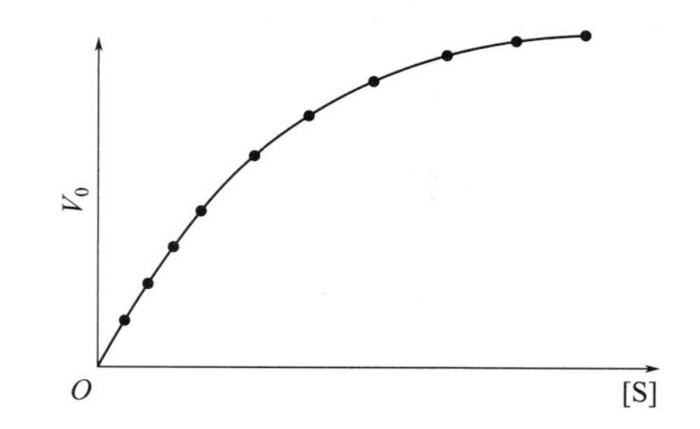

图 1-8　底物浓度 [S] 和起始反应速度 V_0 之间的关系

五、酶浓度

在底物浓度为饱和的情况下（即所有酶分子都与底物结合），酶浓度的加倍将导致 V_0 的加倍。V_0 与酶浓度的关系图为直线图形。

六、温度

温度从两方面影响酶促反应的速率。首先，升高温度增加底物分子的热能（thermal energy），增高反应的速率。然而较高温度会带来第二种效应，增加构成酶本身蛋白质结构的分子热能，也就增加了多重弱的非共价键相互作用（氢键、范德瓦耳斯力等）破裂的机会。这些相互作用维系着整个酶的三维结构，最终将导致酶的变性（解折叠，unfolding）。酶的三维构象发生微小的变化都会改变活性部位的结构，导致催化活性的降低。升高温度以提高反应速率的总效应是这两个相反效应之间的平衡。因此温度对 V_0 关系的图形将为一条曲线，它可清楚地表示出酶最适温度范围（图 1-9）。多数哺乳动物来源的酶，其最适温度为 37℃左右，但也有些生物机体的酶适应在相当高或相当低温度下工作。例如，用于聚合酶链式反应的 *Taq* 聚合酶（*Taq* polymerase）是在温泉中的高温细菌中发现的，因此适合在高温下工作。

七、pH

每个酶都有最适 pH，在此 pH 下催化反应的速率是它的最高值。最适 pH 值的微小偏离，会使酶活性部位的基团离子化发生变化而降低酶的活性。pH 发生较大偏离时，维护酶三维结构的许多非共价键受到干扰，会导致酶蛋白自身的变性。V_0 对 pH 的关系图形通常为钟形曲线（图 1-9）。许多酶的最适 pH 在 6.8 左右，但是各种酶的最适 pH 是多种多样的，甚至同一种酶针对不同底物的最适 pH 也不同，因为它们要适应不同环境进行工作。例如，消化酶胃蛋白酶（pepsin）要适应在胃的酸性 pH 下工作（大约 pH2.0）。

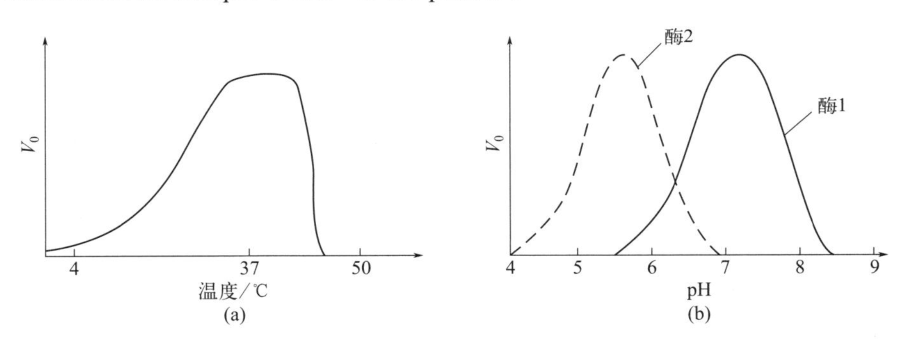

图 1-9　酶活性

（a）温度效应；（b）pH 效应

第五节　酶反应动力学和抑制作用

一、米-曼氏模式

米-曼氏模式（Michaelis-Menten model）使用如下的酶催化概念：

$$E + S \underset{k_2}{\overset{k_1}{\rightleftharpoons}} ES \xrightarrow{k_3} E + P$$

这里速率常数（rate constant）k_1、k_2 和 k_3 是描述与催化过程的每一步相联系的反应速度。酶（E）与它的底物（S）结合形成酶-底物复合物（ES）。ES 能重新解离形成 E+S，或能继续进行化学反应形成 E 和产物 P。假设：酶与产物（E+P）的逆向反应形成 ES 复合物的速率并不明显。

对许多酶的性质的观察得知，在低的底物浓度 [S] 下，起始速度（V_0）直接与 [S] 成正比，而在高底物浓度 [S] 下，速度趋向于最大值，此时反应速率与 [S] 无关［图 1-10（a）］。此最大速度（maximum velocity）称为 V_{max}（μmol/min）。

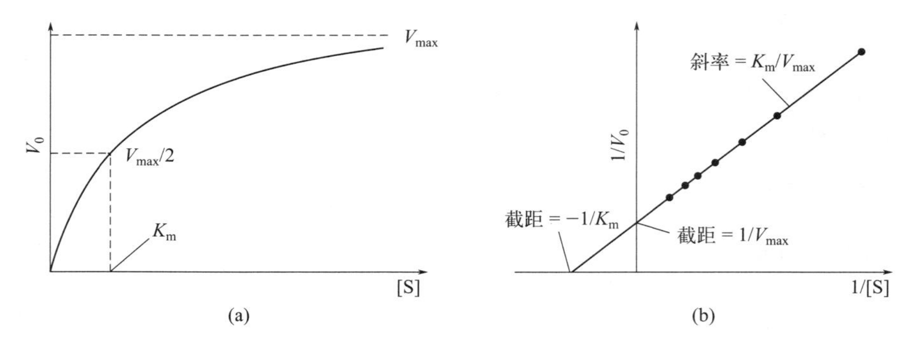

图 1-10　起始反应速度（V_0）和底物浓度 [S] 之间关系

（a）直接作图；（b）Lineweaver-Burk 双倒数作图

米-曼氏推导的公式描述出实验观察的结果。米-曼氏公式如下：

$$V_0 = \frac{V_{max} \cdot [S]}{K_m + [S]}$$

此公式描述的双曲线形式，由实验数据在图 1-10（a）中表明。Michaelis 和 Menten 在推导此公式时，规定一新的常数即 K_m，称为米氏常数（其单位为 mol/L）：

$$K_m = \frac{k_2 + k_3}{k_1}$$

K_m 是 ES 复合酶的稳定性的量度，等于复合物的分解速率的总和，它大于生成速率。对许多酶而言，k_2 比 k_3 大得多。在这些情况下 K_m 变为酶对它的底物的亲和力（affinity）的量度。因为它的值分别依赖于 ES 生成和解离的 k_1 和 k_2 的相关值。高的 K_m 表示弱的底物结合（k_2 大大超过 k_1），低的 K_m 表示强底物结合（k_1 大大超过 k_2）。K_m 值可由实验测得，根据这一事实，即 K_m 值等于当反应速度达到最大值 V_{max} 一半时的底物浓度。

二、Lineweaver-Burk 作图

因为 V_{max} 是在极大的底物浓度下获得的，它不可能从双曲线图测得［K_m 也是如此，见图 1-10（a）］，但是 V_{max} 和 K_m 可用实验测得，即在不同底物浓度下测定 V_0 值，然后即可根据 $1/V_0$ 对 1/[S] 的双对数（double reciprocal）或 Lineweaver-Burk 制图［图 1-10（b）］，此种作图是从米-曼氏公式衍生得出的：

$$V_0 = \frac{V_{max} \cdot [S]}{K_m + [S]}$$

由此公式得出一条直线，在 Y 轴上截距等于 $1/V_{max}$, X 轴上截距等于$-1/K_m$。直线的斜率等于 K_m/V_{max}［图 1-10（b）］。Lineweaver-Burk 图也是测定抑制剂如何与酶结合的有用方法（见下文）。

虽然米-曼氏模式对许多酶提供了很好的实验数据模式，但还有少数酶与米-曼氏的动力学不相符合。这些酶如天冬氨酸转氨甲酰酶（ATCase），称为别构酶（allosteric enzyme）。

三、酶的抑制作用

许多类型的分子有可能干扰个别酶的活性。任何直接作用于酶使它的催化速率降低的分子

即称为抑制剂（inhibitor）。某些酶的抑制剂是正常细胞代谢物，它抑制某一特殊酶，作为代谢途径中正常调控的一部分。其他抑制剂可以是外源物质，如药物式毒物。这里，酶的抑制效应既可以有治疗作用，又或者是另一种极端，是致命的。酶抑制作用具有两种主要类型：不可逆的（irreversible）或可逆的（reversible）。可逆的抑制作用本身又可再分为竞争性的和非竞争性的抑制作用。从酶中去除抑制剂能够制止可逆抑制作用，例如使用透析，但这是有限度的，对不可逆抑制作用则是不可行的。

1. 不可逆抑制作用

抑制剂不可逆地与酶结合，它通常是与靠近活性部位的氨基酸残基形成共价键，永久地使酶失活。敏感的氨基酸残基包括 Ser 和 Cys 残基（具有相应的有活性的—OH 和—SH）。化合物二异丙基氟磷酸（DIPF）是神经毒气的组分，在乙酰胆碱酯酶的活性部位与 Ser 残基作用，不可逆地抑制酶，阻滞神经冲动的传导［图 1-11（a）］。碘乙酰胺可修饰 Cys 残基，因此，确定酶活性所必需的 Cys 残基是一个或多个判断的工具［图 1-11（b）］。抗生素青霉素不可逆地抑制糖肽转肽酶（glycopeptide transpeptidase），它与细菌细胞壁上的酶活性部位的 Ser 残基结合，形成交联结构。

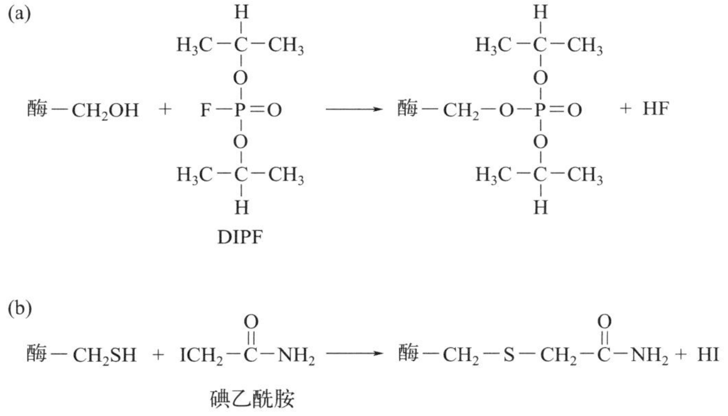

(a)

$$\text{酶}-CH_2OH + \underset{\text{DIPF}}{F-P(=O)[O-CH(CH_3)_2]_2} \longrightarrow \text{酶}-CH_2-O-P(=O)[O-CH(CH_3)_2]_2 + HF$$

(b)

$$\text{酶}-CH_2SH + \underset{\text{碘乙酰胺}}{ICH_2-C(=O)-NH_2} \longrightarrow \text{酶}-CH_2-S-CH_2-C(=O)-NH_2 + HI$$

图 1-11　(a) 二异丙基氟磷酸 (DIPF) 和 (b) 碘乙酰胺的结构和作用机制

2. 可逆的竞争性抑制

典型的竞争性抑制剂与酶的正常底物有近似的结构，因此它与底物分子竞争地结合到活性部位［图 1-12(a)］。酶既可以结合底物分子也可以结合抑制剂分子，但不能两者同时结合［图 1-12(b)］。竞争性抑制剂可逆地结合到活性部位，在高底物浓度下竞争性抑制剂的作用被压倒，因为充足的高底物浓度可以成功地将结合到活性部位的抑制剂分子竞争地排出。因此酶的 V_{max} 没有变化，但在竞争性抑制剂存在下，酶对其底物的表观亲和力降低，因此 K_m 增加［图 1-12(c)］。

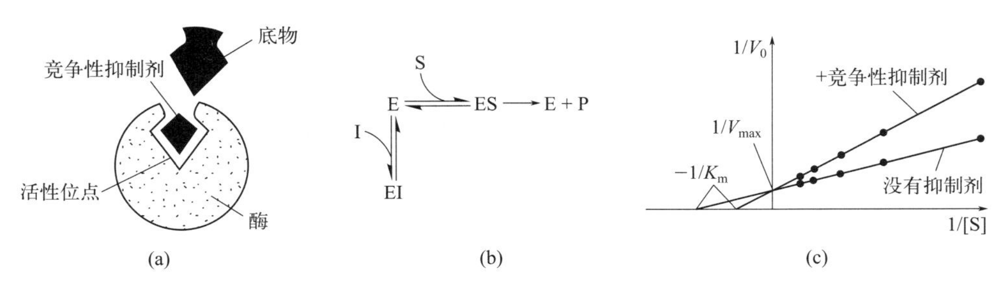

图 1-12　竞争性抑制作用的特性

（a）结合到活性部位上的竞争性抑制剂与底物的竞争；（b）酶既能结合底物又能结合竞争性抑制剂，但不能两者同时结合；（c）Lineweaver-Burk 图表示竞争性抑制剂对 K_m 和 V_{max} 的效应

琥珀酸脱氢酶（succinate dehydrogenase）的竞争性抑制作用是个好例子。该酶以琥珀酸（succinate）为底物，它可被丙二酸（malonate）竞争性地抑制，后者与琥珀酸的区别是只有一个而不是两个亚甲基（图 1-13）。许多药物是模拟目标酶底物的结构，因此作为酶的竞争性抑制剂而起作用。竞争性抑制作用可用 Lineweaver-Burk 图加以识别，把抑制剂的浓度固定，测定不同底物浓度下的 V_0。在 Lineweaver-Burk 图上，竞争性抑制剂增加直线的斜率，改变 X 轴上的截距（因为 K_m 增高），但 Y 轴截距不变（因为 V_{max} 维持不变）[图 1-12（c）]。

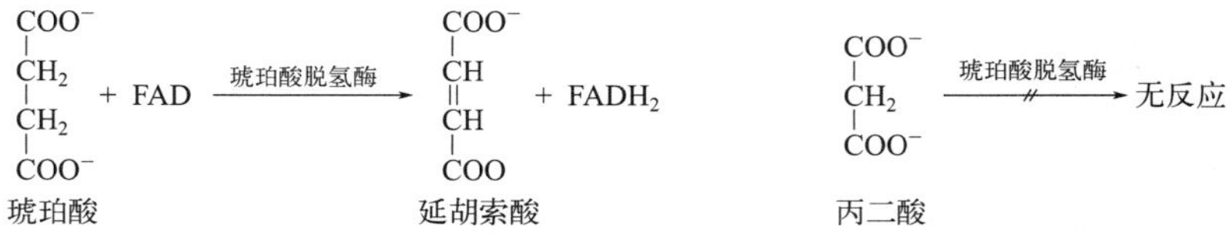

COO^-—CH_2—CH_2—COO^-（琥珀酸） + FAD —琥珀酸脱氢酶→ COO^-—CH=CH—COO（延胡索酸） + $FADH_2$

COO^-—CH_2—COO^-（丙二酸） —琥珀酸脱氢酶→ 无反应

图 1-13　丙二酸对琥珀酸脱氢酶的抑制作用

3. 可逆的非竞争性抑制

非竞争性抑制剂不与活性部位结合，而是可逆地结合到其他的位点上［图 1-14（a）］，它使酶总的三维形状改变，导致催化活性降低。因为抑制剂结合到底物的不同部位，酶可以结合抑制剂、底物或抑制剂加底物［图 1-14（b）］。

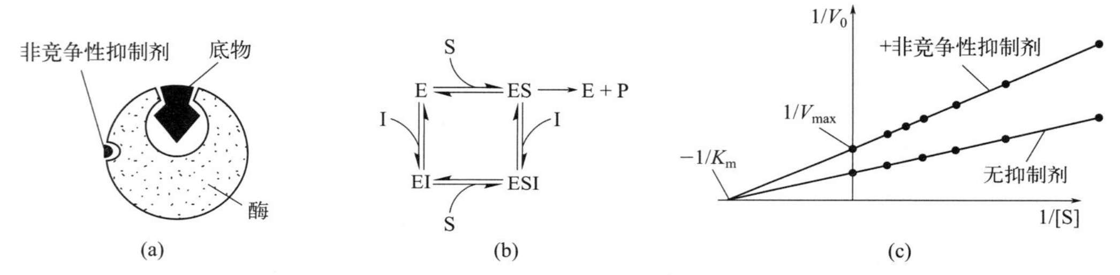

图 1-14　非竞争性抑制作用的特性

（a）非竞争性抑制剂结合的位点与活性部位截然不同；（b）酶既能结合底物又能结合非竞争性抑制剂或者同时结合两者；（c）Lineweaver-Burk 图表示非竞争性抑制剂对 K_m 和 V_{max} 的效应。图中 E=酶；ES=酶-底物复合物；ESI=酶-底物-抑制剂复合物；EI=酶-抑制剂复合物；P=产物

非竞争性抑制剂的效应不能由增高底物浓度而克服，所以 V_{max} 降低。在非竞争性抑制作用中，酶对底物的亲和力不变，因此 K_m 保持一致。非竞争性抑制作用的实例是抑胃酶肽［又名胃（蛋白）酶抑制剂，pepstatin］对肾素（renin，又名血管紧张肽原酶）的作用。

非竞争性抑制作用在 Lineweaver-Burk 图上能识别，因为它提高实验的直线斜率，改变在 Y 轴上的截距（因为 V_{max} 降低），而 X 轴上的截距不变（因 K_m 维持不变）［图 1-14（c）］。

除了以上三种典型抑制类型，还有一类属于混合抑制，抑制剂同时影响酶的 V_{max} 和 K_m，难以通过作图探究其抑制规律。

第六节　酶的制备

一、酶的来源

目前酶蛋白主要包括三个来源：

1. 器官组织等的直接提取

如商品酶猪胰脂肪酶是直接提取自猪胰脏，木瓜蛋白酶提取自木瓜。但直接由器官和组织提取酶有不少不足，如器官和组织需要及时处理，而且产能受到样品来源的限制，一些植物来源的酶蛋白还受到时令的制约。因此这类来源的酶在总酶中的比重在不断下降，但其好处是可以同时获取多个不同种类的酶。

2. 产酶生物的直接培养

这类酶主要来自微生物，例如深圳绿微康公司生产的脂肪酶就是来自于产脂肪酶的青霉菌等。这些天然的产酶菌株都经过多轮筛选、优化、诱变等处理后大幅度提高其产酶量后方可达到生产水平，但在生产过程中常常有发酵菌株遗传稳定性差、易退化以及总产能相对不高等问题。

3. 基因工程异源表达

这是目前酶工程发展最快的方向之一，也将是今后酶蛋白制备的关键。随着生物技术的全面发展，通过基因组提取技术、反转录技术、新一代测序技术和多功能 PCR（聚合酶链式反应）技术可以获得任意生物的基因组，得到相关的酶基因，甚至一些无法培养的微生物的酶基因资源也可以通过宏基因组技术获得。目前用于异源表达的表达体系有如下几大类，分别对应于不同的应用领域和实用范围：

① 细菌表达体系。大肠杆菌是使用范围最广的表达体系，目前已表达的蛋白质中大约有 70% 是采用大肠杆菌表达的。大肠杆菌作为表达宿主有以下优点：易转化；在简单的培养基中能快速生长；生长和保存条件要求简单；易表征；可高密度培养；且遗传学背景清晰。大肠杆菌作为表达系统的主要缺点包括：不能像真核蛋白那样进行翻译后修饰、缺乏将蛋白质有效释放到培养基中的分泌机制和充分形成二硫键的能力。由于含有热原等物质，不适合表达药用蛋白质，且重组蛋白在大肠杆菌中高水平表达时，易发生积聚或者形成包涵体。虽然有种种不足，但大肠杆菌依然是今后酶异源表达的主要工具，其表达速度快、易于后处理等使其在酶的筛选和定向进化等领域有着独特的优势。枯草杆菌表达体系由于其生物安全性高，比大肠杆菌更适合作为食品工业和药用酶等蛋白质的表达，因此也受到充分重视，但其在操作流程和蛋白质表达效率方面都不如大肠杆菌，需要做大量的后续工作以提高其表达效率。

② 酵母菌表达体系。由于细菌表达体系没有糖基化功能，因此大量带有糖基化修饰的真核生物来源蛋白质采用酵母表达体系。目前最常用的酵母菌表达体系为毕赤酵母，通过向培养基中添加一定浓度的甲醇可以诱导目标蛋白的表达，并且蛋白质的表达水平也很可观。现已有成熟的商业化酵母表达体系出售。但由于毕赤酵母在表达过程中需要添加甲醇，因而也限制了其在许多领域的应用。与之对应的是酿酒酵母表达体系，酿酒酵母是人类使用具有几千年历史的安全菌株，非常适合于食品和药用领域。但同样其蛋白质表达效率与毕赤酵母体系有不少差距，另外还有其他数种酵母作为表达体系也得到了应用。

③ 霉菌表达体系。霉菌表达体系是目前最重要的商业酶表达体系，其可以直接使用如大麦、小麦和豆类作为发酵原料，使得酶的生产成本可以降得非常低。目前广为采用的是米曲霉和黑曲霉，但相关专利大都掌握在一些酶制剂巨头手中，使得其在大规模酶工业化生产时受到限制，相信随着一些专利的到期，酶的应用会得到更大的发展。

④ 真核细胞表达体系。酵母表达体系虽然能够进行糖基化，但通常会过糖基化，而且糖链成分过于单一，因而对于一些生物医药领域的酶和蛋白质不适合。真核表达系统分瞬时表达体系和持续表达体系。瞬时表达体系的代表为非洲绿猴肾细胞（COS），将外源基因转染表达细胞后可以快速得到大量蛋白质，用于快速鉴定基因的功能，宿主细胞没有遗传学改变。持续表达体系适合于工业生产，代表体系是中国仓鼠卵巢（Chinese hamster ovary, CHO）细胞，由于 CHO 细胞没有一般真核细胞的传代次数限制，适合大规模培养，并且其属于成纤维细胞，内源蛋白质少，有利于后期纯化，而且其蛋白质糖基化修饰和人源蛋白质最接近，因此 CHO 细胞已经成为生物医药领域最重要的表达体系。但由于 CHO 细胞培养条件复杂，培养基成本高，不适合用于生产工业用酶，只适合用于生产高附加值的医药用酶和蛋白质。其他真核表达体系还包括昆

虫细胞和植物细胞。

⑤ 无细胞表达体系。由于一些特殊的需要和因素，如一些蛋白质具有细胞毒性，向蛋白质中引入非天然氨基酸，无细胞表达体系应运而生。但目前无细胞表达体系大多应用在高通量筛选、结构蛋白质组学和功能蛋白质组学等少数领域。目前使用较多的包括兔网织红细胞体系、麦芽提取物体系和大肠杆菌体系等。其由于使用成本过高，不适合大规模推广。

二、蛋白质表达常见问题及解决方式

理论上通过基因工程异源表达可以获得任何需要的蛋白质，但实际上外源蛋白的表达经常碰到各种各样的问题而导致表达效率不高，目前常常采取如下一系列手段提高蛋白质的表达效率。

（一）大肠杆菌

1. 降低蛋白质的合成速度

如：①降低培养温度，最适合大肠杆菌生长的温度在 37 ～ 39℃之间，在此温度下表达外源蛋白极易生成包涵体。低温培养条件下表达外源蛋白能有效地增加可溶蛋白的比例，培养温度的下限一般为 8 ～ 10℃，因为在此温度以下，大肠杆菌将停止生长，蛋白质也基本上停止表达；②用弱启动子；③用低拷贝数的质粒作为表达载体；④降低诱导物的浓度。

2. 改变培养基条件

如：①加入能帮助折叠的蛋白质因子；②在培养基中添加甘氨酸能增强外周质蛋白释放到培养基中，且不引起明显的细菌裂解；③在山梨糖醇和甘氨酰甜菜碱存在的渗透压力下培养细菌，可以使可溶性的活性蛋白产量提高多达 400 倍。

3. 与相关蛋白质共表达

分子伴侣，如 GroES-GroEL、DnaK-DnaJ-DrpE、CIpB；折叠酶，如 PPIase（肽酰脯氨酰顺反异构酶）、DsbA（二硫化物氧化还原酶）、DsbC（二硫化物异构酶）、PDI（蛋白质二硫键异构酶）。

目前普遍认为，有效的蛋白质翻译后折叠、多肽装配成寡聚体结构以及蛋白质的转位都是由一种被称为分子伴侣的蛋白质来介导的。但是，利用分子伴侣所得到的实验结果并不一致，且伴侣分子的共表达对基因表达的影响似乎都具有蛋白质特异性。

有报道表明，将人或鼠的蛋白质二硫键异构酶（PDI）与靶基因共表达，能提高在大肠杆菌（*Escherichia coli*）细胞质中正确折叠蛋白质的产量。*E. coli* 细胞质中二硫键的形成是由维持氧化还原电势的一组蛋白质来促进的。有人认为 DsbA（一种可溶性的细胞外周质蛋白）直接催化蛋白质中二硫键的形成，而 DsbB（一种内膜蛋白）则参与 DsbA 的再氧化。真核生物的 PDI 能够补充 *dsbA* 缺失突变株的表型，但其功能在 *dsbB* 突变株中完全丧失。另外，通过额外添加谷胱甘肽可以提高 PDI 增强靶蛋白产生的能力。这些证据表明，PDI 有赖于细菌氧还蛋白来完成自身的再氧化。因此，应根据外源蛋白的特点有选择性地共表达分子伴侣和折叠酶。

4. 细胞外周质表达和分泌表达

（1）细胞外周质表达

在外周质只有 4% 的总细胞蛋白质，这显然有利于目的蛋白的纯化，外周质的氧化环境有利于二硫键的形成使蛋白质正确折叠，而胞内则是还原性的环境。周质空间有折叠酶 DsbA 和 DsbC，可以帮助蛋白质的正确折叠，且很少有蛋白酶存在，目的蛋白不会被水解，对细胞有毒性的蛋白质可大量存在。

蛋白质通过内膜转运到外周质需要信号肽，在起始密码和目的基因之间加入信号肽，可以引导目的蛋白穿越细胞膜，避免表达产物在细胞内的过度累积而影响细胞生长，或者形成包涵体，而且表达产物是可溶的活性状态不需要复性。通常这种分泌只是分泌到细胞膜和细胞壁之间的周质空间。

（2）分泌表达

将蛋白质分泌到细胞外易于纯化目的蛋白，减少细菌的蛋白酶对目的蛋白的裂解。但是，*E. coli* 在正常情况下只有很少量的蛋白质分泌到细胞外。要解决蛋白质外泌方面的难题，必须弄清 *E. coli* 的分泌途径。在 *E. coli* 中将蛋白质分泌到培养基中的方法大致分为两类：①利用已有的“真正”的分泌蛋白所采用的途径；②利用信号肽序列、融合伴侣和具有穿透能力的因子。第一种方法具有将目的蛋白特异性分泌的优点，并最小限度地减少了非目的蛋白的污染。第二种方法依赖于有限渗透的诱导而导致蛋白质的分泌。通常情况下，外泌蛋白质的产量是中等的。

5. 使用特异载体及菌株

（1）表达载体

① 从开始涉及表达的时候可以根据是否要用基因本身的起始密码子进行选择，可选用 pET-21(+)、pET-24(+) 和 pET-23(+) 三个载体。如果打算利用载体的起始密码子，那么就有许多选择。

② 根据是否要可溶性表达，选择加有不同标记的载体。一般说来在大肠杆菌中，不加标记，外源蛋白都会以不溶的包涵体形式表达。为了让外源蛋白融合表达一般说来有三个策略：与一个高度可溶的多肽联合一起表达，比如谷胱甘肽 S 转移酶（glutathione S transferase, GST）、硫氧还蛋白（thioredoxin, Trx）和 N 利用质 A（N utilization substance A, NusA）；转入一个酶催化二硫键的形成，如硫氧还蛋白、DsbA、DsbC；插入一个定位到周质空间的信号序列。不同载体提供不同的标记，有的可以同时带有多个标记。如果不希望在蛋白质的 N 末端加入任何的多肽，可以选择用 Nde Ⅰ直接从起始密码子后插入外源片段，或者在得到表达产物后利用蛋白质氨基酸的酶切位点把多余的多肽切除。

③ 表达双外源蛋白的载体有 pCDFDuet-1 DNA、pETDuet™-1 DNA、pRSFDuet-1 DNA。这些载体含有两个不同多克隆位点，可以插入两个外源蛋白基因，利用单独的 T7 启动子、乳糖操纵子和核糖体结合位点进行表达。载体转化进入合适的菌株中最多可以同时表达 8 个外源蛋白。

质粒上的元件包括启动子、多克隆位点、终止密码、融合 Tag（如果有的话）、复制子、筛选标记 / 报告基因等。通常，载体很贵，可以通过实验室之间交换得到免费的载体。交换获得的免费载体及菌株，要小心其遗传背景是否已经发生改变。

a. 复制子：通常表达载体都会选用高拷贝的复制子。pSC101 类质粒是严紧方式复制，拷贝数低，pCoE1、pMBI（pUC）类复制子的拷贝数高达 500 以上，是表达载体常用的。通常情况下质粒拷贝数和表达量是非线性的正相关，当然也不是越多越好，超过细胞的承受范围反而会损害细胞的生长。如果碰巧需要 2 个质粒共转化，就要考虑复制元是否相容的问题。

b. 筛选标记和报告基因：氨苄青霉素抗性是最常见的筛选标记，卡那霉素次之，而四环素、红霉素和氯霉素等已经很少使用。抗性基因的选择要注意是否会对研究对象产生干扰，比如代谢研究中要留意抗性基因编码的酶是否和代谢物相互作用。在表达筛选中要注意的问题应该就是 LB 倒板前加抗生素的温度，温度过高容易导致抗生素失效。

c. 启动子：启动子的强弱是对表达量有决定性影响的因素之一，能在 *E. coli* 中发挥作用的启动子很多。这些启动子必须具有适合高水平蛋白质合成的某些特性。首先启动子的作用要强，待表达基因的产物要占或超过菌体总蛋白质的 10% ～ 30%；再次，它必须表现最低水平的基础转录活性。若要求大量的基因表达，最好选用高密度培养细胞和表现最低活性的可诱导和非抑制启动子。如果所表达的蛋白质具有毒性或限制宿主细胞的生长，选用可抑制的启动子则至关重要。

d. 终止子：转录终止子对外源基因在大肠杆菌中的高效表达有重要作用——控制转录的RNA长度提高稳定性，避免质粒上异常表达导致质粒稳定性下降。在启动子上游的转录终止子还可以防止其他启动子的通读，降低本底。

在原核生物中，转录终止有两种不同的机制，一种是依赖六聚体蛋白rho的rho依赖性转录终止，rho蛋白能使新生RNA转录本从模板解离。另一种是rho非依赖性转录终止，它特异性依赖于模板上编码的信号，即在新生RNA中形成发卡结构的一回文序列区，和位于该回文序列下游4～9bp处的dA、dT富含区。

（2）表达宿主

大致分为以下几个种类：

① 蛋白酶缺陷型：所有B菌株的衍生株都是lon蛋白酶和ompT蛋白酶缺陷型的，这包括B834、BL21、BLR、Origami™ B、Rosetta™ 和Tuner™。因此在纯化时可以保持蛋白质的稳定不被降解。BL21（DE3）是应用最多的表达菌株。另外它的衍生株BLR（DE3）是$recA^-$型，RecA是大肠杆菌中介导同源重组的重要蛋白质之一。它的缺失，可以保证质粒的稳定。

② 保证所有细胞以同样量进行表达：Tuner™ 株及它的衍生株（Origami™ B和Rosetta™）是BL21菌株的lacY1缺失突变型，在这些菌株中可以使蛋白质以同样水平在所有细胞中表达。Lac渗透酶的突变使进入每个细胞的IPTG（异丙基-β-D-硫代半乳糖苷）量都是一致的，这样使蛋白质表达浓度可以随着IPTG浓度而改变。对IPTG浓度进行控制可以使细胞微量表达或者大量表达。一般说来，低浓度表达有利于提升蛋白质的可溶性和活性。

③ 二硫键形成与溶解性增强：二硫键的形成对某些蛋白质的可溶性起到重要的作用，有一些菌株是谷胱甘肽还原酶（gor）和/或硫氧还蛋白还原酶（trxB）缺陷型的，包括AD494、BL21trxB、Origami、Origami B和Rosetta-gami™。在这些菌株中表达蛋白质，可以更大程度促进二硫键的形成，并使蛋白质以可溶形式和有活性形式出现的可能性增加。

④ 稀有密码子的补给：不同物种有不同的密码子偏爱性，如果外源蛋白中含大量大肠杆菌的稀有密码子，特别当这些稀有密码子呈连续分布的时候，就会造成蛋白质表达量极低，或者翻译提前终止。Rosetta™ 是为了表达真核蛋白而特别设计的，它含有大肠杆菌稀有的密码子tRNA，包括AUA、AGG、AGA、CUA、CCC和GGA。它们以氯霉素抗性的质粒形式存在。Rosetta系列来自BL21lacY1，所以它具有BL21lacY1的所有特性。

⑤ 硒甲硫氨酸标记：B834是来源于BL21的甲硫氨酸（Met）营养缺陷型菌株。它在高度特异活性35S-Met标记和晶体成像甲硫氨酸标记中非常有用。

6. 融合表达

表达载体的多克隆位点上有一段融合表达标签（tag），表达产物为融合蛋白（分N端或者C端融合表达），方便后继的纯化步骤或者检测。对于特别小的分子建议用较大的标签（如GST）以获得稳定表达；而一般的基因多选择小标签以减少对目的蛋白的影响。His标签是最广泛采用的标签。

7. 基因或者蛋白质的大小

一般说来小于5kDa或者大于100kDa的蛋白质都是难以表达的。蛋白质越小，越容易被降解。在这种情况下可以采取串联表达，在每个表达单位（即单体蛋白）间设计蛋白质水解或者是化学断裂位点。如果蛋白质较小，那么加入融合标签GST、Trx（硫氧还蛋白）、MBP（麦芽糖结合蛋白）或者其它较大的促进融合的蛋白质标签就较有可能使蛋白质正确折叠，并以融合形式表达。对于另一个极端，大于60kDa的蛋白质建议使用较小的标签，如6× 组氨酸标签。

8. 密码子的偏爱性优化

原核和真核生物的基因对同义密码子的使用均表现非随机性。对*E. coli*中密码子的使用频率进行系统分析得到以下结论：①对于绝大多数的简并密码子中的一个或两个具有偏好；②某些密码子对所有不同的基因都是最常用的，无论蛋白质的含量多少，例如 CCG 是脯氨酸最常用的密码子；③高度表达的基因比低表达的基因表现更大程度的密码子偏好；④同义密码子的使用频率与相应的 tRNA 含量有高度相关性。这些结果暗示，富含 *E. coli* 不常用密码子（表 1-7）的外源基因有可能在 *E. coli* 中得不到有效表达。研究表明，通过用常用密码子替换稀有密码子或与“稀有”tRNA 基因共表达可以提高外源基因在 *E. coli* 中的表达水平。如果是全基因合成，目前许多公司都有针对不同表达宿主的密码子优化服务，并且大部分时候是免费的。

已知序列的绝大部分（91%）*E. coli* 基因的翻译起始区均含有起始密码子 AUG，GUG 的利用率为 8%，而 UUG 的利用率则为 1%。

表 1-7 *E. coli* 中不常用的密码子

密码子	氨基酸	密码子	氨基酸
AGA,AGG,CGA,CGG	Arg	CCC,CCU,CCA	Pro
UGU,UGC	Cys	UCA,AGU,UCG,UCC	Ser
AUA	Ile	ACA	Thr
CUA,CUC	Leu		

另外，体外解折叠后，进行重新折叠以及突变替换某些氨基酸残基也是有效地提高蛋白质可溶性表达的有效手段。

附：稀有密码子预测网址：

http://www.faculty.ucr.edu/~mmaduro/codonusage/usage.htm

原核表达蛋白可溶性预测网址：

http://www.biotech.ou.edu/

（二）枯草芽孢杆菌

枯草芽孢杆菌作为基因工程表达系统发展迅速，其优点为：安全，序列已知，便于操作，无明显密码子偏爱性和易于表征。枯草芽孢杆菌表达系统的构成涉及了启动子的选择，核糖体结合位点及信号肽的设计。影响外源基因在枯草芽孢杆菌系统中表达的因素主要包括表达载体的选择以及蛋白质分泌能力的影响。①选择分子量小，有唯一的酶切位点、较高的拷贝数和适合筛选的抗性标记的载体，其中使用广泛的有 Pub110、Pc164 和 pE194 等。②选择可以在菌体中进行穿梭的质粒进行起始克隆，方便基因操作。③选择稳定性好的质粒载体。比如 pHB201 是由枯草杆菌隐性质粒 pTA1060 和 pUC19 构成的穿梭质粒，其在连续传代和发酵罐培养中都比较稳定，许多用于构建大肠杆菌载体的方法也被用于芽孢杆菌载体的构建。这些技术的应用使得芽孢杆菌质粒载体更加完善。影响蛋白质分泌能力的因素主要有：①有效分子伴侣的缺乏影响蛋白质的分泌甚至在胞质中形成包涵体。②一些信号肽的合成受到时序调节使得某些外源蛋白的分泌和信号肽酶的合成一致而造成信号肽的切除。③连接在膜外促蛋白折叠因子 PrsA 的数量影响外源蛋白的高分泌。④蛋白酶的降解导致外源蛋白低产率。⑤细胞壁成为某些蛋白质的分泌屏障。

（三）酵母

大肠杆菌和枯草芽孢杆菌作为原核表达系统的代表，而真核表达系统中甲醇酵母最具代表性，此处以其中的毕赤酵母为代表阐述蛋白质表达系统的影响因素。

甲醇酵母表达系统的优点：它是一种真核表达系统，可对表达的蛋白质进行加工折叠和翻译后修饰；具有很高的表达量；节省成本，只需简单含盐培养基即可；适合于高密度培养；背景杂蛋白少，表达产物较易纯化。

影响酵母表达系统外源蛋白表达的因素及解决办法。

影响外源蛋白表达的因素如下：

① 外源基因序列的内在特性：为了获得最佳蛋白质表达量，应维持外源基因 mRNA 5′-UTR 尽可能和 AOX1 mRNA 5′-UTR 相似，并且最好是保持两者一致。此外 5′-UTR 中应避免 AUG 序列以确保 mRNA 从实际翻译起始位点开始翻译，并且可以通过密码子的替换使起始密码 AUG 周围不形成二级结构。AT 含量高的基因在甲醇酵母中表达时有时会造成转录提前终止，因此对 AT 含量丰富的基因，最好是重新设计序列，使其 AT 含量在 30% ～ 55% 范围内。外源基因在宿主中的表达会受到酵母偏爱的密码子的影响，通过对外源基因的密码子进行优化可以提高其表达水平。

② 基因拷贝数：一般情况下，甲醇酵母中外源基因整合的拷贝数愈高，则蛋白质表达量愈大，事实上高的基因拷贝数和高的蛋白质表达量两者之间并无必然的联系。因此有必要在筛选出高拷贝转化子鉴定表达的同时，也用单拷贝转化子作为对照，比较两者表达量。

③ 菌株的表型：外源基因转化甲醇酵母后，能够整合到染色体上。整合的不同方式会导致转化子的两种表型。一种方式是插入，即整合后 *AOX1* 基因是完整的，没有被破坏掉，这样转化子代谢甲醇的能力正常，能在甲醇培养基上正常生长，这种表型称为 Mut^{+}; 另外一种方式是替换，即整合后外源基因取代了受体菌染色体上的 *AOX1* 基因，造成 *AOX1* 基因的丢失，这样转化子代谢甲醇能力很弱，在甲醇培养基上生长很慢，这种表型称为 Mut s。对于胞内表达蛋白，优先考虑用 Mut s 表型。因为它们有一个低水平的乙醇氧化酶蛋白，表达的蛋白质更容易纯化；对于分泌表达，则 Mut^{+} 和 Mut s 都可使用。

④ 分子伴侣：分子伴侣在细胞内帮助其他蛋白质完成正确的组装但不参与这些蛋白质所行使的功能，在组装完成后即与之分离。大量研究报道，分子伴侣与靶基因共表达可显著提高靶蛋白的表达量。

⑤ 信号肽：在毕赤酵母中重组蛋白分泌到胞外必须经过信号肽的引导，信号肽与目的蛋白融合表达，从而使目的蛋白在加工折叠后被引导分泌到胞外。常用的酵母信号肽有 α 因子信号肽（MF-α）、酸性磷酸脂酶信号肽（PHO1）、蔗糖酶信号肽（SUCZ）、Killer 毒素信号肽和菊粉酶信号肽（INU）等。

⑥ 糖基化修饰：研究表明，通过对糖基化位点进行改造或引入新的糖基化位点可提高分泌蛋白在毕赤酵母中的表达量及重组蛋白活性。

⑦ 发酵工艺：高密度发酵是提高毕赤酵母重组蛋白表达量的一种重要策略。毕赤酵母表达外源蛋白时，温度、pH、碳源、溶氧等培养条件对目的蛋白的完整性及产量都有较大的影响，优化培养条件可有效提高外源蛋白的表达量。对培养基的优化主要包括碳源的优化、氮源的优化、基础盐和 PTM1 微量盐的优化。有多种培养基，如 BMGY/BMMY、BMG/BMM、MGY/MM 等都可用来表达。BMGY/BMMY、BMG/BMM 培养基成分中含有缓冲液，常用来表达分泌蛋白，可在一个广泛范围内获得最佳的蛋白质产量，尤其是当 pH 值对外源蛋白活力很重要的情况下。甲醇浓度对目的蛋白的表达起着重要作用，诱导期间培养基中每天应补加甲醇，以弥补甲醇的消耗和蒸发，一般每天添加到培养基中的甲醇含量为培养基体积的 0.5%。毕赤酵母可以在较宽泛的 pH 范围内表达外源蛋白，因此可以通过调节 pH 值抑制蛋白酶，使降解程度减至最低，提高外源蛋白的产量。此外在培养基中添加 1% 酪氨酸蛋白水解物也可减弱蛋白质降解作用。一般发酵罐较之摇瓶培养表达量更高。这是因为在发酵罐中，溶解氧水平、通气量、pH 值、搅拌速率、营养补给等方面更容易得到优化，导致更高效的表达。

第七节　蛋白质、酶和重组蛋白的分离纯化

蛋白质分离纯化技术无论是对酶工程还是对基因工程的发展都是至关重要的。据统计，生物工程产品研究或生产中，70% 的经费和人力要用于下游工程，新型分离材料、高度自动化和人工智能仪器设备的不断涌现以及多种新技术的发展，推动着蛋白质化学进入了新的发展阶段。DNA 重组技术的问世，遗传工程的蓬勃发展，推动了蛋白质工程的兴起。今天，生物化学家们不仅可以利用各种先进、灵活的蛋白质化学技术纯化、分离获得天然的蛋白质和酶，而且也可以结合分子生物学技术，改造和设计生产出那些自然界不存在或存在量甚微或使之具有人们所期望的新性质的酶与蛋白质。蛋白质工程产品的面市，尤其是对应用于临床医学中高纯度、高生物活性的蛋白质药物的纯化技术，变性蛋白的复性，正确折叠，二硫键配对，功能蛋白的糖基化修饰、加工及一系列下游工艺技术发展的要求既高又迫切。

一、蛋白质纯化的一般考虑

纯化蛋白质、酶与重组蛋白所进行的策略设计最主要的考虑是应用。从量上考虑，为测定序列或克隆目的只要几微克，而为工业和医药用途考虑则可达几千克。从纯度标准的要求上看也是相差很远的，为临床治疗需要的生物药品，其纯度应达到 99.9% 以上。因此，考虑的策略也有着诸多不同，下列各点是应认真遵循的。

1. 分离纯化用的原料来源要方便，成本要低

目的蛋白含量、活性相对要高；可溶性和稳定性要好；对基因分子生物学性质的背景知识要有更多的了解，是否有 cDNA 序列，同源性如何；重组蛋白的表达系统、表达水平及表达方式均要确定。

2. 不能破坏活性

生物活性分子一旦离开它赖以生存的生态环境则易破坏天然构象，即具有易变性。因此，破碎细胞的条件要尽可能十分温和，尽早尽可能多地去除各种杂质、脂类、核酸及毒素，近年来发展起来的双液相蛋白质萃取技术可同时去除这些杂质干扰。使用极性条件要以目的蛋白的活性和功能不受损害为原则。低温和洁净的环境必不可少，要设法避免和防止过酸、过碱、重金属离子、变性剂、去污剂、高温、剧烈的机械作用和自身酶解等诸因素。器皿以聚乙烯塑料代替玻璃制品，尤其在稀溶液的操作中更应如此。

3. 分离纯化的大部分操作是在溶液中进行的

各种参数，如 pH、温度、离子强度等，溶液中各组分对生物活性分子的综合影响常常无法固定，以致分离、纯化操作带有很大的经验成分，因此，操作缓冲液中的物质成分要审慎地思考，避免随意性。除去对可溶性及缓冲容量的考虑之外，蛋白水解酶和核酸酶的抑制剂、抑制微生物生长的杀菌剂、稳定蛋白质构象和酶活性的还原剂及金属离子等均应依不同蛋白质和酶的性质、结构予以周全考虑。

4. 有效的酶活力检测手段

建立灵敏、特异、精确的检测手段是评估纯化方法以及判断目标蛋白产率、活性、纯度的前提。酶活力检测可基于特异性底物的反应；其他目标蛋白的检测在未能建立特异性的免疫学检测方法之前不仅要测定它的总生物活性，还要有相应判定指标，保证检测的特异性。重组表达的目标蛋白，在稀溶液中含量很低，因此要保证有足够灵敏的检测方法。无破坏性紫外线检测装置的灵敏度要高，吸收波长选取适当，如选取 215nm 监测。破坏性的检测手段可建立诸如荧光法或飞克（fg）水平的蛋白质浓度测定方法。

5. 纯化策略的选择

表 1-8 概述了在蛋白质、酶与重组蛋白纯化中，依其蛋白质性质选用的各种纯化技术，常用的有凝胶过滤、离子交换、色谱聚焦、疏水作用、亲和色谱等。

表 1-8　常用的蛋白质、酶和重组蛋白纯化技术

分离原理	分离方法	特点	用途
分子大小	凝胶过滤色谱	分级分离，分辨率适中，适合于脱盐，分级分离时流速较慢（>8h/ 循环），脱盐时流速快（30min/ 循环），容量受限于样品体积	大规模纯化的最后一步用于去除杂质，脱盐可用于任何阶段，特别是步骤衔接时的缓冲液更换
电荷	离子交换色谱	分辨率通常较高 流速较快（合适的填料） 容量很大，样品体积不受限	最适合于早期纯化，即大体积样品且蛋白质纯度较低时使用
等电点	色谱聚焦	分辨率较高 流速快 容量很大，样品体积不受限	纯化最后阶段
疏水特性	疏水作用	分辨率较高 流速大 容量大，样品体积不受限	适合于任何阶段，特别适合于样品离子强度较高，如沉淀、离子交换后
	反相色谱	分辨率较高 流速很快 容量大	适合于最后阶段，特别适合于分子量较小的肽
生物亲和性	亲和色谱	分辨率极高 流速大 容量大，样品体积不限	适合于任何阶段，特别是样品浓度小、杂质含量多时使用

工艺次序的选择策略包括：应选择不同机制的分离单元组成一套工艺；应将含量多的杂质先分离去除；尽早采用高效分离手段；将最昂贵、最费时的分离单元放在最后阶段。也就是说，通常先运用非特异、低分辨的操作单元，如沉淀、超滤和吸附等，这一阶段的主要目的是尽快缩小样品体积，提高产物浓度，去除最主要的杂质（包括非蛋白质类杂质）；随后是高分辨率的操作单元，如具有高选择性的离子交换色谱和亲和色谱，而将凝胶过滤色谱这类分离规模小、分离速度慢的操作单元放在最后，这样可使分离效益提高。

色谱分离次序的选择同样重要，一个合理组合的色谱次序能够克服某些方面的缺点，同时很少改变条件即可进行各步骤间的过渡。离子交换、疏水作用和亲和色谱通常可起到蛋白质的浓缩效应，而凝胶过滤色谱常常使样品稀释。在离子交换色谱之后进行疏水作用色谱，不必经过缓冲液的更换，因为多数蛋白质在高离子强度下与疏水介质结合能力较强，凝胶过滤色谱放在最后一步又可以直接过渡到适当的缓冲体系中以利于产品成形保存。但在包涵体重组蛋白的纯化中，因为分离纯化的是变性蛋白，与纯化天然蛋白质的性质不同，凝胶过滤色谱有时可作为首选的步骤。例如，原核基因工程重组细胞因子的分子质量大多在 15 ～ 20kDa，而包涵体中的杂蛋白分子质量通常大于 30kDa，因此选用凝胶过滤色谱能很容易获得高纯度产品。

最后需要提出的是近年来出现的集色谱分离与膜分离于一体的径向流色谱柱（radial flow chromatographic column）分离技术，它采用径向流动技术，样品和流动相是从柱的周围流向圆心的，故可在较小的柱床层高度下使用较大的流动相流速，而反压降却较低，样品出峰快。由于它改变了传统的长轴流向的柱体设计和具有多层键合功能基团的交换膜，因此色谱分离的流量和负荷量大大提高，同时又由于柱体的设计可在长轴上加长、缩短和并联，因此分离规模可在基本类似的色谱条件下不断放大，适合于生物工程产品的初级分离纯化。

二、蛋白质的粗分离

1. 材料的选择和细胞抽提液的制备

（1）材料的选择

分离精制蛋白质最重要的是选择适当的原料。蛋白质的来源无非是动物、植物和微生物；选择的原则是，原料所含有的目的蛋白的量要高，而且容易获得；当然由于研究目的不同，有时只能使用特定的原料。应当注意的是，蛋白质含量在种属间有意想不到的差别，在不同个体中也有明显不同。由于性别、年龄、季节、饲养条件、生理或病理状态及培养条件的不同，也会有量和质的差异。从动物组织或体液中分离蛋白质时，取到材料后要迅速处理，充分脱血后立即使用或在冷库（−50 ～ −10℃）里冻结保存备用。用植物材料分离蛋白质时要注意植物细胞壁比较坚厚，要采取有效方法使其充分破碎，同时，植物组织中含有大量多酚物质，在提取过程中会被氧化成褐色产物，干扰蛋白质的进一步纯化，必须防止。另外，植物细胞的液泡内含物有可能改变抽提液的 pH 值，因此，对植物组织常使用较高浓度的缓冲液作为提取液。应用微生物来提取蛋白质，由于微生物可大规模培养，原料来源一般不受限制。通过基因工程技术，将某些蛋白质的基因克隆到微生物中，从而可以大量表达这些蛋白质，这对稀有珍贵蛋白质的获得有重要的实际意义。选择什么材料为好，要从实用角度上来考虑。从研究角度，对一个研究体系来说，实在是没有选择的余地，无所谓什么材料好，什么材料不好。

（2）细胞破碎方法及细胞抽提液的制备

大多数蛋白质存在于细胞内，结合于细胞器上，所以，必须将细胞破碎，释放其中的蛋白质。要根据不同情况采用不同的破碎方法，最常用的是机械法。

为了确保可溶性细胞成分全部抽提出来，应当使用类似于生理条件下的缓冲液。常用 20 ～ 50mmol/L 的磷酸缓冲液（pH7.0 ～ 7.5），或 0.1mol/L Tris-HCl（pH7.5），或用含少量缓冲液的 0.1mol/L KCl。必要时，缓冲液中可加入 EDTA（乙二胺四乙酸，1 ～ 5mmol/L）、巯基乙醇（3 ～ 20mmol/L）或蛋白质稳定剂等。

动物组织和器官要尽可能除去结缔组织和脂肪，切碎后放入捣碎机中。每克组织加 2 ～ 3 倍体积的冷的抽提缓冲液，匀浆几次，直至无组织块为止，然后离心倾出上清液，即得细胞抽提液。制备植物细胞抽提液时，缓冲液中加入聚乙烯吡咯烷酮（PVP）常可减少褐变，因为它可吸附多酚化合物。

完全破碎酵母和细菌细胞，可用法兰西压榨机（French press），此仪器适用于少量细胞的破碎，破碎大量细胞可用 Manto-Gaulin 匀浆器。每公斤细胞加 2L 缓冲液。这两种设备可使细胞在非常高的压力下（约 800bar❶）通过一小孔，利用产生的剪切力破碎细胞。另一种方法是用振动研磨机，细胞与直径 0.5 ～ 1mm 的玻璃球一起剧烈振荡，此法非常有效迅速。对少量微生物（几百毫升）可用超声波破碎细胞法。还可采用生物学方法，革兰氏阳性菌细胞壁易被溶菌酶消化，在 37℃短时间（如 15min）即可溶解细胞壁。对革兰氏阴性菌，则预先用非离子型去污剂（如 Triton X-100）、巯基乙醇和甘油处理细胞，可加强溶菌酶作用的有效性。如果同时加入脱氧核糖核酸酶 Ⅰ（10μg/mL），可使溶液黏度降低，从而提高抽提液的质量。

（3）膜蛋白的释放

膜蛋白存在于细胞膜或有关细胞器（线粒体、叶绿体、内质网或核等）的膜上。按其所在位置大体可分为外周蛋白和固有蛋白两种类型。外周蛋白通过次级键和外膜脂质的极性头部螯合在一起，可以用含 EDTA 的适当缓冲液将其抽提出来。外周蛋白被抽提后，膜一般仍保持完整的双层结构。固有蛋白嵌合在双层中。抽提固有蛋白时，既要削弱它与膜脂的疏水性结合，又要使它仍保持疏水基暴露在外的天然状态，这个过程称为增溶作用。比较理想的增溶剂是去污

❶ 1bar=10^5Pa。

剂，它既有亲水部分也有疏水部分，当浓度高于临界胶团浓度时形成胶团，胶团内部为疏水核，外部为亲水层。增溶时，膜蛋白疏水部分嵌入胶团的疏水核中而与膜脱离，同时又保住了膜蛋白表面的疏水结构。被增溶出来的膜蛋白通过透析等方法除掉去污剂，再进一步用其它方法分离纯化。所用去污剂按结构可分为四种：阴离子去污剂（脱氧胆酸盐）、阳离子去污剂（溴化十二烷基三甲铵）、两性离子去污剂（二甲基十二烷基甘氨酸）和非离子型去污剂（Triton X-100）。近年，非离子型去污剂辛基葡萄糖苷应用广泛，因为它的临界胶团浓度高（达 25mmol/L），同时易于透析，也有利于膜蛋白的重组。释放膜蛋白的其它方法有：①用磷酸脂酶 A 消化膜脂肪，从而使膜蛋白释放出来；②在高 pH 和较高温度下进行超声作用，也能释放膜蛋白；③在低温（−20℃）下，用丙酮处理组织和细菌，可以抽提出大部分脂肪，所得无水的丙酮干粉可以贮存很长时间。将丙酮干粉溶于水溶性缓冲液后，则可得可溶性蛋白质，留下不溶性的残渣。这是一种经典的现在仍在使用的方法。

（4）胞外酶的分离

胞外酶是在微生物发酵时分泌到发酵液中的。发酵后可通过离心或过滤将菌体从发酵液中分离弃去，所得发酵清液通常要适当浓缩，然后再作进一步纯化。目前常用的浓缩方法是超滤法。

粗抽提液往往由于脂肪微粒、细胞器碎片或其它固体物存在而比较混浊，可采用高速离心法或过滤法（添加适当的助滤剂）使其澄清。粗提液中如有大量核酸，会使溶液黏度增加而影响进一步分离纯化，可用核酸酶消化核酸，或用鱼精蛋白将核酸沉淀。

2. 蛋白质的浓缩和脱盐

经硫酸铵沉淀的蛋白质在作进一步提纯以前，常要除盐，即降低离子强度。常用的除盐方法有透析法、纤维过滤透析法和分子筛色谱法，这些方法的优缺点列于表 1-9 中。

表 1-9　蛋白质的脱盐方法的优缺点

方法	处理量	操作时间	操作难易
透析	少量或数十毫升	5h 以上	容易
纤维过滤透析	大量样品	0.5h	稍难
分子筛色谱	少量或数十毫克	数小时	稍难

透析法简单，只需玻璃纸或透析袋，但每次平衡时间较长，而且要特别注意透析袋的清洁。用前要在含 EDTA 的溶液中煮几次，除掉污染在袋上的核酸酶和蛋白质水解酶。纤维过滤透析法（fiber filter dialysis）是用泵使蛋白质溶液不断流经超滤膜制成的空心管，管的外部与透析缓冲液相连，用另一泵让缓冲液不断在管外流动。这样，透析的有效表面积大增，使透析时间大为缩短，缺点是中空纤维超滤膜价格昂贵。分子筛色谱法常用 Sephadex G-25 或 Bio-gel P-30 柱色谱法。蛋白质在柱中不被滞留，直接流出，盐等小分子则滞留在载体中。样品量大时，可适当增加色谱柱的直径。

除盐后的样品往往体积变大，样品浓度降低。在进一步提纯时（如用凝胶过滤色谱法），要求较小体积的样品溶液。为操作方便，也要减少样品体积，因此，必须建立浓缩蛋白质溶液的方法。浓缩方法有下列几种：①沉淀法，用盐析法或有机溶剂将蛋白质沉淀，再将沉淀溶解在小体积溶液中；②吸附法，吸附到离子交换剂上，然后用少量盐溶液洗脱下来；③干胶吸附法，如向蛋白质溶液中加入固体 Sephadex G-25 等吸水剂，吸去水及一些小分子物质，但蛋白质收率较低，此外还有冻干法和真空干燥法也可用于蛋白质浓缩，这些方法不能除盐；④渗透浓缩法，将蛋白质溶液放入透析袋中，然后在密闭容器中缓慢减压，水及无机盐流向膜外，蛋白质即被浓缩，也可将聚乙二醇（PEG）涂于装有蛋白质溶液的透析袋上，置于 4℃下，干 PEG 粉末吸收水和盐类，大分子溶液即被浓缩，PEG 吸水很快，100mL 蛋白质溶液在较短时间内就能浓缩到几毫升，为防止 PEG 进入蛋白质溶液，最好用分子量大的 PEG（如 PEG20000）；⑤超滤浓缩法，这是浓缩蛋白质的重要方法，近年国内外已生产各种不同型号的超滤膜，可以用来浓缩分子量不同（350 ～ 300000）的物质，每种膜都有一定的分子量截留值。超滤法不仅有浓缩的作用，而且有除盐、分级和纯化的作用，但分辨率远不及分子筛色谱法。此法操作方便、迅速、温和、处理样品量可大可小（从 2 ～ 3mL 到几百升）。超滤器有封闭式和管道式两大类。封闭式的缺点是超滤膜的孔易被大分子堵住，影响流速。管道式超滤器则可克服这个缺点，因为液体在管膜中以一定速度流动，可避免极化（膜被堵住）现象。由于管膜总面积很大，所以效率很高。随着样品溶液的不断循环，样品浓度逐渐增大，最终浓度可高达 10% ～ 50%，浓缩效率是封闭式超滤器的几倍。大型管式超滤器越来越多地应用于生物制品工业、食品工业以及“三废”处理等方面。

3. 沉淀法分级蛋白质

水溶性蛋白质分子表面带有亲水性基团，因此很容易进行水合作用，顺利进入水溶液中。如果溶液的 pH 偏离于等电点，则所有分子会带相同电荷，这进一步增进了它们的分散能力。因此，凡能破坏蛋白质分子水合作用或者减弱分子间同性相斥作用的因素，都可能降低蛋白质在水中的溶解度，使其沉淀。常用的方法有盐析法和有机溶剂法。

（1）盐析法

向蛋白质水溶液中加入中性盐，可以产生两种影响：一是盐离子与蛋白质分子中的极性和离子基团作用，降低蛋白质分子的活度系数，使其溶解度增加。在盐浓度较低时以这种情形为主，蛋白质表现为易于溶解，称为盐溶现象；二是盐离子也与水这种偶极子分子作用，使水分子的活度降低，导致蛋白质水合程度降低，使蛋白质溶解度减少。在盐浓度较高时这种情形起决定性作用，蛋白质便会沉淀，称为盐析现象。采用加入中性盐的方法使各种蛋白质依次分别沉淀的方法称为盐析法。

对于同一种蛋白质，盐离子价数越高，盐析能力也越强。各种离子盐析能力的强弱可用 Hofmeister 序列表示：

$$PO_4^{3-} > SO_4^{2-} > C_2O_4^{2-} > CH_3COO^- > Cl^- > NO_3^-$$

$$K^+ > Rb^+ > Na^+ > CS^+ > Li^+ > NH_4^+$$

蛋白质浓度影响盐析界限。蛋白质浓度高，盐析界限宽，即低浓度无机盐便可使蛋白质析出；反之，蛋白质浓度低，需要无机盐的浓度就高，盐析界限变窄。因此可以通过稀释作用来调节盐析浓度界限，从而有助于蛋白质分离。蛋白质溶液太浓时应当稀释，否则会与其它蛋白质发生共沉淀作用。蛋白质浓度通常在 2.5% ～ 3.0% 之间比较合适。

实际工作中，常用的盐析剂是硫酸铵，因为它盐析能力强，在水中溶解度大（25℃时为 4.1mol/L），价格便宜，浓度高时也不会引起蛋白质生物活性的丧失。硫酸铵浓溶液的 pH 约为 5.5，配制硫酸铵饱和溶液时，可在水中加过饱和量的硫酸铵，加温至 50℃，至大部分盐溶解，室温放置过夜后，再用 15mol/L NaOH 或 12mol/L H_2SO_4 调至所需 pH。

盐析法的优点是操作简便，中性盐对易变性的蛋白质有一定的保护作用，使用范围广泛，同时盐析能除去较多的杂质，有纯化作用。盐析还有浓缩蛋白质溶液的作用，有利于进一步纯化时的操作。缺点是分辨能力差，纯化倍数低。

（2）有机溶剂沉淀法

有机溶剂有较低的介电常数，会使溶液介电常数减小，增强偶极离子之间的静电引力，从而使分子集聚而沉淀。另一方面，有机溶剂本身的水合作用会破坏蛋白质表面的水合层，也促使蛋白质分子脱水而沉淀。

选用有机溶剂的原则是：①必须能与水完全混溶；②不与蛋白质发生反应；③要有较好的沉淀效应；④溶剂蒸气无毒，且不易燃。丙酮和乙醇符合上述要求，因此是使用最为广泛的两种有机溶剂。

在低介电常数环境中，蛋白质分子上基团间的作用力会受到影响，超过限度时会使蛋白质变性。因此，有机溶剂沉淀法一般都要在低温（0±1）℃下进行。中性盐的加入能增加蛋白质在有机溶剂中的溶解度，并能防止蛋白质变性。但含盐过多会使蛋白质过度析出，不利于分级沉淀。一般采用0.05mol/L以下的稀盐溶液。蛋白质本身是多价离子，对溶液介电常数有相当贡献。当蛋白质浓度太低时，如过度添加有机溶剂会产生变性现象，若这时加入介电常数大的物质（如甘氨酸），可避免蛋白质变性。蛋白质浓度高时，溶液介电常数也相应提高，可以减少蛋白质变性。但若蛋白质浓度过高由于引起共沉淀现象而影响分离效果，所以必须选择恰当的蛋白质浓度才能得到好的分级效果。用有机溶剂沉淀蛋白质时，如果溶液的pH处在等电点条件下，蛋白质的溶解度最低。因此，按各种蛋白质的等电点来调节pH值，有利于它们的分离。有机溶剂沉淀法比盐析法分辨率高，使用恰当时提纯效果好。此法已广泛用于生产蛋白质制剂。

（3）有机聚合物沉淀法

除了盐和有机溶剂能使蛋白质沉淀外，水溶性中性高聚物也能沉淀蛋白质。分子量高于4000的PEG可以非常有效地沉淀蛋白质。最常使用的是分子量6000和20000的PEG。PEG可看作是聚合的有机溶剂，其作用原理可能与有机溶剂类似。PEG难于从蛋白质分级物中除去。因为是聚合物，使用透析法和分子筛法除PEG都不理想，特别是对分子量20000的PEG更是如此，但残余的少量PEG对蛋白质无害。盐析、离子交换、亲和色谱、凝胶过滤常可在不除去PEG的情况下进行。其它带电聚合物（多价电解质）也可用于蛋白质纯化，而且特别适用于工业规模应用。

（4）选择性变性沉淀法

有些蛋白质相当稳定，可忍受极端环境条件。因此，如果所要的蛋白质很稳定，那就可将不纯混合物暴露于极端条件，使不想要的蛋白质变性，并从溶液中沉淀出来，从而使所要蛋白质得到一步纯化。选择性变性有三种：热变性，pH变性和有机溶剂变性。这三种方法，一般来说，不是独立的，因为温度变性对pH的依赖性很强，反之亦然，而有机溶剂变性蛋白质时，则要小心控制温度、pH和离子强度。等电点沉淀法是pH变性法的一种变体。若已知待沉淀蛋白质的等电点，则可通过调节pH，将其沉淀下来。

三、蛋白质的大规模分离纯化

经过粗分级后的蛋白质，为了获得更高的纯度，还要进行细分级，这主要是通过各种色谱方法来实现的。关于蛋白质的色谱分离技术在一般的生化实验书中都有较详细的介绍，兹不赘述。这里主要讲与酶工程关系密切的蛋白质的大规模分离纯化的有关问题。

近年来，对大规模纯化蛋白质的需求日益增加，这是因为蛋白质作为临床治疗药物和工业上的应用日益广泛，尤其是生物技术的发展，如发酵工程、酶工程与基因工程技术的发展和生物技术产品的开发，使蛋白质制品的大规模分离纯化已成为当前生物技术工程中的关键技术问题。

“大规模”指的是作为商业出售的蛋白质制品，至少要有数十克或数百克，乃至达1kg以上。这里讨论的方法适用于使用10～50kg的起始材料，因为这个规模正好反映出实验室规模和工业规模的主要差别。事实上，这个规模足以满足对很多蛋白质制品的需求。

作为商业目的，以工业规模分离蛋白质和酶制品，需要设备、材料、人力上的大量投入，因此主要考虑的是生产价格。这与最终产品的价值有关，所以纯化产品的收率特别重要。有些在实验室规模上能用的技术可能不适合大规模使用，特别是抽提方法更是如此。虽然大多数工业纯化方法所依据的原理与实验室采用的方法相同，但实际应用时要考虑的因素则稍有不同。下面我们从放大和工业生产酶的角度来讨论抽提、纯化蛋白质和酶制品的各种方法。

1. 酶蛋白的来源及释放

这个问题我们在前面已经提及，对于大规模纯化来说，还是以微生物作为来源为好，这是因为微生物含有很多哺乳动物中没有的有用蛋白质和酶制品，而且可以采用微生物遗传较容易地筛选出新的高活力蛋白质和酶制品；细菌可以任何规模生产，这就保证了供应的连续性；利用遗传工程方法足可在细菌中高水平表达所需要的蛋白质和酶，随着酶技术的不断进步，从原始动植物组织提取酶的方法逐渐淘汰，因此酶大规模生产基本上都是处理微生物样品。

胞外酶可以很容易从发酵液中分离出来，并能用最少的步骤纯化成便于使用的状态。它们通常是非常稳定的接近球状的水溶性蛋白质。然而，很多有用的酶是在胞内的，要用较复杂的技术才能纯化它们。

随着表达水平的提高，遗传工程将对酶纯化产生深刻的影响。然而，当某种蛋白质在细胞内的浓度过高时，会形成缠在一起的不溶物，难以分离。尽管遗传工程的发展令人鼓舞，但仍不能忽视发酵条件的重要性，因为发酵条件与蛋白质纯化有关。培养基的性质和所用抗泡沫剂会影响蛋白质的抽提，而收获细胞的时间长短常决定细胞壁强度和蛋白质水解酶的含量。

从哺乳动物细胞中释放蛋白质较简单，标准的实验室组织捣碎法很易放大。大规模释放细菌蛋白质则困难得多。最常用的是剪切法。既可用 Manton-Gaulin 匀浆器，也可使用 Dyno-Mill 球磨机。前者类似于压榨机，后者是连续流动装置。二者每小时均可破碎 100kg 细菌细胞糊。球磨机的显著优点是，可在封闭体系中安全破碎致病菌或遗传工程菌。调查表明，使用 Manton-Gaulin 匀浆器大规模破碎细胞是最普及的。

2. 分离和浓缩

细胞破碎后，纯化胞内酶的第一步是除掉细胞碎片。固-液分离是酶分离的中心环节，可用离心、过滤、双水相体系萃取、超滤和沉淀法分离、浓缩目标蛋白。

（1）离心

大规模纯化需要工业用连续流离心机。这类离心机分离固液的能力不如实验室用离心机，因为它所达到的 g 值较低，物质在离心机中停留的时间较短，但连续流离心机可以不间断持续处理样品，所以适合用于大规模生产。转筒形离心机（tubular-bowl centrifuge）所能达到的最高 g 值为 16000，设计的沉降途程短，可容纳 60kg 固体。也可采用间歇卸料的圆盘式离心机（disc centrifuge）。

（2）过滤

过滤是从细胞抽提物中除掉固体的另一种方式。然而，微生物抽提液常有凝胶化的趋向，难于用传统方法有效过滤，常发生严重堵塞，除非加大过滤面积，但这是一个花钱多的解决办法。目前交叉流膜过滤法（cross-flow membrane filtration）可以代替离心法。用此法所得之滤液的比活比用离心法得到的上清液比活要高，而且所需时间短，投资也显著降低。此法中，抽提液以直角流向过滤方向，使用足够高的流速，可以通过自我冲洗作用而防止堵塞，但自我冲洗作用产生的剪切力有可能引起酶活力丧失。已用此法成功地将细胞碎片与羧肽酶、芳基酰胺酶分离。关于膜的性能的研究还在继续之中。各向同性膜易产生极化现象；具有不对称结构的膜则不易堵塞，而且可处理浓度较高的物质。

（3）双水相体系萃取法

该技术是近年来涌现出的具有工业开发潜力的新型分离技术之一，特别适用于直接从含有菌体等杂质的酶液中提取纯化目的酶。此法不仅可以克服离心和过滤中的限制因素，而且可使酶与多糖、核酸等可溶性杂质分离，具有一定的提纯效果，有相当的实用价值。

① 双水相的形成：将两种不同水溶性聚合物的水溶液混合时，当聚合物浓度达到一定值时，体系会自然地分成互不相溶的两相，构成双水相体系。双水相体系的形成主要是由于聚合物的空间位阻作用，相互间无法渗透，而具有强烈的相分离倾向，在一定条件下即可分为两相。

② 萃取原理：一般认为，双水相体系萃取技术能分离物质的原理在于，利用生物物质在双水相体系中的选择性分配。当生物分子进入双水相体系后，因其表面性质、电荷作用，以及各种力（疏水键、氢键、离子键等）的存在，使其在上相和下相之间进行选择性分配，表现出具有一定的分配系数。在很大的浓度范围内，要分离物质的分配系数与浓度无关，而与被分离物质本身的性质及特定的双水相体系的性质相关。

③ 影响分配的主要因素：生物分子在双水相体系中的分配系数并不是一个确定的量，它要受许多因素影响，如双水相体系的性质（构成双水相体系的物质的种类、结构、平均分子量、浓度）、要分离物质的性质（电荷、大小、形状）、离子的性质（种类、浓度、电荷）和环境因素（温度、pH）等，不同物质在特定体系中有不同的分配系数。对于某个生物分子，只要选择合适的双水相体系，控制一定的条件，通过对上述因素的系统研究，确定最佳操作条件，即可得到合适的分配系数，达到分离纯化的目的。

已有的研究表明，双水相体系萃取技术是生物化工中一种极有开发前途的蛋白质或酶分离纯化技术。开始此法仅用于粗提取液的处理，现已发展到用于后处理工艺的精制阶段，即经几次连续的双水相抽提，使产品达到相当高的纯度。此法与其它分离提纯方法结合使用，可使提纯工艺更为有效、连续与经济。若把活性染料（如蒽醌类的 Cibacron）、疏水基团或离子交换基团引入到聚合物上，则会加强某种蛋白质或酶在某一特定相中的分配，从而使抽提更有效，更具特异性。例如，将 Cibacron Blue 固定到聚乙二醇上，然后用此聚合物，只经两步抽提，就将酵母磷酸果糖激酶提纯 58 倍。

（4）浓缩技术

发酵液或粗提液的体积往往很大，而有效蛋白质的浓度又十分低，为了更好地与后续工艺衔接，浓缩是十分必要的。常用的适合大规模操作的浓缩技术有两种，沉淀法和超滤法，这两种方法都有一定的提纯效果。

① 沉淀法：沉淀技术，特别是使用硫酸铵的盐析法是实验室中广泛采用的方法，但容易使离心机腐蚀。对大规模操作来说，沉淀法不那么吸引人，因为固-液难以分离，特别是用硫酸铵沉淀时更是如此，而且分辨率低。但优点是所需费用较低。在低 pH 下，等电点沉淀在某些例子中是澄清细菌抽提液的有用方法，因为可除去很多细胞壁物质，但使用并不普遍。用有机溶剂沉淀蛋白质，由于温度控制及有机溶剂易燃等问题，很少用于大规模操作。但用乙醇可分级人血浆，乙醇在医药上是可接受的，这个优点抵消了它的缺点。

用非离子聚合物，可以工厂规模选择性沉淀蛋白质。聚合物的作用类似于有机溶剂，其特点是无毒、不易燃，而且对大多数蛋白质有保护作用，所以特别有用。另一个用于蛋白质沉淀的聚合物是聚丙烯酸，已用它成功地以工业规模从 *Aspergillus* spp. 中纯化淀粉葡糖苷酶，从大豆中生产淀粉酶。聚丙烯酸的主要优点是，浓度较低时就能起沉淀作用。

② 超滤法：超滤已是浓缩蛋白质溶液的标准实验室方法。常用具有单一膜的搅拌式超滤器。对于大规模浓缩有两种方法，一是使用湍流式超滤器，膜装在狭窄盘绕式通道内，用泵使蛋白质溶液在通道内高速循环，以使膜上的浓度极化作用降至最低。这类装置的膜面积可达 $0.07m^2$，超滤速度可达 10L/h。二是使用中空纤维膜超滤器。膜是涂在直径 0.5 ～ 1.0mm 中空纤维内壁上，好多根细纤维（多达千根）捆成一束，用泵使蛋白质溶液在中空纤维腔内高速循环，以降低浓度极化作用。工业规模使用的中空纤维超滤装置的膜面积可达 $6.4m^2$，超滤流速最高可达 200L/h。

3. 大规模色谱技术

实验室常用的普通色谱技术大多数可以用于纯化数十克及至公斤级的蛋白质制品。表 1-10 列举了这些色谱法，但使用的顺序要仔细考虑。第一步必须能处理大体积溶液，并能减少样品的总体积。

表 1-10　用于大规模纯化蛋白质的色谱方法

色谱类型	分离基础	特点			应用
		分辨力	容量	速度	
凝胶过滤	分子大小	中等	受样品体积限制	慢	适用于纯化的后期阶段
离子交换	电荷	高	大，且不受样品体积限制	视支持物速度可很快	适用于纯化的早期阶段，可处理大体积样品，也可分批操作
疏水作用	极性	高	很大，且不受样品体积限制	快	适用于纯化的任何阶段，特别适用于离子交换和盐沉淀之后
亲和作用	生物亲和作用	很高	视配体可大可小，不受样品体积限制	快	一般不适用于提纯的早期阶段，可以分批吸附
聚焦色谱	等电点	高	大，且不受样品体积限制	快	最适用于纯化的最后阶段

（1）离子交换色谱

离子交换色谱是大规模纯化中最有用的一步，因为它分辨率高，纯化规模也易于扩大。当样品体积很大时，分批吸附和洗脱常能获得成功。例如，从胡萝卜软腐欧文氏菌（*Erwinia carotovora*）中纯化天冬酰胺酶，若用 CM-纤维素分批吸附并洗脱，可使样品纯化 6 倍，体积减小至 1/100。梯度洗脱也可用于大规模离子交换色谱，例如，从 20kg 嗜热脂肪芽孢杆菌中纯化甘油激酶，使用柱体积为 40L（80cm×25cm）的 DEAE-Sephadex，用 200L 磷酸盐浓度线性增加的梯度进行洗脱。Atkinson 等人用体积 86L 的 DEAE-Sephadex 柱（80cm×37cm）从嗜热脂肪芽孢杆菌中同时纯化 5 种酶，用 400L 磷酸盐浓度增加的梯度洗脱。

纤维素和 Sephadex 离子交换色谱的缺点是，床体积易被压缩，同时，随 pH 的变化，床体积也变化。为避免这些缺点，近年将离子交换基团引入到交联琼脂糖（如 Sepharose Fast Flow）或大孔合成凝胶（如 Trisacryl，Fractogel）上。这类离子交换材料既坚硬，吸附容量又大；其颗粒为小球形，既能保持高流速，又具有高分辨力，适用于大规模色谱。由于材料坚硬，所以色谱结束后，可用 NaOH 在柱中使色谱材料再生。最近有人将纤维素与聚苯乙烯结合成 procell，所得到的 DEAE-procell 和 CM-procell 也可保持高流速，已用于从牛血浆中大规模提纯免疫球蛋白和白蛋白。用 5L 柱，线性流速可达 900cm/h，可提纯数克的蛋白质。

（2）凝胶过滤

传统的凝胶过滤介质（Sephadex, Bio-gel）由于机械强度差，不适用于大规模操作。介质颗粒坚硬、耐压对大规模操作来说特别重要，因为它决定能否获得高流速。近年开发了各种类型的坚硬凝胶，如 Sephacryl、Ultrogel AcA、Trisacryl、Fractogel、Superose、Cellulofine 等。虽然用凝胶过滤大规模纯化蛋白质的报道不多，但已有一些用坚硬材料较大规模提纯酶的实例。例如，用 40L Sephacryl S-200 柱（80cm×25cm）纯化了限制性核酸内切酶。用 20L Ultrogel AcA 柱从人血浆中纯化碱性磷酸酶。

（3）疏水色谱

接有辛基和苯基的琼脂糖是最常用的疏水吸附剂，这些材料吸附蛋白质的容量很大。现在疏水色谱的应用日益广泛，特别在大规模纯化上更是如此。与离子交换色谱比，虽然疏水色谱的选择性较低，但不同类型的疏水吸附剂之间却存在着选择性。对某种待提纯的蛋白质，可选用不同的疏水吸附剂进行试验，看纯化效果。这类差示色谱（differential chromatography）显然有巨大潜力。对于在疏水柱上吸得很牢的脂类和其它疏水配体，可用亲和洗脱法成功地将它们从柱上洗下。最近有人用超氧化物歧化酶为模型蛋白，将疏水色谱扩大成工厂规模。100L 发酵罐生产的材料，可用 15L 疏水柱一次纯化，经用 SDS-PAGE 等鉴定产品纯度表明，所有数据都与实验室规模相同，分辨率也可与小规模使用时相比拟，而且在负载过量情况下，也不影响分辨率。疏水色谱柱还有清除 DNA 和热原的作用，适用于生产人用药物。

（4）亲和色谱

亲和色谱是从复杂混合物中纯化蛋白质的最好方法；虽然此法在实验室中已广泛采用，但以工业规模纯化蛋白质还未普及。这里关键是亲和配体的选择。使用固定化核苷酸的亲和色谱很少用于工业规模，这是因为它不稳定，价格贵，吸附容量低，难于连到支持物上。然而，用固定化染料为配体的亲和色谱已用于很多酶的大规模纯化上，这是因为染料便宜、稳定、吸附容量高，又易于连到载体上。用染料亲和色谱大规模纯化的酶有甘油激酶、甘油脱氢酶、羧肽酶等 8 种。经 DEAE-Sephadex 柱纯化后的甘油激酶，再在 Procion Blue Mx-3G-Sepharose 柱上进行色谱分离，则 3.5L 的柱可束缚 10^6 单位的酶（8g），可用 5 mmol/L ATP 生物专一性地将束缚酶从柱上洗下。活性染料也可偶联到膜上。这样可克服流速慢、床体积可被压缩及质量传递等问题，也容许在提纯的早期阶段使用。通过比较研究发现，固定在膜上的 Cibacron-Blue 吸附苹果酸脱氢酶的量与固定在其它材料（如 Sepharose）上的吸附量相同。

使用染料配体膜提纯酶可有两种方式：一是分批搅拌式，二是涡流过滤式。用此法可从大肠杆菌匀浆液中将苹果酸脱氢酶提纯 160 倍，收率达 90% 以上。

（5）高效液相色谱（HPLC）

所有普通的色谱技术都可以以 HPLC 的形式加以利用。但用 HPLC 纯化蛋白质的报告大多局限于实验室规模（数毫克到数十毫克）。然而 HPLC 用于大规模纯化蛋白质是有潜力的。已经开发出以克量级纯化蛋白质的 HPLC 技术。目前发表的唯一例子是用三嗪染料亲和纯化乳酸脱氢酶。每次色谱可处理 1.8g 蛋白质，得到 97mg 均一的酶，收率 46%，耗时 1h。由于 HPLC 的柱体积可以加大，加上仪器操作自动化，可以在同一柱上反复负载样品，所以，用 HPLC 大规模制备的潜力是很大的。多家公司的 HPLC 已备有大规模制备的色谱柱。

高效液相亲和色谱（HPLAC）将亲和色谱的高分辨力和 HPLC 的快速结合起来，因此，无论在分析上还是在制备上都可作为生物工程的新工具。例如，最近开发出制备规模用的亚微米无孔硅胶纤维，此纤维渗透性好，可保持高流速。在此纤维上涂一层连有 NAD 配体的葡聚糖，这种亲和材料的色谱性质非常好，可能是由于无孔而能与动相迅速达到平衡。用 100g NAD-纤维材料装的短柱在 30min 内，可从部分纯化的牛心抽提液中吸附 1.5g 乳酸脱氢酶，然后用盐洗脱 30min，即可得到纯度大于 99% 的酶产品。柱再生后，又可进行下一次循环。这个结果表明，用 HPLAC 大规模纯化酶已处于商业突破的边缘，特别是在用传统色谱技术（如离子交换色谱）不能得到满意结果时，更显出它的优越性。

第八节　酶活力的实时调控

酶作为天然生物催化剂，由于其优秀的特异性、选择性和高效率，被广泛用于化学合成、生物传感器、生物制药和基因工程等领域。然而，由于酶的稳定性稍差，以及难以与反应物分离，以及活性抑制等问题，天然酶的活性很容易受到温度、pH 值和周围环境的影响，从而导致在实际应用中受到许多限制。因此，对于酶活性的精确激活对于理解复杂的生物信号通路并控制生物学功能显得尤为重要。通过各种方法来改善酶的活性，使酶具有更好的效力，这些方法可被分为常规策略和实时调控策略。

利用常规手段改善酶活性的方法主要包括设计酶的突变体、酶的化学修饰、酶的固定化或者依赖于温度、pH 值、离子强度等因素的变化。然而，酶的活性并不能精确控制，并且采用这些常规策略改变酶特性的过程通常是漫长的、滞后的和难以调控的。同时这也需要大量的反应物，较长的反应时间和较高的催化剂负载。例如，酶的突变可以促进在酶学性质上有益的突变体的产生，通过理性设计、定向进化，以及半理性设计，可以实现高活性、热稳定性以及高立体选择性。然而，突变体的筛选过程是耗时费力的，并且可能产生有害突变。化学修饰是通过将酶与其他分子直接结合后进行催化。然而，化学修饰主要的问题就是完全可控的修饰是难以实现的，并且对于每种酶都需要定制化修饰方案。另一方面，酶的固定化可以导致活性丧失、载体渗漏以及传质限制。同时，酶在外部最适温度、pH 值、离子强度等条件下是不稳定的。这些缺点阻碍了对于酶促反应的长期操作，无法生产出可持续的、实时可控的生物催化剂。基因工程改造和化学修饰，通常对酶活性的改变是不可逆的，并且它们也有许多局限性，包括复杂的过程和不可预测的结果。

为了克服常规方法的这些缺点，许多研究都非常重视探索有效的活化手段，以实现酶活性的精确和快速控制。因此，酶的实时激活策略，包括近红外、交变磁场、微波和超声波等方式可以远程和时空性地提高酶活性并最大化其生物学功能（图 1-15）。由于它们的可持续性、低侵入性以及简单可调性，这些技术对于实时控制酶的构象、活性和其他性质来说是非常合适的，并且已经作为一种高效的工具，在多种领域如癌症治疗、食品工业、环境工程等方面有所应用。另外，这种实时激活策略也可以显著提高反应速率，缩短反应时间，并且减少传质阻力。根据实时调控策略的不同机制，一些纳米材料如对近红外线（NIR）响应的等离子纳米颗粒和可被交变磁场激活的磁性纳米粒子已被广泛应用于酶的固定化，以实现能量转移，进而控制酶的活性。微波、超声和交变磁场可以不借助纳米材料的辅助，直接影响某些酶的行为。为了利用这些手段来精确有效地激活酶活性，就必须优化载体材料的物理化学特性，调整控制参数，如激活的功率、频率和强度等。

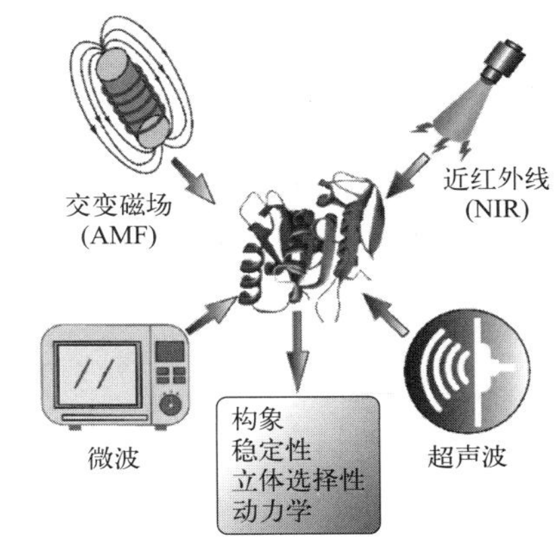

图 1-15 酶的实时激活策略，包括近红外线、微波、超声波和交变磁场

一、微波技术

1. 微波简介

微波（microwave, MW）是一种频率在 300MHz ～ 300GHz 之间的电磁波，频率比无线电波高比红外光波低，介于无线电波和红外波谱之间，波长在 1m ～ 1mm 范围内，具有“波粒二象性”。微波有吸收、反射和穿透三个基本性质，对于介质损耗因数大的物质如水等，它们会吸收微波使自身加热；金属则会反射微波；微波几乎是穿透玻璃、塑料的，没有吸收。微波的独特性质，使得它在微波加热与催化、微波遥感、现代多路通信系统、物质内部结构探索等领域广泛被应用。目前，生物化学领域主要利用微波的辐射特性对物质及反应进行加热。通常，微波的加热频率是 2.45GHz（波长是 12.12cm），依靠物质吸收微波后将微波的电磁能转化为自身的热能的原理完成加热。生物化学领域中的样品很多都是由水、蛋白质、脂肪、糖类等极性物质组成的，它们在微波高频变化的电磁场作用下，反复快速地改变在电场中的取向从而发生快速转动（如图 1-16 所示），分子间摩擦、碰撞的概率增多生热；此外在微波的作用下，离子会振动加剧，普通分子也会吸收微波能量，增加的动能和微波能随后都会转化为自身的热能，物质热能增加后又不能及时散出，使得物质温度上升从而被加热。

2. 微波加热的特点

首先，由于微波加热是极性分子在高频变化的电磁场内快速转动后将动能和微波能转化成

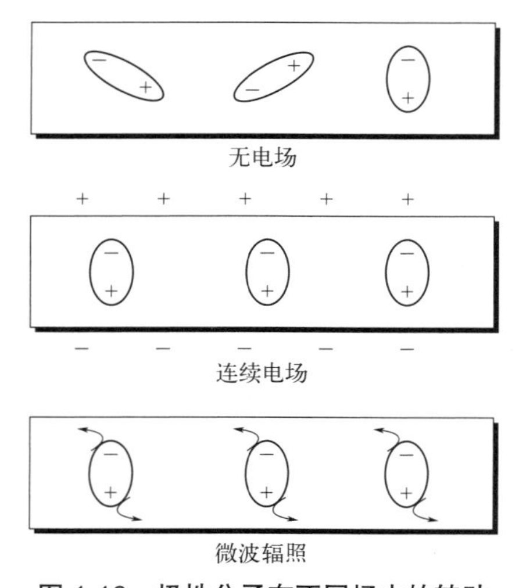

图 1-16　极性分子在不同场中的转动模型图

了自身的热能，所以它是内源性热源。其次，微波加热有快速、全面、均匀等特点。由于微波加热是内源性加热，介质内部和外部几乎是同时被加热的，不需要热传导或对流，所以介质被全面均匀地加热，温度也会迅速上升，省去了由外到内热传导的时间。再次，选择性加热物质。物质吸收微波的能力取决于物质的介质损耗因数，两者成正向关系，因数大则吸收能力强，反之因数小吸收能力弱。每种物质的介质损耗因数不同，对微波的吸收性也不同，产热效果也不同，所以微波就表现出选择性加热的特点。对于高分子材料、各种气体等非极性介质，其介质损耗因数微弱或者没有，微波对其没有加热作用；对于水等极性介质，它们的介电损耗因数也较大，有很强的微波吸收能力，能被快速均匀地加热。最后，微波加热还有催化作用。微波的催化作用表现为"非致热效应"，有机反应经过微波辐射后，能加快反应进行，还能提高催化剂的选择性和活性。虽然微波的催化机制至今尚未清楚，但其催化性能已经被广为认同接受。

3. 微波的"致热效应"与"非热效应"

微波对酶催化反应有"致热效应"与"非热效应"两种效应。微波是一种高频变化的电磁波，当微波辐射化学反应时，反应体系中的极性分子在高频变化的电磁场作用下高频改变极性取向从而发生快速转动，通过分子间摩擦和碰撞将动能和微波能转化为热能，反应体系温度升高，产生"致热效应"。微波的"致热效应"是微波对酶催化反应加热的理论基础。此外，微波对酶催化反应还表现出了"非热效应"，它是指"致热效应"以外效应，包括化学效应、电磁效应等。微波作用于酶催化反应中的"反应活性分子"使其发生一定的变形和振动，从而引起一些特殊的效应，如加快反应速度、改变平衡转化率、降低反应活化能、改变反应历程、减少副产物，还能改变立体选择性等。目前"非热效应"的机理还未研究清楚，确切的具体原因人们也不甚清楚，人们推断其原因可能是微波辐射后发生极化现象使得分子自身的电子排列状态发生了微观变化，又由于微波的频率和分子转动（或振动）频率相近，微波引起分子振动或转动，吸收的微波能量使分子间的排列方式发生改变，这使得化学键更易断裂合成，改变了反应动力学。不过，有些学者对微波的"非热效应"存有异议，通过动力学分析，反对者认为一般化学键的键能为 100 ～ 600kJ/mol，而微波辐射的能量大约只在 10 ～ 100kJ/mol 量级，微波辐射出的能量远远不能使化学键发生变化，不能激发分子跃迁到更高的振动或转动能级，如图 1-17 所示。他们认为微波的特殊效应可能只是因为实验或检测系统存在误差才表现出来的，它与传统的加热方式一样，只能仅仅增加物质的内能不能改变反应的动力学性质。

虽然微波的"非热效应"存在争议且机理尚未清楚，但酶催化反应中的"非热效应"已经被许多具体的反应事实所证实，微波能提高反应速度、提高转化率等，人们将更加充分地发挥微波的"致热效应"和"非热效应"，与催化剂或其他方法联用更好地发挥它的优良特性。

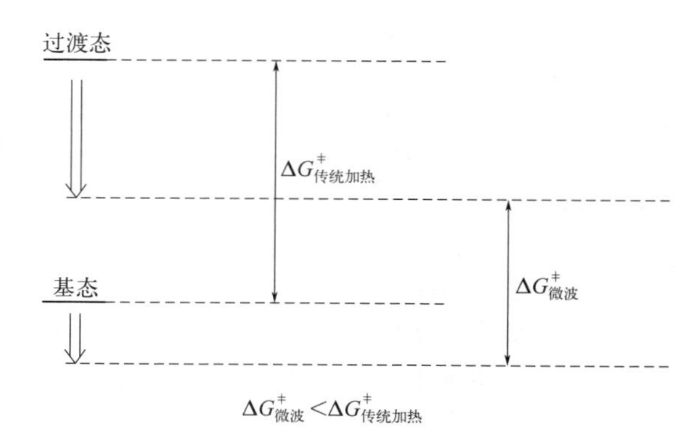

图 1-17　微波辅助和传统加热条件下 ΔG 的比较

4. 微波辐射对酶蛋白的影响

在酶催化反应中，抑制剂、溶剂、电磁

场或者金属离子及配合物对酶的构象都会产生影响，从而影响酶的催化活性。微波辐射可以用来消解蛋白质，也可以用来加速酶催化反应，而后者是在不损伤酶的一级结构的低功率辐射下进行的。由于酶的催化活性与酶的结构密切相关，因此研究微波辐射对于酶构象的影响，将有助于研究微波在微波耦合酶促反应中的非热效应。

有研究发现，微波辐射下酶的稳定性比常规加热下的酶稳定性高，且在极性较强的溶剂中，微波辐射比常规加热更具优势，酶的稳定性可达常规加热下的6倍。微波辐射的时间、功率及酶促反应体系对酶的结构和活性有重要影响。高频电磁场的作用下，酶分子构象的变化使活性部位裸露易于与底物结合，但过长时间或过高频率的微波辐射会破坏蛋白质的二级结构。热效应达到一定程度时，酶分子动能使基团的振动能增加，破坏酶的立体构象，活性下降。另有研究表明微波辐射可以导致蛋白质二级结构发生变化，使其β-折叠的含量增加，α-螺旋结构亦变得混乱，使蛋白质的有序结构无序化。通过对比同样温度下经微波辐射预处理过的酶液和经常规热处理的酶液的荧光强度，可以发现：经微波辐射或者常规加热预处理过的酶，波峰的位置未变，而其荧光波峰的强度发生了变化。波峰的位置未变说明微波辐射或者常规加热并没有导致酶结构中发色基团结构的改变，荧光强度变化是因为发色基团含量的变化，由此可推测酶的内部结构经微波辐射后更加“裸露”。这在一定程度上也可以解释微波辐射后酶活增加的原因之一可能是“裸露”的酶蛋白能更好地与底物接触。

微波辐射可以提高脂肪酶 Lipozyme RMIM（固定化 *Rhizomucor miehei* lipase, LRI）在有机溶剂中催化辛酸和丁醇的酯化反应初速度，而微波辐射可以增强醇与酶的亲和力，但是对微波辐射下 LRI 的构象变化不甚明了。众所周知，酶的活性部位与底物的诱导契合是酶催化的先决条件。由于不同底物、溶剂的物理性质不同，受物理场的影响也不同，对酶的作用程度可能也不相同。由于微波对物质极性的敏感性，酶蛋白构象在不同环境下（例如不同功率微波、不同溶剂、不同底物）受到微波辐射的影响也一定不同。酶蛋白分子的内源荧光强度与发射峰位置的变化一定程度上可揭示酶分子肽链的伸展及构象变化，特别是揭示酶蛋白分子裸露程度的变化；而酶蛋白分子的适度裸露对酶与底物的契合是很重要的，适度的酶蛋白分子裸露有利于酶蛋白分子更好地与底物结合，从而加快反应速度，过度的裸露使酶的结构过于松散，可能会破坏酶特有的疏水袋结构，有利于竞争性副反应的发生。

5. 微波辐射-酶耦合催化技术

微波辐射-酶耦合催化（microwave irradiation-enzyme coupling catalysis, MIECC）技术是一种将微波辐射和酶催化两种催化方法结合起来在生物催化反应中一同使用的新型催化方法，此方法一方面利用了微波的“致热效应”和微波辐射伴随的“非热效应”，另一方面也可以发挥酶独有的催化作用。酶是一种高效催化剂，它具有催化速率快、用量少、反应条件温和等特点，而且一定条件下的微波辐射对酶没有负面影响。微波辐射能改善酶的“微环境”，从而可能提高酶催化的专一性和催化速度。酶分子及其周围的微环境在微波场中经过微波辐射后，被加热的速度比周围介质更快，在酶表面微环境处形成了“活化点”，此外微波辐射增强了酶的活性中心和底物的诱导和定向作用，底物的反应基团与酶的活性中心更加接近、结合更加紧密，所以微波提高了酶的选择性和酶活力。此外微波还可以防止催化剂中毒，延长催化剂的寿命，提高催化剂的机械强度。

（1）微波辐射对酶稳定性的影响

微波辐射能够影响脂肪酶 Novozym 435 在有机介质中的稳定性。以丁酸乙酯和丁醇的酯交换反应为模型，在酶促反应前（储存条件下）和反应中（反应条件下）分别施行微波辐射和常规加热。两种情况下微波辐射下酶的稳定性均高于常规加热模式下的，其中不同底物（丁酸乙酯或丁醇）中微波辐射对酶稳定性的影响并不相同，在强极性底物（丁醇）中微波效应更为明显，微波辐射下酶的稳定性是常规加热下的6倍。作者认为极性溶剂能更好地耦合微波能量，改变了酶与其微环境的相互作用，增加了酶的稳定性。而在无底物条件下，微波辐射和常规加热对酶稳定性的影响基本相同。

（2）微波辐射对酶催化反应初速度的影响

多聚半乳糖醛酸、木聚糖、羧甲基纤维素经微波预辐射后，其反应初速度提高了 1.5 ～ 2.3 倍。电镜分析显示：微波辐射后，底物形态的改变使其易与酶结合从而使反应初速度提高。Matos 等研究微波辅助下脂肪酶催化水解棕榈油产甘油二酯时发现，微波辅助大大缩短反应时间。

Parker 等考察了角质酶在微波辐射和常规加热下催化丁醇与丁酸乙酯的酯交换反应，结果显示微波加热对酶催化反应初速度的影响与酶所处的微环境有关。在不同温度下，初始水活度为 0.58 和 0.69 时，微波辐射增加反应初速度 2 ～ 3 倍；而在初始水活度为 0.97 时，微波辐射条件下的反应初速度却相应低于常规加热条件；这种微波辐射导致较低反应初速度的效应是可逆的。将枯草杆菌蛋白酶（subtilisin）和 α-胰凝乳蛋白酶（α-chymotrypsin）置于六种不同溶剂中在不同温度下催化酯交换和酯化反应，微波辐射可使得反应初速度增大 2.1 ～ 4.7 倍。两种加热模式下的反应初速度均随溶剂的 log P 的增加而增大（苯为溶剂时例外），但不同溶剂中两种加热模式的反应初速度比（v_m/v_c）不同，且 v_m/v_c 与溶剂的 log P 无明显相关关系。作者将微波辐射与 pH 调节和盐活化等方法结合来探讨其综合效应，结果显示这三种方法结合的反应初速度最大，大于单纯 pH 调节和单纯微波辐射等方式所得的初速度。

与常规加热相比，微波辐射下固定化脂肪酶 Novozyme 435 催化有机相中合成脂肪酸酯的反应初速度提高了 2.63 倍。两种加热模式下反应活化能并未改变，作者将微波促进反应归结为微波辐射下分子间的有效碰撞增加。

Nagashima 等人探索了在 2.45GHz 和 5.80GHz 微波照射下，用培养箱控制反应温度，非热微波对 β-葡糖苷酶（最佳温度：60℃）的影响。2.45GHz 微波处理的酶在 50℃时表现出最大活性，但在 60℃时变得无活性。此外，β-葡糖苷酶在 20min 内表现出更高的催化反应活性，而常规加热需要 30min。因此，2.45GHz 微波不仅降低了最佳温度，而且提高了反应速率，表明微波与传统加热相比具有特定的效果。相比之下，5.80GHz 微波在该反应中没有影响。他们在分子水平上提出了一个可能的解释，即 2.45GHz 可以影响水分子和缓冲离子，这可能通过与酶的 Glu 或 Asp 上的羧基形成离子键而在水解反应中发挥重要作用，但 5.80GHz 仅影响水分子。同样，Young 等人还证实了来自超嗜热古菌（最佳温度：110℃）的 β-葡糖苷酶（CelB）可以在远低于其光学温度下在 300W 微波辐射下被激活，并且与没有微波辐射的反应相比，酶活性增加了四倍（图 1-18）。然而，CelB 的嗜热同系物在相同条件下没有表现出任何改善。潜在的机制是振荡电场可以刺激超嗜热肽键的偶极排列，从而促进分子运动。尽管许多报道都提出了微波的非热效应，但具体的微波效应是否存在仍然模棱两可，似乎取决于电场频率、功率、温度或酶的类型。此外，有人提出这些研究缺乏有效的实验策略、具体的检测标准和合理的讨论。

（3）微波辐射对酶催化反应产率的影响

Khobragade 等研究了微波辐射和常规加热两种加热模式下，蔗糖在水、异丙醇 / 水、聚乙二醇 / 水介质中的酶促水解反应，在有机溶剂介质中，微波辐射对反应产率的影响更显著。Asakuma 等发现，微波辅助可提高甘油三油酸酯转酯化生产生物柴油的产率。研究者认为，微波辅助下形成的平面甘油三油酸酯偶极矩低、活化能低、羧基碳振动强烈，因而比天然甘油三油酸酯的活性更高。Yu 等比较了微波辅助加热和传统加热方式对葡糖异构酶酶促产果糖的影响发现微波可增强葡糖异构酶的活性。在最优实验条件下，微波辅助加热 16h，果糖产率为 45%，而传统方式加热 24h，果糖产率为 43%。因此，研究者认为，微波辅助加热方式可能是酶促产果糖的一种快速有效的途径。微波辐射对酶催化反应速度和反应产率的影响与酶的种类、反应介质、微波辐射功率和时间等众多因素相关，具体机制还有待进一步研究。

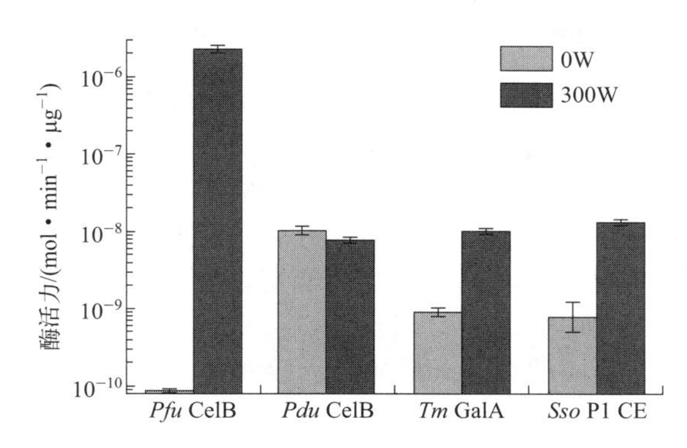

图 1-18　微波辐射对不同酶酶活力的影响

Pfu CelB（来自 *Pyrococcus furiosus* 的 β-葡糖苷酶）、*Pdu* CelB（来自 *Prunus dulcis* 的 β-葡糖苷酶）、*Tm* GalA（来自 *Thermotoga maritima* 的 α-半乳糖苷酶）和 *Sso* P1 CE（来自 *Sulfolobus solfataricus* 的羧酸酯酶 P1）

在许多 MIECC 的反应中，微波辐射并非单纯提高反应初速度或是增加反应产率，而往往是两种正效应同时存在。Pujic 等研究了用中性氧化铝作载体时酶催化苷化的 MIECC 反应。相对于常规加热方式，微波辐射下反应所得产率明显高于常规加热模式。Linp 等报道微波辐射可促进蛋白质在不同溶剂中的酶消化。微波辐射后，肌红蛋白、细胞色素 c、溶菌蛋白和泛素（一种存在于大多数真核细胞中的小蛋白质）在水、50% 甲醇和 30% 乙腈中的酶消化产率均不同程度地提高。Khobragade 等研究了微波辐射和常规加热下蔗糖的酶催化水解反应，分别选水、异丙醇 / 水、聚乙二醇 / 水作为反应介质，结果表明在有机溶剂中微波辐射对反应初速度和转化率的提高较水溶液中更为明显。然而，微波辐射并不一定总是促进反应，比如脂肪酶 Novozym 435 催化丁酸和丁醇合成丁酸丁酯的反应，微波辐射和常规加热两种模式下反应初速度、反应平衡常数和反应产率均相近。综上所述，微波辐射对酶催化反应速度和反应产率的影响尚无明确规律可循，这与微波功率、微波辐射时间、反应体系、酶的种类及酶所处的环境等因素有关，有待于进一步深入研究。

（4）微波辐射对酶催化反应动力学机制的影响

Yadv 等研究了微波辐射和常规加热下脂肪酶 Novozyme 435 催化乙酰乙酸甲酯和丁醇的酯交换的反应动力学。分别固定一种底物和加酶量考察两种加热模式下另一底物浓度变化对反应初速度的影响，发现两种加热模式下反应均遵循 Ping-Pong Bi-Bi 机制，即微波辐射并未改变酶催化反应的动力学机制。在他们近期的另一研究中，也发现了类似的现象。

有人研究了 MIECC 对脂肪酶 Lipozyme RMIM 催化辛酸与丁醇酯化反应动力学的影响。常规加热条件下，其动力学特征遵循 Ping-Pong Bi-Bi 机制。微波辐射条件下，反应的动力学特征受到微波辐射的微扰，但并未从根本上改变酶催化反应的 Ping-Pong Bi-Bi 机制，只是在某一范围内即高底物（醇）浓度时使反应偏离该机制。

（5）微波辐射对酶催化反应选择性的影响

微波辐射改善酶周围“微环境”的情况下可能会提高酶催化的专一性。微波辐射会加强酶活性中心与底物的诱导和定向作用，利于酶与底物的结合，提高了酶促反应的专一性和催化效率。微波辐射还可降低某些反应的活化能或熵函数，从而改变了酶的催化专一性和立体选择性。Zarevucka 等在微波辐射下，通过反向水解法和转糖基，酶促合成了烷基 β-D-吡喃葡萄糖苷和烷基 β-D-吡喃半乳葡萄糖苷，发现微波辐射能够提高酶催化的区域选择性。Bradoo 等和 Vacek 等研究了微波辐射和常规加热两种加热模式下不同酶的酶催化反应时发现，两种加热模式下的酶促反应具有相似的底物选择性。微波作为一种化工领域广泛应用的技术，可以大大地提高合成速率，加速酶促反应进程，虽然其中的具体原理还有待进一步的研究，但加速反应速率已得到公认，尤其是微波与相关技术的结合，已成为研究的热点。

Lin 等通过研究微波辐射条件下猪胰脂肪酶（porcine pancreatic lipase, PPL）催化 1,2,3,4-四氢化-1-萘酚和 1-茚满醇的酰化反应，发现微波辐射下的对映选择性分别提高了 3 ～ 9 倍和 7 ～ 14 倍，同时反应初速度和反应转化率也有所改变。同样，微波辐射下薄荷醇的酶促酰化反应的对映选择性也很高。Carrilo-Munoz 等研究了微波辐射下的脂肪酶催化 1-苯基乙醇的手性拆分。相对于传统加热方式，微波辐射提高了脂肪酶在酯化和酯交换反应中对底物的亲和性和反应选择性，产物的 E 值分别提高了 2.6 倍和 4.9 倍。

对微波辐射提高酶催化反应的对映选择性这一行为可初步解释为：微波辐射可以改善酶的“微环境”从而可能提高酶催化的专一性。酶催化体系经过微波辐射后，增强活性中心的立体结构与相关底物基团的诱导和定向作用，使底物分子中参与反应的基团与酶活性中心更加相互接近，并严格定位，使酶催化反应具有更高效率和专一性。而且微波同时也是一种电磁波，一方面其交变电场对蛋白质等极性分子的洛伦兹力作用，会强迫其按照外加电磁场作用的方式运动，从而迫使反应向生成某一构型产物方向进行；另一方面，微波辐射降低了某些反应的活化能或熵函数，从而改变了酶的催化专一性和立体选择性。

Bradoo 等发现不同脂肪酶在催化不同甘油酯和不同甲酯的水解反应以及不同脂肪酸和甲醇的酯化反应时，微波辐射和常规加热下脂肪酶表现出相同的底物选择性。Vacek 等用四种固定化酶催化丁醇和不同脂肪酸的酯化反应，也发现微波辐射条件下的反应产率高于常规加热下的，另外微波辐射条件下四种酶的底物选择性与常规加热下的并无明显差别。

Zarevucka 在微波辐射条件下通过葡（萄糖）基转移作用和反向水解法，用酶催化选择性合成了烷基 β-D-吡喃葡萄糖苷和烷基 β-D-吡喃半乳葡萄糖苷，发现微波辐射可以提高酶催化的区域选择性。以 n-辛酸与甘油为底物，利用 1,3 专一性的脂肪酶（Novozyme 435）在无溶剂条件下催化甘油和十辛酸的酯化反应，通过考察不同水含量、不同配比以及不同加热方式下各产物量的变化来探讨微波对该反应的区域选择性影响，发现实验范围内各种条件下微波辐射均削弱了 Novozyme 435 的 1,3 专一性。

二、超声波

超声波是指频率从 20kHz 到 5MHz 不等的声波，并且由于其出色的方向性、强大的穿透能力和浓缩的声能而受到了广泛的关注。其作为一种机械能量形式，可以改变物质组织结构、状态、功能，适宜强度的超声可以在不破坏细胞的情况下提高整个细胞的新陈代谢速率，而高强度的超声作用于细胞时，会使细胞内含物失活或细胞破碎。另外超声波作为一种能量传播形式，具有效率高、价格低、无污染、易获得等优点，可将能量释放到介质中，从而使介质中的分子产生物理和化学变化，因此也可以引发或强化机械、物理、化学、生物等过程，提高这些过程的质量和效率。因此，目前超声技术已经广泛应用于工业、农业和医药等领域。近年来，人们把超声技术与酶催化技术结合起来进行研究，利用超声波产生的物理能量作用于酶分子，使酶分子的构象发生改变，从而影响其催化活性。这在一定程度上反映了声学技术向生物技术领域的积极渗透，使两个研究领域交叉融合，从而对这个边缘学科的发展造就了强大的生命力。

1. 超声波的作用机理

实际上，有关超声波对酶促反应的影响的研究还处在萌芽阶段，对超声作用于酶促反应的机理的研究将十分有助于推动超声技术与酶学的进一步结合。目前一般认为，超声波对酶促反应的作用主要包括机械传质作用、加热作用和空化作用等三方面。机械传质作用是指超声波作为弹性介质中的一种机械波使介质中的质点进入振动状态增加了质点的振动能量。加热作用是指超声波在介质中传播时，其能量不断地被介质吸收，转变成热能，从而使介质的温度升高。

空化作用则是指超声波激活介质中的气泡。酶的反应速度主要取决于两个因素：传质效率和酶分子的构象。超声波通过机械传质、加热和空化三种作用影响着这些因素。

胡松青等研究证实，适宜的超声作用可降低溶液的黏度和表面张力。一般来说，超声波产生的机械传质作用和加热作用能够增加底物分子与酶分子的能量，使其运动性加强，相互间碰撞的概率增大；同时也能够加强介质与酶之间的传质扩散过程，所以能够提高酶的催化活性。另外，当超声波作用于酶分子时，超声释放的能量可能导致酶分子的空间构象发生变化，从而影响到酶催化活性的变化。较低强度的超声处理可引起酶分子构象的微小变化，使酶分子的超微结构更具柔性、更合理，表现出较高的催化活性。然而在较高强度的超声作用下，酶分子的能量进一步加大，构象进一步改变，趋向不合理的构象，导致酶分子本身的催化活力受到阻碍，表现为酶的失活。

超声作用下产生的振动的气泡的周围界面有利于介质中的底物分子进入酶活性中心，也有利于产物分子进入介质，从而提高了酶促反应速度。另外，超声波使反应生成的水再分配，避免了新生成的水在酶分子表面形成较厚的水化层而影响底物分子和产物分子的传质。在较低强度超声波下产生稳态空化作用，这种空化作用较为缓和且有规律，形成的空化泡可使其周围的酶分子受到微流产生的切力的作用，也许对疏通酶内外扩散的传质通道有利。高强度的超声波产生的空化作用激烈而短暂，称为瞬态空化。当瞬态空化产生的空化泡崩裂时，会产生5000℃以上的高温和50000kPa的高压，导致大量自由基的产生，同时在均相液体介质中伴有强大的冲击波，在非均相介质中伴有射流。高能量的自由基将直接攻击酶分子，使酶分子发生化学变化，使酶活力下降甚至失活。而酶分子在强大的冲击波或射流的作用下，分子结构容易被破坏甚至被剪切成小碎片而表现出活力下降甚至失活。超声处理能提高有机溶剂中酶活力，其原因可能还有：①超声作用使酶的有效表面积增加；②持续的超声作用会导致有机溶剂中少量水分子的重新分布，阻止了酶分子周围水膜的形成。

2. 超声辅助酶催化的机制研究

将超声作用处理过的酶制剂用扫描电镜观察（图1-19），可以发现超声作用可以使悬浮于有机溶剂中的酶制剂更加细小，因此大幅度提高了酶制剂的表面积，不但可以降低底物和产物的

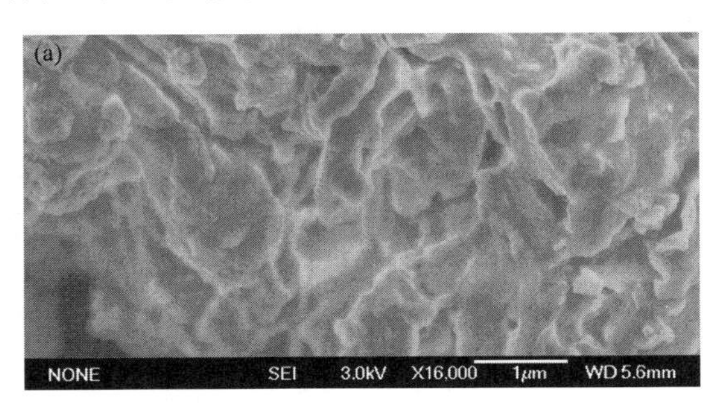

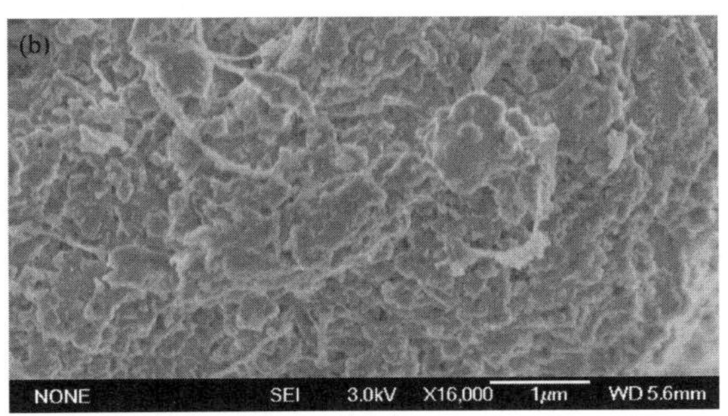

图1-19　(a) 超声以前；(b) 超声处理后

扩散限制，也可以大幅度提高酶活。另有研究表明超声作用可以一定程度上改变酶制剂的二级结构，从而改变了其空间构象，最终影响了其立体选择性和催化活性。

超声波可能引起空化效果和机械振荡，这会影响氢键或范德瓦耳斯力。然而，高强度可以产生游离羟基和氢自由基，从而破坏酶结构和脂肪酶 435。此外，辐射的占空比也是控制酶活性的重要参数之一。占空比通常会影响酶对超声波和能源消耗的暴露时间。值得注意的是，连续超声可能会因空化效应产生热量而导致脂肪酶 CALB 结构损害（图 1-20）。总体而言，酶活性和构象稳定性对超声参数敏感，因此，必须优化超声参数的条件才能获得高度活性酶。

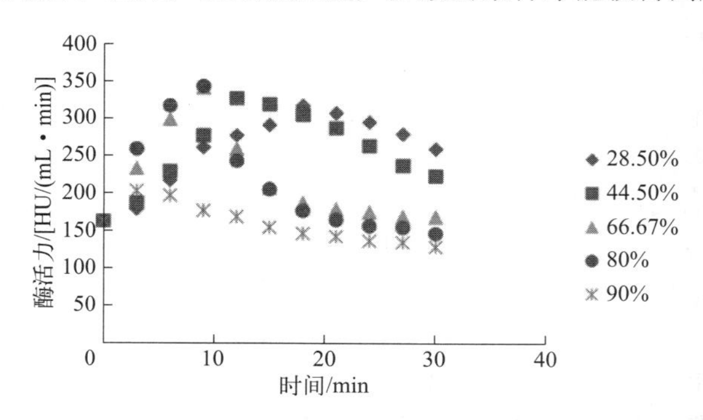

图 1-20　在 30min 内使用不同占空比超声辐射的酶活力的变化

3. 超声技术在酶学中的应用

目前利用超声技术对酶进行处理主要有两种方式：一种是超声预处理，即首先在超声介质中对酶进行超声处理，酶干燥后再在反应介质中催化酶促反应；另一种是直接对反应介质中的酶进行超声处理，超声处理同酶促反应同时进行。邱树毅等比较了固定化脂肪酶 Lipozyme 经超声作用预处理后，再置于恒温振荡反应器中进行振荡反应与未经超声作用预处理振荡反应两种情况下脂肪酶催化反应的转化率，他们发现超声作用预处理后振荡反应比未经超声作用预处理而直接振荡反应的固定化脂肪酶在反应 12h 的转化率约高了 1.68 倍。显然，经超声作用预处理后固定化脂肪酶的催化活性大大提高。吴虹等在研究超声作用下的酶促废油脂转酯反应的过程中也报道了反应前对酶进行超声预处理能在一定程度上缩短酶被激活所需的时间，并使其充分激活，从而加速酶催化反应。他们推测其作用机制是由于超声预处理一方面促进了 Novozym 435 活性中心三元复合物“盖”或“罩”的打开，减少了酶被激活所需的时间，另一方面疏通了酶内扩散的传质通道，有助于高黏度的油脂扩散到酶的活性位点。同时，他们还发现超声预处理时间对 Novozym 435 催化废油脂转酯反应也有一定的影响，并且认为超声预处理过程需要一定的时间才可以达到激活固定化酶或疏通内扩散的孔道的目的。Vulfson 也曾指出，一定时间的超声处理对酶的高活力是必需的。超声波对酶的预处理之所以能够发挥作用，与非常规反应介质中的酶分子具有一定的“分子记忆”效应有很大关系。这是由于酶在无水环境中具有高度的构象刚性，超声作用所引发的酶分子构象的改变在反应体系中可以得到一定程度的保持，因此超声预处理能够使酶的催化活性在非水介质中大大提高。

大量的研究表明，不管采取何种方式，适宜的超声波可以提高酶的催化活性，加速有机相中的酶促反应。林家立等发现超声辐射作用可以使猪胰脂肪酶在催化萘酚衍生物的转酯反应中的反应速度提高 83 倍。Brenelli 等比较了磁力搅拌和超声作用对脂肪酶催化 2-叠氮-1-苯基-乙醇衍生物转酯反应活性的影响，发现酶催化两种底物的反应速度分别提高了 3.5 倍和 10 倍，而且他们发现超声辐射还一定程度上提高了酶分子的立体选择性。Yong-mei Xiao 等在以葡萄糖为底物，以不同碳链长短的二羧酸二乙烯酯为酰基供体研究糖酯合成过程中发现，当丁二酸二乙烯酯为酰基供体反应 2h 的时候，超声作用下的转化率是常规搅拌的 2 倍。Talukder 等在研究染色黏性菌脂肪酶（*Chromobacterium viscosum* lipase）在水-异辛烷两相体系中催化橄榄油水解反应时发现，超声作用下水解反应速度比常规搅拌的反应速度提高了 1.75 倍。Tadasa 等发现超声辐射可以使木瓜蛋白酶在水-有机溶剂（石油醚）两相体系中合成甘-苯丙二肽的产量明显提高，与传统的机械搅拌相比，二肽产率可以提高 5 倍以上。宗敏华等发现超声辐照能显著地加速有机相中脂肪酶促有机硅醇与脂肪酸的酯化反应，在超声辐照条件下的固定化酶 Lipozyme 反应转化率为对比实验的 4.5 倍。他们比较了对固定化酶和游离酶作用的差别，发现超声辐射对固定化酶的促进作用远远大于对游离酶的作用，他们认为两者的差异是由于固定化酶反应的控制步骤是内扩散，而超声波所产生的声流可疏通固定化载体内部的通道，加速底物及产物分子的运动，故强化了内扩散，从而使酶反应速度有较大幅度的提高；超声辐照对悬浮在有机介质中的游离酶粉催化反应的促进作用主要是由于酶粉颗粒分散度提高，增大了酶与底物接触的比表面积所致。Vulfson 等人也发现超声波对有机溶剂中枯草杆菌蛋白酶催化 *N*-苯丙氨酸乙酯（APAEE）的转酯反应有明显的促进作用。他们的实验结果表明，在几种不同的醇溶液（丁醇、己醇、辛醇）中，超声处理对转酯反应的速率都有大幅的提高，而且有机溶剂碳链越长，处理效果越显著。如在丁醇中反应速率约提高 50%，而在辛醇中反应速率可提高 6 ～ 8 倍。然而，Bracey 等人在重复 Vulfson 的实验的时候，却得到了相反的结果。他们发现超声处理后的酶活力不但没有显著增加，反而稍有下降。这可能是由于酶分子的干燥程度不同，酶分子缺少必需的结合水，这表明了超声波与酶作用的复杂性。另外，超声作用对有机溶剂中不同底物的酶促反应的作用效果是不同的。邱树毅等在研究固定化脂肪酶催化正辛烷中 1-三甲基硅-1-丙醇与脂肪酸的酯化反应时，发现当酰基供体为戊酸，超声作用比振荡反应在 3h 的酯化反应转化率约高 4 倍，而当酰基供体为辛酸时，超声作用比振荡反应在 3h 的酯化反应转化率约高 3 倍。可见超声作用对非水介质中酶催化反应的促进作用是十分明显的。

三、交变磁场

1. 机制

在过去的几十年中，由于其深层组织穿透性和精确的开关控制，交变磁场（alternating magnetic field, AMF）的应用一直是酶激活的新趋势。有两种策略来实现交变磁场下的酶促反应。一种是通过影响含有铁辅因子（例如血红素）的酶结构来控制酶的活性。另一种策略是将酶固定在磁性纳米材料上，然后利用交变磁场驱动下颗粒的纳米效应来控制酶的活性。然而，大多数研究都集中在后一种策略上，并且只有少数研究研究了直接酶激活的作用，因为含有铁辅因子的酶的（如辣根过氧化物酶，HRP）类型有限。

以铁为辅因子的酶：目前有很多有关磁场对酶活性影响的研究。外部磁场可以通过特定含量的离子（包括镁、锰、钙或铁）作为特定辅因子来引起蛋白质的构象变化。氧化还原酶催化的许多电荷转移反应都可以通过磁场来促进，该磁场可以潜在地控制酶催化特性。许多研究观察到，HRP 活性以血红素作为辅因子，显著取决于磁场的特征。HRP 的催化中心由下摆组的 Fe^{3+} 和两个 Ca^{2+} 组成，这对于酶功能和构象很重要。当暴露于磁场时，血红素的还原形式可能表现出顺磁特性或抗磁特性。因此，有人提出磁场可以促进活性中心的电荷转移，从而提高酶促反应的速率。

酶与磁性纳米颗粒的组合：由于其高比表面积、良好的生物相容性和分散性，简单的分离和易于修饰的磁性纳米颗粒已被广泛用于固定酶来控制交变磁场中的酶的活性。磁性纳米颗粒由于磁场的变化而发生分子振动，这取决于磁场频率。在较低的磁场频率下，磁性纳米颗粒振荡并执行类似于微观搅拌器的作用以促进传质过程，从而加速了反应速率。Xia 等人发现当暴露于 600Hz 的交变磁场频率时，Fe_3O_4-NH_2-PEI(1200)-漆酶的反应速率比常规机械搅拌大约提高 1.16 倍。结果还表明，增加频率从 50 ～ 600Hz 诱导了酶粒子复合物的快速变化，增强了 Fe_3O_4-NH_2-PEI(1200)-漆酶的迁移率，从而提高了反应速率。Liu 等人报道说，磁性交联脂肪酶聚集体（McLeas）在交变磁场下充当微观搅拌器，可以有效地改善 (*R*, *S*)-2-辛醇的拆分效率。

对于较高的磁场频率，磁性颗粒的磁化效果是由于尼尔弛豫或布朗弛豫而发生的。布朗弛豫来自旋转磁性纳米颗粒与交变磁场下的液体之间的摩擦，而尼尔弛豫来自纳米颗粒中的磁矩变化，改变了外部场方向。值得注意的是，与 NIR 引起的光热效应不同，磁场引起的热效应仅升高纳米级的局部温度，而不是升高溶液中的环境温度。例如，Xiong 等人将 β-半乳糖苷酶（β-gal）与铁磁性涡流纳米环（FVIO）共价结合，他们观察到，在几乎实时的 345kHz 的交变磁场下，FVIO 表面上的局部加热可以刺激酶活性。此外，两种嗜热酶，α-淀粉酶（AMY）和 L-天冬氨酸氧化酶（LASPO），通过四种不同的结合方法固定在铁氧化铁上，通过 410 ～ 829kHz 的交变磁场有效地激活（图 1-21）。还观察到，酶分子在纳米粒子表面的定位对于最大化这种激活效果至关重要。这可能是不同传热机制和附在载体区域中酶的不同刚度的结果。酶的动力学参数也可能受磁热效应的影响。例如，Knecht 等人将 Fe_3O_4 纳米颗粒和嗜热脱酰酶掺入双链酰胺交联的聚丙烯酰胺水凝胶网络中，并在交变磁场存在下探索了动力学变化，发现在用交变磁场加热时，由于酶和底物之间的亲和力提高，K_m 值减少了，并且由于热诱导的较高的产物转移，k_{cat} 值也增加了。此外，交变磁场的选择性加热提供了潜在的应用，允许其他非嗜热酶与嗜热酶一起工作。

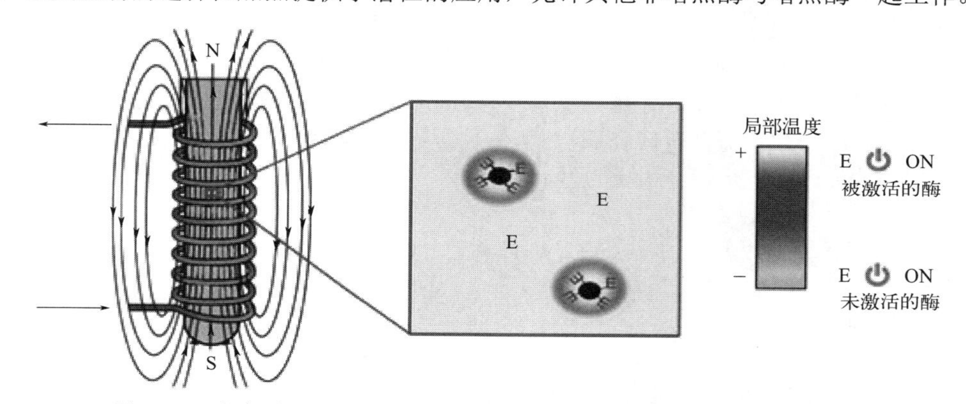

彩图 1-21

图 1-21　交变磁场通过磁热效应激活嗜热酶-Fe_3O_4 纳米复合材料的过程

这些研究证实，由于对交变磁场下的磁性纳米颗粒表面的热作用，酶活性可以实现时空精确激活。尽管交变磁场的频率可能会影响激活机理，但仍然没有明确的低频或高频范围界定。有时，由于磁热转化效率较差，酶活性无法大幅度增加（大约两倍）。

2. 应用

在过去的几年中，交变磁场介导的酶激活技术已广泛应用于制药行业、污染物的降解和工业原料的生产等工业应用中。酚类化合物是各种行业广泛产生的污染物。Xia 等人在聚乙烯亚胺（PEI）修饰的氨基功能化 Fe_3O_4 纳米颗粒上固定了漆酶，在交变磁场下增强了儿茶酚的氧化速率。此外，同一研究组报道的另一项工作通过构建新固定的床反应器并实现了高频磁场处的酚类化合物的连续降解。他们进一步研究了连续和批量处理之间的不同影响，发现固定床上连续处理 18h 的速率是分批处理六个周期的 2.38 倍。值得注意的是，当在固定床反应器中用 Fe_3O_4-NH_2-PEI 漆酶处理时，在 48h 内将降解率保持在 70% 以上，这在工业废水处理中显示出巨大的苯酚化合物持续降解的潜力。除了在污染控制中的应用外，交变磁场介导的酶激活还用于生产工业原材料。Cui 等人设计了一个三相流化的床反应器，它具有磁固定化的纤维素酶，该纤维素酶可以从壳聚糖中产生壳寡糖。他们发现，在交变磁场下，壳寡糖的生产明显增加，这在食品和制药行业中非常有吸引力。

此外，对许多有机化合物的光学对映异构体进行拆分在生产医学、农业、香料和风味中起着重要作用。具有较高立体选择性的酶被广泛用于催化产生有价值的对映异构体，这称为酶促手性拆分。Liu 等人构建的磁交联脂肪酶聚集体（MCLEAS），揭示了在交变磁场下有效增强了(*R*, *S*)-2-辛醇的拆分。交变磁场介导的酶激活在增强酶促手性拆分的反应速率以及酶稳定性方面具有有希望的潜力，值得制药行业进一步探索。

交变磁场激活的酶-磁性纳米材料复合材料也可以应用于实现多功能肿瘤疗法策略。Fan 等人通过将葡糖氧化酶（GOx）固定在铁磁涡流氧化铁上来构建基于磁场的平台进行肿瘤治疗（图 1-22）。值得注意的是，Fe_3O_4 NRS 不仅可以用作酶的固定载体，而且还表现出过氧化物酶纳米酶的活性，可以将 GOx 产生的过氧化氢转化为 • OH 以实施级联反应。这些活性氧（ROS）分子诱导细胞死亡和组织破坏，是杀死肿瘤细胞的主要细胞毒性物质。结果表明，交变磁场可以精确激活并增强 Fe_3O_4 NR@GOx 的活性，从而以交变磁场诱导的热转化方式以距离依赖性方式产生明显的 ROS。因此，在暴露于交变磁场时，Fe_3O_4 NR@GOx 在肿瘤抑制作用方面具有显著改善。磁响应酶-纳米酶级联催化剂的构建是一个很有前途的平台，可以促进多功能癌症治疗甚至生物体的代谢过程。

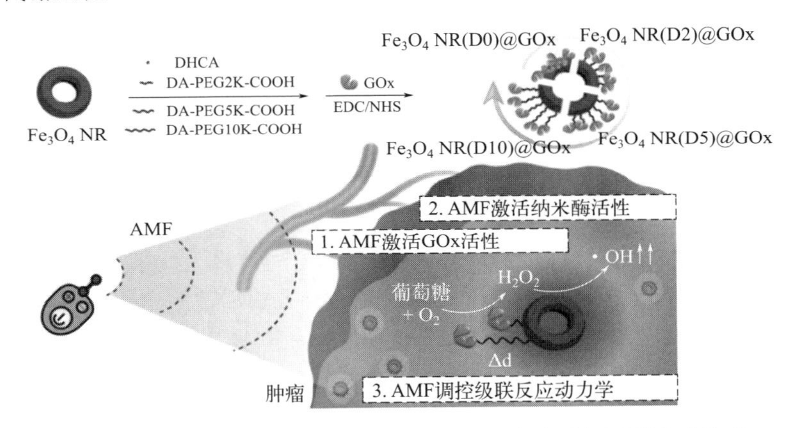

图 1-22　Fe_3O_4 NR@GOx 纳米催化剂用于交变磁场下的肿瘤治疗

四、近红外线

1. 机制

近红外线（near-infrared, NIR）被认为是一种新兴调控策略，可实现准确、远程和非侵入性的生物转化以控制酶活性。通用的 NIR 激活策略是通过使用固定化方法（例如交联、物理吸附和封装）将酶和等离子体纳米颗粒组合在一起。在近红外线光谱区域中，近红外线响应纳米材料表现出突出的光学性质，包括纳米颗粒和酶之间界面处的局部表面等离子体共振（LSPR），可以高效率地将光能转化为内部能量。因此，纳米材料的等离子体效应使其能够在近红外线辐照下实现生物催化过程的远程和时空活化。

光热效应：据报道，一些研究证明了纳米颗粒界面处等离子体效应对酶活性的影响机制。首先，等离子体纳米颗粒的局部表面等离子体共振可以将光能转化为热能，从而导致纳米颗粒表面局部温度升高，并使其在近红外辐射时作为纳米级加热元件。光热效应是阐明酶活化中涉及的机制的普遍解释。等离子体纳米结构的光热效应适用于提高嗜热酶的活性，在高温下具有高度稳定性和活性。高仁钧等发现，金纳米棒上的光驱动热量可以激活固定化嗜热酶的活性，特别是在不同的激光功率（0.5 ～ 2W）下。结果表明，AuNP-酶纳米生物催化体系的催化效率（8 倍）

高于游离酶。然而，光到热的转化也会威胁到传统的酶构象，从而导致酶失活或活性降低。为了解决这个问题，人们已经投入了大量的精力来开发常规酶和等离子体纳米颗粒之间的适当结合策略，以克服光热效应的局限性。例如，有一种简单而高效的稳定方法，用于固定等离子体纳米加热器上的酶，并通过原位聚合的多孔有机硅层封装它们。封装策略不仅提高了热稳定性和再利用循环，而且提高了近红外线辐照的催化活性。此外，金属有机骨架（MOF）由于其高热稳定性也可以用来防止 AuNP-酶的热失活或活性降低。此外，de Barros 等人提出，光热效应可以在外部光照射下改变酶的动力学。他们利用吸附在 Au 纳米颗粒表面的脂肪酶（CALB）作为模型系统，通过探索众所周知的水解酶的三步催化机理来解释 LSPR 激发对酶活性的影响（图 1-23）。结果表明，近红外线照射后，催化水解的 k_{cat} 和 K_m 均得到改善，这表明由于 AuNP 表面的光热效应，激光照射可影响酶活性。为了研究酶催化的哪些步骤受光的影响，包括化学水解、产物释放或两步兼有，研究人员在光照条件下监测反应时间过程。根据实验，光通过有利于酶的产物释放，使 AuNSt@CALB 的 k_3 增加了两倍，并且几乎不影响水解步骤（k_1，k_2）中水进攻的动力学。酶动力学的提升证实，AuNP 的光热加热通过加速产物释放而显著改变了酶促反应的限速步骤。

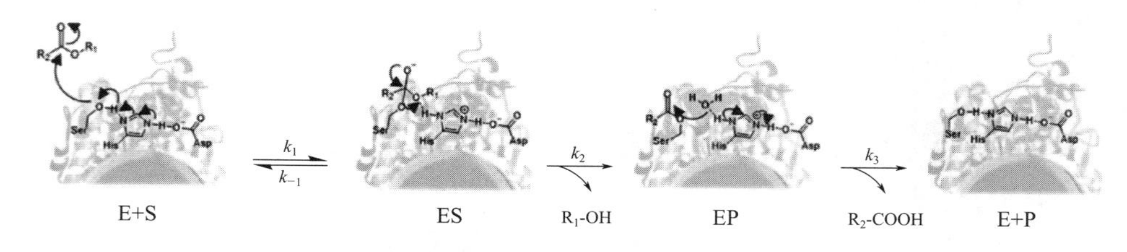

图 1-23　由脂肪酶催化的水解反应机理

因此，近红外线诱导的光热效应可以提高酶活性，这对许多生物催化过程非常有利。此外，纳米颗粒（CdS）和光诱导的酶之间的电子传递，也会导致酶活性的变化。这些研究表明，光激活酶活性的机制在很大程度上取决于酶的类别和纳米颗粒的性质。因此，彻底理解纳米颗粒和酶之间的相互作用有利于酶纳米材料生物催化剂的构建。这种活化策略通过将酶与近红外线刺激的等离子体纳米材料相结合，对大多数酶都有一定的激活作用。较高的光热效应可以在短时间内迅速激活酶活性，但有时可能会引起酶失活。

光活化光酶：除了激活酶的等离子体纳米材料的光热作用外，还有一些天然光酶，包括原叶绿素氧化还原酶（POR）、DNA 光解酶和脂肪酸光脱羧酶（FAP），在催化生化过程时可以直接被光激活。这些光酶特异性含有具有光捕获特性的辅因子或基团，可以捕获光能以加速生物催化反应。例如，DNA 光解酶的辅因子黄素腺嘌呤二核苷酸（FAD）吸收光以启动两种主要 DNA 光损伤（如环丁烷嘧啶二聚体和光产物）。作为 FAP 的辅因子，FAD 具有高光吸收性能，可以促进从底物脂肪酸到 FAD 的电子转移，从而利用光帮助游离脂肪酸脱羧为正烷烃或烯烃。此外，原叶绿素氧化还原酶可以捕获激发能量，以驱动随后的氢化物和质子转移，还原原叶绿素的 C17 ～ C18 双键以形成叶绿素。因此，光活化的光酶可以有效地提高其在光照下的生物转化率，并且可以应用光激发的辅因子来产生具有光捕获特性的酶。

2. 近红外响应纳米材料

由于其优异的光学性质，近红外响应纳米颗粒的开发在近红外线激活的酶活性中起着重要作用。金纳米颗粒是最常用的等离子体纳米材料，因为它们具有光吸收、有效的光热转换、高生物相容性和易于表面改性的特点。AuNP 的局部表面等离子共振受到尺寸、形貌和周围环境的强烈影响，从而影响固定化酶在近红外线照射下的催化活性。AuNP 大小与表面积和曲率直接相关，可能会影响 AuNP 上的酶附着。Joyce 等人采用一系列尺寸增大的 AuNP，研究了 AuNP 大小对磷酸三酯酶（PTE）催化活性的影响。结果表明，较小尺寸的 AuNP（10nm）表现出最高的催化效率，可使 PTE k_{cat} 提高 10 倍，而 100nm AuNP 仅使 PTE k_{cat} 提高 4 倍。这是因为酶产物释放的限速步骤会受到 AuNP 大小和曲率的影响。此外，10nm AuNP 与 PTE 的结合效率最高，为 97%，并且在底物对氧磷转化反应中实现了更高的初始速率。另外，金纳米棒的形态，包括金纳米棒（AuNR）、金纳米球（AuNSp）和纳米星（AuNSt），由于其光电和物理化学性质，也非常重要。金纳米棒具有复杂的形状和出色的光学等离子体特性，可能是酶固定化最普遍的纳米材料，它们已被用于疾病治疗和生物合成。此外，de Barros 等人将脂肪酶固定在金纳米球和纳米星上，以比较近红外激发对 AuNSt@CALB 和 AuNSp@CALB 水解活性的影响（图 1-24）。研究发现，AuNSt@CALB 比 AuNSp@CALB 获得了更高的酶活性。这是因为 AuNSt 具有更好匹配的 LSPR 位点，可以显著响应不同的光激发波长。因此，这些研究表明，纳米粒子的大小和形状都是影响对近红外辐射响应的重要因素。

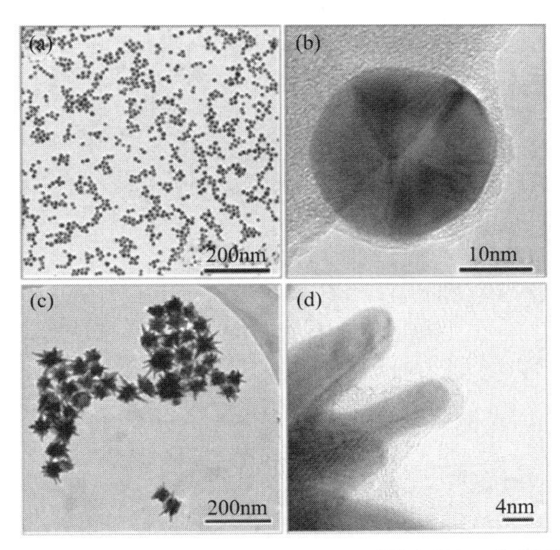

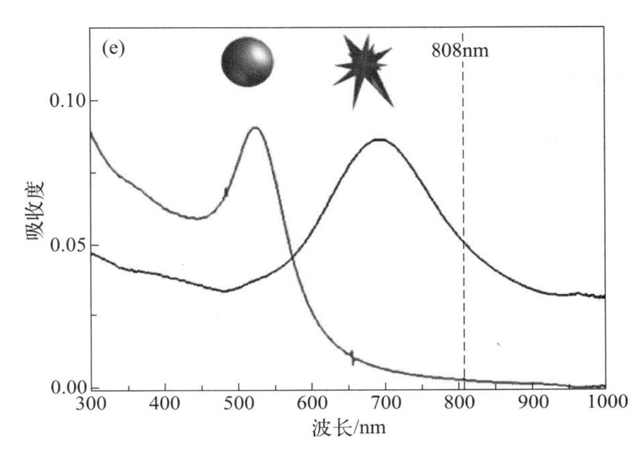

图 1-24　金纳米颗粒的表征

（a）和（a）AuNSp@CALB 的 TEM 图像；（c）和（d）AuNSt@CALB 的 TEM 图像；
（e）AuNSp@CALB 和 AuNSt@CALB（蓝线）的紫外-可见光谱

彩图 1-24

其他近红外线响应纳米材料：除了 Au 纳米颗粒外，其他具有光热效应的纳米颗粒，包括铂（Pt）纳米颗粒和 Ti_3C_2TX 纳米片，也被用作可以将近红外线转化为热量的纳米加热器。比较特殊的是，Pt 纳米颗粒通常嵌入酶结构的内部，因为它们的尺寸超小，可以作为控制酶活性的开关。Zhang 等人通过将 Pt 纳米颗粒嵌入用丙烯酰胺和丙烯腈的两亲性共聚物装饰的酶中，制备了热响应酶-Pt-聚合物生物催化系统。热敏共聚物在低于临界溶解温度下可以成为微尺度聚集体以封装酶结构，从而抑制催化活性。然而，在近红外线照射下 Pt 纳米颗粒的局部热量可以使可溶性共聚物释放酶活性。这表明有可能实现酶活性开关的精确和实时激活。此外，一些特殊的纳米粒子，包括上述 CdS 纳米晶体和氧化石墨烯（GO），由于它们在近红外照射下的带隙能量，可以吸收各种能级（波长）的光子。因此，这些纳米颗粒可以参与氧化还原酶的电子转移以控制催化活性。

3. 应用

癌症治疗：等离子纳米粒子在近红外照射下的独特光学特性已广泛应用于癌症的光热疗法和光动力疗法。许多特定的酶可以选择性地靶向所需的细胞或降解肿瘤中的关键生物大分子，这在某些疾病的治疗剂中普遍存在，也被称为酶疗法。因此，酶-纳米颗粒复合物的构建是一个很有前景的平台，可以通过在一个系统中结合光热疗法和酶疗法来开发多功能癌症治疗策略。然而，癌症治疗中组织穿透深度受限一直是许多治疗策略的主要障碍。近年来，人们对第二近红外（近红外线-Ⅱ）窗口（1000 ～ 1350nm）越来越感兴趣，因为它比传统的第一近红外（近红外线-Ⅰ）窗口具有更深的组织穿透、更低的背景信号和更高的最大允许曝光量（650 ～ 950nm）。木瓜蛋白酶具有优越的蛋白质水解活性、良好的生物相容性和热稳定性，可用于消耗被认为是阻碍肿瘤治疗的物理屏障的肿瘤细胞外基质。最近的一项研究致力于建立一种近红外线-Ⅱ光激活 AuNR@mPDA-Pap 纳米系统，该系统由 AuNR 核心和 PEGylated mPDA 外壳组成，用于基质消耗和深部肿瘤治疗（图 1-25）。AuNR@mPDA-Pap 表现出 56.5% 的优异光热转化效率，在近红外线-Ⅱ射线化下表现出良好的光稳定性和高达 5mm 的有效深部组织降解。结果还表明，肿瘤细胞外基质消化和肿瘤穿透是光热效应与酶协同作用的结果，因为近红外线-Ⅱ处理可以通过光热效应有效地穿透深部组织，增强降解肿瘤基质的嗜热酶活性。另外，有关基于纳米材料的酶辅助光动力疗法（PDT）的许多研究已经开展，这也正在成为癌症和许多疾病的公认治疗工具。

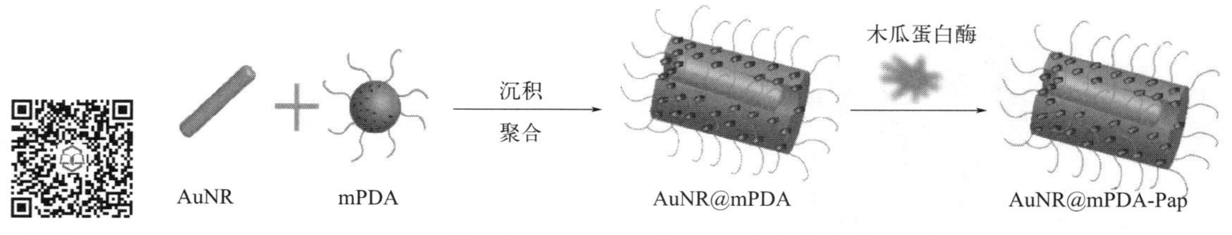

彩图 1-25

图 1-25 mPDA 封装金纳米棒制备的示意图

神经退行性疾病治疗：除肿瘤治疗外，酶-纳米颗粒复合物也显示出治疗神经退行性疾病的潜在应用。阿尔茨海默症是最常见的神经退行性疾病之一，是由淀粉样蛋白 β（Aβ）在大脑不同部位的异常积累引起的。因此，人们已经做出了巨大的努力开发治疗诊断策略来降解 Aβ 聚集体，包括抗 Aβ 聚集体药物、高温和淀粉样蛋白降解酶（ADE）。基于此，高仁钧、单亚明等设计了一种新型多功能抗 Aβ 剂 GNRs-APH-scFv（GAS），通过将 AuNP 与 ADE（嗜热性 APH ST0779）相结合，并用单链可变片段（scFv12B4）对其进行修改，该片段可以高特异性地靶向 Aβ 水平（图 1-26）。值得注意的是，AuNP 对近红外线辐照的光热效应不仅可以激活嗜热酶活性，

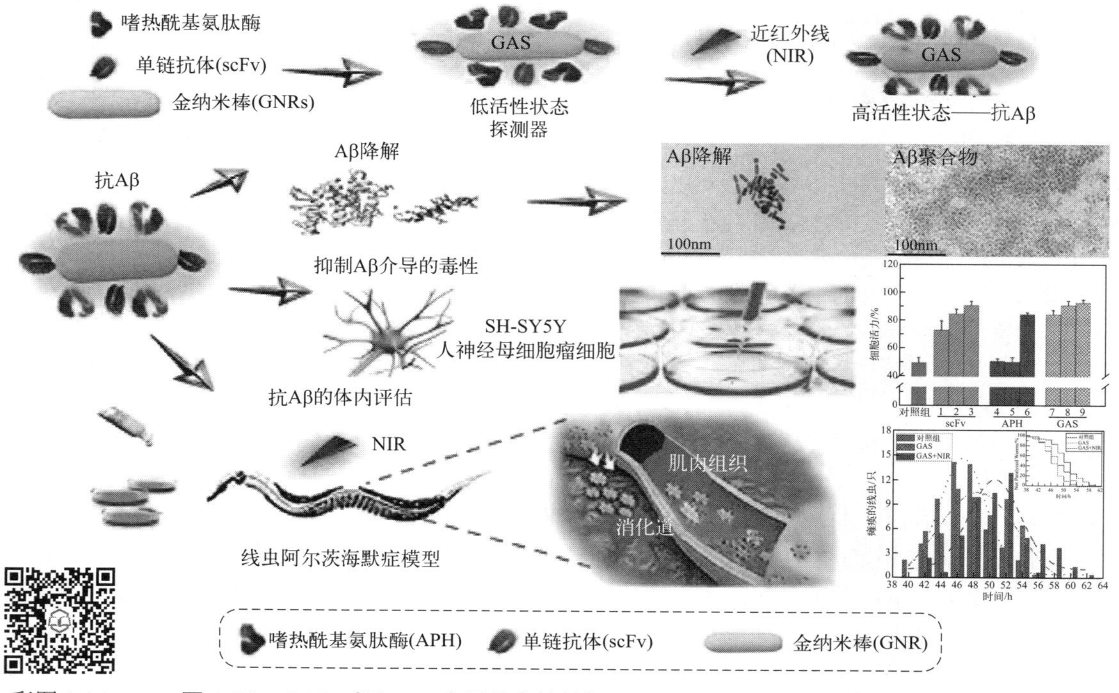

彩图 1-26

图 1-26 GAS 对于 Aβ 介导的毒性的抑制作用，用于治疗阿尔茨海默症

还可以降解聚集体。此外，所有对照组，包括单独的 APH 和 scFv，以及 APH 和 scFv、GNRs-APH 和 GNRs-scFv 的联合，与 GNRs-APH-scFv 相比，Aβ 原纤维聚集的降解减少。这表明 GAR 介导的光热疗法和酶疗法在解离 Aβ 聚集体和抑制 Aβ 介导的毒性方面表现出协同作用。因此，这种 GAR 纳米平台为用于 AD 治疗的生物医学治疗诊断提供了创新的前景。

有机化合物的降解和合成：许多可用于有机污染物降解和化学中间体合成的重要化学反应都依赖于高度化学、区域和立体选择性酶。因此，近红外线激活的酶-纳米复合物材料是一种有效实现化学合成途径的潜在方法。Pan 等人构建了载有辣根过氧化物酶并用聚多巴胺（PDA）修饰的孢粉胶囊微型马达以降解水污染物。当暴露于近红外线照射时，辣根过氧化物酶将从孢粉胶囊的中空结构中释放出来。结果，聚多巴胺包被的孢粉胶囊微型马达在近红外线照射下的有机物降解效率高于没有近红外线照射的降解效率，加速了辣根过氧化物酶的释放。此外，随着近红外线的触发而产生气泡增强了酶的扩散，增加了酶与有机污染物之间的相互作用，从而提高了降解效率。高仁钧等在近红外辐射下合成酶共轭金纳米棒复合材料（EGC）以催化羟醛反应，这是有机化学中形成碳-碳键的重要反应之一。显然，与游离酶相比，EGC 在暴露于近红外线时短时间内实现了更高的催化效率和优异的转化率。这些研究表明，可用于工业应用的酶的远程和实时激活策略具有巨大潜力。

总结

本章主要介绍酶学基础知识，了解酶的概念、分类和组成、基本性质、催化机理及活性调节，这对学习酶工程、了解酶学与酶工程的关系必不可少。特别是酶的表达和分离纯化技术是酶工程的基础。手中没有酶，谈何酶学和酶工程研究？所以，这部分也是酶工程的重要组成部分，本章也用较多的篇幅介绍这部分内容。和其它生物技术一样，酶的表达、制备和分离纯化技术也不断有所创新、有所发展、有所完善。多种不同的表达宿主和体系也在开发和不断完善之中，而超临界萃取、微波提取、超声波提取等酶分离纯化手段都有应用。随着表达技术的进步和相关平台的不断完善，酶的使用成本越来越低。一些行业对酶的纯度要求不高，如饲料用酶可以不经过纯化直接将培养物烘干造粒用于投喂，酶的成本可以做得很低。一般作为试剂用酶纯度要求不高，如作为检测用酶的试剂盒中只要保证结果准确即可。但另外一些行业对酶的纯度要求特别高，如治疗用酶，特别是体内治疗，这类酶的售价高，除了一些是使用细胞培养表达的原因外，其主要成本在分离纯化上。由于蛋白质色谱技术的进步，相关色谱柱料的选择也越来越多，如亲和色谱中的载体配基的选择自由度也大大增加。除了利用已知的分子相互作用规律外，还建立了精选的化合物群（库），可从库中筛选所需要的配基。利用分子印迹技术可以人工制造对任何一种目标分离物有专一选择性的载体，而且已有较大规模的应用。膜吸附分离系统快速有效分离蛋白质的方法也在实际生产中得到了广泛的应用。酶的实时调控技术近年来也有了长足的进步，这些新技术的出现为酶学及酶工程研究奠定了基础。

习题

1. 什么是酶工程？化学酶工程和生物酶工程的差别是什么？
2. 天然酶在工业应用上受到限制的原因有哪些？
3. 现阶段酶分哪几大类？
4. 酶催化的模型和机制分别是什么？
5. 酶催化的特点有哪些？

6. 酶活力的调节控制方式有哪些？
7. 影响酶反应速度的因素有哪些？
8. 酶的抑制类型有哪些？
9. 酶的来源有哪几类？目前常用的异源酶表达体系有哪些？
10. 提高大肠杆菌中可溶蛋白比例的方法有哪些？
11. 蛋白质纯化的一般原则是什么？
12. 酶活力实时调控的手段有哪些？

参考文献

[1] Buchholz K, Kasche V, Bornscheuer U T. Biocatalysts and Enzyme Technology. KCaA Weinheim: Wiley-VCH Verlag GmbH & Co., 2005.

[2] 陈石根，周润崎 . 酶学 . 上海：复旦大学出版社，2001.

[3] 袁勤生 . 现代酶学 . 上海：华东理工大学出版社，2001.

[4] 陆健 . 蛋白质纯化技术及应用 . 北京：化学工业出版社，2005.

[5] 李校堃，袁辉 . 现代生物技术制药丛书——药物蛋白质分离纯化技术 . 北京：化学工业出版社，2005.

[6] B. D. 黑姆斯，N. M. 胡珀，J. D. 霍顿 . 生物化学 . 王镜岩等译 . 北京：科学出版社，2000.

[7] 陶慰孙，李惟，姜涌明 . 蛋白质分子基础 . 第 2 版 . 北京：高等教育出版社，1995.

[8] 方允中，陈乾能. 医学酶学 . 北京：人民卫生出版社，1984.

[9] Safarik I, Safarikova M. Magnetic techniques for the isolation and purification of proteins and peptides, BioMagnetic Research and Technology, 2004, 2: 7.

[10] Kumara A, Bansa V, Andersson J, et al. Supermacroporous cryogel matrix for integrated protein isolation immobilized metal affinity chromatographic purification ofurokinase from cell culture broth of a human kidney cell line. Journal of Chromatography A, 2006, 1103: 35-42.

[11] Striemer C C, Gaborski T R, McGrath J L, et al. Charge- and size-based separation of macromolecules using ultrathin silicon membranes. NATURE, 2007, 445: 749-753.

[12] Suck K, Walter J, Menzel F, et al. Fast and efficient protein purification using membrane adsorber systems. Journal of Biotechnology, 121: 2006, 361-367.

[13] Donovan R S, Robinson C W, Glick B R. Optimizing the expression of a monoclonal antibody fragment under the transcriptional control of the *escherichia coli* lac promoter. Can. J. Microbiol., 2000, 46(6): 532-541.

[14] Houry W A. Chaperone-assisted protein folding in the cell cytoplasm. Curr Protein Pept Sci, 2001, 2(3): 227-244.

[15] De M A. Strategies for successful recombinant expression of disulfidebond-dependent proteins in Escherichia coli. Microb Cell Fact, 2009, 8: 26.

[16] Kadokura H, Katzen F, Beckwith J. Protein disulfide bond formation inprokaryotes. Annu Rev Biochem, 2003, 72: 111-135.

[17] Baca A M, Hol W G. Overcoming codon bias: a method for high-level overexpression of Plasmodium and other AT-rich parasite genes in *Escherichia coli*. Int J Parasitol, 2000, 30(2): 113-118.

[18] Tomohiro M, Skretas G, Georgiou1 G, et al. Strain engineering for improved expression of recombinant proteins in bacteria. Microbial Cell Factories, 2011, 10: 32.

[19] Song Y, Nikoloff1 J M, Zhang D. Improving protein production on the level of regulation of both expression and secretion pathways in *Bacillus subtilis*. J. Microbiol. Biotechnol, 2015, 25(7): 963-977.

[20] Siegei R S, Brierley R A. Methylot rophic yeast Pichia pasteur produced in high-cell-density fermentation with high cell yields as vehi clef or recombinant protein production. Biotechnology and Bioengineering, 1989, 34: 403-404.

[21] 韩雪清，刘湘涛，张永国，等 . 猪瘟病毒流行毒株 E2 基因密码子优化及在酵母中的高效表达 . 微生物学报，2003, 43: 560-568.

[22] Sha C, Yu X, Lin N, et al. Enhancement of lipase r27RCL production in *Pichia pastoris* by regulating gene dosage and co-expression with chaperone protein disulfide isomerase. Enzyme Microb Technol, 2013, 53: 438-443.

[23] Damasceno L M, Anderson K A, Ritter G, et al. Cooverexpression of chaperones for enhanced secretion of a single-chain antibody fragment in Pichia pastoris. Appl Microbiol Biotechnol, 2007, 74: 381-389.

[24] Guerfal M, Ryckaert S, Jacobs PP, et al. Research the HAC1 gene from Pichia pastoris: characterization and effect of its overexpression on the production of secreted, surface displayed and membrane proteins. Microb Cell Fact, 2010, 9: 49-60.

[25] 覃晓琳，刘朝奇，郑兰英 . 信号肽对酵母外源蛋白质分泌效率的影响 . 生物技术，2010, 20: 95-98.

[26] Kang H A, Nam S W, Kwon K S, et al. High-level secretion of human-antitrypsin from *Saccharomyces cerevisiae* using inulinase signal sequence. J Biotechnol, 1996, 48: 15-24.

[27] Vervecken W, Kaigorodov V, Callewaert N, et al. In vivo synthesis of mammalian-like, hybrid-type N-glycans in Pichia pastoris. Appl Environ Microb, 2004, 70: 2639-2646.

[28] Li H, Sethuraman N, Stadheim T A, et al. Optimization of humanized IgGs in glycoengineered Pichia pastoris. Nat Biotechnol, 2006, 24: 210-215.

[29] Liu Y, Xie W, Yu H. Enhanced activity of *Rhizomucor miehei* lipase by deglycosylation of its propeptide in *Pichia pastoris*. Curr Microbiol, 2014, 68: 186-191.

[30] Wang Q, Gao L, Liang H, et al. Research advances of the influence factors of high-level expression of recombinant protein in *Pichia pastoris*. Acta Pharmaceutica Sinica 2014, 49 (12): 1644-1649.

[31] Wang F, Liu Y, Du C, et al. Current Strategies for Real-Time Enzyme Activation. Biomolecules, 2022, 12: 599.

[32] Lidström P, Tierney J, Wathey B, et al. Microwave assisted organic synthesis-a review. Tetrahedron, 2001, 57(45): 9225-9283.

[33] Mazumder S, Laskar D, Prajapati D, et al. Microwave-induced enzyme-catalyzed chemoselective reduction of organic azides. Chemistry & Biodiversity, 2004, 1(6): 925-929.

[34] Parker M C, Besson T, Lamare S, et al. Microwave radiation can increase the rate of enzyme-catalysed reactions in organic media. Tetrahedron Letters, 1996, 37(46): 8383-8386.

[35] Rejasse B, Lamare S, Legoy M D, et al. Influence of microwave irradiation on enzymatic properties: applications in enzyme chemistry. J Enzyme Inhib Med Chem, 2007, 22(5): 519-527.

[36] Barbara R, Thierry B, Thierry B, et al. Influence of microwave radiation on free *Candida antarctica* lipase B activity and stability. Organic & Biomolecular Chemistry, 2006, 4(19): 3703-3707.

[37] Dahai Y, Tian L, Ma D, et al. Microwave-assisted fatty acid methyl ester production from soybean oil by Novozym 435. Green Chem., 2010, 12: 844-850.

[38] Yu D, Ma D, Wang Z, et al. Microwave-assisted enzymatic resolution of (*R*, *S*)-2-octanol in ionic liquid. Process Biochemistry, 2012, 47: 479-484.

[39] Delgado-Povedano M M, Luque de Castro M D. A review on enzyme and ultrasound: A controversial but fruitful relationship. Analytica Chimica Acta, 2015, 889(19): 1-21.

[40] Xiao Y M. A review on effects of ultrasound treatment on the reactions catalyzed by enzymes. Applied Acoustics, 2009, 28(2): 156-160.

[41] Zhao D, Yue H, Chen G, et al. Enzymatic resolution of ibuprofen in an organic solvent under ultrasound irradiation. Biotechnology & Applied Biochemistry, 2014, 61(6): 655-659.

[42] Ceni G, Silva P C D, Lerin L, et al. Ultrasound-assisted enzymatic transesterification of methyl benzoate and glycerol to 1-glyceryl benzoate in organic solvent. Enzyme & Microbial Technology, 2011, 48(2): 169-174.

[43] Batistella L, Ustra M K, Richetti A, et al. Assessment of two immobilized lipases activity and stability to low temperatures in organic solvents under ultrasound-assisted irradiation. Bioprocess & Biosystems Engineering, 2012, 35(3): 351-358.

[44] Remonatto D, Santin C M T, Valério A, et al. Lipase-Catalyzed Glycerolysis of Soybean and Canola Oils in a Free Organic Solvent System Assisted by Ultrasound. Applied Biochemistry & Biotechnology, 2015, 176(3): 850-862.

[45] Kwiatkowska B, Bennett J, Akunna J, et al. Stimulation of bioprocesses by ultrasound. Biotechnology Advances, 2011, 29(6): 768-780.

[46] Mawson R, Gamage M, Terefe N S, et al. Ultrasound in Enzyme Activation and Inactivation. Food Engineering, 2011: 369-404.

[47] Nagashima I, Sugiyama J, Sakuta T. Efficiency of 2.45 and 5.80 GHz microwave irradiation for a hydrolysis reaction by thermostable -Glucosidase HT1. Biosci. Biotech. Bioch, 2014, 78: 758-760.

[48] Young D D, Nichols J, Kelly R M. Microwave activation of enzymatic catalysis. J. Am. Chem. Soc, 2008, 130: 10048-10049.

[49] Jadhav, S H, Gogate, P R. Intensification in the activity of lipase enzyme using ultrasonic irradiation and stability studies. Ind. Eng. Chem. Res, 2014, 53: 1377-1385.

[50] Xia T, Lin W, Liu C, et al. Improving catalytic activity of laccase immobilized on the branched polymer chains of magnetic

nanoparticles under alternating magnetic field. J. Chem. Technol. Biot, 2018, 93: 88-93.

[51] Xiong R, Zhang W, Zhang Y, et al. Remote and real time control of an FVIO-enzyme hybrid nanocatalyst using magnetic stimulation. Nanoscale, 2019, 11: 18081-18089.

[52] Armenia I, Bonavia M V G, De Matteis L. Enzyme activation by alternating magnetic field: Importance of the bioconjugation methodology. J. Colloid Interface Sci, 2019, 537: 615-628.

[53] Knecht L D, Ali N, Wei Y. Nanoparticle-mediated remote control of enzymatic activity. ACS Nano, 2012, 6: 9079-9086.

[54] Xia T, Feng M, Liu C. Efficient phenol degradation by laccase immobilized on functional magnetic nanoparticles in fixed bed reactor under high-gradient magnetic field. Eng. Life Sci. 2021, 21: 374-381.

[55] Liu Y, Guo C, Liu C. Enhancing the resolution of (R, S)-2-octanol catalyzed by magnetic cross-linked lipase aggregates using an alternating magnetic field. Chem. Eng. J. 2015, 280: 36-40.

[56] Zhang Y, Wang Y, Zhou Q, et al. Precise regulation of enzyme-nanozyme cascade reaction kinetics by magnetic actuation toward efficient tumor therapy. ACS Appl Mater Interfaces, 2021, 13: 52395-52405.

[57] De Barros H R, Garcia I, Kuttner C. Mechanistic insights into the light-driven catalysis of an immobilized lipase on plasmonic nanomaterials. ACS Catal, 2020, 11: 414-423.

[58] Sun M, Xu H. A novel application of plasmonics: Plasmon-driven surface-catalyzed reactions. Small, 2012, 8: 2777-2786.

[59] Breger J C, Oh E, Susumu K. Nanoparticle size influences localized enzymatic enhancement—A case study with Phosphotriesterase. Bioconjugate Chem, 2019, 30: 2060-2074.

[60] Burda C, Chen X, Narayanan R. Chemistry and properties of nanocrystals of different shapes. Chem. Rev, 2005, 105: 1025-1102.

[61] Zhang S, Wang C, Chang H. Off-on switching of enzyme activity by near-infrared light-induced photothermal phase transition of nanohybrids. Sci. Adv, 2019, 5: eaaw4252.

[62] Wu D, Chen X, Zhou J. A synergistic optical strategy for enhanced deep-tumor penetration and therapy in the second near-infrared window. Mater. Horiz, 2020, 7: 2929-2935.

[63] Liu D, Li W, Jiang X, et al. Using near-infrared enhanced thermozyme and scFv dual-conjugated Au nanorods for detection and targeted photothermal treatment of Alzheimer's disease. Theranostics 2019, 9: 2268-2281.

[64] Li W, Liu D, Geng X, et al. Real-time regulation of catalysis by remote-controlled enzyme- conjugated gold nanorod composites for aldol reaction-based applications. Catal. Sci. Technol, 2019, 9: 2221-2230.

[65] Pan S, Ren J, Ma E, et al. Dual-propelled sporopollenin-exine -capsule micromotors for near-infrared light triggered degradation of organic pollutants. Chem. Nano Mat, 2021, 7: 483-487.

[66] Hedison T M, Heyes D J, Scrutton N S. Makingmolecules with photodecarboxylases: A great start or a false dawn. Curr. Res. Chem. Biol, 2022, 2: 100017.

第二章 非水酶学

李全顺

第一节 概述

在活体细胞中，大约 70% 是对生命活动不可缺少的水，而传统的酶学研究也就自然而然地在水溶液介质中进行。因此就产生了一种错误观念：酶只有在水中才是有活性的，在有机溶剂中会立即失活。20 世纪初，E. Bourquelot 等将乙醇、丙酮类有机溶剂加入到酶的水溶液中，尝试进行非水介质中酶催化反应，在这种情况下，需要保持很高的含水量，酶才能具有一定的催化活性，但是比水溶液中的酶活力低很多。1984 年，A. M. Klibanov 在《科学》杂志上发表了一篇关于酶在有机介质中催化条件和特点的文章。他们在仅含微量水的有机介质（microaqueous media）中成功地酶促合成了酯、肽、手性醇等许多有机化合物。同时明确指出，只要条件合适，酶可以在非生物体系的疏水介质中催化天然或非天然的疏水性底物和产物的转化，酶不仅可以在水与有机溶剂互溶体系，也可以在水与有机溶剂组成的双相体系，甚至在仅含微量水或几乎无水的有机溶剂中表现出催化活性，这无疑是对酶只能在水溶液中起作用这一传统酶学思想的挑战。在这以后，非水溶剂中酶催化的研究逐步活跃起来，并取得了突破性的进展。现已报道，酯酶、脂肪酶、蛋白酶、纤维素酶、淀粉酶等水解酶类，过氧化物酶、过氧化氢酶、醇脱氢酶、胆固醇氧化酶、多酚氧化酶等氧化还原酶类和醛缩酶等转移酶类中的十几种酶在适宜的有机溶剂中具有与水溶液中可比的催化活性。非水相酶催化的主要优点包括：①增强反应物的溶解度；②在有机介质中改变反应平衡；③酶制剂易于分离；④在有机溶剂中可增强酶的稳定性；⑤在有机溶剂中可改变酶的选择性；⑥不会或很少发生微生物污染。

目前非水酶学的研究主要集中在以下 3 个方面：第一，非水酶学基本理论的研究，它包括影响非水介质中酶催化的主要因素以及非水介质中酶学性质；第二，通过对酶在非水介质中结构与功能的研究，阐明非水介质中酶的催化机制，建立和完善非水酶学的基本理论；第三，利用上述理论来指导非水介质中酶催化反应的应用。

第二节 非水酶学中的反应介质

通常所说的非水酶学反应介质是指那些以有机物质（溶剂、底物、产物等）为主的介质（有机介质），以区别于那些以水为主的常规介质，它们不同于标准的水溶液体系，在这类反应体系中水含量受到不同程度的控制。

一、非水酶学中的常规反应介质

1.水–有机溶剂单相系统

增加亲脂性底物溶解度的一个最简单办法是向反应混合物中加入与水互溶的有机溶剂，通常被称为有机助溶剂或共溶剂（organic cosolvent）。常用的助溶剂有二甲基亚砜（DMSO）、*N*, *N*-二甲基甲酰胺（DMF）、四氢呋喃（THF）、1, 4-二氧杂环己烷（dioxane）、丙酮和低级醇等，由于形成的是均相系统，因此通常不会发生传质阻碍。一般来讲，该系统中与水互溶的有机溶剂量可达总体积的 10% ～ 20%，在一些特殊的条件下，甚至可高达 90% 以上。有些酶（如酯酶和蛋白酶）在水-有机溶剂均相系统中的反应选择性会增强。如果该系统中有机溶剂的比例过高，有机溶剂将夺取酶分子表面的结构水使酶失活。也有少数稳定性很高的酶，如南极假丝酵母脂肪酶（CALB），只要在水互溶的有机溶剂中有极少量的水，就能保持它们的催化活性。此外，当酶催化反应在 0℃以下进行时，与水互溶的有机溶剂还能降低反应系统的冰点温度，这是低温酶学的重要研究内容之一。

2.水–有机溶剂两相系统

水-有机溶剂两相系统是指由水相和非极性有机溶剂相组成的非均相反应系统，酶溶解于水相中，底物和产物则主要溶解于有机相中。两相的体积比可以在很宽的范围内变动，而经常使用的水不溶性溶剂有烃类、醚、酯等，这样可使酶与有机溶剂在空间上相分离，以保证酶处于有利的水环境中，而不直接与有机溶剂相接触。水相中仅存在有限的有机溶剂，从而减少了它对酶的抑制作用。在反应过程中若能及时将产物从酶表面移去的话，将会推动反应朝着有利于产物生成方向进行。由于两相系统中酶催化反应仅在水相中进行，因而必然存在着反应物和产物在两相之间的质量传递，很显然振荡和搅拌会加快两相反应系统中生物催化反应的速度。水-有机溶剂两相系统已成功地用于强疏水性底物（如甾体、脂类、烯烃类和环氧化合物）的生物转化。

3. 微水有机溶剂单相系统

与水互溶的亲水性溶剂，如甲醇、丙酮，并不是酶促反应的合适介质，相反，甲苯、环己烷等水不溶的疏水性溶剂是最适的反应介质。其原因是水在酶表面与在有机溶剂主体相中的分配不同，酶分子表面上的少量水是酶保持活性所必需的，而亲水性强的溶剂如甲醇、丙酮等能夺取酶分子表面的水，容易导致酶失活。

有机溶剂作为生物催化反应的介质，其优点表现在以下几方面。

① 主要优点是增强不溶或微溶于水的反应物的溶解度，而在水中，即使对一些有一定水溶性的反应物，也会因溶解度低而限制其反应速率。

② 在接近无水的介质中，水解反应平衡会向缩合反应方向移动。

③ 多数情况下，酶只悬浮于疏水有机溶剂中而不溶解，反应结束后酶的分离回收容易。

④ 酶在无水有机溶剂中比在水中稳定得多。在水中，溶菌酶在 100℃、pH8.0、30s 后或者 pH4.0、100min 后，酶活力就损失 50%；而在环己烷中，干粉状的酶经过 140h 甚至 200h 后才损失 50% 的酶活力。

⑤ 由于反应介质对酶的影响，酶的底物专一性和选择性不同于在水中，在操作参数的控制下，能够对酶的底物专一性和选择性进行调控。

⑥ 有机溶剂比水容易回收，这是由于水具有较高的蒸发焓。

4. 反相胶束系统

反相胶束系统是含有表面活性剂与少量水的有机溶剂系统。反相胶束体系能够较好地模拟酶的天然环境，在反相胶束系统中，大多数酶能够保持催化活性和稳定性，甚至表现出“超活性”。

自 1974 年 Wells 发现磷脂酶 A2 在卵磷脂-乙醚-水反相胶束系统中具有催化卵磷脂水解活性以来，胶束酶学的研究和应用已在国内外引起广泛的关注。

表面活性剂分子由疏水性尾部和亲水性头部两部分组成，在含水有机溶剂中，它们的疏水性基团与有机溶剂接触，而亲水性头部形成极性内核，从而组成许多个反相胶束，水分子聚集在反相胶束内核中形成“微水池”，里面容纳了酶分子，这样酶被限制在含水的微环境中，而底物和产物可以自由进出胶束。表面活性剂可以是阳离子型、阴离子型或非离子型，常用 AOT［丁二酸二（2-乙基）己酯磺酸钠］、CTAB（十六烷基三甲基溴化铵）、卵磷脂和吐温等。在反相胶束体系中，水与表面活性剂的（摩尔）比（W_o）是个重要参数，对“微水池”中水分子的结构和酶的催化性能具有重要的影响。水含量少（$W_o<15$）的聚集体通常被称为反胶束，水含量多（$W_o>15$）的聚集体则被称为微乳状液。

反相胶束系统作为反应介质具有以下优点：①组成的灵活性，大量不同类型的表面活性剂、有机溶剂甚至是不同极性的物质，都可用于构建适宜于酶反应的反相胶束系统；②热力学稳定性和光学透明性，反相胶束是自发形成的，因而不需要机械混合，有利于规模放大，反相胶束的光学透明性便于使用 UV、NMR（核磁共振）、量热法等方法跟踪反应过程，有利于研究酶的动力学和反应机理；③反相胶束有非常高的比界面积，远高于有机溶剂-水两相系统，对底物和产物在相间的转移极为有利；④反相胶束的相特性随温度而变化，这一特性可以简化产物和酶的分离纯化。例如马肝醇脱氢酶在 AOT 或 $C_{12}E_5$ 反胶束系统中催化 4-甲基环己酮还原生成 4-甲基环己醇，反应后通过温度改变可将产物回收到有机相中，而酶、辅酶在水相中，可多次循环反复使用，每一次循环酶活性损失很小。

反相胶束中的酶催化反应可用于油脂水解、辅酶再生、外消旋体拆分、肽和氨基酸合成以及高分子材料合成。色氨酸可采用色氨酸酶催化吲哚和丝氨酸缩合而成，由于吲哚在水中溶解度很低且对酶有抑制作用，Eggers 运用 Brij-Aliguat336-环己醇作为反相胶束系统，建立了膜反应器中反胶束酶法合成色氨酸的生产工艺。

5. 无溶剂或微溶剂反应系统

许多情况下，反应系统的最佳选择可能是根本不用溶剂（solvent-free system，无溶剂系统），或者只用很少量的溶剂（little solvent system，微溶剂系统）。在至少有一种反应物为液体的情况下，反应物之间的质量传递可以通过流体相进行。例如，在用脂肪酶催化各种手性醇的对映选择性转酯化反应中，经常使用过量的乙酸乙烯酯或乙酸异丙烯酯作为酰基供体，同时兼作反应介质（无需外加溶剂），一般效果非常好，已在工业规模广泛应用。如果能将反应温度稍微提高一点的话，那么传质问题就更容易解决。由于在较低的水活度条件下，酶的热稳定性要比在普通水溶液中高出许多，因此，在无溶剂系统中适当提高反应温度，可以促进反应物分子的扩散和混合，提高酶促反应的速度。当反应物均为固体颗粒时，也不一定非要用溶剂使其溶解不可。反应完全可以在含酶的液相中进行，尽管该液相有可能完全隐藏在反应物固体颗粒之间的缝隙中而看不见。为了形成这一隐形液相，一般只需加入很少量（例如反应物质量的 10%）的某种“溶剂”，而最好的溶剂可能就是水，因为水通常会使酶产生最高的催化活力。这种主要由固体构成的生物催化系统同样具有有机溶剂介质系统的某些优点，例如，有利于水解酶催化的反应平衡偏向产物的合成，避免不必要的水解，提高目标产品的得率。

6. 气相反应介质

酶在气相介质中进行的催化反应，适用于底物是气体或者能够转化为气体物质的酶催化反应。由于气体介质的密度低，扩散容易，因此酶在气相中的催化作用与在水溶液中的催化作用有明显不同的特点。目前这方面的研究局限性很大，因此研究相对较少，这里不予详细介绍。

二、非水酶学中的新型反应介质

1. 超临界流体系统

所谓超临界流体（supercritical fluid，SCF），是指温度和压力分别处于临界温度和临界压力之上的流体。它兼有气体的高扩散系数和低黏度，又有与液体相近的密度和对物质良好的溶解能力，在临界点附近流体的这些特性对温度和压力的变化非常敏感。超临界流体状态下的酶催化反应，是近年来生物工程开拓的新领域。超临界流体作为酶催化反应的介质，对其有着重要的影响。超临界流体能够改变酶的底物专一性、区位选择性和对映选择性，并能增强酶的热稳定性，同时酶在不同超临界流体中的活性也存在极大差异，因此对超临界流体的选择就显得特别重要。通常，超临界流体的选择首先遵循两个最基本的原则：一是酶在超临界流体中必须具有较高的活性；二是超临界流体的临界温度与酶的最适反应温度接近，因为操作温度通常与临界温度接近，温度过高会引起蛋白质变性，使酶失活。同时还必须考虑临界温度和临界压力在实际生产操作中是否容易达到，反应底物在该流体中的溶解度，超临界流体对底物、产物和酶的惰性以及对食品和药物无毒等因素。

（1）超临界流体作为酶催化反应介质的优点

酶作为一种催化剂，专一性强，反应条件温和，但工业化较难，没有合适的反应介质是主要问题。因为酶很容易失活，反应物和产物又不易分离，目前广泛开展的非水体系酶反应就是为了解决这一难题。超临界流体，如超临界 CO_2（$scCO_2$）作为一种特殊的非水溶剂，其优点是显而易见的：①超临界体系中传质速率快，底物从主体溶剂向酶活性中心扩散的速度比在有机溶剂中至少大一个数量级；②在临界点附近溶解能力、介质常数对温度和压力敏感，可控制反应速率和反应平衡；③与水相比，脂溶性反应物和产物可溶于其中，而酶不溶，有可能将反应与分离耦合起来；④产品回收时不需处理大量稀水溶液。

（2）超临界流体的种类和特性

一些常用的超临界体系主要有 CO_2、水、氨、甲醇、乙醇、戊烷、乙烷、乙烯等。总体而言，超临界流体的属性介于气体和液体之间。$scCO_2$ 作为一种优良的酶催化反应介质是目前研究中最常采用的超临界流体，主要因为其具有以下独特的优点：① CO_2 不仅临界点容易实现，而且对人体无害及具有化学惰性的优点，因此特别适用于作为酶催化反应的介质；② $scCO_2$ 既具有液体的密度，又具有气体的扩散性和黏度，因此显示出较大的溶解力和较高的传质性能，大大降低酶催化反应过程的传质阻力，提高了酶催化反应的速率；③反应底物的溶解性对超临界的操作条件（如压力、温度）特别敏感，通过简单改变操作条件或其他设备就可以达到反应物和底物分离的目的；④酶在 $scCO_2$ 中不溶解，易于实现反应分离一体化，从而使其在工业化应用的可能性大大增加；⑤ $scCO_2$ 的临界温度低，不会使产物热分解，温和的温度适合酶催化反应，甚至可用于含热敏性的酶催化反应之中；⑥ $scCO_2$ 常压下变为气态，不存在溶剂残留问题，而且不易燃、不易爆，廉价易得。

（3）超临界流体中酶的稳定性和失活机制

酶在超临界流体中的稳定性和活性对酶催化反应是至关重要的，因此超临界流体对酶稳定性和活性的影响一开始就得到了关注。研究表明，在 $scCO_2$ 中许多酶具有良好的稳定性和活性。在温度 35℃、压力 14MPa 的 $scCO_2$ 中，少根根霉（*Rhizopus arrhizus*）脂肪酶催化三月桂酸甘油酯与豆蔻酸连续酯交换反应达 80h，该酶仍保持 100% 的相对活性。Miller 的研究也得到了相似的结果，在温度 35℃、压力 12 ～ 16MPa 的 $scCO_2$ 中，脂肪酶的操作稳定性至少可保持 3 天。

虽然超临界流体一般不会引起酶失活，但仍需要寻求较合适的温度、压力和含水量等条件以利于酶催化反应的进行。如果操作条件不合适，超临界流体的性质发生变化也会引起酶的部分或全部失活。Chen 等研究发现，CO_2 能抑制多酚氧化酶的活性，这可能是由于 CO_2 溶于与酶有关的水层而改变了局部的 pH 值所致。超临界状态下，系统中的含水量对酶活性有很大的影响。一方面，由于酶本身具有结构上的刚性，在非水环境中活性部位呈锁定状态，酶需要维持其催化活性的必需水使其具有一定柔性，以便使活性中心能够更好地与底物契合；另一方面，过量的水分会引起酶活性中心内部水簇的生成，从而改变酶活性中心的结构，酶构象将过于柔软和伸展，最终导致酶活性的下降。因此，可以推测 $scCO_2$ 中肯定有一最佳含水量，此时能维持酶分子表面有适量的水。$scCO_2$ 是酶催化反应的一种非水介质，但是如果用干的 $scCO_2$ 对酶进行处理，酶活力会逐渐下降甚至丧失；如果 $scCO_2$ 中含水量过高或者催化反应生成了水，湿度增加到一定程度，酶活性也会丧失。Kasche 等研究报道，$scCO_2$ 中湿度为 3% 时，α-胰凝乳蛋白酶和胰蛋白酶会部分失活，这主要是在泄压过程中，溶解于酶周围水分子层中的 CO_2 迅速释放使酶分子结构部分伸展所造成的。Kamat 等人的研究发现，经 $scCO_2$ 处理的酶，其活性随系统中含水量的增加而降低，这可能是由于反应体系中含水量过高，酶制剂大量吸附水分，酶表面被几层水分包围，阻碍了酶与反应底物的接触，降低了酶催化活力。酸性蛋白酶、碱性蛋白酶、脂肪酶、淀粉酶、果胶酯酶等在一定条件的 $scCO_2$ 中，均会产生失活现象。Arrora、Balaban 等的研究认为，这可能是由于高压下 CO_2 溶于水产生碳酸，降低了体系中 pH 值所致，或者是 CO_2 对酶蛋白表面赖氨酸残基形成共价修饰，从而降低了酶活性。Yoshimuba 等的研究认为 α-淀粉酶经 $scCO_2$ 处理后的活性丧失与蛋白质中 α-螺旋的含量有关，因为 α-螺旋结构经 $scCO_2$ 处理后会发生不可逆的变性。Kamat 等研究认为 CO_2 对蛋白质结构的影响，主要是高压下由于酶表面的氨基和 CO_2 形成了氨基甲酸酯络合物，增加了酶的刚性。目前认为酸性蛋白酶经 $scCO_2$ 处理后活性的丧失，不仅是由于 pH 值下降的作用，而且还与 CO_2 分子的辅助络合引起蛋白质结构的不可逆变性有关。

（4）超临界流体中酶催化的影响因素

在超临界流体中预测酶的稳定性和活性是十分困难的。因为除了介质的影响以外，还有多种因素对超临界流体中酶的稳定性和活性有影响，例如含水量、压力、温度、增压-减压、抑制剂等。

反应体系中的含水量是影响酶活性的重要因素之一。水通过多种途径影响酶的催化反应：通过非共价键和氢键断裂影响酶结构、通过促进反应物的分散、通过影响反应平衡等。酶需要结合一定量的水分以保持其活性，尤其是在非水相介质的生物催化反应中，而在绝对无水的超临界流体中，酶分子的结合水可能被夺走。根据温度和压力条件不同，$scCO_2$ 可以吸收 0.3% ～ 0.5% 的水分，如果温度太高就有可能导致酶变性失活。将来自番木瓜（*Carica papaya*）的凝乳蛋白酶置于超临界流体中，在 30MPa、不同温度的条件下研究其酶活变化，结果显示，在高温下，水分子容易从酶微环境中萃取走而导致酶活降低。

在超临界流体反应介质中，酶的催化活性受压力的影响。例如，压力可以通过改变限速步骤或调节酶的选择性来影响酶的催化反应。如果一种酶在超临界流体中稳定，那么这种稳定性不会因压力增加 30MPa 而受到影响。但另一方面，反应速率可能会受到压力的影响。在大多数情况下，压力增加会对酶促反应产生积极影响，但也可能不产生影响。压力引起的酶失活大多发生在压力超过 150MPa 的情况下，300MPa 压力可引起酶的可逆变性，压力再高就会引起不可逆变性。由固定化米黑毛霉脂肪酶催化的油酸脂合成，在 $scCO_2$ 中的初始转化率因压力由 10MPa 升高到 35MPa 而增加，但其在正丙烷和正丁烷混合物中则恒定。使用超临界流体作为酶催化反应介质的优点，是可以通过改变流体压力而使反应物很容易地从混合物中分离出来。底物溶解度随压力升高而升高，超临界流体的溶解能力可以根据反应的需要进行调节，产物可以轻松地从反应器中移走。

温度是影响反应的一项重要参数，其影响力要比压力高得多。温度升高会带来两种效应：反应速率随温度升高而升高，温度升高造成酶的变性失活。在超临界流体中温度还与压力有着密切的关系，底物和产物的溶解度依赖于温度与压力的联合作用。通常，在超临界流体中，较高的溶解度可通过升高温度来达到。但另一方面，温度太高又会引起酶失活。基于以上原因，酶活的最适温度与反应的最优温度并不需要一致。酶活受热力学因素的影响可能服从 Arrhenius 曲线。当反应速率最高时，酶的活性和非活性形式之间的比率受酶失活常数的影响，如果酶活的熵值高，则表示其受温度影响大。例如，在 $scCO_2$ 中以 30MPa 压力为条件测定由黑曲霉中提取的脂肪酶酶活，其酶活最高值出现在 323K 时，当温度进一步上升，酶活会迅速下降，其原因与水分在系统中的分布改变有关。

在超临界流体中，一种酶通常要在间歇反应器中重复使用好多次，可以直接使用，也可以固定化后使用。增压通常起不到重要作用，减压才是影响酶活的关键步骤。在增压-减压的过程中还要考虑快速减压会不会使酶结构遭到破坏。慢速减压，流体有足够的时间从酶及反应器中流出，但如果减压太快，则会因流体无法及时从酶中流出而在局部造成相对较高压力。将 *Carica papaya* 凝乳蛋白酶置于 $scCO_2$ 中，在 30MPa、323K 恒温下研究其酶活，1h 后以 3 种方法将反应条件恢复至常温常压：①快速减压（1min）至 0.1MPa，温度降至 283K；②温度降至 293K（3min）伴随压力快速（1min）减至 0.1MPa；③保持温度 305K 慢速减压（3min）然后降温至 293K。结束后再迅速加压，如此反复数次，在前 10 次反应中，用 3 种方法处理的蛋白酶活性基本相似；14 次反应后，用前两种方法处理的酶活性显著降低，而以第三种方法处理的蛋白酶其酶活保留时间最长。因为密度的连续变化，由超临界状态向常压状态的变化过程对酶来说是“友好”的。另一方面来说，当酶进入两相区域，由于密度改变，酶微环境中的液态气体迅速汽化而使酶结构展开，从而导致酶失活。

酶在超临界流体中使用的最简单形式是酶粉，但这不利于大规模的工业应用和自动化、连续化生产。将酶固定于比表面积较大的惰性载体表面，可增大酶与底物的接触面积，降低扩散限制，能更充分地发挥酶的高效催化作用，且有利于酶的回收和再利用，增加酶的热稳定性。由于超临界流体具有低黏度和高扩散系数的特性，吸附于载体上的酶不易脱落，可使用最简单、最经济的吸附法。载体的性质可影响被吸附的酶量，并且能改变底物和产物在酶表面的微环境，影响酶分子上的结合水，从而影响酶的活性。因此，可根据底物和载体的疏水性初步选择适当的载体，此外，还要考虑载体的表面积、颗粒大小和内部孔径等因素。

2. 离子液体

与传统液态物质相比，离子液体（IL）只有阴阳离子，没有中性分子。离子键强大的库仑力作用使得晶格上的阴阳离子只能振动却不能转动或平动，所以离子液体常温下一般呈固态，并且有较高的熔点、沸点和硬度。如果把阴、阳离子做得很大且又极不对称，因空间阻碍增大使得阴阳离子间的库仑力减小，晶格能减小了，所以这种离子液体不但可以振动还可以平动和转动，常温下也呈液态形式存在，并且熔点、沸点都有所降低。离子液体从物理性质上可以分为固态和液态两类；按阳离子母核的结构类型可以将常见的离子液体分为四大类，即咪唑盐类、吡啶盐类、季铵盐类和季鏻盐类，如图 2-1 所示。

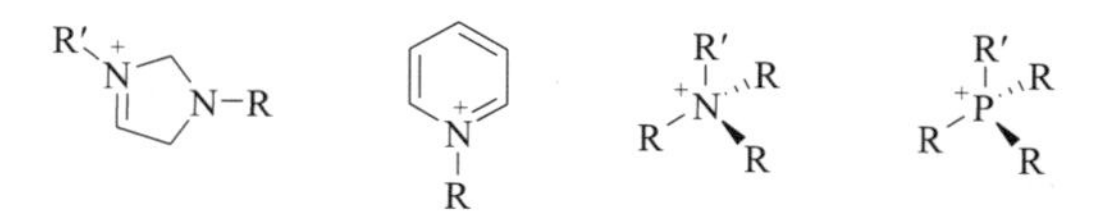

图 2-1　常见离子液体的有机阳离子母体结构

四种有机阳离子母体依次为咪唑盐类、吡啶盐类、季铵盐类和季鏻盐类

离子液体的阴离子种类繁多，主要有 BF_4^-、PF_6^-、$TA^-(CF_3COO^-)$、$HB^-(C_3F_7COO^-)$、$TfO^-(CF_3SO_3^-)$、$NfO^-(C_4F_9SO_3^-)$、$TfN^-[(CF_3SO_2)_2N^-]$、$Beti^-[(C_2F_5SO_2)_2N^-]$、$SbF_6^-$、$AsF_6^-$、$NO_2^-$、$Tf_3C^-[(CF_3SO_2)_3C^-]$ 等。离子液体不同，阳离子的物理、化学性质不同，不同的阴离子间理化性质也千差万别，所以不同的阳离子和阴离子组成的离子液体的性质更是各不相同，并且性质种类繁多。通过对组成离子液体的有机离子进行调整和修饰，理论上可以组合成数量巨大的离子液体。

（1）离子液体作为酶促反应介质的优点

水、传统有机溶剂、超临界流体、离子液体等都可以作为酶催化反应的介质，但与其他各类反应介质相比，应用于非水酶学催化反应领域中的离子液体介质有着独特的优点。

第一，离子液体的溶解范围广，溶解度高。因为有机离子和无机离子都可以组成离子液体的阴阳离子，所以它对许多有机物、无机物甚至高分子材料都具有很好的溶解性，并且有时溶解度很高。第二，离子液体没有显著的蒸气压，被认为是一种绿色溶剂。因为离子液体的阴阳离子之间有较强的库仑引力，即使在较高的温度和真空度下也一般难以挥发。第三，大多数离子液体具有较好的热稳定性，化学稳定性高，一般不可燃，并且可以重复使用多次，易于制备，原料价格便宜。第四，离子液体对多数催化剂无毒无害，催化剂可以溶解在其中，溶解后若呈单一均相，催化效率会增高；若多相相溶，则催化易分离。最后，离子液体使催化剂活性更高、稳定性更好、选择性更高，反应产物的转化率提高。因为离子液体多为非质子溶剂，所以溶剂化和溶剂现象大大减少，反应的各项指标均有所提高。

（2）离子液体中蛋白质的构象研究

蛋白质（包括酶分子）在不同离子液体中的空间构象可能会受到影响，目前已经有科研工作者采用一些技术手段研究了离子液体中蛋白质的构象变化（表 2-1）。

表 2-1　用于研究离子液体中蛋白质构象变化的技术

技术	研究目的或研究对象	实验发现
UV-vis（紫外可见分光光度法）	天然和展开状态的蛋白质；蛋白质和离子液体形成的复合物	离子液体的存在导致多肽骨架结构发生变化
Far-UV CD（远紫外圆二色谱）	蛋白质二级结构	离子液体的存在导致多肽骨架结构发生变化
FT-IR（傅里叶红外光谱）	蛋白质二级结构	离子液体的存在导致多肽骨架结构以及氢键模式发生变化
拉曼光谱	蛋白质二级结构	离子液体导致蛋白质酰胺Ⅰ带和Ⅲ带的位置发生改变
Near-UV CD（近紫外圆二色谱）	蛋白质四级结构	离子液体的存在导致芳香氨基酸残基的暴露程度发生改变
DLS（动态光散射）	离子液体中蛋白质聚集体的尺寸和结构	蛋白质与离子液体相互作用后蛋白质的流体力学半径发生改变
SANS（小角中子散射）	离子液体中蛋白质聚集体的形状、尺寸和结构	使用氘化离子液体或蛋白质可以获得离子液体或蛋白质的相关信息
NMR（核磁共振）	蛋白质在离子液体存在的情况下的空间构象	离子液体的存在导致光谱发生变化

（3）酶在离子液体中的特征

绝大部分的酶都可以在离子液体中催化反应，甚至在几乎无水的情况下酶仍能保持很高的催化活性。无论是从理论还是实践方面来看，研究各种形式的酶能否溶于离子液体，以及溶解后能否保持活性都是非常重要的。在离子液体作为反应介质的苯基甘氨酸和乙醇的酶促转酯反应，CALB 在离子液体 [BMIM][PF_6] 和 [BMIM][TfO] 中的活性与在叔丁醇中的情况相似，而在 [BMIM][NO_3]、[BMIM][lactate]、[EMIM][$EtSO_4$] 和 [$EtNH_3$][NO_3] 中几乎无反应发生（转化率 $<5\%$）。对于丁酸甲酯和正丁醇转酯反应的研究，也出现类似的情况。研究表明，那些酶在其中不表现活性的离子液体一般包含配位能力较强的阴离子，如乳酸根、硝酸根和乙基硫酸根离子。对这一现象的合理解释是这些阴离子与酶（包括游离酶和固定化酶）表面之间的配位引起酶构象的改变，导致其活性的丧失。然而溶解于离子液体中引起的结构改变通常是可逆的，故当 CALB 溶于 [BMIM][lactate]、[EMIM][$EtSO_4$] 或 [$EtNH_3$][NO_3] 中 24h 后，再用缓冲液稀释 50 倍，几乎可

以恢复全部催化活性。总的来说，酶溶于离子液体中一般会部分失活（即去折叠），但加入水后即可重新折叠并恢复活性。Park 和 Kazlauskas 把酶在离子液体中失活的现象解释为由于不同阴离子形成氢键能力不同而造成的：BF_4^-、PF_6^-、Tf_2N^-等离子由于负电荷过于分散而导致它们形成氢键的能力低，使它们不和酶分子形成氢键来干扰酶的活性；而Cl^-、NO_3^-、$CF_3SO_3^-$形成氢键能力很强，导致了酶活性的下降。Armstrong 等认为单个参数不能很好解释离子液体性能上的差异，如 [BMIM][BF_4]、[BMIM][Tf_2N] 和 [BMIM][PF_6] 具有相同的极性，但对水的溶解性却有很大差别，[BMIM][BF_4] 能与水混溶，而 [BMIM][Tf_2N]、[BMIM][PF_6] 在水中的溶解度分别为 1.4% 和 0.13%，因此尝试使用多个参数来表征各种离子液体的特性。事实上，使用多个参数对这些离子液体进行表征后很容易发现 [BMIM][BF_4]、[BMIM][Tf_2N] 和 [BMIM][PF_6] 等离子液体存在许多差异，这些参数的差别导致了极性相同的离子液体在水溶性上的差异。

众所周知，酶在大多数的有机溶剂中的稳定性比在含水介质中高，对离子液体也一样。在 [BMIM][PF_6] 中，嗜热菌蛋白酶的活性丧失过程要比在乙酸乙酯中缓慢得多；在有底物存在的情况下，糜蛋白酶在 [BMIM][PF_6] 中的半衰期比在丙醇中长 200 倍。这些现象说明，酶在离子液体中具有很好的稳定性，离子液体是进行绿色生物催化反应的优良介质。Bornseheuer 等控制酶和溶剂的水活度后再比较酶在离子液体和有机溶剂中的热稳定性，发现酶在离子液体中的热稳定性仍高于在有机溶剂中的热稳定性，并将该现象归结为离子液体和酶分子间产生电荷作用，进而使酶分子呈现刚性结构，表现出理想的稳定性。

有关酶在离子液体中进行催化反应时表现出来的催化选择性的报道不尽一致，在一些报道中脂肪酶和蛋白酶在离子液体中表现出比在有机溶剂中高的选择性，有些则报道酶在这两种介质中催化选择性上区别并不明显，甚至有些在离子液体中表现出有机溶剂中低的催化选择性。Bomscheuer 等用染料的方法评价了一些离子液体的极性，发现酶催化反应的选择性和溶剂极性之间没有任何关联。值得注意的是，除了酶本身具有对底物催化选择性外，底物在溶剂中的溶解度也影响了反应的选择性。Kazlauskas 等研究了 CALB 在离子液体中催化葡萄糖乙酰化的反应，结果发现目标产物 6-乙酰葡萄糖与衍生物 3, 6-二乙酰葡萄糖的比例高达 13∶1 ～ 50∶1，而在有机溶剂如丙酮、四氢呋喃中这个比例为 2∶1 ～ 3∶1，该现象产生的原因可能在于底物葡萄糖在有机溶剂中的溶解度低，而产物 6-乙酰葡萄糖在有机溶剂中溶解度较高，由此导致了衍生物 3, 6 -二乙酰葡萄糖产生较多，引起反应选择性的下降。

（4）离子液体中酶催化反应的影响因素

一般来说，离子液体作为酶催化反应介质的时候，常常是将酶（水溶液、冻干粉、固定化酶或交联酶晶体）直接加入到离子液体中（图 2-2）。与传统的有机溶剂不同，离子液体作为反应介质在许多方面优势明显，如具有几乎可以忽略的蒸气压、很高的热力学和化学稳定性，不挥发，并通过改变阴、阳离子来调节其黏度、密度以及与水和一些有机溶剂的混合度。作为传统有机溶剂的替代品，离子液体在生物催化和生物转化研究领域具有很大的潜力，但目前应用于该领域的仅仅包括双烷基咪唑或 *N*-烷基吡啶为阳离子的离子液体。很多酶都可以在离子液体中进行酶促反应，包括脂肪酶、蛋白酶、糖苷酶以及全细胞生物催化剂等。其中使用最多的是脂肪酶，脂肪酶催化的反应包括转酯化（醇解）、酯化、动力学拆分手性醇、水解、氨解（酰胺合成）。

离子液体的纯度影响反应中酶的活性。离子液体中残留其他离子会影响酶活力，卤素、银盐等都是会降低其纯度的离子。比如，一个科研小组发现在 [BMIM][BF_4] 或 [BMIM][PF_6] 中南极酵母脂肪酶 B 会失活，但其他小组则通过实验得出相反的结论，这就可能是由于离子液体纯度不同引起的。同时，控制好离子液体合成温度是减少其生成副产物的关键，丙酮稀释和活性炭吸附等方法是离子液体纯化的有效方法。

酶在离子液体中需要少量的水分子维持其空间构象。在“疏水离子液体-酶”组成的微环境中（图 2-3），离子液体的疏水作用导致酶周围的水分子层具有比离子液体更高的介电常数，使得水

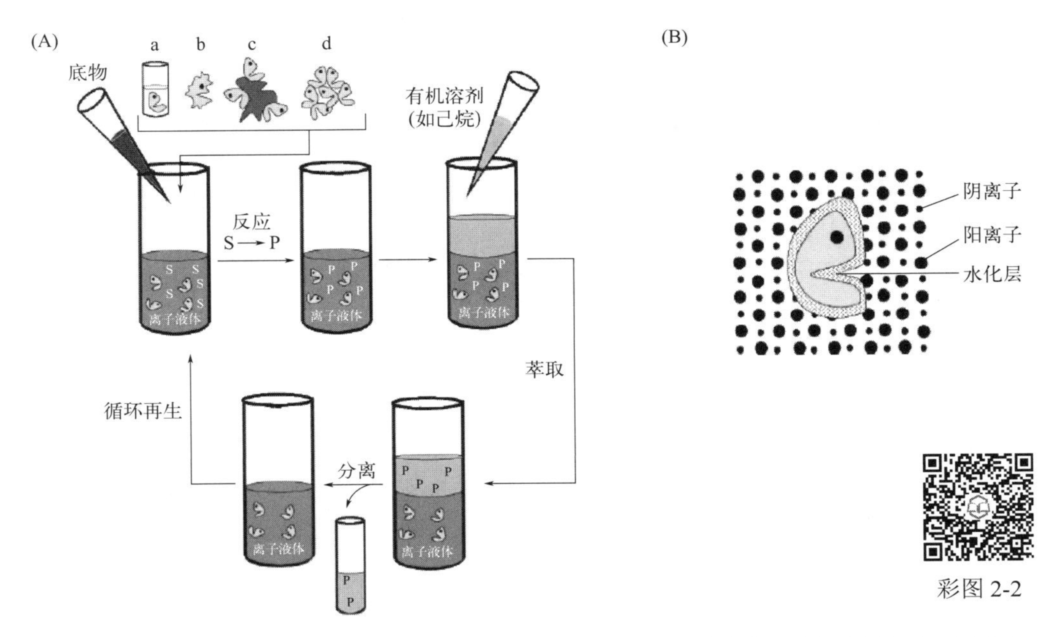

图 2-2 离子液体中酶促反应示意图（A，包括回收以及产物分离）与酶在水不溶的离子液体中示意图（B）

（a）水溶液中的酶；（b）冻干酶粉；（c）固定化酶；（d）交联酶晶体

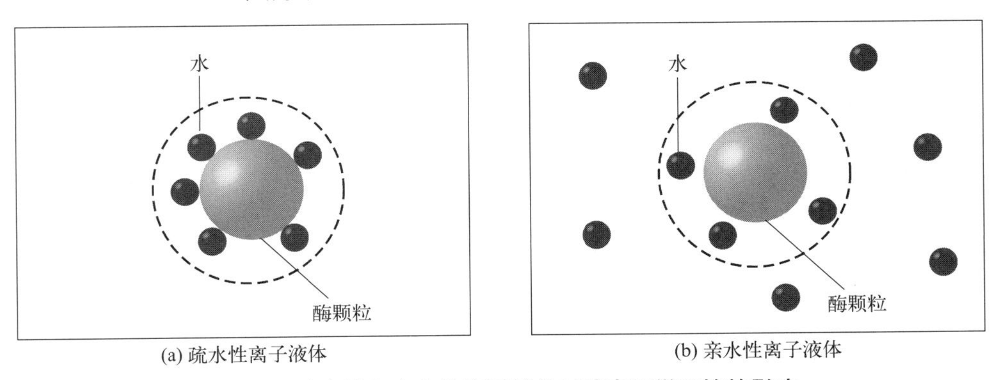

图 2-3 疏水性和亲水性离子液体对酶表面微环境的影响

分子不易与酶分离，空间结构稳定。在一定的范围内，离子液体的疏水性越大，水分子与酶的相互作用力越强，酶的空间结构越稳定；但当离子液体的疏水性超过界限值后，酶活性随着离子液体疏水性增大而降低，原因在于离子液体的疏水性过高会抑制底物与酶分子的相互接触，降低底物在离子液体中的溶解度，阻碍底物与酶分子的相互作用。而在“亲水性离子液体-酶”组成的微环境中，离子液体由于本身具有更高的介电常数，从而取代结合在酶表面的水分子，引起酶的肽链解折叠，最终表现为酶的活性降低甚至失活。

溶剂极性（溶剂化电荷的趋势）现在多被认为是溶剂完全独立的特性，和亲水性不能混为一谈。离子液体被认为是高极性溶剂，离子液体的极性可以根据某些特殊染料如尼罗红、赖卡特染料等在不同极性溶剂中的可见光最大吸收值来测定，也可以通过内荧光检测法或分配平衡常数法来测定。不同方法得到的结果有所不同，但总体来说离子液体属于高极性物质，其极性范围在水和某些醇类之间。然而高极性的离子液体并不像高极性的有机溶剂一样使酶失活，相反却能够保持酶的活性和稳定性，因此，离子液体可以用于极性亲水性底物的反应，也可以用于非极性疏水性底物的反应。不过强极性的离子液体能使酸类物质离子化增强，电解出的 H^+ 使反应体系的酸性增强，酶在离子液体酸性的环境中比较容易失去活性。

由于酶通常以固定化酶或游离态的形式悬浮在离子液体中，因此这些酶的活性中心的催化作用会受到其内表面和外表面传质速率的控制，而传质速率又取决于反应介质的黏度，因此离子液体的高黏度是其在生物催化应用中一个较大的障碍。一般来说离子液体的黏度要比有机溶剂（如甲苯）以及水的黏度高很多，离子液体的黏度和组成它的阴阳离子相关，另外值得提出的是，离子液体的黏度随温度变化很大。因此，在生物催化反应中可以通过改变反应温度或者振荡速度来减小黏度的影响。

离子液体中的酶催化反应，水含量、反应温度、pH、底物浓度比和酶量等对酶活力都有一定的影响。

3. 超临界 CO_2-离子液体双相体系

超临界流体和离子液体对许多有机物都有较好的溶解度，目前被认为是许多化学反应和物质分离的绿色介质，而且得到了广泛的应用。scCO_2 和离子液体的结合，充分利用了两者在溶解性和催化反应方面的优点，为开发绿色化学过程提供了新的机遇。scCO_2 可以从离子液体中萃取分离出产物，而且两者不会交叉污染，催化剂留在离子中循环利用。另外，IL/scCO_2 独特的两相性质可以促使反应的转化率和选择性得到提高。总之，当 IL/scCO_2 两相体系作为溶剂或介质时，其相行为是复杂的，其相态的复杂性势必对 IL/scCO_2 两相体系的应用产生影响。正是其性质的复杂性，才预示其应用的广泛性，合理的应用可以变复杂为有利，从而开辟更为广泛的应用，推动绿色化学快速发展。IL/scCO_2 两相体系的缺点一是为了使用 scCO_2 需要耐高压的设备，二是人们目前对离子液体的毒性和其它生理影响还不了解。

（1）IL/scCO_2 两相体系的特性

体系相行为、分子间的相互作用及热力学性质等是该体系应用研究的基础。Brennecke 等研究了 6 种离子液体，1-丁基-3-甲基咪唑六氟磷酸盐 [BMIM][PF_6]、1-辛基-3-甲基咪唑六氟磷酸盐 [C_8-MIM][PF_6]、1-辛基-3-甲基咪唑四氟硼酸盐 [C_8-MIM][BF_4]、1-丁基-3-甲基咪唑硝酸盐 [BMIM][NO_3]、1-乙基-3-甲基咪唑乙基硫酸盐 [EMIM][$EtSO_4$]、*N*-丁基吡啶四氟硼酸盐 [*N*-bupy][BF_4] 与 CO_2 的高压相行为。结果发现在高压条件下 CO_2 在这些离子液体中有很高的溶解度，而离子液体不溶于高压 CO_2；CO_2 在离子液体中的溶解度随温度和压力的变化而变化，例如 40°C、8.495MPa 时，CO_2 在离子液体 [BMIM][PF_6] 中的溶解度以摩尔分数计高达 0.698。在低压（<8MPa）时，少量水分的存在会大大降低 CO_2 在 IL 中的溶解度，例如在 40°C、5.7MPa 时，CO_2 在无水的 [BMIM][PF_6] 中的溶解度以摩尔分数计为 0.54；在被水饱和的离子液体中溶解度以摩尔分数计仅为 0.13。随后该小组又研究了 9 种常见的气体和水汽在 [BMIM][PF_6] 中的溶解度、亨利常数及其它热力学（溶解焓和溶解熵）性质。相比较而言，CO_2 有较小的亨利常数，其值为 5.34MPa，而 O_2 为 800MPa，CO 则大于 2000MPa。Kamps 等也在这方面进行了研究，结果表明，在 20 ～ 120℃的范围内，CO_2 在 IL 中的物质的量浓度随压力（小于 9.7MPa）的增大几乎呈线性关系增大，并且通过理论计算作了进一步的说明。

离子液体的结构决定了离子液体在常温条件下具有较大的黏度，这也给离子液体的应用带来了很大的限制，但 CO_2 溶于离子液体后，可以较大程度地降低离子液体的黏度。因此，在高压条件下，在离子液体中加入 CO_2 可有效提高离子液体的传质、传热效率。实际上，IL/scCO_2 两相体系无论是应用于物质的分离还是化学反应中，都要涉及多种物质，如反应物、产物等，那么这些物质对体系的相态影响是一个值得研究的课题。吴卫泽等研究了极性溶剂（甲醇、乙醇、丙酮、乙腈）对 IL/CO_2 相态的影响，结果表明，虽然 IL（[BMIM][PF_6]、[BMIM][BF_4]）不溶于 scCO_2，但当体系存在极性溶剂，且极性溶剂在 CO_2 中的含量较高（大于 10%，摩尔分数）时，IL 在 scCO_2 中溶解度不可忽略，溶解度随溶剂极性的增大而显著增大，这可能对 scCO_2 从 IL 中萃取分离反应物或产物造成交叉污染；但非极性溶剂（如己烷）存在，IL 在 scCO_2 中的溶解度可以忽略。Scurto 等发现，在一定温度下，一定组成的 [BMIM][PF_6] 和甲醇溶液，在高压 CO_2 的作用下分离为三相，富 IL 相（下层）和富甲醇相（中层），而最上层为富 CO_2 相。当 CO_2 的压力继续上升时，中间相消失，三相体系转变为二相体系。Najdanovic-Visak 等研究了高压 CO_2 对水、乙醇、[BMIM][PF_6] 混合溶液的影响，在一定 CO_2 压力范围，同样可以观察到三相存在。这一有趣的现象表明高压 CO_2 可以将 IL 和有机溶剂（或水）混合液简单分离；同时也表明 CO_2、IL 和有机溶剂（或水）组成的体系相态是复杂的。

（2）IL/scCO_2 两相体系酶催化反应

近年来利用 IL/scCO_2 两相体系作为酶催化反应介质引起了研究人员的极大兴趣，因为这种两相体系可以充分发挥酶的高活性和绿色分离的特点。IL 可以溶解酶从而提高酶的催化活性，超临界 CO_2 作为流动相可以将反应产物带出，实现了低温分离，既不污染环境，又保持了催化剂的活性。IL-scCO_2 两相系统作为酶催化反应介质为非水环境中酶催化反应的绿色工艺发展提供了新机遇。

4. 深度共熔溶剂

深度共熔溶剂（deep eutectic solvent，DES）是由氢键受体和氢键供体按一定摩尔比组合而成的，常见的氢键受体有季铵盐，氢键供体有尿素、甘油、乙二醇、氨基酸等。深度共熔溶剂一般由上述两组分混合而成，如氯化胆碱 / 甘油等，也有一些三组分的混合物，通常是一种氢键受体混合两种氢键供体，如氯化胆碱 / 甘油 / 乙二醇等。DES 具有与 IL 相似的热力学性质，同样难以挥发、热稳定性好，并且相比于 IL 更易合成、毒性更低、对环境友好，甚至具备一定的生物可降解性。目前，DES 在有机合成、萃取、材料合成、电化学、生物催化等多个领域都得到了应用。

DES 组成种类对酶催化反应速率影响较大。在酶促合成磷脂酰丝氨酸中，含乙二醇、1, 4-丁二醇、三甘醇等醇类的 DES 中反应的初始速率较高；含尿素、乙酰胺等胺类的 DES 次之；而在柠檬酸、苹果酸、丙二酸等酸类 DES 中反应速率较慢。不同 DES 中反应速率有差异，这可能与 DES 的黏度和 pH 有关。DES 黏度越低，越有利于物质交换，反应速率越大。不同 DES 的黏度大小依次为：醇类 DES< 胺类 DES< 酸类 DES。DES 的 pH 会影响酶的催化活性，因此也会影响体系的反应速率，不同 DES 的 pH 大小依次为：胺类 DES> 醇类 DES> 酸类 DES。此外，含水量、反应温度、酶与底物的比例、DES 组成及各组分的摩尔比，均对酶催化活性及催化进程有着重要的影响。

5. 氢氟烃溶剂

氢氟烃溶剂（hydrofluorocarbon，HFC）是一类重要的氟碳化学品，主要用作制冷剂，同时也可用作发泡剂、清洗剂、灭火剂、喷射剂等。HFC 属于第三代制冷剂，不会对臭氧层产生影响，已经取代了氢氯氟碳溶剂成为市场上制冷剂的主流产品，但其温室效应明显，限制生产及使用成为必然。然而，其沸点较低的特性，在酶催化与转化中具有较传统有机溶剂、超临界流体等介质更为独特的优势。Micklefield 等在脂肪酶催化 1-苯基乙醇的动力学拆分、*meso*-2-环戊烯-1, 4-二醇的不对称合成中采用 R-32、R-134a、R-227ea 为反应介质（图 2-4），反应速率、产物得率及立体选择性均显著提升。

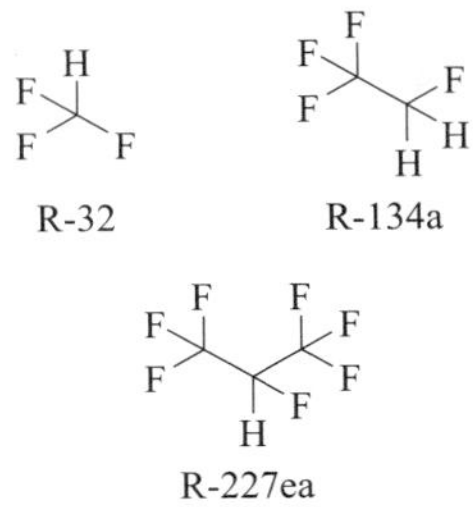

R-32　R-134a　R-227ea

图 2-4　应用于酶促反应的 HFC 溶剂

第三节　非水介质中酶的结构与性质

一、非水介质中酶的结构

传统酶学中，酶分子（固定化酶除外）是均一地溶解于水溶液中的。而在有机溶剂中，酶分子的存在状态有多种形式，主要分为两大类。第一类为固态酶，它包括冷冻干燥的酶粉或固定化酶，它们以固体形式存在有机溶剂中。最近还有利用结晶酶进行非水介质中催化反应和酶结构的研究，结晶酶的结构更接近于水溶液中酶的结构，它的催化效率也远高于其他类型的固态酶。第二类为可溶解酶，它主要包括水溶性大分子共价修饰酶和非共价修饰的高分子-酶复合物、表面活性剂-酶复合物以及微乳液中的酶等。

酶不溶于疏水性有机溶剂，它在含微量水的有机溶剂中以悬浮状态起催化作用。按照热力学预测，球状蛋白质的构象在水溶液中是稳定的，在疏水环境中是不稳定的。但是，近些年大量实验结果表明，酶悬浮于苯、环己烷等疏水有机溶剂中不变性，而且还能表现出催化活性。为什么酶在有机溶剂中能表现出催化活性？许多学者对酶在水相与有机相的结构进行了比较，他们的实验证实了在有机相中酶能够保持其结构的完整性，有机溶剂中酶的结构至少是酶活性部位的结构与水溶液中的结构是基本相同的。Andras Szabo 等利用荧光谱学和圆二谱学研究分析了溶剂诱导木瓜蛋白酶的结构变化情况，发现尽管在乙醇、乙腈浓度为 90% 时，木瓜蛋白酶的α-螺旋的数量增多，但其整体三级结构没有明显改变。Maria Zoumpanioti 等通过稳态荧光光谱的方法研究了酶与微环境的相互作用，通过荧光能量迁移的方法确定了不同分散相微环境中酶的定位，通过电子顺磁共振技术（EPR）研究了体系中水和有机相的界面性质，结果发现即使在低水含量的条件下，酶依然呈现出在高水含量下的结构状态。通过增加酶量的方式，作者还观察到当体系中水含量超过 2%（体积分数）时，酶维持它的活性不变，此时它被定位在一个小“水池”中，阻止了有机相的破坏。Hiroyasu Ogino 等通过圆二谱学研究了 α-胰凝乳蛋白酶、嗜热蛋白酶和枯草杆菌蛋白酶的构象变化，发现 PST-01 蛋白酶和枯草杆菌蛋白酶在甲醇中的稳定性要远高于甲醇不存在时的稳定性。对聚氨基酸的构象变化检测发现，在有甲醇和无甲醇的时候，聚氨基酸的二级结构有着不同的构象，作者进一步推测认为酶在有机溶剂中的稳定性可能与酶的二级结构组成有着密切的联系。De Diego 等在 30℃和 50℃检测了 *α*-胰凝乳蛋白酶在一种离子液体［1-乙基-3-甲基咪唑双三氟甲磺酰亚胺盐，1-ethyl-3-methylimidazolium Bis[（trifluoromethyl）sulfonyl] amide］中的稳定性，并与在其它液体环境（如水、山梨糖、1-丙醇）中进行比较。动力学分析指出，在 1-丙醇条件下，胰凝乳蛋白酶有明显的失活，而在 3mol/L 山梨糖和该离子液体存在的情况下，酶呈现出很强的稳定性。通过差示扫描量热法（DSC）、荧光谱学、圆二谱学分析，作者首次指出离子液体对酶的稳定性与蛋白质结构的改变有关。该离子液体相对于其它溶剂体系提高了酶的熔融温度和热容。荧光光谱清晰地表明该离子液体能有效地压缩 *α*-胰凝乳蛋白酶的结构，防止出现在其它环境下常常出现的蛋白质展开现象。圆二谱学检测发现，在离子液体存在的情况下，β-折叠片的结构增加到 40%，这有效地反映出该离子液体对酶的稳定能力。酶在有机溶剂中结构的直接信息是从蛋白质在有机溶剂中的 X-射线晶体衍射研究中得到的。Fitzpatrick 用 2.3Å（$1Å=10^{-10}m$）分辨率的 X 射线衍射技术比较了枯草杆菌蛋白酶在水中和乙腈中的晶体结构，发现酶的三维结构在乙腈中与水中相比变化很小，这种变化甚至比两次在水中单独测定结果的变化要小，酶活性中心的氢键结构仍保持完整。Yennawar 等对胰凝乳蛋白酶晶体在正己烷中的 X 射线结构研究与 Fitzpatrick 得到的结果基本相似，即酶在有机溶剂中蛋白质分子骨架的构象与水中相比没有明显的变化。目前晶体结构实验证据都支持酶在有机溶剂中蛋白质能够保持三维结构和活性中心的完整。

Clark 等采用 EPR 技术研究了固定化乙醇脱氢酶在有机溶剂中的构象。尽管 EPR 只能研究自旋标记的环境，但其实验结果却表明了固定化乙醇脱氢酶在有机溶剂中能够保持其天然构象。酶在有机溶剂中要维持其天然构象并非必须固定化。Klibanov 研究小组将 *α*-溶菌蛋白酶直接悬浮于无水丙酮中，用固态 ^{15}N-核磁共振（solid-state NMR）方法探测了该酶活性部位氢键网络的存在，经 ^{15}N 标记的组氨酸的化学位移对其所处的环境十分敏感。结果表明，该酶悬浮于丙酮中时，组氨酸的化学位移与酶溶于缓冲液中或从水溶液中结晶时的化学位移相同，即酶活性部位组氨酸残基的微环境在水中与在有机溶剂中是相同的。Roziewski 等人用环境扫描电子显微镜（environmental scanning electron microscope）直接观察了在不同环境下的枯草溶菌素的微观形态，发现酶的活性部位不与溶剂发生直接作用，活性部位 Ser221 的周围环境不因溶剂的改变而发生明显变化。

当然并非所有的酶悬浮于任何有机溶剂中都能维持其天然构象、保持酶活性。Russell 将碱性磷酸酯酶冻干粉悬浮于四种有机溶剂（二甲基甲酰胺、四氢呋喃、乙腈和丙酮）中，密封振荡 5h、20h 和 36h，离心除溶剂、冻干后，重新悬浮于缓冲液中，以对硝基苯磷酸酯为底物，测定其酶活性，四种有机溶剂使酶发生了不同程度的不可逆失活。Burke 用固态核磁共振方法研究了 α-胰凝乳蛋白酶在冷冻干燥、向酶粉中添加有机溶剂等过程中酶活性中心结构的变化，发现干燥脱水和添加有机溶剂冻干能破坏 42% 的活性中心，冻干过程中加入冻干保护剂（如蔗糖）会不同程度地稳定酶的活性中心结构。Klibanov 等利用傅里叶变换红外光谱（FT-IR）研究了蛋白质冻干过程中的结构变化，发现冻干过程会诱导蛋白质二级结构的可逆改变，冻干过程增加了 β-折叠结构的含量而降低了 α-螺旋结构的含量。将蛋白质冻干的粉末或结晶放入有机溶剂并未使其二级结构发生明显的变化；而当将它置入水-有机溶剂的混合体系后，蛋白质的二级结构则发生了明显的改变，这种行为受动力学的控制。Burke 等发现 7 种有机溶剂导致 0 ～ 50% 的活性中心破坏，破坏程度与溶剂的疏水性相关。他们还发现，有机溶剂中酶分子构象部分破坏的原因还与溶剂的介电性有关，在高介电常数的溶剂中，随着溶剂介电常数的增大，酶分子构象将发生去折叠、分子柔性增加。有机溶剂能使酶分子部分地去折叠，但程度远小于冻干的过程。他们试图通过测定酶活性中心的变化，解释溶剂极性对酶活性的影响。结果表明，不同介质中酶活性中心的完整性差别不大，而酶活性却相差 4 个数量级。因此，酶分子活性中心的改变不是导致不同介质中酶活性变化的主要原因，酶分子结构的动态变化很可能是主要因素。

酶作为蛋白质，它在水溶液中以一定构象的三级结构状态存在。这种结构和构象是酶发挥催化功能所必需的“紧密”（compact）而又有“柔性”（flexibility）的状态。紧密状态主要取决于蛋白质分子内的氢键，溶液中水分子与蛋白质分子之间所形成的氢键使蛋白质分子内氢键受到一定程度的破坏，蛋白质结构变得松散，呈一种“开启”（unlocking）状态。北口博司认为，酶分子的“紧密”和“开启”两种状态处于一种动态的（breathing）平衡中，表现出一定的柔性（图 2-5）。因此，酶分子在水溶液中以其紧密的空间结构和一定的柔性发挥催化功能。

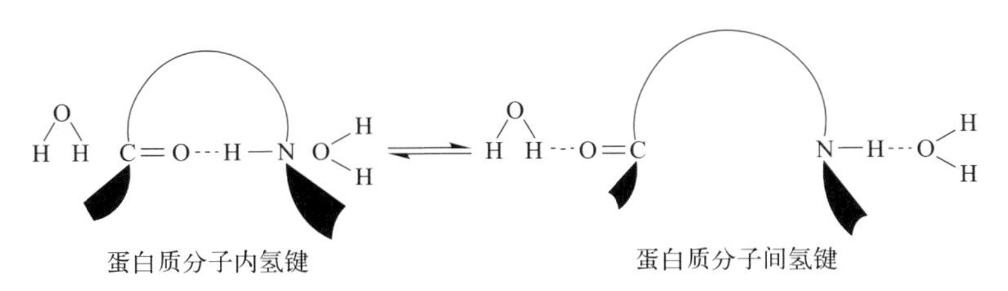

图 2-5　蛋白质分子内氢键和分子间氢键

Zaks 认为，酶悬浮于含微量水（小于 1%）的有机溶剂中时，与蛋白质分子形成分子间氢键的水分子极少，蛋白质分子内氢键起主导作用，导致蛋白质结构变得“刚硬”（rigidity），活动的自由度变小。蛋白质的这种动力学刚性（kinetic rigidity）限制了疏水环境下蛋白质构象向热力学稳定状态（thermodynamic stability）转化，能维持和水溶液中同样的结构与构象。J. Broos 等用时间分辨荧光光谱（time-resolved fluorescence spectroscopy）研究了酶悬浮于有机溶剂中的结构特点，发现随着水化程度的提高，酶分子的柔性逐渐增加。Affleck 用 EPR 技术，通过酶活性中心上连接的外源探针的运动比较了胰凝乳蛋白酶在不同介质中的动态结构。进一步证实，随着溶剂介电常数的增大，酶分子的柔性增加。Deloof 等用计算机模拟研究了有机溶剂中蛋白质动态结构和水化过程。英国 B. D. Moore 等采用 NMR 技术研究蛋白质柔性与酶活力关系时发现，在完全无水的疏水介质中增加其他极性溶剂时，即使蛋白质柔性不增加，酶也具有活力。因此，他认为在有机溶剂中酶分子的水合作用、蛋白质柔性和酶活力之间的关系要比过去人们普遍认识的复杂得多。

酶包埋在反相胶束中，可以在模拟体内环境的条件下，研究酶的结构和动力学性质。因为反相胶束是一种热力学稳定、光学透明的溶液体系，所以光谱学可以作为探测反相胶束中酶的结构、稳定性和动力学行为的一种灵敏技术。吸收光谱通常对生色基团周围的变化并不敏感，只是在测反相胶束中酶活力时有实际应用。圆二色性、荧光光谱和三态光谱（triplet-state spectroscopy）通常用于研究胶束中的酶分子结构。圆二色性可以给出胶束中酶的二级结构信息，但是，有些表面活性剂分子在远紫外区有强的吸收，影响在 190 ～ 240nm 之间的准确测量，如十六烷基三甲基溴化铵的反相胶束不能在 215nm 下测量，因为溴有强烈吸收。为了测量圆二色性变化，可用十六烷基三甲基铵的氯化物代替其溴化物。胶束中的水与大量水的性质不同，肽链接近表面活性剂分子的极性头可产生电场，这些是引起胶束中酶结构变化的重要因素，因此，胶束中酶结构的变化取决于天然酶的结构和它在胶束中的水合程度。溶菌酶与反相胶束结合后，圆二色性发生变化，而乙醇脱氢酶和硫辛酰胺脱氢酶与反相胶束结合后，圆二色性几乎无变化。稳态荧光光谱（steady-state fluorescence spectroscopy）只能给出荧光最大值的位置和变化，时间分辨荧光光谱（time-resolved fluorescence spectroscopy）可以测出荧光基团的动态详细情况。该方法用于反相胶束中几种多肽类激素和溶菌酶的研究，发现色氨酸残基的转动受到限制，限制的程度依赖于荧光基团是定位于内部水核还是邻近水-表面活性剂界面上。三态光谱可以很方便地测得反相胶束间的交换速率。Srambini 小组将水含量从很小变到可能的最大值，测定了反相胶束中醇脱氢酶和碱性磷酸酶中色氨酸的磷光，证明色氨酸附近的动力学结构发生了变化。光激发的三线态可用作研究蛋白质和反相胶束表面活性剂之间相互作用的探针，并用电子传递引起三线态猝灭，测定胶束间的交换速率。这种技术可以比较在不同胶束中的两种蛋白质的交换，研究表面活性剂的性质和胶束大小对反应的影响。

另一种测定非水介质中酶结构的方法是利用双亲分子增溶的方法。此种增溶方式不同于反相胶束，酶分子在这种情况下所处的微环境最接近于固体酶分子悬浮于有机溶剂中的情形，酶分子在有机溶剂中是均相的，能够对这种酶-表面活性剂复合物进行光谱分析。曹淑桂等人的实验结果表明，双亲分子氯化三辛基甲基铵（TOMAC）增溶的脂肪酶在非水介质中的荧光光谱与水溶液中的荧光光谱相比有很大不同，增溶酶在有机溶剂中的荧光光谱发生了明显的红移，而这种红移现象与增溶过程无关，是由于酶分子从水溶液抽提入有机溶剂后酶所处的微环境改变造成的，也说明了酶分子在有机介质中的构象与水溶液中的构象不同。

二、非水介质中酶的性质

酶在有机溶剂中能够保持其整体结构及活性中心结构的完整，因此它能发挥催化功能，同时酶催化反应时的底物特异性、立体选择性、区域选择性和化学键选择性等酶学性质在有机溶剂中这些特点仍然能够得到体现。但是由于有机溶剂的存在，改变了疏水相互作用的精细平衡，从而影响到酶的结合部位以及很大程度上也会影响酶的稳定性和酶的底物特异性，另外有机溶剂也会改变底物存在的状态。因此，酶和底物相结合的自由能就会受到影响，而这些至少会部分地影响到有机溶剂中酶的催化活性、稳定性以及选择性等酶学性质。

1. 酶的催化活性和稳定性

（1）酶在有机溶剂中的催化活性

如果体系中没有水，显然对许多新的酶促反应是很有帮助的。例如，在水中有许多脂肪酶、酯酶和蛋白酶能将酯催化水解为相应的羧酸和醇。在无水的溶剂中这些反应显然不能进行，但加入其他的亲核试剂，如醇、胺和硫醇，则可使新的酶促反应发生，即转酯化、氨解和转硫酯化反应，这些反应在水溶液中受到极大的抑制。此外，在无水溶剂中由醇和酸逆向合成相应的酯，在热力学上也变得十分有利。一般来说，酶在单纯的有机溶剂中所展示的活力远低于其在水相中的活力，但这种活力的下降也并非是不可避免的。

（2）酶在有机溶剂中的稳定性

对于酶的（热）不稳定性来说，有两种情况需要加以区分：一种是当酶暴露于高温时发生的随时间推移逐渐失去活性的不可逆失活；另一种是由热诱导的瞬间和可逆的协同性去折叠。但无论是哪一种失活方式，水在其中均起着非常关键的作用，包括促进蛋白质分子的构象变化、天冬酰胺 / 谷氨酰胺的脱氨以及肽键的水解等不利反应。所以，有机溶剂中酶的热稳定性和储存稳定性都比水溶液中高。Klibanov 和 Volkin 认为有机溶剂中酶的热稳定性比水溶液中高的原因是有机溶剂中缺少使酶热失活的水分子，因此由水而引起的酶分子中天冬酰胺、谷氨酰胺的脱氨基作用和天冬氨酸肽键的水解、二硫键的破坏、半胱氨酸的氧化及脯氨酸和甘氨酸的异构化等蛋白质热失活的过程难以进行。另外酶分子的构象在无水有机溶剂中刚性增强，同时也没有水溶液中普遍存在的导致酶不可逆失活的共价反应。此外，水溶液中引起酶失活的另一个普遍原因，即蛋白酶酶解，在有机溶剂中也不可能会发生，因为无论是混杂在制剂中的蛋白酶，还是可能成为酶解对象的其他酶（蛋白质），均因不能溶解而无法相互作用。

2. 酶催化的选择性

（1）底物特异性（substrate specificity）

和水溶液中的酶催化一样，酶在有机溶剂中对底物的化学结构和立体结构均有严格的选择性。例如青霉脂肪酶在正己烷中催化 2-辛醇与不同链长的脂肪酸进行酯化反应时，该酶对短链脂肪酸具有较强的特异性，这与它催化甘油三酯水解反应时的脂肪酸特异性是相同的。但是，由于酶与底物的结合能取决于酶与底物复合物的结合能和酶、底物及溶剂相互作用能的差，因此酶与底物的结合受到溶剂的影响。如胰凝乳蛋白酶等蛋白水解酶在水溶液中催化疏水的苯丙氨酸和亲水的丝氨酸的 *N*-乙酰氨基酸酯的水解反应速度，前者比后者快 5×10^4 倍，而与水溶液中的结果相反，在辛烷中催化转酯反应时，丝氨酸酯比苯丙氨酸酯快 3 倍。在水溶液中组氨酸酯的反应活性只有苯丙氨酸酯的 0.5%，而在辛烷中其反应活性比后者高 20 倍。其原因是酶在水溶液中，酶与底物的结合主要是疏水作用，而在有机溶剂中，底物与酶之间的疏水作用已不重要，酶能够利用它与底物结合的自由能来加速反应，总的结合能的变化是酶与底物之间的结合能和酶与水分子之间的结合能的差值。因此介质改变时，酶的底物专一性和催化效率会发生改变。另一方面，底物在反应介质与酶活性中心之间分配的变化也是影响酶的底物专一性及其催化效率的因素之一，而底物和介质的疏水性直接影响底物在两者之间的分配。

（2）对映选择性（enantioselectivity）

酶的对映选择性是指酶识别外消旋化合物中某种构象对映体的能力，这种选择性是由两种对映体的非对映异构体的自由能差别造成的。有机溶剂中酶对底物的对映选择性由于介质的亲（疏）水性的变化而发生改变，例如胰凝乳蛋白酶、胰蛋白酶、枯草杆菌蛋白酶、弹性蛋白酶等蛋白水解酶对于底物 *N*-Ac-Ala-OetCl（*N*-乙酰基丙氨酸氯乙酯）的立体选择因子［即 $(k_{cat}/K_m)_L/(k_{cat}/K_m)_D$ 的比值］在有机溶剂中为 10 以下，而在水中为 10^3 ～ 10^4 数量级。许多实验表明，疏水性强的有机溶剂中酶的立体选择性差，因此某些蛋白水解酶在有机溶剂中可以合成 D-氨基酸的肽，而在水溶液中酶只选择 L-氨基酸。某些研究者认为有机溶剂中酶的立体选择性降低的原因，是由于底物的两种对映体把水分子从酶分子的疏水结合位点置换出来的能力不同。反应介质的疏水性增大时，L 型底物置换水的过程在热力学上变得不利，使其反应性降低很多；而 D 型异构体以不同的方式与酶活性中心结合，这种结合方式只置换出少量的水分子，当介质的疏水性增加时，其反应活性降低得不多，因此总的结果是酶的立体选择性随介质疏水性增加而降低。Klibanov 对有些脂肪酶也观察到类似的现象。他们还报道了枯草杆菌蛋白酶对映体选择因子 $(k_{cat}/K_m)_S/(k_{cat}/K_m)_R$ 与介质的偶极矩和介电常数有良好的相关性，并且提出一个新的模型解释上述问题。他们认为在该酶活性中心底物结合部位有一个大口袋和一个小口袋，慢反应异构体是由于它的大基团与小口袋之间有较大的空间障碍，因此反应速度慢。任何降低蛋白质的刚性、减小空间障碍的手段都会提高慢反应异构体的反应速度。蛋白质的刚性主要是由于静电相互作用及分子内氢键的存在，因此在低介电常数的溶剂中（如 1, 4-二氧杂环己烷）催化的选择性要高于高介电常数的溶剂（如乙腈）中催化的选择性。虽然上述模型能够解释反应介质对枯草杆菌蛋白酶对映选择性的影响，但是它并不适用于所有的酶。例如，溶剂的疏水性对猪胰脂肪酶的对映选择性的影响非常小，柱状假丝酵母（*Candida cylindracea*）脂肪酶催化的 2-羟基酸与一级醇的酯合成反应的对映选择性与所用溶剂的 log *P* 值也没有关系。Ottolina 报道溶剂的几何形状也影响酶的对映选择性。例如，一些脂肪酶和蛋白酶在 (*R*)-香芹酮及 (*S*)-香芹酮中的立体选择性不同。关于酶的立体选择性与反应介质的关系，有许多报道认为，增加体系的含水量会提高酶的对映选择性。对此虽然没有明确的解释，但是曹淑桂等认为，增加体系含水量，在某种程度上可以使酶恢复其天然构象，快反应与慢反应的速度差增加，从而提高了酶的对映选择性。

（3）区位选择性（regioselectivity）

有机溶剂中的酶催化还具有区位选择性，即酶能够选择性地催化底物中某个区域的基团发生反应。Klibanov 以猪胰脂肪酶为催化剂，在无水吡啶中催化各种脂肪酸（C_2 脂肪酸、C_4 脂肪酸、C_8 脂肪酸、C_{12} 脂肪酸）的三氯乙酯与单糖的酯交换反应，实现了葡萄糖 1 位羟基的选择性酰化。当然不同来源的脂肪酶催化上述反应时，选择性酰化羟基的位置不同。因此，选择合适的酶，能够实现糖类、二元醇和类固醇的选择性酰化，制备具有特殊生理活性的糖酯和类固醇酯。目前对于酶在非水介质中的区位选择性研究得比较少。Rubion 报道了洋葱假单胞菌（*Pseudomonas cepacia*）脂肪酶催化图 2-6 所示的酯交换反应的速率 V_1 与 V_2 显著不同，反应的区位选择性因子 $(k_{cat}/K_m)_1/(k_{cat}/K_m)_2$ 与溶剂的疏水性常数 log *P* 有较好的相关性。为了解释这种现象，作者设想脂肪酶的活性中心附近有一个疏水裂缝，催化过程中如果底物 a 的辛基进入这个疏水口袋，那么丁酰基团就位于催化中心，形成产物 b，如果丁酰基团位于疏水性口袋中，形成产物 c。从热力学角度分析，由于在疏水介质中，辛基基团不易进入此疏水口袋，因此易生成产物 c，而在亲水性溶剂中则相反。

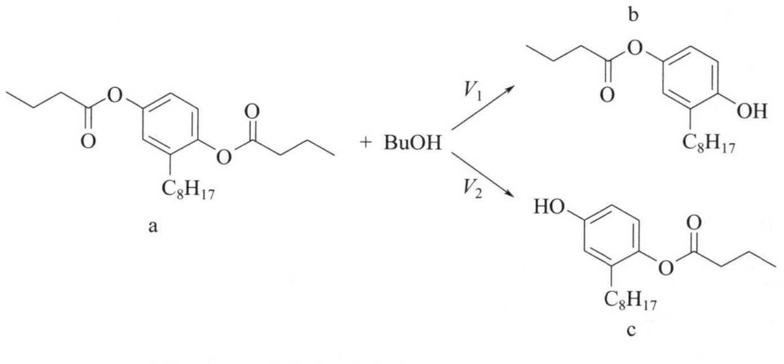

图 2-6　反应介质对酶区位选择性的影响

（4）化学选择性（chemoselectivity）

化学选择性也是非水介质中酶催化的一个显著特点。黑曲霉（*Aspergillus niger*）脂肪酶催化 6-氨基-1-己醇的酰化反应时，羟基的酰化占绝对优势，这种选择性与传统的化学催化完全相反。这样就可以在不需基团保护的情况下合成氨基醇的酯。Tawaki 等发现反应介质对某些氨基醇的

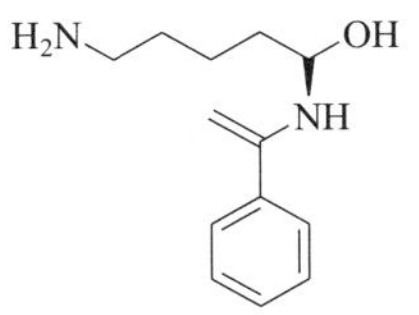

丁酰化的化学键选择性（*O*-酰化与 *N*-酰化）有很大影响。例如，图 2-7 中化合物与丁酸三氯化乙酯的酰化反应在叔丁醇中和在 1, 2-二氯乙烷中的酰化程度不同，在假单胞菌（*Pseudomonas* sp.）脂肪酶的催化下，羟基更容易被酰化，而在同样的溶剂中米赫毛霉（*Mucor meihei*）脂肪酶则更容易使氨基酰化，它对氨基与羟基的选择性差 18 倍。同时，酶的化学键选择性与氢键参数有关，米赫毛霉脂肪酶催化羟基酰化时形成氢键的倾向强，而对于氨基酰化则刚好相反。作者认为，为了实现对酶-底物复合物中间体的进攻，亲核基团不易形成氢键，由于羟基基团易于形成氢键，因此不利于亲核进攻，氨基不易形成氢键，有利于亲核进攻而实现催化反应。

H_2N　OH　NH

图 2-7　验证脂肪酶化学键选择性的化合物结构

3. 非水相酶催化的其他特征

酶在有机溶剂中一个非常有趣的性质是“分子记忆”效应，这是因为酶在无水环境中具有高度的构象刚性，结果导致酶在有机相中的性质变得与其之前被处理的方式有关。例如，将冻干的 α-凝乳蛋白酶粉先溶于水，再用叔戊醇稀释 100 倍后，其活力比相同酶直接悬浮于含 1% 水的相同溶剂中的活力几乎高 1 个数量级；当再加入额外的水时，由于酶的结构变得柔顺，两种形式制备所得酶的差异将变小。此外，将枯草杆菌蛋白酶从含有各种竞争性抑制剂的水溶液中冻干后，再用无水溶剂萃取除去抑制剂，再置于无水溶剂中催化时，与无配基存在下直接冻干的酶相比，不仅活力高 100 多倍，而且底物专一性和稳定性也明显不同。当酶重新溶于水时，这种配基诱导的酶记忆效应也随之消失。在给定的有机溶剂中，α-凝乳蛋白酶的对映选择性和脂肪酶的底物选择性，受到脱水过程中添加于酶水溶液中配基的显著影响。这些发现是比较容易理解的，如果假定这些配基会引起酶活性中心的构象变化，而且即使在配基除去后，所留下的“印迹（imprint）”在无水介质中也能保持下来。由于配基-印迹酶的结构有别于非印迹酶，因此它们的催化性质也不相同。

第四节　影响非水介质中酶催化的因素以及调控策略

在有机溶剂中酶的催化活性和选择性与反应系统的水含量、有机溶剂的性质、酶的使用形式（固定化酶、游离酶、化学修饰酶、酶粉干燥前所在缓冲液的 pH 和离子强度等因素）密切相关。控制和改变这些因素，可以提高有机溶剂中的酶活性，调节酶的选择性。蛋白质工程和抗体酶技术也是改变酶在有机介质中的催化活性、稳定性和选择性的重要手段之一。

一、有机溶剂

有机溶剂对酶催化活力的影响是非水酶学所要阐明的重要因素，溶剂不但直接或间接地影响酶的活力和稳定性，而且也能够改变酶的特异性（包括底物特异性、立体选择性、潜手性选择性等）。通常有机溶剂通过与水、酶、底物和产物的相互作用来影响酶的这些性质。

1. 有机溶剂对酶的结合水的影响

虽然一些有机溶剂对酶的结合水影响较小，但一些相对亲水性的有机溶剂却能够夺取酶表面的必需水，从而导致酶的失活。Dordick 等测定了分散于各种有机溶剂中的酶（chymotrypsin、subtilisin 及 peroxidase）释放水的情况，他们发现所有的酶均会在这些溶剂中发生水的脱附现象。酶失水的情况与溶剂的极性参数（$1/\varepsilon$）和疏水性参数（$\log P$）有关，例如甲醇能够夺取 60% 的结合水而正己烷却只能夺取 0.5% 的结合水。由于酶与溶剂竞争水分子，体系的最适含水量与酶的用量及底物浓度也有关。Stevenson 对木瓜蛋白酶催化的酯合成反应进行了研究，发现最适含水量与溶剂的 log P 有良好的线性关系。这也进一步证明了有机相中酶的活力主要取决于酶的结合水与有机溶剂的相互作用。

增加酶表面的亲水性可以限制酶在有机溶剂中的脱水作用。例如，将 α-胰凝乳蛋白酶用 (1, 2, 4, 5)-苯四酸二酐（pyromellitic dianhydride）共价修饰后，酶在有机溶剂中的稳定性明显提升。

2. 有机溶剂对酶分子的影响

（1）溶剂对酶结构的影响

尽管酶在有机溶剂中整体结构以及活性中心的结构都保持完整，但是酶分子本身的动态结构及表面结构却发生了不可忽视的变化。例如，过氧化物酶内部色氨酸的荧光在有 1, 4-二氧杂环己烷存在时与游离的 L-色氨酸在 1, 4-二氧杂环己烷中的荧光相似，说明酶在 1, 4-二氧杂环己烷中有所失活。在水-2, 3-丁二醇中，α-胰凝乳蛋白酶也发生变性，这可以从荧光强度和最大发射波长的变化而看出。

由于酶分子与溶剂的直接接触，蛋白质分子的表面结构将有所变化。例如，枯草溶菌素（subtilisin carlsberg）晶体在乙腈溶剂中，原有的 119 个与酶分子结合的水分子中有 20 个水分子被脱去，12 个乙腈分子结合到了蛋白质分子上，其中 4 个取代了原来水分子的位置，而其余 8 个处在原来没有水结合的位点。然而，Yennawar 在研究 γ-胰凝乳蛋白酶在己烷中的晶体结构时发现，7 个己烷分子结合到了酶分子表面，同时酶分子表面又增加了 33 个水分子。虽然酶分子的骨架结构没有改变，但一些侧链却发生了显著的重排，特别是在正己烷附近的侧链。

（2）溶剂对酶活性中心的影响

酶的活性中心是酶发挥催化功能的主要部位，任何对活性中心的微扰都将导致酶的催化活性的改变。Affleck 等观察到的活性中心柔性的改变而导致酶活力的变化就是比较直观的说明。溶剂对酶的活性中心的影响主要是通过减少整个活性中心的数量，活性中心的数目可以通过活性中心滴定的方法测得。例如，在水溶液中 α-胰凝乳蛋白酶的活性中心浓度并不受有机溶剂的影响，但当悬浮在辛烷中时，可催化的活性中心数量只剩下三分之二。后来的研究结果证明，活性中心数目的减少并不完全是有机溶剂造成的。固态 NMR 结果表明，冻干过程所造成的活性中心的丧失约占整个活性中心损失的 42%，而溶剂则造成另外 0 ～ 52% 的丧失，活性中心数目丧失的多少取决于溶剂的疏水性大小。例如，辛烷与 1, 4-二氧杂环己烷分别会造成 0 和 29% 的活性中心的丧失。这种因溶剂而导致的酶活力的丧失可能是酶脱水或蛋白质去折叠造成的。虽然这可以用来解释为什么在有机溶剂中酶活力要低于水中的酶活力，但目前仍不清楚酶活力的丧失是否是蛋白质分子的运动性降低造成的。溶剂对酶分子活性中心影响的另一种方式是与底物竞争酶的活性中心结合位点，当溶剂是非极性时，这种影响会更明显，而且溶剂分子能渗透入酶的活性中心，降低活性中心的极性，从而增加酶与底物的静电斥力，因而降低了底物的结合能力。这种竞争抑制能够解释当底物与酶一起在有机溶剂如 1, 4-二氧杂环己烷和乙腈中时 K_m 值的增加。在正己烷中，有 7 个正己烷分子结合到 γ-糜蛋白酶的分子表面，其中 2 个结合位点距离活性中心只有 7Å，一个处于电荷传递系统 His 附近，另一个处于底物结合部位的疏水口袋的边上。

3. 溶剂对底物和产物的影响

溶剂能直接或间接地与底物和产物相互作用，影响酶的活力。溶剂能改变酶分子必需水层中底物或产物的浓度，而底物必须渗入必需水层，产物必须移出此水层，才能使反应进行下去。Yang 等对这种影响进行了较为深入的研究，他们发现溶剂对底物和产物的影响主要体现在底物和产物的溶剂化上，这种溶剂化作用会直接影响到反应的动力学和热力学平衡。曹淑桂等在脂肪酶催化酯合成的实验中发现，该酶在十二烷（log P=6.6）中的活力只达到苯（log P=2）中酶活力的 57.5%，而酶在 2.0 ≤ log P ≤ 3.5 范围内的溶剂中活力较高。这并不完全符合上述的酶活性与 log$P$ 之间的规律，这可能是因为溶剂的疏水性强，使疏水底物不容易从溶剂中扩散到酶分子周围，导致酶活性低。

4. 溶剂对酶活性和选择性的调节和控制（溶剂工程）

精巧的选择性可以说是酶催化的特征标志。许多文献报道，当从一种溶剂中换到另一种溶剂中时，酶的各种选择性（包括底物选择性、区位选择性、化学选择性、立体选择性和潜手性选择性等）都会发生深刻的变化。

底物选择性是指酶辨别两种结构相似底物的能力，这常常是基于两种底物之间疏水性的差别。例如，许多蛋白酶（如枯草杆菌蛋白酶和α-凝乳蛋白酶）与底物结合的主要驱动力来自于氨基酸底物的侧链与酶活性中心之间的疏水作用。因此，疏水性的底物比亲水性的底物反应性更强，因为疏水性底物的驱动力更大。但当水被一种有机溶剂代替时（疏水作用不再存在），上述情形将发生显著的变化。实验表明，疏水性底物*N*-乙酰-L-苯丙氨酸乙酯（*N*-Ac-L-Phe-OEt）在水中对α-凝乳蛋白酶的反应性比亲水性底物*N*-乙酰-L-丝氨酸乙酯（*N*-Ac-L-Ser-OEt）高5万倍，而在辛烷中苯丙氨酸底物的反应性反而只有丝氨酸底物反应性的1/3。此外，在二氯甲烷中枯草杆菌蛋白酶对*N*-Ac-L-Phe-OEt的反应性比对*N*-Ac-L-Ser-OEt的反应性高8倍，而在叔丁胺中情况刚好相反。这种底物选择性明显依赖于溶剂的情形也可见于上述两种酶与其他底物的反应。

酶的区位选择性和化学选择性也受到溶剂的控制。区位选择性是指酶对底物分子中几个相同官能团中的一个具有优先反应能力，化学选择性是指酶对底物分子中几个不同官能团之一的偏爱程度。例如，洋葱假单胞菌脂肪酶（PCL）对一种芳香族化合物中两个不同位置的酯基，或者对糖分子中不同位置羟基的选择性受到溶剂的显著影响；许多脂肪酶和蛋白酶在催化氨基醇的酰化反应时，对羟基和氨基的优先选择性也在很大程度上取决于溶剂的选择。

从合成化学的观点来看，酶的几种选择性的类型中应用价值最大的是立体选择性，尤其是对映选择性和潜手性选择性。遗憾的是，酶在一些非天然的，但却有实用价值的重要转化反应中常表现出立体选择性不够理想，使人们不得不费力费时地进行筛选及改造。因此，当科学家们发现溶剂可以显著影响甚至逆转酶的对映选择性和潜手性选择性后，便为酶的筛选找到一种极具前途的替代方法。例如，α-凝乳蛋白酶催化医药上重要的化合物3-羟基-2-苯基丙酸甲酯与丙醇转酯化反应的对映选择性在不同的溶剂中变化幅度达20倍，而且在一些溶剂中优先选择底物的(*S*)-对映体，在另一些溶剂中却优先选择(*R*)-对映体。同样地，当α-凝乳蛋白酶在异丙醚或环己烷中催化潜手性底物2-(3, 5-二甲氧苯基)-1, 3-丙烷二醇的乙酰化时，优势产物是(*S*)-单酯，而在乙腈和乙酸甲酯中优先生成(*R*)-单酯。以上结果不仅具有普遍性和合理性，而且可以根据不同手性或潜手性底物与酶结合形成过渡态时的去溶剂化能量学，进行定量或半定量的理论计算。

迄今为止，关于溶剂影响酶选择性的例子，最有说服力的当数日本Amano公司的Yoshihiko Hirose及其合作者对硝苯地平的研究。硝苯地平，是1-取代的二氢嘧啶单酯或双酯，为钙拮抗剂用于心血管疾病的治疗。研究发现，假单胞菌脂肪酶（*Pseudomonas* sp. lipase, PSL）催化潜手性二氢吡啶二羧基酯类衍生物选择性水解产生二羧酸单酯。在不同的有机溶剂中，酶具有不同的对映选择性，在环己烷中产生(*R*)-对映体，在异丙醚中产生(*S*)-对映体，相同酶在不同有机溶剂体系中反应所得产物的构型不同，这种拆分已在钙拮抗剂尼群地平的合成中得到应用。

目前尽管溶剂对酶活性和选择性的影响规律和机制并不十分清楚，但是大量实验结果表明，通过改变溶剂可以调节酶的活性和选择性，改变酶的动力学特性和稳定性等酶学性质。Klibanov首次称这种技术为“溶剂工程”，并认为它有可能发展成蛋白质工程的一种辅助方法，不必改变蛋白质本身，而只要改变反应介质就可以改变酶的特性。这项技术的应用范围及机理的研究，目前正在许多实验室中开展，它在生物催化剂的开发与利用中起着重要作用。当然溶剂的选择还应该注意：①溶剂对底物和产物的溶解性要好，能促进底物和产物的扩散，防止因产物在酶分子周围的积累而影响酶的催化反应；②溶剂对反应必须是惰性的，不参与酶的催化反应；③溶剂的毒性、成本以及产物从溶剂中分离、纯化等问题。

二、水

大量文献报道表明，在有机溶剂中酶的催化活性与反应系统的含水量密切相关。系统含水量包括与酶粉水合的结合水、溶于有机溶剂中的自由水以及固定载体和其它杂质的结合水。与酶结合的水量是影响酶的活性、稳定性及专一性的决定因素。要成功地应用非水介质中的酶催化反应，控制酶结合的水量和水在酶分子中的位置是关键。在基本无水的有机溶剂中，水对于酶催化活性构象的获得与保持是必需的，但水也与许多酶的失活过程有关。

1. 水对酶活性的影响

虽然水含量在一个典型的非水酶体系中通常只占0.01%，但水含量微小的差别会导致酶催化活力的较大改变。酶需要少量的水保持其活性的三维构象状态，即使是共价键合到一个支持物上的酶也不例外。水影响蛋白质结构的完整性、活性位点的极性和稳定性。酶周围水的存在，能降低酶分子的极性氨基酸的相互作用，防止产生不正确的构象结构。有证据表明，酶分子周围的水化层作为酶表面和反应介质之间的缓冲剂，它是酶微环境的主要成分。有机溶剂和酶键合水之间的相互作用影响酶的活性，当加入许多极性添加剂时，因剥夺了酶的水化层而使非水介质中的酶失活。在一个完全“干”的体系中，酶基本是无活性的，随着酶水合程度的增加，酶的活性也不断提高。

Rupley和Finney用UV、IR、NMR、ESR、Raman、DSC等方法详细地研究了溶菌酶酶粉在水合过程中酶活性与含水量间的关系。当结合水量在0～7%范围时，每一酶分子周围有0～60个水分子，这些水分子大部分在蛋白质侧链可离子化残基附近，有助于侧链残基的离子化。首先是羧基脱质子，其次是氨基质子化，这种状态下蛋白质活动的自由度非常小，没观察到活性。当含水量在7%～25%范围时，每个酶分子周围有60～220个水分子。含水量在7%左右时，侧链残基离子化后，水分子在其它极性部位形成簇（cluster）；含水量在25%时肽键的NH被水合，局部介电率升高，同时蛋白质分子的活动自由度急剧增大，但是蛋白质结构基本不变，构象基本相同，酶显示活性；当含水量在25%～38%范围时，每个酶分子周围有220～300个水分子，肽键羧基为主的极性部位完全水合，酶活性随着含水量增加而增加。这是因为水和酶分子之间形成多个氢键，水作为分子润滑剂增大了酶构象的柔性，增加了界面的表面积。然而，太多的水会使酶的活性降低，当含水量在38%以上时，每个酶分子周围有300个以上水分子，整个酶分子（包括非极性部位）被一层单分子水层包围，酶活性是水溶液中的1/10。其中一个原因是水分子在活性位点之间形成水束，通过介电屏蔽作用，掩盖了活性位点的极性；另一个原因是太多的水会使酶积聚成团，导致疏水底物较难进入酶的活性部位，引起传质阻力。有机溶剂中酶含水量低于最适水含量时酶构象过于“刚性”而失去催化活性；含水量高于最适水量时，酶结构的柔性过大，酶的构象将向疏水环境下热力学稳定的状态变化，引起酶结构的改变和失活。只有在最适水量时蛋白质结构的动力学刚性（kinetic rigidity）和热力学稳定性（thermodynamic stability）之间达到最佳平衡点，酶表现出最大活力。因此，最适水量是保证酶的极性部位水合、表现活力所必需的，即“必需水”（essential water）。由于水的高介电性，有机溶剂中少量的必需水能够有效地屏蔽有机溶剂与酶蛋白表面某点之间的静电相互作用，酶分子构象与结晶状态一致，即与水溶液中酶的结构类似。只有当溶剂的极性非常强，水的介电能力不足以屏蔽溶剂与酶蛋白分子之间的静电相互作用，或者溶剂的亲水性大于与水相互作用的蛋白质表面的亲水性，水脱离蛋白质，进入有机溶剂时，酶蛋白分子的结构才会受到溶剂的影响。当水加入到溶剂-酶体系中时，水在溶剂和酶之间分配，与酶紧密键合的结构水是决定酶活性的关键因素，在有机介质中，只要有少量的水与酶结合，那么酶就会保持其活性。但是有时在脱水的酶体系中也观察到了酶的活性，这可能是由于未折叠的蛋白质充当了少量天然酶的稳定剂而产生的结果。

2. 水活度

当水加入到非水相酶催化的反应体系中时，反应系统的含水量分布在酶、溶剂、固定化载体及杂质中。因此，对同一种酶，反应系统的最适水含量与有机溶剂的种类、酶的纯度、固定化酶的载体性质和修饰剂性质有关。Zaks 和 Klibanov 详细地研究了马肝醇脱氢酶、酵母醇氧化酶、蘑菇多酚氧化酶在不同溶剂中水含量对酶活力的影响。发现在水的溶解度范围之内三种酶在有机溶剂中的催化活力随溶剂中水含量的增加而增加，但是与亲水有机溶剂相比，在疏水性强的溶剂中酶表现最大催化活力所需要的水量低得多；当溶剂的含水量相同时，酶束缚的水量却不同，酶活性与酶束缚水量之间有很好的相关性，即随着酶束缚水量的增加而增大。

为了排除溶剂对最适含水量的影响，Halling 建议用反应系统的热力学水活度（thermodynamic activity of water, a_w）描述有机介质中酶催化活力与水的关系。水活度（a_w）定义为系统中水的逸度与纯水逸度之比，水的逸度在理想条件下用水的蒸气压代替，因此 a_w 可以用体系中水的蒸气压与同样条件下纯水蒸气压之比表示。Halling 提出水活度是确定酶结合水多少的一个参数。在 a_w 值较低的情况下，有机溶剂中键合到酶上的水量与在空气中键合到酶上的水量非常相似，表明有机溶剂没有直接影响水与酶紧密的键合。a_w 值较高时，极性溶剂（如乙醇）使酶结合的水量有所减少，非极性溶剂也有同样的效果。这可能是溶剂与键合位点的水直接竞争的结果，也证明了蛋白质-溶剂界面水与溶剂存在直接作用。Halling 在各种有机溶剂中得到六种悬浮蛋白水的吸附等温线，证实了上述结论。因此建议在不同溶剂中研究酶动力学时为避免水的影响，最好保持一个恒定的水活度，以便确保有一个相似的酶水合水平。

水活度可由反应体系中水的蒸气压除以在相同条件下纯水的蒸气压而得。在不同有机溶剂中获得恒定的水活度至少可通过如下三种方式：①用一个饱和盐水溶液分别预平衡底物溶液和酶制剂；②向反应体系中直接加一种水合盐；③向每一溶剂中加入固定的但不同量的水。第二个方法是由 Halling 提出的，他指出一个平衡的水合盐对在一定温度下能提供恒定的蒸气压，采用该方法有效地控制了 α-胰凝乳蛋白酶、脂肪酶以及枯草杆菌蛋白酶的水活度。

3. 微量必需水对酶催化活性和选择性的调节控制

必需水是酶在非水介质中进行催化反应所必需的，它直接影响酶的催化活性和选择性。例如在脂肪酶催化拆分外消旋 2-辛醇的反应中，当溶剂、酶等其它因素相对不变的条件下，可以用系统含水量衡量水对酶活性的影响，反应系统只有在最适含水量时，酶才有高的活力和选择性。在脂肪酶催化丁酸与丁醇的酯合成反应中，当溶剂不同时，最适系统含水量随着溶剂 log P 值的增加而减小［图 2-8（a）］，用水活度（a_w）衡量时，尽管在不同的有机溶剂中反应速度的最高值不同，但是达到最大值的最适水活度却基本相同，均在 0.5 ～ 0.6 之间［图 2-8（b）］。因此，采用水活度比系统含水量衡量水对酶活力的影响更为合理和直观。

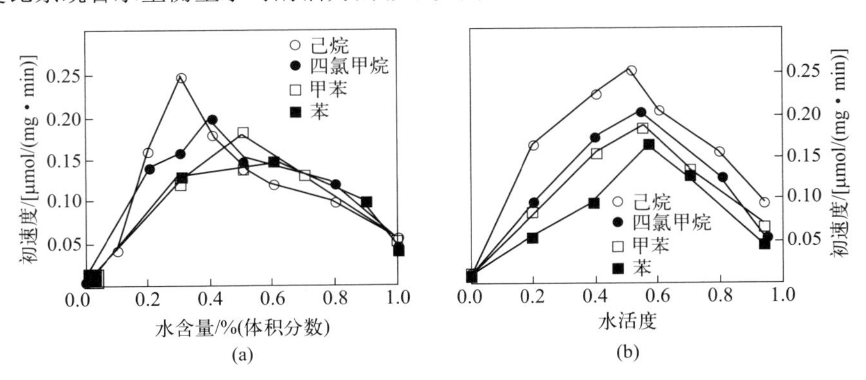

图 2-8　不同溶剂中含水量、水活度对 PSL 催化酯合成活力的影响

（a）水含量的影响；（b）水活度的影响

控制 a_w 的方法可以用反应体系的各种组分与不同的盐饱和溶液在反应前平衡，如用下列各种盐的饱和溶液平衡，可以得到一定的 a_w 值（20℃）。

盐	LiCl	$MgCl_2 \cdot 6H_2O$	$Mg(NO_3)_2 \cdot 6H_2O$	$Na_2SO_4 \cdot 10H_2O+Na_2SO_4$	Cl	$ZnSO_4 \cdot 7H_2O$
a_w	0.12	0.32	0.55	0.76	0.86	0.90

酶的 a_w 和整个系统的 a_w 是一样的，系统的 a_w 也可以用相对湿度传感器在平衡气相中测定，向干燥的反应器中直接加入某种高水合盐也可以获得恒定的水活度。Kvittingen 在研究己烷中脂肪酶催化丁酸丁酯的合成反应时，以 $Na_2SO_4 \cdot 10H_2O/Na_2SO_4$ 及 $Na_2HPO_4 \cdot 12H_2O/Na_2HPO_4 \cdot 7H_2O$ 水合盐对作为水缓冲剂，控制水活度，使酶的催化效率明显提高。这种高水合盐在反应初始阶段，可释放结合水到体系中，供给酶必需水，本身能化为低水合盐；反应后期，低水合盐结合产物水，转化成高水合盐，反应产生的水不能在体系中积累。因此酶在整个反应中能保持高活力。曹淑桂等在脂肪酶催化拆分外消旋 2-辛醇的反应体系中加入 $Na_2P_2O_7$（1%）的水合盐对，酶反应活性明显高于用硅胶、分子筛等其它方式控制水的体系，反应一段时间后，加盐对反应体系中的酶粉依然保持较好的分散状态，而其它体系的酶已凝聚成块。

对于生成水的反应（如酯合成和肽合成），体系中水的积累导致酶活力降低，不利于合成反应。向该体系加入分子筛、乙基纤维素等除水剂或利用醋酸纤维素无孔聚合膜进行反应全过程蒸发，及时除去反应生成的水，能使酶保持较高活力，有利于合成反应的进行。Halling 在物理化学所定义的标准状态下得出以下规律：①利用水活度能准确描述水解反应的平衡位置，只要水活度不变，反应平衡就基本保持不变。当 $a_w<1$ 时，水解反应平衡向合成方向移动，当 a_w 足够高时，水解反应平衡向水解方向移动，若知道水解反应的平衡位置，则可以推算出 a_w。②有机相中酶的最适水活度（即酶活力达到最高时的水活度）与酶量无关，而系统含水量则随酶量的增加而增加。③在含有不同底物的各种有机溶剂中，酶的最适水活度都在 0.55 左右，即酶最适水活度与溶剂的极性、底物的性质及浓度无关。为解决在低 a_w 水平下反应速率较低的问题，起始反应可在高 a_w 下进行（以获得最佳反应速率），然后到反应快结束时降低水活度，从而可获得一个高产率。

4. 仿水溶剂对酶催化活性和选择性的调节控制

如前所述，“必需水”是酶在有机溶剂中表现催化活性所必需的，其原因如果是水具有高介电常数和形成氢键的能力，那么，除水以外的具有这种性质的其它溶剂是否也能活化有机溶剂中的酶呢？曹淑桂等用二甲基甲酰胺（DMF）和乙二醇作为辅助溶剂，部分或全部替代有机溶剂中的辅助溶剂水。结果是 DMF 部分替代水后，脂肪酶催化 2-辛醇酯化的活力显著降低，全部替代水后酶活力仅为水作为辅助溶剂时的 21%，但是比不加任何辅助溶剂时的酶活力高 2 倍，即乙二醇替代水能显著提高酶的活力。这与 Zaks 和 Klibanov 的实验结果类似，加入 3% 的甲酰胺使在辛醇（含 1% 水）中多酚氧化酶的活性提高 35 倍。Kitaguchi 详细地研究了嗜热菌蛋白酶在含有一定量的水或其它辅助溶剂的 *t*-戊醇中催化高疏水性氨基酸的肽合成反应。结果表明，最适水量（4%）的 3/4 被 9% 的甲酰胺替代后，酶活性与最适水量（4%）时相仿；乙二醇和甘油对酶也有一定的活化效果，但比水低；DMF 和乙二醇的醚类对酶几乎没有活化效果。作为辅助溶剂，它应该具有高介电常数和多点形成氢键的能力，如甲酰胺和乙二醇，它们在有机溶剂中对酶的活化机制与水相同；但是只添加甲酰胺而不添加水时，酶完全没有活性。这是因为干燥的酶水合时要经过几个阶段，其中某个阶段（可能是最初的离子化阶段）是不可能被仿水溶剂（water-mimiking solvent）替代的。采用仿水溶剂替代水的意义是可以控制和消除由水而引起的逆反应和副反应，因此，仿水溶剂的应用范围很广，而且可以开发成新的酶催化反应体系。

三、添加剂

在生物催化反应系统中，除了单纯的有机溶剂或水之外，有时还可有目的地引入一些酶反应的调节剂，以改变酶分子所处的微环境条件，进而影响酶的催化性能（包括活性、选择性和稳定性）。其实，许多商品酶制剂中含有一些分散剂或稳定剂（例如碳水化合物），这些添加剂如果不经预处理，就会随酶一起进入反应系统，给酶促反应带来不同程度的正面或负面影响。另外，添加剂的加入也可能影响底物及产物的溶解或分散状况，降低传质阻力，提高反应速率。如果底物或产物对酶有害或存在抑制作用，则添加适当的化学试剂（如吸附剂）可消除或减轻底物或产物对酶的抑制或毒害作用。当然，引入添加剂会增加反应体系的复杂性，并可能给产品分离造成一定困难。添加剂多种多样，操作简单，效果奇特，给微环境工程调控酶的催化性能（特别是对映选择性）提供一种可供选择的方法，因此仍然值得我们去研究和应用。添加剂种类繁多，目前还没有统一的分类方法，主要包括无机盐类添加剂、有机助溶剂、多醇类添加剂以及表面活性剂等。

四、生物印迹

利用酶与配体的相互作用，诱导、改变酶的构象，制备具有结合该配体及其类似物能力的“新酶”，这是修饰、改造酶的一种方法。Klibanov 等根据酶在有机溶剂中具有“刚性”结构的特点，巧妙地发展了这种修饰酶的技术。他们将枯草杆菌蛋白酶从含有配体 *N*-Ac-TyrNH_2（竞争性抑制剂）的缓冲液中沉淀，干燥、除配体后，放在无水有机溶剂中，发现配体印迹酶的活性比无配体存在时冻干酶高 100 倍；但是“印迹酶”在水溶液中的活性与未印迹酶相同。他们认为，酶在含有其配体的缓冲液中，肽链与配体之间的氢键等相互作用使酶的构象改变，这种新构象除去配体后在无水有机溶剂中仍可保持，并且酶通过氢键能特异地结合该配体，这种方法称为生物印迹（bio-blotting）。FTIR 方法可以定量分析印迹酶的二级结构的变化，如溶菌酶、胰凝乳蛋白酶和牛血清白蛋白等采用 L-苹果酸印迹后，二级结构的变化主要表现为 β-折叠含量的降低。通常在冻干过程中，因酶分子间形成 β-折叠，导致 β-折叠含量升高，而印迹酶因配体使酶分子隔开而减小了这种效果，并且在印迹过程中，配体与蛋白质形成氢键，产生了一个空穴并在去除溶剂后仍然保持。Mosbach 等用该方法制备了一系列 L 型和 D 型的 *N*-乙酰氨基酸印迹的 α-胰凝乳蛋白酶，在环己烷中，“D 型印迹酶”可催化合成 *N*-乙酰-D-氨基酸乙酯，“L型印迹酶”催化合成 *N*-乙酰-L-氨基酸乙酯的活力也比未印迹酶提高 3 倍左右。他们还详细地研究了“印迹酶”活性与有机溶剂中含水量的关系，对于“D 型印迹酶”，水含量在 1mmol/L 时活力最高，大于此量时，随着水含量的增加，酶失去催化“D 型”的活力，因为酶的构象又恢复到印迹前的构象。因此，只要控制好“印迹酶”在有机溶剂中的最适含水量，就可以用生物印迹方法调节和控制酶在有机溶剂中的催化活性和选择性。

五、化学修饰

酶粉虽然在非水介质中能够催化反应，但是其催化效率比水溶液中的酶低几个数量级，其中原因之一是酶一般不溶于有机溶剂。虽然有些酶能直接溶解在少数有机溶剂中，但是酶催化效率常常很低。双亲分子共价或非共价修饰酶分子表面，可以增加酶表面的疏水性，使酶均一地溶于有机溶剂，提高酶的催化效率和稳定性。

稻田佑二等通过单甲氧基聚乙二醇（PEG）共价修饰了脂肪酶、过氧化氢酶、过氧化物酶等蛋白质分子表面自由氨基，修饰酶能够均匀地溶于苯和氯仿等有机溶剂，并表现出较高的酶活性和酶稳定性。选用二烷基型脂质，以其分子膜的形式包裹酶分子表面，制成可溶于有机溶剂的酶-脂质复合体，其中酶-中性糖脂复合体在无水苯中催化甘油三酯合成的活性比 PEG 共价修饰的脂肪酶还高，其原因可能是因为酶-脂质复合体没有 PEG 长链对底物接近酶的障碍。脂质包裹酶的制备很简单，即酶的水溶液和脂质的水乳浊液在冰冷条件下混合并搅拌过夜，离心分离、回收沉淀物、冻干，得到白色粉末。这种粉末不溶于水，溶于苯、氯仿等有机溶剂。元素分析、IR、UV 测定结果表明，粉末中每一酶分子大约包裹 200 ～ 400 个脂质，由糖脂质制备的粉末，经 NMR、荧光光谱分析发现，酶分子表面与脂质的亲水基团形成氢键，这些脂质数相当于在脂肪酶分子表面包裹 1 ～ 2 层。采用对环境敏感的水凝胶共价修饰酶，并通过调节修饰酶的环境，控制酶的溶解和沉淀行为，在反应过程中使酶能进入溶液，并且能在均相条件下进行催化；反应结束时，酶又能从反应体系中沉淀出来，有利于酶的回收和重复使用，这是一种兼有可溶性酶均相催化和固定化酶稳定性高且反复使用的修饰酶。

六、固定化酶

酶在绝大多数的有机溶剂中是以固态形式存在的。因此，目前最简单的也是被大多数研究者所采用的非水酶催化体系，是将固态酶粉直接悬浮在有机溶剂中。但是冻干的酶粉在反应过程中常常会发生聚集，导致酶催化效率降低。酶固定化后，增大了酶与底物接触的表面积，在一定程度上可以提高酶在有机溶剂中的扩散效果和热力学稳定性，调节和控制酶的活性与选择性，有利于酶的回收和连续化生产。

用于有机相的固定化载体和固定化方法的选择与水相有所不同，其中最重要的是，应该满足酶在有机相反应所需要的最适微环境和有利于酶的分散和稳定。Tanaka 等用适当配比的具有不同亲水能力的树脂包埋脂肪酶，很好地控制了脂肪酶在有机相反应所需要的微水环境。Reslow、Mattiasson 和 Adlercreuts 研究了固定化载体的亲水性对固定化酶在有机相中酶活性的影响，首次采用分配到载体上的水量与溶剂中水量之比（$\log A_q$）代表载体亲水性。研究了 13 种载体的 $\log A_q$ 值与这些载体的固定化酶在有机相中催化活力的相互关系，结果显示，低 $\log A_q$ 值的载体有利于固定化酶在有机相中催化活力的表现，即酶活力与载体的亲水性成反比，载体亲水性越强，与酶争夺水的能力就越强，这将不利于维持酶的微水环境，导致酶活力降低。此外，载体亲水性强，也会增加疏水性底物向固定化酶扩散的阻力，不利于固定化酶向疏水性有机溶剂中分散，使反应速率降低。因此，选择载体时，除了考虑载体对酶“必需水”的影响、固定化酶在溶剂中的分散情况外，还应该考虑底物和溶剂的疏水性。当底物和溶剂疏水性强时，可选择疏水性固定化载体；当底物和溶剂亲水性较强时，应该在保持较高酶活力的前提下，降低载体的疏水性以减小底物扩散的阻力。

七、反应温度

由于酶在有机溶剂中的热稳定性好于水溶液，因此为了提高酶催化速度可以适当提高反应温度，但是有些酶在某些有机溶剂中也会因温度高而失去活性。温度不仅影响酶的活性，而且还与酶的选择性有关。一般认为酶和其它催化剂一样，温度低，酶的立体选择性高，Lam 和 Keinan 等人的研究都支持这一观点。Philips 从热力学的角度对这一观点进行了详细的论述，他认为在热力学焓的控制下，酶在较低的温度下能表现出较高的立体选择性，而在热力学熵的控制下酶、底物和一些其它相关因素与较高的温度相匹配时，反应也可获得较高的立体选择性。

八、pH 和离子强度

有机溶剂中酶活性与酶干燥前所在的缓冲液的 pH 和离子强度有关，其最适 pH 与水相中酶的最适 pH 一致。因为在有机溶剂中，酶分子表面的必需水维持着酶的活性构象，而且必需水只有在特定 pH 和离子强度下，酶分子活性中心周围基团才能处于最佳离子化状态，有利于酶活性的表现。Lohmder-Voge 通过缓冲液中磷原子的 NMR 变化，检测了酶由缓冲液转入微水有机溶剂后的 pH 值变化，Valiverty 用分子探针研究了微水环境下的 pH 值。他们的研究结果表明，酶由缓冲液经过丙酮沉淀或冻干后，转入微水有机溶剂中时，它能“记住”原缓冲液的 pH，称为“pH 记忆”（pH-imprinting）。但是，Hilling 和 Buckleg 等人在使用 pH 指示剂监测冻干过程 pH 的变化时，发现酵母乙醇脱氢酶在磷酸缓冲液里冻干过程中，pH 急剧下降，同时伴有酶活力的大量丧失；该酶在 Tris 缓冲液、HEPES 缓冲液或 *N*-甘氨酰甘氨酸缓冲液中冻干时，pH 指示剂颜色没有明显变化，酶活性比较稳定。可见，各种酶在不同缓冲液中冻干时的 pH 变化不同，因缓冲液选择不当而导致的 pH 急剧下降可能是酶在预处理冻干过程中大量失活的一个重要原因。为了使酶具有催化反应的最佳离子化状态，应该在酶参加反应前的预处理和反应过程中采取某些措施，如选择适当种类和适宜 pH 的缓冲液处理酶，使之不受冻干过程破坏。

第五节　非水介质中酶催化技术的应用

一、酯的合成

由于酶的来源、有机溶剂以及反应物的不同，脂肪酶催化酯合成时的反应体系也各不相同，下面以非水介质中酶促合成短链脂肪酸酯、糖酯以及黄酮类化合物的酶促酰化等为例进行介绍。

1. 短链脂肪酸酯

短链脂肪酸酯是一大类重要的香味剂，具有多种天然水果的香味和特殊的风味特征，是重要的香精、香料的组分，广泛用于食品、饮料、酿造、饲料、化妆品及医药的生产中。酯类香味剂在国际上有重要的地位和影响。

目前全球短链脂肪酸酯的生产中，除了极少数的酯有很少量的产品是从天然植物中提取以外，其他的几乎全部都是通过传统的化学合成方法生产，也就是在高温、高压条件下，由化学催化剂，如浓硫酸、对甲苯磺酸等催化合成。化学生产不仅存在着化学催化剂可能带来的毒性问题，而且高温、高压条件下很容易发生副反应，副产物大多有毒副作用。有些化学合成产品由于底物不纯，影响了产品的质量，如化学法合成的己酸乙酯产生的极不自然的“浮香”，有些产品提取后有强烈的气味，如棕榈酸异丙酯，这些都给下游提取带来了许多困难，从而造成产品的质量档次低。除此以外，化工生产给环境带来了许多污染与破坏。化学法生产的产品与生物法生产的产品在安全性和品质等方面存在较大的差异，因此在价格上也存在极大差异，如国际上化学法生产丁酸乙酯价格仅为 2 ～ 5 美元 /kg，而由生物催化剂合成的价格高达 180 美元 /kg。尽管目前有些情况下化学合成还比较经济，但随着人们对天然产物的青睐和对生存环境的重视，直接从植物中提取又无法满足日益增长的需求，例如水果中芳香酯的含量只有 1 ～ 100mg/kg，因此，人们将研究目光转向了生物化学、微生物学、化学和生化工程等多学科交叉的生物转化策略上来。

尽管在 20 世纪初就有用猪胰脂肪酶提取物合成丁酸乙酯的报道，但长久以来，酶品种单调，用于生物催化反应的酶制剂更少，同时由于化学工业的飞速发展，采用酶作为催化剂的方法并没有引起人们的重视。直到 20 世纪 80 年代中后期，随着有机相酶学的出现和酶制剂工业的发展，酶的品种不断增加，酶催化在有机合成中的应用也不断扩大。充力利用脂肪酶在溶剂相中可以改变水解反应方向的特点，德国的 Gilliest 和 Gatfield、日本的 Okamuru 和 Iwai、法国的 Lavayre 又开始在这一领域对短链芳香酯的酶促反应进行了研究。目前，国际上脂肪酶催化己酸乙酯的合成，一般底物浓度为 0.25mmol/L，利用猪胰脂肪酶和皱褶假丝酵母脂肪酶催化合成转化率为 68%。

利用具有高酯化能力的脂肪酶，在有机相中酶法转化短链脂肪酸酯不仅具有一般生物催化合成有机化合物的优点，如酶促反应是在常温常压条件下进行、反应条件温和、节约能源、酶促反应的特异性高、副产物少、产品品质高等，还具有以下一些特点和优势，如有机相中反应的热力学平衡趋向酯合成方向、反应转化率高、酶不溶解于有机相中而容易回收再利用等。此外，采用表面活性剂非共价修饰脂肪酶，可以增强其在有机相中的稳定性。

2. 糖酯

糖酯作为一种生物功能分子和化工原料具有重要价值。高级脂肪酸的糖酯作为一类具有较宽 HLB（亲水亲油平衡值）范围的非离子型乳化剂，具有无毒、易生物降解及良好的表面活性等优点，因此被广泛用于食品、医药和化妆品等产品的生产中，是联合国粮农组织推荐使用的食品添加剂。糖酯来源较广泛，应用面广，安全性高，因此特别适合用作食品乳化剂。另外糖的衍生物如糖酯、糖蛋白等在体内有重要作用，近年对糖及其衍生物的研究成为热点。Planehon 等发现一些糖酯衍生物具有抗肿瘤作用，如二丙酮缩葡萄糖的丁酸酯能够抑制肿瘤细胞的生长，而不影响正常细胞，同时能够增强 α 干扰素或 β 干扰素的抗肿瘤作用。

当前，糖酯的合成方法可以分为两大类：化学合成法和酶促合成法。化学合成法已很成熟并工业化，多用二甲基甲酰胺（DMF）、酰氯、吡啶等作溶剂以及甲基苯磺酸、金属钠等作催化剂，反应温度一般在 140℃左右，能耗大、溶剂毒性大、产品易着色、副反应多，这是因为糖分子上有多个羟基可以被酯化，产生了众多的同分异构体，Fregapane 等用气相色谱分析食用山梨醇酯发现其中有 65 种同分异构体，其中一些成分的致癌性和致敏性也引起了人们的关注。酶作为生物催化剂，具有高度的区域选择性和相对的底物专一性，酯化反应一般只发生在特定的羟基上，并且同一种底物相对于不同来源的酶的酯化位点不同，同一种酶对不同底物的酯化位点也不同。因此，可设计出不同的反应，制备不同的产物，满足人们多方面的需要。为了克服酶法生产糖酯转化率低的问题，科研人员不断探索新方法，如使用极性有机溶剂、对糖进行衍生化、减压法除去副产物、固相合成等，完善了糖酯的酶法合成。

3. 黄酮类化合物的酶促酰化

黄酮类化合物是广泛分布于植物界的一类重要天然产物，已经用于食品、化妆品及其他日用品中。有人对黄酮类化合物的生物学、药理学及医疗特性进行了详尽的阐述。据报道，黄酮类化合物除具有清除自由基和抗氧化等功能外，还具有多种生理活性，包括扩张血管、抗肿瘤、抗炎、抗菌、免疫激活、抗病毒、雌激素样作用等，另外，黄酮类化合物还作为磷酸脂酶 A_2、环氧合酶、脂肪氧化酶、谷胱苷肽还原酶和黄嘌呤氧化酶等多种酶的抑制剂。但黄酮类化合物在脂及水相中的低稳定性和低溶解性限制了它们在这些方面的应用。通过化学法、酶法及化学-酶法对它们的结构进行修饰，有望改善它们的性质，其中糖基化和酰基化两类修饰反应受到特别关注。前一种修饰通过加入糖基提高黄酮类化合物的亲水性，而第二类反应通过连接脂肪酸使之疏水性更强。应用化学法对黄酮类化合物进行酰基化已经申请了专利，但这些方法无区位选择性，从而使黄酮类化合物起抗氧化作用的酚羟基产生非期望的功能。脂肪酶催化黄酮类化合物的酰基化反应，其酚羟基较化学法具有更高的区位选择性，不仅可以提高它们在不同介质中的溶解性还可以提高它们的稳定性及抗氧化活性。已经有诸如蛋白酶、酰基转移酶、脂肪酶、枯草杆菌蛋白酶等用于黄酮类化合物的酰基化反应。研究表明，酶的来源及种类对转化率和酰化初速度有很大的影响，而作为糖基配体的黄酮类化合物，其酯化作用的位置主要取决于酶的种类和来源以及黄酮类化合物的主链骨架等。目前，Novozym 435 和 PCL 分别是合成糖基化酯类和糖苷黄酮酯类的最佳酶。

二、肽的合成

所谓肽的酶促合成，在目前来说是指利用蛋白水解酶逆转反应或转肽反应进行肽键合成。在有机介质中酶促肽键的合成，其中包括较大肽段间的缩合，尤其是合成只含几个氨基酸的小肽片段，较传统的化学合成法具有明显的优势。它的主要优点表现在反应条件温和，立体专一性强，不用侧链保护基和几乎无副反应等。近年来，利用各种来源的蛋白水解酶，在非水介质中合成了各种功能短肽或其前体，其中包括一些具有营养功能的二肽和三肽、低热量高甜度的甜味剂二肽以及具有镇静作用的脑啡肽五肽等；甚至于一些具有生物功能的蛋白质如胰岛素、细胞色素 c 和胰蛋白酶抑制剂等也可以通过酶催化技术进行重合成和半合成。利用酶反应器，连续合成某些功能短肽已接近生产规模。此外也有研究表明，脂肪酶也可以应用于肽键的形成，而且存在一些蛋白酶没有的特性（如酰胺酶活性），可以更好地应用于多肽的合成。

由于酶法合成肽是利用蛋白水解酶的逆反应或转肽反应来进行肽键的合成，因此，酶既可以催化一个化学反应向正方向进行，也可以催化其逆向反应，反应平衡点的移动取决于反应条件。有机介质能改变某些酶的反应平衡方向，例如水解酶类，在水介质中，热力学平衡趋向于水解方向；在水含量极低的有机介质，热力学平衡向合成方向移动，这些水解酶行使催化合成反应的功能。

1898 年，Hoff 就提出蛋白酶可以催化肽合成这个概念，他认为胰蛋白酶可能具有催化蛋白质水解物的蛋白质合成反应。1937 年，Bergmann 和 Fraenkel-Conrat 等第一次用木瓜蛋白酶酶促合成了硅胺 Z-GlyNHC$_6$H$_5$，产率达 80%；随后他们又先后用木瓜蛋白酶、糜蛋白酶等催化合成了设计好的肽。在此之前，人们相继发现木瓜蛋白酶、糜蛋白酶和胃蛋白酶的转肽作用，并利用它们的转肽作用催化合成了一系列小肽及其衍生物。20 世纪 70 年代，Morihara、Kullmann 等小组利用蛋白酶合成生物活性肽的工作，再次验证了利用蛋白酶进行肽合成的价值，并在此基础上合成了一系列重要的生物活性肽。

近三十年的合成工作向人们展示了酶法合成相对化学法的明显优点：①反应条件温和，降低了化学反应和操作上的危险性；②酶高度的区位选择性允许使用保护程度很低的底物，这样的底物既便宜又易得到，这也使得合成过程中的中间产物保护、脱保护步骤得到简化；③肽的酶法合成是立体特异的，并且观察不到外消旋的发生。这样可以使用外消旋的起始反应物，并通过合成反应得到拆分，而回收未反应的异构体。

三、功能高分子的酶促合成

1. 聚酯类生物可降解高分子的酶促合成

聚酯类生物可降解高分子材料的合成主要有三种方法：①化学合成法，化学法合成聚酯材料的生产成本低，但是反应条件苛刻（高温、高压等），副产品多，传统金属催化剂的毒性和痕量残留对人体有潜在的危害；②微生物合成法，生产过程是环境友好的，但存在合成产物种类有限、代谢产物复杂、产物分离困难的缺点；③酶促合成，具有反应条件温和（常温、常压等）、产物多、分散度低和环境友好的特点，而且利用酶的立体选择性和区位选择性还可以合成其他方法难以合成的特殊结构与性能的高分子材料。

自 1993 年首次报道酶促合成脂肪族聚酯以来，酶促聚合快速发展，取得了许多重要的成果。多种来源的脂肪酶已经成功应用于脂肪族聚酯的合成，在无溶剂体系、有机介质、超临界流体和离子液体中合成了多种分子量的聚合产物。然而，酶促聚合存在酶制剂成本过高、用量较大、活力较低和稳定性不足的弊端，目前酶促合成高分子材料尚处于研究开发阶段，距离大规模的工业化生产仍有很大的距离。常见的酶促聚合反应包括缩聚和开环聚合反应。开环聚合反应由于不生成离去的副产物，因而容易获得高分子量、分布均一的聚合物；同时开环聚合反应可以通过对引发剂和终止剂的控制来制备末端功能化的聚合物以及进行多种物质的共聚反应来赋予聚合物多种特征，因此开环聚合反应在酶促聚合研究与开发中备受重视。良好的生物可降解性及其单体的易得性，使得环状内酯在酶促开环聚合反应中研究得最为普遍，成为酶促开环聚合反应的代表类型。到目前为止，国外已经报道应用于酶促开环聚合反应的环状单体如图 2-9 所示。

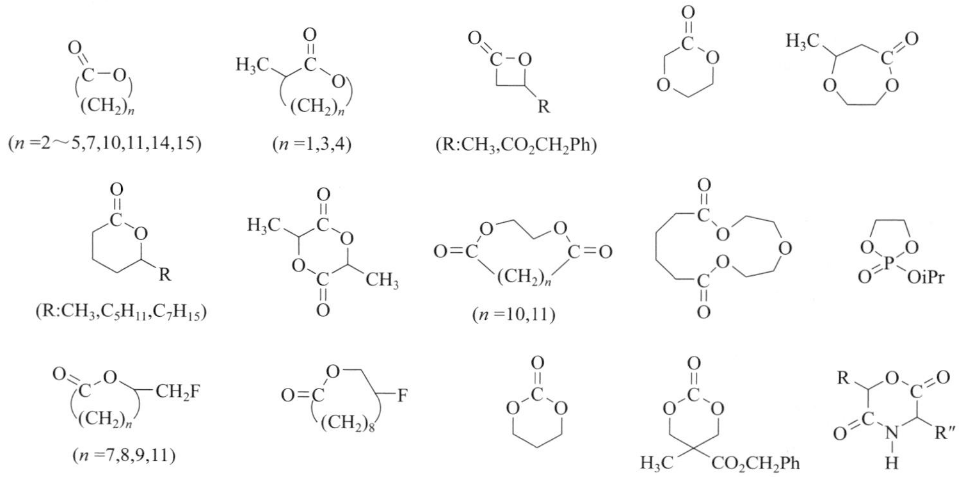

图 2-9　应用于酶促开环聚合反应的环状单体

目前在酶促开环聚合反应中 β-丙内酯、(±)-α-甲基-β-丙内酯、β-丁内酯、β-苹果酸内酯、δ-戊内酯、ε-己内酯、8-辛内酯、十一内酯、十二内酯、十五内酯、十六内酯、1, 4-二氧六环酮、1, 3-二氧六环酮等均获得了很好的结果。同时在化学催化剂无法聚合的 γ-丁内酯上也取得了一定的进展（获得了分子量 800 左右的寡聚物）。值得一提的是，传统的金属催化剂催化大环内酯类只能得到分子量比较低的聚合物，而酶不论是在催化速率还是在分子量上都远远优于传统金属催化剂。反应体系的控制对于提高聚合反应的速率和聚合产物的分子量具有重要的意义。例如，固定化酶比游离酶在有机相中获得了更高的稳定性，往往可以获得更高的单体转化率，同时带来了分离纯化上的便利，重复利用也大大节约了成本；此外，在超临界 CO_2 体系中利用己内酯的聚合制备了分子量远远高于传统介质中所获得的聚合物。目前，酶促聚合已有很好的研究基础，但是因酶的生产成本高，催化效率还不尽理想，使酶促合成医用高分子材料的工业化尚未广泛开展。

目前，聚酯载体材料主要是通过化学催化途径来合成的，合成条件苛刻（高温减压、无水无氧等），技术路线复杂，而且金属催化剂的痕量残留和潜在毒性限制了其作为医用高分子材料的应用范围。与传统的化学聚合反应相比，酶促聚合由于反应条件温和、环境友好及高度立体选择性和区位选择性等优势，已成为生物催化与生物转化领域中的研究热点。不仅如此，酶促聚合还具有如下优势：①底物的高度专一性，可以极大地提高底物的转化率，且没有副产物的生成；②催化剂可以回收并重复利用，有利于降低合成工艺成本；③酶促聚合可以在无溶剂、水相、有机相及多相界面进行；④能够有效催化有机金属催化剂难于实现的大环内酯类等化合物的开环聚合；⑤容易实现聚合物末端的结构控制，达到对聚合物修饰和改性的目的。作为一种新兴的聚合方法，酶促聚合为高分子材料的合成开辟了一条全新的、环境友好的途径，是高效合成新型功能高分子材料的有效方法，对于促进化学和材料工业向绿色和清洁化方向发展具有重要的意义。2012 年，美国耶鲁大学 W. M. Saltzman 团队首次利用来源于南极假丝酵母（*Candida antarctica*）的脂肪酶（CALB）为催化剂，以内酯、癸二酸二乙酯、*N*-甲基二乙醇胺为单体，通过开环聚合和缩聚反应相偶联的模式成功构建了聚酯基因载体材料，该材料在体外基因转染及体内基因治疗方面均取得了优于商业化试剂的作用效果。在此基础上，多个研究团队通过单体衍生化及聚合物的修饰改性，制备了多种修饰型聚氨酯及其共聚物，并成功应用于药物递送、质粒 DNA 转染、miRNA 及 mRNA 递送等。通过酶促开环聚合与缩聚反应偶联的策略构建了阳离子聚氨酯材料，之后通过化学接枝的策略在该材料的侧链上引入胆固醇分子，成功构建了两亲性胆固醇-*g*-聚氨酯共聚物；以该聚合物材料为载体，实现了小核酸 miR-23b 及 p53 基因的高效、稳定、靶向传输，达到了抑制肿瘤细胞增殖、迁移与浸润的目的，如图 2-10 所示。

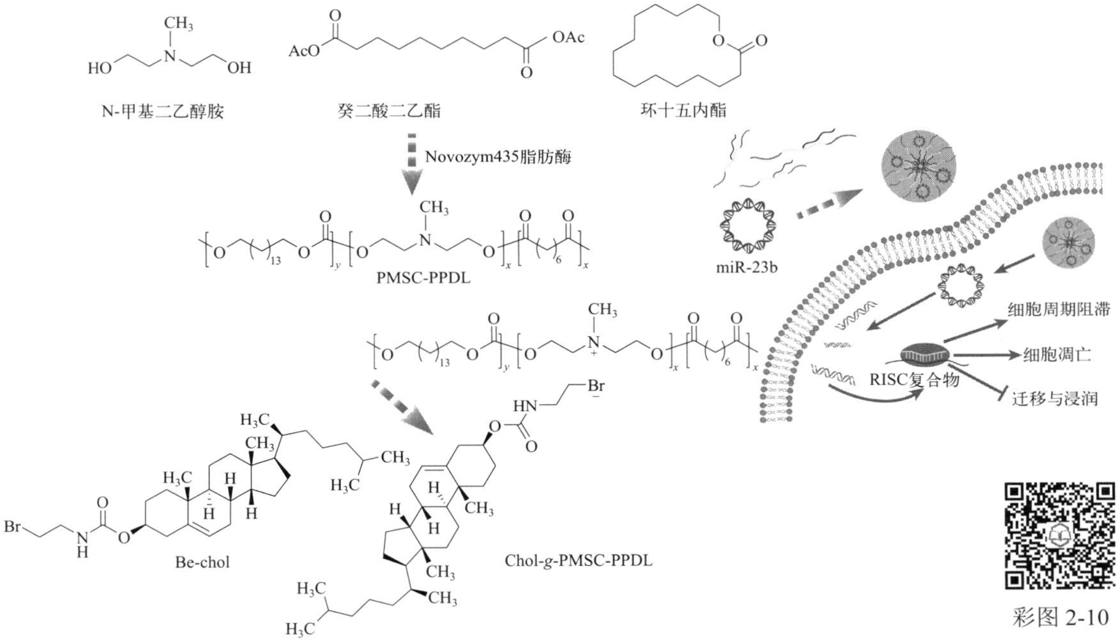

图 2-10　酶促化学偶联构建胆固醇-*g*-聚氨酯材料及介导 miR-23b 递送

2. 酚及芳香胺类物质的酶促聚合

辣根过氧化物酶（horseradish peroxidase，HRP）是催化合成聚合物方面很有潜力的一种酶。它能够以过氧化氢作为电子受体，专一地催化酚及苯胺类物质的过氧化反应。Kaplan 和 Dordick 分别对多种底物在不同介质中进行了聚合反应的研究。由于底物的反应性和结构的差别，因而获得的聚合物分子量有明显的不同。正是因为辣根过氧化物酶具有如此广泛的底物专一性，使其在合成聚酚以及芳香胺类物质方面有极大的应用潜力。

为了更好地控制聚合反应的过程，Ruy 等对辣根过氧化物酶催化酚类物质的聚合过程进行了 Numerical 和 Monte Carlo 模拟，并和试验结果进行了比较，指出采用低浓度的和具有给电子能力强的酚，在反应过程中有益于形成高分子量的聚合物。聚合物的结构是由该催化反应的机制所决定的，这种聚合反应主要是在酚及芳香胺的邻、对位发生，因而获得的是一种芳环上碳碳相连的结构。Kaplan 等对聚合物的结构及基本的高分子性质进行了系统的研究，NMR 与 IR 的研究结果表明，在 1, 4-二氧杂环己烷体系中催化联苯酚聚合可以获得如图 2-11 中的几种结构。其中图 2-11（a）为主要部分，而通过化学法来获得这种碳碳相连的聚酚类结构是十分困难的。这种具有大 π 共轭体系的聚合物在功能材料方面具有极大的应用前景。

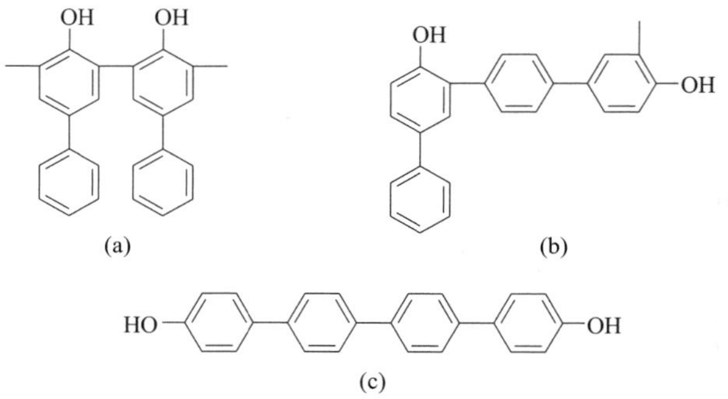

(a) (b) (c)

图 2-11　酶法合成聚对苯基苯酚的三种可能结构

3. 旋光性高分子的合成

聚合物的旋光性来源于两个方面：一方面是单体单元中含有的手性元素，另一方面则是聚合物分子的手性构象，有时则是这两者的共同作用。近年来，人们已逐渐认识到，影响高分子材料物理性能及加工性能的不仅仅在于组成高分子的一级结构，其二级结构和三级结构也是高分子物理性能及加工中的重要因素，而聚合物的旋光特性（分子的手性构型或构象）也是影响聚合物微观结构的一个主要因素。

利用水解酶在非水介质中可以合成多种手性聚合物（图 2-12）。旋光性聚合物由于在其分子中存在着构型或构象上的不对称因素，与具有相应结构的非旋光聚合物相比，两者在分子识别和组装上具有明显的区别，从而使两者在熔点、溶解性、结晶特性上存在着较大的差异，但其内在规律尚未明确，另外，在其它光、电、磁等物理特性上也具有一定的差异，尚待深入研究。

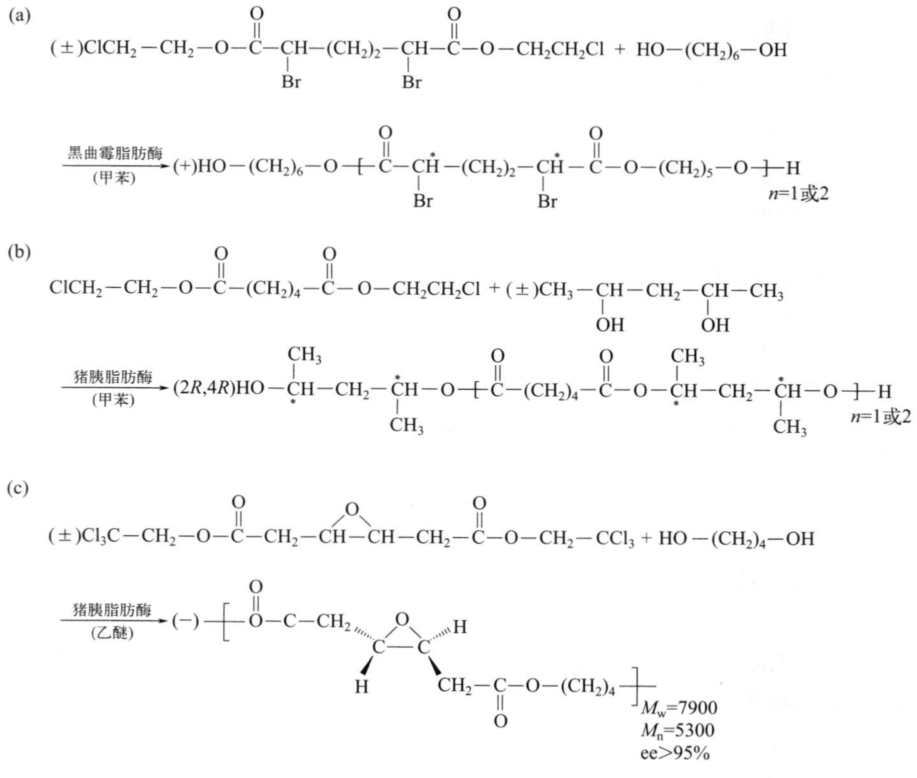

(a)

$$(\pm)ClCH_2-CH_2-O-\overset{O}{\overset{\|}{C}}-\underset{Br}{\underset{|}{CH}}-(CH_2)_2-\underset{Br}{\underset{|}{CH}}-\overset{O}{\overset{\|}{C}}-O-CH_2CH_2Cl + HO-(CH_2)_6-OH$$

$$\xrightarrow[\text{(甲苯)}]{\text{黑曲霉脂肪酶}} (+)HO-(CH_2)_6-O\left[\overset{O}{\overset{\|}{C}}-\underset{Br}{\underset{|}{\overset{*}{C}H}}-(CH_2)_2-\underset{Br}{\underset{|}{\overset{*}{C}H}}-\overset{O}{\overset{\|}{C}}-O-(CH_2)_5-O\right]_n H \quad n=1\text{或}2$$

(b)

$$ClCH_2-CH_2-O-\overset{O}{\overset{\|}{C}}-(CH_2)_4-\overset{O}{\overset{\|}{C}}-O-CH_2CH_2Cl + (\pm)CH_3-\underset{OH}{\underset{|}{CH}}-CH_2-\underset{OH}{\underset{|}{CH}}-CH_3$$

$$\xrightarrow[\text{(甲苯)}]{\text{猪胰脂肪酶}} (2R,4R)HO-\overset{CH_3}{\overset{|}{\underset{*}{C}H}}-CH_2-\underset{CH_3}{\underset{|}{\overset{*}{C}H}}-O\left[\overset{O}{\overset{\|}{C}}-(CH_2)_4-\overset{O}{\overset{\|}{C}}-O-\overset{CH_3}{\overset{|}{\underset{*}{C}H}}-CH_2-\underset{CH_3}{\underset{|}{\overset{*}{C}H}}-O\right]_n H \quad n=1\text{或}2$$

(c)

$$(\pm)Cl_3C-CH_2-O-\overset{O}{\overset{\|}{C}}-CH_2-\overset{O}{\widehat{CH-CH}}-CH_2-\overset{O}{\overset{\|}{C}}-O-CH_2-CCl_3 + HO-(CH_2)_4-OH$$

$$\xrightarrow[\text{(乙醚)}]{\text{猪胰脂肪酶}} (-)\left[\overset{O}{\overset{\|}{O}}-C-CH_2\text{-}\underset{H}{C}\overset{O}{-}\underset{}{C}\text{-}H,\ CH_2-\underset{O}{\underset{\|}{C}}-O-(CH_2)_4\right]_{n}$$

$M_w=7900$

$M_n=5300$

ee>95%

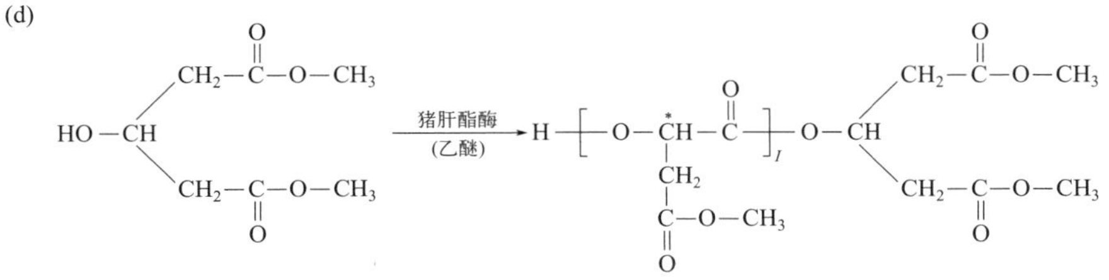

图 2-12 有机相中酶催化 AA-BB 型（a, b, c）、A-B 型（d）缩聚反应构建手性聚合物

（a）脂肪酶催化己二醇与 2, 5-二溴己二酸氯乙酯的聚合反应
（b）脂肪酶催化 2, 5-戊二醇与己二酸氯乙酯的聚合反应
（c）脂肪酶催化 1, 4-丁二醇与 3, 4-环氧己二-2-三氯乙酯的聚合反应
（d）脂肪酶催化 3-羟基戊二酸甲酯的聚合反应
*—手性中心；M_w—重均分子量；M_n—数均分子量；I—高分子聚合度

四、光学活性化合物的制备

光学活性化合物是指那些具有旋光性质的化合物，它们的化学组成相同，但是立体结构不同而成为恰如人的左右手一样的对映体，因此也称为手性化合物。光学活性化合物的制备一直是有机合成的难题，至今尚未走出困境。酶作为生物催化剂，可以用于光学活性化合物的合成和拆分。由于它具有高对映选择性，副反应少，所以产物光学纯度和收率高。此外酶催化反应条件温和、无环境污染。酶催化光学活性化合物的合成是将有潜手性的化合物和前体通过酶催化反应转化为单一对映体的光学活性化合物，如氧化还原酶、裂解酶、羟化酶、水解酶、合成酶和环氧化酶等，它们可以催化前体化合物不对称合成得到具有光学活性的醇、酸、酯、酮、胺衍生物，也可以合成含磷、硫、氮及金属的光学活性化合物。酶还可以催化外消旋化合物的拆分反应，如脂肪酶、蛋白酶、腈水合酶、酰胺酶、酰化酶等能够催化外消旋化合物的不对称水解或其逆反应，以拆分制备光学活性化合物。手性药物是一类非常重要的光学活性化合物，下面将列举几个这方面的实例。

1. 普萘洛尔的酶法拆分

Berinakatti 等在有机溶剂中，利用 PSL（假单胞菌脂肪酶）对外消旋的萘氧氯丙醇酯进行水解，得到了 (*R*)-酯的 ee 值大于 95%（图 2-13）；而利用 PSL 对消旋的萘氧氯丙醇进行选择性酰化，也得到了 ee 大于 95% 的光学活性 (*R*)-醇。

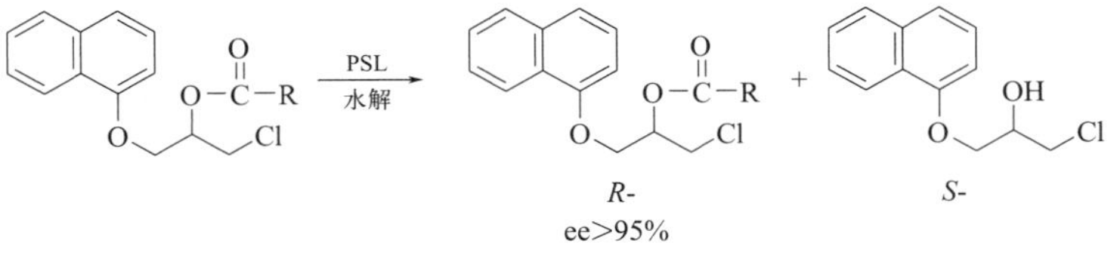

图 2-13 PSL 对外消旋的萘氧氯丙醇酯进行不对称水解反应示意图

2. 非甾体抗炎剂类手性药物

非甾体抗炎剂类手性药物被广泛地用于人连结组织的疾病如关节炎等，其活性成分是 2-芳基丙酸的衍生物（$CH_3CHArCOOH$），如萘普生、布洛芬、酮基布洛芬等。中国台湾的 Tsai 对有机溶剂中 CCL 脂肪酶催化的酯化反应进行了研究，证实在 80% 异辛烷与 20% 甲苯组成的有机溶剂中，酶反应获得了较高 ee 值的光学活性萘普生。Duan 等在有机溶剂中对布洛芬进行酶促酯化反应时加入少量的极性溶剂，酶的选择性有了明显的提高，如加入了二甲基甲酰胺后，最后

得到 (*S*)-布洛芬的 ee 值从 57.5% 增加到了 91%（图 2-14）。Gradillas 等对布洛芬酯化的反应速率进行了研究，当不存在添加剂时，反应进行 30h，(*S*)-布洛芬的产率为 43%，而加入了苯并-[18]冠-6 后，同样的反应时间，产率提高到 68%，而加入内消旋的四苯基卟啉后，其反应产率提高到 79%，而且对映选择性没有受到大的影响。

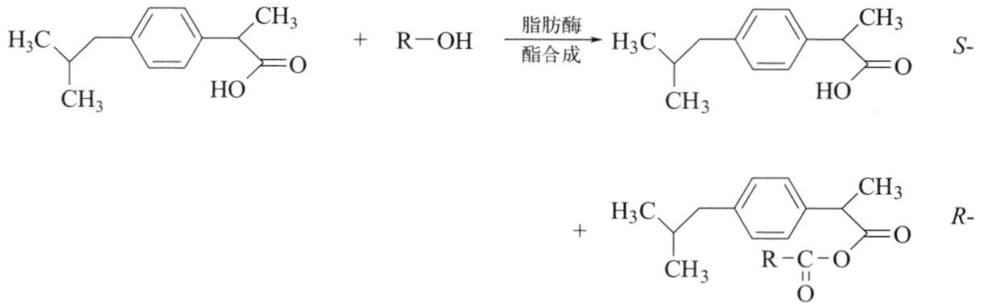

图 2-14　布洛芬的酶法拆分

3. 5-羟色胺拮抗物和摄取抑制剂类手性药物

5-羟色胺（5-HT）是一种涉及各种精神病、神经系统紊乱，如焦虑、精神分裂症和抑郁症的一种重要神经递质。现有一些药物的毒性就在于它不能选择性地与 5-HT 受体结合。事实上，那些具有立体化学结构的药物在很大程度上能影响其与受体结合的亲和力和选择性，其中一种新的 5-HT 拮抗物 MDL 就极好地显示了这一特性。(*R*)-MDL 在体内的活力是 (*S*)-MDL 的 100 倍以上，是以前 5-HT 拮抗物酮色林活力的 150 倍，更为重要的是 (*R*)-MDL 对 5-HT_2 显示了极高的选择性。

在制备 MDL 的过程中，第一次成功地在酶法拆分时实施了同位素标记。其中一个主要手性中间体的拆分如图 2-15 所示。在转酯化反应中脂肪酶选择性地催化反应生成了 (*R, R*)-酯，残留的为 (*S, S*)-醇。

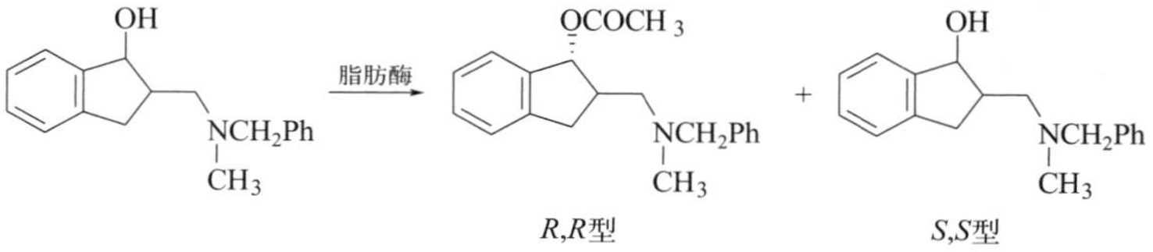

图 2-15　脂肪酶催化 MDL 的手性拆分反应

总结

目前，非水酶学基础理论研究的不断深入，使酶的应用领域由“生物圈”扩展到了非生物领域（化学、物理、电子、材料等）。生物催化进入到传统的化工领域，给原料来源、能源消耗、经济效益、环境保护等方面带来了根本性的变化。非水酶学是一个多学科交叉的研究领域，相信蛋白质工程、结构生物学、微生物学和生物化工等学科的理论研究和实验技术的不断发展，必将促进非水酶学的研究与应用。非水酶学将有助于揭示生物体内疏水环境中的分子识别及相互作用，在化学品、药品的绿色制备方面有着广阔的应用前景。

习题

1. 与常规反应介质相比，非水相酶催化具有哪些优势？
2. 有机相作为生物催化的反应介质，具有哪些优势？

3. 超临界状态下，催化体系含水量对酶催化活性有何影响？

4. 查阅文献，举例说明深度共熔溶剂在生物催化中的应用及优势。

5. 非水介质影响酶催化的选择性，主要体现在哪些方面？

6. 简述溶剂工程的概念。

7. 如何在有机介质中获得恒定的水活度？

8. 与化学催化相比，酶促聚合技术有何特点？

9. 查阅文献，举例说明论证非水酶学的最新研究进展，并结合合成生物学、绿色生物制造阐述在双碳研究中的重要意义。

参考文献

[1] Zaks A, Klibanov A M. Enzymatic catalysis in organic media at 100 ℃ . Science, 1984, 224: 1249-1251.

[2] 古练权，马林 . 生物有机化学 . 北京：高等教育出版社，1998.

[3] 罗贵民，高仁钧，李正强 . 酶工程 . 第 3 版 . 北京：化学工业出版社，2016.

[4] 马延和，孙周通，王钦宏 . 高级酶工程 . 北京：科学出版社，2022.

[5] Carrea G, Riva S. Properties and synthetic applications of enzymes in organic solvents. Angewandte Chemie International Edition, 2000, 39(13): 2226-2254.

[6] Hartsough D S, Merz K M. Protein flexibility in aqueous and nonaqueous solutions. Journal of the American Chemical Society, 1992, 114(26): 10113-10116.

[7] Wu J, Gorenstein D G. Structure and dynamics of cytochrome c in nonaqueous solvents by 2D NH-exchange NMR spectroscopy. Journal of the American Chemical Society, 1993, 115(15): 6843-6850.

[8] Auh E, Ham S. Characterizing structure and activity of subtilisin enzyme in nonaqueous media with molecular dynamics simulations. Biophysical Journal, 2010, 98(3): 386a.

[9] Kim K H. Thermodynamic quantitative structure-activity relationship analysis for enzyme-ligand interactions in aqueous phosphate buffer and organic solvent. Bioorganic & Medicinal Chemistry, 2001, 9(8): 1951-1955.

[10] Chakravorty D, Parameswaran S, Dubey V K, et al. Unraveling the rationale behind organic solvent stability of lipases. Applied Biochemistry and Biotechnology, 2012, 167: 439-461.

[11] Gupta M N, Renu T, Sujata S, et al. Enhancement of catalytic efficiency of enzymes through exposure to anhydrous organic solvent at 70℃ . Three-dimensional structure of a treated serine proteinase at 2.2 Å resolution. Proteins: Structure, Function, and Bioinformatics, 2000, 39(3): 226-234.

[12] Trodler P, Pleiss J. Modeling structure and flexibility of Candida antarctica lipase B in organic solvents. BMC Structural Biology, 2008, 8(1): 9.

[13] Iyer P V, Ananthanarayan L. Enzyme stability and stabilization-aqueous and non-aqueous environment. Process Biochemistry, 2008, 43(10): 1019-1032.

[14] Klibanov A M. Enzyme memory. What is remembered and why?. Nature, 1995, 374: 596.

[15] Lebreton S, Gontero B. Memory and imprinting in multienzyme complexes. Evidence for information transfer from glyceraldehyde-3-phosphate dehydrogenase to phosphoribulokinase under reduced state in *Chlamydomonas reinhardtii*. Journal of Biological Chemistry, 1999, 274(30): 20879-20884.

[16] Zhu L, Yang W, Meng Y Y, et al. Effects of organic solvent and crystal water on γ-chymotrypsin in acetonitrile media: observations from molecular dynamics simulation and DFT calculation. The Journal of Physical Chemistry B, 2012, 116(10): 3292-3304.

[17] Zaks A, Klibanov A M. The effect of water on enzyme action in organic media. Journal of Biological Chemistry, 1988, 263(17): 8017-8021.

[18] Gorman L A, Dordick J S. Organic solvents strip water off enzymes. Biotechnology and Bioengineering, 1992, 39(4): 392-397.

[19] Wangikar P P, Graycar T P, Estell D A, et al. Protein and solvent engineering of subtilisin BPN in nearly anhydrous organic media. Journal of the American Chemical Society, 1993, 115(26): 12231-12237.

[20] Cassells J M, Halling P J. Effect of thermodynamic water activity on thermolysin-catalysed peptide synthesis in organic two-phase systems. Enzyme and Microbial Technology, 1988, 10(8): 486-491.

[21] Yoshihiro I, Hajime F, Yukio I. Modification of lipase with various synthetic polymers and their catalytic activities in organic solvent. Biotechnology Progress, 1994, 10(4): 398-402.

[22] Yang H, Cao S G, Han S P, et al. Enhancing the stereoselectivity and activity of Candida species lipase in organic solvent by noncovalent enzyme modification. Annals of the New York Academy of Sciences, 1996, 799(1): 358-363.

[23] Lee M Y, Dordick J S. Enzyme activation for nonaqueous media. Current Opinion in Biotechnology. 2002, 13(4): 376-384.

[24] Serdakowski A L, Dordick J S. Enzyme activation for organic solvents made easy. Trends in Biotechnology, 2008, 26(1): 48-54.

[25] Ballesteros A, Bornscheuer U, Capewell A, et al. Enzymes in Non-Conventional Phases. Biocatalysis and Biotransformation, 1995, 13(1): 1-42.

[26] Verma M L, Azmi W, Kanwar S S. Microbial lipases: at the interface of aqueous and non-aqueous media. A review. Acta Microbiologica et Immunologica Hungarica, 2008, 55(3): 265-294.

[27] Hudson E P, Eppler R K, Clark D S. Biocatalysis in semi-aqueous and nearly anhydrous conditions. Current Opinion in Biotechnology, 2005, 16(6): 637-643.

[28] Fu B, Vasudevan P T. Effect of organic solvents on enzyme-catalyzed synthesis of biodiesel. Energy and Fuels, 2009, 23(8): 4105-4111.

[29] Fischer T, Pietruszka J. Key building blocks via enzyme-mediated synthesis. Topics in Current Chemistry, 2010, 297: 1-43.

[30] Van Unen D J, Engbersen J F, Reinhoudt D N. Large acceleration of α-chymotrypsin-catalyzed dipeptide formation by 18-crown-6 in organic solvents. Biotechnology and Bioengineering, 1998, 59(5): 553-556.

[31] Lozano P, Garcia-Vergudo E, Luis S V, et al. (Bio)Catalytic continuous flow processes in $scCO_2$ and/or ILs: towards sustainable (bio)catalytic synthetic platforms. Current Organic Synthesis, 2011, 8(6): 810-823.

[32] Wimmer Z, Zarevúcka M. A review on the effects of supercritical carbon dioxide on enzyme activity. International Journal of Molecular Sciences, 2010, 11(1): 233-253.

[33] Wang S S, Lai J T, Huang M S, et al. Deactivation of isoamylase and β-amylase in the agitated reactor under supercritical carbon dioxide. Bioprocess and Biosystems Engineering, 2010, 33(8): 1007-1015.

[34] Taher H, Al-Zuhair S, Al-Marzouqi A H, et al. A review of enzymatic transesterification of microalgal oil-based biodiesel using supercritical technology. Enzyme Research, 2011, 2011: 468292.

[35] Senyay-Oncel D, Yesil-Celiktas O. Activity and stability enhancement of α-amylase treated with sub- and supercritical carbon dioxide. Journal of Bioscience and Bioengineering, 2011, 112(5): 435-440.

[36] Rezaei K, Temelli F, Jenab E. Effects of pressure and temperature on enzymatic reactions in supercritical fluids. Biotechnology Advances, 2007, 25(3): 272-280.

[37] Ramsey E, Sun Q, Zhang Z, et al. Mini-review: green sustainable processes using supercritical fluid carbon dioxide. Journal of Environmental Sciences, 2009, 21(6): 720-726.

[38] Yang Z, Pan W. Ionic liquids: green solvents for nonaqueous biocatalysis. Enzyme and Microbial Technology, 2005, 37(1): 19-28.

[39] Goldfeder M, Fishman A. Modulating enzyme activity using ionic liquids or surfactants. Applied Microbiology and Biotechnology, 2014, 98(2): 545-554.

[40] Zhao H. Methods for stabilizing and activating enzymes in ionic liquids-a review. Journal of Chemical Technology and Biotechnology, 2010, 85(7): 891-907.

[41] Naushad M, Alothman Z A, Khan A B, et al. Effect of ionic liquid on activity, stability, and structure of enzymes: a review. International Journal of Biological Macromolecules, 2012, 51(4): 555-560.

[42] Zhang J, Zou F, Yu X, et al. Ionic liquid improves the laccase-catalyzed synthesis of water-soluble conducting polyaniline. Colloid and Polymer Science, 2014, 292(10): 2549-2554.

[43] Timmons S C, Hui J P M, Pearson J L, et al. Enzyme-catalyzed synthesis of furanosyl nucleotides. Organic Letters, 2008, 10(2): 161-163.

[44] Patel R, Kumari M, Khan A B. Recent advances in the applications of ionic liquids in protein stability and activity: a review. Applied Biochemistry and Biotechnology, 2014, 172(8): 3701-3720.

[45] Lozano P, De Diego T, Carrié D, et al. Lipase catalysis in ionic liquids and supercritical carbon dioxide at 150 ℃ . Biotechnology Progress, 2003, 19(2): 380-382.

[46] Dzyuba S V, Bartsch R A. Recent advances in applications of room-temperature ionic liquid/supercritical CO_2 systems. Angewandte Chemie International Edition, 2003, 42(2): 148-150.

[47] Lozano P, de Diego T, Carrié D, et al. Continuous green biocatalytic processes using ionic liquids and supercritical carbon dioxide. Chemical Communications, 2002 (7): 692-693.

[48] Lozano P, Diego T D, Vaultier M, et al. Dynamic kinetic resolution of sec alcohols in ionic liquids/supercritical carbon dioxide biphasic systems. International Journal of Chemical Reactor Engineering, 2009, 7(1): A79, 1-11.

[49] Shi Y G, Li J R, Chu Y H. Enzyme-catalyzed regioselective synthesis of sucrose-based esters. Journal of Chemical Technology and Biotechnolgy, 2011, 86(12): 1457-1468.

[50] Batra J, Mishra S. Organic solvent tolerance and thermostability of a β-glucosidase co-engineered by random mutagenesis. Journal of Molecular Catalysis B: Enzymatic, 2013, 96: 61-66.

[51] Salihu A, Alam M Z. Solvent tolerant lipases: a review. Process Biochemistry, 2015, 50(1): 86-96.

[52] Saul S, Corr S, Micklefield J. Biotransformations in low-boiling hydrofluorocarbon solvents. Angewandte Chemie International Edition, 2004, 43(41): 5519-5523.

[53] Dong M, Chen J, Zhang J, et al. A chemoenzymatically synthesized cholesterol-g-poly(amine-co-ester)- mediated p53 gene delivery for achieving antitumor efficacy in prostate cancer. International Journal of Nanomedicine, 2019, 14: 1149-1161.

[54] Yang J, Liu Y, Liang X, et al. Enantio-, regio-, and chemoselective lipase-catalyzed polymer synthesis. Macromolecular Bioscience, 2018, 18(7): 1800131.

[55] Chen J, Jiang W, Han H, et al. Chemoenzymatic synthesis of cholesterol-g-poly(amine-co-ester) amphiphilic copolymer as a carrier for miR-23b delivery. ACS Macro Letters, 2017, 6(5): 523-528.

[56] Yang Y, Zhang J, Wu D, et al. Chemoenzymatic synthesis of polymeric materials using lipases as catalysts: a review. Biotechnology Advances, 2014, 32(3): 642-651.

[57] Zhang J, Shi H, Wu D, et al. Recent developments in lipase-catalyzed synthesis of polymeric materials. Process Biochemistry, 2014, 49(5): 797-806.

[58] Zhou J, Liu J, Cheng C J, et al. Biodegradable poly(amine-co-ester) terpolymers for targeted gene delivery. Nature Materials, 2011, 11: 82-90.

第三章
酶的化学修饰

李正强

酶蛋白肽链上某些残基在酶的催化下发生可逆的共价修饰，从而引起酶活性的改变，这种调节称为酶的化学修饰。细胞内一些酶的腺苷酰化、尿苷酰化、ADP-核糖基化、甲基化及磷酸化和去磷酸化本质上也相当于酶的修饰，可使酶在有活性和无活性之间调节，因此酶的修饰是十分有效的酶调控方式。从广义上说，凡通过化学基团的引入或除去（包括体外化学反应对酶添加某些基团），使酶分子结构发生改变，从而改变酶的某些特性和功能的技术过程都可称为酶的化学修饰。对酶进行化学修饰可研究酶的结构与功能的关系，在理论上为酶的结构与功能关系的研究提供实验依据。酶的活性中心的存在可以通过酶的化学修饰来证实，酶晶体结构生长时使用的底物类似物即是此类应用。为了考察酶分子中氨基酸残基的各种不同状态和确定哪些残基处于活性部位并为酶分子的特定功能所必需，目前已研制出了许多小分子化学修饰剂，进行了多种类型的化学修饰。

酶分子的完整空间结构赋予酶催化效率高、专一性强和反应条件温和等许多优点，但酶的分子结构的脆弱使酶具有抗原性和稳定性较差等缺点，使酶的应用受到限制。酶的化学修饰可用于改变天然酶的某些性质，增强其稳定性，创造天然酶所不具备的某些优良特性甚至创造出新的活性，扩大酶的应用范围。酶经过修饰后，会产生各种各样的变化，如提高生物活性、增强在不良环境中的稳定性、产生新的催化能力。通过对酶分子主链的切断或连接的化学修饰，可以使酶结构和功能发生改变，如酶原蛋白质主链的切断可使酶原活化。对酶分子主链的修饰，可以知道酶活性中心在主链上的位置，从而了解主链的不同位置对酶的催化功能的贡献，还有可能改变酶学性质。选择合适的化学修饰剂和修饰方法对酶进行适当地修饰，可以提高酶对热、酸、碱和有机溶剂的稳定性，降低酶的抗原性，改变酶的底物专一性和最适 pH 值等酶学性质，酶的化学修饰可能引起酶催化特性和催化功能的改变，创造出具有优良特性的新酶，提高酶的使用价值。酶的化学修饰是改造酶的快捷、有效的手段。

第一节　化学修饰的方法学

着手蛋白质修饰工作时，首先碰到的是修饰剂和反应条件的选择，以期提高酶的某些特性，获得满意的修饰结果。修饰过程中要建立适当的方法对反应进程进行追踪，获得一系列有关数据。最后对得到的数据进行分析，确定修饰部位和修饰度，提出对修饰结果的合理解释，并进一步获得最佳修饰结果。

一、修饰反应专一性的控制

如果对与催化活性、底物结合或构象维持有关的功能基一无所知，那就只有通过反复试验去了解。在这样探索性的研究中，修饰剂及修饰反应条件的选择至关重要，直接影响修饰反应的专一性。

1. 试剂的选择

实验目的不同，对专一性的要求也不同，因此，选择试剂在很大程度上要依据修饰目的。修饰的部位和程度一般可用选择适当的试剂和反应条件来控制。如果修饰目的是希望改变蛋白质的带电状态或溶解性，则必须选择能引入最大电荷量的试剂。用顺丁烯二酸酐可将中性的巯基和酸性 pH 下带正电荷的氨基转变成在中性 pH 下带负电的衍生物。如果要修饰的蛋白质对有机溶剂不稳定，必须在水介质中进行反应，则试剂应选择在水中有一定溶解性的。在选择试剂时，还必须考虑反应生成物容易定量测定。如果引入的基团有特殊的光吸收或者在酸水解时是稳定的，则可测定光吸收的变化或做氨基酸全分析，这是最方便的。用同位素标记的试剂虽较麻烦，但有其优越性。它可对蛋白质修饰反应进行连续测定，进行反应动力学的研究。试剂的大小也要注意。试剂体积过大，往往由于空间障碍而不能与作用的基团接近。一般来说，试剂的体积小一些为宜，这样既能保证修饰反应顺利进行，又可减少因空间障碍而破坏蛋白质分子严密结构的风险。

一般地说，选择蛋白质修饰剂要考虑如下一些问题：修饰反应要完成到什么程度；对个别氨基酸残基是否专一；在反应条件下，修饰反应有没有限度；修饰后蛋白质的构象是否基本保持不变；是否需要分离修饰后的衍生物；反应是否需要可逆；是否适合于建立快速、方便的分析方法等。在决定选择某一修饰方法之前，对上述问题必须有一个权衡的考虑。

用于修饰酶活性部位的氨基酸残基的试剂应具备以下一些特征：选择性地与一个氨基酸残基反应；反应在酶蛋白不变性的条件下进行；标记的残基在肽中稳定，很容易通过降解分离出来，进行鉴定；反应的程度能用简单的技术测定。当然，不是单独一种试剂就能满足所有这些条件。一种试剂可能在某一方面比其它试剂优越，而在另一方面则较差。因此，必须根据实验目的和特定的样品来决定使用什么样的试剂。

2. 反应条件的选择

蛋白质与修饰剂作用所要求的反应条件，除允许修饰能顺利进行外，还必须满足如下要求：一是不造成蛋白质的不可逆变性，为了证明这一点，必须做对照试验；二是有利于专一性修饰蛋白质。为此，反应条件应尽可能在保证蛋白质特定空间构象不变或少变的情况下进行。反应的温度、pH 都要小心控制。反应介质和缓冲液组成也要有所考虑。缓冲液可改变蛋白质的构象或封闭反应部位，因而影响修饰反应，如磷酸盐是某些酶的竞争性抑制剂，因而该离子的结合可能封闭修饰部位。碳酸酐酶的酯酶活力能被氯离子抑制，因而修饰反应所用缓冲液不应含有氯离子。

3. 反应的专一性

在蛋白质化学修饰研究中，反应的专一性非常重要。若修饰剂专一性较差，除控制反应条件外，还可利用其它途径来实现修饰的专一性。

（1）利用蛋白质分子中某些基团的特殊性

活性蛋白质特殊的空间结构能影响某些基团的活性。蛋白水解酶分子中的活性丝氨酸是一个很突出的例子。二异丙基氟磷酸酯（DFP）能与胰凝乳蛋白酶的活性丝氨酸作用，结果迅速导致酶失活。但 DFP 在同样条件下却不能与胰凝乳蛋白酶原及一些简单的模拟化合物作用。在蛋白质分子中特别活泼的基团，如上述活性丝氨酸在适当条件下只是其本身发生作用，而其它基团皆不作用，这种现象称为“位置专一性”，因为这是由它在蛋白质分子中所处的位置环境所决定的。

（2）选择不同的反应 pH

蛋白质分子中各功能基的解离常数（pK_a）是不同的。所以控制不同的反应 pH，也就控制了各功能基的解离程度，从而有利于修饰的专一性。例如，用溴（碘）代乙酸（或它的酰胺）对蛋白质进行修饰时，试剂可与半胱氨酸、甲硫氨酸、组氨酸的侧链及 α-氨基、ε-氨基发生作用。当反应 pH 为 6 时，只专一地与组氨酸的咪唑基作用；当反应 pH 为 3 时，则专一地与甲硫氨酸侧链作用。在这样酸性 pH 下，比较活泼的巯基和氨基都以带质子的形式存在，而变成不活泼状态。

（3）利用某些产物的不稳定性

在高 pH 下，用氰酸、二硫化碳、*O*-甲基异脲和亚氨酸等，可将氨基转变成脲和胍的衍生物。虽然巯基也能与上述试剂作用，但因 pH 高，与巯基形成的产物迅速被分解。

（4）亲和标记

亲和标记是实现专一性修饰的重要途径。亲和标记试剂除了能与蛋白质作用外，还要求试剂的结构和与蛋白质作用的底物或抑制剂相似。因此，在作用前，试剂先以非共价形式结合到蛋白质的活性部位上，然后再发生化学作用，将试剂“挂”在活性部位基团上。这种方法在研究酶的活性部位时特别有用。例如，对甲基苯磺酰氟能作用于胰凝乳蛋白酶的活性丝氨酸上。

（5）差别标记

在底物或抑制剂存在下进行化学修饰时，因为它们保护着蛋白质的活性部位基团，使这些基团不能与试剂作用。然后将过量的底物或抑制剂除去，所得到的部分修饰的蛋白质再与含同位素标记的同样试剂作用，结果只有原来被底物或抑制剂保护的基团是带放射性同位素标记的。用这一方法可直接得到蛋白质发挥功能作用的必需基团。

（6）利用蛋白质状态的差异

有时在结晶状态下进行反应，可以提高修饰的专一性。例如，核糖核酸酶在晶体状态下进行羧甲基化时，反应主要集中在 119 号组氨酸上，对第 12 号组氨酸的修饰很少，两者之比为 60∶1。但在水溶液中进行同样的修饰时，两者之比为 15∶1，换言之，在晶体状态下羧甲基化反应的专一性比溶液状态下提高 3 倍。

二、修饰程度和修饰部位的测定

1. 分析方法

测定修饰基团和测定修饰程度的实验方法在文献中已有详细讨论，这里只能简述概况。用光谱法追踪检查最简单、最有用，而且还能很容易计算出修饰速度。此法要求修饰后的衍生物具有独特的光谱或它的光谱与修饰剂的不同，但能符合这个条件的试剂不多。

最常使用的是间接法。被修饰的蛋白质经总降解和氨基酸分析后鉴定修饰部位。被修饰的残基经分离纯化后，可通过它含有的同位素标记量或通过有色修饰剂的光谱强度、顺磁共振谱、荧光标记量、修饰剂的可逆去除等来测定反应程度。测定一个被修饰氨基酸的出现，要比测定多个相同氨基酸中有一个消失更准确。理想的情况是被修饰的氨基酸在水解条件下是稳定的，而且在色谱图谱中有一独特的位置。使用蛋白水解酶降解，一般可避免不稳定问题。但有些修饰了的残基，即使在酶解条件下也不稳定，或者其它残基阻碍蛋白水解酶对临近肽键的进攻。这时常进行残基部位的第二次修饰，以产生另外一种更稳定的修饰。由第二次修饰的结果，可以得到第一次修饰的程度。例如，已经乙酰化的蛋白质再经二硝基苯酰化，然后酸水解，测定 DNP-氨基酸和回收氨基酸的数目，再与总数进行比较，则能知道修饰程度。

2. 化学修饰数据的分析

化学修饰中，可以测定许多实验参数，这些参数是与修饰残基的数目及其对蛋白质生物活性的影响相关联的。这里只介绍表示化学修饰数据最常用的方法以及从这类数据分析中所能得到的信息。

（1）化学修饰的时间进程分析

时间进程分析数据是化学修饰的基本数据之一。如果修饰过程中有光谱变化，可直接追踪个别侧链的修饰。但常常是追踪修饰对蛋白质某些酶学参数（活性、变构配体的调节作用等）

的影响来监测修饰过程。根据获得的时间进程曲线，可以了解修饰残基的性质和数目、修饰残基与蛋白质生物活性之间的关系等。时间进程曲线的测定实际上是蛋白质失活速率常数的测定。在大多数修饰实验中，修饰剂相对于可能修饰的残基是过量的，此时可以认为是假一级反应。从残余活力的对数对时间所做的半对数图可求出失活的速率常数。

若蛋白质中有两个以上残基与活力有关，且与修饰剂反应速度很不相同，则所得残余活力对数对修饰时间的半对数图为多相的。

有时修饰剂在修饰反应过程中本身又发生水解作用（如焦碳酸二乙酯），可先在同样条件下实验测定试剂水解的速率常数，然后再求出表观一级失活速率常数（k_{obs}）值。

在修饰剂与靶蛋白不形成特殊复合物的情况下，k_{obs} 对修饰剂浓度所作的图应为一直线，且通过原点。在有些例子中，如用亲和试剂修饰蛋白质时，在亲和试剂和蛋白质之间先形成可逆的特殊复合物，然后再发生失活作用。这时，由 k_{obs} 对试剂浓度作图，则得一双曲线。

（2）确定必需基团的性质和数目

蛋白质分子中某类侧链基团在功能上虽有必需和非必需之分，但它们往往都能与某一试剂起反应。长期以来，人们没有找到生物活力与必需基团之间的定量关系，也就无法从实验数据中确定必需基团的性质和数目。1961 年 Ray 等提出用比较一级反应动力学常数的方法来确定必需基团的性质和数目，但此法的局限性很大。

1962 年邹承鲁提出更具普遍应用意义的统计学方法，建立了邹氏作图法。用此法可在不同修饰条件下，确定酶分子中必需基团的数目和性质。邹氏方法的建立不仅为蛋白质修饰研究由定性描述转入定量研究提供了理论依据和计算方法而且确定蛋白质必需基团也是蛋白质工程设计的必要前提。感兴趣的读者可参考有关文献。

三、化学修饰结果

1. 蛋白质功能改变

在确证试剂已经作用于蛋白质的基础上，除用理化方法（如旋光色散、圆二色性）验证修饰蛋白质在溶液中的构象是否发生了显著变化外，还必须进一步证明，修饰作用是否发生在活性部位上，常用的方法有：

① 如果修饰发生在活性部位或必需基团上，则蛋白质活性的丧失与修饰程度一定成某种化学计量关系（计算的比例关系），而且底物（或已确定是与活性部位结合的抑制剂）必然能降低修饰蛋白的失活程度，而与活性部位不能结合的分子则没有这种影响。

② 当采用可逆保护试剂时，修饰失活的蛋白质随保护基的去除可重新恢复活力，而且活力恢复程度应与保护基去除量成一定比例关系。

当然，修饰剂也可能修饰远离活性部位的氨基酸，结果使蛋白质构象发生改变，扰乱了活性部位的精巧结构，从而造成蛋白质活力丧失。引入带电或庞大基团时有可能出现这种情况，使用部位专一试剂则可避免这个弊病。酶经化学修饰后，一般活力要有所下降，但也有例外，如细胞色素 c 分子中 5 个氨基都用三硝基苯磺酸修饰后，导致活力丧失。但若用 *O*-甲基异脲作用，将氨基转变成碱性更强的胍基时，却能增加其活力。这说明不是氨基本身，而是正电荷是它表现活力所必需的。修饰后酶活力的最适 pH、对底物的专一性都可能发生改变，对金属的需要在性质和程度上也会有所不同。酶活力的改变可能是由米氏常数的改变或最大反应速度的改变引起的，因此，应作适当的测量区分这两种现象。

2. 修饰残基的不稳定性

原始修饰以后，还可能发生共价改变。如酰基转移、巯基转移、卤素转移及二硫键交换过程可能自发地或在纯化、降解过程中发生。蛋白质中的碘代酪氨酸相当不稳定，除对光和氧敏感外，在色谱过程中或在弱酸性介质中，有碘离子存在时，能发生脱碘化作用。光氧化的组氨酸，经酸水解后，产生许多未知产物，但这些未知产物峰的位置与正常氨基酸的峰位重叠。

3. 没有被发现的修饰

咪唑基、巯基、羧基甚至苯酚的酰化产物在反应条件下不稳定或在以后的纯化中被水解，因而检测不出。这种暂时性的修饰对构象的影响无疑会改变其它功能基的反应性和可接近性。C端的羧基能与一定强度的酰化剂作用，暂时形成混合酸酐，结果使羧肽酶不能除去C端残基。非末端羧基（特别是天冬氨酸的非末端羧基）也能产生环化亚酰胺和β-天冬氨酸肽键。

有些修饰反应不能检测出来，只是由于它们在蛋白质化学中不占优势地位，如汞盐常用于修饰巯基，但它也能裂解二硫键。色氨酸虽能形成各种络合物，并能进行加成反应，但由于修饰不产生显著的光谱变化，或因色氨酸的光谱常被酪氨酸光谱所掩盖，故从光谱上可能看不到修饰产物。

第二节　酶蛋白侧链的修饰

蛋白质侧链上的功能基主要有：氨基、羧基、巯基、咪唑基、酚基、吲哚基、胍基、甲硫基等。修饰上述每一种功能基都有好多种试剂可供利用，这里不能详细介绍，只介绍那些应用广泛，又能达到某种特殊目的的试剂。好多试剂不是特别专一的。

根据化学修饰剂与酶分子之间反应的性质不同，修饰反应主要分为酰化反应、烷基化反应、氧化和还原反应、芳香环取代反应等类型。下面介绍化学修饰氨基酸残基的主要常用试剂。

一、羧基的化学修饰

目前有几种修饰剂与羧基的反应，其中水溶性的碳二亚胺类特定修饰酶的羧基已成为最普遍的标准方法（如图3-1所示），它在比较温和的条件下就可以进行。但是在一定条件下，丝氨酸、半胱氨酸和酪氨酸也可以反应。

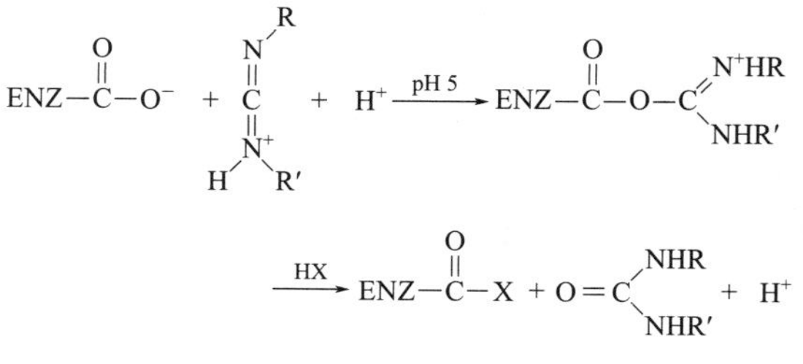

$$\mathrm{ENZ{-}\overset{O}{\overset{\|}{C}}{-}O^-} + \mathrm{R{-}N{=}C{=}N^+H{-}R'} + \mathrm{H^+} \xrightarrow{\mathrm{pH\ 5}} \mathrm{ENZ{-}\overset{O}{\overset{\|}{C}}{-}O{-}C(={N^+HR})(NHR')}$$

$$\xrightarrow{\mathrm{HX}} \mathrm{ENZ{-}\overset{O}{\overset{\|}{C}}{-}X} + \mathrm{O{=}C(NHR)(NHR')} + \mathrm{H^+}$$

图 3-1　通过水溶性碳二亚胺进行酯化反应进行的羧基修饰

式中R、R′为烷基；X为卤素、一级或二级胺

二、氨基的化学修饰

赖氨酸的ε-NH_2以非质子化形式存在时亲核反应活性很高，因此容易被选择性修饰，方法较多，可供利用的修饰剂也很多，如图3-2所示部分修饰方法。

氨基的烷基化已成为一种重要的赖氨酸修饰方法，修饰剂包括有卤代乙酸、芳基卤和芳香族磺酸。在硼氢化钠等氢供体存在下酶的氨基能与醛或酮发生还原烷基化反应，所使用的羰基化合物取代基的大小对修饰结果有很大影响。

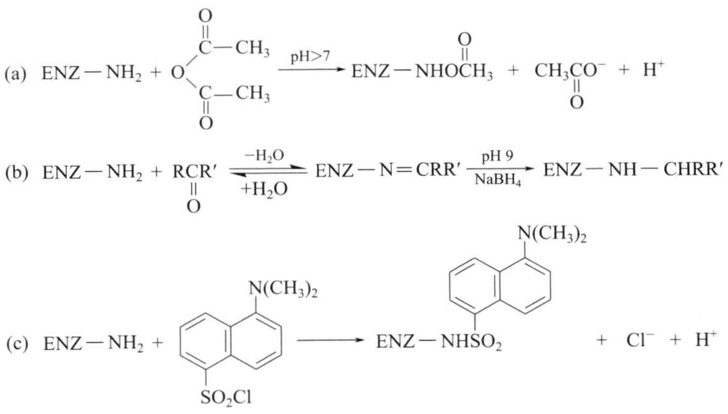

(a) $ENZ-NH_2 + O(\overset{O}{\overset{\|}{C}}-CH_3)_2 \xrightarrow{pH>7} ENZ-NH\overset{O}{\overset{\|}{C}}CH_3 + CH_3\overset{\|}{\underset{O}{C}}O^- + H^+$

(b) $ENZ-NH_2 + R\underset{O}{\underset{\|}{C}}R' \underset{+H_2O}{\overset{-H_2O}{\rightleftharpoons}} ENZ-N=CRR' \xrightarrow[NaBH_4]{pH\ 9} ENZ-NH-CHRR'$

(c) $ENZ-NH_2$ + 5-(二甲氨基)萘-1-磺酰氯（$N(CH_3)_2$，SO_2Cl）$\longrightarrow ENZ-NHSO_2$-萘-$N(CH_3)_2$ $+ Cl^- + H^+$

图 3-2　氨基的化学修饰

（a）乙酸酐；（b）还原烷基化；（c）丹磺酰氯（DNS）

氰酸盐使氨基甲氨酰化形成非常稳定的衍生物是一种常用的修饰赖氨酸残基的手段，该方法优点是氰酸根离子小，容易接近要修饰的基团。

磷酸吡哆醛（PLP）是一种非常专一的赖氨酸修饰剂，它与赖氨酸残基反应，形成席夫碱后再用硼氢化钠还原，还原的PLP衍生物在325nm处有最大吸收，可用于定量。在蛋白质序列分析中氨基的化学修饰非常重要。用于多肽链N-末端残基的测定的化学修饰方法最常用的有2, 4-二硝基氟苯（DNFB）法、丹磺酰氯（DNS）法、苯异硫氰酸酯（PITC）法。其中三硝基苯磺酸（TNBS）是非常有效的一种氨基修饰剂，它与赖氨酸残基反应，在420nm和367nm能够产生特定的光吸收。

三、精氨酸胍基的修饰

具有两个临位羰基的化合物，如丁二酮、1, 2-环己二酮和苯乙二醛是修饰精氨酸残基的重要试剂，因为它们在中性或弱碱条件下能与精氨酸残基反应（图3-3）。精氨酸残基在结合带有阴离子底物的酶的活性部位中起着重要作用。还有一些在温和条件下具有光吸收性质的精氨酸残基修饰剂，如4-羟基-3-硝基苯乙二醛和对硝基苯乙二醛。

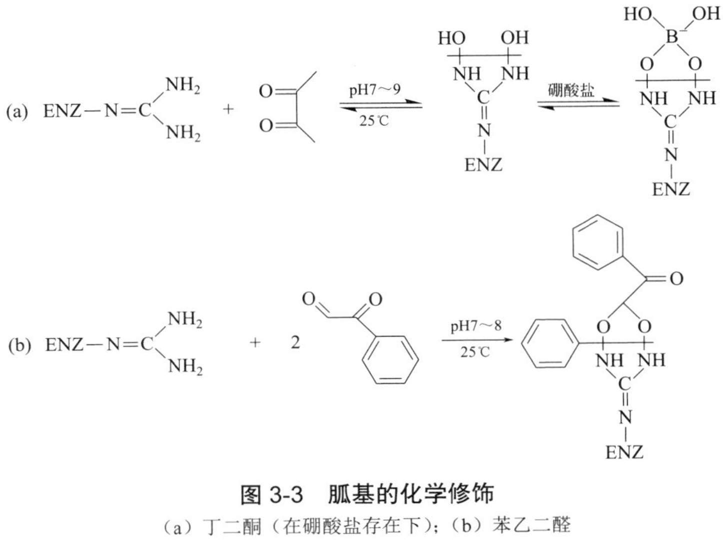

(a) $ENZ-N=C(NH_2)_2$ + 丁二酮 $\underset{25℃}{\overset{pH7\sim9}{\rightleftharpoons}}$ 二羟基咪唑烷加合物（HO, OH; NH, NH; C=N—ENZ） $\overset{硼酸盐}{\rightleftharpoons}$ 硼酸酯加合物（HO, OH, B; O, O; NH, NH; C=N—ENZ）

(b) $ENZ-N=C(NH_2)_2$ + 2 苯乙二醛 $\xrightarrow[25℃]{pH7\sim8}$ 加合物（O, O; NH, NH; C=N—ENZ）

图 3-3　胍基的化学修饰

（a）丁二酮（在硼酸盐存在下）；（b）苯乙二醛

四、巯基的化学修饰

巯基在维持亚基间的相互作用和酶催化过程中起着重要作用，因此巯基的特异性修饰剂种类繁多，如图3-4。巯基具有很强的亲核性，在含半胱氨酸的酶分子中是最容易反应的侧链基团。烷基化试剂是一种重要的巯基修饰剂，修饰产物相当稳定，易于分析。目前已开发出许多基于碘乙酸的荧光试剂。马来酰亚胺或马来酸酐类修饰剂能与巯基形成对酸稳定的衍生物。*N*-乙基马来酰亚胺是一种反应专一性很强的巯基修饰剂，反应产物在300nm处有最大吸收。有机汞试剂，如对氯汞苯甲酸对巯基专一性最强，修饰产物在250nm处有最大吸收。5, 5′-二硫-2-硝基苯甲酸（DTNB）（Ellman试剂）也是最常用的巯基修饰剂，它与巯基反应形成二硫键，释放出1个2-硝基-5-硫苯甲酸阴离子，此阴离子在412nm处有最大吸收，因此能够通过光吸收的变化跟踪反应程度。虽然目前在酶的结构与功能研究中半胱氨酸的侧链的化学修饰有被蛋白质定点突变的方法所取代的趋势，但是Ellman试剂仍然是当前定量酶分子中巯基数目的最常用试剂，用于研究巯基改变程度和巯基所处环境，最近它还用于研究蛋白质的构象变化。

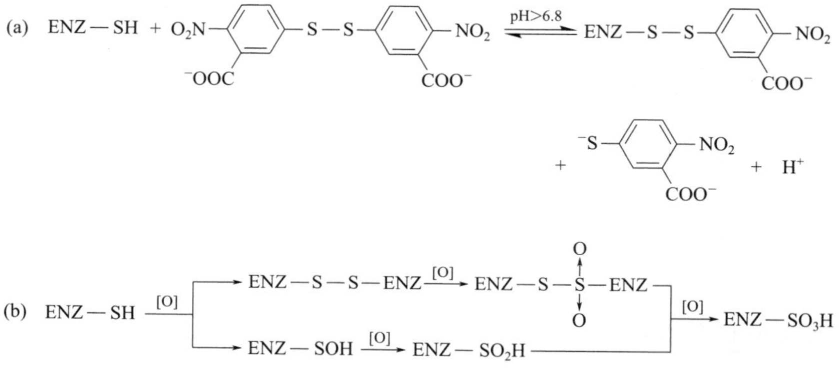

(a) ENZ—SH + O_2N–C₆H₃($^-$OOC)–S–S–C₆H₃(COO^-)–NO_2 $\xrightleftharpoons{pH>6.8}$ ENZ—S—S–C₆H₃(COO^-)–NO_2 + ^-S–C₆H₃(COO^-)–NO_2 + H^+

(b) ENZ—SH $\xrightarrow{[O]}$ ENZ—S—S—ENZ $\xrightarrow{[O]}$ ENZ—S—S(=O)(=O)—ENZ $\xrightarrow{[O]}$ ENZ—SO_3H；ENZ—SH $\xrightarrow{[O]}$ ENZ—SOH $\xrightarrow{[O]}$ ENZ—SO_2H $\xrightarrow{[O]}$ ENZ—SO_3H

图3-4 巯基的化学修饰

（a）5, 5′-二硫-2-硝基苯甲酸（DTNB）；（b）过氧化氢氧化

五、组氨酸咪唑基的修饰

组氨酸残基位于许多酶的活性中心，常用的修饰剂有焦碳酸二乙酯（DPC, diethylpyrocarbonate）和碘乙酸（图3-5），DPC在近中性pH下对组氨酸残基有较好的专一性，产物在240nm处有最大吸收，可跟踪反应和定量。碘乙酸和焦碳酸二乙酯都能修饰咪唑环上的两个氮原子，碘乙酸修饰时，有可能将*N*-1取代和*N*-3取代的衍生物分开，观察修饰不同氮原子对酶活性的影响。

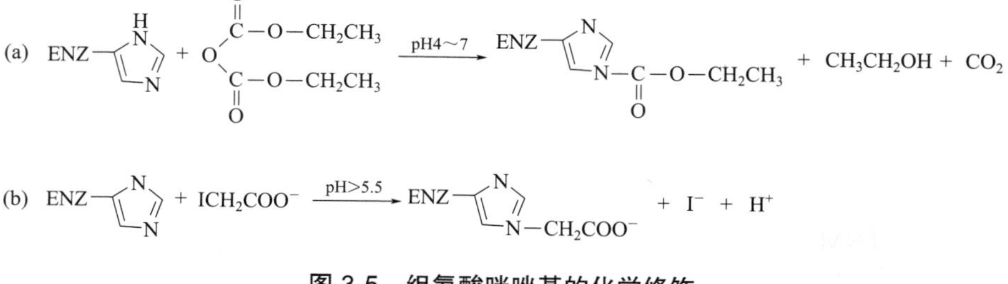

(a) ENZ–咪唑(NH) + O[C(=O)–O–CH_2CH_3]$_2$ $\xrightarrow{pH4\sim7}$ ENZ–咪唑–N–C(=O)–O–CH_2CH_3 + CH_3CH_2OH + CO_2

(b) ENZ–咪唑 + ICH_2COO^- $\xrightarrow{pH>5.5}$ ENZ–咪唑–N–CH_2COO^- + I^- + H^+

图3-5 组氨酸咪唑基的化学修饰

（a）焦碳酸二乙酯；（b）碘乙酸

六、色氨酸吲哚基的修饰

色氨酸残基一般位于酶分子内部，而且比巯基和氨基等一些亲核基团的反应性差，所以色氨酸残基一般不与常用的一些试剂反应。

N-溴代琥珀酰亚胺（NBS）可以修饰吲哚基，并通过280nm处光吸收的减少跟踪反应，但是酪氨酸存在时能与修饰剂反应干扰光吸收的测定。2-羟基-5-硝基苄溴（HNBB）和4-硝基苯硫氯对吲哚基修饰比较专一（图3-6）。但是HNBB水溶性差，与它类似的二甲基（-2-羟基-5-硝基苄基）溴化锍易溶于水，有利于试剂与酶作用。这两种试剂分别称为Koshland试剂和Koshland试剂Ⅱ，它们还容易与巯基作用，因此修饰色氨酸残基时应对巯基进行保护。

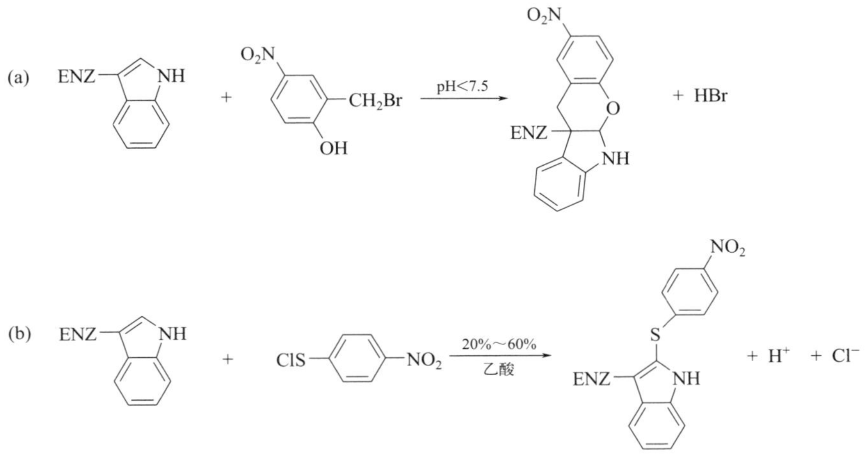

(a) ENZ–吲哚 + 2-羟基-5-硝基苄溴（O_2N，CH_2Br，OH） $\xrightarrow{pH<7.5}$ 产物（O_2N，O，ENZ，NH） + HBr

(b) ENZ–吲哚 + ClS–C₆H₄–NO_2 $\xrightarrow[\text{乙酸}]{20\%\sim60\%}$ 产物（S–C₆H₄–NO_2，ENZ，NH） + H^+ + Cl^-

图3-6　吲哚基的化学修饰

（a）2-羟基-5-硝基苄溴（HNBB）；（b）4-硝基苯硫氯

七、酪氨酸残基和脂肪族羟基的修饰

酪氨酸残基的修饰包括酚羟基的修饰和芳香环上的取代修饰。苏氨酸和丝氨酸残基的羟基一般都可以被修饰酚羟基的修饰剂修饰，但是反应条件比修饰酚羟基严格些，生成的产物也比酚羟基修饰形成的产物更稳定（图3-7）。

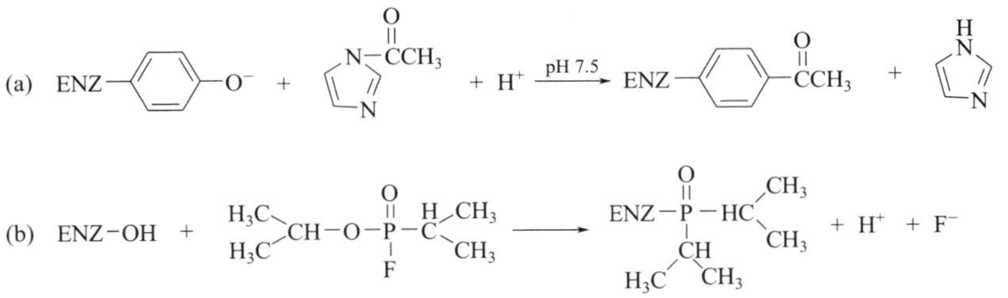

(a) ENZ–C₆H₄–O^- + N-乙酰咪唑（$N-\overset{O}{\overset{\|}{C}}CH_3$） + H^+ $\xrightarrow{pH\ 7.5}$ ENZ–C₆H₄–$\overset{O}{\overset{\|}{C}}CH_3$ + 咪唑

(b) ENZ–OH + $(H_3C)_2CH-O-\overset{O}{\overset{\|}{P}}(F)-CH(CH_3)_2$ $\longrightarrow$ $ENZ-\overset{O}{\overset{\|}{P}}(CH(CH_3)_2)-HC(CH_3)_2$ + H^+ + F^-

图3-7　酚基和羟基的化学修饰

（a）*N*-乙酰咪唑；（b）二异丙基氟磷酸（DFP）

四硝基甲烷（TNM）在温和条件下可高度专一性地硝化酪氨酸酚基，生成可电离的发色基团3-硝基酪氨酸，它在酸水解条件下稳定，可用于氨基酸定量分析。苏氨酸和丝氨酸残基的专一性化学修饰相对比较少。丝氨酸参与酶活性部位的例子是丝氨酸蛋白水解酶。酶中的丝氨酸残基对酰化剂，如二异丙基氟磷酸酯，具有高度反应性。苯甲基磺酰氟（PMSF）也能与此酶的丝氨酸残基作用，在硒化氢存在下，能将活性丝氨酸转变为硒代半胱氨酸，从而把丝氨酸蛋白水解酶变成了谷胱甘肽过氧化物酶。

八、甲硫氨酸甲硫基的修饰

虽然甲硫氨酸残基极性较弱，在温和条件下，很难选择性修饰。但是由于硫醚的硫原子具有亲核性，所以可用过氧化氢、过甲酸等氧化成甲硫氨酸亚砜。用碘乙酰胺等卤化烷基酰胺使甲硫氨酸烷基化（图 3-8）。

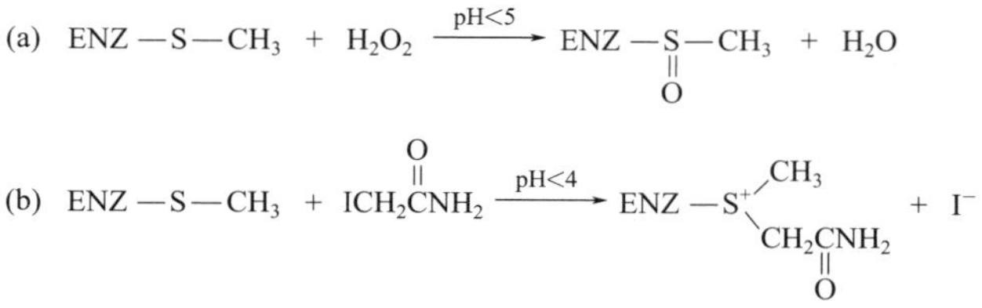

$$\text{(a)}\quad ENZ-S-CH_3 + H_2O_2 \xrightarrow{pH<5} ENZ-\underset{\underset{O}{\|}}{S}-CH_3 + H_2O$$

$$\text{(b)}\quad ENZ-S-CH_3 + ICH_2\overset{\overset{O}{\|}}{C}NH_2 \xrightarrow{pH<4} ENZ-S^{+}\begin{matrix}CH_3\\ CH_2\underset{\underset{O}{\|}}{C}NH_2\end{matrix} + I^-$$

图 3-8　甲硫基的化学修饰

（a）过氧化氢；（b）碘乙酰胺

第三节　酶的亲和修饰

酶的位点专一性修饰是根据酶和底物的亲和性，修饰剂不仅具有对被作用基团的专一性，而且具有对被作用部位的专一性，即试剂作用于被作用部位的某一基团，而不与被作用部位以外的同类基团发生作用。这类修饰剂也称为位点专一性抑制剂。一般它们都具有与底物相类似的结构，对酶活性部位具有高度的亲和性，能对活性部位的氨基酸残基进行共价标记。因此这类专一性化学修饰也称为亲和标记或专一性的不可逆抑制。

一、亲和标记

虽然已开发出许多不同氨基酸残基侧链基团的特定修饰剂并用于酶的化学修饰中，但是这些试剂即使对某一基团的反应是专一的，也仍然有多个同类残基与之反应，因此对某个特定残基的选择性修饰比较困难。为了解决这个问题，开发了亲和标记试剂。

用于亲和标记的亲和试剂作为底物类似物应符合如下条件：在使酶不可逆失活以前，亲和试剂要与酶形成可逆复合物；亲和试剂的修饰程度是有限的；没有反应性的竞争性配体的存在应减弱亲和试剂的反应速度；亲和试剂体积不能太大，否则会产生空间障碍；修饰产物应当稳定，便于表征和定量。

亲和试剂可以专一性地标记于酶的活性部位上，使酶不可逆失活，因此也称为专一性的不可逆抑制。这种抑制又分为 k_s 型不可逆抑制和 k_{cat} 型不可抑制。k_s 型抑制剂是根据底物的结构设计的，它具有和底物结构相似的结合基团，同时还具有能和活性部位氨基酸残基的侧链基团反应的活性基团。因此也可以和酶的活性部位发生特异性结合，并且能够对活性部位侧链基团进行修饰，导致酶不可逆失活。这类修饰的特点是：底物、竞争性抑制剂或配体应对修饰有保护作用；修饰反应是定量定点进行的。这种修饰作用不同于基团专一性的作用方式（图 3-9）。

k_{cat} 型抑制剂专一性很高，因为这类抑制剂是根据酶催化过程设计的，它具有酶的底物性质，

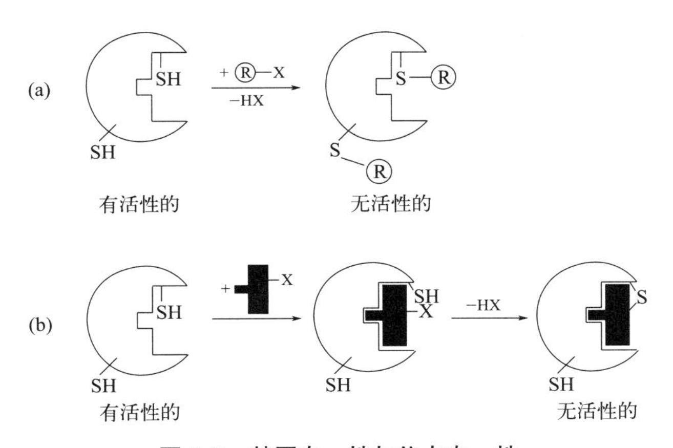

图 3-9　基团专一性与位点专一性

(a) 基团专一性修饰；(b) 位点专一性修饰——亲和标记

还有一个潜在的反应基团在酶催化下活化后，不可逆地抑制酶的活性部位。所以 k_{cat} 型抑制剂也称为“自杀性抑制剂”。自杀性抑制剂可以用来作为治疗某些疾病的有效药物。

二、外生亲和试剂与光亲和标记

亲和试剂一般可分为内生亲和试剂和外生亲和试剂，前者是指试剂本身的某部分通过化学方法转化为所需要的反应基团，而对试剂的结构没有大的扰动；后者是把反应性基团加入到试剂中去，如将卤代烷基衍生物连到腺嘌呤上（图 3-10），氟磺酰苯酰基连到腺嘌呤核苷酸上（图 3-11）。

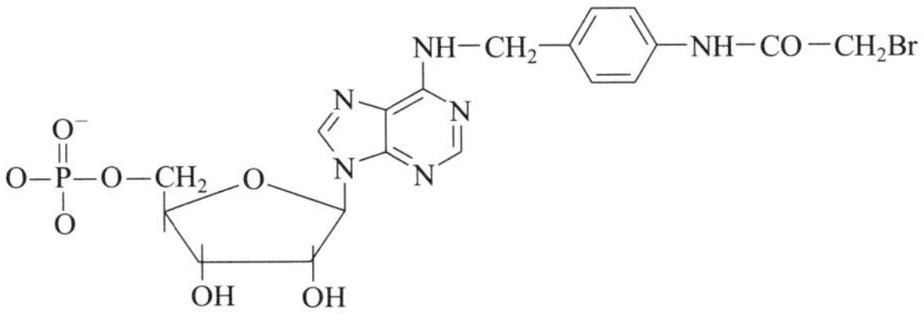

图 3-10　*N*-6-对-溴乙酰胺-苄基-ADP 的结构

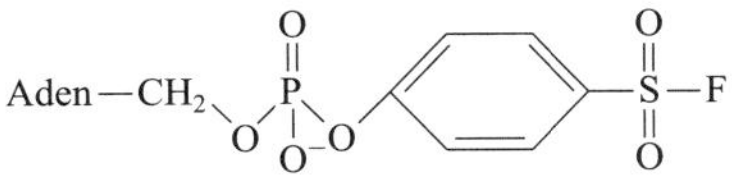

图 3-11　腺苷-5′-（对-氟磺酰苯酰磷酸）的结构

Aden-为腺苷

光亲和试剂是一类特殊的外生亲和试剂，它在结构上除了有一般亲和试剂的特点外，还具有一个光反应基团。这种试剂先与酶活性部位在暗条件下发生特异性结合，然后被光照激活后，产生一个非常活泼的功能基团能与它们附近几乎所有基团反应，形成一个共价的标记物。

第四节　酶化学修饰的应用

20 世纪 50 年代末期，化学修饰酶的目的主要是用来研究酶的结构与功能的关系，是当时生物化学领域的研究热点。它在理论上为酶的结构与功能关系的研究提供实验依据。如酶的活性中心的存在就是可以通过酶的化学修饰来证实的。为了考察酶分子中氨基酸残基的各种不同状态和确定哪些残基处于活性部位并为酶分子的特定功能所必需，研制出许多小分子化学修饰剂，进行了多种类型的化学修饰。自20世纪70年代末以来，用天然或合成的水溶性大分子修饰酶的报道越来越多。这些报道中的酶化学修饰的目的在于，人为地改变天然酶的某些性质，创造天然酶所不具备的某些优良特性甚至创造出新的活性，扩大酶的应用范围。酶经过修饰后，会产生各种各样的变化，概括起来有：①提高生物活性（包括某些在修饰后对效应物的反应性能改变）；②增强在不良环境中的稳定性；③针对特异性反应降低生物识别能力，解除免疫原性；④产生新的催化能力（图3-12）。

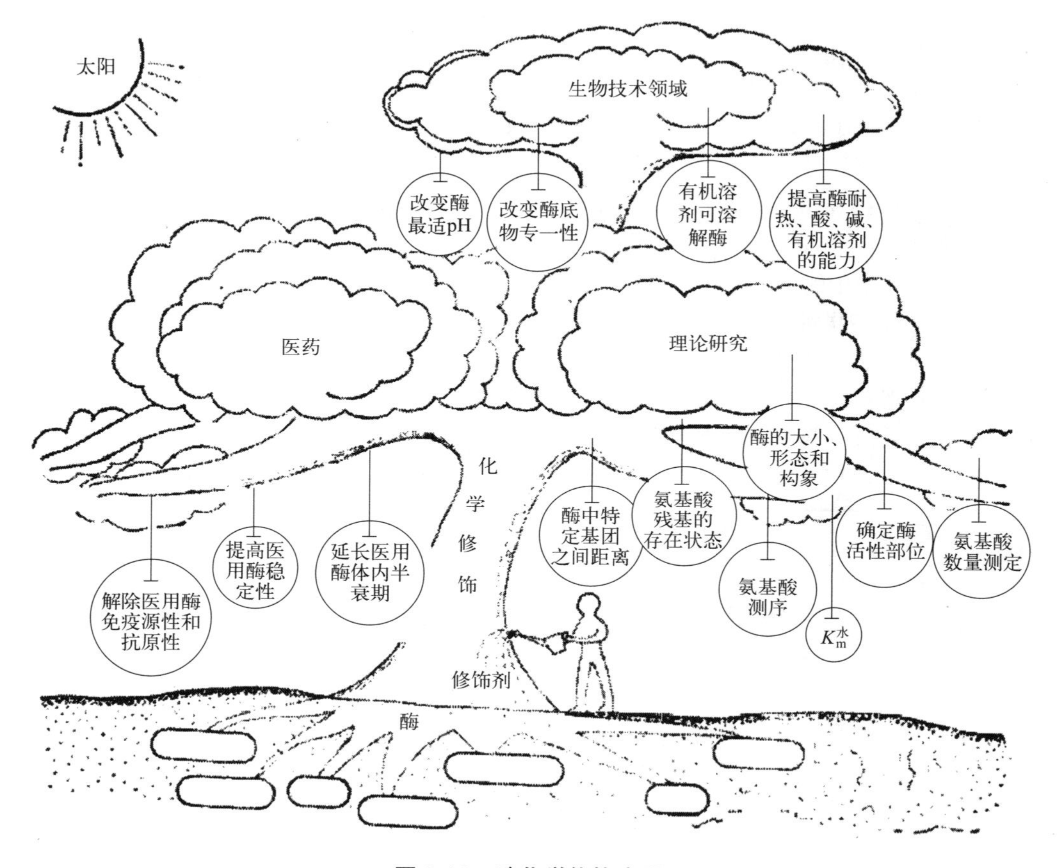

图3-12　酶化学修饰应用

一、化学修饰在酶的结构与功能研究中的应用

化学修饰在研究酶的结构与功能方面应用得比较多，研究得也比较细，特别是可逆的化学修饰在酶结构与功能的研究中能提供大量信息。

1. 研究酶空间结构

酶分子中氨基酸侧链的反应性与它周围的微环境密切相关，用具有荧光性质的修饰剂修饰后，通过荧光光谱的研究，可以了解溶液状态下的酶分子构象；研究酶分子的解离——缔合现象。通过荧光偏振技术还可以测定酶分子旋转弛豫时间，由此推算出酶分子大小、形态及构象变化。用化学修饰法确定某种氨基酸残基在酶分子中所存在的状态是一常用的方法。通常情况下酶分子表面基团能与修饰剂反应，而不能与修饰剂反应的基团一般埋藏在分子内或形成次级键。

通过双功能试剂交联修饰可以测定酶分子中特定基团之间的距离。在酶的晶体结构分析中，有时需要用化学修饰方法制备含重原子的酶分子衍生物，这将有利于晶体结构分析。

2. 确定氨基酸残基的功能

化学修饰与底物保护相结合，可用于研究底物对修饰速度和修饰程度的影响。如果修饰反应的可逆性对应着生物功能的改变，则可以为确定某一残基的可能功能提供一定的证据。如在丙酮酸激酶中精氨酸残基的修饰反应过程中，伴随着精氨酸残基的修饰，酶分子可逆地失活，底物保护作用说明酶分子在底物磷酸烯醇式丙酮酸的磷酸结合位点具有一个必需的精氨酸残基。

H. Tavakoli 等用化学修饰的方法研究了维生素 B 复合体氧化酶（ChOx）活性部位的组氨酸和丝氨酸的作用。他们用二乙基焦碳酸盐（DEPC）和苯甲基磺酰氟（PMSF）对组氨酸和丝氨酸的残基进行了化学修饰，实验结果表明组氨酸位于酶的活性中心，而丝氨酸则存在于酶活性中心的附近。

M. M. Gote 等用化学修饰的方法研究了乳糖水解酶活性中心的重要氨基酸，他们的实验结果表明，酶活性部位的一个羧基和赖氨酸的残基具有重要作用，而赖氨酸的残基与底物结合相关，羧基则作为一种亲核基团在底物裂解时发挥作用。另外在酶的活性部位附近发现有 4 个色氨酸残基可能在较高温度下对酶的活性构象起稳定作用。

化学修饰能够用于酶变构部位必需氨基酸残基的分析和协同相互作用所必需残基的表征。

3. 测定酶分子中某种氨基酸的数量

虽然氨基酸分析法也可以测定酶分子中氨基酸的数量，但是如果只需测定某一种氨基酸的数量时，就可以用定量的化学修饰方法，因为这样既快速又灵敏，如用三硝基苯磺酸测定氨基、用对氯汞苯甲酸测巯基等。其它氨基酸残基也有相应的试剂用于定量测定，见表 3-1。

表 3-1　一些常用来进行蛋白质定量的化学修饰

反应基团	试剂	参考文献
氨基（$—NH_2$）	1. 三硝基苯磺酸 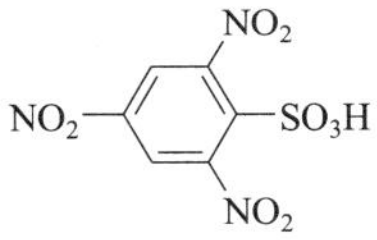 NO_2—(苯环，NO_2，NO_2)—SO_3H	Anal. Biochem., 14, 328, 1996 生物化学与生物物理进展，1976 年第 3 期 19 页
	2. 茚三酮	J. Biol. Chem., 211, 907, 1954 Science, 135, 441, 1962
	3. 荧光胺	Science, 178, 8781, 1972
羟基（—COOH）	水溶性碳二亚胺	J. Biol. Chem., 242, 2447, 1967
胍基 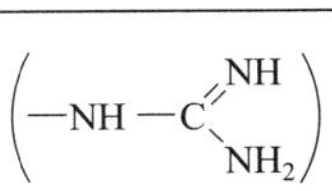 $\left(—NH—C\begin{smallmatrix}NH\\NH_2\end{smallmatrix}\right)$	8-羟基喹啉 + 次溴酸钠	J. Biochem., 49, 566, 1961
咪唑基（N, NH 咪唑环） 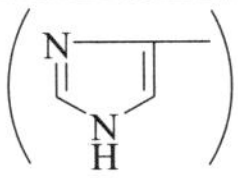 和酚基（—C_6H_4—OH） 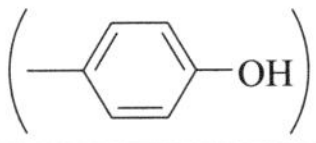	四唑重氮盐	Biochm. Biophys. Acta., 194, 293, 1969 Biochem., 5, 3574, 1966
吲哚基（吲哚环，NH） 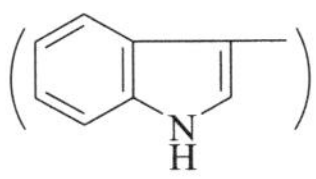	1.对-二甲氨基苯甲醛 + 硫酸	Anal. Chem., 39, 1412, 1969
	2. 2-羟基-5-硝基溴化苄（NO_2—苯环(OH)—CH_2Br） 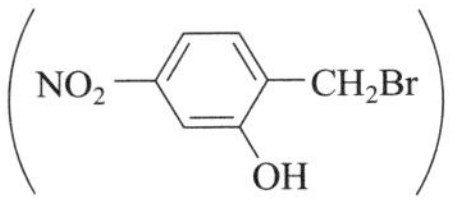	J. Biol. Chem., 242, 5771, 1967

续表

反应基团	试剂	参考文献
巯基（—SH）	1. 对氯汞苯甲酸	J. Am. Chem. Soc., 76, 4331, 1954
	2. 5, 5′-二硫双硝基苯甲酸 （HOOC、NO_2 取代苯基—S—S—COOH、NO_2 取代苯基） DTNB	Arch. Biochem. Biophys, 82, 70, 1959

化学修饰在酶的结构与功能研究中的应用除上述三个方面以外，在测定酶的氨基酸序列和研究别构酶时，许多方法也都是以化学修饰为基础的。如胰蛋白酶对精氨酸和赖氨酸具有高度特异性，通常用此酶水解酶分子，以制备肽碎片。为了防止精氨酸和赖氨酸相互干扰，可选择性化学修饰赖氨酸和精氨酸，使水解局限在其中一种残基的肽键上。

二、化学修饰酶在医药和生物技术中的应用

酶作为生物催化剂，其高效性和专一性是其它催化剂所无法比拟的。因此，愈来愈多的酶制剂已用于疾病的诊断治疗和预防、食品发酵和化工产品的生产、环境保护和监测以及基因工程等领域。但是酶作为蛋白质，其异体蛋白的抗原性、受蛋白水解酶水解和抑制、在体内半衰期短、不稳定、不能在靶部位聚集、不合适的最适 pH 等缺点严重影响医用酶的使用效果，甚至无法使用。工业用酶常常由于酶蛋白抗酸碱和有机溶剂变性能力差、不耐热、容易受产物和抑制剂的抑制、工业反应要求的 pH 和温度不在酶反应的最适 pH 和最适温度范围内、底物不溶于水或酶的 pK 值高等缺点，限制了酶制剂的应用范围。

如何提高酶的稳定性，解除抗原性，改变酶学性质（最适 pH，最适温度，K_m 值，催化活性和专一性），扩大酶的应用范围的研究越来越引起人们的重视。分子酶工程（molecular enzyme engineering）可以从分子水平改造酶，弥补天然酶的缺陷，并赋予它们某些新的机能和优良特性。化学修饰是分子酶工程的重要手段之一。事实证明，只要选择合适的修饰剂和修饰条件，在保持酶活性的基础上，能够在较大范围内改变酶的性质。如在医药方面，化学修饰可以提高医用酶的稳定性，延长它在体内半衰期，抑制免疫球蛋白的产生，降低免疫原性和抗原性。如今对医用酶的修饰是对 Landsteiner 和 Vander Scher 早期工作的发展，他们研究偶联于蛋白质的短肽对抗原特异性的影响，随后 Sela 等人做了大量的工作，他们通过使用游离的或者与蛋白质结合的合成多肽来阐明免疫反应，他们发现将一定的多聚氨基酸结合到蛋白质上能降低它们的免疫原性和抗原性。在生物技术领域，化学修饰酶能够提高酶对热、酸、碱和有机溶剂的耐性，改变酶的底物专一性和最适 pH 等酶学性质。化学修饰酶还可以创造新的催化性能。

酶的活性部位是酶进行催化反应之所在。对远离活性部位的氨基酸残基进行化学修饰，作较大改变，但又不使酶失活是可能的。此外，有的酶需要辅因子，辅因子的改变或转移会使酶的性质发生很大变化。

Concepción González-Bellob 报道了针对脱氢奎尼酸酶（DHQ1）活性位点的特异性修饰，DHQ1 是一种很有前途的靶抗毒性药物，而铵衍生物，可以用于其活性位点特异修饰。在 1.35Å[1] 分辨率下从伤寒沙门氏菌提取通过此铵衍生物化学改性的 DHQ1 晶体结构显示，该衍生物通过形成胺共价连接于 Lys170。通过质谱检测其中间体，结合分子动力学模拟的结果，能够解释其抑制机制，通过实验观察到伤寒杆菌和金黄色葡萄球菌提取的酶活差异。通过靶向 DHQ1 酶不

[1] 1Å=10^{-10}m。

可逆抑制剂的化学修饰剂的设计可以用来为新型抗毒性药物提供新选择。

Samia A. Ahmed 报道了由高碘酸共价偶联活化多糖修饰黑曲霉 β-葡糖苷酶的研究。修饰酶活化淀粉表现出最高的特异活性，比天然酶具有更高的最适反应温度、较低的活化能、较高的最大反应速率和较好热稳定性。修饰酶对 5mmol/L 的十二烷基硫酸钠（SDS）和对-氯麦古利苯甲酸（对 p-CMB）的抗性增强，该修饰方法提高 β-葡糖苷酶的催化能力和糖基化的潜力，提高了这种酶用于生物技术应用的可能性。

1. 酶的表面化学修饰

（1）大分子修饰

可溶性大分子，如聚乙二醇（PEG）、聚乙烯吡咯烷酮（PVP）、聚丙烯酸（PAA）、聚氨基酸、葡聚糖、环糊精、乙烯 / 顺丁烯二酰肼共聚物、羧甲基纤维素、多聚唾液酸、肝素等可通过共价键连于酶分子表面，形成一覆盖层。其中分子量在 500 ～ 20000 范围内的 PEG 类修饰剂应用最广，它是既能溶于水，又可以溶于绝大多数有机溶剂的两亲分子，它一般没有免疫原性和毒性，其生物相容性已经通过 FDA（美国食品药品监督管理局）认证。PEG 分子末端有两个能被活化的羟基，但是化学修饰时多采用单甲氧基聚乙二醇（MPEG）。

MPEG 只带有一个可被活化的羟基，按不同的活化剂，可将 MPEG 类修饰剂分为：

① MPEG 均三嗪类衍生物。这类修饰剂包括 MPEG［2-邻甲氧基聚乙二醇，2-（o-methoxypolyethyleneglycol）］和 $MPEG_2$［2, 4-二（邻甲氧基聚乙二醇）-6-二氯-S-三嗪，2, 4-bis (o-methoxypolyethyleneglycol)-6-dichloro-S-triazine］, MPEG 的羟基与均三嗪即三聚氯氰的氯反应，控制不同反应条件，可以分别制得活化的 MPEG（$MPEG_1$）和 $MPEG_2$。被三聚氯氰活化的修饰剂引入了活泼的氯，可以与酶的氨基反应。因为 $MPEG_1$ 在一个三聚氯氰环上只连一个 MPEG 分子，$MPEG_2$ 在一个三聚氯氰环上连两个 MPEG 分子，所以在氨基修饰程度相同时，$MPEG_2$ 修饰酶所引进的 MPEG 分子数是 $MPEG_1$ 的二倍，$MPEG_2$ 的修饰效果好于 $MPEG_1$。如图 3-13，图 3-14。

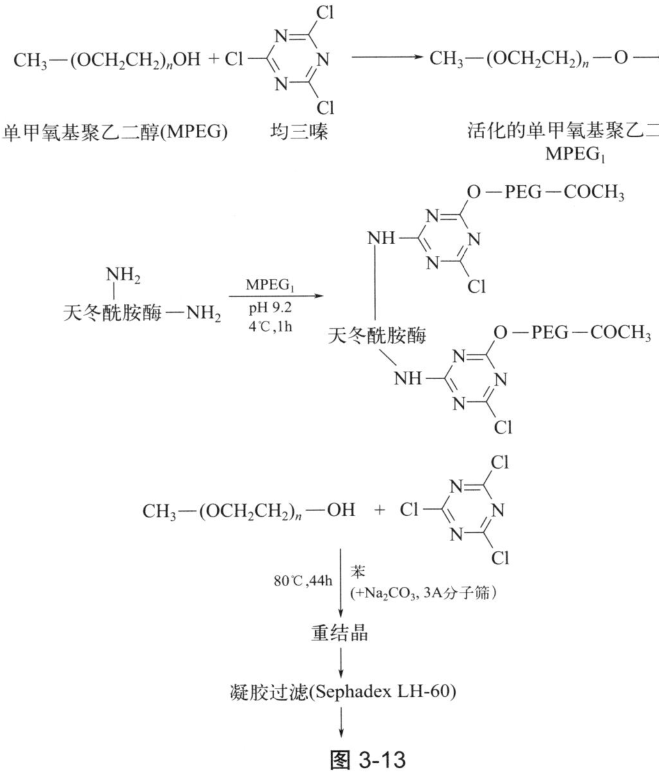

$CH_3-(OCH_2CH_2)_nOH$ + 均三嗪（三氯） → $CH_3-(OCH_2CH_2)_n-O-$ 二氯三嗪

单甲氧基聚乙二醇(MPEG)　均三嗪　活化的单甲氧基聚乙二醇 $MPEG_1$

天冬酰胺酶 $-NH_2$ （NH_2） —$MPEG_1$, pH 9.2, 4℃, 1h→ 天冬酰胺酶（NH—三嗪(Cl)—O—PEG—$COCH_3$）$_2$

$CH_3-(OCH_2CH_2)_n-OH$ + Cl—三嗪（三氯）

80℃, 44h　苯 (+Na_2CO_3, 3A分子筛)

↓

重结晶

↓

凝胶过滤(Sephadex LH-60)

↓

图 3-13

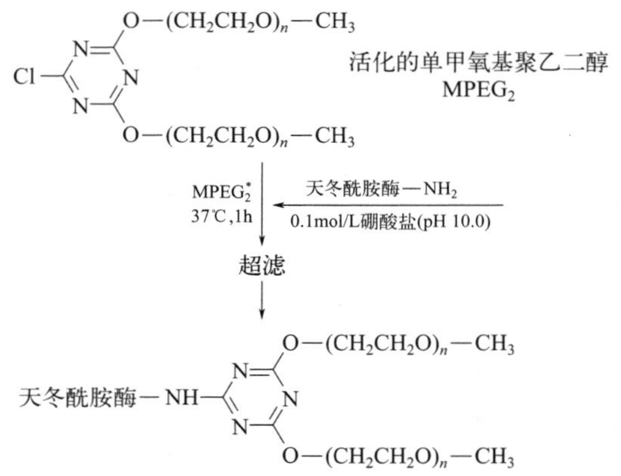

O—$(CH_2CH_2O)_n$—CH_3
Cl
N
活化的单甲氧基聚乙二醇
$MPEG_2$
O—$(CH_2CH_2O)_n$—CH_3
$MPEG_2^*$
37℃,1h
天冬酰胺酶—NH_2
0.1mol/L硼酸盐(pH 10.0)
超滤
天冬酰胺酶—NH
O—$(CH_2CH_2O)_n$—CH_3

图 3-13 $MPEG_1$ 和 $MPEG_2$ 修饰 L-天冬酰胺酶

100
50
0
沉淀的量/%
E
$MPEG_1$-E^*
$MPEG_1$-E
$MPEG_2$-E^*
25
50
75
100
125
150
抗原浓度/(μg/mL)

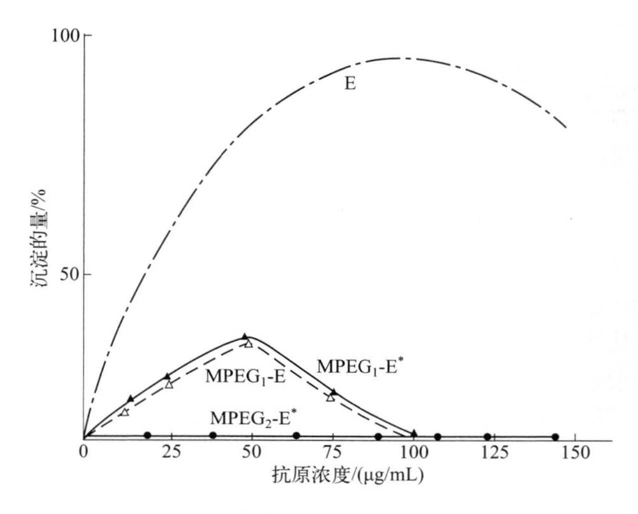

图 3-14 天然酶和修饰酶的免疫沉淀曲线

* 表示有底物保护的修饰酶；E表示天然酶

② MPEG 的琥珀酰亚胺类衍生物。MPEG 琥珀酰亚胺琥珀酸酯（SS-MPEG）、MPEG 琥珀酰亚胺琥珀酰胺（SSA-MPEG）、MPEG 琥珀酰亚胺碳酸酯（SC-MPEG）等 MPEG 的琥珀酰亚胺类衍生物可以在 pH7 ～ 10 范围内修饰酶的氨基。

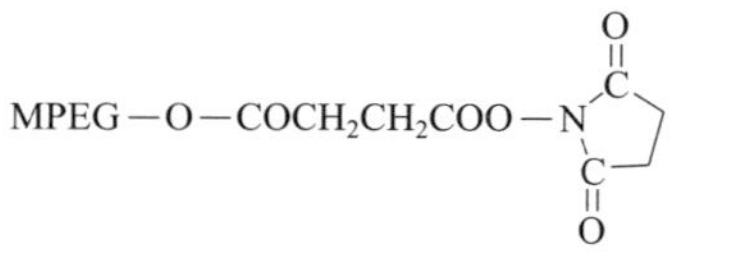

MPEG—O—$COCH_2CH_2COO$—N

SS-MPEG

MPEG—N—C—$(CH_2)_2$—C—O—N
H

SSA-MPEG

③ MPEG 氨基酸类衍生物。MPEG 与亮氨酸的 α-氨基或赖氨酸上的 α-氨基和 ε-氨基反应，制备出的 MPEG 的氨基酸类衍生物可以通过 *N*-羟基琥珀酰亚胺活化。

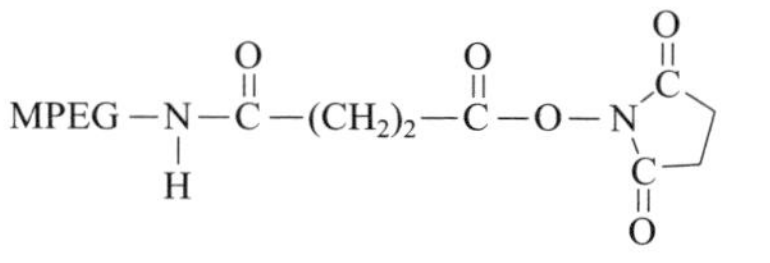

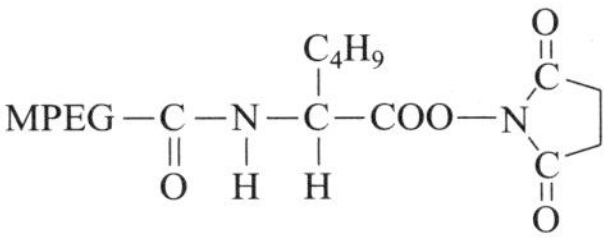

```
                        C4H9                 O
                         |                   ‖
                         |                  C—
MPEG—C—N—C—COO—N      |        MPEG-N/e
         ‖   |    |              C—
         O  H   H               ‖
                                  O
```

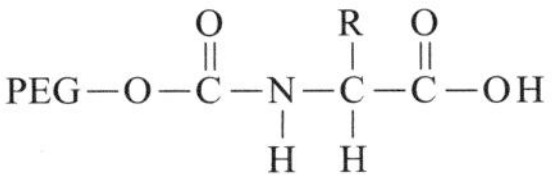

```
       O         R    O
       ‖         |    ‖
PEG—O—C—N—C—C—OH        PEG-AA
            |    |
            H   H
```

④ 蜂巢形 MPEG（comb-shaped MPEG）。聚乙二醇与马来酸酐形成的共聚物（PM）具有多个反应位点，呈现蜂巢形结构。已制备出两种活化的 PM 共聚物：活化 PM13（分子量≈ 100000；$m \approx 50$, $n \approx 40$，R=CH_3）。修饰剂分子中的马来酸酐直接与酶分子上的氨基酸反应形成酰胺键。这些蜂巢形修饰剂将酶分子表面覆盖上一个阴离子基团。

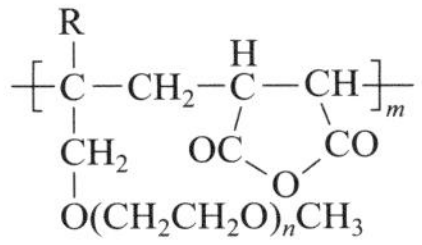

```
   R
   |           H
 —[C—CH2—C—CH]—m
   |           |     \
  CH2      OC    CO
   |           \O/
  O(CH2CH2O)nCH3
```

⑤ 其它 PEG 衍生物。PEG 胺类衍生物可以修饰羰基化合物，还可以作为合成其它修饰剂的中间体。异双功能 PEG 也可以用来修饰除了氨基以外的其它基团。

修饰剂性质对修饰结果有很大影响。表 3-2、表 3-3 的结果表明，不同修饰剂可在不同程度上降低抗原性，抗原性的降低与氨基修饰程度存在正相关，氨基修饰程度越高，解除抗原性效果越好。但是不同分子量的右旋糖酐修饰酶其抗原性的降低和酶活性的减少均与修饰剂分子大小有关。T70 和 T40 右旋糖酐修饰酶其氨基修饰程度分别是 47.5% 和 69.8% 时，虽然 T70 修饰酶的修饰程度小于 T40 修饰酶，但是抗原性降低程度却是前者大于后者。此外反应 pH、温度以及酶与修饰剂的摩尔比也影响修饰程度和修饰酶的性质，其中 pH 是最重要的条件，一般情况下，增加 pH 可以提高反应速率。在 MPEG 修饰反应中，反应 pH 在 8 ～ 10 之间，温度保持在 4 ～ 8℃。酶与 MPEG 的摩尔比一般为 1∶3 ～ 1∶5，反应时间为 8 ～ 16h。修饰过程采取底物保护酶活性部位的措施可以减少酶活力的损失。

表 3-2　右旋糖苷修饰 L-天冬酰胺酶的抗原性

样品	—NH_2 修饰率 /%	相对酶活	抗原-抗体结合能力							
			2^0	2^1	2^2	2^3	2^4	2^5	2^6	2^7
天然酶	0	100	+++	+++	+++	++	++	++	++	++
右旋糖苷 T40 修饰酶	69.8±0.28	21.3±0.26	+++	++	++	++	++	++	+	+
右旋糖苷 T70 修饰酶	32.0±0.60	80.0±0.39	+++	++	++	+	+	+	−	−
	47.5±0.75	49.0±0.40	+++	++	++	+	+	−	−	−
	70.3±0.33	37.9±0.36	++	++	+	+	−	−	−	−

表 3-3　乙酸酐和 $MPEG_1$ 修饰 L-天冬酰胺酶抗原性

项目	天然酶	乙酰修饰酶	$MPEG_1$（5000）修饰酶（Ⅰ）	$MPEG_1$（5000）修饰酶（Ⅱ）
—NH_2 修饰率 /%	0	29.1±0.71	56.0±0.90	71.7±0.65
相对酶活 /%	100	15.1±0.40	25.0±0.30	17.2±0.43
抗原-抗体结合能力 /%	100	80.2±2.30	68.5±2.41	26.6±1.51

L-天冬酰胺酶在有底物保护和无底物保护条件下在半饱和乙酸钠溶液中 pH7.5, 0℃反应一小时，制备乙酸酐修饰酶。比较两种修饰酶的残余活力、氨基修饰程度及抗原抗体结合能力，发现两种修饰酶在氨基修饰程度和抗原抗体结合能力相差无几的情况下，底物保护修饰酶的活力却是无底物保护修饰酶的 3 倍（表 3-4）。

表 3-4　乙酸酐修饰底物保护酶的抗原性

样品	乙酸酐：酶 /（mol/mol）	反应体积 /mL	—NH_2 修饰率 /%	相对酶活 /%	抗原-抗体结合能力 /%
天然酶			0	100	100
无底物保护的修饰酶	6059/1	1	29.1±0.71	15.1±0.4	80.2±2.30
底物保护的修饰酶	6059/1	1	26±0.47	43.0±0.38	86.2±1.18

L-天冬酰胺酶在有底物保护和无底物保护的条件下用 $MPEG_1$ 和 $MPEG_2$ 修饰，结果见表 3-5。由表 3-5 可见，底物保护下的 $MPEG_1$ 修饰酶和 $MPEG_2$ 修饰酶均比无底物保护下的修饰酶活力高。当 $MPEG_2$ 修饰酶在有底物保护和无底物保护下其氨基修饰分别为 51 个和 52 个时，抗原性完全解除，但是酶活力前者约是后者的 3 倍。

表 3-5　乙酸酐和 MPEG 修饰底物保护酶的抗原性

项目	天然酶	无底物保护的修饰酶		底物保护的修饰酶	
		$MPEG_1$-E	$MPEG_2$-E	$MPEG_1$-E	$MPEG_2$-E
—NH_2 修饰数	0	66±0.59	52±0.68	64±0.51	51±0.61
相对酶活 /%	100	16.4±0.37	11±0.45	51±0.41	30±0.35
抗原-抗体结合能力 /%	100	26.9±0.86	0	27.8±1.0	0

从表 3-4 及表 3-5 还可以看出无底物保护的乙酸酐修饰酶和 MPEG 修饰酶，虽然抗原性有所降低，但是酶活力损失严重。其原因可能是氨基与酶的活性部位有关。在修饰参与抗原决定簇的氨基同时，无选择地修饰了酶活性部位的氨基，导致酶失活；也可能是修饰了参与维持酶活性部位天然构象的有关氨基，导致酶失活。采用底物保护酶活性部位的方法，可以使与活性相关的氨基不被修饰，而有效地修饰与抗原决定簇有关的氨基，以此达到降低或解除抗原性的同时，尽可能保持酶活力的目的。

除液相修饰法外，还可以采用固相修饰法，即酶吸附在离子交换柱上，在一定时间内 PEG 修饰剂循环不断地流过柱子。反应结束后，用缓冲液冲洗掉其它副产物和过量的 PEG。改变缓冲液中盐的浓度可以将修饰酶洗脱下来。为了保持相同蛋白质浓度，柱子用相同量的未修饰酶再生，PEG 再一次循环修饰、洗脱、分离修饰酶。

迄今，已有 100 多种蛋白质（其中许多是酶）被修饰后在临床应用中显出许多优良特性。如稳定性提高，体内半衰期延长，免疫原性和毒性降低或消除，提高膜渗透性，改善在体内的生物分布与代谢行为，提高疗效，增加在有机溶剂中的溶解度和耐有机溶剂变性的能力等。

聚乙二醇、右旋糖酐、肝素等可溶性大分子制备的修饰酶具有许多有利于应用的新性质。如，聚乙二醇修饰的天冬酰胺酶不仅可降低或消除酶的抗原性，而且可以提高酶的抗蛋白酶水解的能力，延长酶在体内半衰期，提高药效。L-天冬酰胺酶（L-asparaginase）（EC3.5.1.1）具有较强的抗肿瘤作用。它能将肿瘤细胞生长所需的 L-天冬酰胺水解为天冬氨酸和氨，从而特异并有效地抑制肿瘤细胞的恶性生长。目前，大肠杆菌 L-天冬酰胺酶作为治疗淋巴性白血病、恶性淋巴肿瘤的酶制剂已在国外应用于临床，并且是治疗急性淋巴性白血病治疗指数最高的药物。但它来源于微生物，对人而言是一种外源性蛋白，有较强的免疫原性，临床上常见进行性免疫反应和全身性过敏反应，而限制了其临床应用。近年来，许多研究结果表明，用聚合物修饰能较好地克服这些缺陷。目前主要采用 PEG 和右旋糖苷这两种修饰因子进行修饰。人体血浆中含有少量的蛋白酶，能使外源性 L-天冬酰胺酶逐渐水解失活。只有当 L-天冬酰胺酶具有较强的抗蛋白酶水解作用时，它才能在人体内停留较长时间，起到抗癌作用。L-天冬酰胺酶经修饰后，与天然酶相比具有较强的抗蛋白酶水解能力。当羧甲基壳聚糖的平均分子量大于 1×10^4 时，L-天冬酰胺酶经修饰后可以降低其抗原性，且分子量越大降低抗原性的效果越好。这是由于 IgG 抗体可以在蛋白质表面的多糖链中移动而与蛋白质起抗原抗体反应。将天然酶和羧甲基壳聚糖修饰的 L-天冬酰胺酶分别静注至新西兰白兔体内，在一定时间间隔取血检测，天然酶和修饰酶在血浆中的清除基本上满足一级动力学反应，其半衰期分别为 1.2h 和 40h，修饰酶比天然酶提高了 33 倍。

PEG 修饰的腺苷脱氨酶经腹腔注射后，在血液循环中可以测出 50% 的酶活力，而且这种酶活力在血液循环中可以保留 72h，相反注射天然腺苷脱氨酶后，在血液循环中最多可测出只有 7% 的酶活力，而且在 2h 以内被清除。

多聚物修饰酶，可能提高在生理 pH 条件酶活力很低的某些医用酶的医疗价值。如色氨酸分解酶和 3-烷基吲哚 *α*-羟化酶有抗肿瘤的活性，由于它的最适 pH 是 3.5，所以限制了它的临床应用。Schmer 和 Roberts 用聚丙烯酸或聚顺丁烯二酸修饰这种酶，使其最适 pH 向中性提高，结果使其在 pH7.0 的活力增加了 3 倍。

超氧化物歧化酶（SOD）是一类广泛存在于生物体内的金属酶，它具有抗衰老和消炎的效果，但是由于它有半衰期短和异体蛋白抗原性的缺点，限制了其临床应用。PEG 修饰超氧化物歧化酶活性保持 51%，在血液中停滞时间延长，抗炎活性提高。SOD 和低抗凝活性肝素（low anticoagulant activity heparin, LAAH）都具有抗炎作用，并且肝素可以提高外源性 SOD 在体内的作用。用溴化氰活化 LAAH 对 SOD 进行化学修饰，通过 Sephadex G-75 很好地将修饰酶与天然酶分离。LAAH 经修饰反应后，其己糖醛酸、氨基己糖、总硫酸基和抗凝血活性均降低；而修饰后的 SOD 的抗原性明显降低。重组人铜锌 SOD 制品仍存在半衰期短的问题。化学修饰是解决这一问题的有效方法，如聚苯乙烯马来酸丁酯（SMA）作为修饰剂，将 SMA 的二甲基亚砜（DMSO）溶液滴加于 rh Cu/Zn SOD 硼酸钠溶液（0.5mol/L, pH8.0）中，SMA 与 rh Cu/Zn SOD 的摩尔比为 10∶1。该体系在 37℃水浴中振摇反应 1h，于不同时间取样监测 SOD 活性及交联度。随着修饰剂用量的增大，修饰程度加大，残留酶活力降低。由于参与交联反应的基团为酶分子中非活性部位赖氨酸残基的 ε-NH_2，检测也显示，交联前后酶蛋白主链结构改变不大，因此推测导致酶活力降低的主要原因是空间位阻效应。实验中还发现修饰程度对半衰期长短有影响，所以为了获得具有较高残留酶活力和较长生物半衰期的修饰酶，选择适当的修饰剂浓度是至关重要的。在大鼠实验中测得修饰酶的生物半衰期约为 3.7h，为修饰前的 22 倍。

酶的化学修饰被认为是寻找新型的生物催化剂的一个有效的工具。如辣根过氧化物酶用 MPEG 共价修饰后，在极端 pH 条件下抗变性能力提高，耐热性也有所增加。用右旋糖苷修饰 *α*-淀粉酶、*β*-淀粉酶、胰蛋白酶和过氧化氢酶有效地提高了酶的热稳定性。*α*-淀粉酶在 60℃，$t_{1/2}$ 是 3.5min，用右旋糖酐修饰后增加到 175min。用右旋糖苷修饰胰蛋白酶，不仅增加了热稳定性，而且也使自水解降低。该酶右旋糖苷修饰后在 pH8.1，37℃保温 2h，活力没有丧失，而未修饰酶则丧失 85% 的活力。化学修饰酶热稳定性提高的原因可能是修饰剂共价连接于酶分子后，使酶天然构象产生一定的“刚性”，不易伸展失活，并减少了酶分子内部基团的热振动，而且这种稳定化效果与酶和修饰剂之间交联点的数目有关。PEG 和酶以单点交联时热稳定性提高不明显。过氧化氢酶用右旋糖酐修饰后能保持 100% 的酶活力，这可能是因为这个酶的底物很小，它不能被结合的多聚物修饰剂所阻碍，能很容易地进入酶的活性部位。右旋糖酐修饰的过氧化氢酶表现出较高的热稳定性，在 52℃，10min 酶活丧失 10%，而未修饰酶则丧失 60% 活力。修饰酶失活温度比天然酶高得多，但是 PEG 修饰的过氧化氢酶热稳定性与未修饰酶比几乎没有改变，在不同的温度下两者都表现出非常相近的活力，失活温度也没有改变。这是因为一个单一右旋糖酐分子上有多个结合位点，而 PEG 只有一个结合位点，它与酶不能发生多位点结合。增加交联点的方法是制备与酶分子表面互补的聚合物，即先用单体类似物修饰酶表面，然后再与单体共聚合，则可实现酶与聚合物的多点交联，使酶稳定性明显提高。MPEG 共价修饰的过氧化氢酶在有机溶剂中的溶解性和酶活性也得到提高，在三氯乙烷中酶活是天然酶的 200 倍，在水溶液中酶活是天然酶的 15 ～ 20 倍。荧光假单胞菌脂肪酶偶联于 MPEG 后，可溶于苯中，修饰酶在苯中的贮存稳定性很好，140 天后仍有原酶合成活力的 40%，而且酯交换的最适温度为 70℃，大大高于未修饰脂肪酶在水乳相中催化酯水解的最适温度。念珠菌属脂肪酶（CRL）修饰后（图 3-15），在异辛烷中的稳定性和活性提高许多。脂肪酶和蛋白酶被 MPEG 修饰后，可溶于有机溶剂，并具有催化酯合成、酯交换和肽合成的能力。

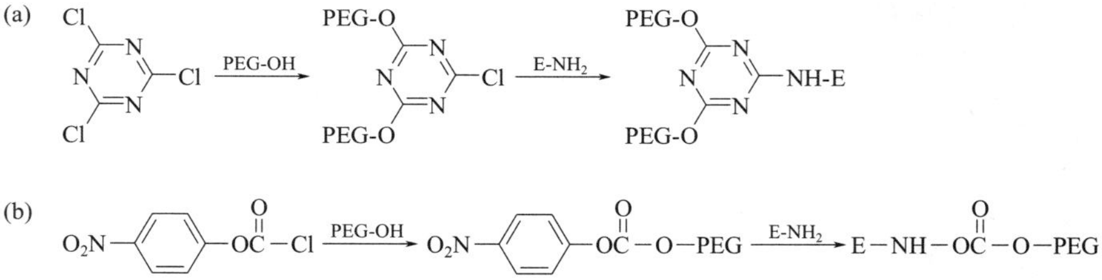

图 3-15 氰尿酰氯（a）和对硝基苯氯甲酸酯（b）活化的 PEG 对酶的修饰

（2）小分子修饰

利用小分子化合物对酶的活性部位或活性部位之外的侧链基团进行化学修饰，以改变酶学性质。已被广泛应用的小分子化合物主要有氨基葡萄糖、醋酸酐、硬脂酸、邻苯二酸酐、醋酸-*N*-丁二酯亚胺酯、1-乙基-(3-二甲基氨基丙基）碳酰二亚胺（EDC）、辛二酸-二-*N*-羟基丁二酰亚胺酯［suberic acid bis (*N*-hydroxy succinimide ester)］等。未糖基化的核糖核酸酶 A 与 D-葡萄糖胺进行化学偶联，得到单糖基化酶和双糖基化酶（图 3-16）。其中，53 位的天冬氨酸和 49 位的谷氨酸被认为可能是糖基化位点。经过修饰的单糖基化核糖核酸酶 A 活力比天然酶降低 80%，但是热稳定性大大提高。CRL 经二己基-对-硝基-磷酸苯酯化学修饰后，改变了水解酶的特性。

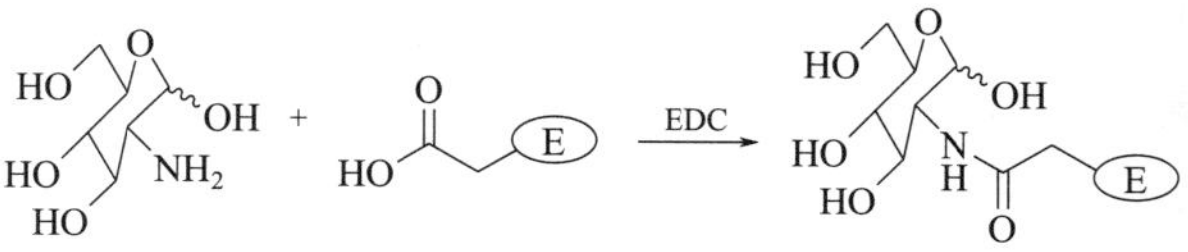

图 3-16 通过 EDC 的糖基化作用使未糖基化的核糖核酸酶 A 与 D-葡萄糖胺进行化学偶联

K. Sangeetha 等选用几种酸酐对木瓜蛋白酶进行了化学修饰，这些酸酐与酶分子中 5 ～ 6 个赖氨酸残基发生了反应，使酶分子的净电荷由正变为负，同时酶分子的最适 pH 由 7 变为 9，最适温度由 60℃变为 80℃，而且修饰后的酶具有较高的热稳定性。这些酶学性质的改变使木瓜蛋白酶更加适用于洗涤剂应用领域。

氧化还原酶中的谷胱甘肽过氧化物酶是不稳定的，但人们对它很感兴趣。通过使用化学修饰的方法，用不稳定的氧化型硒原子取代胰蛋白酶中 195 位丝氨酸 γ 位的氧原子，将胰蛋白酶转变为硒代胰蛋白酶（图 3-17），硒化胰蛋白酶失去了还原酶的活性，而表现出较强的谷胱甘肽过氧化物酶的活性。它催化谷胱甘肽的氧化还原反应：$2GSH+ROOH \longrightarrow GS\text{-}SG+H_2O+ROH$

用亚硝酸修饰天冬酰胺酶，使其氨基末端的亮氨酸和肽链中的赖氨酸残基上的氨基产生脱氨基作用，变成羟基。经过修饰后，酶的稳定性大大提高，使其在体内的半衰期延长 2 倍。α-胰凝乳蛋白酶表面的氨基修饰成亲水性更强的—$NHCH_2COOH$ 后，该酶抗不可逆热失活的稳定性

$$\text{Trypsin-Ser195-CH}_2\text{OH} \xrightarrow{\text{C}_6\text{H}_5\text{CH}_2\text{SO}_2\text{F}} \text{Trypsin-Ser195-CH}_2\text{O}-\text{SO}_2-\text{CH}_2\text{C}_6\text{H}_5 \xrightarrow{\text{NaSeH}} \text{Trypsin-Ser195-CH}_2\text{SeH}$$

图 3-17　胰蛋白酶（Trypsin）催化位点中的丝氨酸被苯甲基磺酰氟激活后在 NaSeH 作用下生成硒代胰蛋白酶

在 60℃可提高 1000 倍。在更高温度下稳定化效应更强，这种稳定的酶能经受灭菌的极端条件而不失活。马肝醇脱氢酶（HLADH）的 Lys 的乙基化、糖基化和甲基化都能增加 HLADH 的活力。其中甲基化使酶活力增加最大，同时酶稳定性也提高许多。更有意义的是，糖的手性影响糖基化酶的性质，糖基化酶和甲基化酶的底物专一性有所改变，这种操纵底物专一性的能力在立体专一性有机合成中特别有用。共价修饰酶稳定化的原因有：①修饰后有时会获得不同于天然蛋白质构象的更稳定构象；②由于修饰“关键功能基团”而达到稳定化；③由化学修饰引入到酶分子中的新功能基可以形成附加氢键或盐键；④用非极性试剂修饰可加强酶蛋白分子中的疏水相互作用；⑤蛋白质表面基团的亲水化。

酶的化学修饰也在生物传感器方面发挥越来越大的作用。酶作为一类典型的生物大分子和特殊的催化剂，在生命过程中扮演着极其重要的角色。尤其是在呼吸链中生物氧化和新陈代谢是靠多种酶的共同作用才完成的，研究酶的直接电化学无论是在理论上还是在实用上都具有重要意义。在理论上，酶与电极之间直接电子传递过程更接近生物氧化还原系统的原始模型，这就为揭示生物氧化还原过程的机理奠定了基础。另外，酶直接电化学的研究可望为推断澄清生物氧化还原系统中电子传递反应的特异性提供一定的依据。从应用方面而言，酶直接电化学的实现可用于研制第三代生物传感器和发展人工心脏用的生物燃料电池。Degani 和 Heller 等提出了通过化学修饰酶形成电子转移中继体（electron-transfer relays），便可缩短电子隧道距离，从而实现酶的直接电化学。他们将二茂铁衍生物共价连接到 GOD 和 D-氨基酸氧化酶（AOD）上，从而获得了这些酶在铂或金电极上的直接电化学，证明其设想可行。此后又发现了 $[Ru(NH_3)5H_2O]^{2+}$ 也可修饰到酶分子上形成有效电子转移中继体。微酶电极具有电极端径小、反应具有高度的专一性和催化性、可以测定多种生化物质和有机物质等优点，现已成为生物传感器研究领域中的热点。由于葡萄糖在生物体内的作用重大，医学领域对发展微型葡萄糖生物传感器研究的需求在不断增加。用铂、碳纤维为基体电极的微型葡萄糖生物传感器报道较多，而用碳糊为基体电极制作微酶传感器，制作方法简单。但由于碳糊颗粒本身体积较大，很难作成端径很小的微电极，所以该类微酶电极报道很少。Shea 等利用碳糊-二甲基二茂铁-葡萄糖氧化酶（GOD）制作了微酶电极。

2. 酶分子内部修饰

对酶工程而言，酶化学修饰的目的是系统改变酶的专一性，改变酶作用的最适 pH，改变底物抑制和活化的形式，甚至改变酶催化反应的类型。已有一些动力学性质发生改变的例子，也有一些引入新催化活力的例子，修饰结果不可预测。但现在，借助 X 射线结晶学和计算机图示技术有可能以和药物设计大致相同的方式，原则上设计修饰剂，而且随着今后用蛋白质工程法修饰酶，而对蛋白质结构理解的增加，也应当有可能预测有限化学修饰的效应。

（1）非催化活性基团的修饰

最经常修饰的残基既可是亲核的（Ser, Cys, Met, Thr, Lys, His），也可是亲电的（Tyr, Trp），或者是可氧化的（Tyr, Trp, Met）。对这类非催化残基的修饰可改变酶的动力学性质，改变酶对特殊底物的束缚能力。研究得较充分的例子是胰凝乳蛋白酶。将此酶 Met-192 氧化成亚砜，则使该酶对含芳香族或大体积脂肪族取代基的专一性底物的 K_m 提高 2 ～ 3 倍，但对非专一性底物的 K_m

不变，这说明，对底物的非反应部分的束缚在酶催化作用中有重要作用。

（2）蛋白质主链的修饰

迄今，主链修饰主要靠酶法。将猪胰岛素转变成人胰岛素就是一个成功的例子。猪和人的胰岛素，仅在B链羧基端有一个氨基酸的差别。用蛋白水解酶将猪胰岛素B链末端的Ala水解下来，再在一定条件下，用同一酶将Thr接上去，即可将猪胰岛素转变成人胰岛素。丹麦的Novo公司仅用两年时间，就把这项成果扩展到工业生产中。

用胰蛋白酶对天冬氨酸酶进行有限水解切去十个氨基酸后，酶活力提高5.5倍。活化酶仍是四聚体，亚基分子量变化不大，说明天然酶并不总是处于最佳构象状态。

（3）催化活性基团的修饰

酶学家的梦想之一是能任意改变酶的氨基酸顺序。蛋白质工程的出现已使这个梦想变成现实。然而，通过选择性修饰氨基酸侧链成分来实现氨基酸取代更为简捷。这种将一种氨基酸侧链化学转化为另一种新的氨基酸侧链的方法叫作化学突变法。这种方法显然受到是否有专一性修饰剂及有机化学的工艺水平限制。尽管如此，Bender等人还是成功地将枯草杆菌蛋白酶活性部位的Ser残基转化为半胱氨酸残基。新产生的巯基枯草杆菌蛋白酶对肽或酯没有水解活力，但能水解高度活化的底物如硝基苯酯。进行过化学突变的酶有胰蛋白酶、木瓜蛋白酶等，但突变后的酶都没有活力。有用的修饰要求保持酶的催化活力。修饰前，保护酶的活性部位是可行的办法，对胰凝乳蛋白酶的修饰就采取了这种办法，这显然是有潜力的。虽然化学修饰所获得的花样，由于可用试剂的限制，没有蛋白质工程法来得多，但可进一步研制有用的试剂。例如，羟胺-*O*-硫酸酯是万能的胺化试剂，在水溶液中也有效。胺化反应可以把疏水氨基酸突变成非天然碱性氨基酸。光化学可能产生更成熟的修饰。另外，通过巴顿反应可以将反应性引入蛋白质中。总之，化学修饰通过它产生非蛋白质氨基酸的能力，可以有力地补充蛋白质工程技术的不足。

（4）与辅因子相关的修饰

① 对依赖辅因子的酶可用二种方法进行化学修饰。第一，如果辅因子与酶的结合不是共价的，则可将辅因子共价结合在酶上。将NAD衍生物共价结合到醇脱氢酶上后，酶仍具有催化活性构象。活力大约是使用过量游离NAD时的40%，而且能抵抗AMP的抑制。这是解决合成中昂贵的辅因子再循环问题的重要进展。第二，引入新的或修饰过的具有强反应性的辅因子。巯基专一试剂能改变某些依赖黄素的氧化酶所催化的反应。例如，用二硫仑处理黄嘌呤脱氢酶，可将其转化为黄嘌呤氧化酶，即通过某一反应而使化合物的氧化作用发生改变，在经济上颇具吸引力。

② 最有创造性的修饰方法是将新的辅酶引入结构已弄清的蛋白质上。这要求对辅酶本身的化学机制要有清楚了解。在实验上则是如何让辅酶更好地适应新的环境。迄今最好的例子是Kaiser研发的黄素木瓜蛋白酶。黄素的溴酰衍生物可与木瓜蛋白酶的Cys-25共价结合成为黄素木瓜蛋白酶，其动力学行为可与老黄酶相比拟。这类半合成酶的开发虽然刚开始，但已可预见其许多实际应用。酚类的羟化和硫醇酯立体专一性地氧化成手性亚砜，都可用依赖黄素的半合成酶来完成。用黄素血红蛋白可以模拟细胞色素P-450的某些有意义的化学性质。半合成酶的优点来自它的多样性。只要简单地改变蛋白质模板，就可能调节反应的底物专一性和立体选择性。利用半合成酶还可获得关于蛋白质结构和催化活性间的详细信息，最终，这些信息可用于构建更有效的第二代、第三代催化剂。其它的辅酶，如维生素B_1、吡哆醛、卟啉、酞菁甚至金属离子都可以加入到蛋白质的束缚部位，产生新的实用催化剂。

Kaiser等人证明利用辅助因子与酶进行共价结合可以产生新的酶活性。最近，使用固相合成技术，将核糖核酸酶S的C肽链中第8残基苯丙氨酸用一种天然氨基酸——磷酸吡哆胺（维生素B_6）取代。经过化学修饰重新构成的核糖核酸酶S催化反应的速率提高7倍。

许多酶都含有辅酶或辅基，这些基团都是酶的活性基团。由于种类有限，限制了酶的功能。

如果能够利用化学方法在这些基团中接上一些辅因子，再经修饰，便可创造出多种多样的新型酶。

③ 金属酶中的金属取代。酶分子中的金属取代可以改变酶的专一性、稳定性及其抑制作用。例如，酰化氨基酸水解酶活性部位中的锌被钴取代时，酶的底物专一性和最适 pH 都有改变，锌酶对 *N*-氯-乙酰丙氨酸的最适 pH 是 8.5，而钴酶的最适 pH 是 7.0；钴酶对 *N*-氯-乙酰甲硫氨酸等三种底物的活力降低。因此，在使用上，对不同的底物可选用锌酶与钴酶。

天然含铁超氧化物歧化酶中的铁原子被锰取代后，酶稳定性和抑制作用发生显著改变；重组含锰酶对 H_2O_2 的稳定性显著增强，对 NaH_3 的抑制作用的敏感性显著降低。虽然金属酶中活性部位上的金属交换这一修饰技术尚处于研究早期，但上述例子足以说明这种技术在实用上的巨大意义，应当给予足够的重视。

（5）肽链伸展后的修饰

为了有效地修饰酶分子的内部区域，Mozhaev 等提出，先用脲或盐酸胍处理酶，使酶分子的肽链充分伸展，这就提供了化学修饰酶分子内部疏水基团的可能性。然后，让修饰后的伸展肽链，在适当条件下，重新折叠成具有某种催化活力的构象。遗憾的是，到目前为止，这只是一个想法，还没有成功的例子。然而十分有意义的是，他们用这种构象重建法，使不可逆热失活的固定化胰蛋白酶和 α-胰凝乳蛋白酶重新活化，活力基本上完全恢复到酶失活前的水平，而且这种热失活-重新活化的过程可连续重复四次之多。这种失活酶的再活化，显然具有重大的经济效益。

Saraswathi 等描述了一种新奇的原则上可能普遍适用的改变酶底物专一性的方法。先让酶变性，然后在酶处于所希望的活性构象时，加入戊二醛。他们用丙酸竞争性抑制剂，从核糖核酸酶出发，制得一种“酸性酯酶”，从而改变了酶的底物专一性，创造了新的酶活力。

综上所述，可以清楚看出酶化学修饰在酶工程中显示的潜力。显示潜力的最好证明是，酶修饰开发了新反应。下面的例子更能说明简单化学修饰的威力。许多重要的生物活性肽含有 D-氨基酸。由于肽酶对 L-氨基酸酯正常底物专一性，因此不可能在肽酶催化作用下合成含 D-氨基酸的肽，但是，如果将胰凝乳蛋白酶上的 Met-192 修饰成亚砜则可使这类反应能够实际应用来修饰酶没有催化肽合成的能力，而修饰酶在合成 Z-L-Tyr-D-Met-Ome 中的活力保持 92%，收率 80%。

3. 结合定点突变的化学修饰

通过一些可控制的方法在酶或蛋白质特殊的位点引入特定分子来修饰酶或蛋白质，结合定点突变引入一种非天然氨基酸侧链来进行化学修饰，从而得到一些新颖的酶制剂。它的策略是利用定点突变技术在酶的关键活性位点引入一个氨基酸残基，然后利用化学修饰法将突变的氨基酸残基进行修饰，引入修饰基团，得到一种称为化学修饰突变酶（chemically modified mutant enzyme, CMM）的新型酶。De Santis G. 等利用定点突变法在枯草杆菌蛋白酶（SBL）的特定位点中引入半胱氨酸，然后用甲基磺酰硫醇（methanethiosulfonate）试剂进行硫代烷基化，得到一系列新型的化学修饰突变枯草杆菌蛋白酶（图 3-18）。酶的 k_{cat}/K_m 值随疏水基团 R 的增大而增大，而且绝大部分 CMM 的 k_{cat}/K_m 值都大于天然酶，有些甚至增加了 2.2 倍。因此 CMM 能够改进酶的专一性及扩大催化底物范围。

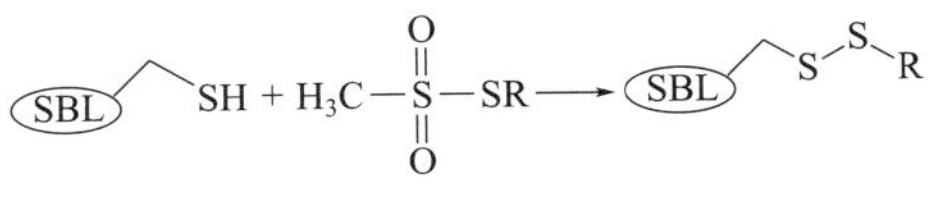

(SBL)–CH₂–SH + H₃C–S(=O)₂–SR ⟶ (SBL)–CH₂–S–S–R

图 3-18　枯草杆菌蛋白酶（SBL）经定点突变与化学修饰后得到一系列新型的枯草杆菌蛋白酶

高仁钧和郭净选取枯草杆菌脂肪酶 LipA 8M 突变体为研究对象，使用琥珀酸酐对蛋白质分子表面氨基（Lys 残基侧链和 N 端 *α*-氨基）进行完全修饰，使蛋白质表面阴离子最大化，再与阳离子聚合物（cS）进行交联，形成阴离子型无溶剂液体蛋白 [a8M][cS]。作为对比，以 *N*, *N′*-

二甲基-1, 3-丙二胺（DMPA）修饰蛋白质表面阴离子，再与阴离子聚合物（S）交联，形成阳离子型无溶剂液体蛋白 [c8M][S]（图 3-19）。通过离子修饰剂使电荷充满酶分子的表面，再通过静电作用交联一定数量的离子聚合物，使聚合物稳定包裹在酶表面，形成具有一定厚度的“壳”结构。而正是这一层“壳”在去除溶剂后增大蛋白质粒子的体积与蛋白质分子间距，有效阻止了酶分子之间的相互作用，同时维持了酶的构象稳定，从而使普通酶分子能在常压下，通过加热和退火并在高温下形成离子型无溶剂液体酶（图 3-20）。无溶剂液体蛋白质（也称为生物流体或蛋白质液体）是一类新型混合纳米生物材料，由于其具有一些引人注目的性质，包括近天然结构、超热稳定性等，因而在生物催化领域颇具有潜力。该研究中通过纳米材料的修饰，将常温酶改造成了超嗜热酶，使各种不同来源的酶都有了成为嗜热酶的潜力。

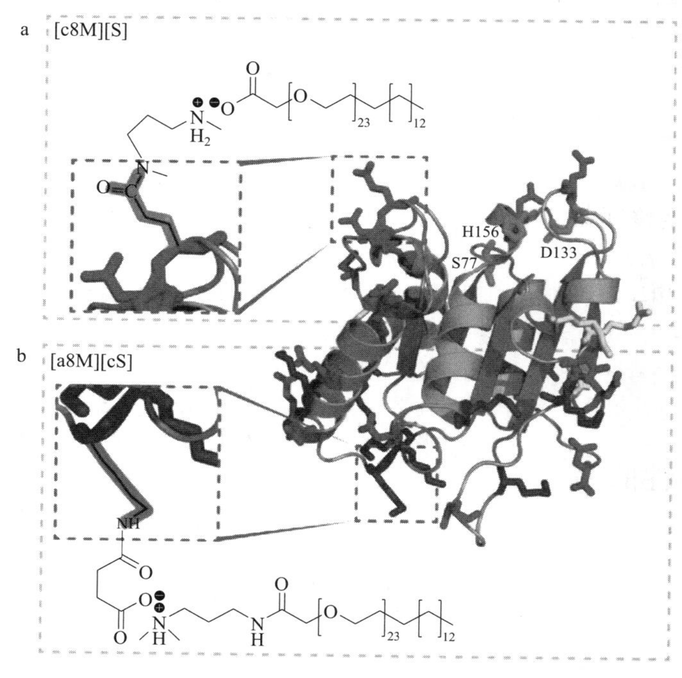

彩图 3-19

图 3-19　结合定点突变的离子化修饰

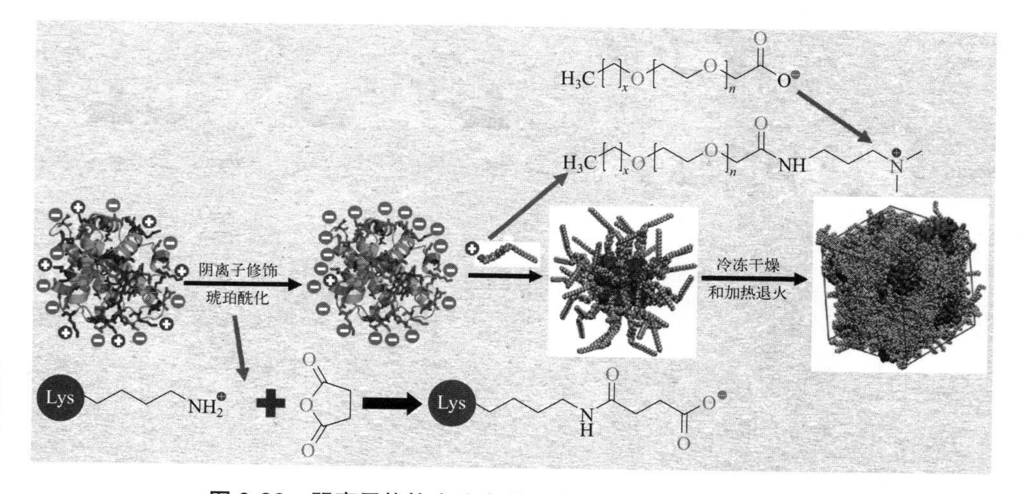

彩图 3-20

图 3-20　阴离子修饰方法合成阴离子型无溶剂液体酶途径

三、酶化学修饰的局限性

① 某种修饰剂对某一氨基酸侧链的化学修饰专一性是相对的，很少有对某一氨基酸侧链绝对专一的化学修饰剂。因为同一种氨基酸残基在不同酶分子中所存在的状态不同，所以同一种修饰剂对不同酶的修饰行为也不同。

② 化学修饰后酶的构象或多或少都有一些改变，因此这种构象的变化将妨碍对修饰结果的解释。但是，如果在实验中控制好温度、pH 等实验条件，选择适当的修饰剂，这个问题可以得到解决。

③ 酶的化学修饰只能在具有极性的氨基酸残基侧链上进行，但是X射线衍射结构分析结果表明其它氨基酸侧链在维持酶的空间构象方面也有重要作用，而且从种属差异的比较分析，它们在进化中是比较保守的。目前还不能用化学修饰的方法研究这些氨基酸残基在酶结构与功能关系中的作用。

④ 酶化学修饰的结果对于研究酶结构与功能的关系能提供一些信息，如某一氨基酸残基被修饰后，酶活完全丧失，说明该残基是酶保持活性所“必需”的，为什么是必需的，还需要用X射线和其它方法加以说明。因此化学修饰法研究酶结构与功能关系尚缺乏准确性和系统性。

⑤ 酶化学修饰的修饰率受反应进程影响比较大，因此不同批次制备的修饰酶存在性质和品质上的差异，不像酶表达的产物，因此对于修饰酶的大规模生产是个问题。严格控制酶修饰条件和修饰方法以及修饰剂的品质将在一定程度上减少这种差别。

第五节　酶化学修饰的研究进展

一、非特异性的化学修饰

通过与醛的还原烷基化作用或与酸酐反应，对赖氨酸残基进行非特异性的修饰，可以将疏水和亲水基团引入 α-胰凝乳蛋白酶，这两种方法可以使修饰酶在水-有机混合物中的有机助溶剂浓度范围加宽，在水-有机混合物中，酶的活性至少与未修饰的酶在水中的活性一样。

用 1-乙基-3（-二乙基氨丙基）-碳二亚胺（EDCI）将 *α*-环糊精、*β*-环糊精或 *γ*-环糊精（CD）偶联到胰蛋白酶中，修饰酶抗自水解的能力是未修饰酶的 5 ～ 8 倍，并且显示出更高的酯酶活性。这可能是由于 CD 的疏水结合位点处通过对底物的包含使局部浓度增高所引起的。类似的研究是用不同臂长的 EDCI 将 CD 偶联到胰蛋白酶上，除丙基-空间的 CD 修饰外，修饰酶的酯酶活性一般都提高两倍，并且热水解和自水解的稳定性都有所提高。

葡糖氧化酶（GOx）可通过酚噻嗪-聚环氧乙烷（PT-PEO）与酶表面的赖氨酸残基随机地共价结合形成一系列聚合物。这些聚合物能够在电极间发生直接的电子转移，电子转移的速度与 PEO 链的长度（分子量 0 ～ 8000）和 PT 基团的数目有关，用五个 PT-PEO 基团修饰的 GOx（分子量为 3000）具有从 $FADH_2$/FADH 到 PT^+ 的电子转移的最大速率常数（$130S^{-1}$）。在类似的研究中，EDCI 和 PT-PEO 也用于 GOx 表面的 Glu/Asp 基团的修饰，该研究也说明了 PEO3000 是最好的。

用苄氧羰基（*Z*）、*Z*-NO_2、月桂酰和乙酰对皱褶假丝酵母（*Candida rugosa*）脂肪酶（CRL）的氨基进行非特异性的修饰后，修饰酶在丙醚中，催化正丁醇与 2-（4-取代苯氧基）丙酸的酯合成反应的对映选择性有所提高，而且对映选择性（*E* 值）随各种有机溶剂 log*P* 的增加而降低。根据圆二色谱和电子自旋的研究推测，带电的 Lys 侧链发生了酰基化，使 CRL 表现出一种更加紧密、柔性较低的结构。这种改变使两种对映异构体的反应速度都降低了，但是对不太适合的 S 对映异构体影响更大。对半纯化的 CRL、洋葱假单胞菌（*Pseudomonas cepacia*）脂肪酶（PCL）

和产碱杆菌（*Alcaligenes*）属的脂肪酶的氨基进行修饰，用TNBS测定表明，在CRL中，有84%的氨基被Z基团修饰了，它在2-（4-乙基苯氧基）-丙酸丁酯的水解反应中的对映选择性（*E*值）提高了15倍，但是总体活力至少下降了10倍。*Candida arctia*脂肪酶B（CAL-B）59%的氨基被聚乙二醇修饰后，在乙烷中催化3-甲基-2-丁醇的酯化反应对映选择性提高了（*E*值从214提高到277），同时伴随反应速度下降。

用癸酰基对胰凝乳蛋白酶的非特异性修饰后观察到了与脂肪酶类似的结果。酶修饰后对D-和L-*N*-十二酰基-Phe-pNP水解反应的活性有所下降，但是对映选择性有了明显的提高。

一般可用硒代半胱氨酸作为催化基团，采取化学修饰的方法制备含硒谷胱甘肽过氧化酶。这类过氧化物酶用传统的重组DNA技术是很难对其进行修饰的。用Hilvert方法修饰谷胱甘肽转移酶（GST），修饰后的Se-GST可高效率地催化过氧化氢的还原。在这个例子中，化学修饰不仅特异地修饰活性位点的侧链，其他侧链羟基也被修饰。

二、位点专一性的化学修饰

向蛋白质中引入功能基团，虽然有很多的方法可以保证位点选择性化学修饰，但是对一个特定的蛋白质而言，在不同的环境下，同种类型的功能团之间的活性也存在不同，因而要探索有效的修饰方法（如对映选择性修饰）。作为亲核催化剂的活性位点残基能与适合的亲电体发生快速的反应，Polgar与Bender和Neet Koshland首次利用了这一点修饰了丝氨酸蛋白酶的亲核—CH_2OH侧链，但是最近这种方法仅应用于催化抗体上。Janda研究组用了一种巧妙的方法向醛缩酶引入了Cu^{2+}，Cu^{2+}可以在修饰前或修饰后引入。通过醛缩酶活性的抑制作用和Cu分析可以对修饰进行评价，通过羟胺处理可以忽略羟基乙酰化的潜在竞争反应。产生的含铜金属蛋白不能催化氧化反应，但是表现出了类似金属蛋白酶的水解活性。

根据α和侧链氨基的p*K*a的不同，将单个巯基基团（由Ellman滴定测定）引入到枯草杆菌蛋白酶carlsberg的N末端后，酶不能进行Edman降解，与2-亚氨基硫杂环戊烷盐酸盐（Traut试剂）在pH 8条件下反应，证明了修饰的位点是在N末端。

三、结合定点突变的位点选择性化学修饰

大多数生物催化剂具有精确的底物专一性，对底物缺乏普遍的适用性，这对于它们的应用常常成为一个限制因素。源自变形链球菌的葡聚糖*α*-葡糖苷酶（SmDG）可催化异麦芽寡糖或葡聚糖的非还原端*α*-1, 6-糖苷键水解。该酶具有Asp194亲核残基，及两个催化不相关的Cys残基：Cys129与Cys532。Wotoru Saburi报道了构建无Cys（2CS）突变体酶（C129S/C532S）发现其与野生型酶活力几乎相同，进而将2CS中的亲和残基Asp194突变为Cys（D194-2CS），发现该突变体水解活力大幅下降至2CS的0.00081%。之后使用KI联合氧化法将D194C-2CS中的Cys194氧化，将其水解活力提高了近330倍。通过对氧化态的D194C-2CS（Ox-D194C- 2CS）进行肽谱质量分析表明，Cys被氧化成了半胱亚磺酸残基。表征发现，Ox-D194C- 2CS与2CS的性质如最适pH、最适pI、底物特异性等均极为相似，但Ox-D194C-2CS比2CS的转苷获利更高。亚磺酸基团对羧基的替换可增强转苷活力。对半胱亚磺酸作为亲和残基的研究，可能为增加转苷活力开辟新的方向。Ox-D194C-2CS的高效转苷不仅对芳基糖苷底物有效，对天然的α-1, 6-糖苷键底物也有效。它不需要有着易于离去基团活化的底物，如氟代基团、二硝基酚之类的糖配基。这对工业生产寡糖十分有利，因为使用合成底物用作生产难度很大。因此该基因突变结合化学修饰法开辟了构建具有高效转苷活力酶的新策略。亲核羧基与广义酸碱对的距离变化会造成糖苷酶活力的大幅损失，也因此，本方法预计只限于改造以Asp作为亲核残基的保留型糖苷酶，因

为以 Glu 作为亲核残基的翻转型糖苷酶中，将 Glu 替换为半胱亚磺酸会造成催化残基间距缩短，从而大幅影响活力。

四、酶蛋白的亚硝基化修饰

一氧化氮（NO）作为细胞内的第二信使除了通过 cGMP 信号通路对细胞产生影响外，另一种信号转导途径就是与蛋白质的半胱氨酸巯基（S 端）共价连接形成稳定的亚硝基硫醇，这种修饰称为亚硝基化修饰（nitrosylation），可以调节酶活性。

1992 年 Stamler 等研究发现，NO 及其衍生物可以作用于蛋白质巯基，这一反应可以发挥 NO 的生物学活性并且比 NO 更加稳定，同年，Vedia 等发现 NO 可以作用于甘油醛-3-磷酸脱氢酶的半胱氨酸巯基（—SH），并且影响了该酶的活性。1994 年，Stamler 首次提出了蛋白质巯基亚硝基化修饰的概念，即 NO 作用于蛋白质半胱氨酸巯基（—SH）生成—SNO，并指出 NO 通过蛋白质巯基亚硝基化修饰进行氧化还原信号转导调控。

S-亚硝化与磷酸化相似，也可以激活或抑制蛋白质的生物学活性，这种调节的过程取决于靶蛋白的特性。半胱氨酸的亚硝基化需要硝基基团转移至还原的半胱氨酸上，但是生物体内的巯基亚硝基化机制仍不确定。与磷酸化相同，蛋白质亚硝基化是一种可逆的特异性修饰，分为亚硝基化和去亚硝基化。研究结果显示，蛋白质巯基亚硝基化的作用位点多发生在蛋白质的疏水区半胱氨酸上，能够被亚硝基化作用的一般只有一个或几个关键的巯基，分单亚硝基化修饰和多亚硝基化修饰。亚硝基化修饰的特异性主要受到蛋白质的空间构象的影响，Ca^{2+}、Mg^{2+}、H^+ 以及 O^{2-} 等通过对蛋白质构象调控可以起到促进亚硝基化修饰的作用。

GTPase 中也存在亚硝基化，而这个反应会加快 GTP 水解，增加细胞内 Ras-GTP 含量，影响细胞生长、增殖和分化。基质金属蛋白酶（MMP）与中风、神经退化性疾病和细胞转移相关，很多研究都表明，NO 调节 MMP 的表达和活性。郑文强等发现硝化应激对 ThrRS 氨基酰化与编校反应的抑制作用，揭示了亚硝基化修饰对哺乳动物细胞蛋白质合成的速度与精确性的调控，为揭示亨廷顿神经退行性疾病的分子机制提供了新的线索。

蛋白质亚硝基化的检测方法有很多种，例如，利用紫外分光光度计直接检测—SNO 基团、光解法测定 NO 的释放量、免疫组织化学方法等。目前应用比较广泛的生物素转化方法（biotin-switch method）是首先将样品中的蛋白质巯基用甲基硫代磺酸甲酯（methyl methanethiolsulfonate, MMTS）等化学试剂封闭，然后除去多余的封闭剂，再用抗坏血酸盐选择性还原—SNO 为自由巯基，加入 Biotin-HPDP 标记，通过蛋白质印迹用链霉素（streptravidin）-HRP 免疫标记，采用化学发光法检测。这种方法优点很多，相对于检测不稳定的—NO 基团，它直接针对硫原子检测，可应用于细胞、动物组织等复杂体系。

在研究蛋白质时，红外光谱是一种常用的手段，它能提供很多信息，包括蛋白质的骨架和氨基酸残基侧链的结构和环境。半胱氨酸的巯基信号在 2580 ～ 2525cm^{-1}，这个范围内无其它信号干扰，可以直接看到巯基振动信号，在体外实验中，我们通过可溶性鸟苷酸环化酶 β1（1-194）片段中半胱氨酸巯基状态的变化，通过巯基信号的变化检测亚硝基化反应是否发生以及反应的程度。

总结

酶具有催化效率高、专一性强和作用条件温和等许多优点，但也存在酶蛋白稳定性较差和免疫原性等缺点，限制酶的应用，对酶蛋白的化学修饰是解决这些问题的重要方法之一。通过对酶分子主链和侧链基团的修饰，不仅可以知道酶活性中心在主链上的位置、了解主链的不同位置对酶的催化功能的贡献，研究各种侧链基团对酶分子的结构与功能的影响，而且还可能引起酶学性质和酶功能的变化，人为地改变天然酶的某些性质，提高酶活性、增强在不良环境中的稳定性、解除免疫原性，创造天然酶所不具备的某些优良特性甚至创造出新的活性，扩大酶的应用范围、提高酶的使用价值。除酶分子主链和侧链基团的修饰外，酶的亲和修饰以及化学交联修饰也是酶化学修饰的重要手段。

用蛋白质工程技术，可以获得修饰酶。然而，这些方法只局限于20种能产生蛋白质的氨基酸。目前已经开发出了一些巧妙的分子生物学技术，可以将非天然的氨基酸引入到蛋白质中。尽管在这项技术中，更多复杂氨基酸的使用受到限制，但它向我们展示了一种获得更多非天然氨基酸修饰酶的新愿景。对酶的化学修饰而言，氨基酸侧链的化学修饰可以引入更多的几乎是无限定的各种基团，但是它们引入的反应都是非特异性的。因此，尽管酶的化学修饰具有简单、多样等很多潜在的优势，今后还是应该开发有选择性的、高效的酶化学修饰的新策略。蛋白质化学修饰技术与分子生物学技术相结合，给酶的修饰带来美好的前景。

习题

1. 什么是酶分子化学修饰？
2. 酶分子修饰的基本要求和条件有哪些？
3. 酶修饰后的性质如何变化？
4. 酶分子的哪些侧链可以被修饰？修饰反应有哪些类型？

参考文献

[1] 周海梦，王洪睿. 蛋白质化学修饰. 北京：清华大学出版社，1998.
[2] 陶慰孙，李维，姜涌明，等. 蛋白质分子基础. 第2版. 北京：高等教育出版社，1995.
[3] 王镜岩，朱圣庚，徐长法，等. 生物化学上册. 第3版. 北京：高等教育出版社，2002.
[4] 邹承鲁，周筠梅，周海梦，等. 酶活性部位的柔性. 济南：山东科学技术出版社，2004.
[5] 武忠亮，郭亚利，唐云明. 烟草叶片蔗糖酶的化学修饰. 西南师范大学学报（自然科学版），2006, 31(4): 148.
[6] 栾兴社，张长铠，黄俊，等. 生物絮凝剂产生菌节杆菌LF-Tou2葡萄糖基转移酶的性质与化学修饰. 化工科技，2006, 14(4): 16.
[7] 郝建华，王跃军，袁翠，等. 海洋假单胞杆菌QD80低温碱性蛋白酶的化学修饰. 应用与环境生物学报，2006, 12(3): 371.
[8] Gote M M, Khan M I, Khire J M. Active site directed chemical modification of alpha-galactosidase from Bacillus stearothermophilus (NCIM 5146): Involvement of lysine, tryptophan and carboxylate residues in catalytic site, Enzyme and Microbial Technology, 2007, 40: 1312-1320.
[9] Shimojo K, Nakashima K, Kamiya N, et al. Crown ether-mediated extraction and functional conversion of cytochrome C in ionic liquids. Biomacromolecules, 2006, 7: 692.
[10] Srimathi S, Jayaraman G, Narayanan P R. Improved thermodynamic stability of subtilisin Carlsberg by covalent modification, Enzyme and Microbial Technology, 2006, 39: 301.
[11] Sangeetha K, Abraham T E. Chemical modification of papain for use in alkaline medium. Journal of Molecular Catalysis B-Enzymatic, 2006, 38: 171.
[12] Tavakoli H, Ghourchian H, Moosavi-Movahedi A A, et al. Histidine and serine roles in catalytic activity of choline oxidase from Alcaligenes species studied by chemical modifications. Process Biochemistry, 2006, 41: 477.
[13] Hongtao C, Liping X, Zhenyan Y, et al. Chemical modification studies on alkaline phosphatase from pearl oyster (*Pinctada fucata*): a substrate reaction course analysis and involvement of essential arginine and lysine residues at the active site. International Journal of Biochemistry & Cell Biology, 2005, 37: 1446.
[14] Fernandez M, Fragoso A, Cao R, et al. Stabilization of alpha-chymotrypsin by chemical modification with monoamine

cyclodextrin. Process Biochemistry, 2005, 40: 2091.

[15] Ahmed S A, El-Shayeb N M A, Hashem A G M, et al. Chemical modification of *Aspergillus niger* beta-glucosidase and its catalytic properties. Brazilian Journal of Microbiology, 2015, 46: 23.

[16] Gonzalez-Bello C, Tizon L, Lence E, et al. Chemical Modification of a Dehydratase Enzyme Involved in Bacterial Virulence by an Ammonium Derivative: Evidence of its Active Site Covalent Adduct. Journal of the American Chemical Society, 2015 137: 9333-9343.

[17] Saburi W, Kobayashi M, Mori H, et al. Replacement of the Catalytic Nucleophile Aspartyl Residue of Dextran Glucosidase by Cysteine Sulfinate Enhances Transglycosylation Activity. Journal of Biological Chemistry, 2013, 44: 31670-31677.

[18] Stamler J S, Singel D J, Loscalzo J. Biochemistry of nitric oxide and its redox-activated forms. Science, 1992, 258: 1898.

[19] Stamler J S. S-nitrosothiols in the blood: roles, amounts, and methods of analysis. Circulation Research, 2004, 94: 414.

[20] Stamler J S. Redox signaling: nitrosylation and related target interactions of nitric oxide. Cell, 1994, 78: 931.

[21] Hess D T, Matsumoto A, Kim S O, et al. Protein S-nitrosylation: purview and parameters. Nature reviews Molecular cell biology, 2005, 6: 150.

[22] Raines K W, Bonini M G, Campbell S L. Nitric oxide cell signaling: S-nitrosation of Ras superfamily GTPases. Cardiovascular Research, 2007, 75: 229.

[23] Zaragoza C, E López-Rivera C, García-Rama, et al. Cbfa-1 mediates nitric oxide regulation of MMP-13 in osteoblasts. Journal of cell science, 2006, 119: 1896.

[24] Wenqiang Z, Yuying Z, Qin Y, et al. Nitrosative stress inhibits aminoacylation and editing activities of mitochondrial threonyl-tRNA synthetase by S-nitrosation. Nucleic Acids Research, 2020, 48: 6799.

[25] Burgoyne J R, Eaton P. A rapid approach for the detection, quantification, and discovery of novel sulfenic acid or S-nitrosothiol modified proteins using a biotin-switch method. Methods in Enzymology, 2010, 473: 281.

[26] Jaffrey S R, Snyder S H. The biotin switch method for the detection of S-nitrosylated proteins. Science's STKE, 2001, 86: pl1.

[27] Li L, Dandan W, Haoran X, et al. The process of S-nitrosation in sGC β1 (1–194) revealed by infrared spectroscopy. Journal of Molecular Structure, 2015, 1089: 102.

[28] Yuchuan W, Pengcheng L, Jiao C, et al. Site-specific selenocysteine incorporation into proteins by genetic engineering. ChemBioChem, 2021, 22: 2918.

[29] Xiaojin A, Chao C, Tianyuan W, et al. Genetic Incorporation of Selenotyrosine Significantly Improves Enzymatic Activity of Agrobacterium radiobacter Phosphotriesterase. ChemBioChem, 2021, 22: 2535.

[30] Zhaopeng Z, Xuzhen G, Minling Y, et al. ChemBioChem, Identification of Human IDO1 Enzyme Activity by Using Genetically Encoded Nitrotyrosine, 2020, 21: 1593.

第四章
人工酶

孙鸿程　刘俊秋

第一节　引言

在自然界长期的发展和进化过程中，生命体展现了无与伦比的神奇功能。具有高效催化、专一识别等绝妙的生物机能的酶分子就是生命体进化的杰作之一。20 世纪的大部分时期，科学家一直将模拟手段作为阐明自然界中生物体行为的基础。早在 20 世纪中叶，人们就已认识到学习大自然，研究和模拟生物体系是开辟新技术的途径之一，并自觉地把生物界作为各种技术思想、设计原理和发明创造的源泉。通过对生物体系的结构与功能的研究，为设计和创造新的技术提供新思想、新原理、新方法和新途径。

受自然的启发引导，科学工作者通过探索，实现了高效化学反应、产品检测以及反应后处理等，其中酶催化扮演着极其重要的角色。酶是具有催化功能的蛋白质，是自然界经过长期进化而产生的生物催化剂，它有着所有催化剂的共性：少量酶存在即可大大加快反应速度。同时，酶也有着不同于其它催化剂的特性，如反应条件温和、更高的催化效率和反应专一性等。有些酶还需要辅酶或辅基参与催化，具有奇特的酶活性调节能力。因此，设计一种像酶那样的高效催化剂一直是科学家们追求的目标，而对酶功能的模拟也是当今自然科学领域中的前沿研究课题之一。虽然天然酶作为高效的催化剂得到了日趋广泛的应用，但由于其价格昂贵、提纯与储藏困难、易变性失活等缺点又限制了它的规模开发和利用。于是，新的催化剂——人工模拟酶被研制和开发，并逐渐受到人们的重视，为可持续化学的发展提供了新的切入点。20 世纪 80 年代以来，化学家对利用简单的分子模型构建酶的特征进行了深入研究。原因除了它的应用前景之外，包括化学模型可以帮助我们认识酶的作用机制，即理解酶为什么具有如此高的催化效率，其生物体内研究使许多酶催化的反应得到了详细的解释。除此之外，实际需要同样也促使人们研究开发具有酶功能的人工酶体系用于实际生产。

有关生物酶模拟的研究大致分为以下三个层次：①简单模拟，模拟物只含有与天然酶分子相同的功能因子，如超氧化物歧化酶（SOD）是以铜离子或其他离子为辅基的蛋白质配合物，而螯合铜的某些氨基酸或羟基配合物即可用作模拟物，它们具有一定程度的 SOD 活性，尽管模拟物的作用机理、选择性及反应效率不同于天然酶，但因其可大量合成，仍有实用价值；②模拟天然酶活性中心结构，人们利用环糊精等大环化合物空腔作为底物识别部位，在其边缘修饰衍生催化基团，进行诸如酶催化机理等研究；③整体模拟，这种模拟是酶的高级模拟形式，需要考虑底物识别部位与催化部位之间的协同性，其活性中心设计在一个特定的微环境和整体结构之中，模拟酶具有包括微环境在内的整个类天然酶的活性部位。

诺贝尔奖获得者 Cram、Pedersen 与 Lehn 相互发展了对方的经验，创造性提出了主-客体化学和超分子化学，为模拟酶的研究奠定了重要的理论基础。根据酶催化反应机理，若合成出具有酶活性部位催化基团的主体分子，同时它又能识别结合底物，并与之发生特异性分子间相互作用，就能有效模拟天然酶分子的催化过程。随着生命科学与化学的相互交叉和渗透，模拟酶的研究成果已在生化分析中得到广泛应用。本章对人工酶的理论基础、概念、分类和设计人工酶的基本要素进行介绍，重点阐述合成酶和印迹酶的成功例子以及人工模拟酶的发展前景，以期推动它们在分析、有机合成及酶学工程等领域的进一步深入研究与应用。

第二节　人工酶概述

一、概念

人工酶又称模拟酶或酶模型，它属于生物有机化学的一个分支，是化学生物学的重要组成部分。由于天然酶的种类繁多，模拟的途径、方法、原理和目的不同，对模拟酶至今没有一个公认的定义。一般说来，它的研究就是吸收酶中那些起主导作用的因素，利用有机化学、生物化学等方法设计和合成一些较天然酶简单的非蛋白质分子或蛋白质分子，以这些分子作为模型来模拟酶对其作用底物的结合和催化过程，也就是说，人工模拟酶是在分子水平上模拟酶活性部位的形状、大小及其微环境等结构特征，以及酶的作用机理和立体化学等特性。可见，人工酶是从分子水平上模拟生物功能。

20 世纪 70 年代以来，随着蛋白质结晶学、X 射线衍射技术及光谱技术的发展，人们对许多酶的结构有了较为深入的了解，并能在分子水平上对酶的结构及其作用机理作出解释。动力学方法的发展以及对酶的活性中心、酶抑制剂复合物和催化反应过渡态等结构的描述促进了酶作用机制的研究进展，为人工模拟酶的发展注入了新的活力。目前，较为理想的小分子仿酶体系有环糊精、冠醚、环蕃、环芳烃和卟啉等大环化合物等；大分子仿酶体系主要有合成高分子仿酶体系和生物高分子仿酶体系。合成高分子仿酶体系有聚合物酶模型、分子印迹酶模型和胶束酶模型等，而生物高分子仿酶体系则是利用化学修饰和基因突变等手段改造天然蛋白质产生具有新的催化活性的大分子人工酶，抗体酶的出现和快速发展为人工酶的模拟开辟了一条新的道路。

二、理论基础

1. 人工酶的酶学基础

酶是如何发生效力的？对酶的催化机制，人们提出了很多理论，试图从不同角度阐述酶发挥高效率的原因。在众多的假说中，Pauling 的稳定过渡态理论获得了人们广泛的认可。因此，目前对酶的催化机制解释是酶先对底物结合，进而选择性稳定某一特定反应的过渡态（TS），降低反应的活化能，从而加快反应速度。

设计模拟酶一方面要基于酶的作用机制，另一方面则基于对简化的人工体系中识别、结合和催化的研究。要想得到一个真正有效的模拟酶，这两方面就必须统一结合。在实际设计过程中，催化基团的定向引入对催化效率的提高至关重要。除此之外，还要考虑模拟酶与底物定向结合能力，它应与天然酶一样，能在底物结合中通过底物的定向化、键的扭曲及变形来降低反应的活化能。此外，酶模型的催化基团和底物之间必须具有相互匹配的立体化学特征，这对形成良好的反应特异性和催化效力是相当重要的。

2. 超分子化学

Pedersen 和 Cram 报道了一系列光学活性冠醚的合成方法。这些冠醚可以作为主体而与伯胺盐客体形成复合物。Cram 把主体与客体通过配位键或其他次级键形成稳定复合物的化学领域称为“主-客体化学”（host-guest chemistry）。本质上，主-客体化学的基本意义来源于酶和底物的相互作用，体现为主体和客体在结合部位的空间及电子排列的互补，这种主-客体互补与酶-底物结合情况近似。另一位法国的著名科学家Lehn也在这方面做出了非凡的贡献，它在研究穴醚和大环化合物与配体络合过程中，提出了超分子化学（supramolecular chemistry）的概念，并在此理论的指导下，合成了更为复杂的主体分子。他在发表的《超分子化学》一文中阐明：超分子的形成源于底物和受体的结合，这种结合基于非共价键相互作用，如静电作用、氢键和范德瓦耳斯力等。当接受体与络合离子或分子结合成具有稳定结构和性质的实体，即形成了“超分子”，它兼具分子识别、催化和选择性输出的功能。

Cram、Pedersen和Lehn在人们长期寻求合成与天然蛋白质功能一样的有机化合物方面取得了开拓性成果，由此获得1987年诺贝尔化学奖。主-客体化学和超分子化学已成为人工模拟酶研究的重要理论基础。根据酶催化反应机理，若合成出能识别底物又具有酶活性部位催化基团的主体分子，就能有效地模拟酶的催化过程。

在设计模拟酶之前，应对天然酶的结构和酶学性质进行深入地了解：①酶活性中心-底物复合物的结构；②酶的专一性及其同底物结合的方式与能力；③反应的动力学及各中间物的知识。设计人工酶模型应考虑如下因素：非共价键相互作用是生物酶柔韧性、可变性和专一性的基础，故理想的酶模型需为底物提供良好的微环境，便于与底物，特别是反应的过渡态以离子键、氢键等结合；精心挑选的催化基团必须相对于结合点尽可能同底物的功能团相接近，以促使反应定向发生；模型应具有足够的水溶性，并在接近生理条件下保持其催化活性。

应该指出，在设计人工酶方面尽管有上述理论作指导，但是，目前尚缺乏系统、定量的理论作指导。令人欣喜的是，大量的实践证明，酶的高效性和高选择性并非天然酶所独有，人们利用各种策略发展了多种人工酶模型。目前，在众多的人工模拟酶中，已有部分非常成功的例子，它们的催化效率和高选择性可与生物酶相媲美。

第三节　合成酶

根据Kirby分类法，人工模拟酶类型可分为：①模拟酶活性中心为基础的酶模型（enzyme-based mimics），即以化学方法通过天然酶活性的模拟来重建和改造酶活性；②机理酶模型（mechanism-based mimics），即通过对酶作用机制诸如识别、结合和过渡态稳定化的认识，来指导酶模型的设计和合成；③单纯合成的酶样化合物（synzyme），即一些化学合成的具有酶样催化活性的简单分子。

Kirby分类法基本上属于合成酶的范畴。按照人工模拟酶的属性，人工模拟酶可分为：①主-客体酶模型，包括环糊精、冠醚、穴醚、杂环大环化合物和卟啉类等；②胶束酶模型；③肽酶；④半合成酶；⑤分子印迹酶模型；⑥抗体酶等。近年来又出现了杂化酶和进化酶。对酶的模拟已不仅限于化学手段，基因工程和蛋白质工程等分子生物学手段也正在发挥越来越大的作用。化学和分子生物学方法的结合使酶模拟更加成熟起来。本章重点介绍合成酶和分子印迹酶。抗体酶、杂化酶和进化酶将在生物酶工程篇中介绍。

一、主-客体酶模型

1. 环糊精酶模型

环糊精（cyclodextrin，简称CD）是由多个D-葡萄糖以1, 4-糖苷键结合而成的一类环状低聚糖（图4-1）。根据葡萄糖数量的不同，可分为6个、7个及8个单元的环糊精3种，它们分别被称

为 α-环糊精、β-环糊精、γ-环糊精。它们均是略呈锥形的圆筒，其伯羟基和仲羟基分别位于圆筒较小和较大开口端。这样，CD 分子外侧是亲水的，其羟基可与多种客体形成氢键。而其内侧是 C3、C5 上的氢原子和糖苷氧原子组成的空腔，故具有一定的疏水性，因而能选择性地包结多种疏水客体分子，很类似酶对底物的识别。作为人工酶模型的主体分子虽有若干种，但迄今被广泛采用且较为优越的当属环糊精。

CD 分子和底物的结合常数为 $10^2 \sim 10^4$L/mol，不及某些酶对底物的结合常数大，因此以 CD 为主体的仿酶研究工作过去主要集中在对 CD 的修饰上，即在 CD 的两面引入催化基团，通过柔性或刚性加冕引入疏水基团，从而改善 CD 的疏水结合和催化功能，这样得到的修饰 CD 通常只有单包结部位和双重识别作用。由于酶是通过对底物的多部位包结并具有多重识别位点来实现酶促反应的高效性和高选择性的，为了增加环糊精的仿酶效果，近年来相继出现了桥联环糊精和聚合环糊精，以它们为仿酶模型可以得到双重或多重疏水结合作用和多重识别作用，其结合常数可达 10^8L/mol 或更高，这样的结合常数已超过了单一 CD 仿酶模型和一些酶对底物的结合常数，而且相当于中等亲和力的抗体对抗原的结合常数，为环糊精的仿酶研究创造了条件。

目前，利用环糊精为酶模型，已成功对多种酶的催化功能进行了模拟。在水解酶、核糖核酸酶、转氨酶、氧化还原酶、碳酸酐酶、硫胺素酶和羟醛缩合酶等方面都取得了很大的进展。

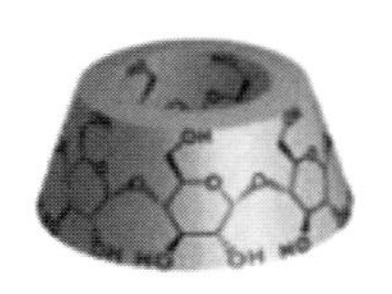
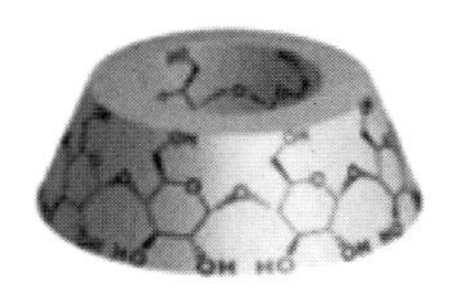
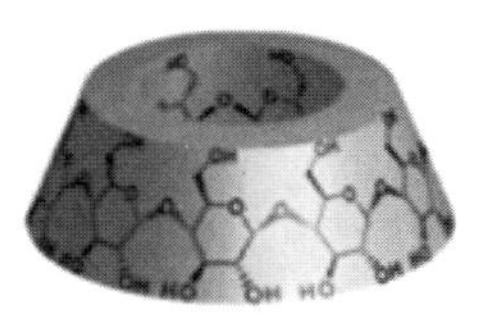

项目	α-CD	β-CD	γ-CD
分子量	972	1135	1297
葡萄糖单元数	6	7	8
空洞径	4.7	6.0	7.5
空洞高	7.9	7.9	7.9

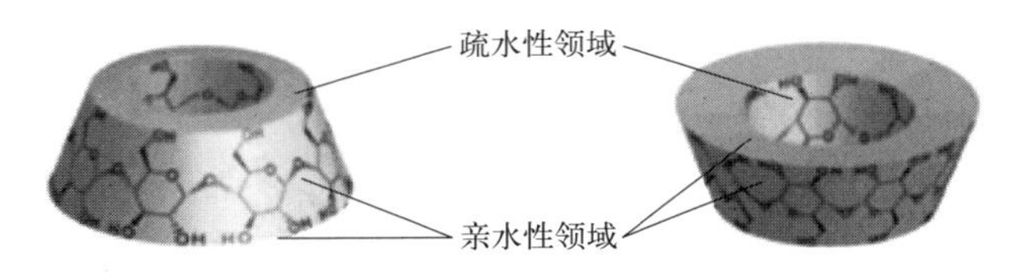

彩图 4-1

图 4-1　环糊精结构示意图

（1）水解酶的模拟

α-胰凝乳蛋白酶是一种蛋白水解酶。它具有疏水性的环状结合部位，能有效包结芳环，催化位点中包含有 57 号组氨酸咪唑基、102 号天冬氨酸羧基及 195 号丝氨酸羟基，三者共同组成了所谓的“电荷中继系统”，在催化底物水解时起关键作用。Bender 等实现了将电荷中继系统的酰基酶催化部位引入 CD 的第二面，成功制备出了人工酶 β-Benzyme（见图 4-2），它催化对叔丁基苯基乙酸酯（p-NPAc）的水解的速率比天然酶快一倍以上，k_{cat}/K_m 也与天然酶相当。β-Benzyme 曾以实现了天然酶的高效催化作用机理而闻名于世。

组氨酸咪唑基在水解酶催化中起着重要作用，其能够有效催化酯基水解，因此将咪唑与环糊精连接会获得更理想的人工模拟酶。Rama 等人将咪唑在 N 上直接与 CD 的 C3 相连，所得的模型［图 4-2（a）］催化 p-NPAc 的水解比天然酶快一个数量级。Toda 等人通过优化对底物的识别能力，提高酶催化水解能力，其研究发现双环糊精偶联结构［图 4-2（b）］的人工酶模型能够更有效地与疏水底物结合，进而进一步提高酶催化能力。

著名科学家 Breslow 在环糊精仿酶领域做了大量出色的工作，他认为模拟酶增加催化效率的关键是要增加环糊精对底物过渡态的结合能力，最简单的方法是修饰底物来增加底物同 CD 的结合，从而可能增加对过渡态的结合。他们设计了一系列以二茂铁、金刚烷为结合位点的硝基苯酯［如图 4-2（c）］，CD 本身作为催化剂可加速酯水解达 10^5 ～ 10^6 倍。

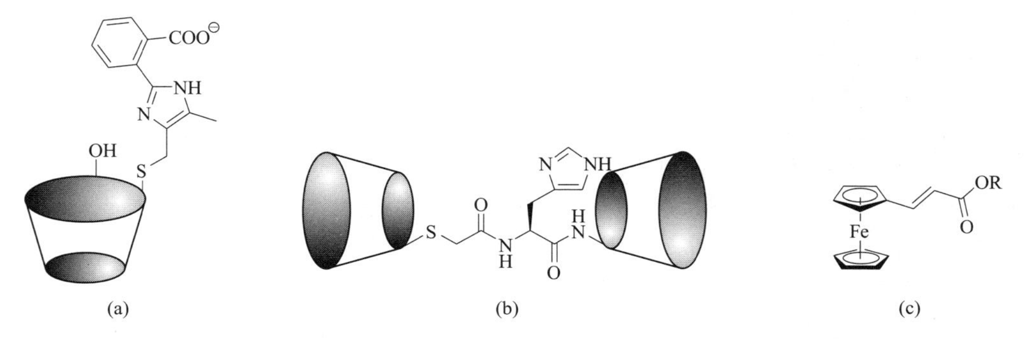

图 4-2　水解酶模型

（2）转氨酶（transaminase）的模拟

磷酸吡哆醛和磷酸吡哆胺是许多涉及氨基酸代谢过程的酶促转化的辅酶，在与其它适量酶共存时，它们往往参与了氨基酸通路中多种碳-碳键形成和裂解、重排等。其中最重要的是转氨酶催化的酮酸与氨基酸之间的相互转化。吡哆醛（胺）本身亦能实现转氨作用，但由于辅酶本身无底物结合部位，反应速度远不如酶存在时快。显然，有效的转氨酶模型除了具有辅酶体系外，还应有特定的结合部位，这种结合部位能够选择性地与底物形成复合物。

1980 年 Lauer 团队报道了第一个人工转氨酶模型，其通过单硫醚键将吡哆胺与环糊精键合形成催化识别为一体的分子酶结构［如图 4-3（a）］。其展现出与吡哆胺一致的酶催化能力，能够快速将 *α*-酮酸转化为 *α*-氨基酸，而且其存在下，苯并咪唑基酮酸转氨基速度比吡哆胺单独存在时快 200 倍，而且表现出良好的底物选择性。以上结论说明，CD 空腔能稳定结合类似亚胺中间体的过渡态是提高速率的关键。由于 CD 本身具有手性，可以预料产物氨基酸亦应该具有光学活性，事实上产物中 D 型、L 型异构体的含量确实不同，说明该人工酶有一定的立体选择性。图 4-3（a）所示酶的不足之处在于它不具备催化基团。Tabushi 等进一步将催化基团与氨基共同引入 CD 得到全新模拟酶［如图 4-3（b）］。乙二胺的引入不仅使反应速度提高 2000 倍以上，还为氨基酸的形成创造了一个极强的手性环境。靠近乙二胺一面的质子转移受到抑制，从而表现出很好的立体选择性。虽然报道了相当好的选择性，但已经证明很难重复这些发现。在一些替代方法中，光学诱导确实是用相关催化剂［如图 4-3（c）］产生的，但迄今为止没有高 90% 的选择性。

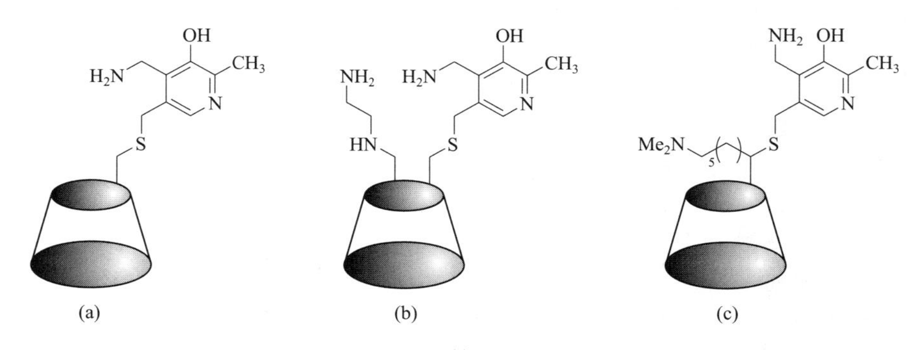

图 4-3　转氨酶模型

（3）桥联环糊精仿酶模型

桥联 CD 也是一类优秀的仿酶模型，它的两个 CD 及桥基上的功能基构成了具有协同包结和多重识别功能的催化活性中心，能更好地模拟酶对底物的识别与催化功能。

近年来，人们对环糊精识别氨基酸残基和小肽做了很多工作，如环糊精对苯丙氨酸、酪氨酸和色氨酸的识别及其衍生物的催化，但对潜在的小肽作为底物的研究却很少。Breslow 研究小组最近发展了一种新方法，试图利用组合化学技术筛选与环糊精客体具有高选择性结合的小肽分子，以便获得高活性的催化水解肽酶模型。他们制备了含镍的水杨酚环糊精复合物 A、B（图 4-4），以它们为受体在三肽库中进行筛选。此库含有氨基酸编码 AA3-AA2-AA1-NH$(CH_2)_2$-TentaGel, 库容量为 29^3（24389）。筛选结果表明，含有 L-Phe-D-Pro-X 和 D-Phe-L-Pro-X 结构的三肽对环糊精具有非常显著的选择性结合能力，这为获得高活力的肽催化水解酶模型开辟了一条新路。

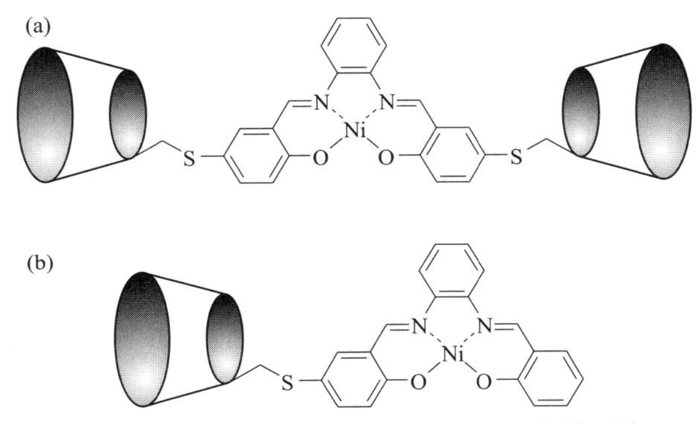

图 4-4　在肽库中筛选特异性小肽的环糊精受体

细胞色素是机体内重要的抗氧化酶，人们对它进行了多种模拟。以环糊精为主体分子合成了很多模型系统，其中最主要的模型系统是 Breslow 研究小组合成的四桥联环糊精模拟 P-450 酶模型。它的设计别具匠心，它将 P-450 酶活性中心的金属卟啉分子与 4 个环糊精分子相连构成了既具有底物结合部位又有催化基团的小分子酶模型。为了催化甾体 C9 的特异性羟化，他们设计了与环糊精空腔特异性结合的底物。此底物分子是经甾体与叔丁基苯衍生物酯化，引入与环糊精特异结合的叔丁基苯。研究发现在亚碘酰基苯（PhIO）氧化下，四桥联环糊精酶模型将底物Ⅰ完全转化为 C6 羟基Ⅳ，表现出相当高的立体选择性。计算机分子模型系统研究显示，甾体的 C6 正好与四桥联环糊精酶模型中的卟啉环接近。结合计算机模拟，如果引入第三个结合部位，使甾体环与卟啉环面对面接近，则底物的 C9 正好与卟啉金属中心定向。他们将 6 位羟基引入了第三个叔丁基苯，这样 3 个叔丁基苯基与酶模型中的 3 个环糊精形成三点结合复合物，结果酶模型空间选择催化甾体 C9 位氢氧化为羟基。由于羟化后的甾体可转化成重要的药物烯烃中间体，因而此催化酶模型具有很大的应用潜力。

（4）环糊精谷胱甘肽过氧化物酶模型

在人工酶的设计中，与人类健康和疾病相关的酶的模拟受到了广泛关注。其中，一种抗氧化剂硒酶，谷胱甘肽过氧化物酶（glutathione peroxidase, GPx），由于其能够利用谷胱甘肽（GSH）三肽为底物催化还原氢过氧化物（ROOH），并在体内维持活性氧物种（ROS）的代谢平衡，从而保护生物膜和其他细胞组分免受氧化损伤，已成为备受关注的课题。不仅如此，其在治疗和预防克山病、心血管病、肿瘤等疾病方面具有明显效果。但是，此酶的来源有限，稳定性差以及分子量大等缺点限制了它的实际应用。因此，模拟这种重要的抗氧化酶的功能不仅有助于阐明硒酶的催化机制，而且对潜在的药物应用也很重要。

在这方面，Sies 等人进行了开创性的工作，设计的 2-苯基-1, 2-苯并异硒唑-3(2*H*)-酮，现在作为一种潜在的抗氧化剂药物正在临床试验中使用。受此启发，大量的乙硒醚衍生物、环硒酸酯、螺二氧硒脲（一系列基于 Se-N/Se-O 键的有机硒化合物）和各种有机碲化合物被广泛报道。

为克服以往 GPx 模拟物如 PZ51 无底物结合部位的缺点，罗贵民和刘俊秋课题组利用环糊精的疏水腔作为底物结合部位，硒原子或同族碲原子为催化基团，制备出系列含硒或者含碲环糊精，通过确立构效关系，成功建立了基于环糊精的 GPx 模拟酶分子库（如图 4-5）。首例以环糊精为基础的硒酶模型为模型化合物 1，它是通过在环糊精第一面引入双硒基团得到的。当以 GSH 为底物时，这个模型化合物表现出较高的还原 H_2O_2 能力，其 GPx 活力是国际上最好的 GPx 拟物 PZ51 的 4.3 倍。在这项工作之后，刘俊秋团队还报道了 β-CD 六号位结合有二硒化物基团的酶模型（2）。与 1 相比，2 的较高活性可能是由于底物 GSH 优先结合到 β-CD 的第二表面。在该研究的扩展中，尝试将两个硒醇基团或环己胺引入 β-CD 的同一面导致了新的酶模型 5 和模型 6，即化合物 5 中的两个硒酚基团暴露于空气中时存在于硒酸中。由于额外的催化硒部分，该模型化合物的催化活性明显高于模型化合物 1。研究表明：在环糊精第二面引入双硒桥联的酶模型比第一面引入表现出更高的酶活力。这种高活力可能是由于底物 GSH 更倾向于优先与 β-环糊精中相对开放的第二面结合。

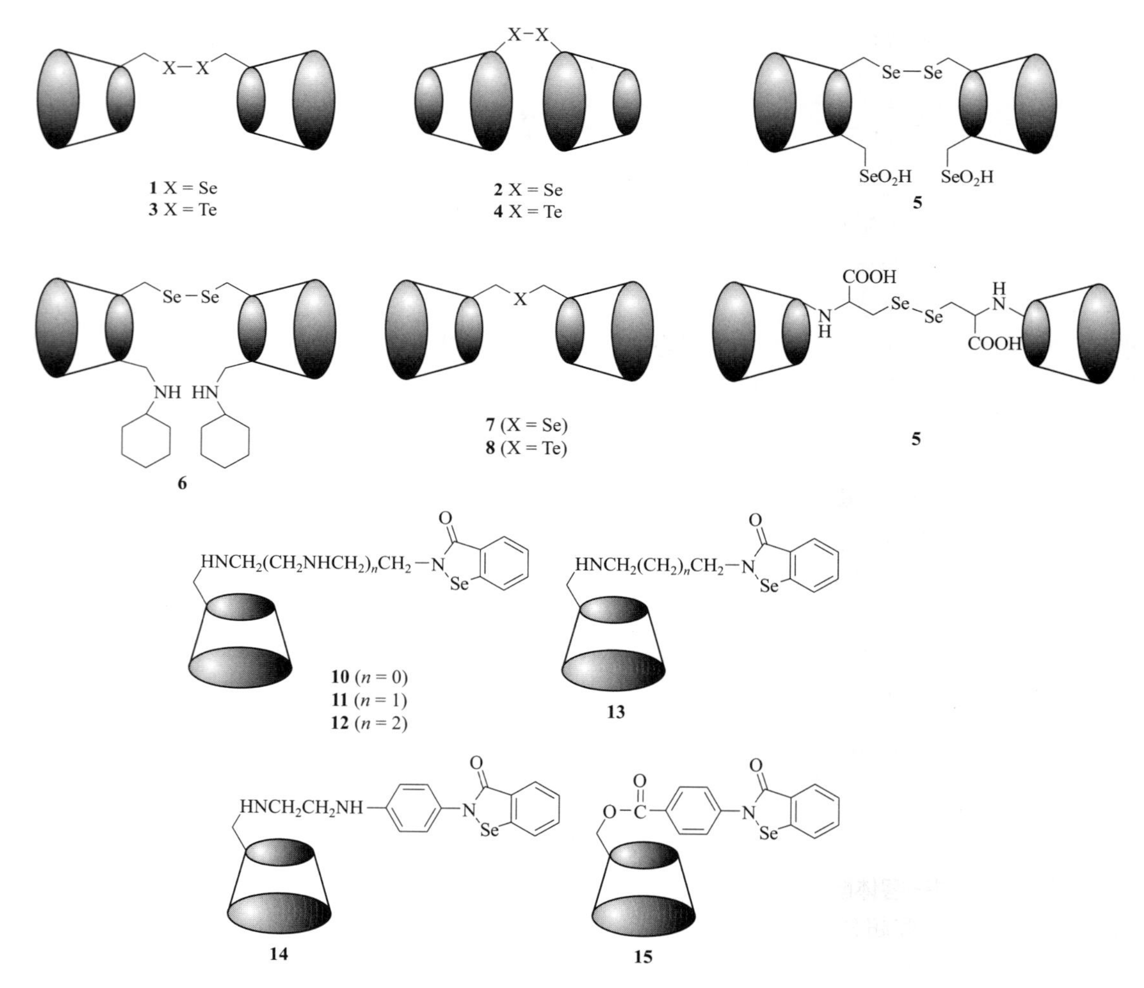

图 4-5　环糊精硒酶模型

受硒环糊精酶模型成功构建的启发，类似地，报道了碲环糊精模型。将双碲基团引入环糊精得到了 GPx 模型 3（2-TeCD）和模型 4（6-TeCD）（如图 4-5）。正如预期的那样，与硒相比，碲更敏感的氧化还原性质赋予了酶模型 3 和模型 4 比模型 1 和模型 2 分别更高的催化活性。2-TeCD 可以容纳各种结构上截然不同的硫醇化合物和氢过氧化物为底物，而催化活力则取决于硫醇和氢过氧化物两者自身的特性。2-TeCD 以 GSH 为底物催化 H_2O_2 还原的能力是 PZ51 的 46 倍。为了提高环糊精体系的催化效率，刘俊秋研究小组选择芳香硫醇 3-羧基-4-硝基苯硫酚（ArSH）作为硫醇底物代替 GSH，结果发现 2-TeCD 表现出极高的底物特异性和显著的催化效率，其还原 t-BuOOH 的效率达 GPx 模拟物二苯二硒的 350000 倍。稳态动力学表明二级速率常数 k_{max}/k_{ArSH} 为 $1.05\times10^7 L\cdot mol^{-1}\cdot min^{-1}$，同天然 GPx 酶催化活性相近。

通过紫外光谱、^1H NMR 以及分子模拟等手段研究 ArSH 同 β-环糊精的复合，研究结果表明 ArSH 同 β-环糊精的空腔在尺寸上能很好契合。而且，动力学数据表明 2-TeCD 的催化效率很大程度上取决于两个底物的尺寸和形状，以及 2-TeCD 对于两个底物的竞争性识别。2-TeCD 的催化机制同天然 GPx 一样，均符合“乒乓”机制，并且通过碲醇、亚碲酸、碲硫化物的形式发挥酶活力。通过 PZ51 与环糊精的偶联，刘育等人合成出一系列的具有 PZ51 基团的有机硒环糊精。这些模型的 GPx 力较低（0.34 ～ 0.86U/μmol），但却展现出很高的 SOD 活力（121 ～ 330U/mg）。对于环糊精衍生物酶模型的研究表明，在硒酶模拟物设计中应考虑底物识别在构建人工酶方面的重要作用。小分子硒酶和碲酶模拟物的成功制备为新型抗氧化药物的开发奠定了坚实的基础。

近些年来，通过两亲性分子自组装形成的超分子纳米管引起了广泛的兴趣，人们使用这些自组装的纳米管作为骨架构建了人工酶模型。例如，刘俊秋等人借助分子印迹的方法将酶的功能体有序地组装在超分子纳米管的表面构建了一类人工的 GPx 模拟酶（如图 4-6）。研究者通过将亲水的环糊精和疏水的长链复合可以形成两亲性的组装基元，随后在水中使其进行自组装时就可以得到均匀的纳米管结构，其直径可以达到 500nm。随后，他们以 GSH 作为模板，通过印迹的方法在组装体系中加入催化中心硒代环糊精和底物结合位点胍基化环糊精，可以得到预定位的有序结构。这种纳米管结构具有动态稳定性，并且在体外表现出了较高的 GPx 酶活性。

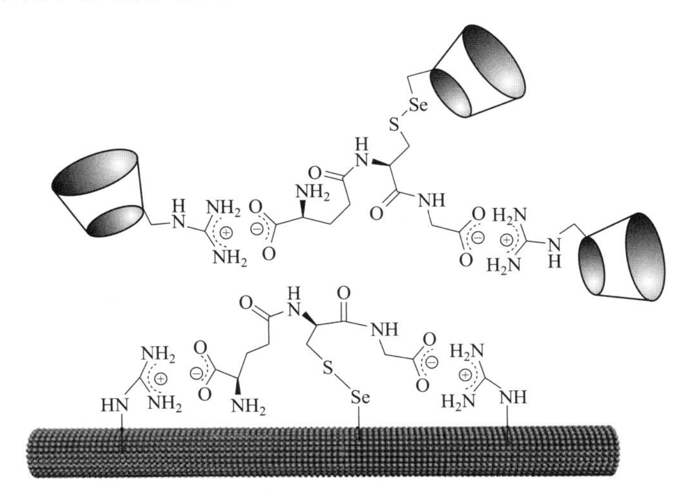

图 4-6 基于环糊精自组装的纳米管 GPx 人工酶模型

2. 合成的主-客体酶模型

主-客体化学和超分子化学的迅速发展极大地促进了人们对酶催化的认识，同时也为构建新的模拟酶创造了条件。除天然存在的宿主酶模型（如环糊精）外，人们合成了冠醚、穴醚、环蕃、柱芳烃、杯芳烃等大环多齿配体用来构筑酶模型。目前，科学家们已经获得了很多较成功

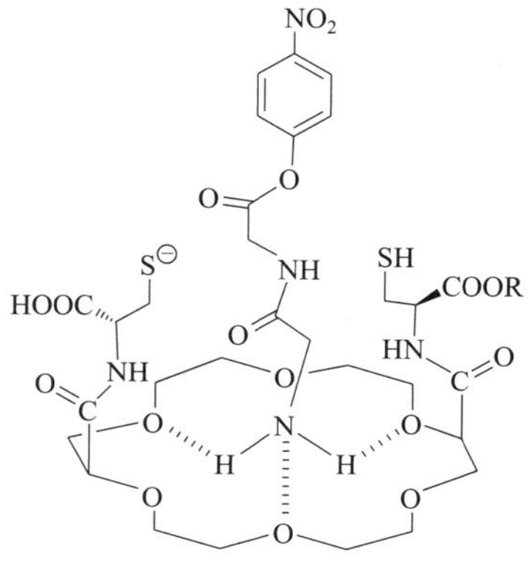

的人工模拟酶。合理的人工酶的设计首先是优化对底物的结合，其次是催化基团的定位。早期以冠醚和环蕃为宿主的模拟酶，尽管没有获得高效催化，但却明显加速了反应速度。Lehn 等人制备了一个含有半胱氨酸残基的大环手性模拟酶（如图 4-7），它具有与伯胺盐的络合能力，分子内的巯基将结合的二肽酯巯解。例如它对甘氨酰苯甲氨酸对硝基苯酯盐 L 型异构体有较大的选择催化能力。伯胺盐在冠醚孔穴中的络合以及半胱氨酸巯基的参与可以生成 *S*-酰化中间体，致使酯的水解速率提高 10^3 ～ 10^4 倍。这种人工模拟酶兼具分子络合作用、手性识别作用和催化作用，与天然酶十分类似。

图 4-7 大环手性模拟酶

含氮大环聚胺质子化可以作为阴离子受体模拟酶的模型。Lehn 等人合成了一种优异的穴状配体［如图 4-8（a）］。它可利用电性作用力和氢键结合多聚磷酸阴离子。研究表明此酶模型在 pH 2.5 ～ 8.5 之间可明显水解 ATP 生成 ADP 或 AMP，在催化过程中形成磷酰胺中间体，当 pH 为 7 时 ATP 水解的速度可提高 500 倍。在水溶液中，多氢键结合作用不足以结合底物，但在有机相中功能化的宿主能很好地以氢键与底物结合，从而发挥催化作用。Hamilton 等将巯基偶联到可形成氢键的受体［如图4-8（b）］上，它与底物硝酸酯以氢键定向结合，催化基团巯基恰好与酯的羧基临近。图4-8(b) 可快速结合并分解 2, 4-二硝基苯酯，其催化效率达 10^4 倍。研究表明催化基团巯基如果通过柔性连接基团与宿主偶联，则表现出相当低的催化效率，表明优良的酶模型应当具有一定的刚性，除结合外，要尽量使催化基团与底物反应基团临近。

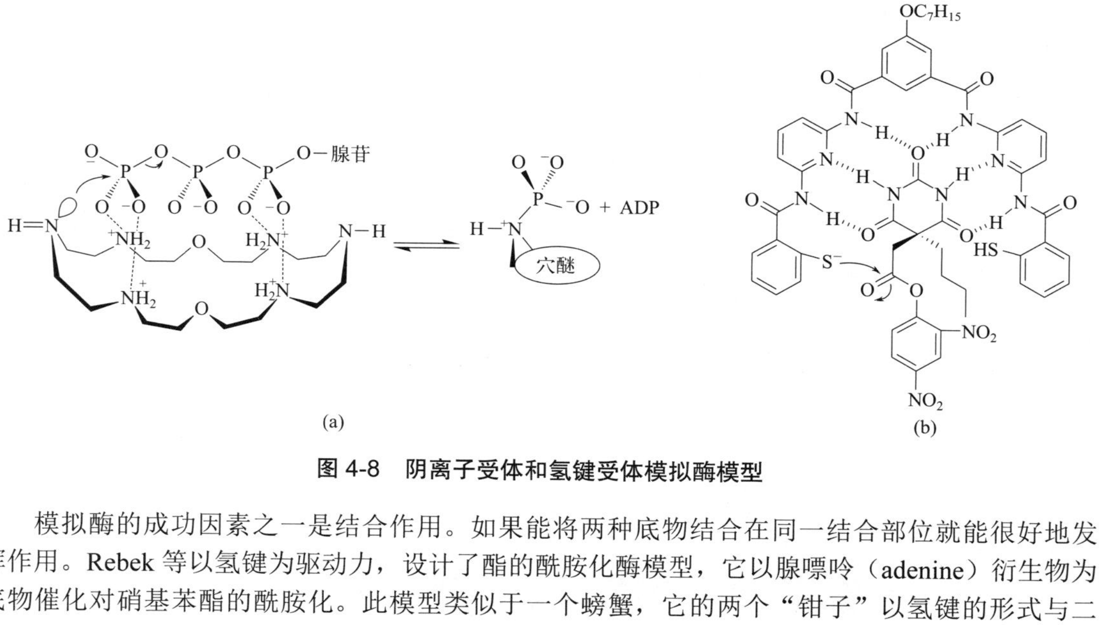

(a) (b)

图 4-8 阴离子受体和氢键受体模拟酶模型

模拟酶的成功因素之一是结合作用。如果能将两种底物结合在同一结合部位就能很好地发挥作用。Rebek 等以氢键为驱动力，设计了酯的酰胺化酶模型，它以腺嘌呤（adenine）衍生物为底物催化对硝基苯酯的酰胺化。此模型类似于一个螃蟹，它的两个“钳子”以氢键的形式与二底物形成复合物，使氨基靠近另一底物的酯键，中间的间隔基可调。模型 A［图 4-8（a）］是此系列中最好的催化剂，它与嘌呤衍生物的结合常数可达 10^6L/mol。它在室温下氯仿溶液中催化双底物Ⅰ、Ⅱ，提高催化效率 160 倍。可是，催化加速仅在开始时观察得到，原因是此模型对酰胺产物的结合常数比反应物的结合常数大，从而抑制了反应进行。

在受限空间内的催化反应具有良好的专一性和立体选择性，因而利用合成的笼状分子构建人工酶可以有效地重现酶的特异选择性。目前制备笼状分子常用的方法主要包括化学合成和分子自组装。

共价有机笼结构是一种新兴的有机笼状结构，具有易于制备、稳定性高等特点，近年来被广泛应用于分子酶模拟物的设计与开发。Kim 教授近期报道了一种通过合理设计分子结构与构象设计新型共价卟啉笼的策略，该卟啉笼（PB-1 和 PB-2）具有超大空腔，而且通过明确的刚性三角形三齿配体和方形四齿卟啉单元利用亚胺键键连而成（如图 4-9）。PB-1 具有直径为 1.95nm 的空腔，并且在水介质中的宽 pH 范围（4.8 至 13）中显示出高化学稳定性。形状持久性有机笼的结晶性质和空腔结构即使在完全去除客体分子后也完好无损，从而成为已知多孔晶体中比表面积最高（$1370m^2 \cdot g^{-1}$）的一种有机分子固体。多孔有机笼的空腔和窗口的大小可以使用不同尺寸的建筑单元进行调节，同时保持笼的拓扑结构，如 PB-2 所示。有趣的是，由于卟啉是常用的酶模拟物催化中心，该型卟啉分子笼在氧化酶模拟物设计方面展现出显著的优势。

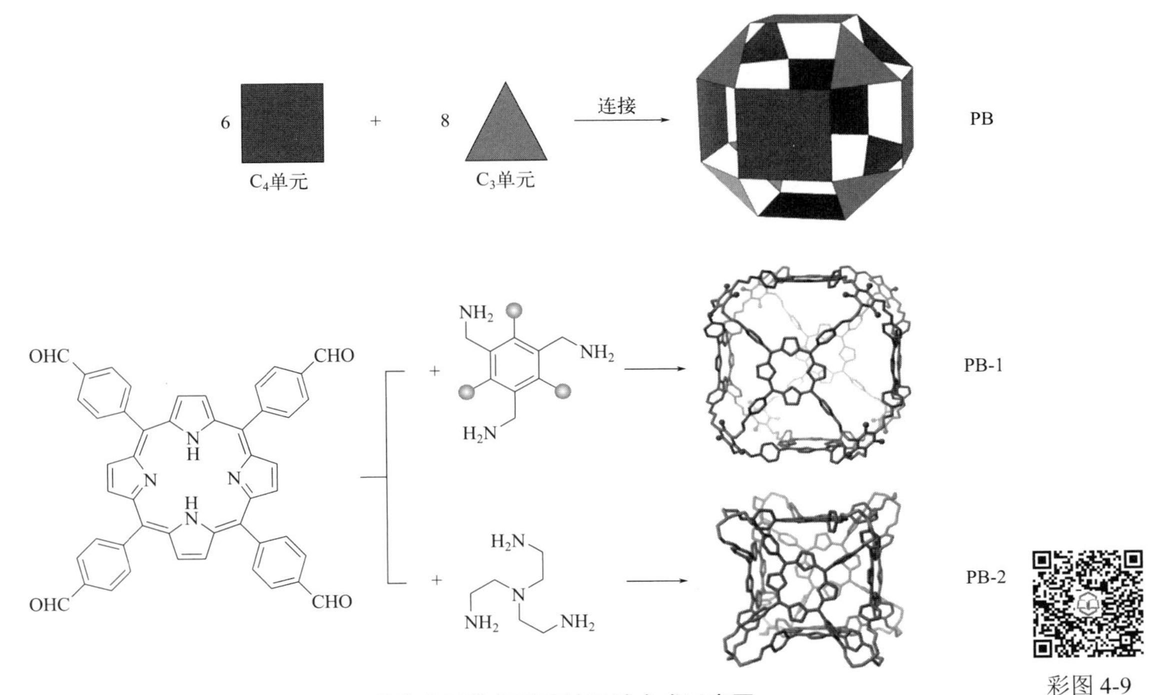

图 4-9　共价分子笼模拟酶的设计合成示意图

除此之外，超分子组装策略也为分子笼模拟酶的设计与构筑提供了便利，通过溶液中自我形成纳米笼结构，提高模拟酶的催化与应用。利用氢键相互作用和金属配位，对合成配体进行自组装可以得到复杂度不同的容器分子进行酶的模拟。这一方法的难点在于如何将催化位点包含到容器骨架中。

目前，苏成勇教授团队展示了一种顶点定向有机夹螯合组装策略，以构建金属-有机笼 $Fe_4L_{68}^+$（MOC-63）（如图 4-10），在八面体配位纳米空间中包含 12 个咪唑质子供体-受体基序和四个氧化还原活性铁中心。与用配位金属顶点组装的规则超分子笼不同，MOC-63 包含六个作为顶点的双位有机夹配体和四个三位螯合 Fe 3 个部分作为表面，从而通过溶液中笼状稳定动力学提高其酸、碱和氧化还原鲁棒性。MOC-63 改善了 1, 2, 3, 4-四氢喹啉衍生物的脱氢催化作用，这是由于超分子笼效应协同了多个铁中心和自由基物种，加快了笼约束纳米空间中多步反应的中间转化。酸碱缓冲咪唑基序在调节总电荷状态以抵抗 pH 变化和调节各种溶剂之间的溶解度方面起着至关重要的作用，从而加强酸性条件下的反应，并提供一个简单的循环催化过程。由此可见，分子笼结构不仅提供了承载底物的仿生环境，还可以整合受限纳米空间中的活性位点以实

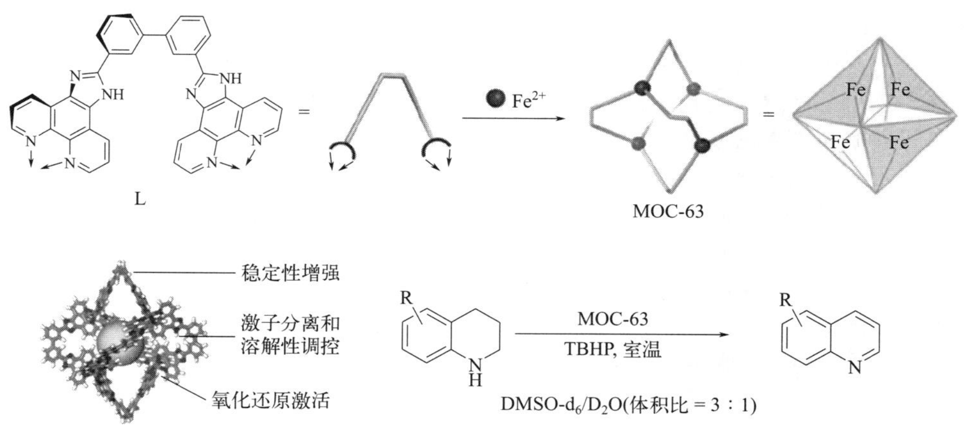

彩图 4-10

图 4-10　分子笼模拟物示意图

TBHP—叔丁基过氧化氢

现功能协同。

9-蒽醇和 *N*-苯基马来酰亚胺在溶液中发生双烯加成反应时通常会产生 9, 10-位的中心环加成产物。但是当笼分子存在时，该反应选择性会发生巨大的改变，从而得到 1, 4-位的加成产物。这项研究展示了一个非同寻常的通过拓扑结构控制反应立体选择性的例子。这种 1, 4-位的双烯加成反应还被进一步地应用在其他的底物上，包括羧基、氰基、乙烯取代蒽与 *N*-环己基马来酰亚胺的加成反应。它们的 1, 4-加成产物的产率可以分别高达 92%、88% 以及 80%。而对于没有形成笼的半碗状结构，也能有效地催化双烯加成反应，但是得到的是传统的 9, 10-位加成产物。这种催化选择性的差别主要源自于空间几何固定的封装效应。

在设计各种各样的催化主体分子时，使其能拥有和天然酶一样的高催化活性一直都是一个首要的目标。Raymond 等人在这方面取得了实质性的进展（图 4-11）。例如他们合成了自组装的主体分子 A, 通过催化纳扎罗夫环化反应来实现具有立体选择性的碳碳键合。底物分子 B 的三种立体异构体可以被 A 选择性地催化形成环戊二烯产物 C。对照的抑制实验显示主体分子 A 独特的内腔结构在催化过程当中起到了关键性的作用。产物的积累会导致催化效率的降低，因此通过和马来酰亚胺反应，产物 C 被进一步转化为不具有空腔亲和力的 D。令人吃惊的是，该催化

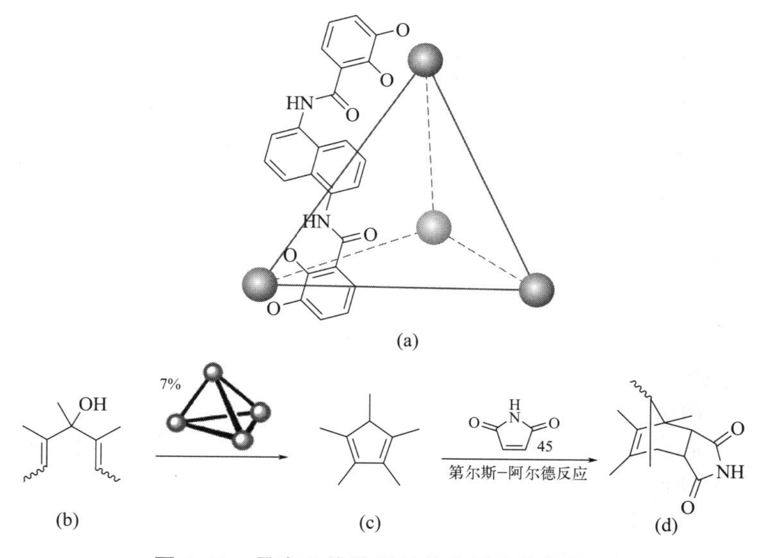

图 4-11　具有立体选择性的高活力催化模型

反应的速率因此提高了 10^6 倍。这也是人们报道的首个其活性可以和天然酶相媲美的由主体分子介导的超分子催化仿酶体系。研究显示，分子 A 的高活力源自于三方面的结合：①被封装的底物分子的有效预定位；②主体分子空腔对于催化反应过渡态的稳定；③封装导致的醇基碱性的增强。主体分子 A 在酶催化过程中的行为遵循米氏方程。

二、肽酶

肽酶（peptidase）就是模拟天然酶活性部位而人工合成的具有催化活性的多肽，这是多肽合成的一大热点。

Johnsson 等为克服苯丙氨酸工业合成的关键步骤草酰乙酸脱羧反应所用酶中需金属辅酶的不便，想探寻与此不同反应机理的不需金属辅酶的脱羧酶。可借鉴的认识只有胺可以催化草酰乙酸脱羧，其历程是先形成烯胺，进而脱去 CO_2。然而尚未发现采用烯胺历程的天然脱羧酶，全新合理设计就成了唯一可行的方法。他们基于胺催化脱羧的 6 大特征和 α-螺旋在催化活性中的重要性的认识，以烯胺机理设计出两个多肽。结果发现，其催化效率比丁胺高 3 ～ 4 个数量级，但比天然酶活性低得多。

罗贵民研究小组根据超氧化物歧化酶（SOD）活性部位结构设计合成了一个 16-肽，其二级结构与天然 SOD 类似，加入 Cu^{2+} 后，16-肽中 4 个组氨酸与 Cu^{2+} 络合，形成与天然 SOD 类似的活性部位构象，结果该 16-肽显示 SOD 活力是天然酶的 6.8%。

Atassi 和 Manshouri 利用化学和晶体图像数据所提供的主要活性部位残基的序列位置和分隔距离，采用“表面刺激”合成法将构成酶活性部位位置相邻的残基以适当的空间位置和取向通过肽键相连，而分隔距离则用无侧链取代的甘氨酸或半胱氨酸调节，这样就能模拟酶活性部位残基的空间位置和构象。他们所设计合成的两个 29 肽 ChPepz 和 TrPepz 分别模拟了 α-胰凝乳蛋白酶和胰蛋白酶的活性部位，二者水解蛋白质的活力分别与其模拟的酶相同；在水解 2 个或 2 个以上串联的赖氨酸和精氨酸残基的化学键时，TrPepz 比胰蛋白酶的活力更强。对于苯甲酰酪氨酸乙酯的水解，ChPepz 比 α-胰凝乳蛋白酶的活力稍小，而 TrPepz 则无活力。对于对甲苯磺酰精氨酸甲酯的水解，TrPepz 比胰蛋白酶的活力稍小，而 ChPepz 则无催化活力。

此外，利用肽酶构建功能化纳米酶不仅有助于提高酶催化活性，同时可以显著提高酶的结构稳定性，同时赋予新的催化能力。将肽附着到金纳米颗粒表面是一种有前途的人工纳米肽酶构筑策略。基于以上分析，Scrimin 教授团队通过使用标准固相肽合成仪制备了一系列硫醇官能化的十二肽，并利用 Au-S 配位化学将肽酶附着到金纳米粒子表面（图 4-12 所示）。研究结果表明，结合到金纳米簇表面的肽可能导致形成具有酶样结构和性质的功能性纳米粒子。这是第一例可比拟天然酶样结构复杂性和自组装特性的肽纳米酶例子。它不仅是一种良好的酯化催化剂，而且能够调节其活性。因此，将功能肽锚定到金纳米簇的表面能够造成：（a）通过侧壁上氨基酸的构成调节官能团特点；（b）不同催化位点（咪唑和羧酸根离子）之间的协同性；（c）创制近似于天然酶且不同于本体溶液的催化微环境。尽管所有官能团都明显存在于肽酶分子内，但以上这些纳米酶特点是在单体肽中都不具备的。这些新颖和引人注目的特征，并与它们的多价性质相结合，已经证明会导致与选定底物的异常高的结合常数。

此外，刘俊秋研究组报道了一个精彩的利用短肽自组装构建的酶模型（图 4-13 所示）。他们通过自组装的方法，利用合成的三肽分子（Fomc-Phe-Phe-His）得到纳米管结构。而组装体中的咪唑基团作为催化中心展示出了较高的对硝基苯醋酸酯水解活性。当加入具有相似结构的短肽（Fomc-Phe-Phe-Arg）使两种构筑基元进行共组装时，就可以将具有稳定反应过渡态功能的胍基引入到组装体内。定位基团的引入使其催化活性达到了极高的水平。这种高的活力源自于三个催化要素，即催化中心、结合位点和过渡态稳定位点的合理分布而形成的共同组装体。他们所

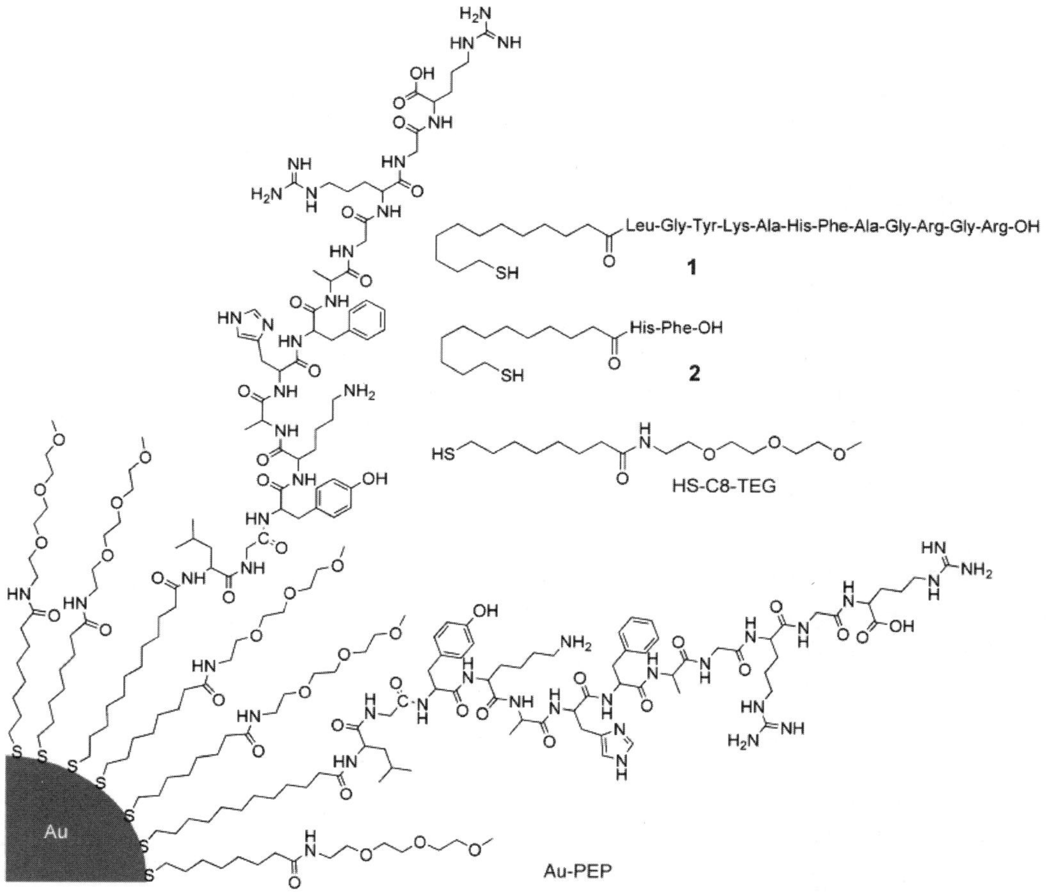

图 4-12　金粒子表面功能化肽酶模型

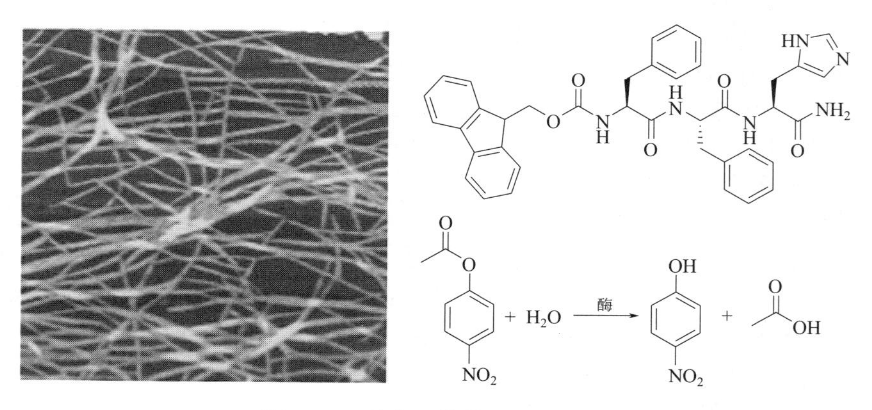

图 4-13　肽自组装的水解酶模型

得到的水解酶模型展示出了天然酶所具有的典型的饱和动力学行为。这项研究也显示利用肽作为构筑基元形成的超分子组装体可以作为一种极具潜力的酶模型框架。

随后，刘俊秋、邹国漳和梁兴杰等人又共同报道了利用具有更多氨基酸的十四肽作为构筑基元的水解酶模型体系，研究中选择的多肽可以通过自组装形成淀粉样的纳米纤维。当催化活性中心咪唑基团、结合位点和过渡态稳定位点胍基通过合适的比例分散时所得到的组装体表现出了优异的水解酶活性。同时，该肽组装体还展示了极佳的生物相容性。实验结果显示，在和人体细胞共同培养时，这种新型的人工酶体系几乎没有表现出细胞毒性。

三、半合成酶

近年来，以大分子为骨架模拟酶催化功能备受关注。大分子可以在分子层面上蕴涵底物识别和有效催化等方面足够充分的信息，比如天然酶选择多肽链为骨架。因此，蛋白质成为设计催化剂最重要的一类分子。通过基因工程和化学方法改造蛋白质，是开发蛋白质新功能极为有效的策略之一。至今为止主要有三种研究途径：定点突变、化学修饰以及前两者的有机结合。半合成酶的出现，是近年来模拟酶领域中的又一突出进展。它是以天然蛋白质或酶为母体，用化学或生物学方法引进适当的活性部位或催化基团，或改变其结构从而形成一种新的“人工酶”。

近年来的研究表明，尽管酶工程对于阐明酶的反应机制和生产具有工业用途的酶而言都是非常有价值的手段，但是通过这种方法获得含硒酶却极为困难。因此，利用化学方法引入硒并获得 GPx 功能成为行之有效的途径之一。我们高兴地看到近年来在这一领域取得了显著成果。利用天然酶、普通蛋白质和抗体为骨架，已经成功地通过生物和化学手段构筑了多种有效的硒酶模型。

这一研究领域中的首个成功例子是半合成硒代枯草杆菌蛋白酶模型的合成。研究证实，细菌丝氨酸蛋白酶——枯草杆菌蛋白酶（EC 3.4.21.14）是一个十分理想的模型蛋白质。枯草杆菌蛋白酶活性中心的天冬氨酸、组氨酸和 221 位丝氨酸构成了所谓的“催化三联体”，它可以提高催化活力并提高 221 位丝氨酸羟基的亲核性。因此，221 位丝氨酸的羟基可以被选择性修饰，从而在枯草杆菌蛋白酶的活性部位引入不同的功能基团，以产生新的活力。在首例半合成酶——硫代枯草杆菌蛋白酶的启发下，Hilvert 等利用类似的方法，将枯草杆菌蛋白酶结合部位的特异性 Ser 突变为硒代半胱氨酸。此硒化枯草杆菌蛋白酶既表现出转氨酶的活性又表现出含硒谷胱甘肽过氧化物酶活性。化学诱变的方法为：首先，221 位丝氨酸的羟基被苯甲基磺酰氟选择性活化为磺酰化酶，然后再同 NaHSe 反应从而使硒引入其中。将过氧化氢加入得到的硒醇形式的酶中会得到硒代枯草杆菌蛋白酶的次硒酸形式（图 4-14）。这个半合成酶展现了极高的 GPx 氧化还原活力。以芳香性化合物 ArSH 为底物时，硒代枯草杆菌蛋白酶催化还原多种氢过氧化物，其催化叔丁基过氧化物 t-BuOOH 还原的活力至少为人们所熟知的抗氧化物二苯二硒的 70000 倍。以 ArSH 为底物时，硒代枯草杆菌蛋白酶催化 t-BuOOH 还原的反应速度比以简单的烷基次硒酸催化时高至少 3 个数量级，但其并非酶的最适底物。虽然硒代枯草杆菌蛋白酶可以利用 ArSH 为底物催化多种过氧化物的还原反应，但它对天然 GPx 的底物 GSH 却表现出很弱的催化能力。硒代枯草杆菌蛋白酶晶体结构研究表明，化学修饰并未改变蛋白质的结构和催化三联体，表明利用化学修饰策略在蛋白质骨架上定点改造的可行性。

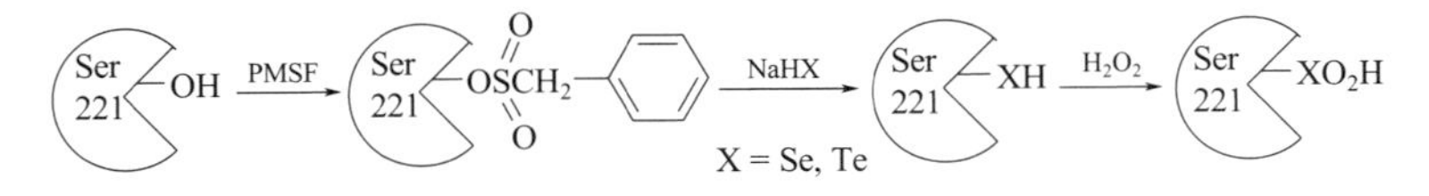

图 4-14 转化枯草杆菌蛋白酶为硒酶模型制备过程

采用同构建硒化枯草杆菌蛋白酶相似的方式，罗贵民研究小组通过转变活性部位的丝氨酸为硒代半胱氨酸制备出硒代胰蛋白酶。这项研究表明谷胱甘肽并非硒代胰蛋白酶的特异性底物，该研究显示将其他丝氨酸蛋白酶中活性丝氨酸转化为硒代半胱氨酸是可行的。最近的研究表明在 GPx 模型的构建中以碲元素代替硒效果更好。尽管到目前为止，人们合成了系列以碲为基础的小分子硒酶模型，但将碲引入蛋白质对于硒酶设计而言则是全新的挑战。因为至今为止，并未在天然蛋白质中发现碲的存在。借鉴硒代枯草杆菌蛋白酶成功经验，刘俊秋研究组发展了一种新方法，他们将碲引入到枯草杆菌蛋白酶的结合口袋，首次成功获得了半合成的碲酶——碲代枯草杆菌蛋白酶。同硒代枯草杆菌蛋白酶合成方式相似，半合成的 GPx 模拟物碲代枯草杆菌蛋白酶也是通过三步法从枯草杆菌蛋白酶起始制备得到的（如图 4-14）。首先，枯草杆菌蛋白酶的 221 位丝氨酸的羟基被对甲苯基磺酰氟选择性活化，磺酰化酶再同 NaHTe 反应，所得到的碲蛋白在空气中氧化后通过交联葡聚糖 G-25 的凝胶筛选作用和巯丙基琼脂糖 6B 的亲和色谱作用进行纯化。同天然 GPx 类似，碲代枯草杆菌蛋白酶被证明是非常好的 GPx 模拟物，它可以借助硫醇有效地催化 ROOH 的还原。

除了使用单一的蛋白质，由蛋白质通过有序组装形成的聚集体也是一种有效的酶骨架。蛋白质有序组装体具有优良的生物相容性和生物降解性，同时又具有较好的耐用性，因此被认为是一种极具有潜力的仿生材料。借助分子识别、金属配位作用、静电作用以及超分子相互作用等多种弱相互作用，人们可以构建各种各样的蛋白质组装体，包括蛋白纳米管、蛋白纳米纤维、蛋白环、蛋白球等各种结构。这些形状各异的结构为构建新型的人工酶模型提供了丰富的选择。

刘俊秋领导的研究组首先利用烟草花叶病毒（TMV）衣壳蛋白形成的天然纳米管组装体构建了人工的谷胱甘肽过氧化物酶（GPx）模型。他们首先通过计算机模拟在 TMV 蛋白质的表面寻找到一个合适的催化口袋，可以作为硒代半胱氨酸理想的结合空腔。随后根据理论计算的结果，他们将空腔中一个丝氨酸（Ser142）用基因工程的方法变为半胱氨酸。在半胱氨酸缺陷型体系中对这种突变蛋白进行表达后，GPx 的催化中心硒代半胱氨酸即被构建在 TMV 蛋白单体上。然后通过定向的自组装作用，多个 GPx 中心就被均匀地安装在纳米盘或纳米管的蛋白质组装体上（如图 4-15）。在这些催化中心的协同作用下，所得到的组装体表现出了极其卓越的酶活性。其最优的蛋白质组装体的活性比天然的 GPx 活力还要高。亚细胞层面的线粒体抗氧化实验证明了这种新型的人工酶展示出了杰出的保护细胞免受氧化损伤的能力。此外，刘俊秋等人首次通过利用 CB[8] 和 FGG 之间的相互作用，以硒代的谷胱甘肽巯基转移酶（GST）为基元构建了具有催化活力的蛋白纳米线。体外的光谱实验和线粒体抗氧化实验证明了这种纳米线具有极高的抗氧化酶活，而且其组装体的抗氧化能力比单体更强。

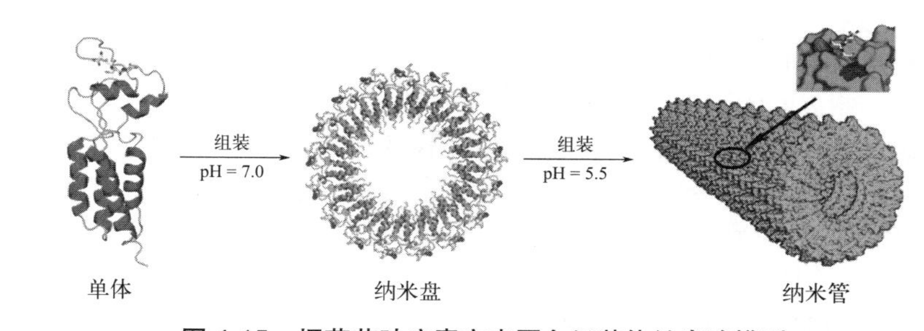

彩图 4-15

图 4-15　烟草花叶病毒衣壳蛋白组装体纳米酶模型

目前，人们对天然酶的模拟主要集中在单一酶的结构与功能模拟，然而自然界中生物催化过程是种类繁多的酶协同作用的结果。例如机体会在代谢过程中产生大量的活性氧化物 ROS，而 ROS 在体内的过度代谢会造成细胞结构的破坏，并导致很多人体疾病的发生，如缺血 / 再灌注损伤、动脉粥样硬化、神经退行性疾病以及癌症等等。机体存在一套组织精密的抗氧化多酶防御体系用于保护机体免受 ROS 损伤，超氧化物歧化酶（SOD）能够将体内的 $O_2^-\cdot$ 歧化为 H_2O_2，而 GPx 和过氧化氢酶（CAT）均可以用不同的方法将氢过氧化物分解为对生命体无害的物质——水和氧气。因此，多酶集成的纳米酶设计与构建对研究酶在生物体内的协同作用至关重要。

刘俊秋研究组首先利用热稳定性优异的轮状 SP1 蛋白质自组装构建双酶协同的抗氧化蛋白

质纳米线用于保护生物体免受氧化损伤（图 4-16）。具体来讲，通过对 SP1 蛋白晶体结构仔细分析发现其环状结构外表面处有一个凹槽可以供底物 GSH 结合，而且 57 位作为催化中心是最为理想的选择，因为 Arg 61 和 Arg 16 两个氨基酸可以辅助结合 GSH 底物，因此将 57 位丙氨酸突变为半胱氨酸，并通过缺陷型表达设计合成了硒代 SP1 蛋白。另外，将具有 SOD 催化能力的催化中心共价修饰到 PD5 分子氨基上形成具有 SOD 活力的树枝状分子。树枝状大分子与 SP1 蛋白质静电组装可以实现多催化中心的纳米酶的构筑，而且同时具有高效 GPx 和 SOD 酶活性的双酶催化体系。通过对抑制线粒体膨胀水平和脂质过氧化物含量的测定，能够确定双酶协同的抗氧化体系的 ROS 清除能力要明显强于任何一个单酶的体系，该双酶协同纳米线通过协同作用极大地保护了机体免受损伤。

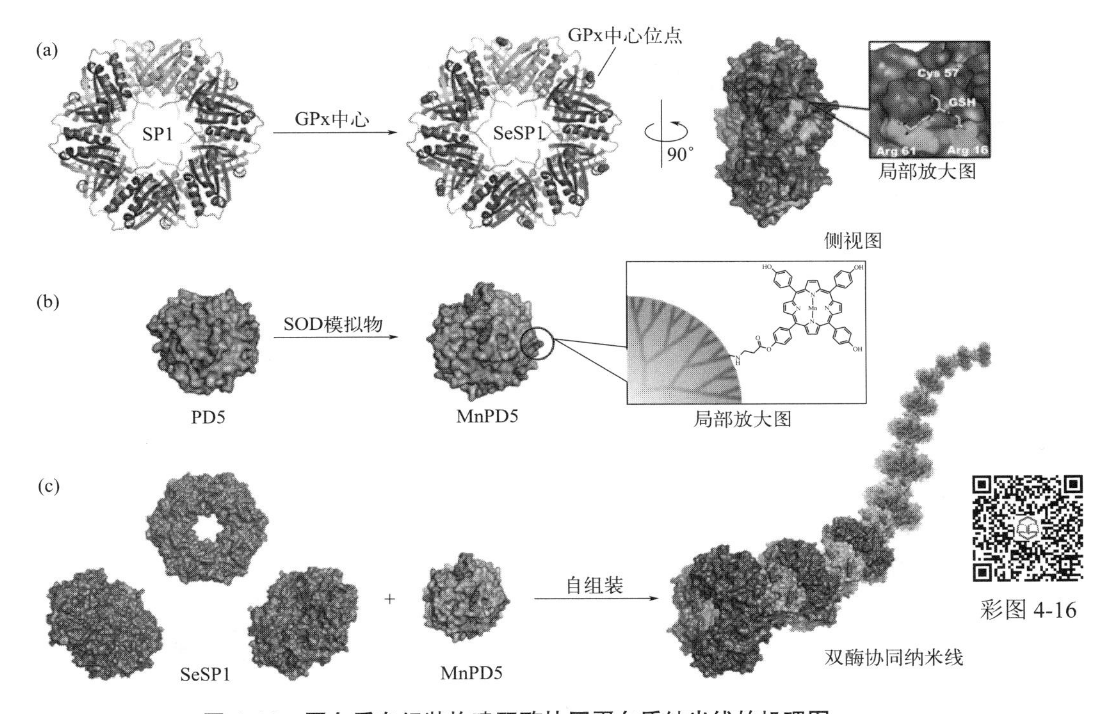

图 4-16　蛋白质自组装构建双酶协同蛋白质纳米线的机理图

进行性酶是指酶在催化过程中会持续地结合在底物链上进行连锁的化学反应，生物界中的典型例子是 DNA 聚合酶。进行性酶在自然界中至关重要，通常是由钳状结构完成的。2013 年，Rowan 和 Nolte 在《自然化学》期刊上报道了一项开创性的人工构建进行性酶模拟物的工作（图 4-17）。在这项研究中，Rowan 等人利用 T4 滑动钳蛋白和锰卟啉形成的化学交联物作为一个新颖的 DNA 进行性酶模型。噬菌体 T4 的 gp45 钳状蛋白是一种广受关注的 DNA 结合蛋白，这种三聚体环状蛋白可以包裹在双链 DNA 上并在其主链上发生滑动。当对 DNA 具有催化活力的锰卟啉被连接到 gp45 蛋白上之后，这一仿生杂交酶即可选择性地对 DNA 进行氧化。为了能够对氧化后的 DNA 产物进行检测，研究者使用了一种新型的链霉亲和素单分子标记的方法。首先，DNA 氧化后的产物用辣根过氧化物酶进行处理，随后再依次用生物素和链霉亲和素对其进行标记。由于标记后的蛋白质具有较大的体积，因此可以用原子力扫描显微镜（AFM）进行观察，从而能够得到 DNA 被氧化的清晰位点。此外，通过改变实验条件，这个人工酶可以在进行性催化和分布性催化两种模式之间切换。这个例子展示了通过应用仿生的概念，人们可以将催化反应加以改善，使之更高效，更加符合需求。

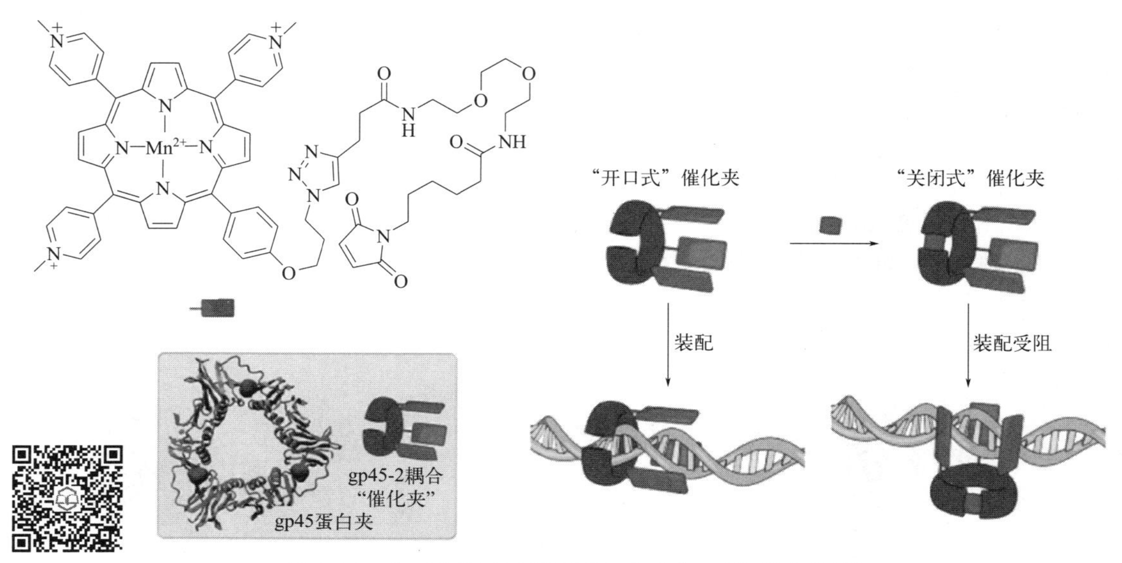

彩图 4-17

图 4-17　人工进行性酶模型及其余底物 DNA 结合模型

四、聚合物人工酶

除了以天然大分子作为人工酶的合适骨架之外，合成高分子成为构筑酶活性中心的有效支撑物。近年来，以合成大分子为骨架模拟酶催化功能受到关注。同天然大分子相比，合成大分子可以在分子层面上模拟底物识别和有效催化等方面的信息，酶活性中心的柔性和诱导契合等特性。在这一研究领域，首尔大学的 Suh 做了出色的研究工作。他领导的研究小组合成了一系列高效的蛋白水解酶、核酸水解酶等。

1998 年，Suh 等人首次报道了聚合物蛋白水解酶模型。他们将水杨酸通过与铁离子的复合，以聚乙二胺（PEI）为骨架，将三个水杨酸分子固定在临近位置。三个水杨酸分子的协同作用，强烈地促进了蛋白质的水解能力，将催化蛋白质水解的半衰期降到 1h。紧接着他们将具有催化活力的咪唑基团连接在聚氯甲基苯乙烯和二乙烯基苯交联的聚合物微球表面（见图 4-18）。合成的聚合物人工酶在中性 pH 值和室温下将血清的水解催化能力提高到半衰期仅为 20min。聚合物人工酶中的苯乙烯基有 24% 修饰上咪唑基。如将咪唑基的含量减少到原来的 18.5%，则催化活

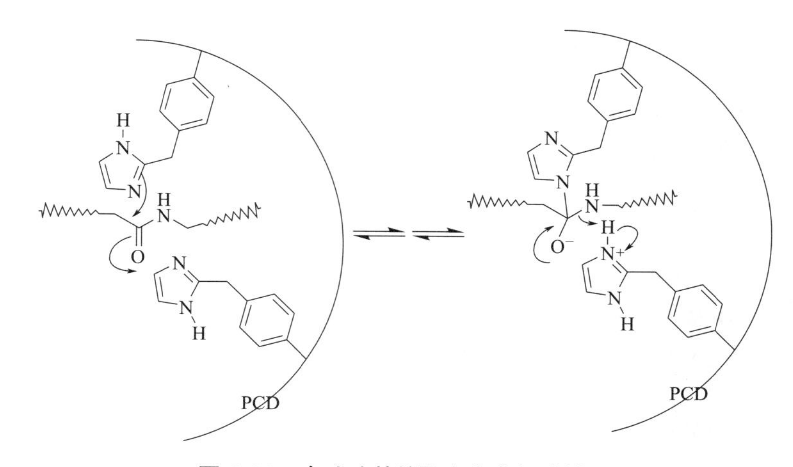

图 4-18　含咪唑基的聚合物水解酶模型

力则减少到原来的 4%，说明咪唑基的协同性在酶催化中起关键作用。这一研究结果证明了酶中心基团的协同效应。

在酶催化过程中，酶底复合物的氢键、偶极-偶极作用和电性作用成为稳定过渡态的主要力量，这种稳定性在疏水环境中得到加强。如果将金属中心修饰在疏水聚合物表面就能够提高催化效率。Suh 研究小组将蛋白酶催化中心铜离子和胍基利用化学修饰法构筑在聚苯乙烯微球表面，可构筑类羧肽酶活性中心。研究揭示，与同浓度的小分子铜复合物相比，催化活性提高近四个数量级。此外，通过把咪唑基团引入到 PCD 中，Suh 和其合作者还实现了高活性的蛋白水解酶的体外模拟。这是第一个利用咪唑在聚合物骨架上实现人工金属蛋白酶的例子。该人工酶的最适 pH 为 7 ～ 8。当咪唑含量减少时，酶的活力也随之降低，显示了催化发生在咪唑基团邻近的位置。作为蛋白酶中重要的一员，羧肽酶 A 在多肽和蛋白质的剪切中起着至关重要的作用。其中的活性位点由锌离子和胍基组成。为了模拟这种酶，Suh 和其合作者利用交联的聚乙烯作为骨架，将活性位点 Cu 复合体和胍基以邻位引入其中，成功构建了具有肽水解活性的人工酶。

与之类似，Zimmerman 教授基于交联的单链聚合物构建了一系列全新的人工金属酶用于催化叠氮-炔环加成反应（图 4-19）。他们利用铜离子与聚合物侧基的咪唑基团交联构建了一种新型人工金属酶（SCNP）。通过研究发现，SCNP 纳米酶能够通过增强与底物的结合，显著提高在较低浓度下的铜催化叠氮-炔环加成（CuAAC）反应，并通过使用不同电荷和不同烷基链长的炔烃底物建立金属模拟酶的构效关系。合成的单链纳米颗粒催化剂表现出两种底物酶动力学行为，与金属酶 apt 相似。与此同时，用亲和素和炔标记的生物素进行的模型研究显示了 SCNP 在药物发现中的潜在用途。

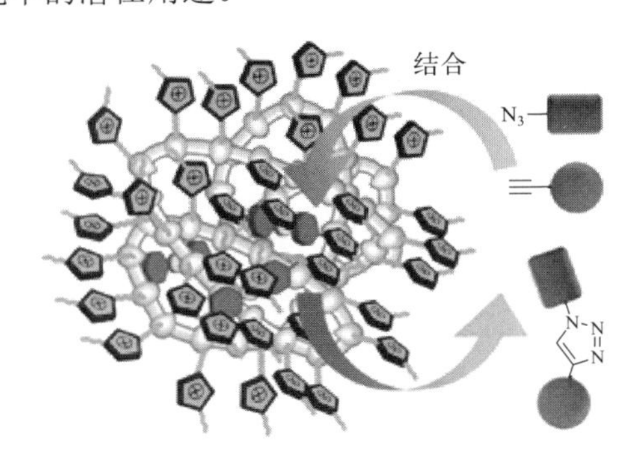

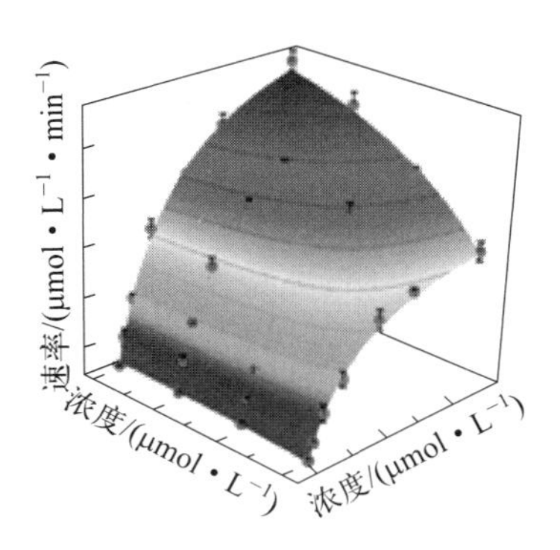

图 4-19 聚合物金属酶模型

彩图 4-19

多金属活性中心是多种金属酶的另一主要特征，活性中心金属离子的协同性促进酶的催化。比较有趣例子是聚合物为基础的三核金属离子活性中心的构筑。将多胺三铜复合物与氯甲基苯乙烯反应，制得苯乙烯修饰的复合物，用 NaH 还原获得了三核铜催化中心。研究表明此人工酶催化肽水解的能力超过相应的抗体酶。

另一方面，金属酶在生物医学中有着重要的应用价值。王启刚教授团队提出一种酶催化原子转移自由基聚合方法，通过氨基酸（*N*-丙烯酰基-L-赖氨酸）单体的界面聚合可以获得生物相容性聚合物（如图 4-20）。然后通过氨基酸基团与 Fe^{2+} 的配位构建了金属配位聚合物纳米凝胶（MPG）酶模型，并同时显示出高效的多酶样活性（SOD 和过氧化物酶 POD）。MPG 中的 Fe^{2+} 是单原子的，高度分散在亲水网络中，它们既可以作为凝胶网络的交联剂，也可以作为酶模拟物的活性中心，由于其结构和纳米凝胶中的酶模拟物高密度，其表现出优异的反应速率。考虑到超氧化物自由基在肿瘤环境中，通过利用这些多酶模拟 MPG 结合 SOD 和 POD 活性的催化作用，能够实现对荷瘤小鼠的荧光成像与化学动力学治疗。

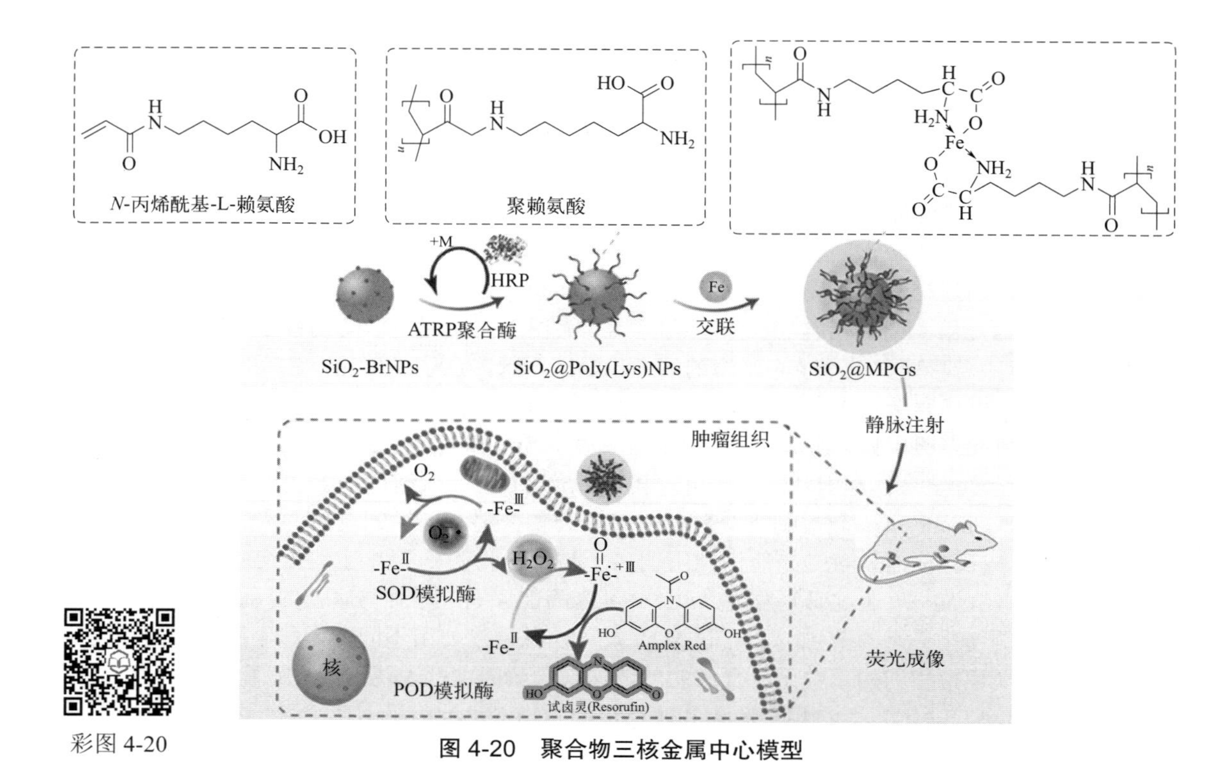

彩图 4-20

图 4-20 聚合物三核金属中心模型

酶的进化经历了几十亿年的时间。在这个过程中，酶的分子组成在不断变化，而新的、更有效的酶会通过“适者生存”的方式得以保存。受到酶进化的启发，Menger 和他的合作者成功地建立了以筛选为基础的组合法。现在，组合聚合物已经发展成为优秀的人工酶骨架。例如，Menger 等人开发了一类聚丙烯酰胺的组合衍生物具备磷酸酶的催化活性（见图 4-21）。他们将 8 种功能性的基团通过酰胺键随机地连接到聚丙烯酰胺的骨架上，然后在 Zn^{2+}、Fe^{3+} 或者 Mg^{2+} 之一的存在下进行催化活力的筛选。如此一来，数百种潜在的聚合物催化剂被迅速合成，每种的性质和功能基团数量都各不相同。对于同一个磷酸水解反应来说，这种组合聚合物的催化速率可以比抗体酶高 3000 倍。虽然组合聚合物是由多种混合物组成的，但是只从催化的目的来看，这个体系是非常成功的。

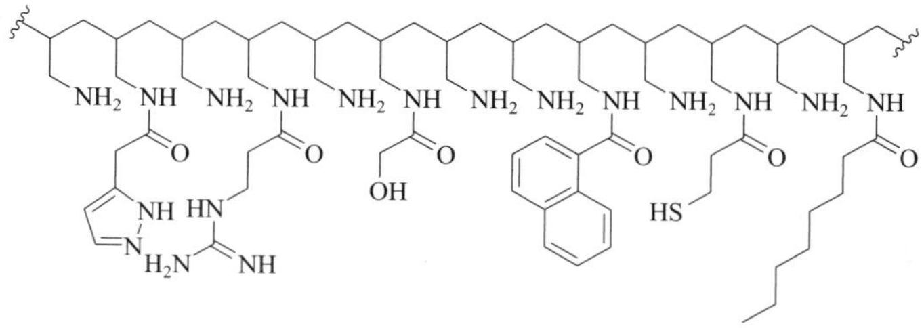

图 4-21 聚合物的人工磷酸酶模型

五、智能人工酶

人们早就认识到，生物体系可以通过对外界的化学或者生理刺激作出响应来实现智能调控。例如，蛋白激酶 C 具有多个调节位点，其在催化开始之前采取失活的构象，再依次结合三个催化要素，即甘油二酯、钙离子和一个磷脂后才最终被激活。这种令人惊叹的生物学体系驱使化学家设计各种能够通过变构来响应外部或者内部刺激的智能人工酶模型。迄今为止，已经有多种智能酶模型被报道。研究智能酶模型对于解析催化过程当中的构效关系也有着重要的意义。

研究氧化还原控制的酶催化过程日益受到人们的关注。把具有氧化还原敏感性的功能体整合到配体框架当中就可以在原位对过渡金属的催化活性产生影响。氧化和还原会影响配体的电负性，从而进一步改变催化的选择性或者效率。在这一领域的终极目标是催化剂能够针对具有不同电性的底物表现出正交的催化活力。最近，Hey-Haqkins 等人报道了使用二茂铁基磷酸盐功能化的树枝状分子构建的氧化还原可调控催化体系。二茂铁作为一个氧化还原敏感的基团由于其容易修饰和高度的可逆性而受到广泛的应用。在这项研究中，Hey-Haqkins 等人使用了一端磷酸化，一端带有酚羟基的不对称二茂铁作为构建基元。其中酚羟基用于和树枝状分子相连，磷酸基团通过进一步反应连接了具有催化活性的过渡金属钌。采用树枝状分子作为酶的骨架，一方面因其规整的外表面可以提高催化剂的局部浓度进而提高催化效率；另一方面，树枝状催化剂作为纳米颗粒便于通过沉淀和过滤进行提纯和回收。研究发现，这种带有过渡态金属的树枝状分子可以有效地将烯丙醇转化为相应的羰基化合物。作为对照实验，没有连接到树枝状分子上的单体催化剂的活性相较之下要低。作者推测其原因为树枝状分子为催化剂提供了稳定的骨架或是形成了催化剂的富集效应。随后，研究者们对所得到的催化剂进行了调控，发现其催化活力会伴随着氧化剂和还原剂的加入产生明显的开关效应。虽然这种效应在树枝状酶和单体酶中都被观察到，但是因树枝状酶模型明显较高的活力因而具有更好的应用前景。

用机械力激活酶也是一种有趣的思路。对机械力响应的酶有可能被应用于机械力探针的开发，机械力信号的传导和放大，以及自修复材料的构建等等。2009 年，Sijbesma 等人报道了一种利用机械力破坏金属和配体间相互作用从而激活酶的新方法。研究者提供了两个例子，其一是利用银复合物和聚合物功能化的 N-杂环的碳烯体系在超声中可以用于催化酯基转移反应。另一个是连有聚合物链的钌复合物可以在超声激活后用于催化烯烃复分解反应。通过对化学反应物的检测，研究者发现这些人工催化模型表现出了清晰的开关效应。

随后，Tseng 和 Zocchi 等人又报道了利用机械力控制海肾荧光素活力的例子（见图 4-22）。他们合成了一个海肾荧光素与单链 DNA 寡聚物的复合体，其中 DNA 被共价地连接在酶的两个

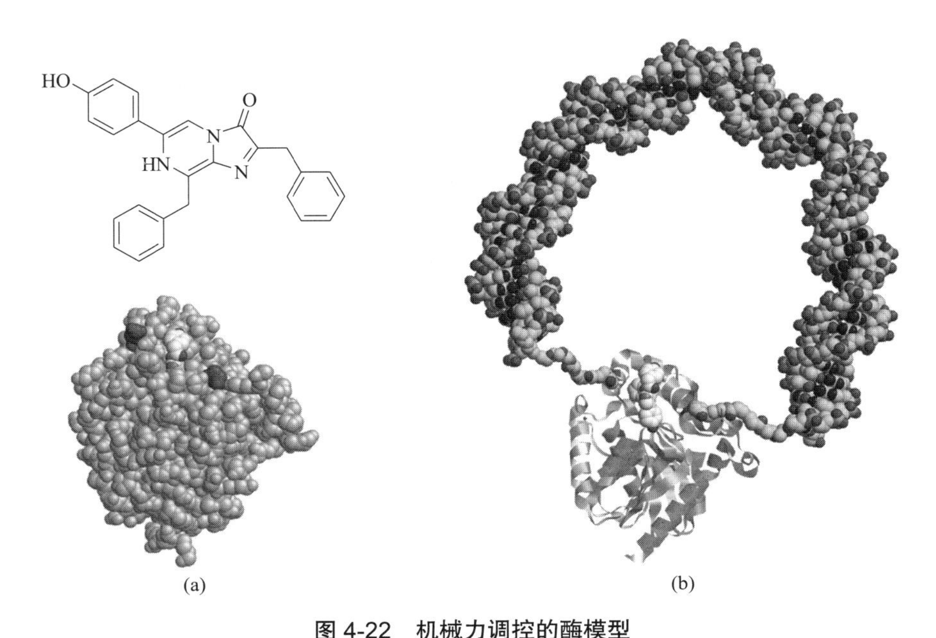

图 4-22　机械力调控的酶模型

（a）海肾荧光素；（b）海肾荧光素 DNA 复合物

特殊表面位点上。当向体系中加入DNA的互补片段时，会使连接DNA片段发生僵化，从而在蛋白质上施加机械力。由于蛋白质，特别是酶，是一个可变形的生物大分子，因此在催化过程中外加机械力必然会对其活性产生影响。在实验当中，研究者通过对于海肾荧光素发冷光强度的追踪，详细研究了机械力对于这个可调控酶体系活力的影响。他们发现当加入不完全互补的DNA与连接DNA形成带切口的弹簧结构时，也即对酶施加一个小的压力时，酶的活性产生了轻微的下降。当加入完全互补的配对DNA使连接DNA形成双链结构时，酶的活性产生了明显的下降。而在对照实验中，当连接DNA被切断后，也即外加DNA并不能对酶施加外界压力时，酶的活力完全不受影响。在这项研究的设计中，由于DNA和机械力刺激之间的关系是正比例相关的，这个体系还可被应用于DNA序列和错配的检测。

GPx等抗氧化酶通过清除机体内的ROS来保护细胞膜和其他细胞器免受氧化损伤，但是只有过量的ROS才会对人体造成危害，通常情况下ROS对人体是友好的，并且还是代谢途径当中有用的信号分子。因此，理想的人工GPx酶模拟物应该具有能对周围环境作出响应的智能特性。在这方面，刘俊秋研究组通过设计温度响应的共聚合物链构建了一系列智能人工GPx酶模型。例如，首次通过合成温敏型嵌段共聚物（PAAm-b-PNIPAAm-Te），制备Te催化GPx模拟酶。之后，研究组通过设计合成金刚烷封端的温敏高分子Ad-PNIPAM和Se代环糊精CD-Se，通过金刚烷与环糊精的主客体识别构建超两亲聚合物自组装纳米囊泡模拟酶（如图4-23）。这种人工酶模型不仅表现了典型的饱和动力学行为和高的催化活力，同时其活力也会随着温度的变化发生改变。研究表明，在这个人工酶活力的温度响应过程中，嵌段共聚物的组装形貌变化起着非常重要的作用。

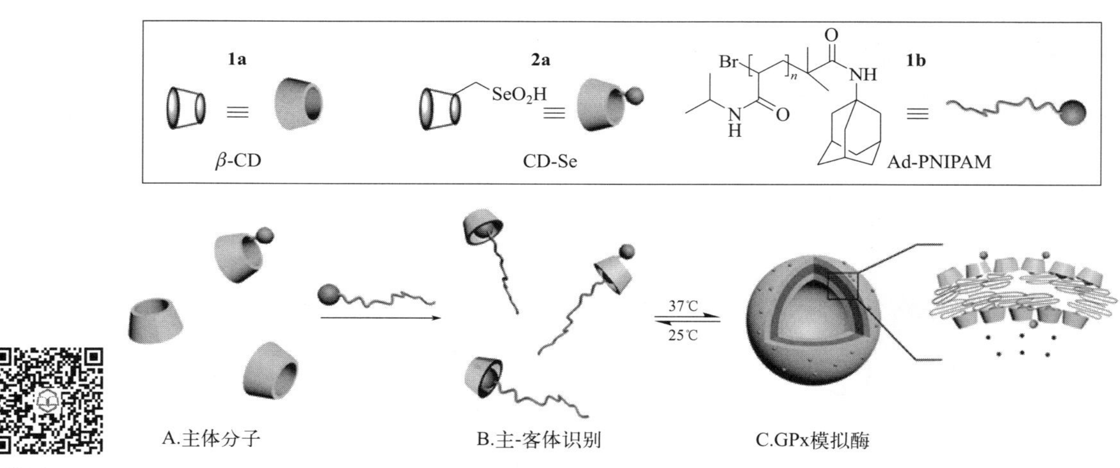

彩图4-23

图4-23　温度响应的聚合物酶模型

许多别构酶在调控生物体内代谢反应速率、信号转导、细胞生长等方面起着至关重要的作用，刘俊秋研究组发展了两种催化中心结合口袋的“开关”调控策略设计了一系列智能响应人工模拟酶。第一种策略是对天然酶催化口袋人工“开关”改造。谷胱甘肽*S*-转移酶（GST）具有天然的谷胱甘肽底物结合口袋，刘俊秋研究组通过使用环糊精（CD）和马来酰亚胺修饰的偶氮苯衍生物（Azo-MAM）之间的超分子主客体相互作用来构建GST光开关催化剂，以控制催化活性［图4-24（a）］。由于反式偶氮-MAM在紫外线（UV）（350nm）照射下异构化，偶氮-MAM-CD络合物将解离以释放CD，这使得GSH可以接近GST的底物结合位点。在可见光（420nm）照射下，偶氮-MAM的顺反异构化导致包合物的重组。这种超分子络合过程是完全可逆的，可以提供远程控制的能力，通过原始“封闭”状态和解离“开放”状态之间的光驱动转变直接操纵GST的生物功能。

第二种策略是利用天然的变构蛋白为底盘，利用基因工程改造技术构建智能人工模拟酶开关。钙调蛋白是一种典型的变构蛋白，其在结合钙离子时会发生巨大的构象变化。钙离子响应型 GPx 人工酶可以依据钙离子浓度的不同实现酶活性的开关转变，从而智能地清除体内多余的 ROS［图 4-24（b）］。研究人员首先通过计算机模拟在钙调蛋白上寻找到一个合适的 GPx 酶底物结合口袋，这个口袋会随着钙调蛋白加钙和去钙分别处于蛋白质分子的表面和蛋白质分子的内部。随后，利用基因工程的方法，研究者在选定的口袋部位突变出精氨酸作为酶的结合位点；通过测试发现，这一钙调蛋白酶模型在结合钙离子的条件下具有较高的酶活。而在没有钙离子的情况下，其酶活力则完全消失，这种活性的开关变化可以达到两个数量级。基于以上的设计思路，刘俊秋研究组同样利用 ATP 激酶（AKe）为模板构建了 ATP 响应的 GPx 人工智能酶，实现生物信号分子 ATP 对 GPx 酶活性的“开关”调控。这项令人耳目一新的工作为人们如何利用丰富的天然变构蛋白构建刺激响应型智能仿酶提供了新思路。

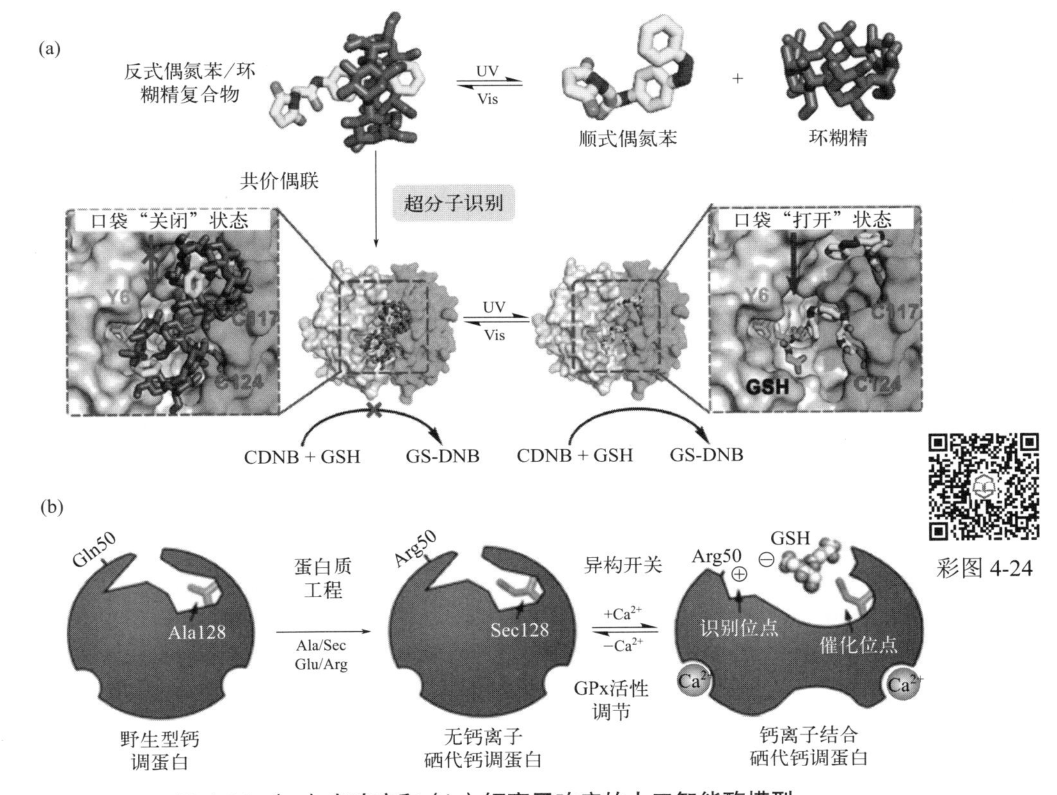

彩图 4-24

图 4-24 （a）光响应和（b）钙离子响应的人工智能酶模型

设计人工智能酶的一个终极目标就是构建类似于细胞器一样具有生物功能的智能机器。2013 年，David A. Leigh 领导的研究小组在《科学》杂志上报道了利用轮烷构建的人工核糖体的研究（图 4-25）。核糖体在生物体内的功能是按照 RNA 序列合成相应的多肽，其本质上是一个序列调控的分子机器。设计序列调控的人工酶可以在原子经济性、分子准确度、生化性质微调以及微型化设备等方面有力地促进化学的发展。设计仿核糖体的智能人造机器关键有以下几方面：将具有反应活性的构建单元（核糖体中连接在 tRNA 上的氨基酸）按照序列依次运送，设计一个可以实现进行性催化的大环分子（类似于使核糖体附着在 mRNA 上的钳子）。按照这样的思路，研究者合成了一个带有三个氨基酸的长链分子 1。氨基酸靠弱的酚酯键和主链相连，且通过刚性的片段间隔。一个带有吡啶的大环分子在分子 1 通过点击化学封端时可以定向地套在其长链结构上。

随后，通过酰腙交换反应，一个带有活性侧链的巯基衍生物被连接到大环分子上作为催化的起始物和催化中心。当用酸切去催化基的保护基团后，这个分子机器在超声和加热的驱使下即可开始工作。串联质谱和核磁表征结果显示，该研究设计的类核糖体可以很好地按照设计的序列合成三肽分子。虽然这一初级人造机器具有诸多缺点，包括较慢的合成速度、合成过程中序列信息的消失以及尺寸限制等等，这一工作仍然非常有启发意义。其证明了相对较小的、高度模块化的人造机器可以按照指定序列自主进行化学合成，其中巧妙的设计为今后构建更多的人工智能机器提供了新的思路。

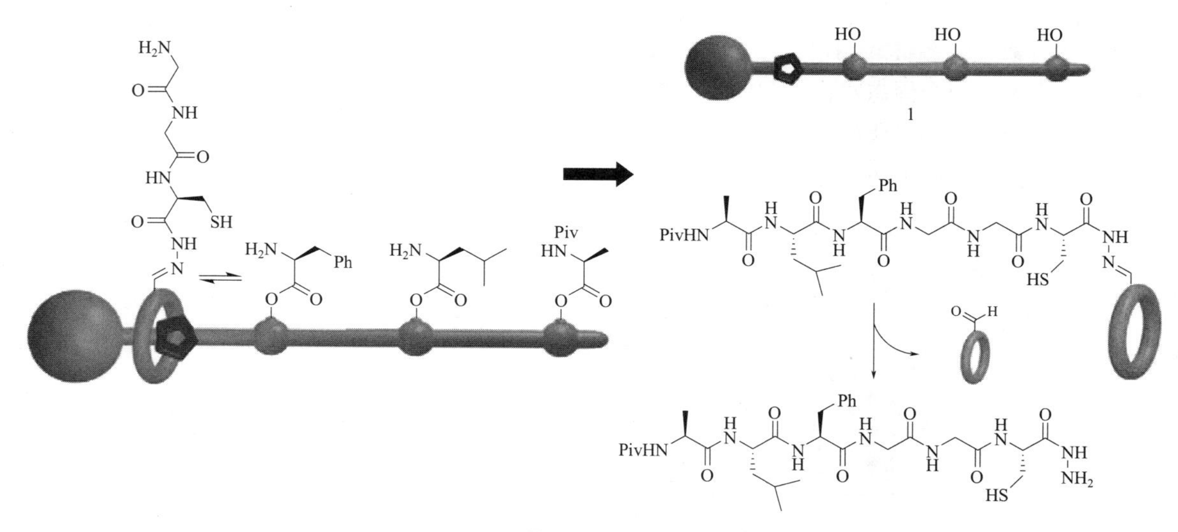

图 4-25　基于轮烷的人造核糖体

第四节　印迹酶

一、概述

自然界生物体中，分子识别普遍存在。它在生物分子如酶、受体和抗体的生物活性方面发挥着重要作用。为获得这样的结合部位，科学家们应用环状小分子或冠状化合物如冠醚、环蕃、环糊精、环芳烃等来模拟生物体系。那么，这样的类似于抗体和酶的结合部位能否在聚合物中产生呢？如果以一种分子充当模板，其周围用聚合物交联，当模板分子除去后，此聚合物就留下了与此分子相匹配的空穴。如果构建合适，这种聚合物就像“锁”一样对钥匙具有选择性识别作用，这种技术被称为分子印迹。早期，科学家对分子印迹进行过各种尝试，但直到二十世纪七八十年代，这一技术才真正有所突破。德国 Wulff 教授研究组于 1972 年在分子印迹技术方面的研究取得了突破性进展，首次成功制备出分子印迹聚合物（molecular imprinted polymer, MIP）。此后 Mosbach 教授 1993 年开展的有关茶碱分子的分子印迹聚合物的研究也取得巨大成就，并在《自然》杂志上发表了相关的论文。从此，分子印迹聚合物引起了人们的广泛关注，因为其具有高度专一性和普适性，并且广泛地应用于化学和生物学交叉的新兴领域，如分离提纯、免疫分析、生物传感器，特别是人工模拟酶方面显示出广泛的应用前景。

1. 分子印迹原理

在生物体中，分子复合物通常通过非共价键如氢键、离子键或范德瓦耳斯力相互作用而形成。同共价键相比，非共价键相互作用较弱，但几个或多个相互作用的合力却很强，这使复合物具有很高的稳定性。早在60年前，Pauling就试图解释抗体产生的原因，Pauling理论的基本点是抗体在形成时其三维结构尽可能地同抗原形成多重作用点，抗原作为一种模板就会被“铸造”在抗体的结合部位。后来“克隆选择”理论否定了Pauling的抗体形成学说，但这种学说却为分子印迹奠定了理论基础。

所谓分子印迹（molecular imprinting）是制备对某一化合物具有选择性的聚合物的过程。这个化合物叫印迹分子（imprinted molecule, P），也叫模板分子（template molecule, T）。分子印迹技术具体如下（见图4-26）：高分子之前，将模板分子（印迹分子）与带有官能团的单体分子混合，两者之间会尽可能发生多重相互作用。与此同时，加入交联剂及引发剂，通过一系列的聚合反应形成一个固态高度交联的高分子化合物。接着，利用化学或物理的方法将印迹分子从高分子中移除，从而在高分子化合物的内部形成大量的空腔结构，通过这些空腔结构内各官能团的位置及各自的形状，其空腔结构可以与印迹高分子进行互补，并且还能发生具有特异性的作用。分子印迹技术正是利用这一原理开展工作的，功能单体和印迹分子之间存在的化学作用方式主要有两种，一是共价键，另外一个是非共价键，其中又以非共价键作用方式的应用较多，它包括离子键作用、疏水作用、氢键作用等。

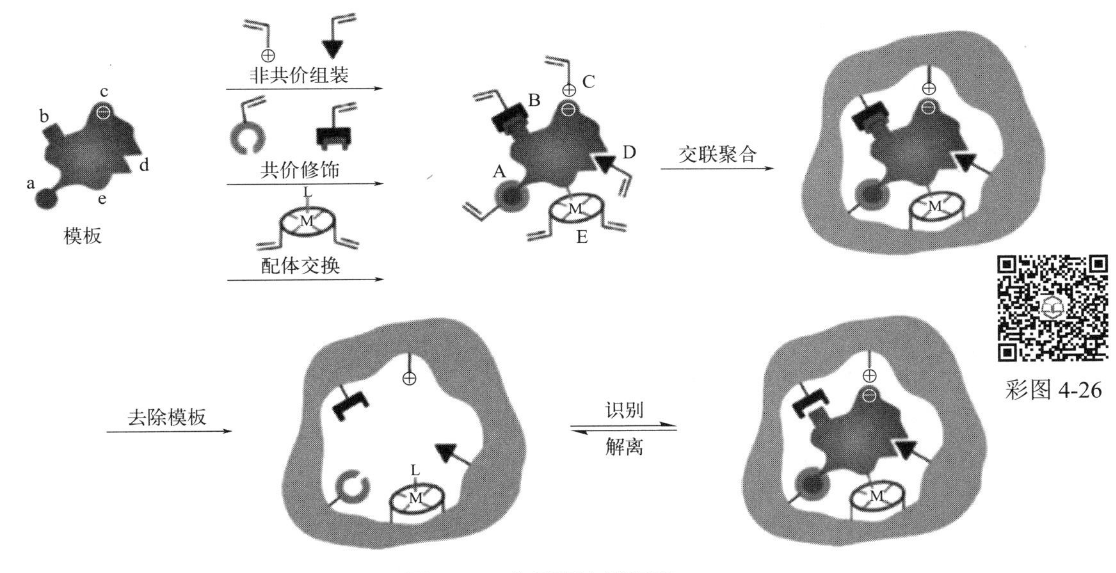

图4-26 分子印迹原理图

由此可见，此技术包括如下内容：①选定印迹分子和功能单体，使二者发生互补反应；②在印迹分子-单体复合物周围发生聚合反应；③用抽提法从聚合物中除掉印迹分子。结果，形成的聚合物内保留有与印迹分子的形状、大小完全一样的孔穴，也就是说印迹的聚合物能维持相对于印迹分子的互补性，因此，该聚合物能以高选择性重新结合印迹分子。分子印迹也叫主-客聚合作用或模板聚合作用。制备选择性聚合物并不难，仅涉及简单的众所周知的实验技术，制得的聚合物简称MIP。

通常，作为模板的印迹分子被恰当地包围在印迹空穴里。如果用一种纯对映体作为印迹分子，就能产生有效手性拆分外消旋物的印迹聚合物。此时，该印迹空穴具有不对称结构，而这种不对称是由于被固定的聚合物链的不对称构象所产生的。一般来说，聚合物空穴对印迹分子的选择性结合作用来源于空穴中起结合作用的官能团的排列以及空穴的形状。大量研究表明官能团的排列在空穴特异性结合中起决定性作用，而空穴的形状在某种程度上是次要因素。

（1）印迹分子与单体相互作用类型

应用分子印迹时可遵照两种方法：一是印迹分子与单体是共价可逆结合的；二是单体与印迹分子之间的最初反应是非共价的。这两种方法都使用了基于苯乙烯、丙烯酸和二氧化硅的聚合物。用可逆共价结合可得到能拆分糖的外消旋混合物的聚合物（见图 4-27）。1 个分子苯基-α-D-甘露吡喃糖苷作为印迹分子，与 2 个分子单体 4-乙烯基苯基硼酸作用，形成模板结合基共价复合物，共价复合物在过量交联剂乙二醇二甲丙烯酸酯（EDMA）存在下发生共聚反应（以四氧呋喃：乙腈 =1：1 为惰性溶剂），得到印迹聚合物。经酸水解除掉印迹分子苯基-α-D-甘露吡喃糖苷后，则所得聚合物中留有与印迹分子形状一样的孔穴，孔穴内还带有硼酸基团。由于该聚合物可以可逆地选择性地结合印迹分子，所以可拆分这个糖的外消旋混合物，而且选择性很高。用类似的方法还能从外消旋混合物中拆分游离糖的对映体。拆分外消旋物本是酶的功能，所以，印迹聚合物实际上模拟了酶的功能。

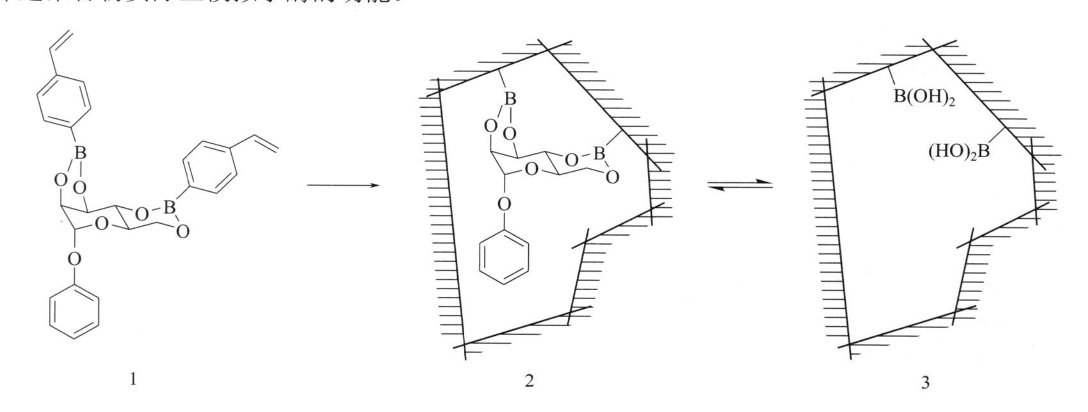

图 4-27　利用可逆共价结合进行的分子印迹

然而，由于绝大部分印迹分子携带适当结合基团的化合物的数目不多，在不破坏聚合物条件下能可逆进行反应的数目也有限，因此，可逆共价结合法的应用受到了限制。在聚合物引入金属离子，也可产生类似于可逆共价结合的相互作用。Arco 等用印迹分子 BHA 的羟基与单体吡啶或咪唑之间的非共价相互作用力实现底物选择性和对映选择性分离（见图 4-28）。研究表明，该印迹策略构建的模型最大结合能力可以达到 60.78mg/g。

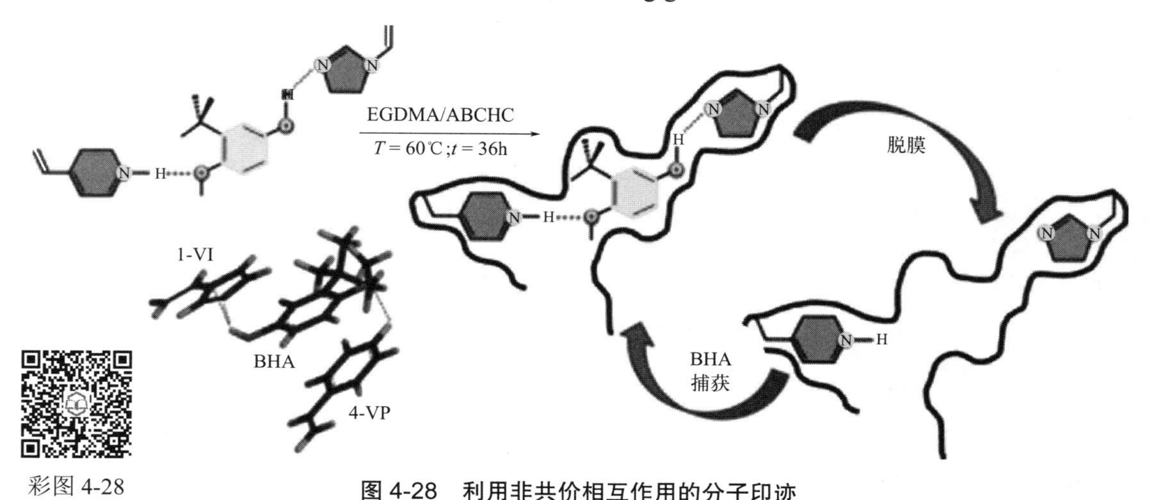

图 4-28　利用非共价相互作用的分子印迹

人们研究分子印迹的出发点之一是想从合成的聚合物出发，构建人工酶模型。为了产生酶的活性中心模型，我们需要一种方法，它能产生与反应底物相应的形状，特别是与被催化的反应过渡态互补的孔穴。另外，这种技术能诱导功能基团以预先排列的方式进入孔穴。显然，分子印迹技术可以产生对底物的特异性结合部位，并可以将催化官能团以确定的排列引入结合部位，从而制备出催化活性聚合物。

（2）影响 MIP 选择性识别的因素

① 底物结构和印迹分子互补性

底物必须与印迹分子的结构、大小相似，否则影响分辨力。对于对映选择性，不仅要求聚合物中存在与原来印迹分子在大小和形状上互补的部位（孔穴），更重要的是这些部位内的功能基团要排列正确，要有适当取向。对这种热力学控制的分离（外消旋拆分），决定的因素是孔穴内功能基的取向，而形状选择性（形状互补）是第二位的。对于动力学控制的分离，则主要受平衡结合常数的影响。在这种情况下，孔穴的形状牢固地控制着动力学选择性，形状选择性是最重要的识别因素。

② 聚合物与印迹分子间作用力

用丙烯酸和 EDMA 制备聚合物时，若用氨基酸酰苯胺作印迹分子，则所得聚合物拆分外消旋氨基酸的能力相对于用氨基酸酯印迹的聚合物要强。用核磁共振法发现，这是由于酸和酰胺部分间存在氢键。如果除离子作用外，还有氢键发生，则氢键应是改变分辨力的原因。如果酸性功能单体比印迹分子过量 4 倍，则聚合物拆分外消旋的能力最大。如果用对氨基苯丙氨酸酰苯胺作印迹分子，那么聚合物的外消旋分辨力会急剧增加。这是因为在印迹和随后的分辨过程中对氨基苯丙氨酸酰苯胺有附加的氢键，所以形成了附加的离子键。由此看来，聚合物的印迹分子间的作用力的强弱是影响分辨力的重要因素。若能在二者间产生多种相互作用力（如离子键、氢键等），而且键的数目又多，则会大大改善聚合物的识别能力。

③ 交联剂的类型和用量

聚合物的对映选择性对聚合所用交联剂的类型和用量依赖性很大。若以 EDMA 作交联剂，交联度由 50% 增至 66.7%，则 α 值由 1.50 增至 3.04；交联度达 95% 时，α 值为 3.66。一般要用 80% 以上交联度。交联少会降低聚合物的坚牢程度，难以限定负责选择性部位的形状和其中的基团取向，导致分辨力下降。使用旋光性交联剂，则可能造成与印迹分子有附加的手性相互作用，提高分辨力。

④ 聚合条件

低温聚合可以稳定印迹分子和单体间的复合物，容许印迹热敏分子，同时还能改变聚合物的物理性质，具有制备较高分辨力聚合物的可能性。例如，0℃制备的用 L-苯丙氨酸酰苯胺印迹的聚合物比在 60℃制备的聚合物显示较高分辨力。这样色谱分离时就可在室温下进行了，而不必在较高温度下进行。

2. 分子印迹聚合物的制备方法

制备分子印迹聚合物的过程如图 4-29 所示，一般包括：①选定印迹分子和单体，让它们之间充分作用；②在印迹分子周围发生聚合反应；③将印迹分子从聚合物中抽提出去。于是，此聚合物就产生了恰似印迹分子的空间，并对印迹分子产生识别能力。

制备分子印迹聚合物的聚合方法和一般聚合方法一致。在设计分子印迹聚合体系时，关键要考虑选择与印迹分子尽可能有特异结合的单体，然后选择适当的交联剂和溶剂。可用于分子印迹的分子很广泛（如药物、氨基酸、碳水化合物、核酸、激素、辅酶等），它们均已成功地用于分子印迹的制备中。分子印迹聚合中应用最广泛的聚合单体是羧酸类（如丙烯酸、甲基丙烯酸、乙烯基苯甲酸）、磺酸类以及杂环弱碱类（如乙烯基吡啶、乙烯基咪唑），其中最常用的体系为聚丙烯酸和聚丙烯酰胺体系。若要产生对金属的配合作用则应用氨基二乙酸衍生物，其他可能的体系为聚硅氧烷类。分子印迹聚合物要求的交联度很高（70% ～ 90%），因此交联剂的种类受到限制。预聚溶液中交联剂的溶解性减少了对交联剂的选择。最初，人们用二乙烯基苯作为交联剂，但后来发现丙烯酸类交联剂能制备出更高特异性的聚合物。在肽类分子印迹中三或四官能交联剂如季戊四醇三丙烯酸酯和季戊四醇四丙烯酸酯已用于聚合体系中。

溶剂在分子印迹制备中发挥着重要作用，这种作用在自组织体系中尤为重要。聚合时，溶剂控制着非共价键结合的强度，同时也影响聚合物的形态。一般来说，溶剂的极性越大，产生的识别效果就越弱，因此，最好的溶剂应选择低介电常数的溶剂（如甲苯和二氯甲烷等）。另外，聚合物印迹空穴的形态学也受溶剂的影响，溶剂使聚合物溶胀，从而导致结合部位三维结构的变化，产生弱的结合。通常，识别所用溶剂最好与聚合用溶剂一致，以避免发生溶胀问题。

分子印迹聚合物的形态有聚合物块、珠、薄膜、表面印迹以及在固定容器内的就地聚合等。目前最常规的工艺是制备整块聚合物，然后粉碎过筛，获得不同粒径的颗粒；应用乳液聚合、悬浮聚合和分散聚合获得粒径均一的颗粒，可用于色谱和模拟酶；浇铸膜等聚合物薄膜可用于制造传感器。

按印迹分子与聚合单体的结合方式，可分为如下两种分子印迹方法。①预组织法，主要由Wulff及其同事创立。在此方法中，印迹分子预先共价联结到单体上，待聚合后共价键可逆打开，去除印迹分子。在此方法中结合部位的官能团预先与印迹分子定向排列。②自组织方法，主要由 Mosbach 研究小组首先开发。在此方法中，印迹分子与功能单体之间预先自组织排列，以非共价键形式形成多点相互作用，聚合后这种作用保存下来。

预组织分子印迹法中印迹分子与单体间可产生可逆共价结合，因此又称为可逆共价结合法。例如印迹分子苯基-α-D-甘露吡喃糖苷的羟基与乙烯基苯基硼酸可形成可逆共价结合。在大量交联剂的存在下，经自由基聚合就产生了具有大量内表面积的微孔聚合物，用酸水解则可除去印迹分子。该印迹聚合物由于对 D 型糖苷具有选择性识别能力，在适当的溶剂中，此聚合空腔只与 D 型对映体建立平衡并与之结合，从而产生拆分糖苷对映体的能力（图 4-29）。但是，应该指出，尽管这种分子印迹制备方法是最先被采用的，但由于携带适当结合基团的聚合单体数量有限，此法的应用范围受到很大限制。

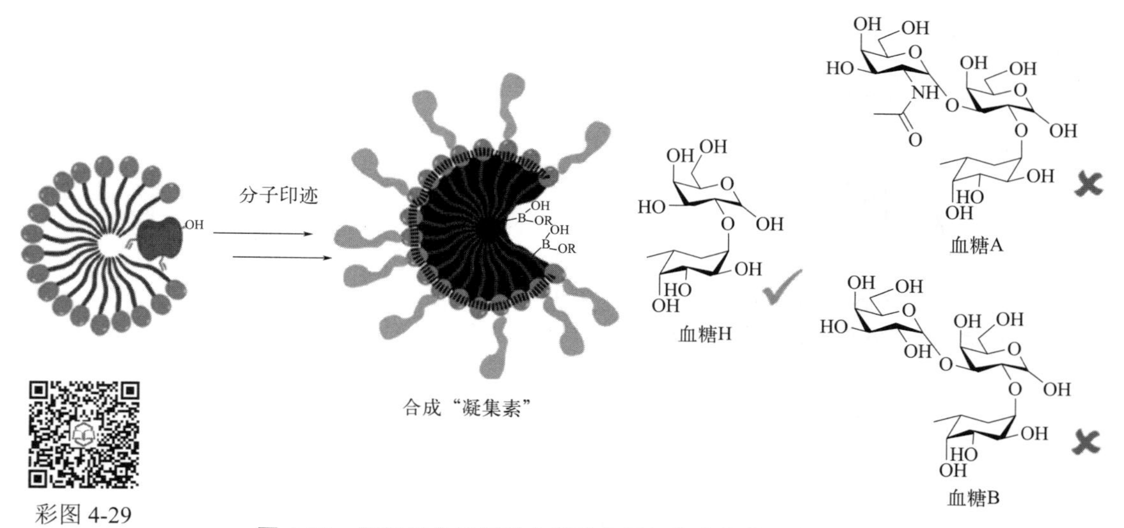

图 4-29 预组织分子印迹中印迹分子与聚合物的结合方式

同可逆共价结合法相比，基于非共价相互作用的自组织分子印迹法则优越得多，而且在聚合中可使用不同的单体共聚。印迹分子可通过非共价作用（如离子键、氢键、疏水作用和电荷转移等）与聚合物结合。例如以苯丙氨酸衍生物为印迹分子，甲基丙烯酸为聚合单体时，所制备的印迹聚合物，其结合部位可通过离子键、氢键和疏水作用与印迹分子结合。此印迹聚合物对印迹分子具有相当高的选择性。

3. 表面分子印迹

（1）无机物为载体的表面印迹

在大孔硅胶表面，应用通常的分子印迹法可产生具有分子识别能力的微孔聚合薄层。类似这样在某些载体表面产生分子印迹空腔或进行表面修饰产生印迹结合部位的过程称为表面分子印迹。例如在硅胶球表面的分子印迹：首先将3-（三甲氧基硅烷基）甲基丙烯酸通过共价键结合到硅胶表面，引入聚合单体甲基丙烯酸酯，待印迹分子与单体共同包被在硅胶表面后，采用常规的聚合方式聚合，然后去除印迹分子后，就产生了具有一定粒度不溶胀的表面印迹微粒。这种印迹方法特别适用于制备拆分对映体的聚合物。

（2）固体材料的表面修饰

在典型的聚合物分子印迹中，印迹聚合物的选择性依赖于印迹空腔的形状和其中功能基团的排列。那么某些材料表面一定距离的两个结合基团是否能产生对相应分子的选择性结合呢？如果将含双席夫碱的二硅氧烷分子与硅胶表面的硅羟基缩合，其他硅羟基用戊基甲基硅烷保护起来以防止产生非特异性吸附作用。待用硼氢化钠还原除去联苯二醛后，就产生了两个有一定距离的氨基。这样的双氨基对恰当长度的二醛具有很好的选择结合能力。

（3）蛋白质的表面印迹

三维结构的MIP不能分离生物大分子，特别是蛋白质，因为大分子不能自由出入MIP的空隙，用二维表面印迹可解决这个问题。最近已有用大分子作模板生产选择性吸附剂的报告。开发选择性识别蛋白质的系统是很重要的目标，应用不同方法达到这一目标，其中包括系统地使用小分子来控制蛋白质MIP识别部位的几何形状，例如以双咪唑作为模拟蛋白质的模板，即在识别双咪唑的过程中采用金属离子络合物。

例如，Hu等人利用该策略用于开发高特异性人工抗体。研究组研究了芳香族相互作用在人工抗体的目标识别能力中的作用（图4-30）。他们采用三种不同芳香族氨基酸含量的蛋白质作为模型靶标，并使用具有不同芳香官能度的硅烷单体的组合在等离子体纳米结构上通过分子印迹形成人工抗体。研究表明，对于具有较高芳香氨基酸含量的目标蛋白质，发现因印迹聚合物基质中存在芳香基团而导致的选择性和灵敏度增强更高。同时，基于目标蛋白的氨基酸含量调整单体组成可以提高基于人工抗体的等离子体生物传感器的灵敏度，而不影响选择性。

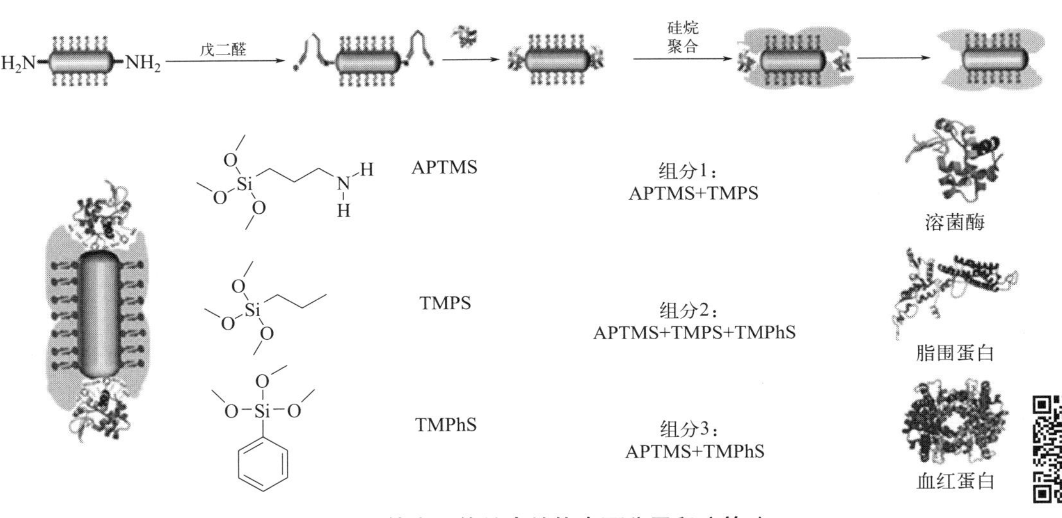

图4-30 等离子体纳米结构表面分子印迹策略

彩图4-30

（4）分子印迹聚合物在对映体分离上的应用

分子印迹聚合物（MIP）能分离的化合物越来越多，已经不局限于早期的染料、简单氨基酸和糖。β-受体阻滞药噻吗心安、心得安和氨酰心安及非类固醇抗炎药甲氧萘丙酸，最近已用 MIP 实现了对映体拆分，同时还可利用 MIP 从结构相关的异丁丙氨酸和酮苯丙酸中分出甲氧萘丙酸。杨研究组在 γ-甲基丙烯氧基丙基三甲氧基硅烷（MPS）修饰的 $Fe_3O_4@SiO_2$ 表面合成了手性脱氢枞胺（DHA）为模板分子的新型磁性表面分子印迹聚合物（MIP），并通过吸附在 MIP 上进行扁桃酸外消旋体（*RS*-MA）的拆分（如图 4-31）。结果表明，MIP 对 *R*-MA 具有良好的亲和性和较高的吸附能力，对 *R*-MA 的对映选择性吸附能力优于 *S*-MA。*RS*-MA 在 MIP 上的一级吸附可实现 *R*-MA 高达 53.7% 的对映体过量（ee）。这有助于在 MIP 制备中使用手性单体而非非手性单体来提高传统 MIP 的手性分离能力。MIP 可以作为一种经济有效的吸附剂用于 MA 外消旋体的手性分离。

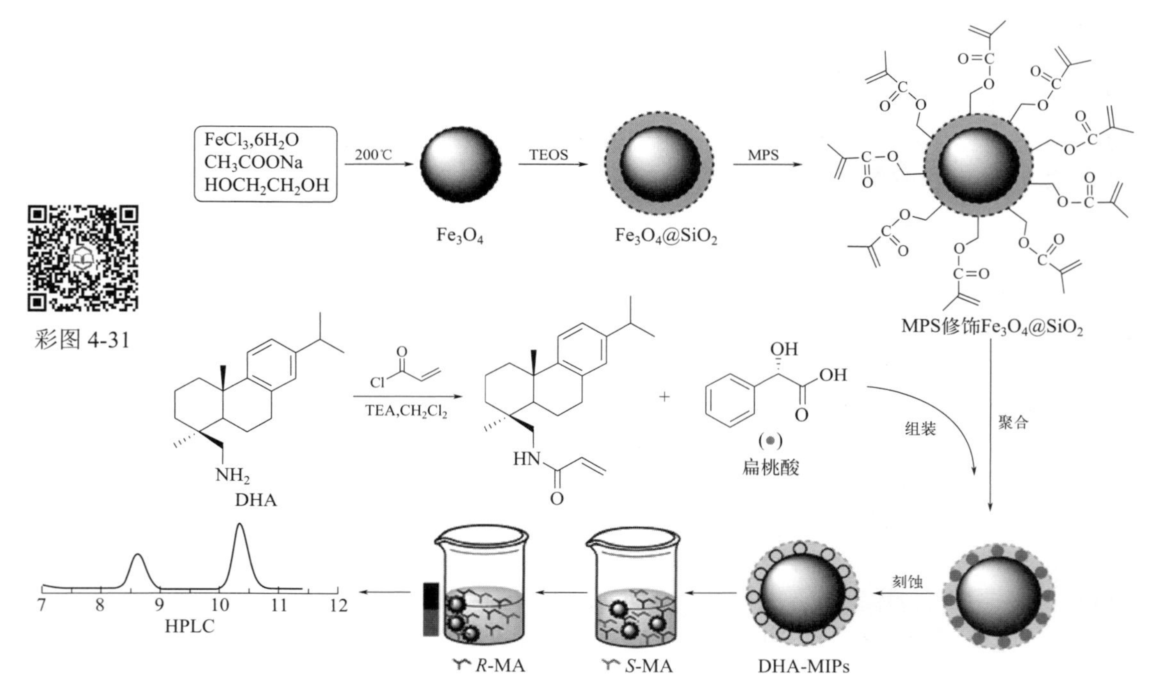

图 4-31　用分子印迹法研究过的某些化合物分离

（5）分子印迹聚合物的优点和局限性

由于 MIP 是高度交联的聚合物，所以它具有相当好的化学稳定性、热稳定性和机械稳定性，这是生物识别系统无可比拟的。良好的稳定性使 MIP 能长期重复使用并使其适用于需要极端条件（如高温、低温和非水介质）的应用。另外，制备 MIP 的费用相对于蛋白质识别系统和合成手性识别系统来说是相当便宜的，而且印迹分子可以回收、重复使用。在开发具有催化活力聚合物方面，分子印迹法可以创造自然界不存在的具有全新催化活力的催化剂。所有这些优点表明，分子印迹聚合物是值得认真开发、研究的领域。

分子印迹技术还有许多问题有待解决，当前最大的问题是 MIP 的容量相当低。这是由动力学上可接近的识别位点数目有限（扩散限制）造成的。不过，最近通过使用新型交联剂，如三-甲基丙烯酰赤藓糖和四-甲基丙烯酰赤藓糖，使 MIP 容量大大改善（大于 10 倍），这为 MIP 在制备规模的色谱中的应用开辟了道路。迄今报告的 MIP 拆分外消旋物的最大容量按每克干重聚合物计算为 1mg。利用印迹分子-单体间的非共价和可逆共价作用相结合，也使 MIP 容量得到类似改善。MIP 的颗粒大小和孔度的均一性对改善负载容量和柱效是有用的。目前商业规模的 MIP 柱容量已达 50L。

MIP 技术应用于水溶液中的选择性识别只是刚刚开始，虽然已有较有希望的报告，但要完全理解还需进一步研究。还有一个问题是，印迹前要有纯的对映体作为印迹分子。解决的办法是，印迹分子可以循环使用，或者小心选择具有相关结构的化合物，再就是利用部分纯化的对映体作为印迹分子来部分纯化外消旋物。

二、分子印迹酶

分子印迹技术一出现，人们就意识到可以应用此技术制备人工模拟酶。通过分子印迹技术可以产生类似于酶的活性中心的空腔，对底物产生有效的结合作用，更重要的是利用此技术可以在结合部位的空腔内诱导产生催化基团，并与底物定向排列。分子印迹酶同天然酶一样，一般遵循米-曼氏动力学，其催化活力依赖于 k_{cat}/K_m，这里 k_{cat} 是催化反应速率常数，而 K_m 通常代表米氏常数，它可用于描述底物与酶的亲和性。产生底物的结合部位并使催化基团与底物定向排列对于产生高效人工模拟酶来说是相当重要的两个方面。

在人工酶的研究中，印迹被证明是产生酶结合部位最好的方法。以 Pauling 的酶催化理论即稳定过渡态理论为指导，通过生物体免疫系统诱导产生具有过渡态结合部位的抗体，抗体表现出很高的催化活性，称为抗体酶。抗体酶的成功实践证明印迹某一反应的过渡态，产生与之互补的过渡态结合部位，会选择性地催化此反应。类似于抗体酶，分子印迹技术产生了新的机会，形成类似于酶结合部位的印迹空腔，因此，通过分子印迹技术人们可以模拟并深入了解复杂的酶体系。

在人工模拟酶研究领域，分子印迹面临的最大的挑战之一是如何利用此技术来模拟复杂的酶活性部位，使其最大程度与天然酶相似。要想制备出具有酶活性的分子印迹酶，选择合适的印迹分子是相当重要的。目前，所选择的印迹分子主要有底物、底物类似物、酶抑制剂、过渡态类似物以及产物等。

1. 印迹底物及其类似物

酶的催化是从对底物的结合开始的，产生对底物的识别可促进催化。为此，人们做了很多尝试。如 Mosbach 等应用分子印迹法制备具有催化二肽合成能力的分子印迹酶。所合成的二肽为 Z-L-天冬氨酸与 L-苯丙氨酸甲酯缩合产物，它们分别以底物混合物（Z-L-天冬氨酸与 L-苯丙氨酸为 1∶1 混合）以及产物二肽为印迹分子，以甲基丙烯酸甲酯为聚合单体，二亚乙基甲基丙烯酸甲酯为交联剂，经聚合产生了具有催化二肽合成能力的二肽合成酶。研究表明以产物为印迹分子的印迹聚合物表现出最高的酶催化效率，在反应进行 48h 后，其二肽产率达到 63%，而以反应物为印迹分子的印迹聚合物催化相同的反应时二肽产率却较低。

将催化基团定位在印迹空腔的合适位置对印迹酶发挥催化效率相当重要。通常引入催化基团的方法为诱导法，即通过相反电荷等的相互作用引入互补基团。如 Shea 等以苯基丙二酸为印迹分子，利用酸和胺的相互作用将胺基定位在印迹空腔的适当位置上，除去印迹分子后，含胺印迹聚合物催化 4-氟-4-硝基苯基丁酮的 HF 消除反应，其催化速率提高了 8.6 倍。

尽管已知分子印迹催化剂已被人熟知，但传统的分子印迹聚合物（MIP）在对天然酶的模拟物方面面临许多挑战，部分原因是活性位点的构建精度有限、结合位点的不均匀分布和 / 或高度交联材料的溶解性差。近期，赵教授研究组报道了一种胶束印迹策略，通过自下而上的方法，理性构建一类具有高选择性的人工锌酶用于酯水解（如图 4-32）。他们制备的分子印迹纳米颗粒（MINP）催化剂的特征在于其纳米尺寸和水溶性与天然酶相似。离散的活性位点、大小和形状可调，位于 MINP 的疏水核心。其方法的亮点是系统地调整催化锌金属相对于待在底物中裂解的

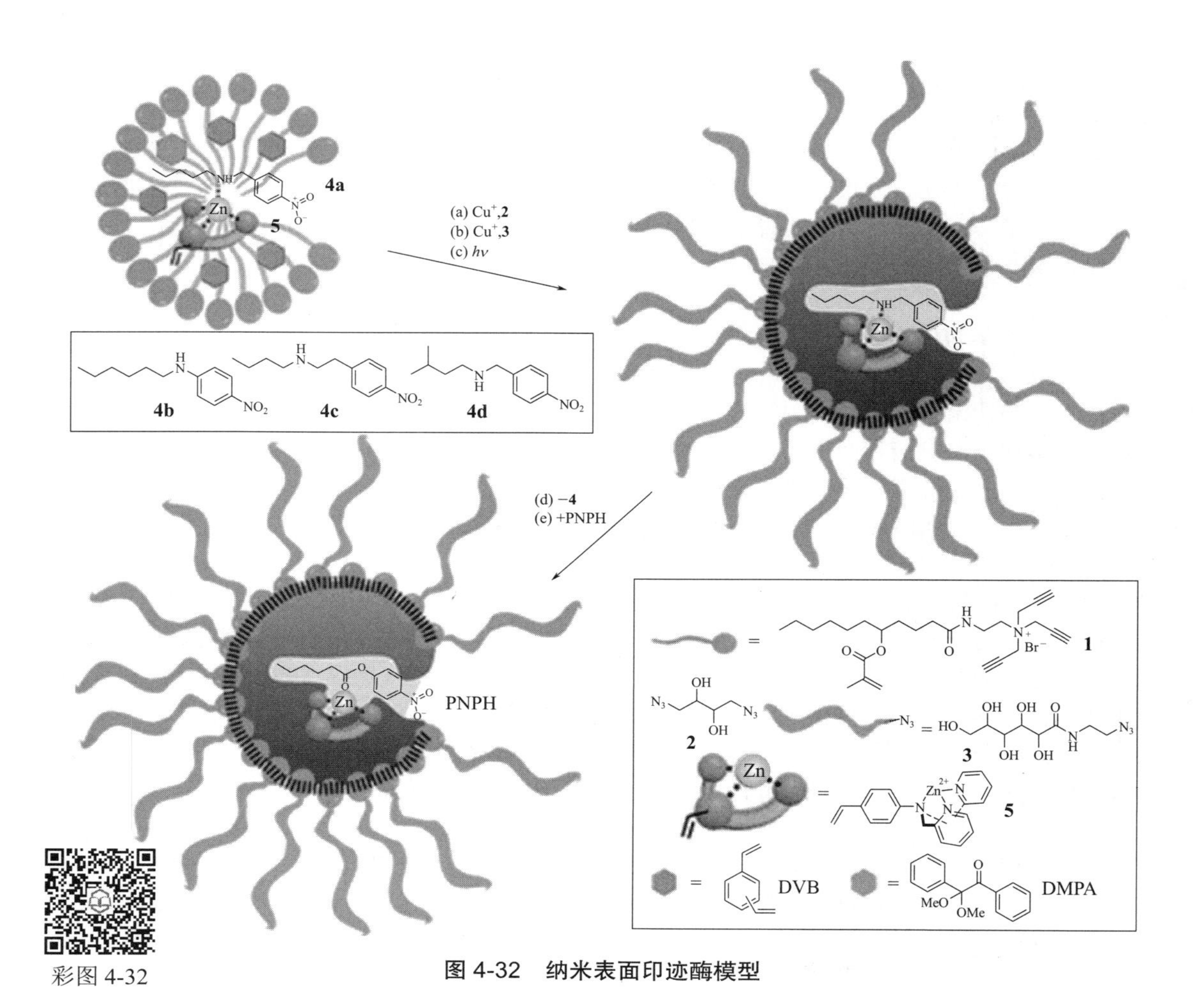

彩图 4-32

图 4-32　纳米表面印迹酶模型

酯键，可以使活性位点的形状与底物精确匹配，从而可以容易地区分单个甲基的位置和底物的链长。人工锌酶通常面临强烈的产物抑制，因为水解产物与锌的配位比原料更强烈。其催化剂有效地防止了产物抑制，导致营业额比先前系统中报告的高 1 个数量级。

2. 印迹过渡态类似物

用分子印迹可以模拟抗体（或酶）的结合部位这一重要结果使人很自然想到可以利用同一技术研制在结合部位具有催化功能的聚合物系统。与用过渡态类似物作印迹分子制备的印迹聚合物也能结合反应过渡态，降低反应活化能，从而加速反应。这类研究中最早的一个例子是用对硝基苯乙酸酯水解反应的过渡态类似物对硝基苯甲基磷酸酯作印迹分子制备聚合物（图 4-33）。制得的 MIP 证明能优先结合过渡态类似物，并能加速对硝基苯乙酸酯水解成对硝基酚和乙酸。

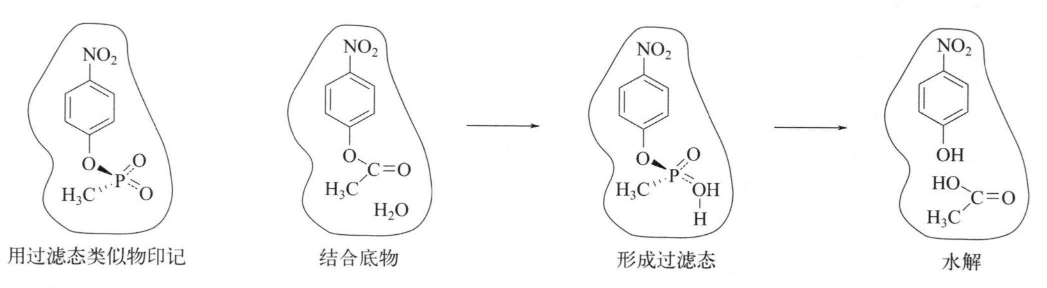

图 4-33　用过渡态类似物对硝基苯甲基磷酸酯制备的印迹聚合物能加速酯水解成相应的羧酸

这种速度加强可被过渡态类似物专一性抑制，从而证明所得到的速度加强完全是由分子印迹提供的专一结合部位引起的。然而，由于并未研究如何将亲核基团置于适当位置，所以速度加强不是很高也就不足为奇。

人们借鉴抗体酶印迹过渡态类似物的成功经验，试图用印迹过渡态类似物产生印迹聚合物的方法模拟酶的行为。与以过渡态类似物法制备抗体酶的原理相同，若用过渡态类似物作为印迹分子，则所得的聚合物应具有相应的催化活性，只不过以人工合成的聚合物代替了抗体。Mosbach 等从过渡态类似物法制备抗体酶中得到启示，首次将过渡态类似物法应用于分子印迹中。他们以羧酸酯水解的过渡态类似物——磷酸酯作为印迹分子，将含水解功能基团的 4(5)-乙烯咪唑作单体和双功能交联剂 1, 4-二溴丁烷进行分子印迹聚合，制备出具有相应酯水解能力的印迹酶，其催化水解乙酸对硝基苯酯的活性比未用印迹分子的相应聚合物高出 60%。

印迹聚合物表现出对映选择性水解能力，其对映体水解催化常数比 k_D/k_L 为 1.9。但同非印迹的聚合物相比，催化效率只提高了 2.5 倍，同含咪唑的溶液相比，催化效率也只提高了 10 倍。尽管印迹产生过渡态结合部位对催化效率提高有所帮助，但是过渡态稳定化作用仍然是模糊的。

在分子印迹酶研究领域，产生低催化效率的另一主要原因是底物分子在大块的印迹聚合物中扩散很慢，这引起了慢的催化动力学，从而降低了酶活力。为了克服这一问题，发展分子印迹聚合物微胶和纳米胶是现实的。微胶和纳米胶具有优良的通透性去克服由扩散引起的慢的催化动力学。Kulkarni 研究小组试图将胰蛋白酶活性中心的催化基团引入印迹微胶产生的底物结合部位，他们采用金属离子复合技术，利用 Co^{2+} 与模板中的吡啶基和功能单体中的羟基、羧基、咪唑基形成复合物，在印迹产生的结合部位上设计产生酶催化的功能基团，并使这些功能基团与底物在氢键范围内相互靠近。此酶模型表现出典型的胰蛋白酶水解能力，催化行为与天然酶一致。

自 1989 年，Mosbach 小组报道了首例印迹过渡态类似物制备印迹酶以来，人们做了很多尝试，可是初步的实验结果令人失望，印迹过渡态类似物产生的印迹聚合物只表现出有限的催化效率，其催化效率仅提高 10 倍以下。大量的研究表明，仅仅印迹产生过渡态结合部位不能引起高效催化效率，在结合部位的适当位置定向引入催化基团对提高催化效率至关重要。Wulff 研究小组充分考虑了过渡态结合和定向引入催化基团对催化的作用，利用分子印迹技术印迹膦酸单酯，此膦酸单酯充当了酯水解过渡态类似物，通过含脒基的功能单体与印迹分子形成稳定的复合物，将功能基团引入印迹的过渡态结合部位中，所产生的印迹聚合物表现出很强的酯水解活性，其催化效率仅比相应的抗体酶低 1 ～ 2 个数量级。2004 年他们用同样的体系印迹碳酸酯和碳酸酰胺，获得了与相应抗体酶活力相当的分子印迹酶模型（图 4-34）。他们把过渡态识别与催化基团的定位效应结合起来，将铜和锌离子催化中心成功地引入过渡态识别部位。此模型是目前分子印迹模拟酶中催化活性最高的。看来，适当地设计印迹分子和具有催化基团的功能单体，将稳定过渡态和催化基团的准确定向结合起来是提高模拟酶活力的关键。

3. 表面印迹过渡态类似物

在发展分子印迹酶中，分子印迹聚合物微胶可以克服由于印迹聚合物扩散慢而引起的慢催化动力学问题。最近，人们试图利用表面印迹技术使载体表面印迹产生模拟酶的结合部位。Markowitz 等发展了一种表面印迹技术，其设计思路很新颖。他们将胰蛋白酶水解反应的过渡态类似物，与长链烃经酰化制备成类似于表面活性剂的分子，并以此为模板与表面活性剂、硅氧烷、微胶粒混合在水 / 油型乳液中，过渡态类似物作为表面活性剂的亲水头在水相界面与硅氧烷、硅胶微粒通过氢键和疏水作用充分结合，待硅氧烷聚合后，印迹分子就定位在微胶表面。去除表面活性剂，在硅胶微粒表面就形成了与过渡态互补的微孔，此印迹酶具有酰胺水解活性。

利用分子印迹产生的聚合物印迹酶都不同程度地加速了相应反应速率。但是，无论是印迹底物类似物还是过渡态类似物都不能充分提高催化效率，同其他方法制备的模拟酶（如抗体酶制备技术）相比催化效率很低。如 Mosbach 制备的以过渡态类似物为模板的聚合物印迹酶，其催

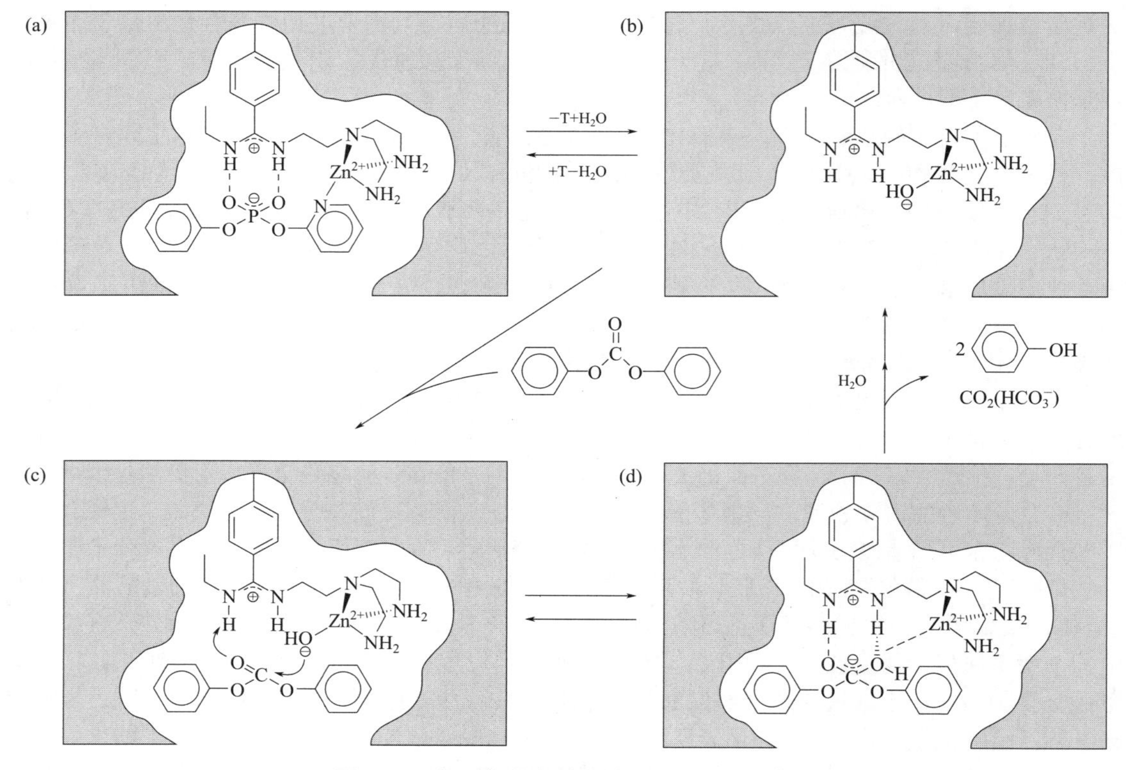

图 4-34 识别与催化协同的分子印迹酶模型

化效率只提高 6 ～ 8 倍，而用相似的过渡态类似物为半抗原诱导的抗体酶，则具有明显的酯水解能力，可加速相应的酯水解达 10 倍。尽管人们采用很多手段如将催化基团引入印迹空腔，但用高聚合物制备的印迹酶其催化效率普遍不高。可能的原因是，分子印迹聚合物一般是高交联聚合物，其刚性大且缺乏酶的柔性。另外，用于聚合的单体种类较少，使得模板与空腔周围基团形成次级链的作用力减少，也就是说模板聚合物对反应底物的识别能力受到限制，因而导致酶活力普遍不高。

值得高兴的是，Wulff 研究小组考虑了过渡态结合和定向引入催化基团对催化的作用，利用分子印迹技术产生的印迹聚合物表现出很强的酯水解活性，其催化效率与相应的抗体酶在同一数量级。随着新的功能单体的不断出现和新的印迹技术的发展，分子印迹酶的催化效率会不断提高，分子印迹技术定会成为研究酶催化机制的强有力工具，并最终获得实用酶。

三、生物印迹酶

生物印迹是分子印迹中非常重要的内容之一，它的优势亦在酶的人工模拟。利用此技术人们首先获得了有机相催化印迹酶，并作了系统的研究，近年来，人们利用此技术制备出水相生物印迹酶。

1. 有机相生物印迹酶

近 20 年来，非水相酶学有了长足的发展。这不仅因为其拓宽的识别优势，更主要的是因为酶在非水环境中表现出特殊特征，如构象刚性、增加的热稳定性及改变的底物特异性。一个特别令人感兴趣的研究热点是在水相介质中受体诱导的非酶蛋白质或酶产生“记忆”效应。如果将水相中受体诱导的蛋白质或其他生物大分子冷冻干燥，然后将其置于非水介质中，则其构象刚性保持了诱导产生的结合部位。如果所用的受体是酶底物、酶抑制剂或过渡态类似物，则此生物印迹蛋白表现出酶的性质。

我们以脂肪酶的生物印迹为例介绍有机相催化的制备过程。水溶性脂肪酶在通常状况下是非活性的，其结合部位有一个“盖子”，当底物脂肪以脂质体形式接近酶时，盖子打开，脂肪的一端与结合部位结合。为了获得高效非水相脂肪酶，Braco 等将适当两亲性的表面活性剂与酶印迹，待表面活性剂分子与酶充分接触后，将酶复合物冷冻干燥，用非水溶剂洗去表面活性剂后，脂肪酶的活性中心的“盖子”被去除，形成了活性中心开启的活性酶。选择不同结构的两亲性表面活性剂诱导产生的非水相脂肪酶，其结合部位构象发生了新的变化，它更适合相应的底物，因此，催化效率比非印迹的酶提高了 2 个数量级。

显然，生物印迹可以改变酶结合部位的特异性。由于特异性是酶高效性的基础，因此可以说生物印迹技术能够改变酶的活性部位，从而改造酶。Dordick 最近利用生物印迹方法改造枯草杆菌蛋白酶，并成功地制备出活性较高的核苷酸酰基化酶。他们的制备思路同上，即选择与底物相关的核苷酸作为印迹分子，其催化效率比非印迹的酶提高了 50 倍。目前，应用此方法已制备出相当数量的生物印迹酶。

增强有机溶剂中酶活性的最成功的策略之一涉及通过底物或其类似物的分子印迹来调节酶活性位点。不幸的是，许多潜在重要的印迹剂在水中溶解性差，这大大限制了该方法的实用性。鉴于此，Khmelnitsky 研究组开发了克服分子印迹技术局限性的策略，从而将其适用性扩展到水溶性配体之外（如图 4-35）。溶解度问题可以通过将配体转化为水溶性形式或通过添加相对高浓度的有机助溶剂（如叔丁醇和 1, 4-二噁烷）来解决，以增加它们在冻干介质中的溶解度。他们已经成功地应用这两种策略生产了印迹的嗜热菌蛋白酶、枯草杆菌素和脂肪酶 TL。与非印迹酶相比，它们在紫杉醇和 β-雌二醇的酰化反应中具有高达 26 倍的催化活性。此外，他们首次证明，分子印迹和盐活化结合使用，会产生强烈的加性活化效应（高达 110 倍），表明这些酶活化技术涉及不同的作用机制。

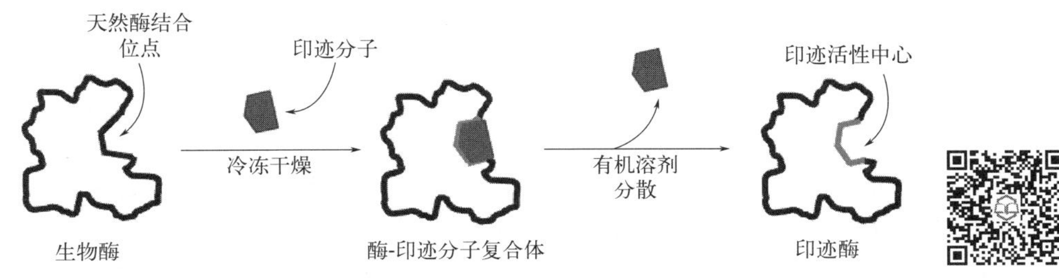

图 4-35　基于蛋白酶开发有机相催化分子印迹酶模型

彩图 4-35

在有机相中，生物印迹蛋白质由于保持了对印迹分子的结合构象而对相应的底物产生了酶活力，那么这种构象能否在水相中得以保持，从而产生相应的酶活力呢？Keyes 研究小组的研究结果告诉我们采用交联剂完全可以固定印迹分子的构象，在水相中产生高效催化的生物印迹酶。利用这种方法已成功地模拟了许多酶（如酯水解酶、HF 水解酶、葡糖异构酶等），有的甚至达到了天然酶的催化效率。

2. 水相生物印迹酶

（1）酯水解生物印迹酶

1984 年，Keyes 等报道了首例用这种方法制备的印迹酶，他们选择吲哚丙酸为印迹分子，印迹牛胰核糖核酸酶，待起始蛋白质在部分变性条件下与吲哚丙酸充分作用后，用戊二醛交联固定印迹蛋白质的构象，经透析去除印迹分子后就制得了具有酶水解能力的生物印迹酶。此印迹酶粗酶比活力 7.3U/g，而非印迹酶则无酯水解酶活力。粗酶经 70% ～ 90% 硫酸铵分级纯化后，其酯水解比活力增至22U/g。再经柱色谱（Biogel P-30）进一步纯化后，出现3种交联组分，其中低分子量组分显示出最高酶活力，其活力达到600U/g。经过纯化，其回收率达25%。研究表明，此印迹酶的最适pH、底物饱和特性以及产物抑制等均与天然酶类似，但却具有较宽的底物特异性。它对含芳环的氨基酸酯（如色氨酸乙酯、苯醛-L-精氨酸乙酯、酪氨酸乙酯等）均表现出相当好的水解活性，而对非芳香氨基酸乙酯，如甘氨酸乙酯、赖氨酸乙酯等则表现出较低的催化活性。吲哚环诱导的芳香疏水结合部位对结合芳香基团的底物起到关键作用。

（2）HF水解生物印迹酶

氟水解酶是一类重要的酶，它们催化含氟化合物的水解反应而使含氟有机磷和磺酸类化合物解毒，最常见的底物是二异丙基氟磷酸（DFP）、对甲苯基磺酰氟（PMSF）等。Keyes研究小组以不同的底物类似物为印迹分子印迹核糖核酸酶，获得了具有高活力的氟水解酶，其催化DFP的活力比相应的抗体酶高20倍，甚至超过了某些天然酶的活力水平（表4-1）。

表4-1　天然DFP水解酶、抗体酶、生物印迹酶催化效率比较

项目	k_{cat}/min^{-1}	k_{uncat}/min^{-1}	k_{cat}/k_{uncat}
印迹酶	110.0	5.0×10^{-3}	2.2×10^{4}
抗体酶	2.70×10^{-2}	2.8×10^{-5}	960
天然酶（Hog kidney）	15.50	5×10^{-3}	3100
天然酶（Squid nerve）	585	5×10^{-3}	1.17×10^{5}

在生物印迹过程中，所用的印迹分子并不是精心选择的过渡态类似物，而是底物类似物。在所用的18种印迹分子中，有11种诱导产生了对DFP或PMSF具有水解能力的生物印迹酶。固定被印迹的蛋白质构象采用长链二酰亚胺，它可以在温和条件下交联蛋白质而不影响蛋白质的电荷和水溶性。研究表明，只有二聚体表现出高催化活性。目前还无法确定印迹过程诱导的酶活性中心的位置。尽管已制备出高活力的氟水解酶，但产生酶活力的机制、结构与酶活力的关系还不清楚，尚待进一步研究。

（3）具有GPx活性的生物印迹酶

谷胱甘肽过氧化物酶（GPx）的酶活性中心具有GSH特异性结合部位，即GSH是此酶的特异性底物，而氢过氧化物则是非专一性底物。对GPx的人工模拟研究表明，产生GSH特异性结合部位，并在此部位引入催化基团硒代半胱氨酸是对此酶模拟的关键。罗贵民等应用单克隆抗体制备技术，以GSH修饰物为半抗原已制备出具有GSH特异性结合部位的含硒抗体酶，其催化活力已达天然酶水平。借鉴含硒抗体酶成功经验，他们以GSH修饰物为模板分子，又用生物印迹法产生GSH结合部位，再把结合部位的丝氨酸经化学诱变转化为催化基团硒代半胱氨酸，产生了具有GPx活性的含硒生物印迹酶（图4-36）。

彩图4-36

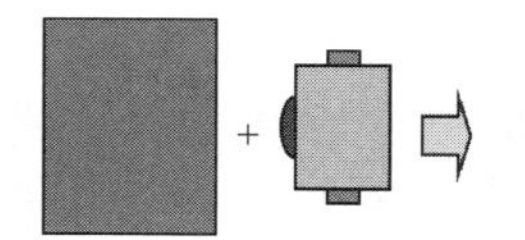

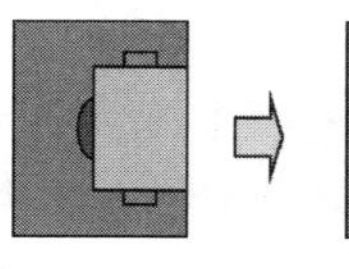
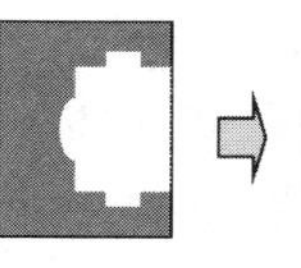
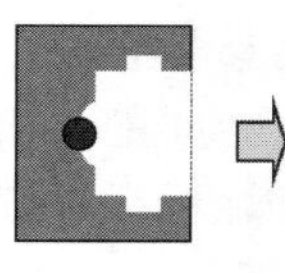
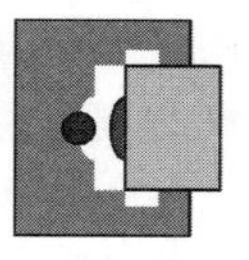

图4-36　生物印迹过程示意图

印迹分子的设计尤为重要，在设计时应考虑此印迹分子既能诱导产生GSH结合部位，又尽量诱导出疏水环境。结合含硒抗体酶半抗原的设计思路，应以GSH分子为基础，将它进行适当修饰后作为印迹分子。对于此印迹分子的要求：①印迹分子应体现GSH的结构特征，使其诱导出对GSH具有较好结合的酶结合部位；②稳定性好；③不与交联剂发生化学反应；④考虑到修饰基团能诱导出疏水结合部位。将 GSH 的巯基和氨基用疏水基团 2, 4-二硝基苯修饰产生的 GSH 修饰物满足了上述要求，以它为印迹分子印迹卵清蛋白产生了 GSH 的特异性结合部位。

在结合部位引入催化基团是提高酶活力的又一关键因素。将上述印迹的卵清蛋白，用苯甲基磺酰氟（PMSF）特异活化结合部位中的丝氨酸羟基，再经 NaHSe 亲核取代，将丝氨酸残基转化为硒代半胱氨酸，从而引进催化基团，这样就形成了具有 GPx 活力的印迹酶。

含硒生物印迹酶表现出较高的 GPx 活性，其比活力可达 800 U/mol，与天然兔肝 GPx 相比只差一个数量级。研究结果显示，交联剂戊二醛用量对酶活力影响很大，适量的交联剂产生的卵清蛋白二聚体或自身聚合体表现出高催化活性，而大量交联剂产生的多聚体则只表现出很低的酶活力。这种印迹酶的温度范围较宽，最适温度为60℃，而它的pH范围较窄，最适pH为8.9。该印迹酶的储存稳定性很差，随保存时间延长活力明显下降，20 天左右活力只保持原来的 10%。由于这种酶的结构尚不清楚，结合部位互不相同，类似于多克隆抗体，对于深入研究印迹分子与酶活力的关系及其催化作用机制都带来不利。

第五节　人工酶研究进展

人工模拟酶的研究是生物与化学交叉的重要研究领域之一。人工酶的分子设计在很大程度上反映了对酶的结构以及反应机制的认识。研究人工酶模型可以较直观地观察与酶的催化作用相关的各种因素，如催化基团的组成、活性中心的空间结构特征、酶催化反应的动力学性质等。人工模拟酶的研究，是实现人工合成具有高性能模拟酶的基础，在理论和实际应用上都具有重要意义。

由于对酶的结构及其作用机制取得了重大进展，对许多酶的结构及其作用机理都能在分子水平上得到解释，大大促进了人工模拟酶的发展。人工模拟酶这一研究领域已引起各国科学家的极大关注。世界发达国家（如美、德、日、英、法等）都把模拟酶作为重点课题列入未来的研究计划，我国也将对模拟酶的研究列入国家自然科学基金重点资助的高技术、新概念、新构思探索性课题。

在模拟酶研究初期，由于对酶结构认识的局限性，以及研究者只注意催化功能，忽略底物的结合功能，因而很难制备出具有天然酶活力的人工酶。近年来，人们以酶结构知识、酶动力学研究为基础，采用多种新型技术如抗体酶制备技术，在分子水平上模拟酶对底物的结合催化，取得了许多重要成果。人工模拟酶的实践证明，利用环糊精、大环化合物、抗体、印迹蛋白质等为基质已制备出大量的人工酶，少量人工酶的催化效率及选择性已能与天然酶相媲美。但也应该看到，大多数人工酶的催化活性并不高，这主要是由于目前尚缺乏系统的、定量的理论为指导，另外的原因是，大多数人工酶模型过于简单，缺乏对催化因素的全面考虑。

运用分子印迹技术对酶的人工模拟是最富挑战的研究课题之一。目前，应用此技术已成功地制备出具有酶水解、转氨、脱羧、酯合成、氧化还原等活性的分子印迹酶。虽然用分子印迹法制备的聚合物印迹酶其催化效率同天然酶相比普遍不高，但它们却具有明显的优点：制备过程简单、易操作；印迹分子的选择范围广，不像抗体酶的半抗原设计主要依赖于反应过渡态；具有明显的耐热、耐酸碱和稳定性好等优点。随着分子印迹技术的不断发展，新型聚合单体的不断出现，会创造出更高催化效率的分子印迹酶。

近年来，生物印迹技术的出现为分子印迹酶的发展注入了新的活力，尽管用此方法制备的生物印迹酶种类不多，但其高效催化活性显示它是一种很有前途的人工模拟酶制备技术。用此技术制备生物印迹酶时，印迹分子的选择范围广，被印迹的宿主蛋白也不仅限于有活性的天然酶，而且可用无活性的普通蛋白质。利用蛋白质等为骨架印迹酶的活性中心使生物印迹酶更接近于天然酶。

目前，生物印迹酶的研究还处于初级阶段，除进一步制备多种类型的生物印迹酶外，研究印迹分子的结构与印迹的活性中心结构关系、印迹分子的结构与酶活力的关系，寻找印迹酶高活力的理论基础则相当重要。生物印迹酶与分子印迹酶的发展，为人工酶的发展开辟了又一新的研究方向，这一新技术与酶的作用机制、酶的结构知识、酶动力学联系起来，会创造出高效率的人工酶。在这一新领域里，有许多未知方面需要进一步研究和探索。

人工模拟酶的研究属于化学、生物学等领域的交叉点，属交叉学科。化学家利用酶模型来了解一些分子的复合物在生命过程中的作用，并研究如何将这些仿生体系，应用于有机合成，这就是近年来开展的微环境与分子识别的研究。对于高效率、有选择性进行的生化反应这一生命现象的探索是充满魅力的课题，而开发具有酶功能的人工模拟酶，是化学领域的主要课题之一。仿生化学就是从分子水平模拟生物体的反应和酶功能等生物功能的边缘学科，是生物学和化学相互渗透的学科。对生物体反应的模拟就是模仿其机理，进而开发出比自然界更优秀的催化体系，主-客体酶模型、胶束酶模型、肽酶、分子印迹酶和半合成酶就是这一研究的重要成员，已取得长足进展，近年来又出现了抗体酶、分子印迹酶、杂化酶和进化酶。目前，对酶的模拟已不是仅限于化学手段，基因工程、蛋白质工程等分子生物学手段正在发挥越来越大的作用。化学和分子生物学以及其他学科的结合使酶模拟更加成熟起来。随着酶学理论的发展，人们对酶学机制的进一步认识，以及新技术、新思维的不断产生，理想的人工酶将会不断涌现。

总结

本章从人工酶的概念出发，概括了人工酶的理论基础和分类。在此基础上，对近年来人工酶领域的研究进展进行了介绍。在小分子模型化合物研究方面，着重介绍了利用合成大环化合物如环糊精等构筑人工酶的研究思路。大分子仿酶则侧重介绍分子印迹酶、聚合物人工酶、半合成酶等。通过本章学习，应当能够了解人工酶、“主-客体”化学、超分子化学等概念，了解人工酶的理论基础、分类和设计人工酶的基本要素，叙述合成酶的成功例子及合成酶的优缺点，掌握分子印迹技术的原理及影响分子印迹聚合物选择性识别的因素，评论人工模拟酶的发展前景。

人工模拟酶的研究，从合成简单模型到构筑复杂模型，经历了近30年的历程，无论从人工酶的品种还是催化的反应，都有长足进展，人工酶的催化活性在不断的提高。经过人工酶研究领域科学工作者不断的努力，人们已经制备出了可与天然酶相媲美的人工酶。随着酶模拟化学的发展，对酶结构及作用机理的进一步了解，在化学家及生物学家共同协作下，不断改进合成手段和采用新技术，必将有更多更好的人工酶问世。预计今后国内外有关人工模拟酶的研究主要动向为：①由简单模拟向高级模拟发展。既模拟天然酶活性中心的催化部位又模拟其结合部位，使两者达到完美结合，以提高模拟酶的催化活性。②运用新的技术和手段创造酶的识别部位，如运用组合库技术、分子印迹等现代手段产生底物特异性识别部位，用于构造人工模拟酶体系。③充分利用天然酶现有的结构和进化优势，将其改造成新酶。④开发出更多可多部位结合且具有多重识别功能的模拟酶，研究生物体内酶催化信息，探讨生物体系的生命现象的真谛。⑤人工酶在分析、医药、工业上的实际应用。如研制各种选择性强、灵敏度高且易于制备的模拟酶传感器等器件以适用于苛刻条件、复杂体系中重要生化组分的快速检测。开发以人工酶为基础的实用药物，并探讨代替天然酶的工业应用。

总之，通过化学手段或化学和生物结合手段研究生命科学，揭示生命的奥秘是目前发展的重要趋势。在生物学、仿生学及计算机等学科的推动下，有关人工模拟酶的研究及其应用将日臻完善。综合运用化学、分子生物学等多学科交叉的优势将会大大加强人工催化剂设计方法的威力和适用性，从而产生在医药、工业上有用的高效人工催化剂。显然，只要在分子工程这个令人激动的前沿领域里持续工作，就会越来越接近这样的目标：能为任何一种化学转化设计类酶催化剂。

习题

1. 什么是人工酶？与天然生物酶相比，人工酶有哪些优势？

2. 随着人工酶不断发展，目前已经逐渐分化出小分子人工酶和大分子人工酶体系，请简要列举几个人工酶构筑案例，并介绍一下两类人工酶构筑的方法。

3. 根据 Kirby 分类法，人工模拟酶可以分为哪几类？简要概述各自特点。

4. 根据最新研究进展，请举例说明主客体人工酶设计的原理及特异性催化机制。

5. 近年来，以生物大分子为骨架创制新型半合成酶的案例很多，请简述如何创制基于生物大分子的高效人工酶。

6. 与游离蛋白酶相比，自组装构建的纳米酶组装体有哪些优势？

7. 如何利用蛋白质骨架创制全新活性可调的人工酶“开关”？

8. 什么是分子印迹？请简述分子印迹酶构筑原理。

9. 影响分子印迹酶选择性识别的主要因素有哪些？

10. 请简要说明分子印迹酶具有哪些优势。

参考文献

[1] Ronald B. Artificial Enzymes. KGaA Weinheim: Wiley-VCH Verlag GmbH & Co., 2005.

[2] Motherwell W B, Bingham M J, Six Y. Recent progress in the design and synthesis of artificial enzymes. Tetrahedron, 2001, 57: 4663

[3] Benjamin G D. Chemical modification of biocatalysts. Curr. Opin. Biotech., 2003, 14: 379.

[4] Qi D F, Tann C M, Haring D, et al. Generation of New Enzymes via Covalent Modification of Existing Proteins. Chem. Rev., 2001, 101: 3081.

[5] Tann C M, Qi D F, Distefano M D. Enzyme design by chemical modification of protein scaffolds. Curr. Opin. Chem. Biol., 2001, 5: 696.

[6] Oshikiri T, Takashima Y, Yamaguchi H, et al. Kinetic Control of Threading of Cyclodextrins onto Axle Molecules. J. Am. Chem. Soc., 2005, 127: 12186.

[7] Penning T M. Enzyme Redesign. Chem. Rev., 2001, 101: 3027.

[8] Mugesh G, Mont W, Sies H. Chemistry of Biologically Important Synthetic Organoselenium Compounds. Chem. Rev., 2001, 101: 2125.

[9] Breslow R. Dong S D. Biomimetic Reactions Catalyzed by Cyclodextrins and Their Derivatives Chem. Rev., 1998, 98: 1997.

[10] Suh J. Synthetic Artificial Peptidases and Nucleases Using Macromolecular Catalytic Systems. Acc. Chem. Res., 2003, 36: 562.

[11] Ren X J, Jemth P, Board P G, et al. Semisynthetic Glutathione Peroxidase with High Catalytic Efficiency: Selenoglutathione Transferase. Chem. Biol., 2002, 9: 789-794.

[12] Luo G, Ren X, Liu J, et al. Towards More Efficient Glutathione Peroxidase Mimics: Substrate Recognition and Catalytic Group Assembly. Curr. Med. Chem., 2003, 10: 1151.

[13] Liu J, Luo G, Ren X, et al. Artificial imitation of glutathione peroxidase with 2-selenium bridged β-cyclodextrin. Biochim. Biophys. Acta, 2000, 1481: 222.

[14] Mao S Z, Dong Z Y, Liu J Q, et al. Semisynthetic tellurosubtilisin with glutathione peroxidase activity. J. Am. Chem. Soc., 2005, 127: 11588.

[15] Yu H J, Liu J Q, Bock A, et al. Engineering glutathione transferase to a novel glutathione peroxidase mimic with high catalytic efficiency—Incorporation of selenocysteine into a glutathione-binding scaffold using an auxotrophic expression system. J.

Biol. Chem., 2005, 280: 11930.

[16] Dong Z Y, Liu J Q, Mao S, et al. Cyclodextrin-derived mimic of glutathione peroxidase exhibiting enzymatic specificity and high catalytic efficiency. J. Am. Chem. Soc., 2004, 126: 16395.

[17] Liu J Q, Wulff G. Functional Mimicry of the Active Site of Carboxypeptidase A by a Molecular Imprinting Strategy: Cooperativity of an Amidinium and a Copper Ion in a Transition-State Imprinted Cavity Giving Rise to High Catalytic Activity. J. Am. Chem. Soc., 2004, 126: 7452.

[18] Liu J Q, Wulff G. Novelmolecularly imprinted polymers with strong caboxypapetase-like activity. Angew. Chem. Int. Ed. 2004, 43: 1287.

[19] Alexander C, Davidson L, Hayes W. Imprinted polymers: artificialmolecular recognition materials with applications in synthesis and catalysis. Tetrahedron, 2003, 59: 2025-2057.

[20] Bruggemann O. Catalytically active polymers obtained bymolecular imprinting and their application in chemical reaction engineering. Biomol. Engng., 2001, 18: 1-7.

[21] Mosbach K, Yu Y H, Andersch J, Ye L. Generation of new enzyme inhibitors using imprinted binding sites: the anti-idiotypic approach, a step toward the next generation ofmolecular imprinting. J. Am. Chem. Soc., 2001, 123: 12420-12421.

[22] Carter S R, Rimmer S. Molecular recognition of caffeine by shellmolecular imprinted core-shell polymer particles in aqueous media. Adv. Mater., 2002, 14: 667-670.

[23] Rick J, Chou T C. Imprinting unique motifs formed from protein-protein associations. Anal. Chim. Acta, 2005, 542: 26-31.

[24] Dong Z Y, Luo Q, Liu J Q. Artificial enzymes based on supramolecular scaffolds. Chem. Soc. Rev., 2012, 41: 7890-7908.

[25] Hou C X, Li J X, Zhao L L, et al. Construction of Protein Nanowires through Cucurbit [8] uril-based Highly Specific Host-Guest Interactions: An Approach to the Assembly of Functional Proteins. Angew. Chem. Int. Ed., 2013, 52: 5590-5593.

[26] Huang Z P, Guan S W, Wang Y G, et al. Self-assembly of amphiphilic peptides into biofunctionalized nanotubes: a novel hydrolase model. J. Mater. Chem. B, 2013, 1: 2297-2304.

[27] Hou C X, Luo Q, Liu J L, et al. Construction of GPx Active Centers on Natural Protein Nanodisk/Nanotube: A New Way to Develop Artificial Nanoenzyme. ACS Nano, 2012, 6: 8692-8701.

[28] Yin Y Z, Dong Z Y, Luo Q, et al. Biomimetic catalysts designed on macromolecular scaffolds. Prog. Polym. Sci., 2012, 37: 1476- 1509.

[29] Zhang C Q, Xue X D, Luo Q, et al. Self-Assembled Peptide Nanofibers Designed as Biological Enzymes for Catalyzing Ester Hydrolysis. ACS Nano, 2014, 8: 11715-11723.

[30] Tang Y, Zhou L P, Li J X, et al. Giant Nanotubes Loaded with Artificial Peroxidase Centers: Self-Assembly of Supramolecular Amphiphiles as a Tool to Functionalize Nanotubes. Angew. Chem. Int. Ed., 2010, 49: 3920-3924.

[31] Zhang C Q, Pan T Z, Salesse C, et al. Reversible Ca^{2+} Switch of An Engineered Allosteric Antioxidant Selenoenzyme. Angew. Chem. Int. Ed., 2014, 53: 13536-13539.

[32] Dongen S F M, Clerx J, Nørgaard K, et al. A clamp-like biohybrid catalyst for DNA oxidation. Nat. Chem., 2013, 5: 945-951.

[33] Piermattei A, Karthikeyan S, Sijbesma R P. Activating catalysts with mechanical force. Nat. Chem., 2009, 1: 133-137.

[34] Tseng C Y, Mechanical G Z. Control of Renilla Luciferase. J. Am. Chem. Soc, 2013, 135: 11879-11886.

[35] Neumann P, Dib H, Caminade A M, Hawkins E H. Redox Control of a Dendritic Ferrocenyl-Based Homogeneous Catalyst. Angew. Chem. Int. Ed., 2015, 54: 311-314.

[36] Lewandowski B, De Bo G, Ward J W, et al. Sequence-Specific Peptide Synthesis by an Artificial Small-Molecule Machine. Science, 2013, 339: 189-193.

[37] Hong S, Rohman M R, Jia J T, et al. Porphyrin Boxes: Rationally Designed Porous Organic Cages. Angew. Chem. Int. Ed., 2015, 54: 13241-13244.

[38] Lu Y L, Song J Q, Qin Y H, et al. A Redox-Active Supramolecular Fe_4L_6 Cage Based on Organic Vertices with Acid-Base-Dependent Charge Tunability for Dehydrogenation Catalysis. J. Am. Chem. Soc., 2022, 144, 19: 8778-8788.

[39] Mikolajczak M, Berger A A, Koksch B. Catalytically Active Peptide-Gold Nanoparticle Conjugates: Prospecting for Artificial Enzymes. Angew. Chem. Int. Ed., 2020, 59: 8776 -8785.

[40] Chen J F, Wang J, Bai Y G, et al. Enzyme-like Click Catalysis by a Copper-Containing Single-Chain Nanoparticle. J. Am. Chem. Soc., 2018, 140(42): 13695-13702.

[41] Chen J F, Garcia E S, Zimmerman S C. Intramolecularly Cross-Linked Polymers: From Structure to Function with

Applications as Artificial Antibodies and Artificial Enzymes. Acc. Chem. Res., 2020, 53(6): 1244-1256.

[42] Qi M Y, Pan H, Shen H D, et al. Nanogel Multienzyme Mimics Synthesized by Biocatalytic ATRP and Metal Coordination for Bioresponsive Fluorescence Imaging. Angew. Chem. Int. Ed., 2020, 59: 11748-11753.

[43] Zou H X, Sun H C, Wang L, et al. Construction of a smart temperature-responsive GPx mimic based on the self-assembly of supra-amphiphiles. Soft Matter, 2016, 12: 1192-1199.

[44] Liu Y, Pan T Z, Fang Y, et al. Construction of Smart Glutathione S-Transferase via Remote Optically Controlled Supramolecular Switches. ACS Catal., 2017, 7(10): 6979-6983.

[45] Pan T Z, Liu Y, Si C Y, et al. Construction of ATP-Switched Allosteric Antioxidant Selenoenzyme. ACS Catal., 2017, 7(3): 1875-1879.

[46] Alexander C, Andersson H S, Andersson L I, et al. Molecular imprinting science and technology: a survey of the literature for the years up to and including 2003. J. Mol. Recognit., 2006, 19: 106-180.

[47] Hu R, Luan J Y, Kharasch E D, et al. Aromatic Functionality of Target Proteins Influences Monomer Selection for Creating Artificial Antibodies on Plasmonic Biosensors. ACS Appl. Mater. Interfaces, 2017, 9(1): 145-151.

[48] Arifuzzaman M D, Zhao Y. Artificial Zinc Enzymes with Fine-Tuned Active Sites for Highly Selective Hydrolysis of Activated Esters. ACS Catal., 2018, 8(9): 8154-8161.

[49] Gunasekara R W, Zhao Y. A General Method for Selective Recognition of Monosaccharides and Oligosaccharides in Water. J. Am. Chem. Soc., 2017, 139(2): 829-835.

第五章
纳米酶

郭　轶　徐　力

天然酶有着催化效率高、对底物专一性高的特点，但在多数情况下，受限于其蛋白质的化学本质，天然酶遇热、酸、碱极易发生结构变化而失去催化活性；另一方面，天然酶的分离纯化相对困难、生产成本高、价格相对昂贵、难以重复回收利用，这些问题限制了它的应用。为克服天然酶的缺陷，合成高催化活性、高稳定性的人工模拟酶替代天然酶是解决这些问题的有效途径，而纳米酶的出现则为该领域的科研工作者们提供了新的思路和方法——在此之前，模拟酶的研究主要集中在有机配位化合物上。纳米酶是一类具有类酶催化活性的纳米材料，得益于纳米材料本身的独特性质，纳米酶已经在生物、医学、食品、环境等领域的应用崭露头角。纳米酶的发现不仅推动了纳米科技的发展，同时也让人类能够更加清晰地认识到催化反应的本质，将传统意义上的无机催化剂和天然酶联系到一起。作为跨学科的研究领域，纳米酶的发展也必将为未来的科技发展带来更多的灵感和创新。

第一节　概述

纳米酶的发现过程充满了偶然。科研工作者最初只是计划在作为无机纳米材料的 Fe_3O_4 纳米粒子上固定辣根过氧化物酶（horseradish peroxidase, HRP），但在经过严谨的对照实验分析后，却意外地发现了 Fe_3O_4 纳米粒子自身的类过氧化物酶活性。在此之后，越来越多的纳米粒子被报道具有类酶活性，纳米酶的概念也应运而生。然而，科学家的眼光总是严格而挑剔的，往往会采取批判性的方式来对待新生的领域。面对质疑我们不能视而不见，而需要以客观的态度来审视这些问题。

纳米（nm），又称毫微米，是长度的度量单位，$1nm=10^{-9}m$。“纳米酶”借用“纳米材料”和“酶”两个词，与核酶、抗体酶、化学酶、脱氧核糖核酸酶、合成酶等命名模式相同。由于纳米酶的跨学科性质，该术语的确切含义并不总是很明显。在很长一段时间内，纳米酶被简单地定义为具有内在类酶活性的纳米材料，但显然这种模棱两可的粗浅定义不能使所有人满意，甚至有研究者提出了“纳米苹果和橘子酶”（nano-apples and orange-zymes）这样尖锐的批评。

截止到目前，虽然已报道的纳米酶涵盖了氧化还原酶类、水解酶类和异构酶类等，但绝大部分的工作都集中在氧化还原酶类上，尤其是过氧化物酶。我们不妨以具有类过氧化物酶活性的 Fe_3O_4 纳米酶来说明这个问题。必须要强调的是，尽管 Fe_3O_4 纳米酶与 HRP 都能催化 H_2O_2 进行类似的氧化反应，但其催化机制并不相同。Fe_3O_4 纳米酶在催化 H_2O_2 氧化底物的过程中，有·OH 自由基的产生和参与，这一点已经被 ESR 能谱所证实。而天然 HRP 并非如此，其催化机制是典型的双电子氧化过程。Fe_3O_4 纳米酶和 HRP 催化过程之间的差异也可以通过提供特定产物的底物来确定。使用 5-羟基吲哚衍生物（9-羟基-N_2-甲基埃利替啶醋酸盐）作为底物，在 HRP 催化氧化时提供醌亚胺衍生物，而使用 Fe_3O_4 纳米酶则不会发生这种氧化。图 5-1 所示为四氧化三铁纳米酶与天然酶催化显色对比。

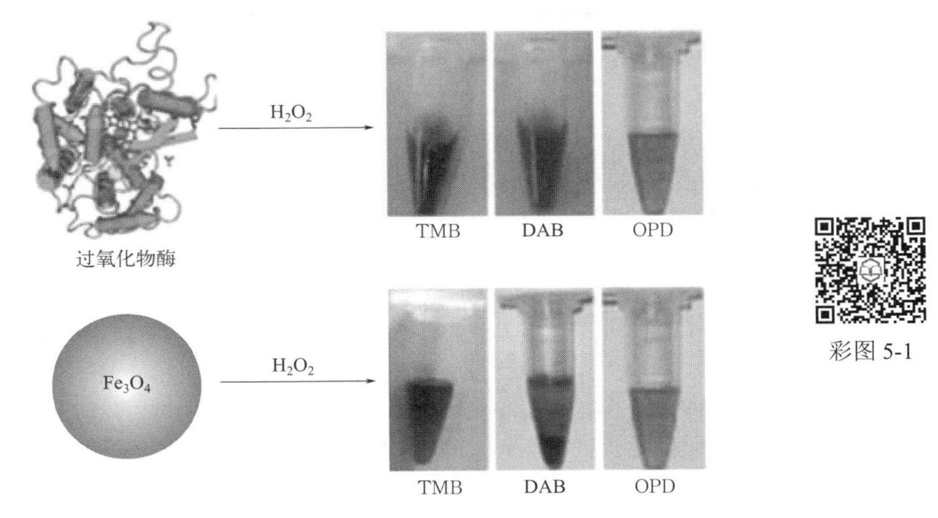

图 5-1　四氧化三铁纳米酶类似天然蛋白酶能够催化底物被过氧化氢氧化并产生相应的颜色

TMB—四甲基联苯胺；DAB—2, 2′-二氨基偶氮苯；OPD—邻苯二胺

Fe_3O_4 纳米酶的情况并非特例，事实上绝大多数被报道具有类过氧化物酶活性的纳米材料，都被证实催化过程中有自由基的参与。既然大多数情况下纳米酶与天然酶的催化机制并不相同，那么纳米酶称之为“酶”是否真的合理呢？或者说，纳米酶是否与天然酶之间毫无联系呢？该疑问可以说是纳米酶领域所面临的最大的挑战。

事实上，随着对于纳米酶领域工作的不断深入，尤其是在近几年，研究者们逐渐地发现这一疑问的真正答案。依旧以 Fe_3O_4 纳米酶为例（如图 5-2 所示），有研究指出在 Fe_3O_4 纳米酶表面修饰组氨酸（histidine, His）后，其类过氧化物酶活性得到了显著的改善，这是由于 His 与 Fe_3O_4 纳米酶表面的 Fe 形成了轴向配位的结构，这种结构同样存在于天然 HRP 中，可以起到促进 H_2O_2 与活性中心的结合。类似的，使用合适的咪唑类似物修饰金纳米团簇表面，同样能提升其类过氧化物酶活性。除此之外，已经有研究者通过特殊的合成方法，构建了由 N 掺杂的多孔碳锚定的 Fe 单原子纳米酶。这种具有 Fe-N_5 结构的纳米酶与天然细胞色素 P450 的活性中心极为类似，因此表现出极为突出的类氧化酶活性。

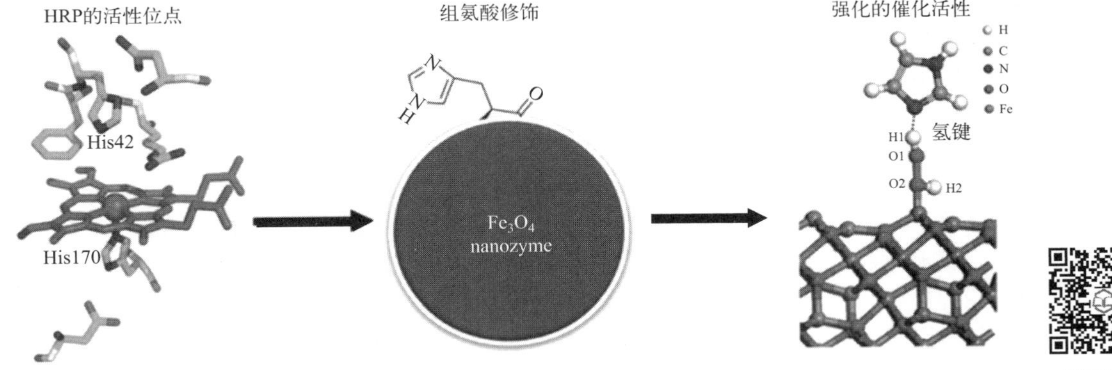

图 5-2　组氨酸修饰的 Fe_3O_4 纳米粒子模拟天然 HRP 的活性中心

从根本上来看，天然酶的催化效率如此之高，是因为其在亿万年的进化过程中形成了特定结构，它们知道怎样让底物能够更好地与活性中心结合，如何利用氨基酸残基之间的相互作用来完成电子或质子的转移，这并不意味着只有蛋白质的化学本质才能实现高的催化效率。换而

言之，尽管纳米酶和天然酶在催化底物氧化的机制可能有所不同，但我们依旧能效法于天然酶，更加合理地去改造无机纳米材料，找到提升其类酶活性的办法，甚至让其催化活性超越天然酶。以上就是纳米酶与天然酶的联系所在。

鉴于该领域的当前发展，纳米酶可以定义为在生理相关条件下催化酶底物转化为产物并遵循酶动力学（例如 Michaelis-Menten 方程，即米氏方程）的纳米材料，即使纳米酶和相应的酶的反应分子机制可能不同。虽然这个定义只要求纳米酶在生理相关条件下工作，但纳米酶可以在通常会使酶变性的恶劣条件下工作。需要强调的是，纳米酶仍然是一个快速发展的领域，纳米酶的普遍接受的定义在很长一段时间内仍然是一个悬而未决的问题。

纳米酶已经在生物医学、食品工程、环境等领域得到了广泛的应用。单纯以纳米酶在生物医学方面的应用为例，可以说，纳米酶已经成为了现代纳米生物诊疗技术中不可或缺的一部分。在很多时候，天然酶由于其蛋白质的化学本质，在生物体内运用时容易出现降解失活，或者免疫抗原性等问题，而作为无机材料的纳米酶在很大程度上不受这些限制的影响。更重要的是，除去类酶活性之外，很多纳米材料还具备自身独特的特性，充分地运用这些特性，可以实现在原有的催化性质之外的功能，例如光热效应、荧光成像、磁性靶向等等，这种多功能性对于疾病的诊疗过程是大有裨益的。值得一提的是，纳米酶的生物安全性也在一定程度上得到了认可，例如美国食品药品监督管理局（FDA）已经批准了 Fe_3O_4 纳米粒子在临床上的运用。

总而言之，纳米酶是多学科交叉碰撞所诞生的产物，它与天然酶和传统意义上的人工酶有很大的区别，但也并非是毫无联系的。如果一定要对纳米酶进行盖棺定论，它究竟是什么，回答也只能是充满遗憾的——纳米酶就是纳米酶，除此之外它什么都不是。我们更需要在意的是它里面到底有什么，而不是什么都没有。

第二节　纳米酶的分类

随着研究的不断深入，越来越多的纳米材料被报道具有类酶活性——涵盖了氧化还原酶类、水解酶类和异构酶类等。当然也正如前文中所述，现有的大部分工作都集中在氧化还原酶类上，如类氧化酶（oxidase, OXD）、过氧化物酶（peroxidase, POD）、过氧化氢酶（catalase, CAT）、超氧化物歧化酶（superoxide dismutase, SOD）等。之所以会出现这种情况，这与纳米材料本身的特性有很大关系。相当多的纳米材料中包含了价态可变的金属原子，非常适合充当催化氧化还原反应的活性位点。为凸显纳米材料本身特性与其类酶活性的联系，本节将从构成纳米酶的材料的角度，对纳米酶进行分类和介绍。

一、金属纳米酶

截止到目前，有关金属基纳米酶的报道主要集中在贵金属领域，如 Au、Ag、Pt、Pd 等。在宏观尺度下，这些贵金属大多具有较强的化学稳定性，一般条件下不易与其它化学物质发生反应。但当它们的尺寸降低至纳米尺度，其优异的催化活性得以显现。早在 20 世纪 70 年代金纳米粒子的催化性能就已经被发现和报道。随着人们对金属纳米粒子各种性质了解的逐渐深入，越来越多的金属纳米粒子被报道具有类酶活性。

很多时候，同种金属纳米酶可以具备多种类酶活性，这为金属纳米酶的应用提供了更多的开发空间。作为一个典型的例子，金纳米粒子可以模拟多种酶活性（如图 5-3 所示），包括 OXD、POD、CAT 和 SOD 等。需要注意的是，这些类酶活性存在的反应条件可能不同。例如，在酸性条件下 Au 纳米酶可以催化 H_2O_2 分解产生 OH• 并表现出类 POD 的活性。而在碱性条件下，

Au 纳米酶催化过氧化氢分解生成 O_2 而不是 OH·。Au 纳米酶在不同 pH 条件下对 H_2O_2 的不同催化行为可能与 Au 纳米酶的结构和 H_2O_2 在不同 pH 条件下的理化性质有关，这一点仍有待进一步研究。

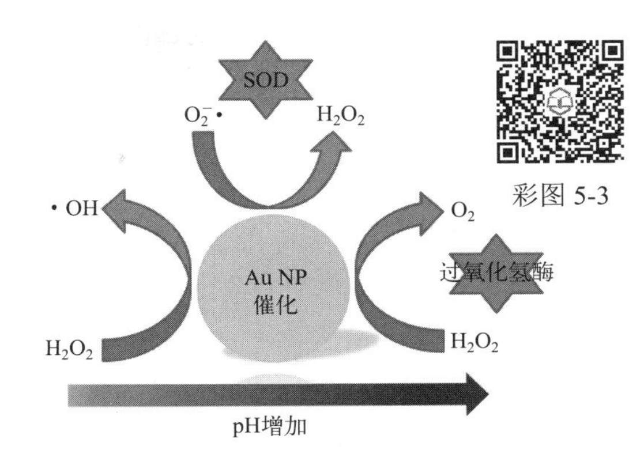

图 5-3　不同 pH 条件下金纳米酶的类酶活性

与 Au 纳米酶类似，Ag 纳米酶对 H_2O_2 的催化行为也依赖于 pH 值。pH 值的变化对 H_2O_2 的氧化还原状态有显著影响，Ag 纳米酶可以触发和放大这种影响。在酸性条件下，银纳米酶催化 H_2O_2 分解生成 OH·，在这一过程中除 Fenton 反应外，还可能存在其他一些氧化还原反应，导致 Ag 纳米酶溶解释放 Ag^+。当 pH 值较高时，Ag 纳米酶催化 H_2O_2 分解生成 O_2。在 pH 值为 11.0 时，粒径为 10nm 或 20nm 的 Ag 纳米酶具有较好的催化产氧能力。此外，随着 pH 值的增加，Ag 纳米酶表面 Ag 的氧化速率和 Ag^+ 的释放速率也随之增加。同时，随着高 pH 下 H_2O_2 还原能力的增强，释放出的 Ag^+ 再次被还原，使原本球形均匀的 Ag 纳米酶逐渐变大，形状变得不规则。类似于 Au 和 Ag 纳米酶，Pt 和 Pd 纳米粒子均具有类 OXD、POD、CAT 和 SOD 活性。Rh 纳米粒子同时具有类 CAT 和 SOD 活性。除去这些常见贵金属外，还有研究指出 Cu 纳米簇也具备类 POD、CAT 和 AAO 等多重类酶活性。

二、金属氧化物纳米酶

很多时候，金属氧化物纳米粒子具有高表面能和大表面体积，因此表现出特殊的催化性能。常见的金属氧化物纳米酶包括 Fe_3O_4、Fe_2O_3、CeO_2、Co_3O_4、Mn_3O_4 和 V_2O_5 等。与贵金属纳米材料相比，金属氧化物纳米酶通常具有较低的价格和简洁的合成工艺。此外，低生物毒性和在生物组织中的有利积累扩大了它们在生物制药方面的应用。

氧化铁纳米酶（包括 Fe_3O_4 和 Fe_2O_3）是最早提出的纳米酶之一。除去其类 POD 活性和 CAT 活性之外，氧化铁纳米酶还可以具备特殊的磁性，这种多功能性使其在生物医学中得到了广泛的应用。有相关研究报道指出，可以使用其它的金属原子如 Co、Mn 等进行掺杂，从而获得催化性能更加优异的氧化铁纳米酶。

CeO_2 纳米酶是最受研究者关注的纳米酶之一。CeO_2 同时具有类 OXD、POD、CAT 和 SOD 的活性，这与其独特的结构（可变的金属原子价态、氧空位）密切相关。因此，CeO_2 纳米酶也被广泛地应用于生物医学邻域，如抗氧化、抗炎等。除此之外，CeO_2 纳米酶还具备类水解酶的活性，可以催化 *p*-NPP 水解为 4-硝基苯酚和无机磷酸根（如图 5-4 所示），因此可用于降解有机磷神经毒剂。ZrO_2 纳米酶也具备与之相似的类水解酶活性。

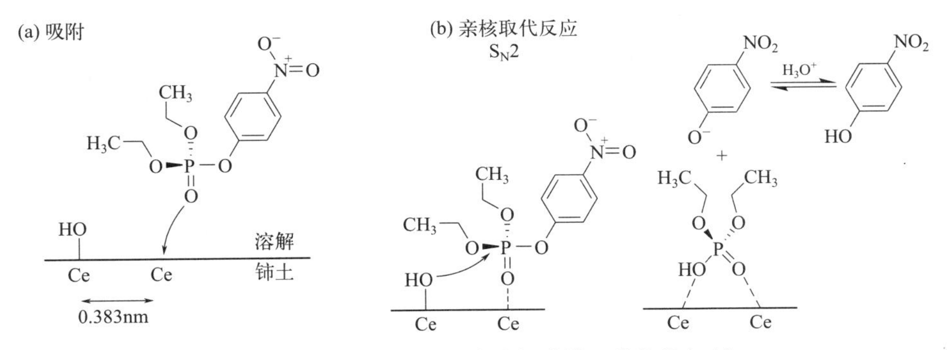

图 5-4　CeO_2 纳米酶的类水解酶的可能催化机制

类似的，Mn_3O_4 纳米颗粒同时具有多种酶模拟活性（OXD、CAT、POD 等）。Mn_3O_4 纳米酶对超氧自由基、过氧化氢和羟基自由基具有明显的清除作用。研究表明，Mn_3O_4 不仅在体外具有良好的ROS去除效果，而且在体内也能有效保护活小鼠免受ROS诱导的耳炎症。这些结果表明，Mn_3O_4 纳米酶是一种很有前途的治疗 ROS 相关疾病的纳米药物。

三、碳基纳米酶

碳原子以多种方式相互结合形成许多同素异形体，从而产生各种碳纳米材料（CNM）。CNM 包括零维碳纳米材料、一维碳纳米管、二维原始石墨烯等。这些碳基材料在吸附、分离、电化学和催化等领域都有广泛应用。很多时候是具有分散和稳定作用的催化剂载体，在此我们仅对其本身作为纳米酶的催化性质进行探讨。

富勒烯（fullerene）是一种典型的零维碳纳米材料。C_{60} 富勒烯是一个由 12 个五元环和 20 个六元环组成的外形酷似足球的 32 面体，其直径大约为 0.7nm。由于 C_{60} 的缺电子烯烃性质，具有一定的亲电性，可以稳定自由基使之吸附在 C_{60} 的表面，因此能够促进强化学键的断裂与生成，从而实现对反应的催化。具有 C3 或 D3 对称性的水溶性丙二酸 C_{60} 衍生物 $\{C_{60}[C(COOH)_2]_3\}$ 的两种异构体已被证明具有类 SOD 的活性（如图 5-5 所示），能够有效地清除超氧阴离子（$O_2^-\cdot$），

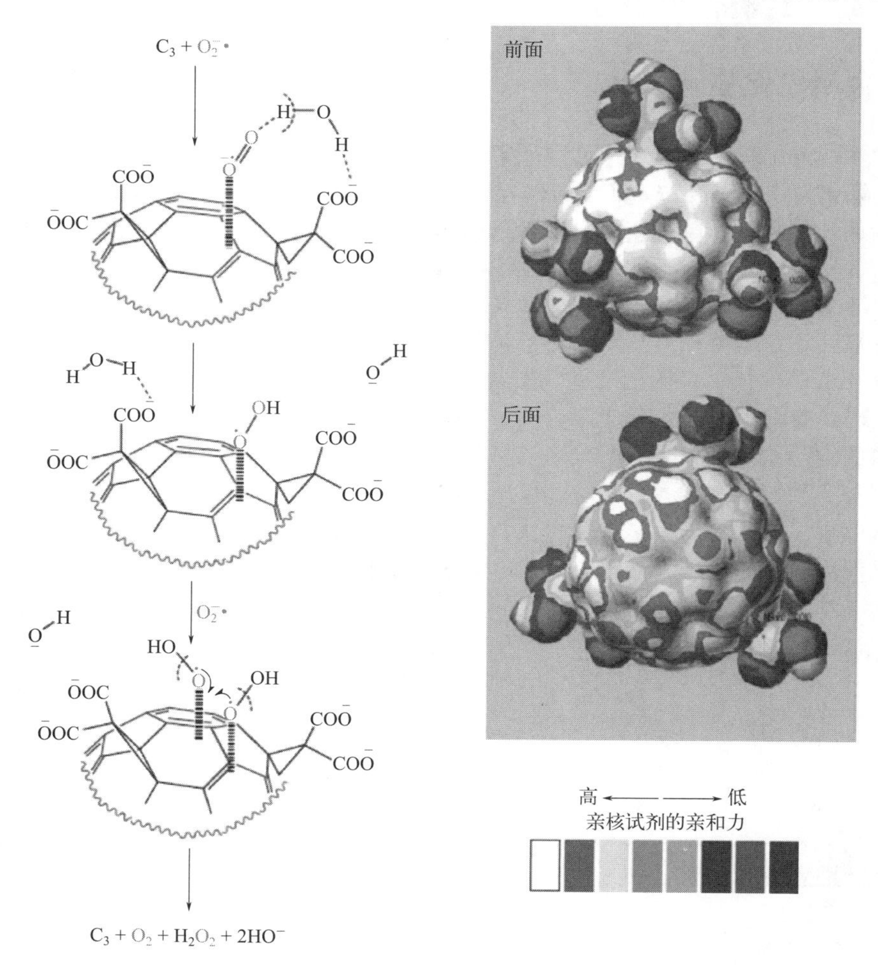

彩图 5-5

图 5-5　C_{60}-C_3 的类 SOD 活性的可能催化机制

从而保护培养的皮层神经元免受氧化损伤。进一步详细的机理研究证明了 C_{60}–C_3 的不变性，可以持续地催化 O_2^- • 生成 O_2 和 H_2O_2。

碳点（carbon dot, CD）是一种新型的碳基纳米材料，由碳组成的分散球形颗粒，具有小尺寸和荧光的特性。由于其尺寸小、成本低以及良好的生物相容性，在生物标记和生物成像领域有着重要的应用。CD 的类酶活性也受到了广泛的关注。与其他碳基纳米酶一样，CD 的表面性质对其类 POD 活性有着重要影响。根据之前的报道，碳基纳米酶表面的—COOH 基团作为作底物结合位点，—C═O 基团则作为类 POD 活性的催化活性位点，而—OH 基团甚至可以抑制催化反应。因此富含—COOH 和—C═O 基团的 CD，其催化活性要高于含有大量—OH 基团的 rCD。

石墨烯（graphene）是一种二维纳米材料，是由碳原子六角形网络形成的单层二维层片。石墨烯本身可以是一种令人惊讶的良好催化剂，具有单原子厚度和零带隙，在费米能级左右的态密度低，在催化应用中具有巨大的潜力。羧基化的氧化石墨烯（graphene oxide, GO-COOH）具有类 POD 的活性，这与石墨烯可以加速 H_2O_2 的电子转移过程有关。

值得一提的是，因为石墨烯和负载催化剂之间具有高度可调的相互作用，石墨烯非常适合用作催化剂的载体。由此衍生出的单原子催化的概念是纳米酶的另一个前沿领域，石墨烯和单原子催化的结合已经取得了显著的成功。

四、金属-有机骨架纳米酶

金属有机骨架（MOF）是一类由有机配体和金属节点组成的材料。金属离子与相应的有机配体之间的强配位作用能够形成具有多种性能的独特框架结构。MOF 的多孔结构为快速传质提供了丰富的表面和通道，其特定孔径有利于目标物的吸附、负载和分离。MOF 中的有机配体提供了有吸引力的光学、电学和热学特性以及丰富的化学修饰官能团，而金属节点的存在为催化提供了可能的活性位点。因此，MOF 被广泛应用于气体分离、吸附去除、化学催化、药物输送和生化分析等多个领域。在这里，我们着重对 MOF 材料的催化性能进行探讨。

在过去几年中，已发现一些 MOF 材料在功能上表现出与生物酶相似的催化活性。MOF 的类酶催化能力可以来源于多个方面：一方面，含有 Fe、Cu、Co、Ni 或 Ce 节点的 MOF 由于这些金属氧化还原的存在，可以提供催化活性位点；另一方面，MOF 中的一些特殊有机配体充当电子介体，接受来自底物的电子，然后将电子提供给另一个底物，从而催化类似于天然酶的反应；再者，金属节点与配体的配位结构也能模拟出与天然酶类似的活性中心，这对于提升其催化能力是极为有利的。如图 5-6 所示，MOF-818 的 Cu 节点与配体形成的配位结构与儿茶酚氧化酶活性中心类似，因此具有很高的类儿茶酚氧化酶活性。

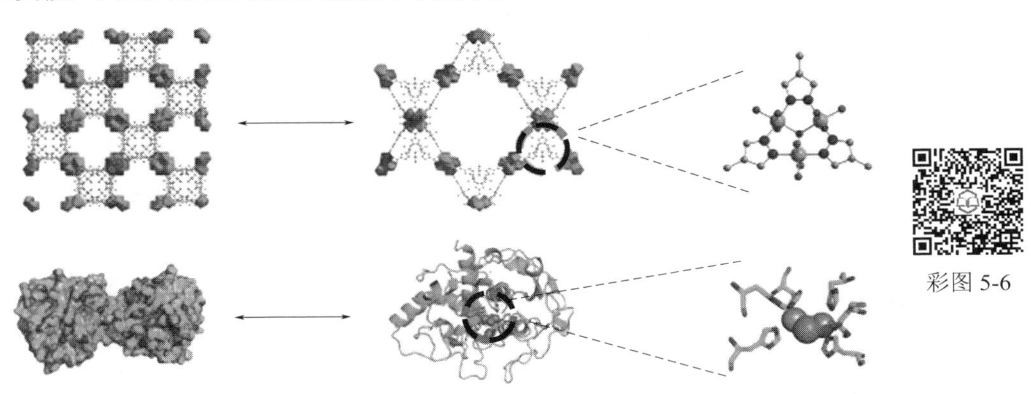

彩图 5-6

图 5-6 具有类儿茶酚氧化酶活性的 MOF-818（上），与儿茶酚氧化酶（PDB：1BT1，下）活性中心的原子空间和配位结构相近，分别为吡唑基和咪唑基配位的多 Cu 原子中心，Cu 原子之间由 OH^- 桥连

在过去的几年中，许多 MOF 被探索为具有不同类酶活性的有前途的纳米酶。例如，一些由 Fe 或者 Cu 等金属原子与苯甲酸类的配体形成的 MOF 结构（如 MIL-53、MOF-199 等）具备类 POD、CAT 和 SOD 的活性；含 Zr 的 MOF 材料（如 UIO-66、MOF-808 等）能够充当有机磷水解酶模拟物来降解有机磷毒剂。与基于碳材料、贵金属或过渡金属化合物的纳米酶相比，除了成本相对较低、易于制备和量身定制的设计的共同优点，MOF 纳米酶由于其多样化的结构和功能而显示出一些特殊的特性。MOF 纳米酶既可以用作过氧化物酶模拟物，同时也可以用作天然酶载体，能够以高催化效率实现级联反应；一些 MOF 还表现出光学响应的特性，从而提供了集成的传感平台。这种多功能性赋予 MOF 纳米酶在生化检测领域的广泛应用。

五、单原子（双原子）纳米酶

天然酶具有精确的蛋白质构象，以及明确的基团和原子或离子组成的催化位点，但在很多时候，纳米酶并不具备这些特点。近几年来，单原子纳米酶的出现正好可以从这一方面弥补纳米酶的缺点。

单原子纳米酶是指一类具有酶学活性的由单个分散的原子作为催化中心的负载型催化剂。在单原子纳米酶中，催化中心原子缺少与相同原子的相互作用，达到了原子级分散的程度，因此极大避免了因金属团簇导致的原子利用率降低。其次，单原子纳米酶的催化中心原子的邻近原子和微环境可以通过不同的合成方法进行调控以得到明确的催化中心。这些因素使单原子纳米酶具有比普通纳米酶更高的催化活性和转换数。

单原子纳米酶主要由负载中心和载体两部分组成。其负载中心主要是分散的金属原子或离子，载体包括金属化合物、碳基、硅基材料等等。酶学为单原子催化剂的发展提供了不同的思路。模拟天然酶的活性中心是设计特异性单原子纳米酶的有效途径。例如，一类以 MN_x 结构为催化中心为代表的单原子纳米酶模拟了酶中卟啉配位结构，具有极高的氧化酶或过氧化物酶活性。如图 5-7 所示，含氮 MOF 基底封装酞菁铁（FePc）客体分子，热解碳化形成与细胞色素 P450 类似、具有轴向配位的 FeN_5 结构的单原子纳米酶。

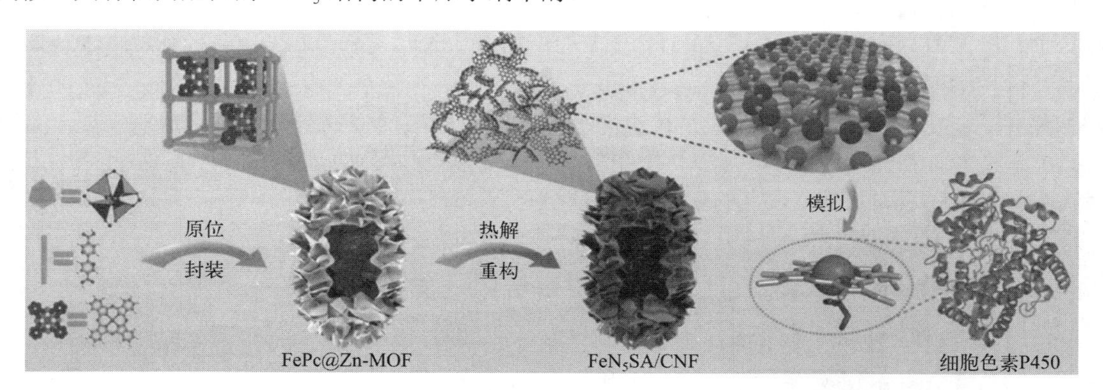

图 5-7　通过含氮 MOF 基底封装酞菁铁（FePc）客体分子，热解碳化形成与细胞色素 P450 类似、具有轴向配位的 FeN_5 结构的单原子纳米酶（FeN_5/CNF）

彩图 5-7

单原子纳米酶的另外一个优势是可以根据不同的方法或掺杂调整催化活性中心的微环境以提高其活性。例如将 N 原子取代形成 P 原子构成的 FeN_3P 的结构后，可以得到与天然过氧化物酶活性几乎相当的单原子纳米酶（如图 5-8 所示）。其次还可将多个具有催化作用的原子位点进行整合使其发挥出协同催化的功能。在这样的反应中心中，由多个原子构成一个催化位点以实现单个原子无法催化的化学反应或提高催化

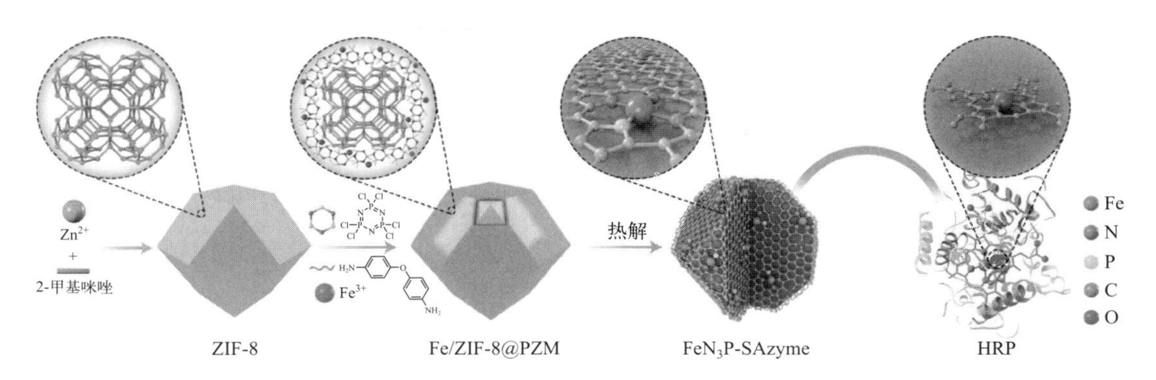

图 5-8　与天然过氧化物酶活性几乎相当的单原子纳米酶 FeN_3P

活性。例如原子级分散的 Fe/Cu 位点通过两者之间的协同作用可以大大提高其细胞色素 c 氧化酶的活性，而 Fe/Pt 位点的协同作用可以使过氧化物酶活性得到提高。

彩图 5-8

目前，单原子酶同时也面临着中心金属负载率不高的问题，且单原子酶制备、表征过程繁琐，缺乏精细控制，这也限制了单原子酶的研究和应用。

除之前所述的纳米酶外，还有很多其它类型的纳米材料被报道具有类酶的催化活性，如金属的配位化合物、硫化物、碳化物等等。

普鲁士蓝（prussian blue, PB）纳米粒子是一种由三价铁和亚铁氰化钾组成的配位化合物 $\{Fe_4[Fe(CN)_6]_3\}$，同时也是催化性能优异的纳米酶。在不同的条件下，PB 纳米酶可以表现出类 POD、CAT 和 SOD 的活性（如图 5-9 所示）。值得一提的是，PB 纳米酶并不具备类 OXD 的活性，所以其对 H_2O_2 的亲和性在一定程度上体现类似天然 HRP 的特异性。除普鲁士蓝外，由其它元素（如 Cu、Co 等）形成的普鲁士蓝类似物同样也具有类 POD 活性。由于 PB 纳米粒子的超高催化活性、一定程度上的酶特异性以及高稳定性和较低的成本，因此特别适合在生理环境进行应用。

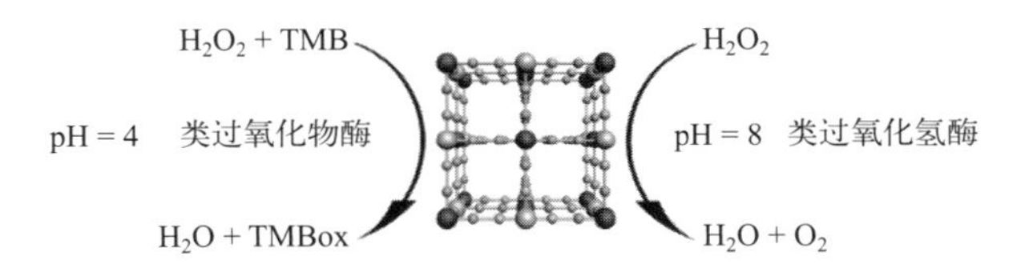

图 5-9　不同 pH 条件下普鲁士蓝纳米酶的类酶活性

彩图 5-9

与金属的氧化物类似，某些金属的非金属化合物也能表现出独特的类酶催化活性。例如，VS_2、WS_2、MoS_2、CuS 和 FeS_2 等金属的硫化物被报道具有优秀的类 POD 和类 CAT 活性，这与硫原子能加速 H_2O_2 与金属原子之间的电荷转移有关。CuS 纳米酶还具有抗坏血酸氧化酶的活性，可以催化抗坏血酸氧化生成脱氢抗坏血酸，而脱氢抗坏血酸能与邻苯二胺生成具有荧光的产物，从而可以实现抗坏血酸的定量分析。

自 2011 年被发现以来，MXenes 是一种新的，具有二维（2D）结构的过渡金属碳化物和碳氮化物材料。作为最典型的 MXenes，Ti_3C_2 具有内在的类 POD 活性，产生活性的机制也与催化 H_2O_2 裂解生成 • OH 相关（如图 5-10 所示）。除此之外，MXenes 也非常适合作为一种新的载体，通过负载其它金属或金属氧化物，进一步增强其类 POD 活性。

除去含有金属原子的纳米酶和碳基纳米酶，近年来某些非金属单质形成的纳米结构也被报道具有类酶活性。例如，黑磷是磷的同素异形体中的一种，由黑磷构成的量子点结构能表现出类葡糖氧化酶的活性。另外，含有空位缺陷的黑磷纳米片可以具有类 CAT 的活性。

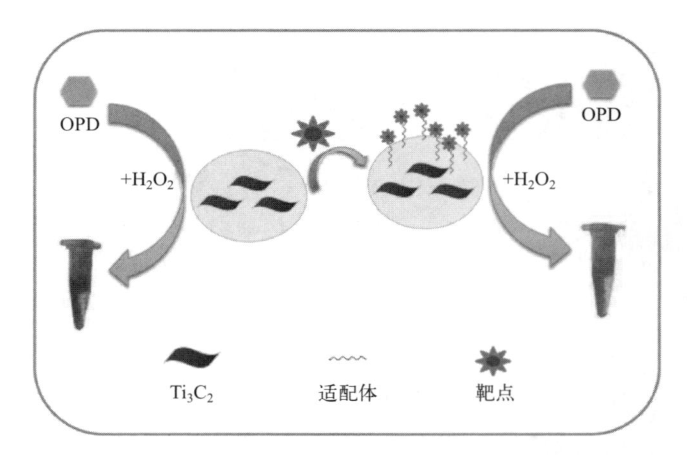

彩图 5-10

图 5-10 利用 Ti_3C_2 内在的类 POD 活性搭建比色的生物传感平台

第三节 纳米酶的构效关系及类酶活性调控策略

纳米酶的活性与纳米结构的尺寸、晶型、表面电荷和修饰情况等息息相关。探究纳米酶的结构与其类酶活性的关系，能够帮助我们更好地认识到纳米酶催化的核心机制，这是非常有必要的——由于纳米酶的催化机制可能会与天然酶不同，我们必须极为慎重地甄别和考量。只有彻底理解了纳米酶的构效关系，我们才能做到以更加理性、更加带有目的性地去设计更加高效的纳米酶。因此，本节将对影响纳米酶活性的因素进行具体的探讨。

一、尺寸效应

纳米材料的许多特性与其尺寸有关，这被认为是尺寸效应。不难理解，由于较小尺寸的纳米酶拥有较高的比表面积，可以暴露更多的活性位点，因此可以促进与底物的相互作用，从而表现出更高的催化活性。

在早先报道的磁性 Fe_3O_4 纳米酶的内在类 POD 活性的研究中，就已经证实了上述结论。不同尺寸的 Fe_3O_4 对 TMB-H_2O_2 反应体系的催化活性依次为 30nm>150nm>300nm（如图 5-11 所示）。Fe_3O_4 纳米酶表面的 Fe^{2+} 对 Fe_3O_4 的类 POD 活性具有主导作用。由于 Fe_3O_4 纳米酶尺寸越小，暴露的活性位点越多，它的催化活性就越高。

另一项类似的研究中，Pt 纳米酶也表现出相似的过程。通过调节分散溶液中 KCl 的离子强度，获得了不同尺寸的 Pt 纳米酶团聚体。随着 Pt 纳米晶聚集体粒径的增大，其类 POD 活性逐渐降低。由于类 POD 活性的主要机制是 H_2O_2 在 Pt 纳米酶表面的 O-A-O 键断裂，这说明 Pt 纳米酶的聚集减缓了 H_2O_2 的分解。这种结果可能是由于聚集体的形成减少了 Pt 纳米酶的比表面积和暴露的活性位点，从而抑制了 Pt 纳米酶的催化活性。

但需要强调的是，在某些情况下，随着纳米酶尺寸的缩小，其类酶活性可能会发生极为巨大的改变，这种显著的增强作用并不能完全归因为表面积的增加。在这里我们以金纳米酶为例进行具体说明。

一般来说，较小尺寸的金纳米酶与底物接触更有效，表现出更高的类酶活性，这与比表面积密切相关。如对于半胱胺包覆的带正电荷的（+）Au 纳米酶，34nm（+）Au 纳米酶的类 POD 活性高于 48nm（+）Au 纳米酶；对于柠檬酸盐包覆 Au 纳米酶，13nm 的 Au 纳米酶的催化活性

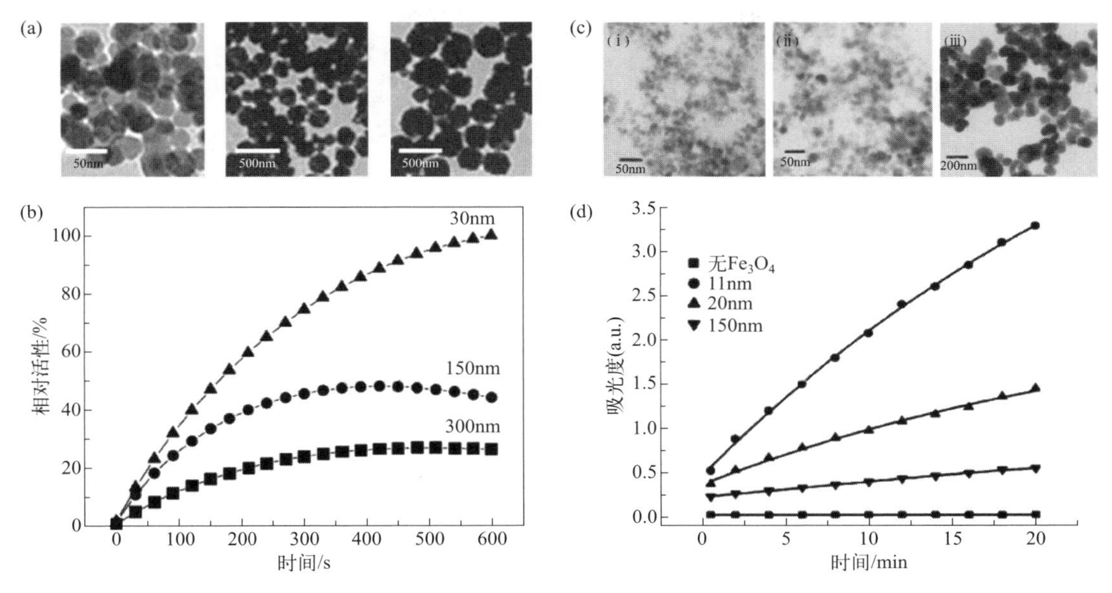

图 5-11　不同尺寸大小的 Fe_3O_4 纳米酶及其相应的类 POD 活性

更小尺寸的 Fe_3O_4 纳米酶表现出更高的催化活性

高于 38nm 的 Au 纳米酶。而对于 Au 纳米酶的类葡糖氧化酶（GOD）的活性，有关研究发现，相同金原子浓度的不同尺寸的 Au 纳米酶的催化活性顺序为 3.5nm>>10nm>20nm>30nm>50nm，即非常小尺寸的 Au 纳米酶（＜ 3.5nm）的类 GOD 活性要远超于 10nm 的 Au 纳米酶，这种催化活性的改变并非单纯的由于比表面积的变化，而是在 Au 纳米酶缩减到一定尺寸后，其晶体形貌发生了巨大改变，出现了很多新的高能量的晶面，而这种晶面的形成对于催化活性的提高是极为有利的。关于这一点我们将在后续内容中进一步说明。

二、晶体形貌

大部分纳米材料，包括金属、金属氧化物、金属碳化物在结构上都属于晶体。晶体形貌对纳米材料的催化活性有着非常重要的作用。晶形主要是由几个平滑的晶面所组成的。因此晶体形貌对纳米酶的影响主要体现在整体晶形、局部晶面和晶体缺陷上。现今的纳米酶形状有包括纳米点、纳米线、纳米片、纳米球和包括棒状、哑铃状、星状等在内的纳米复合结构已经被制备并证实其对催化活性具有不同的影响。

以 Fe_3O_4 纳米酶为例，球状、三角片状和正八面体已被证实其类 POD 活性大小为：球状 > 三角片状 > 八面体［如图 5-12（a)]。这与纳米酶的粗糙表面和不同形状的纳米晶体具有各异的晶格排列有关。而对于 Co_3O_4 纳米酶，其类 CAT 活性大小的顺序为：片状 > 棒状 > 立方体［如图 5-12（b)]。需要注意的是，即使是相同的形状，不同的晶型结构对催化活性也具有影响。常见的 MnO_2 具有 α、β、γ 三种不同的晶体结构，即使同为棒状，不同晶相的 MnO_2 也存在活性差异，这与不同晶体结构的表面羟基和 Mn^{4+} 位点的数量有关，对于以 TMB 为底物的类 OXD 活性而言，表面羟基不仅可以促进活性氧的氧化作用，同时更可以增加 TMB 与纳米材料的亲和性，同时 Mn^{4+} 对于活性氧的形成又是必需的。

晶体缺陷，即晶体结构中质点排列的不规则性和不完善性，在纳米材料的活性上往往有着促进作用。研究最多的晶体缺陷是来自于氧空位对纳米材料的类氧化还原酶活性的促进作用。晶体中的氧原子缺失或脱离形成空位后，有效地增强了催化剂上的电子富集部位，更可能使金

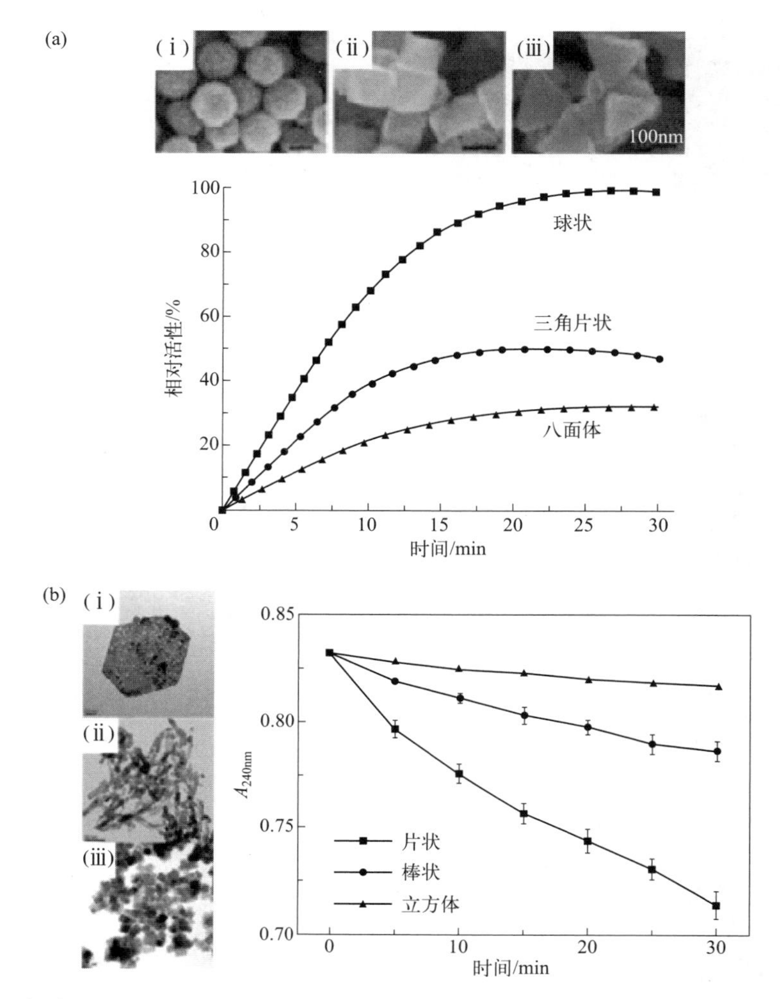

图 5-12 （a）不同形貌的 Fe_3O_4 纳米酶及其类 POD 活性；（b）不同形貌的 Co_3O_4 纳米酶及其类 CAT 活性大小顺序

属氧化物中活性位点得以暴露，让催化能力大大提高。同时，氧空位促进了材料对光的吸收和电荷转移过程，可能使纳米材料具备光响应的性质。即使在非氧化还原酶活性的纳米材料中，氧空位也发挥着重要作用。二氧化铈是一类兼具类氧化还原酶和类水解酶活性的纳米材料。其水解酶活性依赖于其中 Ce^{3+} 和 Ce^{4+} 的协同作用，氧空位的形成有助于该活性中心的暴露，可以大大提高其水解酶活性。不同晶面对纳米酶活性也有一定影响。不饱和活性位点不仅在晶体缺陷中存在，在正常晶体中，晶面上的结构常常也会帮助不饱和活性位点的暴露，导致即使是同一晶体，其不同晶面占比使催化活性带来极大的改变。

三、表面电荷

在催化反应中，纳米酶和底物之间界面的电荷作用能够促进底物与纳米酶的结合，从而增强其类酶活性；另一方面，纳米酶表面带电荷还可以抑制纳米粒子的团聚，维持纳米粒子稳定性以及增加表面积。因此，表面电荷也是影响纳米粒子催化活性的最重要因素，可以通过多种表面修饰手段来改变纳米粒子电荷。其中包括：①无机离子，比如磷酸根离子、氟离子等；②小分子修饰，如核苷酸；③大分子修饰，如阴阳离子聚合物、DNA、蛋白质等。

以具有类 POD 活性的纳米酶为例，纳米酶的表面电荷对带有不同电荷底物的催化活性影响很大。具体而言，TMB 更容易被带负电荷的纳米酶催化，而 ABTS 更容易被带正电荷的纳米酶催化。因此，控制纳米酶的表面电荷对调控其催化性能具有重要意义。已经有研究指出，通过调节 CD 的表面电荷可以改变 CD 和底物之间的亲和力，从而影响其类 POD 活性。在 H_2O_2 存在下，CD 对 TMB 和 ABTS 的类 POD 活性相似。然而，柠檬酸（CA）改性的 CD（CA-CD）在 TMB/H_2O_2 体系中的类酶活性高于聚乙烯亚胺（PEI）修饰的 CD（PEI-CD），因为与 PEI-CD 相比，CA-CD 和 TMB 具有更高的亲和力。相反的，PEI-CD 表现出比 CA-CD 更高的对 ABTS 的亲和力，因此当底物为 ABTS 时，PEI-CD 表现出增强的催化活性。值得一提的是，TMB 系统中的 CA-CD 和 ABTS 系统中的 PEI-CD 在催化活性上均优于未改性 CD。

在另外一项相似的研究中，比较了十六烷基三甲基溴化铵（CTAB）修饰的带正电荷的金纳米棒（P-GNR），以及聚（4-苯乙烯磺酸）（PSS）修饰的带负电荷的金纳米棒（N-GNR）的类 POD 活性。结果表明，与 P-GNR 相比，N-GNR 能够在更低的 H_2O_2 浓度下表现出类 POD 活性。这是由于 PSS 中的磺酸盐提供了负电荷，作为底物和金纳米棒之间的中间体，增强了底物和金纳米棒的结合能力。

四、表面修饰

纳米酶的性质受到表面微环境的影响，通过表面修饰可以提高纳米酶催化活性、底物特异性和稳定性。使用无机离子、小分子到大分子的表面改性是纳米酶表面修饰的常用方式。通过在 CeO_2 纳米棒表面螯合金属离子，制备了功能化二氧化铈纳米棒催化剂 M/CeO_2（M=Fe^{3+}、Co^{2+}、Mn^{2+}、Ni^{2+}、Cu^{2+}、Zn^{2+}）。这些金属离子的螯合均有增强纳米酶类 POD 活性的作用，其中 Mn(Ⅱ)/CeO_2 的催化性能最好。氟离子的加入也会明显导致二氧化铈纳米粒子产生更多的氧空位，促进 Ce^{4+}/Ce^{3+} 氧化还原偶联之间的电子转移，刺激产物脱附，从而增强 CeO_2 的类 OXD 活性。

在另一项研究中，分别用氨基、羧基、羟基和巯基对 Co_3O_4 纳米片进行改性来研究它们的催化活性。除羟基外，其他官能团均对类 POD 活性有正向增强作用，其中氨基修饰的纳米片活性最高。这些官能团对纳米酶电子转移能力的影响可能是调控催化性能的关键。

采用生物大分子或聚合物对纳米酶进行表面修饰的策略也有很多。例如，用 DNA 修饰的 Fe_3O_4 纳米酶后，其类 POD 活性约是未修饰纳米酶的 10 倍。DNA 涂层不仅通过氢键增强了与 TMB 氨基的结合能力，而且为碱基与 TMB 苯环的相互作用提供了 π-π 叠加，有效地增强了 Fe_3O_4 纳米酶对 TMB 的亲和力。再者，通过使用不同的底物（TMB 或者 ABTS）作为模板分子，在 Fe_3O_4 纳米酶表面形成分子印迹聚合物进行修饰（如图 5-13 所示），从而构建出类似天然酶的催化口袋。这种策略不仅能提高其对特定底物的催化活性，还可以极大地提升 Fe_3O_4 纳米酶对不同底物的选择性，以 ABTS 为模板时 TMB 几乎不显色，反之亦然。

值得注意的是，在对纳米酶进行表面修饰时，表面修饰层的厚度对纳米酶的活性有着重要的影响。对于一个确定的包覆剂，其包覆剂的分子量和包覆厚度与纳米酶活性成负相关。但是，有些包覆剂也可能增强纳米酶活性，例如普鲁士蓝包覆的 Fe_2O_3 磁性纳米粒子，随着普鲁士蓝分子的包覆率的增加，Fe_2O_3 磁性纳米粒子的磁性仍然保持在一个高水平状态下，并且过氧化物酶活性持续增长，相同尺寸下的普鲁士蓝包覆的磁性强度是未包覆的磁性纳米粒子的三倍，并且 Fe_2O_3 磁性纳米粒子普鲁士蓝的包覆率与纳米酶活性呈正相关。

除此之外，通过表面修饰还可以赋予纳米酶对底物的特异性，不同的表面修饰也可以使纳米酶展现出不同的催化活性。这一点在前文中也已经有所提及。例如，金纳米粒子修饰上半胱氨酸后表现出增强的类 POD 活性，而修饰柠檬酸后则表现出更好的葡糖氧化酶活性。经过功能化的含硒五肽修饰组装在金纳米粒子表面体现出增强的类谷胱甘肽过氧化物酶（GPx）活性（如图 5-14 所示）。

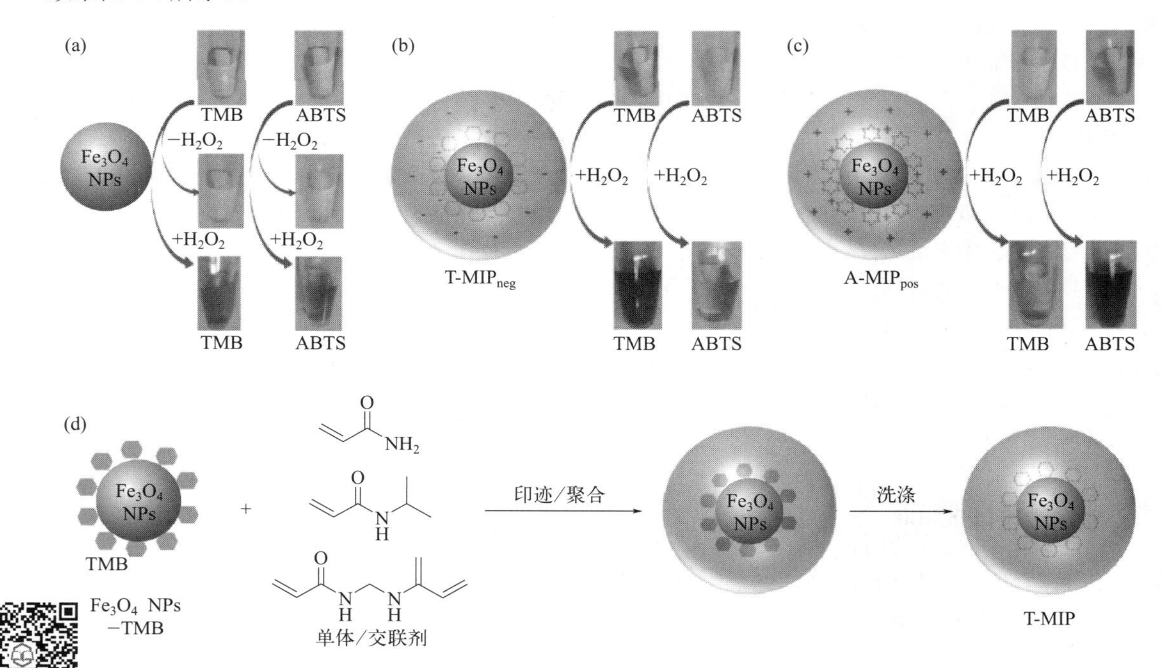

彩图 5-13

图 5-13　表面分子印迹修饰赋予 Fe_3O_4 纳米酶对底物的选择性

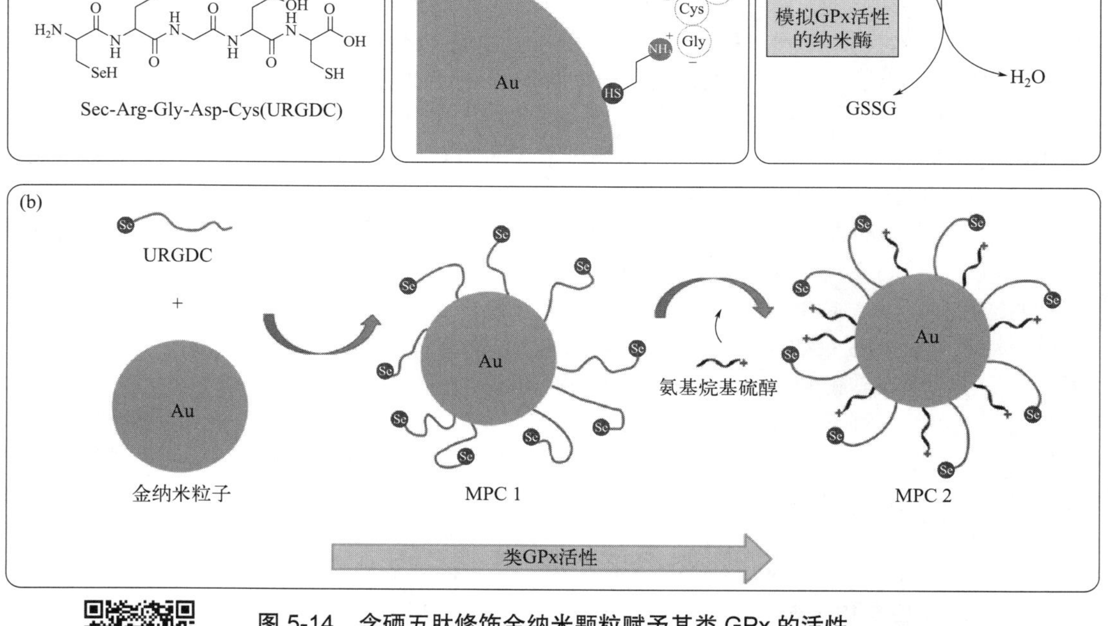

彩图 5-14

图 5-14　含硒五肽修饰金纳米颗粒赋予其类 GPx 的活性

五、其它因素

除去之前所述的各种因素外，还可以通过施加外在条件，如通过激光照射、附加交变磁场等方式改变纳米酶的催化活性。如图 5-15 所示，在向反应体系中加入 ATP 可以增强纳米酶的类 POD 催化活性。

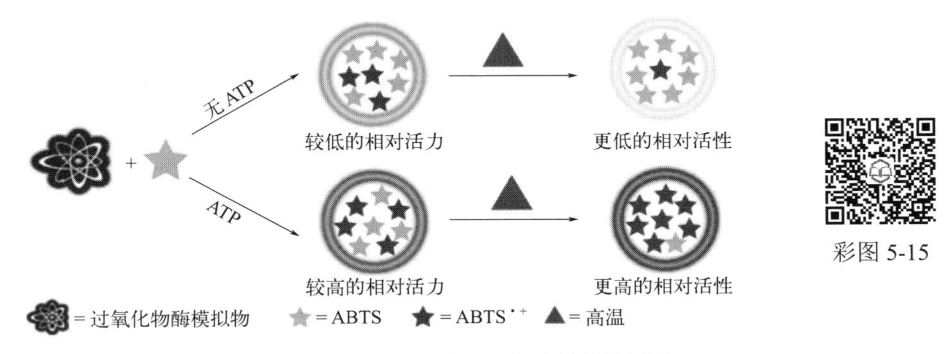

图 5-15　向反应体系中加入 ATP 增强纳米酶的催化活性

由于光具有较高的时间和空间精度，光调制系统的构建可作为调控纳米酶催化效率的一种有前景的方法。最近，有团队使用一种光敏分子来控制纳米酶的催化活性。以 1, 4, 7-三氮杂环壬烷（TACN）•Zn^{2+} 基团修饰的 AuNP（Au NP 1）为纳米酶模型，Au NP1 能有效催化 2-羟丙基-4-硝基苯磷酸盐（HPNPP）生成荧光产物 PNP。4-（苯偶氮）-苯甲酸具有光敏偶氮基团，在 UV-vis 下可可逆地在反式结构和顺式结构之间切换。在可见光作用下，4-（苯偶氮）苯甲酸转化为与 Au NP1 亲和力较高的反式结构，抑制了底物与纳米酶的结合，因此，Au NP1 的催化活性会降低。由于纳米酶上的 TACN • Zn^{2+} 单层具有疏水性，在紫外线照射下，4-（苯偶氮）-苯甲酸由于偶氮苯极性的增加而转变为亲和力较低的顺式结构。因此，通过测定产物的荧光强度，可以有效地监测 Au NP1 的催化能力（如图 5-16 所示）。

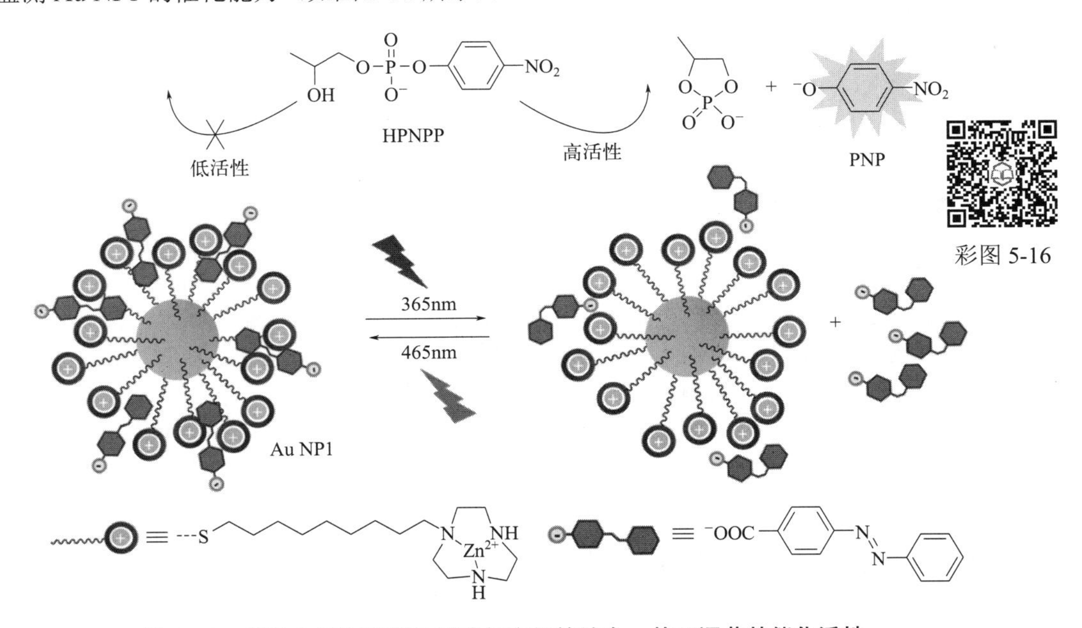

图 5-16　光敏分子来控制纳米酶与底物的结合，从而调节其催化活性

第四节 纳米酶的应用

与天然酶相比，纳米酶存在低成本、易于大量制备、稳定性高等特点，并且可以很容易地与其它纳米系统集成以实现多功能性，这些优势让纳米酶已经在生物、医学、食品、环境等领域得到了广泛的运用。可以预见的是，随着纳米酶研究的不断深入，纳米酶未来将会在更多的科学技术领域展现出更加丰富的应用。本节将针对纳米酶在检测、医学和环境方面的应用进行简要的举例说明。

一、在检测方面的应用

1. 离子检测

金属离子，特别是重金属离子，是造成环境污染的罪魁祸首之一，可以通过饮用水、食物等多种方式进入人体，危害健康。目前，大多数用于重金属离子分析的分析平台（如原子吸收光谱法、能量色散X射线和电感耦合等离子体质谱等）都依赖于昂贵的仪器和专业技术人员。纳米酶的出现提供了低成本的同时提高了金属离子检测性能的新策略。

由于组氨酸修饰的金纳米簇（His-AuNC）具有优异的类POD活性，有研究成功地提出了一种选择性检测Cu^{2+}的简便方法。AuNC表面的组氨酸可以促进底物和纳米酶的结合，这将进一步提高AuNC的催化活性。由于Cu^{2+}和组氨酸之间的高亲和力，His-AuNC的过氧化物酶样活性在Cu^{2+}存在下会降低。由于His-AuNC可以催化H_2O_2和TMB或ABTS等有机底物形成有色产物，通过测量吸收信号的变化，可以成功地以高选择性和灵敏度检测Cu^{2+}。该探针对人血清中铜离子及其进行快速分析的可行性已得到证明，结果令人满意。

此外，纳米酶还可用于检测Ag^+。含Ag^+的化合物常用于饮用水消毒和医疗产品生产，但Ag^+可以与蛋白质结合导致生物毒性。因此，在实际饮用水样品中检测Ag^+非常重要。有研究团队设计了一种比色法检测Ag^+的新策略。牛血清白蛋白稳定的金纳米簇被用作POD模拟物来催化H_2O_2和TMB的反应。在体系中加入Ag^+后，纳米酶的催化活性会受到强烈抑制。进一步的研究表明，Ag^+可以与纳米酶表面的Au^0反应，通过氧化还原反应形成Ag^0，从而产生Au@AgNC。所得纳米复合材料与其相应底物的亲和力较弱，导致催化性能较低。受这种现象的启发，基于该纳米酶的检测系统最低可检出0.204μmol/L的Ag^+。该比色平台可用于分析实际水样中Ag^+的含量。

纳米酶也可用于检测非金属离子。有研究团队发现，经过氟化物封端后，CeO_2的类氧化酶活性可提高两个数量级以上。他们的研究表明，表面电荷调制和促进电子转移是F修饰提高CeO_2纳米酶的类氧化酶活性的原因。根据这一原理，F^-的检测灵敏度达到0.64μmol/L（如图5-17）。此外，其他常见阴离子对该比色传感器无干扰，这使得对F离子的选择性检测成为可能。通过增强纳米氧化铈的类氧化酶活性来检测F离子，如图5-17所示，利用磷酸根对Cu-NADH纳米酶的类酶活性抑制实现磷酸根的比色检测。

彩图 5-17

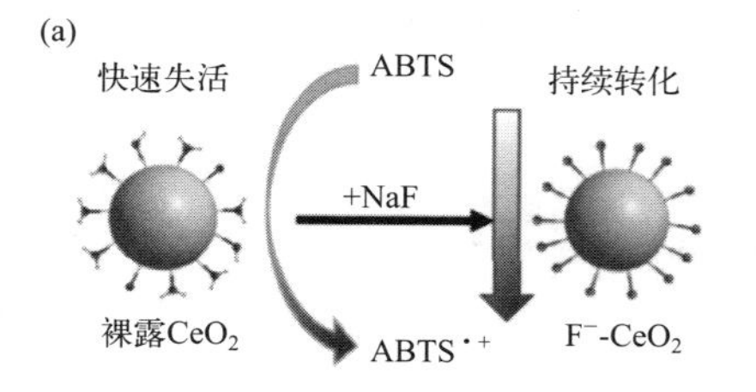

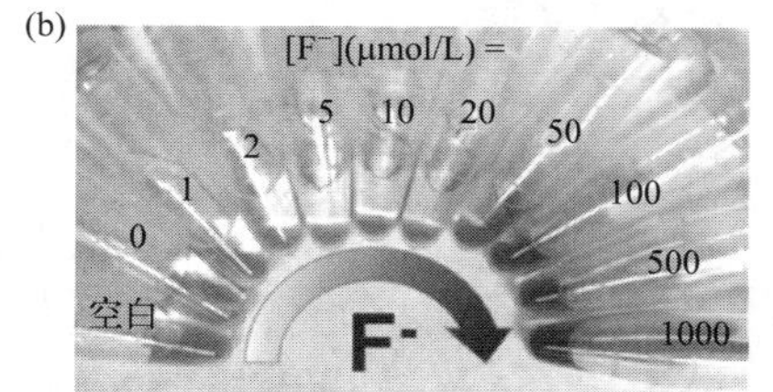

图5-17 通过增强纳米氧化铈的类氧化酶活性来检测F离子

类似的，也可以通过非金属离子对纳米酶活性的抑制作用实现对离子的检测。在另外一项研究中，Cu-NADH 纳米酶可以表现出类似天然漆酶的活性，直接利用氧气催化靛蓝胭脂红的氧化褪色。而在磷酸盐的存在情况下，Cu-NADH 的类酶活性受到抑制，阻碍了靛蓝胭脂红的褪色过程，以此实现对水体中磷酸盐浓度的检测，检测下限为 0.37μmol/L（如图 5-18）。

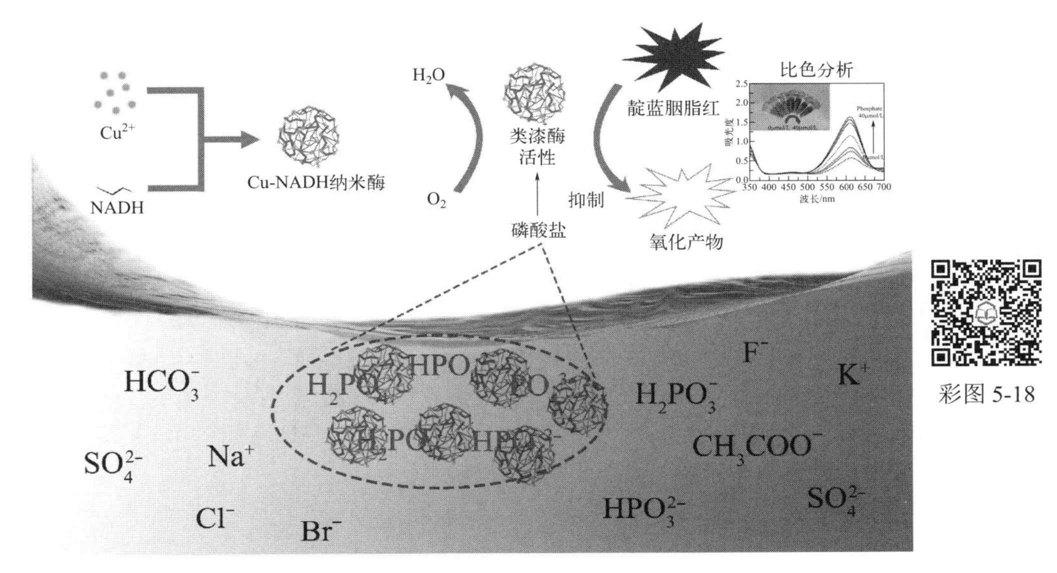

图 5-18 利用磷酸根对 Cu-NADH 纳米酶的类酶活性抑制实现磷酸根的比色检测

2. 生物传感

随着生物传感方案的广泛探索，纳米生物传感在检测方面展现了广泛的前景。纳米酶与传统的比色法、电化学和荧光测定技术相结合，逐渐成为生物分析的最佳候选技术之一。

通过将蛋白质直接固定在不同尺寸的氧化铁和碳基纳米酶上，构建一种生物纳米界面，这种界面可以不同程度地调节纳米酶的催化活性，从而实现对多重蛋白的高准确度鉴定，进而开发了一种具有超高灵敏度和良好特异性的比色法检测谷胱甘肽的粒子上反应策略。该传感器具有 7 个数量级的动态范围，检测限可降至 200pg/mL，在溶液中反应，生物传感器提高了 2 个数量级。基于金纳米颗粒的类酶活性，N. H. Kwi 开发了一种用于 Hg^{2+} 检测的简易金纳米酶纸芯片（AuNZ-PAD），酶活性与 3, 3′, 5, 5′-四甲基联苯胺（TMB）和 H_2O_2 催化反应的比色响应强度有关，具有简单、快速、经济、灵敏、选择性、高通量等优点，适用于现场检测。

彩图 5-19

Pei 等报道了用于印刷柔性电化学传感器的纳米纤维导电水凝胶纳米酶。由于水凝胶中的 G-四方堆叠纳米纤维具有类 POD 的活性，可以催化 H_2O_2 将苯胺氧化为聚苯胺，因此掺杂质子的杂化水凝胶具有电导性。基于 3D 打印和电导率特性，将葡糖氧化酶负载的混合水凝胶制成葡萄糖生物传感器，由于复合水凝胶膜具有优良的电化学和变色性能，在 1100mmol/L 范围内，水凝胶的电化学信号与 H_2O_2 浓度相关，电势从 1.3V 下降到 0.2V，凝胶膜从绿色氧化态到浅黄色还原态。经过 5 次循环后，电流并没有明显下降，说明杂化水凝胶膜具有良好的循环稳定性。

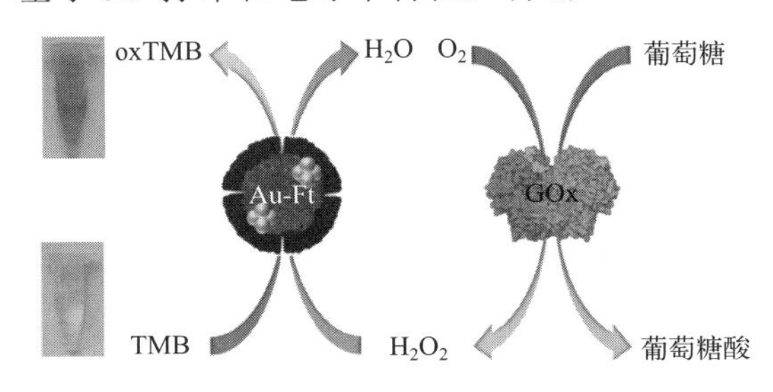

图 5-19 利用 Au-Ft 纳米酶级联天然葡萄糖氧化酶实现对生物样本中的葡萄糖检测

在另外一项研究中，脱铁铁蛋白成对的金簇（Au-Ft）可以有效地催化 H_2O_2 催化 TMB 的氧化，产生蓝色反应（图 5-19）。与天然酶相比，Au-Ft 在酸性 pH 值附近具有更高的活性，可以在很宽的温度范围内使用。不仅如此，Au-Ft 还显示出更低的 K_m 值和较高的 k_{cat}。基于这些发现，可以利用 Au-Ft 的类 POD 活性级联天然葡糖氧化酶，从而实现对葡萄糖进行比色法分析。该系统在生物染色中表现出可接受的重现性和高选择性，表明它在未来可能具有广阔的应用前景。

3. 免疫分析

天然酶在免疫分析方面有着举足轻重的作用。酶联免疫吸附测定（enzyme linked immunosorbent assay, ELISA）指将可溶性的抗原或抗体结合到聚苯乙烯等固相载体上，利用抗原抗体特异性结合进行免疫反应，然后加入标记酶相应的底物进行催化反应后，根据最终的显色或荧光信号等情况进行定性和定量检测的方法。

基于纳米酶的免疫蛋白检测法是另一种常见的应用。与天然酶标记相比，纳米酶标记的探针具有一些实际的优势，如易于从廉价的前体合成和更高的稳定性。

林龙等人开发了一种简单的方法来合成具有高过氧化物酶样活性的均匀的 Au@Pt@ 介孔 SiO_2 纳米结构（APMSN），其具有明确的核壳结构，以金纳米棒复合铂纳米点为核心，以介孔二氧化硅为壳层。介孔二氧化硅壳不仅可以提供方便的传输通道，而且可以为抗体和抗原等大型生物分子提供大量的容纳位置，最终合成了经腮腺炎抗原修饰的新型纳米探针（Ags-APMSN）。该探针对腮腺炎特异性 IgM 抗体具有良好的敏感性，检测限可低至 10ng/mL（如图 5-20 所示）。

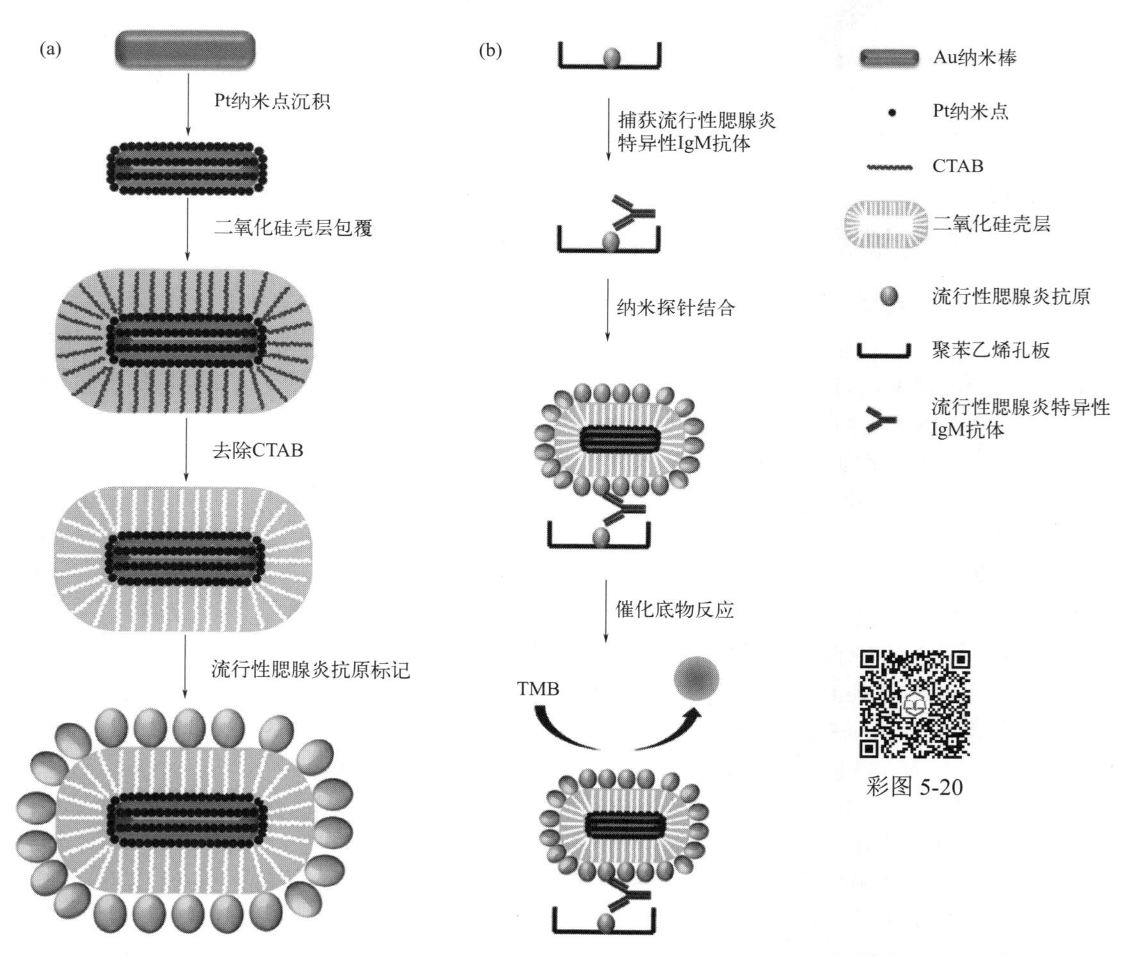

图 5-20 基于 Ags-APMSN 的 ELISA 系统的免疫分析示意图

普鲁士蓝纳米颗粒（PBNP）具有优异的类POD活性，能够催化无色的底物3, 3′, 5, 5′-四甲基联苯胺（TMB）的氧化形成蓝色产物。将普鲁士蓝纳米酶与抗体偶联后，建立了检测尿液中人血清白蛋白的夹心免疫分析法，检测限为1.2ng・mL^{-1}（如图5-21所示）。

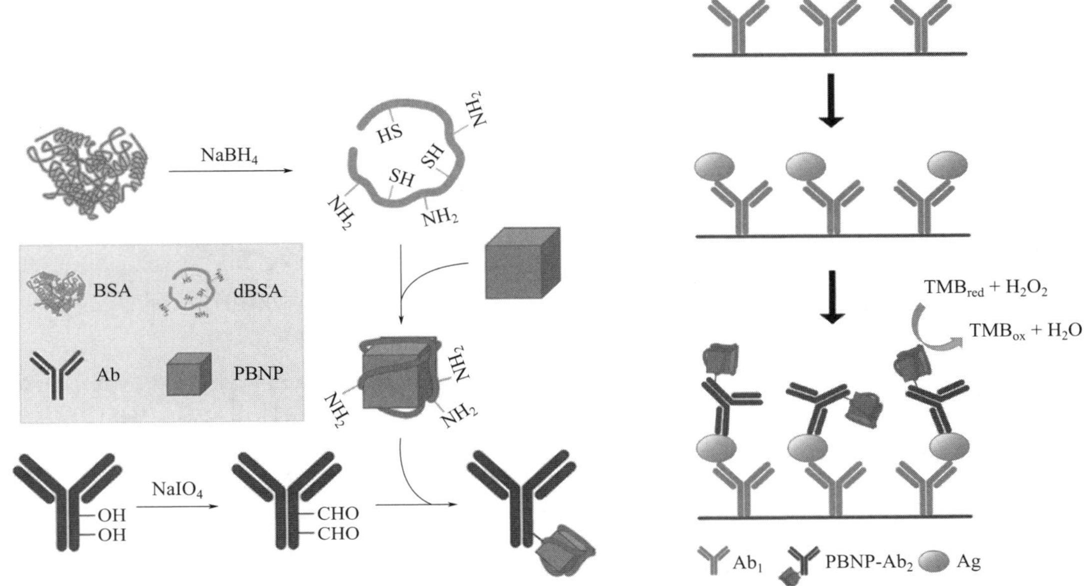

图5-21　利用普鲁士蓝纳米酶实现对目标抗原的检测

彩图5-21

二、在医学领域的应用

1. 肿瘤治疗

肿瘤细胞通常比正常细胞具有更高水平的内源性H_2O_2和活性氧（ROS）。ROS的平衡决定了肿瘤细胞的命运，通过ROS的爆发来诱导的细胞凋亡是一种有效的癌症治疗策略，这正好是纳米酶所擅长的——大部分具有类POD活性的纳米酶能够在酸性条件下催化H_2O_2产生ROS。

近年来，人们在探索纳米酶在肿瘤治疗中应用的可行性方面做出了重大努力。尽管肿瘤细胞内的H_2O_2含量相对较高，但浓度仍处于很低的水平（μmol/L级）。因此，想要有效地催化肿瘤细胞内源性地分解H_2O_2以产生ROS，纳米酶对H_2O_2的亲和力显得尤为重要。

例如，Fe_3O_4纳米酶具有类POD的活性，然而Fe_3O_4纳米酶对H_2O_2的低结合亲和力及其相对较低的催化活性限制了Fe_3O_4纳米酶的肿瘤催化治疗效果。在合成Fe_3O_4纳米酶时进行Co的掺杂后，Co@Fe_3O_4纳米酶对H_2O_2的亲和力分别比HRP和Fe_3O_4纳米酶高50倍和100倍。H_2O_2亲和力的提高使Co@Fe_3O_4纳米酶在H_2O_2超低浓度下具有优异的抗肿瘤活性。当具有增强的类过氧化物酶活性的Co@Fe_3O_4纳米酶特异性地定位于溶酶体的酸性微环境中时，它们通过催化H_2O_2的分解产生ROS爆发来诱导人肾肿瘤细胞（A-498）的凋亡，从而在肾肿瘤催化治疗中表现出优异的体外和体内抗肿瘤活性。

在另外一项研究中，利用N-PCNS纳米酶的类POD活性，以及其对H_2O_2较高的亲和力，可以在肿瘤细胞中的弱酸性环境下产生大量ROS，诱导肿瘤细胞凋亡，而在正常细胞的中性环境下则不具备这种作用（如图5-22所示）。而铁蛋白（HFn）的修饰可以增强肿瘤细胞对纳米酶的摄取，进一步增强对肿瘤细胞的杀伤作用。

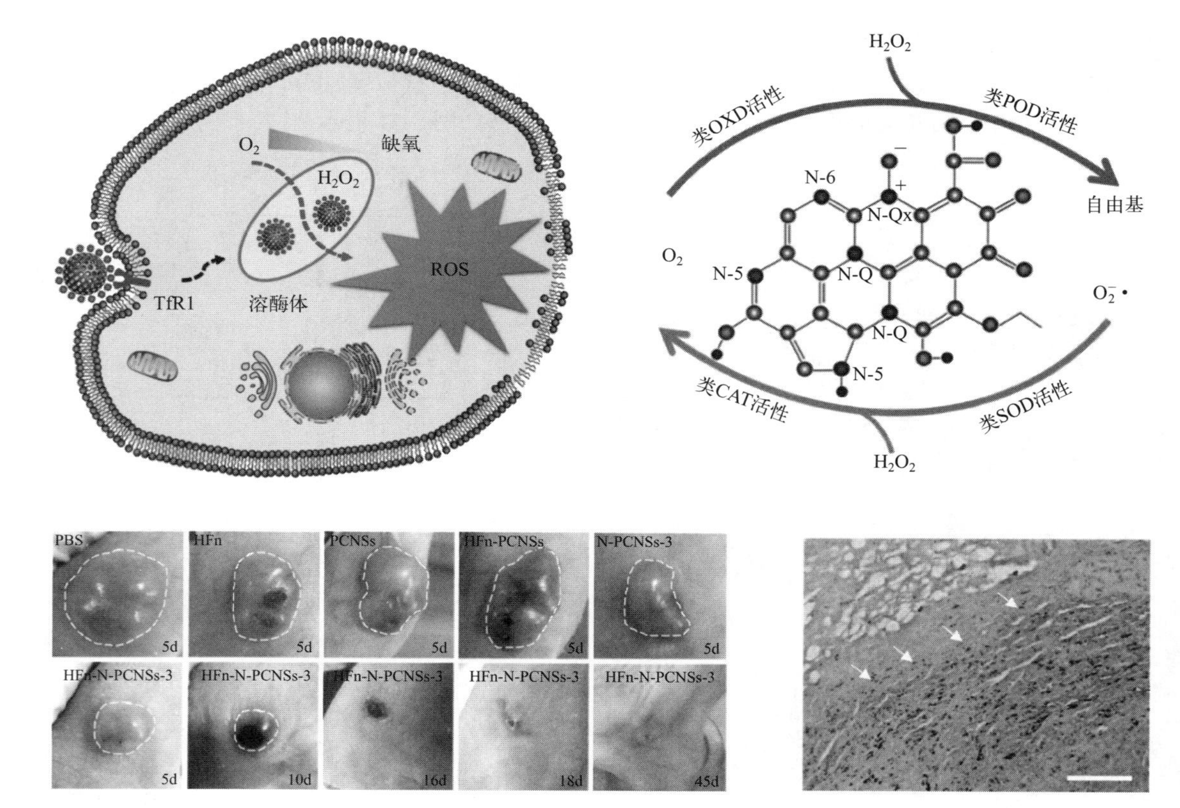

图 5-22　纳米酶在肿瘤治疗领域的运用

彩图 5-22

除此之外，某些纳米酶还能够激活癌细胞的铁死亡（ferroptosis）途径。铁死亡是一种铁依赖性的，区别于细胞凋亡、细胞坏死、细胞自噬的新型的细胞程序性死亡方式。纳米酶可以催化细胞膜上高表达的不饱和脂肪酸发生脂质过氧化，并且使抗氧化体系（谷胱甘肽和谷胱甘肽过氧化物酶 4）的表达量降低，最终诱导细胞铁死亡。

2. 炎症及氧化损伤相关疾病

活性氧包括羟基自由基（·OH）、超氧阴离子自由基（O_2^-·）和单线态氧（$^1O_2$），在各种生理过程中发挥着重要作用。然而，体内过量的活性氧会破坏细胞成分和正常功能，从而导致衰老、癌症等严重的病理后果。因此，清除过量的 ROS 对于维持正常的身体功能至关重要。活性氧（ROS）诱导的氧化应激与各种疾病有关，包括心血管疾病、炎症和癌症等。

虽然生物体内已经进化出了高效的天然活性氧清除酶，但它们对环境条件敏感，难以批量生产。因此，纳米酶作为活性氧清除剂，由于其增强的稳定性、多功能性和可调的活性，近年来引起了人们的极大兴趣。如图 5-23 所示，具有类 UOD、CAT 和 SOD 等多酶活性的多功能碳球纳米酶，可以模拟细胞内的过氧化物酶体，及时清除有害自由基并发挥降低尿酸的作用，在缓解高尿酸血症及缺血性中风等领域表现出很高的应用潜力。

类似的，碳点（CD）因其超小尺寸、优异的可调谐光学特性、高水溶性和良好的生物相容性而被广泛用于纳米医学。同时，CD 基于其固有的类酶活性而表现出产生或清除自由基的能力。到目前为止，有两种主要的策略来实现或提高 CD 的 ROS 清除活性。含氧官能团（如 O═C—OH，C 上方连一竖键）可以促进 ROS 的吸附，有利于 ROS 与碳基纳米材料之间形成加合物和电子转移。表面具有丰富—OH 活性基团的 CD 可以通过将自由电子从自由基转移到核心的 C—C 主链来清除自由基。杂原子 / 金属掺杂也是提高其自由基清除能力的有效策略，因为掺杂剂可以促进电子转移。如图 5-24 所示，

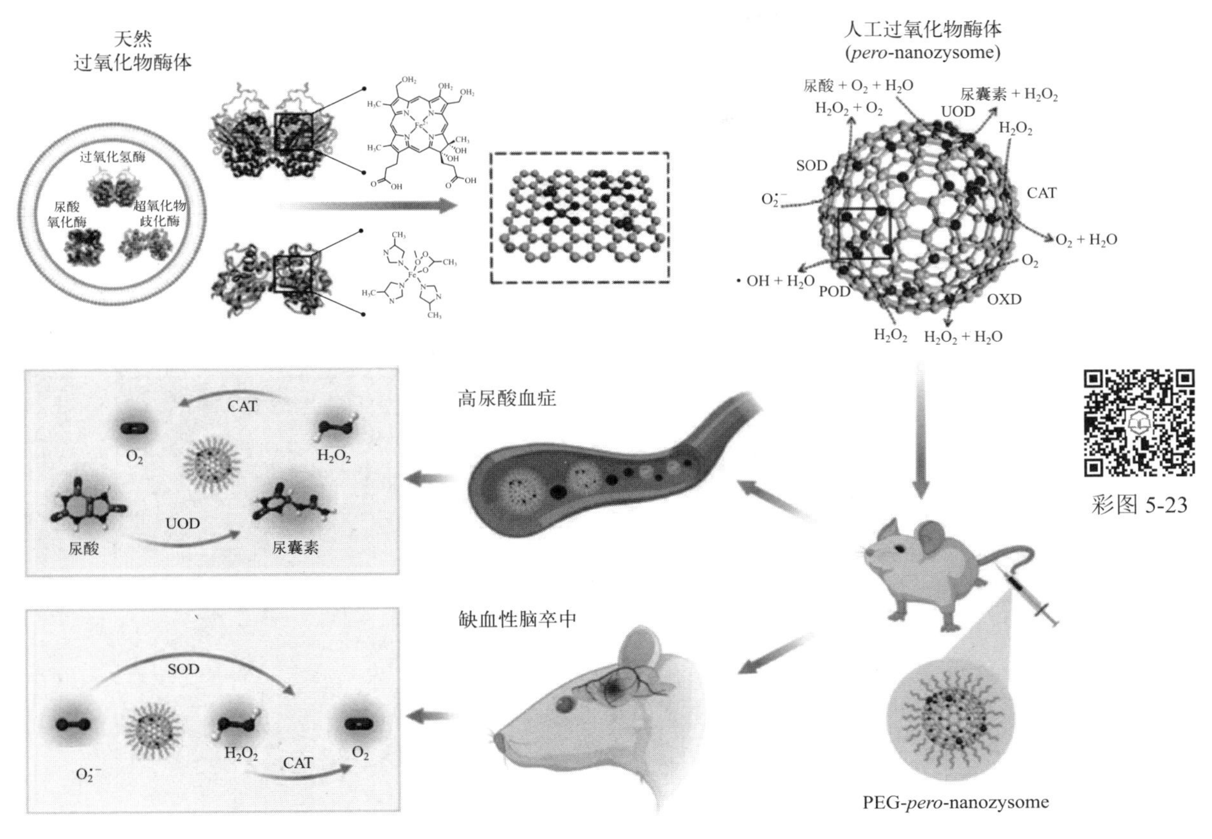

图 5-23　具有多种类酶活性的碳球纳米酶在高尿酸血症及缺血再灌注损伤中的运用

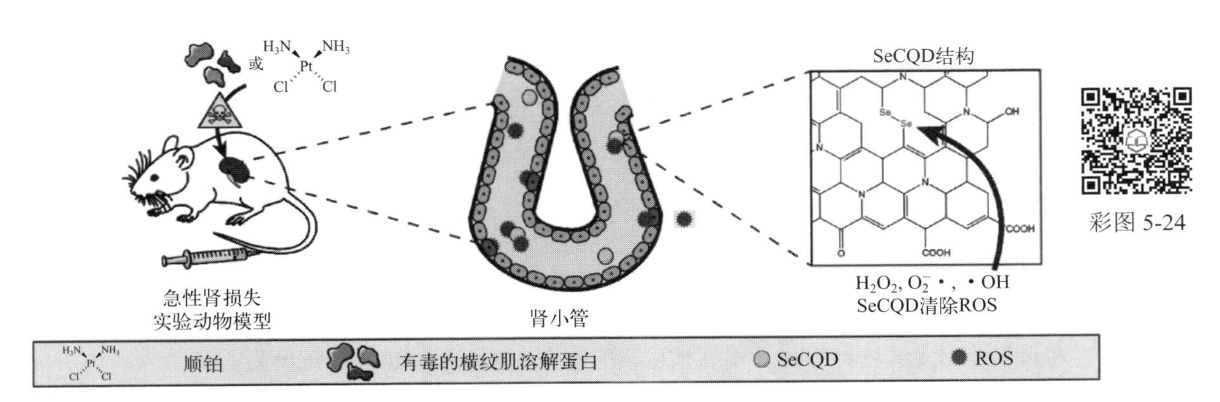

图 5-24　基于 SeCQD 的类酶活性治疗和预防急性肾损伤

硒掺杂的 CD 具有高性能的 ROS 清除能力，可抑制氧化应激引起的细胞损伤，从而提高细胞活力，减轻和预防急性肾损伤。

3. 抗菌

抗菌活性通常与几种不同的机制有关。抗生素能够有效地抑制细菌代谢活性和繁殖能力，从而拥有抗菌活性。但是，因抗生素的滥用导致超级细菌的出现，促使科研工作者们不断寻找新的有效抗生素来解决这一难题。相比之下，纳米酶能够以相对独特的机制发挥抗菌的效应，这与传统的抗生素类药物并不相同。因此，纳米酶有希望成为一种新的有效抗菌策略，用来应对抗多重耐药性的超级细菌。

具有类POD活性的纳米酶在抗菌方面已经显示出可应用的前景。有研究报道指出，用Fe_3O_4模拟过氧化物酶可以和H_2O_2有效地提高生物膜成分（即核酸、蛋白质和低聚糖）的氧化裂解效率。此外，Fe_3O_4-H_2O_2系统不仅可以降解现有的生物膜，而且可以阻止新生物膜的形成。而在另外一项研究中，Cu-CD能够催化H_2O_2生成OH·和单线态氧等ROS，在短时间内导致生物膜基质的损伤和细菌的死亡（如图5-25）。通过使用啮齿动物模型进行体内研究，证明该系统可以有效抑制龋齿。

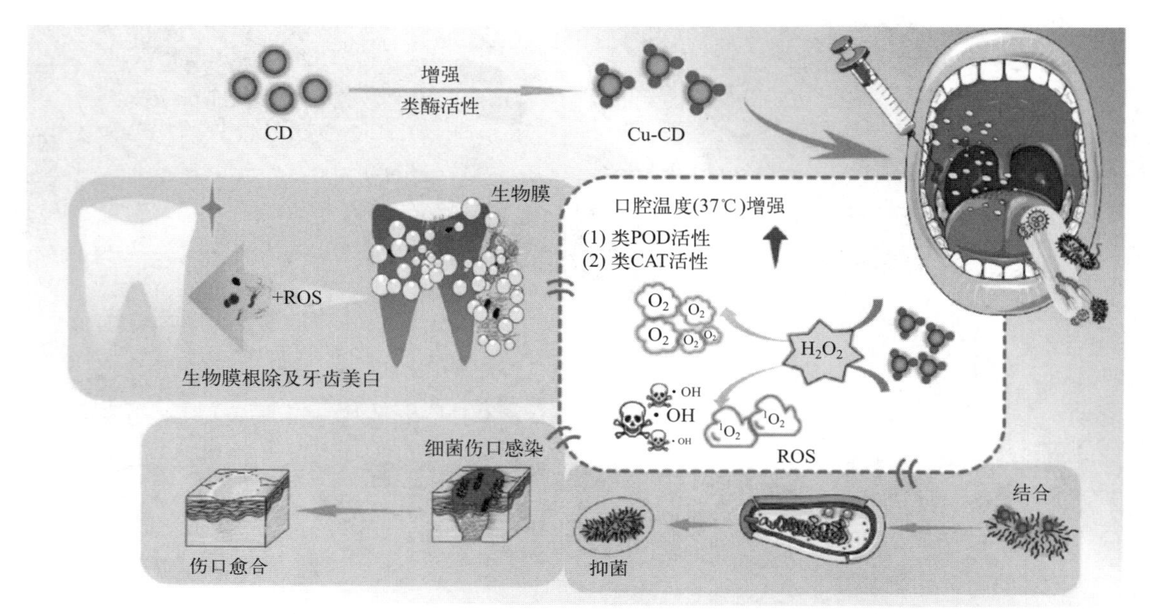

图5-25　Cu-CD纳米酶在龋齿抗菌治疗中的应用

彩图5-25

除具有类POD活性的纳米酶外，具有水解酶活性的纳米酶同样可用于抗菌。另外一项研究报告了DNA纳米酶的抗生物膜。以合成的Fe_3O_4/SiO_2纳米颗粒作为核心将AuNP限制在表面，然后用Ce（Ⅳ）络合物对AuNP进行功能化。这种模拟DNA酶的纳米酶能有效地切割胞外多聚物中的胞外DNA，从而抑制生物膜的形成，分散形成的生物膜。由于合成的纳米酶稳定性高，在外加磁场作用下易于分离，可重复使用5轮。此外，水解引起的整合胞外聚合物的破坏有助于传统抗生素清除细菌生物膜。

值得一提的是，纳米酶造成的细胞壁损伤还有助于抗生素通过细菌产生的孔隙进入，以增强杀伤力。纳米酶破坏基质并降低感染性生物膜中的体积细菌密度，增强抗生素在生物膜中的渗透和杀伤，这意味着纳米酶与现有抗生素的联合使用可能是临床转化的良好第一步。

三、在环境保护领域的应用

生物催化是指利用生物催化剂（包括酶和微生物）来改变化学反应速率，这一概念已经广泛用于化工、食品、医学和环境领域。但是因酶的作用条件过于温和，且不易回收，使生物催化受到极大限制。得益于纳米酶的稳定性和易回收性，模拟生物催化在环境领域迸发了新活力。微生物或酶可以有效处理有机废水，但是当废水中杂质过高时往往会影响微生物细胞或酶的活性。

纳米酶的使用环境不仅可以在水中，也可以针对空气中的污染物。其作用范围不仅可以有效分解有机废物，同时可以利用吸附性能降低污染物浓度，更可以发挥出抗微生物剂的功能，杀灭环境中的有害微生物。较常用于环境处理的纳米酶大多属于类氧化还原酶。类过氧化物酶可以分解过氧化氢产生羟自由基，从而降解有机废物；类漆酶可以通过活化氧气实现对污染物的氧化降解。

相较于天然酶，纳米酶在这些复杂环境中对温度、pH、有机物浓度等恶劣条件耐受程度更高，且更易回收利用。纳米酶处理的底物主要是芳香族化合物和有机染料，也有报告称对部分聚合物和木质素等高分子也具有分解效果。用于空气净化的纳米酶一般具有比表面积大、净化效率高、风阻小、可杀菌等特点以用于除去室内灰尘、微生物和甲醛等挥发性有机物，并且通常使用纳米酶与多孔碳的复合结构增强对空气中污染物的吸附以提高清除率。在空气净化中研究得最多的是甲醛的清除，具有氧化还原酶活性的纳米粒子可以使用氧气作为清洁的氧化剂氧化甲醛产生二氧化碳和水，甚至有可能应用于口罩中实现对空气中病原微生物的清除。在对环境病原微生物处理中，纳米酶具有比一般生物处理更大的优势。主要体现在：天然酶容易被微生物分解从而失去活性，而纳米酶在被微生物内吞后仍能在细胞内发挥作用；纳米酶的表面往往能对微生物进行有效的吸附提高杀伤力；抑菌谱广，利用活性氧破坏微生物可以广泛应用于不同种类的微生物，甚至能通过破坏蛋白质实现对病毒的灭杀。催化剂在环境处理中的应用并不新鲜，但是纳米酶这一概念的出现使得其在这一领域中的应用得到了极大的发展，通过对天然酶的模拟，可以发展出一系列作用相似而应用范围更广的纳米材料，对环境处理中纳米催化剂的设计和筛选具有一定的指导意义。

第五节　纳米酶的研究进展及展望

尽管从发现开始到现在已经过去了十几年的时间，纳米酶仍然是一个快速发展的领域。目前纳米酶的研究主要集中在以下三个方面：发现新的蕴含催化活性的纳米材料；揭示纳米酶的催化机理，优化其催化效率和底物专一性；发掘和拓展纳米酶在生物、医学、环境、化工等领域的应用。从研究报告的趋势来看，本领域的科研工作者越来越注重于研究纳米酶的催化机理以及进一步的应用。

当然，发现新的纳米酶仍是本领域的重要工作部分。值得一提的是，由于纳米酶的多学科领域融合的特性和研究的逐渐深入，研究者们可以不再单纯依靠反复的试验，而是能在一定程度上对纳米材料的催化性能进行预测，从而实现纳米酶的理性设计。例如，通过实验测量和密度泛函理论（DFT）进行计算，研究者们分析了 e_g 轨道的占用情况，以作为过渡金属氧化物（包括钙钛矿氧化物）纳米酶类POD活性的一种可能的描述。实验测量和密度泛函理论计算均揭示了 e_g 占有率与纳米酶活性之间存在火山关系，其中最高的类POD活性对应的 e_g 占有率约为1.2。根据 e_g 占有率优化的 $LaNiO_{3-\delta}$ 纳米酶表现出比其他代表性纳米酶高一到两个数量级的类POD活性。这项研究表明 e_g 占有率是指导具有类POD活性纳米酶设计的预测指标。

另一方面，基于大数据分析对纳米酶活性进行优化已经初见成效。以具有类水解酶活性的纳米酶为例，可以通过两种策略通过数据来筛选和预测基于MOF（金属有机骨架）的水解纳米酶的催化活性位点：①通过微调金属簇的路易斯酸度来增加内在活性；②通过缩短配体长度来提高活性位点的密度。最后所获得的基于Ce-FMA-MOF的水解纳米酶能够裂解磷酸键、酰胺键、糖苷键甚至它们的混合物或者生物膜。

使用可解释机器学习预测和设计纳米酶也是本领域中的最新进展。利用机器学习算法来理解粒子-性质关系，从而可以对纳米酶表现出的类酶活性进行分类和定量预测。预测输出和观察结果之间的高度一致性通过准确度（90.6%）和 R^2 已经得到证实（高达0.80）。此外，模型的灵敏分析能够揭示过渡金属在确定纳米酶活性中的核心作用，有助于理解过渡金属与其类酶性能之间的隐藏关系，从而推断其催化的具体机制。

在纳米酶的应用领域中，也不断有新的灵感火花出现。借助纳米酶可集成的多功能性，研究者们甚至可以在生物体内实现生物途径无法实现的化学反应——生物正交变换。生物正交化学为成像和治疗策略提供了新的方法，也为基础生物学提供了工具。生物正交催化使按需的生成药物和成像工具，以及原位生物正交“工厂”的发展成为可能。这些纳米材料平台可以设计用于生物医学应用、增加细胞摄取、指导生物分布并实现主动靶向，也展示了将生物正交纳米催化剂和纳米酶推向临床的潜力。

类似的，利用纳米酶来制造人工细胞器也已经实现。人工细胞器是分隔的纳米反应器，其中酶或酶模拟催化剂表现出级联催化活性以模拟天然细胞器的功能。重要的是，对人工细胞器的研究为自下而上的合成细胞设计铺平了道路。由于微区室的分离作用，酶的催化反应在不受周围介质影响的情况下进行。然而，人工细胞器仍存在功能受限、活动不规范、靶向递送困难等问题，阻碍了人工细胞器的应用，而纳米酶的出现为人造细胞器的制造提供了解决问题的新思路。举个例子，正如前文中已经提及的，利用多孔碳球集成类UOD、CAT和SOD等酶活性的人工过氧化物酶体，及时清除有害自由基并发挥降低尿酸的作用，在缓解高尿酸血症及缺血性中风等领域表现出很高的应用潜力。相信在不久的将来，利用纳米酶制作的人工细胞器将会在生物医学中得到越来越多的应用。

总结

纳米酶的发现始于一个偶然，但纳米酶领域的发展却是必然——有别于传统意义上的无机催化剂，也不同于其他类型的人工模拟酶，纳米酶以一种独特的方式将天然酶和纳米材料联系到一起。纳米酶的出现不仅推动了纳米科技的基础研究，还极大地拓展了纳米材料在各领域中的应用。

纳米酶的催化机制可能与天然酶类似，也可能会截然不同。尽管如此，我们依旧能够从天然酶的结构出发，找到提升纳米酶活性的策略。纳米酶的其催化效率受自身的尺寸效应、纳米材料的形貌、表面电荷和修饰情况等因素的调控。深入研究和了解纳米酶催化的构效关系，能够帮助我们设计出高催化性能的纳米催化剂，甚至能超越天然酶。

虽然目前纳米酶大多还存在着催化效率不够高、特异性不强等问题，但由于纳米酶具有稳定、低成本和规模化制备的优势，已经在医学、化工、食品、农业和环境等领域被广泛地运用。与天然酶相比，纳米酶对检测环境的要求更低，而且其本身的多功能性非常适合在生物医学领域运用，在环境工程中的运用也体现出更高的稳定性。可以预见的是，未来纳米酶的应用将对人类社会的发展和进步产生更加重大而深远的影响。

习题

1. 当前阶段纳米酶的定义是什么？

2. 已报道纳米酶主要包含哪些纳米材料？这些纳米酶的类酶活力包含哪些方面？当前该领域的研究热点是什么？

3. 同种纳米酶是否能同时模拟多种酶活力？需要注意的地方是什么？请举例说明。

4. 单原子纳米酶的特点是什么？构建高效单原子纳米酶的策略有哪些？

5. 影响纳米酶活力的物理因素都有哪些，它们是如何影响纳米酶活力？

6. 目前纳米酶已经在生物、医学、食品和环境等领域得到了广泛的应用，请具体说出纳米酶用于离子检测的特点和原理。

7. 纳米酶可以用于肿瘤的治疗，请描述纳米酶在进行肿瘤治疗过程中所发生的反应过程及可能的机制。

参考文献

[1] Cha D Y, Parravano G. Surface reactivity of supported gold: I. Oxygen transfer between CO and CO_2. Journal of Catalysis, 1970, 18(2): 200-211.

[2] Shen X, Liu W, Gao X, et al. Mechanisms of Oxidase and Superoxide Dismutation-like Activities of Gold, Silver, Platinum, and Palladium, and Their Alloys: A General Way to the Activation of Molecular Oxygen. J Am Chem Soc, 2015, 137(50): 15882-15891.

[3] Lin Y, Ren J, Qu X. Nano-gold as artificial enzymes: hidden talents. Adv Mater, 2014, 26(25): 4200-4217.

[4] Luo W J, Zhu C F, Su S, et al. Self-Catalyzed, Self-Limiting Growth of Glucose Oxidase-Mimicking Gold Nanoparticles. Acs Nano, 2010, 4(12): 7451-7458.

[5] Zhou H, Han T, Wei Q, et al. Efficient Enhancement of Electrochemiluminescence from Cadmium Sulfide Quantum Dots by Glucose Oxidase Mimicking Gold Nanoparticles for Highly Sensitive Assay of Methyltransferase Activity. Anal Chem, 2016, 88(5): 2976-2983.

[6] Wang G L, Jin L Y, Dong Y M, et al. Intrinsic enzyme mimicking activity of gold nanoclusters upon visible light triggering and its application for colorimetric trypsin detection. Biosens Bioelectron, 2015, 64: 523-529.

[7] Wang F, Ju E, Guan Y, et al. Light-Mediated Reversible Modulation of ROS Level in Living Cells by Using an Activity-Controllable Nanozyme. Small, 2017, 13(25): 1603051.

[8] Wang G L, Jin L Y, Wu X M, et al. Label-free colorimetric sensor for mercury(Ⅱ) and DNA on the basis of mercury(Ⅱ) switched-on the oxidase-mimicking activity of silver nanoclusters. Anal Chim Acta, 2015, 871: 1-8.

[9] Yu C J, Chen T H, Jiang J Y, et al. Lysozyme-directed synthesis of platinum nanoclusters as a mimic oxidase. Nanoscale, 2014, 6(16): 9618-9624.

[10] Jiang H, Chen Z, Cao H, et al. Peroxidase-like activity of chitosan stabilized silver nanoparticles for visual and colorimetric detection of glucose. Analyst, 2012, 137(23): 5560-5564.

[11] Jin L, Meng Z, Zhang Y, et al. Ultrasmall Pt Nanoclusters as Robust Peroxidase Mimics for Colorimetric Detection of Glucose in Human Serum. ACS Appl Mater Interfaces, 2017, 9(11): 10027-10033.

[12] Lan J, Xu W, Wan Q, et al. Colorimetric determination of sarcosine in urine samples of prostatic carcinoma by mimic enzyme palladium nanoparticles. Anal Chim Acta, 2014, 825: 63-68.

[13] He W, Zhou Y T, Wamer W G, et al. Mechanisms of the pH dependent generation of hydroxyl radicals and oxygen induced by Ag nanoparticles. Biomaterials, 2012, 33(30): 7547-7555.

[14] Fan J, Yin J J, Ning B, et al. Direct evidence for catalase and peroxidase activities of ferritin-platinum nanoparticles. Biomaterials, 2011, 32(6): 1611-1618.

[15] Chen M, Zhou X, Xiong C, et al. Facet Engineering of Nanoceria for Enzyme-Mimetic Catalysis. ACS Appl Mater Interfaces, 2022, 14(19): 21989-21995.

[16] Huang L, Zhu Q, Zhu J, et al. Portable Colorimetric Detection of Mercury(Ⅱ) Based on a Non-Noble Metal Nanozyme with Tunable Activity. Inorg Chem, 2019, 58(2): 1638-1646.

[17] Wang Q, Jiang J, Gao L. Nanozyme-based medicine for enzymatic therapy: progress and challenges. Biomed Mater, 2021, 16(4): 042002.

[18] Gao L, Fan K, Yan X. Iron Oxide Nanozyme: A Multifunctional Enzyme Mimetic for Biomedical Applications. Theranostics, 2017, 7(13): 3207-3227.

[19] Yao J, Cheng Y, Zhou M, et al. ROS scavenging Mn_3O_4 nanozymes for in vivo anti-inflammation. Chem Sci, 2018, 9(11): 2927-2933.

[20] Wu H, Liu J, Chen Z, et al. Mechanism and Application of Surface-Charged Ferrite Nanozyme-Based Biosensor toward Colorimetric Detection of l-Cysteine. Langmuir, 2022, 38(27): 8266-8279.

[21] El-Sayed R, Ye F, Asem H, et al. Importance of the surface chemistry of nanoparticles on peroxidase-like activity. Biochem Biophys Res Commun, 2017, 491(1): 15-18.

[22] Liu B W, Liu J W. Surface modification of nanozymes. Nano Res, 2017, 10(4): 1125-1148.
[23] Yu F, Huang Y, Cole A J, et al. The artificial peroxidase activity of magnetic iron oxide nanoparticles and its application to glucose detection. Biomaterials, 2009, 30(27): 4716-4722.
[24] Karthiga D, Choudhury S, Chandrasekaran N, et al. Effect of surface charge on peroxidase mimetic activity of gold nanorods (GNRs). Mater Chem Phys, 2019, 227: 242-249.
[25] Liu B, Liu J. Surface modification of nanozymes. Nano Research, 2017, 10(4): 1125-1148.
[26] Liu Q, Zhang A, Wang R, et al. A Review on Metal- and Metal Oxide-Based Nanozymes: Properties, Mechanisms, and Applications. Nanomicro Lett, 2021, 13(1): 154.
[27] Yue Y, Wei H, Guo J, et al. Ceria-based peroxidase-mimicking nanozyme with enhanced activity: A coordination chemistry strategy. Colloids and Surfaces A: Physicochemical and Engineering Aspects, 2021, 610: 125715.
[28] Zhao Y, Wang Y, Mathur A, et al. Fluoride-capped nanoceria as a highly efficient oxidase-mimicking nanozyme: inhibiting product adsorption and increasing oxygen vacancies. Nanoscale, 2019, 11(38): 17841-17850.
[29] Huo J, Hao J, Mu J, et al. Surface Modification of Co_3O_4 Nanoplates as Efficient Peroxidase Nanozymes for Biosensing Application. ACS Appl Bio Mater, 2021, 4(4): 3443-3452.
[30] Liu B, Liu J. Accelerating peroxidase mimicking nanozymes using DNA. Nanoscale, 2015, 7(33): 13831-13835.
[31] Zhang X Q, Gong S W, Zhang Y, et al. Prussian blue modified iron oxide magnetic nanoparticles and their high peroxidase-like activity. Journal of Materials Chemistry, 2010, 20(24): 5110-5116.
[32] Jv Y, Li B, Cao R. Positively-charged gold nanoparticles as peroxidase mimic and their application in hydrogen peroxide and glucose detection. Chem Commun (Camb), 2010, 46(42): 8017-8019.
[33] Neri S, Garcia Martin S, Pezzato C, et al. Photoswitchable Catalysis by a Nanozyme Mediated by a Light-Sensitive Cofactor. J Am Chem Soc, 2017, 139(5): 1794-1797.
[34] Liang H, Lin F, Zhang Z, et al. Multicopper Laccase Mimicking Nanozymes with Nucleotides as Ligands. ACS Appl Mater Interfaces, 2017, 9(2): 1352-1360.
[35] Chang Y, Zhang Z, Hao J, et al. BSA-stabilized Au clusters as peroxidase mimetic for colorimetric detection of Ag+. Sensors and Actuators B: Chemical, 2016, 232: 692-697.
[36] Lien C W, Unnikrishnan B, Harroun S G, et al. Visual detection of cyanide ions by membrane-based nanozyme assay. Biosens Bioelectron, 2018, 102: 510-517.
[37] Gallay P, Eguilaz M, Rivas G. Designing electrochemical interfaces based on nanohybrids of avidin functionalized-carbon nanotubes and ruthenium nanoparticles as peroxidase-like nanozyme with supramolecular recognition properties for site-specific anchoring of biotinylated residues. Biosens Bioelectron, 2020, 148: 111764.
[38] Li J, Lu N, Han S, et al. Construction of Bio-Nano Interfaces on Nanozymes for Bioanalysis. ACS Appl Mater Interfaces, 2021, 13(18): 21040-21050.
[39] Han K N, Choi J S, Kwon J. Gold nanozyme-based paper chip for colorimetric detection of mercury ions. Sci Rep, 2017, 7(1): 2806.
[40] Zhong R, Tang Q, Wang S, et al. Self-Assembly of Enzyme-Like Nanofibrous G-Molecular Hydrogel for Printed Flexible Electrochemical Sensors. Adv Mater, 2018, 30(12): e1706887.
[41] Zhang X, Lin S, Liu S, et al. Advances in organometallic/organic nanozymes and their applications. Coordination Chemistry Reviews, 2021, 429: 213652.
[42] Martín-Barreiro A, de Marcos S, de la Fuente J M, et al. Gold nanocluster fluorescence as an indicator for optical enzymatic nanobiosensors: choline and acetylcholine determination. Sensors and Actuators B: Chemical, 2018, 277: 261-270.
[43] Wang Z, Zhang R, Yan X, et al. Structure and activity of nanozymes: Inspirations for de novo design of nanozymes. Mater. Today, 2020, 41: 81-119.
[44] Farka Z, Cunderlova V, Horackova V, et al. Prussian Blue Nanoparticles as a Catalytic Label in a Sandwich Nanozyme-Linked Immunosorbent Assay. Anal Chem, 2018, 90(3): 2348-2354.
[45] Poprac P, Jomova K, Simunkova M, et al. Targeting Free Radicals in Oxidative Stress-Related Human Diseases. Trends Pharmacol Sci, 2017, 38(7): 592-607.
[46] Zhang J, Yu S H. Carbon dots: large-scale synthesis, sensing and bioimaging. Materials Today, 2016, 19(7): 382-393.
[47] Du X Y, Wang C F, Wu G, et al. The Rapid and Large-Scale Production of Carbon Quantum Dots and their Integration with

Polymers. Angew Chem Int Ed Engl, 2021, 60(16): 8585-8595.

[48] Fan K, Xi J, Fan L, et al. In vivo guiding nitrogen-doped carbon nanozyme for tumor catalytic therapy. Nat Commun, 2018, 9(1): 1440.

[49] Wang L, Li Y, Zhao L, et al. Recent advances in ultrathin two-dimensional materials and biomedical applications for reactive oxygen species generation and scavenging. Nanoscale, 2020, 12(38): 19516-19535.

[50] Li Y, Gao J, Xu X, et al. Carbon Dots as a Protective Agent Alleviating Abiotic Stress on Rice (*Oryza sativa* L.) through Promoting Nutrition Assimilation and the Defense System. ACS Appl Mater Interfaces, 2020, 12(30): 33575-33585.

[51] Li F, Li T, Sun C, et al. Selenium-Doped Carbon Quantum Dots for Free-Radical Scavenging. Angew Chem Int Ed Engl, 2017, 56(33): 9910-9914.

[52] Rosenkrans Z T, Sun T, Jiang D, et al. Selenium-Doped Carbon Quantum Dots Act as Broad-Spectrum Antioxidants for Acute Kidney Injury Management. Adv Sci (Weinh), 2020, 7(12): 2000420.

[53] Bing W, Sun H, Yan Z, et al. Programmed Bacteria Death Induced by Carbon Dots with Different Surface Charge. Small, 2016, 12(34): 4713-4718.

[54] Travlou N A, Giannakoudakis D A, Algarra M, et al. S- and N-doped carbon quantum dots: Surface chemistry dependent antibacterial activity. Carbon, 2018, 135: 104-111.

[55] Wang H, Song Z, Gu J, et al. Nitrogen-Doped Carbon Quantum Dots for Preventing Biofilm Formation and Eradicating Drug-Resistant Bacteria Infection. ACS Biomater Sci Eng, 2019, 5(9): 4739-4749.

[56] Li H, Huang J, Song Y, et al. Degradable Carbon Dots with Broad-Spectrum Antibacterial Activity. ACS Appl Mater Interfaces, 2018, 10(32): 26936-26946.

[57] Wu Y, van der Mei H C, Busscher H J, et al. Enhanced bacterial killing by vancomycin in staphylococcal biofilms disrupted by novel, DMMA-modified carbon dots depends on EPS production. Colloids Surf B Biointerfaces, 2020, 193: 111114.

[58] Huang S, Tang X, Yu L, et al. Colorimetric assay of phosphate using a multicopper laccase-like nanozyme. Microchimica Acta, 2022, 189(10): 378.

[59] Zhang D, Shen N, Zhang J, et al. A novel nanozyme based on selenopeptide-modified gold nanoparticles with a tunable glutathione peroxidase activity. RSC Adv, 2020, 10(15): 8685-8691.

[60] Jiang X, Sun C, Guo Y, et al. Peroxidase-like activity of apoferritin paired gold clusters for glucose detection. Biosensors & Bioelectronics, 2015, 64: 165-170.

第六章
酶非专一性催化

王　磊

第一节　酶非专一性简介

一直以来，酶分子作为具有生物催化功能的大分子物质，是一种快速、温和且只对一定底物或一类反应具有高度识别的生物催化剂。在自然界中，酶通过进化选择了其最适反应类型和底物范围，然而随着近代生物化学研究的不断发展，许多酶表现出了不同于其天然催化功能的活性或能够催化非天然底物发生反应，人们将这种现象称为酶的非专一性或酶的多功能性（enzyme promiscuity）。

2007 年，Hult 和 Berglund 首次对酶的非专一性的类型进行了定义和分类。酶的非专一性分为以下三种：第一种类型是酶反应条件非专一性，主要指酶在不同于它本身的天然环境下表现出不同的催化性质，例如现在有些实验采用固相气相生物反应器、高温反应釜、极端 pH 值等；第二种类型是酶反应底物非专一性，主要指酶在一定条件下能够催化与天然底物具有相似结构的多种底物发生反应；第三种类型是酶催化非专一性，主要指酶不仅能够催化天然反应，还可以在不同条件下催化其它类型的反应。比如氨基肽酶 P 通常水解的是氨基键（C—N），但是它却同样能水解磷酸酯（P—O）键（图 6-1）。

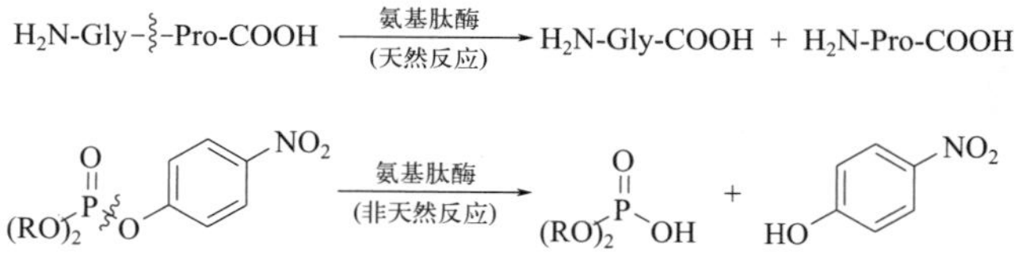

$$H_2N\text{-Gly-}\wr\text{-Pro-COOH} \xrightarrow[\text{(天然反应)}]{\text{氨基肽酶}} H_2N\text{-Gly-COOH} + H_2N\text{-Pro-COOH}$$

$$(RO)_2P(=O)\wr O\text{-}C_6H_4\text{-}NO_2 \xrightarrow[\text{(非天然反应)}]{\text{氨基肽酶}} (RO)_2P(=O)OH + HO\text{-}C_6H_4\text{-}NO_2$$

图 6-1　氨基肽酶 P 的催化非专一性

第二节　酶反应条件非专一性

在酶促反应中，酶分子能在多种不同的反应条件下展现出催化活力，例如有机介质或超临界流体中酶催化、无溶剂反应以及极端温度、pH 值或压力等。这种酶的反应条件非专一性已经得到了广泛的应用。

一、非水介质中酶催化

传统酶学认为酶分子只能在水溶液中发挥作用，但是自从二十世纪八十年代初期 Klibanov 报道了在纯度为 99% 的有机溶剂中猪胰脂肪酶催化合成三丁酸甘油酯与一系列伯醇、仲醇之间的酯交换反应，这一发现彻底改变了人们对酶的认识。这一报道打破了酶只能在水作介质时催化化学反应的传统观念，初步揭示了酶在非天然反应环境中仍然具有催化活性的事实。随后，Klibanov 又用脂肪酶在有机溶剂中催化反应实现了肽、手性醇、羧酸、羧酸酯以及胺的合成。随着研究的不断深入，不同的酶催化体系得到报道。Arnold 等对丝氨酸蛋白酶在极性溶剂 *N*, *N*-二甲基甲酰胺（DMF）中的稳定性和活力进行了研究，发现通过随机诱变得到的突变酶催化多肽合成的能力大幅度提升，在 60%DMF 中突变酶催化活力比野生型提高了 256 倍。

随着生物物理学技术的发展，科学家们开始尝试用多种手段证明酶能够在有机溶剂中保持结构的完整性。1991 年，Fitzpatrick 和 Klibanov 用 X 射线衍射技术比较了枯草杆菌蛋白酶在水中和有机溶剂中的结构特征，结果发现该酶在有机溶剂中的活性部位与在水中的活性部位的结构基本相同。这表明酶的活性中心在有机溶剂中依然能够保持不变。同年，Guinn 和 Clark 通过电子顺磁共振技术研究了马肝醇脱氢酶在有机溶剂中的构象，发现马肝醇脱氢酶在有机溶剂中依然能够保持构象，且具有催化活力。这些研究表明酶分子能够在有机溶剂中维持稳定的三维结构，从理论上证明了酶在非天然反应环境中仍然具有催化活性的原因。

到目前为止，除了在有机溶剂中进行的酶促反应外，还发展多种酶促催化反应体系，如胶束介质、微乳液、离子液体和超临界流体等。这些发现也极大地丰富了非水酶学的研究内容。

二、气固相生物反应器

气固相生物反应器是条件非专一性具有代表性的应用（图 6-2）。气固相反应的优势在于反应物与催化剂的接触时间可以调整，优化反应的条件，反应过程中生成的产物以气相存在，不会造成酶失活。此外，气固相反应可以连续化操作，失活的催化剂可在线进行再生使得气固相

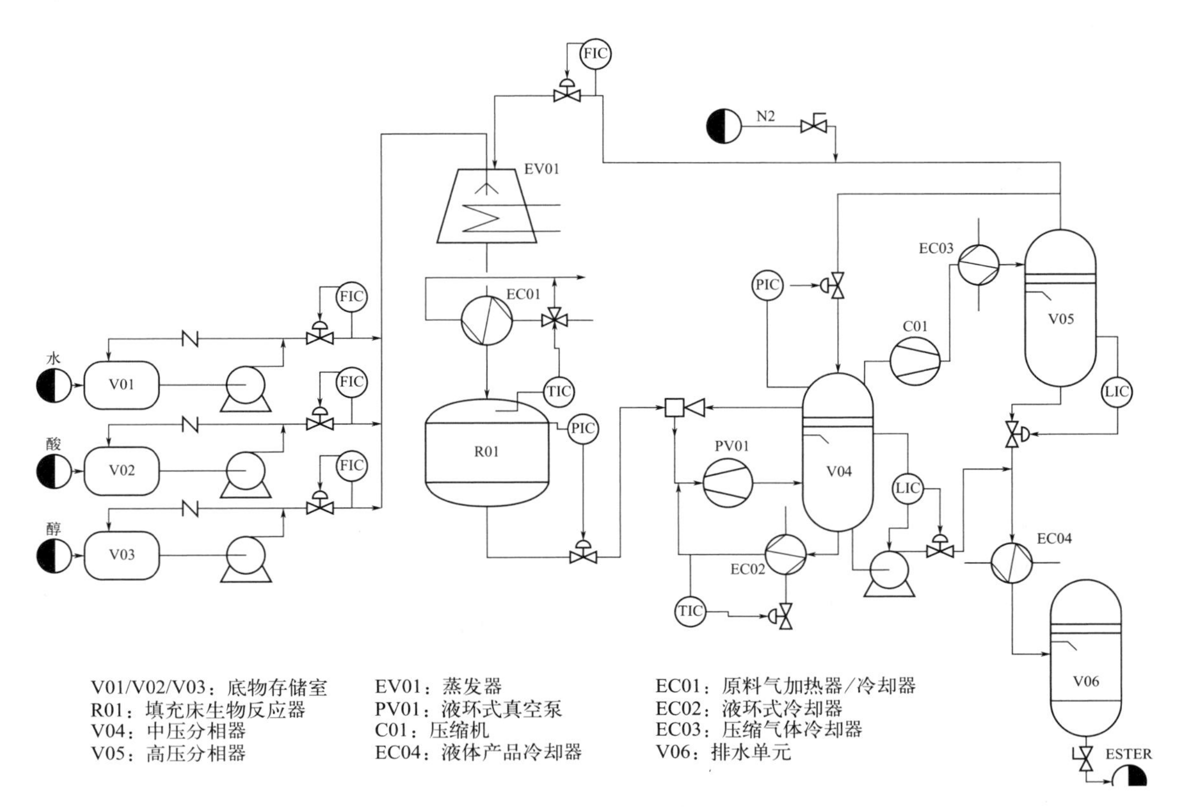

图 6-2　用于生产天然酯类的工业级连续气固相生物反应器原理图

酶反应器在工业中具有极大的应用前景。利用固定化酶技术将酶固定化于固体载体上，而酶催化的底物与产物都是以气相存在的，此体系使得底物分子与水分子的热力学性质的微调成为可能。目前该技术已经应用到脂肪酶催化合成工业规模的酯类物质。

三、无溶剂酶促反应

无溶剂酶促反应是另一种较为常用的非水介质中酶催化的反应体系。在无溶剂体系中，酶直接作用于底物，能大大提高酶催化效率。例如汤鲁宏等研究了一种维生素 A 棕榈酸酯（vitamin A palmitate）的合成新途径（图 6-3）。实验结果表明，棕榈酸甲酯作为酰基供体，在固定化酶催化下，在无溶剂体系中与维生素 A 醋酸酯通过酯交换反应生成维生素 A 棕榈酸酯。同有溶剂体系相比，无溶剂体系具有反应速率快、底物浓度高、产物浓度高以及短时间内可达到较高转化率等诸多优点，并且还免除了溶剂去除的诸多工艺，低污染、低能耗，使维生素 A 棕榈酸酯的绿色生产成为了可能。

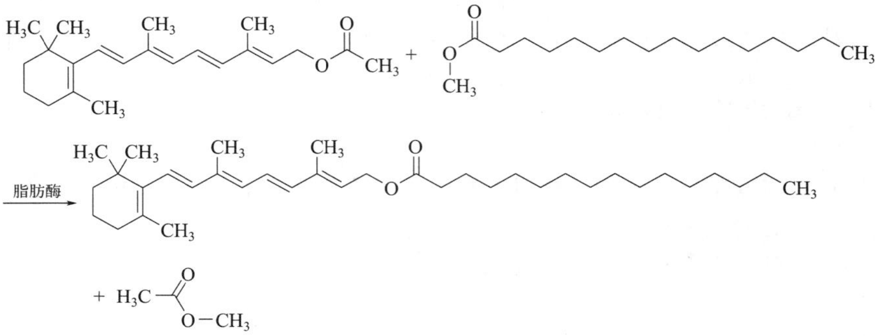

图 6-3　无溶剂体系中维生素 A 醋酸酯和棕榈酸甲酯酶促合成维生素 A 棕榈酸酯

四、极端条件下的酶促反应

来源于极端环境的酶由于其在有机溶剂、强酸、强碱或高温条件的高度稳定性，在生化工业中有着广泛的应用前景。极端环境酶是指从极端环境条件下生长的微生物中获得的酶，主要包括嗜热微生物（thermophile）、嗜冷微生物（psychrophile）、嗜盐微生物（halophile）、嗜酸微生物（acidophile）、嗜碱微生物（alkaliphile）和嗜压微生物（barophile）等。例如嗜热酶由于其独特的高温反应活性，以及对有机溶剂、去污剂和变性剂的超强抗性而备受研究人员的关注，其作为生物催化剂有如下的优点：①酶在 80 ～ 100℃能稳定保持活性，在常温下可以更长时间保持活性；②酶制剂的制备成本降低，由于嗜热酶的稳定性高，因而可以在室温下分离提纯和包装运输，并且能长久地保持活性；③加快动力学反应，随着反应温度的提高，分子运动速度加快，酶催化能力加强；④对反应器冷却系统的要求标准降低，减少了能耗，由于嗜热酶有耐高温的特性，所以生产中不需要复杂的冷却装置，一方面节省了开支，另一方也降低了冷却过程对环境所造成的污染；⑤提高了产物的纯度，在嗜热酶催化反应条件下（超过 70℃），很少有杂菌生存，从而减少了细菌代谢物对产物的污染。冯雁等利用来自嗜热古菌闪烁古生球菌（*Archaeoglobus fulgidus*）的酯酶 AFEST 催化 ε-己内酯开环聚合反应，在最适催化条件下（酶浓度为 25 mg/mL，甲苯为有机溶剂，最适反应温度为 80℃，反应时间为 72h，最适体系水活度为 0.75），酶促聚合获得了 100% 的单体转化率，合成产物为数均分子量 1400g/mol 左右的聚合物。

第三节　酶的底物非专一性

一般来说，酶催化作用的重要特点就是具有高度的底物专一性，即一种酶只能对某一种底物或一类底物起催化作用，对其他底物无催化反应。但是随着酶催化研究的不断深入，人们发现有些酶可以作用于多种不同结构的底物分子。Barcellos 等报道南极假丝酵母脂肪酶 B（*Candida antarctica* lipase B, CALB）能催化动力学拆分带有硼基的手性醇（图 6-4），研究中选用了多种含有硼酸酯或者硼酸结构单元的外消旋醇作为底物，其中 *S* 型的带有硼基的醇不与醋酸乙烯酯发生反应，*R* 型的带有硼基的醇能与醋酸乙烯酯发生酯交换，拆分效果极好（*E*>200），这也是脂肪酶反应底物非专一性的代表性研究。

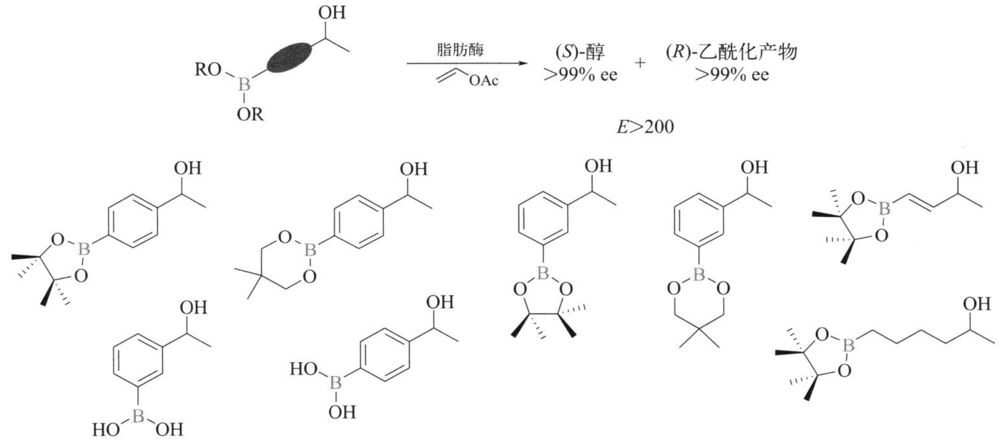

图 6-4　脂肪酶催化动力学拆分带有硼基的手性醇

通过定点突变等生物学技术对酶分子进行改造后使得其具有较为宽泛的底物非专一性。Withers 等通过对来源于农杆菌（*Agrobacterium*）的 *β*-半乳糖苷酶活性位点的一系列改造，最终将糖苷水解酶转变成了糖苷合成酶。实验表明，将 *β*-半乳糖苷酶的 358 位的亲核催化残基谷氨酸突变为丙氨酸后，酶具有了新的合成能力，它可以催化 *α*-氟代半乳糖与不同底物的合成。Hua 等对来源于赭色掷孢酵母（*Sporobolomyces salmonicolor*）的羰基还原酶 Q245 进行饱和突变（图 6-5），以 4′-甲氧基苯乙酮为底物进行筛选，不仅改变了产物的构型，且有效提高了产物的光学纯度。

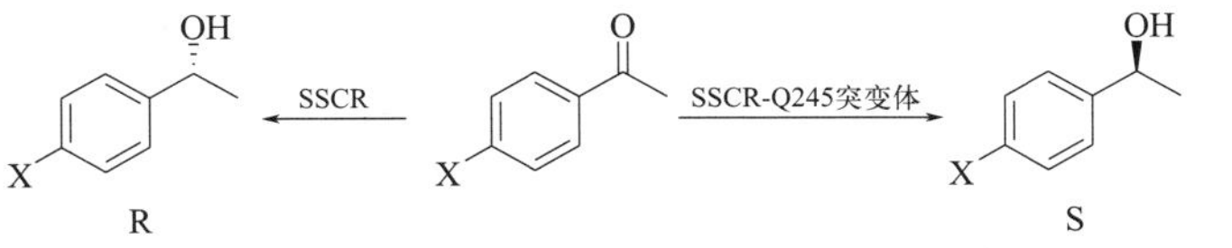

图 6-5　羰基还原酶及突变体还原 4′-甲氧基苯乙酮

第四节　酶催化非专一性

随着生物催化领域的不断发展，科学家们发现酶除了可以催化其天然反应以外，还能够催化第二种甚至更多类型的反应，也就是酶催化非专一性（多功能性）。酶的催化非专一性在酶的进化及其二级代谢产物的生物合成上具有极其重要的意义，对它的研究能为确定酶与酶之间的进化关系提供重要的线索。同时酶的催化非专一性研究丰富了酶促有机合成的反应类型，拓展了酶在有机合成领域的应用。进一步将酶的催化非专一性研究与基因工程手段相结合，更可以极大地拓宽生物催化剂的应用领域。酶的催化非专一性又可以分为天然催化非专一性（accidental catalytic promiscuity）和诱导催化非专一性（induced catalytic promiscuity）两种。

酶的天然催化非专一性是指未经基因工程改造的天然酶表现出的催化非专一性。例如，青霉素酰基转移酶（penicillin G acylase from *Escherichia coli*, PGA）在 DMSO 中催化嘌呤醇和一系列的乙烯酯类的 Markovnikov 加成反应（图 6-6）。

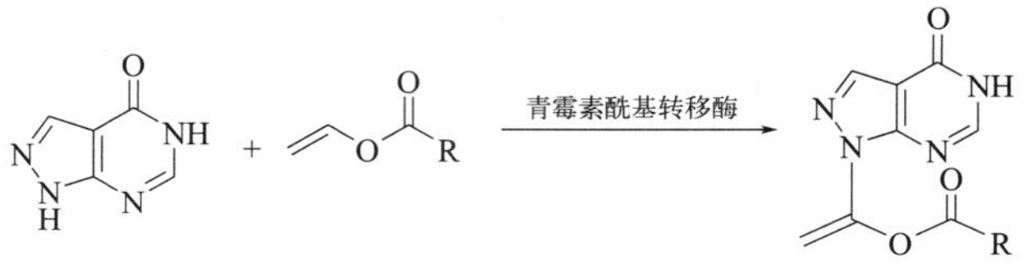

图 6-6　有机溶剂中青霉素酰基转移酶催化 Markovnikov 加成反应

酶的诱导催化非专一性是指酶分子经过改造后的具有的催化非专一性。酶工程技术的发展使酶的利用价值大大提高，酶的某些部位经过定点突变，或者几个部位用不同的氨基酸替代都会使酶具有新的性质。例如 Hilvert 研究小组将吡哆醛磷酸盐依赖的丙氨酸消旋酶的第 265 位酪氨酸换成丙氨酸就使得一个消旋酶变成了醛缩酶，同时该突变酶还可以催化 retro-aldol 反应。像这种酶活性部位的一个氨基酸被别的氨基酸取代而具有了新的催化能力是诱导催化非专一性的重要表现。

此外，Berglund 等报道了南极假丝酵母脂肪酶 B（*Candida antarctica* Lipase B, CALB）催化 1, 3-二羰基化合物与 α, β-不饱和化合物的 Michael 加成反应（图 6-7）。当脂肪酶的活性部位丝氨酸被丙氨酸替代后，其催化 Michael 加成反应的活力大约提高了 60 倍，同时这也证明了酶分子活性中心在催化非专一性中具有重要的作用。

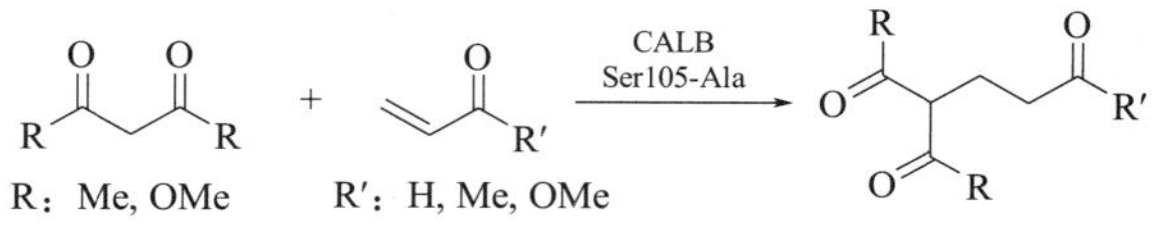

R：Me, OMe　　R′：H, Me, OMe

图 6-7　脂肪酶 CALB 突变体催化 Michael 加成反应

第五节　酶催化非专一性的应用实例

酶催化非专一性作为酶催化新领域的出现，大大拓展了酶的应用范围。这类环境友好、经济可行、操作简便、底物范围广且选择性好的生物催化剂已经受到越来越多化学家的关注。作为酶学领域发展最迅速的分支，酶催化非专一性研究不仅丰富了已有催化剂类型，更提供了一种新颖的、可行的催化方法，同时也为绿色化学提供了新的思路和途径。下面将对以往的酶催化非专一性的一些研究实例进行简要的归纳与总结。

一、酶催化 aldol 加成反应

aldol 反应作为有机合成中合成 C—C 键的重要方法之一，而利用 aldol 加成反应选择性地合成不对称性产物已经成为广大有机合成工作者的研究热点。到目前为止，能够催化 aldol 加成反应的酶主要有醛缩酶、脂肪酶、蛋白酶、核酸酶和酰化酶。而除了醛缩酶外，其他的酶催化 aldol 加成反应都是酶催化非专一性的应用范畴。

Ohta 等报道了芳基丙二酸酯脱羧酶可以催化 aldol 反应（图 6-8），他们在试验中发现酶的催化新功能与天然活性都经历了烯醇负离子的中间体，而酵母丙酮酸酯脱羧酶能够催化乙醛和苯甲醛的 aldol 反应，生成 (*R*)-苯基乙酰基甲醇。

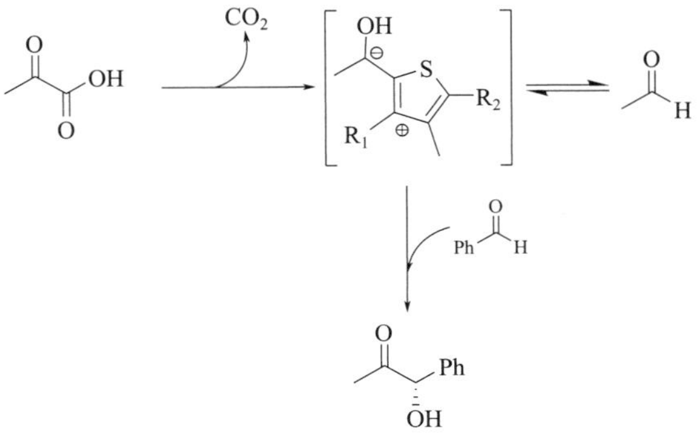

图 6-8　丙酮酸酯脱羧酶催化乙醛和苯甲醛的 aldol 反应

Berglund 等发现南极假丝酵母脂肪酶 B 具有催化 aldol 反应的活性，并通过量子力学计算初步探讨了 CALB 催化 aldol 加成的反应机制（图 6-9）。该反应是通过酶上活性位点的氧负离子形成烯醇式中间体，同时催化三联体上组氨酸夺取另外一分子底物 *α*-碳上的质子，从而引发反应。为了验证此催化机制，他们利用基因工程手段表达出 CALB 的突变体（Ser105Ala），发现该突变体催化该反应具有更高的催化速率。

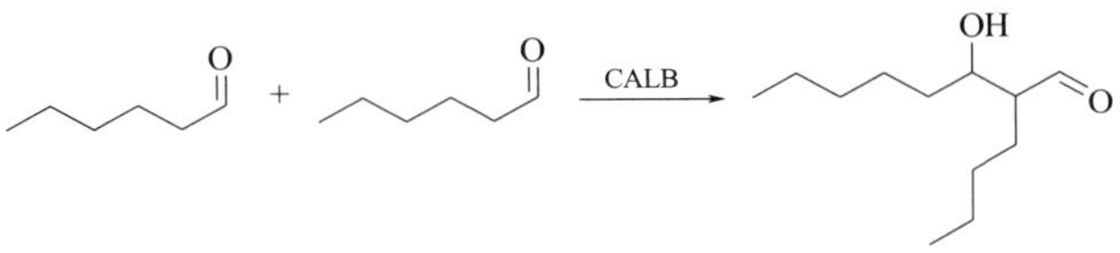

图 6-9　脂肪酶 CALB 催化正己醛 aldol 反应

林贤福等研究了有机溶剂中 *N*-杂环化合物作为 D-氨基酰化酶的催化助剂催化芳香醛与酮的 aldol 加成 / 脱水串联反应（图 6-10）。对照试验的结果表明，单独使用 *N*-杂环化合物或 D-氨基酰化酶都无法催化该串联反应。在正辛烷中，当使用咪唑作为 D-氨基酰化酶的催化助剂时，酰化酶展现了最高的催化活性，能够催化多种芳香醛与酮的 aldol 缩合 / 脱水串联反应，产物收率高达 99.6%。

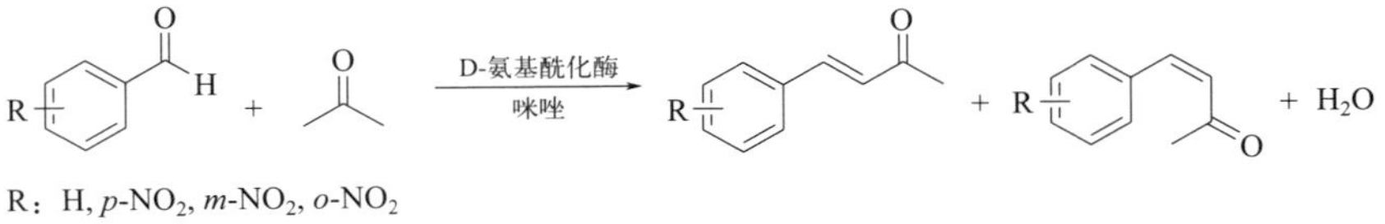

R：H, *p*-NO_2, *m*-NO_2, *o*-NO_2

图 6-10　D-氨基酰化酶催化 aldol 加成 / 脱水串联反应

余孝其等报道了利用猪胰脂肪酶（pocine pancreas lipase, PPL）催化丙酮和芳香醛的不对称 aldol 反应，并研究了影响反应速率和立体选择性的各方面因素（图 6-11）。发现水对反应起到重要的作用，当体系溶剂是丙酮，水含量增加到 20% 时，酶的催化活性达到最高，且该反应可以得到手性产物，其 ee 值为 44%。这一报道首次发现了水解酶能够催化不对称 aldol 加成反应，对于酶催化非专一性研究具有极为重要的意义。

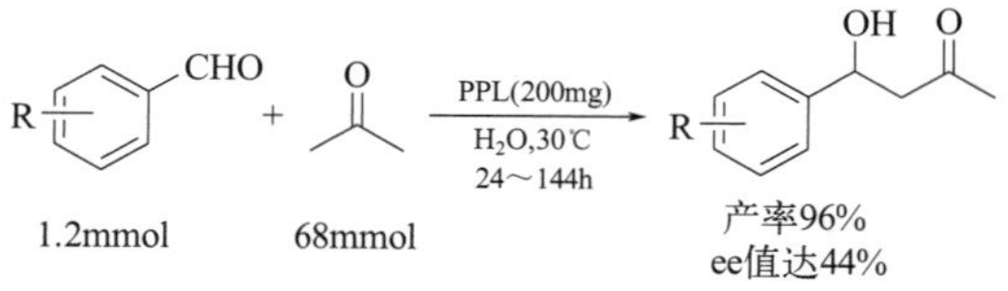

图 6-11　脂肪酶 PPL 催化不对称 aldol 加成反应

余孝其等提出了该酶促反应可能的催化机理（图 6-12），氧阴离子洞通过氢键稳定丙酮分子，同时脂肪酶催化三联体中的天冬氨酸-组氨酸残基夺取丙酮的一个质子，使之形成烯醇负离子，之后烯醇负离子亲核进攻芳香醛，发生 C—C 成键反应，从而得到 aldol 反应产物。

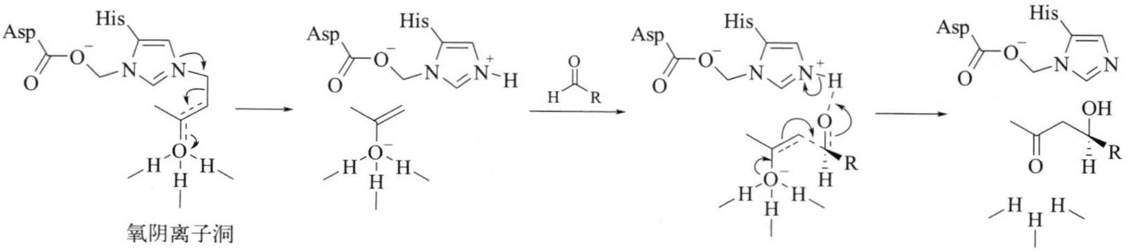

图 6-12　脂肪酶催化 aldol 反应的可能机理

胃蛋白酶（pepsin）是一种能够专一催化蛋白质水解的酶，但近来人们发现胃蛋白酶也能够催化 4-硝基苯甲醛与环己酮的不对称 aldol 反应（图 6-13）。该方法得到了较高的产率和较好的对映选择性。根据荧光实验的研究发现，在中性及弱碱性条件下，胃蛋白酶能够保持构象不变，这种稳定的天然空间折叠结构能够保持较高的催化活性。何延红等发现在水介质中胰蛋白酶（trypsin）能够催化芳香醛与酮类化合物的不对称 aldol 加成反应。该方法获得了中等的产率（产率达到 60%）和较好的选择性（dr 值高达 89/11）。并探讨了胰蛋白酶催化不对称 aldol 加成反应的反应机理。

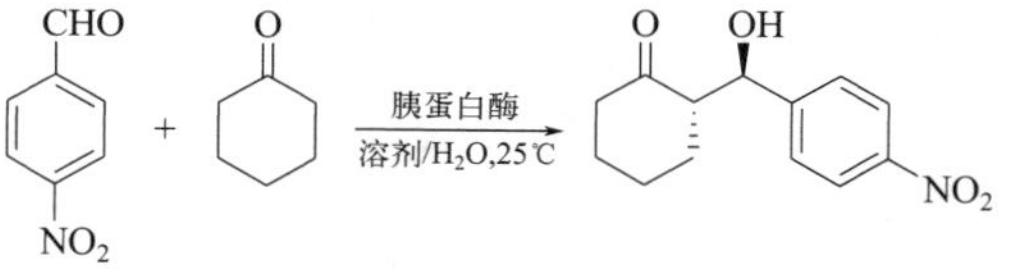

图 6-13　胰蛋白酶催化不对称 aldol 加成反应

L-苏氨酸醛缩酶（L-threonine aldolase）也可催化甘氨酸与邻-取代苯甲醛发生 aldol 反应（图 6-14）。与传统工艺相比较，酶催化方法具有操作简单、合成的产物具有较高的对映选择性、产物收率更高（>95%）、选择性更好（>99%）、避免使用化学性催化剂等优点。

图 6-14　L-苏氨酸醛缩酶催化 aldol 加成反应

官智等报道了无溶剂条件下来源于橘青霉的核酸酶（nuclease p1）催化芳香醛与环己酮的不对称 aldol 反应（图 6-15）。该方法获得了很高的对映选择性（ee 值高达 99%）和立体选择性（dr 值 >99/1）。

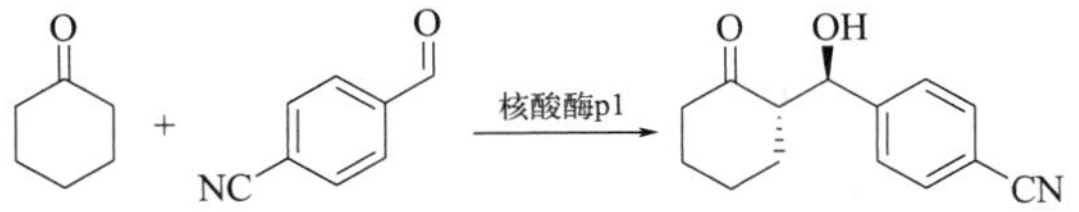

图 6-15　核酸酶催化不对称 aldol 加成反应

Birolli 等提出了一种利用雪白根霉脂肪酶（*Rhizopus niveus* lipase, RNL）催化环己酮和 4-硝基苯甲醛之间的 aldol 反应（图 6-16）。该研究首次将微乳液系统用于该反应体系，与有机溶剂相比，酶用量从 20mg/mL 降至 6mg/mL，48h 反应的产量从 25% 增加到 65%，产物的对映选择性 ee 值从 10% 增加到 30%，这项研究表明微乳液可以作为酶催化非专一性反应中一种良好的反应介质。

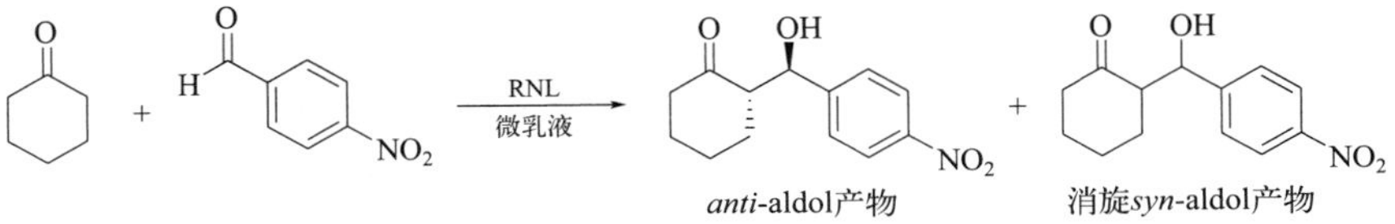

图 6-16　RNL 催化不对称 aldol 加成反应

二、酶催化 Michael 加成反应

Michael 加成反应作为一种基本的直接构建 C—C 键、C-杂键的重要方法已经广泛地用于有机合成中。在有机合成反应中可以利用不同亲核试剂，方便地生成化学键，如 C—C 键、C—O 键、C—N 键、C—S 键、C—Se 键等。在酶催化非专一性研究中，很多的酶被广泛地用于催化 Michael 加成反应。2004 年，林贤福等首次利用枯草芽孢杆菌碱性蛋白酶（alkaline protease from *Bacillus subtilis*）在有机溶剂中催化 Michael 加成反应形成 C—N 键（图 6-17）。Gotor 等报道了甲苯中 CALB 催化的二级胺与丙烯腈的 Michael 加成反应，并对反应机理进行了阐述。认为脂肪

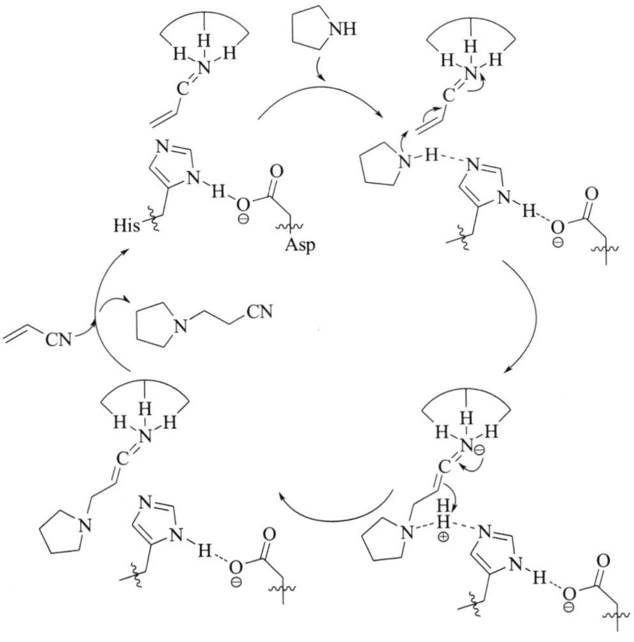

图 6-17　脂肪酶催化 Michael 加成反应机理

酶活性位点的氧负离子空洞首先与腈基作用活化丙烯腈，然后二级胺在催化三联体中的 His-Asp 作用下转移了质子，并且在氧负离子和 His-Asp 的联合作用下，质子最终转移到 α-碳上从而得到目标化合物。

随着关于酶催化 Michael 加成反应的研究不断深入，利用酶催化不对称的 Michael 加成反应也不断地被研究人员所报道（图 6-18）。Kitazume 等用多种水解酶（α-胰凝乳蛋白酶、猪肝酯酶、柱状假丝酵母脂肪酶、绿色木霉脂肪酶和黑曲霉脂肪酶）在 Na_2HPO_4-KH_2PO_4 的缓冲溶液（pH=8.0）中成功催化 3-氟甲基丙烯酸与水、苯胺、二乙胺、乙醇、硫酚和苯酚的 Michael 加成反应，并得到一定的 ee 值（25% ～ 71%）。

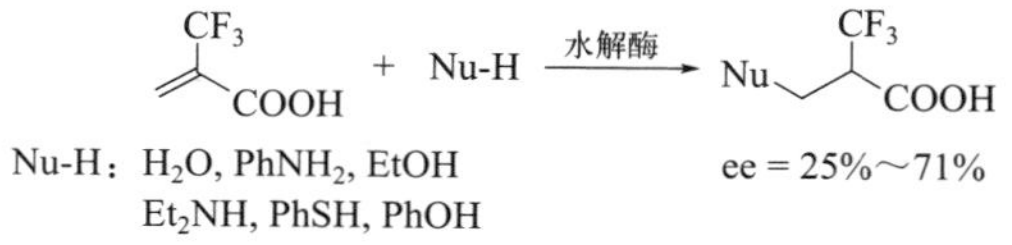

CF_3 COOH + Nu-H —水解酶→ Nu CF_3 COOH

Nu-H：H_2O, $PhNH_2$, EtOH, Et_2NH, PhSH, PhOH　　ee = 25%～71%

图 6-18　水解酶催化不对称 Michael 加成反应

何延红等发现来自灰链霉菌 XIV 型蛋白酶（protease type XIV from *Streptomyces griseus*, SGP）具有催化不对称 Michael 加成反应的能力（图 6-19），在 30℃的温和条件下，$EtOH/H_2O$=3∶1 的混合溶剂中，该蛋白酶能够催化丙二酸酯与环状烯酮以极高的产率（84%）与优异的立体选择性（ee 值为 98%）得到相应加成产物。这一发现也证明了酶催化不对称 Michael 加成反应的巨大应用潜力。

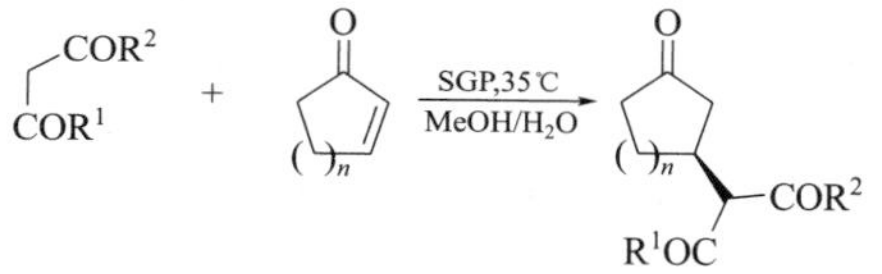

COR^2 COR^1 + O ( )$_n$ —SGP,35℃ / $MeOH/H_2O$→ O ( )$_n$ COR^2 R^1OC

图 6-19　灰链霉菌 XIV 型蛋白酶催化不对称 Michael 加成反应

2019 年，Vikas 等对酶催化该反应的底物适用性扩大至氮杂 Michael 加成反应（aza-Michael addition）（图 6-20），首次使用 α-淀粉酶在水中催化胺与烯酮进行 aza-Michael 加成反应生成 β-胺基羰基化合物。此外，为了深入了解底物与活性位点附近氨基酸残基的关键相互作用以及可能的反应机制，利用分子对接及分子动力学模拟展开研究，初步推测 Glu230 和 Asn295 在底物活化过程中起着关键作用。

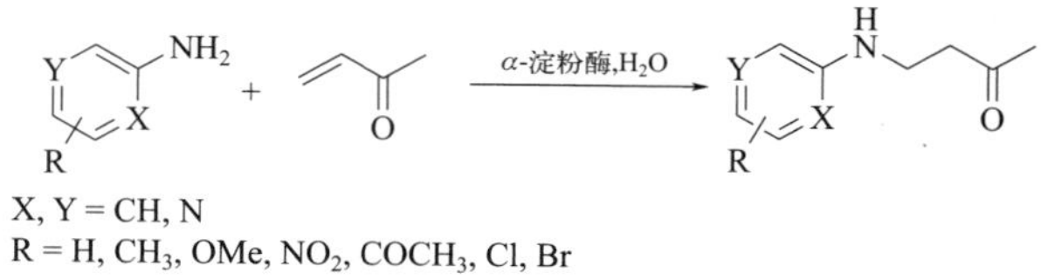

Y X R NH_2 + O —α-淀粉酶,H_2O→ Y X R H N O

X, Y = CH, N
R = H, CH_3, OMe, NO_2, $COCH_3$, Cl, Br

图 6-20　α, β-不饱和烯烃与芳香胺的氮杂 Michael 加成反应

2022 年，王磊等将酶催化该反应的底物适用性扩大至磷杂 Michael 加成反应（图 6-21），采用脂肪酶 Novozym 435 催化二苯基氧磷与 β-硝基苯乙烯类或亚苄基丙二腈等化合物发生磷杂 Michael 加成反应。这种生物催化策略为合成具有良好官能团相容性和简单实用操作的碳-磷键提供了直接途径，并通过多种试验方法确认了脂肪酶的催化三联体在该加成反应中起到至关重要的作用。

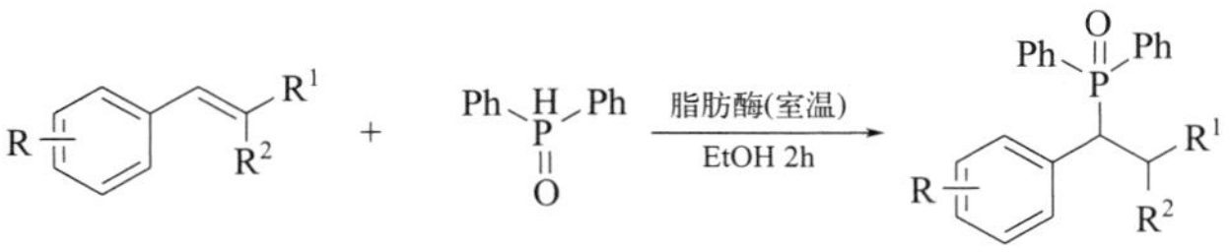

图 6-21　脂肪酶催化磷杂 Michael 加成反应

三、酶催化 Knoevenagel 反应

Knoevenagel 缩合反应是羰基化合物与具有活泼 α-氢原子化合物的缩合反应。余孝其等在研究固定化南极假丝酵母脂肪酶（*Candida antarctica* Lipase B, CALB）催化 aldol 反应时（图 6-22），意外发现：当反应介质中加入伯胺后，α, β-不饱和酮与芳香醛发生了 Knoevenagel 缩合反应。进一步研究发现，当反应溶剂乙腈∶水（体积比）=95∶5 时，产物产率最高达 91%，这一现象也说明了水对于反应过程中酶分子活性构象的保持具有明显的影响。

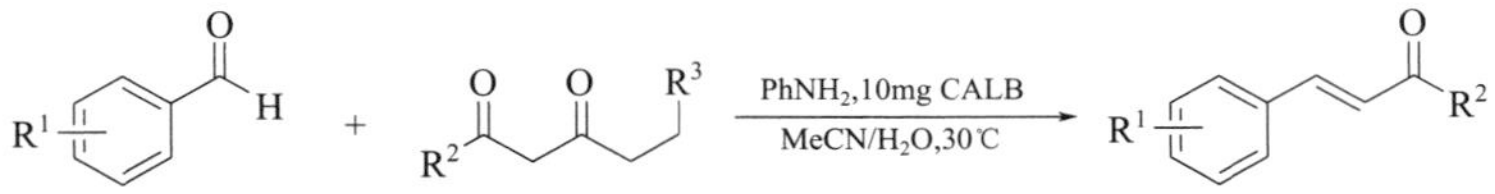

图 6-22　脂肪酶 CALB 催化 Knoevenagel 缩合反应

陈新志等考察了六种脂肪酶“一锅法”催化氰基乙酸甲酯和苯甲醛的 Knoevenagel 缩合 / 酯交换反应（图 6-23）。研究发现乙醇为溶剂时，能同时进行两种反应；叔丁醇为溶剂时，由于其空间位阻大而仅发生 Knoevenagel 缩合反应。对于含吸电子基团的芳香醛，产物收率大于 75%。虽然文章未阐明反应的机理，但首次展示了脂肪酶催化专一性与非专一性共同应用与反应体系。

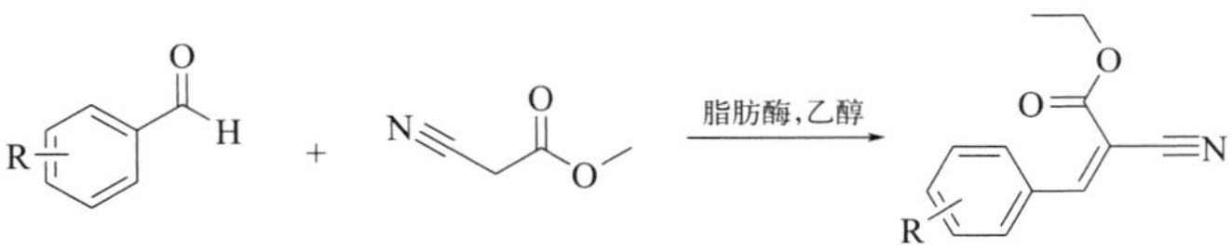

图 6-23　脂肪酶催化 Knoevenagel 缩合 / 酯交换反应

官智、何延红等报道了在二甲基亚砜（DMSO）/ 水混合溶剂中乳胶番木瓜蛋白酶（LCPP）、地衣芽孢杆菌碱性蛋白酶（*Bacillus licheniformis* alkaline protease, BLAP）催化芳香醛、杂环-芳香醛、α, β-不饱和芳香醛与不活泼亚甲基化合物乙酰丙酮类、乙酰乙酸乙酯的 Knoevenagel 缩合反应（图 6-24）。产物收率最高达 86%，Z/E 选择性最高为 100∶0。

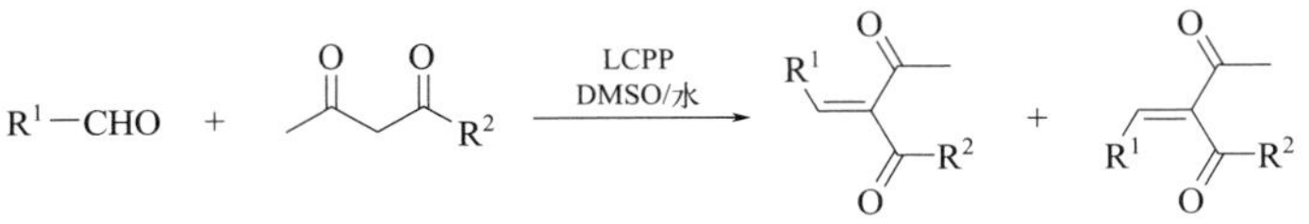

图 6-24　蛋白酶催化 Knoevenagel 缩合反应

王磊等系统研究了脂肪酶催化 α, β-不饱和醛和活性亚甲基类物质之间发生 Knoevenagel 反应（图 6-25）。并且根据已有的报道，着重对酶源、溶剂、水含量及酶量进行研究，探讨了不同结构 α, β-不饱和醛与多种类型活性亚甲基类物质对该反应的影响，发现猪胰脂肪酶（pocine pancreas lipase, PPL）催化该反应可以得到较高的 *Z*/*E* 选择性，且底物适用性较广。同时初步推断脂肪酶催化 Knoevenagel 反应的催化机制。首先，脂肪酶活性中心的 Asp 和 His 通过氢键形成

一个路易斯碱，然后通过和氧阴离子穴合作夺得乙酰丙酮上的氢；随后不饱和醛与乙酰丙酮形成 C—C 键，致使电荷发生转移，咪唑环释放质子中和电荷，形成的中间产物类似于 aldol 产物，该中间产物会继续脱水，从而形成 Knoevenagel 缩合产物。

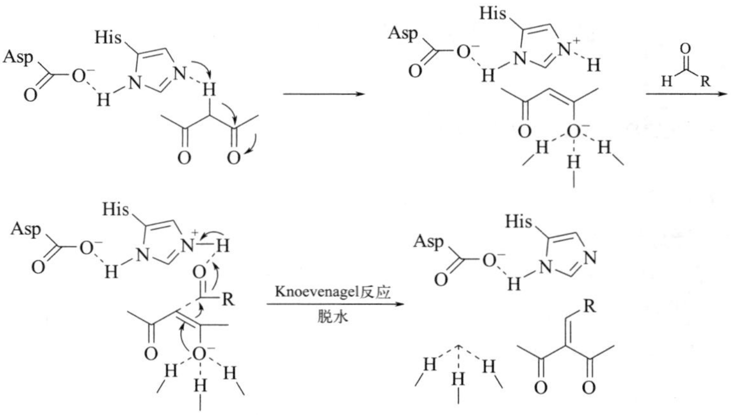

图 6-25　脂肪酶催化 Knoevenagel 缩合反应的催化机制

四、酶催化 Mannich 反应

Mannich 反应是在有机合成中形成 C—N 键的一类重要的反应，广泛应用于医药和生物碱的合成。余孝其等报道了对水介质中脂肪酶催化 Mannich 反应的研究（图 6-26）。研究发现，芳香醛类化合物在该反应体系中具有比较高的反应活性，产率高达 89.1%。

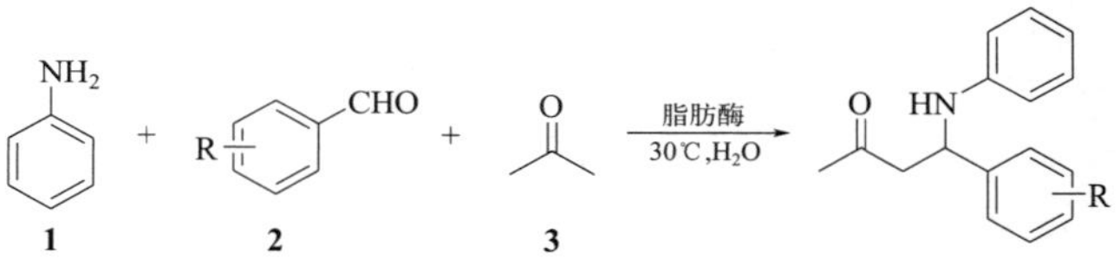

图 6-26　水介质中脂肪酶催化 Mannich 反应

余孝其等还报道了在醇 / 水反应体系中皱褶假丝酵母脂肪酶（lipase from *Candida rugosa*, CRL）催化芳香胺和芳香醛类化合物与环己酮、丁酮及 1-羟基-2-丙酮类化合物的 Mannich 反应（图 6-27）。该方法反应条件温和（30℃）、反应活性好（产率达 21% ～ 94%）、底物适用范围广。

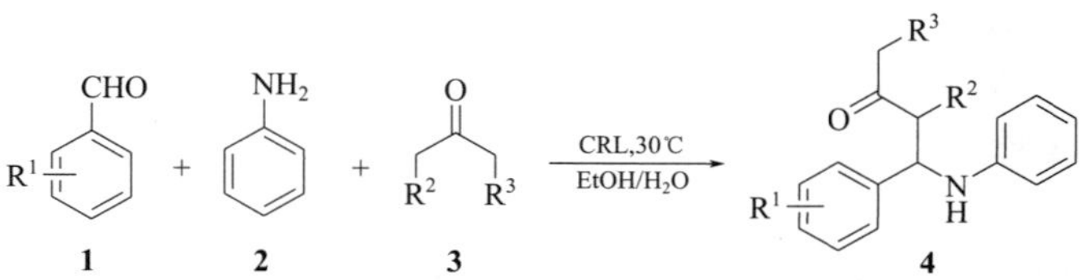

图 6-27　醇 / 水反应体系中脂肪酶催化 Mannich 反应

章鹏飞等用芳香醛、芳胺和丙酮为底物，考察了不同酶源对 Mannich 反应的催化活性（图 6-28），发现猪胰蛋白酶（trypsin from hog pancreas）对反应有很好的催化作用，最高产率高达 94%。利用最优化的反应条件，合成了一系列 Mannich 产物，发现当苯胺邻对位上有取代基时，产率高。

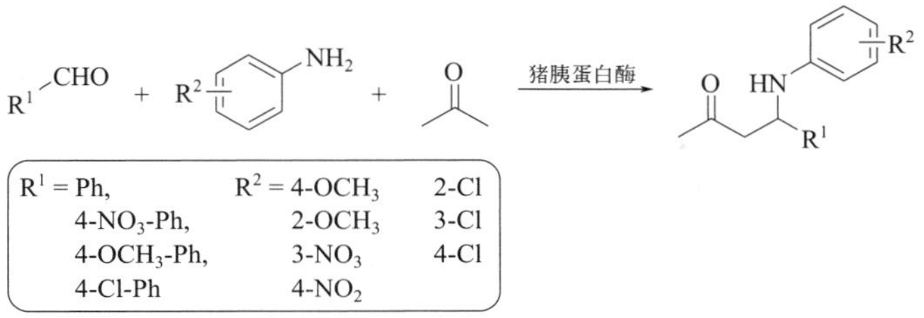

$$R^1CHO + R^2\text{-}C_6H_4\text{-}NH_2 + CH_3COCH_3 \xrightarrow{\text{猪胰蛋白酶}} CH_3COCH_2CH(R^1)NH\text{-}C_6H_4\text{-}R^2$$

R^1 = Ph,	R^2 = 4-OCH_3	2-Cl
4-NO_3-Ph,	2-OCH_3	3-Cl
4-OCH_3-Ph,	3-NO_3	4-Cl
4-Cl-Ph	4-NO_2	

图 6-28　胰蛋白酶催化 Mannich 反应

何延红等在研究中发现灰链霉菌XIV型蛋白酶（SGP）不但可以高效催化不对称 Mannich 加成反应（图 6-29），也可以将其应用到催化其他类型反应中。SGP 在温和的反应条件下，可以催化（杂）芳香醛、4-茴香胺和 *O*-保护的羟基丙酮的不对称 Mannich 反应，并展现出高达 99∶1（反 / 顺）的优异非对映选择性和高达 90%ee 的良好对映选择性。

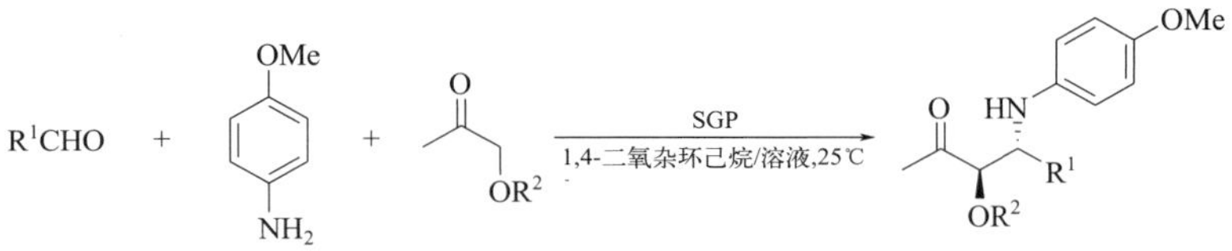

$$R^1CHO + 4\text{-}MeO\text{-}C_6H_4\text{-}NH_2 + CH_3COCH_2OR^2 \xrightarrow[\text{1,4-二氧杂环己烷/溶液,25℃}]{\text{SGP}} CH_3COCH(OR^2)CH(R^1)NH\text{-}C_6H_4\text{-}OMe$$

图 6-29　SGP 蛋白酶催化不对称 Mannich 反应

五、酶催化 Henry 反应

Henry 反应同样是形成 C—C 键的重要反应。以往都是通过碱土金属氧化物、碳酸盐、碳酸氢盐等催化剂催化，因此寻找一种绿色、易得的生物催化剂具有极大的应用前景。何延红等报道了谷氨酰胺转氨酶（protein-glutamine γ-glutamyltransferase, TGase）在二氯甲烷中催化一系列芳香醛与硝基甲烷、硝基乙烷或硝基丙烷的 Henry 反应，并得到了较高的产率（图 6-30）。林贤福等也发现了一种含有金属离子的 D-氨基酰化酶（D-aminoacylase）催化的 Henry 反应，同样该酶表现出了较高的活性，并得到较高的产率。

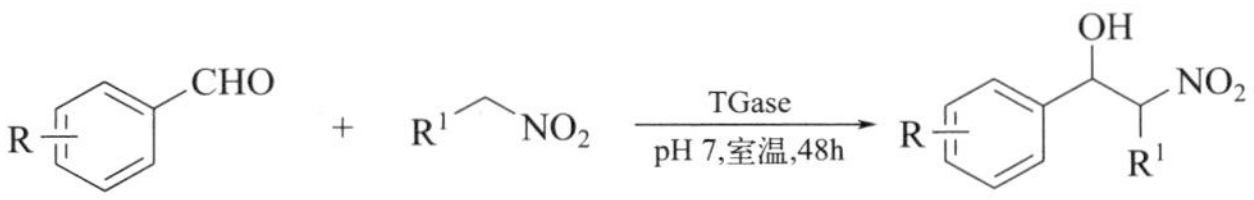

$$R\text{-}C_6H_4\text{-}CHO + R^1CH_2NO_2 \xrightarrow[\text{pH 7,室温,48h}]{\text{TGase}} R\text{-}C_6H_4\text{-}CH(OH)CH(R^1)NO_2$$

图 6-30　谷氨酰胺转氨酶 TGase 催化 Henry 反应

乐长高等报道了脂肪酶在醇 / 水体系中催化芳香醛与硝基甲烷、硝基乙烷或硝基丙烷的 Henry 反应（图 6-31），发现多种脂肪酶都具有催化 Henry 反应的活性，其中黑曲霉脂肪酶（lipase A from *Aspergillus niger*, ANL）具有最佳的催化性能，催化 Henry 反应的产率较高，但仍然没有立体选择性。

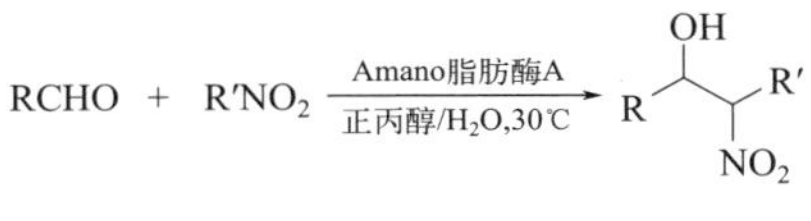

$$RCHO + R'NO_2 \xrightarrow[\text{正丙醇/}H_2O\text{,30℃}]{\text{Amano脂肪酶A}} RCH(OH)CH(R')NO_2$$

图 6-31　脂肪酶在醇 / 水体系中催化 Henry 反应

Griengl 等人成功地发现一种羟腈裂解酶（hydroxynitrile lyase from *Hevea brasiliensis*, HbHNL）在两相溶剂中催化醛与硝基甲烷或硝基乙烷的 Henry 反应（图 6-32），获得了最高 77 % 的收率和 99 % 的 ee 值，这是迄今最早关于酶催化 Henry 反应具有立体选择性的报道。同时利用动力学模拟的方法对反应的机理进行了阐述。2011 年，Asano 等发现，源自拟南芥的腈裂解酶（hydroxynitrile lyase from *Arabidopsis thaliana*）在水和有机溶剂的二相体系中可以催化芳香醛、脂肪醛和硝基甲烷之间发生 Henry 反应，同时得到高达 >99.9% 的立体选择性，这一发现也大大推进了酶催化不对称 Henry 反应的发展进程。

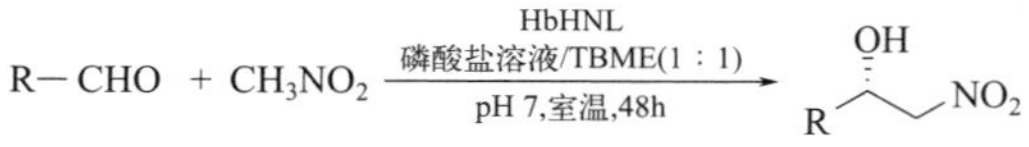

$$R-CHO + CH_3NO_2 \xrightarrow[\text{pH 7,室温,48h}]{\text{HbHNL, 磷酸盐溶液/TBME(1：1)}} R-CH(OH)-CH_2NO_2$$

图 6-32　羟腈裂解酶催化 Henry 反应

此外，高仁钧等利用来自头寇岱硫化叶菌的酰基肽释放酶（acyl-peptide releasing enzyme from *Sulfolobus tokodaii*, ST0779）催化 Henry 反应（图 6-33）。与猪胰脂肪酶（PPL）相比，ST0779 显示出优越的催化效率 k_{cat}/K_m（高 6 ～ 8 倍）和对映选择性（ee 值：90% ～ 99%）。该研究不仅提出了一种比以往研究方法更高的产率和对映选择性的新酶来催化 Henry 反应，而且还证明了嗜热古菌作为挖掘催化非专一性新酶源的巨大潜力。

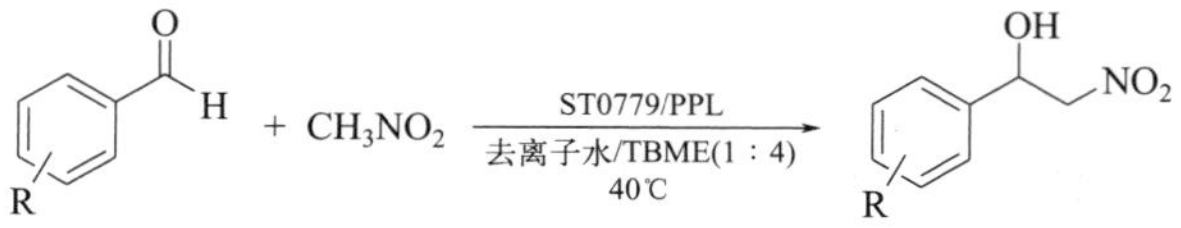

$$R-C_6H_4-CHO + CH_3NO_2 \xrightarrow[\text{去离子水/TBME(1：4), 40℃}]{\text{ST0779/PPL}} R-C_6H_4-CH(OH)-CH_2NO_2$$

图 6-33　酰基肽释放酶催化不对称 Henry 反应

六、酶催化 Diels-Alder 反应

Diels-Alder 反应又称双烯合成反应，指具有共轭二烯结构的双烯体与含有不饱和键的亲双烯体，进行 1, 4-加成得到环状烯烃的反应。反应具有原子经济性、热可逆性、区域选择性及立体选择性等特点，因此早在 1928 年被发现以后就成为了有机合成工作者的研究热点。Linder 等报道了一种低成本计算机模拟设计酶促反应的新方法（图 6-34）。该研究是基于分子动力学的相关理论，运用计算机技术对酶活性位点结构进行改造设计。研究小组设计了一种具有潜在应用价值的活性位点突变酶，据初步估算该酶对 Diels-Alder 反应的催化效率可达原酶的 10^5 倍。该课题组还对脂肪酶催化 Diels-Alder 反应的计算机模拟研究做了其它的相关报道。

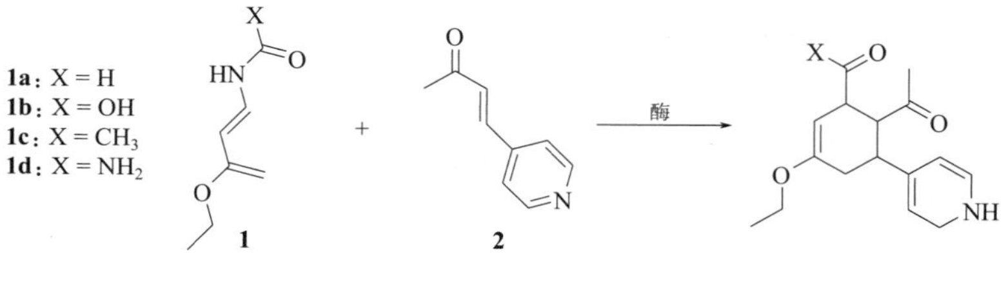

1a：X = H
1b：X = OH
1c：X = CH_3
1d：X = NH_2

1 + 2 →(酶)

图 6-34　脂肪酶催化 Diels-Alder 反应的模拟设计

官智、何延红等首次在乙腈 / 水的混合溶剂中使用鸡蛋清溶菌酶（hen egg-white lysozyme, HEWL）催化芳香醛、芳香胺和环己烯酮三组分 Aza-Diels-Alder 反应（图 6-35）。产物收率最高达 98%，endo/exo 选择性达到 90：10。HEWL 在该反应中展现出很强的底物非专一性和催化非专一性，这就为 Aza-Diels-Alder 反应提供了一种简单合成方法，同时进一步拓宽了溶菌酶在有机催化合成中的应用范围。

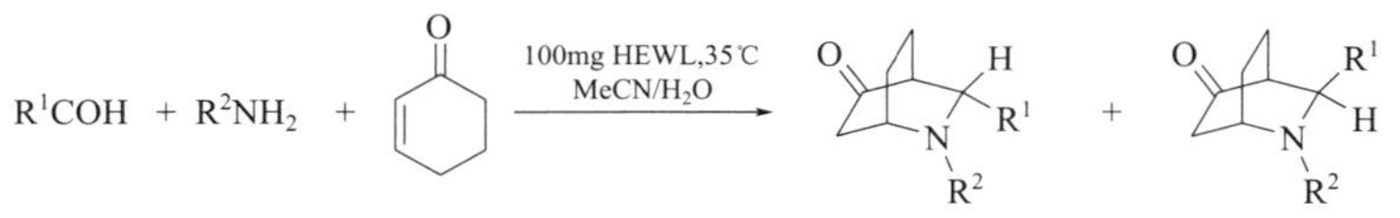

图 6-35 乙腈 / 水中鸡蛋清溶菌酶催化 Diels-Alder 反应

七、酶催化 Markovnikov 反应

马尔科夫尼科夫规则（Markovnikov Rule）简称“马氏规则”，是一个基于扎伊采夫规则的区域选择性经验规则，是有机反应中的一条规律，1870 年由马尔科夫尼科夫发现。Markovnikov 加成反应是有机合成中形成 C—C、C—O、C—N 键的重要方法。传统的 Markovnikov 加成反应反应较快，产率较高，主要利用酸、碱或强热来促进反应的进行，利用酶催化 Markovnikov 反应更符合绿色化学合成的要求。

林贤福等对酶催化 Markovnikov 加成反应进行了系统的研究（图 6-36），发现多种酶均能够催化 Markovnikov 加成反应，如脂肪酶、酰化酶等。该课题组报道了一种有机溶剂中南极假丝酵母菌脂肪酶 B（CALB）催化 C—S 键形成的新方法。研究发现，在 DMF（*N*, *N*-二甲基甲酰胺）中脂肪酶 CALB 能够催化 anti-Markovnikov 加成反应的进行，而在二异丙醚中脂肪酶 CALB 能够催化 Markovnikov 加成反应的进行。

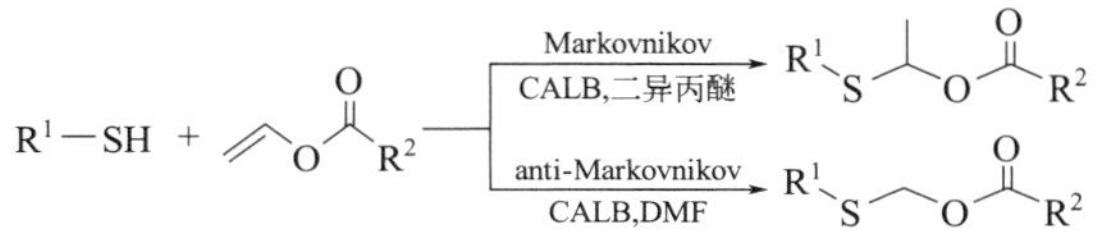

图 6-36 脂肪酶催化 Markovnikov 和 anti-Markovnikov 加成反应

有机溶剂中脂肪酶还可以催化 *N*-杂环化合物与乙烯基酯类化合物发生 aza-Markovnikov 加成反应（图 6-37）。林贤福等通过对酶源和有机溶剂的筛选，发现在 DMSO（二甲基亚砜）中脂肪酶（lipase M from *Mucor javanicus*）催化 aza-Markovnikov 加成反应的产率达到了 82.6%，反应速率比最初提高了 600 倍。该课题组以乙烯基酯类化合物作为串联 aza-Markovnikov 加成和酰化反应的反应物，开发了一种酶催化合成药物中间体的新方法，成功地合成了一系列 *N*-杂环类化合物的药物中间体。

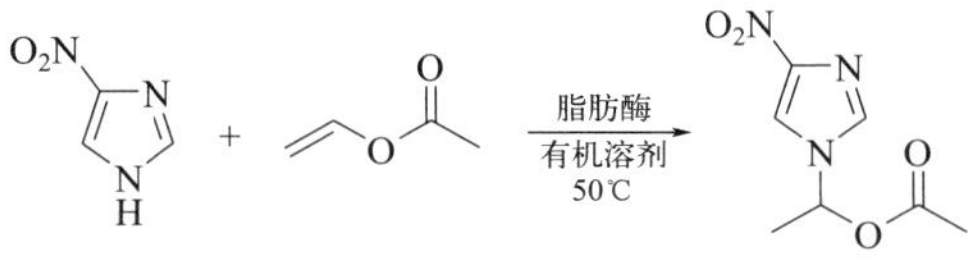

图 6-37 脂肪酶催化 aza-Markovnikov 加成 / 酰化串联反应

除了脂肪酶能催化 Markovnikov 加成反应外，大肠杆菌 D-氨基酰化酶（D-aminoacylase）能催化唑类化合物与乙烯基酯进行 Markovnikov 加成反应（图 6-38）。这种酰化酶对五元 *N*-杂环、嘧啶、嘌呤和乙烯基酯的 Markovnikov 加成反应也具有较好的催化活性，利用这一方法能合成多

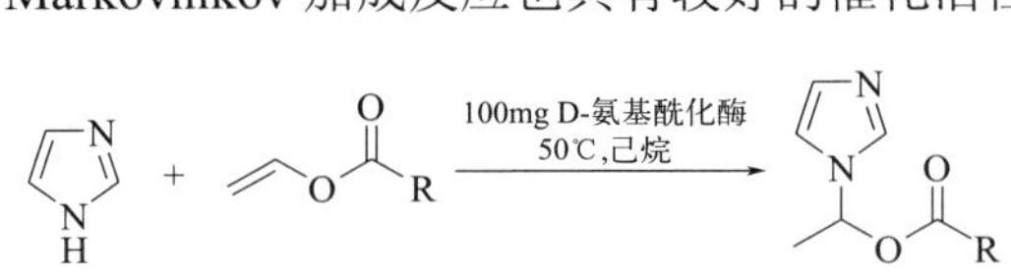

图 6-38 D-氨基酰化酶催化 Markovnikov 加成反应

种具有药理活性的唑类衍生物。

以上研究表明氨基酰化酶不但具有传统意义上的催化功能，还可以催化含氮杂环和乙烯酯类的 Markovnikov 加成反应，并表现出较宽的底物选择性和较高的催化活性。氨基酰化酶催化 Markovnikov 加成反应的反应机理如图 6-39 所示，首先酶活性中心的锌离子与底物乙烯酯的羰基作用，极化了乙烯酯的 C═C 双键：当加入亲核试剂后，酶活性中心的天冬氨酸作为碱夺取了亲核试剂氮原子上的质子，同时该亲核试剂加成到乙烯酯的 α-碳上，形成的 β-碳负离子被活性中心的锌离子稳定，天冬氨酸作为酸传递质子完成最终反应。

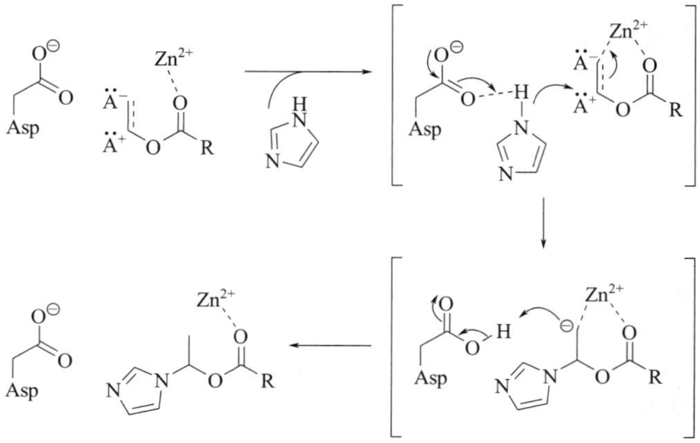

图 6-39　氨基酰化酶催化 Markovnikov 加成反应的反应机理示意图

Kowalczyk 等人构建了脂肪酶高效催化 Markovnikov 反应合成碳-磷键反应的策略（图 6-40）。在温和条件下以脂肪酶（lipase from *Candida cylindracea*）为催化剂，亚磷酸二酯与乙烯基酯为反应底物，在温和绿色的条件下以较高收率得到具有潜在药用价值的 α-酰氧基磷酸酯（最佳产率达 83%），该方法大大简化了含 α-甲基的 α-酰氧基磷酸酯原本困难繁杂的制备过程。

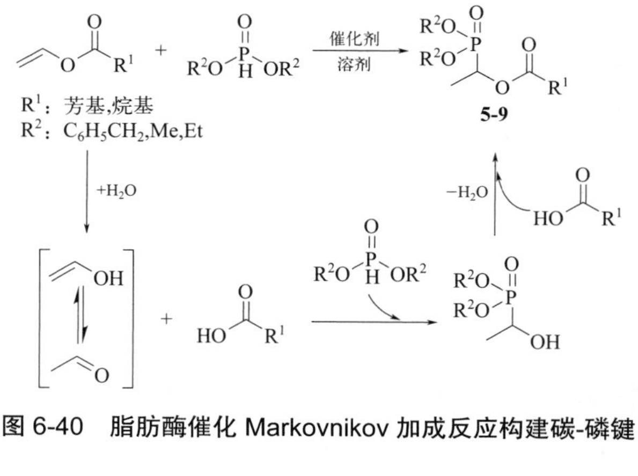

图 6-40　脂肪酶催化 Markovnikov 加成反应构建碳-磷键

八、酶催化氧化反应

光学活性环氧化物是一类非常重要的手性砌块。通过选择性的开环及官能团转换等反应可合成一系列非常有价值的手性化合物和天然产物。而脂肪酶催化烯烃的不对称环氧化反应可作为合成不对称环氧化物的重要方法。Brinck 研究小组报道了对南极假丝酵母菌脂肪酶 B（CALB）催化直接环氧化反应的理论和实验研究（图 6-41）。脂肪酶 CALB 是一种应用广泛的丝氨酸水解酶，除了可以催化其主反应外还可催化环氧化反应。定点突变的实验结果，揭示了水相及有机相中脂肪酶 CALB 催化 *α*, *β*-不饱和醛与过氧化氢发生环氧化反应的机理。脂肪酶 CALB 的活性位点（Ser105）定点突变成丙氨酸的研究结果显示，之前假定的非直接环氧化反应的机理是不成立的。该研究小组通过计算机模拟技术和实验的研究，确定了反应的吉布斯自由能、活化参数及底物的选择性。运用密度泛函理论对脂肪酶（CALB Ser105Ala）催化直接环氧化反应的热力学参数和反应机理进行了研究。结果显示，该反应是一个通过形成氧阴离子中间体来实现的两步反应，脂肪酶结构片段（Asp187）支撑的活性位点残基（His224）具有常规酸碱催化剂的功能，反应过程中形成的氧离子是通过结构片段（Thr40）形成的两个氢键来维持稳定的。

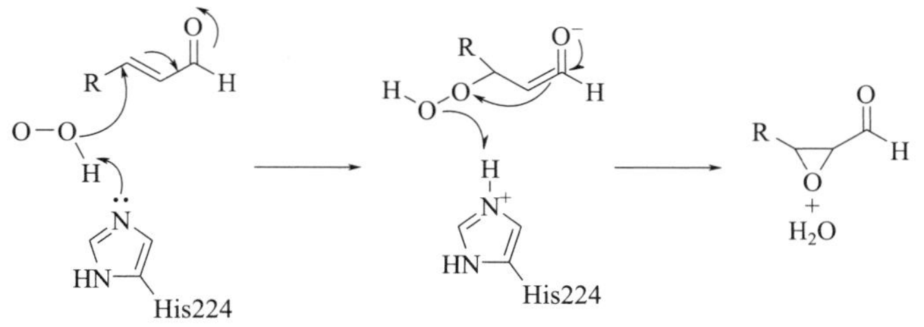

图 6-41　脂肪酶 CALB 催化烯烃环氧化反应的机理示意图

Li 等发现了一种由过氧化氢、内酯和脂肪酶组成的，催化烯烃类化合物发生环氧化反应的高效、绿色的氧化体系。烯烃类化合物都能在此氧化体系中发生环氧化反应，生成相应的环氧化物，分离产率达到 87% ～ 95%。研究显示，此环氧化反应通过脂肪酶催化内酯形成羟基过氧酸，不产生任何不利于反应进行的短链酸和醇类化合物（图 6-42）。该反应是在酶原位对烯烃进行化学氧化来实现的，亲水性的 *ε*-己内酯和疏水性的 *δ*-癸内酯既是高活性反应物也是良好的溶剂。该方法适用于单相和液-液双相体系。与其他由脂肪酶组成的氧化体系对比，该氧化体系具有高产率、高效率和高酶稳定性的优点。

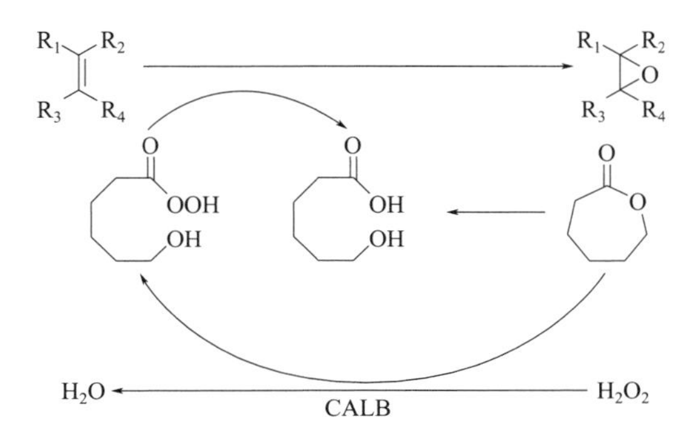

图 6-42　过氧化氢、内酯和脂肪酶催化烯烃类化合物环氧化反应

除了利用脂肪酶催化环氧化反应外，还有其他氧化反应也相继被报道。例如王磊等报道了一种南极假丝酵母菌脂肪酶 B（CALB）介导的原位生成过氧酸并氧化苯胺合成氧化偶氮苯的反应（图 6-43）。这种方法温和、高效且选择性高，具有良好的底物适用性。此方法是通过脂肪酶催化乙酸乙酯生成过氧乙酸，这种原位生成的过氧乙酸由于浓度可控，不但氧化活性高且不易产生副产物。

此外，利用这种原位生成过氧酸进一步催化 Baeyer-Villiger 氧化重排反应也引起人们广泛关注。Roberts 等利用南极假丝酵母菌脂肪酶 B（Novozym 435）催化过氧化氢与十四烷酸生成过氧酸（图 6-44），再进一步氧化多种环酮生成内酯，和利用 mCPBA 氧化的化学方法相比，不但产率

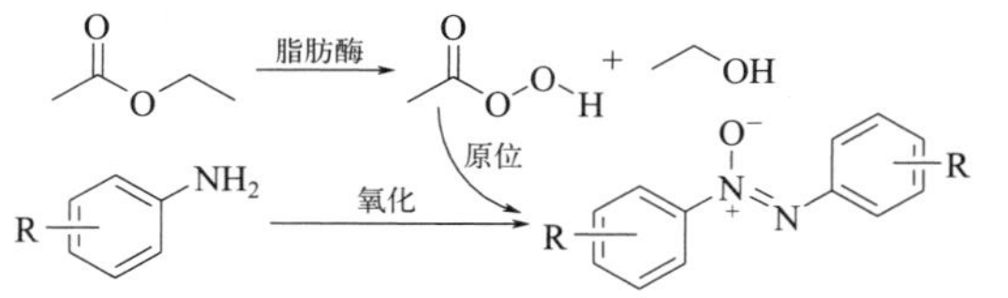

图 6-43　脂肪酶介导的原位生成过氧酸氧化苯胺合成氧化偶氮苯的反应

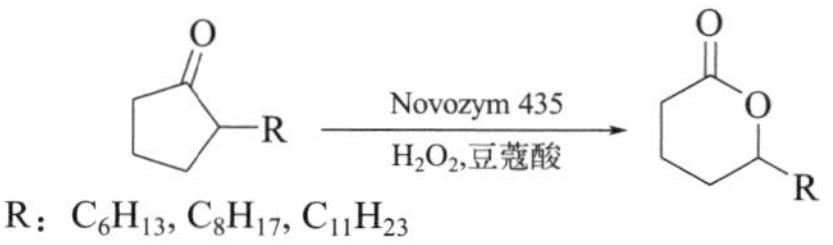

R：C_6H_{13}, C_8H_{17}, $C_{11}H_{23}$

图 6-44　脂肪酶介导的原位生成过氧酸催化 Baeyer-Villiger 氧化重排反应

相当，且反应条件更加温和，过程可控，还避免使用了不稳定的过氧酸 mCPBA。目前，运用酶的非专一性催化 Baeyer-Villiger 氧化反应的报道还很少，因此前景广阔。

九、酶催化 Biginelli 反应

Biginelli 反应作为一种原子经济的多组分反应，该反应得到的是嘧啶酮或硫代嘧啶酮类化合物，通常具有潜在的药理或生理活性，已经广泛应用在有机和药物化学合成中。以往催化 Biginelli 反应的催化剂往往带有环境污染、条件苛刻及产率不理想的缺点，因此探索一种有效、经济、环保的方法来解决该难题极为迫切。章鹏飞等发现猪胰蛋白酶（trypsin from porcine pancreas）可以催化乙酰乙酸乙酯（图 6-45）、芳香醛与尿素（或硫脲）的 Biginelli 反应，通过对反应温度、反应介质的研究，研究者发现该酶促三组分反应在 37℃，乙醇作为反应介质的条件下收率最高。

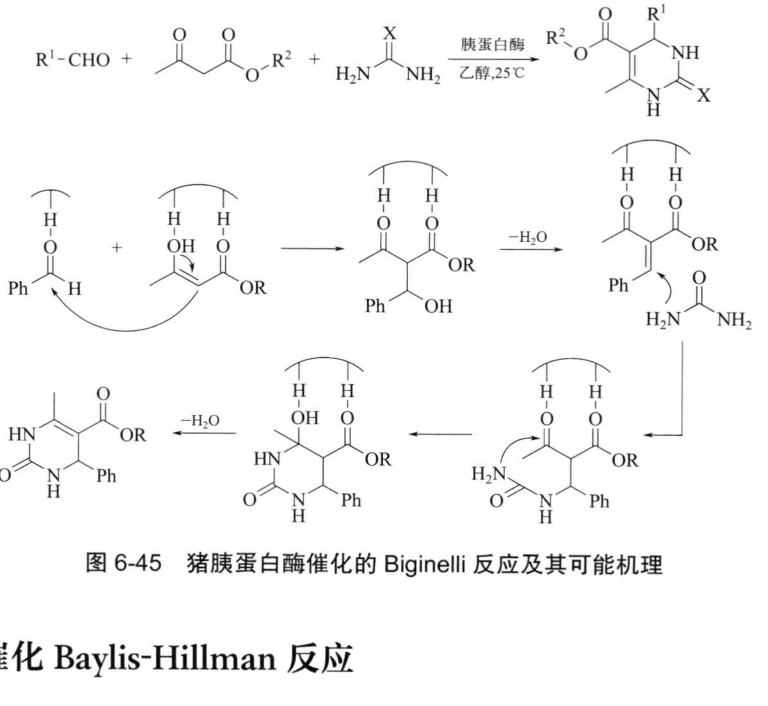

图 6-45　猪胰蛋白酶催化的 Biginelli 反应及其可能机理

十、酶催化 Baylis-Hillman 反应

Baylis-Hillman 反应是亲电试剂与活泼烯烃在催化剂作用下发生烯烃 α-位加成的反应。该反

应具有反应选择性好、原子经济性等优点，因而在有机合成中得到广泛应用。Reetz 等首次报道了蛋白质（血清蛋白、脂肪酶等）催化环己烯酮与对硝基苯甲醛的 Morita-Baylis-Hillman 反应（图 6-46）。通过对一系列蛋白质的催化活性的研究，他们发现牛血清蛋白具有最好的催化活性，可以得到 35% 的转化率和 19% 的立体选择性。但是猪胰脂肪酶、猪肝酯酶、黑曲霉脂肪酶等水解酶催化该反应效果不是很好，最高产率仅为 10%。而且发现失活的脂肪酶或者是牛血清白蛋白（BSA）都对该反应有一定作用，表明脂肪酶催化该反应不一定是活性中心在起作用，也许是酶分子中一些特殊的构象在起催化作用。

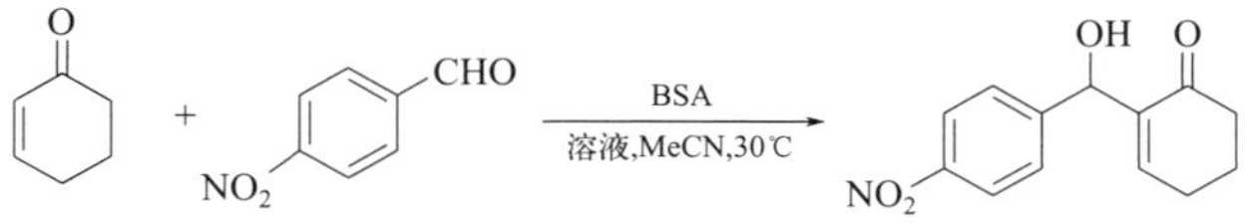
CHO
BSA
溶液,MeCN,30℃
OH
O
NO2
NO2

图 6-46　牛血清白蛋白催化 Baylis-Hillman 反应

随后，Gotor 课题组在研究地衣芽孢杆菌蛋白酶（protease from *Bacillus licheniformis*）催化碳-碳、碳-氮键合成反应时，发现该蛋白酶具有催化 Baylis-Hillman 反应的活性（图 6-47）。通过对失活酶的催化活性的研究，发现失活酶仍然具有一定的催化活性，这一结果与 Reetz 等的结论是一致的。

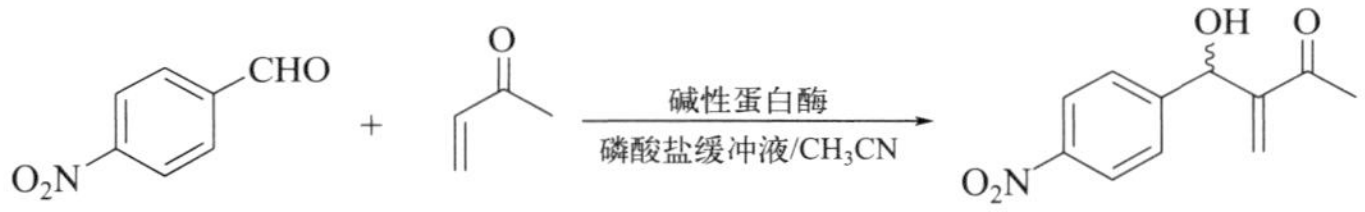
CHO
O
碱性蛋白酶
磷酸盐缓冲液/CH3CN
OH
O
O2N
O2N

图 6-47　地衣芽孢杆菌蛋白酶催化 Baylis-Hillman 反应

十一、酶催化不对称卡宾转移反应

细胞色素 P450 作为一种末端加氧酶，参与了生物体内的甾醇类激素合成等过程。近年来，对细胞色素 P450 的结构、功能，特别是对其在药物代谢中的作用的研究，有了较大的进展。近年来，关于细胞色素 P450 催化有机合成反应引起研究人员的广泛关注。2018 年诺贝尔化学奖得主 Arnold 教授在血红素蛋白，特别是细胞色素 P450 催化非天然反应领域取得了大量开拓性进展。Arnold 等报道了利用细胞色素 $P450_{BM3}$ 催化卡宾转移反应，使得烯烃环丙烷化（图 6-48），且具有一定的立体选择性和顺反选择性。

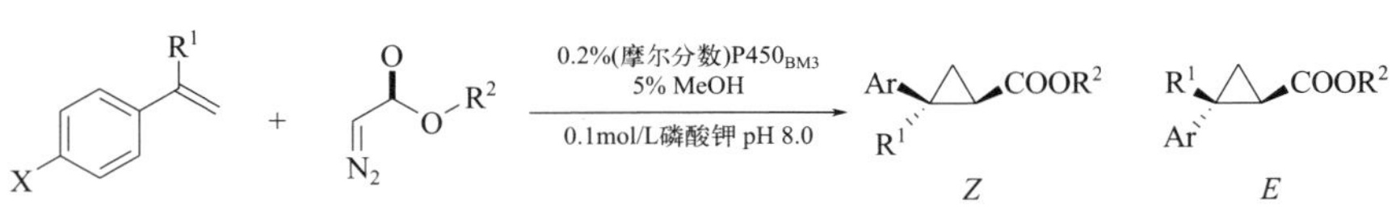
R1
O
R2
X
N2
0.2%(摩尔分数)P450BM3
5% MeOH
0.1mol/L磷酸钾 pH 8.0
Ar
COOR2
R1
R1
COOR2
Ar
Z
E

图 6-48　细胞色素 $P450_{BM3}$ 酶催化不对称环丙烷化反应

Fason 等在肌红蛋白的卡宾转移酶活力调控上做了大量的工作。例如采用肌红蛋白全细胞催化不对称环丙烷化反应（图 6-49），利用重氮乙腈与苯乙烯类化合物来合成高光学纯度的手性环丙烷化产物。该方法具有立体选择性高，底物适用性广泛和可规模放大的优点。

此外，Arnold 等发现细胞色素 P450 还可以催化卡宾转移的 N—H 键插入反应（图 6-50）。该反应是一种十分实用的 C—N 键合成反应，以往催化此类反应多采用金属络合物等化学方法，而利用细胞色素 P450 催化该反应则具有反应效率高、条件温和、选择性好等优点，因此这一发现极大地拓展了酶催化在有机合成 C—N 键中的应用。

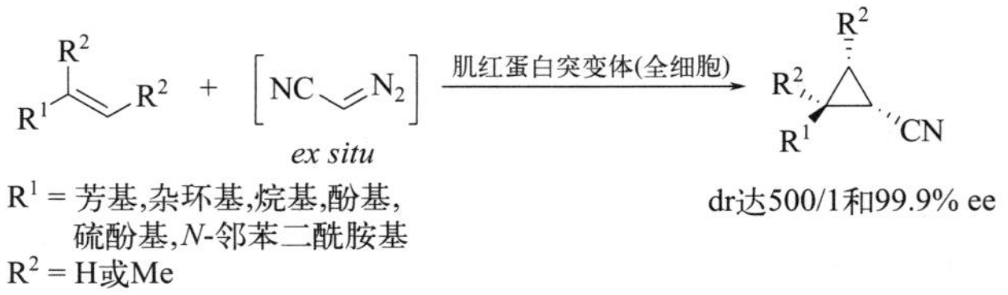

图 6-49　肌红蛋白催化重氮乙腈与烯烃的不对称环丙烷化反应

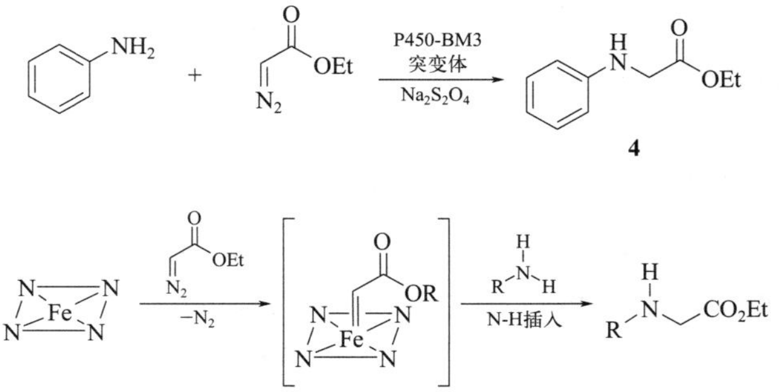

图 6-50　细胞色素 P450 催化卡宾 N—H 键插入反应

Fason 等利用工程化肌红蛋白突变体 Mb（H64V, V68A）高效催化重氮乙酸乙酯与芳胺底物的卡宾 N—H 插入反应（图 6-51），随后通过对肌红蛋白的改造使其能够催化胺类底物与重氮化物进行立体选择性 N—H 插入反应，不但产率最高可达 99%，而且反应的立体选择性 ee 值最高可达 63% 或 82%。

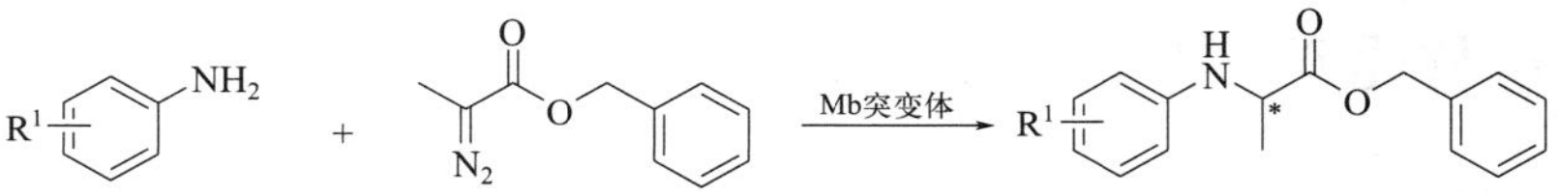

图 6-51　肌红蛋白突变体催化不对称卡宾 N—H 插入反应

进一步研究表明肌红蛋白还可以应用于催化不对称卡宾 S—H 插入反应。抹香鲸肌红蛋白突变体可以有效地催化多种芳基和烷基硫醇底物与 α-重氮酯卡宾供体进行 S—H 插入反应，具有转化率高（60% ～ 99%）及中等立体选择性（图 6-52），并且该蛋白质的立体选择性可以通过突变血红素囊远端口袋中的氨基酸残基来调节。

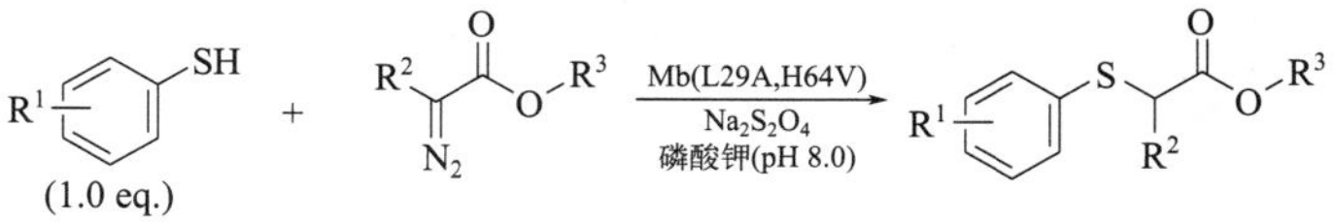

图 6-52　肌红蛋白突变体催化不对称卡宾 S—H 插入反应

C3 官能化吲哚是生物活性天然产物和药物中经常出现的合成砌块。过渡金属催化的卡宾转移反应为制备 C3 官能化吲哚提供了一条有吸引力的途径，但由于吲哚分子 N—H 插入反应的竞争，该方法所采用的底物通常为胺基保护的吲哚分子。Fason 等报道了一种生物催化策略（图 6-53），利用肌红蛋白突变体实现未保护的吲哚分子直接在 C3 位进行烷基化。这一生物催化非天然反应以高转化率和良好的化学选择性得到相应的 C3 烷基化衍生物。该策略被应用于高效合成非甾体抗炎药吲哚美辛。

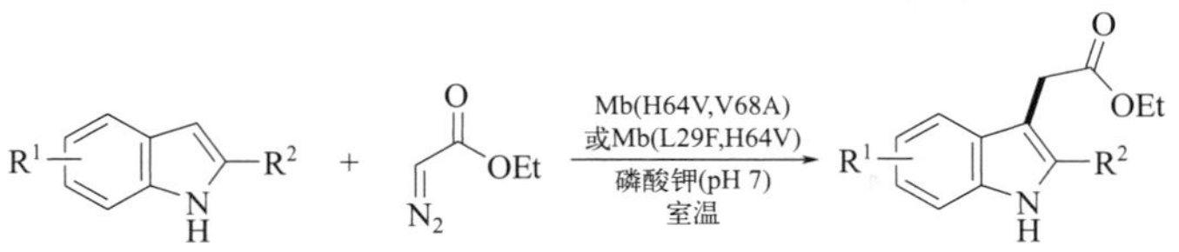

图 6-53　肌红蛋白突变体催化吲哚分子 C3 位烷基化反应

十二、酶催化 Si—O—Si 键合成

脂肪酶或者胰蛋白酶能催化硅烷或者烷氧基硅烷的缩合反应来形成 Si—O—Si 键。例如 Taylor 等报道胰蛋白酶能够催化三甲基乙氧基硅烷的水解与缩合（图 6-54）。虽然硅烷或者烷氧基硅烷具有较高的活力来进行自发的缩合，但是利用胰蛋白酶催化该反应的速度比自发的缩合快 10 倍。当利用特异性的抑制剂对胰蛋白酶的活性中心进行抑制后，该酶催化缩合反应的活力消失，也证明了反应是在酶的活性中心进行的。

$$Me_3Si-OEt \xrightarrow[H_2O]{\text{胰蛋白酶}} Me_3Si-O-SiMe_3 + 2EtOH$$

图 6-54　胰蛋白酶酶催化合成 Si—O—Si 键

十三、酶催化环氧开环反应

环氧化合物是一种用途广泛的有机化合物，环氧化合物立体选择性开环形成具有生物活性的药用中间体、β-阻滞剂和不对称催化的催化剂。环氧化合物开环反应是一种特殊的亲核取代反应，在酸 / 碱性条件下，环氧化合物两端开环形成两种不同的产物。传统催化剂具有反应时间长，毒性大，空气 / 湿气敏感，位置选择性差，副反应多目标化合物产率低，催化剂无法重复使用等缺点。为了寻找一种清洁高效的催化剂，科学家们一直在进行着不懈的研究和探索。Janssen 等报道了负离子亲核试剂与环氧化合物的立体选择性开环反应（图 6-55），可以由卤代醇脱卤酶（*Agrobacterium radiobacter* ADI）催化发生，产物立体选择性高，ee 值范围在 90% ～ 99%。研究发现 Br^-、Cl^-、I^-、CN^-、NO_2^-、N_3^-、OCN^-、SCN^-和$HCOO^-$等9 个负离子都可以作为亲核试剂，而含硫化合物、二价的负离子和非离子的伯醇和氨类则不反应，这表明酶只能接受线性的一价负离子为底物。

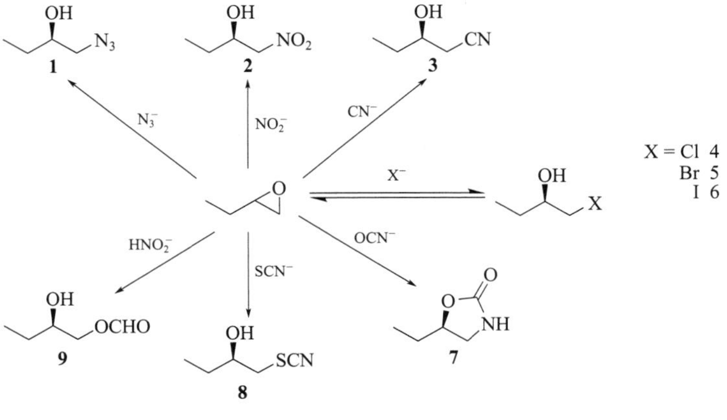

图 6-55　卤代醇脱卤酶催化的环氧开环反应

十四、酶催化多组分串联反应

多组分反应（multicomponent reaction，简称 MCR）是指将三种或者三种以上的底物分子加入反应中，用一锅煮的方法，不经过中间体分离，直接获得包含所有组分主要结构片段的新化合物。多组分反应至少涉及两个以上的官能团，可将其视为多个双分子反应的组合体。它不是单纯多个双分子反应在数量上的叠加，还必须根据多米洛规则进行有序的反应。近年来，将多组分串联反应的原子经济性、高选择、操作简便的特点与酶催化的高效、催化剂可重复利用等特点结合起来并用于有机合成，越来越受到人们的重视，将酶催化非专一性性运用于多组分串联反应的例子也屡见报道。

章鹏飞等利用猪胰脂肪酶（lipase from porcine pancreas, PPL）在水存在的条件下，有效地催化靛红、腈基衍生物和羰基衍生物三组分一锅法合成螺吲哚环衍生物（图 6-56）。研究中发现，反应体系中水含量对酶促反应的催化效率有很大的影响。当体系中不含有水时，酶促反应几乎不能发生，当水含量略微增加时，反应效率急剧增加，当体系含水量为 10% 时（体积分数），猪胰脂肪酶的活性最高。而当体系的水含量超过 10% 后，随着含水量的不断增加，反应效果却在逐渐降低，这可能是因为体系中含水量的升高，使得底物的溶解度降低。研究说明微量的水能够促进酶的催化活性，但是过量的水会导致底物溶解度降低，从而影响反应进行。

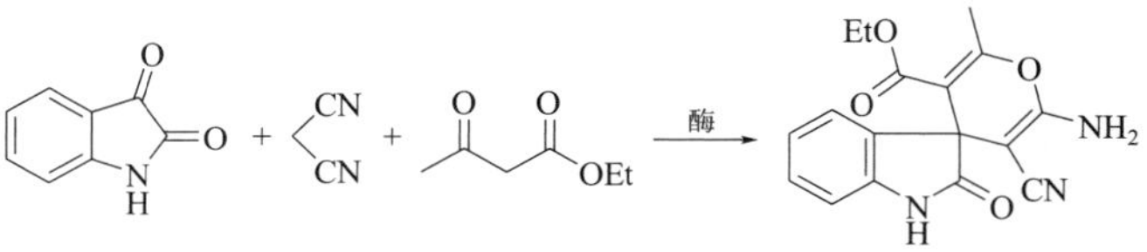

图 6-56 脂肪酶催化多组分串联反应合成螺吲哚环衍生物

Bora 等发现黑曲霉脂肪酶（*Aspergillus niger* lipase, ANL）可以催化乙酰乙酸乙酯、水合肼、酸或酮和丙二腈四组分反应（图 6-57）。当醛参与反应时，ANL 催化 1 ～ 3.5h 后的产率就可以达到 75% ～ 98%，脂肪醛相对应的产率要明显低于芳香醛；而酮的反应活性要明显低于醛，需要反应 36 ～ 50h 后的产率才达到 70% 左右。

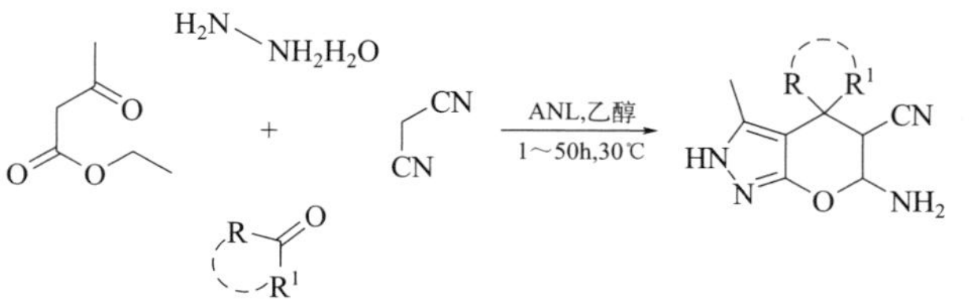

图 6-57 黑曲霉脂肪酶催化的多组分合成二氢吡喃并吡唑

色烯类化合物是一类母核为苯并吡喃的杂环化合物，由于其具有潜在的抗肿瘤、抗菌、抗疟原虫等活性，因此在药物化学中具有重要地位。章鹏飞等报道了酶催化多组分反应合成四氢色烯类衍生物（图 6-58）。通过对酶源、反应介质、反应温度等因素的研究，发现 35℃下，猪胰脂肪酶（PPL）在乙醇与水的混合溶剂中具有最好的催化活性。该方法具有底物适用性广、反应条件温和以及收率高等优点。

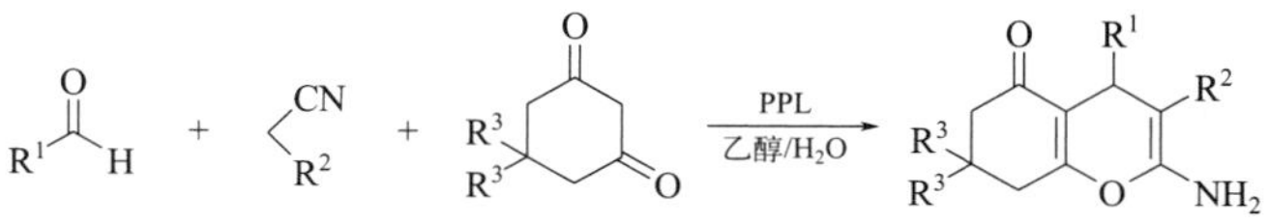

图 6-58 猪胰脂肪酶催化的四氢色烯衍生物的合成

林贤福等报道了有机溶剂中南极假丝酵母脂肪酶B催化的醛、乙酰胺、1, 3-二羰基化合物三组分 Hantzsch 反应。在研究了反应介质、反应温度等因素后，他们发现 CALB 在甲基叔丁基醚（MTBE）为溶剂、50℃下反应效果最好（图 6-59）。通过对底物结构的研究，发现醛分子取代基的电子效应对收率的影响较明显，吸电子基团取代的醛反应活性较好，而取代基的位置则对收率影响不大。

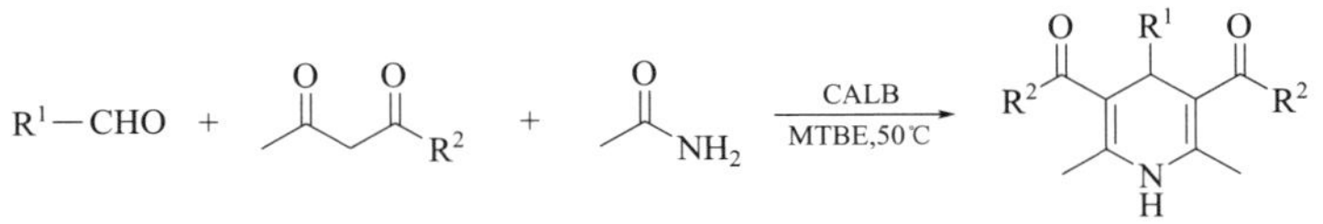

图 6-59　脂肪酶催化的三组分 Hantzsch 反应

章鹏飞等发现胰蛋白酶可以催化醛、胺和巯基乙酸的三组分反应合成 4-噻唑啉酮。该反应的底物适用性较广，取代基电子效应明显，给电子基团取代的芳香醛相应的产率要明显低于吸电子基团取代的芳香醛（图 6-60）。

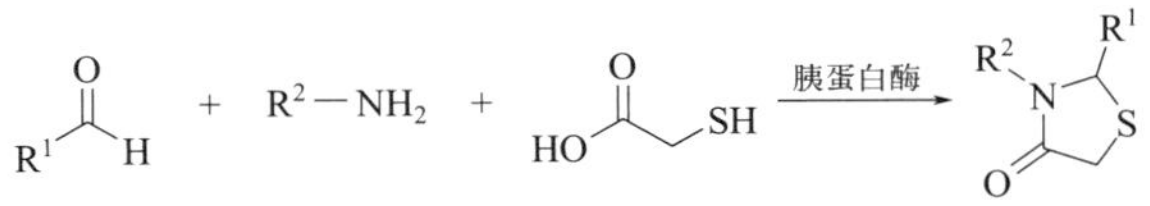

图 6-60　胰蛋白酶催化的多组分合成唑啉酮

胡燚等报道固定化脂肪酶 TLIM 在酶促多组分级联反应中的应用（图 6-61）。在二甲亚砜（DMSO）与水混合反应介质中，TLIM 可催化醛、丙二腈 / 氰乙酸乙酯和 4-羟基香豆素 /1, 3-环己二酮类似物的 Knoevenagel-Michael 级联反应。该方法具有许多优点，如操作简单、反应条件温和、固定化酶重复利用性好、底物适用性广泛且产率高。

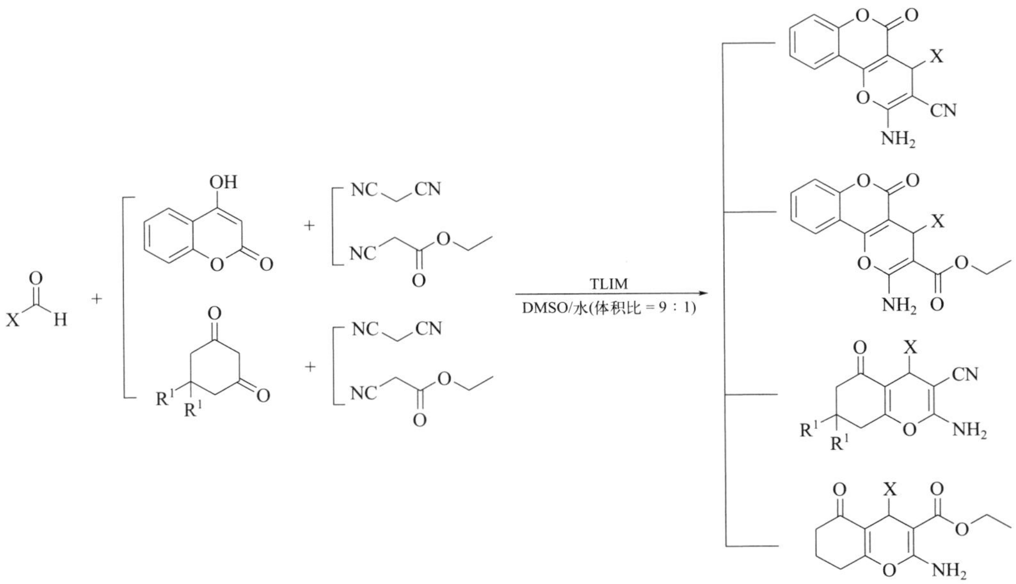

图 6-61　脂肪酶 TLIM 催化 Knoevenagel-Michael 级联三组分反应

总结

酶的多功能性从发现到现在仅仅几十年时间，但是在这几十年里，却发展迅速，它是除酶专一性的性质以外的另外一个重要发现，它对促进生物酶学的发展和应用具有重大的理论意义和现实价值。事实上，生物学上认为酶分子都是由具有多功能性的、原始的、古老的酶进化而来的，这些数量相对较少、原始的酶具有催化较广范围的底物进行新陈代谢的能力，而逐步增加的专一性和选择性则被视为远古酶分化和进化的结果。在酶的非专一性没有对其天然活性（专一性）造成影响时，酶分子进化过程中就没有必要剔除酶的非专一性。在天然的催化转换过程中，酶的非专一性被掩盖，只有在非天然条件下才会变得明显。研究酶的非专一性不仅有助于弄清酶与底物之间的相互作用，而且会帮助我们了解次级代谢产物的生物合成代谢途径。

目前，大量的生物酶作为潜在的实用催化剂已经渐渐被人们所认识，且在不对称转化和手性药物的合成中已经获得了广泛的应用。作为绿色催化剂，酶催化的大部分反应具有反应条件温和、对环境无污染、高效性和高立体选择性等特点，因此酶催化已经成为当代绿色化学发展的一个重要方向之一。酶的非专一性研究，特别是催化非专一性研究，可以极大地拓展生物催化剂的适应范围，为绿色有机合成提供一种行之有效的方法。综合以上，未来酶催化的发展方向主要集中在以下几个方面：①酶催化新类型反应的发现；②酶催化非专一性的作用机理；③针对非专一性反应的酶分子性能调控。这些都是值得深入研究的领域，同时也是极具挑战性和吸引力的课题。

习题

1. 酶非专一性分哪几类？
2. 简述酶催化非专一性的概念。
3. 简单描述酶催化非专一性的分类，并简要概述各自特点。

参考文献

[1] Khersonsky O, Roodveldt C, Tawfik D S. Enzyme promiscuity: evolutionary and mechanistic aspects. Curr. Opin. Chem. Biol., 2006, 10: 498-508.

[2] O'Brien P J, Herschlag D. Catalytic promiscuity and the evolution of new enzymatic activities. Chem. Biol, 1999, 6, R91-R105.

[3] Jao S C, Huang L F, Tao Y S, et al. Hydrolysis of organophosphate triesters by *Escherichia coli* aminopeptidase P. J. Mol. Catal. B: Enzym., 2004, 27: 7-12.

[4] Andrade L H, Barcellos T. Lipase-catalyzed highly enantioselective kinetic resolution of boron-containing chiral alcohols. Org. Lett., 2009, 11: 3052-3055.

[5] Kusebauch B, Busch B, Scherlach K, et al. Polyketide-chain branching by an enzymatic Michael addition. Angew. Chem. Int. Ed, 2009, 48: 5001-5004.

[6] Cai Y, Yao S P, Wu Q, et al. Michael addition of imidazole with acrylates catalyzed by alkaline protease from *Bacillus subtilis* in organic media. Biotechnol. Lett., 2004, 26: 525-528.

[7] Yao S P, Lv D S, Wu Q, et al. A single-enzyme, two-step, one-pot synthesis of N-substituted imidazole derivatives containing a glucose branch via combined acylation/Michael addition reaction. Chem. Commun., 2004, 17, 2006-2007.

[8] Svedendahl M, Hult K, Berglund P. Fast carbon-carbon bond formation by a promiscuous lipase. J. Am. Chem. Soc., 2005, 127: 17988-17989.

[9] Svedendahl M, Jovanovic B, Fransson L, et al. Suppressed native hydrolytic activity of a lipase to reveal promiscuous Michael addition activity in water. ChemCatChem, 2009, 1: 252-258.

[10] Strohmeier G A, Sovic T, Steinkellner G, et al. Investigation of lipase-catalyzed Michael-type carbon–carbon bond formations.

Tetrahedron, 2009, 65: 5663-5668.

[11] Dhake K P, Tambade P J, Singhal R S, et al. Promiscuous Candida antarctica lipase B-catalyzed synthesis of β-amino esters via aza-Michael addition of amines to acrylates. Tetrahedron Lett., 2010, 51: 4455-4458.

[12] Wu L L, Li L P, Xiang Y, et al. Enzyme-promoted direct asymmetric Michael reaction by using protease from *Streptomyces griseus*. Catal. Lett., 2017, 147: 2209-2214.

[13] Dutt S, Goel V, Garg N, et al. Biocatalytic aza - Michael addition of aromatic amines to enone using α - amylase in water. Adv. Synth. Catal., 2020, 362: 858-866.

[14] Xu Y, Li F, Ma J, et al. Lipase-catalyzed phospha-Michael addition reactions under mild conditions. Molecules, 2022, 27: 7798.

[15] Xu J M, Zhang F, Liu B K, et al. Promiscuous zinc-dependent acylase-mediated carbon–carbon bond formation in organic media. Chem. Commun., 2007, 20: 2078-2080.

[16] Purkarthofer T, Gruber K M, Khadjawi M G, et al. A biocatalytic Henry reaction-The hydroxynitrile lyase from *Hevea brasiliensis* also catalyzes nitroaldol reactions. Angew. Chem. Int. Ed, 2006, 45: 3454-3456.

[17] Gruber K M, Purkarthofer T, Skranc W. Hydroxynitrile lyase-catalyzed enzymatic nitroaldol (Henry) reaction. Adv. Synth. Catal., 2007, 349: 1445-1450.

[18] Wang J L, Li X, Xie H Y, et al. Hydrolase-catalyzed fast Henry reaction of nitroalkanes and aldehydes in organic media. J. Biotechnol., 2010, 145: 240-243.

[19] Tang R C, Guan Z, He Y H, et al. Enzyme-catalyzed Henry (nitroaldol) reaction. J. Mol. Catal. B: Enzym., 2010, 63: 62-67.

[20] Li K, He T, Li C, et al. Lipase-catalysed direct Mannich reaction in water: utilization of biocatalytic promiscuity for C–C bond formation in a "one-pot" synthesis. Green Chem., 2009, 11: 777-779.

[21] Mihovilovic M D. Enzyme mediated Baeyer-Villiger oxidations. Curr. Org. Chem., 2006, 10: 1265-1287

[22] Lemoult S C, Richardson P F, Roberts S M. Lipase-catalysed Baeyer-Villiger reactions. J. Chem. Soc, Perkin Trans., 1995, 1: 89-91.

[23] Rios M Y, Salazar E, Olivo H F. Baeyer-Villiger oxidation of substituted cyclohexanones via lipase-mediated perhydrolysis utilizing urea-hydrogen peroxide in ethyl acetate. Green Chem., 2007, 9: 459-462.

[24] Reetz M T, Mondie're R, Carballeira J D. Enzyme promiscuity: first protein-catalyzed Morita-Baylis-Hillman reaction. Tetrahedron Lett., 2007, 48: 1679-1681.

[25] Kapoor M, Gupta M N. Lipase promiscuity and its biochemical applications. Process Biochem., 2012, 47: 555-569.

[26] Hult K, Berglund P. Enzyme promiscuity: mechanism and applications. Trends Biotechnol., 2007, 25: 231-238.

[27] Xin X, Guo X, Duan H F, et al. Efficient Knoevenagel condensation catalyzed by cyclic guanidinium lactate ionic liquid as medium. Catal. Commun., 2007, 8: 115-117.

[28] Xie B H, Guan Z, He Y H. Biocatalytic Knoevenagel reaction using alkaline protease from *Bacillus licheniformis*. Biocatal. Biotrans., 2012, 30: 238-244.

[29] Li W, Li R, Yu X, et al. Lipase-catalyzed Knoevenagel condensation in water–ethanol solvent system. Does the enzyme possess the substrate promiscuity? Biochem. Eng. J., 2015, 101: 99-107.

[30] Koszelewski D, Ostaszewski R. Enzyme promiscuity as a remedy for the common problems with Knoevenagel condensation. Chem-Eur. J., 2019, 25: 10156-10164.

[31] Lai Y F, Zheng H, Chai S J, et al. Lipase-catalysed tandem Knoevenagel condensation and esterification with alcohol cosolvents. Green Chemistry, 2010, 12(11): 1917-1918.

[32] Feng X W, Li C, Wang N, et al. Lipase-catalysed decarboxylative aldol reaction and decarboxylative Knoevenagel reaction. Green Chem., 2009, 11: 1933-1936.

[33] Evitt A S, Bomscheuer U T. Lipase CAL-B does not catalyze a promiscuous decarboxylative aldol addition or Knoevenagel reaction. Green Chem., 2011, 13: 1141-1142.

[34] Chen X, Liu B K, Kang H, et al. A tandem Aldol condensation/dehydration co-catalyzed by acylase and N-heterocyclic compounds in organic media. J. Mol. Catal. B: Enzym., 2011, 68: 71-76.

[35] Kataoka M, Honda K, Shimizu S. 3, 4-Dihydrocoumarin hydrolase with haloperoxidase activity from *Acinetobacter calcoaceticus* F46. Eur. J. Biochem., 2000, 267: 3-10.

[36] Yang F J, Wang Z, Wang H R, et al. Enzyme catalytic promiscuity: lipase catalyzed synthesis of substituted 2 H-chromenes by a three-component reaction. RSC Adv., 2014, 4: 25633-25636.

[37] Fu Y, Lu Z, Ma X, et al. One-pot cascade synthesis of benzopyrans and dihydropyrano[c] chromenes catalyzed by lipase TLIM. Bioorg. Chem., 2020, 99: 103888.

[38] Wang C H, Guan Z, He Y H. Biocatalytic domino reaction: synthesis of 2 H-1-benzopyran-2-one derivatives using alkaline protease from *Bacillus licheniformis*. Green Chem., 2011, 13: 2048-2054.

[39] Reetz M T. Lipases as practical biocatalysts. Curr. Opin. Chem. Biol, 2002, 6: 145-150.

[40] De Souza ROMA, Matos L M C, Goncalves K M, et al. Michael additions of primary and secondary amines to acrylonitrile catalyzed by lipases. Tetrahedron Lett., 2009, 50: 2017-2018.

[41] Purkarthofer T, Gruber K, Gruber-khadjawi M, et al. A Biocatalytic Henry reaction-The Hydroxynitrile lyase from *Hevea brasiliensis* also catalyzes nitroaldol Reactions. Angew. Chem. Int. Ed., 2006, 45: 3454-3456.

[42] Torre O, Alfonso I, Gotor V. Lipase catalysed Michael addition of secondary amines to acrylonitrile. Chem. Commun., 2004: 1724-1725.

[43] Dhake K P, Tambade P J, Singhal R S, et al. Promiscuous *Candida antarctica* lipase B-catalyzed synthesis of β-amino esters via aza-Michael addition of amines to acrylates. Tetrahedron Lett., 2010, 51: 4455-4458.

[44] Branneby C, Carlqvist P, Magnusson A, et al. Carbon-carbon bonds by hydrolytic enzymes. J. Am. Chem. Soc, 2003, 125: 874-875.

[45] Li C, Feng X W, Wang N, et al. Biocatalytic promiscuity: the first lipase-catalysed asymmetric aldol reaction. Green Chem., 2008, 10: 616-618.

[46] Li C, Zhou Y J, Wang N, et al. Promiscuous protease-catalyzed aldol reactions: a facile biocatalytic protocol for carbon–carbon bond formation in aqueous media. J. Biotechnol., 2010, 150: 539-545.

[47] Birolli W G, Porto A L, Fonseca L P. Miniemulsion in biocatalysis, a new approach employing a solid reagent and an easy protocol for product isolation applied to the aldol reaction by *Rhizopus niveus* lipase. Bioresource Technol., 2020, 297: 122441.

[48] Li H H, He Y H, Guan Z. Protease-catalyzed direct aldol reaction. Catal. Commun., 2011, 12: 580-582.

[49] Duwensee J, Wenda S, Ruth W, et al. Lipase-catalyzed polycondensation in water: A new approach for polyester synthesis. Org. Process Res. Dev., 2010, 14: 48-57.

[50] Chen Y J, Xiang Y, He Y H, et al. Anti-selective direct asymmetric Mannich reaction catalyzed by protease. Tetrahedron Lett., 2019, 60(15): 1066-1071.

[51] Yu X, Pérez B, Zhang Z, et al. Mining catalytic promiscuity from Thermophilic archaea: an acyl-peptide releasing enzyme from *Sulfolobus tokodaii* (ST0779) for nitroaldol reactions. Green Chem., 2016, 18(9): 2753-2761.

[52] Kowalczyk P, Koszelewski D, Gawdzik B, et al. Promiscuous lipase-catalyzed Markovnikov addition of H-phosphites to vinyl esters for the synthesis of cytotoxic α-acyloxy phosphonate derivatives. Materials, 2022, 15(5): 1975.

[53] Terao Y, Miyamoto K, Ohta H. The Aldol Type Reaction Catalyzed by Arylmalonate Decarboxylase–A Decarboxylase can Catalyze an Entirely Different Reaction. Aldol Reaction-, Chem. Lett., 2007, 36: 420-421.

[54] Hasnaoui-Dijoux G, Elenkov M M, SPelberg J H L, et al. Catalytic promiscuity of halohydrin dehalogenase and its application in enantioselective epoxide ring opening. ChemBioChem, 2008, 9: 1048-1051.

[55] Coelho P S, Brustad E M, Kannan A, et al. Olefin cyclopropanation via carbene transfer catalyzed by engineered cytochrome P450 enzymes. Science, 339: 307-310.

[56] Chandgude A L, Fasan R. Highly Diastereo-and Enantioselective Synthesis of Nitrile-Substituted Cyclopropanes by Myoglobin-Mediated Carbene Transfer Catalysis. Angew. Chem. Int. Edit., 2018, 57(48): 15852-15856.

[57] Vargas D A, Tinoco A, Tyagi V, et al. Myoglobin-Catalyzed C-H Functionalization of Unprotected Indoles. Angew. Chem. Int. Edit., 2018, 57(31): 9911-9915.

第七章
酶稳定化与固定化

吕绍武

酶是自然界中最有效的催化剂，可以作为理想的生物催化剂在不同的工业领域广泛应用。酶在温和条件（水性介质、室温和大气压）下表现出高活性，并且是具有很强的选择性（这减少了副产物的产生）和特异性（这避免了底物类似物的修饰，节省了纯化步骤）的催化剂。酶是在自然进化过程中实现其生理功能的，在有机体中的酶必须能够适应内环境的变化，并在各种应激条件下高效运作。有机体的体内环境虽然能够满足许多酶的功能发挥，却与工业环境相去甚远。在工业情况下，酶会变得不稳定，并容易受到不同化合物的抑制。虽然工业上使用的底物与天然底物差距较大，但酶的一些优秀特性在工业中就更为明显。酶的这些特点被人们广泛应用于酿造、食品、医药等领域。

理想的生物催化剂是将酶束缚于特殊的相，使它与整体相（或整体流体）分隔开，仍能进行底物和效应物（激活剂或抑制剂）的分子交换。这种固定化的酶可以像一般化学反应的固体催化剂一样，既具有酶的催化特性，又具有一般化学催化剂能回收、反复使用等优点，并且生产工艺可以连续化、自动化。用这种技术不仅能提高酶的稳定性，改变酶的专一性，提高酶活性，而且还能创造适应特殊要求的新酶，使之更符合人类要求。

酶结构和稳定性之间的关系是现代生物化学的关键问题之一。解决这个问题有助于更好地理解酶在体内如何自我组装。多数酶是蛋白质，其高级结构对环境十分敏感。各种因素，如物理因素（温度、压力、电磁场）、化学因素（氧化、还原、有机溶剂、金属离子、离子强度、pH）和生物因素（酶修饰和酶降解）均可能使酶丧失生物活性。在催化反应的最适合条件下酶也会失活，并且随着反应时间的延长反应速度还会逐渐下降，而且反应后酶不能回收，只能采用分批法进行生产。

精细有机合成和分析、医药和生物工程等现代工业领域都需要稳定的酶制剂，因此生产稳定的酶制剂是酶工程的主要任务之一。研究酶的稳定性不仅有重要的基础理论意义，而且有重大的实用意义。然而，这个问题在生物化学教科书中易忽略，因为通常酶稳定化的课题一直被认为是“华而不实”的。造成这种状况的真正原因是，蛋白质的稳定性不仅取决于多种外界条件（热、变性剂或 pH），而且取决于蛋白质本身的性质。因此，开发一种普遍适用的稳定蛋白质功能的方法实在不是轻而易举的事情。

随着精细化工、分析化学、制药工程和生物工程等学科的飞速发展，对稳定酶制剂的需求越来越大。提高酶的储存和操作稳定性，扩大酶的使用范围引起人们的广泛重视。本章概述稳定蛋白质空间结构的各种力、表示蛋白质稳定性的若干参数及其测定方法、蛋白质变性和失活的原因和机理，重点介绍酶稳定化和固定化方法及这方面的研究进展。

第一节　酶蛋白的稳定性及其变性机理

一、酶蛋白稳定性的分子原因

酶稳定性（enzyme stability）通常是指酶蛋白分子抵抗各种因素的影响，保持其生物功能（活性）的能力。在大多数情况下，酶的活性是由其分子的空间结构决定的，保持其空间结构是维持生物活性的前提。然而，有些酶的活性在其空间结构完全伸展前就已丧失（即三维结构发生一些微小变化就失去所有活性），而有些酶的空间结构受到严重影响仍能保持较高的酶活性。由于大部分酶由蛋白质组成，此节内容主要介绍维持蛋白质空间结构的内容。相关研究指出，稳定蛋白质空间结构的力如下：

1. 金属离子、底物、辅因子和其他低分子量配体的结合作用

金属离子结合到多肽链不稳定的部分（特别是弯曲处），可以显著增加蛋白质的稳定性。酶与底物、辅因子和其他低分子量配体相互作用时，也会增加蛋白质的稳定性，这是因为蛋白质与上述效应子的作用常使蛋白质发生构象变化，使其构象更稳定。

2. 蛋白质–蛋白质和蛋白质–脂的相互作用

在体内常与脂类或多糖相互作用形成复合物的蛋白质的稳定性往往增加，这是因为蛋白质分子表面上既有疏水簇，也有极性和带电基团。从热力学上看，疏水簇与水的接触对蛋白质稳定性是不利的。当蛋白质复合物形成时，脂分子或蛋白质分子稳定到疏水簇上，防止疏水簇与溶剂的接触，屏蔽了蛋白质表面的疏水区域。

3. 盐桥和氢键

虽然蛋白质分子中盐桥的数目较少，但是其对蛋白质稳定的作用很显著。来自嗜热脂肪芽孢杆菌的甘油醛-3-磷酸脱氢酶与来自兔肌的同一个酶的三维结构很类似，只有一个细小的重要差别——嗜热脱氢酶亚基间区域有盐桥协作系统，而嗜温脱氢酶没有的。因此嗜热酶的变性温度和最适温度都比嗜温酶高约20℃。氢键能维持二级结构（如α-螺旋、β-片层、β-转角等），因此在蛋白质中有重要作用。然而，氢键对蛋白质稳定性的重要性不应估计过高。用定点突变法定性定量地测定了引入的氢键对蛋白质的稳定性的作用，发现加入的氢键与蛋白质稳定性并无太大关系。

4. 二硫键

用二硫键稳定蛋白质的思路来自于聚合物化学。20世纪50年代中期已经证明，大分子的分子内交联可增强其坚实性，并提高其在溶液中的稳定性。交联会在蛋白质中形成二硫键，使伸展蛋白的熵值急剧降低，因此天然蛋白和变性蛋白的自由能间的差别增加，所以稳定化效应值随着肽链中氨基酸数目的增加而增加。与此类似，用双功能试剂实现分子内交联，也能使蛋白质构象稳定化。

5. 对氧化修饰敏感的氨基酸含量较低

重要的氨基酸残基结构（如活性部位氨基酸）的氧化作用是蛋白质失活的最常见的现象。半胱氨酸的巯基和色氨酸的吲哚环，对氧化作用特别敏感，因此，在高度稳定的嗜热蛋白质中的这些不稳定氨基酸的数目比在相应的嗜温蛋白质中显著偏低。

6. 氨基酸残基的坚实装配

尽管溶液中的蛋白质可以以紧密程度类似于低分子量化合物晶体的状态紧密装配，但是蛋白质结构中仍有空隙。按照Chothia说法，蛋白质球体积大约25%仍未充满，溶质分子可以包埋在这些孔隙中，而不是被氨基酸占据。这些孔隙通常为水分子所充满，分子质量为20000～30000Da

的蛋白质中约有 5 ～ 15 个水分子。极性的水分子通过布朗运动与蛋白质球的疏水核相接触会导致蛋白质不稳定，随着水分子从孔隙中除去，蛋白质结构变得更坚实，蛋白质的稳定性也增加。因此，蛋白质的坚实化可作为一种人为稳定蛋白质的方法。

7. 疏水相互作用

疏水相互作用对蛋白质的结构和稳定性非常重要。疏水作用本质及其在蛋白质稳定性中的作用已经形成了统一的理论。带有非极性侧链的氨基酸大约占蛋白质分子总体积的一半，从热力学上来说它们与水的接触是不利的，因为非极性部分加入水中，会使水的结构更有序地排列。最近用 X 射线结晶学方法证实了靠近蛋白质表面非极性部分的水分子形成了五角形的原子簇。水分子的这种结构重排，能引起系统的熵值降低和蛋白质折叠状态的改变：蛋白质的非极性部分总是倾向于使其不与水接触，并尽可能地隐藏在蛋白质球体内部，从而蛋白质稳定性增加。

根据 X 射线晶体学的数据，蛋白质非极性氨基酸占据着蛋白质表面积的 50%。通常非极性残基组成具有重要功能的疏水表面簇，这些簇能使蛋白质通过疏水作用结合到其他蛋白质上（形成多酶复合物），或结合到生物膜的脂、细胞壁的多糖以及酶催化过程中的底物和效应子上，总之，疏水簇能使蛋白质以最佳方式发挥功能。然而，非极性氨基酸若处于水溶液中的非结合蛋白质的表面，则对蛋白质的稳定性是有害的。体内蛋白质（如嗜热酶）热稳定性的增加是由于非极性氨基酸在蛋白质球体内更规则地排列。换句话说，位于蛋白质球体内的非极性氨基酸残基数越多和暴露于溶剂的非极性氨基酸残基数越少，蛋白质越稳定，而蛋白质总的疏水性可以保持不变。

从蛋白质三维结构的稳定性上来说，主要有 3 个不利于疏水相互作用的因素：一是蛋白质球体中的氨基酸必须相当紧密地堆积；二是影响氨基酸几何形状和能量的微环境；三是蛋白质多肽链折叠时需要疏水簇仍保持在蛋白质表面，因为疏水簇负责蛋白质与其他分子间的疏水相互作用。“水可接近表面积”（water-accessible surface area）的特性与蛋白质中疏水相互作用的总自由能相关：$\Delta G_h = \sigma\Delta A$，其中，$\Delta G_h$ 是由水可接近表面积变化（ΔA）所引起的总的疏水能的变化，σ 是比例系数，等于 10467kJ/nm^2。因此，负责与水产生疏水接触的蛋白质表面积的减少，会使蛋白质内部疏水作用增强，因此导致蛋白质稳定化。嗜热酶和嗜温酶的比较可明显看到这一现象，因此增加疏水作用是稳定蛋白质的实用方法。采用定点突变或化学修饰的研究手段以至少两种方式产生影响：一是降低蛋白质表面的疏水性质；二是增加蛋白质内部的疏水性。

二、测定蛋白质稳定性的方法

天然有催化活力的酶分子是由非共价力（疏水相互作用、离子键、范德瓦耳斯力及氢键）的微妙平衡来维系结构的。酶暴露于一定浓度的变性剂或不利的环境条件时，酶蛋白质分子中的非共价力经过先减弱、后破坏的两步伸展过程（100% 伸展态）。伸展的结果损坏了酶的活性部位，引起酶失活（见图 7-1）。必须强调的是，这个伸展过程是完全可逆的，因为这种构象从热力学角度上说是有利的，一旦除掉不利的条件，酶分子能重新折叠成它的催化活性形式。事实上，天然态和伸展态的自由能的净差值是 21 ～ 84kJ/mol，此值只相当于几个额外的氢键或离子键的作用。

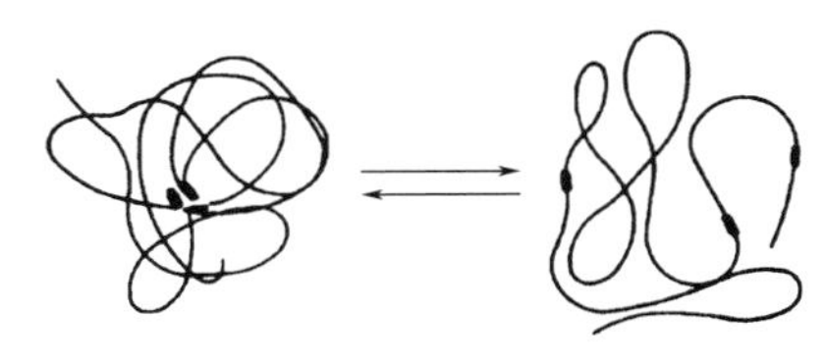

图 7-1　酶分子的可逆伸展（不可逆失活的初始阶段）示意图

加粗部分表示酶的活性中心

对蛋白质可逆伸展的研究已经相当广泛，伸展机理也了解得很清楚。蛋白质分子的可逆伸展通常是失活过程的开始阶段，随后的不可逆过程可以是共价变化，也可以是非共价变化，视具体的蛋白质和失活原因而定（见图 7-2）。

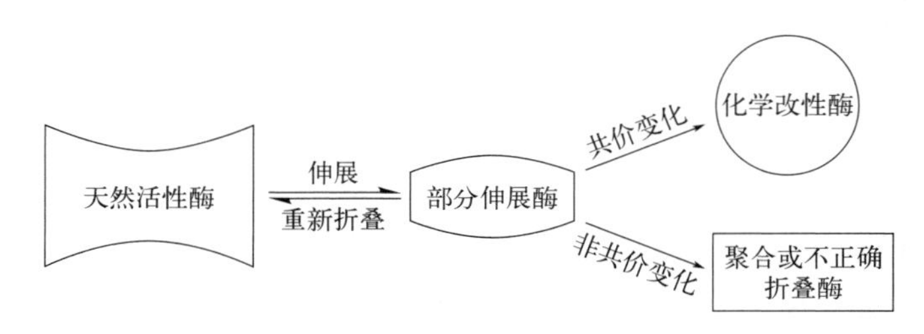

图 7-2　酶的不可逆失活示意

用于测量或比较蛋白质稳定性的指标包括熔化温度 T_m、蛋白质自由能、最大稳定性温度（T_s）的测定和在特定温度下蛋白质功能活性维持的时间。最后一项可扩展成加速降解实验，即在较高温度下增加酶失活速度，从而预测酶在其他温度下的寿命。此法的依据是阿伦尼乌斯方程，参数的特点列于表 7-1 中。

表 7-1　表示蛋白质稳定性的特征参数

参数	度量	是否需两阶段过程	如何测定
T_m	熔化温度	否	实验
变性剂浓度	50% 伸展所需的变性剂浓度	否	实验
ΔG（H_2O）	构象稳定性	需要	变性剂伸展曲线
ΔG（25℃）	构象稳定性	需要	热变性曲线
T_s	最大稳定性温度	需要	稳定性曲线
相对活力（%）	时间 t 时保留的活力	否	实验
加速降解试验	预测温度 T 时之寿命	需要	阿伦尼乌斯图

总结测定球形蛋白质的构象稳定性的方法可以发现：对于两阶段系统，即对于由 N（天然折叠蛋白质）→ U（变性伸展蛋白质）的反应，构象稳定性与限定条件下的自由能变化（ΔG）相关。蛋白质在不同浓度变性剂溶液中的自由能数值可由实验测得，记为 ΔG（H_2O）；根据蛋白质在不同温度下的变性曲线也可获自由能数值，记为 ΔG（25℃）。

通过热变性曲线可以测定熔化温度 T_m 时的焓变（ΔH）和熵变（ΔS），但要先知道热容的变化（ΔC_p）。最大稳定性温度 T_s（在此温度下熵为 0）可从 ΔG 对温度作图而算得，钟形曲线的最高点即为 T_s。T_s 值一般在−10℃（相当于亲水蛋白质）和 35℃（相当于疏水蛋白质）之间。

T_m 是蛋白质受热伸展（或加变性剂而伸展）过程中点时的温度。它不要求两阶段过程，对于突变蛋白质的稳定性排序特别有用。只有在伸展过程是两阶段过程时才能测定热力学稳定性，而且测定时必须十分小心，否则误差很大。熔化温度 T_m 和蛋白质伸展 50% 时的变性剂浓度显然是预测酶稳定性的最有用的参数。测定酶稳定性的另一种方法是应用加速降解实验测定酶活力的变化。此法根据阿伦尼乌斯方程，使活化能（这里相当于活力损失）与绝对温度相关联。活力损失只有通过单分子机理——一级反应才能观察到。将待测酶放于一定范围的较高温度中，另取一份放于较低温度（如 4℃）作为参比。假定在整个实验过程中，参比温度下不发生酶降解（活力不损失），那么定期分析贮存在不同温度下的酶活力，就可算出一级降解速率常数，再将这些常数拟合于阿伦尼乌斯方程。

对于适用于各种反应级数（0、1、2、3 级动力学反应）的快速降解实验，在不同温度下的每一种类型的反应，测定浓度（活力）降至 90% 所需时间（$t_{0.9}$）再用 $\lg t_{0.9}$ 对相应的绝对温度作图，结果对各种不同的反应级数都得到一直线（见图 7-3 和图 7-4）。根据这个直线关系很容易预测该样品在任何温度下的寿命。因为它使用了阿伦尼乌斯图，所以此法只适用热降解过程。

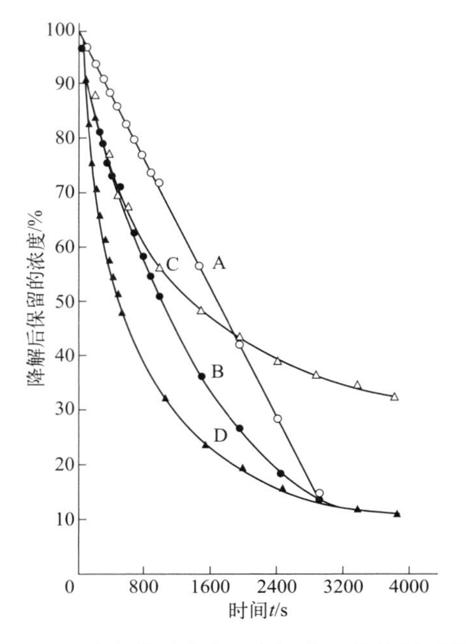

图 7-3　动力学反应在一定温度下的降解时间进程曲线（A 表示 0 级反应；B 表示 1 级反应；C 表示 3 级反应；D 表示 2 级反应）

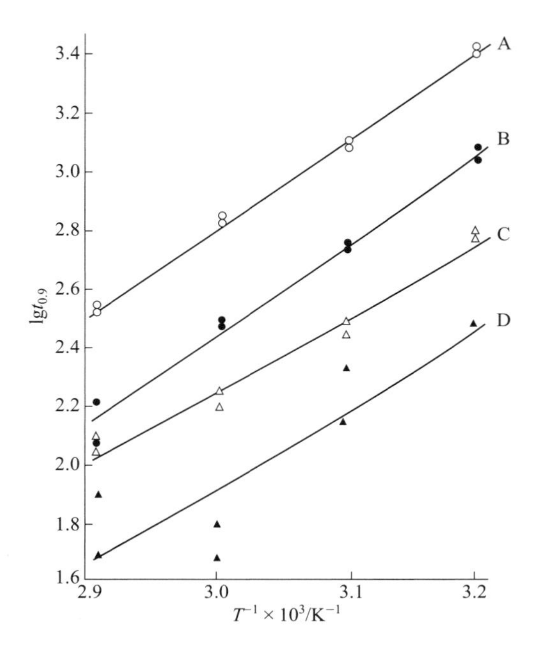

图 7-4　由图 7-3 得到 $t_{0.9}$，用 $\lg t_{0.9}$ 对相应温度的倒数作图（T 表示绝对温度；A 表示 0 级反应；B 表示 1 级反应；C 表示 3 级反应；D 表示 2 级反应）

三、蛋白质不可逆失活的原因和机理

为了开发有效的稳定化方法，必须研究失活机理。酶失活的机理概述于表 7-2 中。

表 7-2　酶失活机理

失活机理	变性条件
1. 聚合（有时伴随形成分子间二硫键）	加热，变性剂脲，盐酸胍，SDS，振动
2. 一级结构改变	
① 酸、碱催化的肽键水解，蛋白质水解作用和自溶作用	极端 pH 值，加热，蛋白水解酶
② 功能基氧化（半胱氨酸巯基和色氨酸吲哚环）	氧气（特别在加热时），氧气代谢产物，辐射
③ 二硫键还原，分子间二硫键交换	加热，高 pH，巯基化合物，二硫化物
④ 必需巯基的化学修饰	金属离子，二硫化物
⑤ 蛋白质磷酸化	蛋白激酶
⑥ 在催化过程中因反应中间物（主要是自由基）引起的“自杀”失活	底物
⑦ 氨基酸的外消旋化	加热，极端 pH
⑧ 二硫键剪切后形成新氨基酸（赖氨丙氨酸、羊毛硫氨酸）	加热，高 pH
⑨ 天冬酰胺脱胺	加热，高 PH
3. 辅酶分子从活性部位上解离	螯合剂，透析，加热，金属离子
4. 寡聚蛋白解离成亚基	化学修饰，极端 pH，脲，表面活性剂，高温或低温
5. 吸附到容器表面	蛋白质浓度低，加热
6. “不可逆”构象改变	加热，极端 pH，有机溶剂，盐酸胍
7. 流体中的剪切失活	流体形变

1. 蛋白水解酶和自溶作用

酶在使用和贮存过程中的失活常是由于微生物和外源蛋白水解酶作用的结果。由基因工程菌

(特别是 *E. coli*) 纯化真核细胞多肽时收率较低，也是由这种体外蛋白水解作用造成的。蛋白水解酶可催化肽键水解，当蛋白质底物也是一种蛋白水解酶时，就会发生自我降解现象，叫作自溶。

2. 聚合作用

聚合长久以来就被认为是蛋白质失活的一种机理。大约 100 年前，科学家就发现，加热蛋白质水溶液会形成沉淀。聚合分三步进行：$N \rightleftharpoons U \longrightarrow A \longrightarrow A_s$，其中 $N \rightleftharpoons U$ 代表可逆伸展，A 是聚合的蛋白质，A_s 是发生了二硫键交换反应的蛋白质聚合物。首先，单分子构象变化的发生，导致蛋白质可逆变性，这个过程使包埋的疏水性氨基酸残基暴露于水溶剂中；其次，这种改变了三级结构的蛋白质分子彼此缔合，最大限度地减少裸露的疏水氨基酸残基带来的不利效果；最后，如果蛋白质分子含有半胱氨酸和胱氨酸残基，则会发生分子间二硫键交换反应。与许多其他蛋白质失活原因不同，聚合并不一定是不可逆的。使用变性剂破坏分子间的非共价键（氢键或疏水相互作用）并且在无变性剂时，通过还原和再氧化再生天然二硫键，就有可能使蛋白质再活化。聚合和简单的沉淀作用是有区别的。沉淀的蛋白质并未发生显著的构象变化即从溶液中析出。因此，沉淀很易再溶于水溶液中，并恢复其全部天然特性，就像结晶蛋白质和冷冻干燥蛋白质那样。

3. 极端 pH

处于极端 pH 而失活的酶，其机理会因酶和环境条件的不同而有差异。失活程度可由微小的构象变化到不可逆失活，这要由保温条件而定。例如，pH 改变可引起催化必需基团的电离，导致失活，但对酶结构没有严重影响；重新调节 pH，可恢复活力。极端 pH 下引起蛋白质酸碱变性的重要因素是：一旦远离蛋白质的等电点，那么蛋白质分子内相同电荷间的静电斥力会导致蛋白质伸展。而且，只有在蛋白质伸展后，埋藏在蛋白质内部非电离残基才能电离。组氨酸残基主要是负责酸性 pH 下的蛋白质伸展。这个过程原则上是完全可逆的，但这些构象变化常能导致不可逆聚合，蛋白酶常会出现自溶现象。总之，极端 pH 能启动改变、交联或破坏氨基酸残基的化学反应，结果引起不可逆失活。

肽键水解反应容易在强酸或中等 pH 及高温的条件下发生。在极端条件（浓度为 6mol/L 的 HCl，24h，110℃）下，蛋白质可完全水解成氨基酸。Asp-Pro 键特别易受攻击是因为在天冬氨酸残基处的肽键在不太酸的环境下短时间也能发生水解。此外，天冬酰胺和谷氨酰胺的脱氨作用容易在强酸、中性和碱性 pH 下发生，在蛋白质的疏水性内部引入负电荷，结果导致酶失活。

食品加工时，蛋白质一般要暴露于碱性条件下发生各种各样的反应，其中包括肽键水解、脱氨、精氨酸水解成鸟氨酸、β-消除和外消旋化、双键形成、氨基酸残基破坏和形成新的氨基酸。一个有意义的例子是碱对蛋白质中二硫键的影响，碱催化的 β-消除反应可破坏二硫键，同时形成脱氢丙氨酸和硫代半胱氨酸残基。脱氢丙氨酸与赖氨酸的 ε-氨基发生加成反应，形成一个新的分子内交联键（赖氨丙氨酸）（见图 7-5）。

4. 氧化作用

各种氧化剂能氧化带芳香族侧链的氨基酸以及甲硫氨酸、半胱氨酸和胱氨酸残基，氧分子、H_2O_2 和氧自由基是常见的蛋白质氧化剂。在过渡金属离子（如 Cu^{2+}）存在下，半胱氨酸可于碱性 pH 下氧化成胱氨酸。然而，视氧化剂强度，半胱氨酸也可转变成次磺酸、亚磺酸或磺（半胱氨）酸。H_2O_2 是非专一性氧化剂。在酸性条件下，它主要使甲硫氨酸氧化成相应的亚砜。虽然甲硫氨酸亚砜在体内可被酶还原，在体外可被巯基化合物还原，但这个反应限制了酶在工业上的应用和贮存。在生物系统中，蛋白质的氧化失活是通过活性氧（$\cdot OH$、O_2^-、H_2O_2、OCl^-）来完成的。例如，中性粒细胞可以产生高浓度的氧化剂杀死细菌。

5. 表面活性剂和去污剂

去污剂引起蛋白质变性的方式很独特，因为它在很低浓度下能使蛋白质发生强烈的相互作用，导致蛋白质不可逆变性。去污剂有离子性和非离子性两大类，都含有长链疏水尾巴，但“头”部

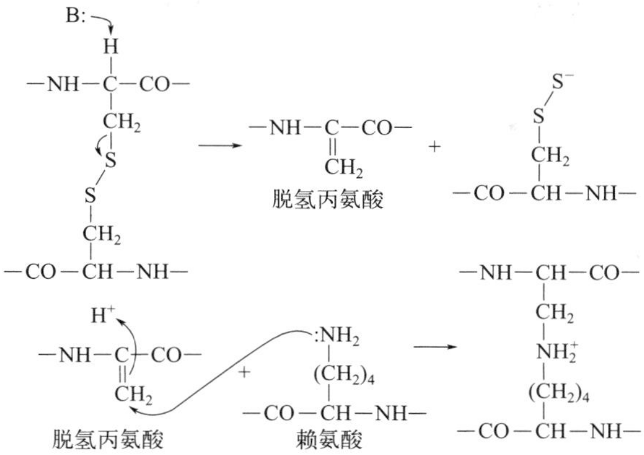

图 7-5　碱催化的β-消除反应破坏二硫键，产生新的分子内交联键（赖氨丙氨酸）

基团不同，有带电的，有不带电的。去污剂的关键物理性质是其溶解度，而去污剂的亲水部分和疏水部分之间的相对平衡是决定其行为的重要因素。如图 7-6 所示，当去污剂单体加入水溶液时，一部分溶解，一部分在气-水界面形成单层。随着更多的去污剂的加入，当其达到临界胶束浓度（CMC）时，单体开始自动缔合成稳定的胶束。这种自动聚合的动力是疏水相互作用：亲水头指向水溶剂，而疏水尾彼此缔合以保护它们不与水分子发生热力学上不利的接触。阴离子去污剂，如十二烷基硫酸钠（SDS），与蛋白质的结合比例是溶液中游离 SDS 浓度的函数。当单体 SDS 浓度使某一生物结合位点饱和时，则以协同方式结合其他位点，导致蛋白质伸展。伸展使先前埋藏的疏水性氨基酸残基暴露，有利于 SDS 的进一步结合，直至达到饱和为止。对于几乎所有的蛋白质来说，每克蛋白质结合 SDS 的最大量类似，大约 1.4g/g。SDS 分子聚集在蛋白质暴露的疏水区域周围，形成的 SDS-多肽复合物本质上是胶束。

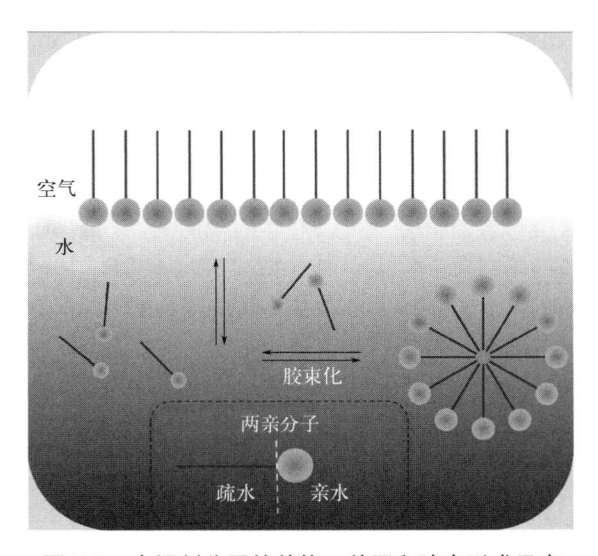

图 7-6　去污剂分子的单体、单层和胶束形成示意

阳离子去污剂，如癸基三甲基氯化铵也能结合蛋白质。但通常要在接近于它的 CMC 时才能结合，而它的 CMC 大约是 SDS 的 10 倍。因此，与 SDS 相比，许多蛋白质更能抵抗阳离子去污剂的变性作用。非离子去污剂如 Triton X-100 通常不能使蛋白质变性，可能是由于其大体积非极性头和完整的刚体结构不容易穿过蛋白质分子表面的裂隙启动变性。当其浓度很高时，也能诱导蛋白质伸展，但和阳离子表面活性剂一样，非离子去污剂也受其 CMC 的限制。

6. 变性剂

（1）脲和盐酸胍

高浓度脲（8 ～ 10mol/L）和盐酸胍（6mol/L）常用于蛋白质变性，然而，尽管它们作用很有效，却没有普遍接受的作用机理。有两个特点已经明确：第一，这些试剂消除了在维持蛋白质三级结构中起重要作用的疏水相互作用；第二，它们直接与蛋白质分子作用。尽管准确的作用机理不清楚，但脲及盐酸胍广泛用于检测蛋白质可逆伸展的构象稳定性。应当特别注意的是，脲可自发形成氰酸盐。浓度为 8mol/L 的脲溶液平衡时大约含有浓度为 0.02mol/L 的氰酸盐。氰酸盐可与蛋白质中的氨基和巯基相互作用，引起不可逆失活。因此，脲溶液应在使用前用优质固体脲新鲜配制。

（2）高浓度盐

高浓度盐对蛋白质既可有稳定作用，也可有变性作用，这要看盐的性质和浓度，与 Hofmeister 离子促变序列有关，$(CH_3)_4N^+$>NH_4^+>K^+，Na^+>Mg^{2+}>Ca^{2+}>Ba^{2+}>SO_4^{2-}>Cl^->Br^->NO_3^->ClO_4^->SCN^-，越靠近序列左侧的离子对蛋白质的稳定作用越强，因为它们能通过增加溶液的离子强度，降低蛋白质分子上疏水基团的溶解度，此外，这些盐能增加蛋白质周围的水簇，引起系统总自由能损失（水的熵降低）。这两种效应结合起来，通过盐析疏水基团，使蛋白质分子更坚实，即使蛋白质稳定。越靠近该序列右边的离子越使蛋白质不稳定，这些离子能结合于蛋白质的带电基团或结合于肽键的偶极子，结果降低蛋白质周围的水簇数目，这种作用引起蛋白质盐溶，降低蛋白质构象稳定性。例如，$(NH_4)_2SO_4$ 是众所周知的酶稳定剂，贮存酶时常用它。相反，NaSCN 是常用的紊乱剂，使蛋白质不稳定。

（3）螯合

结合金属离子的试剂，如 EDTA 能使金属酶失活，这是因为 EDTA 与金属离子形成配位复合物，从而使酶失去金属辅因子。这类失活常常是不可逆的，而失去金属辅因子也能引起大的构象变化，从而导致活力不可逆丧失。另外，螯合剂与有害金属离子的螯合还可以稳定不需要金属离子的蛋白质。

（4）有机溶剂

酶能在水溶液中发挥作用，也能在无水有机溶剂中发挥作用。与水混溶的有机溶剂加入蛋白质水溶液中时，可以观察到酶的失活。这是因为有机溶剂通过疏水相互作用直接结合于蛋白质，并改变维持蛋白质天然构象的非共价力的平衡的溶液介电常数。因此，有机溶剂通过增加疏水核的溶解度，降低带电表面的溶解度而具有使蛋白质“从里往外翻”的倾向。另一方面，蛋白质（酶）要在几乎无水的环境中发挥作用，必须在其分子表面有一单层必需水来维持它的活性构象，而与水混溶的有机溶剂能夺去酶分子表面的必需水，因而使酶失活。

7. 重金属离子和巯基试剂

重金属阳离子如 Hg^{2+}、Cd^{2+}、Pb^{2+} 能与蛋白质的巯基反应（将其转化为硫醇盐），也能与组氨酸和色氨酸残基反应。此外，银或汞能催化水解二硫键。巯基试剂通过还原二硫键也能使酶失活，但这个作用常是可逆的。低分子量的含二硫键的试剂可与蛋白质巯基作用，形成混合二硫键，或者在两个半胱氨酸残基之间形成蛋白质分子内的二硫键。在双硫试剂如氧化型谷胱甘肽和含有催化作用必需的巯基的酶之间也会发生同样的二硫键交换反应。

8. 热失活

热失活是研究得比较详细而且最经常遇到的蛋白质失活现象。工业上的酶催化大多要求在较高温度下进行，因为这可以增加溶解度和反应速度以及降低溶液黏度、防止微生物污染。所以热失活是工业上最经常遇到的酶失活的情况。

高温（90 ～ 100℃）下，依赖 pH 的共价反应限制了酶的热稳定性。这些反应包括 Asn 和 Gln 的脱氨作用、在 Asp 处的肽键水解、Cys 的氧化、二硫键交换作用和二硫键的破坏，上述这些破坏性反应直接导致高温下酶失活。此外，若系统中有还原糖（如葡萄糖），糖很易与 Lys 的 ε-氨基作用，这叫美拉德反应（Maillard 反应），是食品工业中热失活的原因。

热失活通常过程为两步：酶可逆热伸展使它的反应基团和疏水区域暴露，随后相互作用导致不可逆失活。有两种构象过程能引起不可逆热失活：第一，由于热伸展，包埋的疏水区域一旦暴露于溶剂，则会发生蛋白质聚合；第二，单分子构象扰动能引起酶失活。高温下，酶丧失其常规的非共价相互作用，但当恢复常规条件时，在被扰动的酶分子结构中形成非天然的非共价相互作用，虽然这种结构从热力学上说不如天然构象稳定，但由于纯动力学还能保存下来，因为多肽链的分子运动随温度降低而下降。

9. 机械力

机械力（如压力、剪切力、振动）和超声波都能使蛋白质变性。从理论上说，变性是可逆的，但因常伴随着引起不可逆失活的聚合或共价反应而很难验证。

（1）振动

振动使蛋白质失活的机理是，振动增加气-液界面的面积。蛋白质分子在这个界面上呈线性排列并伸展，使疏水残基最大限度地暴露于空气。然后，蛋白质由于疏水区域的暴露而聚合。

（2）剪切

酶溶液快速通过管道或膜时，在管（膜）壁处或靠近管（膜）壁处产生梯度剪切力，这个梯度剪切力能引起蛋白质构象变化，导致原先埋藏的疏水区域暴露，然后聚合。失活程度随剪切速度的增大和暴露时间的增长而增加。

（3）超声波

超声波压力使溶解的气体产生小气泡，小气泡迅速膨胀至一定程度时突然破碎，这就是空化作用，它既产生机械力，又产生化学变性剂（如在小气泡中热反应所产生的自由基），结果使蛋白质失活。

（4）压力

10 ～ 600MPa 的压力下可使酶失活。通常认为压力诱导的失活是蛋白质变性后聚合的结果，但还有另外两个失活机理：第一，已经证明，多亚基酶在高压下可解离成单体，取消压力后，活力得到不同程度的恢复，但很多这类失活是不可逆的；第二，乳酸脱氢酶的相关工作表明，半胱氨酸氧化与失活机理有关，而这个反应与压力引起的酶结构变化有关。

10. 冷冻和脱水

酶溶液通常可在低温下贮存较长时间，然而也有很多例子表明冷冻可使蛋白质发生可逆和不可逆失活。很多变构酶在温度降低时会产生构象变化。多年来，人们一直认为低温减弱了疏水相互作用，引起蛋白质解离或变性，这种变性是可逆的，并且与 pH 有关。最近发现，在指定 pH 下降低温度和在指定温度下改变 pH，酶失活的速度和程度是一样的，这种可逆变性过程常因后来的聚合作用而导致不可逆失活。

在冷冻过程中，溶质（酶和盐）随着水分子的结晶而被浓缩，引起酶微环境中的 pH 和离子强度的剧烈改变。如磷酸盐缓冲液的 pH 在冷冻后可由 7 变到 3.5，这个 pH 很容易引起蛋白质的酸变性。此外，盐的浓缩可提高离子强度，引起寡聚蛋白质的解离。

冷冻引起酶失活的另一因素是二硫键交换或巯基氧化。随着冷冻进行，酶浓度增加，当然半胱氨酸浓度也增加。当这种浓缩效应与构象变化同时发生时，分子内和分子间的二硫键交换反应就很容易发生，因为在−3℃部分冻结系统内的氧浓度要比 0℃溶液中的高 1150 倍而使巯基在低温下更易氧化。同时这种浓缩效应还能增加氧自由基的浓度。

酶的脱水和酶的冷冻有许多相似之处。事实上，上述列举过的酶冷冻失活的机理同样适用于酶的脱水过程，因为这两个过程都是降低液体水的含量。

11. 辐射作用

电离和非电离辐射对蛋白质失活的影响已经被详细研究，非电离辐射在食品工业中有可能作为杀菌技术而被研究得更详细。

不同的电离辐射（如 γ 射线，X 射线，电子，α 粒子）对蛋白质分子及其周围水分子产生的化学变化类型是相似的。蛋白质失活既可由直接作用（辐射对蛋白质分子的影响）引起，也可由间接作用（水辐射分解副产物对蛋白质分子的影响）引起。电离辐射的直接作用是由于形成自由基而引起一级结构的共价改变，继而交联或氨基酸破坏，这导致天然构象丧失或聚合；电离辐射的间接作用是由于在水溶液中形成反应性产物，其中主要是·OH自由基、电子和H_2O_2等。

非电离辐射，如可见光或紫外线辐射也能使蛋白质失活。可见光的光化学氧化要求光敏化染料，它能吸收光能，然后氧化蛋白质分子中的敏感基团（半胱氨基，色氨酸，组氨酸）。紫外线辐射能直接破坏蛋白质的氨基酸残基而使蛋白质失活，半胱氨酸和色氨酸残基特别不稳定。

第二节　酶蛋白质的稳定化

本节主要讨论改善酶的稳定性，防止其失活的方法。根据图7-2所示的酶不可逆失活过程可知，解决这个问题要从两方面着手：一是如何防止酶的可逆伸展；二是一旦酶发生可逆伸展，那么如何防止其不可逆失活反应发生。对于防止酶可逆伸展，可以开发出普遍适用的方法，但酶不可逆失活的原因复杂，需要一些特殊的稳定化方法。稳定天然酶的方法大致有四种，详见表7-3。

表7-3　酶稳定化方法概述

方　法	说　明
固定化	
① 酶多点连接于载体上	酶构象坚固化；立体障碍防止蛋白水解酶的降解作用
② 分配效应和扩散限制	载体的化学和物理性质影响酶分子周围的微环境
非共价修饰	
① 添加剂	专一性添加剂使N$\rightleftharpoons$U平衡向N移动；竞争性添加剂除掉破坏性催化剂；有的中性盐和多羟基化合物的保护作用
② 反相胶团	反相胶团中酶抵抗有机溶剂变性
③ 蛋白质间相互作用	酶的抗体保护酶
化学修饰	
① 共价交联	使酶构象坚固化
② 改变离子状态或引入立体障碍的试剂	修饰增加、中和或改变酶分子上的带电残基；可溶性大分子的联结抑制与其它溶质（蛋白酶）的相互作用
蛋白质工程	定点突变取代不稳定的氨基酸残基，引入稳定酶的因素

一、固定化

酶的固定化技术是使酶稳定性提高的重要手段之一，是使酶成为工业催化剂的实用技术。关于酶的固定化的方法在本章第三节进行了详细介绍。固定化可通过下列效应影响酶的稳定性：空间障碍、分配或扩散限制。

酶固定到载体上后可产生空间障碍，使其他大分子难于与酶作用。因此，固定到载体上的酶往往能抵抗蛋白水解酶的降解作用，这也是防止蛋白水解酶自溶的原因。因为载体阻挡酶不能与失活剂接触，所以固定化也能抑制化学失活。底物、配体和氢离子浓度在载体附近和整体溶液之间的分布不均一。底物和载体的性质（带电、疏水性等）不同，其在载体周围的局部浓度与整体溶液不同，也就是说，酶的微环境有了改变。因此，与游离酶相比固定化酶的最适pH、底物专一性和动力学常数往往发生改变。例如，H^+在水和载体间的分配能改变固定化酶周围的pH。用阳离子交换剂和阴离子交换剂作载体固定的酶，其最适pH分别向高pH和低pH移动。

酶包埋在多孔颗粒内时，底物必须先扩散到颗粒表面（外部质量传递），然后进入颗粒内部（内部质量传递），酶才能与其作用。这些扩散限制可明显使固定化酶“稳定化”。当底物和产物的扩散速度成为反应中的限制步骤时，反应速度不再与酶浓度成正比（此时依赖性较弱）。假定酶失活是在外部因素（热、pH 或变性剂）作用下发生的，而且游离酶和固定化酶的固有稳定性相等，如果用“活力对失活时间”或“活力对失活程度”来表达失活过程，就会看到固定化酶的明显的“稳定化”，而事实上，这种稳定化只是由底物扩散限制引起的。

酶被多点共价连接到载体表面，或用双功能试剂交联酶，以及将酶包埋在载体紧密的孔中，均可以使酶构象更加坚固，从而阻止酶构象从折叠态向伸展态过渡（如图 7-7 所示）。

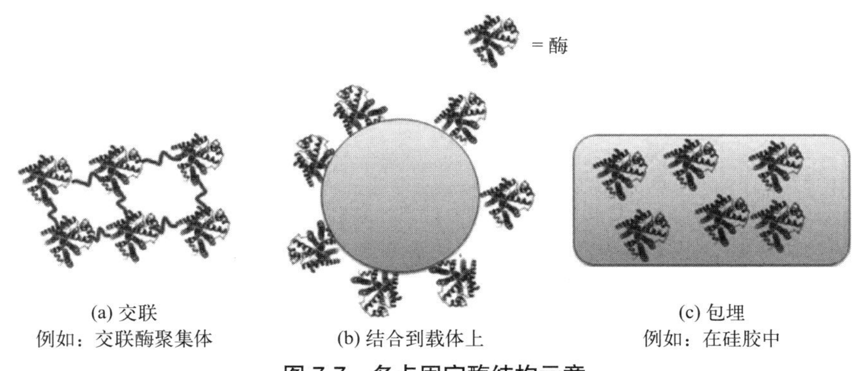

彩图 7-7

图 7-7　多点固定酶结构示意

（a）用双功能试剂交联；（b）共价或非共价连于载体上；（c）包埋到载体的紧密孔中

以下通过实例说明上述原理：

① 肌酸激酶是重要的临床诊断用酶，但天然酶在溶液中很不稳定。用 CNBr 将酶固定在琼脂糖上，固定后酶的失活曲线类似于游离酶，但多点固定在琼脂糖上时，其活力可保存 18h 以上，35h 后仍保持原活力的 50%。这个例子证明，要使感兴趣的酶稳定化，将酶多点连接到载体上非常有效。为了增加酶与载体的连接点，可用单体类似物修饰酶，然后再使单体共聚合，这样酶就共价连接于聚合凝胶的三维网格中（见图 7-8）。与凝胶相连部位的数目可通过改变酶分子上化学修饰残基的程度来控制。Pervez 等将淀粉糖苷酶包埋在琼脂糖中，调节水凝胶大小为 3.0mm 时获得最大包封率（78%）。监测长期使用能力发现，在 4℃和 37℃条件下保存 40 天后的固定化糖苷酶（68% 和 40% 的活力残留）较游离糖苷酶（46% 和 10% 的活力残留）保存了更高的酶活性，在 4℃和 37℃条件下保存 80 天后固定化糖苷酶（40% 和 10% 的活力残留）仍显示出催化性能，而游离糖苷酶活性全部丧失。

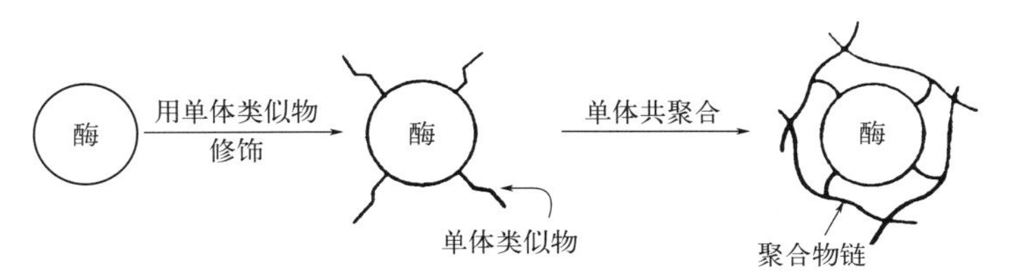

图 7-8　制备互补酶-凝胶的方法

酶与载体多点非共价相连［图 7-9（a）］也能稳定酶，例如，无论是游离的还是包埋在中性聚丙烯酰胺中（质量分数在 0 ～ 50%）的胰凝乳蛋白酶热失活速度都相当快，然而当把此酶包埋在带电的聚甲基丙烯酸凝胶（质量分数大于 30%）中，则此酶的热稳定性急剧增加几个数量级［见图 7-9（b）］。这是因为凝胶上的电荷增加，酶和凝胶载体间的非共价接触（静电力和氢键）也增加，导致酶构象坚固，热稳定性增加。

② 从原理上说，如果把蛋白质球体置于既与酶分子无化学作用也无吸附作用的适当的孔中，只要这孔足够“紧密”，则因空间上的原因，也能防止蛋白质构象伸展。这时蛋白质球体是以纯机械的方式维持其天然构象。用聚丙烯酰胺凝胶包埋 α-胰凝乳蛋白酶的实验表明，凝胶在适当

高浓度下，酶的热稳定性提高，若质量分数小于45%时，没有稳定化作用，高于50%时，酶的热稳定性显著提高。根据酶失活速度对温度依赖性的数据可知，在120℃，酶在完全干胶中的稳定化效应是天然酶溶液的10^{13}倍（图中数据线性外推结果）。

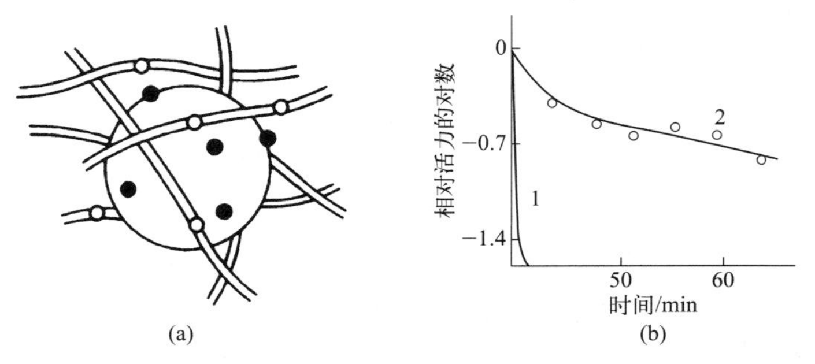

图7-9 胰凝乳蛋白酶抗热失活的稳定化（非共价法）

（a）酶在聚合凝胶三维格子内多点非共价相连的示意；（b）酶单分子热失活的动力学曲线

1—酶在无单体的水溶液中；2—酶在质量浓度为44%聚甲基丙烯酸凝胶中

③ 向酶分子引入不同长度的分子内交联键可显著增加酶的热稳定性。例如，先用碳二亚胺活化酶的羧基，处理过的酶再与不同长度的二胺［$H_2N(CH_2)_nNH_2$，其中n=0～12］作用，结果二胺的两个氨基与酶上的活化羧基键合，即在酶分子上架起一座“桥”。所形成的这种桥越多，酶的构象越稳定。作为交联剂二胺的最适长度要视具体酶而定，因为不同酶所含羧基数不同，羧基间距离也不同。如图7-10所示，对α-胰凝乳蛋白酶来说，n=4的二胺最合适，交联剂太长或太短对酶稳定化都不利。经过n=4二胺处理过的α-胰凝乳蛋白酶的稳定化程度要比50℃时天然酶高3倍。若先使酶琥珀酰化，以增加其羧基数，此时用n=2的二胺处理酶，则50℃时的稳定性要比天然酶高21倍。

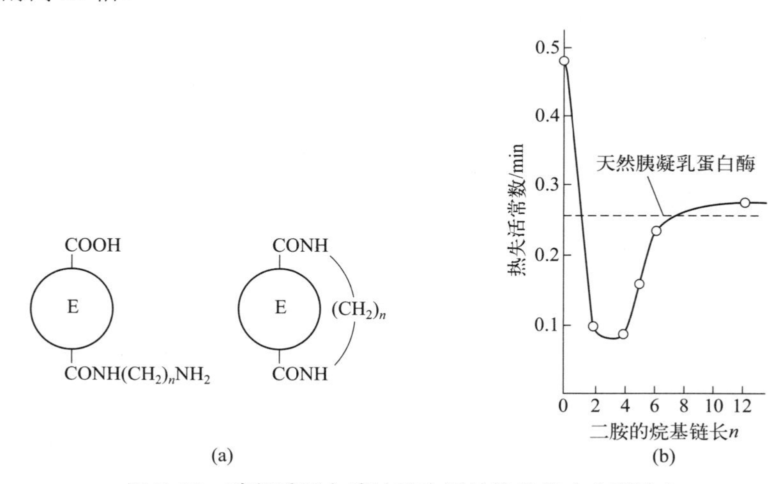

图7-10 胰凝乳蛋白酶抗热失活的稳定化（交联法）

（a）碳二亚胺活化酶，然后用链长n的二胺交联的示意；

（b）用不同链长二胺交联的α-胰凝乳蛋白酶的单分子热失活一级速率常数

④ 环氧支持物Eupergit C特别适用于使蛋白质和酶多点共价连接，因而稳定其三维结构，控制实验条件很关键。Mateo提出三步稳定化法：第一，在温和条件（pH7.0，20℃）先固定酶；第二，已固定的酶在较剧烈条件下（高pH值，长时间保温）进一步反应一段时间，以“促进”在蛋白质-载体间形成新的共价键；第三，封闭载体上仍保留的活化基团，停止酶与载体的进一步作用。Torres等将来自芽孢杆菌的β-半乳糖苷酶、来自粪肠球菌的L-阿拉伯糖（D-半乳糖）

异构酶和来自红曲霉的 D-木糖（D-xylose）异构化酶分别固定在 Eupergit C 和 Eupergit C 250L 上。碱性孵育条件不仅有利于形成额外的共价键，而且在碱性中孵育 24h，上述酶的热稳定性最高。在优化的条件下，固定化酶的活性收率均超过 90%。在 50℃时，产生的固定化 L-阿拉伯糖异构酶和 D-木糖异构化酶的半衰期分别达到 379h 和 554h，与游离酶相比性能大为改善。

⑤ 基于制备免疫亲和酶层开发了一种高效酶固定化法，固定的酶量多，酶活力高，抗热失活的性能也有所改善。原理是先制备抗黑曲霉葡糖氧化酶和兔辣根过氧化物酶的多克隆抗体（IgG）。将 IgG 偶联到琼脂糖上，然后交替与酶和 IgG 培育，组装成酶-抗体层。经 6 个循环后，酶量增加至起始结合量的 25 倍。

⑥ Deshwal 等制备了在微黏度和反胶束（特别是蔗糖）的流体动力学方面显示了碳水化合物的纳米限制效应的新型热硬化微乳液基凝胶，采用该凝胶包埋酶（辣根过氧化物酶和嗜热 α-葡糖苷酶）作为高效间歇生物反应器在高温条件（60℃）下具有明显的优势。

二、非共价修饰

1. 反相胶束

用适当的口袋包埋酶或使酶微囊化，可使酶在不利环境下有效地起作用。反相胶束最易提供这种微囊化。反相胶束是由两性化合物在占优势的有机相中形成的（见图 7-11）。依溶剂和表面活性剂的组成，可在与水不混溶的溶剂中得到微乳化的反相胶束。反相胶束不仅可以保护酶，还能提高酶活力，改变酶的专一性。例如，包埋在由 SDS 和苯等组成的反相胶束中的蔗糖的活力比其在水介质中的活力高 4 倍多，而且维持活力的时间由 48h 延长至 7 天。事实上，在保证酶有效作用所必需的水量的前提下，酶在有机溶剂中的稳定性比在水中更好。例如，在干燥的三丁酸甘油酯中的脂肪酶相当稳定，100℃时的半衰期大于 12h，而水含量大于 1% 时，酶立即失活。这主要是由于酶在无水有机溶剂中的构象高度坚实化，有机溶剂“冻结”了酶的活化构象；另外一个原因是缺乏游离水，而实验证明，酶的任何一个失活过程都需要水的参与。

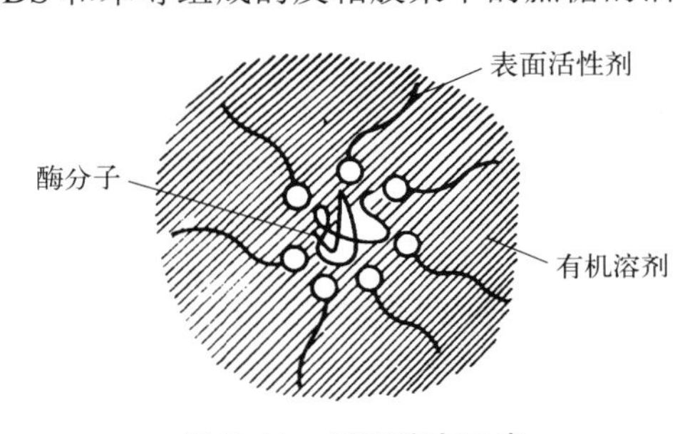

图 7-11　反相胶束示意

2. 添加剂

许多化合物可增加溶液酶或冻干过程中酶的稳定性。这类物质分为 3 类：专一性的底物和配体；非专一性的中性盐和多羟基化合物；与酶失活剂竞争的物质或除掉破坏化学反应催化剂的物质，如加入的蛋白质、螯合剂和还原剂。添加剂不仅可以提高酶的热稳定性，还可提高酶抗蛋白水解、抗化学试剂、抗 pH 变化、抗变性剂、抗稀释作用的能力等。

酶反应的底物或产物、变构效应剂、辅酶或辅酶衍生物能与酶紧密结合（单点或多点结合），因而使天然酶和伸展酶之间的平衡向天然酶方向移动，从而对酶的总活力产生有益的影响。如果酶与底物结合，则得到低内能构象，产生的复合物能更好地抵抗变性作用。如果专一性配体不是酶底物，那就很难区分酶稳定化的原因是酶-配体相互作用，还是酶微环境的修饰。

盐离子对蛋白质的疏水残基有“盐析”作用，这种效应的原因是溶液离子强度增加和蛋白质周围水簇数目的增加。盐的作用是结合分子中配对阴离子，使分子内的静电排斥作用降至最低，因而增加酶的稳定性。这个结果提示，对于勉强稳定的蛋白质，在存在大量净电荷的条件下，可用盐使其稳定化。

甘油、糖和聚乙二醇是多羟基化合物，能形成很多氢键，并有助于形成“溶剂层”，这种酶分子周围的溶剂层与整体水相不同。它们可增加表面张力和溶液黏度。这类添加剂通过对蛋白质的有效脱水，降低蛋白质水解作用而起稳定酶的作用。用低分子量多元醇稳定了溶菌酶，而海藻糖对超氧化物歧化酶有很好的保护作用，研究发现变性温度随多元醇的浓度和多元醇上羟甲基数目而增加。α-淀粉酶的最适活力 pH 范围是 4.5 ～ 7，当环境 pH 下降到范围以下时，该酶会逐渐解折叠，进而导致疏水基团暴露，山梨醇作为一种酶的助溶剂，能够有效阻止 α-淀粉酶在酸性条件下的解折叠并帮助其维持二级结构。

螯合剂能络合金属离子，因而可防止活化氧的自氧化作用，也能防止金属离子诱导的聚合作用。然而螯合剂也能除去活性部位必需的金属离子，使酶失活。还原剂可防止必需功能基团的氧化，但它也有缺点，如常用的巯基乙醇能还原蛋白质的二硫键、催化导致聚合的二硫键交换反应。

3. 蛋白质间非共价相连

蛋白质间相互作用时，由于从蛋白质表面相互作用区域排除水，因而降低自由能，增加蛋白质的稳定性。有些来自嗜热菌的酶具有较高稳定性是保护性大分子（如肽和聚胺）发挥作用的结果。酶的多聚体或酶的聚合体的活力和稳定性也常比其单体高。

采用抗体来稳定酶是最常见的研究手段。有些抗体可以在蛋白质开始伸展的部位或发生蛋白质水解的部位起作用，因此可以稳定蛋白质。例如，α-淀粉酶与其抗体的复合物在 70℃时的半衰期为 16h，而天然酶的半衰期仅为 5min。抗体保护的酶还有抗氧化、抗有机溶剂、抗低极端 pH、抗自溶、抗蛋白质水解作用。Guo 等从合成的噬菌体显示单链抗体（scFv）库中筛选出 4 种抗 *E. coli* 天冬酰胺酶的 scFv，其中 scFv46 与天冬酰胺酶的络合物可抵抗胰蛋白酶的水解作用。用胰蛋白酶，于 37℃处理 30min，酶活力仍保持原酶活力的 70% ～ 80%，而没有 scFv 保护时，只有很小的残余酶活力。由于任何一种酶都有它对应的抗体，制备酶的抗体亦较简单迅速，所以这种稳定酶的方法具有普遍性。但问题是制备抗体花费较多，解决的办法是用微生物生产抗体。最近有几个研究小组报告，已经成功地由大肠杆菌生产具有完整功能的重组抗体片段，而出现了用一种微生物既可生产目的蛋白质，又可生产其抗体的可能性。

三、化学修饰

酶化学修饰可分为两大类：一是用大分子作修饰剂；二是用小分子作修饰剂。这两类修饰都能达到稳定酶的作用，得到可溶性稳定化酶。此外，交联酶晶体是近年开发的有效的酶稳定化方法。

1. 可溶性大分子修饰酶

可溶性大分子如聚乙二醇（PEG）、右旋糖酐、肝素等以及白蛋白、多聚氨基酸等，可通过共价键连接于酶表面，形成一个覆盖层，这种可溶性的固定化酶有很多有用的新性质。如用 PEG 修饰的天冬酰胺酶不仅其抗原性降低或消除，而且抗蛋白质水解能力也提高了，延长了酶在体内的半衰期，从而提高药效。PEG 修饰的人血红蛋白可作为血浆代用品，而且具有输血与血型无关、冷冻干燥后可永久保存、避免输血时可能发生的肝炎和艾滋病病毒感染等优点。

通过碳二亚胺交联剂对左旋天冬酰胺酶进行羧甲基葡聚糖的化学修饰，Marjan 等评估和比较天然酶和修饰酶的生化和结构性质。化学修饰在 25℃，0.1mol/L 磷酸盐缓冲液，pH 7.2 的 *N*-羟基琥珀酰亚胺和碳二酰亚胺存在下进行。电泳和游离氨基测定证实了其发生了化学修饰。研究表明，化学修饰可使修饰后的酶具有更高的比活性和稳定性，羧甲基右旋糖酐的化学修饰可通过改变左旋天冬酰胺酶的结构属性而改善其生化性质，并可能增强其在儿童白血病治疗中的适用性。

Liang 等利用甲氧基聚乙二醇马来酰亚胺（分子量 5000, Mal-mPEG5000）对甘薯 β-淀粉酶（SPA）进行改性剂；在最佳改性条件下，Mal-mPEG5000-SPA 比活性较未处理的甘薯 β-淀粉酶提高了24.06%。通过对比Mal-mPEG5000-SPA和SPA对甘薯淀粉的K_m值、V_{max}可以发现，Mal-mPEG5000-SPA比SPA对甘薯淀粉有更强的亲和力和更快的水解速度，金属离子对Mal-mPEG5000-SPA和SPA的作用无明显差异。

为了改善胃蛋白酶（EC 3.4.23.1，PP）的酶学性质和增强其稳定性，Li等采用壳寡糖（COS）对PP酶分子进行化学修饰。修饰前PP的K_m和V_{max}分别为2.40mg/mL和1.1×10^6mg/(mg•min)。修饰后（COS-PP）的K_m和V_{max}分别为4.44mg/mL和8.3×10^5mg/(mg•min)。PP和COS-PP的最适温度分别为57℃和59℃。在60℃孵育1h后，PP和COS-PP溶液的剩余活性分别为26.56%和74.72%。在65℃孵育1h后，PP和COS-PP溶液的剩余活性分别为14.74%和46.40%。在室温（25℃）或4℃冰箱中保存4天后，PP溶液基本无活性，而COS-PP溶液的剩余活性分别为5.40%和33.94%。

通过优化载药方法提高生物活性蛋白的体内稳定性。Xu等以β-葡糖苷酶（β-glucosidase，β-Glu）为模型蛋白，通过化学偶联法将其固定在磁性纳米颗粒（记为MNP-β-Glu）上，并进一步用聚乙二醇（PEG）分子（记为MNP-β-Glu-PEG）修饰以增加其稳定性。酶活性分析表明，在4℃条件下，MNP-β-Glu-PEG在30天内保留了77.9%的初始酶活性，而游离酶仅保留了58.2%。Sprague-Dawley（SD）大鼠的药代动力学研究表明，MNP-β-Glu- PEG组在体内保持较高的酶活性（50min后41.46%），与MNP-β-Glu组（50min后0.03%）和β-Glu组（50min后0.37%）对比表现出明显的优势。此外，与MNP-β-Glu组相比，MNP-β-Glu- PEG组的酶活性与Fe浓度的降低并不完全同步。磁性纳米颗粒结合PEG修饰的方法有望用于生物活性蛋白的体内应用。

将荧光假单胞菌（*Pseudomonas fluorescens*, PFL）来源的脂肪酶通过界面活化吸附到超顺磁性纳米$NiZnFe_2O_4$颗粒上，Nathalia等制备生物催化剂OCTYL-NANO-PFL。为了进一步提高固定化脂肪酶的稳定性，采用不同浓度的不同双功能分子对固定化酶生物催化剂进行化学修饰。结果表明，用5%（体积分数）戊二醛GA或1%（体积分数）二乙烯基砜DVS对所有双功能分子进行化学修饰后，稳定性大大提高。在pH值为7时，OCTYL-NANO-PFL-GA 5%和-DVS 1%的稳定性是未修饰酶的60倍，在pH值为5时，5% GA修饰酶的稳定性是未修饰酶的200倍。在pH 7时比OCTYL-NANO-PFL稳定8.3倍，而在pH 9时比OCTYL-NANO-PFL稳定20倍。

然而，大分子修饰和所有其他需要随机共价偶联的方法一样，可能会修饰酶的活性部位，使酶失活，所以必须事先了解酶活性部位结构，或采取必要的措施，保护酶活性部位。

2. 小分子修饰酶

世界上第一个用化学修饰法稳定酶的成功实验是在20世纪50年代由Nord完成的。以后，出现了许多用小分子试剂共价修饰蛋白质的数据。这里概述共价修饰蛋白质达到稳定化的原因：第一，修饰有时会获得不同于天然蛋白质构象的更稳定构象；第二，修饰“关键功能基团”也会达到稳定化；第三，由化学修饰引入到蛋白质中的新功能基团可以形成附加氢键或盐键；第四，用非极性试剂修饰可加强蛋白质中的疏水相互作用；第五，蛋白质表面基团的亲水化。

① 第一个原因，即将酶构象转变成更稳定构象，较难实现，因为由化学修饰引起的构象变化特征一般是很难预测的。

② 考虑第二个原因时应注意，化学修饰蛋白质时，随修饰功能基团数目的增加常不能导致稳定性显著变化；当修饰的功能基团数达到临界值时，稳定性突然增加，如图7-12所示。此现象的解释是，当修饰程度

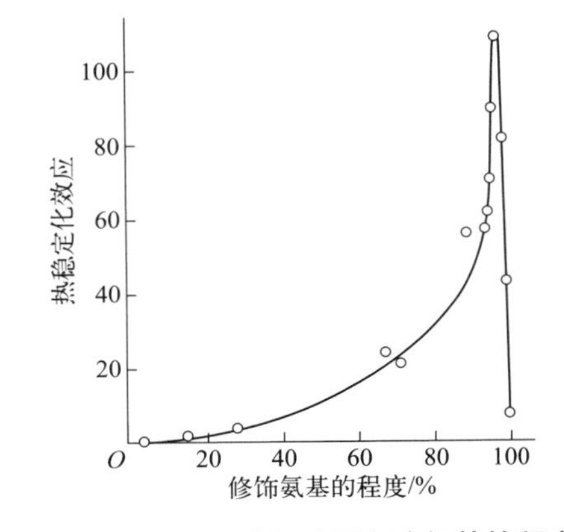

图7-12　修饰α-胰凝乳蛋白酶氨基的程度与抗热失活稳定化效应之间的关系

低时（即修饰剂刚过量），仅修饰位于酶表面且在酶结构中起非必需作用的那些功能基团；如果修饰剂过量，那么处于蛋白质球体内部的功能基团也要被修饰，修饰这些基团似乎能改善蛋白质分子中相互作用的平衡，从而导致蛋白质稳定化。

酶分子羧基的糖苷化也能改善酶稳定性。Baek 等以碳二亚胺为交联剂，在温和条件下，用葡萄糖胺修饰核糖核酸酶 A 裸露的羧基，得到两种糖苷化酶：一个含 1 个葡萄糖胺分子；另一个含 2 个葡萄糖胺分子。这些糖苷化酶可保持原酶活力的 80%，但热稳定性显著增加，对蛋白酶水解的抵抗力类似于天然酶，对亚氨基二乙酸-Cu^{2+}（IDA-Cu^{2+}）的亲和力略有增加，说明酶的构象变化了或空间障碍降低了。

然而决定哪一个功能基团是关键功能基团往往要从经验上确定，事先很难根据蛋白质的已知三维结构来决定。凭经验寻找关键功能基团必须十分小心，因为修饰关键功能基团后，某些埋藏较深的残基也可能被修饰。后一过程常会导致蛋白质不稳定化。结果，在有些实验中常常看不出关键功能基团，根本看不到稳定化效应。对于寡聚酶的共价化学修饰来说还有一个问题要注意，修饰亚基间区域的某些关键基团常会导致亚基间接触的破坏和酶解离成单体。

③ 化学修饰可将极性或带电基团引入到蛋白质分子中，形成新的氢键或盐桥，但在实践中很难实现这类实验。首先必须测定蛋白质三维结构，寻找可以包含在新的静电相互作用中的带电基团；然后选择适当的锚功能基，它要与蛋白质三级结构中的带电基团相距不远；最后还要选择或合成适当的化学试剂，它要带有能与蛋白质的锚功能基专一反应的基团，同时还是具有一定长度的带电片段。这些实验显然是很费力的。

④ 用疏水试剂修饰亲水残基（如用碘甲酯修饰 Lys 的 ε-NH_2）应当使蛋白质不稳定，因为这样修饰后引入的非极性—CH_3 与水接触用热力学解释是不利的。然而这个普通规则有一个例外。位于蛋白质表面的很多疏水残基常聚集形成表面疏水簇，如果待修饰的残基位于这类疏水簇附近，那么具有适当链长的修饰剂就会与疏水簇靠近、接触，因此，附加的疏水相互作用增加蛋白质的稳定性。蛋白质被非极性分子（如硬脂酸、十二烷酸和苯）修饰后，稳定性增加也证明这种稳定化机理的有效性。

就疏水稳定化而言，最有效的机理应当是在蛋白质的疏水核内引入非极性分子那样的修饰。待修饰蛋白质在开始时处于伸展构象（无规则盘绕），而不是处于天然折叠构象。最易使蛋白质伸展的方法是，用强变性剂（如脲）与巯基试剂（切二硫键）一起处理天然蛋白质。蛋白质伸展后，按下述 3 种方法之一改变其结构（见图 7-13）。a. 在非天然条件下让蛋白质重新折叠，即在浓盐溶液中、有机溶剂中或高温下使蛋白质重新折叠。在这样条件下，蛋白质可能采纳不同于天然酶的另一种构象，这种构象仍保持催化活力，但稳定性提高。如果重新折叠是在有利于疏水作用的条件下进行的，那么蛋白质分子内部将会变得更加疏水，相反，它的表面会更加亲水，结果导致稳定化。已经发现，固定化的胰蛋白酶伸展后，在 50℃甚至更高温度下重新折叠所形

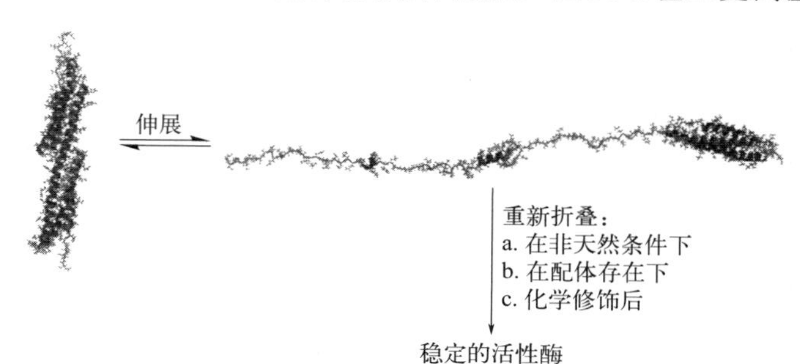

图 7-13　蛋白质球体内部修饰法图示（蛋白质分子先伸展，然后在 3 种不同条件下重新折叠成具有催化活力的稳定的酶）

成的活性酶，其稳定性要比在正常温度（20 ～ 35℃）下折叠的酶更好。b. 蛋白质也可以在配体存在下重新折叠，因为配体可与蛋白质多点、非共价相互作用。非极性和两性化合物最有希望达到此目的。前者在重新折叠过程中可包埋在蛋白质的疏水核内，而后者可以加入到蛋白质中，加入的方式是：其非极性部分与蛋白质的疏水区域接触，极性或带电部分暴露于溶剂。c. 可用化学试剂修饰伸展蛋白质，因为肽链伸展后提供了化学修饰分子内部疏水基团的可能性，然后让修饰后的伸展肽链重新在适当条件下折叠成具有某种催化活力的构象，目前这种方法仍在积极开发中。

⑤ 蛋白质的疏水表面与水的接触在热力学上是不利的，使酶不稳定，因此，用化学修饰法降低蛋白质表面的疏水性，即实现蛋白质表面的亲水化是稳定蛋白质的有效方法。用苯四酸酐酰化 α-胰凝乳蛋白酶就是通过亲水化达到稳定化的很成功的例子。此试剂主要修饰蛋白质的氨基，每修饰 1 个氨基，可引入 3 个新的羧基（如图 7-14 所示），所以，最高修饰度的酶制剂至少可携带 50 个新羧基。在微碱性条件下（即在酶热失活条件下）所有羧基都电离，因此，蛋白质表面高度亲水化。由于修饰酶比天然酶显著稳定，所以实际上不可能选择一个温度，直接比较两种制剂的失活动力学。

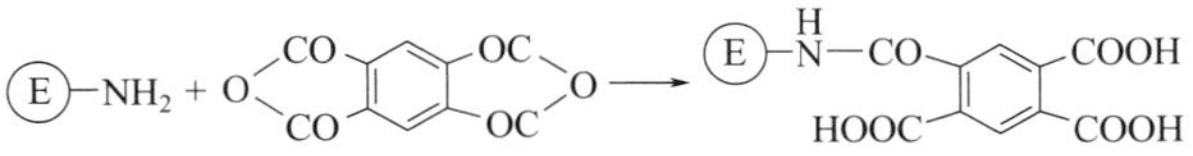

E—NH$_2$ + O(CO)$_2$C$_6$H$_2$(CO)$_2$O ⟶ E—N(H)—CO—C$_6$H$_2$(COOH)$_3$

图 7-14　苯四酸酐修饰 α-胰凝乳蛋白酶氨基示意图

为了说明它们稳定性的差别，实验数据要外推至中等温度（见图 7-15）。这样，在 60℃时，稳定化效应提高 10^3 倍，在更高温度下，提高的倍数更多。这种显著的稳定化效果只在酶多点结合到载体上见到过。用低分子量试剂化学修饰蛋白质，使稳定化效应提高 1000 多倍，甚至更多，是迄今最高的。用苯四酸酐修饰的 α-胰凝乳蛋白酶的稳定性实际上等于极端嗜热微生物蛋白酶（目前已知的最稳定的蛋白水解酶）的稳定性。

⑥ 交联酶晶体。用戊二醛交联酶的微晶体（1 ～ 100μm）即得到交联酶晶体（CLEC）。它是一种高度活化的固体微孔材料，具有溶剂可填充的直径 1.5 ～ 10μm 的均一通道，这些通道贯穿整个晶体。溶剂可占晶体质量的 30% ～ 65%，并可促进底物和产物自由进出晶体。制备 CLEC 分两步：一是酶的批量结晶；二是化学交联晶体，而晶体晶格和酶活力不被破坏。这两步都要求最适化，才能确保酶的高活力和稳定性。CLEC 对蛋白水解酶、高温和混合水有机溶剂的稳定性通常比可溶性酶高 2 ～ 3 个数量级。这是由于晶体中通道所形成的孔对蛋白酶来说太小，进不去；对高温和混合水有机溶剂的稳定性可能来自于晶体中存在的维持 CLEC 结构的蛋白质间相互作用和接触。交联的作用是防止晶体溶解，维持晶体结构，阻止蛋白质伸展，进一步稳定蛋白质，同时加强了晶体的机械强度，使其在溶液中剧烈搅拌振动也不损坏。

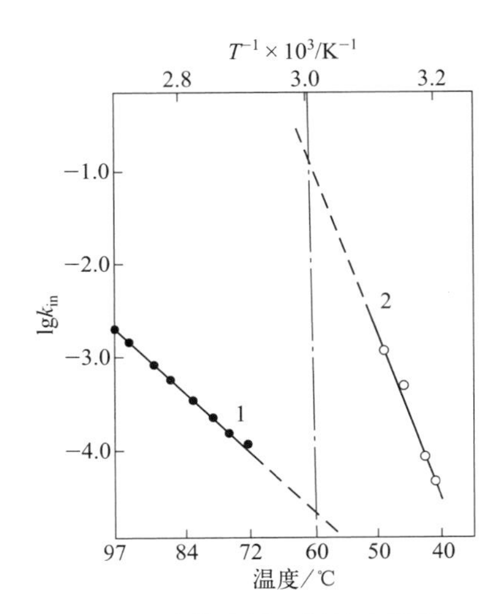

图 7-15　酶热失活一级速率常数与温度的关系

1—天然 α-胰凝乳蛋白酶；2—苯四酸酐修饰的 α-胰凝乳蛋白酶

目前，CLEC 主要用于多肽合成，因为它可克服多肽合成常遇到的问题：酶自降解和酶在有机溶剂中不稳定。而 CLEC 在应用上的主要限制是，它对大分子底物和快速扩散控制的反应无效。解决的办法是，降低 CLEC 的大小至亚微米，制备可逆交联的 CLEC（使用时是可溶的，且完全活化），这对某些药用蛋白质特别有用，因为有的药物冷冻干燥后失活、变质。

四、蛋白质工程

蛋白质工程一词是指用基因操纵技术高度专一性地改变目标蛋白质。用此法可得到这样的蛋白质：其结构与母体分子只有 1 个或几个氨基酸残基的差别。从生物工程观点看，此法的主要优点是提供了有目的改变酶性能的可能性，不仅可以改变酶结构，也可改变其催化活力及专一性和稳定性。此法的大致步骤是：先测定酶的一级结构，然后用 X 射线衍射分析测定其三级结构。根据结构信息选择突变部位，即选定哪一个氨基酸残基要被取代。为实现这种取代，要在一级结构中选 4 ～ 6 个氨基酸残基的寡肽序列，在其中间部分含有待取代的氨基酸残基。然后用化学法合成由 12 ～ 18 个碱基组成的并为所选寡肽的氨基酸序列编码的寡核苷酸序列，其中取代氨基酸的三联码被新的三联码取代，此寡核苷酸序列作为定位诱变的引物。在以后的基因工程操作中，必须找到（或人工构建）单股质粒，其中含有为所要蛋白质编码的基因，以此作为定位突变的模板。将引物与单链模板 DNA 相互配对，用各种 DNA 聚合酶和 DNA 连接酶将引物延长，形成互补链，则得到共价闭合的双链 DNA，也叫异质双链质粒。然后把异质双链质粒引入到宿主细胞（如 *E. coli*）。在细胞中，异质双链质粒被转化为两个同质双链质粒。一个所含的基因是为天然蛋白质编码的，另一个是为突变体编码的，将这两个基因分离并克隆。这种多步过程的最后产物是细胞转化突变型，它能合成突变体蛋白质，其与母体蛋白质仅有 1 个氨基酸的差别，这个氨基酸就是事先选定的突变部位。

定点突变法是有效的研究手段，目前日臻成熟。从生产稳定化蛋白质的角度出发，这里考查几个例子。

1. 工程二硫键

Zhou 等人通过对裂解多糖单加氧酶（LPMO）二硫键的设计，使变体 M1（N78C/H116C）与野生型相比，在 60℃时的半衰期延长了 3 倍，T_{50}^{15} 升高了 3.5℃，表观 T_m 升高了 7℃。此外，M1 对化学中变性的抵抗力也显著提高。二硫键的引入提高了酶的热稳定性和化学稳定性，但并未损害其催化活性，M1 的比活性是野生型的 1.5 倍。说明引入二硫键的工程位点可以同时提高 LPMO 的稳定性和活性，从而提高酶的工业适应性。

植酸酶在商业上被广泛用作猪和家禽的膳食补充剂，以提高植酸的消化率，Navone 等人提出了一种新的植酸酶突变体 ApV1，此突变体基于大肠杆菌 AppA 植酸酶结构，将 Lys^{28}、Typ^{360} 均突变为 Cys，野生型 AppA 在 65℃、75℃、85℃下完全失活，但突变体在 65℃、75℃、85℃下孵育 20min 仍能保持大约 50% 的活性（如图 7-16）。

多聚半乳糖醛酸酶（PG）用于工业中果汁的处理，因而热稳定特性是 PG 必不可少的。Wang 等人制备了多聚半乳糖醛酸酶 T316C/G344C 突变体，显示出与野生型 T1PGA 具有相同的最佳温度（70℃），但在 30 ～ 90℃的温度范围内，突变体 T316C/G344C 的总体比活性高于野生型 T1PGA。T316C/G344C 突变体在 80℃时保留了约 76.1% 的活性，而野生型 T1PGA 仅保留了约 40.2% 的活性。甚至在 90℃，T316C/G344C 突变体仍能保留其大约 40.1% 的活性，远高于野生型 T1PGA，工程二硫键的引入使 T316C/G344C 突变体比野生型 T1PGA 更耐热（如图 7-17）。

2. 增加蛋白质内部疏水性

Glu^{49} 位于野生型色氨酸合成酶的疏水核心部分，可用定点突变法取代它。已经证明，这种取代对酶的构象和活力没有影响，而且引入蛋白质球体内部的取代 Glu^{49} 的氨基酸的疏水性越强，所得突变酶越稳定。这个结果证明，定点突变法为增加蛋白质内部疏水性提供了独特的可能性。在蛋白质球体内，只要用疏水性残基取代极性残基，就能稳定酶。对蛋白酶也进行了这类取代（Ala 取代蛋白质球体内的 Gly^{144}），而酶的稳定性实际上也增加了。一次取代 2 ～ 3 个氨基酸的

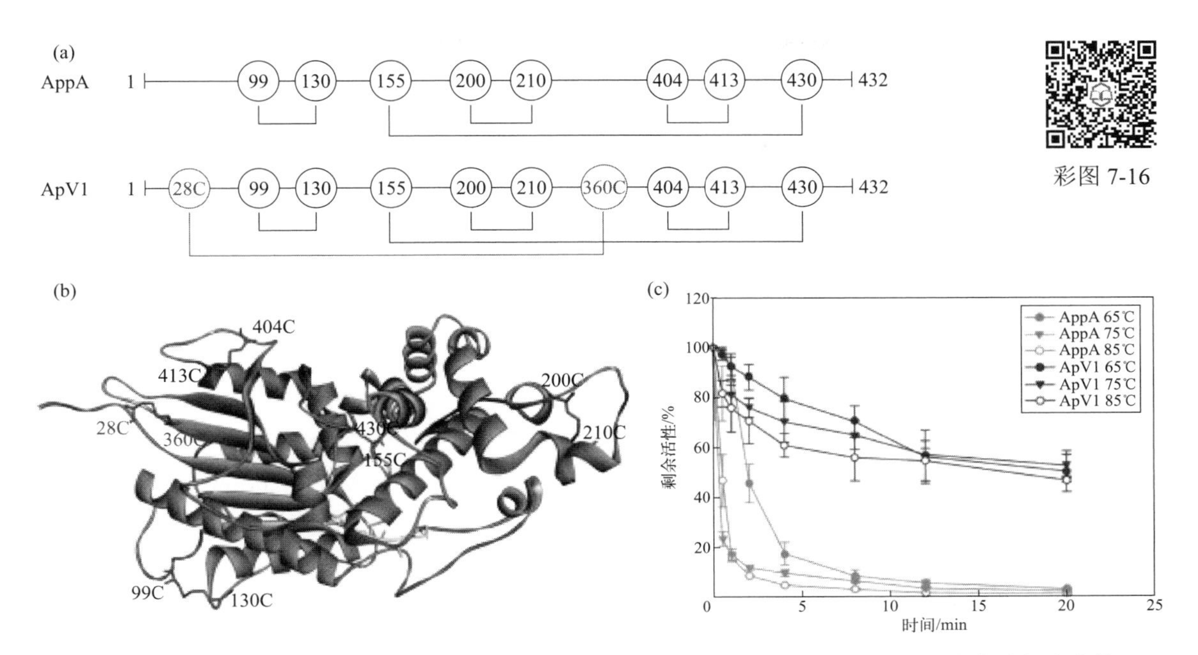

图 7-16 （a）AppA 植酸酶氨基酸序列图，ApV1（L28C, W360C）中形成二硫键的半胱氨酸残基和残基突变；（b）ApV1 结构表示二硫键（红色）和活性位点残基（黄色）；（c）AppA 和 ApV1 在 65℃、75℃或 85℃孵育后的剩余活性百分比

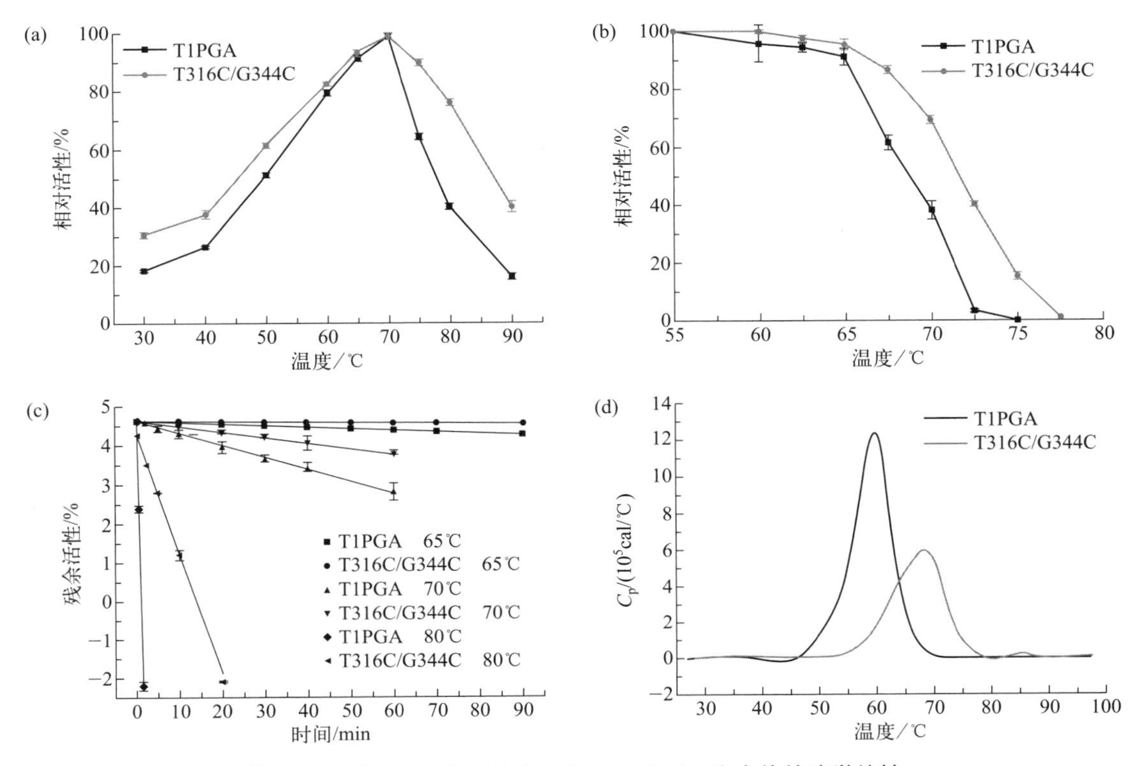

图 7-17　野生型 T1 PGA 和 T316C/G344C 突变体的酶学特性

蛋白酶突变体也得到了，但是，“疏水性越强，稳定性越高”的原则已不适用。原因可能是，氨基酸取代虽增加疏水性，但破坏了某些酶稳定性所必需的分子相互作用。

3. 酶表面亲水化

用定点突变法制备了嗜热脂肪芽孢杆菌乳酸脱氢酶的突变体，用 Asn 取代保守的 Ile^{250}。这个残基处于水可接近的疏水区域的辅酶活性部位上。辅酶的烟酰胺环结合并覆盖于这一区域。Asn 的亲水性当然要比 Ile 强得多，所以，Asn 取代 Ile 的结果是大大减少了疏水面积，从而增加了热稳定性。虽然 Asn 是不稳定残基，但使辅酶结合部位的亲水化效应显然要比任何 Asn 取代带来的热稳定化效应重要得多。这种表面疏水基转化为亲水基与化学修饰法得到的亲水化效应是类似的。

4. 抗氧化失活

枯草杆菌蛋白酶中 Met^{222} 位于活性中心。当 Met^{222} 氧化成它的亚砜型式，酶完全失活。采用定点突变法，用 19 种氨基酸分别取代 Met^{222}，结果发现，Cys 取代 Met^{222} 的突变体酶具有最高比活力，而且催化速率常数增加 2 倍。用 Ala、Ser 或 Leu 取代 Met^{222} 的突变体酶可抵抗浓度高达 1mol/L 的 H_2O_2 氧化失活。

5. Asn 脱胺失活

研究表明，酶在高温下（90 ～ 100℃）的不可逆失活是由于蛋白质一级结构发生变化，其中之一是 Asn 水解脱胺，从而造成酶在酸性 pH 下热失活。采用蛋白质工程对三糖磷酸异构酶进行改变，用 Thr 取代 Asn^{144}，用 Ile 取代 Asn^{78}，结果证明，突变体酶在 100℃时的稳定性比天然酶高 2 倍。而用 Ala 取代液化枯草杆菌 α-淀粉酶的 Asn^{190}，结果酶在 80℃（pH5.6，浓度为 0.1mmol/L 的 $CaCl_2$）时半衰期增加 6 倍。

6. 增加蛋白质分子表面疏水性

近年，出现了增加分子表面疏水性以获得稳定化蛋白质的报道。Mohammad 报道了牛胰蛋白酶抑制剂（BPTI）变体的系统结构和热力学分析，对 38 位残基的单个氨基酸取代，此残基位于蛋白质表面的环状区域，暴露在外环境中，随着 38 位取代残基的疏水性增加，蛋白质的稳定程度也会增加，通过对六种 BPTI-[5, 55]Gly^{14} 变体（$Gly^{14}Gly^{38}$、$Gly^{14}Ala^{38}$、$Gly^{14}Val^{38}$、$Gly^{14}Leu^{38}$、$Gly^{14}Ile^{38}$、$Gly^{14}Lys^{38}$）进行高分辨率结构解析，它们在保留了与野生型 BPTI 基本相同结构的同时，热稳定性的程度与改善的局部堆积和增加的取代位点周围的水合作用有关，在 38 位残基附近的水分子数量会在突变为疏水残基后增加，通过改善蛋白质周围水合作用增强蛋白质的稳定化。

脱色过氧化物酶（Dyp1B）的突变体 N193L 和 H169L 使染料对底物 2, 4-二氯苯酚（DCP）的 k_{cat}/K_m 增强了 7 ～ 8 倍，Val^{205} 和 Ala^{209} 突变体对碱硫酸盐木质素的活性也增强。位点定向突变研究了 Mn（Ⅱ）预测结合位点附近的残基，突变体 S223N 和 H127R 显示 Mn（Ⅱ）氧化的 k_{cat}/K_m 增加了 4 ～ 7 倍。与野生型 Dyp1B 相比，突变型 F128R 也表现出更强的热稳定性，且突变体 H169L 的产物释放度较 WT 酶增强。

虽然蛋白质工程是酶稳定化的有力工具，但仍有一些问题妨碍蛋白质工程在生物工程中的广泛应用。首先，必须实现蛋白质均一制剂的制备；其次，了解蛋白质结构是该方法的前提条件，这就需要进行蛋白质结晶，蛋白质结晶有困难，特别是糖蛋白更难结晶；最后，氨基酸序列测定，X 射线光谱解析也较复杂。而基因操作部分的实验，必须找到质粒或另一分子载体，它含有为所需蛋白质编码的基因。如果没有这样的载体（动物和植物 DNA 常有这种情形），必须由已知细菌质粒或噬菌体构建。因此，其他的传统酶稳定化方法仍能成功地与蛋白质工程法相互补充。

第三节　酶的固定化

一、固定化酶的定义

酶的固定化技术可追溯到20世纪50年代，最初是将水溶性酶与不溶性载体结合起来，成为不溶于水的酶衍生物，所以曾叫过“水不溶酶”（water insoluble enzyme）和“固相酶”（solid phase enzyme）。1971年的第一届国际酶工程会议正式建议采用“固定化酶”（immobilized enzyme）。所谓固定化酶，是指在一定空间内呈闭锁状态存在的酶，能连续地进行反应，反应后的酶可以回收重复使用。严格说来，酶的固定是通过物理或化学方法使酶固定在介质中的过程，非均相催化剂的使用使酶在工业中的连续操作和下游处理成为可能。

固定化酶最初的出现是为了解决酶在工业中的回收和再利用问题，这是因为在当时的技术水平下，酶是非常昂贵的催化剂。然而，一些酶的价格在过去几年里不断下降，使得该现象不再是一个普遍的现实。从工业需求出发，许多研究人员试图将固定化与其他解决酶稳定性的方法相结合，例如酶的活性、选择性或特异性、纯度、抑制性等。值得注意的是，使用固定化酶手段并不排除使用其他稳定化技术。事实上，使用某些稳定化技术改善的固定化酶可产生性能显著改善的工业生物催化剂。

酶可粗分为天然酶和修饰酶，固定化酶属于修饰酶。修饰酶中，除固定化酶外尚有经过化学修饰的酶和用分子生物学方法在分子水平上改良的酶等。与游离酶相比，固定化酶具有下列优点：①极易将固定化酶与底物、产物分开；②可以在较长时间内进行反复分批反应和装柱连续反应；③在大多数情况下，能够提高酶的稳定性；④酶反应过程能够加以严格控制；⑤产物溶液中没有酶的残留，简化了提纯工艺；⑥较游离酶更适合于多酶反应；⑦可以增加产物的收率，提高产物的质量；⑧酶的使用效率提高，成本降低。固定化酶也存在一些缺点：①固定化时，酶活力有损失；②增加了生产的成本，工厂初始投资大；③只能用于可溶性底物，而且较适用于小分子底物，对大分子底物不适宜；④与完整菌体相比不适宜于多酶反应，特别是需要辅助因子的反应；⑤胞内酶必须经过酶的分离手续。

二、固定化酶的制备原则

制备固定化酶要根据不同情况（不同酶、不同应用目的和应用环境）来选择不同的方法，但是无论选择什么样的方法，都要遵循几个基本原则：

① 必须注意维持酶的催化活性及专一性。酶蛋白的活性中心是酶的催化功能所必需的，酶蛋白的空间构象与酶活力密切相关。因此，在酶的固定化过程中，必须注意酶活性中心的氨基酸残基不发生变化，也就是酶与载体的结合部位不应当是酶的活性部位，而且要尽量避免那些可能导致酶蛋白高级结构破坏的条件。由于酶蛋白的高级结构是凭借氢键、疏水相互作用和离子键等弱键维持的，所以固定化时要采取尽量温和的条件，尽可能保护好酶蛋白的活性基团。

② 为使固定化更有利于生产的自动化、连续化，其载体必须有一定的机械强度，不能因机械搅拌而破碎或脱落。

③ 固定化酶应有最小的空间位阻，尽可能不妨碍酶与底物的接近，以提高产品的产量。

④ 酶与载体必须结合牢固，从而使固定化酶能回收贮藏，利于反复使用。

⑤ 固定化酶应有最大的稳定性，所选载体不与废物、产物或反应液发生化学反应。

⑥ 固定化酶成本要低，以利于工业使用。

三、酶的固定化方法

酶的固定化方法很多，但没有一种方法适合所有酶。酶的固定化方法通常按照用于结合的化学反应的类型进行分类（表 7-4）。

表 7-4　酶的固定化方法

分类	非化学结合法	化学结合法	包埋法
固定化方法	结晶法、分散法、物理吸附法、离子结合法	交联法、共价结合法	微囊法、网格法

（一）非化学结合法

1. 结晶法

结晶法是使酶结晶从而实现固定化的方法，该方法中结晶的蛋白质既是载体也是催化剂。它可以提供非常高的酶浓度，这一点对于活力较低的酶而言更具优越性。酶活力低是限制固定化技术的运用的重要因素，而且较昂贵的酶活性通常都比较低。当提高酶的浓度时，就提高了单位体积的活力，并因此缩短了反应时间。可以采用形成多种非共价作用力的方法稳定晶体结构，使得晶体酶比无定型的蛋白质聚集体具有更大的刚性。另外，也可利用交联剂形成的化学键合作用来稳定晶体，以防止在水环境中的溶解。但是这种方法也存在局限性：在不断的重复循环中，酶会有损耗，从而使得固定化酶浓度降低。

2. 分散法

分散法是通过酶分散于水不溶相中从而实现固定化的方法。对于在水不溶的有机相中进行的反应，最简单的固定化方法是将干粉悬浮于溶剂中，并且可以通过过滤和离心的方法将酶进行分离和再利用。然而，如果酶分布得不好的话，将引起传质现象。导致活力低的一个原因在于目前还没有完善的酶粉末的保存状况和体系。比如酶由于潮湿和反应产生的水使得贮存的冻干粉发黏并使得酶的颗粒较大。另外，在有机溶剂中，酶的构象和稳定性也能影响其活力。

对于用在水不溶溶剂中的固定化酶，有许多途径可以提高它们的反应速率：

① 正确的体系和贮存状态使酶粉末充分分散，将有助于提高活力。在干燥过程中，加入多种化合物有助于酶的分散，这些化合物也作为稳定剂和保护剂发挥作用。

② 与亲脂化合物的共价连接能增加酶在有机相中的溶解度，所以我们可以通过将其包埋在膜体系中或通过多相反应来实现酶的固定化。

③ 酶的固定化，即将酶简单地吸附到多孔载体中就能显著地增加单一催化中心的获得，并且易于从产物中分离酶。交联的晶体需要表面活性剂来补偿它们在有机相中的低活力。

3. 吸附法

吸附法是通过载体表面和酶分子表面间的次级键相互作用而达到固定目的的方法。只需将酶液与具有活泼表面的吸附剂接触，再经洗涤除去未吸附的酶便能制得固定化酶。

（1）物理吸附法

物理吸附法是通过氢键、疏水相互作用等作用力将酶吸附于不溶性载体的一种固定化方法。在非水相系统中用非共价吸附进行酶的固定化是很有效的。因为在这些溶剂中，酶的溶解性极低，其解吸作用可以忽略（在水相中解吸作用不能忽略）。此类载体很多，无机载体有多孔玻璃、活性炭、酸性白土、漂白土、高岭石、氧化铝、硅胶、膨润土、羟基磷灰石、磷酸钙、金属氧化物、磷酸钙胶、微空玻璃等；天然高分子载体有淀粉、白蛋白等；最近，纤维素、胶原、火棉胶、大孔型合成树脂、陶瓷等载体也十分受人关注；研究表明，用 Triton X-100、十二烷基硫酸钠（SDS）等表面活性剂溶液处理的苯甲酰纤维素载体而使之再生，这是由于 Triton X-100 等表面活性剂可以作为一个更疏水的物质而连接到载体上，从而将蛋白质从载体上洗脱，而表面活性剂可以用乙醇洗涤除去。用这种方法再生的载体仍可非常有效地结合新的葡聚糖蔗糖酶等蛋白质，并具有很高的固定化效率。此外还有具有疏水基的载体（丁基或己基-葡聚糖凝胶）可以疏水性吸附酶，以及以单宁作为配基的纤维素衍生物等载体。物理吸附法也能固定微生物细胞，并有可能在研究此法中开发出固定化增殖微生物的优良载体。

物理吸附法具有酶活性中心不易被破坏和酶高级结构变化少的优点，因而酶活力损失很少。若能找到适当的载体，这是很好的方法。使用吸附法固定化酶及蛋白质很简便，故在商业上得到了广泛的应用。但是它有酶与载体相互作用力弱，酶易脱落等缺点。

（2）离子结合法

离子结合法是指在适宜的 pH 和离子强度条件下，酶的侧链基团通过离子键结合于具有离子交换基的水不溶性载体上的一种固定化方法。用于此法的载体有阴离子交换剂如 DEAE-纤维素，DEAE-葡聚糖凝胶，Amberlite IRA-93、Amberlite IRA-410、Amberlite IRA-900，和阳离子交换剂，如 CM-纤维素、Amberlite CG-50、IRC-50、IR-120、Dowex-50 等。离子结合法的操作简单，处理条件温和，酶的高级结构和活性中心的氨基酸残基不易被破坏，能得到酶活回收率较高的固定化酶。但是载体和酶的结合力比较弱，容易受缓冲液种类或 pH 的影响，在离子强度高的条件下进行反应时，酶往往会从载体上脱落，而且静电作用限制了酶在发挥活性时构象的改变。离子结合法也能用于微生物细胞的固定化，但是由于微生物在使用中会发生自溶，故用此法要得到稳定的固定化微生物较为困难。

影响酶蛋白在载体上吸附程度的因素如下。

① pH：影响载体和酶的电荷变化，从而影响酶吸附。

② 离子强度：多方面的影响，一般认为盐阻止吸附。

③ 蛋白质浓度：若吸附剂的量固定，随蛋白质浓度增加，吸附量也增加，直至饱和。

④ 温度：蛋白质往往是随温度上升而减少吸附的。

⑤ 吸附速度：蛋白质在固体载体上的吸附速度要比小分子慢得多。

⑥ 载体：对于非多孔性载体，则颗粒越小吸附力越强。多孔性载体，要考虑吸附对象的大小和总吸附面积的大小。

（二）化学结合法

1. 共价结合法

共价结合法原理是酶蛋白分子上的功能基团和固相支持物表面上的反应基团之间形成共价键，从而将酶固定在支持物上，该方法是载体结合法中报道最多的方法。归纳起来有两类，一是将载体有关基团活化，然后与酶有关基团发生偶联反应。另一种是在载体上接上一个双功能试剂，然后将酶偶联上去。可与载体共价结合的酶的功能团有：α-氨基或 ε-氨基，α-羧基、β-羧基或 γ-羧基，巯基，羟基，咪唑基，酚基等。参与共价结合的氨基酸残基不应是酶催化活性所必需的，否则往往造成固定化酶的活性完全丧失。

共价结合法与离子结合法或物理吸附法相比，其优点是酶与载体结合牢固，稳定性好，利于连续使用，一般不会因底物浓度高或存在盐类等原因而轻易脱落。但是该方法反应条件苛刻，操作复杂，而且因为采用了比较激烈的反应条件，会引起酶蛋白高级结构变化，破坏部分活性中心，因此往往不能得到比活高的固定化酶，酶活回收率一般为 30% 左右，甚至底物的专一性等酶的性质也会发生变化。

所用载体分三类，天然有机载体（如多糖、蛋白质、细胞）、无机物（玻璃、陶瓷等）和合成聚合物（聚酯、聚胺、尼龙等），其活化方法依载体性质各不相同，主要有：

（1）羟基聚合物

纤维素、葡聚糖、琼脂糖及胶原等可用溴化氰法、活化酯法、环氧化法及三嗪法等。

① 溴化氰法

(a) R(OH)(OH) 多糖类 —CNBr（碱性）→ [R(OC≡N)(OH)] —H_2O→ R(OCONH$_2$)(OH) 氨基甲酸衍生物；→ R(O)(O)C=NH 亚氨碳酸酯衍生物

(b) R(O)(O)C=NH + 酶 → R(O—C(=NH)—NH—酶)(OH) 异脲型；→ R(O)(O)C=N—酶 亚氨碳酸酯衍生物；→ R(O—C(=O)—NH—酶)(OH) 氨基甲酸酯型

上式的方法不局限于酶，可以广泛应用有机体成分的固定化。多糖类载体（R）在碱性条件下用CNBr活化时，产生少量不活泼的氨基甲酸衍生物和大量活化的亚氨碳酸酯衍生物，活化的亚氨碳酸酯衍生物再以式（b）的3种结合方式固定酶，其中异脲型是主要生成物。此法能在非常温和条件下与酶蛋白的氨基发生反应，它已成为近年来普遍使用的固定化方法，尤其是溴化氰活化的琼脂糖已在实验室广泛用于制备固定化酶以及亲和色谱的固定化吸附剂。

② 活化酯法

—OH + $ClSO_2C_6H_4CH_3$（对甲苯磺酰氯）→ —$OSO_2C_6H_4CH_3$ —P-SH→ —CH_2SP；—P-NH→ —CH_2NHP

③ 环氧化法

—OH + CH_2—CH—CH_2Cl（环氧，表氯醇）→ —O—CH_2—CH—CH_2（环氧） —P-NH$_2$ / P-OH / P-SH→ —O—CH_2RP　R = NH,O,S

④ 三嗪法

—OH + Cl—C(=N—C(Cl)=N—C(Cl)=N)（三氯-均-三嗪）—pH 9-11→ —O—C(三嗪环, 2Cl)（三氯-均-三嗪纤维素）—P-NH$_2$→ —O—C(三嗪环, Cl, NH—P)

（2）醛基载体

纤维素葡聚糖经过碘酸氧化或用二甲基砜氧化裂解葡萄糖环，产生二醛高聚物，每个葡萄糖分子含二个醛基。

$$\text{多糖(CH}_2\text{OH, OH, OR)}\xrightarrow{NaIO_4}\text{二醛}\xrightarrow[\text{P-咪唑}]{\text{P-NH}_2\text{, P-SH}}\text{(CH=N-P)}\longrightarrow\text{(CH}_2\text{-NH-P, CH}_2\text{OH)}$$

（3）羧基载体

①

$$\text{载体}-COOH+HO-N(\text{琥珀酰亚胺})\xrightarrow{DCC}\text{载体}-CO-O-N(\text{琥珀酰亚胺})\xrightarrow{P-NH_2}\text{载体}-CO-NH-P$$

②

$$\text{载体}-CH_2COOH\xrightarrow{SOCl_2}\text{载体}-CH_2COCl\xrightarrow[pH\ 8\sim9]{P-NH_2}\text{载体}-CH_2CONHP$$

③

$$\text{载体}-CH_2COOH\xrightarrow[HCl]{MeOH}\text{载体}-CH_2COOMe\xrightarrow{NH_2NH_2}\text{载体}-CH_2COONHNH_2\xrightarrow[HCl]{NaNO_2}$$

$$\text{载体}-CH_2CON_3\xrightarrow{P-NH_2}\text{载体}-CH_2CONH-P$$

（4）多胺载体

①

$$\text{载体}-CH_2NH_2\xrightarrow{Cl-CS-Cl}\text{载体}-CH_2-N=C=S\xrightarrow{P-NH_2}\text{载体}-CH_2-\overset{H}{N}-\overset{O}{\overset{\|}{C}}-NHP$$

② 重氮法：具有芳香族氨基的水不溶性载体（$Ph-NH_2$）在稀盐酸和亚硝酸钠中进行反应，成为重氮盐化合物，然后再与酶发生偶合反应，得到固定化酶。酶蛋白中的游离氨基、组氨酸的咪唑基、酪氨酸的酚基等参与此反应。很多酶，尤其是酪氨酸含量较高的木瓜蛋白酶、脲酶、葡糖氧化酶、碱性磷酸酯酶、β-葡糖苷酶等能与多种重氮化载体连接，获得活性较高的固定化酶。

$$\text{载体}-CH_2-PhNH_2\xrightarrow[HCl]{NaNO_2}\text{载体}-CH_2-PhN_2^+Cl^-\xrightarrow[His-P]{Tyr-P}\text{载体}-CH_2-PhN=N-P$$

③ 甘蔗渣或纤维素（或其它多糖类载体）在碱性条件下与β-硫酸酯乙砜基苯胺（SESA）反应，生成对氨基苯磺酰乙基纤维素（ABSE-纤维素），然后再重氮化，与酶偶联。此法的优点是采用比较廉价的纤维素作载体，在酶分子与载体之间间隔了 ABSE 基团，这样偶联在载体上的酶蛋白分子就有较大的摆动自由度，可以减少大分子载体造成的空间位阻。

$$\text{载体}(-OH)_3+HO-SO_2-O-CH_2CH_2-O-SO_2-C_6H_4-NH_2\longrightarrow\text{载体}(-OH)_2-O-CH_2CH_2-O-SO_2-C_6H_4-NH_2\xrightarrow[HCl]{HNO_2}$$

$$\text{载体}(-OH)_2-O-CH_2CH_2-O-SO_2-C_6H_4-N\equiv N^+Cl^-\xrightarrow{P-NH_2}\text{载体}(-OH)_2-O-CH_2CH_2-O-SO_2-C_6H_4-N\equiv N-P$$

（5）巯基载体

$$\text{载体}-SH + \text{Py}-S-S-\text{Py} \longrightarrow \text{载体}-S-S-\text{Py} \xrightarrow{P\text{-}SH} \text{载体}-S-S-P$$

（6）无机载体

可采用直接法和涂层法（用活化的聚合物如白蛋白或葡聚糖涂层）。

$$\text{载体}-O-Si(-OH)-O-Si(-OH)-O \xrightarrow{H_2N(CH_2)_3Si(OEt)_3} \text{载体}-O-Si(-(CH_2)_3NH_2)-O-Si(-(CH_2)_3NH_2)-O$$

$$\xrightarrow[(1)]{OHC-(CH_2)_3CHO} \text{载体}-Si-(CH_2)_3NH=CH(CH_2)_3CHO \xrightarrow{P\text{-}NH_2} \text{载体}-Si-(CH_2)_3NH=CH(CH_2)_3CH=N-P$$

$$\xrightarrow[(2)]{Cl\text{-}CS\text{-}Cl} \text{载体}-Si-(CH_2)_3NCS \xrightarrow{P\text{-}NH_2} \text{载体}-Si-(CH_2)_3NHC(=S)-NH-P$$

$$\xrightarrow[(3)]{Cl-CO-C_6H_4-NO_2} \text{载体}-Si-(CH_2)_3NHCO-C_6H_4-NO_2 \xrightarrow{Na_2S_2O_4} \text{载体}-Si-(CH_2)_3NHCO-C_6H_4-NH_2$$

$$\xrightarrow{\text{重氮化}} \text{载体}-Si-(CH_2)_3NHCO-C_6H_4-N_2^+Cl^- \xrightarrow{P\text{-}NH_2} \text{载体}-Si-(CH_2)_3NHCO-C_6H_4-N=N-P$$

上述共价结合法只能用于酶的固定化，而不能用于微生物细胞的固定化。

共价结合法中的几个影响因素：

① 载体的理化性质要求载体惰性，并且有一定的机械强度和稳定性，同时具备在温和条件下与酶结合的功能基团。

② 偶联反应的反应条件必须在温和 pH、中等离子强度和低温的缓冲溶液中。

③ 所选择的偶联反应要尽量考虑到对酶的其它功能基团副反应尽可能少。

④ 要考虑到酶固定化后的构型，尽量减少载体的空间位阻对酶活力的影响。

2. 交联法

此法与共价结合法一样也是利用共价键固定酶的，所不同的是它不使用载体，而是利用双功能或多功能试剂在酶分子间、酶分子与惰性蛋白间以及微生物细胞间进行交联反应，把酶蛋白分子彼此交叉连接起来，形成网络结构的固定化方法［如图 7-18（a）］。

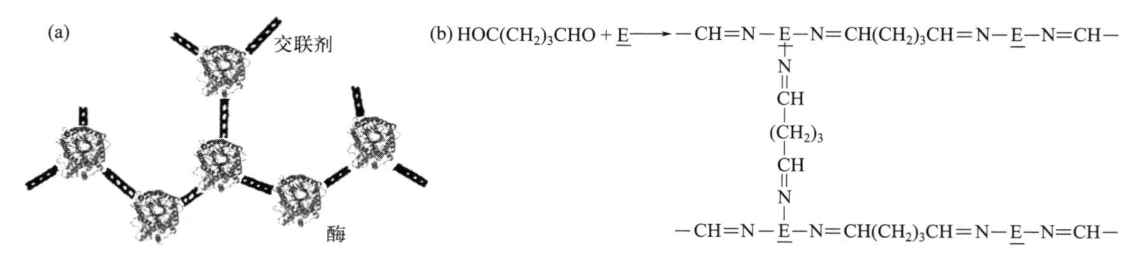

图 7-18 （a）交联法固定化酶的示意图；（b）采用戊二醛对酶的固定

参与交联反应的酶蛋白的功能团有N末端的α-氨基、赖氨酸的ε-氨基、酪氨酸的酚基、半胱氨酸的巯基和组氨酸的咪唑基等。作为交联剂的有形成席夫碱的戊二醛，形成肽键的异氰酸酯，发生重氮偶合反应的双重氮联苯胺或*N*, *N'*-乙烯双马来亚胺等。最常用的交联剂是戊二醛，其反应如图7-18（b）（E表示酶或微生物）。交联法反应条件比较激烈，固定化的酶活回收率一般较低，但是尽可能降低交联剂浓度和缩短反应时间将有利于固定化酶比活的提高。

（三）包埋法

酶的包埋指将酶分子或酶制剂限制在一种基质中。首先使酶在液体介质中散开，接着用各种物理和化学方法使酶被限制于不溶的基质中。酶的包埋是使酶固定化的最简单方法，这种方法的特别之处在于可以将一种以上的酶同时固定化。包埋法可分为网格型和微囊型两种，将酶或微生物包埋在高分子凝胶细微网格中的称为网格型；将酶或微生物包埋在高分子半透膜中的称为微囊型。包埋法一般不需要与酶蛋白的氨基酸残基进行结合反应，是一种反应条件温和、很少改变酶结构但是又较牢固的固定化方法，因此可以应用于许多酶、微生物和细胞器的固定化。在包埋时发生化学聚合反应，容易使酶失活，因此必须巧妙设计反应条件。对于凝胶基质中的包埋酶，因为只有小分子可以通过高分子凝胶的网格扩散，并且这种扩散阻力还会导致固定化酶的动力学行为发生改变，因此，保留的活性还与微粒的大小、多孔性和毛孔大小有密切关系。因此，包埋法只适合作用于小分子底物和产物的酶，对于那些作用于大分子底物和产物的酶是不适合的。

1. 网格型

网格型包埋法是固定化微生物中用得最多、最有效的方法。其载体材料有聚丙烯酰胺、聚乙烯醇和光敏树脂等合成高分子化合物以及淀粉、蒟蒻粉、明胶、胶原、海藻酸和角叉菜胶等天然高分子化合物。合成高分子化合物常采用单体或预聚物在酶或微生物存在下聚合的方法，而溶胶状天然高分子化合物则在酶或微生物存在下凝胶化。在绝大多数多的聚合包埋过程中，常用不饱和单体进行交联，并且采用光或化学方法启动聚合反应。

聚丙烯酰胺包埋是最常用的包埋法：先把丙烯酰胺单体、交联剂和悬浮在缓冲溶液中的酶混合，然后加入聚合催化系统使之开始聚合，结果就在酶分子周围形成交联的高聚物网络。它的机械强度高，并可以改进酶脱落的情况，在包埋的同时使酶共价偶联到高聚物上，可以减少酶的脱落。把酶包埋在载体表面比较简单的办法是把含有多聚-L-赖氨酸的酶溶液灌注在一个电极上，然后加入电解液溶液。多种酶（乳酸氧化酶，维生素C氧化酶和葡糖氧化酶）能够被固定在电极上并且有很高的操作稳定性。

2. 微囊型

微囊型固定化酶通常是直径为几微米到几百微米的球状体，颗粒比网格型要小得多，比较有利于底物和产物扩散，同时可提高酶的稳定性和酶的活性，但是反应条件要求高，制备成本也高。制备微囊型固定化酶有下列几种方法。

（1）界面沉淀法

利用某些高聚物在水相和有机相的界面上溶解度极低而形成皮膜将酶包埋。此法条件温和，酶活损失少，但要完全除去膜上残留的有机溶剂很麻烦。作为膜材料的高聚物有硝酸纤维素、聚苯乙烯和聚甲基丙烯酸甲酯等。

（2）界面聚合法

利用亲水性单体和疏水性单体在界面发生聚合的原理包埋酶。例如，将含10%血红蛋白的酶溶液与1, 6-己二胺的水溶液混合，立即在含1% Span-85的氯仿-环乙烷中分散乳化，加入溶于有机相的癸二酰氯后，便在油-水界面上发生聚合反应，形成尼龙膜，将酶包埋。除尼龙膜外还有聚酰胺、聚脲等形成的微囊。此法制备的微囊大小能随乳化剂浓度和乳化时的搅拌速度而自由控制，制备过程所需时间非常短。但在包埋过程中发生的化学反应会引起酶失活。

（3）凝胶法

Souza 等人评估了通过凝胶法（明胶 / 阿拉伯树胶）形成含钾离子（辅因子）的乳糖酶微囊的技术可行性，从 pH 值、温度和储存时间三个因素，评估了包封和辅因子对从米曲霉和乳克鲁维酵母获得的酶性质的影响。通过凝胶法形成的微胶囊具有良好的功能特性，如低水活性（≤ 0.4）、低粒度（≤ 93.52μm）以及高封装效率（≥ 98.67%）。钾离子能够降低多肽骨架的柔性，从而增加酶的稳定性。微胶囊还能够提高酶在不利 pH 值、高温和储存期间的稳定性。

用海藻酸钠可以进行离子凝胶化，Pereira 等人以月桂酸对硝基苯酯为底物，通过实验设计评估海藻酸钠、氯化钙和壳聚糖的浓度以及络合时间（如图 7-19），以提高固定化产率（IY）和固定化脂肪酶活性（ImLipA）。实验结果表明，微胶囊的固定化产量可提高近 2 倍，脂肪酶活性可提高 280U/g。

（4）二级乳化法

酶溶液先在高聚物（常用乙基纤维素、聚苯乙烯等）有机相中乳化分散，乳化液再在水相中分散形成次级乳化液，当有机高聚物溶液固化后，每个固体球内包含着多滴酶液。此法制备比较容易，但膜比较厚，会影响底物的扩散。

（5）有脂质体包埋法

有脂质体包埋法是用表面活性剂和卵磷脂等形成液膜包埋酶，其特征是底物或产物的膜透过性不依赖于膜孔径大小，而只依赖于对膜成分的溶解度，因此可加快底物透过膜的速度。

另外，通过溶胶-凝胶反应可以将表达 *β*-半乳糖苷酶活性的乳酸链球菌细胞包裹在二氧化硅微胶囊中。结果表明，固定在二氧化硅微胶囊中的细胞比游离细胞具有更高的生物催化活性。固定化细胞的酶活性比游离细胞增加三倍（如图 7-20）。游离细胞和固定化细胞的米氏常数分别为 8.33mmol/L 和 4.16mmol/L，而游离细胞和固定化细胞的 V_{max} 分别为 71.43μmol/(L・min) 和 125μmol/(L・min)。因为细胞被包裹在微胶囊中时有利于酶底物复合物的形成，所以 K_m 显著降低，V_{max} 显著增加。在此，在最佳入口温度下使用喷雾干燥器进行固定化的概念已成为提高微囊化微生物细胞催化活性的一种有效模式。

有研究表明，某些胶囊的孔能够随着 pH 值的改变打开和关闭使得这些通过交联固定在胶囊内部的酶发挥作用，某些药物能够随着 pH 的改变而作出反应。另外一方面，酶也能够通过交联永远地固定在胶囊内部（如图 7-21）。

（四）各种固定化酶方法的优缺点比较

应用吸附和共价结合两种方法将 *α*-淀粉酶、蔗糖酶和葡萄糖淀粉酶固定于酸化的活性高岭石上，并通过分批式反应器和填充床式反应器对两种方法得到的固定化酶的活力进行测定并比较。由于对大分子团迁移的低扩散限制，用填充床式反应器测定这几种固定化酶的性能均有所改善，固定化的葡糖淀粉酶，异乎寻常地表现出接近游离酶的高酶活性。分批式反应器测定时，固定化的蔗糖酶显示低酶活的原因，是由固定化后酶丧失了天然的结合效应以及底物相对酶活性位点的不正确扩散而产生的高迁移阻力共同引起的。表 7-5 比较了各种固定化酶的一些突出优缺点。

由表 7-5 可见，几种方法各有利弊，没有一个方法是十全十美的。包埋、共价结合、共价交联三种虽结合力强，但不能再生、回收；吸附法制备简单，成本低，能回收再生，但结合差，在受到离子强度、pH 变化影响后，酶会从载体上游离下来。在使用价格较高的酶与载体时可行；包埋法各方面较好，但不适用于大分子底物和产物。这些酶可以结合到合适的载体上，也可以

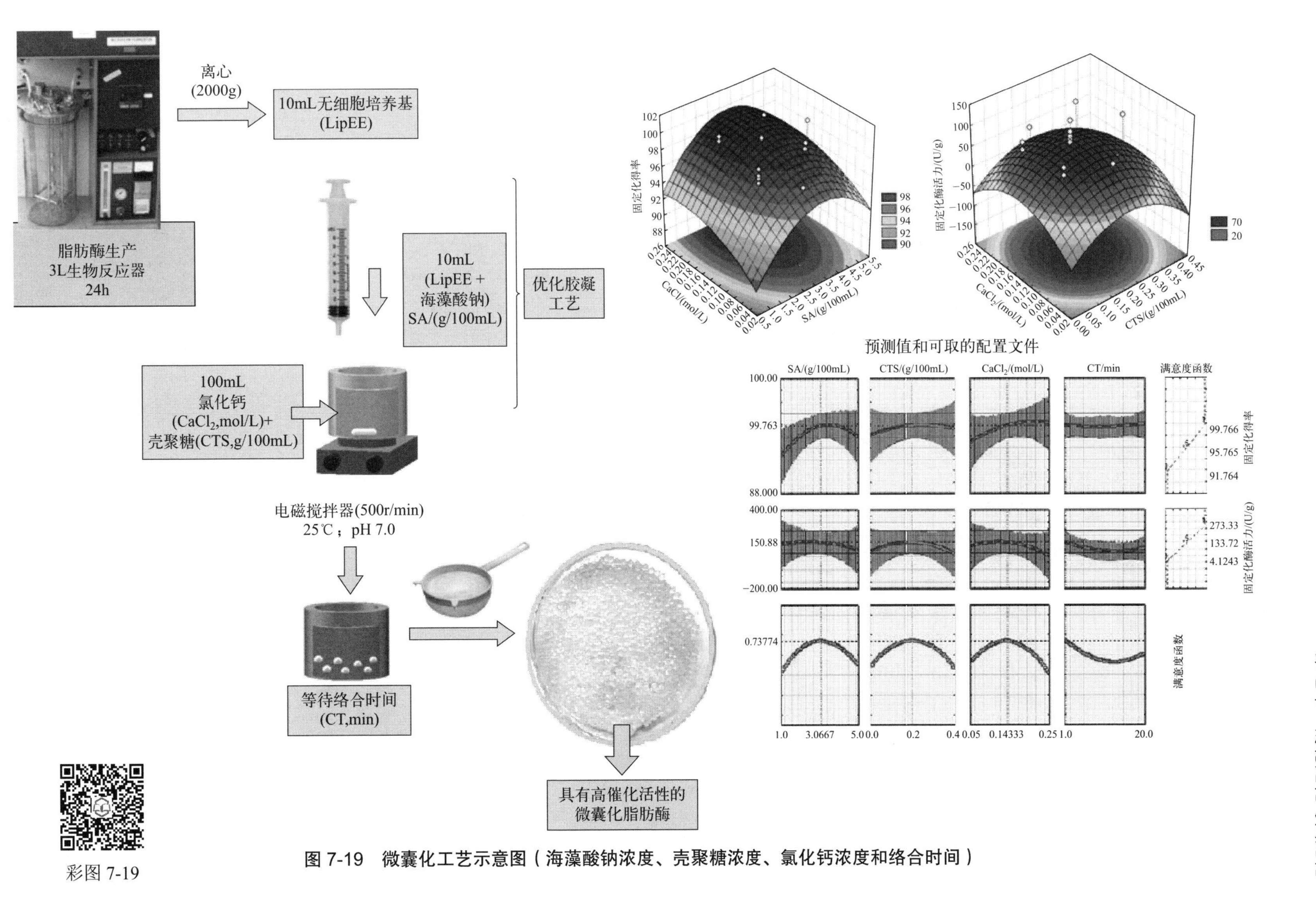

图 7-19 微囊化工艺示意图（海藻酸钠浓度、壳聚糖浓度、氯化钙浓度和络合时间）

彩图 7-19

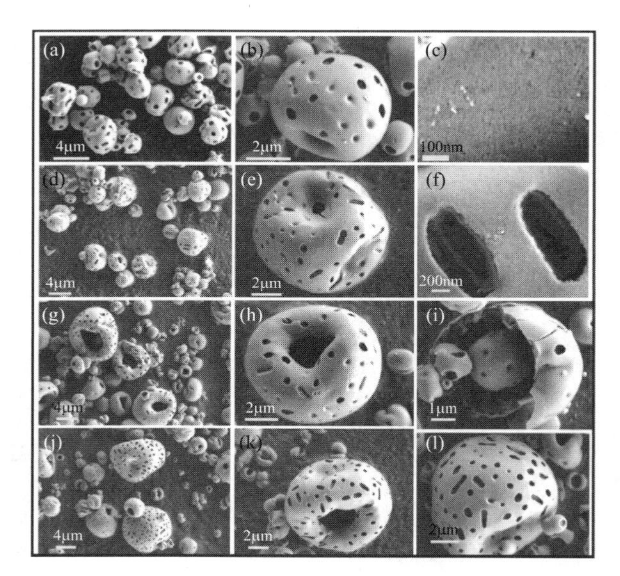

图 7-20 在 70℃（a ~ c），90℃（d ~ f），125℃（g ~ i），160℃（j ~ l）下获得的二氧化硅微胶囊的扫描电镜图

彩图 7-20

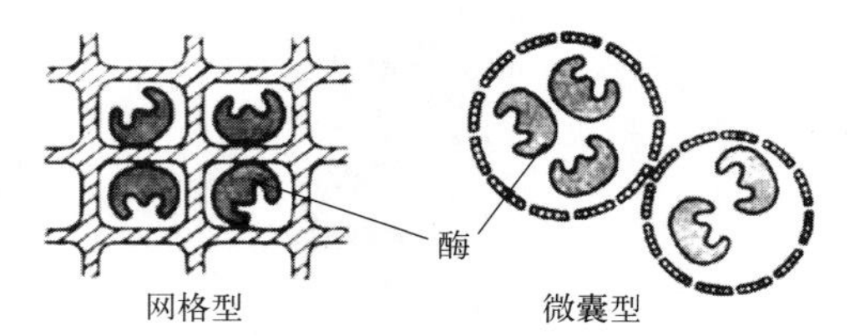

图 7-21 包埋法固定化酶的示意图

表 7-5 固定化酶方法的优缺点比较

特性	物理吸附法	离子结合法	包埋法	共价结合法	共价交联法
制备	易	易	易	难	难
结合力	中	弱	强	强	强
酶活力	高	高	高	中	中
底物专一性	无变化	无变化	无变化	有变化	有变化
再生	可能	可能	不可能	不可能	不可能
固定化费用	低	低	中	中	高

以交联形式固定化，或以酶晶体形式存在。然而做出最佳的选择还要依据于特定的技术需要和资金考虑。定义“产量（productivity）”时，需考虑纯度、质量和体系，要有发酵体积，分析产品时需要有固定化酶的活性。并且，固定化酶催化反应的整个过程还需与其它技术相竞争，如发酵和整个细胞的生物转化。

四、辅因子的固定化

（一）辅因子的定义及分类

约 1/3 的酶的催化反应均需要另一种非蛋白质性质的小分子化合物，这些小分子物质统称辅因子，它们的存在是酶表现其催化作用的必要条件，缺少它们，酶就不能表达其活性。这种物质可以是简单的金属离子，例如 Mg^{2+}、Mn^{2+} 等无机辅因子，也可以是一种与酶蛋白或紧或松地连接在一起的有机物质，即有机辅因子。有机辅因子有两类：①辅酶（酶间载体），其作用是从某反应向另一反应传递物质。它们与酶蛋白结合得比较松散，并且往往能够通过透析法除去。例如，脱氢酶反应中需要的辅酶Ⅰ（NADH 和 NAD^+）和辅酶Ⅱ（NADPH 和 $NADP^+$）能传递电子，连接酶在催化生物合成反应中所需要的 ATP 能传递磷酸基，以及辅酶 A（CoA）能传递乙酰基等。②辅基（酶间传递），它们与酶蛋白结合相当紧密，用透析法不易除去，必须经过一定的化学处理才能使之分离。它是酶活性中心的组成部分。例如，过氧化氢酶中的铁卟啉，黄素酶类中的黄素核苷酸（FMN 和 FAD）及维生素 B_6、维生素 B_{12} 等。有机辅因子分子中具有某些特殊的化学基团，它们能直接与底物反应，起着递氢、递电子或递某些化学基团的作用。不少酶还同时需要金属离子和有机辅因子。辅基和辅酶与对应的酶有专一的亲和性，酶蛋白与有机辅因子相结合便形成全酶，由于有机辅因子的价格较昂贵，所以在工业上应用全酶的关键是有机辅因子的保留和再生。

完成酶催化反应之后，大多数有机辅因子不能自行再生，其结构往往发生改变。因此，它们在继续使用之前，必须进行回收和再生，由于辅基与酶蛋白结合得比较牢固，通常可以用超滤膜截留等物理方法进行回收。而对于辅酶来说，直接用超滤膜截留并不理想，因为辅酶分子一般较小，所用的超滤膜必须十分致密，才能阻止它的流失，这样势必增加流体的流动阻力，使反应产率降低。因此，为使辅酶能在酶反应系统中有效地参与反应，必须考虑辅酶的固定化。将辅酶固定在可溶性的或不可溶性的大分子载体上，这样就便于回收再生。

（二）辅因子的固定化方法

1. 辅基的固定化

首先，应选择合适的载体。理想的载体应具有以下的条件：没有特异性吸附、具有多孔性、有适合引入配基的官能团、化学稳定性、具有适当的机械强度等。目前使用的载体主要有琼脂糖，此外还有纤维素、玻璃珠及合成高分子载体等。

其次，间隔臂（手臂）的选择也非常重要。一般辅基分子和载体之间需要 0.5 ～ 1.0 nm 长的手臂。此外必须考虑辅基的性质，如：疏水性、亲水性、离子性和体积大小等因素。用较长直链烷基作手臂时，因疏水作用亦有吸附酶的能力，会使固定化辅基吸附专一性降低。

要将辅基共价偶联于载体上，首先必须在不影响辅基活性的位置引入适当的功能基团。一般引入羧基或氨基后，与载体偶联比较容易。如果辅基分子本身具有不参与催化活性的适当的功能基团时，就不必预先引入功能基团。实际上在固定化磷酸吡哆醛（PLP）、生物素及卟啉等辅基时，大部分都是利用本身原有的功能基团。接着，要将具有某种功能基团的辅基先与间隔臂结合，再与活化的载体偶联；或者先使间隔臂与活化载体结合，再与辅基或其衍生物偶联。

最常用的载体是琼脂糖凝胶，所以将其代表性的偶联方法列于图 7-22。使用（a）法时，在偶联反应后必须将未参与反应的 CNBr 活性基团完全封闭。（b）1 和（b）2 的方法比较简便，实际应用较多。但要注意在辅基分子不过剩时，得到的固定化衍生物会带阳离子或阴离子而显示离子交换性。在辅基分子或衍生物有适当功能团时，可用席夫碱还原（b）3、烷化（b）4 和（b）8、重氮偶联（b）5 和（b）6、二硫化物交换（b）7 等反应进行偶联。此时也必须注意将反应后残留的活性间隔臂封闭。

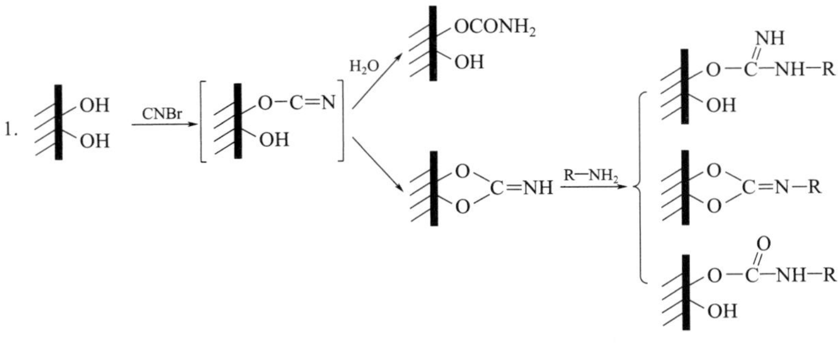

1. —OH, —OH $\xrightarrow{CNBr}$ [—O—C≡N, —OH] $\xrightarrow{H_2O}$ —OCONH$_2$, —OH；→ 环状 —O, —O >C=NH $\xrightarrow{R-NH_2}$ { —O—C(=NH)—NH—R, —OH；—O, —O >C=N—R；—O—C(=O)—NH—R, —OH }

图 7-22

$$\text{cyclic anhydride}\xrightarrow{\text{Lys-H93}}\text{HOOC-(CH}_2)_n\text{-CONH-Lys-H93}\xrightarrow{-H_2O}\text{Lys-H93-N(imide)}$$

(a) 与 CNBr 活化的琼脂糖直接偶联

1.
$$\text{—COOH}\xrightarrow[\text{WSC}]{R-NH_2}\text{—CONH—R}$$
$$\text{—COOH}\xrightarrow{\text{N-hydroxysuccinimide}}\text{—COO—N(succinimide)}\xrightarrow{R-NH_2}\text{—CONH—R}$$
$$\text{—CONHNH}_2\xrightarrow{NaNO_2/HCl}\text{—CON}_3\xrightarrow{R-NH_2}\text{—CONH—R}$$

2.
$$\text{—NH}_2\xrightarrow[\text{WSC}]{R-COOH}\text{—NHCO—R}$$
(WSC为碳二亚胺)
$$\text{—CONHNH}_2\xrightarrow[\text{WSC}]{R-COOH}\text{—CONHNHCO—R}$$
$$\text{—SH}\xrightarrow[\text{WSC}]{R-COOH}\text{—SCO—R}$$

3.
$$\text{—NH}_2\xrightarrow{R-CHO}\xrightarrow{NaBH_4}\text{—NHCH}_2\text{—R}$$

4.
$$\text{—NH}_2\xrightarrow{\text{(imide)N—OCOCH}_2\text{Br}}\text{—NHCOCH}_2\text{Br}\xrightarrow{R-Nu}\text{—NHCOCH}_2\text{—Nu—R}$$
Nu表示亲核基团

5.
$$\text{—C}_6\text{H}_4\text{—NH}_2\xrightarrow{NaNO_2/HCl}\text{—C}_6\text{H}_4\text{—N}_2^+\xrightarrow{R}\text{—C}_6\text{H}_4\text{—N=N—R}$$
R含有酚基或咪唑基

6.
$$\text{—C}_6\text{H}_4\text{—OH}\xrightarrow{R-C_6H_4-{}^+N_2}\text{—C}_6\text{H}_3\text{(OH)—N=N—C}_6\text{H}_4\text{—R}$$

7.
$$\text{—SSR}'\xrightarrow{R-SH}\text{—SSR}$$

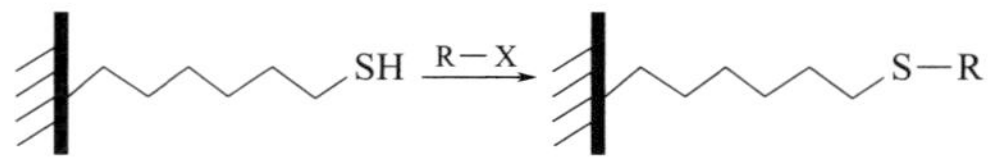

(b) 与具有间隔臂的载体偶联

图 7-22　辅酶固定化所用的偶联反应

2. 辅酶的固定化

辅酶的固定化方法与酶相似，一般采用溴化氰法、碳二亚胺法以及重氮偶联法等共价偶联，或将其进行适当的化学修饰后用在超滤器中，辅酶的共价偶联法与辅基固定化十分类似。

NAD^+ 通过己二胺接臂后在琼脂糖上的固定化步骤如下（图 7-23）：

① 用碘乙酸使 NAD^+/NADH 腺嘌呤中的 1 位氮原子烷基化。

② 在碱性条件下分子发生重排得到 6 位碳上的氨基氮被修饰的衍生物 N^6-羧甲基 NAD^+。

③ 通过碳二亚胺法使长链接臂分子己二胺-1, 6 与 NAD^+ 衍生物的羧基偶联。

④ 长臂上另一端的氨基再与经过溴化氰（CNBr）活化了的琼脂糖偶联，从而得到了固定化的辅酶。

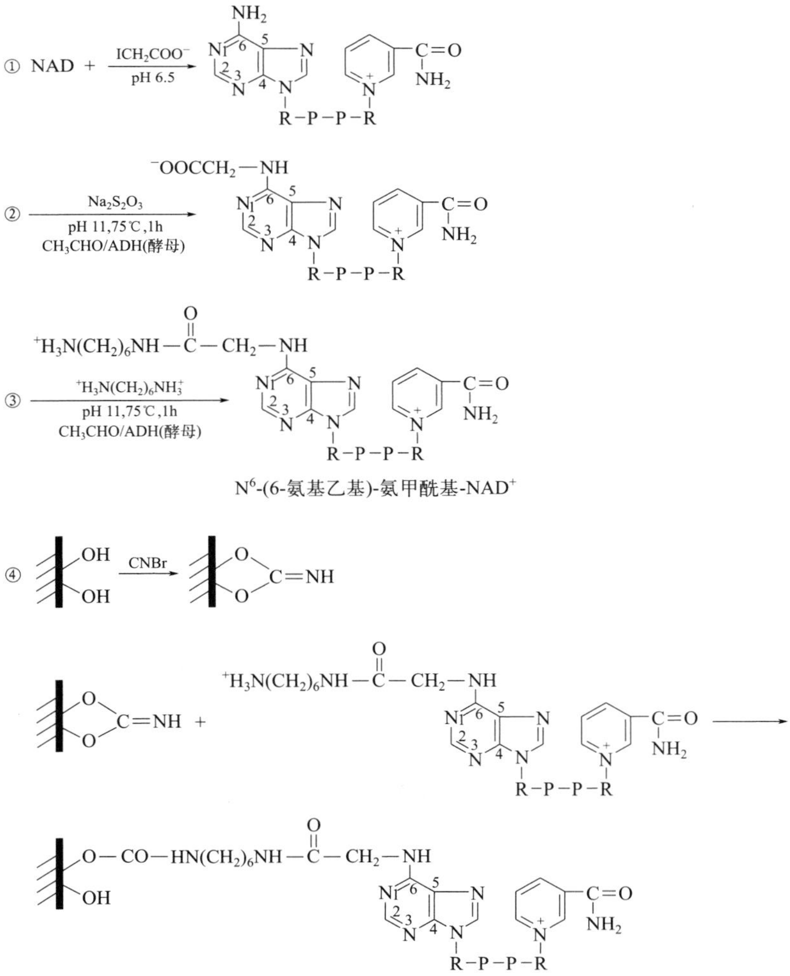

N^6-(6-氨基乙基)-氨甲酰基-NAD^+

图 7-23　辅酶 NAD^+ 在琼脂糖上的固定化

辅酶的分子量只有几百，要将其包埋在半透膜中比较困难，若将辅酶与不溶性载体结合，则不能在多个酶之间起传递作用，因此，目前都是将辅酶结合于水溶性高分子载体，使其高分子化来解决这一难题。辅酶高分子化一般的顺序是先在辅酶的一定部位进行修饰，引入适当的功能基团或间隔臂，生成辅酶衍生物，然后再与水溶性高分子结合。

（1）引入功能基团和间隔臂

辅酶引入的功能基团主要是氨基或羧基。ATP、NAD（P）和 CoA 的 AMP 的部分直接体现辅酶活性，所以不适宜进行化学修饰。因此，这类辅酶一般考虑在腺嘌呤 6 位或 8 位引入新的功能基团，制成各种辅酶衍生物。腺嘌呤 6 位氨基烷化一般采用式（7-1）的反应，而腺嘌呤 8 位引入功能基团一般采用式（7-2）的反应。

$$\text{ATP, NAD, NADP} \xrightarrow[\text{或 环氧-}CH_2COOH\text{、氮丙啶、}\beta\text{-丙内酯}]{ICH_2COOH} \text{HOOCCH}_2\text{-N}^{+}\text{(6-}NH_2\text{, 9-R 腺嘌呤)} \xrightarrow{\text{Dimroth转位}} \text{6-}NHCH_2COOH\text{, 9-R 腺嘌呤} \quad (7\text{-}1)$$

$$\text{NAD, NADP} \xrightarrow{Br} \text{8-Br-6-}NH_2\text{, 9-R 腺嘌呤} \xrightarrow[\text{或}H_2N(CH_2)_6NH_2]{HS(CH_2)_2COOH} \text{8-}S(CH_2)_2COOH\text{-6-}NH_2\text{, 9-R 腺嘌呤} \quad (7\text{-}2)$$

（2）高分子化

具有羧基的辅酶衍生物可以用碳二亚胺的缩合反应使其与具有氨基的聚赖氨酸、聚乙亚胺等水溶性高分子结合而高分子化。不预先引入功能基团，用一步反应也能高分子化。例如，ATP、NADH 可与具有环氧基的水溶性高分子按照式（7-1）同样的反应结合，分别得到相应的高分子化合物。

在辅酶高分子化中水溶性高分子的选择也很重要。首先其溶解度要大，分子大小要适当，使其能保持在半透膜内，分子过大会增加溶液黏度和影响辅酶活性。高分子化辅酶的活性与高分子大小、结构，疏水性、亲水性的程度，解离基的有无和种类，结合于高分子的辅酶量等有关。

（三）辅因子的固定化方式

1. 辅因子固定在载体上

通过吸附、共价结合和包埋等方式将辅因子和酶固定在载体上。酶与辅因子的共固定使它们处于相对接近的区域，具有了较好的反应活性。也可以只将辅因子共价结合到载体上，而将酶分子包埋到凝胶空隙中。将偶联酶系溶液以小液滴形式分散封入凝胶颗粒中，可以有效地减少对酶分子的剪切影响及 NAD^+ 外泄，其反应活性保持时间长。

2. 膜反应系统

利用膜反应系统可以实现酶促反应与辅因子再生反应的耦合。中空纤维超滤膜酶反应器提供了较大的膜面积，膜将酶隔离，而底物与辅因子连续通过并扩散进入管内参与反应，产物则通过逆向扩散后被带出。当酶浓度较高时，由于生物亲和作用，结合在酶分子上的辅因子比例增高。酶起到“吸附剂”作用而使辅因子“固定”。由于带有负电荷的辅因子与膜之间的静电斥力，因此负电荷膜常用来截留反应器中的辅因子。

3. 辅因子大分子化

聚乙二醇（PEG）的聚合链上只有两个连接末端，空间位阻较小，且水溶性高。将小分子 NAD^+、$NADP^+$ 或 ATP 共价结合到 PEG、葡聚糖或聚乙烯亚胺等水溶性高分子上，再与酶一起封在膜反应器中连续反应可以使膜更有效地截留辅因子。

（四）辅因子的再生

目前的辅因子再生大多是原位再生（*in situ* regeneration），即将辅因子始终截留在反应体系，通过氧化还原等反应实现辅因子再生。辅因子再生手段主要有化学法、酶法、电化学法、光化学法和基因工程法。

1. 化学法

化学法是利用一些化学试剂（如吩嗪甲基硫酸盐、黄素衍生物）与辅因子的氧化还原反应来实现辅因子再生。用化学法可以使 NAD^+ 和 NADH 再生，如利用酚嗪甲基硫酸盐（PMS）、亚甲基蓝和黄素衍生物等化学试剂从还原型辅因子接受电子，将 NADH 氧化成 NAD^+。以连二亚硫酸盐作为还原剂使 NAD^+ 还原成 NADH。但是，化学法缺乏特异性，辅因子容易钝化，且化学试剂会污染产物。

2. 酶法

酶法是被研究和应用最多的再生手段，利用耦合酶催化氧化还原反应，实现辅因子由氧化态（或还原态）到还原态（或氧化态）的再生。这种酶促反应与辅因子再生耦合的方式有两种：偶联酶再生法和单酶再生法。偶联酶再生法是用一种酶使 $NAD(P)^+$ 还原成 NAD(P)H，而另一种酶使 NAD(P)H 氧化成 $NAD(P)^+$。常利用醇脱氢酶、乳酸脱氢酶或葡糖脱氢酶等脱氢酶类为催化剂作用于醇、乳酸或葡萄糖等廉价底物可以实现辅因子的再生。

将辅酶和酶共固定在同一个载体上，可得到一种不需外加辅酶而活性持久的固定化酶［图 7-24（a）］。例如马肝醇脱氢酶（HLADH）和 NAD^+ 衍生物，N^6-(6-氨基己基）氨甲酰基甲基 NAD^+ 一起固定在同一载体琼脂糖上可以形成一种共固定复合物。由于在这种固定复合物中只有一种酶，所以这种共固定辅酶系统通常只能应用于偶联底物再生的系统。在偶联底物再生的系统中，这种共固定复合物的辅酶再生循环大约为 3400 次 /h，因而它不再需要外加辅酶。

另一种较为有效的方法是将辅酶直接固定在某个酶分子上，原先可分离的辅酶便成了这一酶分子上被牢固结合着的辅基［图 7-24（b）］。例如辅酶 NAD^+ 衍生物可直接共价结合到醇脱氢酶，并仍能与此酶分子相互作用具有辅酶活性。这种酶-辅酶复合物如果被固定在某个电极上，便是一种酶电极。辅酶通过酶反应被还原，然后再经过电化学方法得到氧化。一种最理想的构型是一个酶的活性中心能与另一个酶的活性中心相互定向，而辅酶与其中一个酶分子相结合，它的手臂分子的长度又适合辅酶分子与两个酶的活性中心相互作用。这样辅酶便能在两个酶的活性中心之间进行游摆从而得到再生。

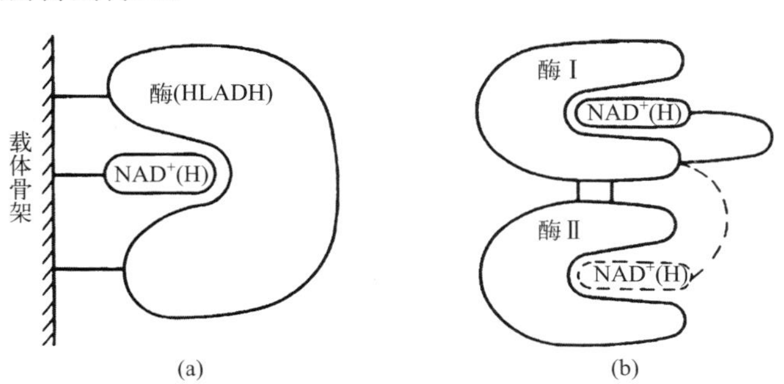

图 7-24 辅酶和酶固定化的反应系统

(a) 辅酶与酶共固定在载体上；(b) 通过间隔臂将辅因子直接固定在酶分子上

单酶再生法是利用同种酶催化另一种底物来完成辅因子再生的，这种再生方法中酶的底物专一性一般不会很强。为了提高单酶再生的热力学推动力，可以适当增加辅底物浓度，但这容易抑制酶的生产活性。采取交联酶结晶技术（CLEC）可以在酶结晶时把辅因子一起放进去，这样既保证了较高底物浓度又保证了较高的酶活性。在马肝醇脱氢酶再生 NADH 的实验中，交联酶结晶制品达到可溶性酶的 90% 活性，在 3 个月后仍保持全部活性。

3. 电化学法

电化学法是通过电极的电子传递直接实现辅因子再生，不需要引入其它酶和底物，避免了副产物。近年发展的方法是采用电极表面改性和新电子介体来解决这些问题。用 ABTS 作电子介体再生 NADH，可用于马肝醇脱氢酶催化内消旋二醇到手性内酯的反应。

4. 光化学法

光化学法是含有光敏剂、电子载体、电子供体和酶等要素的反应系统。例如，光照射光敏剂 $Ru(bpy)_3^{2+}$ 形成激发态 $*Ru(bpy)_3^{2+}$，后者向人工电子受体甲基紫精（MV^{2+}）转移电子形成还原态 MV^+，MV^+ 在铁氧还蛋白-$NADP^+$ 还原酶（FDR）作用下还原 $NADP^+$，被氧化的光敏剂再被牺牲性电子供体 $(NH_4)_3$ EDTA 还原成有活性的还原态（图 7-25）。

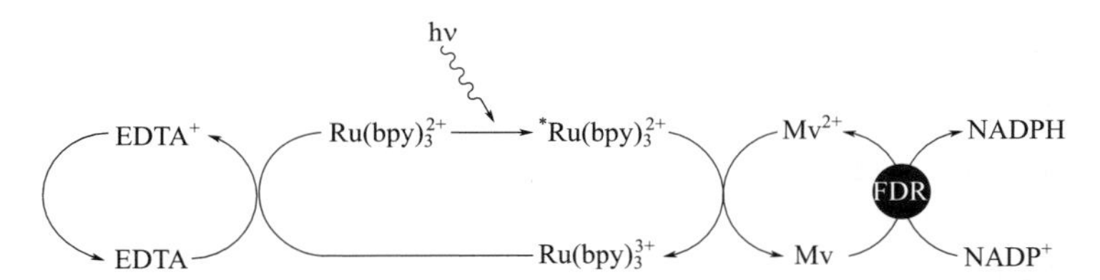

图 7-25 FDR、人工电子受体 MV 和光敏剂 Rubpy 参与的 NADPH 光化学还原再生示意图

5. 基因工程法

基因工程法是通过基因工程手段构建含有偶联酶系的工程菌，在完整细胞内完成辅因子的再生和目的产物的生产。现代基因工程技术可以通过导入特定外源酶基因，构建适合再生辅因子的新菌株。将所需的几种酶基因以适当比例重组，所得工程菌对酶反应和辅因子再生的操作更加简捷。活细胞还可利用细胞原有酶系从廉价葡萄糖再生 NAD(P)H。采用固定化重组基因工程菌株细胞或其粗提物将会使辅因子再生变得更加简便、有效。

五、细胞的固定化

随着固定化技术的发展，固定化的对象不仅可以是酶，也可以是微生物细胞或细胞器，这些固定化物统称为固定化生物催化剂。固定化生物催化剂在节能，降低成本，保护环境，生产自动化、连续化等许多方面都是十分有利的，它为酶的应用开拓了广阔的前景。固定化细胞就是被限制自由移动的细胞，即细胞受到物理化学等因素约束或限制在一定的空间界限内，但细胞仍保留催化活性并具有能被反复或连续使用的活力。这是在酶固定化基础上发展起来的一项技术，是酶工程的主要研究内容之一。

固定化细胞较固定化酶的优越性在于，固定化细胞保持了胞内酶系的原始状态与天然环境，因而更稳定。固定化细胞保持了胞内原有的多酶系统，这对于多步催化转换，如合成干扰素等，其优势更加明显，而且无需辅酶再生。尤其是固定化增殖细胞发酵更具有显著优越性：①固定化细胞的密度大、可增殖，因而可获得高度密集而体积缩小的工程菌集合体，不需要微生物菌体的多次培养、扩大，从而缩短了发酵生产周期，可提高生产能力；②发酵稳定性好，可以较长时间反复使用或连续使用，有希望将发酵罐改变为反应柱进行连续生产；③发酵液中含菌体较少，有利于产品分离纯化，提高产品质量等。由于固定化细胞既有效地利用了游离细胞的完整的酶系统和细胞膜的选择通透性，又进一步利用了酶的固定化技术，兼具二者的优点，制备又比较容易，所以在工业生产和科学研究中广泛应用。当然，固定化细胞技术也有它的局限性，如利用的仅是胞内酶，而细胞内多种酶的存在，会形成不需要的副产物，细胞膜、细胞壁和载体都存在着扩散限制作用，载体形成的孔隙大小影响高分子底物的通透性等，但这些缺点并不影响它的实用价值。

随着基因工程技术的发展，固定化细胞技术也应用于基因工程菌。质粒的稳定性对基因工程菌的培养和产物的生产有着极大的影响，将基因工程菌固定化后培养可提高基因工程菌的稳定性、生物量和克隆基因产物的产量。培养条件对固定化工程菌的培养有一定的影响。非生长的基因工程菌的固定化，可提高其半衰期并能稳定操作较长时间。基因工程提供了改进的微生物，在利用这些微生物的时候，人们自然地考虑到使用具很多优势的固定化技术，事实上正是基因工程菌的固定化研究推动了固定化技术的发展。

1. 固定化细胞分类、形态特征和生理状态

固定化细胞按其细胞类型分为固定化微生物、植物和动物细胞三大类（表 7-6）；按其生理状态又可分为固定化死细胞和活细胞两大类。

表 7-6　固定化细胞的分类

细胞类型	生理状态
微生物 植　物 动　物	死细胞：完整细胞，细胞碎片，细胞器 活细胞：增殖细胞，静止细胞，饥饿细胞

固定化细胞由于其用途和制备方法的不同，可以是颗粒状、块状、条状、薄膜状或不规则状（与吸附物形状相同）等，目前大多数制备成颗粒状珠体，这是因为不规则形状的固定化细胞易磨损，在反应器内尤其是柱反应器内易受压变形，流速不好，而采用珠体就可以克服上述缺点，另外，圆形珠体由于其表面积最大，与底物接触面较大，所以生产效率相对较高。细胞被固定在载体内在形态学上一般没有明显的变化。通过光学显微镜、电子显微镜观测表明细胞的形态与自然细胞没有明显差别。但是，扫描电镜观察到固定化酵母细胞膜有内陷现象。无论用海藻酸钙、聚乙烯醇或聚丙烯酰胺凝胶包埋，都有类似情况。形成“凹池”的原因尚待进一步研究。

固定化死细胞一般在固定化之前或之后细胞经过物理或化学方法的处理，如加热、匀浆、干燥、冷冻、酸及表面活性剂等处理，目的在于增加细胞膜的渗透性或抑制副反应，所以比较适合单酶催化的反应。固定化静止细胞和饥饿细胞在固定化之后细胞是活的，但是由于采用了控制措施，细胞并不生长繁殖，而是处于休眠状态或饥饿状态。

固定化生长细胞又称固定化增殖细胞，是将活细胞固定在载体上并使其在连续反应过程中保持旺盛的生长、繁殖能力的一种固定化方法。与固定化酶和固定化死细胞比较，由于细胞能够不断繁殖、更新，反应所需的酶也就可以不断更新，而且反应酶处于天然的环境中，更加稳定，因此，固定化增殖细胞更适宜于连续使用。从理论上讲，只要载体不解体，不污染，就可以长期使用。固定化细胞保持了细胞原有的全部酶活性，因此，更适合于进行多酶顺序连续反应，所以说，固定化增殖细胞在发酵工业中最有发展前途。

2. 固定化细胞的制备

固定化酶和固定化细胞都是以酶的应用为目的的，其制备方法和应用方法也基本相同。上述固定化酶的方法大部分适合于微生物细胞的固定化，既适用于固定化死细胞（休止细胞），也适用于固定化活细胞。可把死细胞看作是一个充满酶的口袋，因此唯一目的是要保持所要酶的活力；相反，固定化活细胞是传统发酵工艺的一种变体，具有增加细胞密度、提高连续过程的功效。对一个特定的目的和过程来说，是采用细胞，还是采用分离后的酶作催化剂，要根据过程本身来决定。一般说，对于一步或两步的转化过程用固定化酶较合适，对多步转换，采用整细胞显然有利。

上面提到的所有固定化细胞的方法都涉及细胞本身的饰变或它的微环境的改变，从而使细胞的催化动力学性质发生改变，结果是降低了天然活力。为了长期、连续使用天然状态细胞，还可采用沉淀、透析等方法。

固定化完整细胞的方法虽有多种，但还没有一种理想的通用方法，每种方法都有其优缺点。对于特定的应用，必须找到价格低廉、简便的方法，高的活力保留和操作稳定性，是评价固定化生物催化剂的先决条件。①化学法（共价交联）涉及酶或细胞的化学修饰。由于所用化学药品的毒性，这类方法可引起细胞破坏。要避免这个缺点，反应要在尽可能温和的条件下进行。由于在使用中细胞间、细胞和载体间的键不易被底物或盐所破坏，所以操作稳定性高。②吸附螯合法制备固定化细胞条件温和、方法简便，但载体和细胞间吸附力弱，操作时细胞易从载体脱落，特别是底物分子量高，介质的离子强度和 pH 变化情况下更是如此，所以操作稳定性差，但优点是可再生。③包埋法从理论上来说细胞和载体间没有束缚，固定化后应保持高活力，然而实际上限制酶活力的因素较多，而且这类方法只适用于小分子底物。要固定活细胞、增殖细胞显然包埋法占优势，尤其采用卡拉胶、海藻酸钙等材料更好。④交联法没有良好机械强度，所以不适合实际应用，但可得到高细胞浓度，大多数情况难以再生。

3. 固定化细胞的性质

基因工程和酶工程的结合，可能使大规模培养过程中重组菌的稳定性问题得到较好的解决，已有一些固定化基因工程菌用于生产的报道。与游离工程菌相比固定化工程菌具有高细胞浓度、克隆产物高效表达、稳定性好等特性。下面仅就固定化基因工程菌来阐述固定化细胞的性质。

（1）目的产物的产量提高

利用甘露糖功能化的磁性纳米颗粒固定携带重组甘油脱氢酶基因的大肠杆菌细胞，可在适宜条件下实现高度固定化（84%）和活性恢复（82%）。与游离细胞相比，固定化细胞的热稳定性在 37℃时提高了 2.56 倍。10 次循环后，超过 50% 的固定化细胞的初始活性保持不变。通过监测甘油到 1, 3-二羟基丙酮（DHA）的催化转化，对固定化细胞进行功能评估。反应 12h 后，固定化细胞产生的 DHA 比游离细胞产生的高两倍。此外，甘露糖功能化磁性纳米颗粒可用于对革兰氏阴性菌的特异性识别，这使其在生物催化剂和生物传感器的制备以及临床诊断等方面具有巨大的应用潜力。

（2）克隆基因产物的表达

固定化方法对提高克隆基因产物合成量的影响对培养若干代后的细胞尤其显著。甘露糖功能化的磁性纳米颗粒可用于固定含有重组甘油脱氢酶基因的大肠杆菌细胞，固定后的细胞具有更高的稳定性，经过 5 个催化循环后，固定化的细胞保留了其初始活性的 70%，而游离细胞仅保留了 10%；此外，固定后的细胞在 10 个催化循环后保留了约 50% 的初始活性。利用该固定化体系表达的大量高活性甘油脱氢酶即可实现甘油向 1, 3-二羟基丙酮高效转化。

（3）质粒的遗传稳定性

质粒的遗传稳定性是基因工程细胞最重要的因素，因为质粒是表达目的基因产物的载体。在细胞固定化系统中，重组固定化细胞中的细胞区室化限制了含质粒细胞和无质粒细胞之间的竞争，这有助于提高质粒稳定性，用于重复批量发酵。大肠杆菌 BL21（DE3）固定在多壁碳纳米管用于木糖醇生产，固定化细胞相比于游离细胞的倍增时间增加 6 倍，细胞裂解减少了 73%，质粒稳定性提高了 17%。固定在海藻酸钙珠中的大肠杆菌细胞所产 L-天冬酰胺酶的活性为 315.8U，比常规游离细胞的细胞外天冬酰胺酶活性（162.3U）高约 2 倍，固定化细胞的最大质粒稳定性为 49%，比游离细胞高 25 倍。

在固定化体系中质粒稳定性的提高不能用单一的因素来解释。虽然，P^+P^-细胞之间有紧密的联系，但事实证明质粒在固定化细胞中的转移是不存在的。早期提出的隔室化理论并不能解释高稳定性，因为细胞长到第 6 代就足以将胶粒内部的空间充满。带有 pTG201 质粒 P^+ 和 P^-细胞以 87% 和 13% 的比例共同固定化后繁殖了约 80 代，最后，P^+ 和 P^-细胞在胶粒中比例不变，而与游离细胞体系大不相同。这样就证明了质粒稳定性的提高归功于 P^+ 和 P^- 细胞无法在胶粒中竞争，以及固定化细胞在胶粒中繁殖缓慢的原因，同时微环境在稳定性方面也发挥了很重要的作用。

对于固定化体系可以保护基因的稳定性至今尚无一个确定的解释。然而对于克隆基因分泌产物及其调控机制以及固定化细胞生理学的全面了解可以为重组细胞高稳定性提供更多的信息。就形态和通透性而言，观察重组细胞内部细胞膜、细胞壁组成的变化是很重要的。它可以增加对重组菌中质粒高稳定性的了解。总之，与游离细胞体系相比，固定化技术可以明显提高基因工程细胞稳定性和目的基因表达产物的产量，并能保持宿主中质粒稳定性和拷贝数。

4. 培养条件对质粒稳定性、菌体量及克隆基因产物的影响

游离细胞体系、固定化细胞体系的影响因素有：接种量、各种介质、胶粒体积、基质浓度、营养缺陷、温度、pH 以及溶氧浓度等。

（1）接种量

重组细胞中质粒的稳定性程度受接种量的影响。早期的研究表明在胶粒表面 50 ～ 150μm 附近固定化细胞呈单层生长，在胶粒内部没有观察到细胞生长，但减少接种量可以使胶粒表面和内部的重组细胞数均有较大程度的提高。这可能是由于胶粒中最初的低细胞量可以克服营养物质和氧气的传质限制，接种量在细胞固定化技术中的影响已有了系统的研究。

（2）固定化介质

载体对于质粒稳定性以及产物表达量的提高尚无系统的研究，因此有关这一重要因素的信息很少。考察琼脂糖、藻酸盐以及聚丙烯酸树脂等材料对生产胰岛素原的工程菌的包埋情况后认为，琼脂糖最为有效，因为它既无毒又可迅速释放包埋的标记胰岛素原。而藻酸盐和聚丙烯酸树脂只能释放 15% ～ 20% 包埋的胰岛素原。所以多孔琼脂糖被选作生产胰岛素原的重组细胞的固定化载体。利用中空纤维膜固定化大肠杆菌生产 6-氨基青霉烷酸，可以提高反应器中单位体积青霉素酰化酶的活性而实现高浓度青霉素的裂解。另外还有一些其它载体如硅酮泡沫、棉布和 Cyclodex 1 微载体等。这些材料毒性低、机械强度及热稳定性高，且具有较好的亲水性。

（3）胶粒数量

胶粒在反应器中所占体积越大（即胶粒越多）重组基因生产目的产物的能力越强。在较低接种量的情况下，胰岛素原的产量随着胶粒数量的增加而增加，在胶粒数量过多时，从胶粒中游离出的细胞也会相应增加，但其内部的重组质粒则可保持较高的稳定性。显而易见，若要提高反应器的体积产量，就必须采用高浓度的固定化胶粒。

（4）介质浓度

凝胶浓度提高后，溶质扩散及溶氧摄取都随之降低而使转化反应受到影响。同样，在胶浓度一定的情况下，胶粒的大小（胶粒直径）影响目的产物的生产情况，胶粒直径越小则转化率越高。一般来讲，多采用 2% 介质浓度固定化重组细胞。

（5）营养缺失

在游离细胞体系中质粒的稳定性会受到营养限制的影响。同样在固定化体系中葡萄糖、氮源、磷酸盐及镁盐中某一因素缺失都会影响到质粒稳定性。在这些限制性培养基中游离及固定化系统中的 P^+ 细胞均会有所增加，但在固定化体系中情况要好得多。在上述诸因素中，磷酸盐和镁盐对质粒的稳定性影响最显著，这可能是胶粒中活细胞数目减少而造成的。

（6）培养温度及 pH

温度和 pH 同样会影响克隆基因表达胰岛素原，表达的最佳温度位于 25 ～ 30℃之间，pH 为 7.0。Sayadi 等人研究了温度对大肠杆菌 W3101 中的 pTG201 质粒稳定性的影响发现，31℃时质粒均稳定存在于宿主中，温度升高到 42℃时游离及固定化系统中质粒稳定性均有所下降，但固定化系统可适当增强重组细胞的热稳定性。这可能是因为介质中 P^- 细胞与 P^+ 细胞相比缺乏竞争力。而游离系统与固定化系统相比其克隆基因产物的表达水平也有很大降低。

为了将重组菌的生长及目的产物的生产两步分开，人们建立了基于温度变化的两步连续固定化培养法。第一步，温度控制在 31℃，使大肠杆菌处于抑制状态而增加质粒的稳定性。从第一个反应器中释放的细胞不断地流入温度为 42℃的第二个反应器中，该温度下可使重组细胞解除抑制而产生儿茶酚-2, 3-二氧化酶。这种温度迁移的去抑制作用并不影响胶粒中细胞的活性，但从事固定化重组菌研究的大多数工作者都选择 37℃作为最佳培养温度。在研究了 pH 对固定化的哺乳动物细胞的影响后发现，控制 pH 在一定水平与不控制 pH 相比，可多获得 40% 的目的产物。固定化体系的 pH 范围多选择在 7.0 ～ 7.6 之间。

（7）溶氧浓度

利用向反应器中通入纯氧的方法可以提高固定化大肠杆菌 K12 细胞中质粒的稳定性。这是因为重组细胞在通纯氧情况下比通空气的生长速度要慢，传代分化数目减少，从而使产生 P^-细胞的概率降低并进而提高重组细胞中质粒的稳定性。胶粒的形态测定显示，通纯氧 10h 与通空气培养相比，胶粒内部可形成更大的菌落，且菌落占胶粒体积的百分比更大。在通纯氧的情况下，质粒的拷贝数及转化子数目可保持 200 代不变。

人们提出了许多关于固定化重组菌质粒稳定性的原因，其中最值得注意的是对吸附于水不溶介质表面的重组细胞的代谢改变、生理学及形态学观察。对游离及固定化细胞膜、细胞壁的比较，DNA 含量及其表达蛋白的比较等对提高质粒稳定性的研究也大有帮助。同样，分别位于胶粒内部及表层的重组菌所含质粒拷贝数也十分值得研究。

六、固定化酶的性质变化

由于固定化也是一种化学修饰，酶本身的结构必然受到影响，同时酶固定化后，其催化作用由均相移到异相，由此带来的扩散限制效应、空间障碍、载体性质造成的分配效应等因素必然对酶的性质产生影响。

1. 固定化后酶活性变化

固定化酶的活力在多数情况下比天然酶小，其专一性也能发生改变。例如，用羧甲基纤维素作载体固定的胰蛋白酶，对高分子底物酪蛋白只显示原酶活力的 30%，而对低分子底物苯酰精氨酸-对硝基酰替苯胺的活力保持 80%。所以，一般认为高分子底物受到空间位阻的影响比低分子底物大。

在同一测定条件下，固定化酶的活力要低于等物质的量原酶的活力的原因可能是：①酶分子在固定化过程中，空间构象会有所改变，甚至影响了活性中心的氨基酸；②固定化后，酶分子空间自由度受到限制（空间位阻），会直接影响到活性中心对底物的定位作用；③内扩散阻力使底物分子与活性中心的接近受阻；④包埋时酶被高分子物质半透膜包围，大分子底物不能透过膜与酶接近。也有酶在固定化后活力比原酶提高的个别情况，其原因可能是偶联过程中酶得到化学修饰，或固定化过程提高了酶的稳定性。

2. 固定化对酶稳定性的影响

稳定性是关系到固定化酶能否实际应用的大问题，在大多数情况下酶经过固定化后其稳定性都有所增加，这是十分有利的。由于目前尚未找到固定化方法与稳定性之间规律性，因此通过预测提高稳定性还有困难，但大多数情况下酶经过固定化后稳定性提高了。

首先，表现在热稳定性提高。在聚丙烯酰胺凝胶（PAAm）基质中包埋的 α-淀粉酶的热稳定性比起天然酶提高了将近 5 倍。作为生物催化剂，酶也和普通化学催化剂一样，温度越高，反应速度越快。但是，酶是蛋白质组成的，一般对热不稳定。因此，实际上不能在高温条件下进行反应，而固定化酶耐热性提高，使酶最适温度提高，酶催化反应能在较高温度下进行，加快反应速度，提高酶作用效率。

其次，固定化酶在不同 pH（酸度）下的稳定性、对蛋白酶稳定性、贮存稳定性和操作稳定性方面都有变化。据报道，有些固定化酶经过贮藏，可以提高其活性。包埋在凝胶基质中的脂肪酶，其半衰期比天然酶高出 50 倍之多。青霉素酰化酶在不同 pH 值的缓冲液中，于 37℃保温 16h 测定酶活力。固定化酶在 pH 5.5 ～ 10.3 活力稳定，而游离酶则仅在 pH7.0 ～ 9.0 稳定，由此可见，固定化酶的 pH 稳定性明显优于游离酶。

此外，对各种有机试剂及酶抑制剂的稳定性提高。提高固定化酶对各种有机溶剂的稳定性，使本来不能在有机溶剂中进行的酶反应成为可能。Foresti 等从玫瑰假丝酵母（*Candida rugosa*）、荧光假单胞菌（*Pseudomonas fluorescens*）和南极假丝酵母 B（*Candida antarctica* B）中提取脂肪酶，并固定于壳聚糖粉末上。用油酸与乙醇发生酯化作用产生乙基油酸盐来检验固定化酶的性能。研究结果显示，两相系统中有机反应相中的水活度的降低有利于酯的合成。相对于标准的无水的系统，两相系统在反应最初的 1h 内合成酯的收率很高。从南极假丝酵母 B 中提取的固定于未经处理过的壳聚糖粉末上的脂肪酶在 24h 的时间里可以转化 75% 的脂肪酸，并在连续 5 次 24h 使用之后仍能保留很高的活力（90% ～ 95%）。可以预计，今后固定化酶在有机合成中会进一步应用。

固定化后酶稳定性提高的原因，可能有以下几点：①固定化后酶分子与载体多点连接，可防止酶分子伸展变形。②酶活力的缓慢释放。③当酶与固态载体结合后，失去了分子间相互作用的机会，从而抑制酶的自降解。

3. 固定化酶的最适温度变化

酶反应的最适温度是酶热稳定性与反应速度的综合结果。由于固定化后，酶的热稳定性提高，所以最适温度也随之提高，这是非常有利的结果。例如，汤亚杰等以交联法用壳聚糖固定胰蛋白酶最适温度要比固定化前提高了 30℃。当然，也有报道最适温度不变或下降的。Horst 等用戊二醛处理过的磁性 Fe_3O_4 固定化了过氧化氢酶，并研究了其催化 H_2O_2 分解的活性。在低浓度时固定化的过氧化氢酶表现出底物抑制现象。虽然其催化的最适温度由 60℃降低到 40℃，但是用 1mg/mL 的固定化酶获得的最大活性明显高于相同条件下的游离酶。

4. 固定化酶的最适 pH 变化

酶由蛋白质组成，其催化能力对外部环境特别是 pH 非常敏感。酶固定化后，对底物作用的最适 pH 和 pH-活性曲线常常发生偏移。一般说来，用带负电荷载体（阴离子聚合物）制备的固定化酶，其最适 pH 值较游离酶偏高，这是因为多聚阴离子载体会吸引溶液中阳离子，包括 H^+，附着于载体表面，结果使固定化酶扩散层 H^+ 浓度比周围的外部溶液高，即偏酸，这样外部溶液中的 pH 值必须向碱性偏移，才能抵消微环境作用，使其表现出酶的最大活力。反之，使用带正电荷的载体其最适 pH 值向酸性偏移。

5. 固定化酶的米氏常数（K_m）变化

固定化酶的表观米氏常数 K_m 随载体的带电性能变化。当酶结合于电中性载体时，因扩散限制造成表观 K_m 上升。可是带电载体和底物之间的静电作用会引起底物分子在扩散层和整个溶液之间不均一分布。由于静电作用，与载体电荷性质相反的底物在固定化酶微环境中的浓度比整体溶液的高。与溶液酶相比，固定化酶即使在溶液的底物浓度较低时，也可达到最大反应速度，即固定化酶的表观 K_m 值低于溶液的 K_m 值；而载体与底物电荷相同，就会造成固定化酶的表观 K_m 值显著增加。简单说，因高级结构变化及载体影响引起酶与底物亲和力变化，从而使 K_m 变化。这种 K_m 变化又受溶液中离子强度影响：离子强度升高，载体周围的静电梯度逐渐减小，K_m 变化也逐渐缩小以至消失。例如在低离子浓度条件下，多聚阴离子衍生物-胰蛋白酶复合物对苯甲酰胺酸乙酯的 K_m 大约是原酶的 1/30。但在高离子浓度下，接近原酶的 K_m。

七、影响固定化酶性质的因素

固定化酶的性质取决于所用的酶及载体材料的性质。酶和载体之间相互作用使固定化酶具备了化学、生物化学、机械及动力学方面的性质。为此，要考虑许多方面的参数，较重要的参数见表 7-7。

表 7-7　固定化酶的特征参数

成分	参　数
酶	生物化学性质：分子量，辅基，蛋白质表面的功能基团，纯度（杂质的失活或保护作用） 动力学参数：专一性，pH 及温度曲线，活性及抑制性的动力学参数，对 pH、温度、溶剂、去污剂及杂质的稳定性
载体	化学特征：化学组成，功能基，膨胀行为，基质的可及体积，微孔大小及载体的化学稳定性 机械性质：颗粒直径，单颗粒压缩行为，流动抗性（固定床反应器），沉降速率（流体床），对搅拌罐的磨损
固定化酶	固定化方法：所结合的蛋白质，活性酶的产量，内在的动力学参数（即无质量转移效应的性质） 质量转移效应：分配效应（催化剂颗粒内外不同的溶质浓度），外部或内部（微孔）扩散效应；这些给出了游离酶在合适反应条件下的效率 稳定性：操作稳定性（表示为工作条件下的活性降低），贮藏稳定性 效能：生产力（产品量 / 单位活性或酶量），酶的消耗（酶单位数 / 公斤产品）

所谓酶本身的变化，主要由于活性中心的氨基酸残基、高级结构和电荷状态等发生变化，而载体的影响主要是由于在固定化酶的周围，形成了能对底物产生立体影响的扩散层以及静电的相互作用等引起的变化。酶固定化后发生的性质变化是上述几种影响因素综合作用的结果。载体与酶的直接作用可能表现为活力丧失、破坏酶结构、封闭酶活性部位等。

1. 质量传递效应

酶的固定化意味着将酶的机动性加以精细的限制，从而影响溶质的运动性能，这种现象即质量传递效应。它能引起反应速率的降低，因此和可溶性酶相比，固定化酶效率有所降低。反应速率的降低是由载体材料表面外部的扩散限制造成的，而且分配效应也能引起载体内外的浓度不同，这一点对于能和载体材料以离子和其它吸附力相作用的溶质而言也是必须考虑的。在多孔的颗粒中由于内部的或者微孔扩散，还能观察到内部扩散限制效应。偶有报道，通过交联酶晶体催化反应的速率不受扩散限制。所有固定化酶催化的反应必须遵循质量传递规律以及酶催化相互作用的规律。因此问题就是：是什么原因使质量传递造成了这种限制，用交联的酶晶体是否能够避免这个问题？和质量传递相联系的酶扩散限制动力学已从数学角度表述清楚了。这些数学表述相当复杂，除了较简单的米氏动力学外，其它的术语如产物抑制、质子生成及酶的失活等都包括进去了。

对于米氏酶而言，受质量传递控制的程度可用效率系数或有效因子 η 表示：

$$\eta = \frac{V_{\text{imm}}}{V_{\text{free}}}$$

式中，V_{imm} 和 V_{free} 表示在相同的条件下，分别由相同浓度的固定化酶和游离酶催化的反应速率。

在米氏动力学中，当考虑底物扩散时，许多的 η 值可以计算出来。酶晶体所受的扩散限制是由其高的酶载荷量所引起的。体积仅占载体十分之一的酶晶体，其活性可增加一百倍，而扩散限制却没有增加。

水解反应中，当底物转换接近反应终止时，通常底物浓度较低。在这种情况下，其它的一些因素，如产物抑制，将决定反应速率。另外，反应生成的质子梯度将在任何底物浓度下掩盖其它因素的影响。

实际上，为了研究固定化酶是否受质量转移限制，建议在剧烈的条件下测定酶的活性。主要包括增大搅拌速度或流速以将外部扩散降到最低，使酶颗粒变小，或增大缓冲液浓度以避免pH迁移等。如果采用上述某种方式而使反应速度有所增加，则说明在某种程度上质量转移效应控制着反应速率。能够用来增强催化效率的一些方法如下：

① 降低载体颗粒的大小。在技术应用上，对球形颗粒直径的最低极限为100μm，这样的颗粒才得以在大的酶反应器的普通筛板上被保留。对于小的酶晶体而言，应采用其它保留技术。

② 对比活高的酶应降低酶的负载量，这可以通过一般的固定方法来实现。在酶晶体中酶活性可以通过与失活的酶共结晶而得以稀释，然而，当过量的惰性载体材料对反应条件不利时，低比活的酶紧密堆积是一种有用的固定方法。

③ 酶在载体材料外部的优先结合能增加酶的催化效率。当酶只占据球形载体外壳半径的1/10时，催化效率可增加约2倍。

2. 支持物产生的（静态的）和反应产生的（动态的）质子梯度

和游离酶相比，固定化酶的pH-酶活性曲线有可能迁移3～4个pH单位。在低缓冲容量和低离子强度的溶液中，当用固定在阳离子交换载体上的胰蛋白酶或交联的枯草杆菌蛋白酶晶体水解N-保护的氨基酸酯时，可以观察到pH的迁移。对于固定化的胰蛋白酶，pH的迁移部分是由静态质子和底物梯度造成的。这主要是由于溶质分子的带电基团和载体上的静电荷相互作用（分配作用）引起的。载体上的pH值比主体溶液pH值要低得多，从而观察到了pH迁移。通过一种能够降低相互作用的高离子强度的溶液可以降低pH迁移。这些静态的梯度和提供高离子强度的带电底物的反应性没有多大的关系。在低离子强度的溶液中，用酶晶体也能够形成静态pH梯度。pH值高于等电点时带负电的晶体能够作为阳离子交换剂，而质子的分配能够产生静态pH梯度。然而这还没有经过仔细的研究。

此外，在水解反应中，当固定化酶释放质子时也能够经常观察到动态的质子梯度。甚至当底物或产物相关的质量转移限制失去意义时，它们能够掩盖其它任何效应。其原因是，在酶催化酯水解［式（7-3）］或酰胺水解［式（7-4）］的反应中，甚至少量质子的形成也能促使pH值的迁移，因此引起反应速度的改变。

$$R_1COOR_2 + H_2O \longleftrightarrow R_1COOH + R_2OH \longleftrightarrow R_1COO^- + R_2OH \tag{7-3}$$

$$R_1CONHR_2 + H_2O \longleftrightarrow R_1COOH + H_2NR \longleftrightarrow R_1COO^- + R_2NH_3^+ \tag{7-4}$$

和质量相关的固定化青霉素酰胺酶的最大酶活性使得每秒钟在酶晶体和Eupergit® C载体的孔隙中分别产生0.3mol/L和0.0015mol/L的酸和碱。在没有缓冲能力或弱缓冲能力的系统中，甚至少量的酸或碱能使载体内的pH值和外部显著不同。这可以通过酸的解离常数pK及碱的去质子常数pK_b来表示。当青霉素水解时，生成的酸（pK_a≈3）和碱（pK_b≈5）在固定化酶的微孔中产生一个适中的pH值{pH=[(pK_a+pK_b)÷2]≈4}，比主体溶液中最适合产物生成的pH8低得多。

在水解反应过程中，不断加入碱，使之扩散入载体，从而减小pH值迁移。通过这种方式，沿着颗粒半径会形成一种动态的pH梯度，这表示有扩散控制。以同样的方式，酯水解时产生了比想要的最佳pH值更低的pH值（pH≤pK_a）。

为了便于更好的理解，建立了几种扩展了的米氏动力学数学模型，其中包括质子生成项，并考虑到产物抑制和酶的最适pH以上的pH值等。此外，数学模型中还包括促进的运输，这起因于底物和产物或加入的缓冲液的缓冲能力。鉴于计算的复杂性，这里仅描述基本的形式。

酶反应通常以一个钟形的pH-酶活性曲线来表示，

$$V_{max} = \frac{V_{max}}{1 + \frac{|H^+|}{K_1} + \frac{K_2}{|H^+|}} \tag{7-5}$$

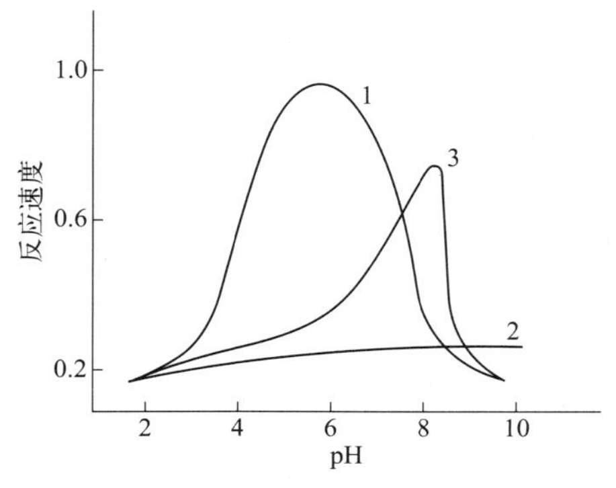

图 7-26　青霉素G-酰胺酶水解反应速率随pH值变化的曲线

1—$K_1=10^{-4}$，$K_2=10^{-8}$ 时可溶性酶反应；2—$\phi_R=12$，底物浓度 =145mmol/L, K_m=14.5mmol/L 时的固定化酶反应；3—在曲线 2 条件下加 10mmol/L 缓冲液

这里 K_1 和 K_2 是和 pH 曲线相关的常数（图 7-26 中曲线 1）。催化剂微孔中所累计的质子引起质子梯度的形成，其程度受质子形成速率的影响。所有这些主要取决于固定化酶的活性，质量转移驱使的质子运输到催化剂颗粒外层及用于中和质子的碱。在稳态时，出现质量平衡。

高浓度底物时酶活性会受扩散限制影响，当底物浓度高到足以排除和底物相关的扩散限制时（即效率因子接近 1 时），仍然出现 pH 迁移及酶活性的降低。偶尔，青霉素G-酰胺酶水解反应开始时的情况就是如此。有关质子的蒂勒模数（Thiele modulus）被引入计算中，用和 pH 有关的 K_1 取代和底物有关的 K_m 值［式（7-5)］，并使用质子的而不是底物的有效扩散系数。因此，没有缓冲液时，甚至当修饰的蒂勒模数较低时，反应速率显著降低，得到了一个滑向碱性 pH 的平滑曲线，而不是钟形曲线（图 7-26 中曲线 2）。当有缓冲液时，被认为有利于质子的运输。因此，质子运输的增强，使酶活性-pH 曲线向碱性 pH 方向迁移（图 7-26 中曲线 3）。

总之，pH 依赖性的游离酶及酶晶体的不同之处似乎是由引起游离酶和其它固定化酶的不同点的相同影响因子引起的。为了完善产率和减少催化剂、产品的损失，建议缩小反应产生的动态 pH 梯度的作用。可以通过下面几种方法达到：

① 对于底物介导的扩散控制，分别或同时减少酶浓度或颗粒的大小。

② 使用有足够容量（>0.05mol/L）的缓冲液来减少动态 pH 梯度。对于酶催化的过程来说，pK 值要大于酶催化过程的最适 pH（底物或产物本身提供了该特性，因此只需采用最适外部 pH 值）。

③ 采用比该酶最适 pH 高的外部 pH 进行操作。

④ 共固定一个质子消耗酶（如脲酶），它能原位形成氨并中和产生的质子。然而，有一点需要注意的是：当在酰基酶的脱酰化反应中，氨充当亲核体的时候，氨能形成副产物。

3. 固定化酶的稳定性和产率

当生产花费和传质效应被缩小后，固定化酶的主要消费是由酶所能使用的时间决定的（如它们的稳定性）。为了获得最高的利润，增加固定化酶的稳定性是非常重要的。

在水稻曲霉中经琼胶包埋得到的嗜温 β-半乳糖苷酶，因肽链自由度的下降，热稳定性得到了提高。酶的稳定性同样取决于单体性质或基质性质甚至是温度。比如，基质影响耐热性这一事实就在固定于聚丙烯酸基质的 β-D-葡糖苷酶上观察到。

通过分析酶活性随时间的损耗来测定酶的稳定性。当酶活消耗的时候，我们可以根据最简单的动力学定律，预测残余的活性，在热失活过程中，服从一级动力学规律。然而，当不同的酶混合在一起，而它们具有不同的结合力和内在稳定性，或是存在传质效应并引起了低效率时，情况就变得复杂了。在传质效应存在时，低效率引起的低活力显示出酶只有一部分是有活力的。一般情况下，当酶失活时，未使用的部分会取代失活酶发挥作用。换句话说，存在传质效应的反应在酶活的损耗方面表现得很不敏感，会让人误认为有较好的稳定性。因此，不仅要跟踪酶活随时间的变化来测定酶的稳定性，在实践中还要跟踪其产率变化，或者是将酶的消耗与产品的形成联系起来。

当嗜热菌蛋白酶以交联晶体形式用于肽合成时，酶的稳定性可保持几百小时，同时酶的损耗速度会很低。而酶以溶解形式存在时，短时间内就会失活。当可溶的嗜热菌蛋白酶被保存在一个混合的水-有机溶剂中，在孵育的第一天，50% 的酶活就会损耗，而在之后的 15 天内，酶会保持相对的稳定。酶最初的失活有可能是由酶上的一个不稳定部分引起的，而在酶的晶体中不再有这个不稳定片段。

4. 固定化酶（细胞）的评价指标

游离酶成为固定化酶，其催化过程也由原先的均相体系反应变为固-液相不均一体系反应。酶的催化性质会发生变化，因此制备固定化酶后，必须考察它的性质。可通过各种参数的测定来判断某种固定化方法的优劣以及所得固定化酶的实用可能性。

常用的评估指标有以下几个：

（1）固定化酶（细胞）的活力

固定化酶（细胞）的活力即是固定化酶（细胞）催化某一特定化学反应的能力，其大小可用在一定条件下它所催化的某一反应的反应初速度来表示。固定化酶（细胞）的单位可定义为每毫克干重固定化酶（细胞）每分钟转化底物（或生产产物）的量（如 $\mu mol \cdot min^{-1} \cdot mg^{-1}$）。如是酶膜、酶管、酶板，则以单位面积的反应初速度来表示（如 $\mu mol \cdot min^{-1} \cdot cm^{-2}$）。和游离酶相仿，表示固定化酶的活力一般要注明下列测定条件：温度、搅拌速度、固定化酶的干燥条件、固定化的原酶含量或蛋白质含量及用于固定化酶的原酶的比活性。

固定化酶通常呈颗粒状，所以一般测定溶液酶活力的方法要作改进才能适用于测定固定化酶。其活力可在两种基本系统——填充床或均匀悬浮在保温介质中进行测定。

以测定过程分类。测定方法分为间歇测定和连续测定两种：

① 间歇测定：在搅拌或振荡反应器中，在与溶液酶同样测定条件下（如均匀悬浮于保温的介质中）进行，然后间隔一定时间取样，过滤后按常规进行测定。此法较简单，但所测定的反应速度与反应容器的形状、大小及反应液量有关，所以必须固定条件。而且，随着振荡和搅拌速度加快，反应速度上升，达某一水平后便不再升高。所以要尽可能使反应在此水平进行。另外，如搅拌速度过快，会因固定化酶破碎而造成活力上升。

② 连续测定：固定化酶装入具有恒温水夹套的柱中，以不同流速流过底物，测定酶柱流出液。根据流速和反应速度之间关系，算出酶活力（酶的形状可能影响反应速度）。在实际应用中，固定化酶不一定在底物饱和条件下反应，故测定条件要尽可能与实际工艺相同，这样才能利于比较和评价整个工艺。

（2）偶联效率及相对活力的测定

影响酶固有性质诸因素的综合效应及固定化期间引起的酶失活，可用偶联效率或相对活力来表示。固定化酶活力回收率是指固定化后固定化酶（或细胞）的总酶活力占用于固定化的游离酶（细胞）总酶活力的百分数。

偶联效率 =（加入蛋白质活力−上清液蛋白质活力）/ 加入蛋白质活力 ×100%

酶活力回收率 = 固定化酶总酶活力 / 加入酶的总酶活力 ×100%

相对活力 = 固定化酶总酶活力 /（加入酶的总酶活力−上清液中未偶联酶酶活力）×100%

偶联率 =1 时，表示反应控制好，固定化或扩散限制引起的酶失活不明显；偶联率 <1 时，扩散限制对酶活有影响；偶联率 >1 时，细胞分裂，或从载体排除抑制剂等原因。

（3）固定化酶（细胞）的半衰期

固定化酶（细胞）的半衰期是指在连续测定条件下，固定化酶（细胞）的活力下降为最初活力一半所经历的连续工作时间，以 $t_{1/2}$ 表示。固定化酶（细胞）的操作稳定性是影响实用的关键因素，半衰期是衡量稳定性的指标。半衰期的测定可以和化工催化剂一样实测，即进行长期实际操作，也可通过较短时间操作进行推算。在没有扩散限制时，固定化酶（细胞）活力随时间成指数关系，半衰期 $t_{1/2}=0.693/K_D$，式中 $K_D=-2.303/t \cdot \log(E/E_0)$ 称为衰减常数，其中 E/E_0 是时间 t 后酶活力残留的百分数。

第四节　酶稳定化与固定化的研究进展

一、生物学基础研究

利用固定化酶进行反应可操作性强，可用于酶的结构与功能的研究、多亚基酶及多酶体系组装方式的研究及凝血和血栓溶解的生化过程研究等。利用固定化酶在相界面催化反应的特点，还可用它来复制酶膜的模型。将多酶系统包埋于微囊内，可用于酶系统的组装、定位及代谢的研究等。

1. 酶的结构与功能研究

（1）阐明酶反应机理

应用实时表面等离子体子成像法，将 Langmuir 和 Michaelis-Menten 的理论相结合，研究了酶分子与表面固定底物 1∶1 情况下核酸外切酶Ⅲ（Exo Ⅲ）对双链 DNA 的切割活性（见图 7-27）。

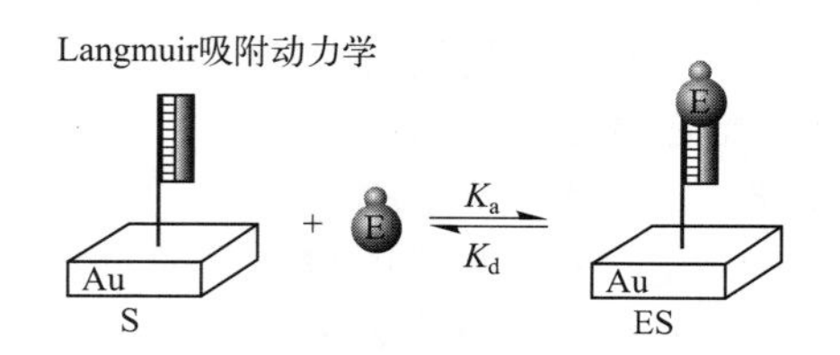

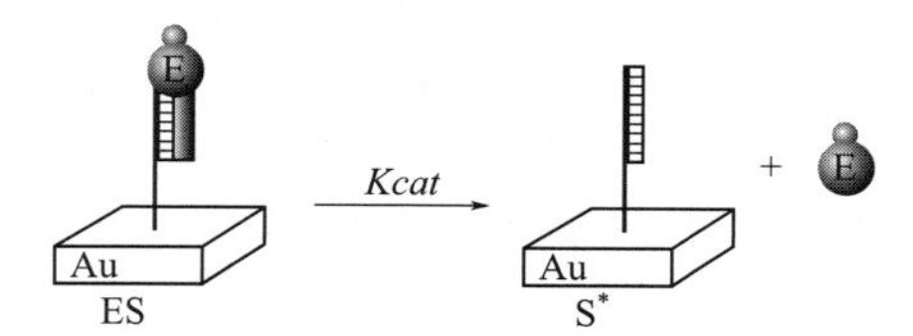

图 7-27　生物高聚物微芯片的表面酶处理示意图

（2）酶亚基性质的研究

比较亚基与全酶的催化性质，对了解酶结构功能有重要意义。因为亚基不易分离正常条件下无法比较，固定化可解决这一问题。由于载体的空间限制，脱落的亚基不能再与载体上的亚基重新结合。醛缩酶有 4 个亚基，控制条件使酶分子只有一个亚基通过共价键与 CNBr 活化的琼脂糖凝胶结合。当用 8mol/L 的尿素使蛋白质变性后，未被固定的亚基被透析除去，只有固定化的亚基保留，这样就可对单亚基进行研究。由表 7-8 可见，醛缩酶的亚基有活性。

表 7-8　醛缩酶亚基活力测定

固定化衍生物	活力	蛋白质	比活
全酶	100	100	4.5
亚基	9.8	27.5	1.6

（3）揭示酶原激活机理

有时酶原激活并不涉及蛋白质水解。酪氨酸酶原固定化后，不须肽链水解就可活化至天然酶的 20% ～ 30% 活力。荧光技术证明，活化酶原在结构上与固定化酪氨酸酶类似，证明了结构重排在酶原激活中的重要性。

（4）研究蛋白质-核酸分子结构

对于研究蛋白质的三级结构来说，X 射线分析是最有力的手段。然而，有些蛋白质不能结晶，而有些蛋白质 X 射线衍射图谱很难解释限制了这个方法。因此，必须求助于获得信息较少的间接方法，如荧光标记及顺磁等方法。除了这些传统的方法，现在也采用一定的固定化技术。用 0.5 ～ 2.0nm 长的双功能交联剂可获得蛋白质结构最有价值的信息。酶活性中心的功能基通常就处于这个范围内。如果一种试剂（一定长度）不能交联两个功能基，那就不能阐明三维结构中二基团的距离及其相互位置。例如，用 *N*, *N*-亚苯基双马来酰亚胺交联的肌球蛋白，活性中心的两个必需巯基间的距离是 12 ～ 14Å。用交联法可以发现，溶液中某些酶的构象与用 X 射线数据得到的晶体状态的构象没有区别。

此外，蛋白质在载体上的固定化可用于粗略阐明蛋白质的结构。例如，蔗糖酶固定在带电载体上，蛋白质三级结构中的许多盐桥被破坏，而酶在很大程度上失去稳定性。这个事实说明，静电相互作用（特别是盐桥）是蔗糖酶结构完整性所必需的。交联法还可用于分析寡聚蛋白的四级结构。用双功能试剂交联对较复杂的生物对象特别有用。此法可用于研究染色质中的组蛋白、细胞膜和多酶复合物中的酶的结构组成。

2. 生物活性蛋白的定向固定作为揭示蛋白质内部反应和功能的工具

生物活性蛋白的定向固定可使活性结合部位更易接近，稳定性也得以提高。生物活性蛋白的定向固定的途径有很多，包括用合适的抗体、糖蛋白的糖组分、硼酸盐亲和凝胶、金属络合物、亲和素-生物素系统、定点诱变等实现蛋白质的定向固定，分述如下。

（1）用合适的抗体进行蛋白质的定向固定化

① 利用单克隆抗体进行酶的固定化。如果将要固定的物质在温和的条件下使用，就没有必要对复合物进行共价连接。将羧肽酶 A（CPA）直接固定到其抗体上，形成复合物的亲和常数达到 10^9L/mol 数量级。将抗原连接到固相支持物上可通过两种不同的结合步骤：a. 只通过吸附作用进行固定，即将抗体吸附到蛋白 A-Sepharose 柱上。b. 抗体共价结合到 Eupergit C 上，在所有这些情况中，催化常数几乎是一样的。在溶液中，将固定化羧肽酶用底物进行重复温育后，其酶活性几乎没有什么变化。而在固定化以后，酶的稳定性增加了。

② 利用合适的多克隆抗体进行蛋白酶的固定。利用猪的抗凝乳蛋白酶（CHT）的多克隆抗体进行酶的定向固定。在戊二醛中，将 CHT 活性部位与固定化的天然胰蛋白酶抑制剂-抗生素（antibiotic）结合共价交联，可以实现 CHT 的定向固定，并利用色谱柱对位于 CHT 活性部位外侧的抗原部位的 IgG 进行分离。在适宜的条件下采用同样原理，抗生素被共价连接在经均三嗪活化的珠状纤维素 Perloza MT200 上，在 pH7.2 下 CHT 被牢固结合在这种生物特异性吸附剂上。通过戊二醛交联来实现 CHT 和固定化抗生素的共价偶联，以琥珀酰硝基联苯胺为底物进行的活力实验表明这种酶是以其活性部位固定化的。

利用从皮摩到飞摩的肽作图进行蛋白质的微量分析只适合于固定化蛋白酶，这一方法是由 Cobb 和 Novotny 发展起来的。肽图谱通过蛋白质的酶促裂解获得，可应用于：a. 在亚微克量水平上，生理液体中蛋白质病理变化的检测。b. 翻译后蛋白质修饰检测。c. 遗传变体的鉴别和定位。d. 基因工程蛋白质产品的质量控制和监测。

③ 分离伴刀豆蛋白 A（Con A）所用的生物亲和吸附剂的制备。为了制备一种适用于 Con A 的生物特异性吸附剂，用一种免疫球蛋白中的抗卵清蛋白组分将卵清蛋白（OA）固定化，抗 OA 抗体只与位于 OA 蛋白质部分的抗原表位反应，因此可利用生物亲和色谱分离从兔血清中得到的 OA 抗体。OA 的一个糖组分经高碘酸盐氧化为一种纤维素的酰肼衍生物后固定在色谱柱上。抗体和 OA 蛋白质组分的结合能力在高碘酸盐氧化后没有降低，因此这个氧化后的免疫球蛋白组分以它的糖组分和纤维素酰肼连接 OA 吸附，这种免疫吸附剂对于 Con A 的分离是一种有效的吸附。Con A 和 OA 之间相互作用的特异性经检测后是不变的。这进一步证明 Con A 没有吸附到初始载体上。因为游离的 IgG 和 Con A 在溶液状态下可发生反应，这一发现表明 IgG 的 Fc 部分被固定化，而它的糖组分由于与 Con A 相互作用而不易接近。Con A 和 OA 被反复地结合和洗脱，如此选择出的 IgG-OA-Con A 模式有力地证明了定向固定原理的适用性，制备不同的吸附剂以用于不同化合物的纯化，可获得满意的收率及良好的再现性。定向固定不仅有望应用于分离，还可应用于分析和研究。

④ 利用抗鼠 IgG 特定的 Fc 进行固定。利用固定化的山羊抗鼠 IgG, Fc 特异性地进行乙酰胆碱酯酶和胆碱氧化酶的鼠源单克隆抗体的定向固定。

（2）利用糖蛋白中的糖组分实现定向固定

糖蛋白、抗体及酶含有分子多肽部分的活性位点。因此，通过糖结构进行固定化可以产生对活性位点具有较好立体可及性（steric accessibility）的聚合物。酶分子表面几个互补的结合部位的联合，容许形成相对数量较多的生物特异性复合物。这些复合物除了定向固定以外，还可用于酶的有效分离。酶也可与底物及其类似物、辅因子、别构效应物和金属离子等组成复合物。形成的复合物的类型决定了它们在活细胞中发生的化学过程中的作用方式，利用三种生物特异性吸附剂进行了羧肽酶 Y 的亲和色谱：Gly 羧肽酶 Y 与 Con A-Spheron 吸附后与戊二醛交联。这个结合酶保留了 96% 的天然催化活性并且表现出良好的操作稳定性，然而酶的高稳定性也可通过糖苷残基和固相载体的酰肼衍生物相偶联而实现。

（3）利用硼酸盐（boronate）亲和凝胶定向固定

硼酸盐亲和凝胶可进行糖蛋白的定向和可逆固定的研究。硼酸盐的极性官能团容易反应并且在温和条件下有一个较宽的反应范围，定向排列为规则的几何图形。在某种意义上说，硼酸盐可被认为是一种通用的凝集素，尽管它的特异性要比真正的凝集素小，但硼酸盐与凝集素相比具有几点优势：首先，硼酸盐比凝集素稳定得多；其次，作为具有较高稳定性与可变度的硼酸盐与不同物质相互作用时，限制其作用的是只有获得分离才可具有更大的柔性；最后，价格低廉使硼酸盐亲和色谱成为生化研究中一种极具吸引力的工具。

（4）使用金属络合物的定向固定

以定向方式在石英上进行组氨酸标记的生物活性蛋白的可逆固定化是建立在金属螯合亲和色谱（IMAC）技术的基础之上的，该技术在 1975 年已由 Porath 提出，将螯合剂次氮基三乙酸共价结合于亲水的石英表面，然后装载上二价阳离子（Ni^{2+}）螯合剂-金属络合物的自由配位点，随后被附加的供电子基团充满，例如 His 标签。可逆结合从水母中获得的绿色荧光蛋白，修饰一个 6-His 标签，通过内部反射荧光来监视。固定化蛋白对这一络合物敏感，因为它携带着一个内在生色基团，只要蛋白质结构完整，在绿光区可以有效的发射。这为探索石英表面功能蛋白的形成提供了一个方法。以上所述的在表面对蛋白质的可逆直接固定化为蛋白质的结构研究和受体配体的相互作用开辟了一个新方向。

（5）生物素-亲和素系统

生物素是存在于所有活细胞内但含量甚微（<0.0001%）的中性小分子辅酶，亲和素是一个含有四个亚基的四聚体，每个亚基均含有一个生物素结合位点。将水溶性的维生素-生物素结合到卵清白蛋白、亲和素或链霉亲和素上，和产生的其它非共价相互作用相比，能引起自由能大大降低。生物素-亲和素复合物具有极高的亲和常数（10^{15}L/mol）。即使极端 pH 值、高的离子强度甚至促溶剂（如 3mol/L 盐酸胍）都不能破坏这种结合。将生物素羧化载体蛋白（biotin carboxy carrier protein, BCCP）片段分别融合在荧光素酶和氧化还原酶的 N 末端，然后将这两个融合蛋白（BCCP-荧光素酶，BCCP-氧化还原酶）定向固定在亲和素包被的琼脂颗粒上，荧光活性提高了 8 倍，固定化酶的稳定性和固定效率均大大提高。

（6）利用定点诱变实现蛋白质定位吸附

在一个载体上控制蛋白质分子固定化定向的关键是从蛋白质表面的预定位点选择连接这个蛋白质。用基因工程法能在简单生物体如大肠杆菌或酵母菌中大量生产所需蛋白质，也能使在 DNA 水平对感兴趣的蛋白质继续修饰成为可能。为使蛋白质具有所需要的性质，利用定点诱变将一个带有特定侧链官能团氨基酸残基引入到蛋白质分子中。蛋白质分子通过这个官能团连接起来，导致表面上可控制的定向。Pagolu 等通过对木聚糖酶表面残基的修饰，将表面残基定点诱变为 Lys，增强了木聚糖酶在 SiO_2 纳米颗粒上的共价固定。固定化突变体 XylCg（N172K-H173K-S176K-K133A-K148A）的固定产率为 99.5%，固定效率为 135%，比固定化野生型（WT）高 1.8 倍和 4.3 倍。蛋白质固定之后的催化性能也有所提升，固定化野生型蛋白质 k_{cat} 和 k_{cat}/K_m 值为 331s^{-1} 和 404mL・mg^{-1}・s^{-1}，固定化突变体 k_{cat} 和 k_{cat}/K_m 值为 1850s^{-1} 和 2030mL・mg^{-1}・s^{-1}。此外，在 60℃下，固定化突变体的热稳定性是固定化 WT 的四倍。木聚糖酶表面突变的 Lys 残基赋予支持基质良好的稳定性和方向性，从而提高了木聚糖酶的整体性能。

采用普通固定方法时，固定化生物活性蛋白的活性有时会降低，这是因为活性部位被阻碍，甚至被与固相载体的联结所破坏。必要考虑的是，蛋白质的疏水表面簇在体内起重要的作用，但是在体外，它们和水的接触会形成类似冰-水结构，随着蛋白质分子的伸展而引起蛋白质失活。合适的生物特异性复合物的形成或糖组分断裂的保护能够减少导致蛋白质稳定性增加的非极性表面区。因此，利用形成合适的特异性复合物进行生物活性蛋白的定向固定或者糖组分相偶联可增强它们的稳定性。

此外，生物活性分子（首先是所有抗体和酶）定向固定是实现活性结合部位具有易接近性的途径。蛋白质和适当的免疫吸附剂的生物特异性吸附给出了将分离和定向固定结合起来的可能性。

二、生物传感器

1. 生物传感器的组成和工作原理

传感器是能将一种被测量的信号（参量）转换成为一种可输出信号的装置。生物传感器（biosensor）就是用生物成分作为感受器的传感器。通常由感受器、换能器和电子线路三部分组成。当待测物质通过具有分子识别功能的接受器时，固定在接受器上的亲和配基与待测生物分子相互作用的瞬间发生能量的转移，经过换能器，这种能量会以电或光等物理讯号的方式输出，经过电子系统的放大处理和显示，就可以测出待测物质的量。

感受器是生物传感器的心脏，整个生物传感器核心技术也在于此。制备感受器包括两个方面的工作，一是选择最佳的载体材料，二是在载体表面固定化亲和配基。材料的选择相对较为简单，而在表面上固定化配基是感受器研究的重要环节。它需要对载体表面进行活化预处理，使其表面带上各种需要的活性基团，如羟基、氨基、醛基、巯基等。然后通过化学反应把配基键合到载体表面上。传感器另一个重要组成部分是换能器，它可以感知固定化配基（分子识别器）与待测物质特异性结合产生的微小变化，并把这种变化转变成其它可以记录的信号，如检测电学变化（电位、电流等）、光信号（吸收光、散射光、折射光、荧光、化学发光、电化学发光等）、密度和质量的变化、振幅和频率以及声波相位的改变，或用热敏感元件测量热学的改变。把这些信号送到放大装置中，输出并记录结果。换能器质量的好坏，决定了传感器的灵敏度的高低。

2. 生物传感器中配基的固定化

在载体材料的表面固定亲和配基的技术主要包括两类，一是非共价吸附，二是通过化学反应共价交联。不管是哪一种结合方法，目的都是保持亲和配基与待测分子的特异性结合活性。一般来说，生物传感器完成一次到几次测量实验不会有什么问题。但是用一个感受器完成几十次样品测量，可能在样品吸附和解吸附的过程中，经受不同的洗涤条件的改变，会引起载体表面上亲和配基的剥离和生物分子的丢失，甚至会使感受器的使用效果显著降低，检测的灵敏度和重复性也遭受严重影响。所以到目前为止，从事生物传感器研究的人员普遍认为，即使亲和配基的键合十分牢固，其使用次数也不应超过 50 次。另一种看法则认为从制作传感器原材料开始考虑，尽可能采用廉价材料和规模化生产，大大降低成本，使传感器芯片成为一次性使用的材料，既保证了测量样品的精度，也保持良好的重复性。

通过化学反应共价结合是在载体表面固定化如蛋白质和酶的大分子配基最佳方法。本章中所涉及的载体表面活化技术和亲和配基固定化技术均可使用。经过活化的载体表面带上了各种活性基团，可用于连接配基。常用的活化试剂有溴化氰（CNBr）、羰基二咪唑（CDI）、水溶性碳二亚胺（EDC）和戊二醛等。双硫代琥珀酰亚胺丙酸酯（DSP）修饰金箔电极是配基固定化技术的一个很有前途的方法。DSP 一端的活性基团 NHS 可以迅速地吸附到金箔表面上，其稳定性超过了玻璃中的共价硅烷键。NHS 活化的金箔表面与酶和对氧化还原敏感的配基偶联以后，在电化学和生物传感器的研究中有广泛的用途。

3. 生物传感器的发展和应用

生物传感器的操作理论已经应用了 30 余年的时间，只有近几年才取得了突破性进展，在各种不同的领域如临床医学、过程控制、环境检测、基础研究、航空航天、半导体和计算机技术等方面用途广泛。现在已经出现了亲和固定几十种配基的晶体管芯片，能在几秒钟内测定一系列生物化学和医学诊断学的数据，甚至连基因突变和缺失都可以检测，该技术可成为 21 世纪揭示人类生命科学奥秘的有力武器。

生物分子之间的相互作用是生命现象发生的基础。研究生物分子之间的相互作用可以阐明生物反应的机理，揭示生命现象的本质。近年来，研究分子相互作用的技术不断出现，其中表面等离子体共振（surface plasmon resonance, SPR）技术引人注目，基于 SPR 的生物传感技术尤其是生物分子相互作用分析技术（BIA）在生物学以及相关领域的研究应用取得了很大的进展。SPR 技术可以现场、实时地测定生物分子间的相互作用而无需任何标记，可以连续监测吸附和解离过程，并可以进行多种成分相互作用的研究。

Pharmacia 的生物分子相互作用分析（BIA, biomolecular interaction analysis）系统为生物传感器研究生物分子间相互作用开创了一个典范。BIA 的核心系统应用了一种称为等离子体共振的技术。它使用激光扫描固定化表面，记录分子配对，即抗原-抗体作用所导致的质量的改变。传感器片的固定化表面是由玻璃片覆盖金膜镀层，在金膜上共价结合了羧化的葡聚糖作为生物相容性载体，非特异性结合很低，可以用水溶性碳二亚胺（EDC）和 *N*-羟基琥珀酰亚胺（NHS）把所需要的配基固定到羧化的葡聚糖上。当待测分子结合到配基层以后，SPR 的共振角发生更大的变化，这种变化与待测分子的结合量相关。

如今，SPR 技术在免疫分析、DNA 的复制和转录、DNA 的修复、药物的筛选、蛋白质分子相互作用分析以及肽库和抗体库的筛选等生命科学领域的应用研究取得了令人瞩目的进展，显示了常规技术无法比拟的优越性。

（1）SPR 技术在分子生物学中的应用

复制和转录是由蛋白质和核酸的特定结构所控制的过程，用于研究复制和转录过程的常规分析方法是基于测定特定标记产物的积累或主要产物的比例的变化，而 SPR 技术可以分析结合反应的各个阶段，如酶结合、底物延伸和酶的解离，给出一个动态过程。DNA 复制过程是涉及许多酶和蛋白质的一个复杂的酶促反应过程。识别和修复复制错误对于保证复制的准确性、保持基因组的完整性是至关重要的。对于复制和修复机理的研究有助于在分子水平上揭示 DNA 复制乃至生命现象的本质，也有助于基因治疗药物的研究。利用 SPR 技术可以测定动力学参数，实时监测分子相互作用的动态过程，通过对多组分的相互作用的研究还可以重现复制和修复过程。利用 SPR 技术建立了用于检测人免疫球蛋白 Fc 段活性的方法，2h 即可完成全部试验，缩短检验周期，试验操作简单，实验效率高。

转录水平的调控是基因表达调控的主要方式。在真核生物中主要表现为通过转录因子进行调节，在原核生物中典型的表现为操纵子调控。SPR 技术正越来越多地用来研究这些过程，它可以实时跟踪复合物多组分间相互作用的情形。TLR4 蛋白会导致多种移植排斥和自身免疫性疾病。因此，确定一种拮抗剂来抑制 TLR4 诱导的免疫细胞活化是非常重要的。Farshid 等人使用了一种新的 SPR 生物传感器配置，用于检测 10-羟基-2-癸酸（10-HDA）和 TLR4 之间可能的相互作用。最终证明了 10-HDA 作为 TLR4 的特异性配体，并且 SPR 配置有效地检测了这种特异性相互作用。

（2）SPR用于诊断

乙型病毒性肝炎是由乙型肝炎病毒引起的以肝脏病变为主的一种传染病，能够通过体液传播。目前已有的抗乙肝药物对于乙肝的治疗效果因人而异，因此对乙肝病毒抗体的研究依然重要。Tam等利用SPR生物传感器建立优化了抗乙型肝炎表面抗原抗体定量检测法，动态检测范围可达0.00098～0.25mg/L，与传统ELISA相比，检测上限和检测下限分别提高了8倍和7倍，且不存在交叉反应。

自新型冠状病毒（SARS-CoV-2）肺炎疫情暴发以来，SPR技术广泛应用于SARS-CoV-2疫苗研发。SARS-CoV-2表达特异性的刺突蛋白，刺突蛋白上的受体结合域（receptor binding domain, RBD）是中和抗体的重要作用位点和疫苗设计的关键靶点。Ju等通过SPR技术分析了RBD-特异性单克隆抗体的结合表位、结合特异性和中和能力，发现RBD-特异性单克隆抗体与靶点结合的亲和力（KD）在10^{-8}mol/L至10^{-9}mol/L之间，只特异性结合SARS-CoV-2的RBD，与有其他显著遗传和功能相似性的冠状病毒RBD之间无交叉反应。该研究为SARS-CoV-2的疫苗研发提供了有力支持。

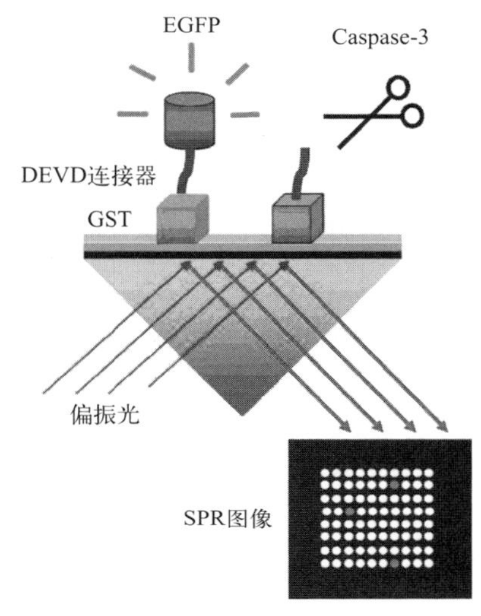

图7-28　SPR成像监测Caspase-3水解肽段释放增强型绿色荧光蛋白（EGFP）的示意图

与经典SPR采用整个表面被照亮（在入射和相机位置的固定角）用平面偏振光和反射强度的变化使用高分辨率CCD照相机进行测定不同，目前的SPR影像（SPRi），允许进行多通道高通量分析。在多肽N末端标记谷胱甘肽（GST）（图7-28），在C末端标记增强型绿色荧光蛋白（EGFP），通过SPRl实时检测到EGFP标签损失，可以用于判断Caspase-3（半胱天冬酶3）的水解活性变化，用于跟踪某些疾病的发展。

（3）SPR用于分析

① 农药及毒素

链霉素（streptomycin, STR）是一种氨基酸糖苷类抗生素药物，对结核杆菌和许多革兰氏阴性杆菌有较强的抗菌作用，是目前我国畜牧业和水产业常用的药物之一。在奶牛养殖业中，链霉素被大量、频繁地超剂量用于奶牛乳腺炎的治疗，由此导致牛奶中高浓度的链霉素药物滞留和蓄积，并以食物链方式进入人体，危害人体健康。基于生物素-抗生物素蛋白系统（biotin-avidin system, BAS）的亲和特性与SPR结合，可以提高抗原抗体的亲和性，从而提高相应信号和检测的准确性。一种基于BAS增敏及抑制型SPR免疫传感器（如图7-29）被开发出来，该方法简单，灵敏度高，检测时间短，成本低，可满足牛奶样品中STR高效检测的需求。

农、兽药的大量使用，污染了农牧产品，诸如肉类、奶类等，给人类的健康带来巨大危害。通常，这些药品在食品中的残留量很小，需要灵敏度高的仪器进行检测。毒死蜱（CPF），是一种广泛用于保护农产品免受昆虫侵害的有机磷酸盐。然而，使用杀虫剂的一个问题是它们对水生生态系统的毒性以及农业排放物对人类生活的直接影响。为了高精度检测CPF, Thepudom等人开发了一种光电极PEC-CPF传感器（如图7-30）。在金膜光栅上传播的SPR与P3HT薄膜的吸收峰波长很好地对应，增强了短路光电流，使其能够用于高灵敏度的CPF检测。

AChE传感器可以用来检测有机磷酸酯（肥料）和氨基甲酸酯类农药。这种传感器的创新之处在于它以超顺磁性纳米材料磁铁矿和磁赤铁矿作为酶固定化的支撑材料，这种材料表现出惊人的特性，如比表面积大、流动性和高的质量转移，更重要的是它们很容易通过是加外部磁

彩图 7-29

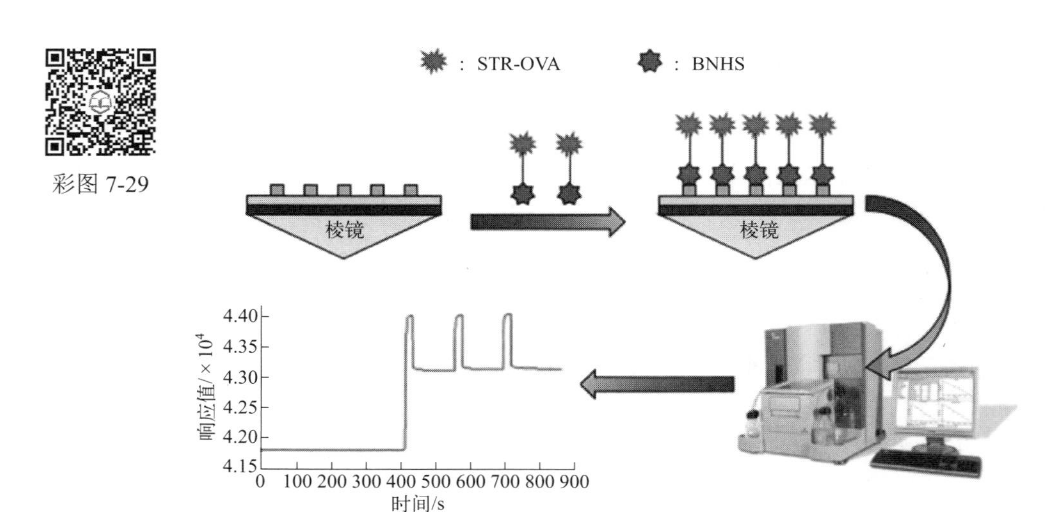

图 7-29 检测 STR 的抑制型 BAS-SPR 传感器

链霉素-卵清蛋白偶联抗原（STR-OVA；*N*-羟基丁二酰亚胺酯（BNHS）

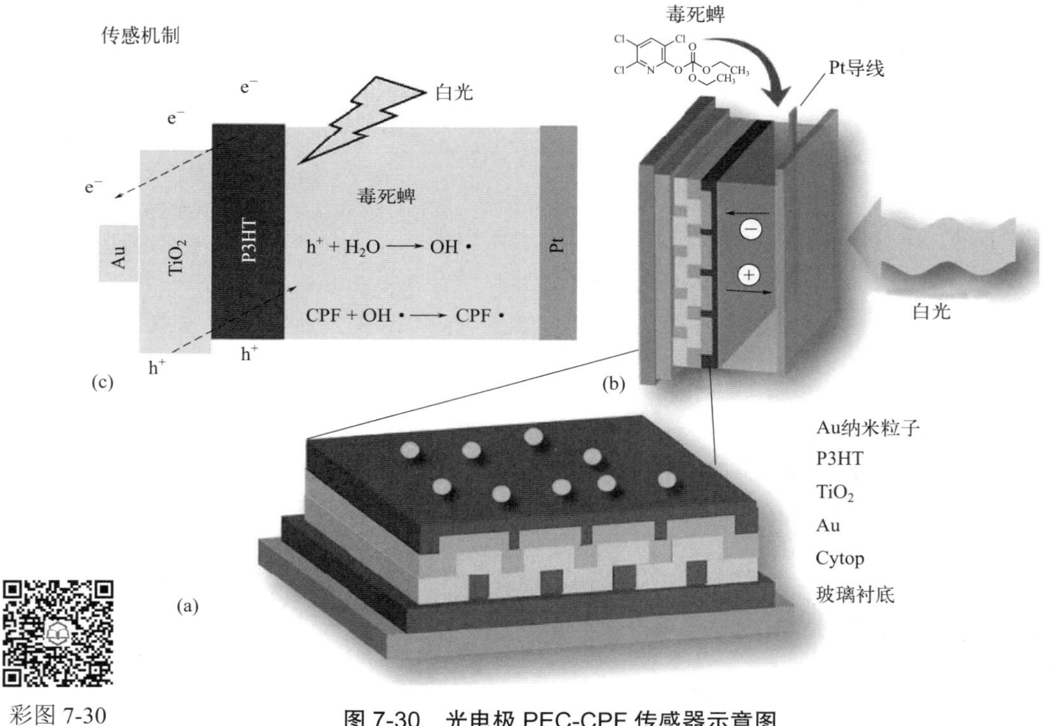

彩图 7-30

图 7-30 光电极 PEC-CPF 传感器示意图

场回收，包括抗体和超过三十种的酶分子已经成功地固定在磁性纳米粒子。固定化后，这些“磁性酶”可以应用于：环境污染物有机磷和氨基甲酸酯杀虫剂的生物传感器，如 Netto 等应用 AChE 传感器进行对氧磷检测，其灵敏度为 0.014mg/L，符合 EPC（0.1 ～ 1mg/L）的标准（见图 7-31），胆固醇和葡萄糖的临床生物传感器。在电化学能活化酶的情况下，超顺磁性纳米颗粒也可用于增加电极表面的浓度，提高电化学反应和电催化过程的效率，而且所涉及的酶类型和底物没有限制。

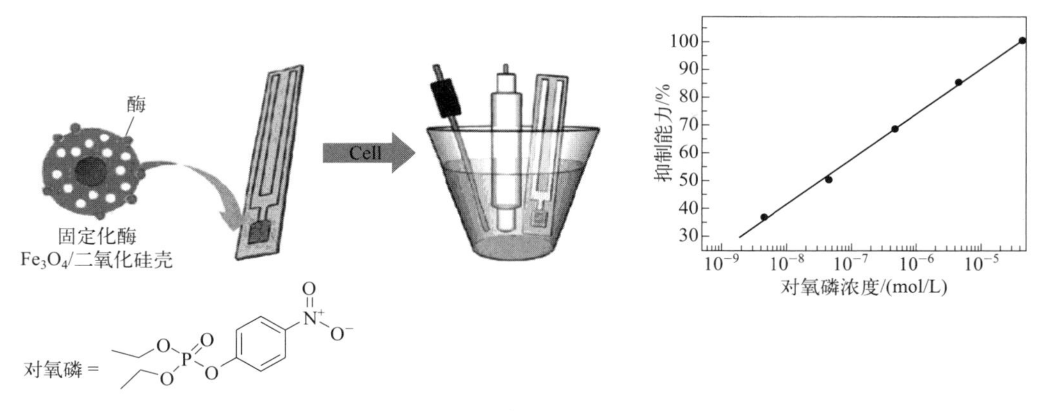

图 7-31　以固定在超顺磁纳米材料的乙酰胆碱酯酶（AChE）进行对氧磷的电化学检测

② 激素

牛奶中残留的雌激素样化合物对人类健康构成潜在的长期危害。据报道，缺乏内源性激素的作用会导致不良影响，例如生殖问题、氧化应激、慢性疾病和各种癌症。Qu 等人开发了基于石墨烯的双信号增强型 SPR 免疫传感器，通过间接竞争法定量检测三种不同的雌激素样化合物。为了降低目标的检测限，他们引入了基于石墨烯的 MDSPE 富集步骤，并使用了 Au 芯片修饰的 GO-COOH 材料固定完整的抗原。通过这种方法牛奶中的雌激素类化合物可以同时富集多达 500 倍。

③ 化学反应

金纳米颗粒具有类葡糖氧化酶催化活性，将 AuNP 作为葡糖氧化酶模拟酶（GOx mimic enzyme），用于原位氧化葡萄糖产生过氧化氢，再利用过氧化氢与氯金酸反应生成 Au^0，Au^0 沉积在 AuNP 上使 AuNP 的催化能力及吸收光谱改变。研究表明 AuNP 的 SPR 吸收强度与过氧化氢浓度或葡萄糖浓度成正比，同时发现当 AuNP 作为吸收剂的 SPR 强度与组氨酸保护的金纳米团簇（His-AuNC）作为荧光团的荧光发射之间相对较强的重叠，过氧化氢浓度或葡萄糖浓度变化会导致 His-AuNC 的荧光强度变化，进而实现了糖尿病患者尿液中葡萄糖的高选择性检测，过氧化氢和葡萄糖的检测限分别为 3.6μmol/L 和 3.4μmol/L。

电极表面固定化酶可以有效提高信号响应能力，Xu 等将葡糖氧化酶（GOD）与辣根过氧化物酶（HRP）封装在氧化钙沸石咪唑框架（GOD/HRP-loaded-ZIF-67@CaO_2）中，作为智能葡萄糖响应开关，显著增强封闭铟锡氧化物双极电极（ITO BPE）的鲁米诺电化学发光（ECL）信号，并针对细胞角蛋白 19 片段（CYFRA 21-1）设计 ECL 酶联免疫传感器（图 7-32），其线性范围为 0.0075ng • mL^{-1} 到 50ng • mL^{-1}，检测限为 1.89pg • mL^{-1}。

通常发生在 SPR 芯片表面结构上的酶促反应所引起的变化不足以使 SPR 产生信号变化。Chen 等基于分子适体信标（MAB）转换实现的重组酪胺信号放大（TSA），提出了一种无标记表面等离子体共振（SPR）生物传感器（图 7-33），用于高灵敏度和特异性检测人表皮生长因子受体 2（HER2）阳性外泌体。外泌体被固定在芯片表面的分子适体信标的 HER2 适体区域捕获，这使得 G-四链体 DNA（G4 DNA）能够暴露出来，从而形成类似过氧化物酶的 G4-血红素。反过来，形成的 G4-血红素在过氧化氢的帮助下催化大量酪胺包覆的金纳米粒子（AuNPs-Ty）在外泌体膜上的沉积，产生显著增强的 SPR 信号。在改良的重组酪胺信号放大系统中，作为主要成分的辣根过氧化物酶（HRP）被类酶 G4-血红素取代，绕过了天然酶的缺陷。此外，所需外泌体的表面蛋白和脂质膜的双重识别赋予了传感策略高特异性，而不会中断游离蛋白。因此，这种开发的 SPR 生物传感器表现出从 1.0×10^4 个 /mL 到 1.0×10^7 个 /mL 的宽线性范围。重要的是，

彩图 7-32

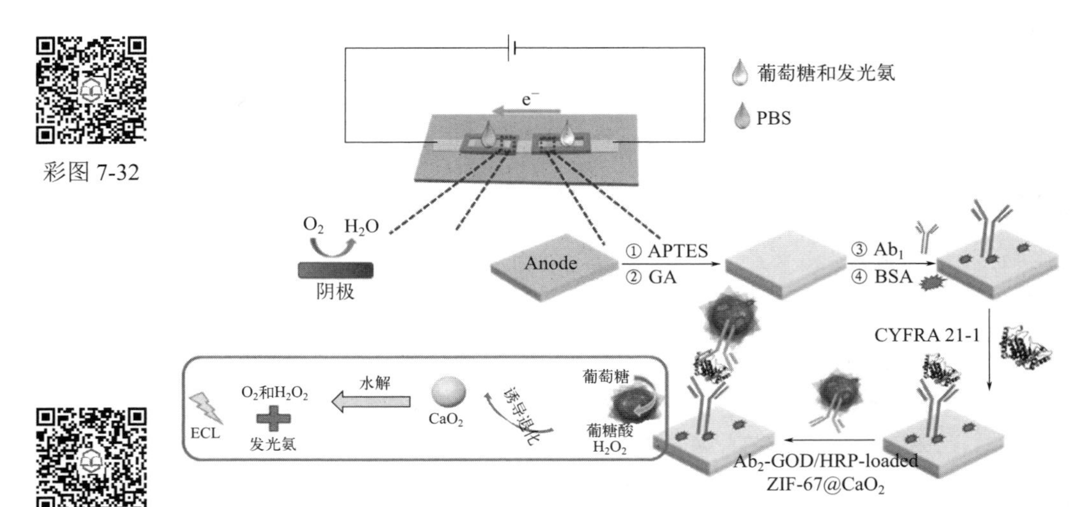

彩图 7-33

图 7-32　为 CYFRA 21-1 制备的 ITO BPE 示意图

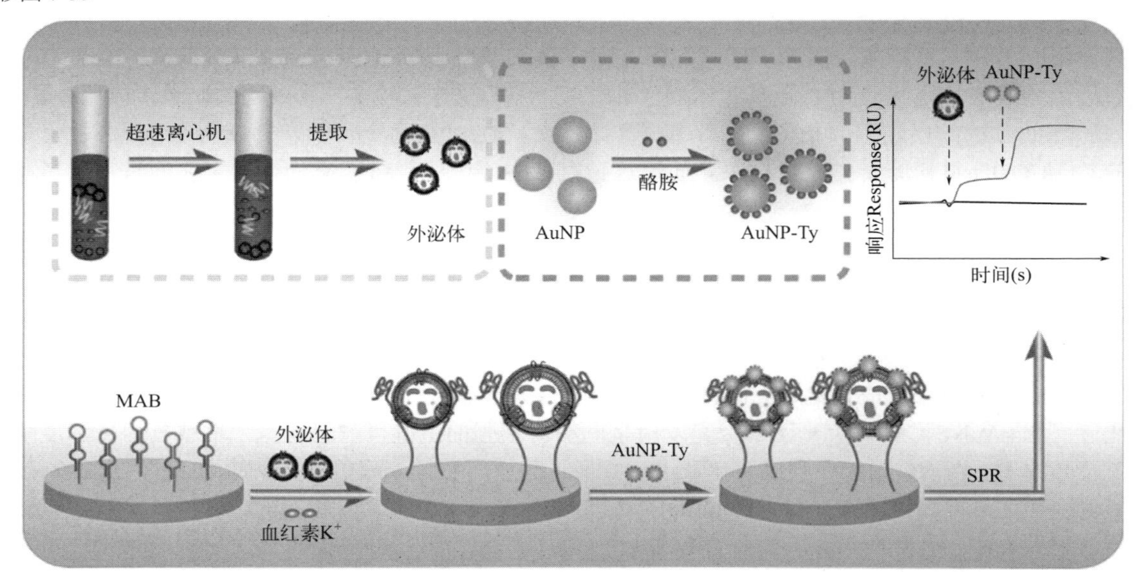

图 7-33　基于靶标诱导的 MAB 转换实现的改进 TSA 检测 HER2 阳性外泌体的示意图

该策略能够准确地区分人表皮生长因子受体 2 阳性乳腺癌患者和健康个体，具有巨大的临床应用潜力。

三、亲和分离系统

亲和分离是利用了生命现象中生物分子间特有的高亲和力、高专一性、可逆结合而设计的一种十分巧妙的纯化方法，是唯一的一种能够体现待分离物质间生物学功能差异的分离方法，因而对于微量生物活性成分及细胞的分离具有重要的意义。这一技术不仅是测定、分离和利用抗体、抗原和半抗原、细胞和细胞器、辅因子和维生素、酶、糖蛋白和单糖、激素、抑制剂、凝集素、脂质、核酸和核苷酸、毒素、转移受体核结合蛋白或病毒等的有效方法，而且对于研究超分子结构与它们所在微环境的关系方面也很有用，如配合以适当的预处理步骤，几乎可以实现“一步纯化”。

从亲和分离的目的和模式综合考虑，可分为以下 3 种类型：①将某种作为配基（配体、ligand）的生物分子偶联于固相载体上制成亲和吸附剂，用作色谱的填料来分离与之特异结合的配体，然后将配体洗脱下来并回收，统称为亲和色谱法，例如固定化抗体用于相应抗原的分离；②将配基偶联于载体上用于选择性地去除某些污染物，如用固相多黏菌素去除内毒素；③将细胞表面抗原分子对应的抗体偶联于载体上用于细胞的标记、分离及性质研究。目前，亲和色谱已不再仅仅局限于以分离为目的，而是渗透到多个领域中。在很多微量生物活性物质的分析工作中，为了能使待检测物浓度提高或去除一些干扰成分，常常先用一些亲和吸附剂处理样品使待检物质浓集后，再用 HPLC-MS 等方法进行分析。Marcus 等将胰蛋白酶固定在纳米多孔阳极氧化铝膜上，以产生适合肽质量指纹图谱的酶反应器。用 3-氨基丙基三乙氧基硅烷衍生膜，氨基用羰基二咪唑活化，允许猪胰蛋白酶通过 ε 氨基偶联。使用人造底物 *N*-*α*-苯甲酰-L-精氨酸 4-硝基苯胺盐酸盐，牛核糖核酸酶 A 和人血浆样品评估功能。膜流通反应器用于底物单次通过后的碎裂和 MS 分析，包括收集产物和随后的离线分析，以及在线耦合到仪器。肽图谱允许在两种情况下正确鉴定单个靶蛋白，并在单通道模式下正确鉴定 >70 个血浆蛋白，然后进行 LC-MS 分析。反应器在储存 14 天后保留了 76% 的初始活性，并在室温下重复使用（见图 7-34）。

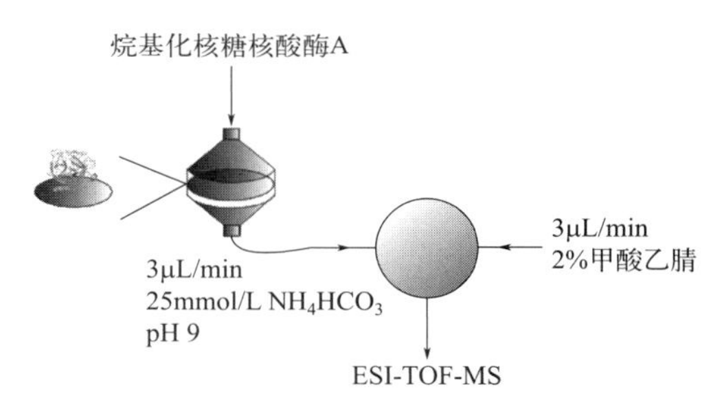

图 7-34　胰蛋白酶反应器在线评估系统示意图

亲和分离也可用于肽库及抗体库的筛选，如将融合有靶分子的谷胱甘肽-*S*-转移酶（GST）固定于谷胱甘肽亲和柱上，然后将噬菌体抗体库流过该亲和柱，则表达特异结合靶分子的蛋白质的噬菌体被截留，用凝血酶切开靶分子与 GST 之间的连接即可回收相应的噬菌体进行检测与扩增。该法筛选容量远大于一般的微孔板，而且可以反复使用。同理，还可用固定化的鞘糖脂筛选表达外源凝集素的工程细胞株及使用固相抗原筛选形成特异抗体的杂交瘤细胞。

通过融合表达的方法在谷胱甘肽硫转移酶上加入了 PS19（RAFIASRRIKRP）这种小肽标签。PS19 对亲水的聚苯乙烯（PS）具有特异的亲和性，在没有蛋白质分子干扰的情况下可以优先固定在亲水性的 PS（phi-PS）板上。用化学法将以小肽 KPS19R10 兔的 IgG 修饰，该肽就是把 PS19 的 ^{10}Lys 用 Arg 替代并且在 N 末端添加了一个 Lys 作为戊二醛的联结位点，KPS19R10 显示出高于 PS19 的亲和能力。同时发现 phi-PS 板和肽标签配基蛋白可以通过一步或两步酶联免疫（ELISA）反应完成，与常规 ELISA 方法相比该方法能减少操作时间，并且具有较高的灵敏度（表 7-9）。预计该方法将成为多种 ELISA 技术的一个通用方法，能被应用于通过融合表达或者化学方法制备的具有 PS 专一性结合能力肽作为配基蛋白（如夹心型或者竞争型利用单抗原、单抗体和链霉亲和素）一类的 ELISA 反应。

根据最新研究表明，一种以 ELISA 为基础，通过酶热敏电阻产热发展出来的技术温敏酶联免疫吸附试验（thermometric enzyme-linked immunosorbent assay, TELISA），具有更多的优势。酶热敏电阻的最外层是由绝缘的聚氨酯泡沫包裹的一层厚壁铝块，可以在 25℃、30℃或 37℃下保持恒温（±0.01℃）。铝块的里面是一个铝筒，筒的内腔中有两个探针，分别连接一个小的薄壁塑料圆柱（体积为 0.2 ～ 1.0mL），它里面存在一种可以固定酶的固体支架如 CPG。两个探针可以安装两种不同的圆柱，用于检测两种不同的分析物，或者一个安装酶柱另一个安装参考柱。在进入反应柱前，溶液通过一个作为热交换的薄壁耐酸钢管（内径 0.8mm）。这种设计的目的是最大程度地减少溶液通过圆柱时的温度波动。在圆柱顶部是一个小热敏电阻，它和一小段金毛细管被导热、绝缘的环氧树脂固定在一起，并连接到一个敏感度高达 0.001℃的惠斯登电桥，图 7-35 中展示了一种新型 AuNP/Cu-BTC MOF/3D-KSC 集成电极。首先在三维大孔碳集成

表 7-9　将 PS 盘用于常规 ELISA 的 4 个例子（a ～ d）

模式	配体（肽标签的连接法）	被分析物	监测	固定前的复合物	洗涤后 PS 板上的复合物
a. 三明治型	GST-PS19（融合表达）	GST 抗体	与酶结合的 IgG 抗体		
b. 竞争型	IgG-KPS19R10（化学法结合）	IgG	与酶结合的 IgG 抗体		
c. 三明治型	PNInB 抗体 -KPS19R10（化学法结合）	胰岛素	与酶结合的 PCInB 抗体		
d. 三明治型	亲和素化 KPS19R10（化学法结合）	生物素化 IgG	与酶结合的 IgG 抗体		

注：抗体（），与酶结合的抗体（），抗原（），亲和素（），PS 标签（），生物素（）。

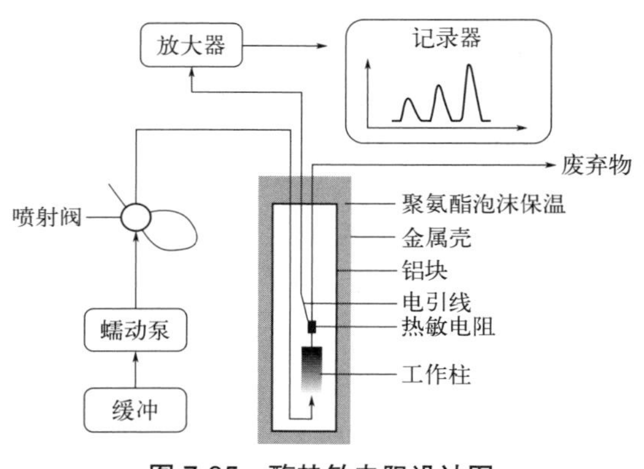

图 7-35　酶热敏电阻设计图

电极（3D-KSC）上生长 Cu-三甲基酸金属有机骨架（Cu-BTC MOF），然后将金纳米颗粒（AuNP）电沉积在 Cu-BTC MOF/3D-KSC 电极上，最后固定葡糖氧化酶（GOD）以构建比率电化学葡萄糖生物传感器。在葡萄糖浓度 44.9 ～ 4.0mmol/L 和 4.0 ～ 19mmol/L 之间表现出良好的线性范围，检测限为 14.77μmol/L。所制备的生物传感器还表现出高精度、高选择性和良好的重现性。该工作给出了第一个使用电活性 MOF 作为比率电化学传感器参考信号的示例。

对多种区室化酶促反应进行计数是定量和高灵敏度免疫诊断测定的基础。然而，数字酶联免疫吸附测定（ELISA）需要专门的仪器，这减缓了研究和临床实验室的采用。Wang 等提出了一种实验室对颗粒的解决方案，用于数千个单酶促反应的数字计数（图 7-36）。水凝胶颗粒用于结合酶和模板化液滴的形成，这些液滴通过简单的移液步骤划分反应。这些水凝胶颗粒可以以高通量制造，储存并在测定过程中使用，以在 2min 内创建约 500000 个隔室。这些颗粒也可以用样品干燥和再水合，通过驱动水凝胶表面的亲和力相互作用来放大测定的灵敏度。使用标准的台式设备和实验技术，在动态范围为 3 个数量级的飞摩尔检测限下演示 β-半乳糖苷酶的数字计数。这种方法可以促进数字 ELISA 的发展，减少对专用微流体设备、仪器或成像系统的需求。

亲和色谱对于药用重组蛋白的纯化十分有效，但是方法学的设计应考虑到药品报批的要求、成本及规模化的问题，所用的载体、配基及流动相应是 FDA 认可的。考虑到消毒和成本以及规模化的问题，更推荐使用人工合成的小分子配基如染料等，配基的脱落问题必须有严格的控制。另外，柱子和流动相必须经过消毒和除热原处理。

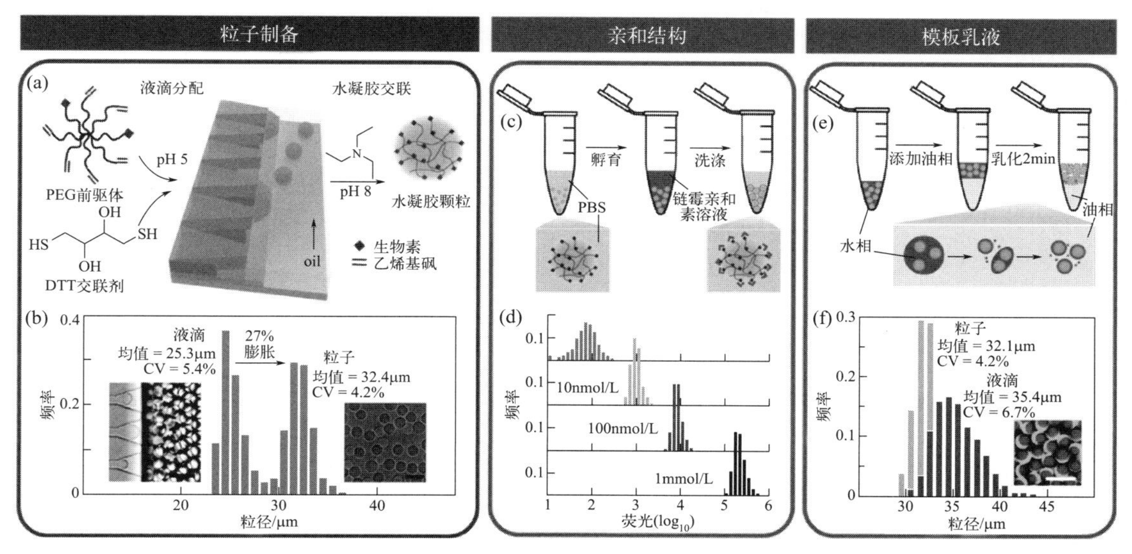

图 7-36　水滴酶亲和力测定的工作流程

彩图 7-36

碱基配对规则为核酸的亲和分离提供了极其便利的条件，在核酸化学研究及分子克隆实验中，几乎都要用到核酸的亲和分离。核酸亲和分离普遍引入了生物素-链亲和素交联系统。通常将引物如 Oligo dT 用生物素标记后偶联于包被有链亲和素的载体上，即可用于 mRNA 的分离。如 PCR 扩增的一对引物之一用生物素标记，则从理论上讲可以分离任意基因片段。生物素-抗生物素蛋白之间亲和力极强，可以耐受使核酸变性的处理条件。使用磁性微球作为分离的载体既可简便迅速地完成溶液系统的更换，并便于操作的微型化，如辅以其它标记及亲和交联方法，又可提供灵敏快速的检测手段。

四、纳米材料

最近的研究表明，在各种纳米材料中［例如纳米颗粒、纳米纤维、多孔材料以及单个酶纳米颗粒（SEN）］均可以改善酶的稳定性。Hegedüs 对纳米技术提高酶稳定性的方法进行了归纳总结（图 7-37）。

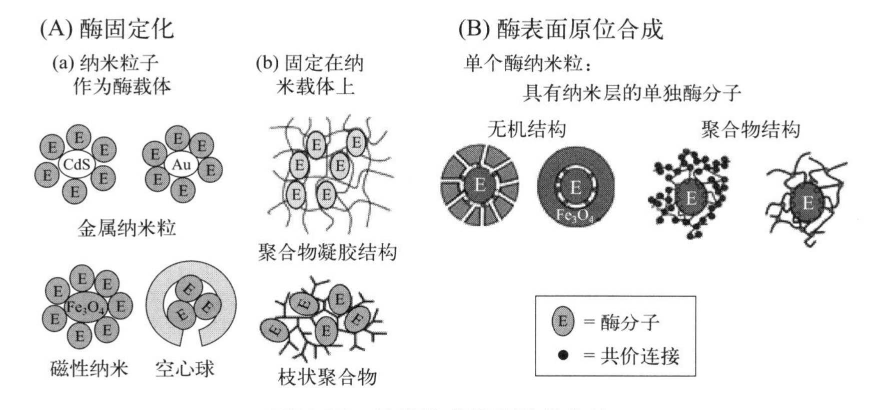

图 7-37　纳米技术稳定酶的方法

功能性纳米材料有望用于工业中需要带有特殊催化性质的酶的固定化中。在形成 SEN 时，每种酶分子都被纳米尺寸的网状结构所包围，这使得酶活性更加稳定（除了底物由溶液迁移到活性位点的限制情况）。SEN 还可以被固定在大比表面积的多孔二氧化硅上，这对于可应用的固定化酶系统（例如生物转化和生物传感器）而言，这个大比表面积提供了一个稳定的过程（图 7-38）。

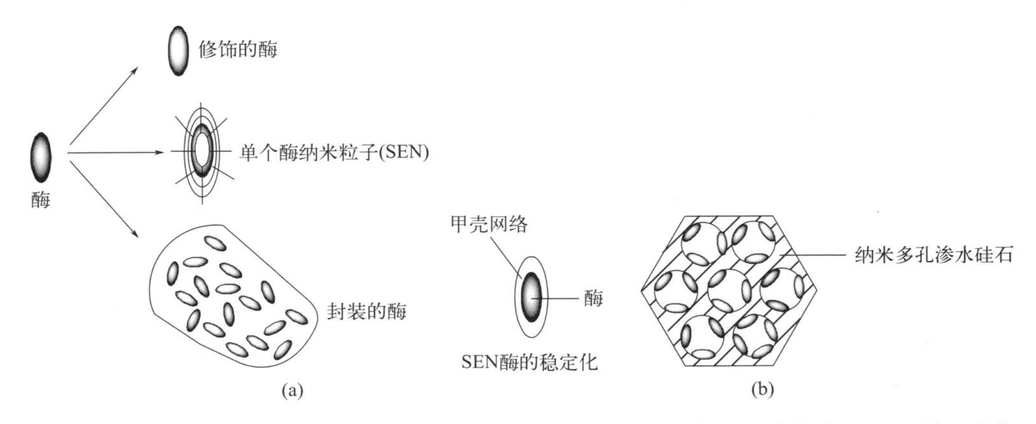

图 7-38 （a）SEN 通过酶修饰和封装的对比示意图；（b）在纳米多孔渗水硅石 SEN 的固定化

用纳米多孔材料可以对不稳定的天然乙酰胆碱脂酶（AChE）进行稳定化。为了增加生物传感器的操作稳定性，基于已有的理论模型，利用球形中空材料［图 7-39（a）：直径 100 ～ 300nm］和纳米多空材料［图 7-39（b）：直径小于 70nm］对 AChE 进行固定，将蛋白质包埋入相对较小并呈刚性的笼中彻底地增加了蛋白质的稳定性。

图 7-39 多孔纳米粒的扫描电子显微镜图

将尺寸小于 10nm 的 α-胰凝乳蛋白酶的纯酶纳米粒（SEN-CT）溶解在缓冲溶液中，并进一步固定在平均孔径是 29nm 的纳米多孔硅石中。游离的 CT、SEN-CT 可以分别被固定在纳米多孔硅石（NPS）和最初经氨基丙基三乙氧硅烷（amino-NPS）对表面硅烷化的纳米多孔硅石中。吸附在 amino-NPS 中的 CT 比单纯吸附在 NPS 中或是共价结合到 amino-NPS 上面的固定方式更稳定。在 22℃时剧烈摇动游离的、吸附在 NPS 上的以及共价结合在 NPS 上 CT 的半衰期分别是 1h、62h 和 80h；而吸附到 amino-NPS 上面的 SEN-CT 在 12 天中也没有发生活性的降低。SEN 和 NPS 的结合，为固定化酶系统的活力和稳定性提高方面展示了新的应用空间（见图 7-40）。

通过在纳米纤维的表面涂上来源于 *Rhizopus oryzae* 的酯酶的涂料制得了具有长期稳定操作性酶-纳米纤维复合材料。固定到纳米纤维中的酯酶的表观 K_m 比游离酯酶高 1.48 倍。该酶-纳米纤维复合材料是非常稳定的，将纤维放到玻璃瓶中摇动 100 天后还保留了最初活力的 80%。另外，酶-纳米纤维复合材料重复使用 30 个循环后仍可以保持很高的活力。因此，该酯酶-纳米纤维复合材料可以用于长期的和稳定连续的底物水解反应，可以连续生产对-硝基酚最少 400h（如图 7-41）。

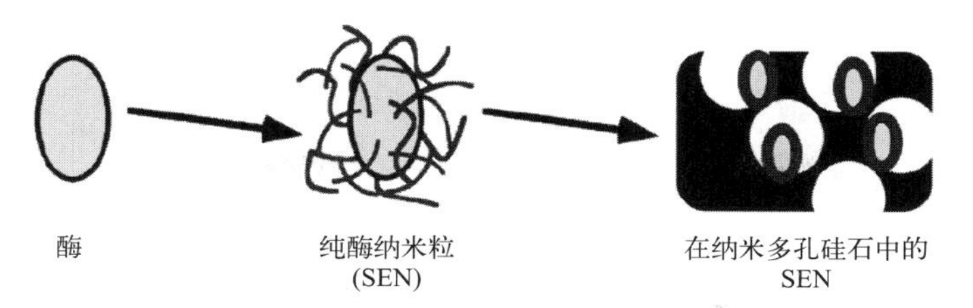

图 7-40　制备 SEN 以及将 SEN 固定到 NPS 中的示意

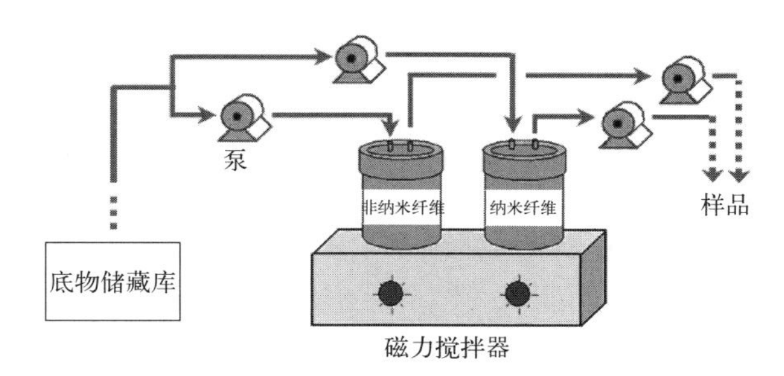

图 7-41　连续模式酶反应系统的示意

自组装的多糖纳米凝胶——胆固醇基普鲁（cholesterol-bearing pullulan, CHP）会对脂肪酶稳定性产生影响，脂肪酶的酶活力和 k_{cat} 值得到大幅提升。此外，结合 CHP 后的脂肪酶的变性温度提高了 20℃，有效抑制了因温度升高而引起的脂肪酶变性和聚集，因此可以将此纳米凝胶应用于热稳定性较差的酶（如图 7-42）。

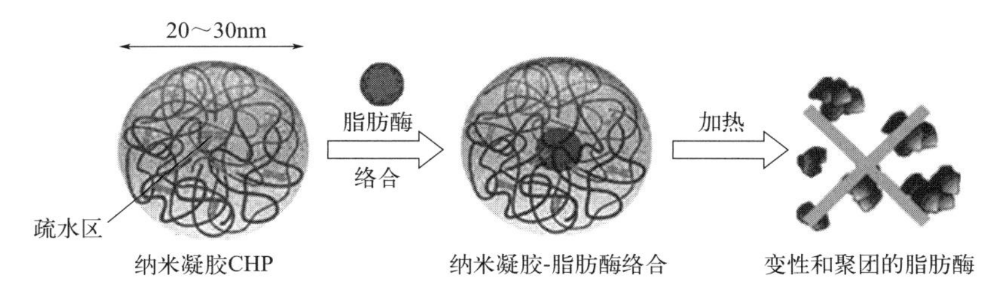

图 7-42　纳米凝胶 CHP 与脂肪酶的结合

长链聚电解质对于将生物分子固定在无机或者高分子载体上发挥了重要的作用。在酶对底物发挥过程中，聚电解质创造一个良好的微环境，使载体产生的空间位阻降低。将酶固定在表面被长链聚电解质衍生的乳胶纳米粒上，能使酶具有较高的稳定性，还会使酶具有不同的形状，如葡糖淀粉酶（具有柔性接头的哑铃状）、*β*-葡糖苷酶（刚性球状结构）（如图 7-43）。

五、药物控释载体

新的药物（包括化学合成药、天然药物及基因工程药物）不断问世，但将它们应用于临床却并不很顺利，其原因可能有以下几方面：①很多药物尤其是蛋白质类药物，口服很容易被胃酸破坏或沉淀；②单纯注射后瞬时血药浓度升高，但马上被肝脏及血液中的酶系统所清除，需要反复注射，不仅增加治疗费用，而且增加了感染的机会；③肿瘤化疗用细胞毒性物质选择性较差，全身毒副作用严重；④有些药物如反义核酸亲水性强难于穿过细胞膜；⑤蛋白质类药物容易引起免疫反应；⑥很多药物稳定性差，不耐贮存。以上问题往往不能用简单的药物改构来完成，因此，为药剂学工作者提出了严峻的任务。近 30 年来，药物的新剂型发展很快，已逐步

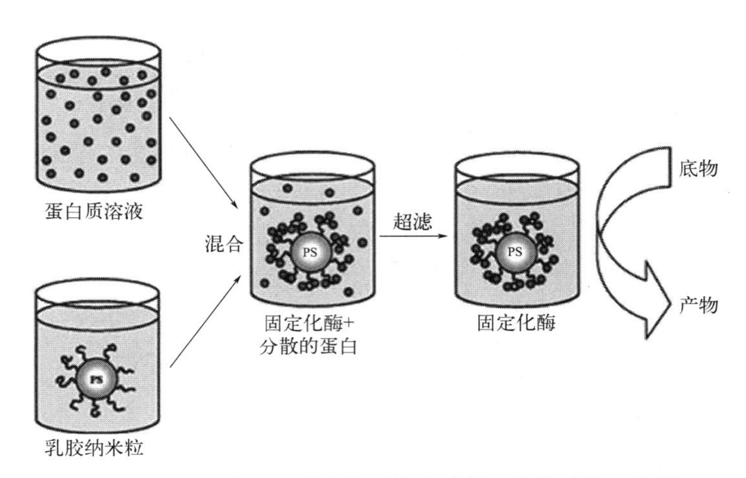

图 7-43　以聚电解质功能化纳米乳胶粒固定化酶的示意图

建立了基于药物理化性质及作用特点的合理给药体系，其核心特点是从时间和空间分布上控制药物的释放。

在肿瘤的化学治疗及重组蛋白质类药物制剂中比较重要的几种控释体系有聚合物修饰、凝胶包埋、微球、脂质体及免疫导向等。这几种控释体系都涉及将药物与聚合物载体偶联或固定于某种聚合物载体上，因此也可称为载体药物。

1. 聚合物修饰

多用于蛋白质类药物。这类药物生物半衰期短、免疫原性强，可用适当的水溶性高分子聚合物加以修饰以改善其性能。例如用羧甲基壳聚糖对天冬酰胺酶的修饰及聚乙二醇对原核表达重组人血小板生成素分子的修饰等，均可起到降低毒性、延长半衰期的作用。此外，小分子药物也可使用这一系统，如将抗癌药、羟基硫胺素及甲氨蝶呤偶联于羧甲基纤维素后注射，可使荷瘤小鼠平均生存时间较对照组延长 2 倍左右。

2. 凝胶包埋

希望药物能够较长时间维持一个稳定的血药浓度，可采用凝胶包埋法，即用生物相容性好的高分子与药物混合制成含有药物的凝胶，植入体内特定部位，以达到缓释给药的效果。药物从凝胶中释放出后，经周围组织吸收，然后进入血液循环或直接局部作用，避开了首过效应，生物利用度高，作用时间长。例如将博来霉素与聚乳酸一起溶解后，制成凝胶包埋于动物皮下，较直接注射治疗效果为好，是一种有希望的局部化疗给药系统。与凝胶同属植入控释给药系统的还有硅橡胶管状剂、膜剂、微型系及微胶囊剂等。

3. 微球制剂

用高聚物微球包埋或化学偶联药物可制成微球制剂，具有靶向性、缓释性及减少抗药性等特点。微球与靶细胞接触，可以通过胞饮进入胞内发生作用，不影响细胞膜通透性，不会产生抗药性。早期使用的微球制剂为不被生物降解的，多为口服制剂。现在用于注射的多为可生物降解小于 1mm 的微球，如以生物可降解微球包埋入生长激素肌注动物，血药浓度稳定，不产生抗体，注射部位组织无病变。微球还可用于基因治疗及基因疫苗的载体。

为了改善微球制剂的靶向性能，可以采用改变微球大小、荷电性质、用抗体包被等方法，其中较为突出的是掺入磁性物质制成磁性药物微球。磁性药物微球用于肿瘤化疗，可以在足够强的外磁场引导下，通过动脉注射后富集到肿瘤组织定位定量地释放药物，达到高效、速效而低毒的效果。除此之外，磁性药物微球可以减少网状内皮系统的吸收，因此可以增加化疗指数，并且可以直接栓塞肿瘤组织的血管造成坏死。

磁性微球在固定化酶方面也有广泛的应用。用反相悬浮的方法制备了磁性聚氨基葡萄糖微球，并以戊二醛为交联剂将虫漆酶固定在其上。固定化漆酶在 pH 值 3.0 时具有最大酶活性，其最适温度表现出较宽的范围（10℃和 55℃之间）。念珠菌脂肪酶共价固定在磁性载体的氨基官能团上，其活性回收和酶的载入量均明显地高于之前的研究，分别达到 72.4% 和 34.0mg・g^{-1}。该法操作简便且具有良好的可复用性，只需通过 20s 磁性分离，就可以实现固定化脂肪酶和产物分离。

4. 脂质体

脂质体是磷脂双分子层在水溶液中自发形成的超微型中空小泡。它同微球制剂一样都具有靶向性、长效性，并且可以通过胞饮作用胞内释放药物从而避免抗药性；还具有更好的生物相容性和可生物降解性，并且无毒性无免疫原性。脂质体可用薄膜法、乳化法、冻干法、超声法等方法制造，药物的包封率是脂质体制剂质量控制的重要指标。水溶性、脂溶性、离子及大分子药物都可用脂质体包装，尤其是反义核酸、基因片段及蛋白质等更显优越性。

但是，脂质体也有一些缺点，如单纯脂质体依靠被动靶向性，限制了其在肿瘤化疗中的应用；脂质体在胃肠道转运、分布不稳定，缺乏对血管的通透性。在单纯脂质体的基础上进行化学修饰及改造，可以改善其性能，拓宽其应用。例如，用聚乙二醇类物质修饰脂质体可加强其稳定性，延长在血液循环中存留时间，改变膜脂组成可以制备 pH 敏感型脂质体，使其将药物主要释放于胞内，热敏脂质体合并，局部加热可以达到化疗与热疗双重杀伤肿瘤的效果，改造后的脂质体也可用于口服给药，脂质体表面偶联抗体可用于主动的免疫导向以治疗结核与肿瘤等。

5. 导向药物

导向药物具有主动靶向性，将针对肿瘤细胞的单克隆抗体与化疗药物化学交联，可以直接作用于肿瘤细胞产生杀伤作用，并且降低全身毒性。但是抗体药物复合物与肿瘤细胞结合数目有限，难于有效杀伤肿瘤细胞，因而用毒性非常强烈的毒素取代化疗药物制备免疫毒素，具有更强烈的杀伤效果，免疫毒素还可用于骨髓移植中，供体骨髓中 T 细胞的选择性杀伤以避免移植物抗宿主病的发生。

除了将药物直接导向靶组织外，还可将药物化学修饰成不显活性的衍生物，导向到靶组织后，被靶组织处特异的酶转化为活性药物，这称为靶向前体药物。这种给药方式可以进一步发展成为一种“抗体导向酶前药治疗”。微球制剂和脂质体制剂，同样可以偶联抗体以增强其靶向性。此外，细胞表面的糖复合物也可作为靶向的目标。

六、其他技术与方法

1. 应用胶囊进行酶的稳定化

把苯基丙氨酸氨裂解酶（PAL）装入胶囊口服治疗苯丙酮酸尿症的新方法，PAL 是一种能够把苯基丙氨酸转变成反式苯烯酸的酶。使 PAL 在含有 10% 的血红蛋白的水-饱和醚（WSE）溶液中乳化，然后加溶解在醚和醇混合物中的纤维素硝酸盐制备微胶囊。通过将含有 PAL 的水相和油相一起搅拌实现乳化作用，并确定对于 PAL 装入胶囊整个过程活性损失。PAL 溶液同 WSE 的乳化作用不会使催化活性降低，但是却引起了水相中蛋白质含量的下降。通过尺寸排阻色谱和凝胶电泳分析表明这种损耗是在最初的 PAL 样品中存在特殊的杂质的缘故。在用 E∶E 对 PAL 溶液进行乳化作用时活力损失了 50%，而添加羟丙基-β-环糊精和羟丙基-γ-环糊精能够保护 PAL 抵抗乳剂介质引起的活性降低现象。

一种新的酶稳定化方法——酶的微胶囊稳定法被报道，该方法满足了酶长时间维持它应用的活力，不需要考虑环境因素，特别是热的因素。这种胶囊是由木瓜蛋白酶核心，聚丙烯乙二醇（PPG）夹层和聚ε-己内酯（PCL）外壳组成的（如图 7-44）。应用共焦激光扫描测量技术（CLSM），证明了木瓜蛋白酶是被疏水的多羟基层包围着的，并通过互斥体积效应而稳定。热稳定性的改良是通过利用更多疏水长链多羟基化合物而实现的。它们通过在界面上的构象锚定手段获得疏水多羟基层和木瓜蛋白酶及聚合物外壁的有效形式。

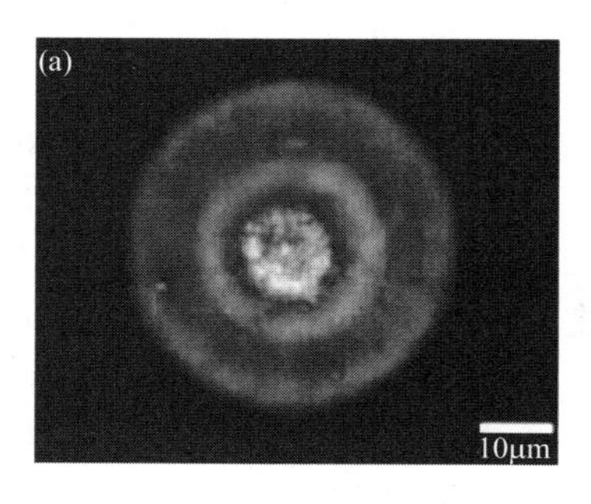

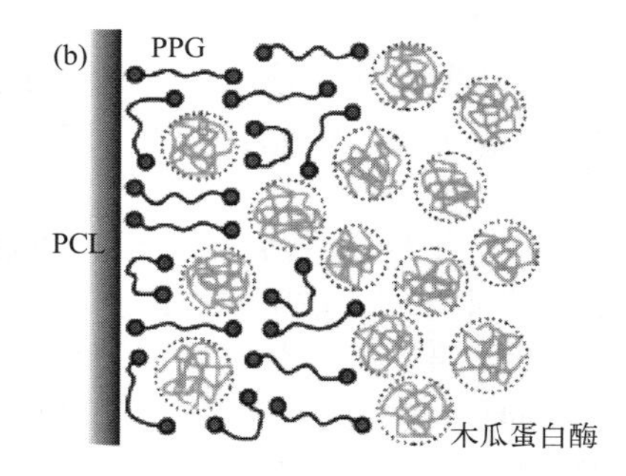

图 7-44 （a）包含 FITC-标签的木瓜蛋白酶和 RBITC-标签的聚丙烯乙二醇（$3.5\times10^3 g \cdot mol^{-1}$）聚 ε-己内酯微胶囊在同一时间的 CLSM 图；（b）疏水多羟基化合物在酶和聚合物界面角色的示意图

2. 电解液及离子流体用于酶的稳定化

电解液在酶稳定领域的应用是非常成功的，应用稳定剂高分子电解质和多元醇可以使生物传感器的储存及操作稳定性方面得到改良。这些稳定剂的单一或者多种的使用能够彻底地降低蛋白质的水解降解和非特异性的金属催化氧化，这种酶稳定技术在酶的储存和操作稳定性方面发挥巨大的作用。

基于全氟化和双（三氟甲基磺酰）酰亚胺阴离子的二烷基咪唑阳离子的 5 种不同的离子流体作为新的反应溶剂介质具有介质限域效应。应用青霉素 G 酰基转移酶（PGA）对青霉素 G 的水解活性，在低的水含量和 40℃时研究了其在离子流体（IL）和有机溶剂（甲苯、二氯甲烷和丙醇）中的失活情况，天然的 PGA 在 IL 介质中显示了高于有机溶剂介质的稳定性（见图 7-45）。例如，在 1-乙基-3-甲基咪唑-双（三氟甲基磺酰）酰亚胺中的半衰期是 23 天，这个数值高于在 2-丙醇中 2000 倍。

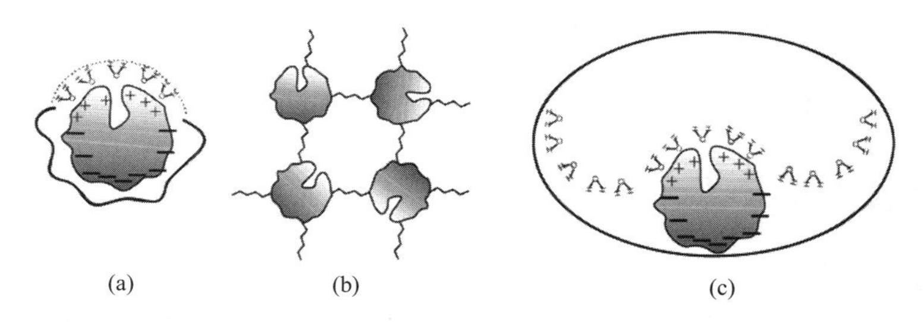

图 7-45 （a）基于表面填充的非共价选择性的高分子电解质-酶相互作用；（b）酶同其它蛋白质或者固体界面的共价固定；（c）纳米空穴酶固定化

3. 乙醛酰琼脂糖被广泛地用于酶的稳定化

通过十分浓的琼脂糖纤维构成的乙醛酰琼脂糖包含了数量众多而又非常活泼的醛基，并能够以非常短的间隔臂附着到支撑物上面。在碱性的条件下，通过蛋白质表面的高密度氨基基团区域的反应可以使蛋白质固定。首先是以弱的席夫碱键结合为基础的结合，并且结合的过程是可逆的。接着是在被固定蛋白质和活化的载体之间的强的多点连接，这使得适当条件下蛋白质-载体这种方式的结合经长期孵育后活性损失最小。制备琼脂糖-蛋白质最后一点是微量硼氢化物进行还原反应。上述反应后，酶的残基通过非常稳定的仲氨基连接到载体上，并且在载体中剩余的醛基转变成了非常稳定的氢氧根。很多酶和蛋白质在这种载体上都显示特异性的活性和高稳定性。

PGA 和戊二酸单酰基转移酶（GA）的表面羧基基团通过乙二胺与 1-乙基-3-（二甲氨基-丙基）碳二亚胺在可调节的途径中经耦合法修饰氨化。用该法将两种蛋白质包埋于乙醛酰化的琼脂糖中。同固定但不修饰的酶的稳定性相比较，在这两种情况中用化学法修饰的固定化酶的稳定性得到了改良。因此，稳定性的改良与包括赖氨酸基团和新的氨基基团在酶中的化学引入更多的多点共价连接密切相关。此外，在温和的条件下新的氨基基团引入酶中会引起 pK_a 的下降。实际操作时，氨化的蛋白质能在 pH 9 的时候恰好被固定，而没有被修饰的酶只能在 pH 大于 10 的时候才能够被固定。

PGA 还是一种很难同聚阳离子高分子（如聚乙烯亚胺）相互作用的蛋白质，因此酶固定在多聚物载体上也很难对抗有机溶剂而稳定，即不易共价地连接到载体上也不易被吸附而固定化。设计了一种具有 8 个外加的 Glu 残基贯穿分布于酶的表面新的 PGA 突变体，在乙醛酰化的琼脂糖中，酶和聚乙烯亚胺的共固定可以使其通过多点共价吸附发生完全，从而增加稳定性。同时聚阳离子高分子制造了一个亲水的微环境，使得在有机溶剂存在时 PGA 的固定产生有意义的稳定性。

甲酸脱氢酶（FDH）在同疏水界面相互作用时很容易被钝化。在高度活性的乙醛酰化琼脂糖中固定 FDH 增加酶对抗 pH 值、温度、有机试剂等因素的稳定性。在高温和中性 pH 条件下进行 50 次催化，固定的 FDH 仍保持 50% 的酶活力。在最优的固定条件下，这个二聚体酶变得稳定。在酸性的条件下，固定在乙醛酰化的琼脂糖中酶的两个亚基酶经上百次的催化依然稳定。

4. 环糊精衍生物对酶的稳定作用

用单-6-氨基-6-脱氧-β-环糊精对牛胰腺的 α-胰凝乳蛋白酶进行化学修饰。修饰后，每摩尔酶蛋白包含大概 2mol 的寡聚糖并保留了全部蛋白水解酶和酯酶活性。与修饰前相比，修饰后的 α-胰凝乳蛋白酶最适温度增加了 5℃而热稳定性提高了约 6℃。在 pH 9.0，50℃孵育 180min 后，糖基化的酶保留了 70% 的初始活力，而相同条件下未修饰的酶完全失活。而用单-6-氨基-6-脱氧-β-环糊精（CD1）和单-6-（5-戊酸-1-酰胺）-6-脱氧-β-CD（CD2）修饰了源自 *Bacillus badius* 的苯丙氨酸脱氢酶（Phe-DH，如图 7-46）。修饰后每摩尔酶蛋白分别包含 CD1 和 CD2 约是 18mol 和 15mol，并分别保留最初的活力的 60% 和 81%。与未经环糊精修饰的苯丙氨酸脱氢酶相比，修饰后酶催化的最适温度提高了 10℃。酶的热稳定性显著改善了，在 45℃到 60℃温度范围内抵抗热失活的能力大大增加。对于用 CD1 和 CD2 修饰的酶来说热失活的活化自由能分别增加了 16.8kJ/mol 和 12.6kJ/mol。

5. 共聚物包埋

应用 γ 射线将 α-淀粉酶包埋进丁基丙烯酸酯-丙烯酸共聚物（BuA/AAc）中，又添加阴离子表面活性剂双-（2-乙基己基）磺基琥珀酸钠盐（AOT）。覆盖有 AOT 的 α-淀粉酶要比未覆盖的形式稳定性更高，固定化 α-淀粉酶的水解活性在临界胶束浓度为 10 mmol/L 是增加的，该结果显示伴随着水合程度的增加相对活性是增加的。同时，游离的和无覆盖的固定化酶与覆盖且固定化的 α-淀粉酶相比展示出高的 k_{cat}/K_m 值和低的活化能。

蔗糖酶可以固定在 *N*-异丙基丙烯酰胺和 2-羟乙基异丁烯酸酯或者缩甘油异丁烯酸酯修饰热敏的共聚物中。这个方法是利用刺激-敏感聚合物的溶胀，类似水泵的原理把酶抽入冷的聚合物中（如图 7-47），而后进行酶的交联。同时他们发现用戊二醛预处理的交联要比没有通过预处理的更稳定。

6. 小分子量添加剂

小分子量的添加剂可以通过诱导蛋白质优先进行水合作用而增加其稳定性，多元醇的存在可以增加溶剂水表面张力从而引起优先水合作用。蛋白质分子间作用力的降低和适宜的折叠结构会增加蛋白质和溶液间的界面，从而增加添加剂和蛋白质分子间的结合程度，使蛋白质分子的稳定性增加。

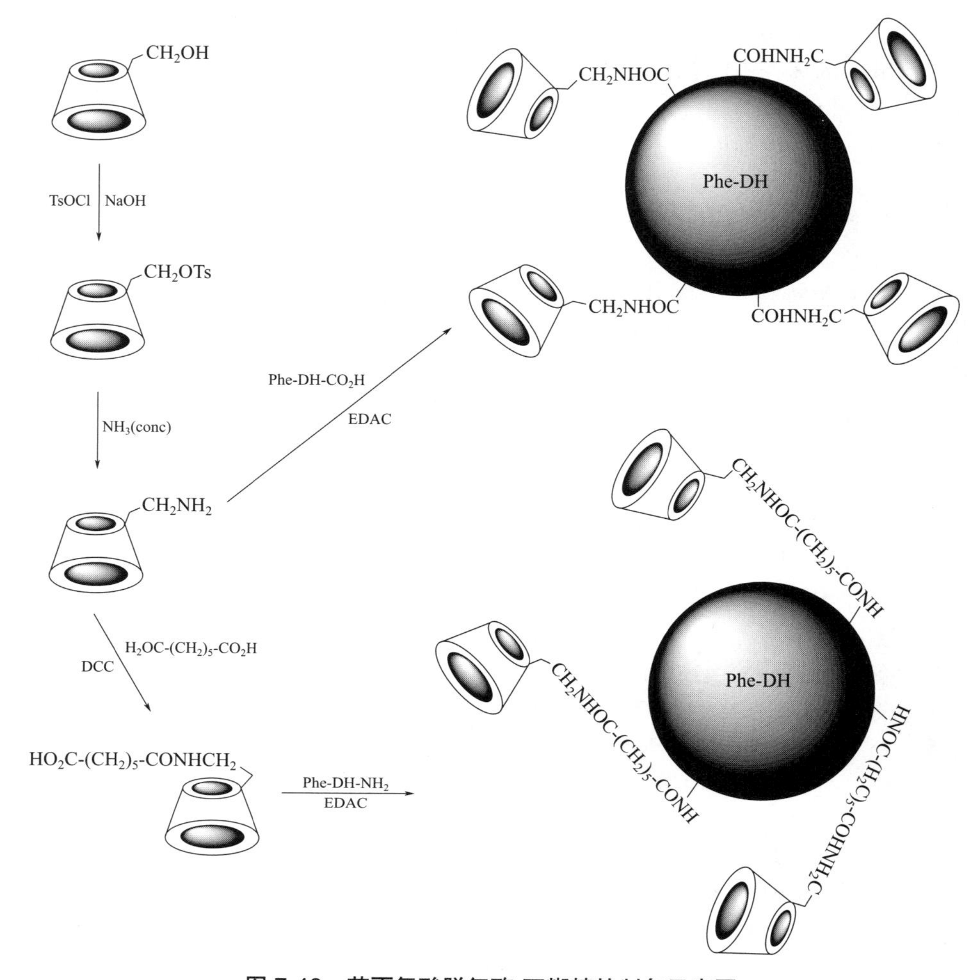

图 7-46　苯丙氨酸脱氢酶-环糊精的制备示意图

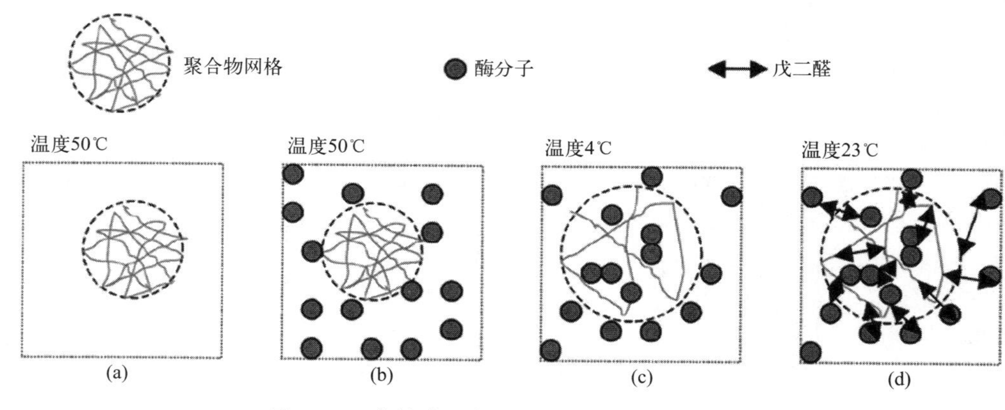

图 7-47　蔗糖酶固定于热敏共聚物中的示意图

在碱性条件下，0.5mol/L 的海藻糖会对角质酶（一种脂肪分解酶）的分子伸展产生影响，角质酶在 pH 低于 9.2 的条件下易于聚集，而 pH 由 9.2 增加到 10.9 时，其 T_m 值降低了 14℃。pH9.2 时，海藻糖可使角质酶的 T_m 值增加 4℃；pH10.5 时，T_m 值仅增加 2.6℃。这是由于在低 pH 条件下角质酶易于发生不可逆的展开，而海藻糖的存在把失活过程的活化能由 125.4kJ/mol 降低到 66.88kJ/mol，降低了角质酶不可逆展开的概率。

从生有真菌的水果果实上分离得到的源自担子菌 *Pleurotus ostreatus* 类的海藻糖磷酸化酶（*Po*TPase），应用 SDS-PAGE 和凝胶过滤结合分析确定，*Po*TPase 是一种 55kDa 的功能单体。在 30℃，*Po*TPase 的半衰期（*t*0.5）大约为 1h，而有稳定剂存在时，*α*, *α*-海藻糖（300mmol/L）*t*0.5=11.5h，甘油（0.2g/mL）*t*0.5=6.5h，或者 PEG 4000（0.26g/mL）*t*0.5=70h。而 *Po*TPase 经 PEG 5000 的衍生物的共价修饰后稳定性增加 600 倍。

过氧化氢酶可以降解用于漂白纤维素类织物的过氧化氢，在工业上应用广泛。通过研究多种添加剂对来自杆菌的过氧化氢酶的影响，发现在 4℃和 30℃，甘油和聚乙烯乙二醇均能增加其储存稳定性。把添加了上述稳定剂的过氧化氢酶在 70℃短时间暴露在 pH 为 10 或 11 的环境中，结果发现过氧化氢酶对这种环境的忍耐力有所提高，但通常认为甘油是更好的稳定添加剂。在用核糖核酸酶、α-胰凝乳蛋白酶原、溶菌酶和细胞色素 c 研究代表性的低分子量多元醇添加剂稳定效果时发现，肌醇效果最好，甘露醇和山梨醇居中，而木糖醇最差。

多聚胺能增加蛋白质稳定性。聚乙烯胺是一种用途广泛的阴离子多聚体，它可以用于增加蛋白质的稳定性。在 36℃下 0.1 ～ 10g/mL 浓度范围内，大分子量和小分子量的聚乙烯胺片段能增加脱氢酶和水解酶的稳定性。由于聚乙烯胺并不影响乳酸脱氢酶和水解酶的 T_m 值，所以认为这种影响是由动力学因素引起的。在 pH 5 时，乳酸脱氢酶的酶活随着聚乙烯胺的浓度的增加而降低。但在 pH7.2 和 pH9 时，聚乙烯胺可以提高乳酸脱氢酶的活力。聚乙烯胺的浓度为 0.01g/mL 时可以抑制乳酸脱氢酶的氧化，并且在 36℃铜离子存在的条件时，一个月内不会发生分子聚集。

表面活性剂对酶的稳定性有一定的影响。在 37℃，pH7 的条件下，不加表面活性剂，96h 后牛乳酸过氧化酶的酶活即完全丧失。而 0.01% 或 1% 浓度的阴离子表面活性剂氯化苯甲羟胺可以使该酶的活力延长到 240h。圆二色性试验表明：氯化苯甲羟胺稳定天然蛋白质的二级结构，但在 pH6 时却不会产生稳定作用。

阳离子表面活性剂分子上烷基的大小对 α-胰凝乳蛋白酶的稳定效果有很大影响。十六烷基三甲基胺溴化物降低其活性，但是十六烷基三丁基胺的溴化物却会使酶活性增加。室温下储存 24h 后，十六烷基三丁基胺的溴化物会使酶活性损失 90%，而四丁基溴化物中的 α-胰凝乳蛋白酶的活性几乎没有变化。

硫代三甲胺内酯有一个带正电的季胺基团和一个带负电荷的磺酸基团，Spreti 等测定了不同硫代三甲胺内酯对 *β*-内酯胺酶稳定性的影响。这些两性离子表面活性剂与蛋白质间的特定的反应增加了酶的稳定性。

7. 量子点探针

将生物素化的 *β*-内酰胺酶的底物用羰花青染料（Cy5）标记，再依靠量子点上抗生物素黏巯菌前衣壳的黏合作用将其固定在量子点的表面。基于荧光共振能量转移（FRET）的原理，可用报告酶 *β*-内酰胺酶（Bla）来描述量子点作为活性探针的工作（图 7-48）。

实验中所用量子点探针是 QD_{605} 的量子点和 1∶1 混合的生物素与 Cy5 标记的内酰胺装配起来的，在 32μg/mL 的 Bla 的作用下其荧光发射增长了四倍。在纳米探针的装配过程中，量子点的荧光发射能够通过 FRET 作用被 Cy5 有效的猝灭（可达到 95%），底物与量子点之间的距离以及底物的浓度都对其功能有着很重要的作用。

8. 金属有机骨架和共价有机框架

金属有机骨架（metal-organic framework, MOF）是一类以金属离子或者金属团簇作为连接点与有机配体通过配位键形成的新型杂化材料。酶作为具有显著催化活性和高区域选择性的天然催化剂，在工业催化中具有广阔的前景。然而，酶促转化的应用受到酶在恶劣条件下的脆弱性的阻碍。MOF 由于其高稳定性和可用的结构特性，已成为酶固定化的有前途的平台。酶-MOF 复合材料的合成策略主要包括表面固定、共价键合、孔截留和原位合成。与传统酶固定化基体

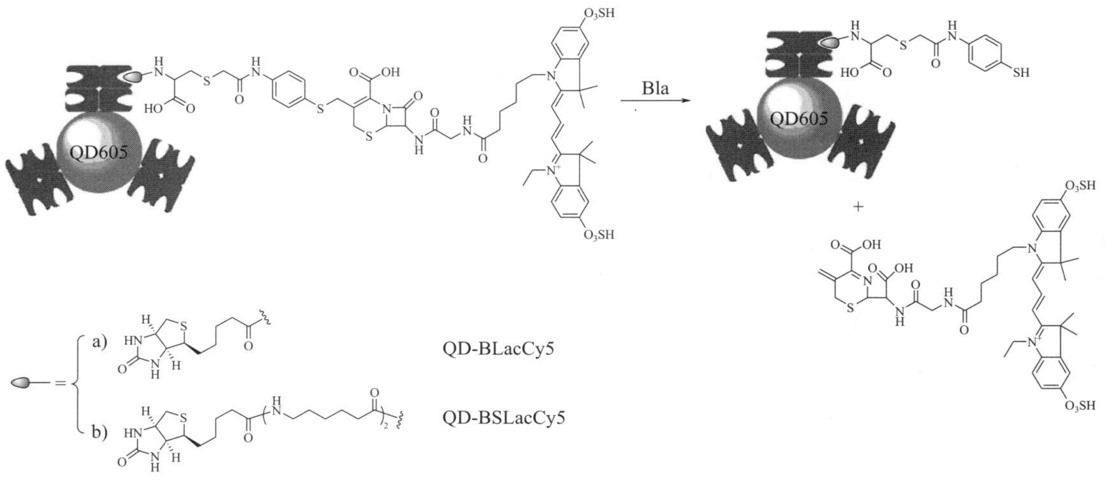

QD605 Bla QD605 QD-BLacCy5 QD-BSLacCy5

图 7-48　用于检测 Bla 的量子点纳米传感器的图示

相比，MOF 具有高比表面积和孔隙率、上千种不同种类和结构、丰富的可设计有机配体和金属节点等优点。MOF 作为酶固定化基质越来越受到关注，并广泛探索了不同的策略。

漆酶（laccase, Lac）因其高效、环保等优点在污染物降解方面受到广泛关注，但游离漆酶稳定性差、易失活、难以回收利用，限制了其应用。Li 等通过酶固定化构建高效吸附和降解污染物的协同体系来提高酶的稳定性和可回收性。在该研究中，材料是通过一步共沉淀法合成的。以 Cu-MOF 为主体，Co^{2+} 引入构建双金属 CoCu-MOF 作为酶的保护载体（如图 7-49）。Lac@CoCu-MOF 的载酶能力和酶活性分别是 Lac@Cu-MOF 的 2 倍和 3.5 倍。Lac@MOF 复合材料在各种干扰环境下对酶都有很好的保护作用。在 pH=7 时，游离漆酶完全失活，Lac@CoCu-MOF 保持 51.76% 的酶活性。

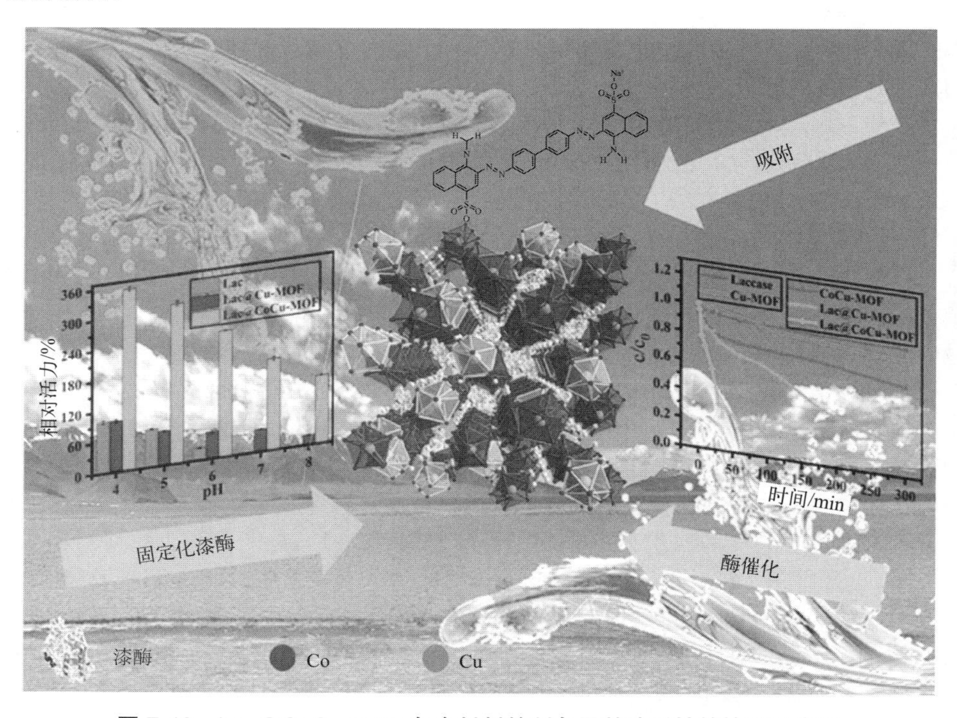

彩图 7-49

图 7-49　Lac@CoCu-MOF 复合材料的制备及其酶活性的检测示意图

Cheng 等通过原位合成法合成具有分级多孔结构和催化活性的仿生多酶杂化物，将天然酶包裹在铁钴双金属的金属有机骨架（Fe/Co-MOF, FCM）中。单酶（葡糖氧化酶）或双酶（β-半乳糖苷酶和葡糖氧化酶）与 FCM 的结合产生了显著的协同生物催化能力（如图 7-50）；与溶液中的简单生物催化剂混合物相比，制备的多酶杂化物分别导致串联反应的活性提高了 3.2 倍和 2.1 倍。FCM 纳米酶中铁 / 钴之间的协同作用、酶 / 纳米酶之间开放的底物通道以及分层 MOF 孔提供的有益作用，增强了多酶杂合体的级联生物活性。扩大的孔隙不仅为固定化蛋白质在 FCM 中扩散和重新定向提供了足够的空间，而且还减少了固有的传质障碍，以提高反应物 / 中间体的扩散效率。此外，由于 FCM 提供的屏蔽作用，多酶杂合体对恶劣环境的耐受性增强，可重复使用性好。

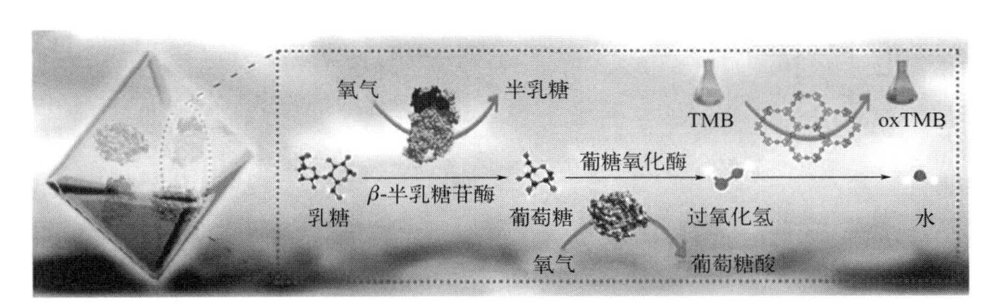

图 7-50　Fe/Co-MOF 材料的制备及其装载单酶和双酶后酶催化示意图

Nadar 等在脯氨酸存在的情况下激活了脂肪酶，并通过生物矿化方法成功地将其固定在沸石咪唑盐骨架（ZIF）-8 中（如图 7-51）。与游离的脂肪酶相比，所制备的脂肪酶-脯氨酸 @MOF 表现出 135% 的催化活性增强。此外，相对于固定后的天然酶，其表现出四倍的热稳定性。在 Michaelis-Menten 动力学研究中发现，脂肪酶-脯氨酸 @MOF 的 K_m 值较低，而其 V_{max} 高于脂肪酶 @MOF 和游离脂肪酶。在重复使用六个循环后，脂肪酶@ MOF 和脂肪酶-脯氨酸 @MOF 分别显示出 56% 和 72% 的残留活性。

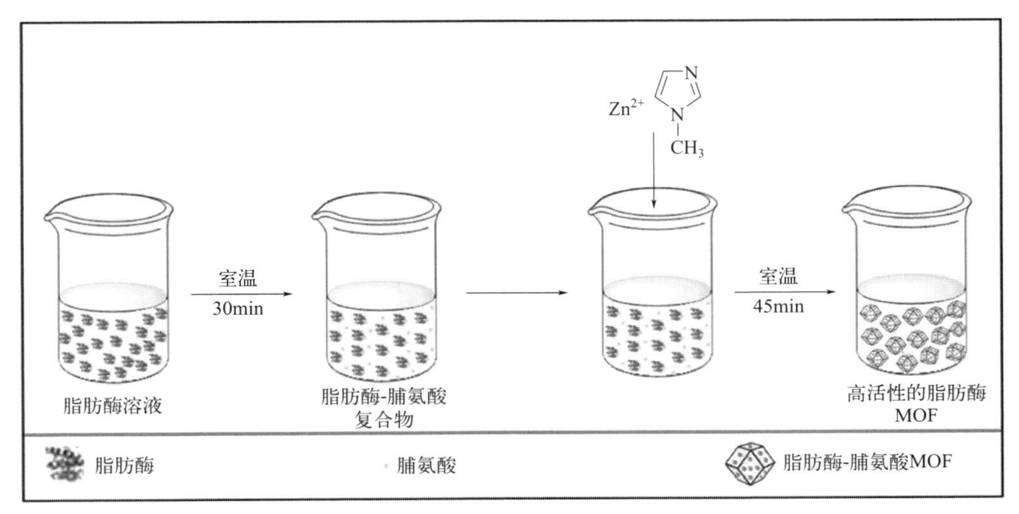

图 7-51　Lipase-proline @MOF 材料的制备示意图

共价有机框架（covalent organic framework, COF）材料是一类由 π-共轭构筑单元通过共价键连接形成的具有二维拓扑结构的晶态多孔材料。该类材料具有高结晶性、高的孔隙率和比表面积，可通过选取聚合单元，设计分子结构并赋予 COF 材料许多独特性能，使其在固定化酶中具有应用前景。具有均匀孔隙率、良好稳定性和所需生物相容性的共价有机框架（COF）可以作为固定化酶的载体。然而，堵塞的孔或部分堵塞的孔阻碍了它们在加载酶后的适用性。Li 等通过制备分层 COF 作为固定葡糖氧化酶（GOD）并获得 GOD@COF 的理想载体（如图 7-52）。COF 的分层孔隙率和多孔结构提供了足够的位点来固定 GOD，并增加了底物和产物的扩散速率。

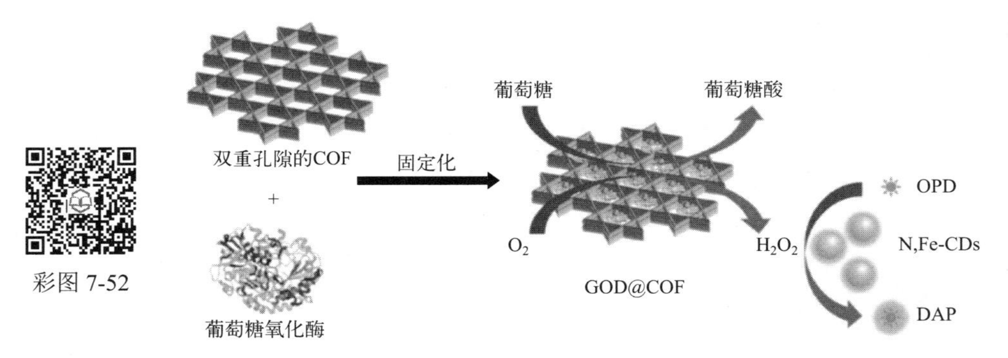

彩图 7-52

图 7-52　GOD@COF 材料制备及其催化反应示意图

Zhao 等研究出在环境条件限制下通过奥斯特瓦尔德熟化（Ostwald ripening）机制制备空心 COF 的方法，该方法得到的空心球形 COF 具有高结晶度、比表面积（2036$m^2 \cdot g^{-1}$）、稳定性和单批产量。由于中空球形 COF 独特的中空结构、清晰的通孔和疏水孔环境，所获得的固定化脂肪酶（BCL@H-COF-OMe）表现出更高的热稳定性、极性有机溶剂耐受性和可重复使用性（如图 7-53）。在仲醇的动力学拆分中 BCL@H-COF-OMe 也表现出比固定在非空心 COF 上的脂肪酶和游离脂肪酶更高的催化性能。

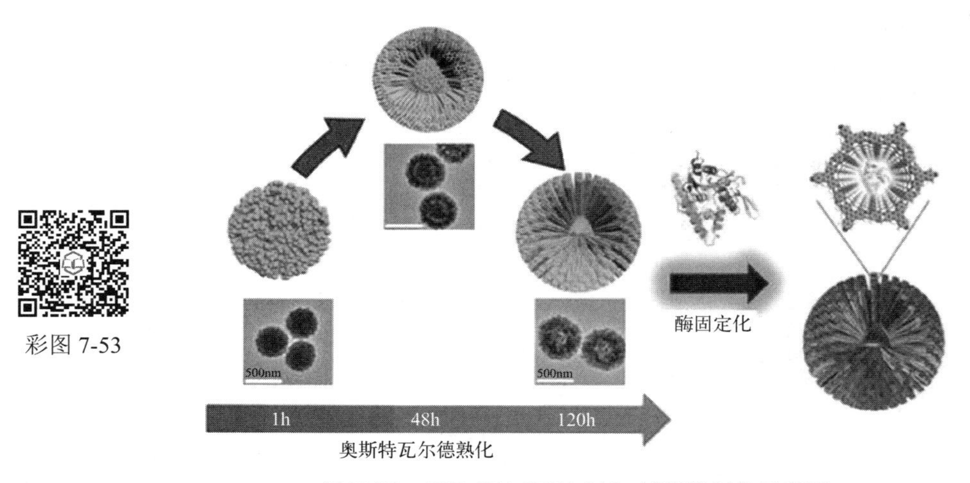

彩图 7-53

图 7-53　BCL@H-COF-OMe 材料的制备示意图

除上面介绍的几种酶稳定化方法外，常见的酶固定化技术和化学修饰的方法也被广泛应用。

在聚乙烯亚胺（PEI）载体上应用戊二醛稳定了戊二酸单酰基转移酶（GAC），对戊二醛处理的载体稳定性及活性研究表明，固定在胺化载体中酶稳定性的增加同 PEI 的尺寸密切相关。该处理方法对戊二醛处理的酶活性影响较低（活力回收超过 80%）并且酶的稳定性得到大幅提高。将类似的处理应用在不经戊二醛处理而被固定于载体的酶并没有明显提高稳定性，这说明稳定性提高是通过戊二醛在酶和载体间的化学过程获得的。另外，一些变量，比如戊二醛的浓度会对最终结果产生很大的影响（最适合的浓度范围是 0.5% ～ 0.65%）。条件优化后，GAC 最佳的稳定性是游离酶的 250 倍，活力保留 90%，并且比商业化的预处理或者是固定在活化的载体上的 GAC 更加稳定。这种简单的固定 GAC 的制备方法具有很好的活性和稳定性，非常适用于工业的生产。

用交联剂可制备用于胃蛋白酶固定化的壳聚糖微球，以游离的和固定的胃蛋白酶体系为研究对象，确定最优化的温度、pH 值、热稳定性、pH 值稳定性、操作稳定性、储存稳定性和动力学参数。游离的和固定化的胃蛋白酶最优化温度区间分别是 30 ～ 40℃和 40 ～ 50℃。游离的和固定化的胃蛋白酶在 pH 2.0 ～ 4.0 表现出高活性。固定化的胃蛋白酶在热和储存稳定性方面均优于游离的胃蛋白酶。应用牛奶凝固活力（游离的和固定化的胃蛋白酶样品同脱脂牛奶在 40℃孵育并记录凝固时间。在 10min 内 10mL 的牛奶凝固成块定义为一个酶活力单位）评价胃蛋白酶固定的过程，游离的和固定化的胃蛋白酶最佳的牛奶凝固温度分别是 40℃和 50℃。用壳多糖或果胶的共价结合可以实现寡聚酵母转化酶的稳定化。用壳多糖进行稳定时，酶先被过碘酸氧化活化，再和壳多糖进行结合。其在 65℃时的半衰期由 5min 增加到 5h，然而 T_m 几乎增加了 10℃。果胶是一种带负电荷的植物多糖，通过氨基氰的介导酶结合到果胶上。此酶的 T_{50} 增加 7℃，65℃时的半衰期由 5min 增加到 2 天。

用 20% 聚乙烯乙二醇 6000 和正丙醇分别作为助溶剂使酪氨酸酶和牛血清白蛋白在含有饱和硫酸铵（65%）中结晶，得到的晶体再用戊二醛（1% 体积分数）进行交联。结果显示 PEG 6000 的助溶能力要明显强于正丙醇。这种方法处理的酪氨酸酶经过 6 个催化循环后活力也没发生损失。值得注意的是交联后的酪氨酸酶 – 牛血清白蛋白晶体，即交联酶晶体（CLEC）的储存活力很好，它在冷冻储存 6 个月后活力仍然没有明显降低。

在不发生交联的情况下，化学修饰仍会产生稳定的效果。用甲基顺丁烯二酸酐修饰了嗜温 B 淀粉细菌 α-淀粉酶的 12 位侧链赖氨酸，在这种修饰中，带负电荷的羧基替换了带正电荷的赖氨酸残基。在 70℃，该修饰酶的活性比天然酶高。钙离子（10mmol）对该酶起到了稳定的作用，但是在 70℃下钙离子会引起修饰酶的聚集，从而增加其不可逆失活的发生。

Esperase（一种用于洗涤的商业化碱性蛋白酶）可以用来处理羊毛，进而解决羊毛收缩问题（如图 7-54）。将 Esperase 共价连接到 Eudragit S-100 上（一种由碳二亚胺耦合的水溶性-水不溶性的可逆的多聚体），与天然酶相比，固定化的 Esperase 对高分子量的底物具有较低特异性，但是具有高热稳定性。固定化 Esperase 的最适 pH 值向碱性方向移动了大概一个单位，而无论是天然酶还是固定酶其最适温度是没有变化的，同时，固定化 Esperase 展现出很好的贮藏稳定性和重复利用性。研究同时发现，因为蛋白质的水解作用只发生在羊毛纤维的表面，利用固定化的 Esperase 处理羊毛可以使质量流失和纤维拉伸强度减小的程度降低，这个新方法可以取代传统的氯处理法来进行羊毛抗皱处理。

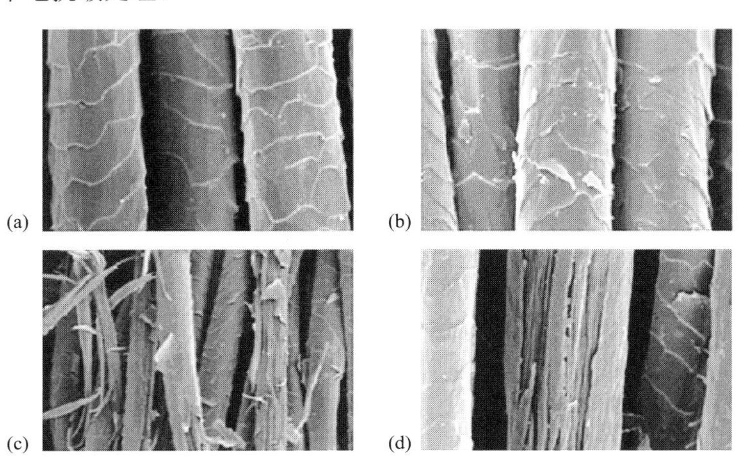

图 7-54　经过处理的羊毛织物的扫描电镜照片

（a）正常；（b）漂白；（c）天然 Esperase；（d）固定化的 Esperase；所有的酶的处理方法都是用相同的酶活力单位（约 100U）

用戊二醛将葡糖氧化酶共价交联在溶解了氧的传感器表面的薄膜上，氧的减少量与葡萄糖浓度密切相关，可以用氧化电极来检测葡萄糖浓度。传感器的检测系统具有快速的响应时间（100s），并且具有高度的灵敏性（可以检测每毫摩尔葡萄糖溶液中 8.3409mg • L^{-1} 的氧损耗），此外还具有优良的贮存稳定性（4 个月之后仍能达到初始灵敏度的 85.2%）。线性响应的葡萄糖浓度范围是 $1.0\times10^{-5}\sim1.3\times10^{-3}$mol • L^{-1}。该方法用于测量一些实际样品中的葡萄糖成分，比如葡萄糖注射剂和葡萄酒。

利用紫外线（UV-light）对水凝胶 / 酶液和不相溶油溶液的聚合能力，开发了一种通过不相混溶的液体及原位光聚合方法制备包含生物催化剂聚合微粒子的新型技术。该技术中油与水凝胶溶液在压力驱动下流入微通道并形成乳液，当接触到 365nm 的紫外线后，在原位聚合形成水凝胶小液滴（如图 7-55）。不论是制备微粒子还是固定酶都可同时并连续进行，并且可通过控制流量而调节生成粒子大小。

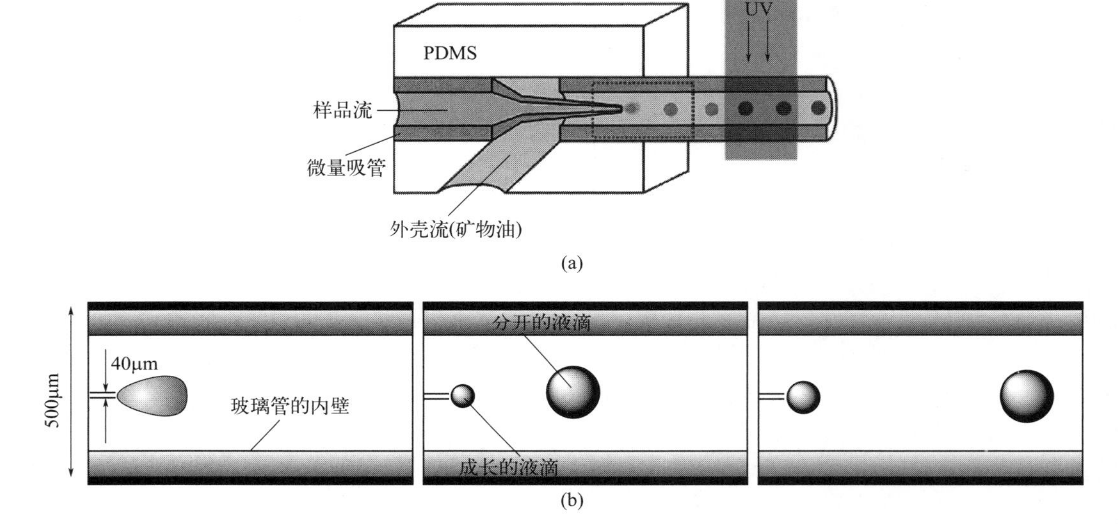

图 7-55 （a）制备微粒子仪器示意图；（b）粒子分离的示意照片

总结

在生物技术领域，酶的稳定化仍是一个重要的课题。随着人们对酶结构的深入研究，化学修饰法将会应用于更多的酶。同时随着该项技术的发展和完善，人们会生产出更稳定的酶制剂。增加酶稳定性的新方法、新观念仍有待开发，而这方面研究的进展必将加速酶在生物工程等各个领域的应用。固定化是使酶稳定化的一种重要手段，可以使酶像化学反应的固体催化剂一样，既具有酶的催化特性，又具有化学催化剂可回收、可反复使用的特性，并且可以实现连续化、自动化的生产。酶的固定化技术不仅能提高酶的稳定性，改变酶的专一性，提高酶活性，而且还能创造适应特殊要求的新酶，使之更符合人类要求。

作为酶稳定化技术的优秀代表，固定化酶技术在工业的各个方面都显示出广阔的应用前景。常用的反应器包括连续搅拌釜式反应器（CSTR）、间歇反应器、填充床反应器、流化床反应器、连续搅拌与超滤膜相结合的反应器、中空纤维反应器、开启管式反应器及螺旋卷绕模式固定化酶反应器等。此外，现在很多的基因工程的产品都需将工程细胞进行固定化培养，较为多见的有贴壁细胞株，如 CHO 细胞贴附于微载体上的培养或微囊化培养。将胰岛素固定于聚甲基丙烯酸薄膜上加入培养体系中，可以刺激细胞生长，起到代替血清的作用。如果使用游离的胰岛素，则需用十倍甚至百倍的剂量才能达到相同的效果。固定化酶还在临床治疗方面有广泛的应用。人体某种酶缺失或异常将导致某种疾病，给人体补充相应酶可以治疗疾病或缓解症状，这称为“酶疗法”。但是游离酶进入机体后很容易被水解失活，另外异源酶进入人体还可能产生抗体及其它毒副作用。将酶固定后使用，则可在一定程度上解决上述问题。微胶囊最适合包埋多酶系统，因而可用于代谢异常的治疗或制造人工器官如人工肾脏以代替血液透析。此外，将红细胞的内含物制成微胶囊，可作为红细胞的代用品以供输血之用。需要注意的是，用于体内治疗用的固定化载体或胶囊，都应具有良好的生物相容性或是可以生物降解的，以避免长期存留对人体带来的不良作用。除了以上所介绍的之外，固定化酶领域尚包括固定化辅酶及辅酶再生、固定化多酶反应器、固定化细胞器、固定化微生物多酶反应系统及固定化酶-微生物复合物系统等，各有其优点及用途。

习题

1. 稳定酶蛋白空间结构的方法或作用力有哪些？
2. 不利于酶蛋白疏水相互作用的因素有哪些？
3. 为什么氨基酸残基的坚实装配是稳定酶蛋白结构的有效方法？
4. 为什么越靠近 Hofmeister 序列左侧的离子对酶蛋白的稳定作用越强？
5. 如何理解在冷冻条件下的酶失活现象？
6. 举例说明使酶稳定化的化学修饰方法。
7. 如何理解酶蛋白内部“疏水性越强，稳定性越高”原则？
8. 简述使用蛋白质工程技术进行蛋白酶突变的过程。
9. 相比于游离酶，固定化酶有哪些优缺点？
10. 举例说明采用网格型包埋的固定化酶。
11. 试比较不同固定化酶方法的优缺点。
12. 影响固定化酶性质的因素有哪些？如何发挥影响？
13. 简述通过己二胺连接臂将 NAD^+ 固定在琼脂糖上的步骤。
14. 常见的辅因子再生方法有哪些？
15. 简述表面 SPR 生物传感器在生命科学中的应用以及发展趋势。

参考文献

[1] 魏东芝 . 酶工程 . 北京：高等教育出版社，2020.

[2] 邹国林 . 酶学与酶工程导论 . 北京：清华大学出版社，2021.

[3] 郭勇 . 酶工程 . 4 版 . 北京：科学出版社，2020.

[4] Andorfer M C, Lewis J C. Understanding and Improving the Activity of Flavin- Dependent Halogenases via Random and Targeted Mutagenesis. Annual Review of Biochemistry, 2018, 87(1): 159-185.

[5] Arana-pea S, Carballares D, Corberan V C, et al. Multi-Combilipases: Co-Immobilizing Lipases with Very Different Stabilities Combining Immobilization via Interfacial Activation and Ion Exchange. The Reuse of the Most Stable Co-Immobilized Enzymes after Inactivation of the Least Stable Ones. Catalysts, 2020, 10(10): 1207.

[6] Rana-pea S, Rios N S, Carballares D, et al. Effects of Enzyme Loading and Immobilization Conditions on the Catalytic Features of Lipase From *Pseudomonas fluorescens* Immobilized on Octyl-Agarose Beads. Frontiers in Bioengineering and Biotechnology, 2020, 8: 36.

[7] Ashkan Z, Hemmati R, Homaei A, et al. Immobilization of enzymes on nanoinorganic support materials: An update. International Journal of Biological Macromolecules, 2020, 168(31): 708-721.

[8] Becaro A A, Mendes A A, Adriano W S, et al. Immobilization and stabilization of d-hydantoinase from *Vigna angularis* and its use in the production of N-carbamoyl-d- phenylglycine. Improvement of the reaction yield by allowing chemical racemization of the substrate. Process biochemistry, 2020, 95: 251-259.

[9] Bilal M, Asgher M, Cheng H, et al. Multi-point enzyme immobilization, surface chemistry, and novel platforms: a paradigm shift in biocatalyst design. Critical Reviews in Biotechnology, 2019, 39(2): 202-219.

[10] Bolivar J M, Nidetzky B. The Microenvironment in Immobilized Enzymes: Methods of Characterization and Its Role in Determining Enzyme Performance. Molecules, 2019, 24(19): 3460.

[11] Braham S A, Siar E H, Arana-pea S, et al. Positive effect of glycerol on the stability of immobilized enzymes: Is it a universal fact? Process biochemistry, 2021, 102: 108-121.

[12] Braham S A, Siar E H, Arana-Pea S, et al. Effect of Concentrated Salts Solutions on the Stability of Immobilized Enzymes: Influence of Inactivation Conditions and Immobilization Protocol. Molecules, 2021, 26: 968.

[13] Carballares D, Morellon-Sterling R, Xu X, et al. Immobilization of the peroxygenase from *Agrocybe aegerita*. The effect of the immobilization ph on the features of an ionically exchanged dimeric peroxygenase. Catalysts, 2021, 11: 560.

[14] Chahardahcherik M, Ashrafi M, Ghasemi Y, et al. Effect of chemical modification with carboxymethyl dextran on kinetic and structural properties of L-asparaginase. Analytical Biochemistry, 2019, 591: 113537.

[15] Chapman, Jordan, Ismail, et al. Industrial Applications of Enzymes: Recent Advances, Techniques, and Outlooks. Catalysts, 2018, 8(6): 238.

[16] Chen W, Li Z, Cheng W, et al. Surface plasmon resonance biosensor for exosome detection based on reformative tyramine signal amplification activated bymolecular aptamer beacon. Journal of Nanobiotechnology, 2021, 19(1): 450.

[17] Cheng X, Zhou J, Chen J, et al. One-step synthesis of thermally stable artificial multienzyme cascade system for efficient enzymatic electrochemical detection. Nanoresearch (English), 2019, 12: 3031-3036.

[18] Chunyi L, Zhuolie H, Li D, et al. Improvement of enzymological properties of pepsin by chemical modification with chitooligosaccharides. International Journal of Biological Macromolecules, 2018, 118: 216-227.

[19] Claudia B, Karen R, Ronny M. Integrating enzyme immobilization and protein engineering: An alternative path for the development of novel and improved industrial biocatalysts. Biotechnology Advances, 2018, 36(5): 1470-1480.

[20] Deshwal A, Chitra H, Maity M, et al. Sucrose-mediated heat-stiffening microemulsion- based gel for enzyme entrapment and catalysis. Chemical Communications, 2020, 56(73): 10698-10701.

[21] Diego, Coglitore, Jean-Marc, et al. Protein at liquid solid interfaces: Toward a new paradigm to change the approach to design hybrid protein/solid-state materials. Advances in colloid and interface science, 2019, 270: 278-292.

[22] Eslami-kaliji F, Mirahmadi-zare S Z, Nazem S, et al. A label-free SPR biosensor for specific detection of TLR4 expression; introducing of 10-HDA as an antagonist. International Journal of Biological Macromolecules, 2022, 217: 142-149.

[23] Fernandez-Lopez L, Pedrero SG, Lopez-Carrobles N, Gorines BC, Virgen-Ortíz JJ, Fernandez-Lafuente R. Effect of protein load on stability of immobilized enzymes. Enzyme Microb Technol, 2017, 98: 18-25.

[24] Fernandez-Lopez L, Pedrero S G, Lopez-Carrobles N, et al. Physical crosslinking of lipase from *Rhizomucor miehei* immobilized on octyl agarose via coating with ionic polymers: Avoiding enzyme release from the support. Process biochemistry, 2017, 54: 81-88.

[25] Flores E, Cardoso F D, Siqueira L B, et al. Influence of reaction parameters in the polymerization between genipin and chitosan for enzyme immobilization. PROCESS Biochemistry, 2019, 84: 73-80.

[26] Gerard, Santiago, Mónica, et al. Rational Engineering of Multiple Active Sites in an Ester Hydrolase. Biochemistry, 2018, 57(15): 2245-2255.

[27] Gg A, Jmg B, Fl A. A mild intensity of the enzyme-support multi-point attachment promotes the optimal stabilization of mesophilic multimeric enzymes: Amine oxidase from *Pisum sativum*. Journal of Biotechnology, 2020, 318: 39-44.

[28] Ghosh, Ritutama, Kishore, et al. Physicochemical Insights into the Stabilization of Stressed Lysozyme and Glycine Homopeptides by Sorbitol. The journal of physical chemistry, B. Condensed matter, materials, surfaces, interfaces & biophysical, 2018, 122(32): 7839 - 7854.

[29] Ghoshoon M B, Raee M J, Shabanpoor M R, et al. Whole cell immobilization of recombinant *E. coli* cells by calcium alginate beads; evaluation of plasmid stability and production of extracellular L-asparaginase. Separation Science and Technology, 2021 (1): 1-7.

[30] Golnoosh K, Rahman E, Mahboobeh N, et al. Kinetics, structure, and dynamics of Renilla luciferase solvated in binary mixtures of glycerol and water and the mechanism by which glycerol obstructs the enzyme emitter site. International Journal of Biological Macromolecules, 2018, 117: 617-624.
[31] Md Gomes, Woodley J M. Considerations when Measuring Biocatalyst Performance. Molecules, 2019, 24(19): 3573.
[32] Han J, Luo P, Wang L, et al. Construction of multi-enzymatic cascade reaction system of co-immobilized hybrid nanoflowers for efficient conversion of starch into gluconic acid. ACS Applied Materials & Interfaces, 2020, 12(13): 15023-15033.
[33] Hartmann M. Ordered mesoporous materials for bioadsorption and biocatalysis. Chemistry of Materials, 2005, 17: 4577-4593.
[34] Hong J, Jung D, Park S, et al. Immobilization of laccase via cross-linked enzyme aggregates prepared using genipin as a natural cross-linker. International Journal of Biological Macromolecules, 2021, 169: 541-550.
[35] Hp A, Ma A, Ms B. Histidine capped-gold nanoclusters mediated fluorescence detection of glucose and hydrogen peroxide based on glucose oxidase-mimicking property of gold nanoparticles via an inner filter effect mechanism. Journal of Luminescence, 2020, 228: 117604.
[36] Ibrahim A H. Enhancement of β-galactosidase activity of lactic acid bacteria in fermented camel milk. Emirates Journal of Food and Agriculture, 2018, 30(4): 256-267.
[37] Islam M M, Kobayashi K, Shun - Ichi Kidokoro, et al. Hydrophobic surface residues can stabilize a protein through improved water–protein interactions. The FEBS Journal, 2019, 286(20): 4122-4134.
[38] Jmbab C, Bna B. On the relationship between structure and catalytic effectiveness in solid surface-immobilized enzymes: Advances in methodology and the quest for a single-molecule perspective. Biochimica et Biophysica Acta (BBA) - Proteins and Proteomics, 2020, 1868(2): 140333.
[39] Junior W, Pacheco T F, Gao S, et al. Sugarcane Bagasse Saccharification by Enzymatic Hydrolysis Using Endocellulase and β-glucosidase Immobilized on Different Supports. Catalysts, 2021, 11(3): 340.
[40] Kaar J L. Lipase Activation and Stabilization in Room-Temperature Ionic Liquids. Enzyme Stabilization and Immobilization, 2017, (679): 25-35
[41] Kjellander M, Billinger E, Ramachandraiah H, et al. A flow-through nanoporous alumina trypsin bioreactor for mass spectrometry peptide fingerprinting. Journal of Proteomics, 2018, 172: 165-172.
[42] Kurahashi R, Tanaka S I, Takano K. Highly active enzymes produced by directed evolution with stability-based selection. Enzyme and Microbial Technology, 2020, 109626.
[43] Li F L, Zhuang M Y, Shen J J, et al. Specific Immobilization of Escherichia coli Expressing Recombinant Glycerol Dehydrogenase on Mannose-Functionalized Magnetic Nanoparticles. Catalysts, 2018, 9: 7.
[44] Li M, Cheng F, Li H, et al. Site-Specific and Covalent Immobilization of His-Tagged Proteins via Surface Vinyl Sulfone-Imidazole Coupling. Langmuir, 2019, 36(10): 2740-2740.
[45] Li T, Deng D, Tan D, et al. Immobilized glucose oxidase on hierarchically porous COFs and integrated nanozymes: a cascade reaction strategy for ratiometric fluorescence sensors. Analytical and Bioanalytical Chemistry, 2022, 414(20): 6247-6257.
[46] Li X, Wu Z, Tao X, et al. Gentle One-Step Co-Precipitation to Synthesize Bimetallic Cocu-Mof Immobilized Laccase for Boosting Enzyme Stability and Congo Red Removal. Social Science Electronic Publishing 2022, 438(15): 29525.
[47] Li X J, Du Y, Wang H, et al. Self-Supply of H_2O_2 and O_2 by Hydrolyzing CaO_2 to Enhance the Electrochemiluminescence of Luminol Based on a Closed Bipolar Electrode. Analytical Chemistry, 2020, 92: 12693-12699.
[48] Liang X, Zhang W, Ran J, et al. Chemical Modification of Sweet Potato β-amylase by Mal-mPEG to Improve Its Enzymatic Characteristics. Molecules, 2018, 23(11): 2754.
[49] Liu Q, Xun G, Feng Y. The state-of-the-art strategies of protein engineering for enzyme stabilization. Biotechnology Advances, 2019, 37: 530-537.
[50] Lopes L A, Novelli P K, Fernandez-Lafuente R, et al. Glyoxyl-Activated Agarose as Support for Covalently Link Novo-Pro D: Biocatalysts Performance in the Hydrolysis of Casein. Catalysts, 2020, 10: 466.
[51] Magro L D, Kornecki J F, Klein M P, et al. Pectin lyase immobilization using the glutaraldehyde chemistry increases the enzyme operation range. Enzyme and microbial technology, 2019, 132: 109397.
[52] Marruecos D F, Schwartz D K, Kaar J L. Impact of surface interactions on protein conformation. Current Opinion in Colloid & Interface Science, 2018, 38: 45-55.
[53] Mohapatra B R, Gould W D, Dinardo O, et al. Optimization of culture conditions and properties of immobilized sulfide

oxidase from Arthrobacter species. Journal of Biotechnology, 2006, 124: 523-531.

[54] Monteiro R, Arana-pea S, Rocha T, et al. Liquid lipase preparations designed for industrial production of biodiesel. Is it really an optimal solution? Renewable Energy, 2021, 164: 1566-1587.

[55] Monteiro R, Santos J, Alcántara A, et al. Enzyme-Coated Micro-Crystals: An Almost Forgotten but Very Simple and Elegant Immobilization Strategy. Catalysts, 2020, 10: 891.

[56] Ms A, Ehsa B, Saba C, et al. Effect of amine length in the interference of the multipoint covalent immobilization of enzymes on glyoxyl agarose beads. Journal of Biotechnology, 2021, 329: 128-142.

[57] Nadar S S, Rathod V K. Immobilization of proline activated lipase within metal organic framework (MOF). International Journal of Biological Macromolecules, 2020, 152: 1108-1112.

[58] Navone L, Vogl T, Luangthongkam P, et al. Disulfide bond engineering of AppA phytase for increased thermostability requires co-expression of protein disulfide isomerase in Pichia pastoris. BioMed Central, 2021, 14: 80.

[59] SMD Oliveira, Velasco-Lozano S, Orrego A H, et al. Functionalization of Porous Cellulose with Glyoxyl Groups as a Carrier for Enzyme Immobilization and Stabilization. Biomacromolecules, 2021, 22(2): 927-937.

[60] Orrego A H, Romero-fernández M, Millán-linares M, et al. High Stabilization of Enzymes Immobilized on Rigid Hydrophobic Glyoxyl-Supports: Generation of Hydrophilic Environments on Support Surfaces. Catalysts, 2020, 10: 676.

[61] Pagolu R, Singh R, Shanmugam R, et al. Site-directed lysine modification of xylanase for oriented immobilization onto silicon dioxide nanoparticles. Bioresource Technology, 2021, 331: 125063.

[62] Parui S, Jana B. Cold Denaturation Induced Helix-to-Helix Transition and its Implication to Activity of Helical Antifreeze Protein. Journal of Molecular Liquids, 2021, 338: 116627.

[63] Pereira A S, Fraga J L, Diniz M M, et al. High Catalytic Activity of Lipase from *Yarrowia lipolytica* Immobilized by Microencapsulation. International Journal of Molecular ences, 2018, 19: 3393.

[64] Pervez S, Nawaz M A, Aman A, et al. Agarose Hydrogel Beads: An Effective Approach to Improve the Catalytic Activity, Stability and Reusability of Fungal Amyloglucosidase of GH15 Family. Catalysis Letters, 2018, 148 (9): 2643-2653.

[65] Pour R R, Ehibhatiomhan A, Huang Y, et al. Protein engineering of Pseudomonas fluorescens peroxidase Dyp1B for oxidation of phenolic and polymeric lignin substrates. Enzyme and microbial technology, 2019, 123: 21-29.

[66] Qu L, Bai J, Peng Y, et al. Detection of Three Different Estrogens in Milk Employing SPR Sensors Based on Double Signal Amplification Using Graphene. Food Analytical Methods, 2021, 14: 1-12.

[67] Rahman N, Jahim J M, Munaim M, et al. Immobilization of recombinant Escherichia coli on multi-walled carbon nanotubes for xylitol production. Enzyme and microbial technology, 2019, 135: 109495.

[68] Rios N S, Morais E G, Galvo W, et al. Further stabilization of lipase from Pseudomonas fluorescens immobilized on octyl coated nanoparticles via chemical modification with bifunctional agents. International Journal of Biological Macromolecules. 2019, 141: 313-324.

[69] Rodrigues R C, Virgen-ortíz J, Santos J D, et al. Immobilization of lipases on hydrophobic supports: immobilization mechanism, advantages, problems, and solutions. Biotechnology Advances, 2019, 37(5): 746-770.

[70] Sánchez-morán H, Weltz J S, Schwartz D K, et al. Understanding Design Rules for Optimizing the Interface between Immobilized Enzymes and Random Copolymer Brushes. ACS Applied Materials & Interfaces, 2021, 13(23): 26694-26703.

[71] Siefker J, Biehl R, Kruteva M, et al. Confinement Facilitated Protein Stabilization As Investigated by Small-Angle Neutron Scattering. Journal of the American Chemical Society, 2018, 140(40): 12720-12723.

[72] Silva C, Martins M, Jing S, et al. Practical insights on enzyme stabilization. Critical Reviews in Biotechnology, 2017, 38 (3): 335-350.

[73] Sosa A, Bednar R M, Mehl R A, et al. Faster Surface Ligation Reactions Improve Immobilized Enzyme Structure and Activity. Journal of the American Chemical Society, 2021, 143(18): 7154-7163.

[74] Sosa A F C, Black K J, Kienle D F, et al. Engineering the Composition of Heterogeneous Lipid Bilayers to Stabilize Tethered Enzymes. Advanced Materials Interfaces, 2020, 7(17): 2000533.

[75] Souza C J F, Comunian T A, Kasemodel M G C, et al. Microencapsulation of lactase by W/O/W emulsion followed by complex coacervation: Effects of enzyme source, addition of potassium and core to shell ratio on encapsulation efficiency, stability and kinetics of release. Food Research International, 2018, 121: 754-764.

[76] Tacias-pascacio V G, García-parra E, Vela-gutiérrez G, et al. Genipin as An Emergent Tool in the Design of Biocatalysts:

Mechanism of Reaction and Applications. Catalysts, 2019, 9(12): 1035.
[77] Taciaspascacio V G, Morellonsterling R, Siar E H, et al. Use of Alcalase in the production of bioactive peptides: A review, 2020, 165: 2143-2196.
[78] Tam Y J, Zeenathul N A, Rezaei M A, et al. Wide dynamic range of surface-plasmon-resonance-based assay for hepatitis B surface antigen antibody optimal detection in comparison with ELISA. Biotechnology & Applied Biochemistry, 2017, 64(5): 735-744.
[79] Tavano O L, Berenguer cm URCIA A, Secundo F, et al. Biotechnological Applications of Proteases in Food Technology. Comprehensive Reviews in Food Science and Food Safety, 2018, 17(2): 412-436.
[80] Thepudom T, Lertvachirapaiboon C, Shinbo K, et al. Surface plasmon resonance-enhanced photoelectrochemical sensor for detection of an organophosphate pesticide chlorpyrifos. MRS Communications, 2018, 8(1): 107-112.
[81] Torres P, Batista-Viera F, Immobilized Trienzymatic System with Enhanced Stabilization for the Biotransformation of Lactose. Molecules, 2017, 22(2): 284.
[82] Ubilla C, Ramírez N, Valdivia F, et al. Synthesis of Lactulose in Continuous Stirred Tank Reactor With β-Galactosidase of *Apergillus oryzae* Immobilized in Monofunctional Glyoxyl Agarose Support. Frontiers in Bioengineering and Biotechnology, 2020, 8: 699.
[83] Vaidya L B, Nadar S S, Rathod V K. Metal-organic frameworks (MOFs) for enzyme immobilization-ScienceDirect. Metal-Organic Frameworks for Biomedical Applications, 2020, 13: 491-523.
[84] Valikhani D, Bolivar J M, Pelletier J N. An Overview of Cytochrome P450 Immobilization Strategies for Drug Metabolism Studies, Biosensing, and Biocatalytic Applications: Challenges and Opportunities. Acs Catalysis, 2021, 11(15): 9418-9434.
[85] Vazquez-ortega G, Perla, Alcaraz-fructuoso T, et al. Stabilization of dimeric beta-glucosidase from *Aspergillus niger* via glutaraldehyde immobilization under different conditions. Enzyme and microbial technology. 2018, 110: 38-45.
[86] Wahab M, El-enshasy H A, Bakar F, et al. Improvement of cross-linking and stability on cross-linked enzyme aggregate (CLEA)-xylanase by protein surface engineering. Process biochemistry, 2019, 86: 40-49.
[87] Wahab R A, Elias N, Abdullah F, et al. On the taught new tricks of enzymes immobilization: An all-inclusive overview. Reactive and Functional Polymers, 2020, 152: 104613.
[88] Wang J H, Li K, He Y J, et al. Lipase Immobilized on a Novel Rigid-Flexible Dendrimer-Grafted Hierarchically Porous Magnetic Microspheres for Effective Resolution of (R, S)-1-Phenylethanol. ACS Applied Materials & Interfaces, 2020, 12: 4906-4916.
[89] Wang S, Meng K, Su X, et al. Cysteine Engineering of an Endo-polygalacturonase from *Talaromyces leycettanus* JCM 12802 to Improve Its Thermostability. Journal of Agricultural and Food Chemistry, 2021, 69 (22): 6351-6359.
[90] Wang S, Xu Y, Yu X W. A phenylalanine dynamic switch controls the interfacial activation of *Rhizopus chinensis* lipase. International Journal of Biological Macromolecules, 2021, 173: 1-12.
[91] Wang Y, Shah V, Lu A, et al. Counting of enzymatically amplified affinity reactions in hydrogel particle-templated drops. Lab on a chip, 2021, 21(18): 3438-3448.
[92] Weltz J S, Kienle D F, Schwartz D K, et al. Reduced Enzyme Dynamics upon Multipoint Covalent Immobilization Leads to Stability-Activity Tradeoff. Journal of the American Chemical Society, 2020, 142(7): 3463-3471.
[93] Xia H, Li N, Zhong X, Et al. Metal-Organic Frameworks: A Potential Platform for Enzyme Immobilization and Related Applications. Frontiers in Bioengineering and Biotechnology, 2020, 8: 695.
[94] Xu M, Gong C, Shen Y, et al. Ratiometric electrochemical glucose biosensor based on GOD/AuNPs/Cu-BTC MOFs/macroporous carbon integrated electrode. Sensors and Actuators B: Chemical, 2018, 257: 792-799.
[95] Xu Q, Hou J, Rao J, et al. PEG modification enhances the in vivo stability of bioactive proteins immobilized on magnetic nanoparticles. Biotechnology Letters, 2020, 42: 1407-1418.
[96] Yl A, Ap A, Nsra B, et al. Modulating the properties of the lipase from *Thermomyces lanuginosus* immobilized on octyl agarose beads by altering the immobilization conditions - ScienceDirect. Enzyme and Microbial Technology, 2019, 133: 109461.
[97] Zhang M, Zhang Y, Yang C, et al. Enzyme-inorganic hybrid nanoflowers: classification, synthesis, functionalization and potential applications. Chemical Engineering Journal, 2021, 415: 129075.
[98] Zhao H, Liu G H, Liu Y T, et al. Preparation of hollow spherical covalent organic frameworks via Oswald ripening under ambient conditions for immobilizing enzymes with improved catalytic performance. Nano Research, 2022, 27: 281-289.
[99] Zhou X L, Xu Z Q, Li Y Q, et al. Improvement of the Stability and Activity of an LPMO Through Rational Disulfide Bonds Design. Frontiers in Bioengineering and Biotechnology, 2022, 9: 815990.

第八章
抗体酶

于双江　刘俊秋

第一节　引言

按照人们的意愿制备具有特定催化活力和专一性的蛋白质催化剂一直是重要的科学目标。人们根据酶学原理，已经设计出多种酶催化剂，而催化抗体的发现与制备就是这类从头进行酶设计的令人激动的方法之一。催化抗体的开发则标志着在酶工程领域中已经取得了巨大进展。这种技术从原理上说，只要我们能找到合适的过渡态类似物，而且反应本身适合于水环境，利用这种技术则几乎可以为任何化学转化提供全新的蛋白质催化剂。抗体酶又称催化抗体，是一类免疫系统产生的、具有酶催化活性的抗体分子，本质为免疫球蛋白。自从1986年Schultz和Lerner首次证实由过渡态类似物为半抗原，通过杂交瘤技术制备了具有类酶活性的催化抗体以来，抗体酶在许多领域已显示出潜在的应用价值。这包括许多实施困难和能量不利的有机合成反应、药物前体设计、临床治疗、材料科学等多个方面。已有不少综述报告论述了这一领域的进展情况。

抗体酶和天然酶在功能上有许多相似之处，如催化效率高，具有专一性、区域和立体选择性，可进行化学修饰和具有辅助因子等，并且在饱和动力学与竞争性抑制方面也极其相似。抗体酶的发现打破了只有天然酶才有的分子识别和加速催化反应的传统观念，为酶工程学开创了新的领域，同时也为验证天然酶的催化机制，进行酶的人工模拟，以及研究天然酶催化作用的起源提供了很好的帮助。本章将概述抗体酶发展的大致过程、制备方法以及近年来的主要进展，并讨论该领域存在的主要问题、解决办法及今后的发展方向。

第二节　抗体酶概述

酶是自然界经过数百万年的进化而发展起来的生物催化剂，它能在温和的条件下高效专一地催化某些化学反应。所以设计一种像酶那样的高效催化剂是科学家们梦寐以求的目标。抗体酶的出现使科学家设计酶的梦想正逐渐变为现实。

酶和抗体的本质差别在于，酶是能与反应过渡态分子选择性结合的催化性物质，而抗体是和基态分子紧密结合的物质。机体的免疫系统可以产生$10^8\sim10^{10}$个不同的抗体分子，抗体分子的多样性赋予了它们近乎无限的识别能力，这正是抗体得以与靶分子精确匹配，从而产生高度特异性和亲和性的分子基础。抗体的精细识别性使其能结合几乎任何天然的或合成的分子，利用免疫系统的这一特性将抗体开发成适合特定用途的酶，将是非常有意义的研究工作。

早在1952年D. W. Wooley推测，如果连续刺激抗体足够长时间，抗体则可能进化成为酶。1969年，Jencks根据Panling的化学反应过渡态理论预言，如果找到针对某个反应过渡态的抗体，将其加入到该反应体系中，就可观察到这个抗体对相应化学反应的催化效应。这是因为针对过渡态的抗体可以紧密结合反应的过渡态络合物，使其活化能降低，从而帮助大量反应物分子跨越能垒，达到加速反应的目的。由于实践中很难获得反应的过渡态，所以设计和制备稳定的过渡态类似物，以此代替反应的过渡态作为半抗原，这样产生的抗体就能识别反应过程的真正过渡态，该抗体具有酶催化反应的基本特征，可能成为一种具有酶活力的抗体。长期以来，由于对酶作用机理了解不足及实验技术的限制，抗体酶研究受到限制。1975 年单克隆抗体制备技术的出现为抗体酶制备技术的开发铺平了道路，但直到 1986 年抗体酶的研究才取得了突破性的进展。当年，美国加利福尼亚州的两个实验室，即 L. A. Lerner 和 P. G. Schultz 领导的研究小组首次同时报道了具有催化能力的单克隆抗体——催化抗体（catalytic antibody）。

Schultz 小组认为对硝基苯磷酰胆碱是相应羧酸二酯水解反应的过渡态类似物，用此类似物作半抗原诱导产生单克隆抗体。经过筛选，找到了催化抗体 MOPC167，它使该水解反应速度加快 12000 倍。Lerner 小组根据金属肽酶的研究成果合成了一个含有吡啶甲酸的磷酸酯化合物作为半抗原，得到单克隆抗体 6D4，用来催化不含吡啶甲酸的相应的碳酸酯的水解反应，使反应加速近 1000 倍。这两个报告实实在在地证明了催化抗体的诞生。可以说，催化抗体是抗体的高度选择性和酶的高效催化能力巧妙结合的产物，它本质上是一类具有催化活力的免疫球蛋白，在其可变区赋予了酶的属性。因此，催化抗体也叫抗体酶（abzyme）。

上述两个小组的工作成功开创了抗体酶发展的新时代。此后，抗体酶研究进展日新月异，迄今已成功地开发出天然酶所催化的 6 种酶促反应和数十种类型的常规反应的抗体酶。这包括酯、羧酸和酰胺键的水解，酰胺形成，光诱导裂解和聚合，酯交换，内酯化，克莱森重排，金属螯合，环氧化，氧化还原，化学上不利的环化，肽键形成，脱羧，过氧化和周环反应等。这些抗体酶催化的反应专一性相当于或超过酶反应的专一性，催化速度有的可达到酶催化的水平。但一般来说，抗体酶催化反应的速度比非催化反应快 $10^2 \sim 10^6$ 倍，仍比天然酶催化反应速率慢，仅为它的 $10^{-4} \sim 10^{-2}$。因此，开发制备高活力抗体酶的方法仍是世界各国科学家的奋斗目标。

抗体酶的发现不仅提供了研究生物催化过程的新途径，而且能为生物学、化学和医学提供具有高度特异性的人工生物催化剂，并可以根据需要使人们获得催化某些不能被酶催化或较难催化的化学反应的催化剂。抗体酶的出现，意味着有可能出现简单有效的方法，从而使人们可凭主观愿望来设计蛋白质，这一发现是利用生物学与化学成果在分子水平上交叉渗透研究的产物。由于抗体酶对于多学科展示了较高的理论和实用价值，已引起科学界的广泛关注。

抗体酶相对于天然酶有许多优点。酶在合成上有显著的局限性：第一，酶仅作用于类似于其“天然”底物的化合物，而且作用的亲和力相对较低；第二，有很多化学反应还没有已知酶催化其进行。由于抗体酶可以根据需要人工裁制（tailor-made），因此抗体酶在这两种情况下都能帮助合成化学家。近年的主要进展表现在如下三个方面：半抗原设计方法有创新；抗体催化的化学转化范围不断扩大；有些催化抗体的结构得到表征。

第三节　抗体酶的制备方法

1986 年发表的两篇在抗体酶的实践上有重要突破的工作，标志着抗体酶的研究进入一个崭新的阶段。起初的设计思想是以 Pauling 的稳定过渡态理论为指导，即利用反应的过渡态类似物作为半抗原产生抗体酶。抗体酶的研究策略主要遵循已确立的酶催化机制，即：①稳定过渡态（transition state stabilization）；②酸碱催化；③亲电和亲核催化；④邻近效应（proximity effect）。抗体酶的制备方法不断扩展，最早的设计策略涉及运用过渡态类似物来选择对限速步骤的过渡态有最大亲和力的抗体酶；随后，生物催化剂的基础概念如张力、临近效应、普通酸碱催化、共价催化酶催化概念等也用于抗体酶的设计。目前，抗体酶的设计策略有：稳定过渡态法、诱导和转换法、互补电荷、反应免疫、抗体与半抗原互补法、异源免疫等。已开发出数种制备抗体酶的方法，其主要方法概述如下。

一、稳定过渡态法

迄今，大多数抗体酶是通过理论设计合适的与反应过渡态类似的小分子作为半抗原，然后让动物免疫系统产生针对半抗原的抗体来获得的。由于以反应的过渡态类似物为半抗原诱导的抗体在几何形状和电学性质上与反应过渡态互补（structure and charge complementarity to hapten），稳定了反应过渡态，从而加速反应。

Napper 等人用一个环化的磷酸酯（见图 8-1）作为过渡态类似物去免疫动物，得到了单克隆抗体 24B11，发现该抗体可催化外消旋的羟基羧酸酯分子内环化形成内酯反应，加速反应 167 倍，而且首次观察到抗体酶催化反应的专一性。反应产物中一种对映体的含量比另一种高出 94%。Pollack 等人也证明，抗体酶可以立体专一性地催化非活化酯的水解，产物中一种对映体的含量比另一种高 100 倍。这个结果的重要意义在于，目前还很少有一种化学方法可以产生立体专一性酯解催化剂。这类抗体可用于含有酸或醇功能基的合成中间物的手性拆分，具有重要的商业价值。

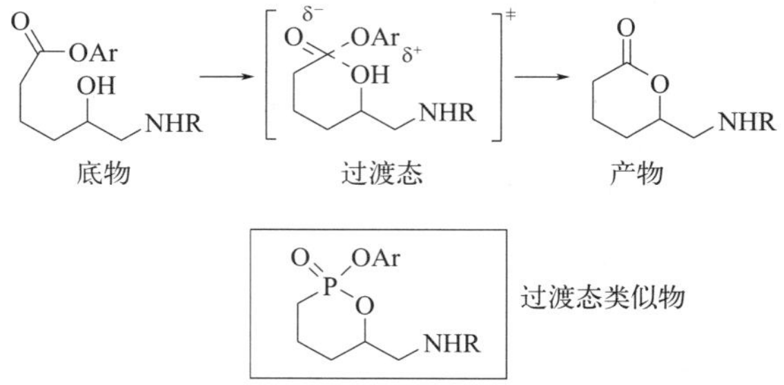

图 8-1　羟基酯通过类似产物的过渡态转化为内酯（环形磷酯为稳定的过渡态类似物）

在这方面最早设计出的催化抗体是酰基转移反应，尤其像酯水解反应这样的具有较低活化能的反应。Lerner 小组根据金属肽酶的研究成果，以磷酸酯作为碳酸酯的过渡态类似物，合成了一个含有吡啶甲酸的磷酸酯化合物作为半抗原，得到一株单克隆抗体 6D4，用来催化不含吡啶甲酸的相应的碳酸酯的水解反应，使反应加速近 1000 倍。Schultz 小组认为对硝基苯磷酰胆碱是相应羧酸二酯水解反应的过渡态类似物。用此类似物作半抗原诱导产生单克隆抗体，经过筛选，找到一株 MOPC167，它使该水解反应速度加快 12000 倍。研究的结果表明，这些抗体酶具有酶的一般特性，其催化动力学行为满足米氏方程，并具有底物特异性及 pH 依赖性等酶反应的特征。

二、抗体与半抗原互补法

抗体与半抗原之间的电荷互补对抗体所具有的高亲和力以及选择识别起关键作用。抗体与其配体的相互作用是相当精确的，抗体常含有与配体功能互补的特殊功能基。已经发现带正电的配体常能诱导出结合部位带负电残基的配体，反之亦然。抗体与半抗原之间的电荷互补对抗体所具有的高亲和力以及选择性识别能力起着关键作用。在开发诱导抗体酶产生的各种方法时，一个重要的目标是发展一个通用的规则，使产生的抗体结合部位的催化基团和半抗原的结合直接相关。Shokat 等利用抗体与半抗原之间的电荷互补性，制备了针对带正电半抗原的抗体（见图 8-2），结果在抗体结合部位上产生带负电的羧基，可作为一般碱基催化 β-消除反应。他们采用合成的季铵化合物H1作半抗原，获得的6株抗体，其中有4株具有催化活性，其中一个抗体43D4-3D3可使反应速率提高10^5倍。分析其反应动力学发现，k_{cat}为pH依赖性的。这一特点说明该反应是典型的单个基团（氨基酸残基）催化的。通过滴定证明该位于抗原结合部位的侧链pK_a为6.2，是抗原结合部位谷氨酸侧链。在疏水环境中，谷氨酸侧链羧基的酸性变弱，则以一般碱催化的形式起作用。后来证明，利用抗体-半抗原互补性是产生抗体酶的一般方法，适用于各类不同的反应（如缩合、异构化和水解反应等）。如果通过半抗原的最优化设计使带正电荷的半抗原正确地模仿过渡态的几何结构及所有的反应键，而且半抗原和产物及底物之间都没有相似之处，那就有可能产生高活力抗体酶，甚至达到天然酶的活力水平。抗体催化的下一个目标是在抗原结合部位诱导出两个催化基团（两个酸、一酸一碱或两个碱），进一步提高反应速率。

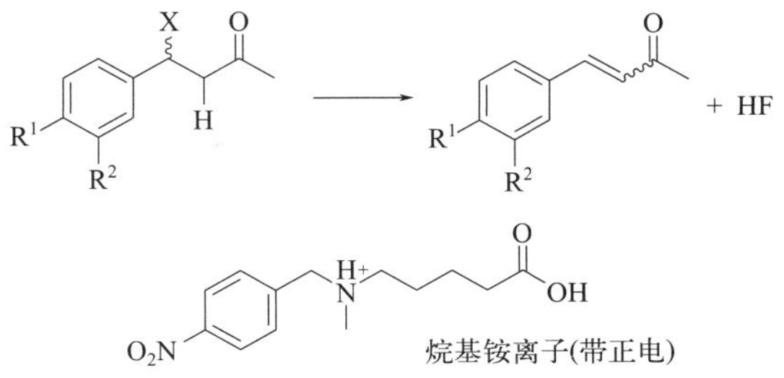

烷基铵离子(带正电)

图8-2　抗体催化的β-消除反应（下方为类似β-氟酮底物的半抗原，含有一个带正电的烷基铵离子）

R^1—NO_2，H；R^2—H，NO_2；X—F，H

三、熵阱法

另一种设计半抗原的方法是利用抗体结合能克服反应熵垒。抗体结合能被用来冻结转动和翻转自由度，这种自由度的限制是形成活化复合物所必需的。

用抗体作为熵阱非常成功的例子是抗体催化的Diels-Alder反应。Diels-Alder环加成反应是众多形成C—C键反应中的一种，是需要经过高度有序及熵不利的过渡态的反应。此反应由二烯和烯烃产生环己烯，这在有机合成中很重要，但在自然界却没有相应的酶催化此反应。此反应的过渡态是具有高能构象的环状物，含有一个高度有序排列的轨道环。反应中化学键的断裂和生成同时进行，因此常可观察到不利的活化熵。因为过渡态和产物很相似，易引起产物抑制而降低转化速率。因此，在设计半抗原时，不仅利用邻近效应，还要消除产物抑制，才能诱导出催化这一双分子反应的抗体。

Hilvert等成功地解决了这个问题，他们用稳定的三环状半抗原诱导的抗体催化起始加合物的生成，然后立即排出SO_2，产生次级二氢苯邻二甲酰亚胺，抗体对该产物的束缚很弱，因而显著加速反应（见图8-3）。这个例子说明，抗体酶不仅可以催化天然酶不能催化的反应，而且通过半抗原设计还能解决产物抑制问题。

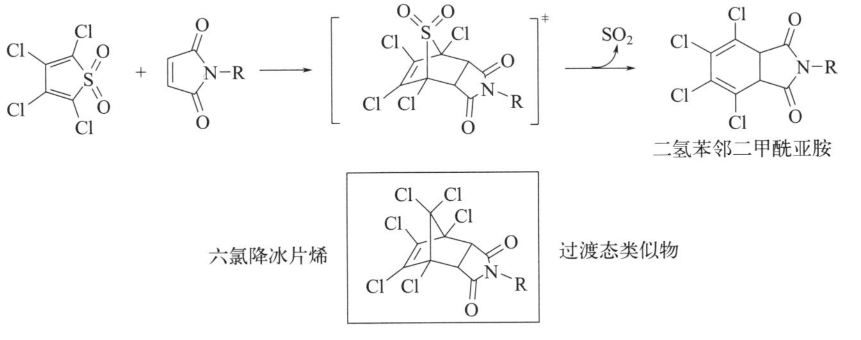

二氢苯邻二甲酰亚胺

六氯降冰片烯

过渡态类似物

图8-3　四氯噻吩二氧化物与N-烷基马来酰亚胺的Diels-Alder环加成反应（方框中的双环分子六氯降冰片烯为过渡态类似物）

另一个实例是催化克莱森重排反应的抗体酶。Jackson 等合成一个有椅式构象的氧杂双环化合物来模拟由分枝酸生成予苯酸这样一个克莱森重排反应的过渡态结构（见图 8-4）。用此双环半抗原诱导的抗体可使重排反应速率提高 10^4 倍。由于反应中不形成离子或游离基中间体，反应不需要酸、碱等催化基团催化，所以对于采用非化学基团催化的抗体酶的发展有重要意义，它加深了人们对酶作用机理中熵阱模型的理解。

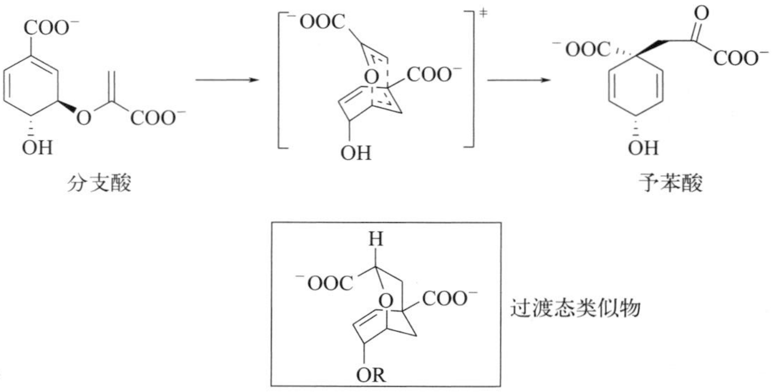

COO^- O COO^- OH 分支酸　^-OOC O COO^- OH ‡　^-OOC O COO^- OH 予苯酸

H ^-OOC O COO^- OR 过渡态类似物

图 8-4　分枝酸通过椅式构象的过渡态重排成予苯酸（方框中的双环分子可有效模拟该重排反应的过渡态）

四、多底物类似物法

很多酶的催化作用需要辅因子参与，这些辅因子包括金属离子、血红素、硫胺素、黄素和吡哆醛等。因此，开发将辅因子引入到抗体结合部位的方法无疑会扩大抗体催化作用的范围。用多底物类似物对动物进行一次免疫，可产生既有辅因子结合部位，又有底物结合部位的抗体。小心设计半抗原可确保辅因子和底物的功能部分的正确配置。此法已用于获得以 Zn^{2+}为辅因子的序列专一性裂解肽键的抗体酶。将三亚乙基四胺 Co（Ⅲ）连接到肽底物上作为半抗原（见图 8-5 中的方框），使动物免疫后产生抗体，此抗体和三亚乙基四胺 Co（Ⅲ）及 α-氨基羧酸形成稳定的复合物，其结合部位能适应肽底物、三亚乙基四胺和 Zn^{2+}。Zn^{2+}的开放配位部位可将羟离子传递到束缚底物的待断裂酰胺键的羰基碳上。如同锌蛋白酶-嗜热菌蛋白酶（thermolysin）及羧肽酶 A 一样，该抗体能水解未被激活的肽键，其 k_{cat} 值为 $6\times10^{-4}s^{-1}$，相当于反应速率提高了 10^5 倍。这方面的工作目前主要集中在将金属结合部位引入抗体中，以便得到特异性的氨肽酶。半抗原设计的关键是，在需要切割的酰胺键位点放置四面体磷酰基，使用的是 α-氨基烷基磷酸与三亚乙基四胺 Co（Ⅲ）的复合物以及具有强免疫原性的三（2-吡啶甲基）胺 Co（Ⅲ）复合物。设想免疫系统能产生具有潜在治疗效应的位点专一性的内源蛋白酶抗体。

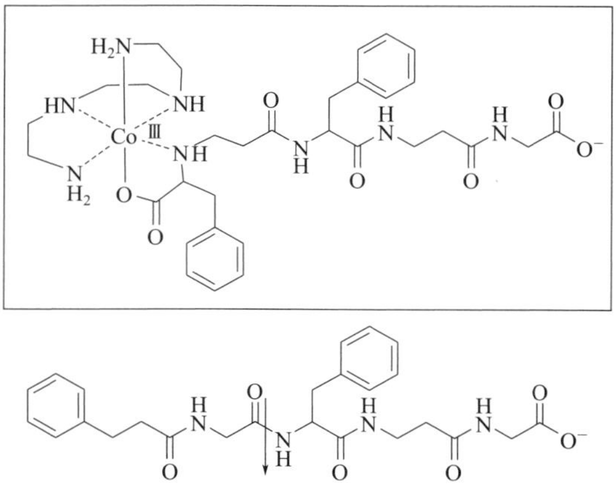

H_2N HN NH Co Ⅲ NH N H_2 O O O H N N H O O H N O O N H O O O^-

O H N N H O H N N H O O H N O O O^-

图 8-5　在三亚乙基四胺金属络合物存在下针对方框中 Co（Ⅲ）-肽络合物的抗体能在箭头指出的 Gly-phe 部位裂解相关的肽底物

多底物类似物法还用于许多具有氧化还原活性的辅因子（如黄素、刃天青）和依赖吡哆醛的反应。Cochran 等表征一种抗体，能结合卟啉-Fe（Ⅲ），并通过 H_2O_2 氧化多种底物。这个抗体卟啉复合物的催化转化数至少可达到 200 ～ 500。

用于产生此抗体的抗原与过渡态类似物是一样的，都是*N*-甲基原卟啉，但在不同的条件下可将选择性底物结合部位引入到抗体中，产生羟化酶或环氧酶的活力。

五、抗体结合部位修饰法

将抗体的结合部位引入催化基团是增加催化效率的又一关键，引入功能基团的方法一般有两种，即选择性化学修饰法和基因工程定点突变法。亲和标记是将催化基团引入到抗体结合部位的有效方法。一般先用可裂解亲和试剂与抗体作用，然后再用二硫苏糖醇（DTT）处理，则在抗体结合部位附近引入巯基，用此巯基作为锚可以很方便地引入其他化学功能基（如咪唑）（见图 8-6）。用此法已能制备含有活性部位巯基和咪唑基的具有水解活力的抗体酶。特别重要的是，此法不需要了解反应的过渡态及反应的详细机理，而且可以引入天然或非天然的辅因子。

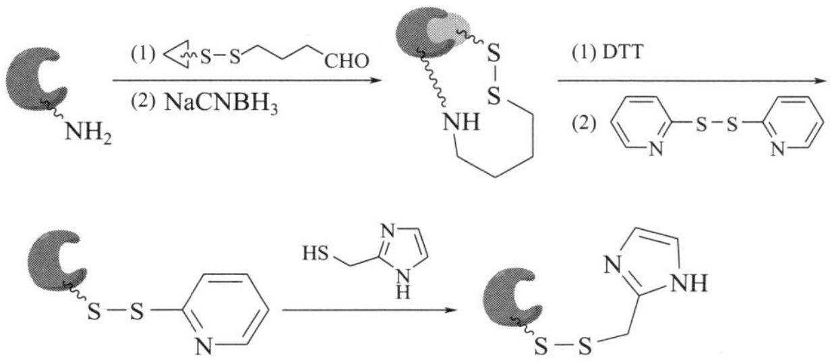

(1) S−S CHO
(2) $NaCNBH_3$
NH_2
S S NH
(1) DTT
(2) S−S N N
HS N H N
S−S N
N NH S−S

图 8-6　用可裂解亲和标记试剂将催化基团引入到抗体结合部位的示意图

罗贵民研究小组开发了一种化学诱变具有底物结合部位的单克隆抗体制备含硒抗体酶的方法。该方法的原理是，抗体可变区一般含有数个丝氨酸残基（Ser），而 Ser 的羟基可用诱变剂苯甲基磺酰氟（PMSF）活化，再经硒化氢处理后，则变成硒代半胱氨酸（Secys），而 Secys 是谷胱甘肽过氧化物酶（GPx）活性部位中不可缺少的催化活性基团。因此，若先制备抗 GPx 底物之一——谷胱甘肽（GSH）衍生物的单克隆抗体（以下简称单抗），则会使单抗具有底物结合部位；然后，再用化学突变法将底物结合部位（此部位应在抗体的抗原结合部位上）上的 Ser 转变为 Secys，使单抗具有酶的催化基团，这样，在单抗的结合部位上既有底物结合部位，又有催化基团，因而会显示出 GPx 活性。用 GSH 的二硝基苯衍生物（GSH-DNP）作半抗原诱导出的单抗，经化学突变引入 Secys 后，GPx 活力达到兔肝 GPx 活力的 1/5；而用 GSH-DNP 甲酯和 GSH-DNP 丁酯作半抗原，用同样方法得到的含硒抗体酶的活力达到或超过天然酶，分别为天然兔肝 GPx 活力的 1.6 倍和 8.5 倍（见表 8-1）。

表 8-1　用不同半抗原制备的含硒抗体酶比较

半抗原	酶种类	Secys 含量 /（$mol \cdot mol^{-1}$）	K_D(GSH)/（$mol \cdot L^{-1}$）	GPx 活力 /（$U \cdot \mu mol^{-1}$）
GSH-DNP	m4A4	4.6	0.56×10^{-7}	1239
GSH-DNP-Me	m4G3	3.5	13.35×10^{-7}	9337
GSH-DNP-Bu	m1C8	4.2	59.36×10^{-7}	49315
对照组	兔肝 GPX	4.0	—	5780

这些结果说明，3 种含硒抗体酶活力不同的原因主要是与抗体活性中心的空间结构密切相关。半抗原结构不同，诱导出的抗体活性中心结构必然不同。调节半抗原的结构，实际上也是在调整抗体活性中心的空间结构，使其中的催化基团处于更有利于发挥其催化作用的微环境中，因而能产生活力高于天然酶的抗体酶。

六、蛋白质工程法

作为蛋白质工程的主要手段，定点突变是产生抗体酶的另一个重要方法。用此法可以精确地将催化基团引入到抗体的结合部位上。Schultz 小组用此法将催化基团组氨酸插入到对二硝基苯专一抗体（MOPC315）的结合部位，这个组氨酸在酯底物水解中起亲和催化剂的作用。他们合成了 V_L 片段的基因，其中抗体结合部位的 Tyr^{34} 被组氨酸取代，然后用大肠杆菌表达重组的 V_L，再将 V_L 链与天然的 V_H 链组合在一起，则得到具有显著酯解活力的抗体酶，与 pH 6.8 时 4-甲基咪唑的催化速度相比，加速反应 9×10^4 倍。

Lerner 小组用定点突变技术将金属离子引入抗荧光素抗体的结合部位。半抗原-抗体的晶体结构显示，轻链互补决定区中的 3 个残基在相对几何学上类似于碳酸酐酶中锌结合部位上的 3 个组氨酸残基，因此，用组氨酸取代抗体残基 Arg34L、Ser89L 和 Ser91L。为避免对金属结合部位的可能的空间障碍，用亮氨酸取代 Tyr36L。经过这样改造后的抗体不仅仍能结合荧光素，而且还能结合 Cu（Ⅱ）、Zn（Ⅱ）和 Cd（Ⅱ）。这种将金属结合部位引入抗体的能力十分重要，因为金属离子可催化各种类型的反应。

七、抗体库法

抗体库法，即用基因克隆技术将全套抗体（repertoire）重链和轻链可变区基因克隆出来，重组到原核表达载体，通过大肠杆菌直接表达有功能的抗体分子片段，从中筛选特异性的可变区基因。该技术的基础在于两项实验技术的突破：一是 PCR 技术的发展使人们可能用一组引物克隆出全套免疫球蛋白的可变区基因；另一个是从大肠杆菌分泌有结合功能的抗体分子片段的成功。

1989 年 Huse 等首次报道了组合抗体库（combinatorial immunoglobulin library），其技术要点为：用逆转录-PCR 技术从淋巴细胞克隆出抗体轻链基因 repertoire 和重链 Fd 段基因 repertoire，将二者分别组建到表达载体 Lc2 和 Hc2 中（见图 8-7），得到的轻链基因和 Fd 段基因随机重组于一个表达载体中，形成组合抗体库。所得到的抗体库经体外包装后感染大肠杆菌，铺板培养后，每一个感染了噬菌体颗粒的大肠杆菌细胞由于噬菌体的增殖而裂解，所释放的噬菌体再感染周围的大肠杆菌细胞，在培养皿细菌生长层内产生噬菌斑，同时表达的 Fab 片段也释放于噬菌斑内，将噬菌斑转印到硝酸纤维素膜上，可以用标记有过氧化物酶的抗原筛选到产生特异性抗体的克隆，得到其 Fab 片段的基因。这个方法较细胞融合杂交瘤技术制备单抗有明显的优越性：一是省去了细胞融合步骤，省时省力，可避免因杂交瘤不稳定而要反复亚克隆的烦琐程序；二是扩大了筛选容量，用杂交瘤技术一般筛选能力在上千个克隆以内，而抗体库可筛选 10^6 以上个克隆；三是用此技术可直接克隆到抗体的基因，既克服了杂交瘤分泌抗体不稳定而丢失的弱点，又便

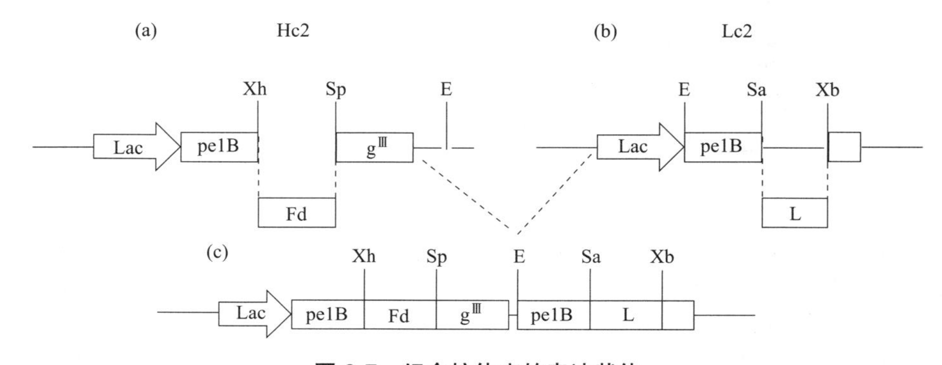

图 8-7　组合抗体库的表达载体

（a）重链载体 Hc2，（b）轻链载体 Lc2，（c）组合后的 Fab 段表达载体

于进一步构建各种基因工程抗体；四是用此法得到的抗体可以在原核系统表达，降低了制备成本；五是构建抗体库时，轻链和重链可变区基因在体外随机组合，可产生体内不存在的轻-重链配对，有可能得到新的特异性抗体。Gibbs 等由分泌单克隆抗体 NPN43C9 的杂交瘤出发，通过反转录 PCR 技术制备得到单链抗体。单链 Fv 的优点是分子质量小，只有 2.6kDa，便于结构分析，同时提高了穿透组织的能力；此外单链 Fv 大大降低了抗体的免疫原性，减小了治疗中的副作用；更重要的是单链 Fv 可在 *E. coli* 中表达，为催化抗体的大规模应用奠定了基础。

后来发展的噬菌体抗体库技术为抗体酶的制备提供了更好的方法。Chen 等用烷基磷酰胺作半抗原免疫小鼠后，从中筛选出 22 个能同抗原结合的克隆，纯化后发现其中的 3 个克隆有催化活性，表征了其中的 1 个克隆，发现其动力学行为符合米-曼氏动力学（K_m=115μmol・L^{-1}，k_{cat}=0.25min^{-1}），这是第一个从抗体库中筛选出的催化抗体。此外，Padiolleau-Lefevre 等利用噬菌体库技术筛选具有 *β*-内酰胺酶活性的催化抗体，并通过研究证实了使用两种分子不同的 R-TEM *β*-内酰胺酶抑制剂作为靶点用于体外选择具有 *β*-内酰胺酶活性的催化抗体的有效性，以及负责这些酶对临床上可用的抑制剂和抗生素的广泛抗性的 *β*-内酰胺酶活性位点的可塑性。

虽然用噬菌体抗体库技术可有效筛选具有亲和力的抗体，但仅靠亲和特性筛选抗体酶还有困难。这是因为具有亲和力的抗体并不都有催化活性，实际上，具有催化活性的抗体只占结合抗体中的少数。另外，用 *E. coli* 表达的 Fab、单链 Fv，其每升表达量一般在毫克到克数量级，要得到足够量的样品，用于动力学分析也有困难。

为了减少筛选工作量，能不能从抗体库中直接筛选出具有催化活性的抗体？经过努力，将酶的催化机制引入抗体库筛选中的直接筛选法（direct planning）应运而生。Janda 等用半合成抗体库来筛选抗体互补决定区的半胱氨酸残基。由于 *α*-苯乙吡啶硫化物（*α*-phenethyl pyridyl disulfide）与抗体结合部位的半胱氨酸可发生二硫键交换反应，形成共价结合，因而可用这种硫化物筛选出和它共价结合的抗体。筛选步骤如图 8-8 所示，第一步用一般洗涤液洗去非特异结合的噬菌体；第二步用 pH 2.2 的盐酸缓冲溶液洗去非共价结合的噬菌体；第三步用 20 mmol DTT 洗出共价结合的噬菌体，用于进一步扩增。经过 5 轮筛选后，随机挑取 10 个克隆测试，发现有 2 个克隆含有未配对半胱氨酸。对其中的 1 个进行了研究，发现它能催化硫酯的水解反应，反应遵循简单的饱和动力学（K_m=100mol・L^{-1}，k_{cat}=0.030min^{-1}）。

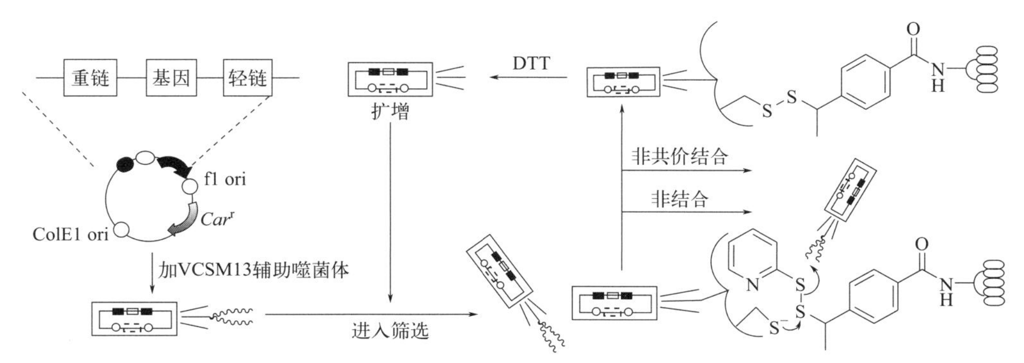

图 8-8　用 Fab 片段的噬菌体展示库筛选含未配体半胱氨酸的抗体结合部位的示意图

DTT—二硫苏糖醇；Car^r—羧苄青霉素抗性基因

另一个直接筛选抗体酶的例子是利用生物合成反应。在微生物的自然代谢途径中，尿苷酸的合成是由乳清酸磷酸核糖转移酶（OPRTase）及乳清苷酸脱羧酶（ODCase）依次完成的。如果一个微生物是 ODCase 营养缺陷型，那它必须在含尿嘧啶的培养基中才能生长，因为微生物体内存在尿嘧啶磷酸核糖转移酶（Ura-PRTase），能将尿嘧啶直接转变成尿苷酸（UMP）。如果设计的抗体酶具有催化乳清酸脱羧作用，则能弥补微生物的营养缺陷，在不含尿嘧啶的培养基中也能生长（见图 8-9）。为了获得乳清酸脱羧抗体，Smiley 等合成了过渡态类似物半抗原［见图 8-10（b）］。将此抗原与 KLH（血蓝蛋白）偶联后，免疫小鼠，构建成噬菌体抗体库，感染 ODCase 缺陷型大肠杆菌后，在不含尿嘧啶的培养基上生长。这样只有含催化乳清酸脱羧的抗体基因的菌株才能长出克隆，结果从 16000 个转化体中筛选出 6 个具有催化乳清酸脱羧的克隆。他们把其中的 1 个单克隆抗体转变成单链抗体，并在大肠杆菌中表达，结果证明也有明显活性。

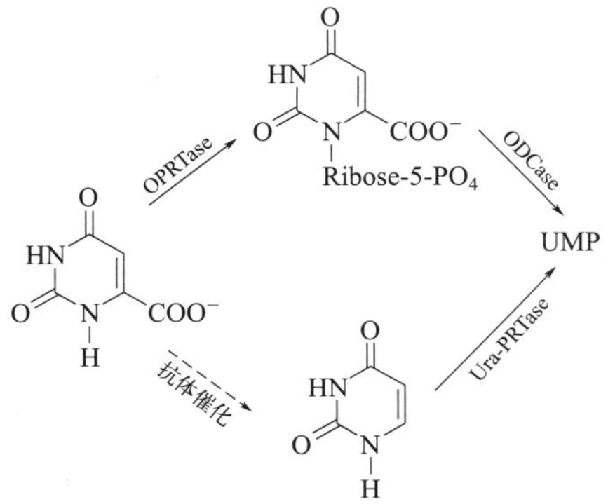

图 8-9 尿苷酸（UMP）生物合成途径

上部途径包含天然酶 OPRTase 和乳清苷酸脱羧酶（ODCase）；缺少 OPRTase 和 / 或 ODCase 的突变株，在抗体酶（具有乳清酸脱羧酶活力）和天然酶 Ura-PRTase 存在下，仍可按下部途径合成 UMP

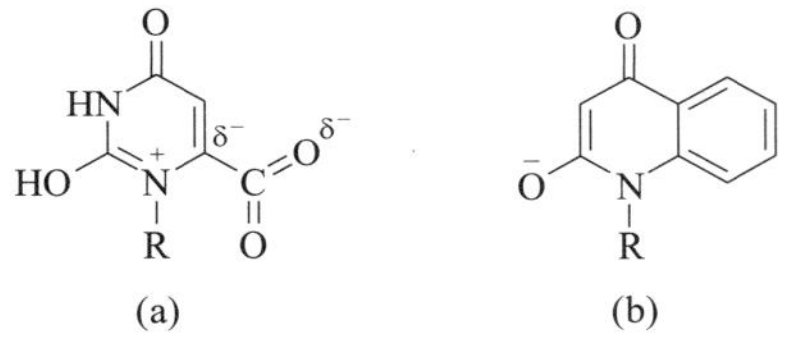

图 8-10 诱导乳清酸脱羧抗体的半抗原设计

（a）乳清酸脱羧的过渡态，（b）设计的半抗原

第四节 抗体酶活性部位修饰

抗体酶的活性部位即抗体的结合部位。阐明抗体结合部位的氨基酸残基对抗体的结合及催化作用的重要性主要有两种方法：一是定点突变；二是化学修饰。

一、定点突变

定点突变法即蛋白质工程法。用此法可精确改变蛋白质肽链上的任一氨基酸残基，因此，可用来阐明某一氨基酸残基在抗体结合和催化中的作用。从鼠骨髓瘤细胞产生的一系列能和磷酸胆碱结合的抗体已被广泛研究，有的还做过 X 射线衍射结构分析，发现重链上的两个氨基酸残基 Arg-52H 及 Tyr-33H 在所有的能结合磷酸胆碱的抗体中都存在，所以认为这两个残基对抗体的结合及催化作用起关键作用。

Jackson 等在研究能结合磷酸胆碱的抗体 S107 时，对 Tyr-33H 和 Arg-52H 都做了突变，分别获得 4 个 Tyr-33 突变体和 3 个 Arg-52 突变体。一般来说，Tyr-33 的突变体催化活力没有变化；而 Arg-52 的突变体由于丧失了带正电侧链，催化活力显著降低。这说明，静电相互作用对 S107

的催化作用至关重要，也说明将有催化作用的残基引入到抗体中，可以增加抗体酶的催化活性。有意义的是 Tyr-33H 的突变体（Y33H）可使抗体活性提高 50 倍（k_{cat}=5.7min^{-1}，K_m=1.6mmol/L），引入的组氨酸可能起一般酸碱催化作用，因为 Y33H 中的 His-33 定域性较差（poor localization），很难起亲核催化作用。

用烷基磷酰胺半抗原诱导产生的单抗 NPN43C9 是动力学和催化机制研究得最多的抗体酶之一，很适合作为突变的模型用于研究抗体酶结构与功能的关系。Roberts 等为了检测 NPN43C9 的催化机理，用抗体结构数据库（ASD）构建了该抗体可变区的三维模型。该模型显示 ArgL96 的胍基处于抗原结合部位的底部，并与抗原的磷酰胺基（该基团模拟四面体过渡态的负电荷）形成盐桥。因此该模型预计 ArgL96 与抗体的结合与催化功能相关，这是以前没有想到的。第一，ArgL96 通过与抗原静电荷的互补应当加强抗原结合作用；第二，ArgL96 对催化过程中形成的负电过渡态的静电稳定作用应当促进催化作用。要证实这些假设，他们把 ArgL96 突变成 Gln，得到 ArgL96-Gln 突变体。结果证明，突变体的抗原结合能力降低，而且酯酶活力也检测不到了。因此，计算机模拟和实验结果都证实，催化抗体 NPN43C9 的催化机理是稳定催化作用中的高能过渡态。

在计算机模拟的基础上，Stewart 等用定点突变法对 NPN43C9 的 TyrL32、HisL91、ArgL96、HisH35 和 TyrH95 进行了突变。为了加速研究，他们开发了一种表达系统，在此系统中适当折叠的 43C9 的单链抗体可从工程宿主菌大肠杆菌中分泌出来。结果表明，Gln 取代 HisL91 的突变体没有催化活力，但它对配体的亲和力几乎与野生型完全相同，正如以前的动力学研究所预计的那样，HisL91 作为亲核试剂形成酰基化中间体。HisH35 的两个突变体既丧失催化功能，又改变了对配体的亲和力，说明这个残基有重要的结构作用。TyrL32 和 TyrH95 的突变均未达到预期的提高催化活性的目的。

二、化学修饰

化学修饰的一般原理同样适用于抗体酶。选择性化学修饰抗体酶可以改善抗体酶的性质，如提高其活力、改变专一性等。这里的关键是找到一个温和的方法，引入感兴趣的基团，而不破坏抗体的整体构象。

Schultz 等用（*N*-2, 4-二硝基苯-2-氨基乙基）-4-氧代丁基二硫化物修饰抗体 MOPC315 结果发现这一修饰使抗体催化二硝基苯酯（DNP ester）的速度（相对于 DTT 存在下的本底反应）提高了 6×10^4 倍。该催化反应遵循米氏动力学。

酶固定化也属酶修饰的一种。Janda 等报道了第一个固定化的催化抗体，并对其在水溶液和有机溶剂中的行为进行了描述。固定化载体是玻璃球，经 3-巯基丙基三甲氧基硅烷活化后引入巯基，然后通过异双功能试剂 *N*-*γ*-马来酰亚胺丁酰氧代琥珀酰亚胺酯将抗体酶（2H6 和 21H3）的氨基与载体巯基偶联在一起（见图 8-11）。固定化抗体酶的活力和立体专一性与固定化前差别不大，但其稳定性，特别是在有机溶剂中的稳定性显著提高。游离抗体在 40% 的二噁烷、二甲基甲酰胺、二甲基亚砜、乙腈溶液中，会沉淀而丧失活性，但固定化抗体酶 21H3 却能保持原活力的 40%。和普通的固定化酶一样，固定化抗体酶适合连续化操作，无疑会有巨大商业价值。

反相胶团中的酶是另一种形式的固定化酶。Durfor 等将抗体酶 20G9（可催化醋酸苯酯水解）的水溶液注入含有 AOT 的异辛烷溶液中，则形成抗体酶的胶束溶液。研究发现，溶解在反向胶团中的抗体酶仍能保持其活力。由于抗体结构是高度保守的，所以可以相信，大多数抗体酶也能在反向胶团中保持活力。这一特性应能大大扩展抗体酶催化反应的范围。

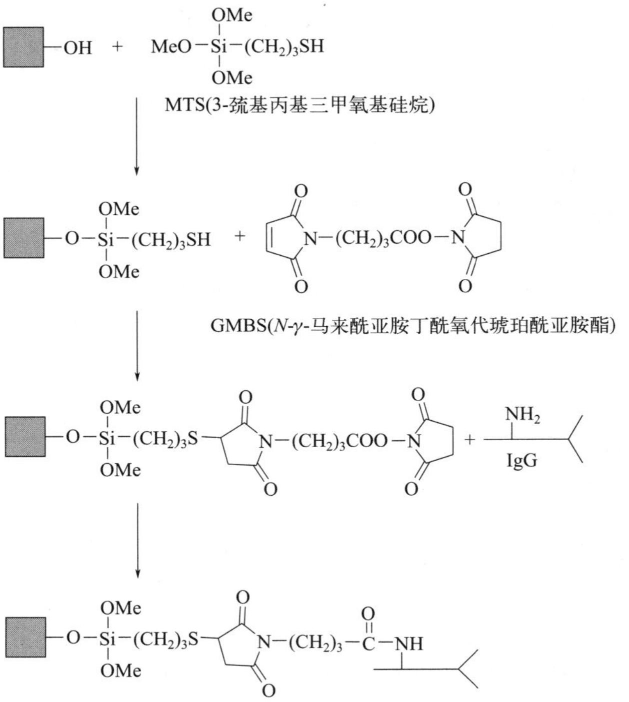

MTS(3-巯基丙基三甲氧基硅烷)

GMBS(N-γ-马来酰亚胺丁酰氧代琥珀酰亚胺酯)

图 8-11　抗体酶（IgG）与无机载体偶联的步骤

很多天然酶或人工酶模型都含有金属辅助因子，而化学家们也开发了许多化学辅助剂，如金属氢化物、过渡态金属等。如果能融合金属辅助因子于抗体酶，将有助于扩大抗体酶的应用范围。Nicholas 等受许多金属酶的活性部位有组氨酸衍生的咪唑配基的启发，用两种方法把酸酐和二咪唑基的衍生物抗体酶 38C2 连接起来组成新的铜离子复合物，38C2252$CuCl_2$，此修饰抗体酶能有效地催化酯的水解，K_{cat}/k_{uncat} 为 2.1×10^5，K_m=2.2mmol/L，见图 8-12 和图 8-13。

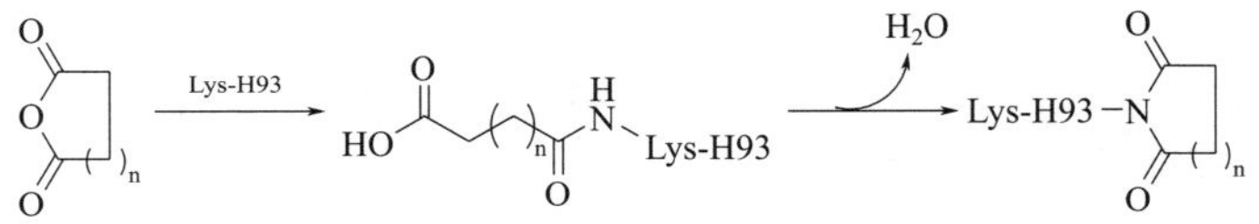

图 8-12　酸酐和 38C2 活性残基 LysH93 反应

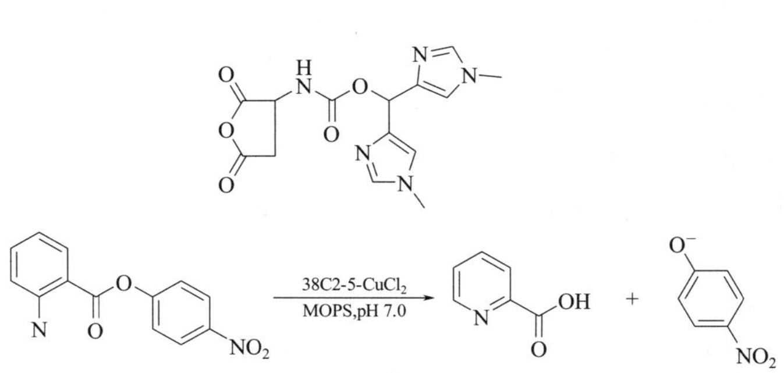

图 8-13　修饰 38C2 的酸酐和催化的酯水解反应

第五节　抗体酶的结构

为了了解抗体酶的催化机制并与天然酶催化作用进行比较，对抗体酶的结构，特别是活性中心结构进行表征很有必要。研究抗体结构的重要手段是抗体酶晶体解析，用X射线衍射阐明其结构，这对进一步设计过渡态类似物和抗体酶具有非常重要的意义，因此，引起了科学家们的关注。迄今已有数个抗体酶的晶体结构得以阐明。

Haynes等在3.0Å水平上测定了抗体酶1F7与其过渡态类似物的复合物的三维结构。1F7具有分枝酸变位酶活力，它催化的反应如图8-14所示。晶体结构数据表明，过渡态类似物是结合在可变区6个CDR环的顶端，主要是和重链结合，有7个残基与其结合，而轻链只有1个残基与之结合。这同其他的抗体是一致的。

抗体与半抗原的识别包括了疏水、静电和氢键等的相互作用。半抗原在抗体结合部位中的取向是由它的2个羧基的特异相互作用决定的。C10羧基与Tyr-L94的酚羟基形成氢键而固定，而C11羧基则是半抗原被包埋较多的部分。它可与水分子形成氢键，这个水分子再同Asp-H97主链羧基氧形成氢键（见图8-14）。Arg-95H侧链处于C11羧基的上面，这个位置也使它靠近过渡态类似物的醚氧基，以提供静电互补，同时该残基还部分地保护了配体同溶剂的接触。因为已有分枝酸变位酶与上述同一过渡态类似物的复合物的2.2Å晶体结构，因而有可能对酶复合物与抗体酶复合物进行结构比较。结果表明，二者的催化机理完全类似，但抗体酶的活性部位是在相邻两个亚基的界面上，从而与所结合的过渡态类似物形成了广泛的疏水键、离子键和极性键。过渡态类似物与酶结合的解离常数K_i为3.0μmol，约是1F7（K_i=0.6μmol）的5倍，说明酶与过渡态类似物之间的匹配更为精确，其间有更多的静电相互作用，包括2个精氨酸的正电荷和1个谷氨酸的负电荷（见图8-14），这可能就是抗体酶活力是相应天然酶活力$1/10^4$的原因。

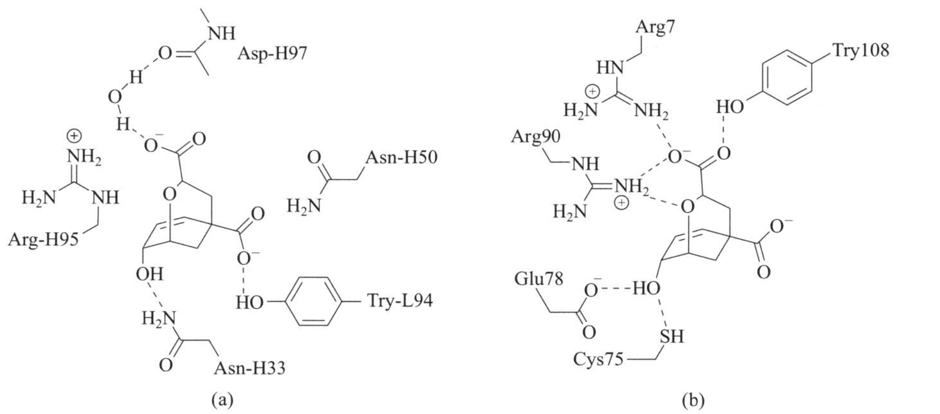

图8-14　过渡态类似物同1F7（a）和分枝酸变位酶（b）之间的有关侧链的相互作用示意图

Zhou等由*N*-酰基氨基酸苯酯的过渡态类似物（图8-15中的化合物4）诱导产生抗体17E8，能催化甲酰甲硫氨酸（或正亮氨酸）苯酯水解生成甲酰甲硫氨酸或甲酰正亮氨酸。

他们在2.5 Å水平上测定了17E8与其半抗原的三维空间结构。17E8 Fab的总结构与其它抗体很类似。半抗原4结合在轻链和重链CDR3之间的裂缝中，其羧基位于裂缝入口处，并被5个Tyr所包围。半抗原和抗体之间有14个氨基酸残基发生相互作用，包含6个氢键和范德瓦耳斯力。结构和动力学数据都说明抗体酶的水解机理与丝氨酸蛋白水解酶极为相似。抗体酶结合部位含有一个Ser-His双体结构，靠近结合抗原的磷原子，这与丝氨酸蛋白水解酶的电荷中继

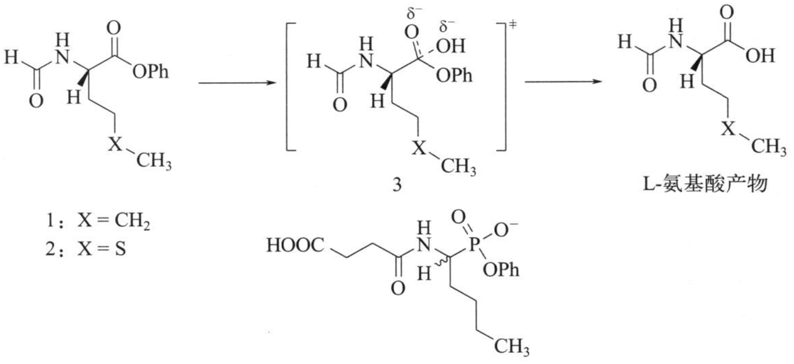

图 8-15 抗体酶 17E8 催化氨基酸酯的反应

4 为制备 17E8 的过渡态类似物，是水解过程中的四面体中间体 3 的模拟物

系统 Ser-His-Asp 成分相似。抗体结合部位中还含有 Lys 残基，用于稳定负氧离子形成和识别底物的疏水口袋。催化抗体-半抗原复合物的高分辨结构证明，抗体能够把经过天然酶进化而出现的活性部位结构会聚到一起。

Schultz 小组制备了水解甲基对硝基苯基碳酸酯的抗体 48G7 与其半抗原对硝基苯基-4-羧丁基磷酸酯的复合物的晶体，并对其进行了 X 射线衍射分析，发现抗体结合部位的共有模块含有碱性残基，它能与磷酸氧发生静电相互作用产生所谓氧阴离子洞（oxyanion hole）。稳定半抗原是通过下列因素实现的：带正电的 Arg-L96 与带负电的磷氧基靠近，形成静电吸引；由 His-H35、Tyr-H33 和 Tyr-L94 与磷氧基的氧形成的氢键（见图 8-16）。

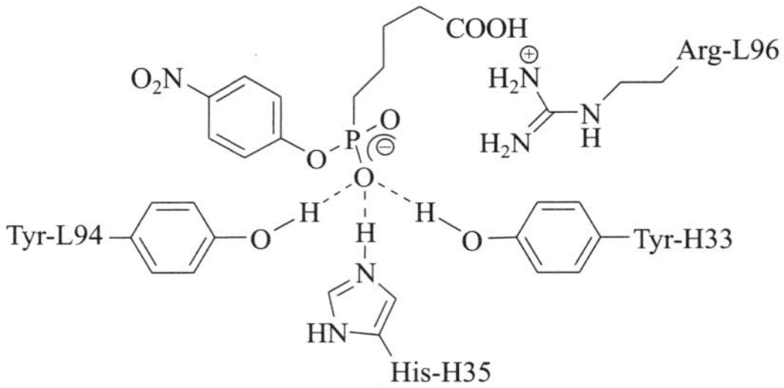

图 8-16 抗体酶 48G7（右侧）与它的磷酸酯半抗原（左侧）相互作用示意图

Charbonnier 等对未配位的催化 Fab（结合抗原的抗体片段）与底物类似物的复合物以及它与磷酸酯半抗原的复合物的 X 射线晶体结构进行了比较，结果完全阐明了催化机理，发现漏斗形的沟槽使水很容易扩散至深埋抗体中的反应中心。反应中心在碱性 pH 下通过优先稳定带负电的氧阴离子中间体而起作用，中间体是由羟基化物进攻对硝基苯基酯底物产生的。

研究抗体结构的最重要手段是抗体酶晶体解析，但由于抗体蛋白的晶体较难培养，以这种方法研究抗体酶活性中心结构受到限制。近年来，人们开始尝试用计算机模拟的方法来研究抗体的结构。Mackay 研究组最近对催化 Diels-alder 反应的抗体 H11 进行了研究。通过同源分析，找到与抗体同源性高的蛋白质晶体结构，然后与半抗原或底物对接，预测活性中心的催化基团或主要结合基团。通过对接实验并配合基因突变证实：Glu95H（CDRH3）、Tyr 33L（CDRL1）、His 96L（CDRL3）是催化的主要氨基酸（见图 8-17）。

最近，这种方法成功地用于高活性含硒抗体酶的研究。结合吉林大学罗贵民研究小组发展的含硒抗体酶，李泽生等人利用此方法研究了抗体 2F3 的活性部位。含硒抗体酶 2F3 是通过底物类似物为半抗原制备的具有高抗氧化活性的催化抗体。利用同源分析和底物对接模拟，确定在催化中起重要作用的催化基团为丝氨酸 Ser52，见图 8-18。该研究给出了抗体可变区的诸多信息，为设计和改进抗体酶提供了重要依据。

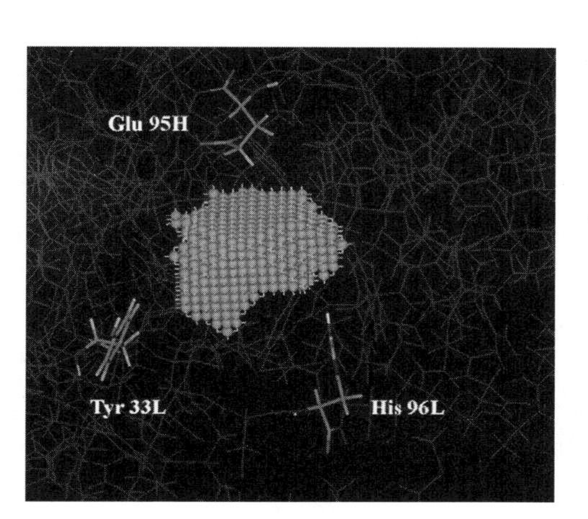

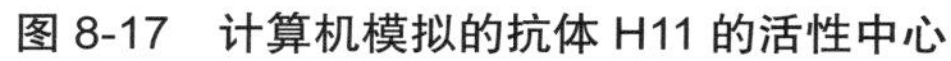
图 8-17　计算机模拟的抗体 H11 的活性中心

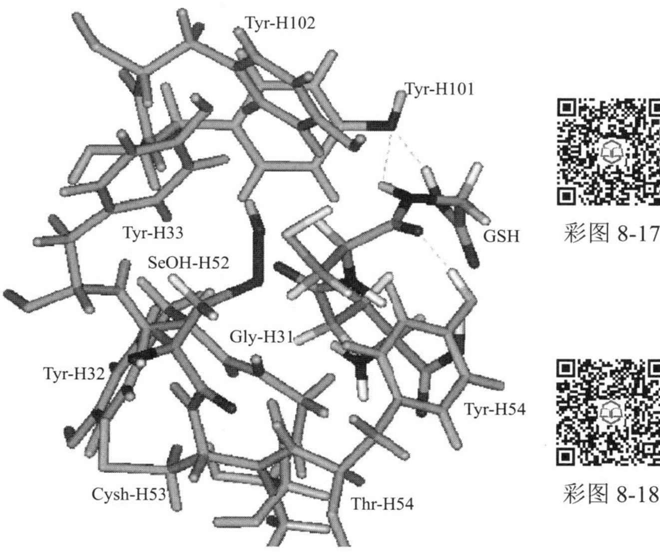

图 8-18　计算机模拟的抗体酶 2F3 的活性中心

第六节　抗体酶的应用

对于任何分子，几乎都可通过免疫系统产生相应的抗体，而且专一性很强。抗体的这种多样性标志着抗体酶的多样性，预示抗体酶具有巨大的应用潜力。

一、在有机合成中的应用

各类精细化工产品和合成材料的工业生产需要具有精确底物专一性和立体专一性的催化剂，而这正是催化抗体的突出特点。迄今为止，科学家们已成功开发出能催化所有 6 种类型的酶促反应和几十种类型的化学反应的抗体酶，包括水解、消除、缩合、氧化还原、重排、光分解和聚合、周环反应、异构化、环氧化等。

抗体酶能够催化天然酶不能催化的反应。抗体酶催化的 Diels-Alder 反应就是一个很好的例子（图 8-3）。此反应是有机化学中最有用的形成 C—C 键的反应，但却没有相应的天然酶催化这个反应。人工设计的抗体酶解决了这个问题。反应底物和抗体酶的结合能，可以减少反应的平动及旋转等运动，因而抗体酶可作为一种“熵陷阱”，催化某些反应的发生。这种情况在周环反应如 Claisen 重排和 Diels-Alder 等反应中已得到证实。Schultz 等根据此原理和酶的趋近效应（proximity effect），以环己烷衍生物为半抗原，模拟 Cope 重排高度有序的椅式过渡态，诱导产生的抗体酶能催化重排反应。此反应和 Diels-Alder 反应一样，在天然酶中尚未见发生，可通过设计抗体酶来弥补天然酶的不足。

抗体酶能够催化能量不利的反应。抗体酶的一个重要方面是能选择性地稳定相对于普通化学反应来说能量上不利的高能过渡态，因而能够催化能量不利的化学反应。抗体酶能催化立体专一性的反应，能区分动力学上的外消旋混合物，能催化内消旋底物合成相同手性（homochiral）

的产物。利用对映体专一性脂肪酶已能拆分外消旋醇混合物。

Janda 等最近描述了抗体酶在化学合成上的新应用：相对于通常有利的自发反应过程来说，抗体酶可选择催化不利的反应过程（图 8-19）。已知环氧化物（1）可自动环化成四氢呋喃产物（2），其反应速度大大快于不利的环化成四氢吡喃（3）反应。半抗原（4）模拟了环氧化物（1）的不利的 6-内-四面体型闭环反应的过渡态，因而针对半抗原（4）的抗体可催化（1）转化为（3）的不利反应，完全避免了（1）转化为（2）的有利的 5-外-四面体型闭环反应。从原理上说，对于动力学控制下的可能有几个反应产物的反应来说，可以通过稳定其中的一个过渡态，来显著改变反应产物的比例。

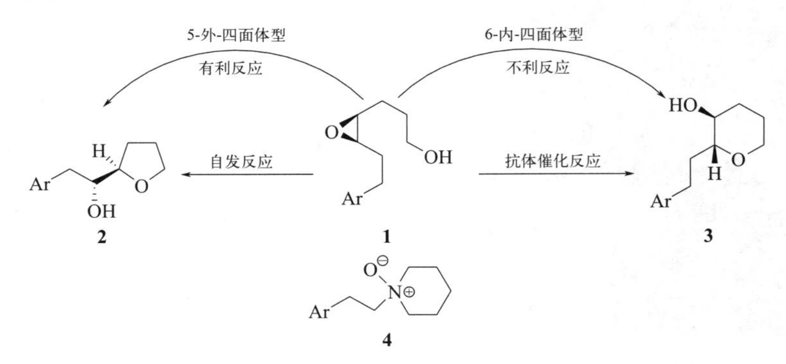

图 8-19　过渡态类似物及其抗体酶催化不利反应

近年来，抗体催化的不同类型的反应越来越多。已经证明，抗体酶可以反相胶团和固定化的形式在有机溶剂中起作用，这为抗体酶的商业应用开辟了前景。完全有理由相信，抗体酶会在有机合成中发挥越来越大的作用。目前，具有酯解活力的抗体酶已经用于生物传感器的制造上。

二、阐明化学反应机制

抗体酶的设计可以用于研究酶催化机制。如 *N*-甲基原卟啉由于内部甲基取代而呈扭曲结构，但由它作为半抗原诱导产生的抗体可催化原卟啉的金属螯合反应，这就证明了亚铁螯合酶催化亚铁离子插入原卟啉的反应过渡态是一个原卟啉的扭曲结构，平面结构的原卟啉经扭曲后，才能螯合金属离子。

用磷酸酰胺 4（图 8-20）免疫小鼠产生的抗体 43C9，能催化酰胺及酯的水解反应。经动力学分析及电子喷雾质谱分析证明，43C9 催化的水解酰胺及酯的反应是通过多步完成的，其催化反应途径如图 8-21 所示。43C9 抗体轻链上的 His-L91 的咪唑基亲核进攻酰胺或酯的羰基碳原子，形成酰基抗体复合物。

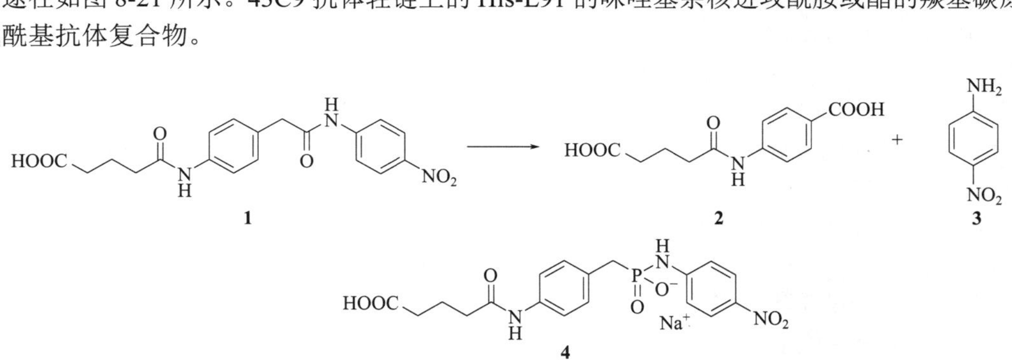

图 8-20　由 NPN43C9 抗体催化 1 水解分别产生酸 2 和对硝基苯胺 3

通过其羧基与载体蛋白偶联的四面体过渡态类似物 4 是用于制备抗体的抗原

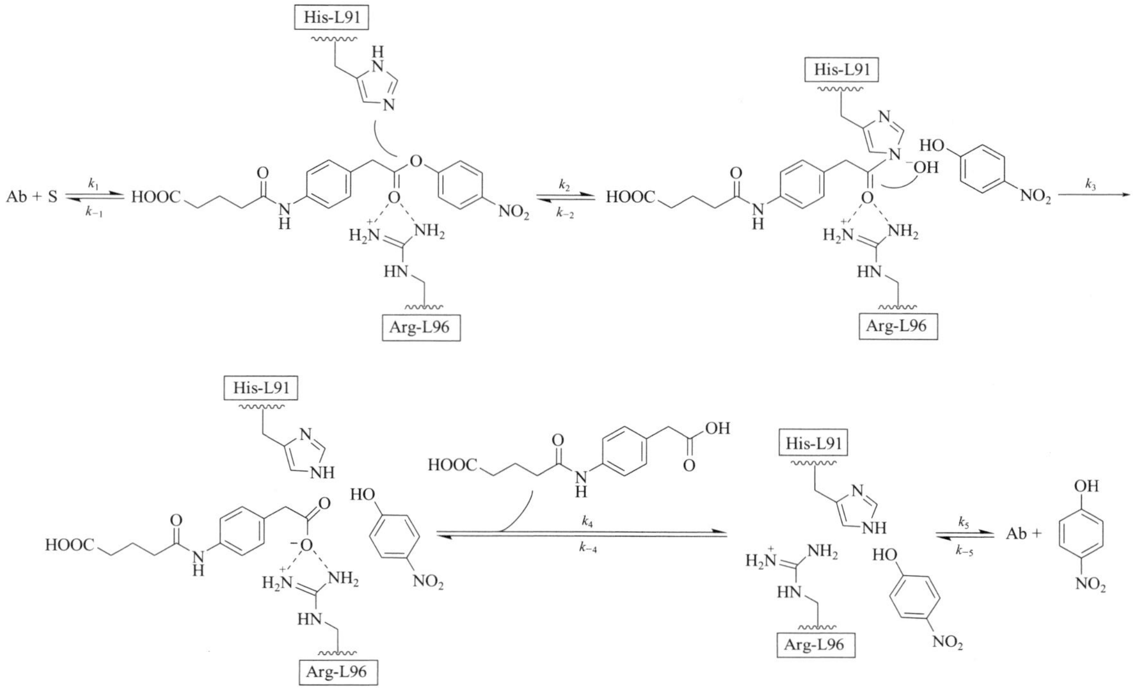

His-L91
Ab + S
k_1
k_{-1}
HOOC
H
N
O
O
O
NO_2
H_2N^+
NH_2
HN
Arg-L96
k_2
k_{-2}
His-L91
N
N
HO
$^-$OH
NO_2
k_3
Arg-L96
His-L91
NH
HOOC
$^-$O
HO
NO_2
k_4
k_{-4}
OH
Arg-L96
His-L91
k_5
k_{-5}
Ab +
OH
NO_2

图 8-21　抗体酶 43C9 的催化反应机制

三、在天然产物合成中的应用

复杂天然产物的合成一直是有机合成中的热点之一。Sinha 等第一次把抗体酶用于天然产物的合成。所合成的产物含有四个不对称中心（1S、2R、4R、5S），催化抗体 14D9 能对映选择性地水解烯醇醚生成含有绝对构型（S）的酮，取得合成成功关键性的第一步。所有四个不对称中心都来源于抗体酶催化烯醇醚的反应，并且尚未发现天然酶能催化此反应。最近，抗体酶也成功地用于其它天然产物的合成，如双环缩酮类信息素（brevocomins）和埃博霉素（epothilones）的合成。

四、在新药开发中的应用

抗体酶既能标记抗原靶目标，又能执行一定的催化功能。这两种性质的结合使抗体酶在体内的应用实际上是没有限制的。例如，可以设计抗体酶杀死特殊的病原体，也可用抗体酶活化处于靶部位的药物前体（prodrug），以降低药物毒性，增加其在体内的稳定性。

可卡因属苯甲酸酯化合物，水解后生成无可卡因刺激活性代谢产物，丁酰胆碱酯酶能够催化这一反应。Landry 等人根据过渡态设计催化抗体的理论，以磷酸酯的方式设计、制备了可卡因水解的过渡态类似物。在过渡态类似物中引进有机磷，即模拟了磷酸酯水解过程，产生了与反应过渡态类似的四面体构象（图 8-22）。以这种稳定的过渡态类似物作为半抗原与蛋白载体偶联，以偶联复合物免疫制备单克隆抗体。他们采用常规的杂交瘤技术，以过渡态类似物 TSA1、TSA2、TSA3 半抗原载体复合物免疫制备的单克隆抗体中筛选出 9 株具有可卡因水解活性的抗体。酶促反应动力学分析表明可使水解可卡因的反应速度提高 100 倍以上，其中由 TSA1 半抗原载体复合物获得的单抗 mAB 15A10 具有最高的催化活性，催化效率为 2.3×10^4，其催化活性足以满足临床研究的需要。动物实验表明它可降低可卡因过量用药的毒性效应，还显示治疗前用这种抗体可防止动物自行觅药行为。可卡因抗体酶注射后可以在体内保持几周或更长的时间，此周期可以保证在一个月内阻断可卡因直接进入脑部。上述研究结果显示抗体酶可用来治疗可卡因用药过量的急性中毒。目前正在研制的人源化 Mab15A10 抗体可望用于用药过量的急救治疗或作为成瘾广谱治疗方案的一个组成部分。采用可卡因过渡态类似物与白喉类毒素偶联免疫小鼠，也已制备出催化可卡因水解的多克隆抗体。随着技术的成熟，人们可以直接把稳定的过渡态类似物复合物作为疫苗注射到可卡因成瘾者体内，利用其自身免疫系统产生抗体酶来催化分解可卡因，从而达到戒除毒瘾的目的。例如：Janda 等开发了嵌合半抗原（GNET），其将稳态半抗原的化学稳定结构特征与过渡状态模拟半抗原中存在的水解功能相结合，并采用稳态和过渡态模拟半抗原进行了连续疫苗接种。通过提高抗体的催化效率，实现了可卡因水解与外周隔离相结合的协同效应。

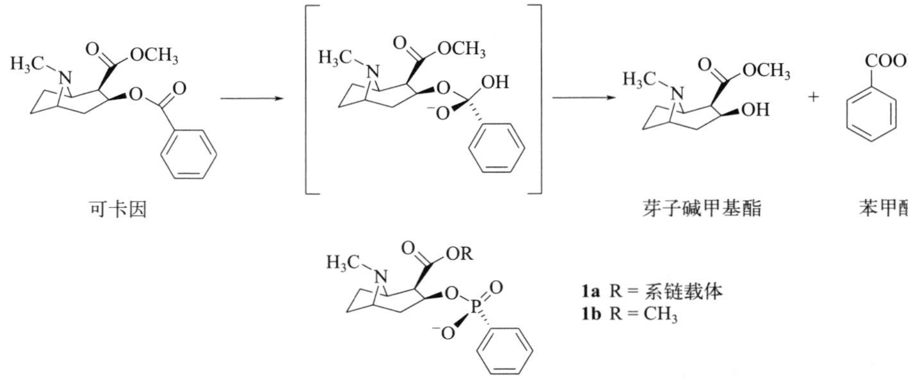

可卡因　芽子碱甲基酯　苯甲酸

1a R = 系链载体
1b R = CH_3

图 8-22　可卡因苯甲酸酯的水解

括号中为假设的反应途径中的四面体中间态。紧挨在其下方的是磷酸单酯，它的基本结构与此中间态类似

Campbell 等用半抗原 3 诱导产生一抗体酶，能水解 5FdU 的前体化合物 1，使其转变为化合物 2，即 5-氟脱氧尿嘧啶（5FdU）（图 8-23）。5FdU 是一种抗癌药，在体内可以转变成 5-氟脱氧尿苷酸（5FdUMP），5FdUMP 是胸苷酸合成酶的抑制剂，能抑制 DNA 的合成，但 5FdU 不但抑制肿瘤细胞的 DNA 合成，对正常细胞的 DNA 合成也同样抑制，所以毒性很大。然而 5FdU 的前体化合物 1 却是无毒的。因此，当静脉给药时，只有当化合物 1 遇到此抗体酶时，才能释放出有毒的 5FdU，杀死该部位的细胞。由此设想，如果将此抗体酶与肿瘤专一性抗体偶联成双特异性抗体，则有希望开发成为特异性抗癌药物。这种双特异性抗体可以避免癌症化学疗法中化疗药物缺乏专一性而导致的高毒性、半衰期短以及到达肿瘤细胞的化疗药物浓度低等缺点。

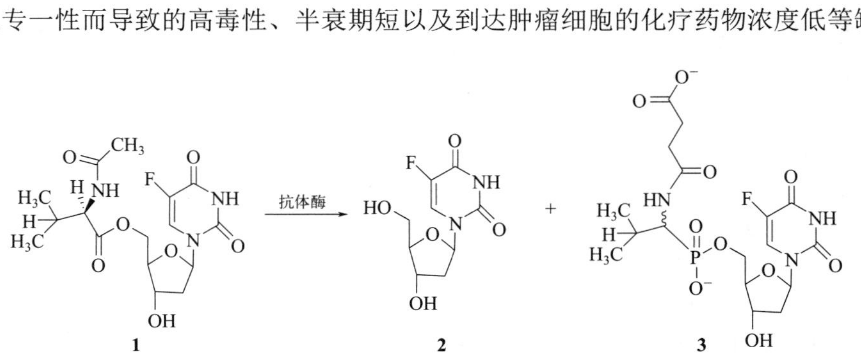

抗体酶

1　2　3

图 8-23　抗体催化 5FdU 前体化合物 1 转化为 5FdU（化合物 2）

3 为产生抗体酶的半抗原

抗体酶 38C2 是根据Ⅰ型缩醛酶的烯胺机理，通过反应免疫方法得到的。通过位于底物结合部位疏水口袋的活性赖氨酸残基，LysH93，抗体酶 38C2 可催化醇醛缩合、逆醇醛和逆 Michael 反应，以及接受宽范围的底物，因而可作为药物前体的激活剂。为了避免抗体酶在识别和裂解修饰部分时对药物本身的影响，基于抗体酶结合部位具有催化活性的赖氨酸残基的空间结构考虑，前药的修饰部分的长度应该适宜，以便能发生串联的逆醇醛和逆 Michael 反应，同时药物部分保持在抗体酶活性部位的外面。考虑到以上因素，Shabat 等设计了一种全新的前药释放系统，利用有次序的逆醛醇缩合和逆 Michael 反应可除去前体药物中的保护基，释放出活性药物。这种策略已成功地用于喜树碱（camptothecin）、阿霉素（adriamycin）、依托泊苷（etoposide）等抗肿瘤药以及降血糖药胰岛素（insulin）的设计。例如，抗体酶 38C2 催化串联喜树碱的逆醛醇缩合和逆 Michael 反应，随后自发成环，见图 8-24。

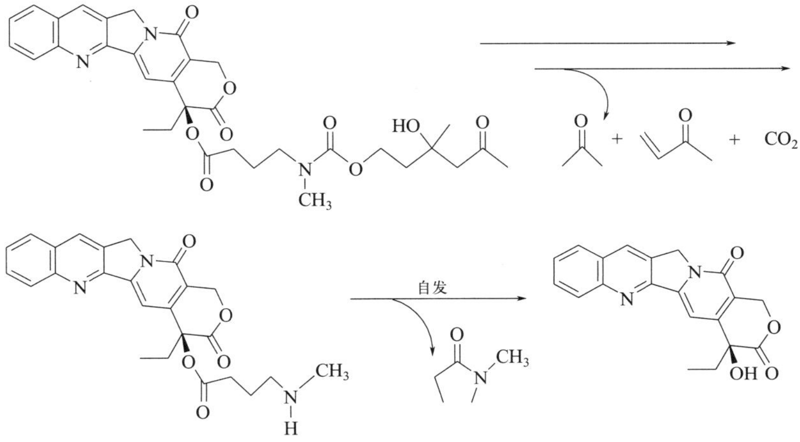

图 8-24　喜树碱前药激活过程

甲状腺激素是维持正常代谢和生长发育所必需的激素。甲状腺激素有两种含碘氨基酸：甲状腺素（T4）和三碘甲状腺原氨酸（T3）。T3 是主要活性物质，而 T4 要转变为 T3 才起作用，这个转变主要由含硒的碘甲状腺原氨酸脱碘酶同源家族来完成。其中Ⅰ型碘甲状腺原氨酸脱碘酶（DI）起主要作用，缺乏 DI 将导致严重的甲状腺疾病。倪嘉瓒等以 T4 为半抗原，利用杂交瘤技术制备了一种单克隆抗体 4C5，用硒半胱氨酸替换 4C5 结合口袋中的丝氨酸残基，得到抗体酶 Se24C5。通过对 Se24C5 所催化的反应研究结果表明，和 DI 一样，它的作用机理也为二底物乒乓机制，并且至少涉及一个共价的酶中间体。硒半胱氨酸残基和 T4 结合口袋是 Se24C5 催化活性的两种关键因素。Se24C5 与鼠肝脏匀浆中的 DI 相比，具有更高的专一性。Se24C5 催化 T4 生成 T3 显示出很高的脱碘酶活性，因而对治疗甲状腺疾病有很高的应用价值。由于 Se24C5 能选择性脱碘，因而它也有希望在有机合成中得到广泛的应用。

抗体酶制备技术的开发预示着可以人为生产适应各种用途的，特别是自然界不存在的高效生物催化剂，在生物学、医学、化学和生物工程上会展现出广泛的和令人鼓舞的应用前景。催化抗体的巨大成就预示一个以开发免疫系统分子潜力为核心的新学科-抗体酶学（abzymology）的崛起，今后无疑会有更大的发展。

第七节　抗体酶研究进展

经过近 30 年的发展，抗体酶有了长足进展，其主要进展表现在如下三个方面：抗体酶设计方法有创新；抗体催化的化学转化范围有所扩大；又有一些催化抗体的结构得到表征。下面介绍近年来的研究进展。

一、半抗原设计

抗体酶的设计对诱导抗体酶的底物特异性和催化效率至关重要。利用前面叙述的抗体酶设计方法已经成功制备了系列抗体酶。最近出现一种很有用的方法叫“反应性”免疫。它是利用“反应性”半抗原，这种半抗原可在生理 pH 下释放出传统的过渡态类似物，或者在免疫应答的 B 细胞水平上捕获亲核体。用此方法产生的抗体可立体选择性水解甲氧萘丙酸（见图 8-25 的 1）的芳基酯。不稳定的磷酸二酯半抗原 2 诱导产生 5 个高度成熟的酯酶抗体催化剂，其成熟程度可与许多酶相比。类似的方法用于诱导具有 Ⅰ 型醛缩酶活性的催化抗体。1, 3-二酮半抗原（3）（图 8-25）捕获抗体结合部位的亲核的赖氨酸残基，并形成席夫碱中间体，通过氢键形成类环中间体（图 8-25）。免疫后得到的两种抗体 33F12 和 38C2 能催化各种酮供体和醛受体底物之间的羟醛反应和许多 β-酮酸的脱羧反应。研究表明，38C2 还可催化二酮（4 和 5）的对映选择性分子内环化脱水反应。在另一研究中，抗体 33F12 通过 QM/MM MD 模拟催化被证明能有效催化反醛缩酶反应。

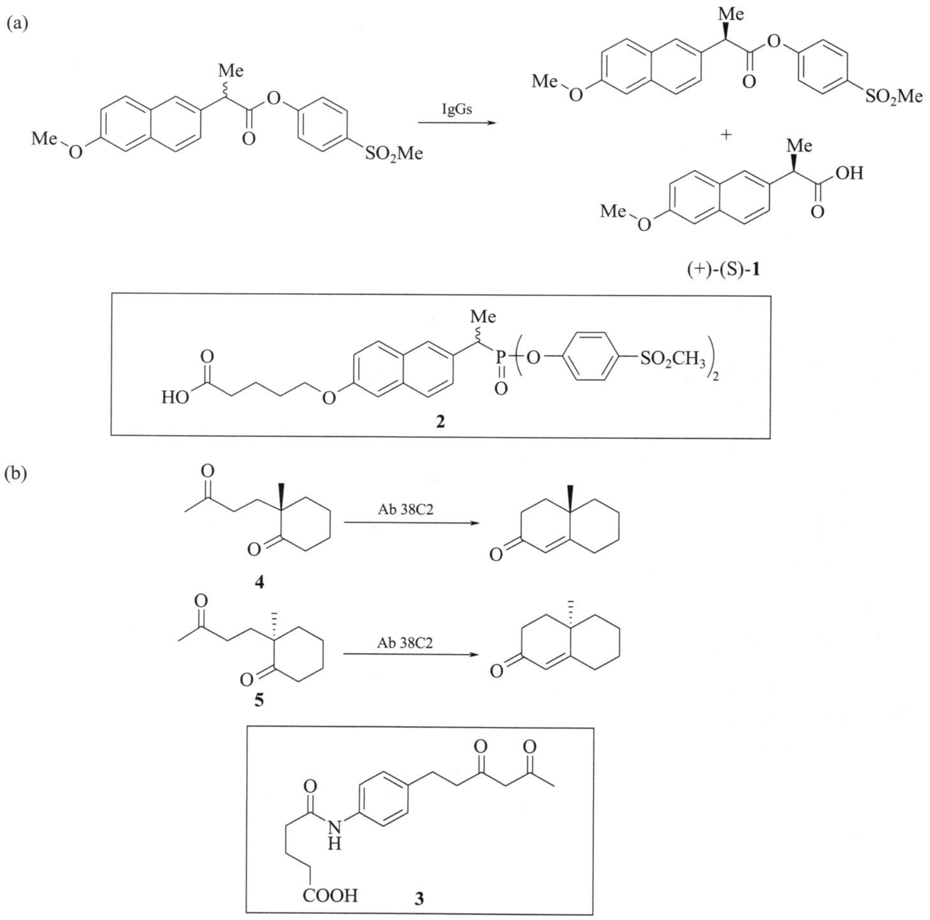

(a)

Me O Me O O SO$_2$Me IgGs Me O Me O O SO$_2$Me + Me O Me OH O (+)-(S)-1

Me HO O O P O O SO$_2$CH$_3$ 2 2

(b)

O O 4 Ab 38C2 O

O O 5 Ab 38C2 O

O O O N H COOH 3

图 8-25　反应性免疫

（a）用磷酸二酯（2）作为半抗原，诱导出立体选择性抗体酶，可催化水解萘普生（1）的芳基酯；（b）1, 3-二酮（3）诱导出醛缩酶抗体，可催化二酮（4 和 5）的罗宾森成环反应

最近，根据1, 3-二酮半抗原反应免疫的设计原理［图8-26（a)］，设计了既能模拟过渡态，又能进行反应性免疫的新型抗体酶。例如用此方法设计的半抗原，如图8-26（b）所示。其中的磺酸部分模拟反应的类四面体过渡态，而二酮部分则捕获抗体结合部位的亲核的赖氨酸残基，并形成席夫碱中间体。新抗体酶93F3和84G3表现出非常优秀的产物对映选择性，其催化戊酮的ee值达99%，而38C2只有59%。将过渡态稳定化与反应性免疫相结合，在抗体生成期间形成化学反应。这种方法虽然刚刚出现，但已用它产生了许多优良的催化剂。

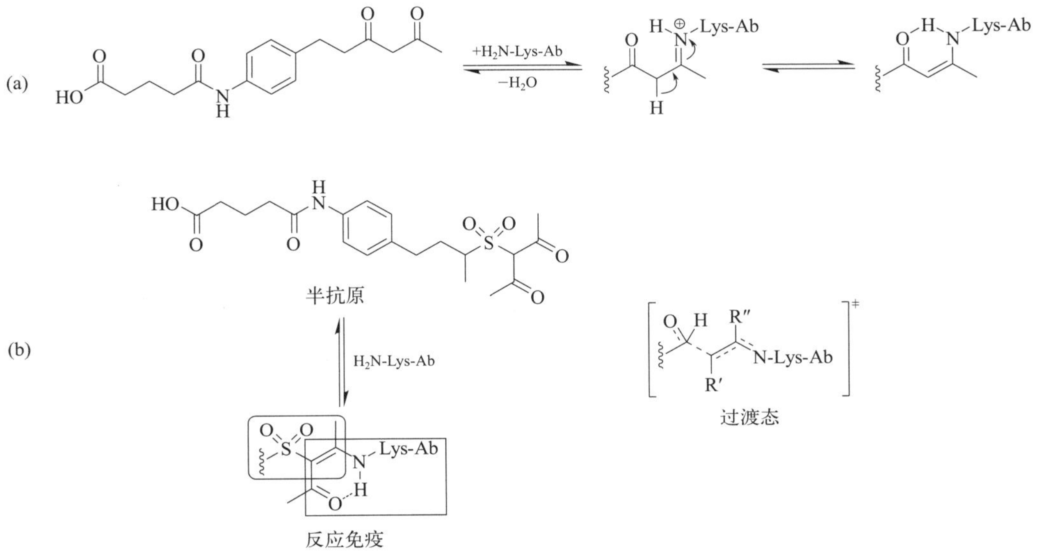

(a) HO　$+H_2N$-Lys-Ab　$-H_2O$　Lys-Ab

(b) 半抗原　H_2N-Lys-Ab　反应免疫　过渡态　N-Lys-Ab　R″　R′

图8-26　过渡态与反应免疫结合的抗体酶设计

（a）1, 3-二酮半抗原反应原理；（b）过渡态与反应性免疫

二、抗体酶的化学筛选

1. 抗体库筛选法

使用基于机理的筛选试剂可从抗体组合库中通过化学选择筛选出糖苷酶抗体。半抗原6中糖苷键水解产生醌甲基化物7，它能共价捕获抗体库中的具有糖苷酶活力的Fab（图8-27）。筛选出的Fab（1B）能催化水解对硝基苯基β-半乳糖吡喃糖苷，速度加强比（ER）为70000，而用经典的过渡态类似物法所制备的最好的糖苷酶抗体，其ER值仅有100。对于任何难解离的反应，只要它能通过反应中间物捕获抗体都可用化学选择法筛选出高效催化剂。

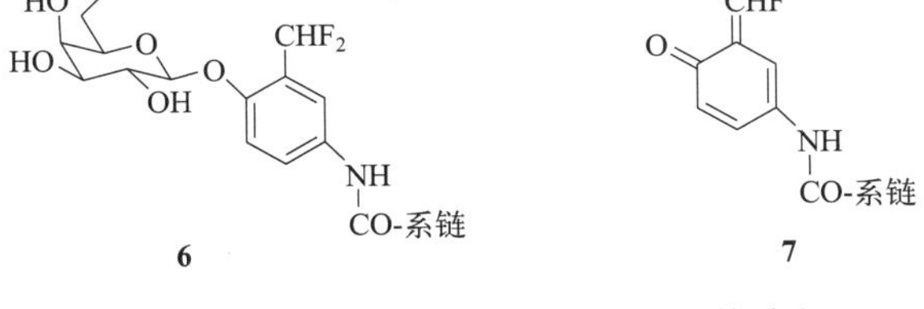

6：HO OH HO OH O CHF_2 NH CO-系链

7：CHF O NH CO-系链

图8-27　半抗原6用于化学筛选糖苷酶抗体片段Fab；醌甲基化物7可捕获并显示具有催化性质的Fab

2. 催化抗体酶联免疫方法

为了检测抗体库的能力，有必要建立直接的检测和筛选抗体的技术方法。Tawfik发展了一

种叫作催化抗体酶联免疫方法（catELISA）。同传统的酶联免疫方法相比，它依靠识别产物而不是依靠识别底物，见图 8-28。

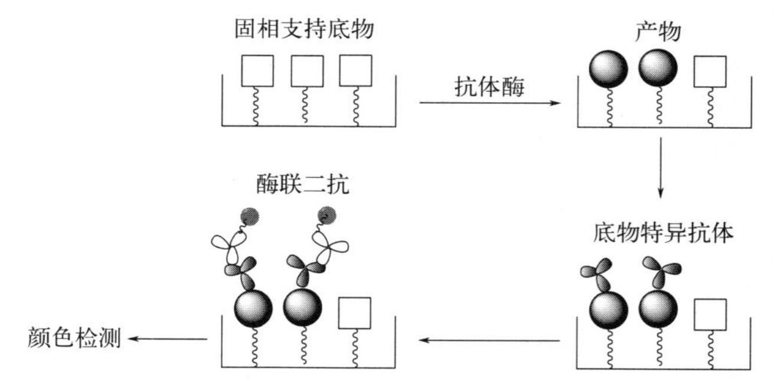

图 8-28　catELISA 示意图

3. 光谱法

除了化学手段筛选抗体之外，生色团的光谱变化成为确认抗体酶及其选择性的有利手段。早在 1999 年 Reymond 就利用荧光分子建立了筛选抗体酶的方法。他们以无荧光的 Diels-Alder 产物为底物筛选反 Diels-Alder 反应的催化抗体。无荧光的 Diels-Alder 化合物在抗体酶催化下可以生成荧光非常强的产物，从而有效地筛选了催化效率高的抗体（图 8-29）。

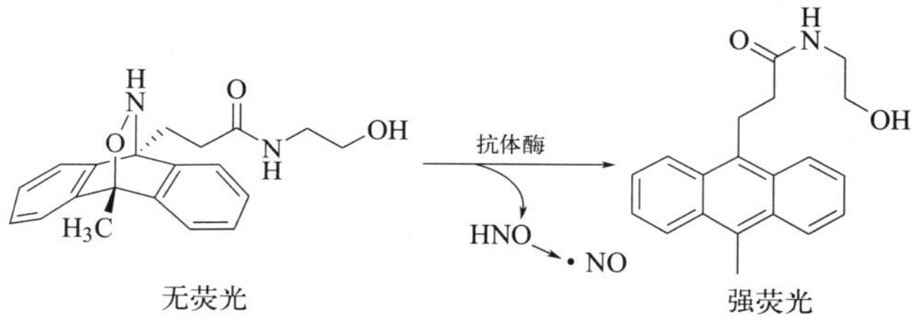

图 8-29　筛选反 Diels-Alder 抗体酶的荧光物质示意图

Cashman 等人利用传统的 Ellman 反应成功地时时跟踪了抗体酶催化底物的过程。利用可卡因巯基酯为底物，在可卡因诱导的抗体库中筛选水解可卡因的有效抗体。其机制是，抗体酶水解生成的巯基与 Ellman 试剂生成在光谱下容易监测的 TNB，见图 8-30。这种方法省去了繁杂的抗体分离和纯化过程，因而具有很大优势。

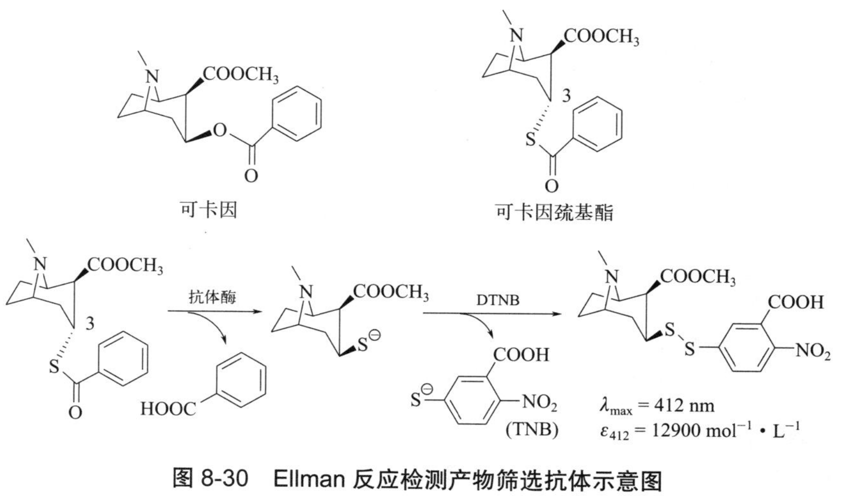

图 8-30　Ellman 反应检测产物筛选抗体示意图

最近，Lerner研究组发展了新的方法用于筛选抗体。利用非荧光标记的化合物A作底物，在抗体酶38C2的催化下，生成物质B，物质B与偶氮化合物反应形成荧光物质D。利用荧光变化监测抗体的催化能力，见图8-31。

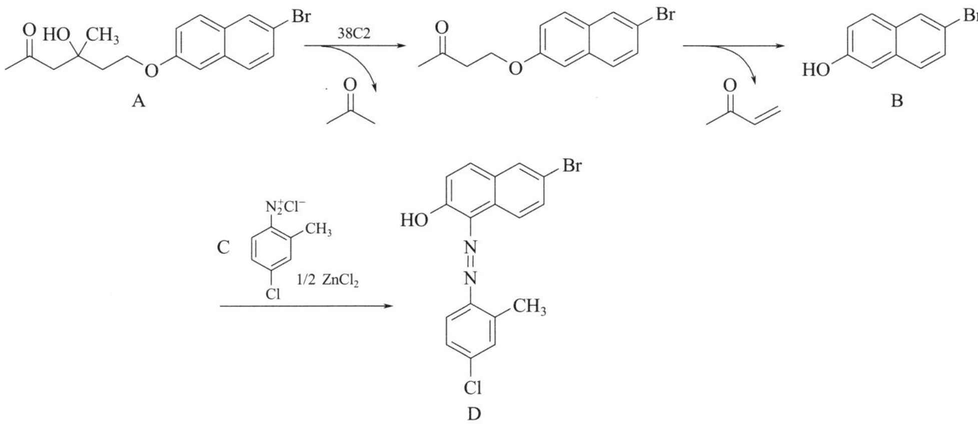

图8-31 筛选抗体酶38C2化学反应

此外，抗体酶38C2还被Rader等用于体外和体内前体药物的选择性激活和化学编程，成功地开发了一个基于38C2中反应性赖氨酸的抗体-药物偶联物生成的新平台。这种新方法在没有酶的温和条件下，快速产生高效的双特异性抗体。因此，它有可能被广泛用于产生抗体偶联物。这种新方法，不仅为产生具有双重有效载荷的抗体-药物偶联物，而且还为产生具有抗体的各种分子的其他缀合物带来了新的机遇。

三、抗体酶催化的化学转化

催化抗体是不对称合成的理想催化剂，催化范围十分广泛，可以说，抗体酶能解决化学或区域选择性的许多问题。目前，抗体催化的反应已达80余种，而且还在不断增加。抗体原先催化的反应范围也由于重新设计半抗原而扩大，催化效率也因此而得到改善。

1. 离子环化反应

（1）磷酸酯水解

磷酸二酯键是自然界最稳定的键之一，因此，它的水解对抗体酶来说是个主要的挑战。Weiner等利用稳定的五配位氧代铼（Ⅴ）络合物8模拟RNA水解时形成的环形氧代正膦中间物，产生单抗2G12，可以催化水解磷酸二酯9，催化速率常数$k_{cat}=1.53\times10^{-3}s^{-1}$，米氏常数$k_m=240\mu mol/L$；$k_{cat}/k'_{uncat}=312$（见图8-32）。虽然该系统尚有很大改进余地，但无疑这是一个抗体催化难进行反应的一个成功实例。Janda小组还用*N*-氧化物半抗原11产生一种抗体酶15C5，能催化水解毒性杀虫剂对氧磷10（见图8-32），ER值为1000。

（2）芳基磺酸酯闭环反应

Lerner小组将注意力集中在阳离子过渡态模拟物上，他们用脒基离子化合物12作为半抗原，产生的抗体可以催化芳基磺酸酯13的闭环反应（见图8-33），由化合物12引出的一个抗体17G8可催化13转化为1, 6-二甲基环己烯14和2-甲烯-1-甲基环己烷15的混合物，而背景环化则产生环己醇的混合物。这表明，该抗体不仅能稳定所形成的阳离子，而且还能激烈地从过渡态中排除水，并控制环化后质子的丧失。

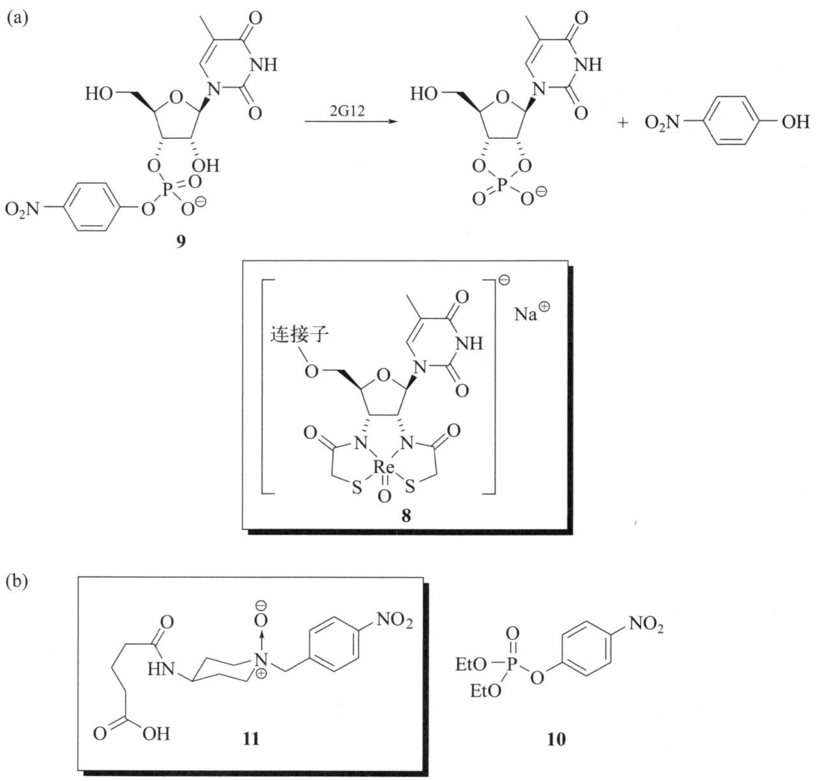

图 8-32 磷酸酯水解作用

（a）氧代铼（V）络合物 8 诱导出可水解 9 的磷酸二酯酶抗体；（b）由 *N*-氧化物半抗原 11 产生的抗体可解除杀虫剂对氧磷 10 的毒性

（3）萘烷形成

Lerner 小组继通过抗体催化阳离子环化产生手性环丙烷之后，又实现了更有意义的同类转化，即萘烷 16 ～ 18 的形成（见图 8-33）。反式萘烷环氧化物 19 用作过渡态类似物半抗原，筛选出的单抗 HA5-19A4 是环化芳烃磺酸酯 20 的最好催化剂，环化产物分两部分：环烯部分（16 ～ 18 的混合物）占 70%，另外 30% 为环己醇，环烯部分对映体过量值为 53%，环己醇部分为 80%。令人鼓舞的是抗体催化的这类转化可以推广到更复杂的底物，产生类似甾族化合物的分子。产物的立体选择性和区域选择性完全可以与现有酶工艺相比，从而打开了通向新的碳环系统的大门。

2. 其它反应

针对磷酰胺酯 21 诱导的抗体 EA11-D7 可催化水解氨基甲酸酯药物前体 22，释放出苯酚药物 23（见图 8-34），在由 EA11-D7 和前体 22 组成的分析系统中已证实其对人结肠癌细胞生长有明显抑制作用。

Bahr 等描述一种产生硝酰基（HNO）的新方法，HNO 是体内第二信使 NO 的前体。一种催化逆 Diels-Alder 反应的抗体可从 Diels-Alder 加成药物前体中释放出 HNO。这个系统有治疗咽喉炎作用。

肽基-脯氨酸异构酶（EC 5.2.1.8）是非常有效的普遍存在的一类酶，能催化绕 P_1-脯氨酸酰胺键的旋转。针对 α-酮酰胺半抗原诱导出的两个抗体，可催化萤光底物的顺-反脯氨酸异构化。反应加速的原因既有过渡态稳定化，又有 P_1-脯氨酸酰胺键变形引起的基态不稳定化。

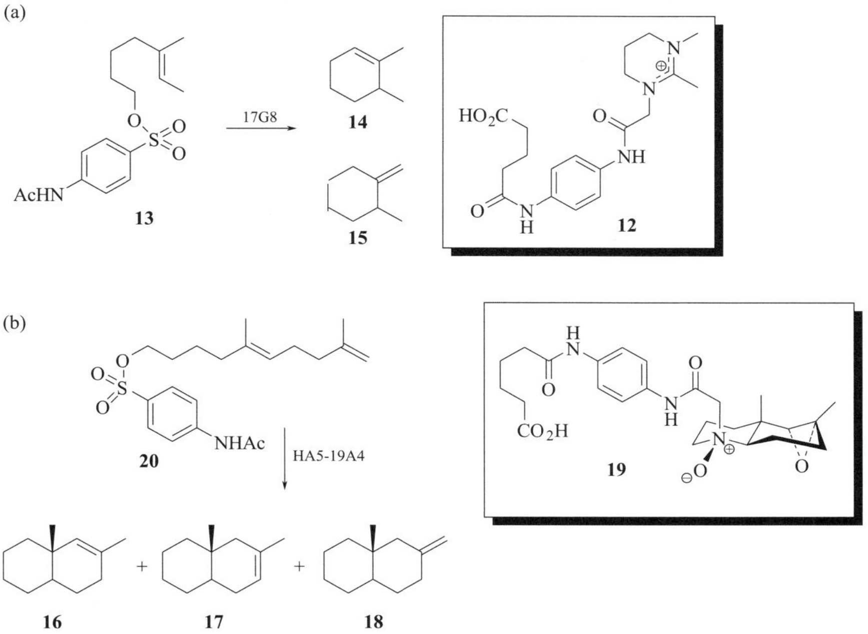

图 8-33　阳离子环化反应

（a）由脒基离子化合物 12 诱导出的抗体酶 17G8 可催化芳基磺酸酯 13 环化成碳环产物 14 和 15；
（b）反式萘烷环氧化物 19 诱导出的抗体 HA5-19A4 可催化 20 环化成反式萘烷 16～18

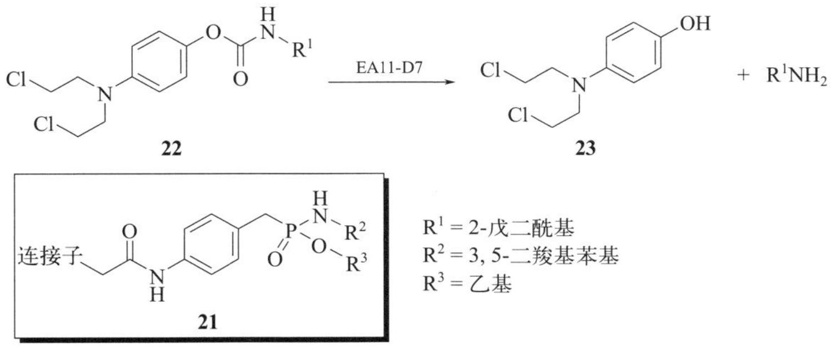

R^1 = 2-戊二酰基
R^2 = 3, 5-二羧基苯基
R^3 = 乙基

图 8-34　磷酸半抗原 21 诱导出的抗体 EA11-D7 可催化氨基甲酸酯药物前体 22 水解成苯酚药物 23

逆羟醛反应除用于化学合成外，还在细胞代谢中起关键作用，最近已有抗体能催化这一反应。针对 β-羧基膦酯半抗原产生的抗体 29C5.1 可催化 β-硝基醇的分解反应，与咪唑催化的二级速率常数比为 5×10^5。

由于酶催化周环反应的例子相当罕见，因此，周环反应仍是这个领域关注的焦点。现在已有 2 个关于抗体催化周环反应的新报告。前者为 [2, 3]-消除反应，用 2, 4-双取代的四氢呋喃半抗原来模拟 *N*-氧化物底物消除成为苯乙烯产物的环化过渡态。后者描述了抗体催化的硒代氧化物（selenoxide）消除反应，用环化的吡咯烷模拟周环过渡态。这些反应表明，由半抗原设计所获得的熵控制，加上溶剂效应，可以产生独特的生物催化剂。

四、计算机辅助设计抗体酶

计算机辅助设计法在改造天然酶和天然酶的功能转化方面起着非常重要的作用。这种技术同样可以用于设计制备催化抗体，或提高现有抗体的催化效率。通常，以过渡态类似物为半抗原诱导的抗体酶活性中心，与真正的反应过渡态作用同过渡态类似物的作用相比存在很大差别。另外，在抗体酶设计时很少有人考虑到蛋白质活性中心的柔性。最近，Moliner 教授领导的抗体酶研究小组成功地利用此方法提高克莱森重排的催化抗体的效率。他们选择了图 8-4 的催化反应作为模型体系。在晶体结构的基础上，他们将真正的反应过渡态与抗体活性中心对接，充分考虑与过渡态结合相关氨基酸和蛋白质柔性后，将相关的氨基酸突变，如将 33 号氨基酸突变成催化的丝氨酸，见图 8-35。由于强的过渡态识别作用，改造后的抗体酶大大提高了催化效率，它将克莱森重排的催化效率提高了 3 个数量级。

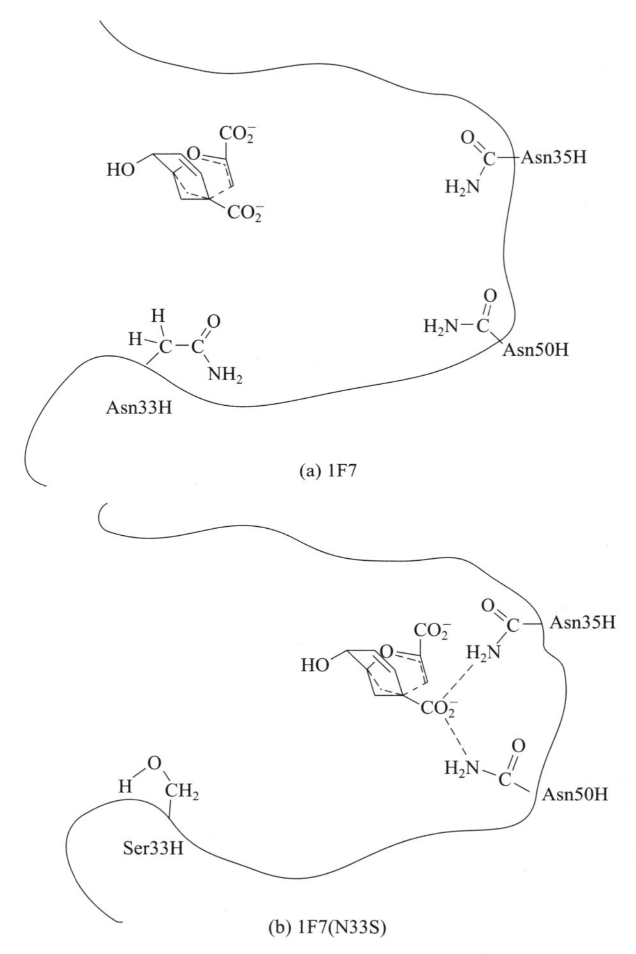

图 8-35　催化克莱森重排的抗体酶活性中心改造示意图

（a）抗体酶 1F7；（b）改造的抗体酶中心

近些年来，在通过氨基酸序列推测蛋白质的四级结构方面，计算机的算法变得日益可靠。然而创造功能性的蛋白质仍然是一个巨大的挑战。为此，Baker 和 Houk 开发了一种称作“由内至外”的方法来实现这一目标。其中关键的步骤为：①量子计算得到理论酶模型；②从蛋白质晶体库中选取合适的蛋白质作为模板和模型相匹配；③围绕理论计算模型进行氨基酸残基的突变和优化。

利用这种方法的第一个成功的例子是用于催化碳碳键断裂的逆缩醛酶。在其催化机理中，需要有一个亲核的赖氨酸和亚胺离子作为中间体［如图 8-36（a）］。该工作的计算设计基于四个不同的基础理论酶模型［见图 8-36（b）］。这些模型的空间几何结构是通过在酶催化过程中的每一步都进行量子计算后得到的优化结果。随后针对这些初步模型，通过使其具有一定的空间自由度而进一步多样化后，每种酶模型又可以得到 10^{13} ～ 10^{18} 个不同的备选空间几何形状。随后，使用散列算法可以检索到 72 种蛋白质的骨架符合设计要求。随后通过计算，活性位点的序列被进一步改变从而优化过渡态时赖氨酸和催化口袋的结合。在对这 72 种蛋白质进行表达后发现，70 种是可溶的，而令人惊叹的是，其中 32 种都表现出了逆缩醛酶的活性。

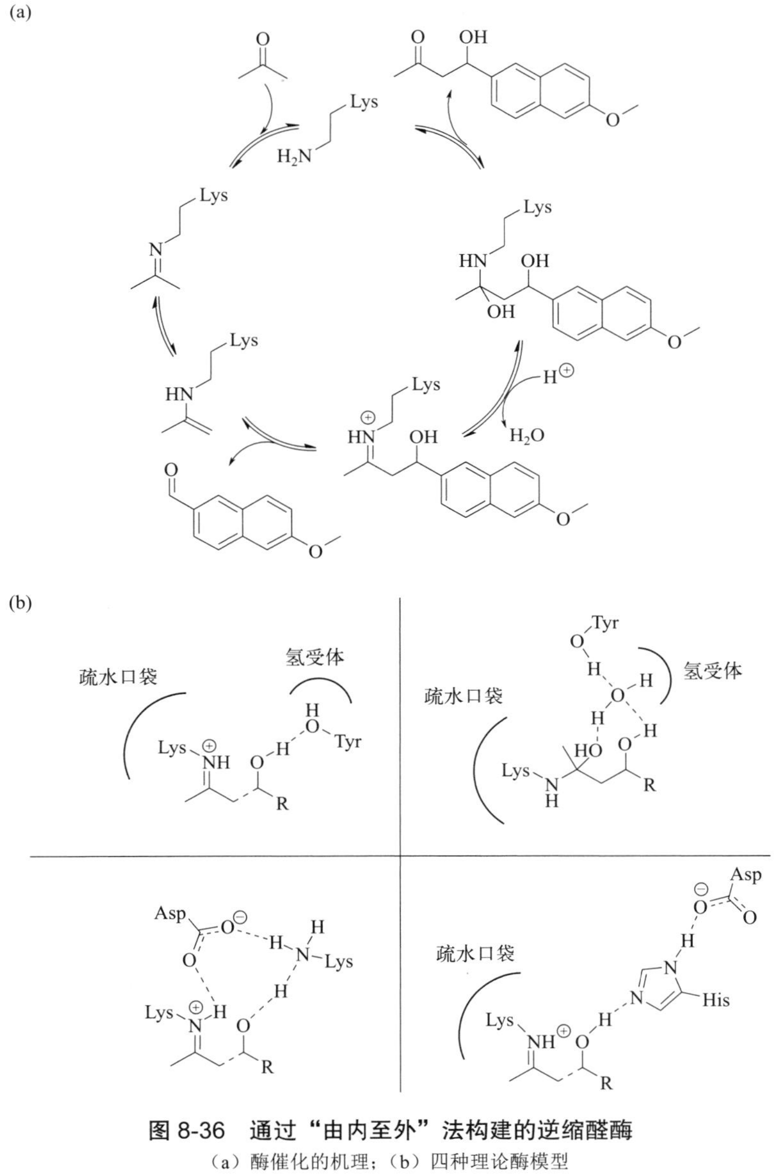

(a)

Lys

H_2N

OH

O

O

Lys

HN

OH

OH

$H^{\oplus}$

H_2O

(b)

疏水口袋

氢受体

Lys

Tyr

Asp

His

R

图 8-36　通过“由内至外”法构建的逆缩醛酶

（a）酶催化的机理；（b）四种理论酶模型

五、与兴奋剂相关的抗体酶制备

近年来，中枢兴奋药物的滥用已经引起全球性问题。这类药物包括安非他明及其衍生物甲基安非他明、麻黄素及其衍生物脱氧麻黄碱等［见图 8-37（a）］。Janda 等人以麻黄素衍生物脱氧麻黄碱衍生物为半抗原［图 8-37（b）］，此半抗原的设计具有以下特点：首先，此半抗原具有苯乙基药效基团，它是安非他明类药物的共同部分，所诱导的抗体具有对这一部分的识别能力。其次，选择该半抗原并不是因为合成上的便利，具有外消旋的结构可以诱导抗体产生对映选择性。所制备的抗体酶 YX1-40H1 以黄素为辅因子催化安非他明为相应的苯甲酮。该实验充分利用一般抗体具有结合黄素的能力。尽管在设计半抗原时没有考虑黄素的识别，但抗体酶对黄素确实具有弱的识别能力。利用这种识别能力有效促进了安非他明的分解。

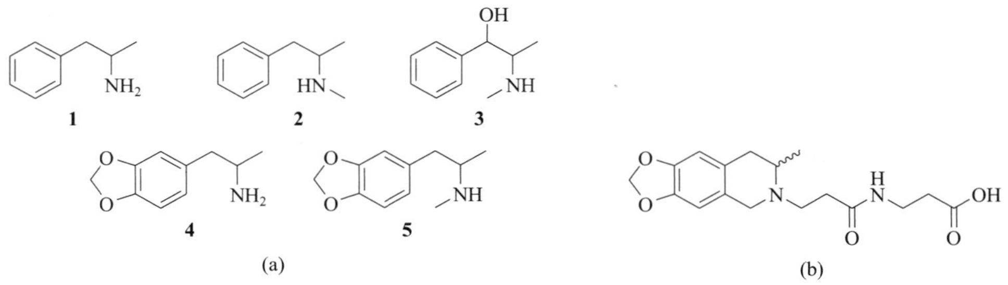

图 8-37　分解中枢兴奋药安非他明类药物的抗体酶设计

（a）安非他明类药物；（b）半抗原

最近，他们致力于清除危害性强的毒品如大麻的主要成分。他们设计了能有效破坏导致心理状态变化的四氢大麻酚［见图 8-38（a）］。该抗体利用维生素 B_2 将单线态氧转化为活性氧种类，并催化大麻转化为无心理刺激的化合物种类［见图 8-38（b）］。

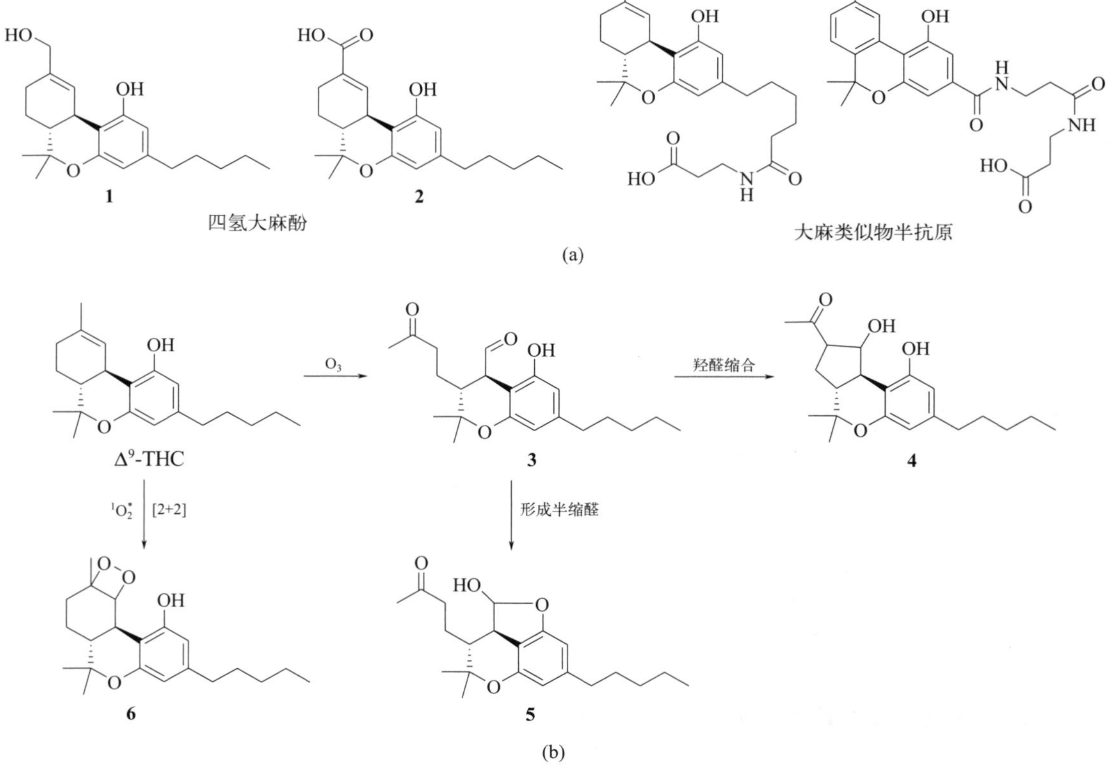

图 8-38　与大麻类药物相关的抗体酶设计

（a）大麻类药物及其半抗原；（b）催化的反应

六、化学程序化的抗体酶

近年来，关于抗体酶的研究思路有了新的发展，主要表现之一是化学程序抗体酶（chemically programmed antibody）的设计和制备。它组合了小分子设计和免疫学的双重优势。其主要思路是利用抗体的特异性反应，将具有特殊功能的小分子、配体等共价连接在抗体酶上，使抗体酶既具有抗体的特异性又具有小分子的结合特异性。例子之一是 Lerner 小组出色的工作。他们选择了具有缩醛酶活性的抗体酶 38C2 为模型抗体，将癌细胞特异性配体通过特异性底物二酮共价结合在抗体上。这样的抗体酶既具有癌细胞的靶向作用，又具有抗体的特异性反应活性。这种新概念将在靶向药物设计、疾病诊断等方面发挥作用［见图 8-39（a）、（b）］。

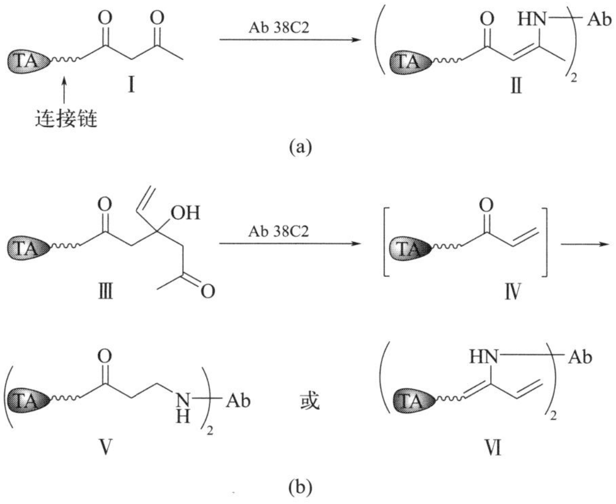

图 8-39　化学程序化的抗体酶设计

TA 代表配体小分子

七、抗体酶在癌症治疗中的应用

酶可以作为一种有效的抗癌武器，尤其是当酶结合了抗体对于癌细胞具有特异选择性之后。利用抗体酶靶向肿瘤细胞治疗癌症通常有两种方法。第一种方法是首先将抗体酶靶向于肿瘤细胞，随后酶可以将没有活性的前体药物在肿瘤组织附近激活。这种方法又称为抗体导向酶前药疗法（ADEPT）。在第二种方法中，酶本身就具有抗肿瘤活性。抗体的作用在于将具有抗癌活性的酶定向导入到癌细胞内部，随后诱导细胞凋亡。由于抗体酶具有高的肿瘤组织选择性和较低的正常细胞毒性，因此其在临床应用方面具有巨大的潜力。

抗体导向酶前药疗法的概念在 20 世纪 80 年代被首次提出。迄今为止，已经有多种酶进入了 ADEPT 疗法的临床或临床前实验阶段。胞嘧啶脱氨酶可以催化胞嘧啶脱氨得到尿嘧啶和氨基，也可以催化前体药 5-氟胞嘧啶产生活性更高的 5-氟尿嘧啶。而 gpA33 抗体可以作用于大肠肿瘤细胞上的 gpA33 抗原。细菌的胞嘧啶脱氢酶和 gpA33 抗体被融合在一起后，体外实验显示其选择性地将 5-氟胞嘧啶对于大肠癌细胞的毒性增强了 300 倍。为了增强其蛋白质表达产量，融合蛋白又使用酵母的胞嘧啶脱氢酶重新构建，随后发现其肿瘤细胞毒性也增强了 10 倍。另一个被用于 ADEPT 疗法的酶是 β-内酰胺酶，一种催化 β-内酰胺抗体内 C—N 键的细菌酶。这种酶受到广泛的应用，因为其对于一大类前体药都具有催化活性。通过化学和基因工程的方法，β-内酰胺酶和许多种抗体形成了融合蛋白作用于恶性上皮肿瘤和黑色素瘤。例如，β-内酰胺酶和一种纳米抗体融合后可以作用于上皮肿瘤细胞的抗原。这种融合蛋白可以在细菌中表达，其在小鼠体内表现出了癌细胞复原，甚至治愈的例子。但其缺点是会引起机体的免疫反应。唯一一种已经在 ADEPT 疗法中进入临床实验阶段的酶是羧肽酶 G2，一种细菌产生的锌依赖型的外肽酶。这种酶天然地形成同源二聚体，每个单体中又含有两个锌离子用于催化。在 ADEPT 疗法中，羧肽酶 G2 主要用于催化前体药物中氮芥谷氨酸的剪切。最初，羧肽酶 G2 被用于和一种能够识别癌胚抗原的抗体 MFE-23 形成融合蛋白（MFECP）。这种融合蛋白在细菌中可以表达产生稳定的同源二聚体，其在体内和体外都对于肿瘤组织表现出了极高的特异识别性。然而研究显示，虽然 MFECP 对于肿瘤和组织的选择比例高达 1477∶1，其对于肿瘤和血浆的选择比例只有 19∶1。因此，这种融合蛋白被转移到酵母系统中进行表达。酵母体系可以在该融合蛋白表达后通过译后糖基化作用在其表面修饰上支叉的甘露糖。糖的修饰不仅可以进一步提高抗体酶在肿瘤和正常组织之间的选择比例，还能减少其在血浆中的停留时间。实验结果显示，糖基化后的 MFECP 对于肿瘤和血浆的选择比例可以达到 1400∶1。且当糖基化的 MFECP 和抗癌前体药一起使用时，发现其对于肿瘤有明显的抑制作用。这种酵母表达的 MFECP 被进一步推广到临床应用当中，并命名为 MFECP1，第一种进入临床应用的抗体酶蛋白类药物。令人惊讶的是，这种抗体酶在临床中还被观察到可以穿透癌症组织结合在抗原上，展示了其极高的靶向性。

另一种将抗体酶应用于癌症治疗的方法是使用本身就具有癌细胞毒性的酶类，比如人胰腺 RNA 酶、血管生成素、豹蛙酶、颗粒酶以及半胱天冬酶等。RNA 酶是一种剪切 RNA 的蛋白质酶类，在真核细胞的基因调控中起着重要的作用。许多 RNA 酶都具有不同的生物活性，包括抗肿瘤、抗菌、抗真菌以及抗病毒等。而选择使用人源性 RNA 酶进行癌症治疗的一个重要原因是其不会引起强烈的免疫反应。天然 RNA 酶本身的抗癌活性很低，因为它们很难进入到细胞当中，而且细胞质中的 RNA 酶抑制蛋白质可以通过结合 RNA 酶保护细胞免受其进攻。但当抗体协助其大量进入细胞中后，RNA 酶就可以有效地杀死癌细胞。豹蛙酶是一种发现于豹蛙卵母细胞中的两栖类核糖核酸酶。大量的研究显示这种酶有强力的抗肿瘤作用，目前已经进入恶性间皮瘤治疗的临床三期试验阶段。通过将其与抗体用化学方法交联后，新得到的蛋白质在实验中显示出对于 B 细胞淋巴瘤较好的治疗效果。

程序性细胞死亡配体 1（PD-1）是一种表达于 T 细胞表面的免疫检查点分子，能够通过与肿瘤细胞表面的程序性死亡受体 1（PDL-1）结合，调节 T 细胞功能，形成肿瘤细胞免疫逃逸现象。阻止 PD-1 与其配体 PDL-1 结合已成为肿瘤免疫治疗的重要工具。最近，Hifumi 等发现和鉴定出一种独特的人催化抗体轻链 H34，该催化抗体能够高特异性催化降解人 PD-1 分子，起到阻止 PD-1 与 PDL-1 结合的作用。作为一种新的生物催化剂或蛋白质降解剂，该类型的催化抗体展现出很大抗肿瘤药物开发潜力。

抗体酶经过近几年的快速发展，无论从制备的技术方法还是抗体催化的化学转化范围都有了长足进展，研究范围不断扩大，注重结构与功能的关系研究，更可喜的是抗体酶应用价值越来越受到重视。

未来的挑战在以下几个方面：①催化抗体筛选。虽然用 PCR 和噬菌体技术构建的庞大的 Fab 蛋白质组合库，可绕过动物免疫，直接从库中筛选有用抗体，从而大大促进催化抗体生产，但面对巨大的免疫系统资源，目前的筛选方法只能筛选其中的一小部分抗体。一般是通过对半抗原结合力的大小来筛选的，而不是通过催化活性来筛选的。问题是对半抗原的亲和力最大，不一定是最好的催化抗体。如，在制备含硒抗体酶时，对半抗原亲和力小的抗体，其谷胱甘肽过氧化物酶活力反而高很多。因此，开发通过催化活性直接筛选抗体酶又是一个挑战，但可以满怀信心地说，这个问题也是能够解决的，正在开发的 catELISA 法就强调了这一点。②催化基团的最适装配问题。很多化学转化需要酸、碱或亲核基团参与，这类催化残基对需能反应特别重要。现在还不能通过免疫使这些基团在抗体中精确定位。Schultz 小组利用抗体和半抗原间的电荷互补性，在抗体结合部位上诱导出一个具有催化活性的羧基。然而，这种方法是否具有普遍性，通过这种方法能否把 2 ～ 3 个该类基团引入抗体还有待证实，因此，表征对更有意义、更困难的化学转化具有中等以上活力的抗体是严峻的挑战。③如何提高催化效率。虽然催化抗体是不对称合成的理想催化剂，其催化反应的范围也在不断扩大，然而，催化抗体现在还未达到实用阶段，对实用来说，来源、费用和可靠性都是要考虑的因素，但能否实用的关键因素是催化效率，反应的时间是否合理，反应的收率是否可以接受。与酶的催化速度相比，目前所得到的大部分催化抗体的反应速度加强只能是中等水平的，其 k_{cat}/k_{uncat} 为 10^3 ～ 10^4，个别可达到 10^6 ～ 10^7，比酶催化低 2 ～ 3 个数量级。因此，如何提高抗体酶的催化效率，抗体酶将来能否与酶竞争是个公开挑战。④半抗原设计问题。当前抗体酶活力不高的主要原因是设计的半抗原类似物并不能与反应的过渡态完全吻合，因此与这种不完善类似物互补的抗体也就不能提供对真正过渡态的最适稳定化。再者，对多底物的多步反应来说，很难设计出一种合适的过渡态类似物。可见，这种“稳定过渡态类似物”法有相当大的局限性。事实上，Pauling 结合过渡态的思想只能是部分正确的。过渡态稳定化确实是催化作用产生的因素，但不是唯一的因素，或许对许多酶来说不是最重要的贡献因素。按照 Menger 的酶催化理论，底物有 2 个部位：结合部位和反应部位。使底物结合部位稳定化，同时使底物反应部位不稳定化（通过在反应部位的增加距离和去溶剂化作用）也是直接的催化潜力。因此，在分子的某处通过附加的引力接触拉紧底物应能催化反应。我们据此提出了“以底物修饰物为半抗原可以产生抗体酶”的思想。谷胱甘肽（GSH）是谷胱甘肽过氧化物酶（GPx）的专一性底物，此酶催化 GSH 与氢过氧化物反应是多步反应，因此没有合适的过渡态可供选择。我们以 GSH 的各种修饰物为半抗原，经化学诱变在抗体上引入催化基团后，产生了活力不同的抗体酶，活力高者超过了天然兔肝 GPx 活力。这个例子说明，在不了解反应过渡态的情况下，也可以制备高活力抗体酶。⑤如何引入催化基团。以底物为半抗原所产生的抗体应当具有底物结合部位，然后在此抗体的结合部位上引入催化基团。如果引入的催化基团与底物结合部位取向正确、空间排布恰到好处，则应产生高活力抗体酶。引入催化基团的方法有：利用部位选择性试剂，以类似亲和标记的方式定向地将催化基团引入抗体；用 DNA 重组技术和蛋白质工程技术改变抗体的亲和性和专一性，引入酸、碱催化基团或亲核体。使用这类方法的关键在于要先对抗体的结构有所了解，确定工程化抗体的目标部位。在这方面目前已有成功实例。然而大多数抗体的结构是未知的，为了提高这类催化抗体的效率可采用随机突变法。随机突变和经典的基因选择可在不了解活性部位情况下改善抗体的催化性质。这类方法可在微生物中模拟鼠免疫系统的行为，并可直接筛选催化功能，而不是筛选对过渡态类似物结合的紧密程度。最近开发的 DNA 改组技术（DNA shuffling）具有比随机突变法更高的成功概率。从 20 种已知的人干扰素基因，经 DNA 改组，得到 2000 种子代基因，由这些基因产生的最好的干扰素在保护培养细胞抵抗鼠病毒的能力上比市售干扰素 α-2b 强 285000 倍。这类筛选方法与噬菌体显示文库技术相结合完全可以创造与酶效率相媲美的抗体催化剂。综合上述几个主要问题，相信抗体酶研究会有新的突破。

总结

本章从抗体酶的概念出发，介绍了从产生第一例抗体酶到现在迅猛发展的大致过程。从基本理论到实际应用，抗体酶在诠释酶的催化本质和在医药、工业等领域的应用方面都显示出广阔的前景。本章的第三节和第四节介绍了抗体酶的制备策略和方法。经过这些年的发展，抗体酶的制备策略有了重要的新进展，制备手段则扩展到生物、化学及综合方法。表现为除了最初的稳定过渡态制备思路外，多种制备策略均获得成功，研究思路则强调多种催化因素的协同性。抗体酶发展如此迅速，深入的发展必然要涉及并重视研究其结构和功能的关系。本章第五节则简要介绍了抗体酶结构方面的研究现状。可喜的是到目前为止，已经有多种抗体酶的结构得到解析，这对抗体酶深入研究会起到重要的推动作用。抗体酶的发展已经从基础研究逐步发展到实际应用，本章第六节的介绍告诉我们抗体酶具有非常广泛的应用前景。可以看出抗体酶无论是在药物设计，还是有机或天然产物合成，以及研究酶催化机制等方面都发挥了重要作用。第七节是本章的重要部分，这一节给我们展示了抗体酶在半抗原设计、制备技术和方法、催化反应类型和实际应用等方面在近年来取得的最新进展。从抗体酶的这些新进展看，可以看到抗体酶发展迅速，前景光明。

总之，抗体酶是化学和生物学的研究成果在分子水平交叉渗透的产物，是抗体的多样性和酶分子的巨大催化能力结合在一起的一种新策略。虽然抗体酶存在这样或那样的缺点，如进化过程过于仓促以及过渡态类似物和真实反应过渡态结构上的差别等原因，大多数抗体酶的底物专一性、反应选择性和催化效率不如天然酶，以及制备过程过于复杂等原因而使得抗体酶至今未能大规模应用等。但可以相信，随着生物技术和化学学科的迅速发展，这些缺陷必将逐渐得到改善，抗体酶的研究和应用也将达到一个新的水平。综合运用化学、分子生物学和遗传学知识改进催化抗体会大大加强催化剂设计方法的威力和可用性，从而产生医药、工业上有用的高效催化剂。显然，只要在分子工程这个令人激动的前沿领域里持续工作，就会越来越接近这样的目标：能为任何一种化学转化设计类酶催化剂。

1. 什么是抗体酶？
2. 抗体酶相较于天然酶具有哪些优点？
3. 简要概括常用的抗体酶制备方法。
4. 抗体酶的活性部位修饰方法有哪些？
5. 目前抗体酶可以催化哪些反应类型？
6. 目前抗体酶的应用领域主要集中在哪些方面？
7. 简述抗体酶发展所面临的主要挑战。
8. 抗体酶引入催化基团的方法有哪些？

参考文献

[1] Pauling L. Nature of forces between largemolecules of biological interest. Nature, 1948，161: 707-709.

[2] Pollack S J, Jacobs J W, Schultz P G. Selective chemical catalysis by an antibody. Science, 1986, 234: 1570-1573.

[3] Tramontano A, Janda K D, Lerner R A. Catalytic antibodies. Science, 1986, 234: 1566-1570.

[4] Shokat K M. Leumann C J, Sufasawara R, et al. An antibody-mediated redox reaction. Angew Chem. Int. Ed., 1988, 27: 1172-1175.

[5] Janjic N, Schloeder D, Tramontano A. Multiligand interactions at the combining site of anti-fluorescyl antibodies. Molecular recognition and connectivity. J. Am. Chem. Soc., 1989, 111: 6374-6377.

[6] Cochran A G, Schultz P G. Peroxidase activity of an antibody-heme complex. J. Am. Chem. Soc., 1990, 112: 9414-9415.

[7] Keinen E, Simha S C, Sinha-Bagchi A, et al. Towards antibody-mediated metallo-porphyrin chemistry. Pure Appl. Chem., 1990, 62: 2013-2019.

[8] Pollack S J, Schultz P G. A semisynthetic catalytic antibody. J. Am. Chem. Soc., 1989, 111: 1929-1931.

[9] Luo G M, Ding L, Zhu Z Q, et al. Generation of selenium-containing abzyme by using chemical mutation. Biochem. Biophys. Res. Commun., 1994, 198: 1240-1247.

[10] Iverson B L, Iverson S A, Roberts V A, et al. Metalloantibodies. Science, 1990, 249: 659-662.

[11] Huse W D, Sastry L, Iverson S A, et al. Generation of a large combinatorial library of the immunoglobulin repertoire in phage lamda. Science, 1989, 246: 1275-1281.

[12] Chen Y C, Danon T, Sastry L, et al. Catalytic antibody from combinatorial libraries. J. Am. Chem. Soc., 1993, 115: 357-358.

[13] Janda K D, Lo CH, Li T, et al. Direct selection for a atalytic mechanism from combinatorial antibody libraries. Proc. Natl. Acad. Sci. USA, 1994, 91: 2532-2536.

[14] Smiley J A, Benkovic S J. Selection of catalytic antibodies for a biosynthetic reaction from a combinatorial cDNA library by complementation of an auxotrophic Escherichia coli: Antibodies for orotate decarboxylation. Proc. Natl. Acad. Sci. USA, 1994, 91: 8319-8323.

[15] Roberts V A, Stewart J, Benkovic S J, et al. Catalytic antibody model and mutagenesis implicate arginine in transition-state stabilization. J. Mol. Biol., 1994, 235: 1098-1116.

[16] Stewart J D, Roberts V A, Thomas N R, et al. Site-directed mutagenesis of a catalytic antibody: An arginine and a histidine residue play key roles. Biochemistry, 1994, 33: 1994-2003.

[17] Schultz P G. Catalytic antibodies prepared by chemical modification of the antibody. PCT Int. Appl. WO 9005, 746, 1990, US APPl. 273, 455, 18 Nov. 1998, 100pp.

[18] Haynes M R, Stura E A, Hilvert D, et al. Routs to catalysis: Structure of a catalytic antibody and comparison with its natural counterparts. Science, 1994, 263: 646-652.

[19] Zhou G W, Guo J, Huang W, et al. Crystal structure of a catalytic antibody with a serine protease active site. Science, 1994, 265: 1059-1064.

[20] Patten P A, Gray N S, Yang P L, et al. The immunological evolution of catalysis. Science, 1996, 271: 1086-1091.

[21] Charbonnier J B, Golinelli-Pimpaneau B, Gigant B, et al. Structural convergence in the active sites of a family of catalytic antibodies. Science, 1997, 275: 1140-1142.

[22] Janda K D, Benkovic S J, Lerner R A. Catalytic antibodies with lipase activity and R or S substrate selectivity. Science, 1989, 244: 437-440.

[23] Janda K D, Shevlin C G, Lerner R A. Antibody catalysis of a disfavored chemical transformation. Science, 1993, 259: 490-493.

[24] Blackburn G F, Talley D B, Booth P M, et al. Potentiometric biosensor employing catalytic antibodies as themolecular recognition element. Anal. Chem., 1990, 62: 2211-2216.

[25] Krebs J F, Siuzdak G, Dyson H J. Detection of a catalytic antibody species acylated at the active site by electrospray mass spectrometry. Biochemistry, 1995, 34: 720-723.

[26] Landry D W, Zhao K, Yang G X, et al. Antibody catalyzed degradation of cocaine. Science, 1993, 259: 1899-1901.

[27] Campbell D A, Gong B, Kochersperger L M, et al. Antibody-catalyzed prodrug activation. J. Am. Chem. Soc., 1994, 116: 2165-2166.

[28] Wirsching P, Ashley J A, Lo C-HL, et al. Reactive immunization. Science, 1995, 270: 1775-1782.

[29] Lo C-HL, Wentworth P J, Jung K W, et al. Reactive immunization strategy generates antibodies with high catalytic proficiencies. J. Am. Chem. Soc., 1997, 119: 10251-10252.

[30] Zhong G, Hoffmann T, Lerner RA, et al. Antibody-catalyzed enantioselective Robinson annulation. J. Am. Chem. Soc., 1997, 119: 8131-8132.

[31] Janda K D, Lo L-C, Lo C-HL, et al. Chemical selection for catalysis in combinatorial antibody libraries. Science, 1997, 275: 945-948.

[32] Weiner D P, Wiemann T, Wolfe M M, et al. Pentacoordinate oxorhenium (V) metallochelate elicits antibody catalysts for phosphodiester cleavage. J. Am. Chem. Soc., 1997, 119: 4088-4089.

[33] Lavey B J, Janda K D. Catalytic antibody mediated hydrolysis of paraoxon. J. Org. Chem., 1996, 61: 7633-7636.

[34] Hasserodt J, Janda K D, Lerner R A. Antibody catalyzed terpenoid cyclization. J. Am. Chem. Soc., 1996, 18: 11654-11655.

[35] Hasserodt J, Janda K D, Lerner R A. Formation of bridge-methylated decalins by antibody catalyzed tandem cationic cyclization. J. Am. Chem. Soc., 1997, 119: 5993-5998.

[36] Wentworth P J, Datta A, Blakey D, et al. Towards antibody directed abzyme prodrug therapy, ADAPT: carbamate prodrug activation by a catalytic antibody and its in vitro application to human tumor cell killing. Proc. Natl. Acad. Sci. USA, 1996, 93: 799-803.

[37] Bahr N, Guller R, Reymond J-L, et al. A nitroxyl synthase catalytic antibody. J. Am. Chem. Soc., 1996, 118: 3550-3555.

[38] Yli-Kauhaluoma J T, Ashley J A, Lo C-HL, et al. Catalytic antibodies with peptidyl-prolyl cis-trans isomerase activity. J. Am. Chem. Soc., 1996, 118: 5496-5497.

[39] Flanagan M E, Jacobsen J R, Sweet E, et al. Antibody-catalyzed retro-aldol reaction. J. Am. Chem. Soc., 1996, 118: 6078-6079.
[40] Yoon S S, Oei Y, Sweet E, et al. An antibody-catalyzed [2, 3]-elimination reaction. J. Am. Chem. Soc., 1996, 118: 11686-11687.
[41] Zhou Z S, Jiang N, Hilvert D. Antibody-catalyzed selenoxide elimination. J. Am. Chem. Soc., 1997, 119: 3623-3624.
[42] Luo G M, Ding L, Zhu Z Q, et al. A selenium-containing abzyme, the activity of which surpassed the level of native glutathione peroxidase. Ann. NY. Acad. Sci., 1998, 864: 136-141.
[43] Tawfik D S, et al. cat ELISA: a facile general route to catalytic antibodies. Proc. Natl. Acad. Sci. USA, 1993, 90: 373-377.
[44] Menger F M. Analysis of ground-state and transition-state effect in enzyme catalysis. Biochemistry, 1992, 31: 5368-5373.
[45] Deng S X, Prada P, Landry D W. Anticocaine catalytic antibodies. J Immunol Methods, 2002, 269: 299-310.
[46] Briscoe R J, Jeanville P M, Cabrera C, et al. A catalytic antibody against cocaine attenuates cocaine’ s cardiovascular effects in mice: a dose and time course analysis. Int. Immunopharmacol., 2001, 1: 1189-1198.
[47] Betley J R, Cesaro-Tadic S, Mekhalfia, et al. Direct Screening for Phosphatase Activity by Turnover-Based Capture of Protein Catalysts. Angew. Chem., Int. Ed., 2002, 41: 775-781.
[48] Cesaro-Tadic S, Lagos D, Honegger, et al. Turnover-based in vitro selection and evolution of biocatalysts from a fully synthetic antibody library. Nat. Biotechnol., 2003, 21: 679-685.
[49] Tanaka F, Thayumanavan R, Barbas C F, et al. Fluorescent Detection of Carbon-Carbon Bond Formation. J. Am. Chem. Soc., 2003, 125: 8523-8528.
[50] Mase N, Tanaka F, Barbas C F. Rapid Fluorescent Screening for Bifunctional Amine-Acid Catalysts: Efficient Syntheses of Quaternary Carbon-Containing Aldols under Organocatalysis. Org. Lett., 2003, 5: 4369-4372.
[51] Tanaka, F. Catalytic Antibodies as Designer Proteases and Esterases. Chem. Rev., 2002, 102: 4885-4906.
[52] Chen J G, Deng Q L, Wang R X, et al. Shape Complementarity, Binding-Site Dynamics, and Transition State Stabilization: A Theoretical Study of Diels-Alder Catalysis by Antibody 1E9. Chembiochem., 2000, 1: 255-261.
[53] Kim S P, Leach A G, Houk, K N. The Origins of Noncovalent Catalysis of Intermolecular Diels-Alder Reactions by Cyclodextrins, Self-Assembling Capsules, Antibodies, and RNAses. J. Org. Chem., 2002, 67: 4250-4260.
[54] Nicholas K M, Wentworth P, Harwig C, et al. A cofactor approach to copper-dependent catalytic antibodies. Proc. Natl. Acad. Sci. USA., 2002, 99: 2648-2653.
[55] Marlier J F. Multiple Isotope Effects on the Acyl Group Transfer Reactions of Amides and Esters. Acc. Chem. Res., 2001, 34: 283-290.
[56] Olson M J, Stephens D, Griffiths D, et al. Function-based isolation of novel enzymes from a large library. Nat. Biotechnol., 2000, 18: 1071-1074.
[57] Ponomarenko N A, Durova O M, Vorobiev II, et al. On the catalytic activity of autoantibodies inmultiple sclerosis. Dokl. Biochem. Biophys., 2004: 395: 120-123.
[58] Zhou Y X, Karle S, Taguchi H, et al. Prospects for immunotherapeutic proteolytic antibodies. J. Immunol. Methods, 2002, 269: 257-268.
[59] Lacroix-Desmazes S, Bayry J, Kaveri S V, et al. High levels of catalytic antibodies correlate with favorable outcome in sepsis. Proc. Natl. Acad. Sci. USA, 2005, 102: 231-235.
[60] Misikov V K, Kimova M V, Durova O M, et al. Catalytic autoantibodies in multiple sclerosis: pathogenetic and clinical aspects. Bull Exp. Biol. Med., 2005, 139: 85-88.
[61] Zhu X Y, Wentworth P, Wentworth A D, et al. Probing the antibody-catalyzed water-oxidation pathway at atomic resolution. Proc. Natl. Acad. Sci. USA, 2004, 101: 2247-2252.
[62] Meijler M M, Matsushita M, et al. A New Strategy for Improved Nicotine Vaccines Using Conformationally Constrained Haptens. J. Am. Chem. Soc., 2003, 125: 7164-7165.
[63] Wentworth P, Jones L H, Wentworth A D, et al. Antibody Catalysis of the Oxidation of Water. Science, 2001, 293: 1806-1811.
[64] Chester, K., Pedley, B., Tolner, B. et al. Engineering Antibodies for Clinical Applications in Cancer. Tumor Biol., 2004, 25: 91-98.
[65] Rader, C., Sinha, S. C., Popkov, M., et al. Chemically programmed monoclonal antibodies for cancer therapy: Adaptor immunotherapy based on a covalent antibody catalyst. Proc. Natl. Acad. Sci. USA, 2003, 100: 5396-5400.
[66] Popkov M, Rader C, Gonzalez B. et al. Smallmolecule drug activity in melanoma models may be dramatically enhanced with an antibody effector. Int. J. Cancer, 2006, 119: 1194-1207.

[67] Rader C, Turner J M, Heine A, et al. A Humanized Aldolase Antibody for Selective Chemotherapy and Adaptor Immunotherapy. J. Mol. Biol., 2003, 332: 889-899.
[68] Haba K, Popkov M, Shamis M, et al. Single-Triggered Trimeric Prodrugs. Angew Chem. Int. Ed., 2005, 44: 716-720.
[69] Guo F, Das S, Mueller B M, et al. Breaking the one antibody-one target axiom. Proc. Natl. Acad. Sci. USA, 2006, 103: 11009-11014.
[70] Baker-Glenn C, Hodnett N, Reiter M, et al. A Catalytic Asymmetric Bioorganic Route to Enantioenriched Tetrahydro- and Dihydropyranones. J. Am. Chem. Soc., 2005, 127: 1481-1486.
[71] Xu Y, Hixon M S, Yamamoto N, et al. Antibody-catalyzed anaerobic destruction of methamphetamine. Proc. Natl. Acad. Sci. USA, 2007, 104: 3681-3686.
[72] Abraham S, Guo F, Li L S et al. Synthesis of the next-generation therapeutic antibodies that combine cell targeting and antibody-catalyzed prodrug activation. Proc. Natl. Acad. Sci. USA, 2007, 100: 5584-5589.
[73] Andrady C, Sharma S K, Chester K A. Antibody-enzyme fusion proteins for cancer therapy. Immunotherapy, 2011, 3: 193-211.
[74] Kiss G, Houk K N, Moretti R., et al. Computational Enzyme Design. Angew Chem. Int. Ed., 2013, 52: 5700-5725.
[75] Wenthur, C J, Cai, X, Ellis B A, et al. Augmenting the efficacy of anti-cocaine catalytic antibodies through chimeric hapten design and combinatorial vaccination. Bioorg. Med. Chem. Lett., 2017, 27: 3666-3668.
[76] Shahsavarian, M A, Chaaya, N, Costa N, et al. Multitarget selection of catalytic antibodies with β-lactamase activity using phage display. FEBS J., 2017, 284: 634-653.
[77] De R D, Martí S, Moliner V. A QM/MM study on the origin of retro-aldolase activity of a catalytic antibody. Chem. Commun., 2021, 57: 5306-5309.
[78] Rader C. Chemically programmed antibodies. Trends Biotechnol., 2014, 32: 186-197.
[79] Nanna A R, Li X, Walseng E, et al. Harnessing a catalytic lysine residue for the one-step preparation of homogeneous antibody-drug conjugates. Nat. Commun., 2017, 8: 1112.
[80] Hwang D, Nilchan N, Nanna A R, et al. Site-Selective Antibody Functionalization via Orthogonally Reactive Arginine and Lysine Residues. Cell Chem. Biol., 2019, 26: 1229-1239.
[81] Dimitrov D S. From Catalytic Antibodies to Antibody-Drug Conjugates. Cell Chem. Biol., 2019, 26: 1200-1201.
[82] Hifumi E, Taguchi H, Nonaka T, et al. Finding and characterizing a catalytic antibody light chain, H34, capable of degrading the PD-1molecule. RSC Chem. Biol., 2021, 2: 220-229.

第九章
核酸酶

姜大志　盛永杰

核酸酶（nucleic acid enzyme 或 NAzyme）是具有催化功能的核酸分子，包括核酶（ribozyme, RNAzyme, catalytic RNA 或 RNA enzyme）与脱氧核酶（deoxyribozyme, DNAzyme, catalytic DNA 或 DNA enzyme）。

核酶的发现可以追溯到20世纪80年代初，主要由两个独立科研团队完成。1981年，Cech等发现四膜虫的前体26S rRNA可以在没有蛋白质存在的情况下催化自身剪接反应（Ⅰ类内含子）。1983年，Altman等发现*E. coli* RNase P中的RNA可以催化*E. coli* tRNA的前体加工。RNA具有催化功能，直接突破了“酶即蛋白质”的传统学术观念，是酶学发展史上的里程碑事件，同时也更新了RNA新生物功能，还为生命起源与进化的“RNA世界”学说提供直接证据。由此，Cech和Altman获得1989年诺贝尔化学奖。受核酶发现的启发与激励，1994年，Breaker和Joyce利用体外分子进化技术获得具有催化功能的DNA，即脱氧核酶，目前已经发现了上百种具有不同催化功能的脱氧核酶。脱氧核酶的获得丰富了酶的种类，扩展了DNA功能，为基因治疗等相关学科的发展注入了新的活力。

第一节　核酶

迄今为止，在自然界中被发现并鉴定的天然核酶已达十几种，它们分布广泛，能够催化包括转酯、水解及肽酰基转移反应等多种化学反应类型。根据其催化的反应，可将核酶分成两大类：①自身剪切类核酶，这类核酶催化自身或者异体RNA的切割，功能上与蛋白质核酸内切酶相似，主要类型包括锤头核酶（hammerhead ribozyme）、发夹核酶（hairpin ribozyme）、VS核酶（VS ribozyme）、HDV核酶（HDV ribozyme）、CPEB3核酶（CPEB3 ribozyme）以及*glm*S核酶，早期发现的需要蛋白质协助催化反应的RNP类核酶RNase P也属于自身剪切类核酶；②自身剪接类核酶，这类核酶在催化反应中具有核酸内切酶和连接酶两种活性，实现mRNA前体自我拼接，自身剪接类核酶主要是内含子类核酶，包括Ⅰ类内含子、Ⅱ类内含子、类-Ⅰ类内含子和剪接体等。

一、自身剪切类核酶

1. 锤头核酶

锤头核酶是结构最简单的核酶，也是第一个获得晶体结构并被广泛表征和研究的核酶。Symons等在比较了一些植物类病毒、抗病毒和卫星病毒RNA自身剪切规律后提出锤头结构（hammerhead structure）状二级结构模型，由13个保守核苷酸残基和三个螺旋结构域构成（后来Koizumi等证明只需要11个特定保守核苷酸）。随着锤头核酶三维结构被报道，其二级结构已脱离了锤头形状（图9-1）。无论是天然的还是人工改造的锤头核酶结构主要由两部分构成：催化结构域和底物结合结构域。在顺式结构中，还存在着3种类型的分子内相互作用（图中红色部分表示），该结构可以稳定锤头核酶活性结构提高催化效率。

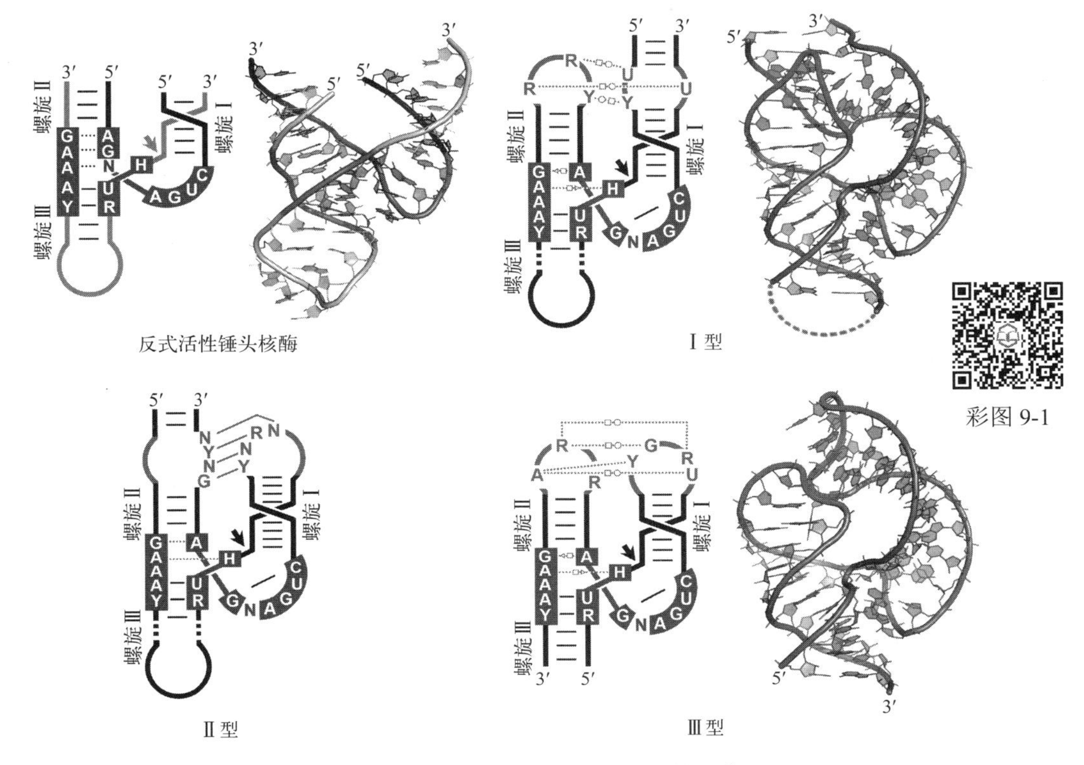

图 9-1　锤头型核酶的二级结构和三维结构示意图

锤头核酶属于金属酶，催化磷酸二酯的异构化反应。William B. Lott 等提出了锤头型核酶催化反应的两种可能的化学机制：单金属氢氧化物离子模型［图 9-2(a)］和双金属离子模型［图 9-2(b)］。图 9-2（a）中金属氢氧化物作为广义碱从 2′-羟基获得一个质子，这个被活化了的 2′-羟基作为亲核基团攻击切割位点的磷酸。图 9-2（b）中 A 位点的金属离子作为路易斯酸接收 2′- 羟基的电子，这极化并减弱了 O—H 键，使 2′-羟基中的质子更容易离去。B 位点的金属离子也作为路易斯酸接收 5′-羟基的电子，极化并减弱了 O—P 键，使 O 成为更容易离去的基团。张礼和等的研究表明，切割位点 5′ 离去基团的脱离不论在核酶催化还是在无酶催化下，都是天然 RNA 底物切割反应的限速步骤。通过用锰离子替代镁离子作为辅助因子，发现催化不同底物 RNA 的切割速率都有不同程度的提高，量化分析的结果与双金属离子机制相符。

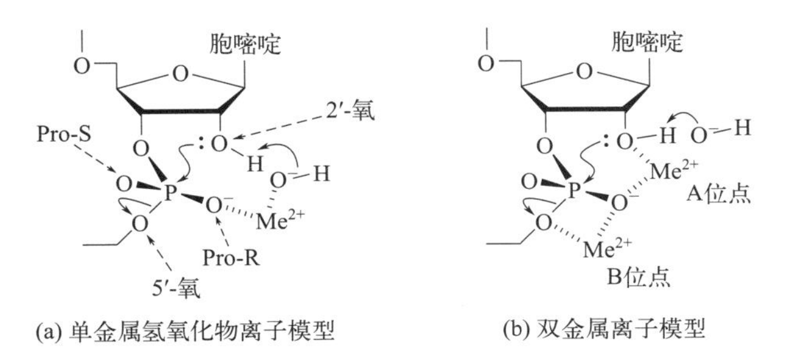

图 9-2　锤头型核酶的两种可能的催化机制

2. 发夹核酶

1989 年发现的发夹核酶是烟草环斑病毒（tobacco ring spot virus, TRV）中卫星 RNA（TRV RNA）的一部分，长 359nt，具有自身切割活性。目前发现的天然发夹核酶都来自于植物病毒卫星 RNA。发夹核酶二级结构包含两个结构域，结构域 A 和结构域 B［图 9-3（a)］，每个结构域都包含由一个突环连接的两个短的螺旋，两个结构域通过连接 2 个螺旋的磷酸二酯键共价结合，其中底物及底物识别区位于结构域 A，而结构域 B 则包含了发夹核酶基本的催化活性部位，在组成上结构域 B 要大于结构域 A。在切割及其逆反应连接反应过程中，结构域 A 和 B 同轴堆积同时反向平行旋转以使 A 和 B 结构域充分靠近，形成催化构象［图 9-3（b)］。切割反应发生在 A^{-1} 和 G^{+1} 之间，为一般酸碱反应，G^{+1} 核苷酸 5′ 端为羟基，而 A^{-1} 核苷酸 3′ 端形成 2′, 3′-环磷酸。G8 核苷酸充当一般碱，A38 核苷酸作为一般酸［图 9-3（c)］。

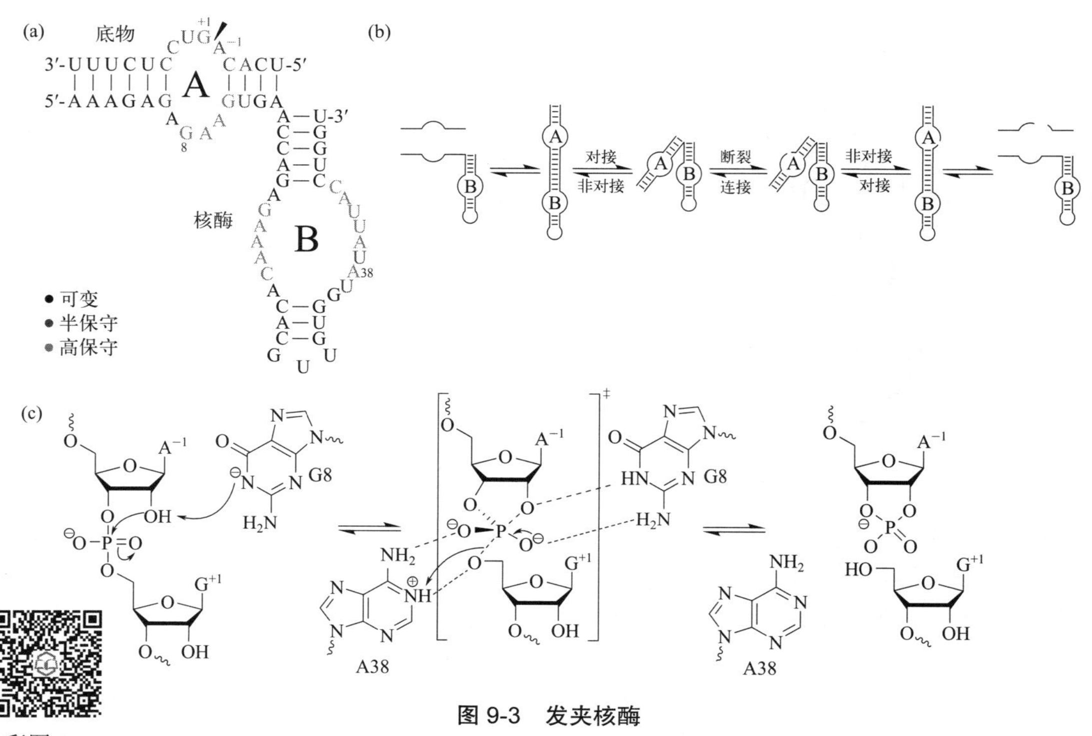

彩图 9-3

图 9-3　发夹核酶

（a）发夹核酶二级结构；（b）发夹核酶的三维结构；（c）发夹核酶催化机制

3. HDV 核酶

丁型肝炎病毒（hepatitis D virus, HDV）是一种共价闭合环状单链 RNA 病毒，长约 1680nt，其中 70% 碱基可相互配对，折叠成一种无分支的杆状结构，具有核酶活性，能够催化自身裂解和自身连接。HDV 核酶分基因组型和反基因组型两种，它们具有相似的二级结构，在病毒基因组中高度自身互补，对于病毒基因组复制是必需的［图 9-4（a)］。HDV 核酶是唯一在人体细胞天然具有裂解活性的核酶类型，也是催化效率较高的核酶，它的活性发生在丁型肝炎病毒基因组复制的中间环节。HDV 核酶的基本结构是由五个螺旋组成的两个平行堆积结构。

HDV 核酶显示了与锤头核酶不同的催化机制［图 9-4（c)］，76 位胞嘧啶充当一般碱，咪唑环上的 N 吸引 2′-羟基上的质子，活化了羟基上的氧原子，这个氧原子亲核攻击相邻的核酸骨架上的磷原子，经过过渡态形成磷酸内酯键，而原来核酸骨架的磷酸酯键断裂。目前的研究还没有证据显示包括金属离子在内的其它活性基团如何发挥作用。

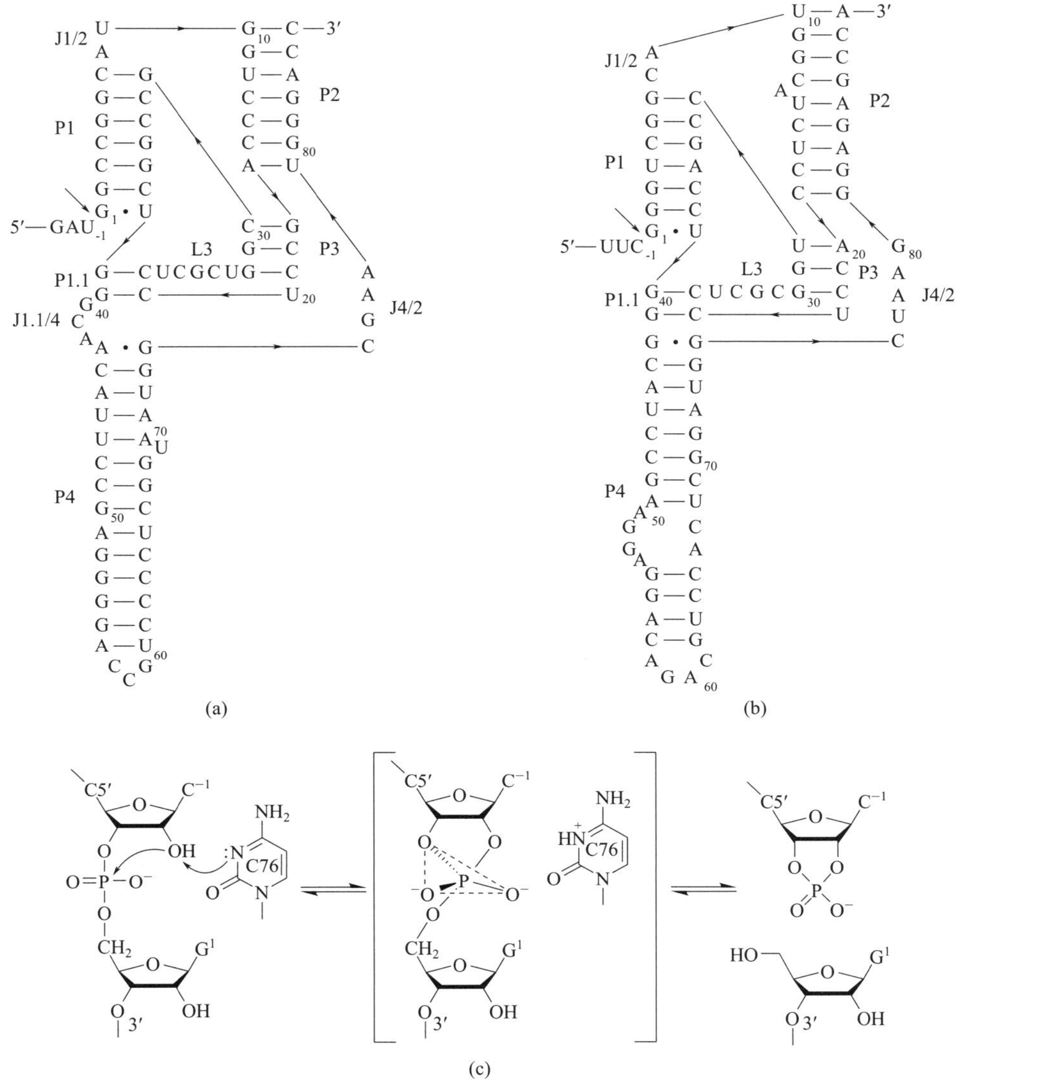

(a)

(b)

(c)

图 9-4　HDV 核酶二级结构及反应机理

（a）基因组 HDV 核酶。（b）反基因组 HDV 核酶：P 和 L 分别表示碱基对和突环区；J 代表接合区。图中数字是 5′ 到 3′，以分裂位点紧靠下游定为核苷酸 1，箭头表示分裂位点。（c）HDV 核酶中胞嘧啶充当一般碱进行催化的反应机理

4. VS 核酶

Collins 等在研究中发现天然分离的脉孢菌（*Neurospra*）线粒体的转录物（VS RNA）能够通过转酯反应进行自行剪切，其切割产物与前述的锤头核酶、发夹核酶和 HDV 核酶的切割产物一样，含 2′, 3′-环磷酸和 5′-羟基末端。VS 核酶（varkud satellite ribozyme）是包含于 VS RNA 序列中的最小自剪切序列，长约 150nt，具有切割和连接活性，催化自身剪切和自身环化，暂未发现与其它核酸酶有同源序列。研究表明 VS 核酶的结构组装和催化机理与发夹核酶相似。

5. RNase P 核酶

作为第一个被发现的核酶，RNase P 广泛存在于生物三界（包括古菌、真细菌、真核生物）。RNase P 特异地分裂前体-tRNA 的磷酸二酯键，产生成熟的 5′ 端 tRNA，也加工其他的 RNA 底物。RNase P 是一种核糖核蛋白颗粒（ribonucleoprotein, RNP），由一种单一的 RNA 和至少一种蛋白

质成分组成。不同的 RNase P 的蛋白质成分差别很大，蛋白质的种类和数量与 RNase P 执行的催化功能相关，催化的反应越复杂，所需要的蛋白质的种类和数量越多。不同原核细胞 RNase P 中的 RNA 具有相似的三维结构，同源性较高，表明 RNA 亚基有共同的进化起源。图 9-5 所示为已知的 3 种细菌的 RNase P RNA 结构。A 型结构最为常见，在三维结构中呈现两层结构状态，B 型与 A 型结构差异表现为缺少 P6、P13、P14、P16、P17 结构以及增加了 P5.1、P10.1、P15.1 结构，C 型结构可以看作 A 与 B 结构杂合体。

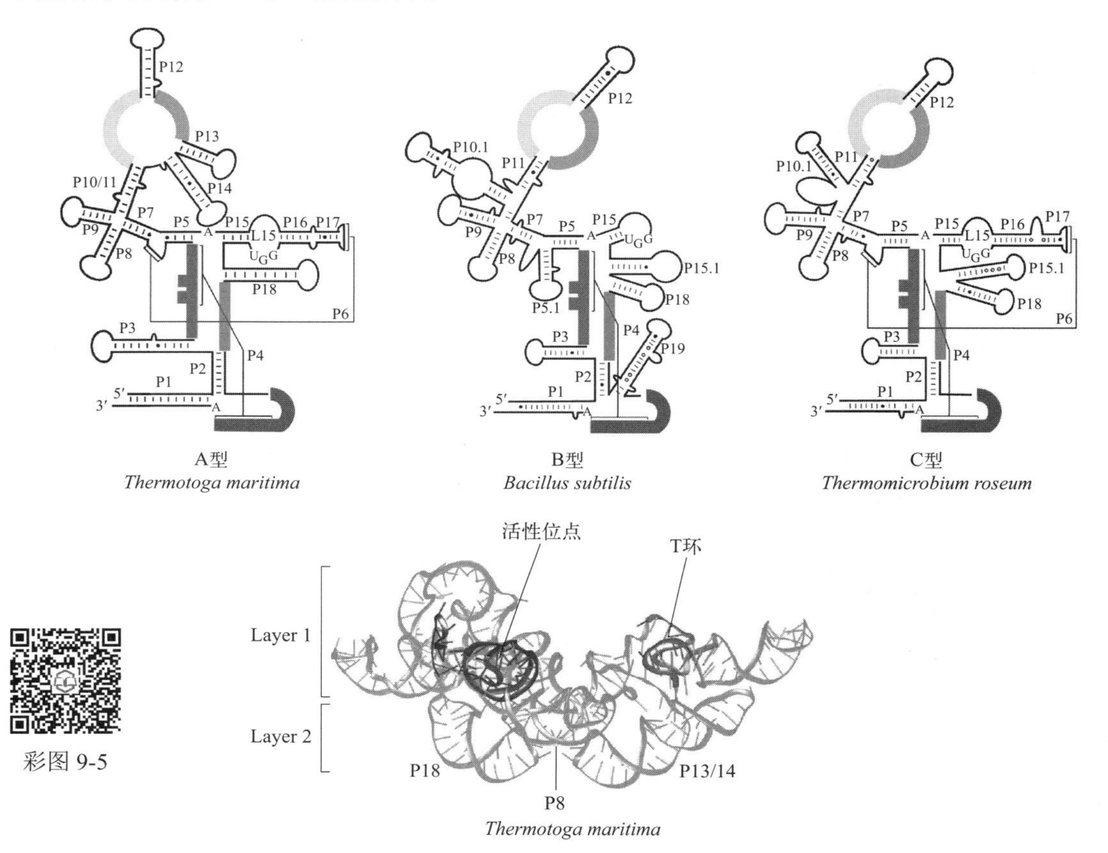

图 9-5　细菌的 RNase P RNA 结构

二、自身剪接类核酶

自身剪接类核酶主要催化 mRNA 前体的拼接反应。这类核酶多为内含子核酶，包括 Ⅰ 类内含子、Ⅱ 类内含子、类 Ⅰ 类内含子和剪接体等。相对于自身剪切类核酶而言，自身剪接类核酶无论是组成、结构还是参与催化的反应都比较复杂。

四膜虫的前体 26S rRNA 即是 Ⅰ 类内含子，也是最早发现的内含子核酶。Comparative RNA 数据库（http://www.rna.icmb.uteas.edu）收录了大量的 Ⅰ 类内含子的序列信息。Ⅰ 类内含子催化能力各异，不同的 Ⅰ 类内含子长度差别很大，在 140 ～ 4200nt 之间不等，分析表明 Ⅰ 类内含子序列保守性很小，更多的是在二级结构上表现出来的结构保守性。Ⅰ 类内含子的剪接反应很复杂，包括 5′ 和 3′ 两个位点连续的切割和连接反应，其中 5′ 剪接需要外源 G 的参与，3′ 剪接反应需要 ωG 帮助定位剪接位点，而环化反应则需要 ωG 的 3′ 羟基参与。现在已经证明，G 结合位点是外源 G 与 ωG 共同的结合位置。除了剪接之外，Ⅰ 类内含子还可催化各种分子间反应，包括剪切

RNA 和 DNA、RNA 聚合、核苷酰转移、模板 RNA 连接、氨酰基酯解等。

Ⅱ类内含子不含高度保守序列，在二级结构上采取高度保守，主要包括 3 个类型［图 9-6（a)］。在体外，Ⅱ类内含子的剪接是经过两个转酯化反应来实现的，无蛋白质参与。这些特点与Ⅰ类内含子都是相似的。Ⅰ类和Ⅱ类内含子主要差别是第一步反应的化学机制。在Ⅰ类内含子中，外部的鸟苷的 3′-羟基作为进攻基团，而在Ⅱ类内含子中是内部腺苷的 2′-羟基起作用。这个反应的结果是形成一个带突环的内含子-3′ 外显子分子，其中第一个核苷酸经由 2′, 5′-磷酸二酯键与内含子的 A 相连。在第二步反应中，5′ 外显子的 3′-羟基进攻内含子-3′ 外显子连接点，结果是两个外显子相连，并释放出带有突环的内含子［图 9-6（b)］。

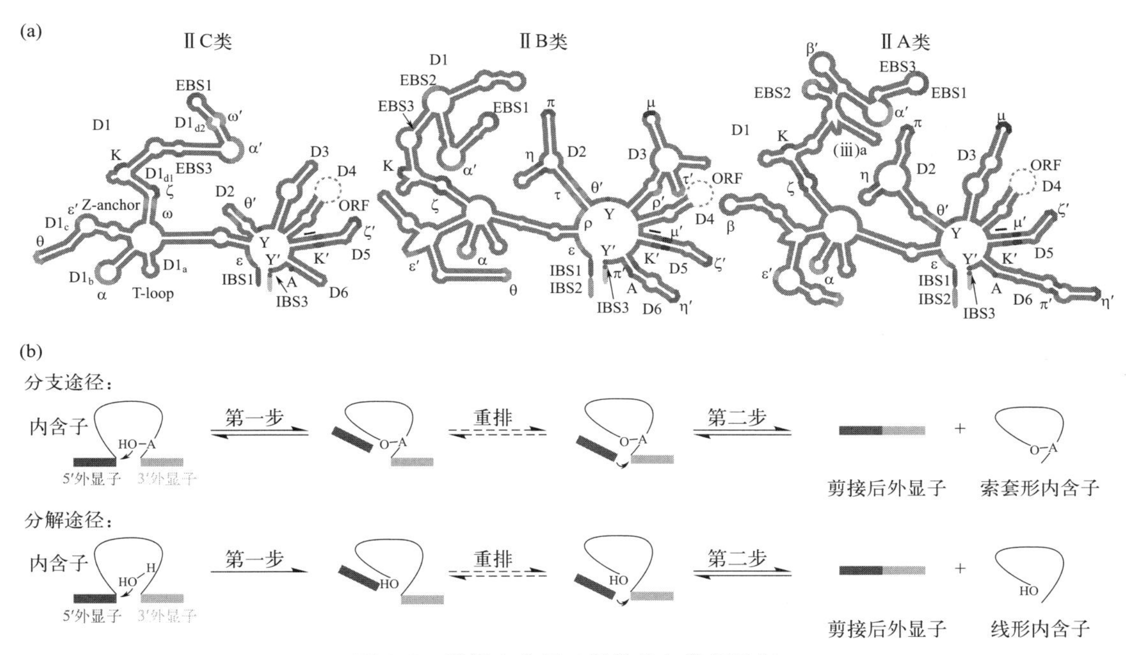

图 9-6 Ⅱ类内含子二级结构与剪切机制

三、核开关核酶

彩图 9-6

2002 年，Breaker 等在研究细菌中作为一种基于 RNA 的胞内传感器时发现了核开关（riboswitch）。核开关作为 mRNA 中的一段序列，是一种典型的转录后的调节机制，作为适体的核开关可以特异性结合代谢物（配体），通过构象变化，在转录或翻译水平上调节基因表达。核开关参与的反应不需要任何蛋白质的参与，与常见的经由蛋白质的调控方式相比，核开关响应更迅速，对细胞内代谢物的变化更加敏感。

*glm*S 核酶是近些年发现的天然催化小分子 RNA，存在于很多革兰氏阳性菌 *glm*S 基因的 5′-UTR 中，是一种核开关核酶。*glm*S 核酶在催化反应中依赖于代谢物 6-磷酸-葡糖胺（GlcN6P）作为活化剂分裂 RNA，从而调节 *glm*S mRNA 的表达。由于 *glm*S 调控多种微生物病原体基因，因此可以用于设计开发新型抗菌药物或基因治疗。

第二节 脱氧核酶

脱氧核酶是一类具有特异性催化反应的单链 DNA 分子。在上文中，我们介绍了具有催化功能的单链 RNA 分子，即核酶。核酶被发现后，一些科学家对 RNA 的相似物 DNA 是否可能也具有催化功能产生了浓厚兴趣。从结构上看 RNA 与 DNA 二者类似，区别仅是 RNA 使用核糖和尿嘧啶碱基，而 DNA 利用脱氧核糖（少五碳糖 2′ 碳原子连接的羟基）以及胸腺嘧啶碱基。

在 1994 年，Breaker 和 Joyce 首先报告了利用体外筛选技术获得了一种二价铅离子依赖的具有切割 RNA 活性的单链 DNA 分子——GR5 脱氧核酶，其反应动力学遵循米氏方程。此后，各种催化类型的脱氧核酶被陆续发现，科研人员对其应用进行了广泛而深入的研究，例如基因治疗、分子检测与成像、DNA 纳米材料组装以及 DNA 逻辑电路等方面。相较于核酶，脱氧核酶突出优点表现为三点：①稳定性高，由自身 DNA 性质所决定；②合成成本低，受益于 DNA 固相合成法的成熟与稳定；③催化反应多样且高效，得益于体外筛选技术功能强大。不过需要指出的是，到目前为止所有脱氧核酶都是通过体外筛选技术筛选获得的，尚未发现天然存在的脱氧核酶，这是一个有待获得突破性研究的关键问题。

蛋白质酶有 20 种 α-氨基酸侧链，可以组成特定的复杂的空间结构，核酸酶只有 4 种碱基，组成和结构相对简单。然而，众多研究表明应用适当的进化策略，脱氧核酶的催化能力可与蛋白质酶相匹敌。根据脱氧核酶催化功能不同，可将其分为三类：切割型脱氧核酶（切割 RNA 或 DNA）、连接型脱氧核酶（具有连接酶功能）以及其他类型的脱氧核酶。

一、切割型脱氧核酶

在诸多类型的脱氧核酶中，切割型脱氧核酶在数量上居多。切割型脱氧核酶作用的底物可以是 RNA、DNA 以及其他分子，其中作用于 RNA 底物的切割型脱氧核酶最多，主要原因在于体外筛选时 RNA 断裂活性脱氧核酶相对容易被获得，并且催化活性通常也较高。最早发现的脱氧核酶 GR5 就具有切割 RNA 活性并且需要二价铅离子作为催化辅因子。二价铅离子自身在高浓度时就可以断裂 RNA，不过其不具有对 RNA 断裂位点特异性并且切割效率也较低。

在切割 RNA 活性脱氧核酶中，8-17 和 10-23 脱氧核酶被看作典型代表，其研究最为广泛和深入。两者都是由 Joyce 课题组报道的，通过一个体外筛选实验获得，因此在序列和结构上有很多类似之处。二者是根据筛选轮数和序列克隆排序原则命名的，例如 8-17 脱氧核酶，该酶是在第 8 轮筛选获得的序列，克隆序列排位为第 17 号。当时使用一代测序只能进行单克隆测序，现在已经可以使用第二代高通量测序来完成体外筛选获得目标序列，这大幅提高了序列的丰富程度，降低高价值序列遗失的可能性，同时也对序列分析能力提出了更高的要求。

8-17 和 10-23 脱氧核酶组成结构较为简单，两者具有 14 或 15 个核苷酸的催化核心和两个底物结合臂（图 9-7）。在催化核心中，8-17 脱氧核酶能够形成一个 3 碱基对迷你结构，而 10-23 脱氧核酶则不会形成，序列上二者都包括“GCTAGC”和“ACGA”，表明这两个脱氧核酶在序列进化上存在一定的关联。底物结合臂在序列上并不保守，可以根据底物序列而改动，这展现了酶识别的灵活性以及蕴含着较高的设计可塑性。结合臂长短对反应效率有影响，过长或过短都会降低活性，通常左右结合臂长度各为 8 个碱基。

彩图 9-7

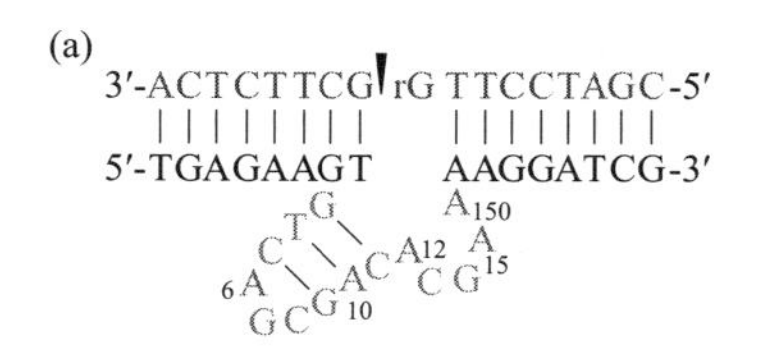

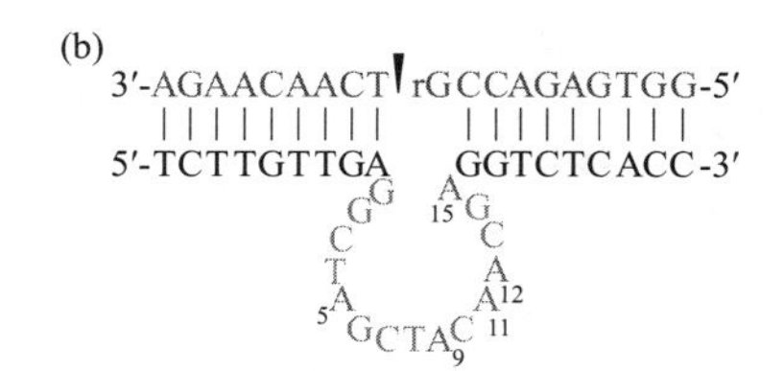

图 9-7　8-17 和 10-23 脱氧核酶二级结构示意

（a）8-17 脱氧核酶序列及二级结构示意图；（b）10-23 脱氧核酶序列及二级结构示意图。其中粉色字母为保守的催化核心，黑色字母为非保守的结合臂，青色字母为底物，黑色箭头为断裂位点

在脱氧核酶三维结构方面，8-17 脱氧核酶的晶体结构在 2017 年被报道（图 9-8），图中显示了脱氧核酶 / 底物类似物复合物的整体折叠，该晶体结构表明 8-17 脱氧核酶催化 RNA 断裂与一般的酸碱催化机制相同。研究发现，脱氧核酶以 DNA 骨架为核心，进行糖链折叠和碱基亲核反应，从而可实现结构和功能的多样化。

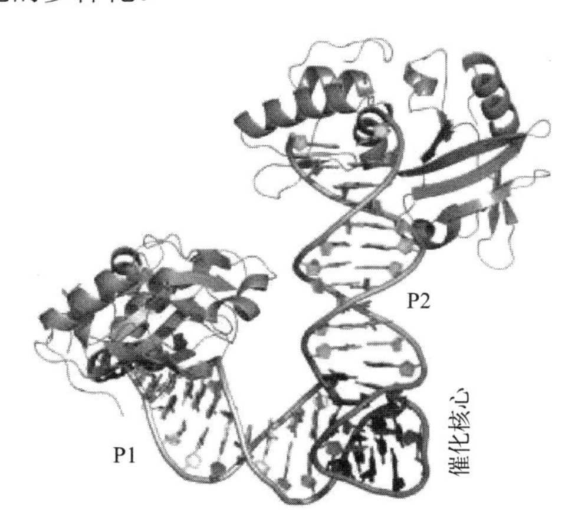

彩图 9-8

图 9-8 8-17 脱氧核酶晶体结构

近期，10-23 脱氧核酶在结构研究方面获得突破性成果。研究人员首先对催化核心进行突变，将第五个位置的腺嘌呤替换为胞嘧啶，消除环内的回文结构同时保持催化活性，进而避免形成无催化活性二聚体。在没有二价金属离子的存在下，发现该脱氧核酶与 RNA 底物可以形成稳定的预催化复合体结构。为防止底物 RNA 避免被切割，在切割位点 RNA 2′-羟基被修饰的氟原子取代。该酶-底物复合物表现出优异的核磁共振光谱特性。借助实时核磁共振光谱检测，对其催化功能的运动学和动力学进行了全面考察。10-23 脱氧核酶催化反应由三个方面共同作用：①分子结构；②构象可塑性，分子构象对于调制脱氧核酶活性具有重要的指导意义，为合理设计具有 RNA 靶向切割活性的脱氧核酶提供了高价值的参考；③金属离子的动态调制，发现该酶存在三个金属离子结合位点，其中第二个结合位点中的金属离子起到激活作用。该研究工作首次揭示了高时间分辨率条件下原子水平脱氧核酶分子构象，实现了对脱氧核酶发挥酶活性更深层次的理解。

除报道的 8-17 和 10-23 脱氧核酶外，多个实验室也进行了切割 RNA 活性脱氧核酶体外筛选。在研究过程中，科研人员意识到一个有趣实验现象。2000 年，Lu 课题组通过体外筛选技术获得了第一个依赖二价锌离子的 RNA 切割型脱氧核酶——17E。比较 17E 与 8-17 脱氧核酶序列，二者序列极为相似，8-17 未配对区域包括 5′-WCGR-3′ 或 5′-WCGAA-3′（W=A 或 T；R=A 或 G）序列，17E 中 85% 的序列属于 5′-WCGAA-3′ 方案（W=A 或 T），所以又将 17E 称为 8-17 的突变体。如果在研究中突出锌离子特异性，实际上使用的序列多为 17E 脱氧核酶序列。相似的现象也出现在更早的实验中，1996 年，Famulo 实验室发现了 Mg5 脱氧核酶，后来 Peracchi 分析后认为其实际上是 8-17 脱氧核酶的一种突变体，所以现在一般认为 8-17 脱氧核酶代表 8-17、17E 以及 Mg5 等众多突变体的集合，这很可能是 RNA 切割型脱氧核酶趋同进化的结果。

17E 脱氧核酶之后，关于依赖锌离子的 RNA 切割型脱氧核酶的体外筛选倾向于化学修饰的脱氧核酶。2000 年，Santoro 等报道了一种含有咪唑修饰的脱氧核酶——16.2-11。咪唑基团的加入会增加脱氧核酶对锌离子的亲和性，从而增强催化活性。16.2-11 脱氧核酶小型高效，且高度依赖锌离子。相较于锌离子，其催化活性分别是在镉离子、锰离子以及镁离子存在下的催化活性的 1/100、1/500 以及 1/1000。遗憾的是 16.2-11 脱氧核酶并没有被广泛应用，原因可能是咪唑修饰增加了 DNA 合成难度同时也提高了成本。

最近，Liu 课题组报道了一种新筛选策略，他们在底物链固定区域引入单一的非核苷修饰，成功获得了一系列依赖锌离子的 RNA 切割型脱氧核酶，其中有四个脱氧核酶活性较高，并将其命名为 Zn01、Zn03、Zn05 以及 Zn06。如图 9-9 所示，Zn01、Zn03 以及 Zn05 二级结构大且复杂，Zn06 小型简单。凝胶电泳结果显示，锌离子浓度为 100μmol/L 时，Zn03 和 Zn05 表现出了高效的断裂活性，Zn06 次之，Zn01 活性最低。

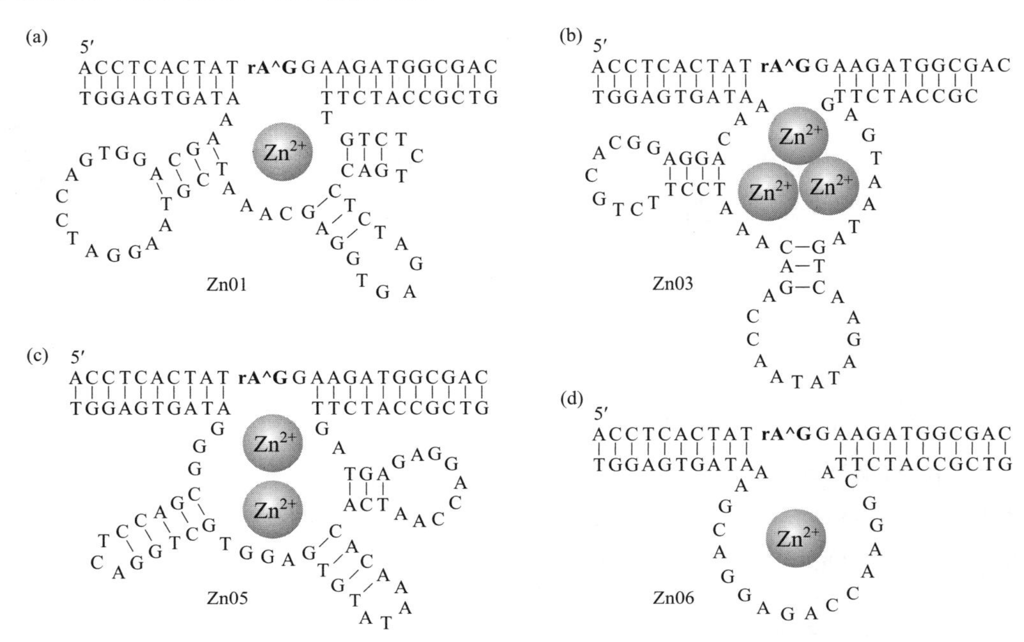

图 9-9 反式脱氧核酶二级结构及活性检测

除了二价金属离子作为辅因子外，EtNa 和 Ag10 脱氧核酶切割 RNA 底物时分别依赖一价金属钠离子和阴离子，Gd2b、Lu12 等脱氧核酶则以稀土金属为催化辅因子；DH2 脱氧核酶辅因子特异性依赖组氨酸，而 Yingfu Li 研究组则报道了一种以嗜肺军团菌（*Legionella pneumophila*）作为激活因子的 RNA 断裂活性脱氧核酶。

在切割底物方面，DNA 也是切割型脱氧核酶重要底物。1996 年，Breaker 等通过体外选择分离出两类不同的自身断裂的脱氧核酶：Ⅰ类和Ⅱ类脱氧核酶。Ⅰ类需要二价铜离子和维生素 C 介导自身氧化断裂，Ⅱ类用铜离子作为唯一的辅因子。Ⅱ类脱氧核酶通过进一步优化产生新的脱氧核酶，其二级结构包括两个茎-突环（Ⅰ和Ⅱ）和 3 个单股结构域，类似手枪型（图 9-10）。该脱氧核酶也是利用碱基配对相互作用完成底物结合和结构折叠，其显著特征是利用左侧茎同底物结构域形成三链体结构，目前只在该酶中见报道。在辅因子方面，除常用的辅因子过氧化氢-铜离子和维生素 C-铜离子外，近期又发现了新辅因子核黄素、辅酶Ⅱ、邻苯二酚、邻苯三酚、羟胺、谷胱甘肽、二硫苏糖醇等。该脱氧核酶的催化机制可能是过氧化氢参与、超氧阴离子介导的 DNA 氧化裂解反应。

2014 年，Zhuo Tang 课题组筛选获得另一种 DNA 氧化断裂脱氧核酶 F-8（图 9-11）。在铜离子和锰离子存在条件下，F-8 能够专一地切割单链 DNA 上的胸腺嘧啶脱氧核苷酸，新生成的 DNA 末端能够被 DNA 修饰酶识别，从而实现特异性单核苷酸切除修复。该酶需要锰离子和铜离子共同存在时才能发挥全部催化能力，其活性很大程度上取决于铜离子的浓度。F-8 脱氧核酶催化所需的 pH 和温度范围很宽，并且断裂效率不受钠离子、钾离子或镁离子浓度变化影响。利用单碱基突变法来改变 F-8 脱氧核酶催化核心中发夹的序列以及结合臂的序列，证实了发夹结构对 F-8 脱氧核酶的催化活性无大影响。利用自由基消除剂证实了过氧化氢在催化底物断裂过程中起重要作用。

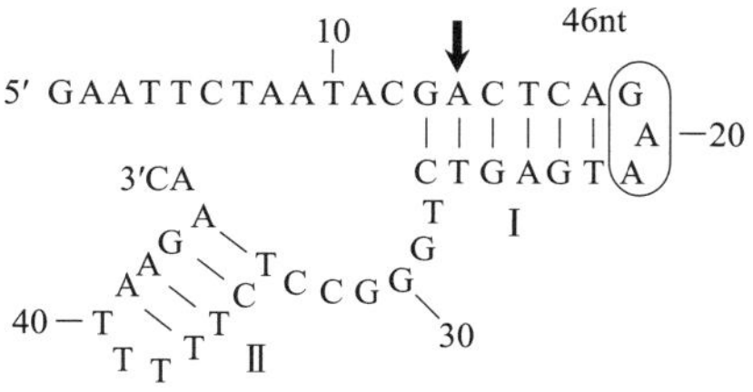

图 9-10　最小的自身分裂 DNA 的顺序和二级结构

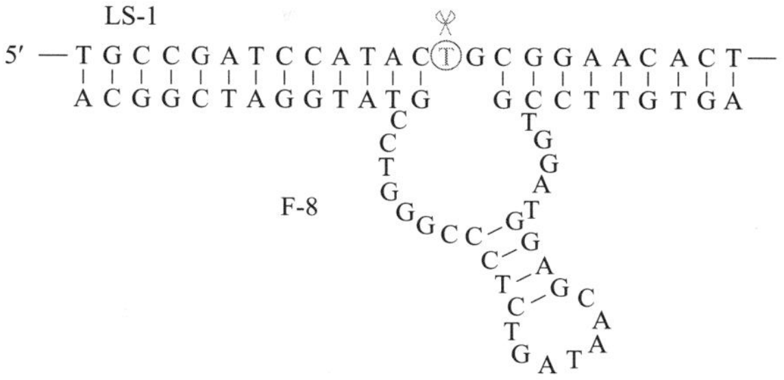

图 9-11　F-8 脱氧核酶二级结构示意图

2017 年，Scott Silverman 课题组首次筛选获得不需要铜离子作为辅因子就能催化底物断裂的脱氧核酶，并命名 RadDz3［图 9-12（a）］。该酶对锰离子和锌离子依赖性较高，而对镁离子依赖性较低。底物上鸟嘌呤脱氧核苷酸中脱氧核糖 4′ 碳原子发生断裂［图 9-12（b）］。催化过程中有超氧自由基（O_2^-·或 HOO·）和过氧化氢（H_2O_2）的参与。

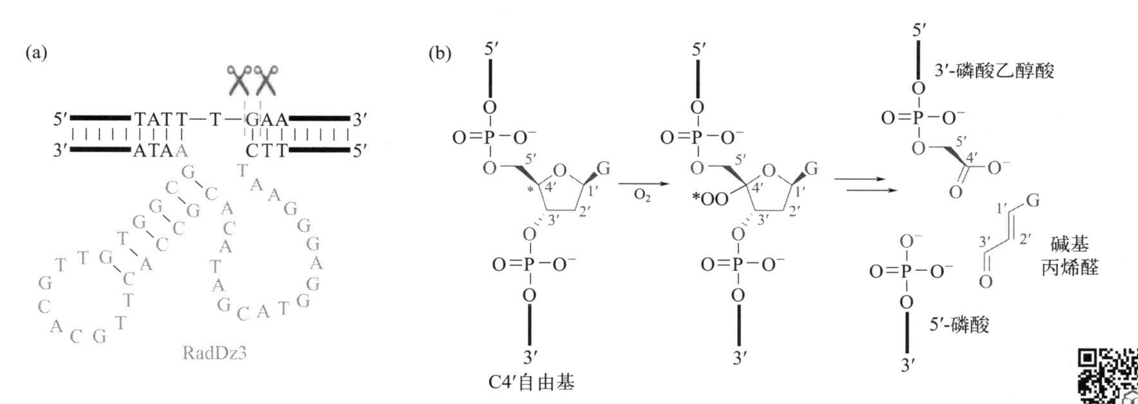

图 9-12　RadDz3 脱氧核酶二级结构及断裂位点示意图

（a）RadDz3 脱氧核酶二级结构图。其中绿色字母为 RadDz3 脱氧核酶的催化核心，黑色条带及字母为底物，剪刀切割位置为断裂位点。（b）RadDz3 脱氧核酶的断裂位点示意图

彩图 9-12

DNA 断裂也可以采用另一种水解断裂方式。2013 年，Ronald Breaker 课题组通过体外筛选获得两类可以快速水解 DNA 的脱氧核酶，并将其分为Ⅰ型和Ⅱ型（图 9-13）。Ⅰ型脱氧核酶 3

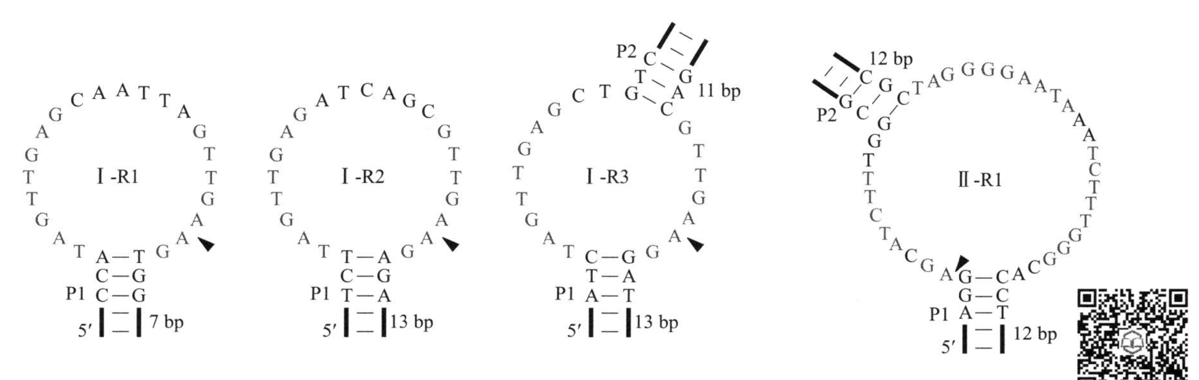

图 9-13　Ⅰ型和Ⅱ型脱氧核酶二级结构示意图

红色字母表示催化核心序列，黑色字母表示非保守序列，P1 和 P2 表示碱基配对区，箭头表示断裂位点

彩图 9-13

个典型代表为Ⅰ-R1、Ⅰ-R2 和Ⅰ-R3，其中Ⅰ-R3 脱氧核酶催化活性最高；在Ⅱ型脱氧核酶中，Ⅱ-R1 活性最好，但低于Ⅰ-R3 脱氧核酶。两种类型的脱氧核酶具有相似的“茎-环-茎”结构。“茎”代表凸起的配对核苷酸，该区域碱基对的数量过多或过少都会影响酶的催化活性。“环”表示酶的催化核心，单点突变实验证实该区域的核苷酸具有高度保守性。除 Ronald Breaker 课题组发现两类水解类型的脱氧核酶外，Scott Silverman 课题组也先后报道了 10MD1、10MD9、10MD5 以及 9NL27 水解类型的脱氧核酶。

二、连接型脱氧核酶

至今为止，通过体外筛选获得的连接型脱氧核酶的种类相对断裂型脱氧核酶较少。根据连接的底物不同，分为 RNA 连接脱氧核酶、DNA 连接脱氧核酶以及其他底物连接脱氧核酶。RNA 连接脱氧核酶中，7DE5 和 9DB1 脱氧核酶是连接 3′-5′ 磷酸二酯键的典型代表（图 9-14），而 9F7 和 7S11 脱氧核酶是连接 2′-5′ 磷酸二酯键的典型代表。每种脱氧核酶在辅因子作用下可以快速地连接底物。E47 脱氧核酶是具有连接 DNA 活性的脱氧核酶，当锌离子和铜离子存在时，可催化两条 DNA 底物片段快速形成 3′-5′ 磷酸二酯键，从而实现两条底物连接。

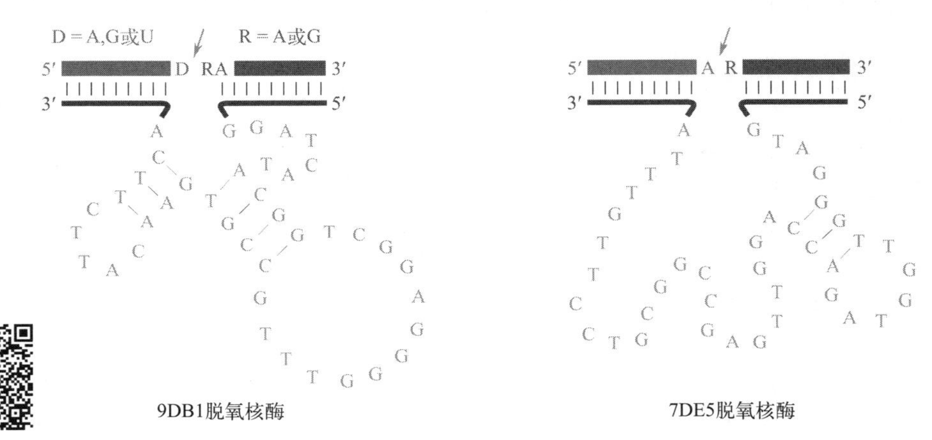

彩图 9-14

图 9-14　7DE5 和 9DB1 脱氧核酶二级结构示意图

除了连接 RNA 和 DNA 之外，连接其他底物类型的 DAB22、Tyr1、15MZ36 和 8XJ105 脱氧核酶相继被发现，其二级结构如图 9-15。传统的连接酶大多数是多肽或者蛋白质，而具有连接酶功能 DNA 或 RNA 的出现，极大程度上丰富了连接酶的种类。由于结构简单易于改造，所需的催化条件温和，因此各具特色的连接型脱氧核酶具有代替传统连接酶的应用潜力。

三、其他类型脱氧核酶

脱氧核酶不仅有连接型和断裂型，还有核苷酸修饰、腺苷酰化、磷酸化等类型。Sen 等报道了可诱导胸腺嘧啶二聚体发生光还原的 UV1C 和 Sero1C 两种脱氧核酶，可利用光能调控酶的活性。Silverman 和他的同事专注于鉴定修饰肽侧链和磷酸化的脱氧核酶（图 9-16），例如酪氨酸激酶脱氧核酶。该脱氧核酶筛选的基本原理是将 5′-三磷酸化 RNA 供体寡核苷酸（5′-pppRNA）的 γ-磷酰基转移至肽底物内的酪氨酸羟基，从而实现了底物之间的连接。

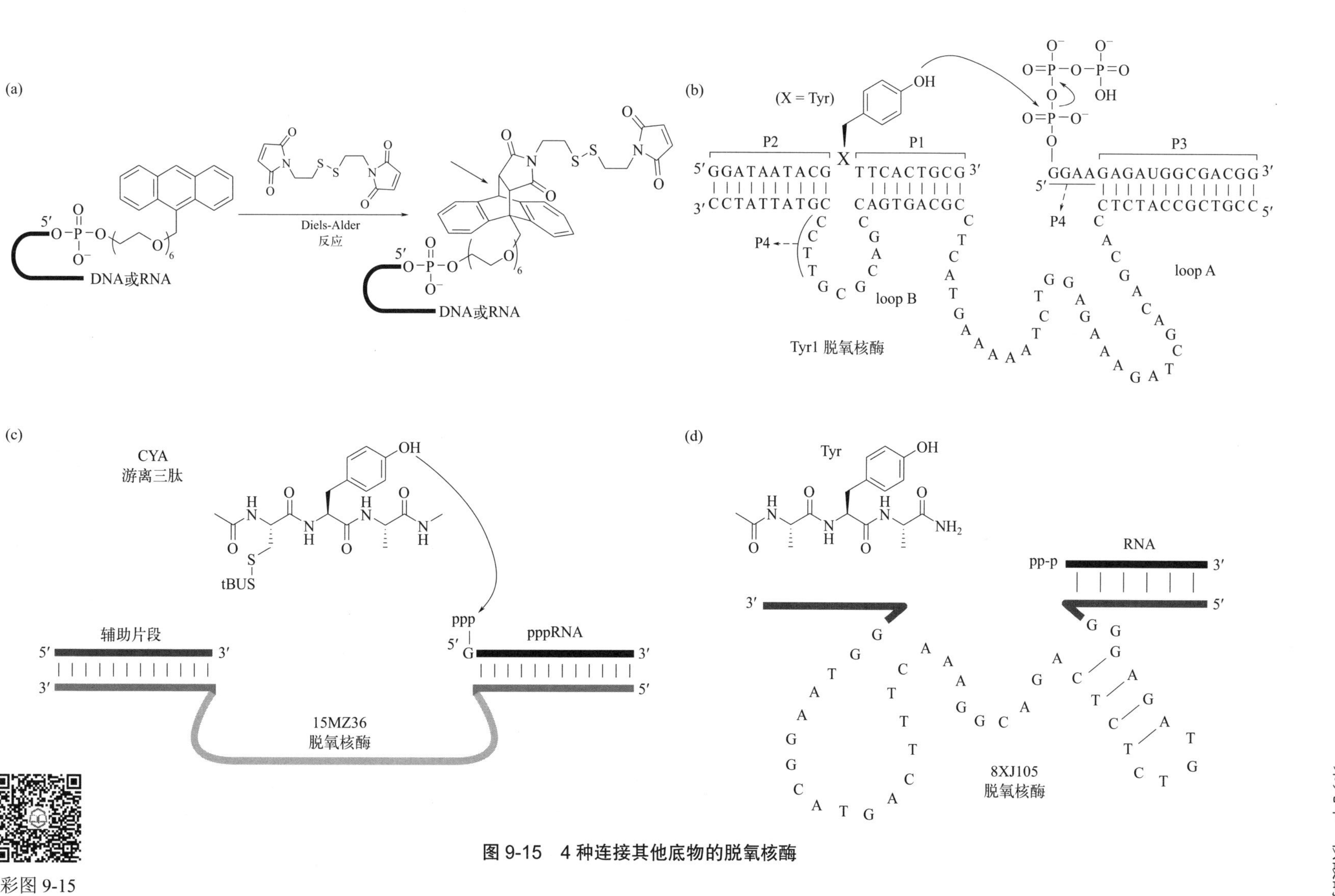

图 9-15 4 种连接其他底物的脱氧核酶

彩图 9-15

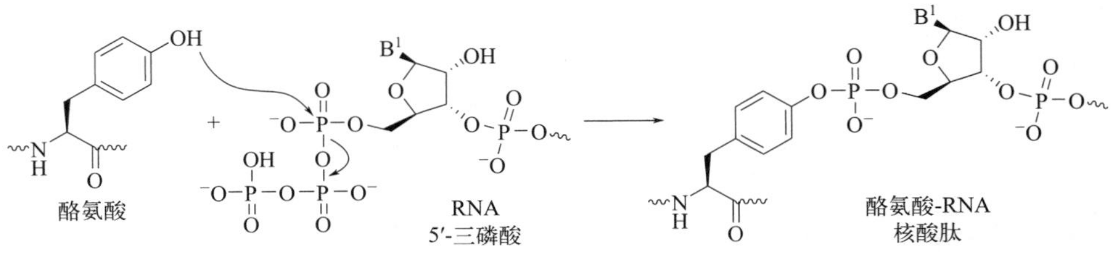

图 9-16　DNA 催化的核苷肽形成过程示意图

第三节　核酸酶的应用

自从核酸酶被发现和获得以来，因其具有优异的可编程性和特异性，在基因治疗、分子检测与成像以及 DNA 纳米装置等领域获得长足的发展。

一、基因治疗

基因治疗是核酸和脱氧核酶的共有应用研究目标，依赖的酶多具有切割 RNA 活性，作用对象主要是一些重要基因的 mRNA 和 RNA 病毒。前文提到锤头核酶是一种表现优良的基因治疗所使用的工具酶。由于其不需要任何蛋白质分子的协助，锤头核酶能够通过两个结合臂特异性识别目标 RNA 序列，并在特定的位置将 RNA 链切开，不易出现脱靶现象，是一种安全的基因敲降工具，在基因治疗中具有独特的优势，已用于治疗艾滋病。不过，天然锤头状核酶原是自身切割，在应用于分子间的 RNA 剪切时其活性往往会下降，导致基因敲降效率不及其他的分子工具，如干扰 RNA。为克服这一缺点，科研人员设计一种体内筛选方法，以一个毒性蛋白（IbsC）为报告基因，在大肠杆菌中通过核酶对其 mRNA 的剪切来调节毒蛋白的表达，如果核酶活性较低，毒性蛋白可有效表达而导致细菌死亡；当核酶具有较高活性时，毒性蛋白的表达下降细菌则可以在筛选平板上生长出菌落。经过多轮筛选，筛选出具有高活性锤头核酶。在海拉细胞（HeLa 细胞）中对比了敲降效率，显著好于野生型核酶；随后，以斑马鱼的体细胞色素沉着基因（nacre）为靶标，结果斑马鱼体细胞色素沉着明显减少。又以斑马鱼的尾部发育基因（ntl）为靶标进一步验证敲降效率，结果表明体内筛选的核酶具有更好的靶基因敲降效果，可以作为一个有效的工具用于细胞内的基因敲降。

脱氧核酶同样也可以通过抑制致病基因的转录从而降低其表达产物。Lu 等以鼻咽癌 CNE1-LMP1 为研究模型，设计并合成 LMP1 基因（能编码 EB 病毒的基因）靶向性脱氧核酶 DRz 1、DRz 7 和 DRz10，发现脱氧核酶在鼻咽癌 CNE1-LMP1 细胞中对靶 RNA 即存在反义抑制作用，同时也存在剪切抑制作用，能够抑制 CNE1-LMP1 细胞的增殖，促进肿瘤细胞的凋亡，而对正常细胞 CNE1 则无抑制作用。在裸鼠实验中，其可以抑制肿瘤的增长并可强化放疗的治疗作用。杨玉成等以鼻咽癌细胞 CNE2 为研究模型，设计并合成 LMP1 基因靶向性脱氧核酶 DRz 167 和 DRz 509，结果表明在鼻咽癌细胞内，该脱氧核酶能够在转录和翻译水平上抑制 EBV-LMP1 基因的表达，促进鼻咽癌细胞凋亡。Huan Fan 等利用 10-23 脱氧核酶设计了智能的“脱氧核酶-二氧化锰”纳米系统用于联合基因治疗和光动力治疗。Wu Yan 等人报道了基于 ED5 脱氧核酶合成了人类 Egr-1 mRNA 中特定的催化性 DNA 靶向序列，以研究其对动脉球囊损伤的影响。Thomas Schmidts 等已经证明通过 Dz13 脱氧核酶抑制过度表达的 c-Jun mRNA 以及下游 c-Jun 蛋白表达来抑制鳞状细胞癌的生长。

最近，Khalid Salaita 团队计了脱氧核酶纳米颗粒（DzNP），可在 miR-33 触发时敲除肿瘤坏死因子（TNFα）mRNA，从而减缓动脉粥样硬化的发展（图 9-17）。DzNP 是由金纳米颗粒及表面与脱氧核酶杂交的互补锁链构成的，锁链由 3 个域组成：接头域（α′），分支迁移域（β′）和锁域（γ′）。α′ 和 β′ 结构域包含抗 miRNA 的序列，而 γ′ 结构域序列可与脱氧核酶的一个结合臂互补，因此阻碍了对靶 mRNA 的切割活性。当 miRNA 出现时，可以与 α′ 结构域结合并交换，从而导致 Dz 链的释放和激活，随后对靶 mRNA 进行切割和降解。

彩图 9-17

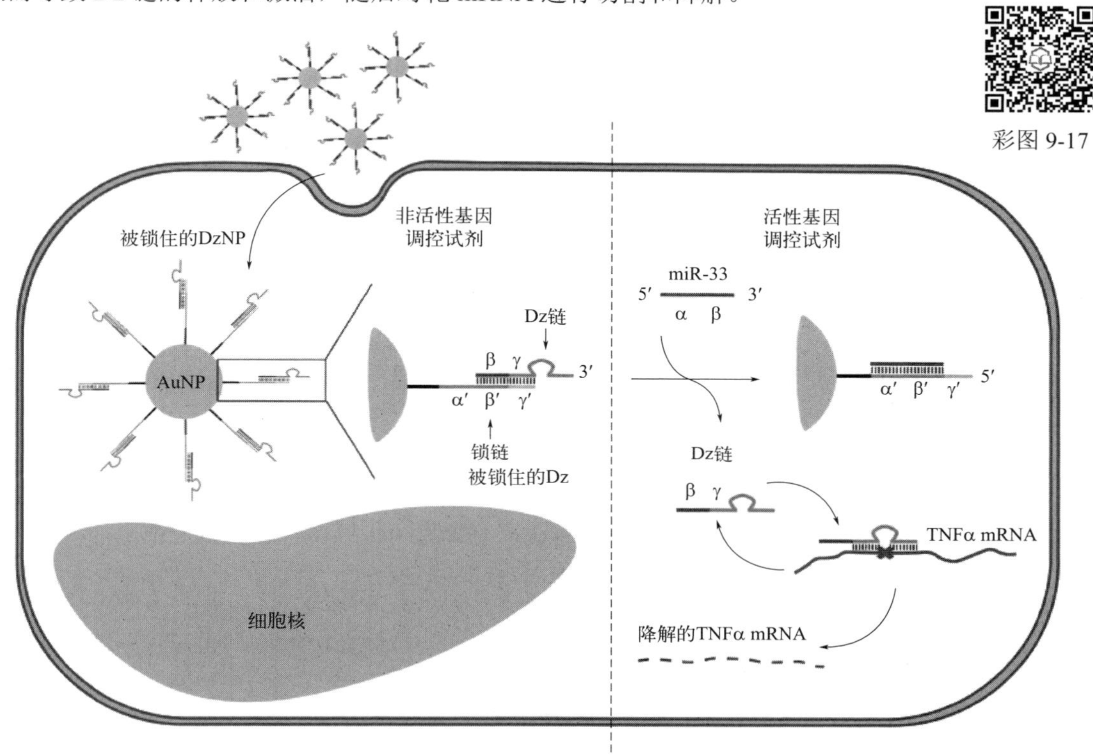

图 9-17　DzNP 对 miR-33 诱导的 TNF α 敲除示意图

上述研究基本策略都是通过剪切 RNA 来实现基因治疗目的的。最近，Lu 实验室则报道了一种新颖策略，模拟限制性内切酶，通过肽核酸辅助的脱氧核酶（13PD1 和 13PB2）实现切割双链 DNA，将脱氧核酶的催化底物由单链 DNA 成功扩展到了双链 DNA，最终达到基因编辑目的。切割系统（PANDA）由依赖锌离子的 DNA 断裂型脱氧核酶以及肽核酸两部分构成，肽核酸可以打开双链 DNA，脱氧核酶结合并特异性切割底物链（图 9-18）。13PD1 和 13PB2 是 10MD5 脱氧核酶在提高序列耐受性的重新选择实验中鉴定出来的，13PD1 具有高效的催化活性，但是序列耐受性较差，而 13PB2 则具有高度的序列耐受性。该团队在质粒双链 DNA 上使用 PANDA 完

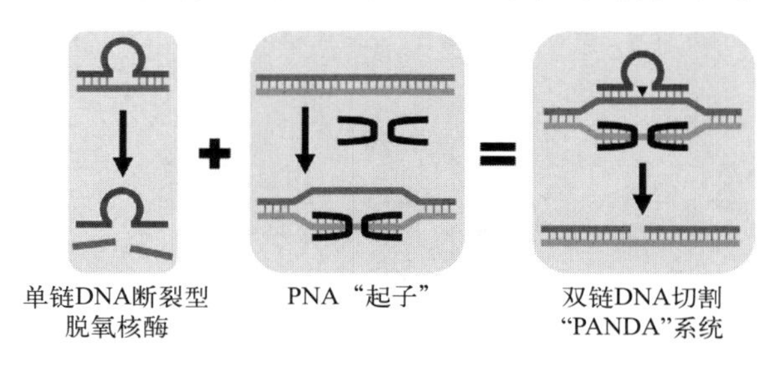

图 9-18　肽核酸辅助的脱氧核酶切割系统

成了高效、特异的单链切口（nick）或双链断裂（double-strand break, DSB）。值得注意的是，由于在 PANDA 系统中使用的脱氧核酶和肽核酸均具有序列特异性，PANDA 整体对靶标序列的特异性在多数情况下可以达到单碱基级别。同时，由于肽核酸和脱氧核酶的分子量均远小于大多数蛋白质，PANDA 有较大潜力在空间受限的环境中仍保持高活性。基于脱氧核酶及肽核酸的上述优点，PANDA 可能继 ZFN、TALEN 及 CRISPR/Cas 之后发展成为一种有力的基因编辑工具。

二、分子检测及胞内成像

在体外分子检测以及细胞内分子示踪成像方面，脱氧核酶取得了一系列令人瞩目的成果。脱氧核酶辅因子多是金属离子，因此对金属离子检测与成像研究成为应用研究主要对象。

以锌离子检测为例，常用的荧光型脱氧核酶传感器以荧光共振能量转移（fluorescence resonance energy transfer, FRET）技术为核心，在酶和底物上分别修饰荧光和猝灭基团，荧光猝灭，在锌离子存在的情况下，底物被切割，带有荧光基团的片段被释放出来，导致荧光恢复，荧光增加的程度与锌离子浓度成正比，从而可以进行量化分析［图 9-19（a）］。检测程度再高一些，将脱氧核酶附着在金纳米颗粒（AuNP）表面，以便能够更好地实现活细胞检测，因为金纳米颗粒具有高荧光猝灭效率和进入细胞的能力［图 9-19（b）］。另外，也可以在金纳米颗粒上附着多种脱氧核酶，多色荧光纳米探针可以同时检测细胞中锌离子和铜离子［图 9-19（c）］。17E 脱氧核酶就非常适合构建锌离子传感器，不过由于锌离子是 17E 除铅离子外最活跃的金属辅因子，所以检测只能在不含游离铅离子的样品中进行，如细胞内或血清。Lu 课题组将 17E 脱氧核酶与荧光基团或荧光蛋白相结合，构建了一系列荧光型脱氧核酶锌离子传感器，主要用于细胞内锌离子检测与成像。

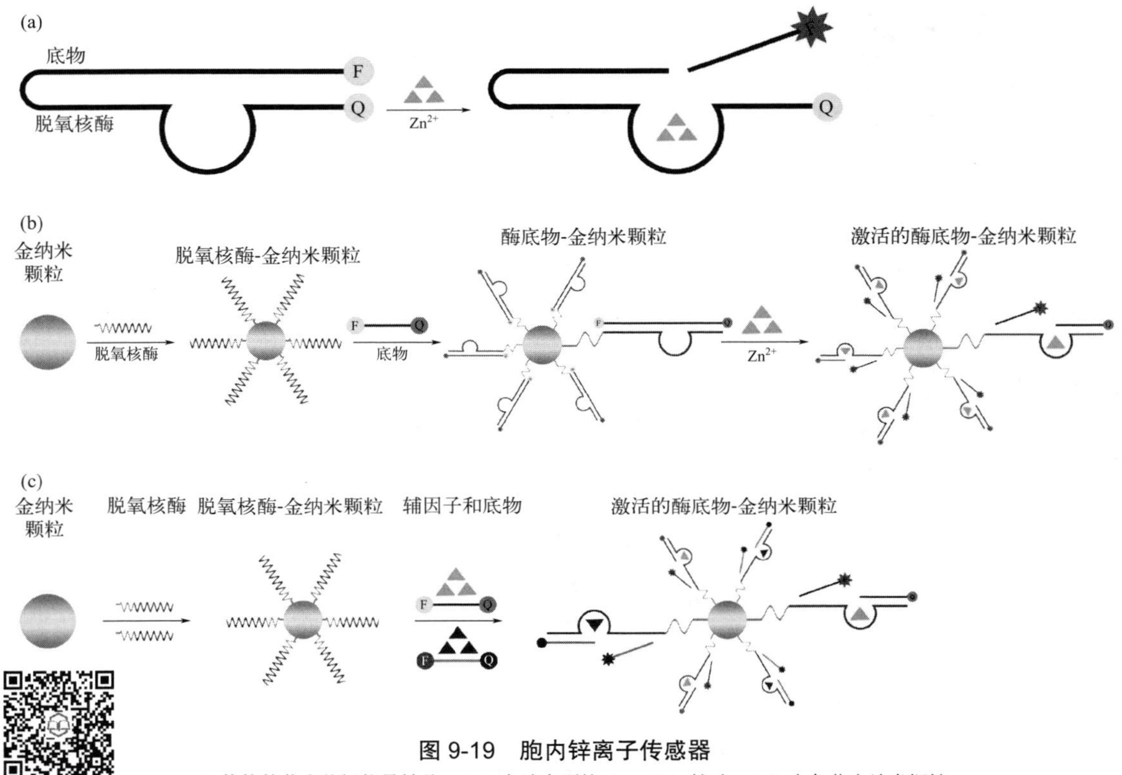

图 9-19　胞内锌离子传感器

（a）传统的荧光共振能量转移；（b）金纳米颗粒（AuNP）辅助；（c）多色荧光纳米探针

彩图 9-19

除了锌离子外，铅离子也是一个常见的检测金属离子对象。普莱克斯及其同事报道了一种用于检测铅离子的基于脱氧核酶的电化学生物传感器，如图 9-20（a）所示。脱氧核酶酶链被具有氧化还原活性的化合物亚甲基蓝官能化，并通过硫醇-金相互作用固定在金电极上；然后将脱氧核酶与其底物链杂交，这阻断了亚甲基蓝和电极之间的接触；在铅离子存在下，底物被裂解并释放。这种释放使酶链更加柔韧并促进亚甲基蓝和电极之间的电化学连通，产生与铅离子浓度成比例的电化学信号。

Shao 和同事设计使用金纳米颗粒功能化的 DNA 来提高灵敏度并扩增电化学信号的脱氧核酶生物传感器，检测下限为 1nmol/L［图 9-20（b）］。可通过静电相互作用与 DNA 的磷酸根结合的氧化还原介体 $Ru(NH_3)_6^{3+}$ 作为电化学信号转换器。Tian 和同事提出了一种新的装配策略，以开发用于放大检测铅离子的电化学脱氧核酶生物传感器。他们用金纳米颗粒修饰 17E 并将其与 17S 杂交，而将 DNA 链捕获固定在金电极的表面上。在铅离子的存在下，底物被切割且从酶中释放，并且金纳米颗粒上的游离 17E 与金电极上的捕获 DNA 杂交，导致电化学信号增强。

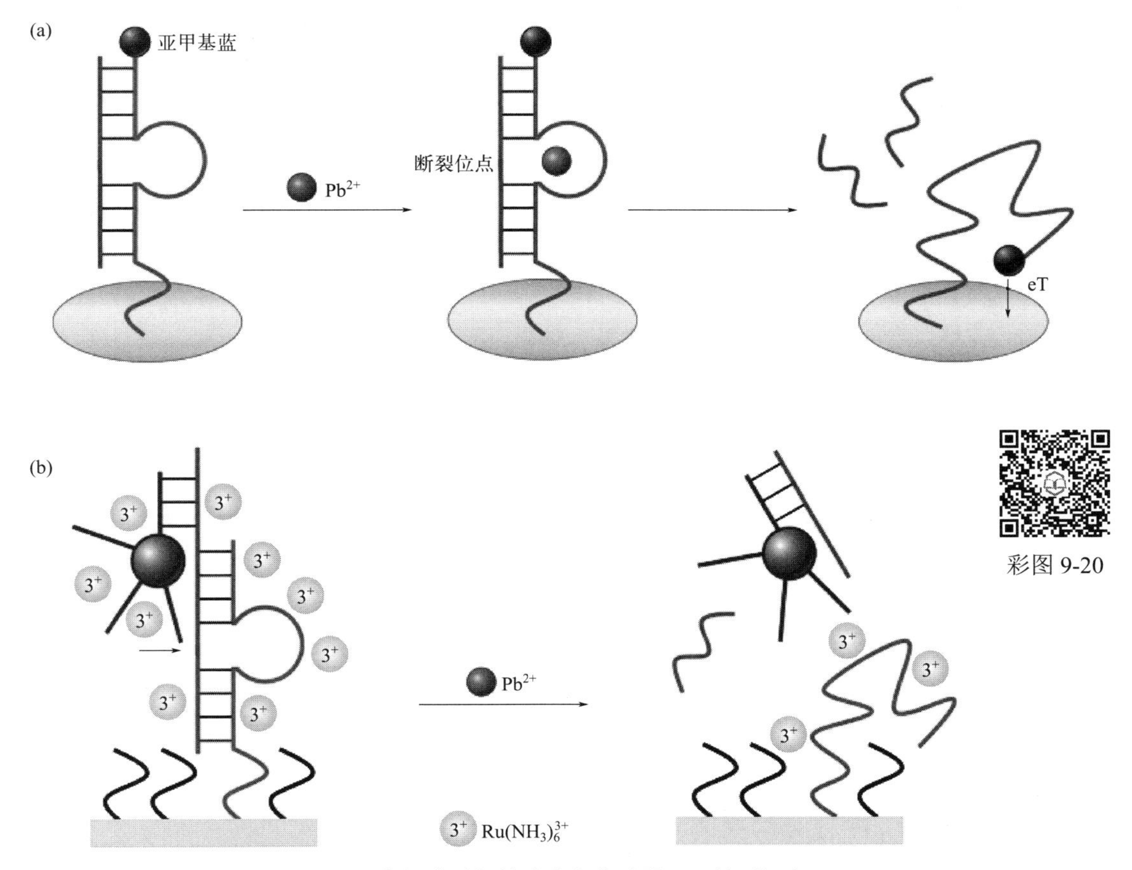

图 9-20 电化学脱氧核酶生物传感器用于检测铅离子

（a）基于脱氧核酶的构象变化的电化学 Pb^{2+} 传感器的示意图，eT 表示从亚甲蓝到电极表面的电子转移；
（b）无金属纳米粒子功能化报告 DNA 作为信号放大器的无标记电化学 Pb^{2+} 传感器的示意图

为降低检测背景以及提高检测特异性，科研人员采用了不同策略。例如化学修饰设计一种光激活脱氧核酶，可以避免底物链在细胞内检测时的非特异性切割，通过在底物的核糖核苷酸分子上加一个光不稳定分子（笼状基团），使脱氧核酶活性消失，365nm 紫外线（UV）短暂照射后，笼状基团剥落，活性恢复［图 9-21（a）］。近红外线（NIR）低危害，高穿透，可有效降低细胞损伤，光转换纳米粒子可将 980nm 近红外线转换为 365nm 紫外线，成功实现了斑马鱼活体检测［图 9-21（b）］。NIR 热激活脱氧核酶也可达到上述效果，它主要是通过脱氧核酶酶链与金纳米颗粒-DNA 寡核苷酸链杂交的方法，降低细胞损伤。DNA 寡核苷酸链阻止脱氧核酶酶链和底物链结合，从而抑制其催化活性，在 NIR 照射下，金纳米颗粒局部温度升高，脱氧核酶酶链脱杂交，并进一步与底物链结合，活性恢复［图 9-21（c）］。光控脱氧核酶已经在活细胞和斑马鱼中实现了锌离子传感，但是由于外部光源有限的穿透深度，该方法很难应用于动物和人体检测。高强度聚焦超声（high-intensity focused ultrasound, HIFU）热激活脱氧核酶的出现，有效解决了光控脱氧核酶穿透性低的问题。保护链和脱氧核酶酶链杂交，使脱氧核酶丧失活性，HIFU 处理后，局部温度由 37℃提高至 43℃，保护链-脱氧核酶酶链脱杂交，辅助链与保护链杂交，以此消除体系中游离的保护链，脱氧核酶酶链与底物链杂交，脱氧核酶激活［图 9-21（d）］。

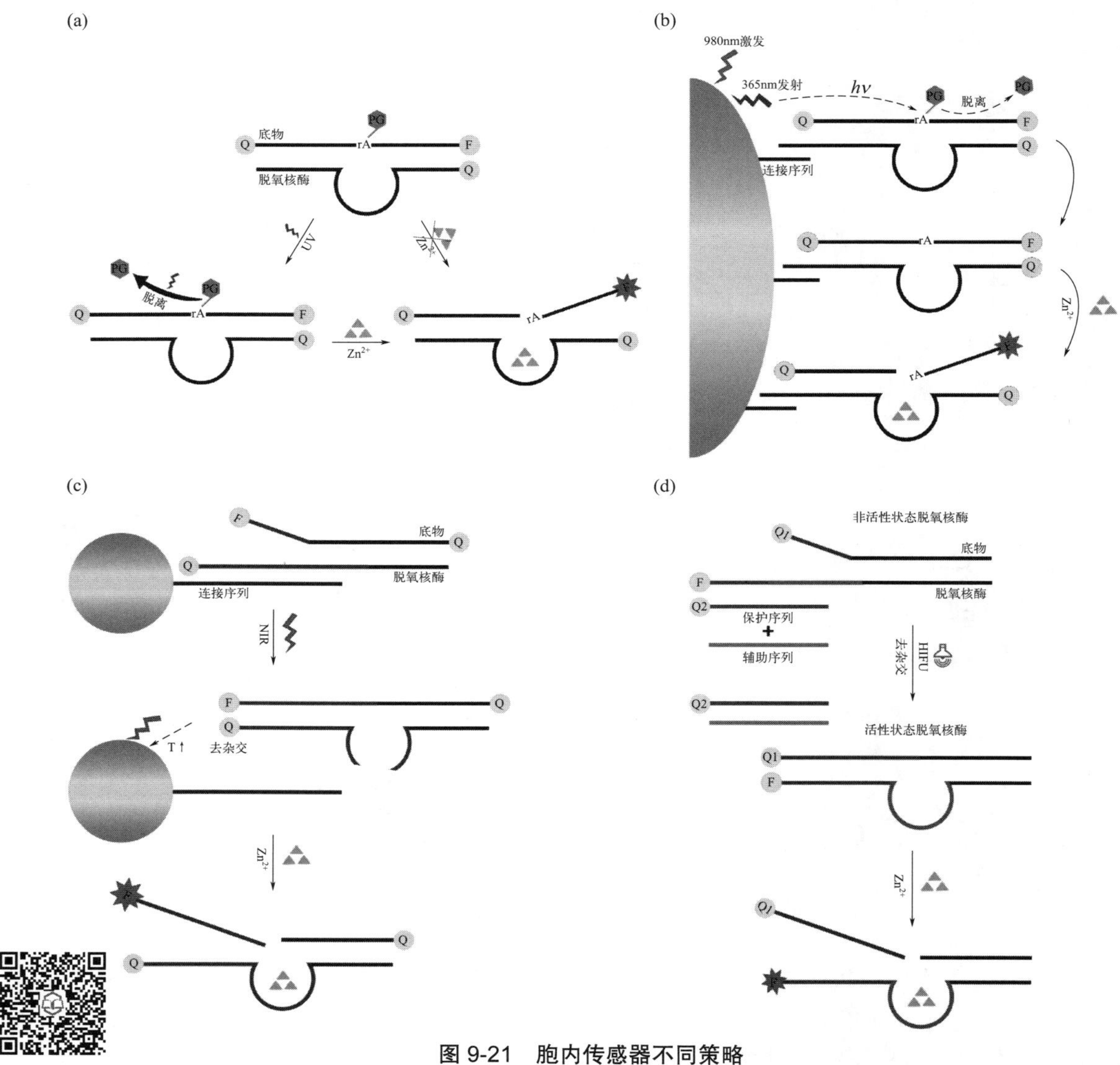

图 9-21　胞内传感器不同策略

彩图 9-21　（a）UV 光激活脱氧核酶；（b）NIR 光激活脱氧核酶；（c）NIR 热激活脱氧核酶；（d）HIFU 热激活脱氧核酶

除了检测金属离子外，利用脱氧核酶还可以实现 RNA 检测与成像。Chen 课题组设计了一个目标触发的自供“脱氧核酶-二氧化锰”纳米系统，用于扩增活细胞中内源性 miRNA 的检测及成像（图 9-22）。“脱氧核酶-二氧化锰”纳米系统包括分子信标 MB1、MB2 以及二氧化锰纳米片作为载体。进入细胞后，二氧化锰纳米片会与细胞内的谷胱甘肽反应并降解，生成大量的锰离子。由于载体的降解，通过范德瓦耳斯力吸附在二氧化锰纳米片上的分子信标 MB1 和 MB2 被释放到细胞质中。在靶 miRNA（以 miR-21 作为模型）的存在情况下，miRNA 与释放的 MB1 之间识别反应诱导发夹分子的构象转变，形成新的二级结构并构建成具有活性的依赖于锰离子的脱氧核酶。底物分子 MB2 与脱氧核酶杂交，在锰离子存在下被切割成两条短链。MB2 断裂后，具有断裂活性的脱氧核酶被释放，与另一个 MB2 杂交，并驱动一个新的脱氧核酶扩增循环，该循环产生更多的荧光信号，并以“一个靶标指向多个信号”的方式实现了 miRNA 的灵敏检测。

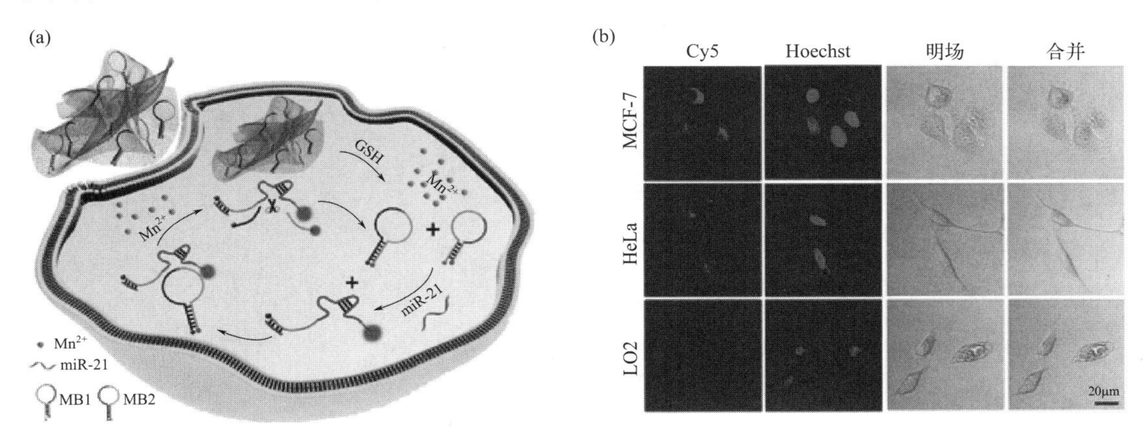

图 9-22　基于脱氧核酶-二氧化锰纳米系统的 miRNA 成像

（a）目标触发的自供“DNAzyme-MnO_2”纳米系统的示意图；（b）用“DNAzyme-MnO_2”纳米系统孵育的 MCF-7 细胞，HeLa 细胞和 LO2 细胞的 CLSM 图像，用于对靶标 miR-21 进行成像，Cy5—花青素荧光标记；Hoechst—赫斯特荧光标记

彩图 9-22

三、DNA 纳米材料组装

脱氧核酶是由 DNA 组成的，与 DNA 纳米材料组合具有天然优势。在 DNA 折纸中嵌入 DNA 断裂型脱氧核酶可以通过消化单链 DNA，控制 DNA 折纸的组装状态。反之，通过 DNA 折纸可以对这种脱氧核酶的催化过程进行可视化分析。

最近，Wang 课题组基于依赖锌离子的 DNA 断裂型脱氧核酶开发了一种多功能递药系统，该系统由滚环扩增（RCA）形成的 DNA 支架以及可以响应 pH 的氧化锌纳米颗粒构成。RCA 主要由可以自我断裂的脱氧核酶以及能够靶向癌细胞蛋白质酪氨酸激酶 7（protein tyrosine kinase 7，PTK7）的 sgc-8c 适配体两部分构成，可以自我组装成纳米海绵。氧化锌纳米颗粒可以通过静电作用和配位作用嵌入纳米海绵，形成滚环扩增-氧化锌纳米颗粒-纳米海绵复合结构，最后用该复合结构封装 DOX 药物，递药系统构建完成［图 9-23（a）］。该递送系统识别癌细胞 PTK7，随即进入细胞，由于 pH 降低，氧化锌纳米颗粒溶解产生锌离子，脱氧核酶被激活自我水解，释放 DOX 药物。此外，达到一定锌离子浓度后会促使细胞产生活性氧（reactive oxygen species, ROS），DOX 和 ROS 协同作用，从而实现癌症治疗［图 9-23（b）］。

Lilienthal 等则将丙烯酰胺与脱氧核酶交联制备了一种可以响应锌离子、镁离子以及铜离子的丙烯酰胺-DNA 水凝胶，金属离子存在时，底物链断裂，丙烯酰胺-DNA 交联破坏，水凝胶溶解，水凝胶中的 β-半乳糖苷酶（β-Gal）、葡糖氧化酶（GOx）以及辣根过氧化物酶（HRP）释放，实现三酶级联反应（图 9-24）。

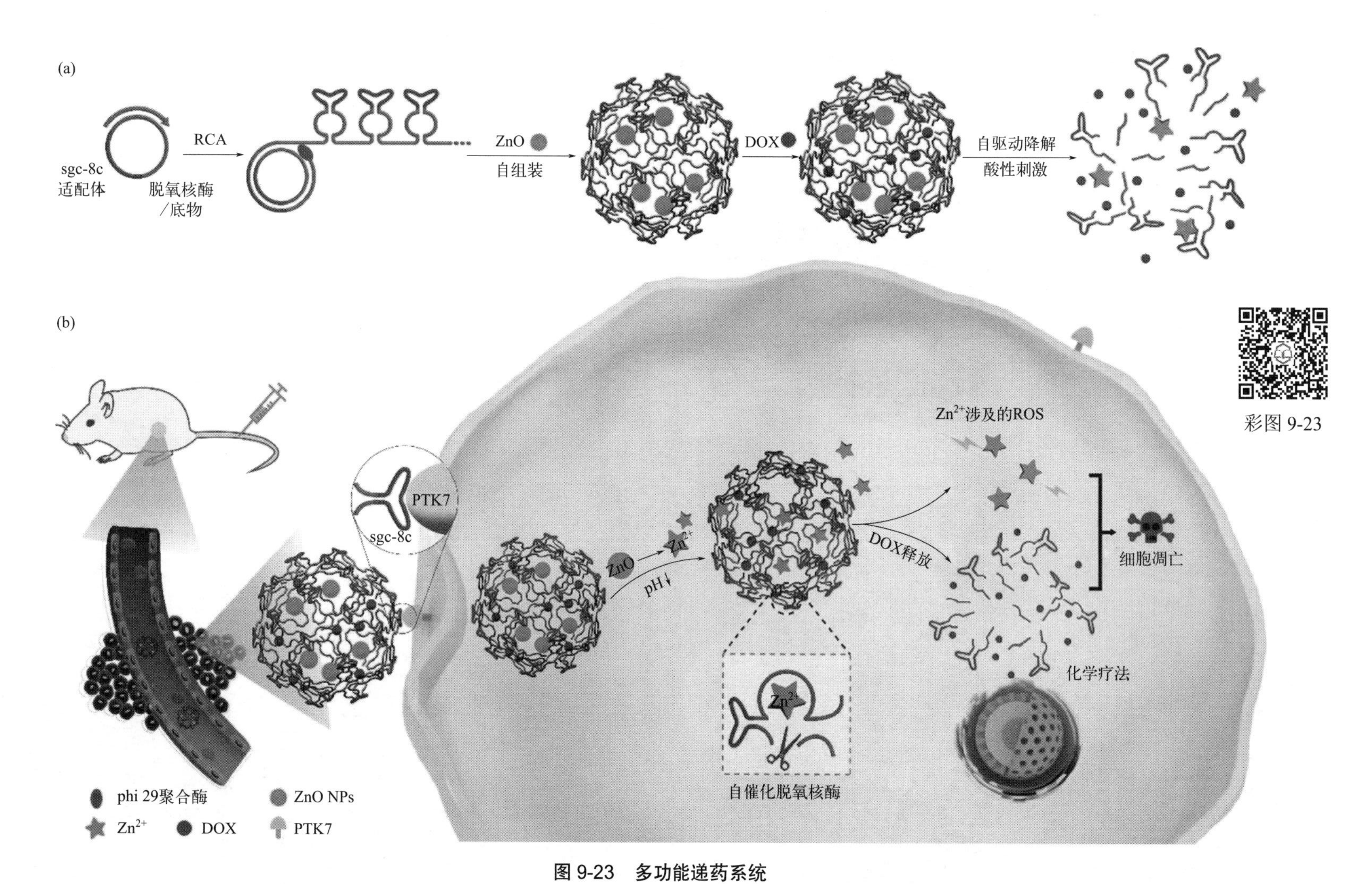

图 9-23　多功能递药系统

（a）DOX@滚环扩增-氧化锌纳米颗粒-纳米海绵复合结构组装和拆卸；（b）DOX@滚环扩增-氧化锌纳米颗粒-纳米海绵复合结构递药机制

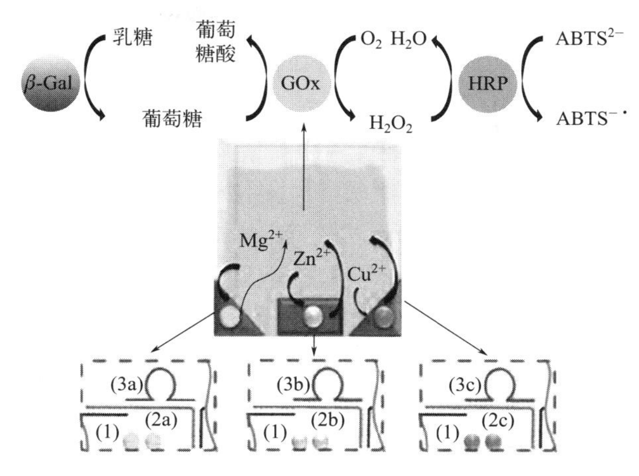

彩图 9-24

图 9-24 金属离子响应型水凝胶

四、DNA 逻辑电路

由于 DNA 的稳定性、可访问性、可操作性，基于 DNA 的逻辑电路，DNA 编码算法和处理信息正在推动分子计算机的前沿发展。目前的设计通常基于对 DNA 杂交、分子信标探针、脱氧核酶功能、适体配体结合等方面的研究。Chen 通过结合具有内切核酸酶活性的脱氧核酶和具有过氧化物酶活性的 G4zyme 开发了一个传感平台，该平台可以实现一整套布尔逻辑门和级联电路。如图 9-25 所示，他们设计了几条链，这些链可以组装成镁离子依赖的脱氧核酶单元，通过某些输入和富含 G 序列的发夹协同稳定。活化的脱氧核酶会切断发夹结构，释放富含 G 的序列并与血红素形成 G4 酶，因此催化过氧化氢氧化 TMB，产生肉眼可见的输出信号。

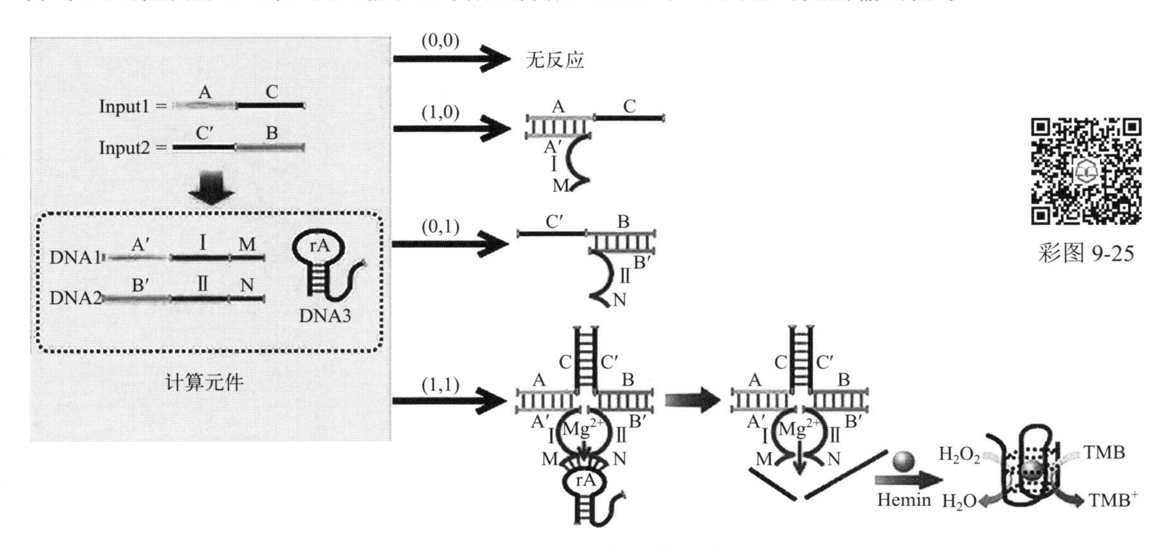

图 9-25 DNA 逻辑门的示意图

逻辑门由脱氧核酶亚基（DNA1 和 DNA2）、底物（发夹 DNA3、发夹结构茎中笼状 G-四链体序列表示为蓝色）和输入 DNA 组成

Zhang 等设计了由链移位控制的基本 YES 门。如图 9-26 所示，“YES”门由 DNA 链触发以产生脱氧核酶（DNA→脱氧核酶）。设计脱氧核酶分成两个单独的部分：链 A 和链 B。最初通

过嵌入 DNA 复合物 B（B/B1/B2）保护链 B，只有当链 A 和链 B 杂交时，才能产生完整的脱氧核酶作为活性输出报道分子，通过切割底物 BrA 产生荧光信号。这里，链 BrA 被设计成在中间区域具有核糖核苷酸切割位点（TrAGG），其中荧光基团荧光素（FAM）和猝灭剂（BHQ）在任一端被功能化。脱氧核酶切割可导致荧光团和猝灭剂之间的分离，从而导致荧光强度增加。在该门中，采用两种催化过程作为熵驱动和脱氧核酶催化机制。因此，脱氧核酶的结构被设计为两个功能部分：结构臂和切割单元［图 9-26（a）］。复合物 B 和链 A 最初在溶液中共存而不引发，只有加入催化剂 H1 后才能触发反应。催化剂 H1 可以多次循环以参与反应，最后，形成的脱氧核酶-1 可以消化荧光底物 BrA，导致荧光显著增加。这里，反应可以描绘为图 9-26（b）中的抽象图，其中虚线圆圈和实心圆圈分别代表熵驱动的催化和脱氧核酶催化，并且通过 PAGE 凝胶电泳和荧光测定分别证实了 YES 门的反应［图 9-26（c）和（d）］。

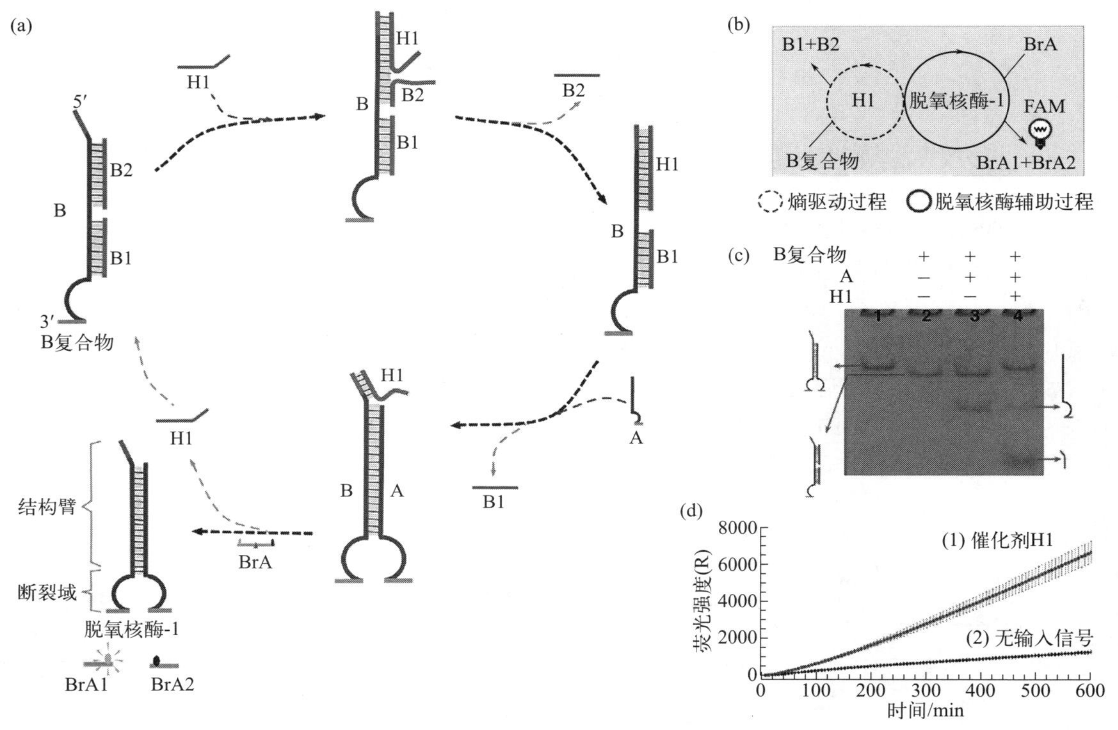

彩图 9-26

图 9-26　由链移位控制的基本 YES 门

（a）使用基于脱氧核酶的调节策略的“YES”门的方案。（b）YES 门的抽象图。虚线和实线圆圈分别代表两种催化扩增作为熵驱动和酶促机制。（c）使用 12% PAGE 对 YES 门反应进行凝胶分析。（d）存在（1）输入链 H1 或（2）无输入信号时，时间依赖性荧光强度变化

总结

通过上述叙述，核酸酶的发现和获得可以被视为酶学发展史上的里程碑事件，也是核酸领域的重大突破。随着核酸酶理论研究和实际应用不断深入，核酸酶种类会不断丰富，未来其催化能力和应用范围可能与蛋白酶媲美。在基因治疗、疾病诊断、食品与环境检测、纳米医学等领域得到广泛关注，能为人类社会、生活以及环境带来诸多效益。

1. 核酸酶包括哪些种类？
2. 核酶催化包括哪些类型？各自代表性核酶是什么？
3. 脱氧核酶的催化功能如何分类？
4. 目前核酸酶的主要应用在哪几个方面？

参考文献

[1] 罗贵民，高仁钧，李正强 . 酶工程 . 3 版 . 北京：化学工业出版社，2016.
[2] 张今 . 核酸酶学 . 北京：科学出版社，2009.
[3] de la Peña M, García-Robles I, Cervera A. The hammerhead ribozyme: a long history for a short RNA. Molecules, 2017, 22(1): 78.
[4] Hieronymus R, Müller S. Engineering of hairpin ribozyme variants for RNA recombination and splicing. Annals of the New York Academy of Sciences, 2019, 1447(1): 135-143.
[5] Riccitelli N, Lupták A. HDV family of self-cleaving ribozymes. Progress in Molecular Biology and Translational Science, 2013, 120: 123-171.
[6] DasGupta S, Piccirilli J A. The varkud satellite ribozyme: a thirty-year journey through biochemistry, crystallography, and computation. Accounts of Chemical Research, 2021, 54(11): 2591-2602.
[7] Phan H D, Lai L B, Zahurancik W J, et al. The many faces of RNA-based RNase P, an RNA-world relic. Trends in Biochemical Sciences, 2021, 46(12): 976-991.
[8] Zhao C, Pyle A M. Structural insight into the mechanism of group II intron splicing. Trends in Biochemical Sciences, 2017, 42(6): 470-482.
[9] Richards J, Belasco J G. Riboswitch control of bacterial RNA stability. Molecular Microbiology, 2021, 116(2): 361-365.
[10] Breaker R R, Joyce G F. A DNA enzyme that cleaves RNA. Chemistry & Biology, 1994, 1(4): 223-229.
[11] Huang Z, Wang X, Wu Z, et al. Recent advances on DNAzyme-based sensing. Chemistry-An Asian Journal, 2022, 17(6): e202101414.
[12] McConnell E M, Cozma I, Mou Q, et al. Biosensing with DNAzymes. Chemical Society Reviews, 2021, 50(16): 8954-8994.
[13] Jouha J, Xiong H. DNAzyme-functionalized nanomaterials: recent preparation, current applications, and future challenges. Small, 2021, 17(51): e2105439.
[14] Khan S, Burciu B, Filipe C D M, et al. DNAzyme-based biosensors: immobilization strategies, applications, and future prospective. ACS Nano, 2021, 15(9): 13943-13969.
[15] Santoro S W, Joyce G F. A general-purpose RNA-cleaving DNA enzyme. Proceedings of the National Academy of Sciences of the United States of America, 1997, 94(9): 4262-4266.
[16] Räz M H, Hollenstein M. Probing the effect of minor groove interactions on the catalytic efficiency of DNAzymes 8-17 and 10-23. Molecular BioSystems, 2015, 11(5): 1454-1461.
[17] Liu H, Yu X, Chen Y, et al. Crystal structure of an RNA-cleaving DNAzyme. Nature Communications, 2017, 8(1): 2006.
[18] Borggräfe J, Victor J, Rosenbach H, et al. Time-resolved structural analysis of an RNA-cleaving DNA catalyst. Nature, 2022, 601(7891): 144-149.
[19] Li J, Zheng W, Kwon A H, et al. In vitro selection and characterization of a highly efficient Zn(Ⅱ)-dependent RNA-cleaving deoxyribozyme. Nucleic Acids Research, 2000, 28(2): 481-488.
[20] Huang P J, de Rochambeau D, Sleiman H F, et al. Target self-enhanced selectivity in metal-specific DNAzymes. Angewandte Chemie International Edition, 2020, 59(9): 3573-3577.
[21] Yu W, Wang S, Cao D, et al. Insight into an oxidative DNA-cleaving DNAzyme: multiple cofactors, the catalytic core map and a highly efficient variant. iScience, 2020, 23: 101555.
[22] Wang M, Zhang H, Zhang W, et al. In vitro selection of DNA-cleaving deoxyribozyme with site-specific thymidine excision activity. Nucleic Acids Research, 2014, 42(14): 9262-9269.
[23] Lee Y, Klauser P C, Brandsen B, et al. DNA-catalyzed DNA cleavage by a radical pathway with well-defined products.

Journal of the American Chemical Society, 2017, 139(1): 255-261.

[24] Gu H, Furukawa K, Weinberg Z, et al. Small, highly active DNAs that hydrolyze DNA. Journal of the American Chemical Society, 2013, 135(24): 9121-9129.

[25] Wang Y, Silverman S K. Directing the outcome of deoxyribozyme selections to favor native 3′-5′ RNA ligation. Biochemistry, 2005, 44(8): 3017-3023.

[26] Purtha W E, Coppins R L, Smalley M K, et al. General deoxyribozyme-catalyzed synthesis of native 3′-5′ RNA linkages. Journal of the American Chemical Society, 2005, 127(38): 13124-13125.

[27] Yum J H, Sugiyama H, and Park S. Harnessing DNA as a designable scaffold for asymmetric catalysis: recent advances and future perspectives. The Chemical Record, 2022, 22(6): e202100333.

[28] Xu M, Tang D. Recent advances in DNA walker machines and their applications coupled with signal amplification strategies: a critical review. Analytica Chimica Acta, 2021, 1171: 338523.

[29] Cozma I, McConnell E M, Brennan J D, et al. DNAzymes as key components of biosensing systems for the detection of biological targets. Biosensors and Bioelectronics, 2021, 177: 112972.

[30] Ma L, Liu J. Catalytic nucleic acids: biochemistry, chemical biology, biosensors, and nanotechnology. iScience, 2020, 23(1): 100815.

第十章
酶的改造与进化

张作明

第一节　引言

地球万物在漫长历史中不断地发生着变化，物质的变化促进了生命的产生及演化。酶伴随生命几十亿年的自然演化而进化出多种多样的生物学功能。随着生物催化应用领域的发展，人们应用酶制剂的范围不断扩宽，甚至超出了天然酶的催化条件或作用底物的范畴。人们发现天然酶有许多局限性，无法完全满足工业化应用的要求，主要表现在：天然酶的稳定性较差，或催化效率很低，尤其在非生理条件下，如高温、低温、高盐、高浓度有机溶剂、极端 pH 等；在生物体外复杂的反应体系中，酶催化的精确性较低；有些天然酶的一些特征或功能调节方式不是人们所期望的，如产物抑制、辅酶成本高；有些天然酶缺乏有商业价值的底物谱，甚至对类天然底物的催化效率也很低等。

为克服天然酶在工业应用中的诸多局限，可以对天然酶进行化学修饰、固定化等加工。此外，酶分子的多样性功能源于生命自然演化这一原理，说明酶分子蕴含很大的进化空间。在人工条件下可极大加快酶分子的进化过程，迅速改善其适应性，提高其功能性，增强其应用性等，为生物催化的工业应用和代谢工程、合成生物学等领域的发展提供优良的酶制剂或有效的酶元件。在人工干预或设计下，甚至可以获得在自然进化过程中没有经过选择的特性和功能的新酶分子，从而拓展了酶的应用空间。人们利用基因工程、蛋白质工程的原理结合计算生物学，对天然酶分子进行改造或构建新的非天然酶就显得非常有研究意义和应用前景。

由于绝大部分酶的化学本质是蛋白质，因此对酶分子的改造即是针对蛋白质分子的改造。总体上分为三类酶分子改造方案：一类被称为酶分子的理性设计（rational design），是利用各种生物化学、生物物理学、蛋白质晶体学、蛋白质光谱学等方法获得有关酶分子的结构、特性和功能的信息，并以其结构-功能关系为依据，采用改变（修饰）酶分子中个别氨基酸残基的方法对酶分子进行改造，最后获得具有新性状的突变酶。该方案包括化学修饰、定点突变（site-directed mutagenesis）等。这些对天然酶分子的改造小到可以仅改变一个氨基酸或一个基团的修饰状态，大到可以插入或删除某一段肽段。此外，以计算生物学为主要手段，针对特定反应，从头设计全新酶分子也获得了成功。第二类被称为酶分子的非理性设计（irrational design），是在事先不了解酶分子三维结构信息和催化机制、对酶的结构与功能的相关性知之甚少的情况下，在实验室中人为地创造特定的进化条件，模拟漫长的自然进化过程（随机突变、基因重组、定向选择或筛选），创造基因多样性及特定的筛选条件，从而在大量随机突变库中定向选择或筛选出所需性质或功能的突变体酶，实现定向改造酶的目的。该方案包括定向分子进化（directed molecular evolution）、杂合进化（hybrid evolution）等。第三类被称为酶分子的半理性设计（semi-rational design），是在对酶分子结构-功能关系有一定了解、对酶分子进行了计算分析的基础上，对特定氨基酸位点或特定区域氨基酸位点进行随机突变，获得简洁、高效突变体库，进而通过筛选获得目标突变酶的方法。酶分子理性设计方案具有目标明确、效率高等优势，但是酶分子的结构-功能关系非常复杂，其通用性受到了很大的限制。随着计算生物学，尤其是机器学习在酶分子设计改造方面的应用，酶分子的理性设计改造在近些年获得了巨大的进步。酶分子的非理性设计方案的优势主要表现在：无需提前了解酶的活性及底物结合位点、催化机制以及分子结构，可直接构建突变体库和筛选方案，容易获得非自然选择压力下的新性状突变体，其突变体库的构建技术、特定目标的筛选技术往往具有通用性。该方案的劣势主要包括：需要构建容量巨大的突变体库，需要设计建立高灵敏性、高通量的筛选技术，难以提高长期自然选择压力下的性状。酶分子的半理性设计方案兼顾了上述两个方案的优点，如无需透彻了解酶分子的结构-功能相互关系，改造的靶位点少突变体库容量小，建库及筛选效率高等。需要注意的是，该方案可能会遗漏长程作用靶点。

第二节　酶的理性设计

自 20 世纪 80 年代起，越来越多酶分子精准立体结构与其功能的相关性被揭示，尤其是计算机技术在酶分子结构模拟方面取得的巨大进步，为设计改造天然酶奠定了基础。酶分子理性设计的核心内容是其突变体的设计，这需要对天然酶有较全面的了解和认识。通常需要依据酶的晶体结构或结构建模，甚至是依据酶与底物或抑制剂复合物的结晶结构或对接的构象，以及酶在催化过程中的结构变化细节，进行天然酶的结构分析，在此基础上确定突变位点并预测突变酶的功能。酶分子的理性设计主要包括以下几种形式。

一、定点突变

基于点突变的理性设计是目前酶分子改造中使用最为广泛的方法，通常选择直接或间接影响酶的活性部位或调节部位的关键氨基酸残基来设计突变体酶，可在一个位点或多个位点同时展开。然后按照设计，利用分子生物学技术通过突变引物的灵活设计，完成突变基因的构建与表达，并以母体酶作参照，对突变体酶的酶学性质进行表征，结果一方面可指导酶分子改造的方向，另一方面可获得突变位点的详细效应信息，这些信息既有助于进一步揭示酶的催化和调节机理，又可反馈给下一轮的设计，最终可获得理想的突变酶。如张应玖教授研究组对多功能淀粉酶的单位点突变，既解析了多功能淀粉酶水解活性与转苷活性的定向调节机制，又为多功能淀粉酶定向催化设计奠定了基础。催化周环反应的周环反应酶（pericyclase）可产生高度立体选择性的产物，对于解析天然产物生物合成途径以及设计复杂天然产物的高效和精准合成的新方法具有重要的作用。唐奕教授及周佳海研究员等课题组综合运用计算分析、蛋白质共结晶、突变等技术方法，发现活性中心单个氨基酸位点调控了周环酶的反应选择性，其它位点起到了位阻效应及底物结合作用，双点突变后逆转了周环选择性。这将为多环化合物的高效、精准合成提供新的酶催化工具。高仁钧和郭诤对筛选得到的嗜热外二醇双加氧酶 Tcu3516 进行定点突变，对其催化口袋末端的环结构进行改造，获得了活力显著提高的突变体（图 10-1）。

二、模块组装

依据分子中亚基或肽链数目的不同，天然酶可分为单体酶或寡聚酶，而且很多寡聚酶在单体与寡聚体之间存在着动态平衡，或存在着相对应的单体形式与寡聚体形式。随着人们对酶结

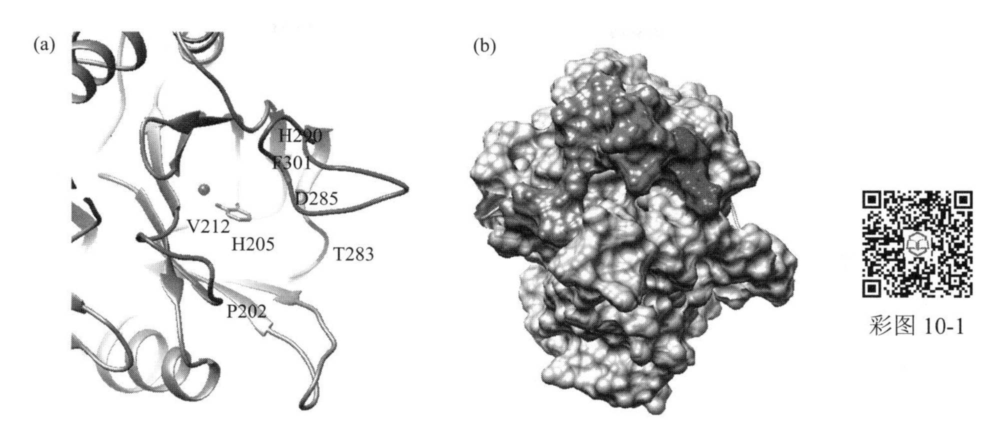

图 10-1 （a）C 端结构域及（b）酶底物复合体

构-功能关系认识的深入，人们发现有些酶分子在二级结构亚集合、结构域等层面上，都具有不同程度的结构和功能的模块性，因此在相同或不同的酶分子之间完成这些结构模块或功能模块的再重组、替换或拼接，构建新的嵌合酶，有可能引起酶的性质或功能的大幅度改变。美国加州理工学院教授 Frances H. Arnold 指出，对自然界中已经存在的蛋白质模块进行重新组合，可能产生大量性质优良、功能差异化明显的新酶。对此，Arnold 等提出了酶家族结构片段重组技术（SCHEMA），通过对亲本酶结构和序列比对数据进行分析，来评估两个或多个同源蛋白质中哪些组件可以相互交换，而不对酶的整体构象产生严重的破坏作用。应用 SCHEMA 技术可以大量募集自然界酶家族与超家族中的二级结构模块，快速重组形成全新的嵌合酶，形成新的相互作用界面，从而有效地扩展了人类可利用的蛋白质序列空间，有效地获得期望的新性质、新功能、新调控机理的酶，丰富人们可以利用的优质酶蛋白的来源。Arnold 实验室利用此方法构建出 3000 余种全新的细胞色素 P450 嵌合体，这些新酶的功能差异明显，而且某些新酶能利用重组母本酶无法利用的底物。酶分子模块重组的意义并不仅仅是增加了模块的多样性或数目，更重要的是重组体的调控机制可能发生了改变，从而引起其生物学意义发生了变化。例如，β-内酰胺酶融合到麦芽糖糊精结合蛋白 MalE 上，则导致融合蛋白分泌到周质，该蛋白质能运输麦芽糖并水解 β-内酰胺。羧基末端融合的蛋白质也有同样功能，但内部融合导致两个附加的特性：第一，它们对内源蛋白酶水解不敏感；第二，麦芽糖的加入稳定了 β-内酰胺酶结构域的活力，能抵抗脲变性，显示了两个结构域之间的真正的别构作用。

通过将自然界存在的酶的结构域或模块进行互换操作得到大量的新酶，主要体现在产生了特定的别构效应、提高了稳定性、改变了底物选择性、提高了催化活力甚至是构建出全新的酶活力等。这种酶模块重组方式被称作结构域互换（domain swapping）或模块互换（module swapping）。非核糖体肽合成酶（NRPS）催化许多具有重要生物活性的小分子合成。该酶具有典型的模块化结构。哈佛大学的 Liu 等通过结构域交换的方式将来源于 *Pantoea agglomerans* 的 NRPS-聚酮合酶的 A 结构域与来源于放线菌（*Streptomyces* sp. ）RK95-74 的 A 结构域 CytC1（具有广泛底物选择性），以及地衣芽孢杆菌（*Bacillus licheniformis*）的 A 结构域（具有异亮氨酸选择性）进行了重组，成功获得了抗生素 andrimid 的衍生物。拥有 GT-B 构象的糖基转移酶在结构上具有较强的模块性，其 N-末端及 C-末端结构域分别负责结合糖受体底物与糖供体底物。研究者将具有不同糖受体底物与糖供体底物特异性的糖基转移酶卡那霉素 GT（kanamycin GT, kanF）和万古霉素 GT（vancomycin GT, gtfE）进行了重组，获得了底物选择性明显拓宽的并具有良好催化活性的嵌合体。

第三节　酶的定向进化

虽然已有许多酶分子的结构-功能关系已经明确，为定向改造天然酶提供了依据，但由于蛋白质的结构与功能的相互关系非常复杂，这极大地增加了合理设计的难度。更何况，对于很多要改造的酶分子来说，我们缺少对蛋白质结构与功能相互关系的了解，这在很大程度上阻碍了通过酶分子合理性设计来获得新功能或新特性酶的思路，因而，对于有些分子来说，非理性设计的实用性显得更强。采用非理性设计方案对酶分子进行改造，是利用了基因的可操作性，在体外模拟自然进化机制，并使进化过程朝着人们希望或需要的方向发展，从而使漫长的自然进化过程在短期内（几天或几个月）得以实现，以达到有效地改造酶分子并获得预期特征的进化酶的目的。

酶定向进化的实质是达尔文进化论在酶分子水平上的延伸和应用。在自然进化中，决定酶分子是否留存下来的因素可能是其存在的需求和适应优势。而在定向进化中是由人来挑选的，只有那些人们所需的酶分子才会被保留下来进入下一轮进化。酶分子定向进化的条件和筛选过程均是人为设定的，整个进化过程完全是在人的控制下进行的。

在分子水平上体外定向进化即为定向分子进化，又称为实验室进化（laboratory evolution）或进化生物技术（evolution biotechnology）。定向分子进化的思想最初来自于 S. Spiegelman 等（1967 年）和 W. Gardiner 等（1984 年），他们提出：进化方法适用于工程生物分子。1993 年 S. Kauffman 提出分子进化的理论。随着多种生物技术和方法的成功运用和发展，如应用于蛋白质和多肽体外选择而发展起来的噬菌体展示技术，以及为有效选择功能核酸而发展起来的指数级富集的配体系统进化技术（systematic evolution of ligands by exponential enrichment, SELEX）等，定向分子进化的概念渗透到整个科学界，引起了广泛的关注。自 20 世纪 90 年代初，定向进化已成为生物分子工程的核心技术。然而，定向进化的成功不只依赖于这门技术本身的潜力，还因为它有着其它技术无可比拟的优点，毕竟现今我们对蛋白质结构与功能的了解还非常有限。

从广义上讲，酶定向分子进化可被看作是突变加选择 / 筛选的多重循环，每个循环都产生酶分子的多样性，在人为设定的选择压力下从中选出最好的个体，再继续进行下一个循环。酶定向分子进化是从一个或多个已经存在的亲本酶（天然的或者人为获得的）出发，经过基因的突变或重组，构建一个人工突变体文库。构建突变体文库最直接的方法是应用易错 PCR（error-prone PCR, epPCR）或饱和诱变（saturation mutagenesis）等技术，在目的基因中引入随机突变。除此之外，应用 DNA 改组（DNA shuffling）技术或相关技术进行突变基因的重组可获得更多的多样性，并能迅速积累更多有益的突变。然而这些方法搜索到的顺序空间是有限的。同源基因之间的 DNA 改组又被称为族改组（family shuffling），可触及顺序空间中未被涉猎的部分。此外，研究者开发出非同源基因之间产生嵌合体的各种策略和方法，进一步拓展了顺序空间。另一种体外构建多样性文库的方法是构建环境库。在这种方法中利用分离和克隆环境 DNA 来获取自然界中微生物的多样性，并且利用构建的文库来搜索新的生物催化剂。

建立多样性，如构建一个含有不同突变体的文库，之后便是将靶酶（预先期望的具有某些功能或特性的进化酶）从文库中挑选出来。这可以通过定向的选择（selection）或筛选（screening）两种方法来实现。选择法的优势在于检测的文库更大，通常可以进行选择的克隆数要比筛选法多 5 个数量级。对于选择而言，一个首要问题是如何将所需酶的某种特异的性状与宿主的生存联系起来。尽管筛选法检测的克隆数相对低，但随着相关技术的自动化、小型化和各种筛选酶的工作站的建立，筛选法日显重要。

天然酶在自然条件下已经进化了几十亿年，但是酶分子本身仍然蕴藏着巨大的进化潜力，许多功能有待于发掘，这是酶体外定向进化的前提。酶分子的定向进化是体外改造酶分子的一种有效的策略，属于蛋白质的非合理设计范畴。通过定向进化获得的进化酶提升了其生物学功能及生物物理性能（如催化效率提高，底物亲和力改变，热 /pH 稳定性增加等），为解析天然酶的本质提供了帮助，也为合成生物学提供了基础元件。此外，定向进化技术在抗体筛选、新 tRNA 进化设计、蛋白质的从头设计等领域也展现了巨大的应用前景，已经成为生物研究者的常用手段之一。本节将介绍酶定向分子进化的原理、策略、方法、应用及发展，主要内容包括：分子进化思想、概念和原理，定向分子进化的基本策略和方法，定向分子进化的筛选和选择方法以及采用定向分子进化的策略获得优良进化酶的理论与实践。

一、基本策略

定向进化第一步是由一个靶基因或一群相关的家族基因起始创建分子多样性（突变和 / 或重组），然后对该多样性文库的基因产物进行筛选，那些编码改进功能产物的基因被用来继续下一轮进化，重复这个过程直到达到目标。该进化策略有以下三个显著特征：①进化的每一关键步骤都受到严密控制；②除修饰改善蛋白质已有特性和功能外，还可引入一个全新的功能，来执行从不被生物体所要求的反应，甚至为生物体策划一个新的代谢途径；③能从进化结果中探索蛋白质结构和功能的基本特征。

定向进化的思想是增加多样性，拓展顺序空间，积累有益突变。进化的过程就是连续的突变、选择或筛选循环，每一个循环如图 10-2 所示都包括三个步骤：①目标酶基因扩增或重组；②增加序列多样性；③选择或筛选所需的突变体。酶分子定向进化可概括为：

定向进化 = 随机突变 + 正向重组 + 选择或筛选

重复进行突变 / 筛选的循环，直到获得所需特征的酶。

如前所述，酶定向进化是在一个或多个已经存在的亲本酶（天然或者人为获得）基础上进行的。在单一基因突变和重组的 PCR 扩增反应中，向目的基因中随机引入突变，或再进行正向突变间的重组，然后构建突变库。凭借定向的选择或筛选方法排除不需要的突变体，最终从突变体库中选出预先期望的具有某些功能或特性的进化酶分子。多个同源基因之间的改组也称族改组，也是一种有效获得蛋白质新功能的方法。向单一基因内引入突变，使得遗传变化只是发生在单一分子内部的均属于无性进化（asexual evolution）；相反，突变是由多个基因重组产生的，遗传变化涉及多个分子的均属于有性进化（sexual evolution）。

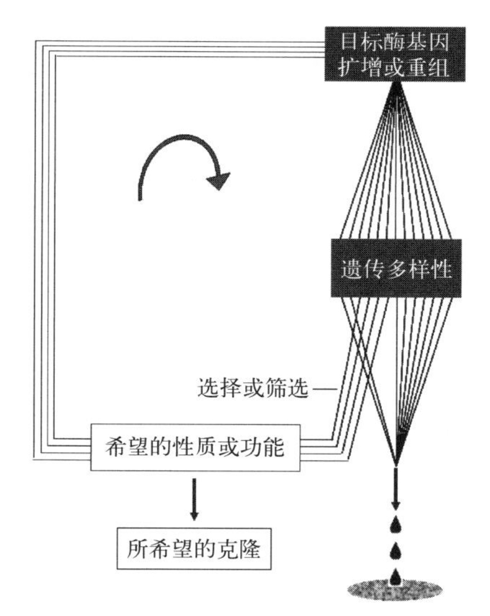

图 10-2　酶定向进化的基本过程

酶的性质或功能通过选择（或筛选）循环最佳化。每个循环由三相组成：①扩增；②多样化；③选择或筛选。扩增和多样化由分子生物学方法实现，如 PCR 或基因重组等，选择或筛选则需采用特异而灵敏的方法，如与靶标的特异结合或表型筛选法等

定向分子进化的基本策略如图 10-3 所示。对于单一基因的操作，第一轮随机突变中所选择的突变体再重复进行随机突变和选择，以积累更多的有益突变［图 10-3（a）］，应用 DNA 改组或其他方法改进突变体的重组，可使有益突变组合并消除有害突变［图 10-3（b）］。当同源基因重组产生嵌合体时，可以产生新功能［图 10-3（c）］。

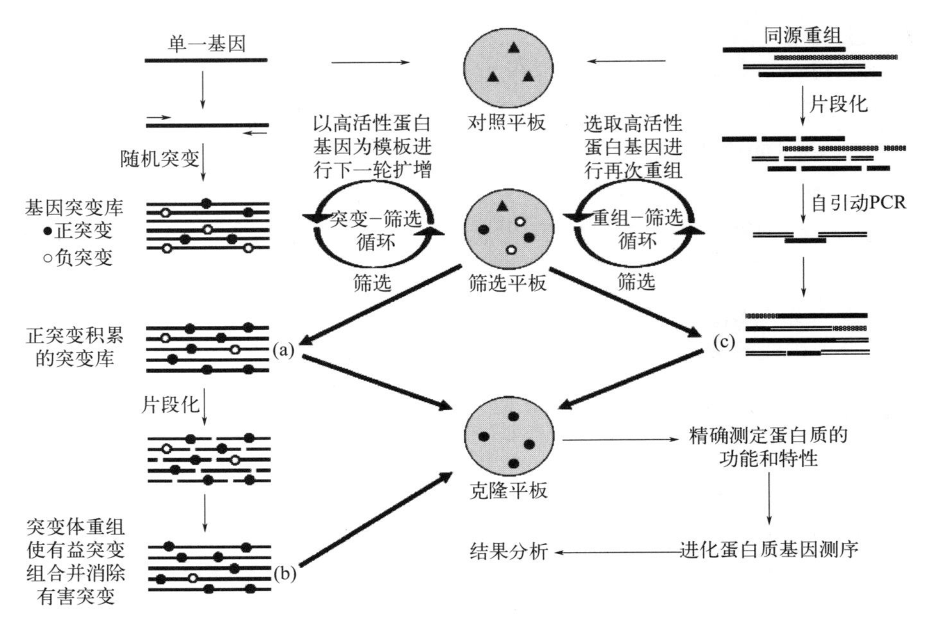

图 10-3　蛋白质定向进化的基本策略

（a）无性进化；（b）、（c）有性进化

由此可见，酶定向分子进化的两个重要的环节是：多样性基因文库的构建和文库中所期望的进化酶的挑选。

二、多样化的基本方法

1. 易错 PCR

1993 年 Frances H. Arnold 应用分子进化的原理创造性地改进酶，发明了易错 PCR（epPCR）技术，并将其应用于蛋白质的分子进化，宣告了蛋白质定向进化技术的诞生。因 Arnold 在酶定向进化领域的杰出贡献被授予 2018 年诺贝尔化学奖。易错 PCR 是指利用 *Taq* DNA 多聚酶不具有 3′ → 5′ 校正功能的特点，在特定条件下对待进化酶基因进行 PCR 扩增时，以较低的频率向目的基因中随机引入突变的一种技术。通过设定特殊的反应条件，例如提高镁离子的浓度、加入锰离子、改变体系中四种 dNPT 的浓度等，可以提高 *Taq* 酶的突变效率，从而在基因扩增时向目的基因中以一定的频率引入碱基错配，导致目的基因随机突变，形成突变基因库。使用合适的宿主表达突变基因库，得到酶的突变体库，然后通过选择或筛选获得所希望的突变体。因此，构建突变体库的多样性是来自点突变。易错 PCR 技术是无性进化的主要手段。

目前已知，控制好突变率是获得理想突变体库的前提，突变率不应太高，也不能太低。如果突变频率太高，产生的绝大多数突变酶将丧失活性；如果突变频率太低，野生型的背景太高，样品的多样性则较少。理论上每个靶基因中引入的点突变的适宜个数在 1 ～ 5 个之间，在编码产物水平上仅相差几个氨基酸较为合理。

通常，经过一轮突变很难获得满意的结果，所涉猎的进化顺序空间很小，由此开发出连续易错 PCR（sequential error-prone PCR）方法，即将一轮 PCR 扩增得到的有益突变基因作为下一次 PCR 扩增的模板，连续反复地进行随机突变，使每一轮获得的小突变累计而产生重要的有益突变。如 K. H. Park 等人对来自嗜碱芽孢杆菌的环糊精葡聚糖转移酶（cyclodextrin glucanotransferase, CGTase）进行了 3 轮易错 PCR 随机突变后，从突变库中筛选出理想的突变体，其水解活性较野生型酶提高了 15 倍，同时环化活性降低到了 1/10，为解决面包老化回生问题开发出一种良好的食品工业用进化酶。

该方法一般适用于较小的基因片段（< 800bp），对于较大的基因，应用该方法较为费力、耗时。尽管如此，它仍然不失为一种构建基因文库的常用方法。2004 年 T. Nakaniwa 等人就是用单一的易错 PCR 技术开展了果胶酸裂解酶的研究。

2. DNA 改组

在蛋白质分子无性进化中，一个具有正向突变的基因在下一轮易错 PCR 过程中继续引入的突变是随机的，而这些后引入的突变仍然是正向突变的概率是很小的。在 Arnold 提出了易错 PCR 技术仅一年之后，1994 年 W. P. C. Stemmer 提出了 DNA 改组技术，将有性繁殖的优势引入到了蛋白质分子定向进化领域，继而发展成一种有效的不同基因片段之间的重组方法。鉴于 Stemmer 与 Arnold 的贡献，二者被并列誉为定向进化技术的奠基人。

DNA 改组又称为有性 PCR（sexual PCR），是将一组密切相关的序列（通常是进化上相关的 DNA 序列或曾筛选出的性能改进的突变序列）片段化，再通过重组创造新基因的方法。若将已经获得的、存在于不同突变基因内的有益突变进行重组合，则可加速积累有益突变，构建出最大变异的突变基因库，最终可选择 / 筛选出最优化的突变体。因此，目前人们常把 DNA 改组与易错 PCR 结合，用于构建突变基因文库（图 10-4）。

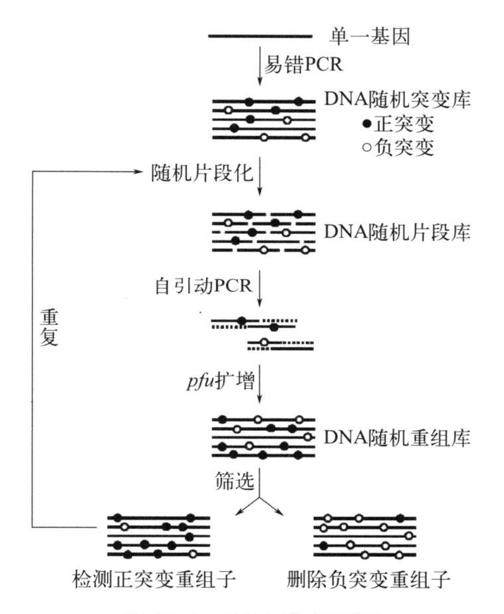

图 10-4　DNA 改组原理

利用 DNA 改组方法 Stemmer 对 β-内酰胺酶进行了改造，以向培养物中添加头孢氨噻为选择压力，经三轮 DNA 改组和筛选得到了酶活力提高 3.2 万倍的突变体。孙志浩等采用 DNA 改组与易错 PCR 相结合的方法对 D-泛解酸内酯水解酶进行定向进化研究，获得了酶活力高且在低 pH 条件下稳定性好的突变体，其酶活力是野生型酶的 515 倍，在 pH6.0 和 pH5.0 条件下突变体酶的酶活残留分别为 75% 和 50%，而野生型酶只能保持原来的 40% 和 20%。

DNA 改组一方面可以创造更大的多样性，另一方面可以更快地将亲本基因群中的优势突变或有益突变尽可能地组合在一起，获得最佳突变组合，加快进化速度，最终使酶分子某种性质或功能得到了进一步的进化，或是两个或更多的已优化性质或功能组合，或是实现目的蛋白多种特性的共进化。DNA 改组的这种特性，尤其在与易错 PCR 联用，进行多轮定向进化时极为有用。例如 F. Y. Feng 等为了增强来自 *Thermus* 的嗜热 β-糖苷酶的转糖苷活性以生产低聚糖，采用 DNA 改组方法对该酶进行定向进化，成功地获得了 β-转糖苷酶活性明显提高的进化酶。

DNA 改组是一种在无性进化基础上发展的一种有性进化技术，是一种蛋白质体外加速定向进化的有效方法，其中所有的母体基因通常都是来自同一基因的不同突变体，如来自易错 PCR 产生的突变体库。通常有益突变的比例都低于有害突变，因此在定向进化时，每一轮进化中往往只能鉴定出一个最明显的有益突变体，作为母本进行下一轮进化，想要获得最佳的阳性突变体，就需要多轮连续的进化。但由于该法在 DNA 片段组装过程中也可能引入点突变，所以它对从单一序列指导进化蛋白质也是有效的。

3. 族改组

以单一的蛋白质分子基因定向进化时，基因的多样化起源于 PCR 等反应中的随机突变，但由于出现有益突变的比率往往较低，因此积累有利突变的速度比较慢。此外，以易错 PCR 和

DNA 改组建立的基因突变库缺乏自然进化中基因重组水平的基因多样性。若从自然界中存在的基因家族出发，利用它们之间的同源序列进行 DNA 改组，以实现同源重组，则可极大提高集中有利突变的速度。1999 年 Stemmer、Shigeaki Harayama 等将 DNA 改组技术扩展到基因家族改组，提出了族改组（family shuffling）策略，有时也称为“DNA 族改组”（图 10-5）。

族改组涉及一组同源序列或进化上相关的基因的嵌合，最典型的是相关种类的同一基因或单一种类的相关基因的嵌合。筛选这个嵌合基因库，选出最理想的克隆再进行下一轮改组。由于每一个天然酶的基因都经过了千百万年的进化，并且基因之间存在比较显著的差异，所以族改组能有效地产生所有母体有益性质的组合，制造出新的改进功能或性质的克隆。与随机突变相比，族改组只是交换或重组了亲本基因的天然多样性，因此，由族改组获得的突变重组基因库中既体现了基因的多样性，拓宽了顺序空间，又能最大限度地排除那些不需要的突变，并不增加突变库的大小和筛选难度，而是同样大小的库包含了更大的顺序空间，从而保证了对很大顺序空间中的有益区域进行快速定位以实现顺序的最佳化。Zhou Zheng 等采用族改组方法对青霉素 G 酰基转移酶定向进行改造，结果获得了酶活比野生型提高了 40% 的突变体。

在实际操作中，通常族改组的重组子产率是较低的，其原因是在第一轮杂化中，退火时形成同源双链体（homoduplex）的频率较形成异源双链体（heteroduplex）的频率高［图 10-5（a)］，使得亲本基因再生的概率较嵌合基因形成的概率高得多。为了提高形成异源体的频率，设计了两种改进的族 DNA 改组技术：单股（ssDNA）族改组和限制酶消化的 DNA 改组［图 10-5（b），(c)］。在单股（ssDNA）族改组中，首先制备两个同源基因的 ssDNA，其中一个是一个基因的编码链，另一个是另一个基因非编码链。两个 ssDNA 用 DNase Ⅰ消化，它们的片段用于族改组时，在第一轮杂化会产生异源双链体［图 10-5（b)］。在第二种方法中，内切酶消化的 DNA 片段第一轮杂化中大部分形成同源双链体，只有少部分形成异源双链体，但只有异源双链体才能发生 DNA 延伸，最后扩增出嵌合 DNA 片段［图 10-5（c)］。

目前，族改组是各种来源的同源基因重组广为应用的技术，已用于多种同源基因产生功能

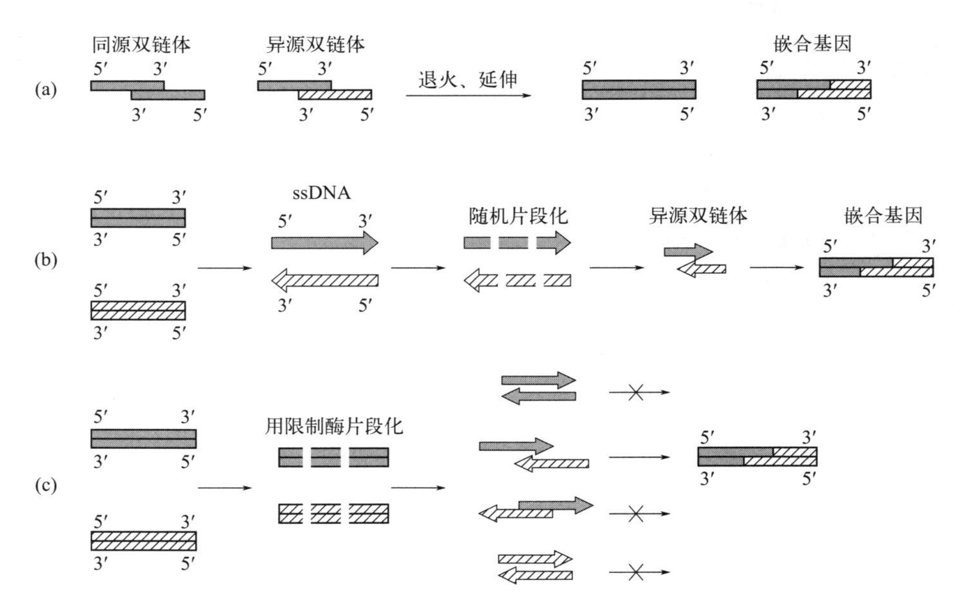

图 10-5　族改组中 DNA 杂合与延伸（两族基因的 DNA 股以实线和斜线盒表示）

(a）两种类型的退火：同源双链体（两股来自同一基因）和异源双链体（两股来自不同基因)。(b）为了防止在第一轮 PCR 中形成同源双链体，ssDNA 由两个基因制备。这些 ssDNA 用 DNase Ⅰ片段化后，只形成异源双链体。(c）用限制酶裂解 DNA 片段的族改组中，形成同源双链体和异源双链体，但前者不发生 DNA 延伸，而后者发生 DNA 延伸，形成嵌合 DNA 片段

嵌合蛋白质库。例如 T. Kaper 等应用族改组技术对超嗜热糖苷水解酶家族的两种同源性有限而耐热机理不同的酶进行重组改造，经三轮筛选后从含有 2048 个 β-糖苷酶杂合体库中筛选出三个超嗜热的 β-糖苷酶杂合体进化酶，它们的乳糖水解活性比两个亲本酶均有明显的提高。

4. 体外随机引动重组

1998 年 Arnold 等人提出了另一种体外重组方法——体外随机引动重组（random-priming *in vitro* recombination, RPR）。RPR 是以单链 DNA 为模板，以一套合成的随机序列为引物，先扩增出与模板不同部位有一定互补的大量短 DNA 片段，由于碱基的错配和错误引导，在这些短 DNA 片段中会有少量的点突变，在随后的 PCR 反应中，它们互为模板和引物进行扩增，直至合成完整的基因长度。重复上述过程，直到获得理想的进化酶。体外随机序列引动重组的原理见图 10-6。K. Furukawa 等通过两轮体外随机引动重组突变和选择，对联苯双加氧酶（Bph Dox）进行了分子改造，获得了功能明显改进了的突变酶。

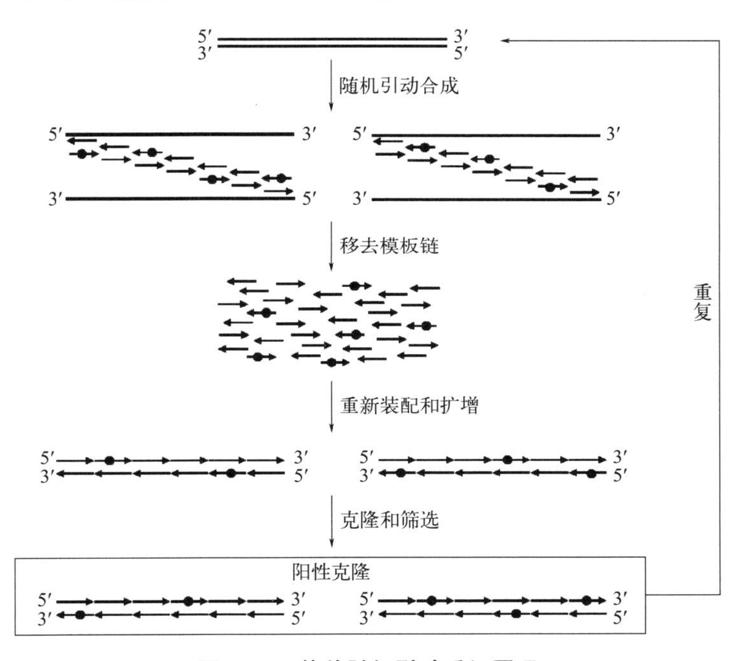

图 10-6　体外随机引动重组原理

●表示错配位点

与 DNA 改组法相比，此方法更显优势之处是：①此方法可利用单链 DNA 为模板，故所需亲本 DNA 的量是 DNA 改组的 1/20 ～ 1/10；② DNA 改组中，片段重新组装前必须彻底除去 DNase Ⅰ，但 RPR 不需要此操作，故更简便；③合成的随机引物具有同样长度，无顺序倾向性，理论上 PCR 扩增时模板上每个碱基都应被复制或以相似的频率发生突变，保证了突变和交换在全长的后代基因中的随机性；④随机引导的 DNA 合成不受 DNA 模板长度的限制，这为小肽的改造提供了机会。

5. 交错延伸

1998 年，H. Zhao、F. H. Arnold 等建立了交错延伸法（staggered extension process, StEP）并用来定向进化目标酶。交错延伸法的原理是：在用 PCR 同时扩增多个拟重组的模板序列时，把常规的退火和延伸合并为一步，并极大地缩短反应时间，从而只能合成出非常短的新生链，经变性的新生链再作为引物与体系内同时存在的不同模板退火而继续延伸。在每一循环中，不断延长的片段根据序列的互补性与不同模板退火，并进一步延伸，反复重复直到全长序列形成。

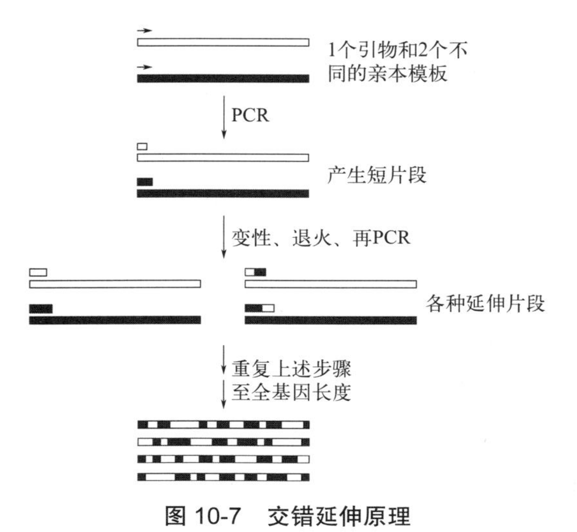

图 10-7 交错延伸原理

此法是以单链的 DNA 亲本基因为模板，单引物进行延伸，有别于其它突变方法。由于模板的转换，大多数产生的新 DNA 分子中间隔含有不同亲本的序列信息，因此含有大量的突变组合。交错延伸的原理如图 10-7 所示。

交错延伸法中重组发生在一个体系内部，不需要分离亲本 DNA 和产生的重组 DNA。它采用的是变换模板机制，因此，这也是一种简便而且有效的进化方式。这也是逆转录病毒所采取的进化过程。例如 T. K. Wu 等就是应用了交错延伸法定向分子进化枯草杆菌尿酸酶，结果得到了两个活力提高极大的突变体酶。

此外，随着酶分子定向进化的发展，在以上基本方法基础上，又不断地发展出一些新的方法，如基于在模块蛋白自然进化过程中外显子的复制、缺失和重排产生了新的基因的事实，J. A. Kolkman 和 W. P. C. Stemmer 建立了外显子改组法；1991 年至 1993 年期间，张今等以类胰岛素样人参多肽基因和天冬氨酸酶基因为模型，建立了酶法体外随机-定位诱变（random-site-directed mutagenesis）法；P. Gaytan 等进行了基因转换新方法和高产筛选法的研究，在一段基因上，用改进的密码子水平组合突变法可产生所有的突变株；W. M. Coco 等发展了 DNA 转化法，即过渡模板随机嵌合基因法（random chimeragenesis on transient templates, RACHITT），它用裂解的单链父代基因片段随机地退火嵌入过渡单长链模板进行调整、修饰和连接，相对于其它的重组方法，这个方法的优点在于高的重组率和 100% 的化学基因产品。除随机突变和同源重组外，近来一些异源重组法在序列空间上的探索取得更大进步；F. H. Araold 介绍了一种非同源依赖型蛋白质重组法（SHIPREC），它可以获得不相关的或相关性小的单交点杂蛋白；S. J. Benkovic 改进了他们的异源重组法，使用三磷酸核苷酸类似物获得更多的突变体库。这两个方法的主要缺陷是两个亲代基因单切点的形成，为了克服这个缺陷，S. J. Benkovic 改进了一种名叫 SCRATCHY 的新异源重组方法，它是由渐增切割产杂合酶方法（incremental truncation for the creation of hybrid enzymes, ITCHY）和 DNA 转换综合形成的。元英进教授等发展了一种体外 SCRaMbLE 系统（包含 Cre 重组酶和编码多个 loxPsym 位点的 DNA）构建 DNA 库的方法。近些年合成生物学的发展也为基因多样化带来了一些新的方法，如限制性内切酶法、连接酶法、寡核苷酸合成等。

三、多样性文库的构建

酶的定向进化是在一个或多个已经存在的亲本酶（天然的或者人为获得的）基础上进行的。随着分子生物学的飞速发展，在挑选目标酶分子时，已将组合的策略和进化思想联系在了一起，建立起一种利用“库”来获得目标酶的思想，即先构建天然酶的（突变）基因文库，然后从代表了多样性的基因文库中挑选出目标酶。此文库是多样性基因的一个系统或集合。这种思想最早是由 George P. Smith 等在 1995 年提出的，并早在 1985 年建立了噬菌体展示随机肽库（phage display random peptide library）用来筛选药物先导化合物。2018 年诺贝尔化学奖的一半授予 George P. Smith 和 Gregory P. Winter，以表彰他们实现了多肽和抗体的噬菌体呈现技术。

前面多样化的基本方法中介绍的所有方法都可以用于获得一组多样性 DNA 片段，紧接着需要将其构建成可以稳定保持并随时扩增多样性基因的文库。创造合适的突变库是进行定向进化的关键一步，这就需要将这一组一定长度的DNA片段（天然的、突变的或合成的）克隆到特定表达载体中，或导入某种宿主细胞中。利用库的原理获得目标酶的思想具有传统的筛选法无法比拟的优越性，在基础理论研究和实际应用中都有广泛的用途。

1. 理想基因文库的要素

（1）亲本酶的选取

在构建基因文库时，亲本酶的选取直接关系到所建立文库的性质和特点，并在一定程度上决定了文库的本质，如生物种类，属原核生物的、真核生物的还是属于人类的等。

（2）基因文库的质量

基因文库的质量主要体现在两个方面：文库的代表性和基因片段的序列完整性。

文库的代表性是指文库中包含的DNA分子能否完整地反映出来源基因的全部可能的变化和改变。文库的代表性如何可用文库的库容量来衡量，后者是指构建出的原始基因文库中所包含的独立的重组子克隆数。高质量的基因文库所需达到的库容量取决于来源基因中序列的总复杂度。因此，用任意基因来构建基因文库时，要以99%的概率保证文库中包含有目的基因的任何一种可能的突变信息。但在实际操作中，这种全覆盖建库模式无论对文库的构建还是突变体的筛选显然是不现实的。比如，仅含三个氨基酸的短肽就有8000（20^3）个突变体，只能使用高通量筛选技术才能完成，而7个氨基酸短肽的顺序排列将达到1.28×10^9（20^7）个可能，远超出超高通量筛选技术的能力范围。对于动辄几百个氨基酸的酶来说，其可能的排列数量将达到难以想象的水平。因此在保障文库代表性的基础上构建高效突变体文库就越来越重要了。近十几年来，融合系统发育学和分子模拟等技术方法，发展出组合突变库的构建方案，极大地去除了文库冗余和实验筛选负担。如使用寡核苷酸合成技术构建的组合突变库去除了密码子编码冗余以及终止密码子，蛋白质突变体的自动计算方法等。

（突变）基因片段的序列完整性也是反映文库质量的一个重要指标。对于大多数真核基因，其编码的蛋白质都具有在结构上相对独立的结构域，这些结构在基因的编码区中有相对应的编码序列。因此，要从文库中分离获得目的基因的完整序列信息和功能信息，要求文库中的重组或突变DNA片段应尽可能完整地反映出天然基因的结构。当然，并非所有的基因文库都需要基因是完整的，比如在构建基因缺失文库时，就不能拘泥于这种要求。因此，在实际工作中，如何体现出文库中基因序列的完整性，需要依据研究目的和具体要求来灵活考虑，并无固定的标准和要求。

2. 构建基因文库的载体和宿主

在构建基因文库时，大肠杆菌是最常用的宿主菌，这是因为除了简单、易培养等优势外，还因为各种遗传工具对它都是有效的。但对于真核生物基因的功能鉴定，常用酵母等低等真核生物细胞或哺乳动物细胞作为宿主细胞，这样才能更真实地反映出基因编码产物的生物功能，尤其是与人类重大生理现象和重大疾病相关的功能基因的鉴定。

质粒（如pBluescript或pET）是构建基因文库最常用的载体。质粒载体在基因克隆与重组中的优势在相关书籍中早有阐述，在此不必重复，但就用于构建文库而言，质粒的优点是在大肠杆菌中拷贝数较高，对低表达的外源基因也能根据产物的活性进行检测。这一点非常重要，因为环境基因的活性表达往往依赖于天然启动子，而质粒载体自身的启动子可以替代天然启动子。

要想克隆大片段环境DNA，就得使用Cosmid、Fosmid或BAC载体。由Cosmid或Fosmid载体构建的环境库，插入的DNA平均大小为20～40kb，BAC库是27～80kb。BAC是修饰质粒，包含了大肠杆菌F因子复制起点，其复制是受严格控制的，在每个菌体细胞中只保持1～2个拷贝。BAC载体能够稳定保持和复制的插入片段可高达600kb。BAC和Cosmid库的不足之处是载体的拷贝数低，那些在大肠杆菌中低表达的基因就不容易用测活性的方法检测到。

四、文库选择或筛选

在酶的定向分子进化过程中，构建出高质量的基因文库并非最终目的，通过活性检测（如表达产物的功能、特性）从这些文库中挑选出所希望的目标酶基因或基因簇才是最终目的。因此，从突变库中有效地分离阳性突变体的筛选方法在酶的定向进化中至关重要。在酶的定向进化中，尽管突变具有随机性，但对突变的选择是限定的，即"所筛即所得"。选择方向限定了进化趋势，再加上组合突变库等实验条件的控制，降低突变种类及突变冗余，这不仅可以加快酶在某一方向的进化速度，还可以减少挑选的工作量。

从文库中分离出目的基因的方法总体上分为选择（selection）和筛选（screening）两种策略。原则上这两种方法都是利用人为创造的挑选压力，快速地排除不利的突变体，从突变文库中获得目标进化酶。但不论采取何种具体方法，通常必须是灵敏的，至少是与目的性质相关的方法，如颜色、放射性、可见光信号的改变等。

"筛选"是对突变库所有成员进行考察，再对突变个体之间进行定量比较，从而选出更优的突变体。酶的催化活性、底物亲和性、溶解性等的进化大多适用"筛选"的策略。最常用的高通量筛选方法是基于生色底物或荧光显色反应的微孔板筛选。展示技术的发展，使得筛选大容量的突变库成为可能，如细胞表面展示、噬菌体表面展示系统、核糖体展示等技术。另一种方法是"选择"，是利用所期望个体独有的生存特性，在人为创造的环境中仅进化出该特性的个体获得生存。例如在特定培养基上只有携带某种酶基因的微生物才能生长，稳定性高于某限定指标的酶才能被检测。"选择"应用了自然进化中物竞天择，适者生存的原理，使得不符合要求的个体被直接剔除，因此"选择"方法可以分析庞大的突变库，是高通量筛选的首选方法。然而，在应用选择法时一个首要问题是如何将所需酶的某种性状，如酶的催化活性、稳定性，与宿主的生存联系起来，这也是对选择法的主要挑战。

筛选可以在无细胞表达系统、细菌、酵母或哺乳动物细胞中进行。一般来说，筛选要求测试文库中的每一个个体，它需要在众多克隆中找出所需的克隆。如果所需的个体与不需要的个体很难区分，筛选就会成为一项"随机的"或"盲目的"工作，即为随机筛选（random screening）[图 10-8（a)]。如果所需的个体带有明显的特征或"表型"，则"筛选"工作就会是简单和可行的，即所谓的易化筛选（facilitate screening）[图 10-8（b)]。即便如此，通常假阳性个体和不需要的个体总是存在，它们不但降低了信 / 噪比，而且还会竞争资源。为了加快分离目的基因的过程，目前已建立了多种在目的基因鉴定上具有"高通量"性能的筛选方法，从而能从一次筛选过程中分离出多个目的基因。尽管筛选法检测的克隆数相对低，但随着相关技术的自动化、小型化和各种筛选酶的工作站的建立，筛选法日显重要。选择法的优势在于检测的文库更大，通常可以进行选择的克隆数要比筛选法多 5 个数量级。与筛选法相反，选择只允许所需的个体存活，通过选择性环境很容易快速、高效地从文库中以较高的倍数富集含有目的基因的克隆，从而以较高的命中率获得所希望的克隆 [图 10-8（c)]。在实际工作中，"筛选"和"选择"方案往往组合应用，比如先用"选择"的方案迅速获得满足基本条件的进化酶群，再用"筛选"的方案从中选出最优进化个体。例如 H. Zhao 等在定向进化亚磷酸脱氢酶（PTDH）时，就是应用选择和筛选双重挑选法，最终挑选出了优良的进化酶。

用灵敏高效的定向进化技术得到新型酶，刺激了突变库筛选形式的新发展。比较新的方法包括用水-油混合体作为分离载体和新出现的用三杂交系统（querying for enzymes using the three-hybrid system, QUEST）来分离突变酶的方法，以及与荧光筛选机制（fluorescence - activated cell sorting, FACS）相结合的蛋白质展示技术，磁或荧光激活细胞的分选技术，以荧光蛋白为传感器的细胞分选技术，与高通量测序技术相结合的深度突变扫描技术等。近些年数字成像系统、微流控技术等在酶的定向进化中被广泛应用，对酶表型的筛选向自动化和尺寸小型化发展，即便

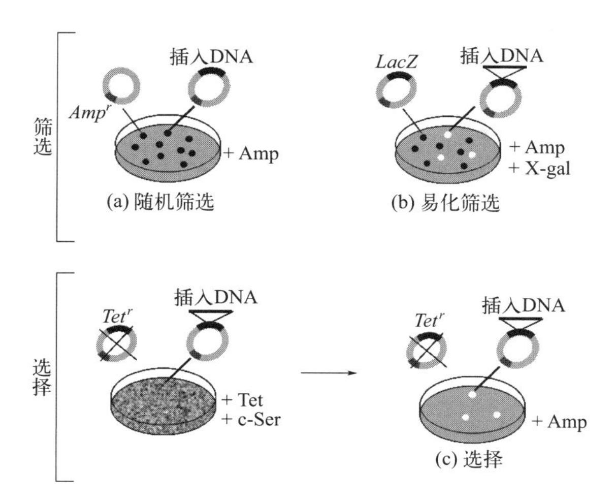

图 10-8　选择与筛选策略

（a）随机筛选：所有克隆的表型都是相同的。分离随机挑选的克隆的 DNA，分析是否为所需克隆。（b）易化筛选：克隆载体携带 *LacZ* 基因，如果在 *LacZ* 基因上插入外源 DNA，导致 *LacZ* 失活，克隆呈白色。（c）四环素抑制细菌生长，但不杀死细菌，而环丝氨酸杀死生长的细菌，但不杀死停止生长的细菌。如果在四环素抗性基因（*Tet*ʳ）上插入外源 DNA，导致 *Tet*ʳ 失活，可用四环素加环丝氨酸平板培养基选择重组克隆——*Tet*ʳ 失活的菌株生长被四环素抑制，但不被环丝氨酸杀死，保留下来，再印迹到氨苄青霉素（Amp，无环丝氨酸）平板培养基上，长出的克隆都是插入外源 DNA 的；*Tet*ʳ 不失活的菌株能分裂生长，反而被环丝氨酸杀死

是 96 孔板或平板这类大尺寸筛选方式，也往往被自动设备替代，极大地提高了筛选效率，一次可获得大量数据。

第四节　自然界中蛋白质进化机理

虽然蛋白质仅由 20 种天然氨基酸构成，但它却涉及生命的各个方面。不同蛋白质间的极大差异源自它们一级结构、空间结构和功能的多样性，因而也呈现出截然不同的选择性和特异性。蛋白质的功能多样性、特异性和高效性等特性吸引了研究者通过蛋白质工程创造特定的生物催化剂，以满足实际应用的需要。

天然酶的进化机制已经成功地使酶的功能反复适应不断变化的环境，因此，了解新酶结构和功能产生的原理和动力，就可以为我们提供酶工程的指导方针。本节重点讨论天然酶进化的机制。

进化的第一原因是基因突变。自然界中的酶分子进化是通过遗传物质再组织而表现出各种酶蛋白重排来实现的，主要形式有基因重复（duplication）、环状变换（circular permutation）、融合（fusion）以及大片段的缺失（deletion）和插入（insertion），以创造出全新的结构组合，并赋予新的功能。这些遗传物质再组织创造了酶蛋白新的序列空间，促进了进化（图 10-9）。

一、基因重复

基因重复可以在转座、染色体 DNA 复制或者减数分裂产生不等价交换时发生，基因重复的规模可能是 1 个基因、1 段染色体片段或者全基因组。

基因重复的结果是两个基因以形成串联重复形式或两个独立基因形式存在。不论出现哪一种情形，每个基因都有如下三种可能的结果：①突变积累导致一个基因失活；②突破了功能的限制，由此促进局部突变的积累并导致功能的分化；③两个基因的产物仍都保持野生型的活性。

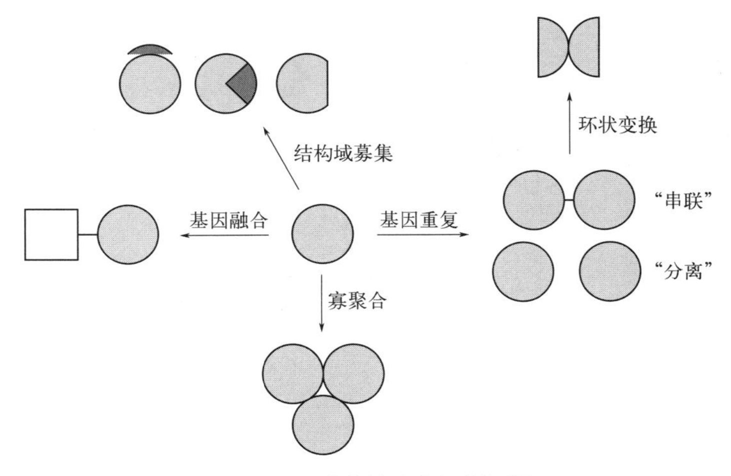

图 10-9　酶自然进化机制图解

当基因失活对宿主没有产生明显的有益影响时，同一基因多个功能性拷贝的存在能增加这一基因的表达水平，对加速代谢或提高防御物质的产量有利。最终结果是，由完全失活与保持野生型活性之间达成的平衡和重复的基因引起功能分化导致了新功能的出现，表现出进化。然而，蛋白质结构和功能对突变的敏感性和随机漂移引起的重复趋异很可能造成酶的失活，反之，获得其他功能的情况却可能较少发生。模拟研究表明，若重复基因长期稳定存在，在两个重复基因中互补简并突变的积累实际上对宿主是有利的，延长每个拷贝存在的时间能增加进化出新功能的可能性。

进化产生新功能蛋白质的另一种机制是基因募集（recruitment）或基因共享。在这个模式中，单一基因产物表现出双功能性在先，而基因重复后出现一个产物保持祖先功能，另一个产物获取了新功能的情形在后。有着共同的祖先，但作用机制不同、功能各异的典型范例是组氨酸生物合成途径的 *N*-（磷酸核糖-亚胺甲基）-氨基咪唑-羧酰胺核糖核苷酸异构酶（HisA）和咪唑甘油磷酸合成酶（HisF），这两种酶具有广泛的序列和结构相似性。

二、串联重复

与局部分开重复的产物相反，基因的串联重复导致两个或多个基因产物表达于一个多肽链中，形成串联产物。这种多重性在自然界中出现的频率较高，具有以下主要优点：①稳定性提高了；②具有了新的协同功能；③在新形成的裂缝处形成新的结合位点；④长的重复结构增多，如纤维蛋白以及形成多重串联的结合位点，它们会产生更有效或更特异的结合效果。除此之外，串联重复序列可以经历环状变换，并因此重新组织亲代序列以保持其结构与功能的完整性。

三、环状变换

蛋白质的环状变换导致其 N 端和 C 端在已有的结构框架内重新定位。一种环状变换机制模型指出，在前体基因串联重复后，原始末端在框架内融合，在第一个重复单位处形成新的起始密码子，在第二个重复单位处形成终止位点。例如在 DNA 甲基转移酶中已观察到按此种串联重复模型的存在。

通过环状变换可产生 β/α 桶折叠结构多样化的最初证据来自对 α-淀粉酶超家族的序列比对，之后由大肠杆菌转醛醇酶 B 的结晶学分析结果又发现此酶源自 Ⅰ 型醛缩酶的环状变换。在上述两种实例中，两个N端β/α重复（再加上淀粉酶第三个亚基的β折叠链）移位到C端，结果功能并没有明显改变。

总体上，环状变换的进化优势还不清楚，然而体外实验已经揭示：虽然环状变换的蛋白质最终结构基本相同，但亚基的重排改变了折叠途径并影响了蛋白质结构的稳定性。从工程的观点来看，这种结构重排有可能降低特定结合部位的空间阻碍。例如环状变换的白介素4-假单胞菌属外毒素融合物，其抗肿瘤活性增加就是由于毒素和白介素结合部位之间空间阻碍降低所致的。

四、寡聚化

同源和异源蛋白质的非共价缔合对酶的功能有重要影响。寡聚化可以调节一个蛋白质的活性，就像血红蛋白中的别构调节作用或转录因子的二聚化活化作用那样。此外，在暴露的疏水表面发生的结构聚集作用增加了参与者的热力学稳定性，并能在蛋白质-蛋白质相交界面产生凹穴，可成为底物或调节因子的结合部位。同理，寡聚化可看作是使底物纳入酶活性中心的一种简单方式。

五、基因融合

全基因的融合将产生共价连接的多功能酶复合物，较之单个酶之间非共价寡聚化更具协调性。在生物合成途径中，对于催化连续步骤的各种酶，其基因融合可提高稳定性，完善调节功能，建立底物传输通道，增强定向协同表达的能力，提供熵优势和宿主生物选择的优势。

嘧啶和嘌呤生物合成途径中多功能基因融合已有详细讨论。组氨酸和芳香族氨基酸生物合成途径中多功能基因融合也早已经鉴定。与此不同的是，合理设计的β-半乳糖苷酶-半乳糖脱氢酶融合体和半乳糖脱氢酶-细菌荧光素酶融合体却能提高底物的加工能力。

六、结构域募集

单一蛋白质亚基或结构域重组，并由此产生多功能蛋白质统称为“结构域募集”（domain recruitment）。在许多蛋白质中都证实了结构域募集的存在，募集范围从简单的N端或C端融合到多重内部插入，还可能有环状变换。进一步对蛋白质结构数据库（PDB）中的蛋白质分析表明：作为结构域改组的结果，结构重排已成为当今产生蛋白质功能多样性的主要途径。结构域募集及其对功能影响的各种模型都以（β/α）8桶结构为代表。

七、外显子改组

在真核基因中，外显子被内含子间隔分开，转录后内含子被剪切，仅剩下外显子。在许多基因中，一个外显子编码一个折叠结构域，在真核生物蛋白质分子中普遍存在同一种结构域存在于几种甚至几百种蛋白质分子中的现象，这说明这些蛋白质进化的一个很重要的途径是来自于外显子独立编码的模块（module）组装。在模块蛋白自然进化过程中，外显子的复制、缺失和重排产生了新的基因。实际上，外显子改组发生在插入的内含子序列当中（内含子重组）。

外显子重排存在于许多脊椎动物和无脊椎动物生物体基因中，植物中也存在由外显子重排产生的新基因现象。通过分析与凝血和血纤维蛋白溶解相关的几种蛋白酶的结构，结果揭示出一个多样的、有时是重复的、不连续蛋白质模块的装配模式（图10-10）。这些模块代表了独立的结构单位，它们有着各自的折叠方式，模块的协同作用最终导致了特定功能和特异性蛋白质的形成。在遗传水平上，这些单个模块由不同的外显子编码。

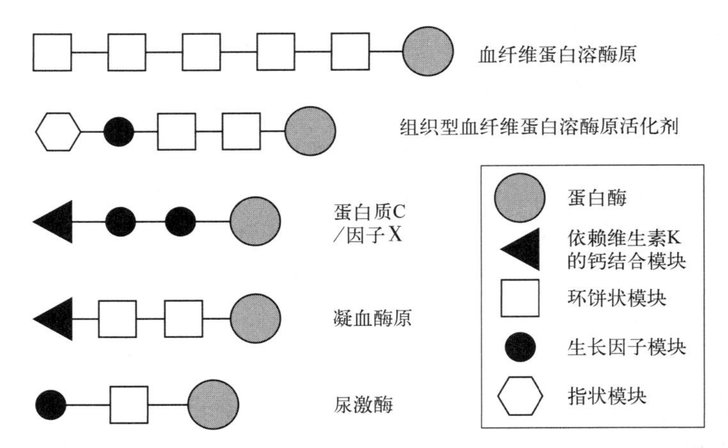

图 10-10　凝血和血纤维蛋白溶解相关的几种蛋白酶的模块进化
图中指出融合到同一蛋白酶中模块的种类和数量，产生高度特异的水解酶家族

模块组装产生各种蛋白质，说明外显子改组对蛋白质进化，特别是对多细胞的发育有重要意义。外显子改组加速了众多蛋白质的构建，主要是与凝血、血纤维蛋白溶解和补体活化密切相关的调节蛋白质以及细胞外基质的大多数组分、细胞黏附蛋白和受体蛋白。

第五节　环境库和噬菌体展示库的构建

一、环境库的构建

环境中所有的微生物可以说囊括了生理、代谢和基因的多样性。尽管微生物是肉眼看不到的，但它们却统治着生物圈。据估计目前地球上大约有 100 万～ 1 亿种微生物，但记载的只有约 20 万种，现代分子微生物生态学的研究显示，人类尚未发现或认识的微生物要比已发现或研究的微生物多得多。由此可见，自然界蕴藏着巨大的遗传信息，对这个庞大而多样的微生物群体的研究和检测为生物技术和其它方面提供了永不枯竭的新基因、新基因产物和生物合成途径。

欲从一个环境样品中获得新酶及其基因，传统而且繁琐的方法是依据所希望的活性进行筛选和富集阳性微生物，进而获得相应的基因。传统的培养方法要求来源于同一样品的微生物在合适的培养基上生长并分离出单克隆。但在这种纯培养中获得一个巨大的群体并从中确定某种微生物是很困难的，能导致环境中大部分微生物多样性丧失。据估计，自然界中多于 99% 的可观察到的微生物用传统的技术是无法培养的。为了绕过培养技术上的限制和困难，人们发明了几种不用培养也能够检测出微生物多样性的方法。其核心是将特定环境中的多种微生物作为一个整体，从中挑选出未知的基因和基因产物。例如，H. C. Rees 等分别从肯尼亚的纳库鲁湖（Lake Nakuru）和艾尔曼提亚湖（Lake Elmenteita）样品 DNA 库中筛选到嗜碱性纤维素酶和脂肪酶 / 酯酶，经序列分析证实，所获得的基因为新基因。对比传统的筛选方法，H. C. Rees 等发现，由构建环境库的方法获得目标基因的效率提高了 70% 以上。

一种探索各种环境中遗传多样性的方法是分离出微生物的 DNA，而不是培养环境微生物。接下来，利用 PCR 和克隆技术扩增目的基因。所用的引物序列来自已知基因或蛋白质族的保守区，但是仅仅利用 PCR 技术来确定新基因或基因产物还是有局限性的。另一种方法就是构建所谓的环境库，即所有环境 DNA-载体重组子的总和。在后一种方法中，利用分离和克隆环境 DNA 来获取自然界中的微生物多样性，并且利用构建的文库来寻找新功能的酶分子。

构建环境库和鉴定新基因或基因产物的主要步骤如图10-11所示，其关键步骤包括环境DNA的分离和纯化，获得的DNA连接到载体上构建成环境库，以及从构建的环境库中挑选出所需的基因。

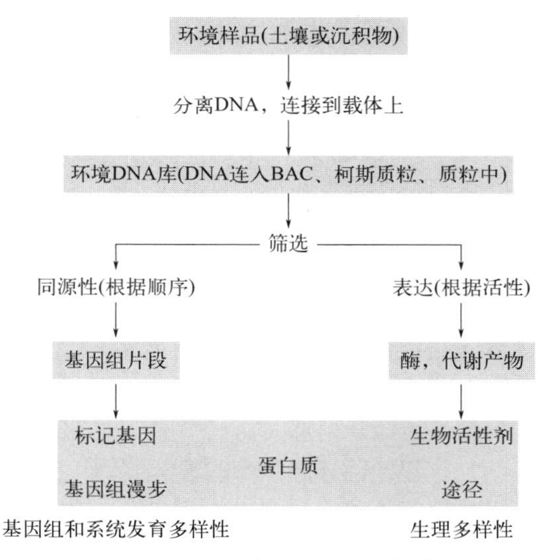

图10-11 环境库的构建和筛选

1. 采集环境样品与提取DNA

样品的采集、储存或运输过程是否恰当直接关系到所分离出的DNA的质量。为了避免微生物多样性的丧失，一般采集后的样品或就地立即提取DNA或在冷冻2h之内完成DNA分离工作，这是因为样品一般在冷冻2h之内保持的微生物谱系最广。对于陆地生态系统，如土壤，取样并不困难，一般样品的体积可以很小，而且可以立即存放在冰上或冷冻储存以避免核酸的丢失。对于其他采集地点，如深海沉积岩或温泉，需要做许多辅助工作来完成样品的采集、储存或就地加工处理。

获得高质量的环境DNA是成功克隆天然微生物功能基因的前提。目前有两种基本方法可获得环境DNA，即菌体细胞直接裂解法和分离裂解法。

直接裂解法操作简单，DNA回收率高，较常用。由各种土壤样品回收DNA的量为2.5～26.9μg/g。制备的环境DNA片段大小适中，适合所有分子的操作，如用限制酶消化和连接到载体上等。用直接裂解法制备的环境DNA代表了环境样品的微生物多样性，因为样品中所有的微生物无一例外都被裂解了，这样构建的库可以包含整个遗传多样性。

分离裂解法是先从环境样品中分离出微生物，然后再裂解菌体细胞。在很多情况下采集的环境样品中存在生命或非生命的污染成分。例如土壤或污水DNA的提取总是伴有腐殖质，后者干扰限制性酶的消化和PCR扩增，并降低转化效率和DNA杂化的特异性。为了解决污染问题，首先要分离出微生物细胞，然后再进行细胞裂解。这种方法对生物含量低的环境样品（如水样）也较适用。

分离裂解法一般先对含完整样品的缓冲液进行匀浆，再通过低速离心除去较大和较重的真核细胞以及颗粒杂质和其他碎片，再通过高速离心收集悬浮的微生物细胞，而无细胞DNA等同时被除去。为了提高DNA收率，可进行多轮匀浆和离心，最后按直接裂解法制备环境DNA。这样仍可获得几乎全部的环境DNA，同时又排除了样品中的污染成分。

2. 构建环境库

在环境库的构建中，大肠杆菌是最常用的宿主菌，而质粒、噬菌粒Cosmid或Fosmid、λ噬菌体和细菌人工染色体（BAC）都可作为载体，至于选用哪种载体取决于建库所要求的插入DNA的平均大小和拷贝数。此外，提取的环境DNA的质量也影响载体的选择。有时纯化后的环境DNA仍然含有少量的污染成分，只能用质粒作载体来克隆DNA。

要想克隆大片段环境DNA，就得使用Cosmid、Fosmid或BAC载体。由Cosmid或Fosmid建立的环境库，插入的DNA平均大小为20～40kb，BAC库是27～80kb。近年来由BAC构建的环境库已引起人们的关注。BAC是回收大的环境DNA片段的良好载体。由大的环境DNA片段可以发现大的基因簇和鉴定环境的系统发育多样性。

由于用来制备环境DNA的初始微生物种类数无法知道，因此无法对环境库进行统计学计算，这一点与由单一生物构建的基因组文库是不同的。利用环境库获得新基因的优点是：①在克隆基因之前不需要知道顺序信息；②现存的环境库可以用于各种目标的筛选。应用该方法已成功克隆出了耐冷木聚糖酶、果胶酶基因。

二、噬菌体展示库的构建

体内选择是一种很有效而又简单的方法，但只有在需要的表型对宿主有利时才可行，而且体内的环境是受到限制的，很难人为控制。因此，人们致力于发展体外选择技术或体内、体外联合选择的技术来获得改良的工程酶。噬菌体展示技术是一种有效获得工程酶的技术。

噬菌体展示技术可以使蛋白质或多肽文库的体外选择展示在丝状噬菌体的表面，由George P. Smith在1985年创立。这种技术的巧妙之处在于利用一个噬菌体颗粒就可以将一段编码序列与其表达产物物理性连接起来。这只需要将编码序列克隆进噬菌体基因组内，并与一个编码噬菌体衣壳蛋白的基因融合。表达的融合蛋白在噬菌体颗粒上装配导致了奇异的颗粒的形成，结果外源基因产物（蛋白质或多肽）便展示在了噬菌体颗粒表面。这种奇异的噬菌体颗粒是一种小的可溶性装配，模拟并简化了基因型-表型的连接，而后者是活细胞进化选择所必需的。

1. 构建噬菌体展示库的表达载体

在噬菌体展示技术中应用最广泛的噬菌体是丝状噬菌体，如M13、f1或fd，它们能在广泛的pH（2.5-11）和温度（最高达80℃）环境中生存。外源蛋白以与丝状噬菌体衣壳蛋白（主要是g8p或g3p，还有g6p、g7p或g9p）融合的形式被展示出来（图10-12），其中选择g8p或g3p作为外源蛋白或多肽展示的载体分子是最广泛的。

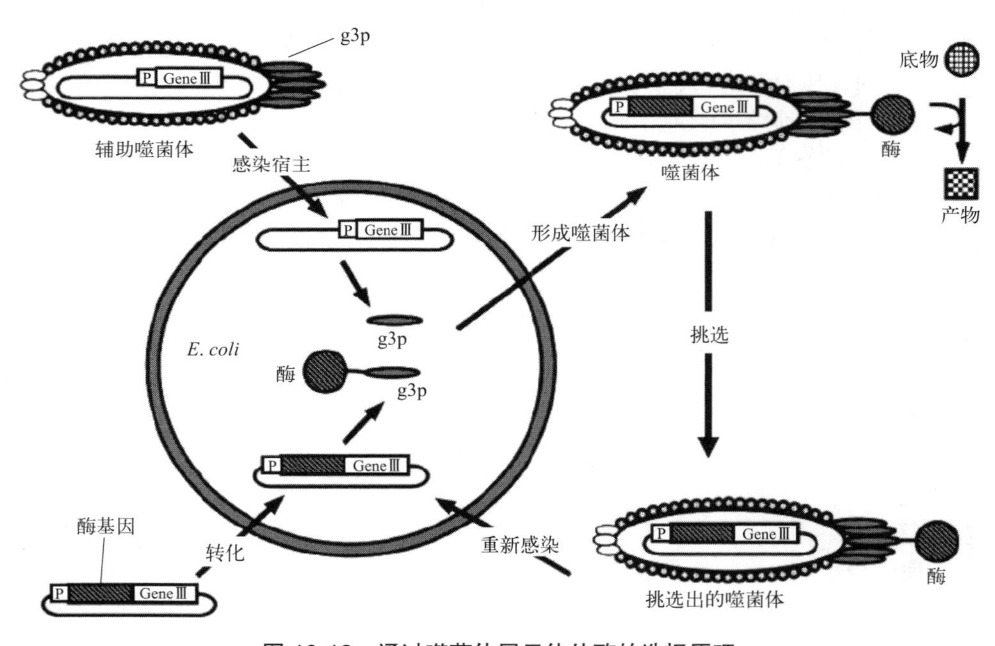

图10-12　通过噬菌体展示体外酶的选择原理

由于丝状噬菌体不是溶菌性的，因此在噬菌体的基因组中插入一个抗药性基因后可用以筛选被感染的细菌。噬菌体的复制型（replicative form, RF）是环状双链DNA，可以像质粒一样进行纯化和克隆，因此这样的噬菌体可设计成表达载体。几种带有多克隆位点和遗传标记的噬菌体载体已经用于该技术中。大多数噬菌体复制型载体都很大（≈ 10kb），但拷贝数很低（1个细胞中约1个拷贝），因此在构建库时需要制备大量高纯度的噬菌体复制型，通常采用大量制备和氯化铯纯化法。

噬菌体载体的主要优点是插入片段的装载容量大，能进行大片段外源DNA的克隆。大多数噬菌体载体的感染效率都很高，通常1μg DNA构建的噬菌体基因文库，转染宿主菌后，能得

到 $10^6 \sim 10^7$ 以上的原始库容量。此外，利用噬菌体载体构建的基因文库是以重组噬菌体颗粒的形式保存和扩增的，这些重组噬菌体颗粒的感染活性在 4℃环境中极为稳定，允许长期保存。然而，应用噬菌体载体构建文库时，局限性是可行而有效的文库筛选方法非常有限。

在噬菌体载体中，融合蛋白是唯一的衣壳蛋白。如果外源多肽或蛋白质是可耐受的，在体内不被降解，就可以进行多价展示。这样，在一个噬菌体颗粒表面就可以展示几千个拷贝的外源多肽或 3 ～ 5 个拷贝的外源蛋白。在挑选弱结合物时常采用高水平展示的形式，即多价结合，增强结合力。

对不耐受高水平表达的蛋白质，设计了降低表达水平的系统。系统中的融合蛋白由一个噬菌粒展示载体编码，但噬菌粒需要在一个带有野生型衣壳蛋白基因的辅助噬菌体的激发下才能产生。由于噬菌体在装配时会首选野生型的衣壳蛋白，因此融合蛋白展示的水平会降低至平均每个噬菌粒不足一个拷贝的水平。

在挑选强结合配体时需要单价展示。在这种情况下，单拷贝就足以使噬菌体与固定化配体相结合。为了能有效地展示毒蛋白，人们已经设计出一种噬菌粒载体，融合蛋白的表达受诱导性启动子的控制。这种启动子只有在辅助噬菌体侵染时才被诱导活化。与噬菌体相比，噬菌粒载体也易于进行 DNA 操作（分子小，拷贝数高），但展示的水平很难控制，而且在某些情况下，展示水平低到每个噬菌体不足一个拷贝。由于非特异性噬菌体在选择时有很高的背景水平，因此低水平表达融合蛋白会降低该技术的敏感性。

2. 构建噬菌体展示库

应用噬菌体载体对基因文库克隆便产生了噬菌体文库，由此可在体外实现对目的基因的选择性富集。体外选择的成功不仅取决于展示水平，而且还取决于初始文库的质量和多样性。

噬菌体展示技术的目的是从突变文库中选择所需的突变体。文库的多样性就是它所囊括的克隆总数，而文库的质量则取决于构建文库的方法和功能的多样性，可以用是否含有不稳定的或有错误折叠的或有降解的克隆来衡量。好的文库特点是高多样性和高质量。

构建突变文库的方法很多。应用易错 PCR 技术可以在一个基因内随机引入点突变，应用 DNA 改组和相关技术可以使同源基因家族产生的片段发生随机重组以获得大量的多样性。应用 DNA 改组，通过改组由易错 PCR 获得的第一代突变库还可以构建第二代突变库。DNA 改组可引起与易错 PCR 相似的点突变频率。

最后还有一点值得注意，一个文库构建是否成功，不单单只取决于文库本身，还应同时考虑对所建立的文库可采用的选择或筛选的方法。因此，研究者在构建基因文库之前，就应该根据具体的研究条件，合理地确定出最佳的从文库中挑选出目标酶的方法，甚至是多种方法，这样才能构建出高质量的文库，并利用好文库获得理想的结果。

第六节　环境库和噬菌体展示库的筛选

一、环境库的筛选

探索和研究自然界中的物质及其应用已成为生物技术工业的主要内容。将环境 DNA 插入载体、构建文库，利用微生物多样性筛选目的基因或基因簇是一种获得新酶分子、新天然产物和新分子结构的有效方法。对环境文库的筛选主要是基于重组株的表型或酶催化活性或核苷酸顺序。

基于活性的筛选法通常简单易行，多用于大量克隆的检测，可直接从文库中选出具有目标活性的克隆。例如从一个土壤样品的 286000 个 DNA 克隆中分离出了编码酯酶的三个新基因。可直接将无毒的化学染料和不溶性或带有发色团的酶底物衍生物加入到固体培养基中，能够显示出宿主菌是否具有特定的代谢能力。这是一种高灵敏筛选法，脱氢酶和脂酶/酯酶的筛选就是其经典实例。大肠杆菌脱氢酶可以在含有醇类底物如4-羟基丁酸和指示剂四唑的平板上筛选：氧化型四唑溶于水，无色或浅黄色，被还原后在细胞中形成深红色不溶性沉淀。醇类底物通过中心代谢的酶促机制被氧化，电子通过传递链最终传给四唑。因此，具有酶催化活性的菌落呈红色，而无活性的菌落保持无色。

基于酶催化活性，针对重组菌株某种高特异性表型设计筛选法，最可靠的方法是使用缺陷型突变株，该菌株在选择环境下生长必需的基因需要异源补偿。

除了上述简单的平板检测外，已经建立了多种高通量筛选方法，这些方法尤其适用于大量克隆的筛选，许多方法已实现自动化。迄今，这些高通量筛选法的建立都是源于对环境库的筛选，其中阳性克隆的比例都比较高。采用一个天然富集了目的产物的环境样品去构建文库非常重要，从中筛选到阳性结果的比例会极大增加。比如使用来自温泉的样品往往获得耐热酶，而深海和极地海洋则是耐寒酶的资源库。

从环境库中筛选出的目标基因可作为定向进化的起始物质，经过进一步的进化以及修饰，能够成为极具商业价值潜力的生物分子。这一新兴的研究领域包括了探索自然界的生物多样性和构建高通量筛选系统，将对未来微生物技术产生重大影响。

二、噬菌体展示库的筛选

用体外选择的方法可以从噬菌体展示库中分离目的基因。利用表达产物的特性从噬菌体库中挑选出目的蛋白或多肽，进一步用简单的侵染法来实现目的基因的复制和扩增。由于实验操作简单，噬菌体展示技术主要用于选择特异的多肽或蛋白质结合物，如图10-13所示。

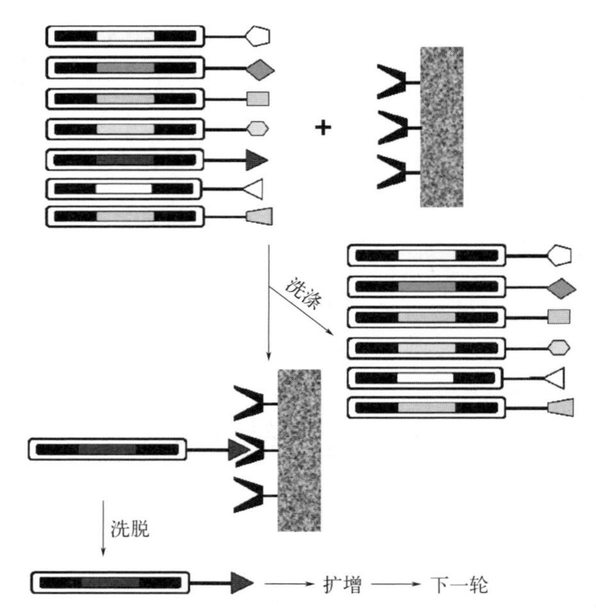

图10-13　展示于丝状噬菌体表面的酶的体外选择原理

选择过程的核心是亲和选择（affinity selecting）：将目标酶的配体固定在固体支持物上，用以捕获文库中有特异性结合的噬菌体。非亲和性或低亲和性的噬菌体通过洗涤而除去，而高亲和性的噬菌体可通过特异或非特异的方法进行洗脱而回收，如利用可溶性配体的竞争性结合、改变pH值降低亲和性、蛋白质水解或化学裂解等。洗脱回收的噬菌体继续侵染大肠杆菌而得到扩增，进而进行分析或进入下一轮的选择。这一过程如同淘洗砂金，故称为“生物淘洗”（panning）。经过多轮淘选通常可以选择到所希望的带有目的基因的重组噬菌体克隆。亲和选择法是目前最快速的选择方法，与逐个克隆筛选的方法相比，其效率要高很多。

如果所需的性状无法为有效选择目标克隆提供便利，则通常可将这种性状与另一种分子相偶联，并应用噬菌体展示等系统，同样采用生物淘洗法在体外选择相偶联的分子。

第七节　酶定向进化的应用

定向进化为酶的分子改造开辟了新的途径，使我们能够更快、更多地了解酶的结构与催化功能之间的关系，在其出现的短短的十几年内已发展成一门相当成熟的蛋白质（酶）的改造技术，它的应用极大地促进了酶工程、代谢工程、合成生物学以及医药等领域的发展，进而推动了生物催化在体内外应用的蓬勃发展。

在不同的工业加工流程中，工业酶的催化反应通常处于高温、有机溶剂或极端酸碱等环境中，这就与天然酶的性质发生冲突，而且有时要求一种酶能对不同的底物都起作用，甚至自然界中不存在的底物。这一切都需要对酶做进一步改造，使之满足需要。运用定向进化技术对现有酶类进行改良，已获得了许多满意的结果。总体上，将定向进化应用于酶分子的改造主要体现在以下几个方面。

一、提高酶分子的催化活力

提高酶分子的催化活力是对酶分子进行改造的最基本的愿望之一，大多数酶的定向进化都涉及对目标酶催化活力的提高，所涉及的酶的种类也最多，范围也最广，还同时提高了酶的稳定性、分泌的效率、改变了底物范围或发生了功能组合等，这些因素或环节都与酶活力的体现密切相关。这方面的实例最多，例如 A. K. Larsson 等采用 DNA 改组技术对人谷胱苷肽-*S*-转移酶进行了定向进化改造，经多轮改组后获得针对不同底物活力提高了 65 ～ 175 倍的高活性进化酶。

二、创造新的酶活性（功能）

利用定向进化法改造酶可以使其具有新的特异性和活性。例如 M. Dion 等采用 DNA 改组方法对来自特莫氏属的嗜热 β-糖苷酶进行改造，最终获得了 β-转糖苷酶活性明显提高的进化酶，其转苷酶活性 / 水解酶活性比值较野生型酶有了极大地提高，进化酶的功能发生了明显的改变。

此外，定向进化可以补充不够理想的合理设计，从而创造出具有全新功能的新酶。A. R. Fersht 等人将吲哚-3-甘油磷酸合成酶（indole-3-glycerol- phosphate synthase, IGPS）中 α/β-桶蛋白支架进行氨基酸替换，再通过 2 轮 DNA 改组和 StEP 重组，选择克隆，得到一个突变体，它具有了磷酸核糖邻氨基苯甲酸异构酶（phosphoribosyl anthranilate isomerase, PRAI）的活性，而且它比野生型 PRAI 活性高 6 倍，同时不具有了 IGPS 活性，这说明其活性转变成了磷酸核糖邻氨基苯甲酸异构酶的活性。

H. S. Kim 等运用合理设计与定向进化结合的方法，进行了一项关于酶新功能进化的出色工作，成功地在人乙二醛酶Ⅱ的支架中载入了细菌金属 β-内酰胺酶。这两种酶是金属水解酶家族的两个成员，它们在序列上仅有很弱的相似性，在功能上也不相同，但有相似的整体结构。研究小组先运用理性设计的方法获得了乙二醛酶Ⅱ的支架，然后采用定向进化的策略，从金属 β-内酰胺酶家族中挑选出催化位点序列，运用重叠-易错 PCR 技术将它们融入乙二醛酶Ⅱ的支架中，经多轮筛选最终获得了一个具有人体乙二醛酶Ⅱ支架和活性高于野生型金属β-内酰胺酶160倍的工程酶。该工作证明将合理设计与定向进化理论结合，能创造出具有全新功能的新酶。

相对于提高已知酶类的催化活性而言，创造一种全新的酶，一种还没有理由通过进化获得的催化活性，更能引起人们的兴趣。酶的模块重组或互换有时可构建出新酶，这是把模块看作是构建新酶的元件。例如，某酶的活性位点位于两个模块的界面上，其中一个包含了催化残基，另一个对酶的特异性有影响，可以通过这种结构域互换来构建新酶。构建人工金属酶是创造新酶的另一个研究策略，人工金属酶融合了过渡金属的多功能催化特点和酶的催化优点。为了提高人工金属酶的活力，Sven Panke等对模拟的金属钌结合区域的20个氨基酸位点进行了饱和突变，通过构建的简化筛选方法，经过5轮筛选，获得的突变体对伞形酮前体的闭环反应提高了2倍。

三、提高酶分子的稳定性

提高酶分子的多种稳定性，主要是热稳定性，是分子酶学工程的一个重要目标。在工业生产中，通常高温可以提高底物溶解度、降低介质黏度、减少微生物污染和提高反应速度等。每种酶在一定条件下都有一个适宜的温度范围，提高或降低温度都将导致酶活力有不同程度的下降。对于大多数工业用酶制剂来说，具有良好的热稳定性才实用，应用价值才高。寻找热稳定性酶和提高酶的热稳定性一直是生产和科研关注的热点。大多数提高酶分子热稳定性的随机突变实验结果显示，单个氨基酸残基突变可使酶的熔化温度（T_m）升高1～2℃。酶分子两点或三点突变体的T_m值研究结果显示，单点突变的自由能具有累加效应。此外，在酶的热稳定性的定向进化中，筛选比选择更加有效。在筛选中，利用平板菌落影印，使宿主细胞避免了检测热稳定性所需的高温。

借助DNA改组，Ki-Hoon Oh等同时提高了来自根癌农杆菌（*Agrobacterium tumefaciens*）*N*-氨基甲酰-D-氨基酸酰胺水解酶的氧化稳定性和热稳定性。与其他突变体相比，他们得到的最佳突变体不但提高了热稳定性，而且不易被过氧化氢失活。之后的研究发现其中4个突变有助于增加氧化稳定性和热稳定性，另外2个突变只对增加氧化稳定性起作用。

四、适应特定的催化系统或环境

天然酶在生物体内存在的环境与酶的实际应用环境往往不同，如天然酶在生物体内不会接触高浓度的有机溶剂，而当将其应用于酶工业与洗涤剂工业中的时候，就必须适应人为创造的恶劣环境，即使在高浓度的有机溶剂中也要保持较高的活性。有机溶剂可以提高有些底物（如脂类）的溶解度或提高专一反应的速率，但天然酶在有机溶剂中即使有时能保持天然构象也极易失活，因此在应用环境中对酶分子定向进化就十分必要。最经典的实例是对枯草杆菌蛋白酶E的定向进化，获得的突变体在非水相（如二甲基甲酰胺，DMF）中催化肽合成反应时，活力远高于野生型酶。

天然酶在生物体内不会接触到人工添加的去离子螯合剂，而酶在应用中，如应用于洗涤剂工业的时候，就必须在螯合剂存在的环境中保持活力，因此有必要改变大多数应用的蛋白酶依赖金属离子来保持其活性或稳定性的性质。

五、提高底物专一性或拓宽特异性底物范围

提高（改进）酶的底物专一性往往可以提高酶的工业化应用价值。一些研究表明，通过定

向进化可成功地改变酶的 K_m 值，这说明通过定向进化可以改变酶的底物专一性，使作用的底物更特异；或相反，有些酶通过定性进化拓宽了酶的特异性底物范围，使其更适合工业应用。例如大肠杆菌 D-2-酮-3-脱氧-6-磷酸葡萄糖酸（D-KDPG）醛缩酶能催化以 D- KDPG 为底物的高度专一性缩醛反应。S. Fong 等利用易错 PCR、DNA 改组和筛选，获得一个能催化非磷酸化的 D-甘油醛和 L-甘油醛的进化酶。值得注意的是六个突变点都远离活性位点。酶法生产头孢菌素类抗生素是一条既经济又环保的途径，但自然界中不存在高效的头孢菌素 C 酰化酶（CPC acylase）。研究者们通过合理设计、定向进化等技术成功地改变了戊二酰基-7-氨基头孢烷酸酰化酶（GL-7-ACA acylase）的底物选择性，获得了可以高效识别头孢菌素 C 的突变酶，催化转化率达到 90% 以上。

六、改变对映选择性

纯的对映体化合物的生产对化学和制药工业越来越重要。运用定向进化的方法，还可以提高酶的对映选择性。比较成功的例子是 F. H. Arnold 等人运用易错 PCR 和饱和诱变的方法，成功地使一株倾向于 D-底物的乙内酰脲酶发生转变，使之变得倾向于 L-底物，经过分析，这种转变只需要一个氨基酸的替换。与野生型的催化蛋白质相比，增加了 L-甲硫氨酸的产量，降低了不必要的产物积累。

研究表明，调整酶的底物 / 产物专一性对于合理化设计而言是十分困难的，但若采用定向进化的方法却很容易达到目的。酶的立体选择专一性可利用定向进化的方法加以改变，从而满足工业化生产的需求和提高酶的工业化应用价值。G. J. Williams 等人利用 DNA 改组重排，改变由 1, 6-二磷酸己酮糖醛缩酶催化形成 C—C 键合成的立体化学，进而得到的醛缩酶以非天然的 1, 6-二磷酸果糖为底物时，k_{cat}/K_m 值提高 80 倍，立体定向性提高了 100 倍。J. D. Carballeira 等采用 CAST（组合活性中心饱和试验，combinatorial active site saturation test）法定向进化绿脓杆菌脂肪酶，获得了具有对映选择性的突变酶，可用于丙二烯的动力学拆分。

总结

在工业生产中，天然酶分子通常不能满足实际需要，所以需要人们对其进行改造或设计新的酶分子以满足工业需求。酶的体外定向进化（简称定向进化）是近些年兴起的改造酶分子的新策略。理论上，酶分子本身蕴藏着很大的进化潜力，许多功能有待于开发，这也是酶的体外定向进化的先决条件。酶的定向进化是在酶基因开发的基础上，对基因进行改造，小到可改变一个核苷酸，大到可以加入或消除某一结构的编码序列。其应用的领域也随着定向进化新技术的发展逐渐扩大，现已涉及基因治疗、疫苗、食品、轻工业、农业和环境治理等方面。

酶分子的定向进化是改造酶分子的一种有效的策略，属于蛋白质的非合理设计范畴，它不需要事先了解酶的空间结构、保守位点和催化机制等信息，就可以借助生物技术在实验室模拟自然进化过程（随机突变、基因重组、自然选择），这使其可以用于几乎所有的酶类。酶的定向进化是通过人为地创造一定的进化条件，结合确定进化方向的选择方法，在体外改造酶基因，定向选择有价值的非天然酶，使得酶分子可以在短期内完成自然界需要几百万年才得以实现的进化过程，为酶的改造及其工业应用开辟了快速而便捷的新途径。它还可以在依据现有的酶分子的结构与功能信息尚无法进行有效的定点突变时，有效地改进酶基因，以获得优良的进化酶。从酶的定向分子进化的基本方法可以看出，随着分子生物学技术的发展，可实现快速而简便地改造目的基因，因此这也是发现新型酶和新的生理生化反应的有效途径。

定向进化不但解决了一些生物催化工程问题，而且还可以补充不够理想的合理设计，而创造出具有全新功能的新酶。近年来随着核磁共振光谱学和X射线衍射晶体分析技术的不断进步，理性设计的能力将得到迅速发展，使我们对蛋白质折叠、动力学和构效关系有更好的理解。将定向进化和理性设计的结合、综合理性设计和定向进化的优点的工程方法是将来推动生物催化剂发展的最有力的工具。例如前面述及的H. S. Kim等运用合理设计与定向进化结合的方法，创造出具有全新功能的新酶。然而，值得注意的是，酶的定向进化无法突破蛋白质的理化极限，最终所需的酶功能必须是在物理和化学上可能发生的。

目前，虽然已经建立了很多酶的体外定向进化的有效方法，但还应探索扩展定向进化潜力的最佳途径和提高对突变的控制能力。选择/筛选方法也尚待发展与完善，有必要发展小型化分析和大规模高度自动化选择/筛选模式，特别是对那些无明显可借鉴表型的突变体的选择/筛选，可能是今后该领域研究者努力的目标。随着计算生物学、微流控分选技术、寡聚核苷酸合成技术等的发展，酶的体外定向进化与之结合展现出了丰富的应用前景。对于工业酶的开发，进一步的研究应重视那些实用潜力大的酶，而不是那些受限较多的酶，如膜限制酶、需要辅助因子辅助蛋白共同作用的酶。可以相信，不断创新的策略，不断进步的技术水平将使我们有可能进化出实际可用的多功能酶，甚至整个生物合成通道。

总体上，对酶所作的改造包括增强酶的催化活力、稳定性、专一性以及改善酶的反应条件等几个方面，已为其大规模的应用创造条件。自21世纪初以来，酶的定向进化技术极大地扩展了分子酶学工程的研究与应用范围，特别是能够解决合理设计所不能解决的问题，为酶的结构与功能研究开辟了新的途径，使我们能够更快、更多地了解蛋白质结构与功能之间的关系，同时也在工业、农业和医药等领域已展示出广阔的应用前景。此外，定向进化技术还具有简便、快速、低耗、有实效的特点。总之，酶的定向分子进化是非常有效地更接近于自然进化的分子酶学工程研究的新策略，它不仅能使酶进化出非天然性状，或性状改进的优良酶，还能使两个或多个酶的优良性状组合为一体，进化出具有多项优化性质或功能的进化酶，进而发展和丰富酶类资源。

体外分子定向进化策略证明进化可以发生在自然界，也可以发生在试管中。它的出现开创了蛋白质（酶）工程的新纪元，也加速了我们对生命过程的认识和理解。同时这项技术也正带来巨大商机，给人类社会带来了巨大的经济效益和社会效益。酶的体外定向进化的方法随着发展在不断完善，研究在不断的扩展。但是，在实际工作中需要对多方面进行探索，寻求最佳的方法和合理的途径。从突变、重组到筛选每个过程都要有良好的控制能力，创造出合理、多功能的酶类。因此酶的开发潜力巨大，可以对工业、生活产生重要的影响。可以预见，定向分子进化的发展将使生物催化剂及催化过程以崭新的面貌出现在生命科学和生物技术“世界”。

1. 酶分子改造的主要措施有哪些？各自都有哪些优缺点？
2. 为什么半理性设计方案容易遗漏长程作用靶点？
3. 什么是酶分子的定向进化？其主要步骤是什么？
4. 什么是易错PCR？简述其基本过程。
5. 什么是DNA改组（DNA shuffling）？与易错PCR相比有哪些优势？
6. 从文库中分离出目的基因的方法包括哪两类？试进行分析比较。
7. 酶分子的自然进化主要包含了哪些形式？
8. 设计两种以上实验方案，从环境中获得两种以上低温脂肪酶的基因。
9. 除了噬菌体展示库，请列举两种以上展示库。噬菌体展示库有什么优势？
10. 通过定向进化，酶的哪些性能可以得到提高？

参考文献

[1] Cao H, Gao G, Gu Y, et al. Trp358 is a key residue for the multiple catalytic activities of multifunctional amylase OPMA-N from Bacillus sp. ZW2531-1. Applied Microbiology & Biotechnology, 2014, 98: 2101-2111.

[2] Kuchner O, Arnold F H. Directed evolution of enzyme catalysts. Trends in Biotechnology, 1997, 15: 523-530.

[3] Landwehr M, Carbone M, Otey C R, et al. Diversification of catalytic function in a synthetic family of chimeric cytochrome p450s. Chemistry & Biology, 2007, 14: 269-278.

[4] Hiraga K, Arnold F H. General Method for Sequence-independent Site-directed Chimeragenesis. Journal of Molecular Biology, 2003, 330: 287-296.

[5] Ostermeier M, Benkovic S J. Evolution of protein function by Domain swapping. Advances in Protein Chemistry, 2001, 55: 29-77.

[6] Fischbach M A, Lai J R, Roche E D, et al. Directed evolution can rapidly improve the activity of chimeric assembly-line enzymes. Proceedings of the National Academy of Sciences of the United States of America, 2007, 104: 11951-11956.

[7] Park S H, Park H Y, Sohng J K, et al. Expanding substrate specificity of GT-B fold glycosyltransferase via domain swapping and high-throughput screening. Biotechnology & Bioengineering, 2010, 102: 988-994.

[8] Labrou, Nikolaos, E. Random Mutagenesis Methods for In Vitro Directed Enzyme Evolution. Current Protein & Peptide Science, 2010, 11: 91-100.

[9] Kumar A, Singh S. Directed evolution: tailoring biocatalysts for industrial applications. Critical Reviews in Biotechnology, 2012, 33: 365-378.

[10] Dalby P A. Strategy and success for the directed evolution of enzymes. Current Opinion in Structural Biology, 2011, 21: 473-480.

[11] Davids T, Schmidt M, Böttcher D, et al. Strategies for the discovery and engineering of enzymes for biocatalysis. Current Opinion in Chemical Biology, 2013, 17: 215-220.

[12] Kazlauskas R, Lutz S. Engineering enzymes by ‘intelligent’ design. Current Opinion in Chemical Biology, 2009, 13: 1-2.

[13] Besenmatter W, Kast P, Hilvert D. New enzymes from combinatorial library modules. Methods Enzymol, 2004, 388: 91-102.

[14] Cameron N. Chemical and biochemical strategies for the randomization of protein encoding DNA sequences: library construction methods for directed evolution. Nucleic Acids Research, 2004: 1448-1459.

[15] Rubin-Pitel S, Cho CMH, Chen W and Zhao H. “Directed Evolution Tools in Bioproduct and Bioprocess Development” In Bioprocessing for Value-Added Products from Renewable Resources: New Technologies and Applications, Elsevier Science, New York, NY, 2006.

[16] Brakmann S and Johnsson K. Directed Molecular Evolution of Proteins. Wiley-VCH Verlag Gnnb H, Weinheim, 2002.

[17] Feng H Y, Drone, Jullien, et al. Converting a β-glycosidase into a β-transglycosidase by directed evolution. Journal of Biological Chemistry, 2005, 280: 37088-37097.

[18] Kaper T, Brouns S, Geerling A, et al. DNA family shuffling of hyperthermostable β-glycosidases. Biochemical Journal, 2003, 368: 461-470.

[19] Zhao H, Zha W. In vitro ‘sexual’ evolution through the PCR-based staggered extension process (StEP). Nature protocols, 2006, 1: 1865-1871.

[20] 张今 . 进化生物技术——酶定向分子进化 . 北京：科学出版社，2004.

[21] Arnold F H, Georgiou G. Directed Evolution Library Creation: methods and Protocols. Humana Press, Clifton, NJ, 2003.

[22] Nguyen A W, Daugherty P S. Production of randomly mutated plasmid libraries using mutator strains. Methods Mol Biol, 2003, 231: 39-44.

[23] Sylvestre J, Chautard H, Cedrone F. Directed Evolution of Biocatalysts. Organic Process Research & Development, 2006, 10: 562-571.

[24] Lutz S, Patrick W M. Novel methods for directed evolution of enzymes: quality, not quantity. Curr Opin Biotechnol, 2004, 15: 291-297.

[25] Lin H, Cornish V W. Screening and selection methods for large-scale analysis of protein function. Angew Chem Int Ed Engl, 2002, 41: 4402-4425.

[26] Tawfik D S. Directed enzyme evolution: Screening and selection methods. Protein Science, 2004, 13: 2836-2837.

[27] Woodyer R, van der Donk WA, Zhao H. Optimizing a biocatalyst for improved NAD(P)H regeneration: directed evolution of phosphite dehydrogenase. Combinatorial Chemistry & High Throughput Screening, 2006, 9: 237-245.

[28] Conrad B, Antonarakis S E. Gene Duplication: a drive for phenotypic diversity and cause of human disease. Annual Review of Genomics and Human Genetics, 2007.

[29] Chen L, Wu LY, Wang Y, et al. Revealing divergent evolution, identifying circular permutations and detecting active-sites by protein structure comparison. BMC Struct Biol, 2006, 6: 18.

[30] Bennett M J, Sawaya M R, Eisenberg D. Deposition diseases and 3D domain swapping. Structure, 2006, 14: 811-824.

[31] Reeves G A, Dallman T J, Redfern OC, et al. Structural diversity of domain superfamilies in the CATH database. J Mol Biol, 2006，360: 725-741.

[32] Xu W, Ahmed S, Moriyama H, et al. The importance of the strictly conserved, C-terminal glycine residue in phosphoenolpyruvate carboxylase for overall catalysis: mutagenesis and truncation of GLY-961 in the sorghum C4 leaf isoform. J Biol Chem, 2006, 281: 17238-17245.

[33] Rees H C, Grant S, Jones B, et al. Detecting cellulase and esterase enzyme activities encoded by novel genes present in environmental DNA libraries. Extremophiles, 2003, 7: 415-421.

[34] Beja O. To BAC or not to BAC: marine ecogenomics. Curr Opin Biotechnol, 2004, 15: 187-190.

[35] Lee C C, Kibblewhite-Accinelli R E, Wagschal K, et al. Cloning and characterization of a cold-active xylanase enzyme from an environmental DNA library. Extremophiles, 2006, 10: 295-300.

[36] Solbak A I, Richardson T H, McCann R T, et al. Discovery of pectin-degrading enzymes and directed evolution of a novel pectate lyase for processing cotton fabric. J Biol Chem, 2005, 280: 9431-9438.

[37] Smith GP. Filamentous fusion phage: novel expression vectors that display cloned antigens on the virion surface. Science, 1985，228: 1315-1317.

[38] Fujita S, Taki T, Taira K. Selection of an active enzyme by phage display on the basis of the enzyme's catalytic activity in vivo. Chembiochem, 2005，6: 315-321.

[39] Williams G J, Nelson A S, Berry A. Directed evolution of enzymes for biocatalysis and the life sciences. Cell Mol Life Sci, 2004, 61: 3034-3046.

[40] Fernandez-Gacio A, Uguen M and Fastrez J. Phage display as a tool for the directed evolution of enzymes. Trends in Biotechnology, 2003, 21: 408-414.

[41] Takahashi-Ando N, Kakinuma H, Fujii I, et al. Directed evolution governed by controlling themolecular recognition between an abzyme and its haptenic transition-state analog. J Immunol Methods, 2004, 294: 1-14.

[42] Tanaka F, Fuller R, Shim H, et al. Evolution of aldolase antibodies in vitro: correlation of catalytic activity and reaction-based selection. J Mol Biol, 2004, 335: 1007-1018.

[43] Johannes T W, Zhao H. Directed evolution of enzymes and biosynthetic pathways. Current Opinion in Microbiology, 2006, 9: 261-267.

[44] Rubin-Pitel SB, Zhao H. Recent advances in biocatalysis by directed enzyme evolution. Combinatorial Chemistry and High Throughput Screening, 2006, 9: 247-257.

[45] Kim Y W, Lee S S, Warren R A, et al. Directed evolution of a glycosynthase from *Agrobacterium* sp. Increases its catalytic activity dramatically and expands its substrate repertoire. J Biol Chem, 2004, 279: 42787-42793.

[46] Spiwok V, Lipovova P, Skalova T, et al. Cold-active enzymes studied by comparativemolecular dynamics simulation. J Mol Model, 2007, 13: 485-497.

[47] Williams G J, Domann S, Nelson A, et al. Modifying the stereochemistry of an enzyme- catalyzed reaction by directed evolution. Proc Natl Acad Sci. USA, 2003, 100: 3143-3148.

[48] Carballeira J D, Krumlinde P, Bocola M, et al. Directed evolution and axial chirality: optimization of the enantioselectivity of Pseudomonas aeruginosa lipase towards the kinetic resolution of a racemic allene. Chem Commun (Camb), 2007, 19: 1913-1915.

[49] 方柏山，洪燕，夏启容．酶体外定向进化(Ⅱ)—文库筛选的方法及其应用．华侨大学学报（自然科学版），2005, 26: 113-116.

[50] Park H S, Nam S H, Lee J K, et al. Design and evolution of new catalytic activity with an existing protein scaffold. Science, 2006, 311: 535-538.

[51] Roberto C, Nicolas D, Joeller NP. Semi-rational approaches to engineering enzyme activity: combining the benefits of directed evolution and rational design. Current Opinion in Biotechnology, 2005, 16: 3782-3841.

[52] Becker S, Schmoldt H U, Adams T M, et al. Ultra-high-throughput screening based on cell-surface display and fluorescence-

activated cell sorting for the identification of novel biocatalysts. Curr Opin Biotechnol, 2004, 15: 323-329.

[53] Dias-Neto E, Nunes D N, Giordano R J, et al. Next-generation phage display: integrating and comparing availablemolecular tools to enable cost-effective high-throughput analysis. PLoS One, 2009, 4: e8338.

[54] Matochko W L, Chu K, Jin B, et al. Deep sequencing analysis of phage libraries using Illumina platform. Methods, 2012, 58: 47-55.

[55] Derda R, Tang S K, Li S C, et al. Diversity of phage-displayed libraries of peptides during panning and amplification. Molecules, 2011, 16(2): 1776-1803.

[56] Tripathi A, Varadarajan R. Residue specific contributions to stability and activity inferred from saturation mutagenesis and deep sequencing. Curr Opin Struct Biol, 2014, 24: 63-71.

[57] Scheuermann J, Neri D. Dual-pharmacophore DNA-encoded chemical libraries. Curr Opin Chem Biol, 2015, 26: 99-103.

[58] Wichert M, Krall N, Decurtins W, et al. Dual-display of smallmolecules enables the discovery of ligand pairs and facilitates affinity maturation. Nat Chem, 2015, 7: 241-249.

[59] Xiao H, Bao Z, Zhao H. High Throughput Screening and Selection Methods for Directed Enzyme Evolution. Ind Eng Chem Res. 2015, 54: 4011-4020.

[60] Wan N W, Liu Z Q, Xue F, et al. An efficient high-throughput screening assay for rapid directed evolution of halohydrin dehalogenase for preparation of β-substituted alcohols. Appl Microbiol Biotechnol, 2015, 99: 4019-4029.

[61] Pitzler C, Wirtz G, Vojcic L, et al. A fluorescent hydrogel-based flow cytometry high-throughput screening platform for hydrolytic enzymes. Chem Biol, 2014, 212: 1733-1742.

[62] Ostafe R, Prodanovic R, Nazor J, et al. Ultra-high-throughput screening method for the directed evolution of glucose oxidase. Chem Biol, 2014, 21: 414-421.

[63] Dietrich J A, McKee A E, Keasling J D. High-throughput metabolic engineering: advances in small-molecule screening and selection. Annu Rev Biochem, 2010, 79: 563-590.

[64] Bashton M, Chothia C. The generation of new protein functions by the combination of domains. Structure, 2007, 15: 85-99.

[65] Jeschek M, Reuter R, Heinisch T, et al. Directed evolution of artificial metalloenzymes for in vivo metathesis. Nature, 2016, 537: 661-665.

[66] Ohashi M, Jamieson C S, Cai Y. et al. An enzymatic Alder-ene reaction. Nature, 2020, 586: 64-69.

[67] Currin A, Parker S, Robinson C J, et al. The evolving art of creating genetic diversity: From directed evolution to synthetic biology. Biotechnology Advances, 2021, 50: 107762.

[68] Wu Y, Zhu R Y, Mitchell L A, et al. In vitro DNA SCRaMbLE. Nat Commun, 2018, 9: 1935.

[69] Newberry R W, Leong J T, Chow E D, et al. Deep mutational scanning reveals the structural basis for α-synuclein activity. Nat Chem Biol, 2020, 16: 653-659.

[70] Zhang X, Huang Z, Wang D, et al. A new thermophilic extradiol dioxygenase promises biodegradation of catecholic pollutants. Journal of Hazardous Materials, 2022, 422(15): 126860.

第十一章
酶制剂的应用

罗贵民　解桂秋　高仁钧

第一节　概论

现代意义的酶，已经不单单是一个产品类型，它融合到了现代生物产业的方方面面，成为一个不可缺少的组成部分。酶作为生物催化剂，在许多反应过程中具有不可替代的作用。酶催化剂作为生物进化的表现形式，比一般的化学催化剂更符合现在社会进步和发展的需要，它可以在非常温和的条件下高效、专一性地催化底物转变为产物，这无疑向我们展示出一幅广阔的应用前景。通过酶，尤其固定化酶的催化作用，可以简化生产工艺、降低生产成本、改善操作环境，其经济效益是非常可观的。随着人们对环境保护和生活质量要求的提高，酶在医药、食品、纺织等领域的应用日益广泛。酶工程技术已成为生物工程领域的关键技术，无论是基因工程、蛋白质工程、细胞工程和发酵工程都需要酶的参与。酶催化的高效性、特异性、产品的高效回收和反应体系简单等优点使酶工程技术成为现代生物技术的主要支柱之一。

现代酶工程技术始于二十世纪中叶。随着微生物发酵技术的发展和酶分离纯化技术的提高，酶制剂生产开始走向规模化，并被应用于轻工、医药等生化过程。但在生产中发现，酶制剂存在着一些弱点，如稳定性差、反应条件（温度、离子强度和 pH 等）要求严格、酶量有限，因而在工业生产中使用酶时往往导致生产成本提高，严重地限制了酶的应用。二十世纪六十年代，酶固定化技术的诞生，改善了酶的稳定性，使酶在生化反应器中可以反复连续使用，极大地促进了酶工程技术的推广应用。二十世纪七十年代，基因工程与酶催化理论的结合，给酶工程技术带来了前所未有的生机。应用基因工程技术可以生产出高效能、高质量的酶产品，明显地降低了工业用酶产品的价格，这对工业用酶的市场产生巨大的影响。酶制剂产业经历了半个多世纪的起步和迅速成长之后，现已形成一个富有活力的高新技术产业，保持持续高速度发展。以基因工程和蛋白质工程为代表的分子生物学技术的不断进步和成熟，以及在各个应用行业的引入和实践，把酶制剂产业带入了一个全新的发展时期。伴随着全球经济一体化的经济浪潮，世界生物技术产业也在全球范围内进行着产业结构和产品结构的调整，应用覆盖洗涤剂、纺织、酒精、白酒、啤酒、味精、有机酸、淀粉糖、制药、制革、饲料、造纸、果汁加工、肉加工、蛋加工、豆加工、奶和面制品加工等诸多工业领域，创造工业附加值数千亿元。

工业中应用的酶通常是被改造的，以增加稳定性、接受更广泛的底物、增加底物的特异性和催化新的反应。随着极端环境（高温、高压、高盐、低温及酸、碱环境等）下嗜极微生物的发现，越来越多耐受极端条件的酶被克隆表达，大大促进了新酶源的开发和具有应用价值酶的发现，从而带动了应用酶学的进一步发展。人们对酶工程技术的应用寄予了厚望，加强酶学理论的研究及应用技术的开发，促进酶在社会经济生活中的应用，已成为现代生物技术的主题。

一、酶制剂的市场和发展历史

根据美国全球行业分析师公司（Global Industry Analysts, Inc.）的分析，在COVID-19流行期间，2020年全球工业酶的市场规模约为61亿美元，预计到2027年将达到84亿美元。全球生物燃料酶市场在2022年达到10亿美元，到2026年将达到13亿美元。食品市场估计在2027年将增长到34亿美元，高于2020年的23亿美元。以世界上最大的酶制剂生产商丹麦的Novozymes公司为例，2018年酶制剂销售额约22亿美元，2022年总销售额达到25.8亿美元。由于产业用酶品种和产量的增加，一些新的酶制剂厂也在世界各地兴建。目前在世界上有影响的酶制剂公司主要有：丹麦的Novozymes（占据了全球酶制剂市场份额的近一半）、美国的Genencor、荷兰的DSM（帝斯曼）、美国的杜邦、德国的AB Enzymes、比利时的Enzybel、日本的宝生物和天野制药等。欧洲依然是酶制剂产业最发达的地区，这与该地区生物技术的悠久历史有密切关系。时至今日，酶工程技术在欧洲仍占主导地位，对酶工程技术的研究和开发得到政府、公司和研究机构的普遍重视。如今，随着基因工程、蛋白质工程、细胞工程和发酵工程技术在酶工程领域的应用，酶的工业化量产获得突破性进展，应用领域也不断扩展。据统计，全球酶制剂市场中占比最大的是食品饮料用酶，其次是日化用品用酶，饲料用酶居第三位（图11-1）。

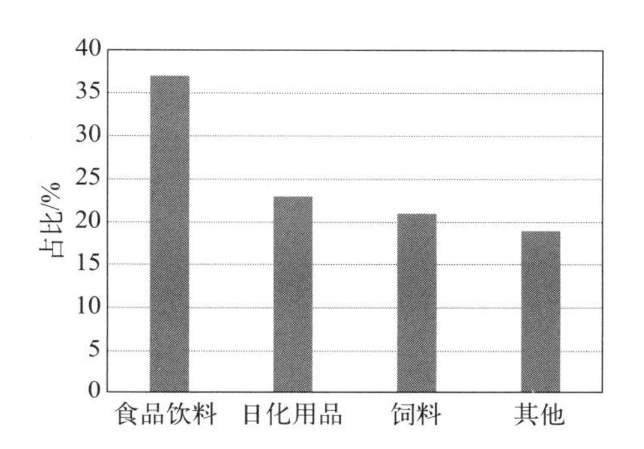

图11-1　酶制剂在各行业中的占比

其他是指在制革、造纸、医药、能源及废水处理等工业的应用

我国的酶制剂工业起步于1965年，在无锡建立了第一个专业化酶制剂厂，当时总产量只有10t，品种只有普通淀粉酶。从“六五”到“十四五”期间，我国酶制剂产品的生产量以每年20 %以上的速度增长，生产规模、产品种类和应用领域正在逐步扩大。目前，我国酶制剂行业能规模化生产的酶有数十种，2021年产量约为160万吨，产值约占全球的20%～30%。产品以糖化酶、*α*-淀粉酶、蛋白酶为主，此外还有果胶酶、*β*-葡聚糖酶、纤维素酶、脂肪酶、*α*-乙酰乳酸脱羧酶、植酸酶、木聚糖酶等。我国酶制剂产品主要应用于酿酒、淀粉糖、洗涤剂、纺织、皮革和饲料等行业，在饲料用酶等细分领域达到国际领先水平。

二、酶制剂的来源及特点

自然界发现的酶已达数千种，工业上常用及目前大量生产的酶只有数十种。80%以上的工业酶是水解酶，主要用于降解自然界中的高聚物，如淀粉、蛋白质、脂肪等物质，蛋白酶、淀粉酶和脂肪酶是目前工业应用的三大主要酶制剂。蛋白酶可用于去污剂、奶制品业、皮革业等；淀粉酶用于烘焙、酿造、淀粉糖化和纺织业等；脂肪酶用于去污剂、食品和精细化工工业等。近些年来，新的有应用价值的酶正在不断地被开发，酶在工业过程中的应用日益广泛。

大多数生物都是有用酶的来源，但实际上只有有限数量的植物和动物是经济的酶源，大多数酶是从微生物中获得的。植物和动物来源的酶大多是食品工业的重要用酶。其中，植物来源的酶有著名的木瓜蛋白酶、菠萝蛋白酶、无花果蛋白酶、麦芽淀粉水解酶、大豆脂肪氧合酶等；目前广泛使用的动物酶有猪胰蛋白酶和胃脂肪酶等。

微生物是酶制剂的重要来源，这是因为微生物存在物种的多样性和生长的快速性：①微生物繁殖速度快。细菌在合适的条件下20～30min就可以繁殖一代。其生长速度是农作物的500倍，家畜的1000倍。②微生物种类繁多，酶的品种全。在不同环境下生存的微生物有不同的代谢途径，可以产生适应不同环境的酶分子，如高温酶、中温酶和低温酶，耐高盐酶，耐酸、碱酶等。

③微生物培养方法简单。微生物培养所用的原料大多为农副产品，来源丰富，机械化程度高，易于大批量生产。连续发酵生产可以提供经济有效的酶制剂产品。

酶作为大分子的活性物质，在应用过程中常常出现不稳定的现象，尤其在高温、强酸、强碱和高渗等极端条件下更容易失活，限制了酶在工业上的应用。自第一个极端酶——嗜热 DNA 聚合酶（*Taq* DNA Pol Ⅰ）成功地应用于 PCR 技术后，人们开始不断地探索各种极端酶的应用前景。近年来，已有一些极端酶投入工业应用，表 11-1 列举了一些来源于嗜极菌的极端酶的应用。

表 11-1　嗜极菌极端酶的应用实例

微生物	极端酶	应用
嗜热菌 50 ～ 110℃	淀粉酶	生产葡萄糖和果糖
	木糖酶	纸张漂白
	蛋白酶	氨基酸生产、食品加工、洗涤剂
	DNA 聚合酶	基因工程
嗜冷酶 5 ～ 20℃	中性蛋白酶，	奶酪成熟，牛奶加工洗涤剂
	蛋白酶	
	淀粉酶	洗涤剂
	酯酶	洗涤剂
嗜酸菌 pH<2.0	硫氢化酶系	原煤脱硫
嗜碱菌 pH>9.0	蛋白酶	洗涤剂
	淀粉酶	
	酯酶	
	纤维素酶	
嗜盐菌 0.5 ～ 5mol/L NaCl	过氧化物酶	卤化物合成

微生物酶的生产可以根据市场的需求来进行灵活调整，即简单地扩大或缩小发酵微生物的规模，从而根据市场的变化在 3 ～ 4 个月内就能够放大生产。目前对微生物酶开发的品种很多。产品的质量主要是在发酵的后期下游过程中进行调整。根据市场需要，厂家可以提供几个不同等级的酶制剂，如工业级、食品级及医药级。工业级的酶制剂纯度的要求不高；食品级和医药级的酶制剂纯度要求很严格，而且要进行产品毒性和安全性的评价。因为新型微生物在食品和医药界的应用，必须得到法定机构的安全性确认，整个过程要有很多资金投入。因而，目前大多数食品工业微生物主要是真菌（毛霉、根霉、曲霉、青霉等 10 多个属）、细菌（乳杆菌、链球菌、片球菌、双歧杆菌、醋酸菌、丙酸杆菌、假单胞菌、大肠杆菌等 20 多个属）和酵母菌（啤酒酵母、毕赤酵母、汉逊酵母、假丝酵母、丝孢酵母等 7 个属），而作为适合于食品和医药用的酶的表达宿主菌也包括在这些微生物中。

1977 年，联合国粮农组织（FAO）和世界卫生组织（WHO）的食品添加剂专家联合委员会（JECFA）就有关酶的生产向 21 届大会提出了如下意见：①凡从动植物可食部位或用传统食品加工的微生物所产生的酶，可作为食品对待，无需进行毒理学的研究，而只需建立有关酶化学与微生物学的详细说明即可。②凡由非致病性的一般食品污染微生物所制取的酶，需做短期的毒性实验。③由非常见微生物制取的酶，应做广泛的毒性试验，包括慢性中毒在内。一般而言，酶作为天然提取物可以认为是安全的，真正有毒的酶是罕见的。某些酶制剂之所以有毒是因为酶分离纯化得不够，含有微生物及环境中的一些致病毒素。因此，酶制剂在生产时需要通过安全检查（表 11-2）。

表 11-2　酶制剂的安全检查指标

项目	限量	项目	限量
重金属 / ($10^{-6}g \cdot g^{-1}$)	小于 40	大肠杆菌 / (个 • g^{-1})	不准含有
铅 / ($10^{-6}g \cdot g^{-1}$)	小于 10	霉菌 / (个 • g^{-1})	小于 100 个
砷 / ($10^{-6}g \cdot g^{-1}$)	小于 3	铜绿假单胞菌 / (个 • g^{-1})	不准含有
黄曲霉毒素	不准含有	沙门氏菌 / (个 • g^{-1})	不准含有
活菌计数 / (个 • g^{-1})	小于 5×10^4	大肠杆菌样菌 / (个 • g^{-1})	小于 30

酶与其他物质不同，它是通过催化活性来识别和出售的，而不是质量。因此酶在贮存时的生物活性与稳定性非常重要。工业生产中所用的酶极少是结晶的、化学纯的或单种蛋白质制剂。只要酶制剂中的杂质不干扰酶的活性，含杂质是被允许的，通常杂蛋白对酶是有一定的保护作用的。一般而言，含杂蛋白的酶制剂比纯品稳定，干燥品比液体制剂稳定。大多数工厂生产的酶制剂对酶稳定性的最高要求是：干燥品在 25℃时保持 6 个月的活性，在 4℃时保持 12 个月的活性；液体酶在 25℃时保持 3 个月的活性，在 4℃时保持 6 个月的活性。

酶制剂的价格与其活性及纯度有很大关系。①大规模使用的酶，如淀粉酶、葡糖异构酶纯度很低，价格便宜，可以大批购得。②纯度很高的酶，如临床分析用酶葡糖氧化酶和胆固醇氧化酶等，价格较为昂贵。与工业用酶相比，它们的使用量较少，在制备时需使用纯化技术和高劳务费用。③某些特定的研究用酶，如各种限制性内切酶、聚合酶、修饰酶等，它们的使用量有限，酶活性对环境要求严格，往往需要特制，价格极其昂贵。

当一个催化反应的工业过程被确定之后，如何选择合适的酶一般要考虑下列因素。①底物特异性：对于任何一个反应，不同来源和类型的酶在底物特异性上都有一些小的差别。以糖化酶为例，既有高度特异性的酶（如阿拉伯糖或乳糖水解酶），也有广泛作用的酶（如淀粉糖化酶和葡糖苷酶）。因此，首要问题是必须根据特定的反应过程来确定所使用的酶。② pH：工业生产中酶作用的 pH 范围非常重要。酶在不同的 pH 条件下，它的活性、特异性或热敏感性会发生改变。③温度：温度对酶反应速率的影响是很大的。当反应温度变化 10℃时，反应速率提高或降低的一个数量级。高温时反应进行的速率将会更快，反应体系被杂菌污染的程度降低，但是高温会促使热敏感性酶失活。因而必须选择合适的反应温度，既有利于反应的快速进行，又有利于酶保持长久的活力。④激活剂和抑制剂：对于特定酶而言，激活剂和抑制剂是非常重要的。如果体系中含有酶的激活剂和抑制剂对于反应的成本有大幅度提高或降低，则必须考虑添加或消除它们。⑤价格因素：从经济方面考虑，这是一个非常重要的因素，并且受到多方面的影响，如国家政策、地域优势以及酶工程技术的发展和更新等。目前，先进国家的酶制剂品种的开发，主要集中在：①食品加工用酶，特别是用于生产低聚糖的一些酶类，如葡糖转苷酶（生产异麦芽低聚糖）、β-果糖基果糖转移酶（生产乳果糖）、β-葡糖苷酶（生成半乳寡糖以 β-1, 4 结合为主）、环糊精转移酶（CGTase）的蛋白质工程修饰，可以得到 α-环糊精、β-环糊精和 γ-环糊精分别显著增加的新酶。②饲料用酶中重点产品是植酸酶，它有两种类型，即 3-植酸酶和 6-植酸酶，它们的作用类型都一样，只是特异性位点有差异。③纺织用酶，这里特别要提到的是原果胶酶（protopectinase）的开发与利用，它既可以除去对皮肤有刺痛作用的原果胶质，又可以提高染色性，改善高温高碱的操作环境，减少废液对环境的污染。④洗涤剂用酶，这个领域中主要研究开发四种酶，即碱性丝氨酸型蛋白酶、碱性脂肪酶、碱性纤维素酶和淀粉酶。研究重点在于通过蛋白质工程手段改善其催化性能或用基因工程方法提高其产量。另外，洗涤剂用酶的应用领域已经扩展到洁具、厨具及其他相关领域，生产也逐步由专业酶制剂生产商转向洗涤剂生产厂。⑤临床诊断用酶、治疗用酶和化妆品用酶依然是受到重视的领域，其开发风险较大，成功开发后经济效益也较高，这部分开发基本都由相关企业独自开发。

第二节　酶在食品加工方面的应用

食品的化学加工途径通常会产生有毒的产品，因此在食品工业中使用化学催化剂安全性差，生物催化剂提供了一个解决方案，因为它们产生更清洁的产品，不需要化学品，而且使用固定化酶甚至可以通过减少所需的步骤来简化过程。在食品生产的情况下，使用的固定化酶量必然比药品生产的低，而且生产规模大得多，因此生产通常被配置为连续模式。通常情况下，酶在食品生产中专门用于提高原料的溶解度、去除杂质和使溶液澄清。我国食品酶产业发展迅速，2010 年我国食品酶总产值达到 80 亿元，2011 ～ 2019 年的年均复合增长率为 7%。目前已有几十种酶成功地用于食品工业，如：葡萄糖、饴糖、果葡糖浆的生产，蛋白质制品的加工，乳制品的加工，啤酒酿造及饮料的生产，果蔬的加工，食品保鲜以及改善食品的品质与风味等。在食品加工过程中应用的酶制剂主要有 α-淀粉酶、糖化酶、蛋白酶、葡糖异构酶、果胶酶、脂肪酶、纤维素酶、葡糖氧化酶等。自二十世纪五十年代以来，由于以淀粉酶与葡糖异构酶为基础制备葡萄糖的工艺获得成功，使淀粉加工业成为酶制剂的主要应用领域。近年来其他酶的应用，尤其是氧化还原酶的开发又为食品工业增添了新的活力。

工业酶制剂全球领导者丹麦 Novozymes 公司生产的工业酶制剂占 2022 年全球工业酶制剂市场份额的 40%，其中食品酶占 Novozymes 酶制剂销售额的 24%。其生产的食品酶种类多样，包括复合蛋白酶（Protamex）、风味蛋白酶（Flavourzyme）、奶酪脂肪酶（Palatase）、碱性蛋白酶（Alcalase）、中性蛋白酶（Neutrase）和果胶酶（NovoShape）等。例如：麦芽糖淀粉酶“Novamyl”，常用于面包的保软锁湿，因此，防止面包变硬的化学添加剂就可以少加。另外，其他一些公司也有基因工程化的食品用酶制剂，如德国 AB Enzymes 公司生产的木聚糖酶、植酸酶、果胶酶、淀粉酶、葡糖氧化酶、蛋白酶等。在奶酪生产中，丹麦科汉森公司用大肠杆菌工程菌生产凝乳酶“CHY-MAX”，其价格比从小牛胃中分离的凝乳酶降低一半。下面对食品工业所用的主要酶制剂作一简介（表 11-3）。

表 11-3　应用于食品工业中的酶制剂

酶名	来源	主要用途
α-淀粉酶	枯草杆菌、米曲霉、黑曲霉	淀粉液化，制造葡萄糖，醇生产，纺织品退浆
β-淀粉酶	麦芽、巨大芽孢杆菌、多黏芽孢杆菌	麦芽糖生产，酿造啤酒，调节烘烤物的体积
糖化酶	根霉、黑曲霉、红曲霉、内孢霉	将淀粉、糊精、低聚糖降解为葡萄糖
蛋白酶	胰脏、木瓜、枯草杆菌、霉菌	肉软化，浓缩鱼胨，乳酪生产，啤酒去浊，香肠熟化，制蛋白胨
右旋糖酐酶	霉菌	牙膏、漱口水、牙粉的添加剂（预防龋齿）
纤维素酶	木霉、青霉	食品、发酵、饲料加工
果胶酶	霉菌	果汁、果酒的澄清
葡糖异构酶	放线菌、细菌	生产高果糖浆
葡糖氧化酶	黑曲霉、青霉	保持食品的风味和颜色
橘苷酶	黑曲霉	水果加工，去除橘汁苦味
脂氧化酶	大豆	烘烤中的漂白剂
橙皮苷酶	黑曲霉	防止柑橘罐头及橘汁出现浑浊
氨基酰化酶	霉菌、细菌	由 DL-氨基酸生产 L-氨基酸

续表

酶名	来源	主要用途
磷酸二酯酶	橘青霉、米曲霉	降解 RNA，生产单核苷酸
乳糖酶	真菌，酵母	水解乳清中的乳糖
脂肪酶	真菌，细菌，动物	乳酪的后熟，改良牛奶风味，香肠熟化
溶菌酶	蛋清	食品中抗菌物质
过氧化氢酶	黑曲霉	加工水产品
花色苷酶	黑曲霉，米曲霉	分解花色苷色素
β-半乳糖苷酶	黑曲霉，米曲霉	加工乳品，制备面包，生产低聚半乳糖
α-葡糖苷酶	嗜热菌 TC11	寡糖的工业化生产
吡哆醇-5′-磷酸（PLP）依赖性 L-天冬氨酸脱羧酶	蓖麻属植物	生产 β-丙氨酸
D-乙内酰脲酶	嗜热脂肪芽孢杆菌	生产食品添加剂 L-氨基酸
甘露聚糖酶	枯草芽孢杆菌	生产功能性低聚糖和食品添加剂

一、制糖工业

1. 酶法生产葡萄糖

以前惯用酸水解法生产葡萄糖浆，但酸水解法在右旋糖当量值（DE）高于 55 时产生异味。1959 年，日本成功地应用酶法水解淀粉制葡萄糖，此后国内外大都采用酶法生产。与酸水解法相比，酶法水解具有许多优点（表 11-4）。酶法生产葡萄糖是以淀粉为原材料，先经 α-淀粉酶液化成糊精，再用糖化酶催化生成葡萄糖。淀粉酶是最早实现工业生产的酶，也是迄今为止用途最广的酶。

表 11-4　制造葡萄糖时酸糖化法与酶糖化法的比较

项目	酸糖化法	酶糖化法
原料淀粉	需要高度精制	不必精制
投料浓度	约 25%	50%
水解率	约 90%	98% 以上
糖化时间	约 60min	24 ～ 48h
设备要求	需耐酸耐压（pH2, 0.3MPa）	不需耐酸耐压（pH4.5，常温）
糖化液状态	有强烈苦味，色泽深	无苦味与色素生成
管理要求	为使水解率达到要求，管理困难，水解终止要中和	只需保温（55℃）不必中和
收率	结晶收率 70%	结晶收率 80%，全糖收率 100%

用于淀粉加工的酶主要是 α-淀粉酶（可从淀粉分子内部任意水解 α-1, 4 糖苷键，使黏度降低，水解终产物为麦芽糖、低聚糖等）和淀粉葡糖苷酶（也称糖化酶，从淀粉的非还原末端水解 α-1, 4 键生成葡萄糖，也可水解 α-1, 6 键）。工艺过程如图 11-2 所示。

制造葡萄糖的第一步是淀粉的液化。应用加热淀粉浆的方法使淀粉颗粒破裂，分散并糊化。淀粉先加水配制成浓度为 30% ～ 50% 的淀粉浆，pH 值一般调至 6.0 ～ 6.5，添加一定量的 α-淀粉酶后，在 80 ～ 90℃的温度下保温 45min 左右，通过分解大的支链淀粉和直链淀粉分子使淀粉

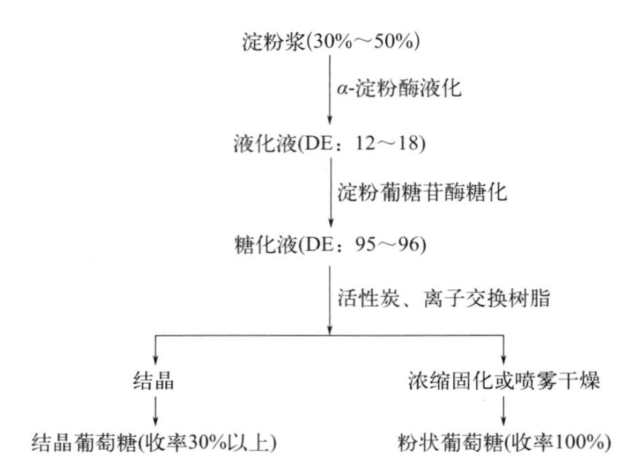

图 11-2　淀粉糖化生产葡萄糖的工艺流程

液化成糊精。由于一般细菌 α-淀粉酶最适温度仅 70℃，在 80℃时不稳定，所以需要向淀粉乳液中添加 Ca^{2+} 和 NaCl。自 1973 年使用最适温度为 90℃的地衣芽孢杆菌 α-淀粉酶后，液化温度可提高到 105 ～ 115℃，高温淀粉酶的发现和应用极大地缩短了淀粉液化时间，提高了液化效率。淀粉的液化程度以控制淀粉液的 DE 值在 15 ～ 20 范围内为宜。DE 值太高或太低都对糖化酶的进一步作用不利。液化完成后，将液化淀粉液冷却至 55 ～ 60℃，pH 调至 4.5 ～ 5.0 后，加入适量的糖化酶。保温糖化 48h 左右，糖化酶将聚合体水解成葡萄糖分子。

糖化酶在食品和酿造工业上有着广泛用途，是酶制剂工业的重要品种。糖化酶的产生菌几乎全部是霉菌，如黑曲霉（*Aspergillus niger*）、泡盛曲霉（*Aspergillus awamori*）、臭曲霉（*Aspergillus foetidus*）、海枣曲霉（*Aspergillus phoenicis*）、宇佐美曲霉（*Aspergillus usamii*）等。国内生产糖化酶的菌种主要是黑曲霉和根酶。黑曲霉糖化酶的最适温度在 55℃左右。如果能提高糖化酶的最适反应温度，则淀粉液化和糖化过程就可以在同一个反应器中进行，既节省设备费用，降低冷却过程的能耗，也避免了微生物的污染。因此对耐热性糖化酶的研制得到了极大的关注。最近从栖热球菌（*Thermococcus litoralis*）中分离得到糖化酶，最适反应温度可以达到 95℃。Zhou 等人通过定向进化对嗜热菌 TC11 α-淀粉酶进行改造，使其对 pNP-α-D-吡喃葡萄糖、蔗糖、海藻糖、泛酸糖和异麦芽寡糖的水解活性在 70℃时持续稳定超过 7h，该酶如果能够大量生产，将给淀粉糖化工业带来一场革命。

2. 果葡糖浆的生产

我国是世界上第一大淀粉糖生产国和出口国，2021 年产量为 1494 万吨，其中 30% 为果葡糖浆，占比最多。果葡糖浆是由葡糖异构酶催化葡萄糖异构化生成部分果糖而得到的葡萄糖与果糖的混合糖浆。葡萄糖的甜度只有蔗糖的 70%，而果糖的甜度是蔗糖的 1.5 ～ 1.7 倍，因此当糖浆中的果糖含量达 42% 时，其甜度与蔗糖相同。果糖是自然界中存在的最甜的单糖，而且热量低，适合肥胖人士食用；溶解度高；直接供给热量代谢，转化为肝糖的速度比葡萄糖快。能在无胰岛素的情况下代谢为糖原，对血糖影响较小，适用于糖尿病、肝病、低血糖症患者及婴儿、孕妇和老年人食用。

1966 年日本首先用游离的葡糖异构酶工业化生产果葡糖浆，1967 年美国 Clinton Corn Processing 公司引进日本技术，形成日产 400t 糖浆的规模，生产含果糖 15% 的果葡糖浆。1969 年该公司研制出含 42% 果糖的果葡糖浆。此后，国内外纷纷采用固定化葡糖异构酶进行连续化生产。果葡糖浆生产所使用的葡萄糖，一般是由淀粉浆经 α-淀粉酶液化，再经糖化酶糖化得到的葡萄糖，要求 DE 值大于 96。将精制的葡萄糖溶液的 pH 调节为 6.5 ～ 7.0，加入 0.01mol/L 硫酸镁，在 60 ～ 70℃的温度条件下，由葡糖异构酶催化生成果葡糖浆。异构化率一般为 42% ～ 45%。

葡糖异构酶的最适 pH 值，根据其来源不同而有所差别。一般放线菌产生的葡糖异构酶，其最适 pH 值在 6.5 ～ 8.5 的范围内。但在碱性范围内，葡萄糖容易分解而使糖浆的色泽加深，为此，生产时 pH 值一般控制在 6.5 ～ 7.0。

葡萄糖转化为果糖的异构化反应是吸热反应。随着反应温度的升高，反应平衡向有利于生成果糖的方向变化。异构化反应的温度越高，平衡时混合糖液中果糖的含量也越高（表 11-5）。但当温度超过 70℃时葡萄糖异构酶容易变性失活。所以异构化反应的温度以 60 ～ 70℃为宜。在此温度下，异构化反应平衡时，果糖可达 53.5% ～ 56.5%。

表 11-5　不同温度下反应平衡时果葡糖浆的组成

反应温度 /℃	葡萄糖含量 /%	果糖含量 /%
25	57.5	42.5
40	52.1	47.9
60	46.5	53.5
70	43.5	56.5
80	41.2	58.8

由表 11-5 可见，提高温度将促进果糖的生成，因此，耐高温的异构酶更具优势。从嗜热的栖热袍菌属（*Thermotoga*）中分离出一种超级嗜热的木糖异构酶，其最适温度接近 100℃，这种酶能把葡萄糖转化为果糖，能在高温条件下提高果糖的产量。

异构化完成后，混合糖液经脱色、精制、浓缩，至固形物含量达 71% 左右，即为果葡糖浆。其中含果糖 42% 左右，葡萄糖 52% 左右，另外 6% 左右为低聚糖。

通常葡糖异构酶是以固定化形式存在的，不同的公司应用不同来源的葡糖异构酶和不同的固定化载体制备了各种固定化酶。固定化的葡糖异构酶占固定化酶整体市场的份额最大，每年有数百万吨产品（表 11-6）。

表 11-6　用于工业化生产的葡糖异构酶的固定化方法

公司	固定化方法
Novozymes	凝结芽孢杆菌细胞，自溶，用戊二醛交联并造粒
Gist-Brocades	放线菌细胞包埋进明胶中，用戊二醛交联并造粒
Clinton Corn Processing	酶抽提物，吸附到离子交换树脂上
Miles Labs.	用戊二醛交联细胞并造粒
CPC Int.	酶抽提物，吸附到粒状陶瓷载体上
Sanmatsu	酶抽提物，吸附到离子交换树脂上
Snam Progetti	细胞，包埋到醋酸纤维素中

由于含 42% 果糖的果葡糖浆葡萄糖含量较高，果糖含量较低，不能满足医疗和保健需要，并且低温时易结晶不便贮存，而异构反应又受到平衡限制，不能生产出果糖含量更高的糖浆。所以，从 20 世纪 60 年代开始，国际上对如何提高糖浆中的果糖含量进行了大量研究。一般是以第一代果葡糖浆为原料进行组分分离得到果糖质量分数为 90% 以上的纯高果糖浆，再与第一代果葡糖浆混合制成含 55% 果糖的果葡糖浆和含 90% 果糖的果葡糖浆。分离方法包括硼酸盐分离、氧化葡萄糖酸钙分离、液-液萃取分离、离子交换树脂分离、色谱分离等。我国学者也研究出了适合我国国情的化学分离法和冷却结晶分离法。但目前国际上普遍采用色谱分离技术，该技术于 1978 年用于第二代、第三代果葡糖浆的工业化生产。

美国环球油品公司 UOP 开发的以分子筛作吸附剂，用旋转阀模拟流动床连续分离果糖的 Sarex 工艺是迄今最佳的分离方法。这种方法是根据果糖及葡萄糖与载体结合的牢固度不同而达到分离的目的。果糖的提取率和纯度分别可达92%和94%以上。这为果葡糖浆作为新型甜味剂代替蔗糖奠定了基础，也为果葡糖浆在医疗卫生等方面的广泛应用奠定了基础。

3. 饴糖、麦芽糖、高麦芽糖浆的生产

饴糖在我国已有2000多年的历史，是用米饭同谷芽一起加热保温做成的。发芽的谷子内含丰富的α-淀粉酶和β-淀粉酶，米淀粉在这两种酶的作用下被水解成麦芽糖、糊精与低聚糖等。近年来国内饴糖已改用碎米粉、马铃薯淀粉等为原料，先用真菌淀粉酶液化，再加少量麦芽浆糖化，这种新工艺使麦芽用量由10%减到1%，而且生产也可以实现机械化和管道化，大大提高了效率，节约了粮食。β-淀粉酶作用淀粉时，是从淀粉分子的非还原性末端水解α-1, 4键切下麦芽糖单位，在遇到支链淀粉α-1, 6键时作用停顿而留下β-极限糊精，因此用麦芽粉酶水解淀粉时麦芽糖的含量通常为40%～50%，从不超过60%，如果β-淀粉酶与脱支酶相配合作用于淀粉，则因后者切开支链淀粉α-1, 6键，而得到只含α-1, 4键的直链淀粉。由于麦芽糖在缺少胰岛素的情况下也可被肝脏所吸收，不致引起血糖水平的升值，所以可适当供糖尿病患者食用。

麦芽糖的制法如下，将淀粉用α-淀粉酶轻度液化（DE值在2以下），加热使α-淀粉酶失活，再加入β-淀粉酶与脱支酶，在pH5.0～6.0、40～60℃反应24～48h，淀粉几乎完全水解。当浓缩到90%以上时，可析出纯度98%以上的结晶麦芽糖，此时残留的母液中还含有其他低聚糖，干燥后也可供食用。若将麦芽糖加氢还原便可制成麦芽糖醇，这时甜度为蔗糖的90%，麦芽糖醇是一种发热量低的甜味剂，可供糖尿病、高血压、肥胖患者食用。制造麦芽糖时，淀粉液化的DE值以低为宜，以免大量生成聚合度为奇数的糊精，导致葡萄糖生成量增加，使麦芽糖的收率降低，因此一般以DE值为2为宜，但这样低的DE值，淀粉浆黏度较高，为此宜用10%～20%的淀粉乳进行生产。

工业生产的脱支酶主要来自克氏杆菌（*Klebsiella pneumoniae*）或蜡状芽孢杆菌变异株（*Bacillus cereus* var. *mycoides*），丹麦Novozymes于1980年获得一株酸解普鲁兰糖芽孢杆菌（*Bacillus acidopullulyticus*），生产的普鲁兰酶可耐受pH4.5，商品名Promozyme-200L。β-淀粉酶主要来自大豆（大豆蛋白生产时综合利用的产物）及麦芽，微生物也生产β-淀粉酶（主要为多黏芽孢杆菌，蜡状芽孢杆菌等），因这类微生物还同时生产脱支酶，故水解淀粉时麦芽糖得率达90%～95%，但这类微生物耐热性不是很理想。

高麦芽糖浆是含麦芽糖为主（≥50%），仅含少量葡萄糖（≤10%）的淀粉糖浆。20世纪80年代多数公司使用的是单酶法生产麦芽糖浆。由于淀粉液化产物中不仅有麦芽糖，还有少量麦芽三糖、麦芽四糖、六糖和低含量的七糖以上的极限糊精。因此，单酶法很难生产出纯度较高的麦芽糖浆。麦芽糖含量多数在70%以下。为了生产高纯度麦芽糖浆，在20世纪90年代开始利用双酶或多酶协同法生产麦芽糖，取得了较大的进展。麦芽糖浆的组成因所采用的原料和酶的不同而异，不同组成的糖浆风味也不一样。各种糖的组成见表11-7。

表11-7 高麦芽糖、饴糖、液体葡萄糖的组成

名称	高麦芽糖浆（DE值为47）	液体葡萄糖(DE值为47)	饴糖(DE值为47)
单糖(G_1)含量/%	3.0	24.0	9
双糖(G_2)含量/%	35.0	15.5	41
三糖(G_3)含量/%	15.3	15.0	14
四糖(G_4)含量/%	3.2	9.5	3
五糖(G_5)含量/%	2.0	7.5	
六糖(G_6)含量/%	1.5	7.0	
其他糖含量/%	21.5	20.3	33

注：前两种糖含有水；饴糖几乎不含水。

4. 麦芽糊精的生产

麦芽糊精是一种聚合度大、DE 值低（≤ 20）的淀粉水解物，国外大量用在食品工业，以改善食品风味。因其无臭、无味、无色、吸湿性低、黏度高、溶解时分散性好，糖果工业用它降低甜度、减少牙病、预防潮解、延长保质期，并阻止蔗糖析晶；饮料中用它作为增稠剂、泡沫稳定剂；还可用于粉末饮料及乳粉中，如奶粉、咖啡伴侣等，因麦芽糊精流动性好、吸湿小、不结团，可以防止产品结块并加速干燥；制造固体酱油、汤粉时用它增稠，并延长保质期；在酶制剂工业中也可用来作为填料。市售麦芽糊精是由分子量不均一的寡糖所组成的，分为 DE 值为 5 ～ 8、9 ～ 13 和 14 ～ 18 三种规格。DE 值不同的麦芽糊精性质不同，用途也不同。DE 值愈低，黏度愈大，适合增加食品的骨体、稳定泡沫、防止砂糖结晶析出；反之则水溶性增加、易吸湿，加热容易褐变。

麦芽糊精的制法是以淀粉为原料，使用 α-淀粉酶高温液化，水解到一定 DE 值时，脱色过滤、离子交换处理后喷雾干燥而成。由于所用 α-淀粉酶的来源不同，液化方式应不同，所得麦芽糊精的组成成分也不一样，麦芽糊精的主要成分为 G_8 以下的 G_3、G_6 和 G_7 等低聚糖。

二、啤酒发酵

我国啤酒工业已经从高速发展逐步走向稳定增长，1978 年全国的总产量只有 40 万吨，2022 年规模以上企业（起点标准为年主营业务收入 2000 万元）的啤酒产量为 3568.7 万 m^3；啤酒品种不断增多，质量不断提高，满足了消费需求不断增长的需要。在啤酒酿造过程中，从辅料液化、糖化、发酵到后处理阶段都要使用酶制剂。

在辅料液化时，使用高温淀粉酶处理，降低淀粉黏度，将淀粉液化成糊精。糖化过程中，需添加 β-葡聚糖酶和木聚糖酶降解葡聚糖及木聚糖等黏性物质，降低麦汁黏度，解决因黏度引起的过滤等问题；中性蛋白酶在发酵过程中可提高麦汁中的氨基酸含量，增加营养；糖化酶能提高发酵度，适用于干啤酒的生产。工业中一般将这些酶制成啤酒复合酶应用。

在发酵完毕后，啤酒需要加一些酶处理，以使其口味和外观更易于为消费者所接受。木瓜蛋白酶、菠萝蛋白酶、无花果蛋白酶或霉菌酸性蛋白酶都可以降解使啤酒浑浊的蛋白质组分，防止贮存过程中的冷浑浊，延长啤酒的贮存期，并提高啤酒中的多肽和氨基酸含量，改善口感；应用葡糖淀粉酶能够降解啤酒中残留的糊精，一方面保证了啤酒中最高的乙醇含量，另一方面不必添加浓糖液来增加啤酒的糖度。这种低糖度的啤酒糖尿病患者也可以饮用。

酸性蛋白酶、淀粉酶和果胶酶也用于果酒酿造，用以消除浑浊或改善溃碎果实压汁操作。

糖化酶还可代替麸曲用于白酒、酒精生产，可提高出酒率（2% ～ 7%），节约粮食，简化设备，节省厂房场地。

三、蛋白质制品加工

蛋白质是食品中的主要营养成分之一。以蛋白质为主要成分的制品称为蛋白质制品，如蛋制品、鱼制品和乳制品等。酶在蛋白质制品加工中的主要用途是改善组织、嫩化肉类及转化废弃蛋白质成为供人类食用或作为饲料的蛋白质浓缩液，从而增加蛋白质的价值和可利用性。

不同来源的蛋白酶在反应条件和底物专一性上有很大差别。在食品工业中应用的主要是中性和酸性蛋白酶。动、植物来源的蛋白酶在食品工业上应用很广泛，这些蛋白酶包括木瓜蛋白酶、无花果蛋白酶、菠萝蛋白酶，以及动物来源的胰蛋白酶、胃蛋白酶和粗凝乳酶。但是越来越多的微生物来源的蛋白酶被用于食品工业。蛋白酶降解食物中的蛋白质产生小肽和氨基酸，使食品易于消化和吸收。但是不同来源的蛋白酶对食品作用后产生的效果不同，如来源于枯草芽孢杆菌（*Bacillus subtilis*）的蛋白酶作用后的蛋白质水解物有很浓的苦味，但是来自于灰色链霉菌（*Streptomyces griseus*) 和米曲霉（*Aspergillus oryzae*）的蛋白酶作用后的水解物苦味很小。一些研究表明，真菌蛋白酶相对其它酶，水解产物苦味要小一些，其原因可能在于真菌蛋白中含有的一些肽酶的作用。微生物蛋白酶中，酸性蛋白酶产生的水解物苦味相对最小，碱性蛋白酶苦味相对较大。目前采用外切酶的脱苦方法最为常见，但这种方法使用不当会造成产品中氨基酸比例过高，使用时需要控制水解度。由于不同的蛋白酶水解蛋白的位点不同，产生结构不同的小肽，导致调味剂的味道不同。中性及酸性蛋白酶可用于调味料生产、水产品加工、制酒、制面包、奶酪生产及肉类的软化。目前可得的制品有：①用木瓜蛋白水解酶和米曲霉蛋白酶等制成嫩肉粉，使肉食嫩滑可口。②用蛋白酶制备明胶。③香肠加工等。④加工不宜使用的蛋白质，制造蛋白质水解物。皮革厂的边料、碎皮、鱼品加工厂的杂鱼及屠宰场的下脚料等都含有大量的蛋白质，利用蛋白酶来分解这些废料，制造各种蛋白胨和氨基酸等蛋白质水解物，可以获得医药、饲料、科研，甚至营养食品等产品，用途十分广泛。特别是有些食品经蛋白酶适当加工处理后，就可成为优良的食用蛋白质或营养补品，大大提高利用价值，变废为宝。⑤分离蛋白是大豆的深加工产品之一，近年来刚刚出现，但其市场扩展很快，年增长率超过 15% 以上。普通的乳制品中蛋白质含量比较低，大豆蛋白含有人体所需的各类必需氨基酸，是一种完全蛋白质。1999 年 FDA 已经正式认可大豆蛋白能降低胆固醇含量及患心脏病的风险，是一种良好的保健原料。

除蛋白酶外，其他酶在蛋白质制品的加工中也有作用。用溶菌酶处理肉类，则微生物不能繁殖，具有保鲜和防腐等作用。葡糖氧化酶在食品工业上主要用来去糖和脱氧，保持食品的色、香、味，延长保存时间；用三甲基胺氧化酶可以使鱼制品脱除腥味等。

四、水果加工

在瓜果蔬菜的加工过程中，其鲜味及果汁的口感非常重要。水果中含有大量的果胶、纤维素、半纤维素、淀粉及色素等，导致果浆黏度高、压榨率低且难以澄清。因此，果汁生产中使用果胶酶、纤维素酶、淀粉酶、漆酶、葡糖氧化酶和柚苷酶等来解决这些问题。第一个应用在果汁处理工业中的是果胶酶。1930 年美国人 Z. J. Kertesz 和德国人 A. Mehlitz 同时建立了用果胶酶澄清苹果汁的工艺，从此果汁处理业发展成为一个高技术含量的工业。

水果加工中最重要的酶是果胶酶，果胶在植物中作为一种细胞间隙充填物质而存在，它是由半乳糖醛酸以 α-1, 4 键连接而成的链状聚合物，其羧基大部分（约 75%）被甲酯化，而不含有甲酯的果胶称为果胶酸。果胶的一个特性是在酸性和高浓度糖存在下可形成凝胶，这一性质是制造果冻和果酱等食品的基础，但在果汁加工上，却导致压榨和澄清过程发生困难。用果胶酶处理溃碎果实，可加速果汁过滤，促进澄清。全球商业果胶酶制剂销售量约占食品酶制剂销量的四分之一。果胶酶是一群复杂的酶，包括：①原果胶酶，可使未成熟果实中不溶性果胶变成可溶性物质；②果胶酯酶（PE），水解果胶甲酯成为果胶酸；③聚半乳糖醛酸酶（PG），水解聚半乳糖醛酸的 α-1, 4 键，分内切型与外切型两种；④果胶酸裂解酶（PL），从果胶酸内部或非还原性末端切开半乳糖醛酸 α-1, 4 键生成果胶酸或不饱和低聚半乳糖醛酸；⑤果胶裂解酶（PNL），内部切开高度酯化的果胶 α-1, 4 键，生成果胶酸甲酯及不饱和低聚半乳糖醛酸。果胶酶广泛存在于各类微生物中，来源不同的果胶酶组成也不同，工业上使用黑曲霉、文氏曲霉或根霉等来生产。我国允许在食品中添加的果胶酶主要来自黑曲霉和米曲霉。

淀粉酶是由 α-淀粉酶、β-淀粉酶和异淀粉酶组成的，利用其水解淀粉能够避免果汁发生浑浊；漆酶通过氧化多酚类物质能够保持果汁的色泽，避免二次沉淀。葡糖氧化酶可除去果汁、饮料、罐头食品和干燥果蔬制品中的氧气，防止产品氧化变质及微生物生长，延长食品保存期。

如果食品本身不含葡萄糖，则可将葡萄糖和酶一起加入，利用酶的作用使葡萄糖氧化为葡萄糖酸，同时将食品中残存的氧除去。水果冷冻保藏时，果实自身的酶作用容易导致发酵变质，也可用葡萄糖氧化酶保鲜。溶菌酶可防止细菌污染，起到食品保鲜作用等。

酶在橘子罐头加工中有着很广泛的应用，黑曲霉所产生的半纤维素酶、果胶酶和纤维素酶的混合物可用于橘瓣去除囊衣，代替耗水量大而费工时的碱处理。柑橘类果实中的苦味物质主要有柚皮苷等黄烷酮糖苷类化合物和柠檬苦素等三萜系化合物的衍生物，是导致柑橘汁苦味的主要原因。目前，柑橘汁脱苦问题的研究热点是采用酶法脱苦。利用球形节杆菌（*Arthrobacter globiformis*）固定化细胞的柠碱酶处理可消除柠檬苦素的苦味。

柚皮苷学名柚皮素-7-β-D-葡萄糖-α-L-鼠李糖，将柚皮苷分子中鼠李糖水解除去，即成为不苦而略带涩味的普鲁宁，将普鲁宁分子中葡萄糖去除就成为无味的柚皮素。黑曲霉生产的一种诱导酶有脱苦作用，称为柚皮苷酶，是由β-鼠李糖苷酶与β-葡糖苷酶所组成的，将这种酶加于橘汁，经 30 ～ 40℃作用 1h，便能脱苦；也可选用耐热性酶加入罐头中，在 60℃巴氏杀菌后，在罐头中继续发挥脱苦作用。

五、改善食品的品质、风味和颜色

食品工业的一个重要方面是为食品或饮料改变风味和增色，酶在改善食品的品质和风味方面大有用场。

风味物质占世界添加剂市场的 10% ～ 15%，占市场价值的 25% 左右。有些风味物质是用有机化学方法合成的，但是越来越多的风味物质是用生物法合成的。风味酶的发现和应用，在食品风味的再现、强化和改变方面有广阔的应用前景。凡是影响食品风味的酶都称为风味酶。例如，用奶油风味酶作用于含乳脂的巧克力、冰淇淋、人造奶油等食品，可使这些食品的奶油风味增强。一些食品在加工或保藏过程中，可能会使原有的风味减弱或失去，若在这些食品中添加各自特有的风味酶，则可使它们恢复甚至强化原来的天然风味。

在面包制造过程中，在面团中添加适量的α-淀粉酶和蛋白酶，可以缩短面团发酵时间，使制成的面包更加松软可口，色香味俱佳，同时可防止面包老化，延长保鲜期。脂肪酶在乳制品的增香过程中发挥重要作用，适量的脂肪酶能增强干酪和黄油的香味。较浓风味的奶酪是用蛋白酶及脂肪酶处理得到的。将酯酶与脂肪酶加入到煮沸过的凝乳中，在 10 ～ 25℃保温 1 ～ 2 个月，添加酶的比例越高，产物的风味效果越好。酯酶主要水解短链的水溶性脂肪，而脂肪酶则水解长链的水不溶性脂肪，生成挥发性的脂肪酸，使奶酪产生出特有的风味。细菌中性蛋白酶用于水解蛋白质成为风味肽。应用酶复合物处理奶酪，能使风味提高 5 ～ 10 倍。

在葡萄酒的酿造过程中使用风味酶，如β-葡糖苷酶、α-鼠李糖苷酶、α-呋喃型阿拉伯糖苷酶等，提高葡萄酒的风味。β-葡糖苷酶水解糖苷键，将萜烯类香气从结合态变成游离态，达到增香目的。Martino 等人研究了来源于黑曲霉的β-葡糖苷酶制剂对白葡萄酒香气的影响，发现单萜类化合物，如香叶醇、香茅醇、松油醇等，含量是未经酶处理的 2 倍。

六、乳品工业

在乳品工业中使用的酶主要如下。①凝乳酶：制造干酪；②乳过氧化物酶：牛奶消毒；③溶菌酶：添加在婴儿奶粉中；④乳糖酶：分解乳糖；⑤脂肪酶：黄油增香。其中，以干酪生产与分解乳糖最为重要。全世界干酪生产所耗牛奶达一亿多吨，占牛奶总产量的 1/4。干酪生产的第一步是将牛奶用乳酸菌发酵制成酸奶，再加凝乳酶水解 κ-酪蛋白，在酸性环境下，Ca^{2+} 使酪蛋白凝固，再经切块加热压榨熟化而成。动物性凝乳酶水解蛋白质的活力高，是干酪生产中的首选酶。但随着干酪产业的发展，通过宰杀小牛已无法满足生产的需要。利用基因工程手段实现凝乳酶在细菌、霉菌和酵母菌中的表达，目前使用的凝乳酶都是利用重组微生物发酵生产的，凝乳酶已成为仅次于淀粉酶的工业酶制剂。

乳糖酶可水解乳糖成为半乳糖与葡萄糖。乳糖是缺乏甜味而溶解度很低的二糖，在牛奶中的含量为4.5%。人体自身缺乏乳糖酶会导致乳糖不耐受症，这在我国是十分普遍的现象，表现为饮奶后常发生腹泻、腹痛等不良反应。用乳糖酶水解乳制品中的乳糖，可大大提高人体对乳制品的吸收和利用。而且乳糖难溶于水，常在炼乳、冰淇淋中呈砂样结晶析出，影响风味，用乳糖酶处理牛奶，可以解决上述问题。工业中利用固定化黑曲霉乳糖酶处理牛奶生产脱乳糖牛奶。

乳制品的特有香味主要是加工时所产生的挥发性物质（如脂肪酸、醇、醛、酮、酯以及胺类等），乳品加工时添加适量脂肪酶可增加干酪和黄油的香味，将增香黄油用于奶糖、糕点等食品制造可节约用量。还可在奶油中添加脂肪酶，增加奶油的风味，如将米曲霉脂肪酶加入到奶油中可以产生干酪的特征香味。

乳过氧化物酶体系包括乳过氧化物酶、硫氰酸盐和过氧化氢，可以钝化一些细菌酶，阻止细菌的新陈代谢作用及增殖能力，达到抑制或杀灭细菌的作用，是一种有效的杀菌剂。牛奶保藏在缺乏巴氏杀菌设备或冷藏的条件下可用过氧化氢杀菌，其优点是不会大量损害牛奶中的酶和有益细菌，过剩的过氧化氢可用来自肝脏或黑曲霉的过氧化氢酶分解。过氧化物酶体系只适用于保存鲜牛奶。

人奶与牛奶的区别之一在于溶菌酶含量的不同，母乳中溶菌酶是牛乳中的3000倍，在奶粉中添加卵清溶菌酶可以弥补牛乳中溶菌酶含量低的问题，促进婴儿肠道益生菌的增殖，防止感染。

七、肉类和鱼类加工

酶在肉类和鱼类加工中的用途主要是改善组织结构、嫩化肉类及转化废弃蛋白质成为供人类食用或作为饲料的蛋白质浓缩物。

蛋白酶能分解肌肉结缔组织的胶原蛋白，具有软化肉类的作用。胶原蛋白是纤维蛋白，由链间交联而成，具有很强机械强度。这种交联键可分为耐热和不耐热的两种，年幼动物中的胶原蛋白不耐热交联键多，一经加热即行破裂，肉就软化；因年老动物的耐热交联键多，烹煮时软化较难，蛋白酶主要作用是水解胶原，促进嫩化。低值水产品其本身的经济价值较低，但蛋白质含量非常高。用蛋白酶水解鱼蛋白，不仅蛋白质含量高、水溶性好、必需氨基酸比例恰当，且品质优于整块鱼肉组织或鱼蛋白的浓缩物。适度水解蛋白质，可制备生物活性物质，包括活性肽、多糖及不饱和脂肪酸等。如利用胃蛋白酶、木瓜蛋白酶等水解鲢鱼蛋白，获得抗氧化肽，其具有较强清除1, 1-二苯基-2-三硝基苯肼自由基的能力。

谷氨酰胺转胺酶可催化蛋白质多肽发生链内或链间交联，应用于火腿香肠中大大增强凝胶效果，改善香肠的弹性和质地结构，在降低肉类添加量的同时，改善口感和风味。利用微生物酸性蛋白酶或胃蛋白酶处理动物皮块碎片，抽提其胶原成为可溶性胶原，遇盐或洗衣粉时再生析出，可制人造肠衣。利用碱性蛋白酶水解动物血脱色来制造无色血粉，作为廉价而安全的补充蛋白质资源已经工业生产。

八、蛋品加工

鸡蛋深加工，可生产蛋清粉和蛋黄粉等。在蛋清生产中，用葡糖氧化酶去除禽蛋中的微量葡萄糖，是酶在蛋品加工中的一项重要用途。葡萄糖的醛基具有活泼的化学反应性，容易同蛋白质和氨基酸等的氨基发生褐变反应（又称美拉德反应），使蛋清在干燥及贮藏过程中发生褐变，损害外观和风味。干蛋清是食品工业常用的发泡剂，当蛋清发生褐变时，溶解度减小，起泡力和泡沫稳定性下降。为了防止这种劣变，必须将葡萄糖除去。过去虽用酵母或自然发酵法除糖，但时间长，品质不易保证。用葡糖氧化酶处理，除糖效率高、周期短、产品质量好，并可改善环境卫生。

葡糖氧化酶的作用是催化葡萄糖脱氢，氧化成为葡萄糖酸，同时产生过氧化氢。后者受共存的过氧化氢酶催化分解为水和氧。一分子葡糖氧化酶在一分钟内可催化34000个葡萄糖分子发生反应，反应如下：

$$\underset{(\text{葡萄糖})}{C_6H_{12}O_6} + O_2 + H_2O \xrightarrow{\text{葡糖氧化酶}} \underset{(\text{葡萄糖酸})}{C_6H_{12}O_7} + H_2O_2$$

$$2H_2O_2 \xrightarrow{\text{过氧化氢酶}} 2H_2O + O_2$$

$$\text{总反应：}\quad 2C_6H_{12}O_6 + O_2 \longrightarrow 2C_6H_{12}O_7$$

工业上葡糖氧化酶从黑曲霉、青霉等提取，最适反应pH5.6左右。使用时将适量的酶与过氧化氢加入蛋清中，在35～40℃保温数小时，葡萄糖即被分解而去除。添加过氧化氢的目的在于葡萄糖氧化时提供充分的氧，残余过氧化氢被过氧化氢酶所分解。为了提高酶的使用效果，利用固定化酶技术，将尼崎青霉（*Penicillium amagasakiense*）葡糖氧化酶同溶壁小球菌的过氧化氢酶按100∶6相混合后包埋在聚丙烯酰胺凝胶之中，可用于蛋清脱糖。

此外，蛋清中残留的卵黄或脂肪影响发泡力，可用固定化脂肪酶处理而去除。

用磷脂酶处理蛋黄，将蛋黄中的卵磷脂大部分转化成乳化性能更优越的溶血卵磷脂，使蛋黄粉的乳化性大幅度提高，利用这种改性蛋黄粉加工蛋黄酱，可以使蛋黄酱黏度提高30%以上。

九、面包烘焙与食品制造

酶制剂作为安全的绿色食品改良剂，已经越来越广泛地应用于面包等烘焙食品加工中。目前，烘焙加工中广泛被使用的酶制剂有淀粉酶、脂肪酶、葡糖氧化酶和半纤维素酶等。

面粉中添加α-淀粉酶，可调节麦芽糖生成量，满足酵母发酵的需求，使面制品更细腻，体积增大并改善口感。蛋白酶降解面筋中的蛋白质，可促进面筋软化，增加延伸性，减少揉面时间与动力，改善发酵效果。

用于强化面粉的酶，以霉菌来源的酶为佳，因其耐热性差，在焙烤温度下迅速失活而不致过度水解。用β-淀粉酶强化面粉可防止糕点老化。用蛋白酶强化的面粉制通心面条，延伸性好，风味佳。糕点馅心常用淀粉为填料，添加β-淀粉酶可改善馅心风味。糕点制造使用转化酶，使蔗糖水解为转化糖，防止糖浆中蔗糖析出结晶。半纤维素酶，特别是戊聚糖酶在全麦面包生产中的应用，可以增大面包体积，改善面团质量，明显提高面包抗老化能力。葡糖氧化酶和过氧化物酶具有显著地改善面粉中面筋强度和弹性、提高面粉品质的作用。

乳糖酶也用于添加脱脂奶粉的面包制造，乳糖酶分解乳糖生成发酵性糖，促进酵母发酵，改善面包色泽。脂肪酶可水解甘油三酯生成具有乳化作用的物质，改善面团的结构。添加黄油或奶油的面团，使用脂肪酶可使乳脂中微量的醇酸或酮酸甘油酯分解，游离酸进一步生成δ-内脂或甲酮等有香味的物质，故适当使用可增进面包香味。

美国、加拿大在制造白面包时，还广泛使用脂肪氧化酶（这种酶主要存在于大豆和小麦中），能漂白小麦面粉。以脱脂豆粉为酶源，按0.5%掺入面粉加工面包，脂肪氧化酶使面粉中不饱和脂肪酸氧化，同胡萝卜素等发生共轭氧化作用破坏其结构，起到漂白面粉的作用。此外，这种酶氧化面粉中不饱和酸，生成芳香的羰基化合物而增加面包风味，改善面团结构。

十、食品保藏

酶法保鲜技术是利用酶的高效专一的催化作用，防止、降低或消除各种外界因素对食品生产的不良影响，保持食品的优良品质和风味特色，延长保藏期的技术。目前，葡糖氧化酶和溶菌酶已应用于果汁、果酒、水果罐头、糕点、奶制品、脱水蔬菜及肉类等各种食品的防腐保鲜中。

包装食品在贮藏中变质的主要原因是氧化和褐变，许多食品的变质都与氧有关。褐变现象除食品中糖分的醛基同蛋白质的氨基发生反应外，果蔬中含有酚氧化酶，在氧存在下也可使许多食物组成发生褐变，去氧还可减少因微生物的繁殖而导致的腐败，是保藏食品的重要措施。用葡糖氧化酶除氧是将葡糖氧化酶-过氧化氢酶与葡萄糖、中和剂琼脂等制成凝胶，封入聚乙烯膜小袋，放入包装中以吸除容器中残氧，防止油脂及香味成分的氧化或保持冷冻水产和家禽的鲜度。将酶、糖等混合涂于包装纸内层，可以防止黄油等产品的酸败。将酶加到瓶装食品（果汁、啤酒、水果罐头等）中，吸去瓶颈空隙残氧可延长保藏期。

为了减少保藏中因微生物作用而发生的变质，可使用鸡卵白溶菌酶来保存食品。溶菌酶降解细胞壁的肽聚糖，而革兰氏阳性细菌（G^+）细胞壁主要由肽聚糖组成，溶菌酶对 G^+ 的溶菌作用好；G^-细菌只有内壁层是肽聚糖，因此，溶菌酶对 G^-细菌作用有限。这种酶可用于肉制品、干酪、水产品和清酒的保藏。

十一、其他

1. 用于制备生物活性成分

蛋白质是人体所必需的营养成分之一，它在人体内以氨基酸或肽的形式被吸收。近年来发现小肽类（2 ～ 7 个氨基酸）在人体吸收代谢中具有重要的生理功能，如抗菌肽、降血压肽、抗氧化肽等。酪蛋白磷酸肽（CCP），能结合 Ca^{2+}、Fe^{2+}、Zn^{2+} 等使其在人体内以离子形式存在，便于人体吸收；降血压肽能够消除人体血管内的紧张素，使血管舒张，降低血压；乳球菌肽具有广泛的抑菌作用。

利用蛋白酶的水解作用适度水解蛋白质，是制备生物活性肽的主要方法。酶的选择要求酶的专一性强，并且不会随着水解度的提高出现苦味。针对不同底物，选用不同的混合酶，这样才能获得较好的氨基酸、二肽、三肽比例。通常选择胰蛋白酶和胰凝乳蛋白酶的混合物，因为胰蛋白酶能专一地在赖氨酸或精氨酸残基处水解肽键，而胰凝乳蛋白酶仅能水解酪氨酸、苯丙氨酸和色氨酸残基的肽键。另外，也可应用植物蛋白酶，如无花果蛋白酶、木瓜蛋白酶、菠萝蛋白酶。由蛋白质水解物所制备的活性肽类食品，具有易消化、易吸收、抗过敏、治疗低血压、降低胆固醇等多种特点和生理功能。目前，活性肽类食品在日本、美国、西欧均已上市，仅日本就有牛乳肽制品、大豆肽制品、胶原肽制品、蛋清肽制品、畜血肽制品等多种产品上市。我国在大豆肽的研制方面已经达到世界先进水平，产品应用于蛋白质粉、饮料、含片和咀嚼片等，已经出口到日本、美国等地区。玉米蛋白经蛋白酶水解，生产具有降压作用的玉米肽，能抑制血管紧张素，使血管舒张降低血压，应用于各种功能食品中。

2. 海藻糖的生产

海藻糖是一种重要的二糖，具有非还原性、优质甜味、抗冷冻及抗干燥脱水等特性，在生命科学、医药、农业、食品、化妆品等领域都有着广阔的应用前景。20 世纪 90 年代后发展了酶转化法生产技术，海藻糖合成酶也受到了广泛关注。1995 年，日本林原生化研究所报道用低聚麦芽糖基海藻糖生成酶和低聚麦芽糖基海藻糖水解酶，协同作用，可以由直链淀粉末端以 α-1, 4 糖苷键连接的葡萄糖转换为 α-1, 1 糖苷键结合形式。随后，日本林原公司用此法投入生产，将海藻糖价格由20000日元/kg降低为280日元/kg。2000年，南宁中诺生物工程有限责任公司成功开发出酶法转化木薯粉生产海藻糖的工艺，使我国成为世界上第二个酶法工业化生产海藻糖的国家。该工艺利用木薯淀粉由α-淀粉酶、普鲁兰酶分解为短链糊精后，经海藻糖合成酶作用转化为海藻糖。最新研究显示，将来源于斯氏假单胞菌（*Pesudomonas stuzeri*）的海藻糖合酶基因，通过DNA重组构建大肠杆菌表达菌，采用完整细胞转化法，在最适反应条件下海藻糖的最大转化率为61.5%，最大转化速率为23.1g/（L·h）。

3. 纤维素制品的开发

食品中添加纤维素酶可以减少纤维素含量，改善风味，更加适合于老年和儿童食用。纤维素酶主要是能够促进果汁的提取和澄清，提高可溶性固形物含量。据报道，已成功将干橘皮渣经酶解后制备全果饮料，其中粗纤维在纤维素酶的降解下，可得到50%可溶性糖和50%短链低聚糖，后者是饮料中的膳食纤维，对人体有一定的医疗保健作用。在制造速溶咖啡和速溶茶时，经纤维素酶除去纤维素后，咖啡因或茶单宁可以不必用开水煮泡，能够很快溶于温水中，大大方便饮用。

第三节　酶在轻工方面的应用

轻工业与人们日常生活息息相关。酶在轻工方面的广泛应用，促进了新产品、新工艺和新技术的发展。同时由于酶具有催化效率高、专一性强和作用条件温和等特点，所以酶的应用可以提高产品质量、降低原材料消耗、改善劳动条件、减轻劳动强度等，显示出良好的经济效益和社会效益。

酶在轻工业方面的应用，概括起来主要有以下三个方面：①原料处理；②用酶生产各种产品；③用酶增强产品的使用效果。

一、原料处理

许多轻工原料在应用或加工之前都需要经过原料处理。用酶处理原料可以缩短时间，提高处理效果及产品质量等。

1. 发酵原料的处理

酵母或细菌等微生物进行酒精、酒类、甘油、乳酸、氨基酸及核苷酸等生产时，大多数以淀粉和纤维素为主要原料。由于有些微生物本身缺乏淀粉酶和纤维素酶系，无法直接利用这些原料，因此，必须经过原料处理，将原料转化为微生物可利用的小分子物质。

淀粉原料一般是采用α-淀粉酶和糖化酶进行处理，将淀粉转化为葡萄糖。含纤维素的发酵原料可用纤维素酶处理，使纤维素水解为可发酵的葡萄糖。纤维素的研究和应用在国际上普遍受到关注，已取得显著成果。将纤维素酶应用于白酒酿造中，可提高3%～5%的出酒率。含戊聚糖的植物原料可用各种戊聚糖酶处理，使戊聚糖水解为各种戊糖后用于发酵。

2. 纺织原料的处理

在纺织工业中，为了增强纤维的强度和光滑性，便于纺织，需要先行上浆。将淀粉用α-淀粉酶处理一段时间，使黏度达到一定程度就可用作上浆的浆料。纺织品在漂白、印染之前，还须将附着其上的浆料除去，再利用α-淀粉酶使浆料水解，就可使浆料褪尽，这称为退浆。有些纺织品上浆使用的是动物胶，可用蛋白酶使之退浆。

针织产品常出现表面起球及绒毛等现象，直接接触皮肤会产生刺痒感。纤维素酶俗称去毛剂、抛光酶等，能降解织物表面的绒毛等短小纤维，改善织物手感、吸水性。世界上采用酶技术处理纤维制品的国家很多，Novozymes公司首先应用纤维素酶来处理牛仔布的棉纤维，酶处理后有一种古朴和柔和的感觉。里氏木霉（*Trichoderma reeseri*）的酸性纤维素酶处理纤维棉和麻的纤维，产生自然和柔软性的同时，还可除去纤维表面的毛，使纤维表面发出光泽达到抛光的效果。中性纤维素酶处理牛仔布后可使染色时着色率提高。除了纤维素酶，还可用其他酶对纤维制品进行改造，例如用果胶酶对棉、麻纤维前处理，脂肪酶对纺织原料脱脂等，使纺织品的质量得到了极大的改善。蛋白酶处理羊毛面料后，使男士西装等面料得到极大的改善。

3. 生丝的脱胶处理

天然蚕丝的主要成分是不溶于水的有光泽的丝蛋白。丝蛋白的表面有一层主要由球蛋白组成的丝胶包裹着，在高级丝绸的制作过程中，必须进行脱胶处理，即将表面上的丝胶除去，以提高丝的质量。采用胰蛋白酶、木瓜蛋白酶或微生物蛋白酶处理，可在比较温和的条件下催化球蛋白水解，进行生丝脱胶，而丝纤维是纤维状蛋白，分子间结合力强使结构稳定，对蛋白酶抵抗力强。

4. 羊毛的除垢

羊毛在染色前需要经过预处理，除去表面的鳞垢，才能使羊毛着色。羊毛表面的鳞垢是由一些蛋白质堆积而成的聚合体，通常应用枯草杆菌蛋白酶、菠萝蛋白酶、木瓜蛋白酶和黑曲霉蛋白酶等处理，可以使毛料具有防缩水性，防止羊毛起球，形成毛毡。处理后的毛料很柔软，易于染色。

5. 酶法制革

生物酶制剂已被广泛用于皮革加工的浸水、脱毛、脱脂、软化等工序中，推动了皮革业的环保发展。碱性蛋白酶能降解皮革中的透明质酸、硫酸软骨素等成分，让原皮快速回水，有利于进一步处理。猪、牛、羊皮制革时，要除去皮上的毛，然后才能进一步加工鞣制成革。过去脱毛工艺沿用石灰加硫化钠浸渍，不仅时间长，工序多，而且劳动强度大，污染严重。采用蛋白酶脱毛是利用酶分解毛、表皮同真皮层连接处的蛋白质，从而使毛与皮的连结松开而脱毛。目前猪皮面革、绒面革和牛皮底革等品种已采用酶法脱毛工艺，使用的酶的品种有胰蛋白酶、放线菌蛋白酶、霉菌蛋白酶、细菌中性和碱性蛋白酶等。此外，原料皮的软化是制革工业的一个重要工序。采用酸性蛋白酶和少量脂肪酶进行皮革软化，可以很好地除去污垢，使皮质松软透气，提高皮质质量。

6. 造纸原料的制浆

制浆厂利用化学法制浆提高生产规模，但纯化学法制浆缺点较多：化学药品消耗量大、能耗高，特别是制浆与漂白过程所排出的废水具有极高的生化需氧量（BOD）和化学需氧量（COD）负荷，而且其中还含有剧毒性和强致癌性物质，给环境造成严重的污染。酶法制浆是利用酶对植物纤维原料预处理，以生物途径代替化学途径或部分化学途径，然后进行机械、化学机械或化学法处理，使植物纤维原料分离成纸浆。在制纸、纸浆产业中另一个主要问题是从木材屑或纸浆中除去沥青（即三磷酸甘油脂），可用脂肪酶来处理。

生物酶促漂白技术，主要使用的酶是半纤维素酶和木聚糖酶。其中，半纤维素酶部分酶解纤维细胞中的半纤维素，使木素更容易与漂剂反应而溶出，从而提高漂后浆的白度，减少漂剂的用量。半纤维素酶有助于硫酸盐纸浆的漂白，酶（木聚糖酶和甘露糖酶）能引起纸浆中碳水化合物结构的改性而提高脱木素作用。这种酶能使纸浆中部分半纤维素解聚，促进漂白化学药品从纸浆中除去残留木素。

1989年芬兰率先进行应用木聚糖酶预处理硫酸盐纸浆的工业化试验，目前，该法已广泛应用于漂白硫酸盐浆的工业化生产。智利制浆厂在蓝桉和亮蓝桉木硫酸盐制浆漂白过程中，采用商品木聚糖酶预处理未漂白的桉木硫酸盐纸浆，并结合无元素氯漂白和DEopD漂白，节省二氧化氯12%～40%，对漂白浆强度没有影响，白度达到ISO标准的90%。美国Sandoz Chemical

Biotech Research 公司将过氧化物酶和木聚糖酶同时应用，纸浆的处理效果更好。从黄孢原毛平革菌（*Phanerochaete chrysosporium*）分离的木质素过氧化物酶（lignin peroxidase）已被应用于纸浆漂白。

废纸再生利用是解决当前制浆造纸工业面临资源危机、环境污染和能源紧张等难题的最佳解决途径之一。但废纸回用，浆料滤水性变差，而且油墨性质越来越复杂，脱墨也变得愈加困难。纸浆改良使用的酶种类多样，其中脂肪酶和酯酶能降解植物油基油墨，果胶酶、纤维素酶、半纤维素酶、淀粉酶等用于改变纤维素表面或油墨连接键，使油墨分离。

二、轻工产品

1. 酶法生产甜味剂

甜味剂可分为天然甜味剂和人工合成的甜味剂。天然甜味剂包括糖类、多元醇和糖浆。其中，糖类如蔗糖、葡萄糖、麦芽糖等，在我国主要作为食品原料而不作为食品添加剂；多元醇是最重要和消耗最多的糖替代品之一，主要是由于其热值低、缺乏致龋特性、唾液诱导和对胰岛素水平无干扰。其中，木糖醇、甘露醇、山梨糖醇和赤藓糖醇（源自单糖）被认为是蔗糖替代品，与麦芽糖醇、乳糖醇和异麦芽糖醇等一样，是最常用的糖醇之一。人工合成的甜味剂有环己基氨基磺酸钠、天冬酰苯丙氨酸甲酯、三氯蔗糖等，具有较高的甜度，但不产生热量，可替代蔗糖等产生热量的甜味剂，既能保持甜蜜口感，又有效减少糖分摄入，更加安全。

在青橘柑中含有 10% ～ 20% 的橙皮苷，经抽提后用黑曲霉橘皮苷酶水解除去分子中的鼠李糖，在碱性下水解和还原，可得到一种甜味强烈的橙皮素-β-葡萄糖苷二氢查耳酮。它的甜度是蔗糖的 70 ～ 100 倍，是一种安全低热的甜味剂，可是它的溶解度很低，仅 0.1%，故无实用价值，若将此物与淀粉溶液混合，利用环糊精葡萄糖基转移酶催化的偶联反应使其葡萄糖分子 C4 位上再接上两个葡萄糖分子，于是使溶解度提高 10 倍而不影响甜度。如果先通过鼠李糖酶脱除橙皮苷的鼠李糖，再用转移酶将橙皮苷转化为新橙皮苷，氢化后可得到新橙皮苷二氢查耳酮，其甜度为蔗糖的 1500 ～ 1800 倍，1994 年欧盟批准作为食品甜味剂使用。

二肽甜味剂天冬酰苯丙氨酸甲酯（Aspartame）是一种几乎不增加热量的甜味剂，甜度为蔗糖 200 倍，系以天冬氨酸与苯丙氨酸为原料用化学方法合成的，该法的缺点是产生有苦味的 β-Aspartame，必须纯化将它去除，其次原料必须用 L-苯丙氨酸，成本高。日本以开发酶法合成新技术，以 Cbz-Asp（苄氧基羰基-天冬氨酸）同 L-苯丙氨酸甲酯（Phe-OMe）为原料，在有机溶剂中利用嗜热蛋白酶（Thermolysin）催化合成苄氧基羰基苯丙氨酸甲酯，再在钯碳作催化剂下进行氢解而成，其优点为不产生 β 型体，产品都是 α 型体，优点二是可用 DL-苯丙氨酸为原料，成本较低，副产物 D-苯丙氨酸最近发现也有生理活性。此法既可得到 α-Aspartame 又可得到 D-苯丙氨酸，结果可使成本下降 30%。

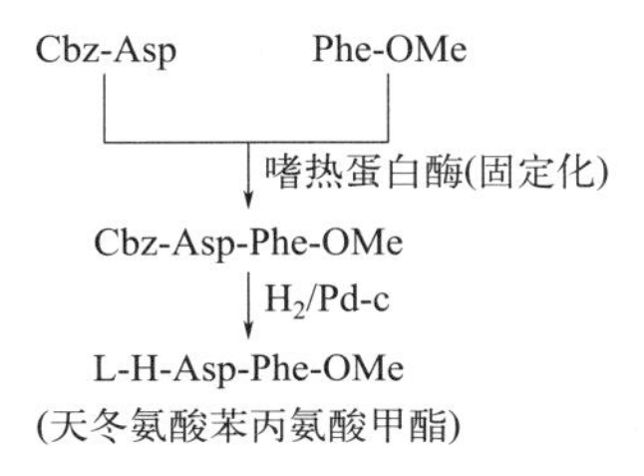

2011 年 FDA 通过了甜味剂 D-阿洛酮糖作为食品添加剂使用。2012 年，日本松谷化学工业发售了添加 13% ～ 15% D-阿洛酮糖等稀有糖的糖浆，广受欢迎。D-阿洛酮糖的工业化生产是以果糖为底物通过阿洛酮糖-3-差向异构酶转化而成的。先在果糖溶液中加入氯化镁或氯化锰与酶进行酶解，产生 D-阿洛酮糖，再通过活性炭脱色、纯化、浓缩等过程制备得到 D-阿洛酮糖产品。

阿洛酮糖-3-差向异构酶来源于根癌农杆菌、球形节杆菌、大肠杆菌 K12 等。

2. 酶法生产 D-氨基酸或 L-氨基酸

L-氨基酸是人体内蛋白质合成的原料，而一些 D-氨基酸是合成药物的中间体，因而 D-氨基酸及 L-氨基酸在医学和食品工业上有很重要的意义。目前，生产 L-氨基酸的主要方式是微生物发酵法，该法的关键是筛选优良的菌种。用化学法合成氨基酸时，常常生成 DL 混合型氨基酸。因为酶分子具有极强的立体选择性，可以将各种底物转化为 L-氨基酸，或将 DL-氨基酸拆分而生产 L-氨基酸，因而酶法生产氨基酸得到广泛应用。已有多种酶用于 L-氨基酸的工业生产。

用 L-氨基酰化酶催化拆分 DL-氨基酸可连续生产 L-苯丙氨酸和 L-色氨酸等：将化学合成的 *N*-酰基-DL-氨基酸经 L-氨基酰化酶进行不对称水解，生成 L-氨基酸和 *N*-酰基-D-氨基酸，经结晶法可分离 L-氨基酸晶体，*N*-酰基-D-氨基酸经脱酰基后可得到 D-氨基酸。D-苯丙氨酸是一种重要的止痛药和镇静剂，也是合成多种药物的中间体，如那格列奈、奥曲肽等。D -色氨酸可用来合成多种抗癌剂和免疫抑制剂。

L-天冬氨酸在医药、食品和化工领域有着广泛用途，是最重要的氨基酸之一。国内的企业基本采用顺丁烯二酸为原料，强酸性条件下转化成富马酸，经天冬氨酸酶和过量氨作用下转化成天冬氨酸。以 L-天冬氨酸为底物，采用固定化假单胞菌菌体的天冬氨酸脱羧酶，可连续生产 L-丙氨酸。

用己内酰胺水解酶生产 L-赖氨酸：该法由 L-α-氨基-ε-己内酰氨水解酶与 α-氨基-ε-己内酰胺消旋酶联合作用，将 DL-α-氨基-ε-己内酰胺转化为 L-赖氨酸。所用的原料 DL-α-氨基-ε-己内酰胺是由合成尼龙的副产品环己烯通过化学合成法得到的。原料中的 L-α-氨基-ε-己内酰胺，经 L-α-氨基-ε-己内酰胺水解酶作用后生成 L-赖氨酸。余下的 D-α-氨基-ε-己内酰胺在消旋酶的作用下变成 DL-型，再把其中的 L-型水解为 L-赖氨酸。如此重复进行，可把原料几乎都变成 L-赖氨酸。

3. 酶法生产有机酸

酶法合成有机酸也是结合有机化学合成与生化合成的长处而建成的生产工艺，已经用于工业生产的有苹果酸、酒石酸和长链脂肪酸等。此外乳酸等也可用于酶法合成。

（1）苹果酸的酶法合成

苹果酸广泛应用于食品、医药、化工等领域，但因人体中只有 L-苹果酸脱氢酶，所以只能利用 L-苹果酸。L-苹果酸除了作为优良的酸味剂应用于食品，因其具有抗疲劳、保护心脏、改善记忆等功效，还可应用于医药产品中。L-苹果酸可用发酵法和酶法生产，工业上以富马酸为原料，通过微生物富马酸酶合成。

$$\underset{\text{富马酸}}{\mathrm{HOOC{-}CH{=}CH{-}COOH}} \xrightarrow[\mathrm{H_2O}]{\text{富马酸酶}} \underset{\text{苹果酸}}{\mathrm{HOOC{-}CH(OH){-}CH_2{-}COOH}}$$

1974 年，田边制药厂用聚丙烯酰胺包埋的产氨短杆菌转化富马酸生产 L-苹果酸；1977 年改用角叉菜胶包埋的黄色短杆菌生产，酶活力增加 9 倍；1982 年向固定化介质中添加乙烯亚胺，使酶的耐热性增加，可在 50℃操作而增加反应速度，产量增加 1.8 倍。协和发酵公司从温泉中又筛到一株富马酸酶活性强的高温细菌 *Thermus rubens*，用醋酸丁酯纤维素包埋后，在 pH6.5，60℃反应，由 1mol/L 富马酸可生成 0.7mol/L 苹果酸，活力为产氨杆菌的 2 倍，可连续操作 30 天。目前工业上已采用固定化黄色短杆菌或产氨短杆菌的延胡索酸酶连续生产 L-苹果酸。

（2）酒石酸的酶法合成

L(+)-酒石酸是一种食品添加剂，作为酸味剂添加到饮料、果酱及糖果中，也可作为防腐剂和稳定剂，在医药化工等方面用途也很广。1974 年佐藤英次等人采用酶法合成 L(+)-酒石酸，用化学合成的顺式环氧琥珀酸盐作为生产 L(+)-酒石酸的前体，在含有顺式环氧琥珀酸水解酶 (ESH) 的微生物作用下，使前体水解为 L(+)-酒石酸盐，而不产生其它副产物。用酶法可以制造光学活性的酒石酸。

顺丁烯二酸 —(H_2O_2)→ L-环氧琥珀酸 → L-酒石酸

微生物环氧琥珀酸水解酶是胞内诱导酶，培养基中需添加环氧琥珀酸诱导，转化反应可用细胞也可使用固定化细胞，生产这种酶的微生物已知有假单胞菌、产碱杆菌、无色杆菌、根瘤菌、土壤杆菌、诺卡氏菌等。

（3）长链二羧酸的合成

长链二羧酸是香料、树脂、工程塑料及合成纤维的原料，可利用微生物加氧酶与脱氢酶氧化 $C_{9\sim18}$ 正烷烃来制造，二羧酸是正烷烃氧化分解（末端氧化与 ω-氧化之后）的中间产物。有研究发现，使用正烷烃氧化力强的二羧酸高产菌株假丝酵母（*Candida cloaca*），将其进一步诱变筛选高产突变株，当其氧化 C_{16} 正烷烃时，正烷烃消耗率 97%，其中 60% 转化成二羧酸。凯赛生物技术股份公司以石油提炼的正烷烃为主要原料，可发酵生产 10 ～ 18 碳的长链二羧酸，2022 年总产能 11.5 万吨，全球占比约 55%。

（4）用酶水解腈生产相应有机酸

有些细菌具有腈类水解酶可水解相应的腈类成为有机酸，例如细菌 R312 以葡萄糖为碳源培养后离心分离出细胞，将其悬浮在 10% 乳腈（2-羟基丙腈 $CH_3CHOHCN$）溶液中，用氨或 KOH 中和至 pH8.0，在细胞浓度 20 ～ 40g/L 下 25℃保温，2 ～ 3h 后乳腈完全水解成为乳酸铵，仍可用常法将乳酸回收，所产乳酸为消旋化合物，可供食品、医药应用。能生产腈水解酶的细菌有很多，包括芽孢杆菌、无芽孢杆菌、小球菌以及短杆菌等，来源不同的酶可作用于不同的底物，制备 3-吲哚乙酸、α-扁桃酸、二羧酸、羟基丁酸及重要的药物中间体等。

4. 丙烯酰胺的生产

丙烯酰胺用于合成聚丙烯酰胺，广泛用于采油、造纸、水处理、食品、化工等行业，但价格昂贵。过去，采用活性铜催化丙烯腈水合生产丙烯酰胺，需要高温高压，生产设备投资较大，能源消耗较多，产品分离精制较困难，生产成本很高，产品不易达到质量标准，且给环境带来污染。现在，采用固定化产腈水合酶或高产腈水合酶的微生物发酵，以丙烯腈为原料，在常温常压下，工业生产丙烯酰胺。

5. 邻苯二酚的生物合成

邻苯二酚又名儿茶酚，是合成许多化学品的重要材料，如香料、药品、农业化学品、抗氧化剂及聚合物阻聚剂。在每年使用的大量邻苯二酚中，只有一小部分是由煤焦油精馏而得的，大部分是用苯合成的。苯与丙烯的 Friedel-Crafts 烷基化生成异丙基苯，再经氧化而制得苯酚，苯酚被进一步氧化而生成邻苯二酚和氢醌的混合物，然后通过精馏制得邻苯二酚。

苯 —(丙烯，固体 H_3PO_4；2.76～4.14MPa，200～260℃)→ 异丙基苯 —(O_2,80～130℃；SO_2,60～100℃；丙酮)→ 苯酚 —(70% H_2O_2,EDTA；Fe^{2+}或Co^{2+}；70～80℃；氢醌)→ 邻苯二酚

邻苯二酚的制造可引起一些环境问题。原料苯是从石油的苯-甲苯-二甲苯（BTX）馏分获得

的，因此苯的长期供应取决于一个不可更新资源的可获得性。另外，苯具有毒性并可致癌。苯酚是邻苯二酚制造的关键中间产物，也是一个毒性物质。用来直接氧化苯酚的过氧化氢是一个高能氧化剂，在运输、贮存及处理方面均需要进行特殊的安全考虑。

为了消除邻苯二酚合成引起的环境问题，研究人员尝试开发微生物催化合成方法。由于邻苯二酚不是微生物的天然合成产物，因而无法通过对现有合成途径的改进来达到目的，而需要开发一个最终产物是邻苯二酚的新生物合成路径。有研究报道，用葡萄糖作原料经酶催化合成邻苯二酚的生物催化合成过程。该过程将葡萄糖生成的 D-丁糖-4-磷酸酯（E4P）和磷酸烯醇丙酮酸（PEP）转化成 3-脱氢莽草酸（DHS），然后用 DHS 脱水酶和 3, 4-二羟苯甲酸（PCA）脱羧酶将 DHS 转化成邻苯二酚。

$$\text{葡萄糖} \xrightarrow[\text{E4P}]{\text{PEP}} + \xrightarrow[\text{aroF,aroB aroD}]{\text{DAHP合酶 DHQ合酶 DHQ脱水酶}} \text{DHS} \xrightarrow[\text{aroZ}]{\text{DHS脱水酶}} \text{PCA} \xrightarrow[\text{aroY}]{\text{PCA脱羧酶}} \text{邻苯二酚}$$

6. 用于明胶、胶原纤维生产

明胶生产较普遍的方法是碱法制备，以兽皮为原料，先用石灰水浸渍除去油脂与杂蛋白等，水洗中和后在 70 ～ 90℃抽胶，使胶原转化为明胶，抽提温度愈低且石灰水浸渍时间愈长则明胶质量愈好，这种工艺石灰水浸渍时间长达数月，工序多而劳动强度大，出胶率低而能耗大，淡水消耗量极大。

20 世纪 80 年代，出现了用蛋白酶（中性蛋白酶、酸性蛋白酶以及放线菌蛋白酶）净化胶原代替石灰水浸渍工序，方法如下：先将皮块脱脂洗净，用食盐溶液抽提除去盐溶性蛋白，再加蛋白酶消化去除胶原纤维之外的间隙蛋白，用水洗净后再用热水抽胶，制成明胶质量好，收率增加，并可缩短生产周期。如将胶原净制后再溶于稀酸溶液使之成为黏稠胶液，滤去杂质后，一经中和胶原纤维便沉淀析出，将胶原收集后置 60 ～ 70℃加热数分钟便可完全转变为明胶。这种明胶纯度高，质量好，分子排列整齐，生产周期仅为数天，且明胶收率几乎达 100%，并减少了 90% 以上的淡水消耗量。

胶原纤维可制造人造糖衣，溶于酸中的胶原溶液经喷丝鞣制可作为纺织原料。中性蛋白酶、酸性蛋白酶以及放线菌蛋白酶都可以用来处理皮块使之易溶。

三、加酶增强产品的使用效果

在某些轻工产品中添加一定量的酶，可以显著地增加产品的使用效果。

1. 加酶洗涤剂

洗涤剂借助于生物酶使其质量和性能获得了全面发展，在洗涤剂中添加适当的酶可以大大缩短洗涤时间，提高洗涤效果。1962 年 Novozymes 公司首次推出了加酶洗衣粉，全世界工业酶制剂中，洗涤剂酶占 1/3 以上。在欧美，洗涤剂已几乎都添加生物酶，我国加酶洗涤剂产品也增加迅速。早在 20 世纪 70 年代初期，国内就开发成功碱性蛋白酶，并实现工业化，其加酶洗涤剂很快投放市场，受到消费者欢迎。目前，最广泛应用于洗涤剂中的是碱性蛋白酶，用于清除蛋白质污垢，添加量为洗涤剂的 0.1% ～ 1.0%，实际上衣服污垢中脂肪污垢是蛋白质污垢的 5 ～ 9 倍。因此，能分解多种动植物油脂的碱性脂肪酶在洗涤剂中得到广泛运用。来自芽孢杆菌和链霉菌的碱性纤维素酶能在碱性条件下水解细小植物纤维，可以消除衣服在洗涤和穿着过程中出现的超细纤维，起到护色的作用。淀粉酶应用于洗涤剂工业，主要用于水解土豆、巧克力、膨化食品等产生的衣物污垢。洗涤剂中加酶趋向已由浓缩粉普及到普通粉，由单一酶发展到多元酶体系，目前的复合酶主要将碱性蛋白酶、碱性脂肪酶、碱性纤维素酶和淀粉酶等四种酶进行配伍使用。

同时，新型酶、改性酶的开发工作已十分活跃，果胶酶、甘露聚糖酶、溶菌酶、氧化酶、过氧化酶也可配合使用。

2. 加酶清洗剂

工业过滤器出现堵塞是特别费钱而且麻烦的事，虽说可用反清洗和澄清溶液循环等措施来预防，但仍免不了出现堵塞。加酶清洗液可以有效地解决上述问题。清洗液通常是由酶和去垢剂组成的。合适的配方取决于具体应用，例如，胰蛋白酶和木瓜蛋白酶用于清除乳品滤器的堵塞；*α*-淀粉酶和*β*-葡聚糖酶用于酵母和谷物过滤器；纤维素酶和果胶酶用于葡萄糖和果汁等的过滤器。酶也用在清洁管道、热交换器、储罐内外的固形物或膜状覆盖物的清洗剂中，甚至在下水道等一些不溶性固形物含量高的系统中，也能用酶制剂来处理。

医疗器械清洁不彻底可导致医源性感染，使用加酶清洗剂，能有效分解和去除器械上的蛋白质、糖胺聚糖和脂肪等有机物污染，快速高效地完成清洗，并能一定程度地延长器械的使用寿命。

3. 加酶牙膏、牙粉和漱口水

将适当的酶添加到牙膏、牙粉或漱口水中，可以利用酶的催化作用，增加洁齿效果，减少牙垢并防止龋齿的发生。可添加到洁齿用品中的酶有蛋白酶、淀粉酶、脂肪酶、溶菌酶、右旋糖酐酶等。其中，右旋糖酐酶对预防龋齿有显著效果。溶菌酶可有效地治疗龋齿、口腔溃疡、牙周炎、复发性口疮等疾病。

4. 加酶饲料

饲料酶制剂作为一类高效、无毒副作用和环保的绿色饲料添加剂，已成为世界工业酶产业中增长最快、势头最强劲的一部分，2022 年全球市场销售额达到 15 亿美元。在家禽、家畜的饲料中添加淀粉酶、蛋白酶、纤维素酶和半纤维素酶等，可以增加饲料的可消化性，促进家禽家畜的生长。我国饲料工业规模巨大，2022 年总产值超过 13 万亿元，总产量超过 3 亿吨。2022 年，我国饲料用粮消费量约 3.9 亿吨，在中国粮食用途中占最大份额。“人畜争粮”现状是我国正面临的严峻挑战之一，因此，开发新型饲料和提高饲料的利用水平势在必行。多酶生物饲料是一种通过生物技术的手段使其中富含多种酶类的饲料，与普通饲料相比，其所含的酶类能够在一定程度上消除饲料原料中抗营养成分或者对内源性酶类起到补充作用，从而在一定程度上提高饲料的利用水平。饲料中添加酶制剂始于 20 世纪 90 年代初，1992 年我国第一家饲料酶制剂厂——广东溢多利生物科技股份有限公司在广东珠海投入生产。到现在，广东、湖南、湖北、宁夏、江苏、浙江、山东、北京等省市已有多家企业投资生产饲料酶，2021 年国内总产值约为 20 亿元。饲料酶制剂大致可分为内源酶和外源酶两大类。外源酶是指动物自身无法分泌的酶，这类酶能消化动物自身不能消化的物质或降解一些抗营养因子，主要包括纤维素酶、木聚糖酶、*β*-葡聚糖酶、植酸酶、果胶酶等等。内源消化酶是指动物自身可以分泌的消化酶，添加这些酶可以弥补自身消化酶的不足，提高饲料的消化率，如淀粉酶、蛋白酶和脂肪酶类等。

植酸酶可降解植酸，减少了环境中的磷负荷，提高了金属的生物利用效果，具有很好的社会生态效益。多数植物原料中有 60% ～ 80% 的磷以植酸磷（肌醇六磷酸）的形式存在，由于单胃动物的消化道中植酸酶的活力很低，所以植酸中能被利用的磷酸盐很少。因此，为预防磷酸缺乏，必须向饲料中添加无机磷酸盐。而未消化的植酸磷被排出动物体外，不仅意味着对磷这种贵重原料的浪费，还造成集约化畜牧业生产区土质和水质的环境污染。植酸酶添加到饲料中，能够有效降解饲料中的植酸盐，使磷得到利用，基本上不用额外添加无机磷酸盐。

5. 加酶护肤品

在各种护肤品及化妆品中添加超氧化物歧化酶（SOD）、碱性磷酸酶、尿酸酶和弹性蛋白酶等，可有效地提高护肤效果。含有超氧化物歧化酶的化妆品具有防晒、抗辐射、防皱、延缓衰老等功效。因溶菌酶可以水解细菌的细胞壁，除治疗以外，还可以用于润肤霜、洗发膏和洗面奶等抑制细菌生长繁殖，消炎消肿。辅酶 Q10 具有提高人体活力及有效防止皮肤老化的作用。DNA 光修复酶已被添加到高端化妆品中，用于修复 DNA 损伤、消除皮肤炎症、延缓皮肤老化及预防紫外线损伤引起的皮肤癌。

第四节　酶在医学中的应用

人体是一个复杂的生物反应器，代谢反应有数千种之多。为保持人体健康，酶必须准确地调节各个反应，以保持身体内物质和能量的平衡。当身体内缺乏某种酶时，代谢反应就受到障碍，导致疾病的产生。因此酶制剂作为药物可以治疗很多疾病，它具有疗效显著和副作用小的特点。随着对疾病发生的分子机制的深入了解，医药用酶的应用范围越来越广泛。酶在医药领域的应用主要是用于疾病的诊断、治疗和制造药物。

一、疾病诊断方面的应用

疾病治疗效果的好坏，在很大程度上决定于诊断的准确性。疾病诊断的方法很多，其中酶学诊断发展迅速。由于酶催化的高效性和特异性，酶学诊断方法具有可靠、简便又快捷的特点，在临床诊断中已被广泛应用。酶学诊断方法包括两个方面，一是根据体内原有酶活力的变化来诊断某些疾病，二是利用酶来测定体内某些物质的含量，从而诊断某些疾病。

1. 根据体液内酶活力的变化诊断疾病

一般健康人体液内所含有的某些酶的量是恒定在某一范围的，若出现某些疾病，则体液内的某种或某些酶的活力将会发生相应的变化。故此，可以根据体液内某些酶的活力变化情况，而诊断出某些疾病（表 11-8）。但是这些不属于酶制剂的应用范畴，这里不再加以详细介绍。

表 11-8　酶在疾病诊断方面的应用

酶	疾病与酶活力变化
葡糖氧化酶	测定血糖含量，诊断糖尿病
胆碱脂肪酶	测定胆固醇含量，治疗皮肤病、支气管炎、气喘
尿酸酶	测定尿酸含量，治疗痛风
胆碱酯酶	肝病、有机磷中毒、风湿时下降
淀粉酶	胰脏疾病、肾脏疾病时升高；肝病时下降
酸性磷酸酶	前列腺癌、肝炎、红细胞病变时，活力升高
碱性磷酸酶	佝偻病、软骨化病、骨瘤、甲状旁腺功能亢进时，活力升高；软骨发育不全等，活力下降
谷丙转氨酶	肝病、心肌梗死等，活力升高
谷草转氨酶	肝病、心肌梗死等，活力升高
胃蛋白酶	胃癌时，活力升高；十二指肠溃疡时，活力下降
磷酸葡糖变位酶	肝炎、癌症时，活力升高
醛缩酶	癌症、肝病、心肌梗死等，活力升高
葡糖醛缩酶	肾癌及膀胱癌，活力升高
碳酸酐酶	坏血病、贫血等，活力升高
亮氨酸氨肽酶	肝癌、阴道癌、阻塞性黄疸等，活力显著升高
端粒酶	癌细胞中有端粒酶

2. 用酶测定体液中某些物质的含量诊断疾病

酶具有专一性强、催化效率高等特点，可以利用酶来测定体液中某些物质的含量从而诊断某些疾病。

例如：利用葡糖氧化酶和过氧化氢酶的联合作用，检测血液或尿液中葡萄糖的含量，从而作为糖尿病临床诊断的依据，这两种酶都可以固定化后制成酶试纸或酶电极，可十分方便地用于临床检测；利用尿酸酶测定血液中尿酸的含量诊断痛风病，固定化尿酸酶已在临床诊断中使用；利用胆碱酯酶或胆固醇氧化酶测定血液中胆固醇的含量诊断心血管疾病或高血压等，这两种酶都经固定化后制成酶电极使用；利用谷氨酰胺酶测定脑脊液中谷氨酰胺含量，进行肝硬化、肝昏迷的诊断；利用血清淀粉酶及尿淀粉酶的含量来诊断急性胰腺炎等。

此外，酶联免疫检测在疾病诊断方面的应用也越来越广泛。所谓酶联免疫检测，是先把酶与某种抗体或抗原结合，制成酶标记的抗体或抗原。然后利用酶标抗体（或酶标抗原）与待测定的抗原（或抗体）结合，再借助于酶的催化特性进行定量测定，测出酶-抗体-抗原结合物中的酶的含量，就可以计算出待测定的抗体或抗原的含量。通过抗体或抗原的量就可诊断某种疾病。常用的标记酶有碱性磷酸酶和过氧化物酶等。通过酶标免疫测定，可以诊断肠虫、毛线虫、血吸虫等寄生虫病以及疟疾、麻疹、疱疹、乙型肝炎等疾病。随着细胞工程的发展，已生产出各种单克隆抗体，为酶联免疫检测带来极大的方便和广阔的应用前景。

还有，利用 DNA 聚合酶检测基因是否正常，进行基因诊断、检测癌基因，检测潜在的致病基因来预防疾病的发生。通过聚合酶链式反应（PCR）技术，DNA 模板、引物、四种脱氧核苷三磷酸（dNTP）等存在的条件下，DNA 聚合酶将模板 DNA 进行扩增，然后检测基因是否正常，或者是否有病原体的存在，从而进行基因诊断或癌基因检测。

二、疾病治疗方面的应用

由于酶具有专一性和高效率的特点，所以在医药方面使用的酶具有种类多、用量少、纯度高、疗效显著、副作用小的特点，其应用越来越广泛。下面简述一下主要医药用酶（见表 11-9）。

表 11-9　主要的医药用酶

酶	来源	用途
淀粉酶	胰脏、麦芽、微生物	治疗消化不良，食欲不振
蛋白酶	胰脏、胃、植物、微生物	治疗消化不良，食欲不振，消炎，消肿，除去坏死组织，促进创伤愈合，降低血压，制造水解蛋白质
脂肪酶	胰脏、微生物	治疗消化不良，食欲不振
纤维素酶	霉菌	治疗消化不良，食欲不振
溶菌酶	蛋清、细菌	治疗手术性出血，咯血，鼻出血，分解脓液，消炎，镇痛，止血，治疗外伤性浮肿，增加放射线的治疗
尿激酶	人尿	治疗心肌梗死，结膜下出血，黄斑部出血
链激酶	链球菌	治疗血栓性静脉炎、咳痰、血肿、下出血、骨折、外伤
青霉素酶	蜡状芽孢杆菌	治疗青霉素引起的变态反应
L-天冬酰胺酶	大肠杆菌	治疗白血病
超氧化物歧化酶	微生物、血液、肝脏	预防辐射损伤，治疗红斑狼疮、皮肌炎、结肠炎、氧中毒
凝血酶	蛇、细菌、酵母	治疗各种出血
胶原酶	细菌	分解胶原，消炎，化脓，脱痂，治疗溃疡
溶纤酶	蚯蚓	溶血栓
纳豆激酶	纳豆杆菌	溶解血栓
组织纤溶酶原激活剂	人体细胞、微生物或动物细胞表达	治疗心肌梗死、脑血栓
激肽释放酶	动物组织器官	治疗高血压、动脉硬化、心绞痛、微循环障碍等疾病
右旋糖酐酶	微生物	预防龋齿，制造右旋糖酐用作代血浆
弹性蛋白酶	胰脏	治疗动物硬化，降血脂
核糖核酸酶	胰脏	抗感染、去痰、治肝癌

续表

酶	来源	用途
L-精氨酸酶 α-半乳糖苷酶 木瓜凝乳蛋白酶	微生物 牛肝、人胎盘 番木瓜	抗癌 治疗遗传缺陷病（弗勃莱症） 治疗腰间盘突出，肿瘤辅助治疗
（组织纤溶酶原激活剂）替奈普酶	人类（*Homo sapiens*）	治疗急性心肌梗死，抗凝物
果糖肽氧化酶	埃菲尼克斯菌	糖尿病的诊断
TICKLE 开关（胸苷酸激酶）	单纯疱疹 1 型	癌症治疗

1. 蛋白酶

蛋白酶是能够使蛋白质构造和功能发生变化的酶，它对于细胞运动、组织的破坏和变形、激素的活化、受体和配基的相互作用、感染、细胞增殖等过程都有影响。蛋白酶可用于治疗多种疾病，是临床上使用最早、用途最广的药用酶之一。目前临床上使用的蛋白酶大部分来自于动物和植物，如胰蛋白酶、胃蛋白酶、胰凝乳蛋白酶、木瓜蛋白酶和菠萝蛋白酶等。

蛋白酶在医药领域的应用最初是在消化药上，用于治疗消化不良和食欲不振。其中胰凝乳蛋白酶是消化食物的重要酶类，与胰蛋白酶一样，酶前体是在肝脏中形成的，在小肠中胰蛋白酶和胰凝乳蛋白酶等分解成活性的酶。使用时往往与淀粉酶、脂肪酶等制成复合制剂，以增加疗效。作为消化剂使用时，蛋白酶一般制成片剂，以口服方式给药。

蛋白酶可以作为消炎剂，治疗各种炎症有很好的疗效。常用的有胰蛋白酶、胰凝乳蛋白酶、菠萝蛋白酶、木瓜蛋白酶等。由灰色链霉菌（*Streptomyces griseus* K-1）生产数种蛋白酶混合物，含有中性及碱性蛋白酶、氨基肽酶、羧肽酶等，可用于手术后和外伤的消炎，还可以治疗副鼻腔炎、咳痰困难等。蛋白酶之所以有消炎作用，是因为它能分解一些蛋白质和多肽，使炎症部位的坏死组织溶解，增加组织通透性，抑制浮肿，促进病灶附近组织积液的排出并抑制肉芽的形成。给药方式可以口服、局部外敷或肌肉注射等。

蛋白酶经静脉注射后，还可治疗高血压。这是由于蛋白酶催化运动迟缓素原及胰血管舒张素原水解，除去部分肽段后可以生成运动迟缓素和胰血管舒张素，使血压下降。蛋白酶注射入人体后，可能引起抗原反应。通过酶分子修饰技术，可使抗原性降低或消除。

美国加利福尼亚州应用蛋白质工程的方法对蛋白酶的性质进行了改造，既保留了蛋白水解酶的特性，同时除去对治疗部位以外的组织毒性相关的遗传密码子，然后将改造后的蛋白质用微生物来表达，以生产有治疗作用的蛋白水解酶。一些工程治疗酶已被申请上市，并且已经进行了一些研究来改进野生型商业酶。最成熟的一类治疗性酶是蛋白酶，它们被用于治疗心血管疾病。组织纤溶酶原激活剂（tPA）可以分解血凝块，并催化凝血酶原转化为凝血酶。tPA 已由 Genentech 公司作为 Alteplase/Activase® 上市，并从 1987 年开始商业化，用于治疗急性缺血性中风。FDA 也于 2000 年批准使用 Tenecteplase（TNKase®），它是 Genentech 公司开发的 TPA 的变种。一些修改可以减少内源性抑制剂对酶的失活，增加特异性和半衰期，并提高临床疗效。TNKase® 的这些特点是 Thr103 被 Asn 取代，Asn117 被 Gln 取代，以及 Lys296-His-Arg-Arg 序列被四个 Ala 取代。

2. 淀粉酶、脂肪酶

淀粉酶是指一类能分解淀粉糖苷键的酶类总称或称淀粉水解酶，包括有 α-淀粉酶、β-淀粉酶等，水解产物为短链淀粉、糊精、麦芽糖或少量葡萄糖。常用的有麦芽淀粉酶、胰淀粉酶、米曲霉淀粉酶等。

脂肪酶是催化脂肪水解的水解酶，常用的有胰脂肪酶、酵母脂肪酶等。

当人体消化系统缺少淀粉酶、脂肪酶，或者在短时间内进食过多的淀粉类、脂肪类食物时，引起消化不良、食欲不振、腹胀、腹泻等病症。服用淀粉酶、脂肪酶制剂，具有治疗消化不良、食欲不振的功效。通常淀粉酶、脂肪酶与蛋白酶等组成复合制剂使用，以口服方式给药。

3. 溶菌酶

溶菌酶也是一种应用广泛的药用酶，具有抗菌、消炎、镇痛等作用。用于治疗手术性出血、咯血、鼻出血，分解脓液，消炎镇痛，治疗外伤性浮肿，增强放射线治疗的效果等。溶菌酶是广谱抑菌剂，对革兰氏阳性菌、革兰氏阴性菌、真菌等致病微生物都有不同程度的已知作用。溶菌酶作用于细菌的细胞壁，可使病原菌、腐败性细菌等溶解死亡，而且它对抗生素有耐药性的细菌同样可起溶菌作用，因而具有显著疗效而且对人体的副作用很小，是一种较为理想的药用酶。溶菌酶与抗生素联合使用，可显著提高抗生素的疗效。溶菌酶还对疱疹病毒、腺病毒等多种病毒具有抑制作用。西安医学院第二附属医院把溶菌酶与5-氟尿嘧啶联合使用于扁平疣、传染性软疣、尖锐湿疣和带状疱疹等病例，发现内服溶菌酶，外涂5-氟尿嘧啶的治疗效果明显高于单独使用；而带状疱疹只内服溶菌酶即可。体外及动物实验已证实，溶菌酶可以激活宿主的免疫系统，增强肿瘤细胞的免疫原性，从而具有抗肿瘤作用。这预示溶菌酶可作为抗肿瘤的辅助治疗药物。

4. 超氧化物歧化酶

超氧化物歧化酶（SOD）催化超氧负离子（O_2^-）进行氧化还原反应，使机体免遭O_2^-的损害。因此SOD在抗炎、治疗自身免疫性疾病、肿瘤辅助治疗、延缓衰老、防抗辐射等方面有显著疗效。可用于治疗类风湿性关节炎、红斑狼疮、皮炎、结肠炎、关节炎及氧中毒等疾病。不管用何种给药方式，SOD均未发现有明显的副作用，抗原性也很低。所以SOD是一种多功效低毒性的药用酶。SOD的主要缺点是它在体内的稳定性差，在血浆中半衰期只有6～10min，分子量大，口服易被降解。经过PEG修饰的SOD（PEG-SOD）在血管、心脏、肺、大脑、肝脏和肾脏都有治疗活性。在血管中，PEG-SOD已被证明能更好地抵抗氧化应激，改善内皮细胞的舒张功能，抑制脂质氧化；在心脏中，PEG-SOD对再灌注性心律失常和心肌缺血的治疗效果与天然SOD效果相同；但在内毒素诱导的急性呼吸衰竭相关的肺生理病理学治疗和减少石棉诱导的细胞损伤中却无作用；在脑缺血再灌注损伤中，PEG-SOD的作用尚不确定，这也是由于脑细胞难以穿透所致；在肾脏和肝脏缺血时，PEG-SOD可改善再灌注损伤。因此，对SOD的研究应需进一步推进。

5. L-天冬酰胺酶

L-天冬酰胺酶是第一种用于治疗急性淋巴细胞白血病的酶。因为癌细胞生长时需要天冬酰胺，L-天冬酰胺酶可以切断天冬酰胺的供给，因此对癌症，特别是急性淋巴细胞白血病的治疗有显著疗效。人体的正常细胞内由于有天冬酰胺合成酶，可以合成L-天冬酰胺使蛋白质合成不受影响。而癌细胞缺乏天冬酰胺合成酶，本身不能合成L-天冬酰胺。当L-天冬酰胺酶注射进入人体后，天冬酰胺被L-天冬酰胺酶分解，癌细胞无法获得天冬酰胺，导致蛋白质合成受阻而死亡。在一般情况下，注射该酶可能出现过敏性反应，包括发热、恶心、呕吐、体重下降等。1994年美国Enzon公司应用聚乙二醇修饰L-天冬酰胺酶已得到FDA认证，用于治疗急性淋巴性白血病。

6. 尿激酶

尿激酶是从人胚肾细胞培养液或新鲜尿液中提取的溶栓药，可以直接激活纤溶酶原，进而产生溶解血纤维蛋白及溶解血栓的效果，也可溶解血块。临床上被广泛用于急性心肌梗死、肺栓塞和周边血管阻塞的治疗。尿激酶是从人尿中提取的，存在于人尿中的尿激酶比微生物来源的链激酶的安全性高。应用组织培养的方法，可以从培养的肾脏细胞得到大量的尿激酶。最近，从人类的肝细胞培养物中也可以得到尿激酶。点滴注射可以治疗脑血栓、末梢动静脉闭塞症、眼内出血等疾病。现在，已应用基因工程技术生产人重组尿激酶和尿激酶原，大大降低了酶的生产成本；同时，因为尿液有艾滋病毒、肝炎病毒等污染的可能，美国等国已禁止用尿液为原料作药物制剂，应用基因工程技术生产药物，安全性较好。

7. 组织纤溶酶原激活剂

组织纤溶酶原激活剂（tissue plasminogen activator, t-PA）是一种丝氨酸蛋白酶，可以催化纤溶酶原水解，生成具有溶解纤维蛋白活性的纤溶酶，在纤维蛋白溶解系统中起到重要作用。

t-PA 激活纤溶酶原，要依赖纤维蛋白的激活作用，游离的 t-PA 对纤溶酶原的亲和力极低，不能单独激活正常人循环血液中的纤溶酶原；但 t-PA 对纤维蛋白有很高的亲和力，与纤维蛋白结合后的 t-PA 对纤溶酶原的亲和力显著提高，可以激活血液中的纤溶酶原。正常人血液中极少有纤维蛋白生成，因此 t-PA 不会使正常人发生系统性纤溶状态。t-PA 作用于血栓时，高效特异地与血栓中的纤维蛋白结合，形成纤维蛋白、t-PA 和纤溶酶原三元复合物。三元复合物的形成，有利于 t-PA 激活纤溶酶原，形成纤溶酶，水解复合体中的纤维蛋白，溶解血栓。同时，激活后的纤溶酶仍然结合在复合体上，能够避免 α2-抗纤溶酶对它的抑制作用，使 t-PA 选择性地在血栓中发挥溶解纤维蛋白的作用，而对血液中的纤维蛋白原、凝血因子等几乎没有水解作用，即使有少量纤溶酶脱离复合体，也会很快受 α2-抗纤溶酶的作用而失活。因此，t-PA 能高效特异地溶解血栓而不易出现系统性溶纤状态。加之 t-PA 是采用人体 t-PA 基因表达的产物，不存在异源性的抗原性问题，多次使用不会出现免疫反应，是一种较为理想的溶血栓药物，在治疗心肌梗死、脑血栓等方面疗效显著。

尽管 t-PA 溶栓效果很好，但其价格较高，大剂量使用会引起出血。为克服 t-PA 的不足，通过基因突变、结构域删除或融合对其进行改造，以提高对纤维蛋白的选择性、延长半衰期、提高对抑制剂的抗性及抗血栓形成等特性，如德国研制的 rt-PA、日本研制的 Monteplase、美国研制的 TNK-tPA 等。最近报道了一种结合了去氨普酶和第 3 代纤溶酶原激活剂 Tenecteplase 结构的嵌合蛋白，在该突变体中删除了 Tenecteplase 的 Kringle 2 结构域，并将 Finger 结构域替换为去氨普酶结构域，以提高其对纤维蛋白的特异性，然而构建的突变体仅比 t-PA 特异性高 8 倍，但是为去氨普酶特异性的 1/25。另一种方法侧重于防止 t-PA 的双链形式的产生。纤溶酶敏感位点被去氨普酶（Arg275His、Ile276Ser、Lys277Thr）的相应序列取代后，纤维蛋白的特异性提高了 28 倍。

8. 凝血酶

凝血酶是一种催化血纤维蛋白原水解，生成不溶性的血纤维蛋白，从而促进血液凝固的蛋白酶。可以从人或动物血液中提取分离得到，也可以从蛇毒中分离得到。

凝血酶可以直接作用于血浆纤维蛋白原，加速不溶性纤维蛋白凝块的生成，促使血液凝固。常以干粉或溶液局部应用于伤口或手术处，控制毛细血管血渗出及多种脏器出血的局部止血，可用于外伤、手术、口腔、耳鼻喉、泌尿及妇产等部位的止血。有时也可以口服，用于消化道急性出血。对动脉出血和纤维蛋白原缺乏所致的凝血障碍无效。现今在一些国家军队中使用一种快速止血的急救绷带，是将凝血酶和纤维蛋白原制成干粉，按照一定的比例附着在绷带上，当战场上出现急性出血时使用这种绷带，绷带上的纤维蛋白原在凝血酶的作用下迅速形成不溶的纤维蛋白，裹胁着血细胞形成血块，堵住伤口，起到紧急止血的作用。

蛇毒凝血酶是从巴西产美洲矛头蝮蛇毒液中分离精制而得的。临床用于预防和治疗各种出血，如手术前后毛细血管出血、咯血、胃出血、视网膜出血、鼻出血、肾出血及拔牙出血等。使用时可以采用口服、局部应用、皮下肌肉注射或者静脉注射，但是要严格控制剂量。不良反应有呼吸困难、局部疼痛和偶有荨麻疹。

9. 激肽释放酶

激肽释放酶是内切性蛋白水解酶。哺乳动物的激肽释放酶有血液激肽释放酶和组织激肽释放酶两大类，组织激肽释放酶主要分布在动物的胰脏、颌下腺、唾液、尿中，以胰脏中含量最丰富。药用激肽释放酶又称血管舒缓素，国外商品名保妥丁（Padutin），主要来自颌下腺和胰脏。

激肽释放酶作用于激肽原后释放出激素物质激肽，组织激肽释放酶水解激肽原释放出胰激肽（10肽），血液激肽释放酶则水解激肽原释放出舒缓激肽（9肽）。舒缓激肽具有舒张血管、增强毛细血管通透性的功效，所以激肽释放酶又称血管舒缓素。激肽释放酶主要应用于治疗高血压、动脉硬化、心绞痛、血管内膜炎闭塞、动脉闭塞、雷诺氏病、祖德克氏症、烧伤、冻疮及由年龄引起的循环障碍等。此外，激肽释放酶还具有利尿作用。

10. 核酸类酶

核酸类酶是一类具有生物催化功能的核糖核酸（RNA）分子。它可以催化本身RNA的剪切或剪接作用，还可以催化其他RNA、DNA、多糖、酯类等分子进行反应。核酸类酶具有抑制人体细胞某些不良基因和某些病毒基因的复制和表达功能。适宜的核酸类酶或人工改造的核酸类酶可以阻断某些不良基因的表达，从而用于基因治疗或进行艾滋病等病毒性疾病的治疗。

1993年，美国Genentech公司开发的DNA酶“Pulmozyme”，治疗肺囊性纤维化。它可以去除呼吸道的分泌物，达到祛痰的作用，医治了囊性纤维化患者呼吸困难的问题。该药对吸烟引起的慢性支气管炎的临床治疗效果已引起人们的注意。据报道，该酶对慢性支气管炎的治疗使再入院治疗和死亡的人数明显减少。以美国为例，有近100万人患有慢性支气管炎，因而公司将获得极大的效益，年销售额约5亿美元。

11. 其他相关酶制剂

细胞色素c氧化酶是生物体内细胞呼吸的重要酶。从食物中获得的糖、蛋白质、脂肪消化和吸收的最终阶段都与三羧酸循环有关。最初是从酵母抽提该酶，现在可从哺乳动物牛或猪心脏中得到。该酶用于治疗脑出血、脑软化症、脑血管障碍、窄心症、心肌梗死、头部外伤后遗症、一氧化碳中毒症、安眠药中毒症。

葡糖氧化酶（glucose oxidase, GOx）是一种广泛存在于生物体内的内源性氧化还原酶。近年来，GOx因其固有的生物相容性、无毒性和独特的对葡萄糖的催化作用，在生物医学领域引起了越来越多的关注。GOx高效催化葡萄糖氧化成葡萄糖酸和过氧化氢（H_2O_2），可被各种生物传感器用于检测癌症生物标志物。GOx还可以与其他酶、缺氧激活前药、光敏剂或Fentons试剂相结合，产生基于癌症饥饿治疗、缺氧激活治疗、氧化治疗、光动力治疗或光热治疗的多模式协同癌症治疗。预期这种多模式方法比单一治疗模式具有更强的治疗效果。

近年来，应用基因工程技术开发新的治疗用酶制剂，已显示出广阔的前景。1994年，FDA承认Genzyme公司应用基因工程法生产的葡糖脑苷脂酶。该酶催化D-葡萄糖-*N*-酰基鞘氨醇水解，生成D-葡萄糖和*N*-酰基鞘氨醇，可治疗戈谢病（Gaucher's disease，葡糖脑苷酯酶缺乏症）。以前该酶是从人的肝脏中得到的，售价很高，很多患者承担不起治疗的费用。1998年用于治疗戈谢病的新的基因工程药物葡糖脑苷脂酶（Cerezyme）的上市，大大促进了对该疾病的治疗，该酶的年销售额约9.16亿美元。

随着对疾病病因的解析，预计会产生新的酶类药物。基因工程技术的应用使酶的生产成本降低，但是在精制的酶制剂中，含有病毒及病原体的可能性还不能排除。因此在使用时还需做认真的安全检查。

诊断用酶的开发是制药和医学研究中一个不断增长的领域，特别是在新冠疫情防控期间，其在酶制剂市场中的占比越来越大。同时受疫情影响国外的酶制剂难以供应国内市场，具有自主知识产权的相关酶制剂的替代和升级就显得十分重要和迫切，在疫情防控期间武汉瀚海新酶生产的蛋白酶k已经完全填补了国外酶市场的空白。Shahbazmohammadi等人用一种工程化的果糖基肽氧化酶（FPOX）作为糖尿病的诊断酶。从血红蛋白A1c中释放出来的果糖酰组氨酸是一种很好的生物标志物，是用于诊断糖尿病和分析血糖水平的良好生物标志物。然而，FPOX催化不同的果糖基氨基酸产生未糖化的氨基酸、葡萄糖酮和过氧化氢，导致诊断不太准确。FPOX的几个变体被设计为提高对果糖基戊基组氨酸作为底物的特异性。作者使用计算和实验方法诱导FPOX的突变Tyr261Trp，从而通过提高其特异性，减少其他氨基酸的干扰。

由微生物产生的重要医学用酶被用作抗凝血剂、溶瘤药、溶栓药、纤溶药、黏液药、抗炎药、抗菌剂和助消化剂。酶与其他药物的组合也有诱导协同作用的能力。然而，治疗酶遇到的一个主要问题是其在人体内的不稳定性和低循环寿命。酶的分子量大、免疫原性、半衰期短和较高的纯度要求是限制酶使用的关键因素。虽然过去几十年药物开发已经使酶治疗发生了革命性的变化，有些疾病的治疗已经不需要静脉注射治疗用酶，逐渐被口服和吸入型酶制剂取代，现在还可采用纳米材料进行递送，对酶制剂进行化学修饰（如加PEG）也可大大降低治疗酶的免疫原型，延长其半衰期，而且已经开发出稳定性更好、抗原性更低的新药，但仍存在许多挑战。蛋白质工程、基因组工程的发展为调整治疗酶的生化和生物物理特性以满足临床应用的特殊需要提供了新的技术和手段。

三、在药物生产方面的应用

药品的生产通常需要从活性中心引入一些基团和去除不希望的基团，化合物具有规避、对映和化学选择性，可以使用固定化酶来生产，因为通过传统的化学方法需要付出更多的努力才能获得相同的产量。使用酶的选择性特性可以得到解决，此外，生产步骤不需要不安全和苛刻的化学品或高温条件，而且使用酶使生产可以更环保，低成本地减少过程中的步骤。

酶在药物制造方面的应用是利用酶的催化作用将前体物质转变为药物。这方面的应用日益增多。现已有不少药物包括一些贵重药物都是由酶法生产的（表11-10）。现举例说明一些酶的应用。

表11-10　酶在制药方面的应用

酶	用途
青霉素酰化酶	制造半合成青霉素和头孢霉素
α-甘露糖苷酶	制造高效链霉素
11-β-羟化酶	制造氢化可的松
L-酪氨酸转氨酶	制造多巴
β-酪氨酸酶	制造多巴
β-葡糖苷酶	生产人参皂苷Rh_2
核糖核酸酶	生产核苷酸类物质
核苷磷酸化酶	生产阿拉伯糖腺嘌呤核苷（阿糖腺苷）
多核苷酸磷酸化酶	生产聚肌苷酸、聚胞苷酸
蛋白酶和羧肽酶	将猪胰岛素转化为人胰岛素
蛋白酶	生产各种氨基酸和蛋白质水解液
R-选择性转氨酶	西格列汀合成
胺类氧化酶	天然生物碱的衍生化
羰基还原酶（KRED）	β-氨基酮的对映选择性还原
酮类还原酶（KRED）	3-三环戊酮和3-氧杂环戊酮的对映选择性还原作用

1. 青霉素酰化酶

自从1928年人类发现第一个抗生素青霉素以来，临床应用抗生素使千百万濒于死亡的生命得以拯救，为人类保健事业作出卓越贡献。

但是，因长期大量使用抗生素，特别是无节制滥用，造成细菌产生抗药性（或称耐药性），使天然青霉素的治疗效果明显下降。为了解决细菌耐药性问题，除努力寻找新抗生素外，更有效的办法是研究细菌产生耐药性的原因，改造原有青霉素的结构，用人工的方法合成各种能抑制耐药性细菌的新青霉素。现在已经得到几十种半合成青霉素，它们都能作用于耐药性菌株，是疗效很好的广谱抗生素。要生产各种半合成青霉素，首先很重要的问题是获得青霉素酰化酶。青霉素酰化酶是半合成抗生素生产中有重要作用的一种酶。它既可以催化青霉素或头孢霉素水解生成 6-氨基青霉烷酸（6-APA）或 7-胺基头孢霉烷酸（7-ACA），又可催化酰基化反应，由 6-APA 合成新型青霉素或由 7-ACA 合成新型头孢霉素。其化学反应式如下：

$$\text{青霉素} \xrightleftharpoons{\text{青霉素酰化酶}} R-\overset{O}{\overset{\|}{C}}-OH + \text{6-APA}$$

青霉素　　6-APA

青霉素和头孢霉素同属 β-内酰胺抗生素，被认为是最有发展前途的抗生素。该类抗生素可以通过青霉素酰化酶的作用，改变其侧链基团而获得具有新的抗菌特性及有抗 β-内酰胺酶能力的新型抗生素。工业上已用固定化酶生产。

2. β-酪氨酸酶

L-多巴（levodopa），二羟苯丙氨酸，临床治疗震颤麻痹最有效的药物，是治疗帕金森综合征的一种重要药物。帕金森氏综合征是 1817 年英国医师 Parkinson 所描述的一种大脑中枢神经系统发生病变的老年性疾病。其主要症状为手指颤抖，肌肉僵直，行动不便。病因是由于遗传原因或人体代谢失调，不能由酪氨酸生成多巴或多巴胺（一种神经传递介质）。L-多巴本身无药理活性，通过血脑屏障，经多巴胺脱羧酶作用转化为多巴胺而发挥作用。β-酪氨酸酶可催化 L-酪氨酸或邻苯二酚生成 L-多巴。反应如下。

$$HO-C_6H_4-CH_2-CH(NH_2)-COOH + [O] \xrightarrow{\beta\text{-酪氨酸酶}} (HO)_2C_6H_3-CH_2-CH(NH_2)-COOH$$

L-酪氨酸　　L-多巴

$$(HO)_2C_6H_4 + CH_3COCOOH + NH_3 \xrightarrow{\beta\text{-酪氨酸酶}} (HO)_2C_6H_3-CH_2-CH(NH_2)-COOH$$

邻苯二酚　丙酮酸　　L-多巴

3. 核苷磷酸化酶

核苷中的核糖被阿拉伯糖取代可以形成阿糖苷。阿糖苷具有抗癌和抗病毒的作用，是令人关注的药物，其中阿糖腺苷疗效显著，是治疗单纯疱疹、脑炎最好的抗病毒药物。阿糖腺苷（腺嘌呤阿拉伯糖苷）可由嘌呤核苷磷酸化酶催化阿糖尿苷（尿嘧啶阿拉伯糖苷）转化而成。

由阿糖尿苷生成阿糖腺苷的反应分两步完成。首先阿糖尿苷在尿苷磷酸化酶的作用下生成阿拉伯糖-1-磷酸：

$$\text{阿糖尿苷} + H_3PO_4 \xrightarrow{\text{尿苷磷酸化酶}} \text{阿拉伯糖-1-磷酸} + \text{尿嘧啶}$$

阿糖尿苷　　阿拉伯糖-1-磷酸

然后阿糖-1-磷酸再在嘌呤核苷磷酸化酶的作用下生成阿糖腺苷。

阿拉伯糖-1-磷酸 + 腺嘌呤 —嘌呤核苷磷酸化酶→ 阿糖腺苷 + H_3PO_4

核苷磷酸化酶还用于三氮唑核苷的合成，以肌苷、尿苷或鸟苷与三叠氮羧基酰胺为底物，经嘌呤核苷磷酸化酶作用合成。三氮唑核苷，商品名病毒唑，具有光谱抗病毒和抗肿瘤的作用，临床用于治疗流感、疱疹、肿瘤和肝炎。

4. 无色杆菌蛋白酶

人胰岛素与猪胰岛素只有在 B 链第 30 位的氨基酸不同。无色杆菌（*Achromobacter lyticus*）蛋白酶可以特异性地催化胰岛素 B 链羧基末端（第 30 位）上的氨基酸置换反应，由猪胰岛素（Ala -30）转变为人胰岛素（Thr-30），以增加疗效。具体过程为：在无色杆菌蛋白酶作用下，猪胰岛素第 30 位的丙氨酸被水解除去，然后在同一酶的作用下使之与苏氨酸丁脂偶联，然后用三氟乙酸（TFA）和苯甲醚除去丁醇，即得到人胰岛素。

最近，与碳水化合物相关的医药品也引人注目。具有治疗作用的糖蛋白的酶法合成正在研究。例如 Cytle 和 Neose 公司应用糖基转移酶进行碳水化合物（寡糖）的合成。

5. 其他相关酶在制药工业中的应用

最有希望的蛋白质工程案例之一是 Codexis 和 Merck 公司生产的抗糖尿病药物西他列汀，通过定向进化获得的 R-选择性转氨酶被用来对普罗西塔格利特酮进行不对称胺化，以获得对映纯度为 99.95% 的西他列汀。乳酸菌酮还原酶（KRED）用于将酮类中间体还原成手性醇。基于酮还原酶的工艺被用于制造各种药物的中间体，如阿托伐他汀、孟鲁司特、度洛西汀、苯丙胺、依折麦布和克唑替尼。KRED 的修改可能包括定向进化和工艺优化。KRED 表现出高对映性（>99.55%）。Zhang 等人通过组合活性位点饱和设计了两个突变体（P170R/L174Y 和 P170H/L174Y）的 KRED 酶，催化 3-（二甲基氨基）-1-苯基丙-1-酮和 3-（二甲基氨基）-1-（2-噻吩基）-丙-1-酮还原为 (*R*)-*γ*-氨基醇，对映体过量高达 95%。手性 *γ*-氨基醇对于合成选择性 5-羟色胺再摄取抑制剂，如氟西汀和托莫西汀尤为重要。

6. 现代酶工程技术在制药工业中的应用

现代酶工程属高新技术，具有技术先进、厂房设备投资小、工艺简单、能耗量低、产品收率高、效率高、效益大、污染轻微等优点。如采用化学合成及酶拆分法生产的 L-Phe 成本为 400 元 /kg 以上，而产品进口价为 220 元 /kg，无法投产；以苯丙酮酸及天冬氨酸为原料，经固定化转氨酶转化生成的 L-苯丙氨酸成本在 150 元 /kg 以下；又如传统发酵工艺生产的 L-苹果酸成本在 4.0 万元 /t 以上，而用固定延胡索酸酶转化生产的 L-苹果酸最低成本为 1.5 万元 /t，出口价为 3.5 万元 /t 以上。此外，以往采用化学合成、微生物发酵及生物材料提取等传统技术生产的药品，皆可通过现代酶工程生产，甚至可获得传统技术不可能得到的昂贵药品，如人胰岛素、McAb、IFN、6-APA、7-ACA 及 7-ADCA 等。部分固定化酶及相应产品见表 11-11。

四、酶与生物医学工程

1. 外循环装置

人工肾脏是体外循环装置的最成功的代表。它是利用体外循环将患者的血液通过透析器除去代谢废物（例如尿素）后重新返回体内的一种装置，但需要体积庞大的透析液，既不经济又不

表 11-11 固定化酶及其相应产品

固定化酶	产品	固定化酶	产品
青霉素酰化酶	6-APA, 7-ADCA	短杆菌肽合成酶系	短杆菌肽
氨苄青霉素酰化酶	氨苄青霉素酰胺	右旋糖酐蔗糖酶	右旋糖酐
青霉素合成酶系	青霉素	β-酪氨酸酶	L-酪氨酸，L-多巴胺
11-β-羟化酶	氢化可的松	5′-磷酸二酯酶	5′-核苷酸
类固醇-Δ^1-脱氢酶	脱氢泼尼松	3′-核糖核酸酶	3′-核苷酸
谷氨酸脱羧酶	γ-氨基丁酸	天冬氨酸酶	L-Asp
类固醇酯酶	睾丸激素	色氨酸合成酶	L-Trp
多核苷酸磷酸化酶	Poly I: C	转氨酶	L-Phe
前列腺素 A 异构酶	前列腺素 C	腺苷脱氢酶	IMP
辅酶 A 合成酶系	CoA	延胡索酸酶	L-苹果酸
氨甲酰磷酸激酶	ATP	酵母酶系	ATP, FDP，间羟胺及麻黄素中间体

方便。1968 年，T. M. S. Chang 加以改进，将通过透析器的含尿素的透析液用泵输入到一个玻璃柱内。柱的一端装有尿激酶微囊，另外一端装有活性炭或离子交换剂，当代谢物（尿素）通过时即受尿素酶作用转变为二氧化碳及氨，氨被活性炭吸附，二氧化碳回入血循环由肺部排出体外。活性炭也能除去血液中其他废物。整个装置可降低血液中尿素达 80%，所用透析液可以循环利用。此装置的的优点是体积小型化，使人工肾脏成为实用化的一种医疗器械（见图 11-3）。

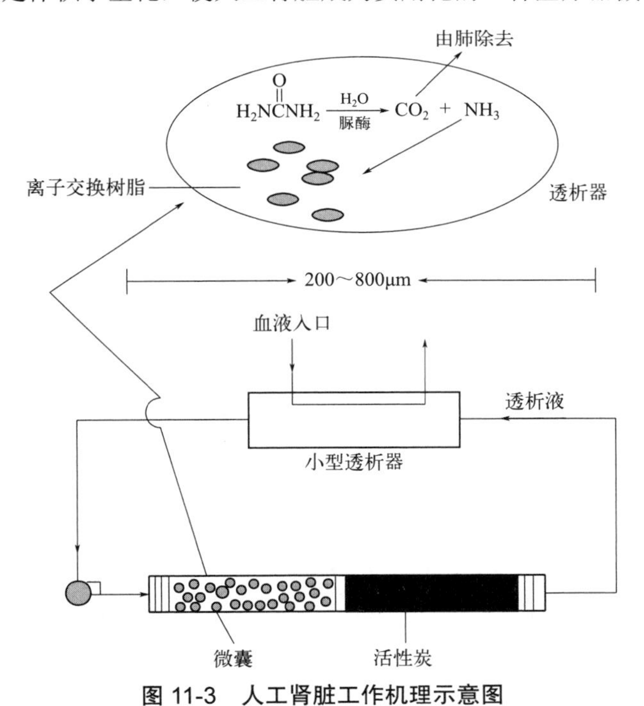

图 11-3 人工肾脏工作机理示意图

T. M. S. Chang 后来又改进除氨的方法，用复合酶系统除氨获得一定的成效。其反应机理如下：

$$\text{尿素} \xrightarrow{\text{尿素酶}} CO_2 + NH_3$$

$$NH_3 + NADH + \alpha\text{-酮戊二酸} \xrightarrow{\text{谷氨酸脱氢酶}} \text{谷氨酸} + NAD + H_2O$$

产生的谷氨酸由机体代谢后排出体外。其中 NADH 可以用下法再生。

$$\text{NAD} + \text{乳酸} \xrightarrow{\text{乳酸脱氢酶}} \text{丙酮酸} + \text{NADH}$$

所产生的丙酮酸，在转氨酶作用下转变为丙氨酸，供体内使用。反应如下：

$$\text{丙酮酸} + \text{谷氨酸} \xrightarrow{\text{谷丙转氨酶}} \alpha\text{-酮戊二酸} + \text{丙氨酸}$$

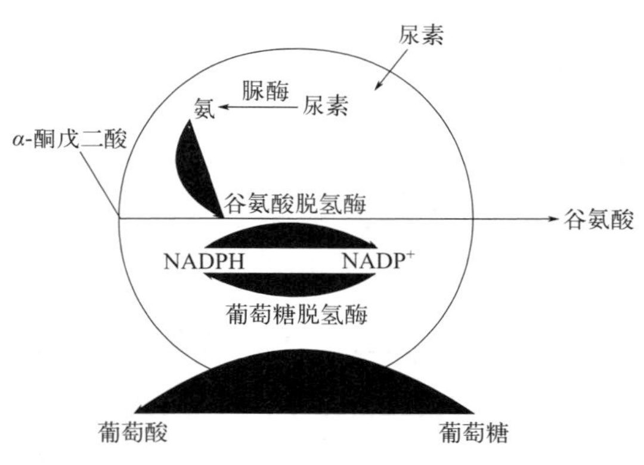

图 11-4 附有辅酶再生系统的微囊工作原理

关于 NADH 和 NADPH 的再生问题，尚有利用葡萄糖-6-磷酸脱氢酶系统或葡糖脱氢酶系统使 NAD 或 NADP 还原为 NADH 或 NADPH。前一反应的产物为 6-磷酸葡糖酸，后一反应为葡萄糖酸，可更好为体内所利用（见图 11-4）。

应用类似的原理，尚有用尿酸酶微囊以降低血中尿酸水平，治疗肾衰竭和痛风症；用苯丙氨酸氨基裂解酶微囊降低血中苯丙氨酸水平，治疗丙苯酮尿症；用胆红素氧化酶可清除胆红素。近年来人工肾脏已成批生产，为众多的肾病患者解除了痛苦。它的成功关键，一是高质量的酶微囊能延长酶的使用期，二是除氨的高性能的离子交换树脂，可以反复利用。

2. 医学工程中抗血栓等问题

在人工肾脏、人工肝脏的装置中，血液从体内流出进入透析器再回到体内。在与人工脏器接触的过程中要注意材料的抗凝性、生物相容性、抗分解、抗变质等问题，因而材料的选择问题是一个重要问题。例如在人工血管、人工骨、血管缝合材料、淋巴液导出管都会遇到上述的各种问题。现在正在开发研究的材料有以下几类：① Teflon、Silicone 类、尼龙等组织反应少的材料。②材料表面用白蛋白、酪蛋白等蛋白质覆盖。③将胃蛋白酶 Anhydrobin Ⅲ 等抗血凝的物质涂于材料外层。④用尿激酶、链激酶、纤溶酶、Pronase 等纤溶性酶的固定化方法。特别是尿激酶的固定化方法，研究较多。兹举一例如下：

将酶在塑料表面进行低温辐射聚合是酶固定化的一个方法。葡糖氧化酶可在−78℃辐射聚合在聚氯乙烯薄膜管内侧或聚乙烯膜上得到很好效果。用同样方法也成功地进行了尿激酶的固定化。它的抗血栓性能是显著的。具体做法是先将单体混合物涂在塑料管内侧或涂在片基上，在−78℃用 γ 射线照射使之聚合。剂量是 5×10^5cd/h，聚合即成。

在医学工程中如何客观评定材料对组织的相容性，在专门研究材料的实验室里发布了一些测试生物材料毒性的方法。筛选实验采用在兔子肌肉内植入的方法，或用材料本身和它的提取液观察对兔血的溶血试验。Salthouse 等人曾用测定酸性磷酸脂肪酶及亮氨酸氨基肽酶来检定聚合物的组织相容性。方法是用显微光度计对溶酶体水解酶的水平加以定量，并判定大鼠臀部肌肉植入部位周围细胞的变化。此方法优点是省钱、省时、效果清晰、比肉眼检查好。

3. 酶控药物释放系统

药物进入体内的方式，以口服、注射的方法最为普遍。定时定量地给药，其最大的缺点是药物在体内的水平波动很大。往往在下次给药前药物水平已降到无效剂量的范围，而在每次给药以后药物水平往往接近中毒剂量。近年来设计一种最有效的方法是将药物缓慢而恒定地释放入体内，使之维持一定水平。最理想的方法是把体内生理或病理的信息作为药物释放的信号。这就需要一个感应器，而酶是最适宜充当这个感应器的信号接收器。因为酶可以很专一地、快速地对某一个有关的代谢信号产生反应。虽然这类药物释放系统的实际应用尚有待于许多问题的解决，例如如何增加酶对底物的灵敏度，如何使酶稳定性提高，如何使方法有一定的正确性，如何解决干扰因素和生物相容性等。

已有不少人深入研究了用固定化酶结合电感应器（酶电极）控制药物的输入。例如用固定化葡糖氧化酶在感应器上作为体内葡萄糖水平升降的信号酶，通过电信号就能控制胰岛素的输入系统，使体内葡萄糖水平趋于正常。

基于纳米药物递送系统在肿瘤中增强的渗漏与滞留效应，以设计对刺激产生响应的抗肿瘤药物递送载体是最近肿瘤治疗策略发展的一大方向。酶响应性纳米递送系统是其中重要的组成部分，以肿瘤特异性高表达的酶作为精准靶向目标，大幅提高靶向性能。目前的酶响应性纳米粒子可分为释药型和功能型 2 个基本类型，每种类型又进一步分为若干小类，不同的设计类型可以针对不同的肿瘤及其微环境特点。其中，释药型酶响应性纳米粒子主要专注于利用酶响应实现药物在肿瘤内的特定位点控释，功能型酶响应性纳米粒子则注重提高纳米粒子对肿瘤的靶向效率及在肿瘤中的积累，两者均因特异性的酶响应而实现药物在肿瘤内的特异性释放，从而降低全身毒性，提高抗肿瘤效果。根据目前的研究趋势，未来酶响应性将作为多重响应性纳米粒子抗肿瘤药物设计的一部分逐渐发展，同时将会发现更多肿瘤特异性酶及响应机制，以应对复杂的肿瘤类型及其微环境。

第五节 在分析检测方面的应用

利用酶催化作用的高度专一性对物质进行检测，已成为物质分析检测的重要手段。

用酶进行物质分析检测的方法统称为酶法检测或酶法分析。酶法检测是以酶的专一性为基础、以酶作用后物质的变化为依据来进行的。故此，要进行酶法检测必须具备两个基本条件：一是要有专一性高的酶，二是对酶作用后的物质变化要有可靠的检测方法。

酶法检测一般包括两个步骤。第一步是酶反应。将酶与样品接触，在适宜的条件下（包括温度、pH 值、抑制剂和激活剂浓度等）进行催化反应。第二步是测定反应前后物质的变化情况，即测定底物的减少、产物的增加或辅酶的变化等。根据反应物的特性，可采用化学检测、光学检测、气体检测等方法检测。当前迅速发展并广泛应用的各种酶传感器，能够将反应与检测两个步骤密切结合起来，具有快速、方便、灵敏、精确的特点，酶法在临床医学、环保监测及工业生产中发挥了巨大的作用。

根据酶反应的不同，酶法检测可以分成单酶反应、多酶偶联反应和酶标免疫反应等三类，阐述如下。

一、单酶反应检测

利用单一种酶与底物反应，然后用各种方法测出反应前后物质的变化情况，从而确定底物的量。这是最简单的酶法检测技术。使用的酶可以是游离酶，也可以是固定化酶或单酶电极等。现举例说明如下：

（1）L-谷氨酸脱羧酶

L-谷氨酸脱羧酶专一地催化 L-谷氨酸脱羧生成 γ-氨基丁酸和二氧化碳，生成的二氧化碳可以用华勃氏呼吸仪或二氧化碳电极等测定。该酶已经广泛地用于 L-谷氨酸的定量分析。可使用的酶形式有游离酶和酶电极。

（2）脲酶

脲酶能专一地催化尿素水解生成氨和二氧化碳。通过气体检测或者使用氨电极、二氧化碳电极等，测出氨或二氧化碳的量，从而确定尿素的含量。

（3）葡糖氧化酶

根据葡糖氧化酶能专一地氧化葡萄糖这一特点，可利用它进行葡萄糖的检测。葡糖氧化酶能够催化葡萄糖的氧化反应生成葡萄糖酸和双氧水，反应中所消耗氧的量或生成的葡萄糖酸的量都与葡萄糖有定量的关系。用 pH 电极、氧电极和 Pt（H_2O_2）电极等可以测定酸的生成或氧的减少来确定葡萄糖的量。该酶已广泛地用于食品、发酵工业和临床诊断等方面。

（4）胆固醇氧化酶

该酶催化胆固醇与氧反应生成胆固醇（胆甾烯酮）。通过气体检测技术或者使用氧电极来测出氧的减少量，就可以确定胆固醇的含量。

（5）虫荧光素酶

该酶可催化荧光素（LH2）与腺苷三磷酸（ATP）反应，使 ATP 水解生成 AMP 和焦磷酸，放出的能量转变为光。通过光度计或光量计测出光量，就可以测出 ATP 的量。可以将虫荧光素酶固定在光导纤维上，并与光量计结合组成酶荧光传感器，可以快速、简便灵敏地检测出 ATP。

单酶催化反应进行物质检测具有简便、快捷、灵敏、准确的特点，是酶法检测中最广泛采用的技术。固定化酶与能量转换器密切结合组成的单酶电极，使酶法检测朝连续化、自动化的方向发展。

二、酶偶联反应检测

多酶偶联反应检测是利用两种或两种以上酶的联合作用，使底物通过两步或多步反应，转化为易于检测的产物，从而测定被测物质的量。有些物质经过单酶催化反应后，对物质变化情况进行检测时会受到其他物质的干扰，表现为检测的灵敏度不高等现象，使检测难于进行或检测结果的精确度不够。为此可采用两种或两种以上的酶进行连续式或平行式的偶联反应，使酶法检测易于进行并达到较理想的结果。利用多酶偶联反应检测已有不少成功的例子。

（1）葡糖氧化酶与过氧化物酶偶联

通过这两种酶的联合作用可以检测葡萄糖的含量。使用时先将葡糖氧化酶、过氧化物酶与还原型邻联甲苯胺一起用明胶共固定在滤纸条上制成酶试纸，与样品溶液接触后，在 10 ～ 60s 的时间内试纸即显色。从颜色的深浅判定样品液中葡萄糖的含量。其原理是：葡糖氧化酶催化葡萄糖与氧反应生成葡萄糖酸和双氧水，生成的双氧水在过氧化物酶的作用下分解为水和原子氧，新生态的原子氧将无色的还原型邻联苯甲胺氧化成蓝色物质。颜色的深浅与样品中葡萄糖浓度呈正比。随着样品中葡萄糖浓度的增加，酶试纸的颜色由粉红→紫红→紫色→蓝色，不断加深。其反应过程如下：

$$\text{葡萄糖} + O_2 \xrightarrow{\text{葡糖氧化酶}} \text{葡萄糖酸} + H_2O_2$$

$$H_2O_2 \xrightarrow{\text{过氧化氢酶}} H_2O + [O]$$

$$[O] + \underset{(\text{无色})}{\text{还原型邻联甲苯胺}} \longrightarrow \underset{(\text{蓝色})}{\text{氧化型邻联甲苯胺}}$$

此酶试纸已在临床中用以测定血液或尿液中的葡萄糖含量，从而诊断糖尿病。

（2）β-半乳糖苷酶与葡糖氧化酶偶联

利用这两种酶的偶联反应，用于检测乳糖。首先 β-半乳糖苷酶催化乳糖水解生成半乳糖和葡萄糖，生成的葡萄糖再在葡糖氧化酶的作用下生成葡萄糖酸和双氧水。可以用氧电极或双氧水铂电极等测定葡萄糖的量，进而计算出乳糖的含量。根据这一原理，还可以用蔗糖酶与葡糖氧化酶偶联，测定麦芽糖含量；用糖化酶与葡糖氧化酶偶联测定淀粉含量等。这一类双酶偶联也可以再与过氧化物酶一起组成三酶偶联反应，并与邻联苯甲胺共固定化制成酶试纸，分别用于检测各自的第一种酶的底物。

（3）己糖激酶与葡糖氧化酶偶联

通过这两种酶的偶联反应可以用于测定 ATP 的含量。己糖激酶（HK）可以催化葡萄糖与 ATP 反应生成 6-磷酸葡萄糖，反应前后样品中的葡萄糖可通过葡糖氧化酶的偶联反应来测定。葡萄糖的减少量与 ATP 的含量成正比，故通过测定葡萄糖的减少就可以计算 ATP 的含量。

三、酶联免疫反应检测

酶联免疫反应检测首先是将适宜的酶与抗原或抗体结合在一起，与相应的抗体或抗原作用后，通过底物的颜色反应定性或定量待测的抗体或抗原。若要测定样品中抗原含量，就将酶与待测定的对应抗体结合，制成酶标抗体，反之，若要测定抗体，则需先制成酶标抗原。然后将酶标抗体（或酶标抗原）与样品液中待测抗原（或抗体），通过免疫反应（或抗体）结合在一起，形成酶-抗体-抗原复合物。通过测定复合物中酶的含量就可得出欲测定的抗原或抗体的量。

常用于酶标免疫测定的酶有碱性磷酸酶和辣根过氧化物酶。

（1）碱性磷酸酶

将碱性磷酸酶与抗体（或抗原）结合，制成碱性磷酸酶标记抗体（或碱性磷酸酶抗原）。该酶标记抗体（或酶标抗原）与样品液中的对应抗原（或抗体），通过免疫反应结合成碱性磷酸酶-抗体-抗原复合物。将该复合物与对硝基苯酚磷酸盐（NPP）反应。碱性磷酸酶催化 NPP 水解生成对硝基苯酚和磷酸。对硝基苯酚呈黄色，黄色的深浅与碱性磷酸酶的含量呈正比。因此，通过分光光度计测定 420nm 波长下的光吸收（A），就可以测出复合物中磷酸酶的量，从而计算出待测抗原（或抗体）的含量。

（2）辣根过氧化物酶

过氧化物酶多来源于辣根而得名，广泛用于酶联免疫检测试剂盒。首先制成辣根过氧化物酶标记抗体（或标记抗原），然后通过免疫反应生成辣根过氧化物酶-抗体-抗原复合物。在过氧化氢存在下，使色原底物氧化，产生新的颜色或改变吸收光谱。常用的色原底物有邻苯二胺、愈创木酚、邻联二茴香胺等。通过测定产物吸收光谱的变化，计算出待测抗原（或抗体）的含量。酶标记免疫测定已成功地用于多种抗体或抗原的测定，从而用于某些疾病的诊断。但目前仍存在灵敏度不高等问题，有待进一步研究改进。

酶联免疫检测技术还可以应用于某些具有亲和力的生物分子对之间的测定。如酶标记抗胰岛素蛋白测定胰岛素的含量，酶标抗生素蛋白测定生物素含量等。这类检测的原理与酶联免疫检测相类似，但由于不是抗体抗原间的免疫结合，只是分子对之间的亲和结合，故称为亲和酶标法检测。

第六节　酶在能源开发方面的应用

我们日常生活中的每一个方面，包括衣、食、住、行都离不开能源。随着生产的发展和人口的增加，人们对能源的需要量越来越多，然而，作为我们生活中主要能源的石油和煤炭是不可再生的，也终将枯竭。因此，寻找新的替代能源将是人类面临的一个重大课题。生物能源是指利用生物可再生原料产生的能源，包括生物质能生物液体燃料及利用生物质生产的能源如燃料乙醇、生物柴油、生物质汽化及液化燃料、生物氢气等。今天，生物技术突飞猛进的发展，生物能源替代石油等矿物资源将成为不可阻挡的历史潮流。

一、燃料乙醇生产

乙醇广泛应用于化学工业、食品工业、日用化工、医药卫生等领域。1975 年世界乙醇产量为 800 多万吨；1995 年世界乙醇产量为 2350 万吨。目前，许多农业资源丰富的国家如英国、荷兰、德国、奥地利、泰国等国政府均已制定规划，积极发展燃料酒精工业。20 年间，世界乙醇产量净增两倍。到目前为止，美国仍然是全球最大的乙醇生产国，其产量达到第二大生产国巴西的一倍以上。在全球范围内，许多国家都将发展燃料乙醇工业作为提升国家能源安全的一个途径。燃料乙醇作为可再生能源的一种，相较于传统化石燃料，不仅能有效减少温室气体的排放，还能够减少大城市里其他污染气体的排放。乙醇汽油（在汽油中掺加 10% 燃料乙醇）得到了越来越多的关注。应用酶工程和发酵工程技术能够将淀粉等再生性资源转化为乙醇（图 11-5），为乙醇登上新能源的宝座铺平了道路。高效酶制剂具有提高产品质量、提高收率、降低成本、节约能源、提高设备利用率等优势。乙醇按生产使用的原料可以分为一代乙醇和二代乙醇。一代乙醇是指使用淀粉质或糖蜜为原料生产乙醇，淀粉质原料一般包括谷类如玉米、小麦或薯类如木薯等。二代乙醇是以木质纤维素生物质为原料生产乙醇，常见的木质纤维素原料有秸秆、木头、树叶、甘蔗渣等。目前国内燃料乙醇的生产主要以玉米、小麦等粮食淀粉为原料，而中国地少人多的现状限制了基于粮食为原料的乙醇大规模生产。我国拥有丰富且廉价的植物纤维资源，尤其是农林废弃物，采用生物技术将纤维原料降解成可发酵的葡萄糖，进一步发酵生产乙醇，对开发新能源和环境保护等方面具有重要意义。

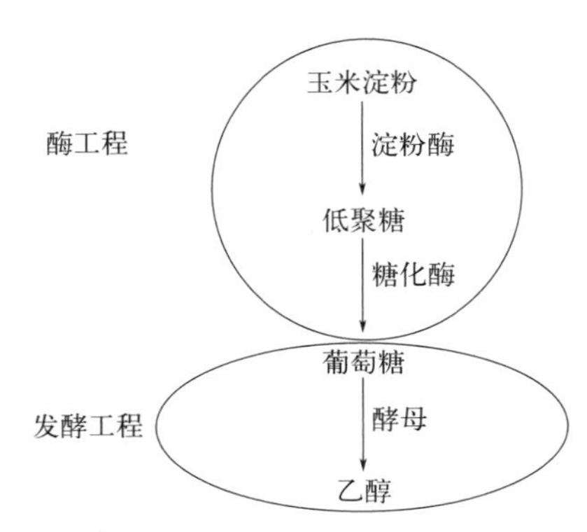

图 11-5 玉米淀粉转化为乙醇的流程图

在乙醇生产中，对酶制剂是有要求的：①为了缩短糖化时间，降低成本，减少生产中的能源消耗，在玉米淀粉的糖化过程中，常常采用高温条件（80 ～ 100℃），这就要求有耐高温的酶系来参与糖化作用。②由于在发酵的过程中，发酵液中产物——乙醇的浓度不断上升（达 10% ～ 16%）。而乙醇是一般菌株和酶的变性剂，这必然会限制乙醇的继续产生，导致原料的浪费。因此研制耐高浓度乙醇的酶具有十分重要的意义。

要满足生产上的要求，需要应用酶工程和基因工程技术来进行高效酶制剂的生产。

以淀粉为原料应用发酵法制造酒精时，发酵所需的微生物主要是酵母菌。酵母菌含有丰富的蔗糖水解酶和酒化酶。蔗糖水解酶是胞外酶，能将蔗糖水解为单糖（葡萄糖、果糖）。酒化酶是参与乙醇发酵的多种酶的总称，酒化酶是胞内酶，单糖必须透过细胞膜进入细胞内，在酒化酶的作用下进行厌氧发酵反应并转化成乙醇及 CO_2，然后通过细胞膜将这些产物排出体外。但传统的发酵工艺，原料成本高，且利用率低，能耗很大，因此酒精产品成本较高。利用基因工程改进酵母的性能以提高过程效率，可以降低生产成本。日本三得利公司把从霉菌中分离得到的葡糖淀粉酶基因克隆到酵母中，可直接发酵生产酒精，省去了淀粉蒸煮糊化的传统工序及蒸煮物冷却设备，可减少 60% 的能耗。一些发达国家均在开发和利用固定化酵母细胞连续发酵工艺，并培育出适合连续发酵苛刻条件的固定化酵母，使生产效率比间歇式生产工艺提高数倍。近些年来诺维信生产的耐低 pH 淀粉酶、耐高温淀粉酶、复合糖化酶以及酸性蛋白酶等产品也逐渐应用到酒精生产中，极大地提高了乙醇工业的生产技术水平。

利用纤维素酶将天然纤维素降解成葡萄糖的过程中，必须依靠纤维素酶 3 种组分的协同作用完成，即纤维素大分子首先在内切型-*β*-葡聚糖酶（CX 酶）和外切型-*β*-葡聚糖酶（C1 酶）的作用下降解成纤维二糖，再进一步在纤维二糖酶（也称 *β*-葡糖苷酶）作用下生成葡萄糖。通过该酶系的协同作用，纤维素被水解为葡萄糖（图 11-6）。但目前广泛使用的里氏木霉纤维素酶制剂中，内切型及外切型-β-葡聚糖酶活力较高，但由于纤维二糖酶的活力很低，在纤维素酶解过程中易造成纤维二糖的累积，从而对内切型及外切型-β-葡聚糖酶的催化作用形成强烈的反馈抑制。

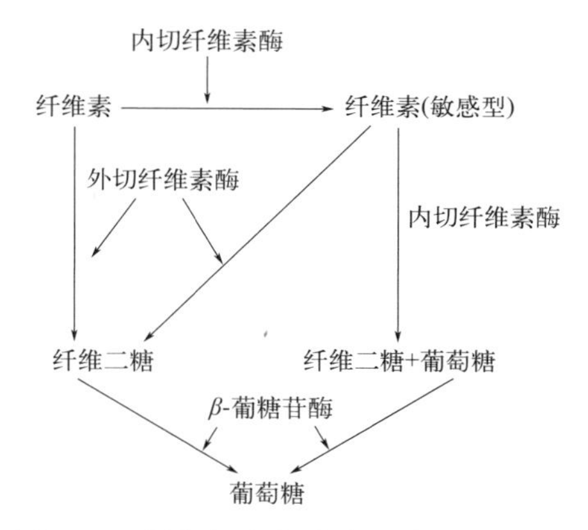

图 11-6　纤维素酶-纤维素系统的作用模式

科学家们正在尝试建立简单、有效、经济的工艺过程，但目前还没有达到大规模应用，这主要是因为纤维素酶活力还不够高，价格贵，因此从经济角度上来讲还不过关。

在以木质纤维素为原料生产乙醇的研究开发领域中，稀酸水解被认为是最容易实现商业化生产的工艺，实际上，物理、化学和生物方法（酶法）的结合对木质纤维素预处理，可能会得到较好的效果。对木质纤维素车用燃料乙醇的研究开发主要集中在两个方面，一是从木质纤维素水解中得到高浓度的糖和较低浓度发酵抑制剂的水解糖液，二是水解糖液的高效乙醇发酵，包括高效利用葡萄糖和木糖产乙醇，并抗或分解发酵抑制剂的微生物菌种。

目前已知至少 22 种酵母能够转化 D-木糖成乙醇，但是只有六种酵母菌（*Brettanomyces naardenensis, Candida shehatae, Candida tenuis, Pachysolen tannophilus, Pichia segobiensis, Pichia stipitis*）能产生相当多的乙醇。其中研究较为深入的只有三种酵母（*C. shehatae, P. tannophilus, P. stipitis*）。陈艳萍等通过对树干毕赤酵母（*P. stipitis*）长期驯化和定向培育得到一株菌 P2，此菌既能顺利发酵戊糖和已糖，而且对发酵抑制物有较强的忍耐力，在低酵母浓度、低 pH 下，糖的利用率及酒精得率均较高。多型汉逊酵母（*Hansenula polymorpha*）能发酵木糖、纤维二糖和葡萄糖产生酒精。它比树干毕赤酵母（*P. stipitis*）有更强的耐酒精能力和耐高温能力。B. Olena 研究发现：野生菌和酒精脱氢酶缺陷型菌株在葡萄糖培养基中的酒精产量减少，与利用木糖产酒精量一致；而核黄素缺陷型菌株在添加核黄素时在木糖和葡萄糖上酒精产生量增加。酵母木糖代谢途径比葡萄糖代谢途径复杂得多，首先是在依赖 NADPH 的木糖还原酶（XR）的作用下还原木糖为木糖醇，随后在依赖 NAD^+ 的木糖醇脱氢酶（XDH）作用下氧化形成木酮糖，再经木酮糖激酶磷酸化形成 5-磷酸木酮糖，由此进入磷酸戊糖途径（PPP）。PPP 途径的中间产物 6-磷酸葡萄糖及 3-磷酸甘油醛通过酵解途径形成丙酮酸。丙酮酸或是经丙酮酸脱羧酶、乙醇脱氢酶还原为乙醇；或是在好氧的条件下，通过 TCA 循环及呼吸链彻底氧化成 CO_2。

现在虽然通过菌株的筛选以及基因工程等手段使酒精产量得到提高，但是纤维素原料的水解以及发酵木糖生产酒精的工业化仍存在许多挑战性问题。如在纤维素的同步糖化发酵中，酶的最适温度和酵母菌生长以及发酵的最适温度不一致性，以及酵母菌的酒精耐受能力等严重影响发酵木糖生产酒精的工业化。随着研究的深入，发酵木糖生产酒精必将具有广阔的应用前景。

二、生物质燃料制造

多年来，全世界对能源的需求都在增加。由于化石燃料是一种不可再生的资源，寻找更多的可持续能源是至关重要的。在这个意义上，人们对生物燃料的生产越来越感兴趣。酶可以用于生物燃料的生产，因为它们可以降解一系列的底物来生产燃料乙醇和生物柴油。然而，许多酶在自然条件下不够强大，无法用于工业用途。表 11-12 包含了适用于生物燃料工业的工程酶。

木聚糖酶是生物燃料生产中最广泛使用的酶。这些酶可以降解木聚糖，它是植物生物质的主要半纤维素分解成分。因此，一般被工业界丢弃的农用工业废料可以作为木聚糖酶的底物。

表 11-12　用于生物质燃料工业的工程酶

酶	来源	用途
脂肪酶	硬脂酸杆菌 T6	生物柴油生产
内切-β-1, 4-葡聚糖酶	链霉菌属 G12	木质纤维素转化
内切葡聚糖酶	青霉菌	木质纤维素转化
天花蛋白水解酶	嗜热链球菌	木质纤维素生物质的糖化处理
β-葡糖苷酶	黑曲霉菌	利用纤维素生物质生产乙醇
内源性木聚糖酶	橙色嗜热子囊菌 CBMAI 756	木聚糖糖化，应用于许多工业部门，包括生物燃料的生产
木聚糖酶	坎培拉青霉菌	木聚糖糖化，应用于许多工业部门，包括生物燃料的生产
木聚糖酶	牛皮癣菌	木聚糖糖化，应用于许多工业部门，包括生物燃料的生产
木聚糖酶	嗜热地衣菌 C5	木聚糖糖化，应用于许多工业部门，包括生物燃料的生产
葡糖氧化酶	黑曲霉菌	生物燃料电池和生物传感器
胞衣糖脱氢酶	蛹虫草属植物	生物燃料电池；木质纤维素的降解
木糖还原酶	树干毕赤酵母（*Pichia stipitis*）	木糖发酵成乙醇
脂肪酶	W007 号链霉菌菌株	适用于许多工业部门，包括石油 / 脂肪改性到生物燃料的生产
β-1, 4-内切葡聚糖酶	嗜热链球菌	纤维素的生物降解
木聚糖酶	黄青霉菌 MA21601	木聚糖糖化，应用于许多工业部门，包括生物燃料的生产

在一个木聚糖酶工程的例子中，Teng 等人应用定点诱变技术，在来自青霉菌 MA21601 的重组木聚糖酶中增加了两个二硫键。与野生型木聚糖酶相比，突变体 DB-s1s3 的最适温度从 50℃明显提高到 70℃，比活性提高了 4.76 倍。木聚糖酶的大规模生产受到木聚糖的抑制作用的限制，木聚糖是木聚糖酶催化的主要产物。为了克服这一限制，Hegazy 等人通过使用易错 PCR 的定向进化，设计了变异的耐木糖的木聚糖酶。他们在变体中观察到三种突变（Met116Ile、Leu131Pro 和 Leu133Val）。最佳突变体的催化活性增加了三倍，KI（抑制常数）增加了 3.5 倍。

脂肪酶是另一组广泛用于生物燃料生产的酶。脂肪酶催化三酰甘油水解为甘油和自由脂肪酸。这些脂肪酸是石油化学工业的有价值的化合物，如生物柴油生产。Dror 等人使用两种方法，即随机诱变（易错 PCR）和结构指导的共识，突变来自 *Geobacillus stearothermophilus* T6 的脂肪酶。他们的目标是获得一种具有增强的酯化活性、稳定性和对甲醇更高的耐受性的脂肪酶，这些都是生产生物柴油的重要因素。两种工程方法都能够生产出在 70% 甲醇中具有更强半衰期的酶。此外，突变体 Gln185Leu 是随机诱变库中的最佳变体，其稳定性增加了 23 倍，但甲醇分解活性下降。然而，由共识方法产生的最有希望的变体，His86Tyr/Ala269Thr，显示出稳定性增加了 66 倍，热稳定性增强（+4.3℃），并在大豆油的甲醇分解中提高了两倍。

生物柴油是由动物、植物或微生物油脂与小分子醇类经过酯交换反应而得到的脂肪酸酯类物质，可以替代柴油作为柴油发动机的燃料使用。由于动植物或微生物油脂属于可再生资源，因此生物柴油的生产具有重大意义。

欧盟无疑是全球生物柴油生产的领跑者，2007 年欧盟的生物柴油产量为 570 万吨，年增长率为 16%；2008 年为 780 万吨，年增长率为 35%；2009 年则超过了 900 万吨，年增长率为 16.6%。2009 年欧盟生物柴油产量居前 4 位的国家分别是德国、法国、西班牙和意大利。

生物柴油可以用化学方法生产，采用生物油脂与甲醇或乙醇等小分子醇类，并使用氢氧化钠或甲醇钠（sodium methoxide）作为触媒，在酸性或者碱性催化剂和高温（230 ～ 250℃）下发生酯交换反应，生成相应的脂肪酸甲酯或乙酯，再经洗涤干燥即得生物柴油。化学法合成生物柴油有很多缺点：反应温度较高、工艺复杂；反应过程中使用过量的甲醇，后续工艺必须有相应的醇回收装置，处理过程繁复、能耗高；油脂原料中的水和游离脂肪酸会严重影响生物柴油得率及质量；产品纯化复杂，酯化产物难于回收；反应生成的副产物难于去除，而且使用酸碱催化剂产生大量的废水，废碱（酸）液排放容易对环境造成二次污染等。

为了解决化学方法的弊端，人们开始研究用生物酶法合成生物柴油。在有机介质中，脂肪酶或酯酶可以催化油脂与小分子醇类进行酯交换反应，制备相应的脂肪酸甲酯或乙酯。酶法合成生物柴油具有条件温和、醇用量小、无污染排放的优点，具有环境友好性。所使用的脂肪酶或酯酶可以制成固定化酶，使酯交换反应连续进行。日本的 Yuji Shimada 等人利用 Novozym 435（*Candida antarctica*）脂肪酶在分段反应器中通过流加甲醇生产生物柴油，产品中脂肪酸甲酯的体积分数可以达到 93% 以上，并且经过 100 天的反应，酶不会失活。目前我国酶法生产生物柴油的工作也有重要进展，其中北京化工大学采用自己开发的酵母脂肪酶进行酶法合成生物柴油研究，其生物柴油转化率已达到 96%，固定化酶半衰期达 200h 以上。但利用生物酶法制备生物柴油目前存在着一些亟待解决的问题，反应物甲醇容易导致酶失活、副产物甘油影响酶反应活性及稳定性、酶的使用寿命过短等，这些问题是生物酶法工业化生产生物柴油的主要瓶颈。酶法合成生物柴油的关键是高效的脂肪酶，表 11-13 列出了主要的脂肪酶。

表 11-13　用于生物柴油合成的脂肪酶

项目	脂肪酶来源	原料油	反应形式	转化率 /%
非专一性脂肪酶	*Candida antarctica*	植物油	固定床反应器，二步转化	95 ～ 97
	Candida antarctica	废油	固定床反应器，二步转化	93
	Candida sp.	豆油	膜反应器，石油醚作溶剂	96
	Geotrichum candidum	植物油	固定床反应器	62
	Cryptococcus spp. S-2	植物油	搅拌式反应器	80 ～ 85
1, 3-专一性脂肪酶	*Rhizopus oryzae*	豆油	游离酶反应	90
	Rhizopus oryzae	植物油	固定化细胞反应器	—
	Pseudomonas cepacia	植物油	游离酶反应	93
	Rhizomucor miehei	植物油	固定床反应器	92

脂肪酶费用高是酶法生产生物柴油的一个主要障碍，脂肪酶的固定化使酶可以回收并重复使用，因此降低了酶法生产生物柴油的成本。吸附法制备固定化酶的反应条件温和、酶活力损失小、载体可回收并重复使用、固定化酶的成本低，很多有机及无机材料已被用作吸附脂肪酶的载体。缺点是酶与载体结合较弱，使用过程中酶容易自载体上脱落，因而包埋法制备的固定化酶也被用于生物柴油的生产，但迄今为止，包埋法固定化酶的生物柴油转化率较低，可能与长链脂肪酸难以通过载体扩散至酶的活性中心及酶易自支持载体腐蚀脱落等原因有关。目前降低酶法催化剂成本的最有前景的方法之一是以全细胞生物催化剂的形式来利用脂肪酶，这是因为全细胞脂肪酶作为一种特殊形式的固定化酶可以免去上述工序而直接利用，有望降低生物柴油的生产成本。

酶法生产生物柴油的另一个主要障碍是甲醇对脂肪酶的毒性。早期研究中采用逐步加入甲醇的办法降低它对脂肪酶的毒性，逐步加入甲醇至今仍然是减少脂肪酶失活、提高生物柴油产量首选的简单办法，但该法并不能完全消除甲醇对脂肪酶的毒性。消除甲醇对脂肪酶毒性的第 2 种方法是改变酯酰基受体，研究人员分别用乙酸甲酯、乙酸乙酯替代甲醇及乙醇，将生产生物柴油的转酯反应转化为酯交换反应。

清华大学化工系再生资源与生物能源试验室提出了一条全新的生产工艺路线，可以有效消除甲醇及副产物甘油对酶反应活性及稳定性的负面影响，酶的使用寿命也随之大大延长。该工艺在湖南海纳百川生物工程有限公司200千克每日的生物柴油中试装置上得到成功应用，以菜籽油为原料生产出生物柴油。中试装置的反应器连续运转3个多月，生物酶活性未表现出明显下降趋势。另外，利用目前已有的技术还可以将生物柴油生产过程中的副产物甘油进一步转化为高附加值产品1, 3-丙二醇。两项技术的有机结合，可以显著提高生物柴油生产过程的经济效益。

发展生物柴油对生态环境的保护、国家能源安全的保障和国民经济的可持续发展都具有非常重要的意义。妥善利用餐饮废油和工业废油脂，发展高油作物和工程微藻，并彼此为原料生产生物柴油将成为产业发展的新趋势。改进传统生物柴油生产工艺，加快脂肪酶酯化工艺的研发，开发原料适应性广、酯化效率高、连续化、自动化程度高的环保经济新工艺，是目前生物柴油产业发展的核心。

三、氢气生产

在未来的新能源中，氢作为一种不引起环境污染的、清洁的燃料，正引起人们极大的注意。生物制氢技术，是以废糖液、纤维素废液和污泥废液为原料，采用微生物培养方法制取氢气。在微生物产生氢气的最终阶段起着重要作用的酶是氢化酶。氢化酶极不稳定，例如在氧存在下就容易失活。因此生物制氢的关键是要提高氢化酶的稳定性，以便能采取通常的发酵方法连续地、较高水平地生产氢气。

微生物可利用体内巧妙的光合机构转化太阳能为氢能，故其产氢研究远较非光合生物深入。细菌的产氢分为两类，一类是固氮酶催化的产氢，另一类是氢化酶催化的产氢。

1. 固氮酶产氢

固氮酶遇氧失活，对于产氢同时放氧的细菌来说，固氮放氢机制因种而异。柱胞鱼腥藻（*Anabaena cylindrica*）是一种丝状好氧固氮菌，细胞具有营养细胞和异形胞两种类型。营养细胞含光系统Ⅰ和Ⅱ，可进行H_2O的光解和CO_2的还原，产生O_2和还原性物质。产生的还原性物质可通过厚壁孔道运输到异形胞作为氢供体用于异形胞的固氮和产氢。异形胞只含有光合系统Ⅰ和具有较厚细胞壁的特性，为异形胞提供了一个局部厌氧或低氧分压环境，从而使固氮放氢过程顺利进行（图11-7）。无异形胞单细胞好氧固氮菌，其产氢也由固氮酶催化。由于没有防氧保护机构，产氢只能发生在光照与黑暗交替情况下。光照条件下，细胞固定CO_2储存多糖并释放氧气，黑暗厌氧条件下，储存的多糖被降解为固氮产氢所需电子供体。

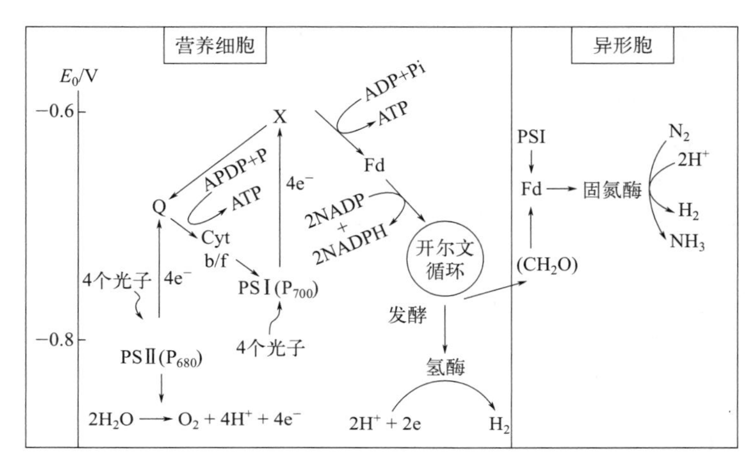

图11-7 细菌的固氮产氢与氢化酶产氢

2. 氢化酶产氢

沼泽颤藻（*Oscillatoria limnetica*）是一类无异形胞兼性好氧固氮丝状蓝细菌，其光照产氢过程由氢化酶催化，白天光合作用积累的糖原在光照通氩气或厌氧条件下水解产氢。钝顶螺旋藻（*Spirulina platensis*）可在黑暗厌氧条件下通过氢化酶产氢。绿藻在光照和厌氧条件下的产氢是由氢酶介导的。现研究表明，光照条件下，氢酶所需还原力除水以外，内源性有机物（淀粉）也可作产氢还原力。绿藻白天进行光合作用积累的有机物在黑暗条件下也可通过氢酶发酵产氢，但产氢效率较低。

目前国外的研究主要集中在固定化微生物制氢技术上。Karube 等人利用聚丙烯酰胺凝胶包埋丁酸梭状芽孢杆菌（*Clostridium butyricum*）IFO3847 菌株，能够连续生产氢。这种固定化细胞通过多酶反应可以利用葡萄糖生成氢气。有报道指出用琼脂固定化细胞，其生成氢气的速度约为前者的 3 倍。利用氢产生菌多酶体系的催化作用，可以从工业废水有效地生产氢气，氢气的转化率为 30%。目前已知的大部分研究主要为纯菌固定化制氢的研究，对于混合菌固定化制氢的研究较少，但是可以看出混合菌固定化制氢的研究已成为各国在生物制氢的研究热点。

虽然固定化微生物制氢系统具有效率高、稳定性强、耐负荷、产污泥量少等优势，同时我们也应看到，固定化微生物制氢技术还存在许多问题有待解决，如海藻酸钙、琼脂凝胶等固定化载体价格高，使用寿命短，开发出种性能稳定、寿命长、价格低、传质阻力小的新型性能优良的固定化载体，对固定化微生物制氢技术的发展至关重要，固定化的材料、方式、条件等对制氢微生物细胞的活性均有影响，提高固定化制氢微生物细胞的稳定性及氢酶的稳定性也是今后的一个研究重点。

3. 无细胞组合酶催化体系制氢

美国弗吉利亚理工大学、橡树岭国家实验室、乔治亚大学研究用淀粉和葡萄糖等为材料，直接从生物质生产低价的氢，希望实现生物质氢的高效率和低成本生产。无细胞组合酶催化途径产氢理论的提出以及实际应用仅十多年，该体系融合了生物化学、酶工程和代谢工程的内容，在体外重构葡萄糖磷酸化、磷酸戊糖途径、NADPH 脱氢氧化和 $NADP^+$ 还原循环途径，通过氢酶将循环途径中的 NADPH 氧化为 $NADP^+$，同时释放出氢。

在 Jonathan Woodward 的“酶法生物氢合成”的基础上，Y. -H. Percival Zhang 系统阐述“基于无细胞合成酶的生物转化途径”的概念。基本思路：在体外组装大量酶和辅酶以实现复杂生物转化，并模仿自然发酵或完成非自然过程。由 13 个酶和辅酶因子组成的一种新的合成酶途径，研究方法：以淀粉和水为底物，30℃条件下，采用一种 13 种酶的组合体把淀粉和水转化为氢气和二氧化碳的过程。在该反应体系中，淀粉通过磷酸化过程生成葡萄糖-1-磷酸，在葡萄糖异构酶作用下生成葡萄糖-6-磷酸，进入磷酸戊糖途径，在 6-磷酸葡糖脱氢酶作用下生成二氧化碳，NADPH 在氢酶的催化下生成氢气，总的反应为 $C_6H_{10}O_5$（液态）+ $7H_2O$（水）→ $12H_2$（气体）+ $6CO_2$（气体），已被证明能够转化 1mol 葡萄糖淀粉和水分子生成 12mol 氢分子。初步证实，这种新的糖氢转化技术有助于突破经济廉价生产氢的难题，消除大规模氢气利用的安全问题。

由于无细胞组合酶催化体系中至少需要 13 种不同酶协同进行，由于酶来源、活性、催化机理不同，工业化生产难度较大。采用基因工程技术，构建高效表达菌株，有助于降低各酶的提取成本，提高酶纯化效率。在大量合成各酶的基础上，参考试剂盒的制备原理，优化各酶反应条件，构建具有可操作意义的反应体系，对实现该体系实际应用意义重大。此外，高通量，可回收的高效反应装备的研发也是酶法制氢急需解决的重要问题。

四、生物电池

生物主要利用营养物氧化产生的化学能来维持生命活动。这类反应主要涉及富含电子的物质（营养物）转变成含电子少的物质（代谢产物）。如果一部分电子转移系统可以用于电极反应，那么化学能就可以转变成电能，因而就可以制造生物电池。早在二十世纪六十年代初，就有人进行了用葡萄糖和氨基酸等与生物体有关的有机物为能源来获得电能的尝试。生物催化剂在此反应中是必不可少的。根据生物催化剂的来源，又可将生物电池分为酶电池和微生物电池两种。将燃料的化学能转化为容易进行电化学反应的形式，有如下两种方法：

① 用酶氧化燃料，所得的酶反应生成物再进行电极反应的方式（电子传递系统不配对的体系）[图 11-8（a）]。

② 用具有辅酶的酶氧化燃料，使在燃料氧化过程中结合而还原的辅酶再在电极上进行氧化的方式（电子传递系统配对的体系）[图 11-8（b）]。

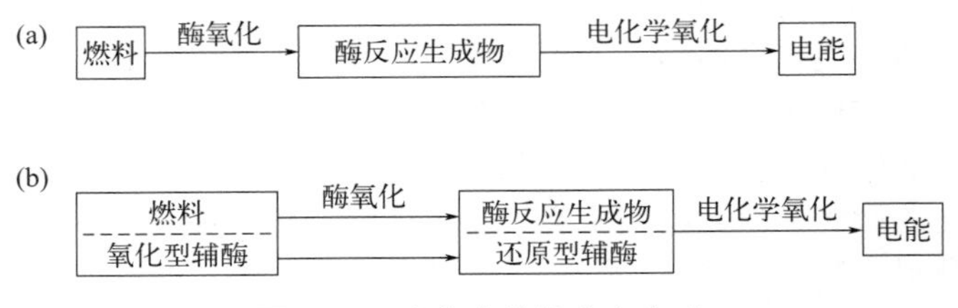

图 11-8　生物电池的产电方式

用葡萄糖为燃料的酶电池是模仿线粒体的反应机制而制成的，线粒体是以葡萄糖为燃料的酶电池的理想模型。除葡萄糖外，有人用其他有机物为燃料也制成了酶电极，如利用固定化木瓜蛋白酶，将无电荷的 *N*-乙酰-L-谷氨酸二酰胺水解成氨和 *N*-乙酰-L-谷氨酰胺的过程中放出电子，现已设计出有关的装置；利用聚丙烯酰胺凝胶包埋葡糖氧化酶，与铂电极结合起来，组成酶电极；利用各种废水作为固定化氢产生菌的营养源，可以制造微生物电池。该电池系统由两部分组成：①装有固定化氢产生菌的反应器；②电池由铂金阳极和碳棒阴极组成。将工厂排出的废水引入第一部分，在固定化氢产生菌的作用下，有机物分解产生氢气和有机酸。氢气引入第二部分，和空气中的氧气组成电池，产生的最大电流为 40mA。

总之，由于固定化酶和固定化微生物在将化学能转变为电能时十分稳定，易于处理，有可能发展成为新的能源转化系统。随着生物技术和其他相关科学的高速发展，我们相信在不远的将来，生物燃料电池一定会给人类带来可喜的电能，为开发新能源作出贡献。

五、沼气生产

近十年来，沼气及其综合利用广泛受到人们的关注。沼气是一种混合气体，其中甲烷 65%，二氧化碳 30%，硫化氢 1%，此外还含有微量的氮气、氧气、氢气和一氧化碳。因此沼气也称生物气、科拉气等。沼气没有气味，燃烧时不冒烟，呈蓝色火焰。测试表明：28m^3 沼气所产生的能量等于 16.8m^3 的天然气，或 20.8L 石油，或 18.4L 柴油所产生的能量。

沼气的生物发生可分为三个阶段：有机成分的溶解和水解、酸的生成和甲烷的产生。在沼气发酵过程中添加酶制剂，可以增加沼气发酵过程中水解阶段的代谢速率，从而有效提高沼气发酵的原料利用率、产气速率和沼气产量。许多水解酶酶活与产气量是相关的，例如在沼气发酵过程中添加纤维素酶能促进纤维素分解，从而提高沼气产气率。

目前世界上各种有机肥料的数量十分惊人。据统计资料，仅美国含纤维的有机废物每年多达 1000 亿吨；英国每年仅养鸡场就积成 3000 万吨鸡粪，如不加以处理就会污染环境。因此沼气的利用不仅在第三世界国家受到重视，也引起了发达国家的关注。许多国家在利用沼气作能源方面取得了显著的成绩。

第七节　酶在环境保护方面的应用

当前，环境污染已经成为制约人类社会发展的重要因素。原先人们常用的化学方法和物理方法，已经很难达到完全清除污染物的目的。微生物酶在环境治理方面发挥了十分巨大的作用，最常用、最成熟的活性污泥废水处理技术，就是依靠了微生物的作用。同样，各种微生物酶能够分解糖类、脂肪、蛋白质、纤维素、木质素、环烃、芳香烃、有机磷农药、氰化物、某些人工合成的聚合物等，正成为环境保护领域研究的一个热点课题。

人们研究的用于环境治理的微生物酶包括如下几类：①处理食品工业废水，如淀粉酶、糖化酶、蛋白酶、脂肪酶、乳糖酶、果胶酶、几丁质酶等；②处理造纸工业废水，如木聚糖酶、纤维素酶、漆酶等；③处理芳香族化合物，如各种过氧化物酶、酪氨酸酶、萘双氧合酶（naphthalene dioxygenase）等；④处理氰化物，如氰化酶、腈水解酶、氰化物水合酶等；⑤处理有机磷农药，如对硫磷水解酶、甲胺磷降解酶等；⑥处理重金属，如汞还原酶、磷酸酶等；⑦其他，如能够完全降解烷基硫酸酯和烷基乙基硫酸酯，以及部分降解芳基磺酸酯的烷基硫酸酯酶（alkylsulfatase）等。

一、水净化

水源污染常常是由那些剧毒而且抗生物降解的化学品造成的。这些化合物很容易在体内组织中浓缩聚集，使人患上疾病。实践证明，用酶处理这些污染物是行之有效的。早在二十世纪七八十年代，固定化酶已被用于水和空气的净化。法国工业研究所积极开展利用固定化酶处理工业废水的研究，将能处理废水的酶制成固定化酶，其形式有酶布、酶片、酶粒或酶柱等。处理静止废水时，可以直接用酶布或酶片。处理流动废水时，可以根据废水所含的污物种类和数量，确定玻璃酶柱或塑料酶柱的高度和内径。根据所处理物质的不同，选用不同的固定化酶。也可以装成多酶酶柱，以弥补单一酶的局限性。例如，可以将分解氰化物的固定化酶和除去酚的固定化酶同时装入一个柱内，既能除去氰，又能除去酚。如果某些酶不能并存，就各自单独装柱。

芳香族化合物，包括酚和芳香胺，属于优先控制的污染物，塑料厂、树脂厂、染料厂等企业的废水中都含有这类污染物，很多酶已用于这类废水处理。辣根过氧化物酶（HRP）的应用集中在含酚污染物的处理方面，使用 HRP 处理的污染物包括苯胺、羟基喹啉、致癌芳香族化合物等。HRP 可以与一些难以去除的污染物一起沉淀，形成多聚物而使难处理物质的去除率增大。如多氯联苯可以与酚一起从溶液中沉淀下来。用磁性 CS-M 固定化 HRP 处理含酚废水，不仅有较高的酚去除率，并可利用其磁响应性简便地回收磁性酶。用壳聚糖固定化漆酶，通过共价结合，壳聚糖固定化漆酶获得了较高的酶活性回收率，在 25℃条件下半连续处理酚类污染物，连续操作 12 次后固定化酶活性仍保留 60% 以上，漆酶的使用效率比简单的物理吸附明显提高。来源于灰梨孢菌（*Pyricularia oryzae*）的漆酶固定在溴化氰活化的 Sepharose 4B 上，其固定化效率为 100%、固定酶的活性为 63%，可以有效地去除酚类化合物。墨西哥科学家从萝卜中提炼出一种能清除工业废水中酚类混合物的酶，经这种萝卜素酶处理过的工业废水可以循环再利用。

在造纸和纸浆工业的污染处理上，应用酶法也是有效的。①造纸厂废水中，含有大量的淀粉和白土混悬的胶态物，用固定化 α-淀粉酶，可以连续水解这种废水中的胶态悬浮淀粉，使原先悬浮着的纤维很容易沉淀下来，分离除去。制得的固定化 α-淀粉酶，可以用分批法或装柱法连续处理纸厂废水。用分批法处理时，同时添加 100mg/L 明矾，可以除去废水中 80% 的悬浮物。用装柱法处理时，将固定化 α-淀粉酶置于有机玻璃反应器中，使废水自下而上流过反应器，可以除去废水中 78% 的悬浮物。②在纸张漂白过程中加入氯和氯化物，导致环境污染。芬兰技术研究中心、芬兰木浆和纸研究中心共同研究用酶法处理纸浆，使排水管道中含氯的有机化合物数量减少。加拿大应用长枝木霉（*Trichoderma longibrachiatum*）中的木聚糖酶对纸张进行漂白，对芬兰造纸工厂每天排放的1000t废水进行检验，结果表明纸浆用酶处理后，氯的用量减少25%，废水中氯有机化合物的含量减少40%。

德国Mobite公司和美国Agrecol公司利用固定化酶可以除去地下水中硝酸盐。将酶固定在多聚物基质上，催化硝酸盐还原为亚硝酸盐，在生物反应器中亚硝酸盐可变为无害的氮气。反应原理如下：给生物反应器（其中含有固定化酶）加一电场，待处理的水由活性的基质中通过，酶反应所需的电子由电流供给。应用还原酶的基质使硝酸盐完全变为氮气，因此清除了有害的亚硝酸盐。欧美地区对硝酸盐产生的污染问题很重视，饮料中的硝酸盐的浓度每升不超过40mg。因而酶法处理地下水是非常有意义的。

农药的大量使用，迫切需要发展有效的处理农药污染的技术。德国用共价结合法将可以降解对硫磷等九种农药的酶，固定在多孔玻璃珠上，制得的固定化酶的活力可提高350倍。制成酶柱后用于处理含有对硫磷的废水，去除率可以达到90%以上。该酶柱能够连续工作70天，其酶活性无明显的损失。这一多酶系统不需要辅助因子或特殊盐类就能发挥作用，因此使用起来相当经济。在此基础上，还可以将分解不同农药的酶同时固定在同一载体上，这样就能够处理多种农药废水。

极端酶具有嗜热性、嗜碱性、耐有机溶剂的特点，利用它们的这些特性，可对极端环境下的废水进行处理。利用嗜高温菌产生的嗜热酶对焦化厂排放的温度较高废水进行处理，可高效地去除废水中的酚、氰等污染物。用嗜碱酶对洗涤剂工业、印染工业和造纸工业产生的大量碱性废水进行处理，降低废水的pH值。有些酶在有机溶剂中能催化硝基转移、硝化、硫代硝基转移、酚类的选择性氧化和醇类的氧化作用。

二、石油和工业废油处理

每年排入海中的200万吨石油也是不容忽视的环境问题，如不及时处理，不仅会造成鱼类的大量死亡，而且石油中的有害物质也会通过食物链进入我们人体。人们通常用假单胞菌（*Pseudomonas*）、分枝杆菌（*Mycobacterium*）和分节孢子杆菌（*Arthrobacterium*）来降解引起污染的石油。然而，这些微生物在低温海水中繁殖时受到营养物质的限制，因此细菌的繁殖率很低。人们用含有酶及其他成分的复合制剂处理海中的石油，可以将石油降解成适合微生物的营养成分，为浮在油表面的细菌提供优良的养料，使得这些分解石油的细菌迅速繁殖，以达到快速降解石油的目的。

同样对工业废油的处理也需要酶的参与。如果存在含氮化合物，微生物对废油的破坏是非常迅速的，加入粗蛋白及蛋白水解酶会加速微生物对废油的生物降解。这是因为此系统会为微生物提供氮源和浓培养液，有利于微生物的生长繁殖。蛋白酶的选择要根据整个系统的pH值，还要克服重金属对酶的抑制。

脂肪酶生物技术应用于被污染环境的生物修复以及废物处理是一个新兴的领域。石油开采和炼制过程中产生的油泄露，脂肪加工过程中产生的含脂肪废物以及饮食业产生的废物，都可以用不同来源的脂肪酶进行有效的处理。例如，脂肪酶被广泛应用于废水处理。Dauber和Boehnke研究出一种技术，利用酶的混合物，包括脂肪酶，将脱水污泥转化为沼气。脂肪酶的另一重要应用是降解聚酯以产生有用物质，特别是用于生产非酯化的脂肪酸和内酯。脂肪酶在生物修复受污染环境中获得了广泛应用。一项欧洲专利报道了利用脂肪酶抑制和去除冷却水系统中的生物膜沉积物。脂肪酶还用于制造液体肥皂，提高废脂肪的应用价值，净化工厂排放的废气，降解棕榈油生产废水中的污染物等。利用米曲霉（*Aspergillus oryzae*）产生的脂肪酶从废毛发生产胱氨酸，更加显示出了脂肪酶应用的诱人前景。利用亲脂微生物，特别是酵母菌，从工业废水产生单细胞蛋白，显示了脂肪酶在废物治理中应用的另一诱人前景。

三、白色污染处理

当前在各个领域中使用的各种高分子材料，绝大多数都是非生物降解或不完全生物降解的材料，这些材料已经成为人们生活的必需品。但是，它们被使用后给人们的日常生活及社会带来了诸多的不便和危害，如外科手术的拆线、塑料的环境污染等。2021 年，中国科学院海洋研究所孙超岷团队最新研究成果，首次发现能有效降解聚乙烯对苯二甲酸酯和聚乙烯两种塑料的海洋微生物菌群和酶，为获得塑料降解微生物和功能酶、发展降解塑料垃圾生物制品提供了重要理论依据和候选材料，并有望突破难降解塑料聚乙烯的降解瓶颈。可生物降解高分子材料，简单的说是指在一定条件下，能被生物体侵蚀或代谢而降解的材料。随着人们对可生物降解高分子材料研究的不断深入，现已对可生物降解高分子材料的概念做了非常科学的定义。Graham 设想了需氧和厌氧两种降解环境：

$$Ct=CO_2+H_2O+Cr+Cb \quad \text{需氧环境}$$
$$Ct=CO_2+CH_4+H_2O+Cr+Cb \quad \text{厌氧环境}$$

某种材料的可生物降解性，可以用上式中的几个参数来衡量，CO_2 是这种材料被环境降解所生成的二氧化碳，Cr 是这种材料存留在环境中的未被降解的含碳残留物，Cb 是同化入生物代谢过程中的碳。$Cr=0$ 时是完全生物降解（如矿物化）；$0<Cr<Ct$ 时是不完全生物降解；$Cr=Ct$ 时是完全不能生物降解（非生物降解）。

可生物降解高分子材料在各个领域的应用前景非常广阔，这里仅举几个代表性的领域（表 11-14）。

表 11-14　可生物降解高分子材料的应用

领域	应用	领域	应用
医疗	外科手术的缝合线、肘钉等 伤口涂料 人造血管制品 控制药物的释放体系 骨骼替代品和固定物	工业	无污染可生物降解的包装材料 除锈剂、抗真菌剂的载体
		农业	可降解的农用地膜 肥料、杀虫剂、除草剂的释放控制材料

一般认为，除了一些天然高分子（如纤维素、淀粉）外，只含有碳原子链的高分子（如聚乙烯醇）是可生物降解的。另外，聚环氧乙烷、聚乳酸和聚己内酯以及脂肪族的多羧酸和多功能基醇所形成的聚合物也是可生物降解的。这里包括聚酯类和聚糖类高分子。

开发可生物降解高分子材料的传统方法包括天然高分子的改造法、化学合成法等。天然高分子的改造法是通过化学修饰和共聚等方法，对淀粉、纤维素、甲壳素、木质素、透明质酸、海藻酸等天然高分子进行改性，制备可生物降解的高分子材料。化学合成法是模拟天然高分子的化学结构，从简单的小分子出发制备分子链上连有酯基、酰胺基、肽基的聚合物。这些高分子化合物结构单元中含有被生物降解的化学结构或是在高分子链中嵌入易生物降解的链段。一旦结构中嵌入了易生物降解的链段，则原来即使非生物降解的结构也能或快或慢地被降解。

可生物降解高分子的传统开发方法虽然各有特点，并且有些已投入小规模的生产和应用，但它们各自的缺点也是显而易见的。天然高分子的改造法虽然原料来源充足，但一般不易加工成型，大多数受热熔化前已开始分解，只能通过溶液法加工，而且产量小，限制了它们的应用；化学合成法反应条件苛刻（高温、高压等），副产品多，有时需使用有毒的催化剂，而且工艺复杂，成本较高，有些产品的生物相容性也不太好；由于生物合成法是利用生物体的代谢产物来合成目标产品，因此产品生物相容性好，能弥补上述方法的缺陷。生物合成法已在高分子合成中崭露头角，它包括微生物发酵法和酶催化合成法。酶法合成可生物降解高分子，兼有化学法和微生物法的优点，它是以酶代替化学催化剂，高效率高选择性地催化某一化学反应，催化反应的条件温和（一般在常温、常压下）。酶法克服了微生物法代谢产物复杂、产物分离困难的缺点。

用酶法合成可生物降解高分子材料，实际上得益于非水酶学的发展（有关非水酶学详见第五章）。用酶促合成法开发的可生物降解高分子材料主要包括聚酯类、聚糖类、聚酰胺类等等。

可生物降解高分子材料的开发由于它重要的社会意义，已越来越得到世界各国的重视。利用生物法合成可生物降解的高分子材料，是开发可生物降解高分子材料的重要途径之一。

四、环境监测

环境保护重在预防，只有从源头阻断污染源才会从根本上解决环境问题。因此环境监测是环境保护的一个重要而又必需的手段。酶在这方面也发挥了日益突出的作用。早在20世纪50年代末，Weiss等就用鱼脑乙酰胆碱酶活力受抑制程度来监测水中极低浓度的有机磷农药。80年代初杨瑞等以四大家鱼（青、草、鲢、鳙）血清乳酸脱氢酶（SLDH）同工酶谱带及活力成功地检测了农药厂废物污染的危害情况，如低剂量镉、铅可使SLDH同工酶中的$SLDH_5$活性升高，低剂量汞使$SLDH_1$活性升高，低剂量铜使$SLDH_4$活性降低。最新研究发现以蛋白磷酸酶活性来检测微囊藻毒素量，最低检出限量可达0.01mg/L，灵敏度极高，可用来监测水体的富营养化。利用固定化酶可以检测有机磷、有机氯农药和其他痕剂量的环境污染物，具有灵敏度高、性能稳定、可以连续测定等优点。例如，利用固定化的胆碱脂肪酶，能够检测空气或水中的微量酶抑制剂（如有机磷农药）。由淀粉凝胶-胆碱脂肪酶和尼龙管-胆碱脂肪酶组成的毒物警报器已经使用。由固定化酶和灵敏的电位滴定法或连续的荧光测定法相结合，可以用来测定空气中和水中可能存在的有机磷杀虫剂。此外，固定化硫氰酸酶也可用于检测氰化物的存在。酶传感器在环境监测中也已取得诱人的成就，并将继续扩大其应用范围。目前已发表的酶传感器已有多种，如利用多酚氧化酶制成固定化酶柱，将其与氧电极检测器合用，可以检测水中痕量的酚。据报道将亚硝酸还原酶膜与氧电极偶联，可成功地被用来静态测定水中亚硝酸盐浓度。酶学和免疫学测定法在环境监测上也常被采用。例如美国利用酶联免疫分析法原理，采用双抗体夹心法，研制出微生物快速检验盒，用此检验盒检测沙门氏菌、李斯特菌等2h即可完成。近年来，日本、英国和美国等都在研究用-*β*-葡聚糖苷酸酶活性法检测饮用水和食品中的大肠杆菌，做法是以4-甲香豆基-*β*-D-葡聚糖苷酸为荧光底物掺入到选择性培养基中，样品液中如有大肠杆菌，此培养基中的4-甲香豆基-*β*-D-葡聚糖苷酸将分解产生甲基香豆素，后者在紫外线中发出荧光，故可用来测定大肠杆菌。

五、生物修复

可持续的解决方案是21世纪的一个主要目标，许多技术正在被开发以实现这一目标。随着有毒化合物释放的增加，生物修复过程代表了一种有趣的生态选择。生物系统，如植物和微生物或它们的酶可以降解外来生物。与使用转基因微生物相比，使用酶的生物修复有几个优点，包括更容易控制，更安全、更容易处理，环境友好的使用，由于竞争关系，没有生态影响，对活细胞没有营养要求，以及更少的监管限制。所有这些特点都与以较低的成本生产这些酶的潜力相结合，利用分子工程技术在更高的规模上增强稳定性、活性和特异性。因为可以在一个对环境友好的过程中支持长期的经济增长，所以它在经济可持续性方面起到很大的作用，表11-15中列出了部分用于生物修复的工程酶。

有机磷（OP）化合物是生物修复的最重要目标之一，因为它们在农业中被广泛用作杀虫剂。

表 11-15　应用于酶生物修复的工程酶

酶名	来源	主要用途
SsoPox-αsD6（磷酸酯酶类内酯酶）	索尔菲特氏菌	有机磷酸盐的生物修复
C5 和 H7（氰化物二氢化酶）	短小芽孢杆菌（*Bacillus pumilus*）	氰化物的生物修复
CD12, DD3, 7G8, 三联体突变体（氰化物二氢化酶）	短小芽孢杆菌（*Bacillus pumilus*）	氰化物的生物修复
CYP101	普氏假单胞菌（*Pseudomonas putida*）	多环芳烃的生物修复
CYP5136A3	蛹虫草属植物	多环芳烃的生物修复
生姜过氧化物酶	姜（*Zingiber officinale*）	蒽醌染料的生物修复
生姜过氧化物酶	姜（*Zingiber officinale*）	阳离子染料的生物修复

降解 OP 化合物的酶有一个最佳的温度范围（25 ～ 37℃），限制了它们在野外条件下的使用。Jacquet 等人从嗜热古菌硫矿硫化叶菌（*Sulfolobus solfataricus*）中开发了一种工程形式的磷酸酯酶类乳糖酶。这种形式具有很高的热稳定性（T_m=82.5℃），并且活性明显提高，在去污试验中显示出更大的功效。一些研究集中在这些特征上，以工程酶的方式进行更有效的生物修复。Poirier 等人评估了 *S. solfataricus* 的磷酸酯酶类内酯酶在降解 OP 化合物中的生物极限潜力。结果显示，淡水浮游生物，如地中海涡虫（*Schmidtea mediterranea*）的死亡率下降，流动性增加。

工业废水中的氰化物污染是另一个主要问题，因为与氰化物有关的毒性很高。使用硝化酶已被确定为一种具有成本效益的净化氰化物的方法。氰化物二水合酶（CynD）和氰化物水合酶是很好的候选者，因为它们不需要任何辅助因子和次级底物。氰化物存在于碱性条件下，pH 值大于 11，这阻碍了它们的酶处理。许多工程方法旨在提高这些酶的催化活性和 pH 值的耐受性。Wang 等人采用易错 PCR 和 HTS 来寻找耐碱突变体，以克服这种 pH 值耐受性问题。他们发现两个突变体 C5（Q86R、E96G 和 D254E）和 H7（E35K、322R 和 E327G）具有在升高的 pH 和温度（42℃）下降解氰化物的能力。Crum 等人使用同样的体内活性筛选技术开发了三个 CynD 突变体 CD12（E327K）、DD3（K93R）和 7G8（D172N, A202T）。这些突变体在 42℃时具有更高的热稳定性和催化活性。结合所有这些突变的三重突变体具有协同作用，显示出比单个突变体更好的效果。

多环芳烃（PAH）是毒性极强的致癌有机化合物，来源于石油、汽油、木材、煤炭和烟草的燃烧以及自然中，如火山爆发和森林火灾中释放到环境中。一些研究小组已经设计了细胞色素 P450，因为它们在多环芳烃补救方面具有潜力。这些酶负责哺乳动物体内的类固醇、脂肪酸和异物的代谢。由于这些酶的不稳定性、低活性以及与人类 P450 的生态毒理学问题，这些酶并不是在本领域应用的良好候选者。存在于植物、真菌、细菌、古菌、原生动物和病毒中的细胞色素 P450 已被用于生物修复的应用。Harford-Cross 等人设计了一个具有高 NADH 周转活性的突变体细胞色素 P450，它在降解多环芳烃菲、氟蒽芘和苯并芘时的活性明显增强。作者在活性残基 F87 和 F88 上引入了替代物通过定点突变在 CYP101 的活性残基 F87 和 Y96（F87A-Y96F 和 Y96A 突变体）。NADH 氧化率的增加是野生型 P450 的樟脑氧化率的 31%。基于以前的研究，Syed 等人选择了来自真菌黄孢原毛平革菌（*Phanerochaete chrysosporium*）的 CYP5136A3 来改善多环芳烃化合物菲和芘的氧化。通过合理设计和活性测定，确定了两个突变体（一个是单倍体，L324F，一个是双倍体，W129F/L324F），显示出比野生型酶更好的结果。对于菲和芘，单突变体的 NADH 氧化率增加了 23% 和 144%，双突变体增加了 29% 和 187%。酶的固定化也代表了一种重要的技术，可以克服一些问题，如在实验和现场条件下的不可重复使用性、不稳定性（如对 pH 值和温度），减少底物或产物造成的抑制，并可以提高特异性。在这个过程中，有许多方法和支持物可以使用，允许有多种可能性。

第八节　极端酶的应用

应用生物酶进行催化反应，有着很多优越之处。但是，通常我们熟悉的生物酶是在相对稳定、温和的条件下发挥作用的，在高温、强酸、强碱和高渗等极端条件下很难发挥理想的催化作用，因此，限制了酶的应用。解决这些矛盾目前有两种常用的思路：一是对我们较为熟悉的酶分子进行改造，如通过化学修饰、定点突变、定向进化、杂合进化等手段，获得我们期待的生物酶，应用在特殊的反应环境中。二是从极端微生物中寻找极端酶，通过现代生物技术的改造和生产，应用到反应条件比较苛刻的环境中。本节重点讲述来源于极端微生物的极端酶的应用。

一、极端微生物与极端酶

地球上的极端环境，指的是普通微生物很难或不能生存的环境条件，如高温、低温、低 pH、高 pH、高盐度、高辐射、含抗代谢物、有机溶剂、低营养、重金属或有毒有害物等环境条件。能在这种极端环境中生长的微生物叫作极端微生物或嗜极菌。

极端微生物由于长期生活在极端的环境条件下，为适应环境，在其细胞内形成了多种具有特殊功能的酶，也就是极端酶。

极端微生物是天然极端酶的主要来源，其生活在生命边缘（高温温泉、海底、南北极、碱湖、火山口、死海等处），包括：嗜热菌、嗜冷菌、嗜盐菌、嗜碱菌、嗜酸菌、嗜压菌、耐有机溶剂、耐辐射的菌类等。极端酶能在多种极端环境中起生物催化作用，它是极端微生物在极其恶劣环境中生存和繁衍的基础，根据极端酶所耐受的环境条件不同，可分为嗜热酶、嗜冷酶、嗜盐酶、嗜碱酶、嗜酸酶、嗜压酶、耐有机溶剂酶、抗代谢物酶及耐重金属酶等。

从极端微生物中可以筛选人们所需要的极端酶，但培养天然极端微生物的设备、生产条件往往比较特殊，而且酶产量比较低。为了解决这一问题，现在通常是将极端酶的基因或是改造后的酶基因在发酵工业中常用的菌种中进行表达、生产，获得合乎要求的极端酶制剂，进行应用（见表 11-16）。

二、嗜热酶的应用

人们从嗜热菌中已分离得到多种嗜热酶（55 ～ 80℃）及超嗜热酶（>80℃），包括：淀粉酶、蛋白酶、葡糖苷酶、木聚糖酶及 DNA 聚合酶等，在 75 ～ 100℃之间具有良好的热稳定性。

1. 耐热 DNA 聚合酶

耐热 DNA 聚合酶（*Taq* DNA polymerase）应用于 PCR 反应，是嗜热酶最早成功应用的例子之一。*Taq* DNA 聚合酶是一种耐热的依赖于 DNA 的 DNA 聚合酶。该酶最初是从极度嗜热的栖热水生菌（*Thermus aquaticus*）中纯化而来的，目前已经以基因工程方式生产并出售。这种酶的最佳作用温度是 75 ～ 80℃，经历 90℃以上温度仍能保持大部分活力，正是因为这类嗜热酶的发现，才使现有的 PCR 连续反应成为现实。

最初应用的 *Taq* DNA 聚合酶，在实际应用中也存在着 DNA 产物错配概率高、酶在高温下的半衰期短等缺点，从不同的嗜热菌中寻找新的 DNA 聚合酶，以及应用基因工程对已有的聚合酶进行改造，是提高 PCR 反应可靠性和高效性的有效途径之一。

2. 降解淀粉类的嗜热酶

对淀粉进行加工时，通常要在较高的温度下进行。因为高浓度的淀粉溶液或糖浆，黏度都比较大，不利于搅拌、流动、输送等加工操作，高温有利于降低黏度。高温的反应环境下，就

表 11-16　主要极端酶及其应用

酶	应用	优点	来源
DNA 聚合酶	PCR、DNA 测序、DNA 标记等生物传感器	高温稳定，使 PCR 自动化得以实现	嗜热菌
脱氢酶	水解淀粉制备可溶性糊精、麦芽糖糊精和玉米糖浆、减少面包焙烤时间	稳定性高、耐酸、耐高温	嗜冷菌
α-淀粉酶	食品工业、酿酒、清洁剂	高温下稳定	嗜热菌
蛋白酶	奶酪、奶制品工业	高温下稳定	嗜热菌
中性蛋白酶	纸张漂白清洗剂	减少漂白剂用量	嗜热菌
木聚糖酶	清洁剂	增强清洁剂去污力	嗜热菌
蛋白酶、淀粉酶、脂肪酶	手性合成 水解乳糖合成寡糖	高 pH 下稳定 增强稳定性	嗜冷菌
纤维素酶、蛋白酶、淀粉酶、脂肪酶	合成烷基配糖清洁剂	高温下减少微生物的生长，有较好底物溶解性	嗜碱菌
乙醇脱氢酶	分子生物学标记探针	可与有机溶剂共存	嗜碱菌
糖苷酶	造纸业清洁剂	高温下稳定	嗜热菌
碱性磷酸酶	生产环糊精	高温下稳定	嗜热菌
环糊精糖基转移酶	连接酶链反应	高 pH 下稳定	嗜碱菌
连接酶	生产高葡萄糖糖浆	高温下稳定	嗜热菌
支链淀粉酶	生产糖浆	可在高温下反应	嗜热菌
木糖 / 葡糖异构酶	生产糖浆	高温下稳定，高温移动（反应）平衡	嗜热菌

需要应用耐高温的淀粉加工酶。

热稳定的耐高温淀粉酶，又称高温 α-淀粉酶或高温液化酶，可以将长链淀粉分子内切水解成短链分子、糊精等，大大降低淀粉溶液的黏度，使淀粉溶液由原来的糊状物成为流动液，所以这一过程也叫作淀粉的液化。耐高温淀粉酶已在制糖工业、啤酒和酒精发酵工业、纺织业和食品工业等领域产生了极大的经济效益。目前耐高温的淀粉酶已在世界范围内大量生产，成为重要的工业酶制剂。

热稳定的糖化酶，是一种外切性的酶，从非还原端开始逐个水解 α-1, 4 葡萄糖苷键或 α-1, 6 葡萄糖苷键，每次释放出一个 β-D 葡萄糖分子，使多糖完全转化为葡萄糖，是葡萄糖糖浆生产中最重要的酶。目前已经从热解糖梭菌（*Clostridium thermosaccharolyticum*）、热解糖热厌氧杆菌（*Thermoanaerobacterium thermosaccharolyticum*）等嗜热微生物中分离和纯化到了耐热的糖化酶，并尝试应用于工业生产。

热稳定的环糊精糖基转移酶（cyclodextrin glycosyltransferases, CGTase）在工业上可以用来生产环糊精。目前，环糊精的生产需要多步反应，首先淀粉通过热稳定的淀粉酶被液化，然后通过 CGTase 来环化，CGTase 一般来源于芽孢杆菌。这种 CGTase 活性很低而且容易热变性，这个过程必须在两种不同的温度下进行。如采用热稳定的 CGTase，则可能使这个过程连续性地一步完成。目前也已从极端嗜热的细菌和古菌中分离到了热稳定的环糊精糖基转移酶。

3. 热稳定的木聚糖酶

木聚糖酶（xylanase）和其他半纤维素酶作为生物助漂剂在纸浆造纸工业中，可以改善浆料的可漂性，提高纸浆白度和强度，同时可减少有机氯用量，从而大大减少漂白废水中氯代有机物的排放。但这一工序是在高温和碱性环境中进行的，目前所用的半纤维素酶和木聚糖酶来源于细菌属于中温型，在 70℃以上很快失去活性，因此限制了它们的应用。所以，研究和开发无纤维素酶活性的耐高温碱性木聚糖酶就显得十分有意义。到目前为止，已陆续发现多种嗜热微生物能产生热稳定的木聚糖酶，它们的稳定性在 80 ～ 105℃。2017 年，Mechelke 等人从沼气反应器中分离出来的嗜热菌——解半纤植雪菌（*Herbinix hemicellulosilytica*）能产生六种嗜热木聚糖酶，可被应用于高温下纤维素和木制品的加工 . 利用经过预处理的木质纤维素生物质和嗜热菌的联合生物加工（consolidated bioprocessing, CBP）效果更好，成本更低。Novo Nordisk 公司开发了一种最适 pH 为 10，最适温度为 70 ～ 80℃的木聚糖酶。这样的酶用于纸浆漂白时无需调节浆料的 pH 值和温度，有利于漂白操作，更为重要的是酶处理后，可将溶解在洗涤废水中大量的木质素、木聚糖等提取后送到回收锅炉中燃烧，从而降低废水的色度及 COD 等。目前，已广泛地开展了热稳定性木聚糖酶的分子生物学研究，从嗜热菌所分离到的热稳定性木聚糖酶基因不仅已经克隆到原核寄主如大肠杆菌中，并得以表达，同时在克鲁维酵母（*Kluyveromyces lactis*）、里氏木霉（*Trichoderma reesei*）也已成功克隆。

4. 嗜高温酶应用于钻井中提高油和气的流动性

通常为迫使产品流出井口需要开裂周围矿床，用瓜尔豆树脂和沙粒水溶液灌注井，将井封盖，使矿床受压并断裂，黏性聚合物通过裂隙携带沙子，支撑开口使油气流出，为此需用 β-甘露糖酶和 α-半乳糖酶水解瓜尔豆树脂的糖连接键，但这些酶在 80℃以上变性，因此对深井内 100℃以上的环境不适用。现在已获得了嗜高温微生物中的半纤维素酶，该酶在 100℃是稳定的，可在较高温度情况下水解树脂。

三、嗜冷酶的应用

从嗜冷微生物中分离的嗜冷酶具有低温活性，并且在常温下失活。例如：来自南极细菌的 α-淀粉酶、枯草杆菌蛋白酶和磷酸丙糖异构酶等。对嗜冷酶的蛋白质模型和 X 射线衍射分析的结果表明，酶分子间的作用力减弱，与溶剂的作用加强，使具有比常温同工酶更柔软的结构，使酶在低温下容易被底物诱导产生催化作用，温度提高，嗜冷酶的弱键容易被破坏，变性失活。对具有低温活性的柠檬酸合成酶结构分析表明，其活性部位的柔软性来自于酶扩展的表面电荷环和酶表面上脯氨酸残基的减少。嗜冷菌分泌的低温葡聚糖酶催化亚基上较小的氨基酸可以增加酶的柔韧性，活性与溶液的离子强度有关。较柔软的活性中心可以更容易地进入底物，进行酶反应。另外嗜冷酶也必须进行结构调整以避免蛋白质的低温变性，通常是通过减少低温下的疏水相互作用。

嗜冷酶的特殊性质使其在工业生产应用中具有一些优势：低温下催化反应可防止污染；经过温和的热处理即可使嗜冷酶的活力丧失，而低温或适温处理不会影响产品的品质，在食品工业和洗涤剂中具有很大的应用潜力。嗜冷碱性蛋白酶应用于洗涤剂工业，可能改变传统的热水洗涤方式，节约能源。例如某些嗜冷酶如蛋白酶、酯酶、α-淀粉酶等作为洗涤剂添加物，是其广泛和重要的用途。好处是减少能量消耗和对衣物的磨损，不利之处是它的不稳定性给添加和保存带来了困难。但工业上应用的酶一般是重组体酶，使嗜冷酶在低温下既保持高催化效率又提高稳定性。嗜冷性纤维素酶可以用于生物抛光和石洗工艺过程，能降低温度上的工艺难度和所需酶的浓度，而且嗜冷酶的快速自发失活可提高产品的机械抗性。嗜冷乳糖酶和淀粉酶为乳品和淀粉加工提供了新的工艺，对保持食品营养和风味起着重要作用，将嗜冷性的 β-半乳糖苷酶用于牛奶工业中，将乳糖分解为葡萄糖和半乳糖，不仅可简化工艺、缩短水解时间，还有效控制细菌污染、提高奶制品的质量；还有一些嗜冷酶可用于啤酒、面包、奶酪和其他乳制品的低温发酵，据报道有人用 β-淀粉酶部分代替啤酒工艺中的大麦麦芽，来降低啤酒的生产成本，提高啤酒的香度。对嗜冷酶蛋白质结构和稳定性的研究将有利于食品加工中食品的冷冻成型、冻干和浓缩操作等，如根据对嗜冷菌的冷激蛋白（cold shock protein）结构（含有三个结构域：N-端的疏水域、C-端的亲水域以及具有重复八肽序列的中央域）的了解，有望其在冰淇淋生产中得到应用。低温发酵也可生产许多风味食品及减少中温菌的污染。在果汁提取工业，嗜冷的果胶酶在果汁提取的过程中，能够起到降低黏度、澄清终产品等作用。

四、嗜盐酶的应用

嗜盐酶多存在于中度嗜盐的古菌和极度嗜盐的真菌中，从嗜盐微生物中分离的极端酶可以在很高的离子强度下保持稳定性和活性，这对菌体的生长是极为重要的。自2018年以来，全部记录在案的嗜盐物种及其基本信息都收集于“HaloDom”新在线数据库中。该数据库显示，至今有超过1000种嗜盐物种，按照古菌21.9%、细菌50.1%和真核生物27.9%的比例分布。1980年Onishi等报道从太平洋腐烂木材上分离的1株革兰氏阳性（G^+）中度嗜盐菌，该菌产胞外核酸酶，在盐培养基中，形成芽孢，严格好氧。氨基酸序列的分析比较表明嗜盐酶蛋白质比普通的同工酶含酸性氨基酸更多，过量的酸性氨基酸残基在蛋白质表面与溶液中的阳离子形成离子对，对整个蛋白质形成负电屏蔽，促进蛋白质在高盐环境中的稳定。X射线晶体和同源性模拟分析揭示的三维结构表明，这些酶的表面带负电荷的氨基酸，可以结合大量水合离子，形成一个水合层，减少它们表面的疏水性，减少在高盐浓度下的聚合趋势。蛋白质表面具有超额的负电荷是嗜盐蛋白的一个显著特性。

嗜盐菌利用的碳源十分广泛，其中包括难降解的有机物，加之其对渗透压的调节能力较强，体内嗜盐酶的适应能力较强，故将其应用于海产品、酱制品及化工、制药、石油、发酵等工业部门排放的含高浓度无机盐废水以及海水淡化等。海藻嗜盐氧化酶在催化结合卤素进入海藻体内代谢中起重要作用，对化学工业的卤化过程有潜在的价值。同时还具有可利用的胞外核酸酶、淀粉酶、木聚糖酶等。有的菌体内类胡萝卜素、γ-亚油酸等成分含量较高，可用于食品工业；有的菌体能大量积累聚羟基丁酸酯（PHB），用于可降解生物材料的开发。从中国运城盐湖发现的耐盐菌株*Haloarcula* sp. LLSG7具有高纤维素分解活性和稳定性，由其酶解产物作为生物乙醇发酵底物时，酿酒酵母可产生10.7g/L乙醇，显著高于其他纤维素酶.嗜盐蛋白酶是由嗜盐微生物产生的蛋白酶，其催化活性通常需要NaCl存在，而耐盐蛋白酶不一定来源于嗜盐微生物，对NaCl无依赖，嗜盐蛋白酶及耐盐蛋白酶可被应用于食品工业，包括鱼和肉类产品的盐发酵过程以及酱油的生产。来自嗜盐芽孢杆菌（*Halobacillus* sp.）SR5-3和盐杆菌（*Halobacterium*）的蛋白酶被用于鱼酱的生产过程。

五、嗜碱酶的应用

1. 洗涤剂工业

碱性纤维素酶在碱性pH范围内具有较高的活性和稳定性，其酶活性不受去污剂和其他洗涤添加剂的影响，不降解天然纤维素，具备洗涤剂用酶的条件。据分析，90%的污染附着在棉纤维之间，碱性纤维素酶作用于织物非结晶区，能有效地软化、水解纤维素分子与水、污垢结合形成的凝胶状结构，使封闭在凝胶结构中的污垢较容易地从纤维非结晶区中分离出来，最终达到令人满意的洗涤效果。

近年来，碱性纤维素酶已经被成功地应用于洗涤剂工业。日本、美国、欧洲某些国家的加酶洗涤剂已占市场洗涤剂的80%～90%。我国是洗涤剂消费大国，所以碱性纤维素酶有更广阔市场前景。

2. 造纸工业

在高碱性环境中存在有一类放线菌，我们称之为嗜碱放线菌。嗜碱放线菌产生多种碱性酶和生物活性物质，如抗生素和酶的抑制剂，在食品工业、造纸工业中有广阔的应用前景。1998年有人对嗜碱放线菌（*Streptomyces thermoviolaceus*）产生的木聚糖酶在造纸工业上的应用做了深入研究，发现该酶在 65℃具有高酶活性和热稳定性等优点，同时可以提高纸质。纸张回收加工过程中的一个关键步骤是彻底去除黏性污染物，利用碱性活性酯酶和脂肪酶可以有效去除黏性污染物，改善纸浆质量，显著提高经济和环境效益。

3. 食品工业

嗜碱酶在食品中的应用比较广泛，这类酶不仅具有比较强的耐碱性，而且还具有一定的耐热性。如耐热的 CGTase 是从 pH9.5 ～ 10.3 生长的嗜碱芽孢杆菌中分离得到的，用于降解马铃薯淀粉生产环化糊精，pH 值为 4. 7 时产率为 60%，pH 值为 8.5 时产率为 75%；pH 值为 9 左右，固定于玻璃圆柱体和 0.4kg/L 淀粉底物中（Tris 缓冲液 pH 值为 8.5），可将 63% 的可溶性淀粉转换为环化糊精。我国也从嗜碱芽孢杆菌中分离到碱性 β-甘露聚糖酶，该酶属于半纤维素酶，催化葡萄苷露聚糖、半乳甘露聚糖及 β-甘露聚糖等植物多糖降解为甘露寡糖，而甘露寡糖具有促进人体肠道健康的功能。

4. 其他方面

嗜碱菌和碱性纤维素酶在碱性废水处理、化妆品、皮革和食品等方面具有独特用途。例如碱性废水如能用嗜碱菌进行处理，不仅经济简便并可变废为宝，在环境保护方面嗜碱菌可发挥巨大作用；也可将碱性淀粉酶用于纺织品退浆及淀粉作黏接剂时的黏度调节剂；用于皮革工业中的脱毛工艺以提高脱毛效率和质量，利用嗜碱菌进行苎麻脱胶。碱性果胶酶主要是由芽孢杆菌属（*Bacillus*）产生的，目前已经用在几个传统的食品工业加工过程中，如已在咖啡和茶的发酵、油的提取中得到应用。

六、嗜酸酶的应用

嗜酸菌分泌的胞外酶往往是相应的嗜酸酶。嗜酸菌不能在中性环境生长，可能是由于嗜酸菌细胞含较多酸性氨基酸，有大量 H^+ 环境，在中性 pH 时 H^+ 大量减少，以致造成细胞溶解。与中性酶相比，嗜酸酶在酸性环境的稳定性是由于酶分子所含的酸性氨基酸的比率高，尤其在酶分子表面。嗜酸菌已广泛用于低品位矿生物沥滤回收贵重金属、硫氢化酶系参与原煤脱硫及环境保护等方面。

七、其他嗜极酶的应用

极端嗜压菌能耐 70.9 ～ 81.1MPa，最高达 104.8MPa，但气压降至 50.6MPa 时便不能生长。极端嗜压菌的酶必须将其蛋白质分子进行折叠，使受压力的影响减至最少。嗜压酶在高压作用下往往有良好的立体专一性，在化学工业上有潜在的应用前景。但是当压力超过一定的范围时，酶的弱键产生破坏，酶的构象解体而失活。日本 Chiakikato 等人从深海分离的耐有机溶剂菌恶臭假单胞菌（*Pseudomonas putida*）变种，能耐甲苯体积分数超过 50% 的有机溶剂。迄今发现在有机溶剂中起催化作用的酶有 10 多种，这些酶能催化硝基转移、硝化、硫代硝基转移、酚类的选择性氧化、醇类的氧化作用。耐有机溶剂和有毒物质的细菌及其极端酶，可用于降解原油、聚芳香烃、烃等环境污染和有毒物质。

在废水处理中应用的其他极端酶还有耐重金属酶。经过筛选的耐铜、耐镍真菌应用于电镀废水的处理。真菌表面的连接酶将溶于水中的重金属吸附在微生物表面，在能出入细胞壁传输营养物的酶的作用下，将重金属离子带入细胞内，在细胞内耐重金属酶作用下进行生化反应。

极端酶对传统酶制剂工业的影响和推动是毫无疑问的，至今只有一小部分极端酶被分离纯化，应用于生产实践的极端酶则更少，随着越来越多的极端微生物被分离鉴定，极端酶被分离纯化和极端酶工程研究的进展，极端酶在生物催化和生物转化中的应用将会更进一步得到拓展。

总结

与化学催化剂相比，酶以其高底物选择性、高效性和环境友好性在食品、医药和精细化工等领域得到了广泛应用。现代分子生物学、基因组学、微生物学等学科的发展为我们提供了新的技术手段，使我们一方面从自然界中获得丰富新酶源，另一方面能够对现有酶进行分子改造，从而获得适合工业应用的、具有优良性能的工程酶，因此生物催化成为生物工程的核心内容之一。全球范围内酶制剂工业技术发展迅速，应用领域正在不断扩大。加快酶制剂的研发进程，将有利于生物经济的发展。

随着酶学研究工作的不断深入，酶的应用会越来越广泛，加上固定化酶技术和酶分子修饰技术的发展，使酶的各种特性变得更加符合人们的愿望。酶必将在工业、医药、农业、化学分析、环境保护、能源开发和生命科学研究以及在食品、造纸、石油化工、纺织、印染、冶金、制药、煤炭、采矿、电镀、橡胶等各种工业废水以及生活污水的治理中发挥越来越大的作用。

习题

1. 为什么微生物是酶制剂的重要来源？
2. 当一个催化反应的工业过程被确定之后，选择合适的酶一般要考虑哪些因素？
3. 在乳制品工业中使用的酶主要有哪些？
4. 写出葡糖氧化酶催化葡萄糖分子的反应式。
5. 用固定化酶技术生产丙烯酰胺有哪些优点？
6. 青霉素酰化酶是半合成抗生素生产中有重要作用的一种酶，可以催化青霉素水解生成6-氨基青霉烷酸（6-APA），写出化学反应式。
7. 什么是酶联免疫反应检测？
8. 在乙醇生产中，对酶制剂有哪些要求？
9. 什么是生物柴油？
10. 用于环境治理的微生物酶主要包括哪几类？

参考文献

[1] 闵恩泽 . 绿色化学与化工 . 北京：化学工业出版社，2000.
[2] 黎海彬，郭宝江 . 酶工程的研究进展 . 现代化工，2006, Z1: 25-29.
[3] Bornscheuer U. T. Trends and challenges in enzyme technology. Adv Biochem Eng Biotechnol, 2005, 100: 181-203.
[4] 宋思扬 . 生物技术概论 . 北京：科学出版社，2000.
[5] Angelov A, Liebl W. Insights into extreme thermoacidophily based on genome analysis of *Picrophilus torridus* and other thermoacidophilic archaea. Journal of Biotechnology, 2006, 126: 3-10.
[6] 胡学智 . 酶制剂工业概况及其应用进展 . 工业微生物，2003, 12(4): 33-41.
[7] Ha S H, Lan M N, Lee S H, et al. Lipase-catalyzed biodiesel production from soybean oil in ionic liquids, Enzyme and Microbial Technology, 2007, 41(4): 480-483.
[8] 孙娜，杨丰科，刘均洪 . 酶催化技术在工业上的应用进展 . 工业催化，2003, 11(6): 7-10.
[9] Yasohara Y, Kizaki N, Hasegawa J, et al. Synthesis of optically active ethyl 4-chloro -3-hydroxybutanoate by microbial reduction. Appl. Microb. Biotechnol, 1999, 51: 847-851.
[10] 翁樑，冯雁 . 极端酶的研究进展 . 生物化学与生物物理进展，2002, 29(6): 847-850.
[11] 李淑彬 . 嗜热菌—工业用酶的新来源 . 中国生物工程杂志，2003, 23(7): 69-71.
[12] 华洋林 . 嗜碱菌的特性及其应用前景 . 生命的化学，2004, 24(4): 358-360.
[13] 刘爱民 . 极端酶的研究 . 微生物学杂志，2004, 24 (6): 47-50.

[14] Paljevac M, Primozic M, Habulin M, et al. Hydrolysis of carboxymethyl cellulose catalyzed by cellulase immobilized on silica gels at low and high pressures. The Journal of Supercritical Fluids, 2007, 43 (1): 74-80.

[15] 顾觉奋 . 极端微生物活性物质的研究进展 . 中国天然药物，2003, 1(4): 252-256.

[16] 唐雪明 . 具有工业应用价值的高热稳定性极端酶 . 食品与发酵工业，2001, 27(5): 65-70.

[17] Yeom S J, Kim H J, Oh D K. Enantioselective production of 2, 2-dimethylcyclopropane carboxylic acid from 2, 2-dimethylcyclopropane carbonitrile using the nitrile hydratase and amidase of *Rhodococcus erythropolis* ATCC 25544. Enzyme and Microbial Technology, 2007, 41(6-7): 842-848.

[18] 唐忠海，饶力群 . 酶工程技术在食品工业中的应用 . 食品研究与开发，2004, 8(25): 10-13.

[19] 刘传富，董海州，侯汉学 . 淀粉酶和蛋白酶及其在焙烤食品中作用 . 粮食与油脂，2002, 6: 38-39.

[20] Anto H, Trivedi U B, Patel K C. Glucoamylase production by solid-state fermentation using rice flake manufacturing waste products as substrate. Bioresource Technology, 2006, 97(10): 1161-1166.

[21] 侯炳炎 . 饲料工业用酶进展 . 动物科学与动物医学，2001, 18(3): 4-5.

[22] 汪儆 . 饲用酶制剂在我国畜禽生产中的应用效果 . 今日畜牧兽医，2007, 4: 56.

[23] 尹兆正，钱利纯 . 高麸加酶替代玉米饲粮对肉鸡生长性能的影响 . 浙江农业学报，2005, 17 (4): 191-195.

[24] 王继强，张波，刘福柱 . 小麦基础日粮中添加酶制剂对蛋鸡生产性能和蛋品质的影响 . 中国饲料，2004, 21: 5210.

[25] Zhou H, Yu H M, Luo H, et al. Inducible and constitutive expression of glutaryl- 7- aminocephalosporanic acid acylase by fusion to maltose-binding protein. Enzyme and Microbial Technology, 2007, 40(4): 555-562.

[26] 刘志恒 . 现代微生物学 . 北京：北京科学出版社，2002.

[27] 钱伯章，夏磊 . 国外生物化工的新进展 . 现代化工，2002, 22(9): 53-57.

[28] 张志军，温明浩，王克文，等 . 核苷酸生产技术现状及展望 . 现代化工，2004, 24(11): 19-23.

[29] 刘环宇，林森，梅德胜 . 酶在精细有机化工中的应用综述 . 江西化工，2003, 3: 1-4.

[30] 夏良树，聂长明，郑裕显 . 洗涤剂用复合酶组分间配伍性能研究 . 东华大学学报（理工版）, 2001, 1(52): 55-58.

[31] Jamai L, Ettayebi K, Yamani J E, et al. Production of ethanol from starch by free and immobilized *Candida tropicalis* in the presence of α-amylase. Bioresource Technology, 2007, 98(14): 2765-2770.

[32] Watanabe Y, Shimada Y, Sugihara A, et al. Continuous production of biodiesel fuel from vegetable oil using immobilized *Candida antarctica* lipase. JAOCS, 2000, 77 (4): 355 -360.

[33] 谭天伟，王芳，邓立 . 生物柴油的生产和应用 . 现代化工，2002, 22(2): 4-7.

[34] Xu X. Handbook of Lipid Enzymology. London: Marcel Dekker Press, 2003.

[35] Irimescu R, Hata K, Iwaski Y, et al. Comparison of acyldonors for lipase-catalyzed production of 1, 3-dicapry-Loyl-2-eicos apentaenoylglycerol. J Am Oil Chem Soc, 2001, 78: 65-70.

[36] Yuji S, Yomi W, Akio S, et al. Enzymatic Alcoholysis for Biodiesel Fuel Production and Application of the Reaction to Oil Processing. Journal of Molecular Catalysis B, 2002, 17 (3 - 5): 133-142.

[37] Vrushali D, Datta M. Novel approach for the synthesis of ethyl isovalerate using surfactant coated *Candida rugosa* lipase immobilized in microemulsion based organogels. Enzyme and Microbial Technology, 2007, 41: 265-270.

[38] Kaieda M, Samukawa T, Kondo A, et al. Effect of Methanol and water contents on production of biodiesel fuel from plant oil catalyzed by various lipases in a solvent-free system. Journal of Bioscience and Bioengineering, 2001, 91(1): 12-15.

[39] Enevoldsena A D, Hansena E B, Jonsson G. Electro-ultrafiltration of amylase enzymes: Process design and economy. Chemical Engineering Science, 2007, 62(23): 6716-6725.

[40] Ban K, Hame S, Nishizuka K. Repeated use of whole-cell biocatalysts immobilized within biomass support particles for biodiesel fuel production. Journal of Molecular Catalysis B, 2002, 17(3 - 5): 157-165.

[41] Papanikolaou S, Sanchez P. High Production of 1, 3-Propanediol from Industrial Glycerol by a Newly Isolated Clostridium Butyricum Strain. Biotech, 2000, 77 (2-3): 191-208.

[42] Sun X D, Yu H M, Shi Y, et al. Quick Analyses of Acrylamide and Acrylonitrile by a New Refraction Method and Timed Gas Chromatography. Chinese Journal of Analytical Chemistry, 2005, 33 (12): 1737-1739.

[43] 杨树萍，赵春贵，曲音波，等 . 生物产氢研究与进展 . 中国生物工程杂志，2002, 22(4): 44-48.

[44] 谭天伟，王芳，邓利 . 生物能源的研究现状及展望 . 现代化工，2003，23(9)：8-12.

[45] 帅玉英，孙怡，吴晓花，等 . 低热量甜味剂 D-阿洛酮糖的生产应用研究进展 . 中国食品添加剂，2014, 9: 159-163.

[46] 李仲福，卞涛 . L-天冬氨酸的生产与应用进展 . 天津化工，2015, 1：

[47] 候炳炎 . 饲料酶制剂的生产和应用 [J]. 工业微生物，2015, 4(1)：62-66.

[48] 李志敏，黎婉斌，邹玲，等 . 医用加酶清洗剂在临床的应用 [J]. 中华医院感染学杂志，2004, 14(2)：225.
[49] 刘淑鑫，李苌清，袁新华，等 . 溶菌酶医学应用研究概况 . 中国医药指南，2011, 9(7): 226-228.
[50] 杨琳，廖明芳，季欣然，等 . 超氧化物歧化酶在医学领域的研究现状 . 现代生物医学进展，2010, 10(2): 396-398.
[51] 楼锦芳，张建国 . 酶法合成 L（+）-酒石酸的研究进展 . 食品添加剂，2006, 11: 162-164.
[52] 李莹、陈斌，何正波 . 溶栓剂的研发现状及展望 . 重庆师范大学学报，2010, 27(1): 69-73.
[53] Yang Peizhou, Jiang Shaotong, Zheng Zhi. Review on progress of hydrogen production based on synthetic enzymatic catalysts system [J]. Transactions of the CSAE, 2011, 27(Supp. 1): 189-193.
[54] European Biodiesel Board. http: //www. biofuelstp. eu/news/EBB_2009_prod_2010_ capacity. pdf, 2010.
[55] Mendes A A, Giordano R C, Giordano R, et al. Immobilization and stabilization of microbial lipases by multipoint covalent attachment on aldehyde-resin affinity: Application of the biocatalysts in biodiesel synthesis [J]. J. Mol. Catal. B: Enzym., 2011, 68: 109-115.
[56] Yücel Y. Biodiesel production from pomace oil by using lipase immobilized onto olive pomace [J]. Bioresour. Technol., 2011, 102: 3977-3980.
[57] Zhang Y H P, Sun J B, Zhong J J. Biofuel production by in vitro synthetic enzymatic pathway biotransformation[J]. Current Opinion in Biotechnology, 2010, 21(5): 663-669.
[58] Zhang Y H P. Production of biocommodities and bioelectricity by cell-free synthetic enzymatic pathway biotransformations: challenges and opportunities[J]. Biotechnology and Bioengineering, 2010, 105(4): 663-677.
[59] Shimada Y, Watanabe Y, Samukawa T, et al. Conversion of vegetable oil to biodiesel using immobilized *Candida antarctica* lipase [J]. J. Am. Oil Chem. Soc., 1999, 76: 789-793.
[60] Xu Y, Du W, Liu D, et al. A novel enzymatic route for biodiesel production from renewable oils in a solvent-free medium [J]. Biotechnol. Lett., 2003, 25: 1239-1241.
[61] Modi M K, Reddy J R C, Rao B V S K, et al. Lipase-catalyzed mediated conversion of vegetable oils into biodiesel using ethyl acetate as acyl acceptor [J]. Bioresour. Technol., 2007, 98: 1260-1264.
[62] Zhang L, Sun S, Xin Z, et al. Synthesis and component confirmation of biodiesel from palm oil and dimethyl carbonate catalyzed by immobilized-lipase in solvent-free system[J]. Fuel, 2010, 89: 3960-3965.
[63] Woodward J, Orr M, Cordray K, et al. Biotechnology enzymatic production of biohydrogen[J]. Nature, 2000, 405(6790): 1014-1015.
[64] Woodward J, Mattingly S M, Danson M, et al. In vitro hydrogen production by glucose dehydrogenase and hydrogenase[J]. Nature Biotechnology, 1996, 14(7): 872-874.
[65] Zhang Y H P, Evans B R, Mielenz J R, et al. High-Yield hydrogen production from starch and water by a synthetic enzymatic pathway[J]. PlosOne, 2007, 2(5): 456-459.
[66] Moehlenbrock M J, Minteer S D. Extended lifetime biofuel cells[J]. Chemical Society Reviews, 2008, 37(6): 1188-1196.
[67] Zhang X Z, Zhang Z M, Zhu Z G, et al. The noncellulosomal family 48 cellobiohydrolase from *Clostridium phytofermentans* ISDg: heterologous expression, characterization and processivity[J]. Applied Microbiology and Biotechnology, 2010, 86(2): 525-533.
[68] Conrado R J, Varner J D, DeLisa M P. Engineering the spatial organization of metabolic enzymes: mimicking nature’ s synergy [J]. Current Opinion in Biotechnology, 2008, 19(5): 492-499.
[69] 龚仁敏，代苗苗，何所惧，杜艳 . 固定化酶生产生物柴油的现状及展望 . 化工进展，2011, 30(8): 1706-1710.
[70] 丁斌 . 酶制剂的应用现状及发展趋势 . 广西轻工业，2011, 7(152): 11-12.
[71] 杨培周，姜绍通，郑志 . 组合酶催化体系产氢气的研究进展 . 农业工程学报，2011, 27（增刊 1): 189-193.
[72] 邵风琴，韩庆祥 . 酶工程在污染治理中的应用 [J]. 石油化工高等学校学报，2003, 16(2): 36-40.
[73] 马秀玲，陈盛，黄丽梅，等 . 磁性固定化酶处理含酚废水的研究 [J]. 广州化学，2003, 28(1): 17-22.
[74] 肖亚中，张书祥，胡桥彦 . 壳聚糖固定化真菌漆酶及其用于处理酚类污染物的研究 [J]. 微生物学报，2003, 43(2): 245-250.
[75] Lante A, Crapisi A, Pasini G, et al. Immobilized laccase for must wine processing[J]. Ann N Y Acad Sci, 1992, 672: 558-562.
[76] Onishi H, Mori T, Takeuchi S, et al. Halophilc nuclease of a moderately Halophilic *Bacillus* sp.: Production, purification and characterization[J]. Appl Environ Microbiol, 1983, 45: 24-30.
[77] Vertosa A, M-rquez M C, Garabito M J, et al. Moderately halophilc gram- positive bacterial diversity in hypersaline environments [J]. Extremophiles, 1998, 2: 297-304.
[78] 刘铁汉，周培瑾 . 极端嗜盐硫解菌基因的克隆和氨基酸组成分析 [J]. 微生物学报，2002, 42(4): 406-410.

[79] Hah n-Hagerdal B, Jeppsson H, Skoog K, e t al. Biochemistry and physiology of xylose fermentation by yeasts. Enzyme Microb Technol, 1994, 16: 933- 943.

[80] Noureddini H, Gao X, Philkana R S. Immobilized *Pseudomonas cepacia* lipase for biodiesel fuel production from soybean oil. Bioresour. Technol., 2005, 96: 769-777.

[81] Zhou C, Xue Y, Ma Y. Evaluation and directed evolution for thermostability improvement of a GH 13 thermostable α-glucosidase from *Thermus thermophilus* TC11. BMC Biotechnol, 2015, 15: 97.

[82] Gao D, Sun X, Liu M, et al. Characterization of Thermostable and Chimeric Enzymes via Isopeptide Bond-Mediated Molecular Cyclization. Agric. Food Chem, 2019, 7: 837-6846.

[83] Yu X, Huang C, Xu X, et al. Protein Engineering of a Pyridoxal-5′-Phosphate-Dependent l-Aspartate-α-Decarboxylase from *Tribolium castaneum* for β-Alanine Production. Molecules, 2020, 25: 1280.

[84] Lee S, Chang Y, Shin D, Han J, et al. Designing the substrate specificity of d-hydantoinase using a rational approach. Enzyme Microb Technol, 2009, 44: 170-175.

[85] Keyt B, Paoni N, Refino C, et al. A faster-acting and more potent form of tissue plasminogen activator. Proc. Natl. Acad. Sci. USA, 1994, 91: 3670-3674.

[86] Shahbazmohammadi H, Sardari S, Lari A, et al. Engineering an efficient mutant of Eupenicillium terrenum fructosyl peptide oxidase for the specific determination of hemoglobin A1c. Microbiol. Biotechnol, 2019, 103: 725-1735.

[87] Shelat N Y, Parhi S, Ostermeier M. Development of a cancer-marker activated enzymatic switch from the herpes simplex virus thymidine kinase. Protein Eng Des Sel, 2017, 30(2): 95-103.

[88] Savile C K, Janey J M, Mundorff E C, et al. Biocatalytic asymmetric synthesis of chiral amines from ketones applied to sitagliptin manufacture. Science, 2010, 329: 305-309.

[89] Zhang D, Chen X, Chi J, et al. Isolated FeII on Silica As a Selective Propane Dehydrogenation Catalyst. CS Catal, 2015, 5: 2452-2457.

[90] Teng C, Jiang Y, Xu Y, et al. Improving the thermostability and catalytic efficiency of GH11 xylanase PjxA by adding disulfide bridges Author links open overlay panel. J. Biol. Macromol, 2019, 128: 354-362.

[91] Hegazy U, El-Khonezy M, Shokeer A, et al. J. Biochem, 2019: 177-184.

[92] Dror A, Shemesh E, Dayan N, et al. Appl. Environ. Microbiol, 2014, 80: 1515-1527.

[93] Lutz S, Williams E, and Muthu P, Directed Enzyme Evolution：Advances and Applications. Springer International, in Alcalde, M., Ed, 2017: 17-67.

[94] Jacquet P, Hiblot J, Daudé D, et al. Rational engineering of a native hyperthermostable lactonase into a broad spectrum phosphotriesterase. 2017, Sci. Rep, 7: 16745.

[95] Poirier L, Pinault L, Armstrong N, et al, Evaluation of a robust engineered enzyme towards organophosphorus insecticide bioremediation using planarians as biosensors. 2019, Chem. Biol. Interact, 306: 96-103.

[96] Crum M, Sewell B, and Benedik M. *Bacillus pumilus* Cyanide Dihydratase Mutants with Higher Catalytic Activity, 2016, Front. Microbiol, 7: 1264.

[97] Byeong-Kyu L. in Villanyi V. 2010 Air Pollution, IntechOpen.

[98] Cytochrome P450 - National Library of Medicine: https: //ghr. nlm. nih. gov/ primer/genefamily/ cytochromep450 (revised 2020).

[99] Syed K, Porollo A, Miller D, et al. Rational engineering of the fungal P450 monooxygenase CYP5136A3 to improve its oxidizing activity toward polycyclic aromatic hydrocarbons. Protein Eng. Des. Sel, 2013, 26: 553-557.

[100] What are Polycyclic Aromatic Hydrocarbons (PAHs)? - National Library of Medicine: https: //toxtown. nlm. nih. gov/ chemicals- and- contaminants/ polycyclic- aromatic- hydrocarbons- pahs (revised 2020).

[101] Wang L, Watermeyer J M, Mulelu A E, et al. Engineering pH tolerant mutants of a cyanide dihydratase. Applied Microbiology and Biotechnology, 2012, 94: 131-140.

[102] Harford-Cross C F, Carmichael A B, Allan F K, et al. Protein engineering of cytochrome $P450_{CAM}$ (CYP101) for the oxidation of polycyclic aromatic hydrocarbons. Protein Eng, 2000, 13: 121-128.

[103] Ali M, Husain Q, Sultana S, et al. Immobilization of peroxidase on polypyrrole-cellulose-graphene oxide nanocomposite via non-covalent interactions for the degradation of Reactive Blue 4 dye. Chemosphere, 2018, 202: 198-207.

[104] Ali M, Husain Q, Alam N, et al. Nano-peroxidase fabrication on cation exchanger nanocomposite: Augmenting catalytic efficiency and stability for the decolorization and detoxification of Methyl Violet 6B dye. Sep. Purif. Technol, 2018, 203: 20-28.